Moderne Waffen, Munition, Jagdartikel · August Stukenbrok

Moderne Waffen, Munition, Jagdartikel
[ca. 1913]

August Stukenbrok
Einbeck

1999

Olms Presse
Hildesheim · Zürich · New York

Dem Nachdruck liegt ein Exemplar aus Privatbesitz zugrunde.
Das Format des Nachdrucks wurde gegenüber dem der Originalvorlage geringfügig verkleinert.

Die Deutsche Bibliothek – CIP-Einheitsaufnahme

August Stukenbrok <Einbeck>:
Moderne Waffen, Munition, Jagdartikel / August Stukenbrok,
Einbeck: ca. 1913.
– Nachdr. der Ausg. Einbeck ca. 1913 – Hildesheim; Zürich;
New York: Olms – Presse, 1999
ISBN 3-487-08404-X

∞ ISO 9706

Printed in Hungary
Gedruckt auf säurefreiem und alterungsbeständigem Papier
Umschlagentwurf: Prof. Paul König, Hildesheim
ISBN 3-487-08404-X

SPEZIAL-PREISLISTE

über Jagd-Gewehre und Luxus-Waffen

aller Art in bester Qualität und wirklicher Präzisionsausführung

Munition, Jagdgerätschaften, Zubehörteile
Geschenk- und Gebrauchs-Artikel usw.

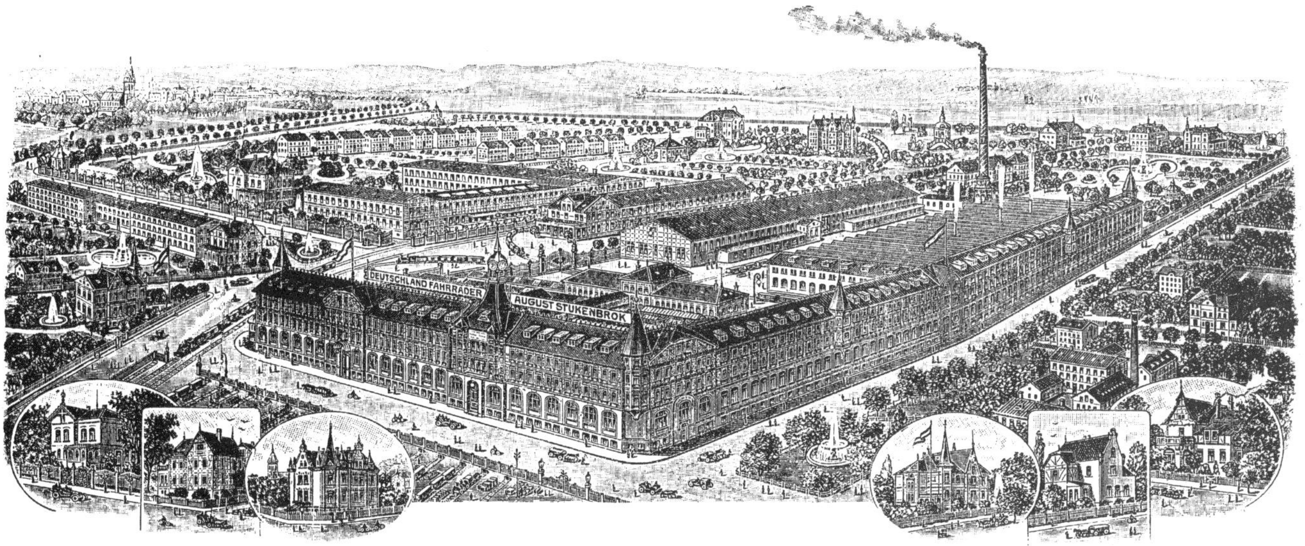

AUGUST STUKENBROK · EINBECK

Abteilung: Waffen

Größtes und anerkannt leistungsfähigstes Spezialhaus Deutschlands

Spezialitäten:

Doppelflinten, Büchsflinten, Dreilaufgewehre
Gesetzlich geschützt **Marke „ASTE"** Gesetzlich geschützt
Feinste deutsche Gebrauchsgewehre

„ASTE"-Jagdpatronen
mit Schwarzpulver und rauchlosem Blättchenpulver
Preiswerteste Patronen

Bankverbindungen:
Reichsbank-Giro-Konto ▫ Einbecker Bank, Einbeck ▫ Joseph Kayser & Co., Einbeck
Postscheck-Konto Hannover Nr. 900 ▫ ▫ ▫

Telegramm-Adresse:
STUKENBROK, EINBECK

Fernsprech-Anschlüsse:
Nr. 1 Geschäftshäuser, Nr. 8 Privatwohnung
(letztere nur für Privatgespräche)

„ASTE"
Gesetzlich eingetragene Schutzmarke für Waffen und Munition

Inhaber der patentamtlich geschützten Gebrauchsmuster und Warenzeichen

Nr. 21859	27592	88905	404770	115359	130977
Nr. 65177	51902	404769	36873	115970	120365
Nr. 26224	84015	29333	61974	130915	135985
Nr. 43661	28908	61857	405888	130976	137557
Nr. 66646	55180	89862	92941	466894	145182
Nr. 144661	—	—	—	—	—

:: Eigentumsrecht vorbehalten ::

Export nach allen Ländern der Erde ▫▫ Lieferant Hoher und Höchster Herrschaften des In- und Auslandes
Vorteilhafteste Bezugsquelle für alle Jäger- und Schützen-Vereine

Ew. Hochwohlgeboren!

Das große Interesse, welches meiner Spezial-Abteilung „Waffen" in den letzten Jahren aus allen Jäger- und Sportkreisen immer wieder aufs neue entgegengebracht worden ist, veranlaßte mich, bei Herausgabe des vorliegenden Kataloges über

moderne Jagdgewehre und Luxuswaffen, Munition und Jagdgerätschaften usw.

meinen geschätzten Abnehmern noch eine größere Auswahl als seither zu bieten, um den an mich gestellten Anforderungen in jeder Weise genügen zu können.

Infolge der ausgezeichneten, anerkannt vorzüglichen Qualität und der ganz hervorragenden Schußleistung meiner sämtlichen Jagd- und Luxuswaffen, haben sich solche vornehmlich in Berufs- und Privat-Jägerkreisen einen vorher nicht geahnten Absatz geschaffen, dank der großen Erfolge, die auf berühmten Sportplätzen und Scheibenständen des In- und Auslandes damit erzielt worden sind. Aber selbst auch **Hohe und Höchste Herrschaften,** die ich die Ehre habe, des öfteren zu beliefern, **wissen die Güte meiner Ware voll zu würdigen.**

Ganz besonders möchte ich auf die neuen Jagdgewehr-Spezialitäten, die unter der mir gesetzlich geschützten **Marke „Aste"** in dieser Liste **aufgeführt** sind, aufmerksam machen. Diese Art Gewehre sind **mit besonderer Sorgfalt** in allen Teilen auf feinsten Präzisionsmaschinen hergestellt und bürgt diese Fabrikations-Methode für **erstklassige Qualität, unbegrenzte Haltbarkeit** und **vorzügliche Schußleistung.** Hinsichtlich der Ausführung meiner „Aste"-Gewehre hoffe ich, durch die Aufnahme der verschiedenen Modelle, jedem Geschmack Rechnung zu tragen, doch werden auch Sonderwünsche bezüglich anderer Bauart und Ausführung gerne berücksichtigt. Die vorteilhafte Preisstellung ermöglicht es, daß meine Spezialitäten jedermann zugänglich sind und bald erkennen lassen, daß

„Aste"-Gewehre die besten, gangbarsten und beliebtesten Gebrauchsgewehre der Gegenwart

darstellen.

Indem ich Ihnen schon im voraus die Versicherung gebe, daß Sie entschieden bei mir am vorteilhaftesten aufgehoben sind, bitte ich Sie, mir Ihre schätzbaren Aufträge vertrauensvoll zu überschreiben. Meine bekannte Leistungsfähigkeit bürgt jederzeit für prompte und reelle Bedienung, wie ich aber auch ebenfalls selbst bei kleinster Bestellung aufmerksamste Bedienung zu Teil werden lasse.

Bei Überreichung dieses Kataloges sage ich meinen alten, treuen Kunden für das mir in so reichem Maße bewiesene Wohlwollen meinen verbindlichsten Dank und knüpfe hieran die ganz ergebene Bitte, wie bisher, so auch fernerhin mein Haus in Ihren Bekanntenkreisen bestens empfehlen zu wollen, was ich jederzeit zu würdigen wissen werde.

Mit vorzüglicher Hochachtung!

AUGUST STUKENBROK
Abteilung: Waffen.

Lieferungs-Bedingungen und geschäftlicher Verkehr.

Eine gefl. Durchsicht und Beachtung nachstehender Lieferungs-Bedingungen ist unbedingt zu empfehlen, damit die Ausführung der Aufträge stets pünktlich zur Zufriedenheit erfolgen kann.

Erfüllungsort für beide Teile ist EINBECK.

Preise. Meine Preise verstehen sich in Reichsmark gegen bar, das heißt: Die Ware wird gegen Nachnahme versandt, sofern der fragliche Betrag nicht mit der Bestellung zusammen eingeht. Ist auf dem Bestellschein die letztere Zahlungsweise nicht vermerkt, so erfolgt der Versand stets unter Nachnahme des Betrages. Es ist mir bei dem wirklich bescheidenen Nutzen nicht möglich, auch noch ein Ziel zu gewähren; meine Preise sind derartig niedrig gestellt, daß sie Abzüge nicht mehr vertragen. **Durch Ausgabe dieser Liste erlöschen alle früheren Preisnotierungen.**

Zubehör. Alle in dieser Liste aufgeführten Schußwaffen sind aller-äußerst kalkuliert und verstehen sich ohne irgendwelches Zubehör. Ich bitte daher, sich durch eventuelle Zugaben von Zubehörteilen von seiten meiner Konkurrenz nicht zum Kauf beeinflussen zu lassen, denn die Preise der Zubehörteile sind so gering, daß die Zugabe derselben seitens meiner Konkurrenz in keinem Verhältnis zu den sehr niedrigen Preisen meiner Schußwaffen steht.

Bei allen geschäftlichen Korrespondenzen, Bestellungen, Briefen usw., wolle man möglichst kurz und deutlich schreiben, vor allem eine deutliche Unterschrift nicht übersehen, auch bitte ich gefälligst darauf zu achten, daß außer genauer Ortsangabe auch die Straße nebst Hausnummer sowie die Post- und Bahnstation mit angegeben werden muß, damit Fehlsendungen vermieden werden können.

Bei Bestellungen ist es unbedingt erforderlich, daß solche genau nach den Nummern und Preisen meines Kataloges aufgegeben werden, ebenfalls daß die von jeder Nummer gewünschte Anzahl und sonstige erforderliche Bezeichnungen unbedingt deutlich mit vermerkt werden; auch wolle man möglichst die vorgedruckten Bestellscheine oder Karten, die diesem Kataloge beiliegen, benutzen, da mir hierdurch der sofortige Versand erleichtert wird. Mit weiteren Bestellscheinen, Postkarten und Kuverts stehe ich stets gern zu Diensten. Auf Bestellzetteln oder Karten bitte ich stets zu bemerken, ob Nachnahme gewünscht wird, oder ob der Betrag per Postanweisung oder per Zahlkarte auf mein Postscheckkonto 900 Hannover abging, auch wolle man stets die Bahnstation angeben. Die Spesen für Postnachnahmesendungen sind sehr gering, sie betragen bei allen Sendungen nur 10 Pf. mehr als die Sendung des Geldes durch Postanweisung. Somit ist Nachnahme durchaus nicht kostspielig, sondern im Gegenteil eine der bequemsten Zahlungsweisen, die es gibt. Bei Bahnsendungen wird bis zu 100 Mark 1% der Nachnahmesumme als Provision von der Bahn erhoben, es empfiehlt sich deshalb, den Betrag der Rechnung bei größeren Bestellungen gleich mit einzusenden.

Bei Telegrammen wolle man vorstehendes besonders berücksichtigen, da diese doch stets in großer Eile aufgegeben und dabei genaue Angaben zu oft übersehen werden. Das Telegramm ist in solchen Fällen sehr oft zwecklos, denn die so eilig bestellten Sachen können nicht sofort zur Absendung gelangen, sondern es muß meinerseits erst nochmals nachgefragt werden.

Bei Aufträgen irgendwelcher Art, worüber bereits früher verhandelt wurde, ist hierauf gefl. Bezug zu nehmen. Ferner ist es mir sehr erwünscht, wenn bei Beantwortung meiner Briefe die auf denselben vermerkte linksstehende Briefnummer oder die betreffende Buchungsnummer mit angegeben wird.

Geldsendungen sind am besten und sichersten per Postanweisung oder Zahlkarte zu übermitteln, da die Post für gewöhnliche Briefe keinen Ersatz leistet, auch ist die Postanweisung für Bestellungen, die wenig Schriftliches erfordern, nicht nur der einfachste, sondern auch der billigste Weg, da auf dem Abschnitt gleich der Auftrag mit vermerkt werden kann. Die Portokosten betragen für Postanweisungen bis Mk. 5.— 10 Pf., bis zu Mk. 100.— 20 Pf. und bis zu Mk. 200.— 30 Pf.

Auf dem Abschnitt der Postanweisung wolle man gefälligst bemerken, ob der Betrag für Waffen oder für Zubehörteile bestimmt ist, eventuell muß angegeben werden, welchen Zweck die Geldsendung sonst haben soll.

Um doppelte Ausführung zu vermeiden, dürfen per Brief oder Postkarte gegebene Aufträge nicht nochmals auf dem Abschnitt der Postanweisung wiederholt werden; ist also die Bestellung auf dem Abschnitt vermerkt, so ist dazu eine weitere schriftliche Mitteilung per Brief oder Karte nicht nötig.

Nachbestellungen. Durch die große Ausdehnung meines Betriebes ist es unbedingt erforderlich, stets genaue Angaben von seiten meiner werten Kundschaft zu erhalten. Bezeichnungen „Wie gehabt" oder „Wie früher geliefert" bringen große Zeitverluste mit sich und ist hierdurch eine prompte Erledigung sehr erschwert. Es empfiehlt sich daher im eigenen Interesse des Bestellers, stets genau die Nummer und das Kaliber anzugeben.

Wie in allen Großbetrieben, so ist es auch bei meinem großen Kontorpersonal erforderlich, daß in verschiedenen Abteilungen gearbeitet wird; es ist daher auch in Ihrem Interesse sehr zweckmäßig, Angelegenheiten, die sich auf verschiedene Abteilungen beziehen, auch möglichst voneinander getrennt zu halten, so zum Beispiel wolle man Bestellungen auf Waffen und Zubehörteile, Korrespondenzen, Preisanfragen, Kassa-Angelegenheiten, Reparaturen oder Reklamationen stets auf einen besonderen Bogen schreiben, dann kann in den betreffenden Abteilungen die Erledigung sofort erfolgen, andernfalls muß ein derartiger Brief erst durch die verschiedenen Abteilungen wandern.

Versand. Der inländische Versand geschieht auf meine Gefahr. Ich bürge dafür, daß jede Sendung in tadelloser Verpackung mein Haus verläßt und in gutem Zustande am Bestimmungsorte eintrifft. Jede Bestellung wird, falls diese vom Kataloge nicht gar zu abweichend ist, noch am Eingangstage erledigt. Auch in der Saison geschieht der Versand stets prompt, und finden zufolge meines bedeutenden Lagers auch die größten Aufträge ihre sofortige Erledigung. Ich bin in der Expedition derartig groß eingerichtet, daß mir die tägliche Absendung von mehr als 1000 Paketen ein leichtes ist, denn in meinen Räumen werden die Pakete durch Postbeamte fertig bearbeitet und mit Postleitzetteln versehen, so daß sie unmittelbar den Bahnzügen übergeben werden können. An Sonn- und christlichen Feiertagen findet kein Versand statt. Postlagernd erbetene Sendungen werden nur nach vorheriger Anzahlung eines entsprechenden Betrages zur Ausführung gebracht, jedoch sind Chiffresendungen wie z. B. K. H. 150 ausgeschlossen, weil solche die Post nicht befördert.

Lieferung. Falls eine besondere Vorschrift bei Bestellung nicht erfolgt, liefere ich Waffen und Munition und sonstige Jagdartikel usw. ausschliesslich per Post. Größere Sendungen erfolgen per Bahn als Frachtgut, falls Eilgutsendung nicht ausdrücklich vorgeschrieben ist. Einmal erteilte Aufträge können nicht mehr zurückgezogen werden, da jeder Auftrag sofort nach Eingang in Arbeit genommen wird.

Sendungen nach dem Auslande können sofort expediert werden, wenn der in Frage kommende Betrag einschließlich Porto und Verpackungskosten oder Anzahlung der Hälfte des Kaufwertes gleichzeitig mit der Bestellung hier eingeht. Der eventuelle Restbetrag wird alsdann bei der Sendung unter Nachnahme erhoben. **Nachnahme ist nicht gestattet** nach: **Amerika, Australien, französische Kolonien in Afrika, englische Kolonien in Afrika, Spanien, England, Kongogebiet, Griechenland** Bestellungen aus diesen Ländern ist stets der **ganze Betrag nebst Versandspesen** beizufügen. **Zur Einfuhr von Waffen nach Oesterreich-Ungarn und Rußland** ist ein Waffen-Einfuhrschein nötig, den ich meinen werten Kunden aber selbst besorgen, wie auch die Verzollung durch einen Spediteur vornehmen lassen kann. **Die Kosten der Verzollung betragen einschließlich Zoll nach Oesterreich-Ungarn** für ein Jagdgewehr ca. Kr. 8.—, für eine Scheibenbüchse ca. Kr. 10.—, wozu noch die Kosten für die Beförderung von hier nach dem Bestimmungsort kommen. Nach **Rußland** können nur Waffen mit glatten Läufen zur Zeit eingeführt werden und beträgt der Zoll ca. Rubel 7.— pro Gewehr. Wiederverkäufer, wie Büchsenmacher und Waffenhändler **benötigen keinen Waffeneinfuhr-Erlaubnisschein.**

Patronen-Versand. Der Versand geladener Patronen ist nicht zulässig nach Oesterreich-Ungarn, Rußland, Italien, Frankreich und England und es empfiehlt sich daher, nach diesen Ländern die leeren Patronenhülsen, Geschosse und das Ladezubehör von mir zu beziehen, damit das **Selbstladen** der Patronen nach meiner Ladeanweisungen möglich ist. Im allgemeinen ist sonst der Versand von Gewehren und Patronen nach dem ganzen Erdball offen.

Verpackung. Die Verpackung aller Waren geschieht sehr sorgfältig und werden die einzelnen Teile genau kontrolliert. Jede Verpackung, die aus starken Holzkisten oder Versandpappen usw. besteht, wird zum Selbstkostenpreis in Rechnung gestellt aber nicht zurückgenommen. Gleichzeitig bemerke ich, daß die Kisten für Revolver, Teschings, Jagdgewehre oder Scheibenbüchsen so sind, daß sie noch bis 200 Patronen, je nach Art derselben, auch Gerätschaften usw. **aufnehmen können.**

Lieferungs-Bedingungen und geschäftlicher Verkehr.

(Fortsetzung.)

Portofrei versende ich innerhalb Deutschlands jede Bestellung auf Waffen, Waffenzubehörteile resp. Jagdartikel, welche, in einer Sendung bezogen, den Betrag von Mk. 30.— übersteigen. Bestellungen auf Munition und Geschosse werden frachtfrei jeder deutschen Bahnstation geliefert, sobald sie das entsprechende Quantum, welches zur Frankolieferung nötig ist, erreicht haben. **Gewehre im Betrage von Mk. 80.— und mehr werden in einer Sendung franko Fracht und Verpackung geliefert**, und bleibt mir hierbei die Versendungsart überlassen. Bei Sendungen **nach dem Auslande**, welche **obiger Bestimmungen entsprechen, vergüte** ich das Porto oder die Frachtausgaben **bis zur letzten deutschen Post-, resp. Bahnstation.** Bei seemäßiger Verpackung vergüte ich nur den Differenzbetrag zwischen der gewöhnlichen Verpackung. Diejenigen Artikel, welche im Preise schwanken, sind freibleibend offeriert.

Auswahl- und Ansichtssendungen sind meistens nicht nötig, da die guten Abbildungen und klaren Beschreibungen ein genaues Bild der betreffenden Waffe ergeben. **Trotzdem bin ich zu einer Ansichtssendung in Lagersorten innerhalb Deutschlands gern bereit,** jedoch nur unter Nachnahme des Betrages. Die nicht gefallende Waffe muß innerhalb 14 Tagen retourniert werden **und zwar ohne jegliche Gebrauchsspuren,** da ich sonst solche nicht wieder annehmen kann. Der dafür entrichtete Betrag folgt sofort per Postanweisung zurück. **ein Risiko hierbei ist also vollständig ausgeschlossen.**

Beschädigte Sendungen. Bei beschädigt ankommenden Sendungen bitte ich vor Abnahme von der Post- oder Bahnverwaltung die Beschädigung der Sendung bescheinigen zu lassen. Falls angängig, wolle man trotzdem die Sendung annehmen, da ich für solche Beschädigungen voll und ganz aufkommen werde.

Kleine Restbeträge, die sich bei Aufträgen, für welche das Geld bereits eingesandt war, herausstellen, werden der Sendung stets nachgenommen.

Extra-Anfertigungen. Da es trotz der reichhaltigen Auswahl, die mein Katalog bietet, vorkommt, daß Gewehre nach besonderer Vorschrift gewünscht werden, so kann ich auch hierin meinen Abnehmern große Vorteile bieten. Infolge meines großen Lagers in vorgearbeiteten Systemen ist es mir möglich, in sehr kurzer Zeit, je nach dem Modell und gewünschter Ausführung, das beorderte Gewehr fertigzustellen. Die Lieferung derartiger Waffen kann meistens schon innerhalb 3-4 Wochen, bei außergewöhnlichen Abweichungen jedoch erst in 6—12 Wochen erfolgen. Hierbei bemerke ich ausdrücklich, daß ich Gewehre, welche nach besonderer Vorschrift angefertigt sind, auf keinen Fall zurücknehmen oder umtauschen kann, weil ich hierfür dann keine Verwendung mehr habe. Dahingegen ist der Besteller berechtigt, mir das Gewehr zur Verfügung zu stellen, wenn dasselbe nicht nach Vorschrift ausgeführt ist oder aber die Schußleistung des Gewehres nicht der vorher getroffenen Vereinbarung entsprechend erreicht werden kann. **Bei allen Aufträgen, bei welchen es sich um eine Extra-Anfertigung handelt, ist mir mit der Bestellung eine Anzahlung der Hälfte des Kaufwertes einzusenden.**

Umtausch, Zurücknahme oder Zurückgabe des Betrages. Gefällt eine von mir bezogene Waffe nicht in allen Punkten, so nehme ich dieselbe „gut erhalten" innerhalb 14 Tagen nach Versand, sofern solche nach dieser Liste bestellt und geliefert ist, gerne zum Umtausch zurück; falls dieselbe aber nicht der Beschreibung im Kataloge entspricht oder nicht die von mir verbürgte Schußleistung besitzt, so erstatte ich den dafür bezahlten Betrag ohne irgendeinen Abzug und portofrei auf Wunsch sofort zurück. **Ausgeschlossen sind hiervon extra angefertigte oder abgeänderte Modelle, welche ich überhaupt nicht zurücknehmen kann, da ich dann dafür keine Verwendung habe;** es ist deshalb jedes Risiko vollständig ausgeschlossen.

Reparaturen. Alle Reparaturen auf Grund des Garantiescheines werden **gratis** ausgeführt, und muß die Einsendung **auf alle Fälle franko erfolgen.** Reparaturen, welche außerhalb der Garantie liegen, sowie an Gewehren fremden Fabrikates, ferner Umänderungen, Einlegen neuer Läufe, Einsteckrohre und Umschäftungen (neue Schäfte) usw. mache ich zu alleräußersten Preisen; dieselben werden der Reihe nach in Arbeit genommen und so schnell als nur möglich wieder zum Versand gebracht. Sämtliche Reparatur-Aufträge werden nur **gegen Nachnahme** ausgeführt.

Die Kosten einer Reparatur können niemals im voraus bestimmt werden, sondern erst nach Ausführung der Arbeiten, da jede Reparatur andere Ersatzteile erfordert, auch mehr oder weniger Zeit in Anspruch nimmt. Reparaturen an nicht von mir gekauften Waffen werden ebenfalls gern übernommen. Meine Reparaturwerkstätte mit Kraftbetrieb ist mit vorzüglichen Maschinen sowie Gravier- und Bräunier-Anstalt ausgerüstet, so daß ich den weitgehendsten Anforderungen genügen kann.

Bei Ersatzteilen, die für eine von mir gelieferte Waffe bestellt werden, empfiehlt es sich stets, die komplette Waffe sowie den betreffenden Garantieschein mit einzusenden, weil sonst für ein genaues Zusammenpassen nicht garantiert werden kann.

Bei Postsendungen, die Reparatur oder Umtausch betreffen, ist der Brief und sonstige Schriftstücke stets dem Paket beizufügen, damit eine schnelle Erledigung erfolgen kann.

Meinen werten Kunden schreibe ich einen direkten Verkaufspreis nicht vor und habe eventuell nichts dagegen einzuwenden, wenn meine Waffen zu einem reellen Aufpreise weiter verkauft werden, lehne es jedoch stets ab, falsche Rechnungen auszustellen, die nicht den Tatsachen entsprechen.

Garantie. Die im vorliegenden Kataloge offerierten Waffen liefere ich unter Garantie für tadellose Ausführung und Verwendung der bestgeeignetsten Materialien. Die Garantiezeit beträgt:

5 Jahre auf sämtliche Jagd- und Scheibengewehre in einer Preislage von Mk. 50.— an.
5 Jahre auf sämtliche automatischen Waffen.
3 Jahre auf sämtliche Teschings, Jagdkarabiner und bessere Luftbüchsen.
2 Jahre auf sämtliche Revolver und Pistolen.

Die Uebernahme der Garantiezeit erstreckt sich auf etwaige Material- oder Fabrikationsfehler. Darauf bezügliche Arbeiten führe ich innerhalb des betreffenden Zeitraumes kostenlos aus, **vorausgesetzt natürlich hierbei ist eine sachliche Behandlung der Waffe.** Auf Mängel, welche sich durch **sichtlich nachlässige** oder **unrichtige Behandlung, reguläre Abnutzung, Anwendung von Gewalt** oder sonst welche Weise **durch Verschulden des Besitzers der Waffe im Laufe der Garantiezeit** herausstellen, **hat diese Garantieverpflichtung keine Rückwirkung. Als Garantie für Haltbarkeit der Läufe und Verschlüsse gelten die auf jeder Waffe befindlichen staatlichen Beschußstempel. Beim Gebrauch von rauchlosem Pulver** leiste ich **keine weitere Garantie, als die durch den Beschußstempel gebotene,** da erfahrungsgemäß der Laie zu sehr geneigt ist, mit jeder neu aufkommenden Pulversorte Versuche anzustellen, **ohne die richtigen Grenzen beim Laden einzuhalten.**

Durch von fremder Seite vorgenommene Arbeiten an einem Gewehr erlischt meine Garantieleistung.

Drucksachen. Sämtliche Drucksachen, als Kataloge, Bestellscheine, Kuverts, Bestellkarten usw. usw., stehen meinen geschätzten Abnehmern auf Wunsch gern kostenlos zur Verfügung.

Falls Ihnen mein Katalog unter einer veralteten Adresse, die also mit Ihrer jetzigen nicht mehr übereinstimmt, oder unter verschiedenen Adressen mehrmals zugehen sollte, so bitte ich um entsprechende Verständigung mittels Postkarte, deren Kosten ich Ihnen gern zurückvergüte, damit ich die erforderliche Richtigstellung in meinen Büchern vornehmen kann.

Falls Ihre Adresse sich geändert haben sollte oder sich im Laufe des Jahres ändert, so bitte ich höflichst, mir die neue Adresse bekannt zu geben, damit ich eine entsprechende Berichtigung in meinen Büchern vornehmen kann.

Bei allen Post- und Bahnsendungen sowie Korrespondenzen, als Briefe, Postkarten, Drucksachen, Postanweisungen usw., bitte ich stets den Vermerk **„Abteilung Waffen"** beizufügen, wodurch eine bedeutend schnellere Erledigung erfolgen kann.

Wichtige allgemeine Bemerkungen.

Hierbei möchte ich meine geschätzten Abnehmer darauf aufmerksam machen, **daß der Kauf einer Waffe stets Vertrauenssache** ist und schon mancher Käufer eine ihm als **„erstklassig"** angebotene Waffe während des ersten Gebrauches als minderwertig bezeichnen muß. Es ist eine bekannte Tatsache, daß die unter dem Prinzip „Nur billig" hergestellten Waffen den an sie gestellten Anforderungen nicht entsprechen, **denn eine gute Qualität und prima Ausführung ist mit Schleuderpreisen niemals in Einklang zu bringen.**

Der Wert einer Waffe liegt ferner **nicht allein** in der **schönen äußeren Ausstattung, sondern in der Qualität des verwendeten Materials, der sorgfältigsten Bearbeitung aller einzelnen Teile, dem exakten Passen des Verschlusses und der vorzüglichsten Schußleistung.**

Man lasse sich auch nicht durch schöne Abbildungen und Beschreibungen zweifelhafter Firmen täuschen, denn eine Abbildung kann für ein 40 Mark-Gewehr ebensogut passen wie für eine 400 Mark-Waffe, **da die Preisdifferenz hauptsächlich sich nach der angewendeten Sorgfalt der Ausarbeitung, besonders des Inneren richtet.** Man kaufe daher immer bei solchen Häusern, deren Ruf und langjähriges Bestehen die beste Garantie für eine gute und reelle Bedienung geben.

Meine Firma ist nach ihrem 23jährigen Bestehen als durchaus reell und leistungsfähig bekannt, nicht nur in Deutschland, **sondern auch im ganzen Ausland,** wo sich meine Artikel infolge ihrer **vorzüglichen Qualität** bei **vorteilhaftester Preisstellung** den **ersten Platz gesichert** haben. Ich kann daher auch an dieser Stelle von der Veröffentlichung der nach vielen Tausenden zählenden Anerkennungsschreiben Abstand nehmen.

Bezüglich der Fabrikation beachte man folgendes:

Laufmaterial. Nachdem die vorzüglichen deutschen Stahlsorten infolge ihrer **größeren Widerstandsfähigkeit, Reinheit und Dichtigkeit** den Damastläufen gegenüber letztere fast völlig verdrängt haben, verwende ich für alle Gewehre, sofern in der Beschreibung nichts anderes erwähnt ist, einen extra für Gewehrläufe hergestellten **Flußstahl prima Qualität.** Bei besseren Gewehren kommen **die berühmten Stahlmarken der Kruppschen oder Wittener Werke zur Verarbeitung.** Werden bei billigeren Modellen die Läufe aus Kruppschem Stahl gewünscht, so erhöhen sich die Preise um **Mk. 5.— pro Gewehr. Kruppscher Spezialstahl** mit den 3 Ringen erhöht den Preis um **Mk. 35.—, Wittener Exzelsiorstahl** um **Mk. 30.— pro Doppellauf.** Diese letzten beiden Stahlsorten werden in geeigneter Weise verbunden und sind von höchster Widerstandsfähigkeit. **Zu den Kugelläufen wird nur der bestbewährteste Gußstahl verwendet.**

Bearbeitung und Garnierung der Rohre. Ich verwende hierauf die allergrößte Sorgfalt und habe hierzu die geschicktesten Rohrmacher an der Hand. Die Läufe werden, **damit das Stahlmaterial in der Güte durch Hitze keine Einbuße erleidet,** nach **englischem Verfahren durch Weichlötung verbunden. Bei den Verschlußhaken** und **Haften** wird die Lötung mittels besonders präparierten, leicht fließenden Hartlots ausgeführt. **Auf Wunsch werden Doppelgewehre für rauchloses Pulver auch mit massivem Verschlußhaken,** wobei also **der Verschlußhaken mit den Läufen aus einem Stück besteht und angeschmiedet,** nicht aufgelötet ist, angefertigt. Hierdurch tritt eine Preiserhöhung von Mk. 15.— ein. Bei allen besseren Gewehren sind die Verschlußhaken schwalbenschwanzartig eingeschoben.

Bohrung. Das Bohren der Flintenläufe erfolgt nach den neuesten Erfahrungen und unter Beachtung der wichtigsten Faktoren zur Erzielung eines vorzüglichen Schrotschusses. Wo nicht anders bemerkt, hat der **linke Lauf stets Chokebohrung,** während der **rechte zylindrisch** mit etwas Schluß nach vorn (verbesserte Zylinderbohrung) gebohrt wird. Der Zweck der Chokebohrung ist, um möglichst auf weite Entfernungen noch einen gut deckenden Schrotschuß zu erzielen. **Für Taubenflinten wird gewöhnlich Chokebohrung in beiden Läufen gewünscht.** Auf Wunsch wird der linke oder beide Läufe mit Paradoxbohrung für guten Kugelschuß versehen, und erhöht sich der Preis je nach System um Mk. 20.— bis Mk. 25.— pro Lauf.

Kaliber. Das einheitliche Kaliber ist immer 16 oder 12, und sind diese beiden Maße auch immer vorrätig auf Lager. Ich fertige jedoch auch jedes andere Kaliber sofort an, falls das eine oder andere Maß für den Verwendungszweck zu groß oder zu klein erscheint. **Das gebräuchlichste und empfehlenswerteste ist** entschieden **Kaliber 16,** weil dieses unzweifelhaft allen Ansprüchen zur Niederjagd genügt. **Kaliber 12** wird infolge seines etwas größeren Streukreises auch gern gekauft, und zwar findet solches speziell im Auslande, aber auch **bei heimischen Wasserjagden** Verwendung. Für das sportmäßige Taubenschießen kommt natürlich nur Kaliber 12 in Frage.

Lauflänge und Gewicht. Die normale Lauflänge beträgt bei **Doppelflinten ca. 75 cm,** bei **Büchsflinten und Dreiläufern ca. 68 cm,** bei **Birschbüchsen ca. 60 cm.** Alle meine Gewehre sind auf Grund langjähriger Erfahrungen in einem bequemen Gewicht gehalten, welches im Verein mit vorzüglichen Materialien für Solidität und lange Haltbarkeit ausreichende Gewähr bietet, aber bei der erforderlichen Handlichkeit und eleganten, geschmackvollen Bauart doch dem bestimmungsgemäßen jagdlichen oder sportlichen Zweck entspricht. Die Nachfrage nach „federleichten Gewehren" wird immer seltener, weil jeder Jäger die Nachteile derselben erkannt hat. Allzu leichte Gewehre haben schon manchem Jäger die Lust zum Jagen genommen, weil solche einen unangenehmen, ziemlich starken Rückstoß verursachen. Auch ist zu bedenken, daß das leichte Gewicht nur dadurch erzielt werden kann, indem der Systemkasten, die Läufe und Schloßteile leichter und schwächer gehalten werden, als wie dies bei Gewehren in normalem Gewicht der Fall ist. Mit der zunehmenden Verbreitung des rauchlosen Pulvers ist die Haltbarkeit der federleichten Gewehre auch stark in Frage gestellt, weshalb solche nur auf ausdrückliches Verlangen und gegen besondere Vereinbarung angefertigt werden.

Staatliche Beschußprobe. Alle Gewehre werden in der Königlichen Beschußanstalt einer zweimaligen **Haltbarkeitsprobe** unterworfen. Die erste Probe besteht darin, daß die rohen Läufe mit der **dreifachen** Gebrauchsladung geprüft werden, während bei der zweiten Probe die außen und innen fertig bearbeiteten Läufe in Verbindung mit dem Verschlußstück einer Prüfung mit der **doppelten** Gebrauchsladung unterzogen werden. Für Ausführung dieser Proben bürgt die **amtliche Stempelung** auf den Läufen und Verschlußstücken. Beim Beschuß mit rauchschwachem Pulver findet eine weitere diesbezügliche Abstempelung statt. Waffen, an denen sich nach dem Beschusse Mängel zeigen, werden nicht gestempelt. Die zweimalige staatliche Beschußprobe, welcher alle Waffen unterworfen werden müssen, bürgt für Haltbarkeit bei normaler Beanspruchung der Waffe und Verwendung geeigneter Munition. Eine über die staatliche Beschußprobe hinausgehende Garantie wird meinerseits nicht übernommen. Diese Garantieverpflichtung erstreckt sich insbesondere nicht auf Waffen, aus welchen rauchloses Pulver geschossen wird, ohne daß dieselben dafür bestellt, gebaut und beschossen sind. Hierzu bemerke ich jedoch ausdrücklich, daß alle Jagdgewehre: Doppelflinten von Mk. 80.— aufwärts, sowie die Schrotläufe meiner sämtlichen Dreilaufgewehre, mit rauchlosem Pulver gleich von vornherein, also noch vor der Fertigstellung, geprüft und abgestempelt sind, so daß die verehrten Käufer meines Fabrikats ohne jede Gefahr rauchlose Patronen bei den Gewehren in genannter Preislage verwenden können. Nur die ganz billigen Doppelflinten sind wegen ihrer einfachen Verschlußart nicht für rauchloses Pulver geeignet, wie auch in der Preisliste bei den einzelnen Modellen angegeben, und wolle man sich daher nicht verleiten lassen, auch aus diesen die rauchlosen Patronen zu verfeuern. Der Gasdruck der rauchlosen Pulversorten ist zu verschieden, so daß die Haltbarkeit bei Benutzung billiger Gewehre sehr in Frage gestellt wird. Wird bei den Modellen, wo der rauchlose Beschuß in der Beschreibung nicht vorgesehen ist, und soweit sie überhaupt für den Gebrauch rauchlosen Pulvers geeignet sind, die staatliche Beschußprobe mit Nitropulver gewünscht, so tritt hierfür ein Mehrpreis von Mk. 5.— ein. Im übrigen bin ich auch gern bereit, die nachträgliche staatliche Prüfung älterer Gewehre mit rauchlosem Pulver vornehmen zu lassen, wobei meinerseits selbstverständlich keine Garantie für Haltbarkeit übernommen werden kann. Ich verfehle jedoch nicht, vorher darauf aufmerksam zu machen, sofern meines Erachtens Beschädigungen zu befürchten sind.

Aenderungen, Verbesserungen, Reparaturen werden von mir auch an Gewehren vorgenommen, die nicht von mir gekauft sind. Sofern dadurch eine erneute staatliche Beschußprobe erforderlich ist, erfolgt diese auf Gefahr des Bestellers.

Wichtige allgemeine Bemerkungen.

(Fortsetzung.)

Die Schrotschuß-Leistungen meiner Gewehre.

Neben der bekannt hervorragenden Qualität meiner Waffen lege ich auf vorzügliche Schußleistung derselben noch ganz besonderen Wert. Jedes meiner Gewehre wird sowohl im halbfertigen, wie auch im fertigen Zustande geprüft und eingeschossen, weshalb von vornherein jeder Jäger die sicherste Gewähr hat, nur ein wirklich gutschießendes Gewehr zu erhalten, welches auch den gestellten Anforderungen in jeder Hinsicht entspricht.

Die **Schrotläufe** werden auf die normale Distanz von 35 m eingeschossen. In bezug auf Deckung und Durchschlagskraft garantiere ich zum mindesten die von der Deutschen Versuchsanstalt für Handfeuerwaffen in Halensee oder auch der Versuchsstation Neumannswalde bei Neudamm festgesetzten Leistungen gutschießender Gewehre, die Benutzung vorschriftsmäßig geladener Patronen vorausgesetzt; **jedoch leisten die meisten Gewehre erheblich mehr,** als in der nachstehenden Aufstellung angegeben.

Besonderen Wünschen bezüglich massiger, mittlerer oder starker Verdichtung wird gerne Rechnung getragen.

Es ist in vielen Fällen für den Besteller von Vorteil, bei der Bestellung anzugeben, welchem Zwecke die Waffe in der Hauptsache dienen und für welche jagdlichen Verhältnisse dieselbe benutzt werden soll.

Der sehnlichste Wunsch vieler Käufer ist oft der, ein recht dicht schießendes Gewehr zu besitzen, und **werden in dieser Hinsicht und auch bezüglich des Weitschusses zuweilen ganz unerfüllbare Anforderungen** gestellt. Man berücksichtigt nicht, daß zu einem **dicht schießenden** Gewehre auch **ein vorzüglicher Schrotschütze gehört,** dem Durchschnitts-Schützen in der Regel aber wenig mit einem solchen gedient sein wird.

Je dichter ein Lauf zusammenhält, desto häufiger werden selbst einem geübten Schrotschützen Schießfehler unterlaufen.

Sehr oft werden nun derartige Mißerfolge dem Gewehre zugeschoben, weil der Schütze glaubt, getroffen zu haben, während er in Wirklichkeit vorbeigeschossen hat. Das für den einzelnen Schützen passende Maß der Verdichtung ist nach der Schießfertigkeit des Betreffenden, sowie nach den Jagdverhältnissen (offene Feldjagd, Waldjagd usw.) auszusuchen.

Für Sport-Gewehre (Taubenflinten) **liegen die Verhältnisse natürlich wieder anders.**

Tabelle der Deutschen Versuchsanstalt für Handfeuerwaffen über die Durchschnittsleistung guter Schrotgewehre in Trefferzahl und Deckung auf 35 m Entfernung.

Durchmesser des Trefferkreises 75 cm	3,5 mm Schrot (Nr. 3)		2,5 mm Schrot (Nr. 7)		3,5 mm Schrot (Nr. 3)		2,5 mm Schrot (Nr. 7)	
	Treffer	Gedeckte Felder	Treffer	Gedeckte Felder	Treffer	Gedeckte Felder	Treffer	Gedeckte Felder
	Kal. 12				Kal. 16			
Gewöhnlicher Zylinderlauf	**60—66**	44—48	**130—147**	71—75	**53—58**	40—43	**119—132**	68—72
Verbesserter Zylinderlauf	**63—72**	45—50	**137—161**	73—78	**56—61**	42—45	**125—138**	70—73
Schwache Würgebohrung	**69—86**	49—56	**151—195**	76—84	**58—70**	43—49	**131—160**	71—73
Mittlere Würgebohrung	**82—96**	55—60	**185—229**	82—89	**67—79**	48—53	**154—188**	77—83
Starke Würgebohrung	**91—96**	58—60	**218—237**	87—90	**75—79**	52—53	**180—197**	82—84
Sehr starke Würgebohrung	**91—95**	58—60	**223—236**	88—90	**75—76**	52—52	**186—193**	83—84

Im übrigen gilt nach den Normen der Versuchsanstalt bei guter Verteilung der Schrote mit Schrot 3,5 mm (Nr. 3) auf 35 m Entfernung eine Trefferzahl von:

40 bis 44% als genügend,
45 „ 49% „ ziemlich gut,
50 „ 59% „ gut,
60 „ 64% „ sehr gut,
65 „ 69% „ hervorragend,
70% und darüber als hervorragend übertreffend.

Eine genügend scharfe und erschöpfende Beurteilung einer Schrotflinte kann natürlich nicht in einem einzigen Ausdrucke zusammengefaßt werden, da die Anforderungen, welche der Jäger nach seinen persönlichen und jagdlichen Verhältnissen an eine Flinte stellt, allzu verschieden sind.

Die Versuchsanstalt Halensee beurteilt daher die Schußleistung der Flinten nach fünf verschiedenen Richtungen hin:

1. Trefferzahl im Verhältnis zur Verdichtung nach der Mitte,
2. Gleichmäßigkeit der Verteilung (Deckung),
3. Regelmäßigkeit von Schuß zu Schuß,
4. Durchschlagskraft,
5. Treffpunktlage.

Schußbilder verschiedener Deckung.

Geschossen mit Doppelflinten Kal. 16 auf 35 m Entfernung mit Schrot Nr. 3—3,5 mm.

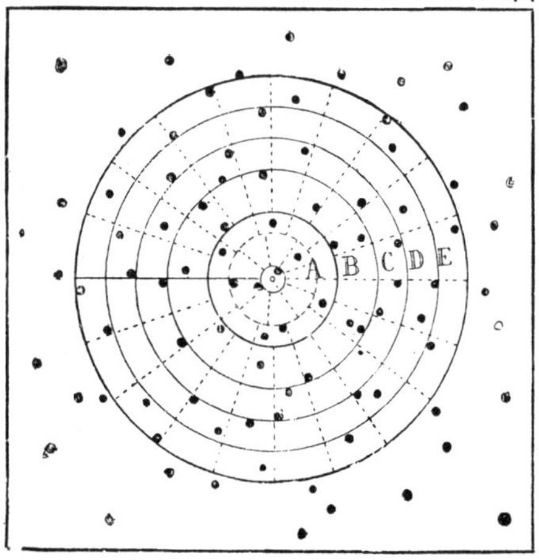

Schußbild Nr. 1.

Sehr gleichmäßige Verteilung.
68—74 % Treffer im 75 cm Kreise.
Leistung: **„Sehr gut!"**

Wie nebenstehende Bilder veranschaulichen, ist die Deckung (Verteilung der Schrote) aus verschiedenen Gewehren geschossen, nicht immer ein und dieselbe. Eine Verdichtung, wie bei Bild 1 dargestellt, **erzielen meine sämtlichen Jagdgewehre in normaler Preislage** und dürfte für die **überwiegende Mehrzahl der Jäger vollauf genügen. Diese Verdichtung ist für die Mehrzahl der Jäger um deswillen besonders vorteilhaft, weil die verhältnismäßig große, dabei sehr gleichmäßige Streuung dem Schützen die Möglichkeit gibt, innerhalb eines weiteren Spielraumes bei nicht gut abgegebenen Schüssen dennoch das Ziel mit genügenden Treffern zu bedecken.** Auch bei kleinerem, flüchtigem Wild ist mit einer Streuung wie Abbildung 1 erfolgreich zu jagen.

Sehr oft werden nun auch Gewehre mit **„stärkster Verdichtung"** nach der Mitte verlangt, um bis auf 70 m sicher schießen zu können. Dieses läßt sich durch sachliche Bearbeitung der Rohre wohl erreichen, doch leuchtet es ein, daß ein solches Gewehr durch mühevolle und kostspielige Schießversuche einen entsprechenden Mehrpreis erheischt. Diese Gewehre, sogenannte Weitschußflinten, stellen jedoch nur in Händen hervorragender Schützen wirkliche brauchbare Waffen dar, denn Gelegenheits-Jäger, die weniger Schußfertigkeit besitzen, werden auf den gewöhnlichen Gebrauchs-Entfernungen nicht die gewünschten Treff-Erfolge erzielen, da durch den geringen Streukreis sehr viel Fehlschüsse eintreten werden. **Im übrigen empfiehlt es sich nicht, das Wild mit den weitschießenden Gewehren auf so kurze Entfernungen** zur Strecke zu bringen, da solches begreiflicher Weise durch den engen Streukegel arg **zerschossen** und entwertet werden würde.

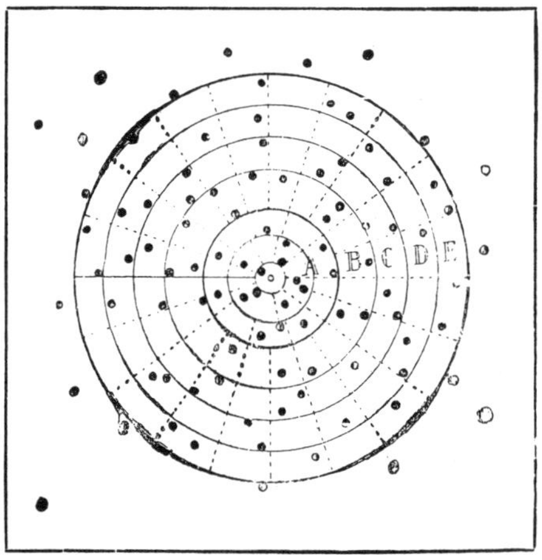

Schußbild Nr. 2.

Starke Verdichtung (meist nur aus guten Chokebore-Läufen erreichbar).
80—100 % Treffer im 75 cm Kreise.
Leistung: **„Hervorragend übertreffend!"**

Das Einschießen meiner Schrotgewehre erfolgt mit meinen fabriksmäßig fertiggestellten und im Handel befindlichen **„Aste"-Patronen,** sofern nicht ausdrücklich andere Bestimmungen vorliegen. Die rauchlos beschossenen Gewehre werden mit der rühmlichst bekannten Patrone **„Aste rauchlos"** extra Kontrolle geschossen.

6.

Wichtige allgemeine Bemerkungen.

(Fortsetzung.)

Das Einschießen der Kugelgewehre.

Wie bei Schrotgewehren die gleichmäßige Verteilung der Schrote und Regelmäßigkeit von Schuß zu Schuß die wertvollsten Eigenschaften sind, so sind solche bei einem Kugelgewehr nur in der Präzision des Schusses zu suchen.

Seit Einführung dieser Waffen widme ich dem Kugelschuß ganz besondere Beachtung und trage alles dazu bei, die ballistische Leistungsfähigkeit nach Möglichkeit zu erhöhen. Die Erfahrungen in der letzten Zeit haben ergeben, daß nur durch sorgfältigste Laufbearbeitung, scharfe Züge bei richtig gewähltem Drall die höchste Schußpräzision liefert, wobei natürlich Verwendung richtig geladener Patronen vorausgesetzt wird. Genaue Angaben über allgemeine Schußleistungen können jedoch nicht gegeben werden, infolge der Verschiedenartigkeit der Pulver- und Geschoßarten.

Der Anschuß der Kugelläufe erfolgt, wenn die Gewehre doppelklappige Visiere tragen, mit dem ersten auf 80 resp. 100 m, mit dem zweiten auf 160 m (100 resp. 200 Schritt), bei **einem** Visier **nur** auf 80 m. Dieselben können jedoch auch den Wünschen der Herren Besteller entsprechend, auf jede andere Entfernung angeschossen werden. Scheibenbüchsen werden auf die üblichen Distanzen mit Standdiopter auf 100 und 175 m und mit Feldgabel, soweit solche vorhanden, auf 300 m eingeschossen.

Im allgemeinen reguliere ich die Visierung der Kugelrohre für Jagdgewehre in der Weise, daß die Schüsse, auf 80 m bei gestrichenem Korn, Zielpunkt unten angefaßt, in der oberen Hälfte des Schwarzen von ca. 15 cm Durchmesser sitzen.

Wohl alle Dreilaufgewehre besitzen für den Kugellauf nur **eine** Visierklappe, weil solche für die deutschen Jagdverhältnisse vollauf genügt und die weidmännischen Distanzen damit gut erreicht werden. Infolge der rasend schießenden Kleinkaliber-Gewehren kann man jedoch auch weitere oder kürzere Distanzen durch Voll- resp. Feinkorn ausgleichen. Unter **„gestrichenem Korn"** ist zu verstehen, daß das Korn beim Zielen genau in der Visierkimme steht und mit der oberen Kante des Visiers abstreicht. Unter **„Ziel anfassen"** versteht man, daß das Ziel mit gestrichenem Korn direkt über dem Korn steht, so daß man also bei Abgabe des Schusses das ganze Ziel über der Visierung sieht. Diese Zielmethode ist die beste und verbreitetste, sowohl für die Jagd, als auch für das Scheibenschießen.

Für Schwarzpulver bestimmte Kugelgewehre schieße ich, den neueren Anforderungen entsprechend, auf Bestellung auch mit rauchlosem Pulver ein, und zwar in der Regel für Kupfermantel-Geschosse oder auch mit gewöhnlichen Legierungsgeschossen. Für diese Geschoßarten kommt in der Hauptsache das neue Haslocher Spezial-Scheibenpulver, Mod. 1906, oder aber das Rottweiler Scheibenpulver „I" in Frage. Die Ladeweise ist eine sehr einfache; auch stimmt die Treffpunktlage ungefähr überein mit der normalen Schwarzpulverladung. Der genaue Ladequotient wird angegeben.

Für Beurteilung der **Kugelschußleistung** diene nachstehende, von der Deutschen Versuchsanstalt für Handfeuerwaffen in Halensee aufgestellte Tabelle. Bei Abgabe von mindestens 10 Schuß erhält man im allgemeinen folgenden Durchmesser des Streuungskreises:

Art der Gewehre	Entfernung	Streukreis			
		hervorragend	sehr gut	gut	genügend
Bei Büchsen mit Mantelgeschossen	100 m	6–8 cm	8–10 cm	10–13 cm	13–15 cm
Bei Pirschbüchsen mit Bleigeschossen	100 m	7–9 cm	9–12 cm	12–15 cm	15–18 cm
Bei mehrläufigen gezogenen Gewehren, Geschosse mit Bleiführung	100 m	7–10 cm	10–13 cm	13–16 cm	16–20 cm
Bei Mantelgeschoß eines mehrläufigen Gewehres	100 m	6–9 cm	9–11 cm	11–14 cm	14–16 cm
Bei glatten Flintenläufen mit Bolzengeschossen	80 m	15–19 cm	19–23 cm	23–26 cm	26–28 cm
Bei Doppelbüchsen dürfen die mittleren Treffpunkte auf der Kernschußweite nicht mehr auseinanderfallen als	100 m	2–4 cm	4–6 cm	6–8 cm	8–10 cm
Bei Scheibenbüchsen	175 m	10–12 cm	12–15 cm	15–18 cm	18–24 cm
Bei Scheibenbüchsen	300 m	15–20 cm	20–24 cm	24–29 cm	29–32 cm

Hierzu bemerke ich, daß meine sämtlichen Gewehre mindestens die Leistung „sehr gut" aufweisen, doch aber fast durchweg bedeutend besser schießen, und sogar die Leistung „hervorragend" noch weit übertreffen. Dieses gilt vor allen Dingen bei meinen Präzisions-Scheibenbüchsen, welche den unter „hervorragend" angegebenen Streukreis um die Hälfte herabdrücken, also fast kaum eine Streuung von **5–8 cm** haben. Trotz des mit größter Sorgfalt vorgenommenen Einschießens werden meine Gewehre vor Versand nochmals Kontrolle geschossen, so daß meine werten Kunden versichert sein können, nur eine wirklich tadellos schießende Waffe zu erhalten. Es kommt nun immerhin einmal vor, daß ein Kunde mit einem bezogenen Gewehr nicht die gleich guten Resultate erreicht, als wie er sie von der Waffe erwartet hat und wie solche in vorstehender Tabelle angegeben sind. Dieses ist jedoch nicht immer der Waffe zuzuschieben, sondern ich bitte zu berücksichtigen, daß hierbei viel die Eigenart des betreffenden Schützen und die Witterungs-Einflüsse mitsprechen, die z. B. folgende sind:

1. Anschlag,
2. Verkanten des Gewehres,
3. Kornklemmen oder Zielfehler,
4. Helle oder dunkle Beleuchtung,
5. Verschiedenartigkeit des menschlichen Auges usw.

Im allgemeinen können aber kleine Abweichungen von den Schützen selbst reguliert werden, so daß die Einsendung des Gewehres kaum erforderlich erscheint; event. stehe mit Rat gerne zu Diensten.

Das Kaliber der Kugelläufe: Schon seit mehreren Jahren ist sowohl bei den Jägern, wie aber auch bei den Fabrikanten, die Bedürfnisfrage herangetreten, hinsichtlich des Kugelkalibers eine Einheit zu schaffen. So sind in der letzten Zeit durch die Fachpresse manche Stimmen laut geworden, und diese haben den Erfolg gezeitigt, daß den gangbaren Kalibern wie 8,15×46,5 mm, 9,3×72 mm, Mod. 88/8 mm und 10,75×68 mm ein Einheitsmaß geschaffen worden ist, so daß der Jäger, wenn er einmal ein Gewehr für die Normalpatrone passend hat, die Patronen überall erhalten kann.

Die Geschoßgeschwindigkeit und die lebendige Kraft der modernen Klein-Kaliberwaffen übertrifft die der Groß-Kaliberbüchsen bei weitem und ist es daher auch leicht erklärlich, daß die Stauchung und das Zerreißvermögen der kleinkalibrigen Geschosse weitaus größer ist, als sie seither von den großkalibrigen Bleigeschossen jemals erreicht werden konnte. Infolgedessen ist mit Recht das früher allgemein gebräuchliche Kaliber 11 mm durch Kaliber 9,3 mm Bleigeschoß oder Kupfermantelgeschoß und 8 mm Stahlmantelgeschoß verdrängt worden. Für unsere deutschen Jagdverhältnisse dürfte das Kaliber 9,3 mm für alle Wildarten auch vollauf genügen, und sollte trotzdem eine stärkere Patrone einmal Verwendung finden müssen, dann ist durch ein Kupfermantelgeschoß in Verbindung mit rauchlosem Büchsenpulver eine Patrone aus gleicher Hülse 9,3×72 mm zu schaffen, welche eine außerordentliche Kraft und Wirkung besitzt und vollauf genügt, auch das stärkste Wild im Feuer zusammenbrechen zu lassen. Für Reviere mit Rot- und Schwarzwild findet auch viel das Kaliber 8 und 9 mm für Blättchenpulver und Halb- oder Ganzmantelgeschosse Verwendung. Für Export spricht natürlich der Verwendungszweck hinsichtlich des Kalibers am meisten mit und sind gangbare und bewährte Patronen nach dem Auslande: 9,3×74 mm, Mod. 88/8 mm, Mod. 88/10,75 mm und 11,2×72 mm.

In umstehender Tabelle finden Sie die ballistischen Eigenschaften der gängigsten Patronen angegeben, welche manchem Jäger interessieren dürften.

Moderne Waffen ▫ Munition ▫ Jagdgeräte

AUGUST STUKENBROK, EINBECK

Anerkannt leistungsfähiges Etablissement dieser Branche

Tabelle der gängigsten Kugelpatronen mit Angabe der ballistischen Eigenschaften.

V bedeutet Anfangsgeschwindigkeit des Geschosses in Metern pro Sekunde.

E bedeutet Anfangsenergie (Lebendige Kraft) des Geschosses in Meterkilogramm = **mkg** und zwar bedeutet **1 mkg** die **Kraft**, welche 1 kg in einer Sekunde 1 m hoch hebt.

Die Geschwindigkeit wird nach Metersekunden = **msek** berechnet, worunter man die Entfernung versteht, welche ein Geschoß in einer Sekunde zurücklegt.

Die Messungen sind 25 m vor der Laufmündung vorgenommen = **V 25** und bedeutet z. B. eine Bezeichnung **V 25, 515 msek 220 mkg** folgendes: Die Fluggeschwindigkeit des Geschosses beträgt 25 m vor der Laufmündung gemessen 515 m in der Sekunde und die Durchschlagskraft (Lebendige Kraft) 220 Meterkilogramm.

Wie es kaum besonderer Erwähnung bedarf, sind die Angaben der Tabelle nur als **ungefähre** zu betrachten und können nicht in jedem Falle als Norm angesehen werden.

Patronen-Nr.	Flug-geschwindigkeit V 25 msek	Lebendige Kraft mkg	Bezeichnung der Patronen	Verwendungszweck

8267	465	133	**Patrone 9,3×72 mm,** Ladung 3,5 g Naßbrandpulver und Bleigeschoß, Gewicht 12,3 g.	Sehr beliebte Drillingspatrone. Vorzüglich auf Rehwild bewährt.
8284	515	220	**Gleiche Patrone,** jedoch geladen mit rauchlosem Kornpulver und Kupfermantelgeschoß.	Für Rehwild, jedoch auch für Rot- und Schwarzwild geeignet.

8269	520	190	**Patrone 9,3×82 mm,** geladen mit 4,5 g Naßbrandpulver und Bleigeschoß.	
—	530	195	**Gleiche Patrone,** jedoch geladen mit rauchlosem Kornpulver und Kupfermantelgeschoß.	

8273	450	200	**Patrone 11,15×65 mm,** geladen mit 4,5 g Naßbrandpulver und Bleigeschoß.	Drillingspatrone, wo auf Weitschuß und Rasanz weniger Wert gelegt wird.

8322	480	90	**Patrone SS 48×6,6 mm,** geladen mit 1,2 g Blättchenpulver und Teil- oder Ganzmantelgeschoß.	Birkwildpatrone. Wirkung auf Rehwild noch nicht genügend.

8328	540	191	**Patrone 360-57-8 mm,** geladen mit 1,8 g Blättchenpulver und Ganz- oder Teilmantelgeschoß.	Für Rehwild. **Beliebte Mantelgeschoßpatronen für solid gearbeitete Kipplaufgewehre ohne besondere Verschlußverstärkung.**

8326	540	191	**Patrone SS 58,5×8 mm,** geladen mit 1,8 g Blättchenpulver und Teil- oder Ganzmantelgeschoß.	

8342	680	288	**Mauserpatrone Kal. 7 mm,** geladen mit 2,55 g Blättchenpulver und Stahlmantelgeschoß, für Repetierbüchsen.	Für schwächeres Hochwild geeignet.
			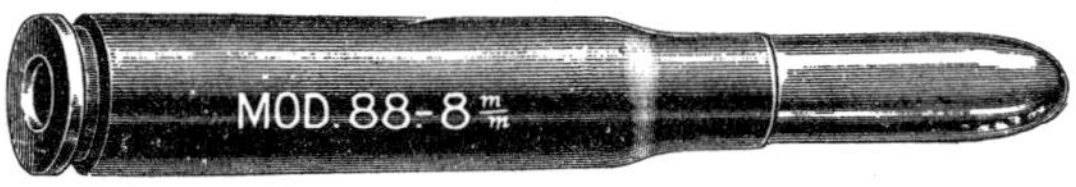	
8336 bis 8339	645	310	**Patrone Mod. 88, Kal. 8 mm,** geladen mit 2,45 g Blättchenpulver und Ganz- oder Teilmantelgeschoß.	Für Repetierbüchsen, zur Jagd auf alles europäische Wild und diesem in Stärke gleichkommenden außereuropäischen Wild.

Kugelpatronen und ihre ballistischen Eigenschaften.

(Fortsetzung.)

Patronen-Nr.	Fluggeschwindigkeit V 25 msek.	Lebendige Kraft mkg.	Bezeichnung der Patronen	Verwendungszweck
8340	610	347	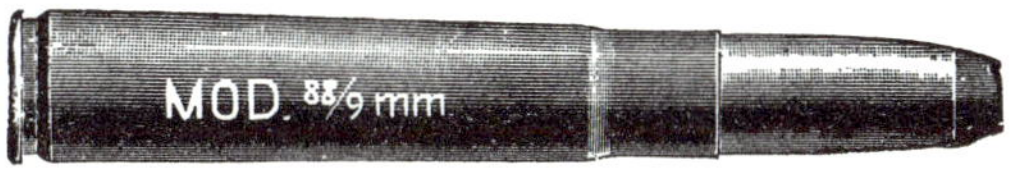 **Patrone Mod. 88, Kal. 9 mm,** geladen mit 3,5 g Blättchenpulver und Teil- oder Ganzmantelgeschoß.	Für Hochwild, speziell für tropisches Wild geeignet. Aus starken Büchsen zu verfeuern.
8334	680	445	 **Patrone Kal. 9,3×74 mm,** geladen mit 2,5 g Blättchenpulver und Ganz- oder Teilmantelgeschoß.	**Hervorragend bewährte Patrone für stärkstes Wild, speziell auch für tropisches Wild (Dickhäuter und große Raubtiere) sowie für starkes Hochwild, Bären und Schweine.** Diese Patronen werden in gleicher Weise auch **mit Rand** gefertigt für stark gebaute Kipplaufgewehre.
8348	680	445	 **Patrone Kal. 9,3×63 mm,** ohne Rand, geladen mit 3,5 g Blättchenpulver und Ganz- oder Teilmantelgeschoß, für entsprechend gebaute Repetierbüchsen.	
8346	650	495	 **Patrone Kal. 10,75×57 mm,** Mod. 88, ohne Rand, geladen mit 3,5 g Blättchenpulver und Ganz- oder Teilmantelgeschoß.	
—	800	600	 **Patrone Kal. 11,2×72 mm,** neue Patrone, Ladung 5 g Blättchenpulver, mit Ganz-, Teil- oder Expansionsgeschoß.	
8259	423	98	 **Patrone Kal. 8,15×46,5 mm,** geladen mit 2 g Naßbrandpulver und Bleigeschoß.	Normalpatrone für deutsche Scheibenbüchsen. Auf der Jagd nur für Niederwild genügend.
8282	450	111	**Die gleiche Patrone,** jedoch mit rauchlosem Haßlocher oder Rottweiler Büchsenpulver geladen.	
8252	400	20	 **Zentralfeuer-Winchesterpatrone Kal. 22** gleich 5,6 mm, 35 mm lange Hülse, Ladung 0,7 g Schwarzpulver, Bleigeschoß 2,7 g schwer.	Für Birkwild, kleines Raubzei Sehr beliebte Schonzeitgewe patrone.
8281	550	40	**Winchesterpatrone wie vorige,** jedoch Ladung 0,4 g Haßlocher Pistolenpulver, Nickelkupfermantelgeschoß.	

9

Schäftung.

Die Schaftlage ist von großer Wichtigkeit und oftmals für die Schußresultate ausschlaggebend. Es ist daher von Vorteil, wenn mir bei Bestellung die Körperbeschaffenheit knapp beschrieben wird; vorzugsweise kommt in Betracht, ob Hals und Arme lang, normal oder kurz sind. Im allgemeinen liegen der Mehrzahl der Jäger Gewehre mit normaler Schäftung gut, kleine Veränderungen lassen sich auch noch nachträglich vornehmen. Herren, welche die Schaftlage kennen, belieben bei Bestellung untenstehende Skizze zu verwenden, eventuell ist auch die Einsendung eines gut liegenden Mustergewehres (Schaft allein genügt nicht) erwünscht:

Verlängerte Laufliniе.

a) Abstand der Kolbennase unter Laufliniе.
b) Abstand der Kolbenkappe unter Lauflinie.
c) Länge von Kolbennase bis Kolbenkappe.
(d Länge von vorderem Abzug bis Kolbenkappe.

Beachtenswerte Anleitung bei Ausübung der Jagd.

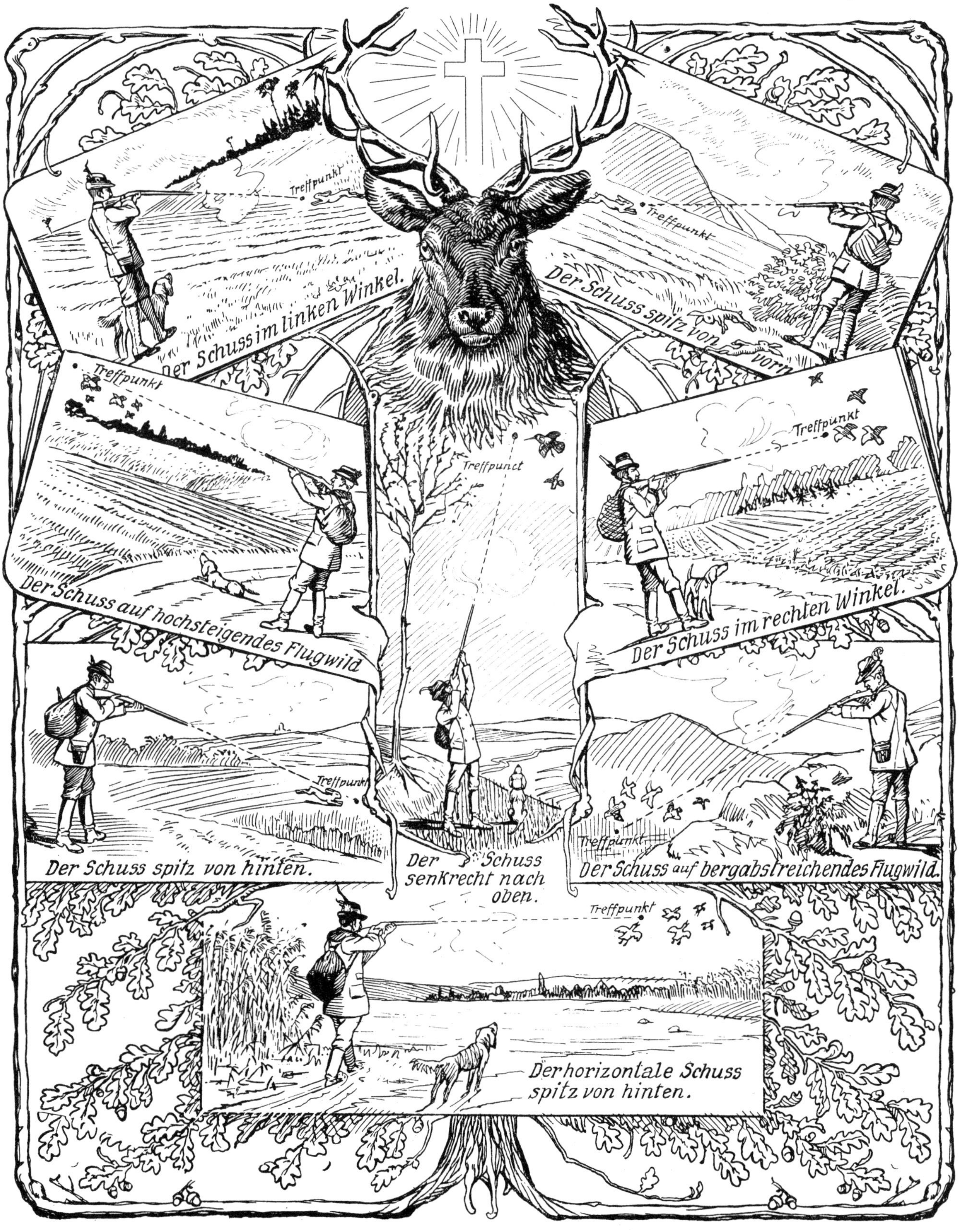

Moderne Waffen ▫ Munition ▫ Jagdgeräte

AUGUST STUKENBROK, EINBECK

Anerkannt leistungsfähiges Etablissement dieser Branche

Zentralfeuer-Drillinge mit Hähnen

Gesetzlich geschützt. **Marke „Aste“.** Gesetzlich geschützt.

Unerreichtes Präzisionsfabrikat. ∴ Modell 1911. ∴ Bewährte, sehr moderne Gebrauchswaffen.

Diese Modelle stellen auf dem Gebiete der modernen Gewehrfabrikation eine besondere Spezialität dar. Alle Teile sind unter Zuhilfenahme feinster Präzisionsmaschinen mit besonderer Sorgfalt angefertigt, wodurch sauberes Passen der Verschlüsse, dauernd gute Funktion und infolge Verwendung der bestgeeignetsten Materialien größte Haltbarkeit erreicht wird. Meine „Aste“-Drillinge haben alle ein volles massives Verschlußstück und sind daher für starken Gebrauch rauchlosen Pulvers besonders gut geeignet. Die neuen modern angepaßten kurzen Schlösser haben ausprobiert vorzügliches Stahlgewerk und geben im Verein mit der exakt ausgearbeiteten Basküle dem Gewehr ein sehr elegantes und geschmackvolles Aussehen. In den maßgebenden Jägerkreisen haben daher meine neuen Modelle sofort berechtigten Eingang gefunden und werden vorzugsweise bei allen Jagden geführt. Infolge der vorteilhaften Preisstellung sind meine „Aste“-Drillinge die **besten, gangbarsten und beliebtesten Gebrauchsgewehre** der Gegenwart.

Die Drillinge haben durchweg eine Lauflänge von 68 cm. Das Gewicht eines Drillings beträgt in Kal. $\frac{16-16}{9,3}$ ca. 2 kg 800—900 g, in Kal. $\frac{12-12}{9,3}$ ca. 3 kg.

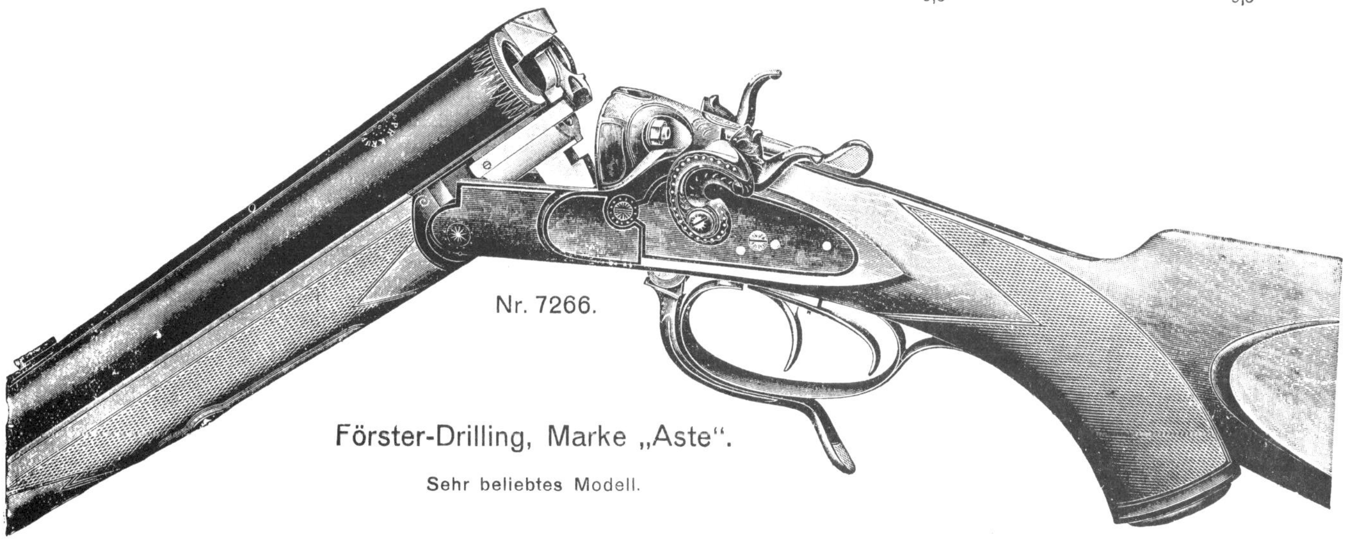

Nr. 7266.

Förster-Drilling, Marke „Aste“.

Sehr beliebtes Modell.

Nr. 7266. **„Aste“ Hahn-Drilling,** neueste Konstruktion, mit modern angepaßten kurzen Schlossen, voller massiver Systemkasten für rauchloses Pulver, dreifacher Roux-Verschluß mit Verschlußhebel auf dem Abzugsbügel liegend, **prima Kruppsche Stahlläufe** mit verlängerter, mattierter Visierschiene, Federumlegevisier und Korn mit Silberpunkt, Schrotläufe rauchlos beschossen und links volle Chokebohrung, Kugellauf Kal. 9,3×72 mm für Normalhülse passend mit bestgeeignetsten Zügen, rechter Abzug mit Stecher für präzisen Kugelschuß, Vorderschaft mit Patentschnäpper, Garnitur mit eleganter Kettenstichgravur und bunt gehärtet, feiner Pistolengriffschaft mit Backe, Fischhaut, Hornkäppchen und -Kappe. Alle Teile sind mit größter Präzision gewissenhaft und solide gearbeitet, Läufe im Schuß genau geprüft. **Empfehlenswertester Förster-Gebrauchsdrilling.** Stück **Mk. 150.—**

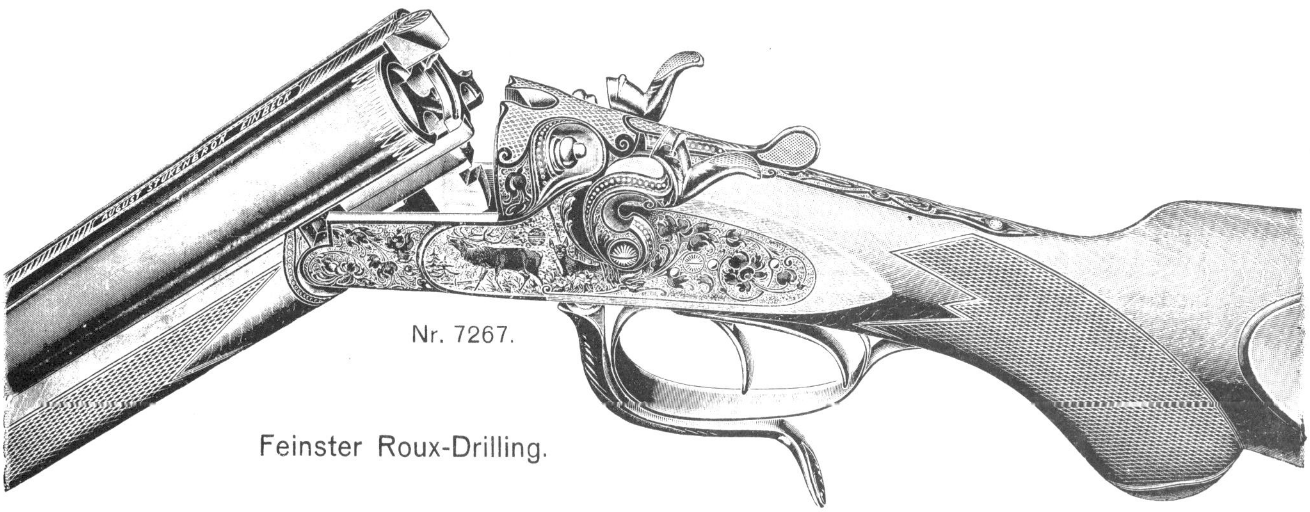

Nr. 7267.

Feinster Roux-Drilling.

Nr. 7267. **„Aste“ Hahn-Drilling,** in Konstruktion und Bauart wie Modell 7266, jedoch in allen Teilen feiner ausgeführt, dreifacher Rouxverschluß, **feinste Kruppstahlläufe** mit moderner Kante graviert, rauchlos beschossen, System in jeder Beziehung mit größter Sorgfalt ausgearbeitet, Garnitur mit reicher, geschmackvoller Jagdstück-Wetzgravur, feinster Maserholz-Pistolengriffschaft. **Ein sehr eleganter, beliebter Drilling.** Stück **Mk. 165.—**

Nr. 7268. **„Aste“ Hahn-Drilling,** wie vorher, jedoch als „Meisterstück“ gearbeitet, mit automatischem Visier, Umlegediopter, Patent-Patronenmagazin im Kolben, feinste erhabene altdeutsche Jagdstück-Wetzgravur und Läufe mit höchst erreichbarer Schußleistung. Stück **Mk. 195.—**

Beachten Sie bitte auch meine **„Aste“-Drillinge mit Greener-Verschluß** auf Seite 15—17.

Sehr empfehlenswerte

Zentralfeuer-Drillinge mit Hähnen.

Beste deutsche Büchsenmacher-Präzisionsarbeit. ∵ Best bewährte Gebrauchs-Modelle.

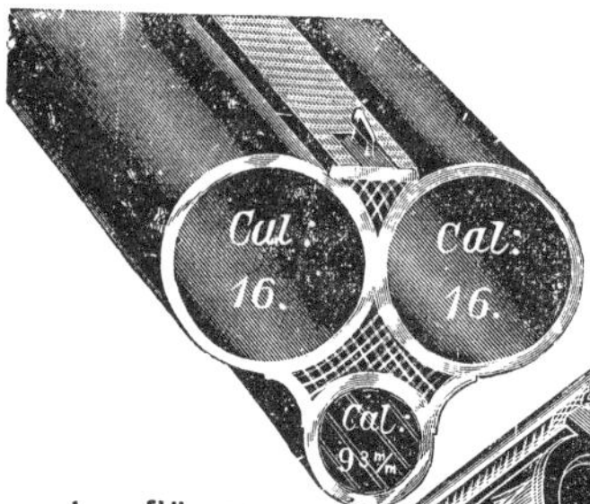

Nachstehende Drillinge sind in Forstkreisen **alteingeführte Modelle,** die sich infolge ihrer äußerst soliden Bauart immer noch der größten Beliebtheit erfreuen. Dieselben werden aus bestbewährtem Material im Handbetriebe hergestellt und nach den Normen der deutschen Versuchsanstalt eingeschossen. Im Verein mit der sauberen Arbeit und der **eleganten handlichen** Form stellen diese Drillinge **kräftige Gebrauchsgewehre dar, die für lange Dauer sehr zu empfehlen sind.**

Gewicht in Kal. 16–16/9,3 ca. 2,9 kg, in Kal. 12–12/9,3 ca. 3,1 kg

Lauflänge ca. 68 cm.

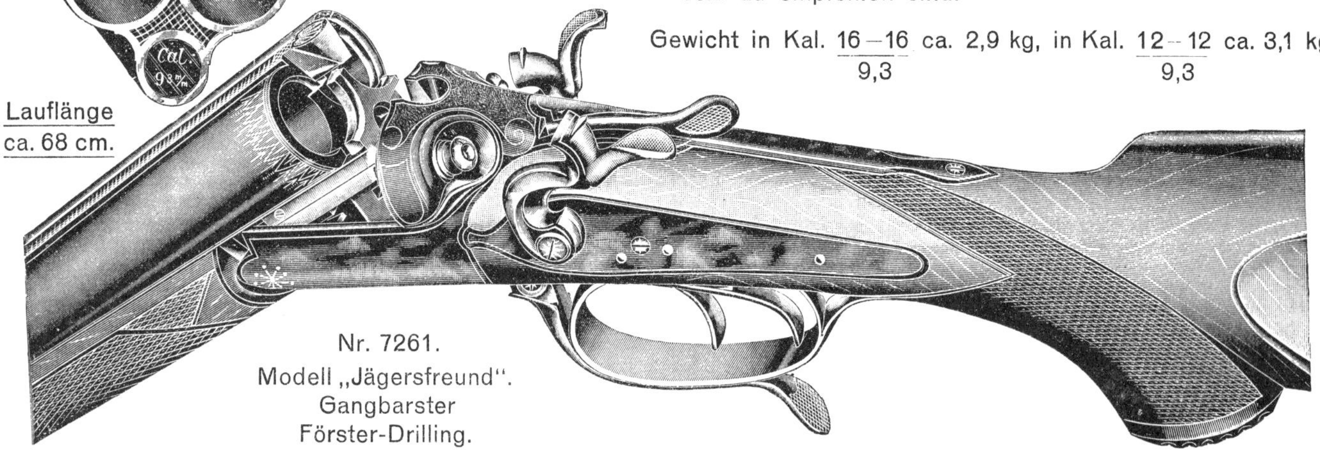

Nr. 7261.
Modell „Jägersfreund".
Gangbarster
Förster-Drilling.

Nr. 7261. **Prima Zentralfeuer-Förster-Drilling mit dreifachem Roux-Verschluß, Läufe aus prima Gewehrlauf-Flußstahl,** mit verlängerter fein mattierter Laufschiene, Doppelriegeleintritt, Verschlußhebel auf dem Abzugsbügel liegend, Schrotläufe Kaliber 16 oder 12, links Chokebohrung für Weitschuß, Kugellauf Kaliber 9,3×72 oder 82 mm für Weichblei- oder Legierungsgeschosse, allerbeste Expreßzüge, Federumlege-Visier und Silberpunktkorn von vorn eingeschoben, Umschaltungshebelchen zwischen den Hähnen, System fein ausgearbeitet mit vollen Muscheln, prima Stahlrückspringschlösser, rechter Abzug mit Stechschloß für Kugellauf, Holzvorderschaft mit Patentschnäpper, Garnitur bunt gehärtet mit Kettenstich-Gravierung, bester Nußholzschaft mit Pistolengriff, Backe und Fischhaut, **Schrotläufe rauchlos beschossen,** vorzüglichste Schußleistung aller Rohre. **Ein in jeder Beziehung tadellos gearbeiteter Gebrauchs-Drilling.** Stück Mk. 130.—

Nr. 7262. **Derselbe vorzügliche Förster-Gebrauchs-Drilling,** jedoch noch mit automatischem Visier, welches sich beim Umschalten auf Kugelschuß von selbst aufrichtet und bei Wiederumschaltung auf Schrotschuß von selbst wieder legt. Stück Mk. 140.—

Nr. 7260. **Zentralfeuer-Drilling** wie Modell 7260, jedoch etwas einfacher gehalten, sonst in gleich vorzüglicher Qualität, mit dreifachem Roux-Verschluß, beste Flußstahlläufe, Schrotrohre amtlich rauchlos beschossen. Vorderschaft mit Patentschnäpper, Garnitur bunt gehärtet, guter Nußholz-Pistolengriffschaft mit Backe und Fischhaut, unbedingt zuverlässig im Schuß. **Ein einfacher, aber guter Drilling.** Stück Mk. 110.—

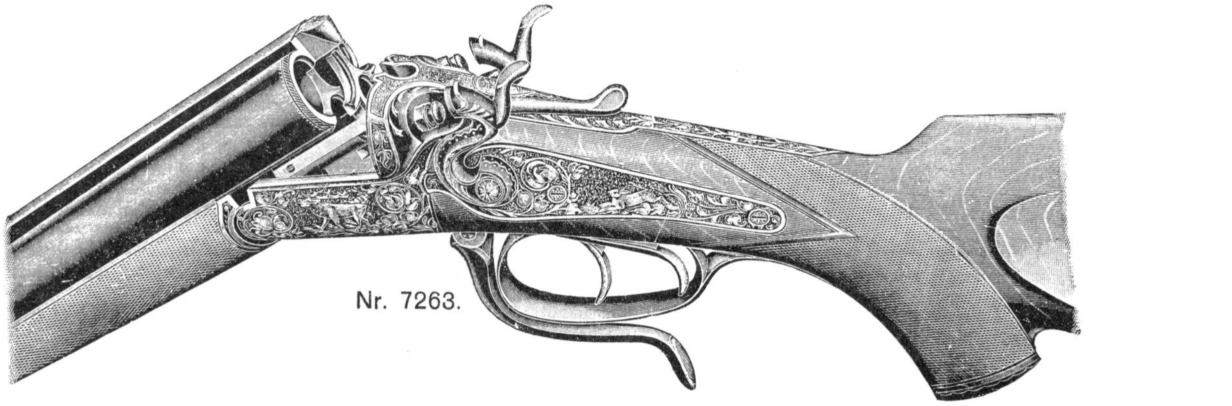

Nr. 7263.

Nr. 7263. **Prima Zentralfeuer-Förster-Drilling in extra solider Ausführung, mit dreifachem Roux-Verschluß,** Verschlußhebel auf dem Abzugsbügel liegend, **Läufe aus prima Kruppschem Flußstahl,** mit verlängerter, guillochierter Laufschiene, Schrotläufe Kaliber 16 oder 12, links Chokebohrung für Weitschuß, Kugellauf Kaliber 9,3×72 oder 82 mm mit besten Expreßzügen, System fein ausgearbeitet mit vollen Muscheln, Federumlege-Visier und Perlkorn mit Silberpunkt von vorn eingeschoben, Umschaltungshebelchen zwischen den Hähnen, prima Rückspringschlösser mit bestem Stahlwerk, vorderer Abzug mit Rückstecher für den Kugellauf, Holzvorderschaft mit Patentschnäpper, Garnitur mit hochfeiner gewetzter Jagdstück-Gravierung und bunt gehärtet, Pistolengriffschaft aus bestem Nußholz, mit Backe, Fischhaut und Hornkappe. **Ein großartiger Drilling mit vorzüglicher Schußleistung, Schrotläufe rauchlos beschossen.** Stück Mk. 140.—

Nr. 7264. **Derselbe vorzügliche Drilling,** jedoch noch mit selbsttätigem Visier und in allen Teilen feiner ausgearbeitet, **unübertroffene Qualität.** Stück Mk. 150.—

Nr. 7265. **Derselbe vorzügliche Zentralfeuer-Drilling** wie Modell 7264, jedoch in allen Teilen meisterhaft gearbeitet, mit selbsttätigem Visier, Umlege-Diopter und Patronen-Magazin im Schaft unter dem Riemenbügel. **Ein hochfeiner und viel gekaufter Drilling.** Stück Mk. 170.—

Extraanfertigungen werden ganz nach den Wünschen meiner Auftraggeber ausgeführt.

Hahn-Drillinge ∴ Modell „Diana"

in neuer verbesserter Konstruktion, mit verstärktem massiven Verschlußstück.

Spezial-Waffen für starken Gebrauch.

Die modernen rauchlosen Treibmittel und die dadurch hervorgerufenen höheren Gasspannungen veranlaßten zur Konstruierung der nachstehenden Drillings-Modelle. Dieselben haben sich infolge ihrer unbedingten Zuverlässigkeit und des eleganten und geschmackvollen Aussehens gleich meinen berühmten „Aste"-Drillings-Modellen sehr rasch berechtigten Eingang in der Jägerwelt verschafft. Die Schußleistung dieser Drillinge ist ausgesprochen „hervorragend", so daß ich auch diese Modelle nur bestens empfehlen kann.

Extra solide Ausführung.

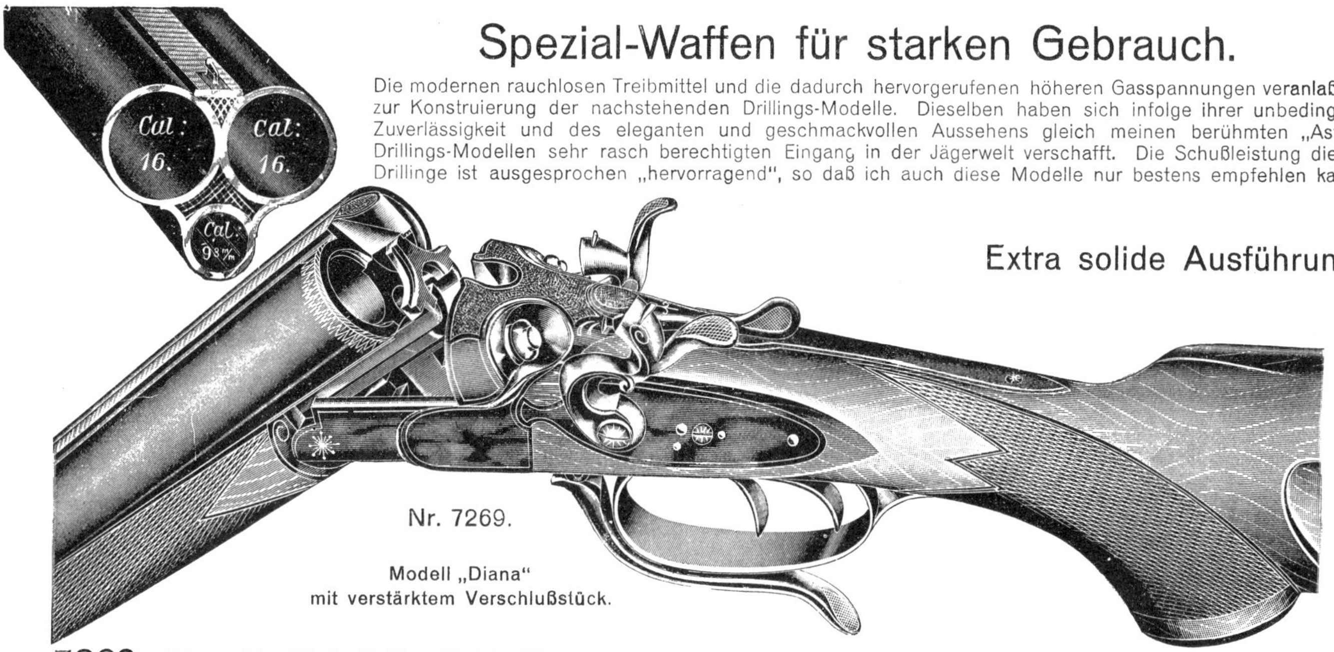

Nr. 7269.

Modell „Diana"
mit verstärktem Verschlußstück.

Nr. 7269. **Extra solider Förster-Drilling, Modell „Diana",** neue verbesserte Konstruktion, **mit massivem verstärkten Verschlußstück, für rauchloses Pulver, prima Flußstahlläufe,** Schrotläufe Kal. 16 oder 12 links Chokebohrung und rauchlos beschossen, Kugellauf Kal. 9,3×72 mm mit besten Expreßzügen, verlängerte, mattierte Visierschiene, Korn mit Silberpunkt von vorn eingeschoben und umlegbares Federvisier, **dreifacher Rouxverschluß** mit doppeltem Riegeleintritt, **prima kurze, gefällig aussehende Rückspringschlösser mit Stahlgewerk,** rechter Abzug **mit** feinem Rückstecher, Umstellungshebelchen zwischen den Hähnen, System fein ausgearbeitet mit hübschen vollen Muscheln, Holzvorderschaft mit Patentschnäpper, Garnitur mit Kettenstich-Gravierung und bunt eingesetzt, bester Nußholz-Pistolengriffschaft **mit** Backe, Fischhaut und Hornkappe, **hervorragende** Schußleistung aller drei Rohre. **Ein erstklassiger moderner Gebrauchs-Drilling.** Stück Mk. 140.—

Nr. 7270. **Derselbe vorzügliche Förster-Drilling wie Modell 7269,** jedoch in allen Teilen noch feiner ausgeführt, **Läufe aus feinstem Kruppschen Flußstahl,** Garnitur mit hochmoderner Jagdstück-Wetzgravur, Pistolengriffschaft aus bestem Maserholz, **prima Qualität.** Stück Mk. 155.—

Nr. 7271. **Derselbe vorzügliche Drilling wie Modell 7270,** jedoch noch mit selbsttätigem Visier, Patronenmagazin, feinste halberhabene, künstlerische Jagdwetzgravur, in allen Teilen **meisterhaft gearbeitet und auf höchsterreichbare Schußleistung gebracht. Ein hochwertiger Drilling.** Stück Mk. 175.—

Hahn-Drillinge mit Seitenhebel-Verschluß.

Drillinge mit Verschlußhebel an der linken Seite werden wegen der praktischen Handhabung ebenfalls gerne gekauft und erfreuen sich in der Jägerwelt allgemeiner Beliebtheit.

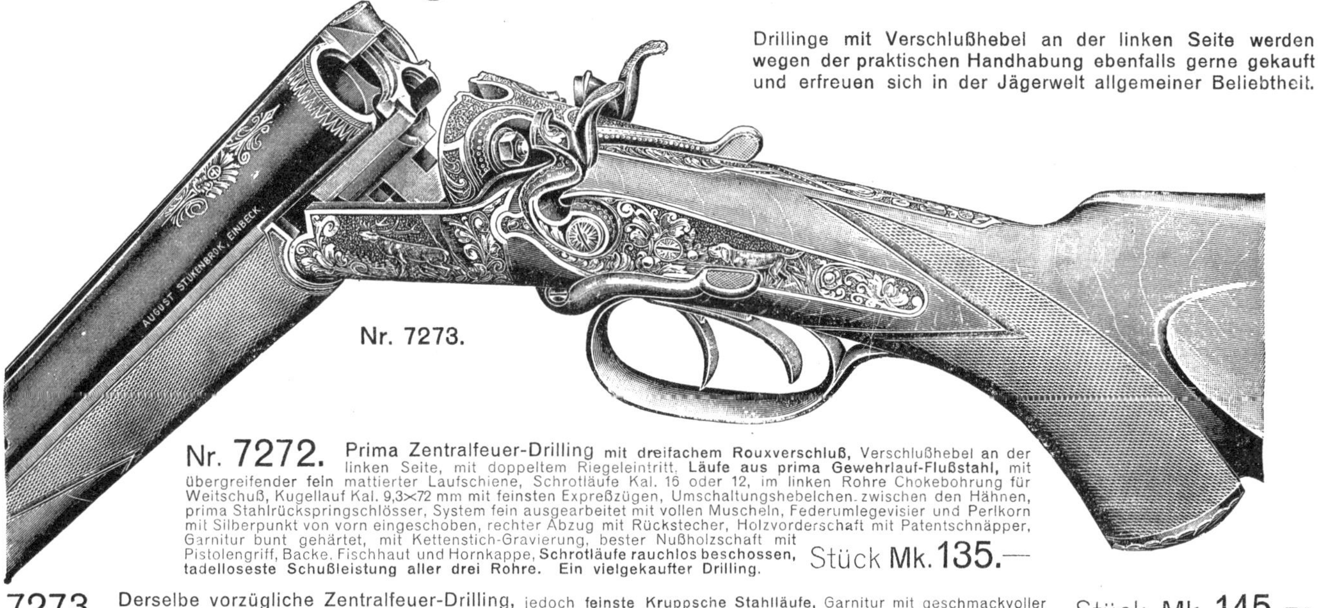

Nr. 7273.

Nr. 7272. **Prima Zentralfeuer-Drilling mit dreifachem Rouxverschluß,** Verschlußhebel an der linken Seite, mit doppeltem Riegeleintritt, **Läufe aus prima Gewehrlauf-Flußstahl,** mit **übergreifender fein** mattierter Laufschiene, Schrotläufe Kal. 16 oder 12, im linken Rohre Chokebohrung für Weitschuß, Kugellauf Kal. 9,3×72 mm mit feinsten Expreßzügen, Umschaltungshebelchen zwischen den Hähnen, prima Stahlrückspringschlösser, System fein ausgearbeitet mit vollen Muscheln, Federumlegevisier und Perlkorn mit Silberpunkt von vorn eingeschoben, rechter Abzug mit Rückstecher, Holzvorderschaft mit Patentschnäpper, Garnitur bunt gehärtet, mit Kettenstich-Gravierung, bester Nußholzschaft mit Pistolengriff, Backe, Fischhaut und Hornkappe, **Schrotläufe rauchlos beschossen, tadelloseste Schußleistung aller drei Rohre. Ein vielgekaufter Drilling.** Stück Mk. 135.—

Nr. 7273. **Derselbe vorzügliche Zentralfeuer-Drilling,** jedoch **feinste Kruppsche Stahlläufe,** Garnitur mit geschmackvoller gewetzter Jagdstück-Gravierung, **in allen Teilen feiner und besser ausgeführt.** Stück Mk. 145.—

Nr. 7274. **Der gleiche Drilling wie Modell 7273,** jedoch noch mit selbsttätigem Visier, Umlegediopter, Patronenmagazin im Schaft unter dem Riemenbügel, hochfeine künstlerische Jagdstück-Gravierung und besserer Maserholz-Pistolengriffschaft, **ein hochmoderner Drilling.** Stück Mk. 172.—

Moderne Waffen ▫ Munition ▫ Jagdgeräte

AUGUST STUKENBROK, EINBECK

Anerkannt leistungsfähiges Etablissement dieser Branche

Drillinge mit Hähnen in extra solider Ausführung.

Verschlußhebel zwischen den Hähnen.

Hervorragend im Schuß. Unübertroffenes deutsches Präzisionsfabrikat.

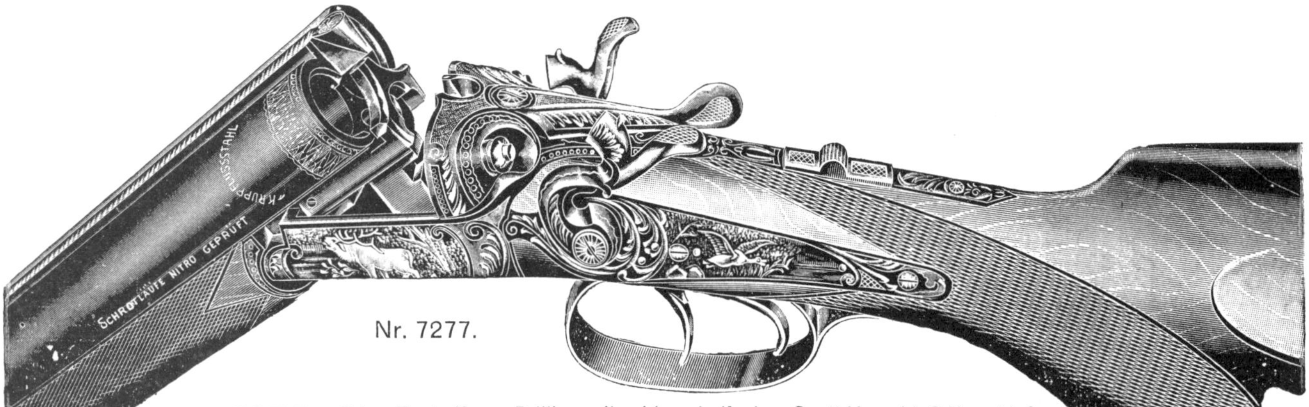

Nr. 7277.

Nr. 7275. Prima Zentralfeuer-Drilling mit echtem dreifachen Scott-Verschluß, Verschlußhebel zwischen den Hähnen, Doppelriegeleintritt, **Läufe aus prima Gewehrlauf-Flußstahl,** Schrotläufe Kal. 16 oder 12, im linken Rohre Chokebohrung für Weitschuß, Kugellauf Kal. 9,3×72 mm, mit feinsten Expreßzügen, Laufschiene mattiert und in das Verschlußstück übergreifend, System mit fein ausgearbeiteten vollen Muscheln, allerbeste Stahlrückspringschlösser, Umstellung von Kugel- auf Schrotschuß oder umgekehrt durch zierlichen Schubknopf auf der Scheibe, rechter Abzug mit Rückstecher für den Kugellauf, Federumlegevisier und Perlkorn mit Silberpunkt von vorn eingeschoben, Holvorderschaft mit Patentschnäpper, Garnitur bunt gehärtet, mit sauberer Kettenstichgravierung, feiner Pistolengriffschaft aus bestem Nußbaumholz, mit Backe, Fischhaut, Hornkäppchen und Hornkappe, **höchste Schußleistung aller 3 Rohre, Schrotläufe rauchlos beschossen. Ein in jeder Beziehung moderner Drilling.** Stück **Mk. 155.—**

Nr. 7277. Derselbe vorzügliche Drilling wie Modell 7275, jedoch in allen Teilen besser ausgeführt, **Läufe aus bestem Kruppschen Flußstahl,** für Höchstschußleistung besonders geprüft, Garnitur mit geschmackvoller Jagdstück-Wetzgravur, feinster Pistolengriffschaft, in jeder Beziehung gewissenhaft gearbeitet, extra prima Qualität. Stück **Mk. 170.—**

Nr. 7278. **Derselbe Drilling** wie Modell 7277, jedoch noch mit **selbsttätiger Visieraufstellung,** künstlerische erhabene Jagdstückgravierung, Abzugsbügel aus Horn, Patronenmagazin im Schaft unter dem Riemenbügel, in allen Teilen auf das feinste ausgeführt. **Ein erstklassiger Dreiläufer.** Stück **Mk. 192.—**

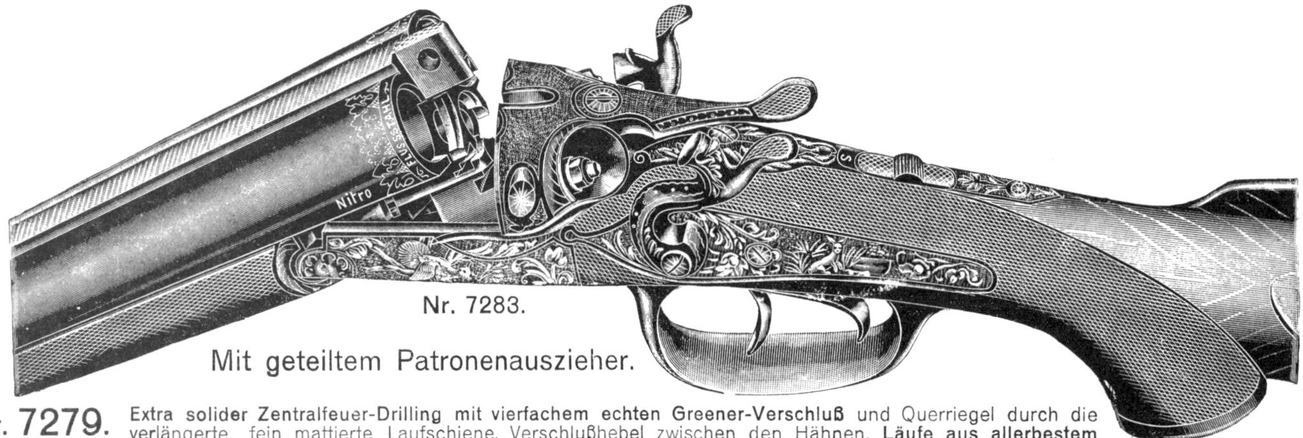

Nr. 7283.

Mit geteiltem Patronenauszieher.

Nr. 7279. **Extra solider Zentralfeuer-Drilling mit vierfachem echten Greener-Verschluß** und Querriegel durch die verlängerte, fein mattierte Laufschiene, Verschlußhebel zwischen den Hähnen, **Läufe aus allerbestem Spezial-Gewehrlaufstahl,** Schrotläufe Kal. 16 oder 12, im linken Rohre Chokebohrung für Weitschuß, Kugellauf Kal. 9,3×72 mm mit feinsten Expreßzügen, allerbeste Stahlrückspringschlösser, System mit vollen Muscheln, Umstellung von Schrot- auf Kugelschuß oder umgekehrt durch zierlichen Schubknopf auf der Scheibe, Federumlege-Visier und Perlkorn mit Silberpunkt von vorn eingeschoben, rechter Abzug mit Rückstecher für den Kugellauf, Garnitur bunt eingesetzt, mit eleganter Kettenstichgravierung, Vorderschaft mit Patentschnäpper, feiner Nußholzschaft mit Pistolengriff, Backe, Fischhaut, Hornkäppchen und Hornkappe. **Ein eleganter Drilling mit vorzüglicher Schußleistung, Schrotläufe rauchlos beschossen.** Stück **Mk. 173.—**

Nr. 7280. **Derselbe vorzügliche Drilling** wie Modell 7279, jedoch **System besser ausgearbeitet,** mit angeschmiedeten Seitenrohren, **selbsttätigem Visier,** in allen Teilen sauber und exakt ausgeführt, Garnitur mit englischer Arabeskengravur und bunt eingesetzt, Schaft aus bestem Nußbaumholz. **Prima Qualität.** Stück **Mk. 190.—**

Nr. 7281. **Extra solider Zentralfeuer-Drilling mit echtem vierfachen Greener-Verschluß,** in Bauart wie Modell 7279, jedoch in allen Teilen feiner ausgeführt, **Läufe aus allerbestem Kruppschen Flußstahl,** Garnitur mit hochfeiner künstlerischer Jagdwetzgravierung, Pistolengriffschaft aus ausgesuchtem guten Nußbaumholz. **Ein hochmoderner und empfehlenswerter Drilling mit vorzüglicher Schußleistung, Schrotläufe rauchlos beschossen.** Stück **Mk. 190.—**

Nr. 7282. **Derselbe vorzügliche Drilling** wie Modell 7281, jedoch noch mit automatischem Visier, Patronenmagazin, ganzem Hornabzugsbügel, in jeder Beziehung mustergültig gearbeitet. **Ein sehr empfehlenswerter und gern gekaufter Drilling.** Stück **Mk. 215.—**

Nr. 7283. **Derselbe vorzügliche Drilling** wie Modell 7282, jedoch in Meisterschaftsarbeit, System mit Verschlußverstärkung zu beiden Seiten, mit geteiltem Patronenauszieher, welcher die Kugelhülse etwas weiter herausbringt, allerfeinster Maserholzschaft mit voller Fischhaut am Schaftgriff. **Ein erstklassig ausgeführter Hahndrilling, hochfeines Kabinettstück.** Stück **Mk. 230.—**

Andere Kugelkaliber und Ausführungen auf Wunsch.

Erstklassige Qualität bei soliden, reellen Preisen.

Moderne Waffen ▫ Munition ▫ Jagdgeräte

AUGUST STUKENBROK, EINBECK

Anerkannt leistungsfähiges Etablissement dieser Branche

Gesetzlich geschützt. **Extra feine Drillinge mit Hähnen, Marke „Aste"** Gesetzlich geschützt.

mit verstärktem, massiven Verschlußstück und Greener-Verschluß.

Neueste verbesserte Konstruktion. ⁘ Spezialgewehre für starke rauchlose Pulverladungen.

Die Vorzüge dieser Art Gewehre sind auf Seite 11 besonders hervorgehoben und gelten auch speziell den nachfolgenden Modellen. Die meinen „Aste"-Gewehren anhaftende Solidität wird bei folgenden Spezial-Modellen durch den starken Greener-Verschluß mit keilfestem Querriegel noch bedeutend erhöht. Dieselben stellen daher etwas ganz außergewöhnliches Durables dar, und eignen sich besonders für starken Gebrauch rauchlosen Pulvers. Keine andere Konstruktion bietet eine bessere Garantie für Haltbarkeit, als dieses bei nachfolgenden Gewehren der Fall ist. Das Aussehen dieser neuen Modelle ist nebenbei ein sehr elegantes und geschmackvolles, weshalb sich solche in der Jägerwelt sofort eingeführt und dauernd behauptet haben.

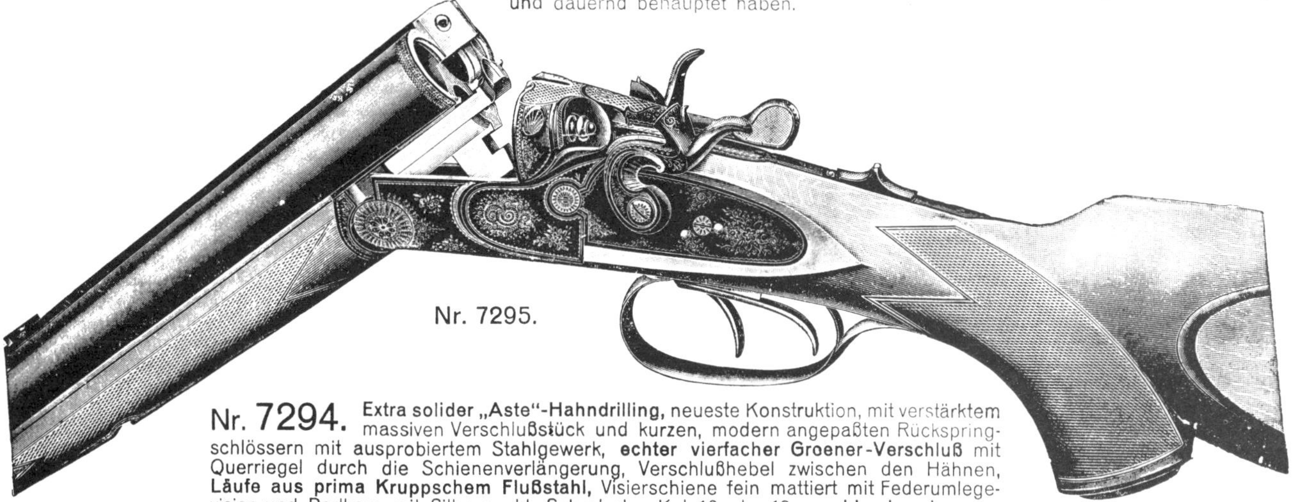

Nr. 7295.

Nr. 7294. **Extra solider „Aste"-Hahndrilling,** neueste Konstruktion, mit verstärktem massiven Verschlußstück und kurzen, modern angepaßten Rückspringschlössern mit **ausprobiertem Stahlgewerk, echter vierfacher Greener-Verschluß** mit Querriegel durch die Schienenverlängerung, Verschlußhebel zwischen den Hähnen, **Läufe aus prima Kruppschem Flußstahl,** Visierschiene fein mattiert mit Federumlegevisier und Perlkorn mit Silberpunkt, Schrotrohre Kal. 16 oder 12, **rauchlos beschossen,** links volle Chokebohrung, Kugellauf **Kal.** 9,3 × 72 mm mit bestgeeigneten Expreßzügen, rechter Abzug mit Stechschloß für präzisen Kugelschuß, Umschaltung von Schrot- auf Kugelschuß durch zierlichen Schieber auf der Scheibe, Vorderschaft mit Patentschnäpper, Garnitur mit sauberster Kettenstichgravur und bunt gehärtet, feiner Pistolengriffschaft mit Backe, Fischhaut und Hornkappen. **Dieser Drilling ist in allen Teilen mit größter Präzision gewissenhaft und solide gearbeitet, mit garantiert vorzüglicher Schußleistung. Sehr empfehlenswerter Gebrauchsdrilling.** Stück Mk. 185.—

Nr. 7295. **„Aste"-Hahndrilling,** wie vorstehend, jedoch in allen Teilen besser ausgeführt, Garnitur mit hochfeiner englischer Blumengravur, Schaft aus feinem dunklen Masernußholz mit Pistolengriff, Backe, Fischhaut und Hornkappen, **Läufe auf höchste Schußleistung besonders geprüft.** Stück Mk. 200.—

Nr. 7296. **„Aste"-Hahndrilling,** wie Modell 7295, jedoch als „Meisterstück" gearbeitet, mit automatischem Visier mit Silberdreieck, Patent-Patronenmagazin im Kolben, Garnitur mit reicher, englischer Gravur, **Läufe mit garantierter Höchstschußleistung.** Stück Mk. 230.—

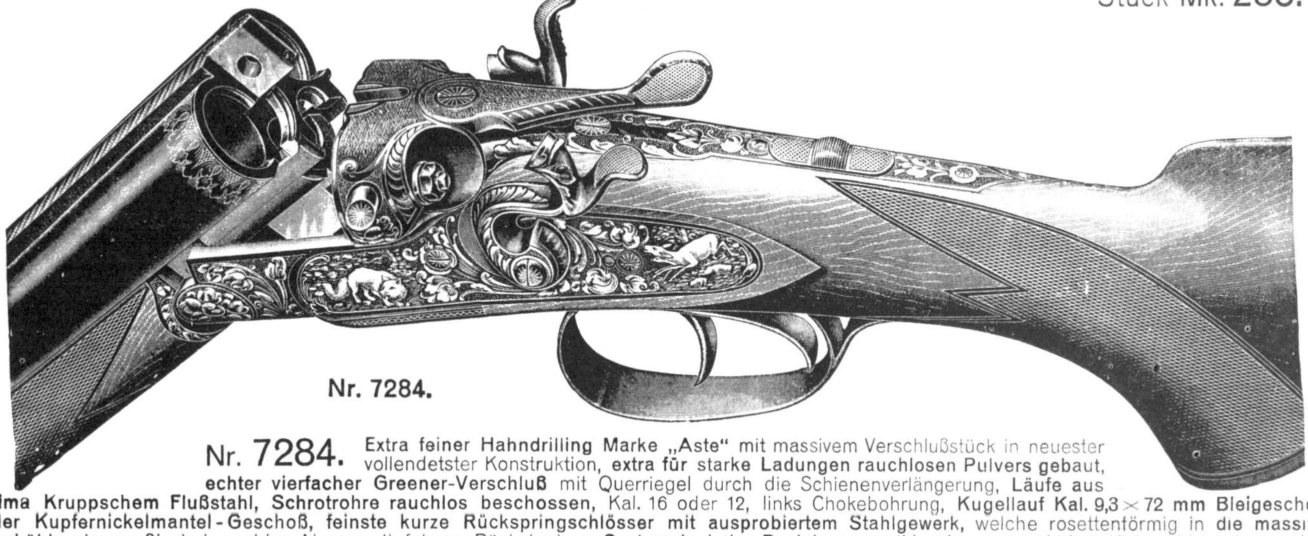

Nr. 7284.

Nr. 7284. **Extra feiner Hahndrilling Marke „Aste"** mit massivem Verschlußstück in neuester vollendetster Konstruktion, **extra für starke Ladungen rauchlosen Pulvers gebaut, echter vierfacher Greener-Verschluß** mit Querriegel durch die Schienenverlängerung, **Läufe aus prima Kruppschem Flußstahl, Schrotrohre rauchlos beschossen,** Kal. 16 oder 12, links Chokebohrung, **Kugellauf Kal. 9,3 × 72 mm Bleigeschoß oder Kupfernickelmantel-Geschoß, feinste kurze Rückspringschlösser mit ausprobiertem Stahlgewerk,** welche rosettenförmig in die massive **Basküle** eingepaßt sind, rechter Abzug mit feinem Rückstecher, **System in jeder Beziehung erstklassig ausgearbeitet,** Visierschiene in aparten Mustern guillochiert, Rohre mit vornehmer breiter Kante graviert, **mit automatischem Visier und Silberpunktkorn,** Verschlußhebel zwischen den Hähnen, Umschaltungshebelchen auf dem Kolbenhals, Vorderschaft mit Patentschnäpper, Garnitur mit hochfeiner altdeutscher Jagdstück-Wetzgravur, feinster Pistolengriffschaft mit Backe, feiner Fischhaut, Hornkäppchen und Hornkappe, sowie **Patent-Patronenmagazin im Schaft. Ein hochmoderner erstklassiger Drilling mit hervorragender Schußleistung.** Stück Mk. 240.—

Patrone, Kal. 9,3 × 74 mm,

mit 3,5 g Blättchenpulver und Halbmantelgeschoß.

Nr. 7285. **Derselbe vorzügliche Drilling** wie Modell Nr. 7284, jedoch Kugellauf für stärkste Mantelgeschoßpatrone Kal. 9,3 × 74 mm, wie oben abgebildet, für 3,5 g rauchloses Blättchenpulver, für Voll- oder Teilmantelgeschosse eingerichtet, **System extra stark gehalten,** so daß der Drilling inbezug auf **sichere** Erfolge auf jede Schußdistanz **allen Anforderungen entspricht.** Dieser Drilling wird speziell zur Jagd auf **Hochwild, besonders aber in den Tropen auf Elefanten, Rhinozerosse, Büffel, Flußpferde, Löwen und Tiger** usw. verwendet. Stück Mk. 265.—

Höchste Schußleistung und solide Bauart sind die großen Vorzüge meiner Waffen.

Hahn-Drillinge modernster Ausführung

Gesetzlich geschützt. **Marke „Aste".** Gesetzlich geschützt.

Unübertroffene Präzisionsarbeit. ▫ Höchste Schußleistungen.

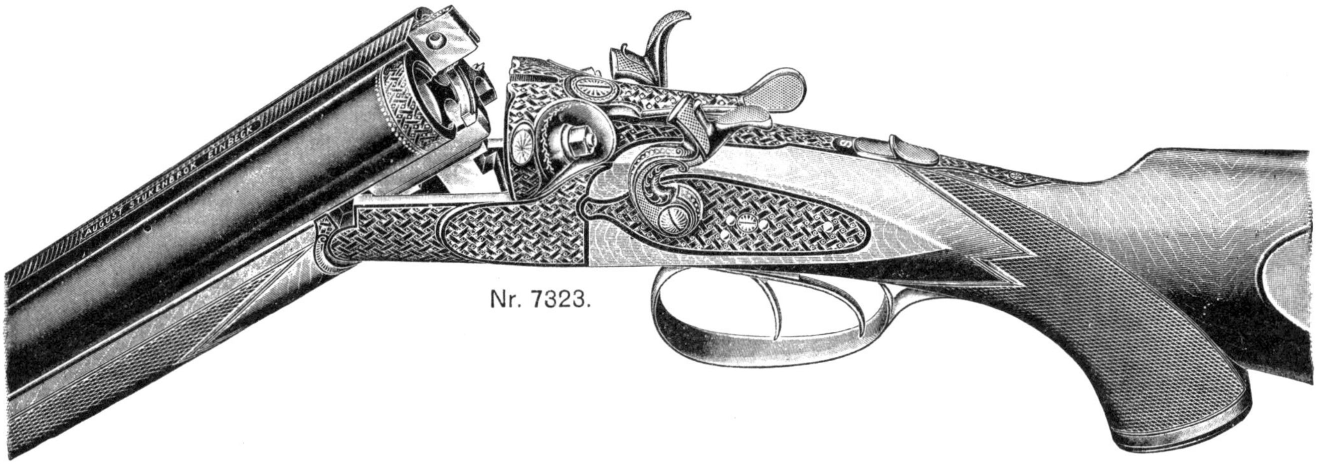

Nr. 7323.

Nr. 7322. **Hahn-Drilling, Marke „Aste"**, neueste vollendetste Konstruktion, **mit echtem vierfachen Greener-Verschluß** mit Querriegel durch die Schienenverlängerung. **Läufe aus prima Kruppschem Flußstahl**, Schrotrohre rauchlos beschossen, **Kal.** 16 oder 12, links volle Chokebohrung. Kugellauf Kal. 9,3×72 mm für Blei- oder Kupfermantel-Geschosse, Visierschiene fein mattiert mit Federumlegevisier und Perlkorn mit Silberpunkt. Das verstärkte massive Verschlußstück ist mit größter Präzision ausgearbeitet; die kurzen, modern angepaßten Rückspringschlösser haben feinstes Stahlgewerk. Umschaltung von Schrot- auf Kugelschuß findet durch den auf der Scheibe angebrachten Schubknopf statt, rechter Abzug mit Stechschloß für präzisen Kugelschuß, Holzvorderschaft mit Patentschnäpper, Garnitur mit neuester, modernster Korbflechtgravur und tiefschwarz glänzend oxydiert, feinster Nußholzschaft mit Pistolengriff, Backe, Fischhaut und Hornkappe. **Dieser Drilling ist in allen Teilen mit besonderer Sorgfalt hergestellt und verbürgt neben höchster Schußleistung eine erstklassige Gebrauchswaffe.** Stück Mk. 235.—

Nr. 7323. **Hahn-Drilling, Marke „Aste"**, genau wie vorstehend beschrieben, jedoch noch mit selbsttätigem Visier mit Silberdreieck und neuestem Patent-Simplex-Patronenmagazin im Kolben, **in allen Teilen als „Meisterstück" gearbeitet.** Stück Mk. 260.—

Extra feiner Zentralfeuer-Drilling

Luxus-Modell.

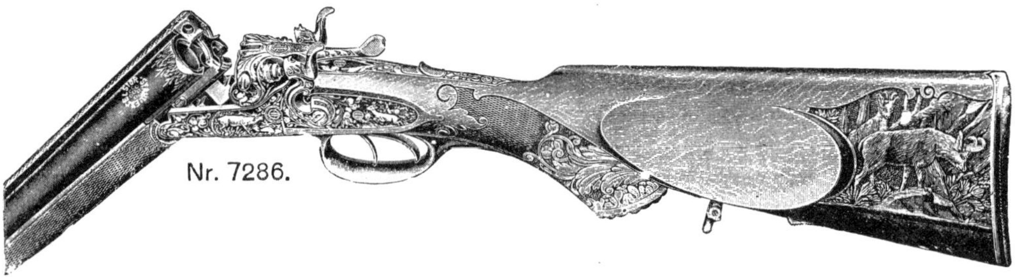

Nr. 7286.

Nr. 7286. **Extra feiner Zentralfeuer-Drilling**, Luxus-Modell, mit echtem **fünffachen Greener-Verschluß** und kurzen prima Stahl-Rückspringschlössern, welche rosettenförmig in das massive Verschlußstück eingepaßt sind, **Läufe aus Wittener Exzelsior-Stahl, Kal.** 16 oder 12, linker Lauf mit voller Chokebohrung für Weitschuß. Kugellauf Kal. 9,3 mm für Weichblei- und Legierungs-Geschosse oder Kal. 8 mm für rauchloses Blättchenpulver und Mantelgeschosse, **mit geteiltem Patronenauszieher** (laut Beschreibung auf Seite 24). Laufschiene fein guillochiert, mit selbsttätigem Visier und Perlkorn mit Silberpunkt von vorne eingeschoben, **Läufe mit feiner Goldeinlage, allerfeinste künstlerische Jagdstückgravierung. Abzugsbügel aus Horn**, System mit angeschmiedeten **Seitenohren, extra geschmackvoll ausgearbeitet**, allerfeinster Pistolengriffschaft aus bestem Maserholz **mit hochfeiner Verschneidung**, automatisches Patronen-Magazin im Schaft hinter dem Riemenbügel, **Schrotläufe rauchschwach beschossen. Ein Luxus- und Meisterschafts-Drilling ersten Ranges**, hervorragendste Schußleistung aller drei Läufe. Stück Mk. 340.—

Hahn-Drillinge in extra solider Ausführung.

Spezial-Modelle für große Revier- und Auslands-Jagden.

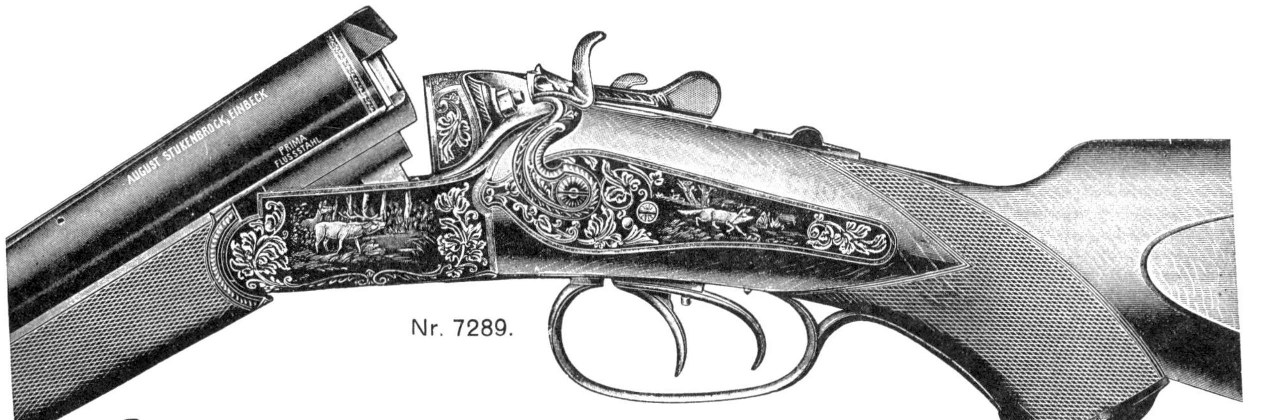

Nr. 7289.

Nr. 7289. **Extra solider Zentralfeuer-Drilling mit echtem dreifachen Toplever-Verschluß,** Verschlußhebel zwischen den Hähnen, **Läufe aus prima Kruppschem Gewehrlaufstahl,** Schrotläufe Kal. 12 oder 16, links Chokebohrung für Weitschuß, Kugellauf Kal. 8 mm für rauchloses Blättchenpulver und Halb- oder Ganzmantelgeschosse, eingerichtet für Patrone Modell S. S. 8×58,5 mm, wie obige Abbildung, Laufschiene fein mattiert mit Federumlege-Visier und Perlkorn mit Silberpunkt von vorn eingeschoben, System fein ausgearbeitet, mit vollen hübschen Muscheln, starke Schlagbolzen, Umschaltung von Schrot- auf Kugelschuß durch zierlichen Schubknopf auf der Scheibe, prima Stahlrückspringschlösser, welche sauber eingepaßt sind, Garnitur mit hochfeiner gewetzter Jagdstückgravierung, rechter Abzug mit Rückstecher für präzisen Kugelschuß, Vorderschaft mit Patentschnäpper, sehr feiner starker Pistolengriffschaft mit Backe, feiner Fischhaut, Hornkäppchen und Hornkappe, vorzüglichste Schußleistung aller 3 Läufe, **amtlich rauchlos geprüft und abgestempelt. Ein vorzüglicher Drilling für Hochwild- und Tropenjagden.** Stück Mk. **180.—**

Nr. 8279.
Expreß-Patrone.
Kal. 13×76 mm mit 9 g Naßbrandpulver.

Nr. 7290. **Extra solider Zentralfeuer-Drilling,** genau wie Modell 7289 gearbeitet, **Läufe aus prima Kruppschem Gewehrlaufstahl,** Schrotläufe Kal. 12, **im linken Rohre volle Chokebohrung für Weitschuß, Kugellauf für die Expreßpatrone 500—76 Kal. 13 mm für 9 g Naßbrandpulver,** auf der Laufschiene doppeltes Federumlege-Visier, auf 100 und 200 m vorzüglich eingeschossen, **Schrotläufe rauchlos beschossen. Ein sehr empfehlenswertes Tropenmodell.** Stück Mk. **185.—**

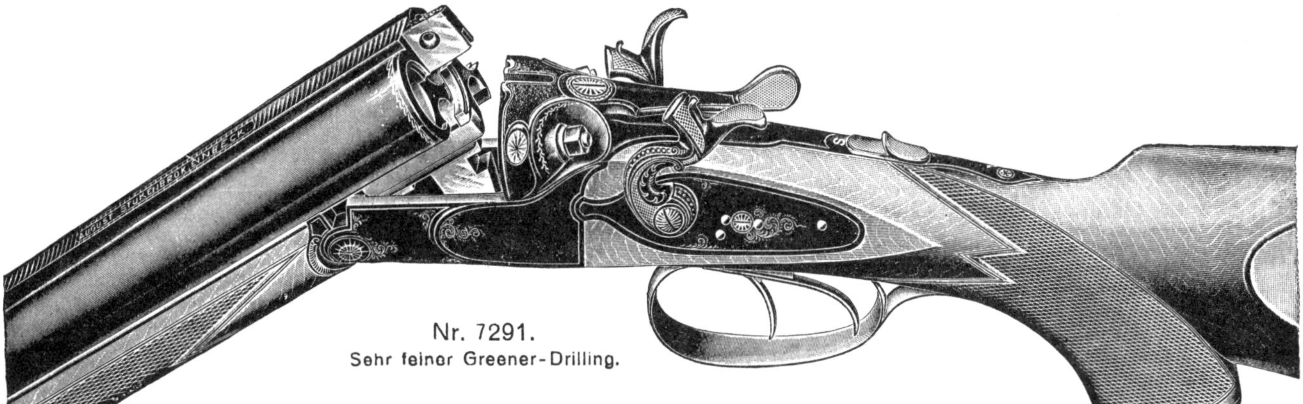

Nr. 7291.
Sehr feiner Greener-Drilling.

Nr. 7291. **Extra solider Zentralfeuer-Drilling Marke „Aste", mit echtem vierfachen Greener-Verschluß** und Querriegel durch die Schienenverlängerung, **Läufe aus Flußstahl, Krupp-Essen, amtlich rauchlos geprüft und abgestempelt,** Schrotläufe Kal. 16 oder 12, links volle Chokebohrung, Kugellauf Kal. 8 mm für rauchloses Blättchenpulver und Mantelgeschoß, Visierschiene fein mattiert mit Federumlege-Visier und Korn mit Silberpunkt von oben eingeschoben. Das volle massive Verschlußstück ist in allen Teilen mit größter Präzision sehr gewissenhaft ausgearbeitet, rechter Abzug mit Rückstecher, feine verkürzt angepaßte Rückspringschlösser mit ausprobiertem Stahlgewerk, Umschaltungsschieber auf dem Kolbenhalse, Vorderschaft mit Patentschnäpper, Garnitur mit einfacher sauberer Kettenstichgravur, bunt gehärtet, Schaft aus bestem Nußbaumholz mit Pistolengriff, Backe, Fischhaut, Hornkäppchen und Hornkappe, Läufe mit höchster Schußleistung. **Ein erstklassiger, starker Gebrauchs-Drilling.** Stück Mk. **225.—**

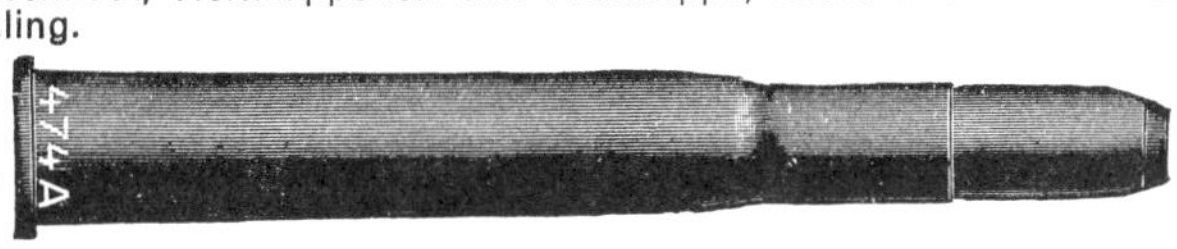

Nr. 8334.
Metall-Patrone.
Kal. 9,3×74 mm mit 3,5 g Blättchenpulver und Mantel- bzw. Halbmantel-Geschoß.

Selbstspanner-Drillinge „Modern"

mit Verschlußhebel über dem Bügel und 3 Schlössern.

Erstklassige Qualität. Großartig in Funktion und Schuß.

Diese Drillinge sind **eines der gangbarsten und beliebtesten Modelle der Gegenwart.** Die Schloßkonstruktion ist eine äußerst solide und dauerhafte und hat sich in jahrelanger Praxis vorzüglich bewährt. Die handliche und elegante Form im Verein mit bequemer Handhabung, vorzüglicher Balance und allerbester Präzisionsarbeit machen den Drilling zu einem

erstklassigen Gebrauchsgewehr,

welches allen Anforderungen aus vollster Ueberzeugung entspricht.

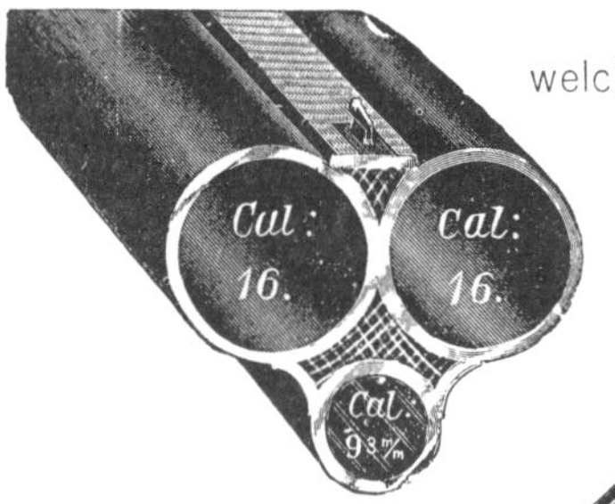

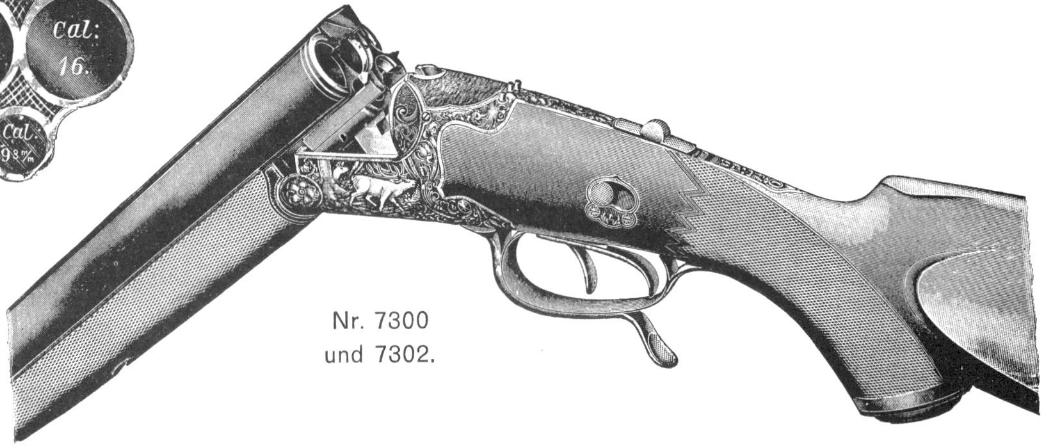

Nr. 7300
und 7302.

Nr. 7300. **Prima Selbstspanner-Drilling „Modern"**, exakt und sehr sauber gearbeitet, **echter dreifacher Roux-Verschluß**, Hebel über dem Bügel liegend, Doppelriegel, **Läufe aus prima Kruppschem Gewehrlaufstahl**, Schrotläufe Kal. 16 oder 12, links Chokebohrung, Kugellauf Kal. 9,3×72 oder 82 mm, mattierte verlängerte Laufschiene, Umschaltung von Schrot- zu Kugelschuß durch zierlichen Schubknopf auf der Scheibe, die vorhandenen 3 Signalstifte, welche ebenfalls auf der Decke angebracht sind, zeigen an, ob die Schlosse gespannt sind oder nicht. Greener-Sicherung an der Seite, System schön geschmackvoll ausgearbeitet mit eleganter, gewetzter Jagdstückgravierung, Vorderschaft mit Patentschnäpper, feinster Nußbaumschaft mit Pistolengriff, Backe, feiner Fischhaut, Hornkäppchen und Hornkappe. Die 3 Schlösser, welche auf dem Abzugsblech liegen, werden durch Herunterdrücken des Verschlußhebels oder beim Oeffnen des Gewehres selbsttätig gespannt und können alle 3 Läufe hintereinander ganz nach Belieben abgefeuert werden. Die Schußleistung aller 3 Läufe ist eine sehr gute und die Bearbeitung des ganzen Gewehres ist sehr gewissenhaft ausgeführt. **Schrotläufe rauchlos beschossen. Ein sehr e.npfehlenswerter Selbstspanner-Drilling.** Stück **Mk. 200.—**

Nr. 7301. **Derselbe vorzügliche Selbstspanner-Drilling**, jedoch etwas einfacher ausgeführt, nur mit Kettenstichgravierung. Stück **Mk. 190.—**

Nr. 7302. **Derselbe vorzügliche Selbstspanner-Drilling** wie Modell 7300, jedoch in allen Teilen feiner und besser ausgeführt, hochfeine künstlerische Jagdstückgravierung, selbsttätiges Visier, welches sich beim Umschalten auf Kugelschuß automatisch aufrichtet, Springpatronen-Magazin im Schaft hinter dem Riemenbügel. **Unübertroffene Schußleistung, hochmoderner und praktischer Drilling.** Stück **Mk. 225.—**

Nr. 7303.

Nr. 7303. **Prima Selbstspanner-Drilling**, genau wie Modell 7302, **jedoch in Luxusausführung, allerfeinste Ausarbeitung** aller einzelnen Teile, erhabene künstlerische Jagdstückgravierung, mit Silbereinlage, ausgesuchter, **extra bester Masernußholzschaft**, mit eleganter 'nstvoller **Verschneidung** am Vorderschaft und Pistolengriff, **Springpatronen-Magazin, automatisches Visier,** ʰste **Schußleistung. Ein wahres Kabinettstück.** Stück **Mk. 250.—**

Vorstehende Drillinge werden bei entsprechender Lieferzeit auf für Patronen mit rauchlosem Pulver und Mantelgeschoß angefertigt gegen einen Aufpreis von Stück **Mk. 10.—**

Letzte Neuheit! **Selbstspanner-Drillinge „Modern"** Letzte Neuheit!

mit Verschlußhebel über dem Bügel und Greener-Verschluß.

Mit nachstehenden Spezial-Modellen ist dem in Jägerkreisen vielseitig gehegten Wunsche nach einem billigeren Selbstspanner-Gebrauchsdrilling mit **Greener-Verschluß** entsprochen worden. Die neue Konstruktion ist eine äußerst solide und dauerhafte und gestattet durch den unverwüstlichen Verschluß selbst die Verwendung der stärksten Nitro-Ladungen. Die elegante und handliche Form der so beliebt gewordenen „Modern"-Drillinge ist auch bei den neuen Modellen beibehalten worden und wird nicht verfehlen, auch diesen recht viele Freunde zuzuführen.

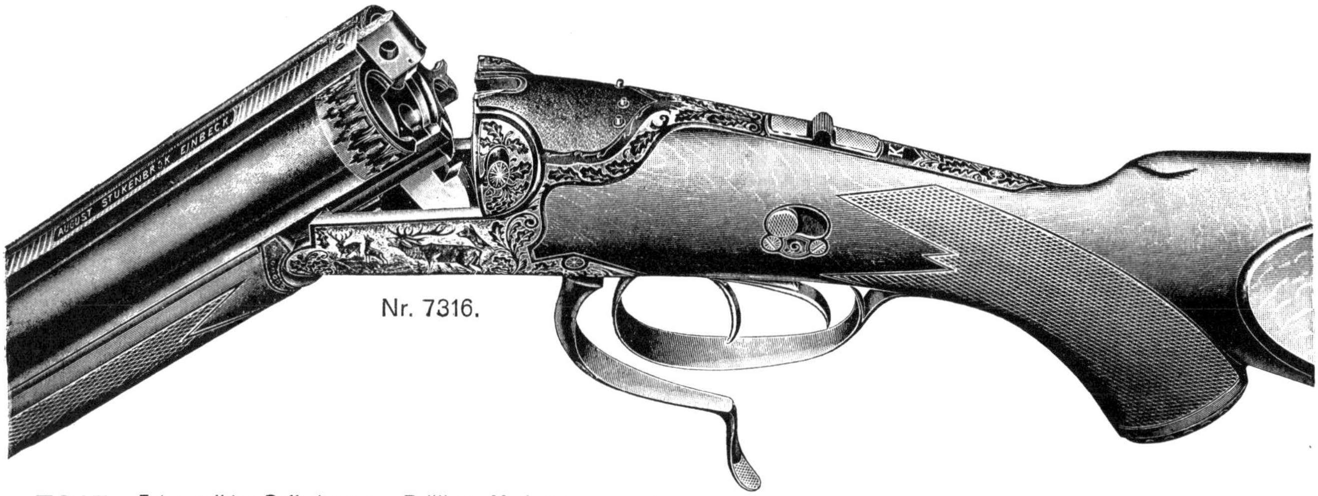

Nr. 7316.

Nr. 7315. **Extra solider Selbstspanner-Drilling „Modern",** neue verbesserte Konstruktion mit echtem **vierfachen Greener-Verschluß** und Verschlußhebel über dem Bügel liegend, **beste Kruppsche Flußstahlläufe,** Kal. 16 oder 12, links Chokebohrung, Kugellauf Kal. 9,3×72 mm, Laufschiene fein mattiert, **durch deren Verlängerung der bekannte Querriegel greift,** Umstellungsschieber sowie praktische Signalanzeiger oben auf der Scheibe, beste und zuverlässigste Greener-Sicherung an der Seite, rechter Abzug mit feinem Stechschloß, Vorderschaft mit Patentschnäpper, Garnitur mit geschmackvoller englischer Gravur versehen, feinster Pistolengriff-Schaft mit Backe, Fisch**haut,** Hornkäppchen mit Hornkappe, **Schrotläufe amtlich mit rauchlosem Pulver geprüft und abgestempelt. Ein vorzüglicher Selbstspanner-Gebrauchsdrilling mit höchster Schußleistung.** Stück **Mk. 225.—**

Nr. 7316. **Extra solider Selbstspanner-Drilling** wie vorher, **in allen Teilen aber noch feiner ausgestattet, mit automatischer Visierstellung.** Garnitur mit hochfeinster Jagdstück-Wetzgravur, ausgesucht feiner Maserholzschaft mit Pistolengriff, Backe, Fischhaut und Hornkappen **sowie Patronenmagazin, in jeder Beziehung sehr empfehlenswert.** Stück **Mk. 250.—**

Nr. 7317. **Derselbe vorzügliche Selbstspanner-Drilling** wie Modell 7316, jedoch in **Luxusausstattung,** allerfeinste Ausarbeitung aller **einzelnen Teile, erhabene** künstlerische Jagdstückgravierung, **Schaft mit hübscher Verschneidung** versehen, **automatische Visierstellung** sowie **Patent-Patronenmagazin im Kolben, höchste Schußleistung aller 3 Läufe. Ein wahres Kabinettstück.** Stück **Mk. 282.—**

Vorstehende Drillinge werden auch in jeder anderen Ausführung auf Wunsch bei entsprechender Lieferzeit angefertigt.

Selbstspanner-Drillinge, Marke „Treff".

Gesetzlich geschützt. ∴ Elegant, leicht und handlich. ∴ Garantiert zuverlässig.

Konkurrenzlos in Preisen.

In Schußleistung hervorragend.

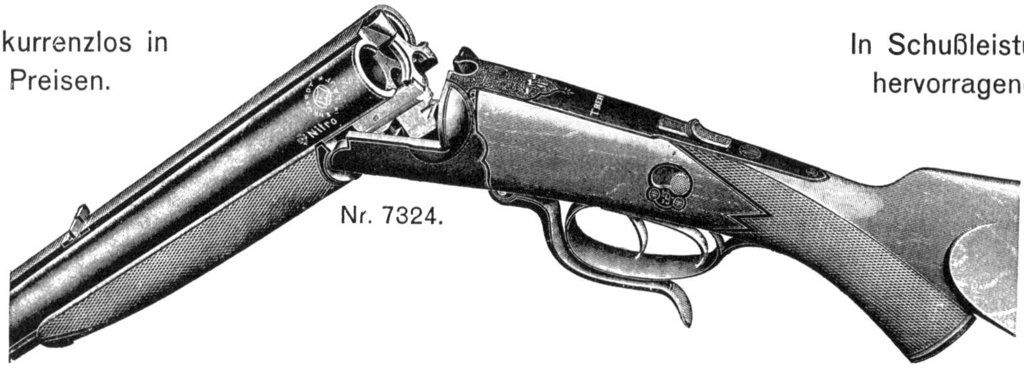

Nr. 7324.

Nr. 7324. **Solider Selbstspanner-Drilling Marke „Treff"** mit **prima Flußstahlläufen, Schrotläufe Kal. 16 oder 12 rauchlos beschossen,** links Chokebohrung, Kugellauf Kal. 9,3×72 mm mit besten Zügen für Blei- oder Kupfermantel-Geschosse, Visierschiene mattiert und in das Verschlußstück übergreifend, Federumlegevisier und Silberpunktkorn von oben eingeschoben. System mit **dreifachem Verschluß** und Verschlußverstärkung. Der Verschlußhebel befindet sich auf dem Abzugsbügel und betätigt durch Vorwärtsdrücken das Spannen der Schlösser; rechter Abzug mit Stecher. Praktische Signalanzeiger auf der Scheibe zeigen an, ob die Schlosse gespannt sind. Umstellung von Schrot auf Kugel durch Schieber auf dem Kolbenhalse. Greener-Sicherung befindet sich an der linken Schaftzeite; Vorderschaft mit Patentschnäpper und schöner Pistolengriffschaft mit Backe, Fischhaut mit Hornkappe und Käppchen. Garnitur mit Kettenstichgravur und bunt gehärtet. Dieser Drilling ist in jeder Beziehung vorzüglich gearbeitet und weisen alle Läufe beste Schußleistung auf. **Sehr empfehlenswerter Dreiläufer** in einfacher Ausführung. Stück **Mk. 150.—**

Nr. 7325. **Feiner Selbstspanner-Dreiläufer Marke „Treff",** in Konstruktion wie vorstehend, jedoch Läufe aus **prima Ehrhardtstahl,** selbsttätige Visierung, Garnitur mit hochfeiner Jagdstück-Wetzgravierung, feiner Pistolengriffschaft aus schönem dunklen **Maserholz,** in allen Teilen mit peinlicher Sauberkeit und Genauigkeit ausgearbeitetet. Stück **Mk. 180.—**

Werden bei vorstehenden Drillingen die Kugelläufe für rauchloses Pulver und Mantelgeschoß gewünscht, so tritt ein Preisaufschlag von Mk. 10.— ein.

F., 22. 7. 09. Mit dem von Ihnen bezogenen Drilling bin ich ganz außerordentlich zufrieden und kann ich die Schußleistung nur als eine ganz vorzügliche bezeichnen.
G. Grotian.

Sehr empfehlenswerter

Extra prima Qualität!

Selbstspanner-Drilling, Marke „Ideal".

Feinste Präzisionsarbeit!

Großartige, nie versagende Funktion.

Dieser Drilling ist nach den gleichen Prinzipien gearbeitet wie der vorstehend beschriebene „Modern"-Drilling. Derselbe hat jedoch den beliebten Toplever-Verschluß und spannen sich die Hähne durch das Niederkippen der Läufe. Der Selbstspanner „Ideal"-Drilling hat sich als eine sehr solide und zuverlässige, dabei preiswerte Gebrauchs-Waffe bestens bewährt und bedarf keiner besonderen Empfehlung mehr.

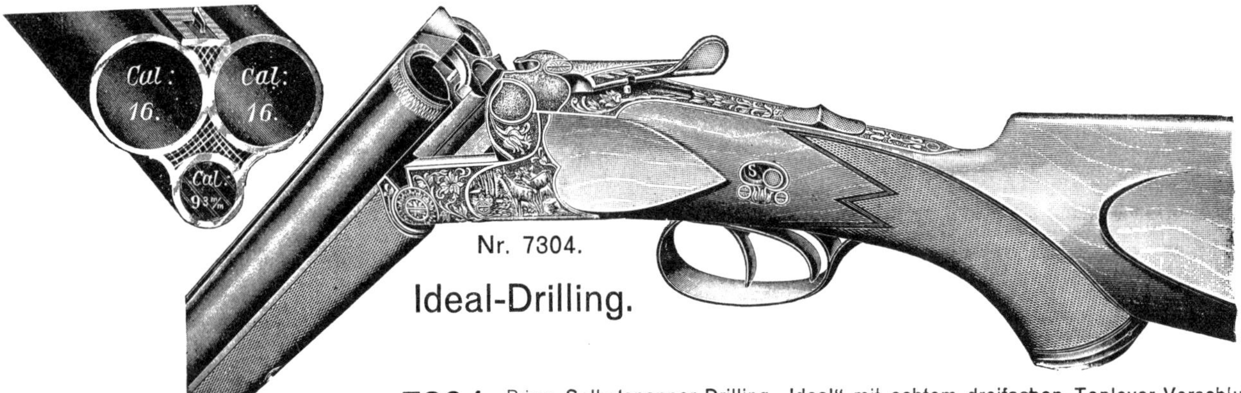

Nr. 7304.

Ideal-Drilling.

Nr. 7304. Prima **Selbstspanner-Drilling „Ideal"** mit **echtem dreifachen Toplever-Verschluß, Läufe aus prima Kruppschem Gewehrlaufstahl,** Schrotläufe Kal. 16 oder 12, links Chokebohrung, Kugellauf Kal. 9,3×72 mm, fein mattierte, in das Verschlußstück übergreifende Laufschiene mit **automatischem Visier,** Perlkorn mit Silberpunkt von vorne eingeschoben, doppelter Riegeleintritt, praktische Signalstifte sowie Umschaltungsschieber auf Kugelschuß auf der Scheibe, Greener-Sicherung an der Seite, rechter Abzug mit Rückstecher für präzisen Kugelschuß, Garnitur mit hochfeiner, gewetzter Jagdstückgravierung, Vorderschaft mit Patentschnäpper, schöner Pistolengriffschaft mit Backe, feiner Fischhaut, Hornkäppchen und Hornkappe, **Patronenmagazin** im Schaft hinter dem Riemenbügel, **Schrotläufe rauchlos beschossen. Ein sehr eleganter und preiswerter Drilling.** Stück **Mk. 275.–**

Sehr feiner Hammerleß-Drilling mit Seitenschlossen.

Bewährte Konstruktion! Ganz vorzügliches Gewehr!

Nr. 7305.

Die Schlosse dieses Dreiläufers spannen sich gleichzeitig durch Niederkippen der Läufe. Die Umstellung von Schrot- auf Kugelschuß oder umgekehrt wird durch ein kleines Schieberchen auf dem Kolbenhalse bewirkt. Signalanzeiger an den Seiten und ein Signalstift für den Kugellauf auf der Decke lassen erkennen, welches Schloß gespannt ist. Die Schloßplatten dieses Drillings lassen sich behufs leichter Reinigung bequem abnehmen. Sehr beliebtes und dauerhaftes Strapaziermodell.

Nr. 7305. **Extra feiner Hammerleß-Drilling** mit Seitenschlossen und **echtem fünffachen Greener-Verschluß** mit durch die verlängerte, fein guillochierte Schiene greifenden Querriegel. **Läufe aus bestem Kruppschen Gewehrlaufstahl,** Schrotläufe Kal. 16 oder 12, im linken Lauf starke Chokebohrung für Weitschuß, Kugellauf Kal. 9,3×72 mm. **Die Schlosse sind mit doppelten Sicherheitsfangstangen** versehen, **so daß ein unbeabsichtigtes Losgehen des Schusses vermieden wird.** Schußanzeiger, welche angeben, ob das Gewehr gespannt ist oder nicht, befinden sich auf den Schloßblechen. Das Kugelschloß befindet sich auf dem Abzugsblech, ist vollständig unabhängig von den anderen beiden Schlossen und ist stets gesichert, wenn auf Schrotschuß geschaltet ist. System fein ausgearbeitet und elegant fassoniert, mit Seitenrohren, **automatischem Visier** und Perlkorn mit Silberpunktkorn, beste Greener-Sicherung an der linken Seite, Verschlußhebel sowie Umschaltungsschieber auf der Scheibe, Abzugsbügel aus Horn, Vorderschaft mit Patentschnäpper, Garnitur mit hochfeiner Jagdwetzgravur, eleganter Pistolengriffschaft aus extra feinem Maserholz mit Backe, feiner Fischhaut, Hornkäppchen, Hornkappe und Patronenmagazin, **Schrotläufe rauchlos beschossen. Ein in allen Teilen musterhaft gearbeiteter Selbstspanner-Drilling mit hervorragender Schußleistung, sehr empfehlenswert.** Stück **Mk. 350.–**

Nr. 7306. **Der gleiche Drilling wie Modell 7305,** jedoch nur mit **dreifachem Toplever-Verschluß** mit doppeltem Keileintritt und etwas einfacher ausgestattet, mit **automatischem Visier,** feiner Jagdstückwetzgravur, schönem Pistolengriffschaft, **beliebtes Modell.** Stück **Mk. 320.–**

Vorstehende Drillinge werden bei entsprechender Lieferzeit auch für Patronen mit rauchlosem Pulver und Mantelgeschoß angefertigt gegen einen Aufpreis von Stück **Mk. 10.–**

Extra empfehlenswerte Selbstspanner-Drillinge.

Funktion und Sicherheit hervorragend. ∴ Schußleistung und Qualität unübertrefflich.

Nachstehender „Monopol“-Drilling ist ein in jeder Hinsicht erstklassiger Selbstspanner-Drilling und kommt als Elite-Drilling immer mehr in Aufnahme. Die Schloßkonstruktion ist die denkbar beste und solideste; Versager oder sonstige Funktions-Störungen des Mechanismus sind bei diesem Modell vollständig ausgeschlossen. Durch die angebrachte extra Kugelsicherung ist es unmöglich gemacht, daß zwei Schüsse auf einmal losgehen können. **Mit meinem „Monopol“-Drilling biete ich der verehrten Jägerwelt das beste, was in diesem Genre überhaupt hergestellt wird.**

Nr. 7308.

Monopol-Drilling.

Nr. 7307. **Extra feiner Selbstspanner-Drilling „Monopol“ mit echtem vierfachen Greener-Verschluß** und Querriegel durch die Schienenverlängerung, **Läufe aus bestem Kruppschen Gewehrlaufstahl,** Schrotläufe Kal. 16 oder 12, linke volle Chokebohrung, Kugellauf Kal. 9,3×72 oder 82 mm mit besten Expreßzügen, Visierschiene fein mattiert mit Perlkorn mit Silberpunkt und umlegbares Federvisier, System mit angeschmiedeten Seitenohren und in jeder Beziehung hervorragend ausgearbeitet, Verschlußhebel, praktische Signalanzeiger sowie Umschaltungsschieber auf der Scheibe, Greener-Sicherung an der linken Seite, Rohre mit extra breiter, vornehmer Kante graviert, Vorderschaft mit Patentschnäpper, Garnitur mit englischer Arabesken-Gravur, rechter Abzug mit feinem Rückstecher, feinster Pistolengriffschaft mit Backe, Fischhaut, Hornkäppchen und Hornkappe, vorzüglichste Schußleistung aller drei Läufe. **Schrotläufe amtlich rauchlos beschossen. Ein hervorragender, sehr eleganter Selbstspanner-Drilling.** Stück Mk. 270.—

Nr. 7308. **Derselbe vorzügliche Selbstspanner-Drilling** wie Modell 7307, jedoch in allen Teilen noch feiner und besser ausgeführt, System mit angeschmiedeten Seitenohren, Visierschiene in aparten Mustern guillochiert **mit selbsttätigem Visier, extra Kugelsicherung, durch welche es ganz ausgeschlossen ist, daß durch den Rückstoß zwei Schüsse auf einmal losgehen können,** Garnitur mit **hocheleganter, erhabener Jagdstück-Wetzgravur, schöner Hornabzugsbügel, automatisches Patronenmagazin** im Schaft hinter dem Riemenbügel, **Pistolengriffschaft aus ausgesuchtem feinen Maserholz. Schrotläufe amtlich rauchlos beschossen. Ein in jeder Beziehung erstklassiger und hochmoderner Selbstspanner-Drilling, ein wahres Kabinettstück.** Stück Mk. 310.—

Hervorragender Selbstspanner-Drilling.

Unerreichte Qualität. Feinste deutsche Präzisionsarbeit.

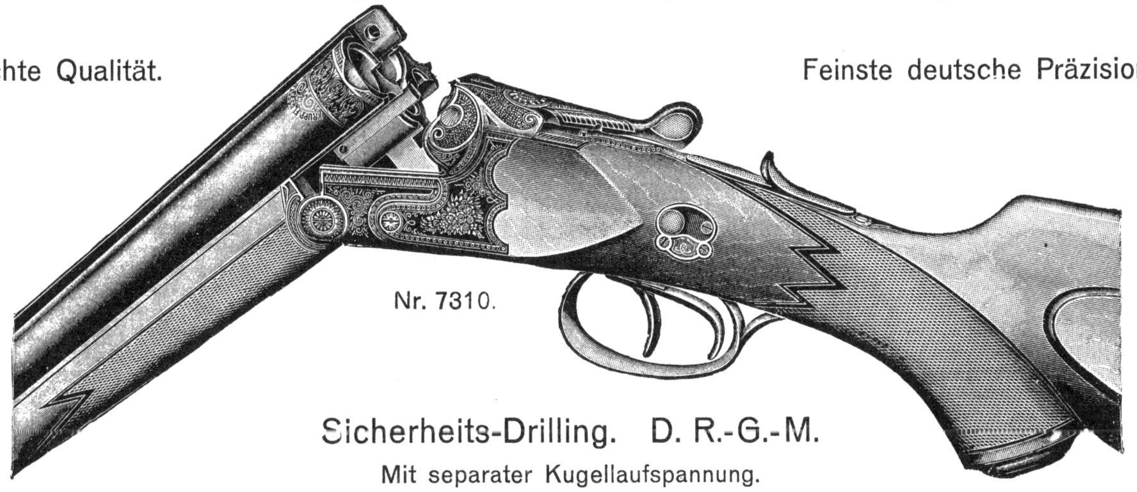

Nr. 7310.

Sicherheits-Drilling. D. R.-G.-M.

Mit separater Kugellaufspannung.

Nr. 7310. **Sicherheits-Drilling, Hammerleß-System,** nach dem berühmten System Anson & Deeley gearbeitet, vollendete, nicht zu übertreffende Konstruktion, welche es ermöglicht, alle drei Schüsse in ununterbrochener Reihenfolge abzugeben. Der Kugellauf wird nur bei Bedarf durch Vordrücken des Schiebers auf dem Kolbenhals gespannt, wodurch die Schlagfeder im höchsten Maße geschont wird. Bei Spannung des Kugelschlosses stellt sich das automatische Visier von selbst auf; dieses fällt ebenfalls nach Abgabe des Kugelschusses von selbst wieder um, wodurch das gleichzeitige Umschalten des Mechanismus auf „Schrot“ automatisch bewirkt wird. Das Entspannen des Kugelschlosses (bei Nichtgebrauch) wird bewirkt, indem man den Schieber auf dem Kolbenhals nach vorne drückt und hierbei gleichzeitig den **vorderen** Abzug anzieht. Die Ausstattung des Drillings ist eine sehr elegante und geschmackvolle, **Läufe aus prima Kruppschem Flußstahl, Schrotläufe rauchlos beschossen,** Kal. 16 oder 12, links Chokebohrung, Kugellauf Kal. 9,3×72 mm für Blei- und Kupfermantel-Geschosse oder 8 mm für rauchloses Blättchenpulver und Stahlmantelgeschoß, **echter sechsfacher Greener-Verschluß,** Seitenohren am System, fein mattierte Visierschiene, Garnitur mit sehr feiner englischer Bukett-Gravur, feinster Pistolengriffschaft mit Patronen-Magazin, garantiert höchste Schußleistung. **Ein erstklassiger Drilling.** Stück Mk. 350.—

Selbstspanner-Drillinge, System Anson & Deeley

Unerreichte Modelle! — Beste und zuverlässigste Selbstspanner-Konstruktion. — Vornehmste Gewehre!

Wenn die auf vorhergehenden Seiten angebotenen Selbstspanner-Dreiläufer in jeder Beziehung von unbedingt zuverlässiger Konstruktion sind, so biete ich mit nachstehenden Modellen das Beste, was die moderne Waffentechnik überhaupt zu bieten vermag. Das Anson & Deeley-System ist das bestbewährteste System für hahnlose Gewehre, weshalb ich dieses ganz gesonders empfehlen kann.

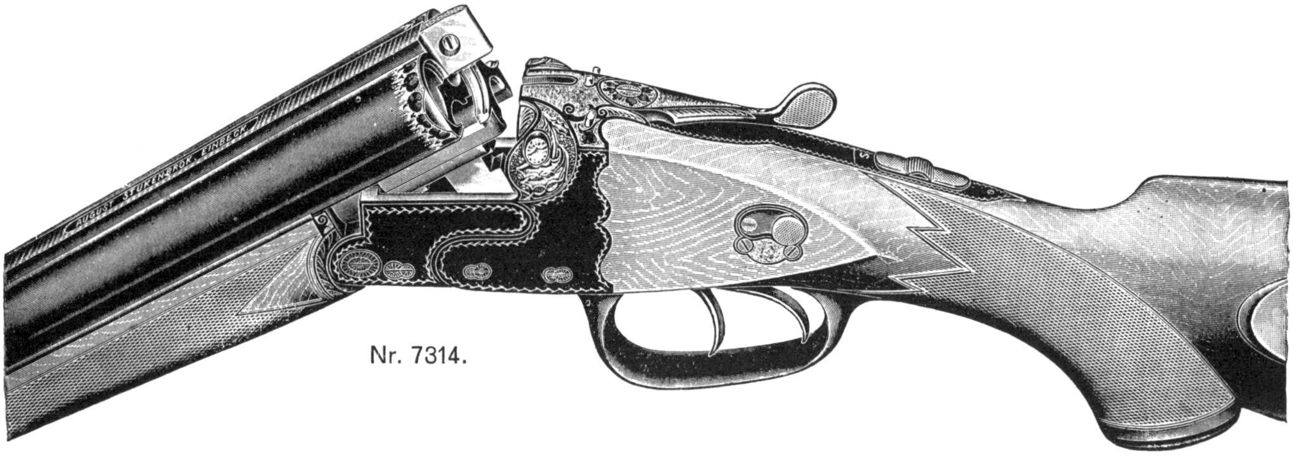

Nr. 7314.

Nr. **7314.** **Selbstspanner-Drilling, System Anson & Deeley,** die beste aller existierenden Selbstspanner-Konstruktionen, **Läufe aus prima Kruppschem Flußstahl,** Schrotläufe rauchlos beschossen, Kal. 16 oder 12, links volle Chokebohrung, Kugellauf Kal. 9,3 mm für Blei- und Kupfermantel-Geschosse, fein mattierte Visierschiene mit Federumlegevisier und Silberpunktkorn von oben eingeschoben, **echter fünffacher Greener-Verschluß mit Querriegel** durch die Schienenverlängerung. Das System ist aus bestexistierendem Material in allen Teilen mit größter Präzision gearbeitet, hat angeschmiedete Seitenohren und ist besonders schön fassoniert. Verschlußhebel sowie praktische Signalanzeiger oben auf der Scheibe; Umstellung auf Schrot oder Kugel mittels Schubknopf auf dem Kolbenhalse, im Anschlag leicht verstellbar. Rückstecher am rechten Abzug für präzisen Kugelschuß, beste und zuverlässigste Greener-Sicherung an der linken Schloßseite, Holzvorderschaft mit Patentschnäpper, Garnitur fein schwarz bräuniert, mit ziselierten Blättern an den Muscheln und ff. gestochener Kantengravierung, feinster Pistolengriffschaft aus Maserholz mit Backe, Fischhaut, Hornbügel, Hornkappe und Pistolengriff-Käppchen, **sämtliche Läufe mit garantierter Höchstschußleistung. Sehr empfehlenswerter Dreiläufer.** Stück **Mk. 372.—**

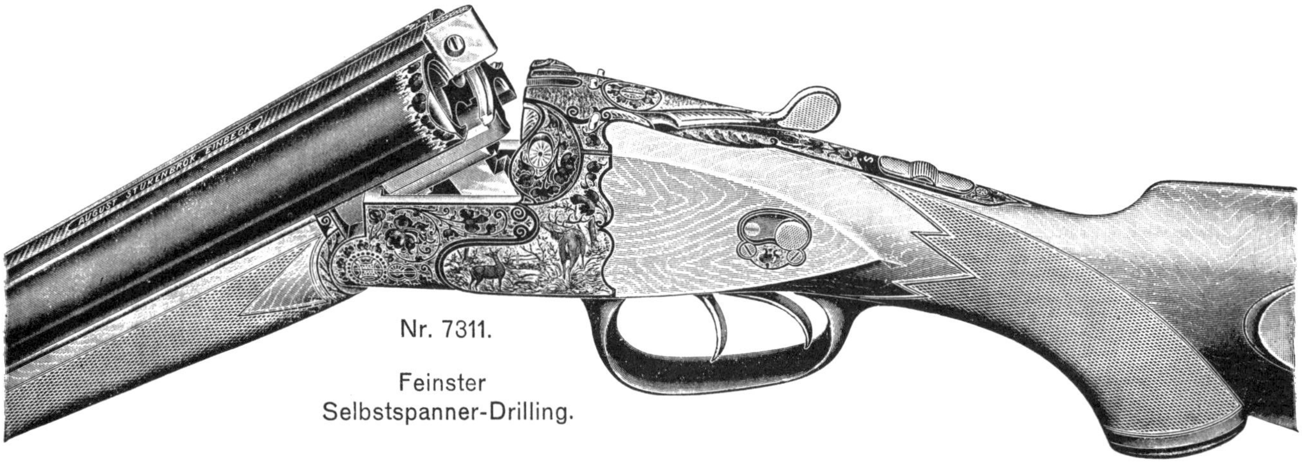

Nr. 7311.

Feinster Selbstspanner-Drilling.

Nr. **7311.** **Sehr feiner Selbstspanner-Drilling, System Anson & Deeley, mit echtem fünffachen Greener-Verschluß mit Querriegel durch den überstehenden Schienenzapfen, Läufe aus prima Krupp-Stahl,** Schrotläufe Kal. 16 oder 12, **rauchlos beschossen,** mit starker Chokebohrung im linken Lauf, Kugellauf Kal. 9,3 mm für Blei- und Kupfermantel-Geschosse, oder 8 mm für Ganz- oder Teilmantel-Geschosse und rauchloses Blättchenpulver, Visierschiene fein mattiert mit Federumlegevisier und Perlkorn von oben eingeschoben; **System extra fein ausgearbeitet, mit angeschmiedeten Seitenohren und besonders schön fassoniert:** Verschlußhebel, praktische Signal-Anzeiger, sowie Umstellungsschieber für Schrot- oder Kugelschuß oben auf der Scheibe, bestexistierende Greener-Sicherung an der linken Seite, rechter Abzug mit feinem Rückstecher, Holzvorderschaft mit Patentschnäpper, Garnitur mit hochfeiner künstlerischer Jagdstückgravierung (wie Abbildung) oder auf Wunsch mit englischer Bukettgravierung, Schaft aus ausgesuchtem feinen Maserholz mit Pistolengriff, Backe, feiner Fischhaut, ganzem Hornabzugsbügel, Hornkäppchen und Hornkappe, hervorragendste Schußleistung aller drei Läufe. **Bei diesem Drilling ist die gesamte Ausarbeitung mit besonderer Sorgfalt ausgeführt und kann dieses Modell selbst den teuersten englischen Fabrikaten in jeder Beziehung würdig zur Seite gestellt werden.** Stück **Mk. 400.—**

Nr. **7312.** **Derselbe vorzügliche Anson & Deeley-Drilling** wie Modell 7311, jedoch in feinster Ausführung, als **„Meisterstück"** gearbeitet, mit automatischem Visier, Patent-Patronen-Magazin im Kolben, allerfeinstem Pistolengriffschaft und sehr geschmackvoller, reicher Gravur. Mit diesem Drilling biete ich das beste und zuverlässigste, was in der Selbstspanner-Konstruktion überhaupt geboten werden kann. Stück **Mk. 440.—**

Im übrigen liefere ich diese Drillinge in jeder gewünschten Ausführung bis zu einer Preislage von **Mk. 1000.—,** je nach Ansprüchen, die an die Waffe gestellt werden. Ich bitte bei Bedarf unter Angabe der betreffenden Wünsche Spezialofferte bei mir einzufordern. Zielfernrohrmontage laut Extraaufstellung.

Selbstspanner-Drillinge, System Anson & Deeley.

Spezial-Modelle für besonders starke Ladungen.

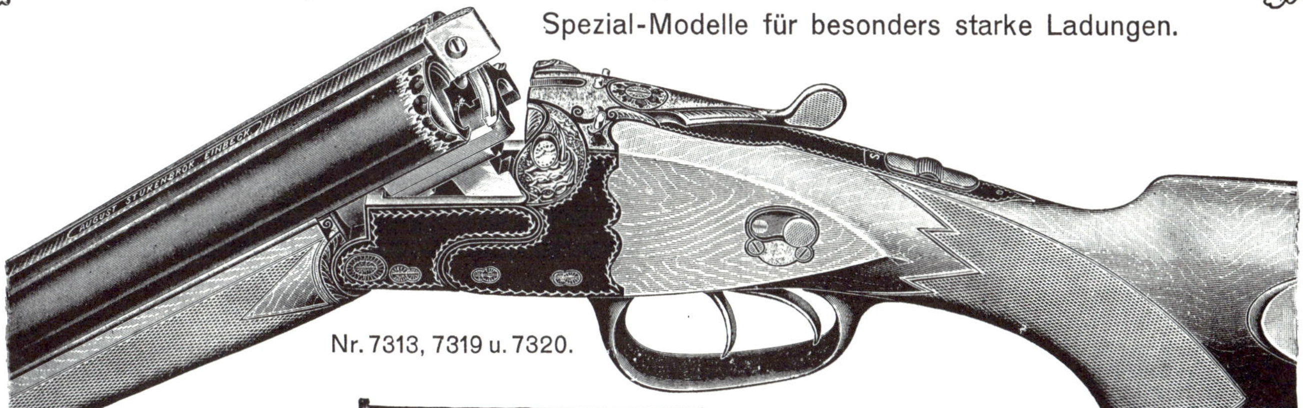

Nr. 7313, 7319 u. 7320.

Nr. 8334.
Metall-Patrone.

Kal. 9,3×74 mm mit 3,5 g Blättchenpulver und Halbmantelgeschoß.

Nr. 7313. **Selbstspanner-Drilling, System Anson & Deeley,** extra stark gebaut, **Läufe aus prima Kruppschem Stahl,** Schrotläufe Kal. 16 oder 12, **rauchlos beschossen,** im linken Rohr starke Chokebohrung, Kugellauf für die extra starke Metallpatrone Kal. 9,3×74 mm mit 3,5 g Blättchenpulver und Halbmantelgeschosse eingerichtet, **bester fünffacher Greener-Verschluß** mit keilfestem Querriegel durch die Schienenverlängerung, Visierschiene fein mattiert mit Federumlege-Visier und Perlkorn mit Silberpunkt, rechter Abzug mit Rückstecher. Das System hat angeschmiedete Seitenohren und ist in jeder Beziehung sehr gewissenhaft hergestellt unter Verwendung der bestgeeigneten Materialien, Im Aeußeren sehr schön fassoniert. Signalanzeiger und Umstellungsschieber befinden sich oben auf der Scheibe, beste Greener-Sicherung ist an der linken Schloßseite angebracht, Holzvorderschaft mit Patentschnäpper, Garnitur fein schwarz bräuniert mit ziselierten Blättern an den Muscheln und ff. gestochener Kantengravierung, feiner Pistolengriffschaft mit Backe, Fischhaut, Hornbügel, Hornkappe und Käppchen. **Hervorragend bewährter Drilling für stärkstes Wild, speziell auch für tropisches Wild (Dickhäuter und große Raubtiere), sowie für starkes Hochwild, Bären und Schweine.** Stück Mk. 385.—

Nr. 8340.

100 Stück Mk. 15.50

Ladung: 2,5 g Blättchenpulver.

Nr. 7319. **Selbstspanner-Drilling, System Anson und Deeley,** wie vorstehend unter Nr. 7313 beschrieben, jedoch Kugellauf für Metallpatrone Mod. 88 Kal. 9 mm mit 2,5 Blättchenpulver und Teil- oder Ganzmantel-Geschosse eingerichtet. **Ein Spezial-Drilling für starkes Wild.** Stück Mk. 380.—

Nr. 8346.

100 Stück Mk. 17.50

Ladung: 3,5 g Blättchenpulver.

Nr. 7320. **Selbstspanner-Drilling, System Anson & Deeley,** in Ausführung und Bauart wie Modell 7313, jedoch speziell für die Tropenjagden gebaut, Laufschiene mit 3 umlegbaren Federvisieren, verstellbarer Umlegediopter, Kugellauf für vorstehend abgebildete Metallpatrone Mod. 88, Kal. 10,75×57 mm für 3,5 g Blättchenpulver und Teil- oder Ganzmantel-Geschosse eingerichtet und auf 100—500 m eingeschossen. **Dieser Drilling entspricht allen Anforderungen inbezug auf sichere Erfolge und findet auf alles tropische Großwild Verwendung.** Stück Mk. 425.—

Hammerleß-Drilling mit extra starkem Seitenverschluß.

Dieser Verschluß hat sich in der Praxis glänzend bewährt und kann speziell bei Gebrauch hoher, rauchloser Pulverladung bestens empfohlen werden. Ein Klapprigwerden ist ausgeschlossen.

Nr. 7309.

Nr. 7309. **Extra solider Hammerleß-Drilling mit Straßburger Verschluß,** wohl der zuverlässigste Verschluß für rauchloses Pulver. **Läufe aus echtem Kruppschen Gewehrlaufstahl,** Schrotläufe Kal. 16 oder 12, links Chokebohrung, Kugellauf Kal. 9,3×72 oder 82 mm für Weichblei- oder Legierungs-Geschosse, fein guillochierte Schiene, in jeder Beziehung sauber und gut gearbeitet, Hornbügel, Greener-Sicherung an der linken Seite, Verschlußhebel sowie Umstellungsschieber auf der Scheibe, Vorderschaft mit Patentschnäpper, feinster Maserschaft mit Pistolengriff, Backe, feiner Fischhaut, Hornkäppchen und Hornkappe, Garnitur mit sehr feiner Bukettgravur nach englischem Muster, hervorragendste Schußleistung aller 3 Läufe, alle 3 Rohre **staatlich rauchlos beschossen und abgestempelt;** auf der Visierschiene ist das automatische Visier, welches sich beim Umschalten auf Kugel von selbst aufrichtet, sowie Perlkorn mit Silberpunkt von vorn eingeschoben, angebracht. Der Schaft ist noch mit Patronenmagazin versehen, welches sich hinter dem Riemenbügel befindet. **Ein sehr moderner Gebrauchsdrilling von höchster Haltbarkeit.** Stück Mk. 360.—

Vorstehende Drillinge werden auf Wunsch auch mit Kugellauf für Blättchenpulver und Mantelgeschoß eingerichtet, der Preis erhöht sich dann um Stück Mk. 10.—

Aufmontierung von Zielfernrohren laut Extraaufstellung.

NB. Von allen neuerdings erfundenen modernen Verschlüssen ist der Straßburger Verschluß der bei weitem durabelste. Dadurch, daß die beiden rechts und links in das System eingreifenden Schienen mit den Läufen aus einem Stück bestehen, dürften Verschlußlockerungen vollkommen ausgeschlossen sein.

Einige empfehlenswerte
Sonder-Ausführungen für Dreilaufgewehre.

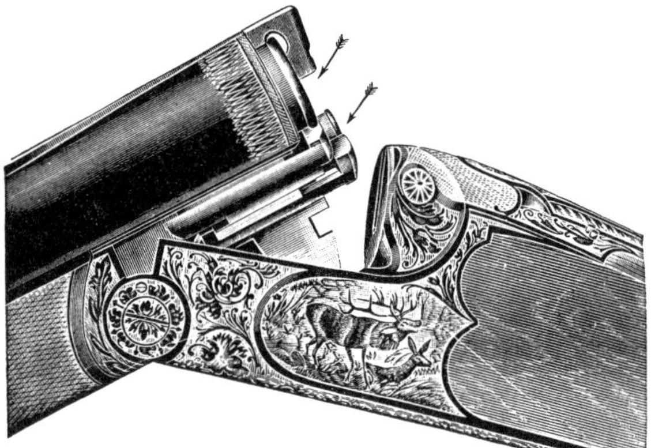

Geteilter Patronenschieber

D. R.-G.-M.

Wie jedem Jäger bekannt, war es bisher schwer, die abgeschossene Hülse aus dem Laufe zu entfernen, weil solche zu schwer zu erfassen war. Diesem Uebelstand wird durch den geteilten Patronenauszieher abgeholfen, denn durch das Oeffnen des Gewehres wird die Kugelhülse einige Millimeter weiter aus dem Lauf geschoben als die Hülsen des Schrotlaufes, wodurch man mit der Hand erstere bequem entfernen kann. Die Konstruktion des geschützten Ausziehers ist eine derartig zuverlässige, daß ich für tadelloses Funktionieren volle Garantie übernehme. Dieser separate Patronenauszieher erhöht den Preis bei neu anzufertigenden Drillingen um **Mk. 10.–** falls in der Beschreibung solcher noch nicht angegeben ist. Eine nachträgliche Anbringung desselben kostet **Mk. 12.–**

Das Patronenmagazin „Simplex“

D. R.-G.-M.

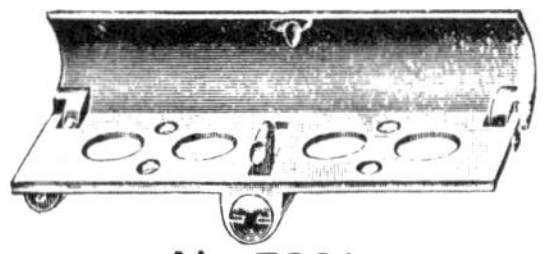

Nr. 7321.

ist das praktischste aller Magazine und findet speziell bei meinen besseren Gewehren Verwendung. Dasselbe springt im Gegensatz zu den anderen Patronenmagazinen seitwärts auf und zwar durch Druck auf den kleinen Knopf. Ein Verletzen des Schützen an den Fingern usw. kann durch das Aufspringen nicht geschehen. Ebenso ist ein Abspringen des Holzes an der Schaftspitze ausgeschlossen. Falls in der Beschreibung dieses Magazin noch nicht vorgesehen ist, kostet die Anbringung desselben **Mk. 9.–**

Automatisches Visier der Dreilauf-Gewehre.

Das selbsttätige Visier hat sich seit seinem Bestehen sehr gut bewährt, weshalb solches auch bei fast allen guten Dreiläufern Verwendung findet. Das selbsttätige Visier ist eine sinnreiche Vorrichtung, welche bei Drillingen die Abgabe eines falschen Schusses verhindert. Das Visier hängt mit der Umstellung zusammen und stellt sich selbsttätig hoch, wenn man auf Kugelschuß umschaltet, während bei Wiederumschaltung auf Schrotschuß sich solches von selbst wieder umlegt. Es ist also ausgeschlossen, daß bei Abgabe des rechten Schrot- oder Kugelschusses eine Verwechslung vorkommen kann. Das automatische Visier erhöht den Preis, falls nach der Beschreibung noch nicht vorhanden, um **Mk. 10.–** bei Hahndrillingen und um **Mk. 12.–** bei Selbstspanner-Drillingen. Auch an alten gebrauchten Drillingen, einerlei ob solche von mir gekauft sind oder nicht, bringe ich diese Visierung an und berechne dafür **Mk. 12.–** bei Drillingen mit Hähnen und **Mk. 14.–** bei Drillingen ohne Hähne (Selbstspanner). Die Rücksendung erfolgt schnellstens, spätestens aber in 14 Tagen.

Doppelbüchsen-Dreiläufer

mit zwei Kugel- und einem Schrotlauf.

Garantie für beste Schußleistung und Arbeit.

Sämtliche in diesem Katalog angeführten Hahn- und Selbstspanner-Drillinge fertige ich auch als Doppelbüchsen-Drillinge mit zwei obenliegenden Kugelläufen und darunter liegendem Schrotlauf in jedem gewünschten Kaliber an. Für präzisen Schuß ist an beiden Abzügen Stechschloß angebracht.

Die Läufe können in folgenden Anordnungen geliefert werden:

1. Mit zwei Kugelläufen oben und darunter liegendem Schrotlauf, wie nebenstehende Mündungsansicht zeigt, oder
2. rechts Schrotlauf, links und unten Kugellauf.

Letztere Anordnung empfiehlt sich namentlich für Doppelbüchsen-Drillings-Einlegeläufe, die nachträglich in schon vorhandene Gewehre eingepaßt werden sollen. **Die Mehrpreise für den Doppelbüchsen-Drilling sind je nach dem Modell und der zu verwendenden Munition Mk. 40.– bis Mk. 80.–.** Das Gewicht eines Doppelbüchsen-Dreiläufers beträgt bei Verwendung von Mantelgeschoß = Kal. 8 mm, Modell 88 mm Rand, 9,3×74 oder 10,75, 52–65 mm Schrotlauf Kal. 16 = ca. 3,4 kg, Kal. 12 = ca. 3,5 kg. Bleigeschoß = Kal. 500–500, 450–450 Expreß oder 9,3×82 mm Schrotlauf Kal. 16 = ca. 3,6 kg, Kal. 12 = ca. 3,6 kg. **Die Lauflänge beträgt ca. 64–66 cm.**

Dreilaufflinten.

Spezialgewehre für gutbesetzte Niederwildjagden.

Diese Gewehre werden fast nur in Selbstspannerkonstruktion geführt, obwohl solche auch mit Hähnen angefertigt werden können. Der große Vorteil einer Dreilaufflinte besteht darin, daß solche entschieden leistungsfähiger ist als Doppelflinten und der automatischen Schrotflinte gegenüber noch die wesentlichen Vorzüge besitzt, daß verschiedene Ladungen zu gleicher Zeit geführt werden können. Die Konstruktion ist eine viel einfachere und die Handhabung viel sicherer, so daß neben der eleganteren Form und tadellosem Funktionieren eine Dreilaufflinte mehr empfohlen werden kann. Der Preis ist der gleiche wie bei gewöhnlichen Drillingen mit zwei Schrot- und einem Kugellauf. Bei Bestellung bitte ich stets anzugeben, ob ein oder zwei Läufe mit Chokebohrung gewünscht werden.

Doppelflinten-Einlegeläufe für Drillinge.

Um den Drilling bei der Hühnerjagd in eine leichte Doppelflinte zu verwandeln, liefere ich Schrot-Einlegeläufe mit blindem Kugellauf aus bestem Gewehrlaufstahl, je nach Verschluß, in einer Lauflänge von ca. 72–74 cm von **Mk. 70.–** an.

Bock-Büchsflinten mit Hähnen,

mit zwei übereinanderliegenden Läufen, Schrotlauf oben, Kugellauf unten.

Unerreichtes Präzisionsfabrikat. ∴ Sehr leichte, handliche Modelle. ∴ Sehr begehrte Gewehre.
Lauflänge ca. 70 cm.

Besondere Vorzüge. Die Bock-Büchsflinten haben den Büchsflinten gegenüber den Vorzug, **daß der Kugellauf infolge seiner vorteilhaften Lage auf nahe und weite Distanzen stets Strich schießt, ohne seitliche Abweichungen bei wechselnden Schußdistanzen zu zeigen.** Ebenso eignet sich der Kugellauf der Bock-Büchsflinten **für starke Blättchenpulverladungen** viel besser als dies bei Büchsflinten mit nebeneinanderliegenden Läufen der Fall ist. Der Lauf liegt vertikal über dem Verschlußhaken und eine seitliche Verschlußzerrung kann somit nicht stattfinden. **Infolge der eleganten geschmeidigen Bauart werden die Bock-Büchsflinten sehr gern geführt,** da das freie Gesichtsfeld und der feste Anschlag ein sehr bequemes und sicheres Zielen gestattet. **Die gleichen Vorzüge besitzen auch die Bock-Doppelbüchsen, worüber ich mit Spezialofferte bei Bedarf gern diene.**

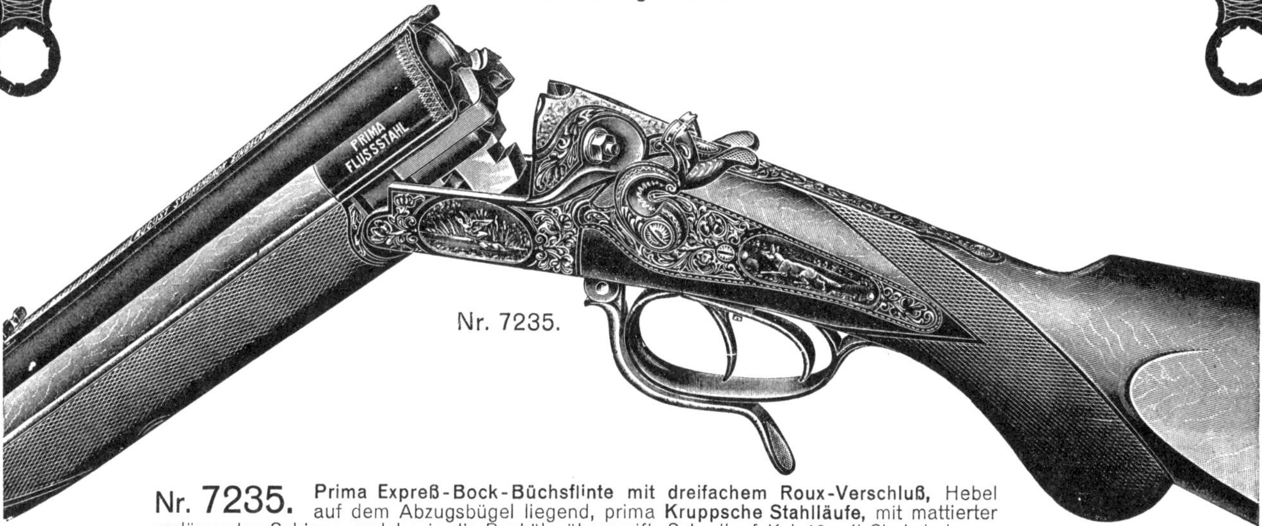

Nr. 7235.

Nr. 7235. **Prima Expreß-Bock-Büchsflinte mit dreifachem Roux-Verschluß,** Hebel auf dem Abzugsbügel liegend, prima **Kruppsche Stahlläufe,** mit mattierter verlängerter Schiene, welche in die Basküle übergreift, Schrotlauf Kal. 16 mit Chokebohrung für Weitschuß, Kugellauf mit massivem Verschlußhaken, Kal. 9,3×72 mm, allerbeste Expreßzüge, Silberpunktkorn, umlegbares Federvisier oder Standvisier mit Klappe, eingeschossen auf 100 bezw. 200 m, rechter Abzug mit Rückstecher für den Kugellauf, Holzvorderschaft mit Patentschnäpper, allerbeste Stahlrückspringschlösser, Schaft aus gutem Nußholz mit Pistolengriff, Backe, feiner Fischhaut und Hornkappe, Garnitur mit hochfeiner gewetzter Jagdstückgravierung, **extra stark gebaut und für rauchloses Pulver amtlich geprüft, beide Läufe mit vorzüglicher Schußleistung.** Stück **Mk. 140.—**

Nr. 7236. **Dieselbe vorzügliche Expreß-Bock-Büchsflinte,** jedoch in etwas einfacherer Ausführung, Garnitur nur mit Kettenstichgravierung und bunt eingesetzt. Stück **Mk. 130.—**

Nr. 7237.

Nr. 7237. **Prima Expreß-Bock-Büchsflinte mit echtem dreifachen Scott-Verschluß,** Hebel zwischen den Hähnen, prima **Kruppsche Stahlläufe** mit mattierter, in das Verschlußstück übergreifender Laufschiene, Schrotlauf Kal. 16 mit Chokeborung für Weitschuß, Kugellauf mit massiven Verschlußhaken, Kal. 9,3×72 mm, rechter Abzug mit Rückstecher für den Kugellauf, Silberpunktkorn, umlegbares Federvisier oder Standvisier mit Klappe, **eingeschossen auf 100 bzw. 200 m,** allerbeste Stahlrückspringschlösser, Holzvorderschaft mit Patentschnäpper, feiner **Nußholzschaft mit Pistolengriff, Backe, Fischhaut und Hornkappe,** Garnitur mit hocheleganter, gewetzter Jagdstückgravierung, **extra für rauchloses Pulver gebaut, staatlich geprüft und abgestempelt,** sowie in allen Teilen musterhaft gearbeitet, bei vorzüglicher Schußleistung. **Ein sehr modernes Gewehr.** Stück **Mk. 160.—**

Nr. 7238. **Dieselbe vorzügliche Expreß-Bock-Büchsflinte,** jedoch in ganz schlichter Ausstattung, ohne Gravur, sondern nur mit Kettenstich und Garnitur bunt eingesetzt. Stück **Mk. 150.—**

Selbstspanner-Bockbüchsflinten

bewährter Systeme in vollendeter Präzisionsarbeit.

Leichteste, eleganteste und handlichste Gewehre für alle Jagden.
Beste Qualität, tadellose Funktion und ff. Schußleistung.

Nr. 7240.

Nr. 7239. Prima **Selbstspanner-Bockbüchsflinte „Modern"**, sehr bewährtes System, **mit dreifachem Roux-Verschluß**, Verschlußhebel über dem Abzugsbügel liegend, durch welchen auch beim Vorwärtsdrücken die Spannung erfolgt, Läufe aus prima **Kruppschem Fluß- bezw. Gußstahl**, Schrotlauf Kal. 16, mit Chokebohrung und **rauchlos beschossen**, Kugellauf Kal. 9,3×72 mm, mit bestgeeignetsten Zügen für Blei- und Kupfermantel-Geschosse, verlängerte mattierte Schiene, Standvisier mit Klappe oder Federumlegevisier und Silberpunktkorn von vorne eingeschoben, Signalanzeiger und Sicherungsschieber oben auf der Scheibe, rechter Abzug mit Stecher, Vorderschaft mit Patentschnäpper, schöner Pistolengriffschaft mit Backe, Fischhaut, Hornkappe und Hornkäppchen, Garnitur mit sauberer Randstichgravur und bunt gehärtet, in allen Teilen mit größter Gewissenhaftigkeit ausgearbeitet, **beste Schußleistung beider Läufe. Sehr modernes Gewehr.** Stück Mk. **200.—**

Nr. 7240. **Selbstspanner-Bockbüchsflinte** wie vor, jedoch in allen Teilen feiner ausgeführt, Garnitur mit hochfeiner, moderner Jugendstilgravierung, feiner Pistolengriffschaft aus hochfeinem Maserholz, **Läufe auf Höchstschußleistung besonders geprüft. Ein hochfeines Bockgewehr.** Stück Mk. **225.—**

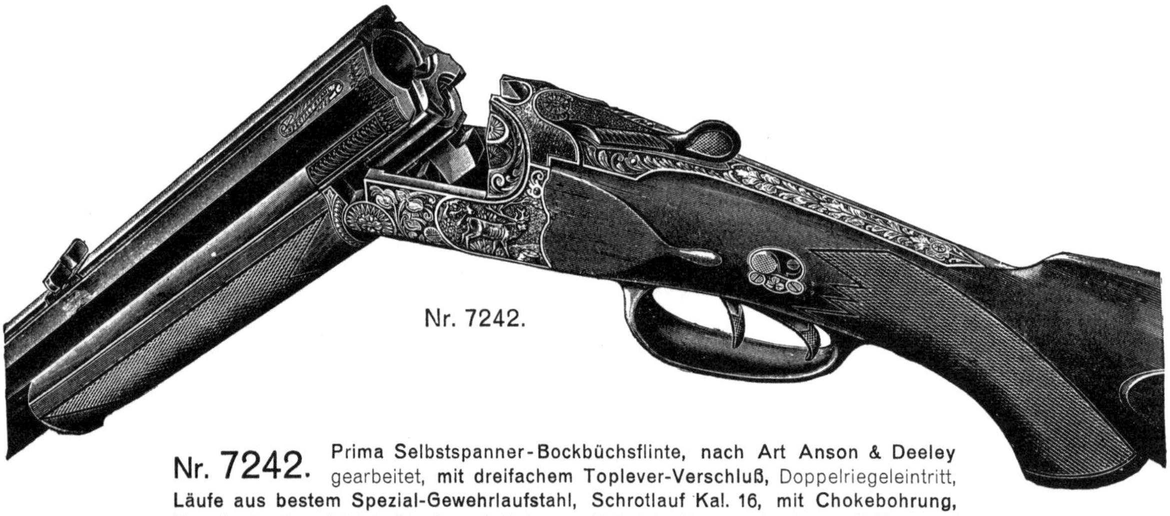

Nr. 7242.

Nr. 7242. Prima **Selbstspanner-Bockbüchsflinte, nach Art Anson & Deeley** gearbeitet, **mit dreifachem Toplever-Verschluß**, Doppelriegeleintritt, **Läufe aus bestem Spezial-Gewehrlaufstahl, Schrotlauf Kal. 16, mit Chokebohrung**, Kugellauf eingerichtet für Expreß-Patrone, Kal. 9,3×72 mm (anderes Kaliber auf Wunsch), Laufschiene fein mattiert und in das Verschlußstück übergreifend, mit Umlegevisier und Perlkorn mit Silberpunkt, Verschlußhebel sowie Signalanzeiger oben auf der Scheibe, zuverlässige Greener-Sicherung an der Seite, **System in allen Teilen hervorragend ausgearbeitet und schön fassoniert**, rechter Abzug mit Stecher, Garnitur mit hocheleganter Jagdstückgravur, Vorderschaft mit Patentschnäpper, ganzer Hornabzugsbügel und bester Nußholzpistolengriffschaft mit Backe, Fischhaut, Hornkäppchen und Hornkappe. **Ein hochmodernes erstklassiges Jagdgewehr von vorzüglicher Schußleistung und Arbeit.** Stück Mk. **240.—**

Vorstehende Bockbüchsflinten werden auch in jedem andern gewünschten Kaliber auf feste Bestellung schnellstens angefertigt. Kugellauf für Mantelgeschoßpatronen erhöht den Preis um Mk. 8.—. Werden die Läufe vorstehender Bockbüchsflinten kantig gewünscht, wie dieses die Abbildungen 7240 und 7242 zeigen, so tritt ein kleiner Aufpreis von Mk. 5.— ein.

Moderne Waffen ▫ Munition ▫ Jagdgeräte

AUGUST STUKENBROK, EINBECK

Anerkannt leistungsfähiges Etablissement dieser Branche

Selbstspanner-Bockbüchsflinten in extra feiner Ausführung.

Hervorragende Präzisionsarbeit.

Schußleistung und Funktion unübertreffbar.

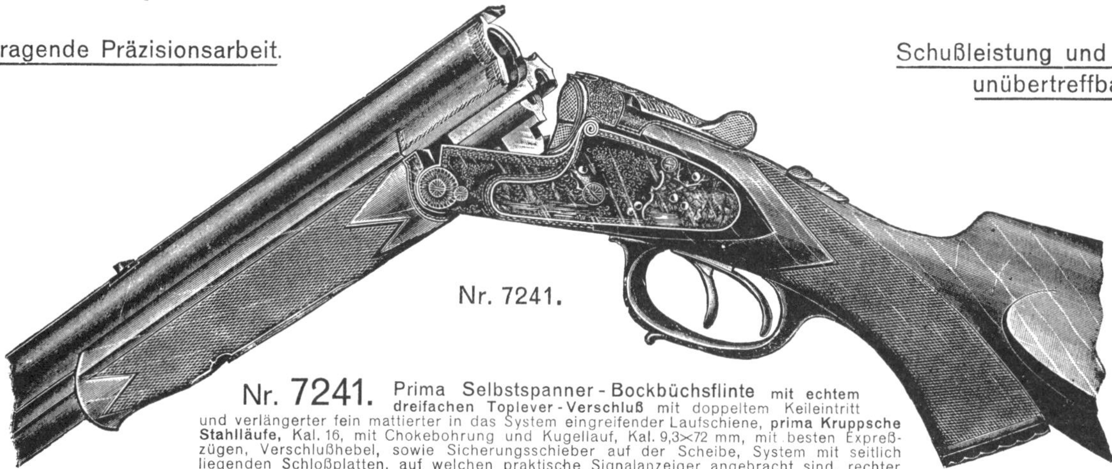

Nr. 7241.

Nr. 7241. Prima Selbstspanner-Bockbüchsflinte mit echtem **dreifachen Toplever-Verschluß** mit doppeltem Keileintritt und verlängerter fein mattierter in das System eingreifender Laufschiene, **prima Kruppsche Stahlläufe,** Kal. 16, mit Chokebohrung und Kugellauf, Kal. 9,3×72 mm, mit besten Expreßzügen, Verschlußhebel, sowie Sicherungsschieber auf der Scheibe, System mit seitlich liegenden Schloßplatten, auf welchen praktische Signalanzeiger angebracht sind, rechter Abzug mit Rückstecher für den Kugellauf, Federumlege-Visier oder Stand-Visier mit Klappe, Korn mit Silberpunkt, auf 100 bezw. 200 m vorzüglich eingeschossen, Vorderschaft mit Patentschnäpper, Garnitur mit hochfeiner gewetzter Jagdstück-Gravierung, feinster Maserschaft mit Pistolengriff, **Hornbügel,** Backe, feiner Fischhaut und Hornkappe, **allerbestes Material und sauberste Arbeit, hervorragende Schußleistung beider Läufe. Eine sehr empfehlenswerte Bockbüchsflinte.** Stück Mk. 235.—

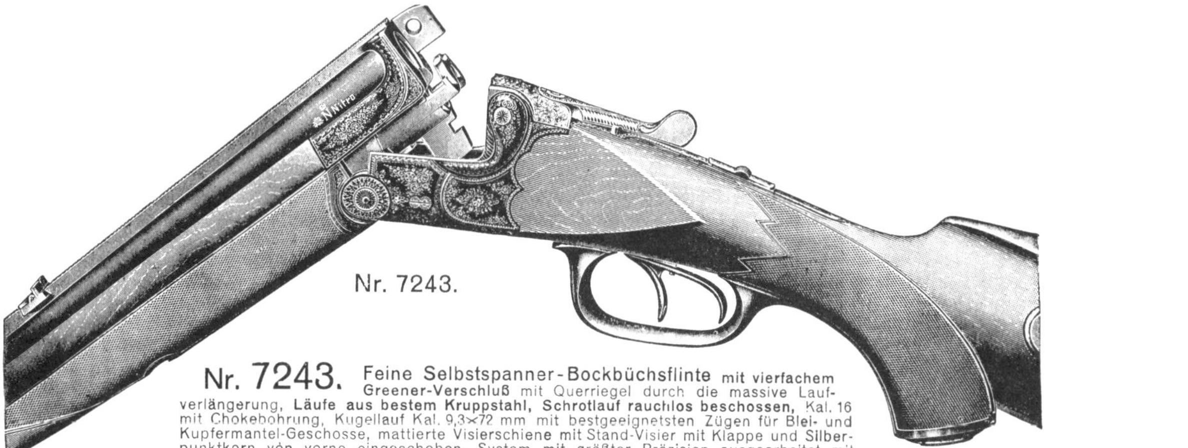

Nr. 7243.

Nr. 7243. Feine Selbstspanner-Bockbüchsflinte mit vierfachem **Greener-Verschluß** mit Querriegel durch die massive Laufverlängerung, **Läufe aus bestem Kruppstahl, Schrotlauf rauchlos beschossen,** Kal. 16 mit Chokebohrung, Kugellauf Kal. 9,3×72 mm mit bestgeeignetsten Zügen für Blei- und Kupfermantel-Geschosse, mattierte Visierschiene mit Stand-Visier mit Klappe und Silberpunktkorn von vorne eingeschoben, System mit größter Präzision ausgearbeitet mit Verschlußverstärkung und schön fassoniert. Die Konstruktion der Schlosse ist eine sehr zuverlässige und erfolgt die Spannung derselben durch Abkippen der Läufe. Signalanzeiger, Verschlußhebel sowie Sicherungsschieber befinden sich **oben auf der Scheibe, rechter Abzug mit Stecher.** Vorderschaft mit Patentschnäpper, Garnitur mit hocheleganter, englischer Arabeskengravur, feinster Pistolengriffschaft mit ganzem **Hornbügel,** Backe, Fischhaut, Hornkappe, Hornkäppchen und Simplex-Patronenmagazin. **Eine erstklassige Bockbüchsflinte mit höchster Schußleistung.** Stück Mk. 300.—

Nr. 7234.

Nr. 7233. Extra feine Selbstspanner-Bockbüchsflinte, System **Anson & Deeley, mit vierfachem Greener-Verschluß** mit Querriegel durch die massive, seitliche Laufverlängerung, **Läufe aus prima Kruppstahl, Schrotlauf rauchlos beschossen,** Kal. 16 mit Chokebohrung, Kugellauf Kal. 9,3 mm für Blei- und Kupfermantel-Geschosse oder Kal. 8 mm für rauchloses Blättchenpulver und Stahlmantel-Geschosse, mattierte Schiene, Stand-Visier mit Klappe und Silberpunktkorn von vorne eingeschoben, rechter Abzug mit Stecher, System in allen Teilen mit größter Präzision ausgearbeitet und schön fassoniert, Signalstifte, Verschlußhebel und Schiebesicherung oben auf der Scheibe, Vorderschaft mit Patentschnäpper, Garnitur mit hochfeiner engl. Arabeskengravierung, feinster Pistolengriffschaft mit Backe, Fischhaut, Hornkäppchen und Hornkappe. **Die Schußleistung beider Läufe ist eine vorzügliche und kann ich dieses Bockgewehr ganz besonders empfehlen.** Stück Mk. 360.—

Nr. 7234. Hochfeinste Selbstspanner-Bockbüchsflinte, System Anson & Deeley, als „Meisterstück" gearbeitet, **System mit Greener-Verschluß und Einbettung, auch Stabilverschluß genannt, beide Läufe rauchlos beschossen,** Schrotlauf Kal. 16 mit Chokebohrung, Kugellauf mit Separat-Patronenauszieher, Kal. 9,3 mm für Blei- und Kupfermantel-Geschosse oder auch für Stahlmantel-Patronen mit Blättchenpulver, Garnitur mit künstlerischer engl. Bukettgravierung, feinstes Schaftholz mit Pistolengriff oder englisch geschäftet, Hornkappe und Simplex-Patronenmagazin im Schaft. **Hervorragendste Bockbüchsflinte.** Stück Mk. 400.—

Die günstige Aufnahme meiner Schußwaffen in Jägerkreisen beweist deren Güte.

Extra empfehlenswerte Förster-Büchsflinten.

Extra Qualität ∴ Höchste Schußleistung.
Lauflänge ca. 70 cm. Gewicht: Kal. 16×9,3 mm ca. 2,9 kg.

Nachstehende Büchsflinten sind sehr empfehlenswerte Modelle, welche nach den Normen der Deutschen Versuchsanstalt in Halensee mit Schrot auf 35, mit Kugellauf auf 100 m genau Fleck eingeschossen sind. Minderwertige Modelle (belgisches Fabrikat), wie solche einige Konkurrenzfirmen in den Handel bringen, führe ich nicht, und bitte, bei Kauf einer Büchsflinte sich wegen des anscheinend etwas billigeren Koukurrenzpreises nicht irreführen zu lassen. **Billigere Büchsflinten können nur auf Kosten der Qualität hergestellt werden,** die jedoch **nicht** die **vorzüglichen Eigenschaften besitzen** als **meine nachstehend angeführten Modelle.** Was das Kugelkaliber betrifft, so empfehle ich ganz besonders das Kal. 9,3 mm, da mit diesem Kaliber die hervorragendsten Resultate erzielt werden. Die Büchsflinten halte ich daher in dem gangbaren, sich bestens bewährten Kal. 16 und 9,3×72 mm stets vorrätig, jedoch liefere ich auf Wunsch auch jedes andere Kaliber in Kugelpatronen, wie z. B. Kal. 9,3×82 oder 11×65 mm für 4,5 g Naßbrandpulver.

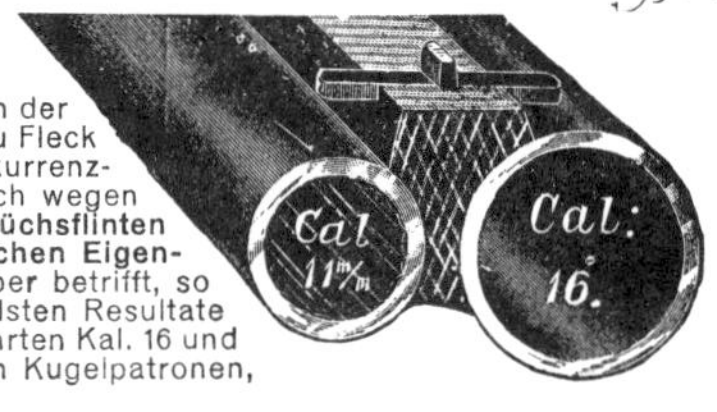

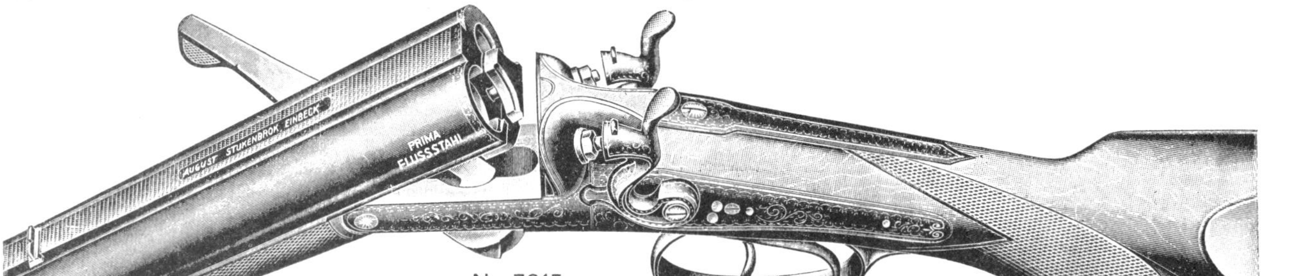

Nr. 7215.

Nr. 7215. **Prima Zentralfeuer-Büchsflinte, Läufe aus bestem Gewehrlauf-Fluß- bezw. Gußstahl,** Schrotlauf Kal. 16 mit Chokebohrung, Kugellauf 9,3×72 mm für 3,5 g Naßbrandpulver, allerbeste Züge für Weichblei- und Legierungsgeschosse, Laufschiene mattiert, Holzvorderschaft mit Schieber, Verschlußhebel unter dem Vorderschaft liegend, beste Stahlrückspringschlösser, rechter Abzug mit Stecher für den Kugellauf, Korn mit Silberpunkt, Standvisier, bester Pistolengriffschaft mit Backe und Fischhaut, Garnitur etwas englisch graviert und bunt eingesetzt, **sehr empfehlenswerte Förster-Büchsflinte mit vorzüglicher Schußleistung.** Stück **Mk. 85.—**

Nr. 7217. **Prima Zentralfeuer-Büchsflinte** wie Modell 7215, jedoch in feinerer Ausführung, Verschlußhebel mit Horn umkleidet, Garnitur mit feiner Jagdstück-Wetzgravur, feinster Pistolengriffschaft. Stück **Mk. 103.—**

Doppelflinten-Wechselläufe zu Büchsflinten Nr. 7215 und 7217 kosten **Mk. 38.—** extra.

Zentralfeuer-Büchsflinten mit Scott-Verschluß.

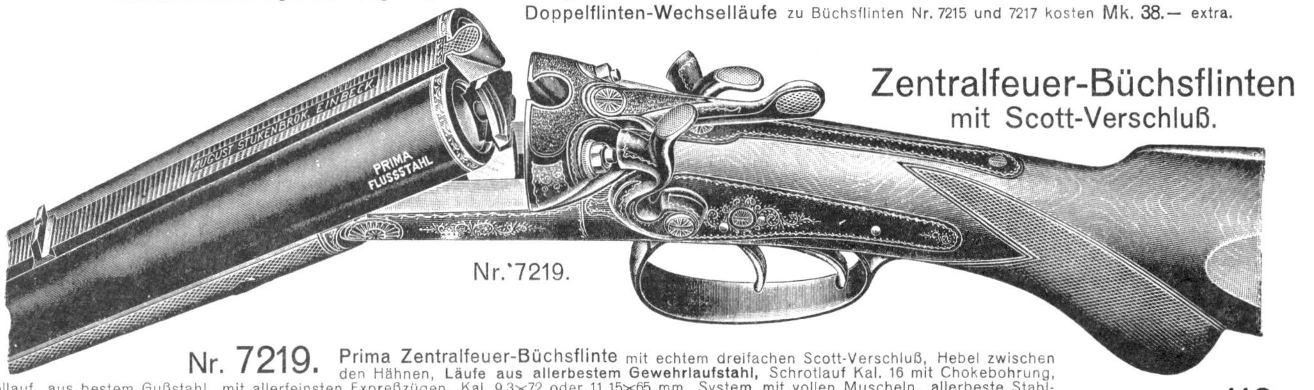

Nr. 7219.

Nr. 7219. **Prima Zentralfeuer-Büchsflinte** mit echtem dreifachen Scott-Verschluß, Hebel zwischen den Hähnen, **Läufe aus allerbestem Gewehrlaufstahl,** Schrotlauf Kal. 16 mit Chokebohrung, Kugellauf, aus bestem Gußstahl, mit allerfeinsten Expreßzügen, Kal. 9,3×72 oder 11,15×65 mm, System mit vollen Muscheln, allerbeste Stahlrückspringschlösser, rechter Abzug mit Stecher für den Kugellauf, Garnitur mit feiner Kettenstichgravierung und bunt eingesetzt, Holzvorderschaft mit Patentschnäpper, bester Pistolengriffschaft mit Backe, Fischhaut und Hornkappe. **Sehr empfehlenswerte Förster-Büchsflinte.** Stück **Mk. 110.—**

Nr. 7220. **Dieselbe vorzügliche Förster-Büchsflinte,** jedoch noch mit Doppelflinten-Wechselläufen. Stück **Mk. 146.—**

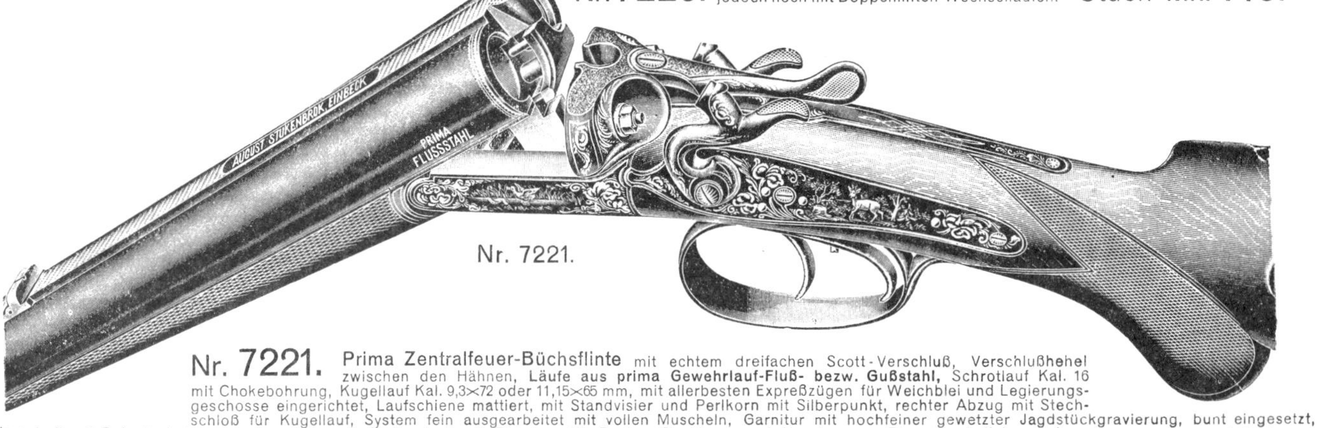

Nr. 7221.

Nr. 7221. **Prima Zentralfeuer-Büchsflinte** mit echtem dreifachen Scott-Verschluß, Verschlußhebel zwischen den Hähnen, **Läufe aus prima Gewehrlauf-Fluß- bezw. Gußstahl,** Schrotlauf Kal. 16 mit Chokebohrung, Kugellauf Kal. 9,3×72 oder 11,15×65 mm, mit allerbesten Expreßzügen für Weichblei und Legierungsgeschosse eingerichtet, Laufschiene mattiert, mit Standvisier und Perlkorn mit Silberpunkt, rechter Abzug mit Stechschloß für Kugellauf, System fein ausgearbeitet mit vollen Muscheln, Garnitur mit hochfeiner gewetzter Jagdstückgravierung, bunt eingesetzt, Vorderschaft mit Patentschnäpper, sehr schöner Nußholzschaft mit Pistolengriff, Backe, Fischhaut und Hornkappe. **Eine vorzügliche und geschmackvolle Büchsflinte mit hervorragender Schußleistung.** Stück **Mk. 124.—**

Nr. 7222. **Dieselbe vorzügliche Büchsflinte,** aber noch mit Doppelflinten-Wechselrohr. Stück **Mk. 158.—**

Extraanfertigungen werden ganz nach den Wünschen meiner Auftraggeber ausgeführt.

Moderne Waffen ▫ Munition ▫ Jagdgeräte

AUGUST STUKENBROK, EINBECK

Anerkannt leistungsfähiges Etablissement dieser Branche

Zentralfeuer-Büchsflinten mit Hähnen

mit verstärktem massiven Verschlußstück und Greener-Verschluß.

Gesetzlich geschützt. **Marke „Aste".** Gesetzlich geschützt.

Unerreichtes deutsches Präzisionsfabrikat. Hervorragende Schußleistung. Bewährteste Modelle für starken Gebrauch.

Auch bei nachstehenden **„Aste"-Büchsflinten** findet die gleiche Fabrikationsart wie bei meinen „Aste"-Drillingen statt. Die einzelnen Gewehrteile dieser Modelle werden mit Hilfe der feinsten Präzisionsmaschinen mechanisch in so exakter Weise hergestellt, daß **dauernd gute Funktion** und **Haltbarkeit** erreicht wird. Für besonders gute **Schußleistung bei allen Modellen wird weitestgehende Garantie übernommen.**

Kugellauf für Mantelgeschoß und Nitropulver erhöhen die Preise um Mk. 8.— bis Mk. 15.—

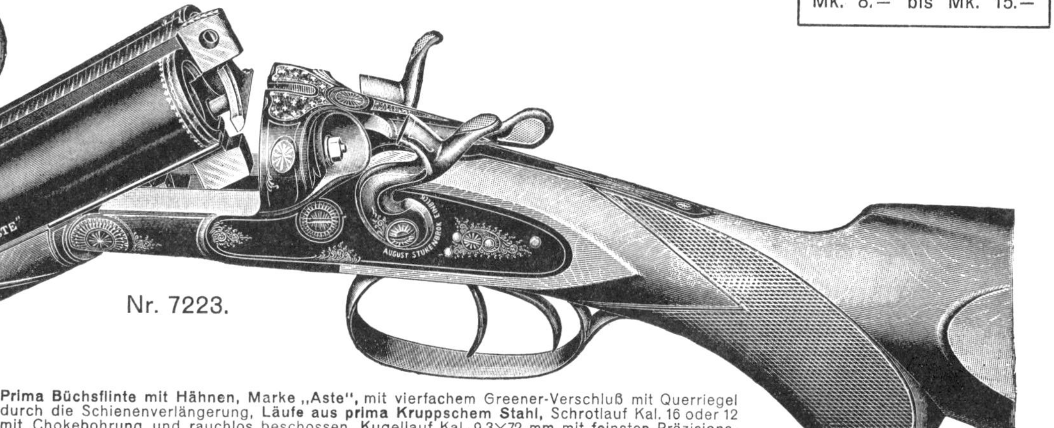

Nr. 7223.

Nr. 7223. **Prima Büchsflinte mit Hähnen, Marke „Aste",** mit vierfachem Greener-Verschluß mit Querriegel durch die Schienenverlängerung, **Läufe aus prima Kruppschem Stahl,** Schrotlauf Kal. 16 oder 12 mit Chokebohrung und rauchlos beschossen, Kugellauf Kal. 9,3×72 mm mit feinsten Präzisionszügen für Blei- und Kupfermantel-Geschosse, Visierschiene mattiert mit Standvisier mit Klappe und Korn mit Silberpunkt von oben eingeschoben. Das volle massive Verschlußstück hat hübsche volle Muscheln und ist in jeder Beziehung sehr sorgfältig ausgearbeitet. Die kurzen, modern angepaßten Rückspringschlösser haben ausprobiertes Stahlgewerk mit vorzüglichem Gang; rechter Abzug mit Rückstecher, Vorderschaft mit Patentschnäpper, Garnitur mit sauberer englischer Arabesken-Gravierung und bunt gehärtet, schöner Nußbaumschaft mit Pistolengriff, Backe, Fischhaut und Hornkappe. **Eine sehr solide, moderne Büchsflinte mit vorzüglicher Schußleistung.** Stück **Mk. 135.—**

Doppelflinten-Wechselläufe aus prima Kruppschem Flußstahl, links Chokebohrung, rauchlos beschossen, mattierte Visierschiene, kosten extra Stück **Mk. 55.—**

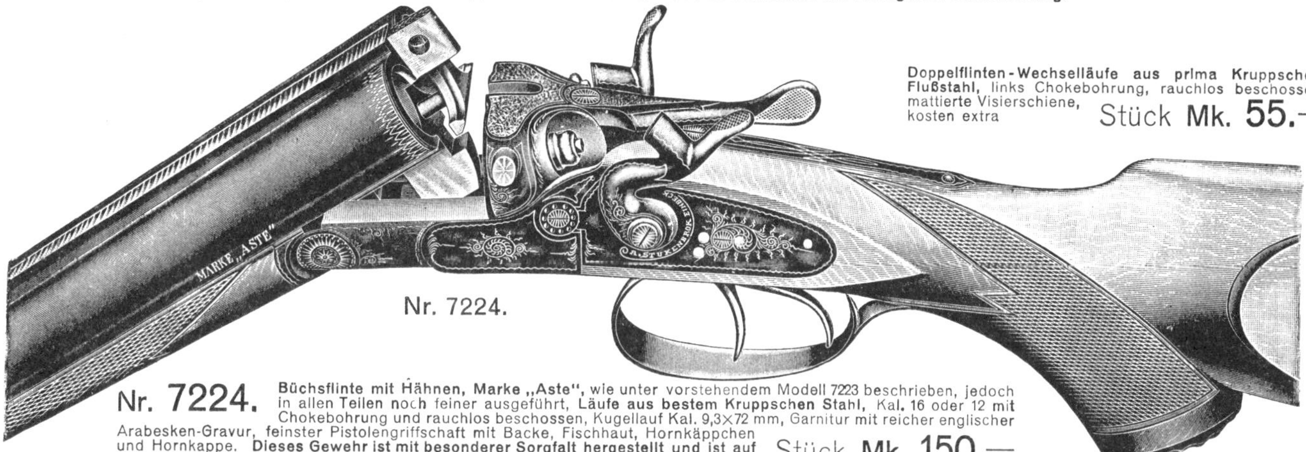

Nr. 7224.

Nr. 7224. **Büchsflinte mit Hähnen, Marke „Aste",** wie unter vorstehendem Modell 7223 beschrieben, jedoch in allen Teilen noch feiner ausgeführt, **Läufe aus bestem Kruppschen Stahl,** Kal. 16 oder 12 mit Chokebohrung und rauchlos beschossen, Kugellauf Kal. 9,3×72 mm, Garnitur mit reicher englischer Arabesken-Gravur, feinster Pistolengriffschaft mit Backe, Fischhaut, Hornkäppchen und Hornkappe. **Dieses Gewehr ist mit besonderer Sorgfalt hergestellt und ist auf höchsterreichbare Schußleistung besonderer Wert gelegt. Sehr** empfehlenswert. Stück **Mk. 150.—**

Doppelflinten-Wechselläufe aus Fluß-Stahl-Krupp-Essen, links Chokebohrung, rauchlos beschossen, mattierte Visierschiene, kosten extra Stück **Mk. 55.—**

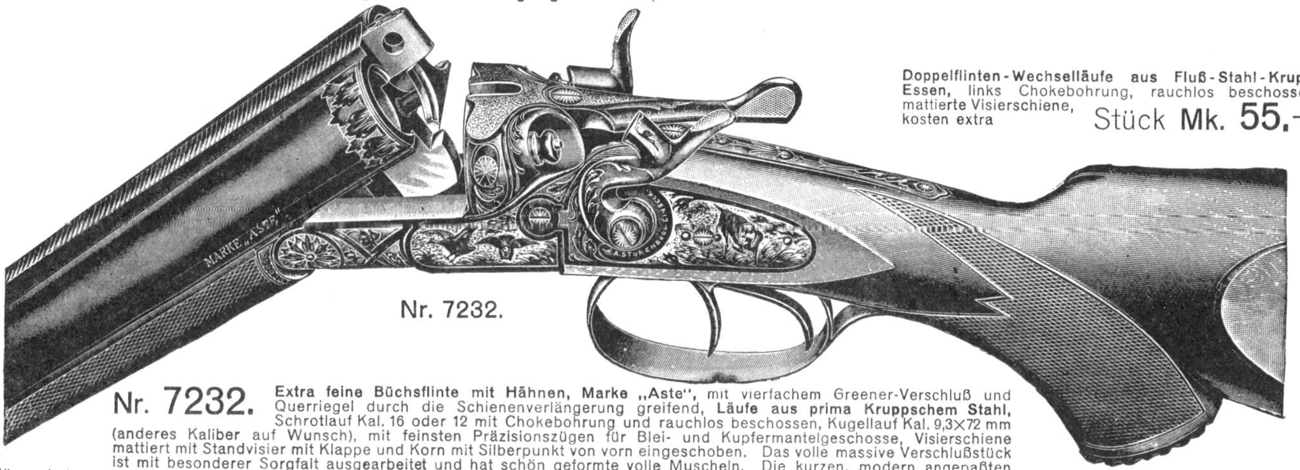

Nr. 7232.

Nr. 7232. **Extra feine Büchsflinte mit Hähnen, Marke „Aste",** mit vierfachem Greener-Verschluß und Querriegel durch die Schienenverlängerung greifend, **Läufe aus prima Kruppschem Stahl,** Schrotlauf Kal. 16 oder 12 mit Chokebohrung und rauchlos beschossen, Kugellauf Kal. 9,3×72 mm (anderes Kaliber auf Wunsch), mit feinsten Präzisionszügen für Blei- und Kupfermantelgeschosse, Visierschiene mattiert mit Standvisier mit Klappe und Korn mit Silberpunkt von vorn eingeschoben. Das volle massive Verschlußstück ist mit besonderer Sorgfalt ausgearbeitet und hat schön geformte volle Muscheln. Die kurzen, modern angepaßten Schlösser haben ausprobiert vorzügliches Stahlgewerk; Verschlußhebel zwischen den Hähnen, rechter Abzug mit Rückstecher, Vorderschaft mit Patentschnäpper, Garnitur mit hocheleganter Jagdstück-Wetzgravur, feiner Pistolengriffschaft aus bestem dunklen Maserholz mit Backe, Fischhaut, Hornkäppchen und Hornkappe. **Dieses Gewehr stellt eine hochfeine erstklassige Gebrauchsflinte dar, welche allen Anforderungen entspricht.** Stück **Mk. 160.—**

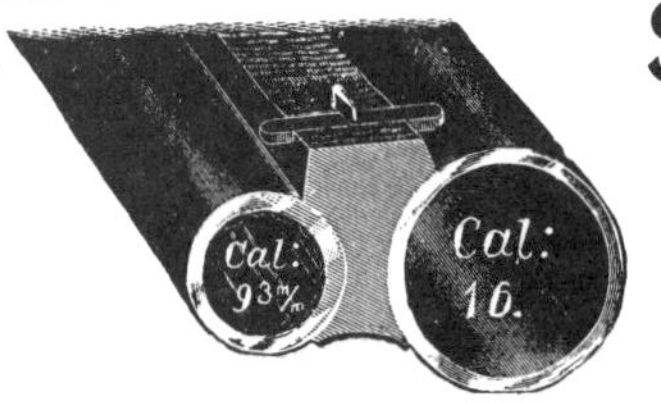

Selbstspanner-Präzisions-Büchsflinten

System Anson & Deeley.

Gesetzlich geschützt. **Marke „Aste“.** Gesetzlich geschützt.

Unerreichte Qualität.

Solideste Konstruktion. Vorzügliche Schußleistung.

Mit nachstehenden **Anson & Deeley-Büchsflinten** biete ich meinen geschätzten Abnehmern einige vorzügliche Spezial-Modelle, welche infolge ihrer **erstklassigen Qualität** und der **präzisen Bearbeitung** bei außerordentlich günstiger Preisstellung sehr gerne gekauft werden. Dieselben werden aus allerbestem Material unter Zuhilfenahme feinster Präzisions-Maschinen hergestellt, wodurch sauberes Passen der Verschlüsse, dauernd gute Funktion und Haltbarkeit erreicht wird. Ein Vergleich dieser „Aste“-Büchsflinten mit von anderer Seite eventuell angebotenen ähnlichen Erzeugnissen wird jede weitere Hervorhebung überflüssig machen, denn ich biete in diesen Modellen wirklich das Beste was in dieser und auch weit höherer Preislage überhaupt hergestellt und angeboten werden kann. **Das Aussehen dieser Büchsflinten ist ein sehr elegantes und geschmackvolles, die Schußleistung unübertreffbar.**

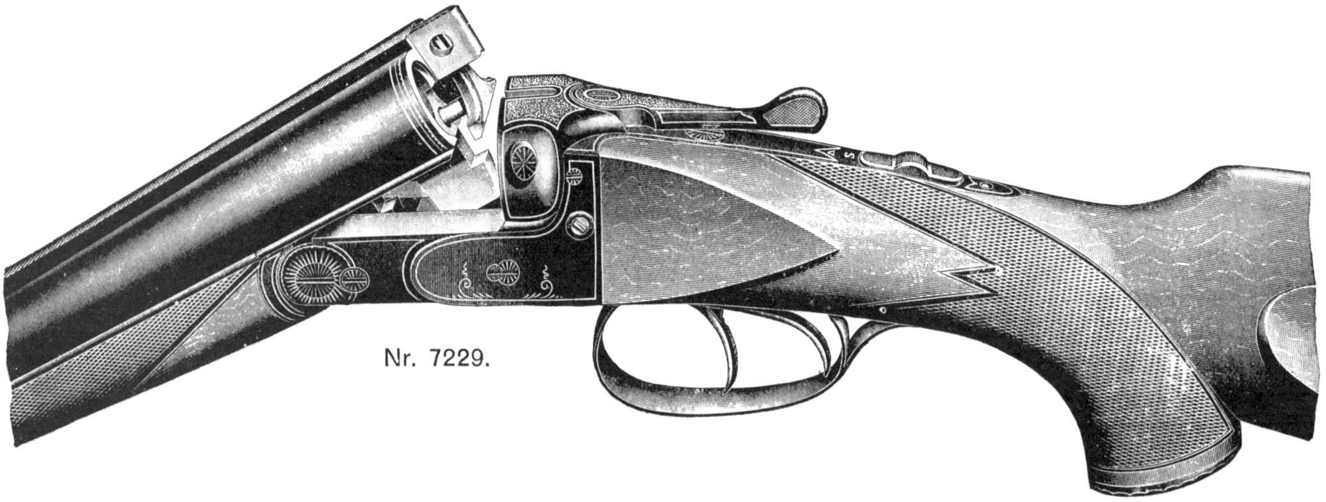

Nr. 7229.

Nr. 7229. Selbstspanner-Büchsflinte, System Anson & Deeley, Marke „Aste“, mit **vierfachem Greener-Verschluß und Querriegel** durch den überstehenden Schienenzapfen greifend. **Läufe aus prima Kruppschem Stahl,** Schrotlauf Kal. 16 oder 12 mit Chokebohrung und rauchlos beschossen, Kugellauf Kal. 9,3×72 mm mit bestgeeignetsten Zügen für Blei- und Kupfermantel-Geschosse, Visierschiene fein mattiert mit Standvisier mit Klappe, Korn mit Silberpunkt von oben eingeschoben, rechter Abzug mit Rückstecher. Das System ist in allen Teilen sehr präzis ausgearbeitet und mit besten Stahlschloßteilen versehen. Die an beiden Seiten der Basküle angebrachten Signalwalzen mit Rippe darauf zeigen an, ob die Schlosse gespannt sind. Zuverlässigste automatische Sicherung auf dem Kolbenhalse. Vorderschaft mit Patentschnäpper, Garnitur mit einfacher, sauberer englischer Gravur und bunt gehärtet, schöner Nußbaumschaft mit Pistolengriff, Backe, Fischhaut und Hornkappe. **Dieses Gewehr erfreut sich in Jägerkreisen großer Beliebtheit.** Stück **Mk. 190.–**

Doppelflinten-Wechselläufe aus **Kruppschem Flußstahl,** links Chokebohrung, rauchlos beschossen, mit mattierter Visierschiene, **kosten extra** **Mk. 60.–**

Nr. 7230.

Nr. 7230. Selbstspanner-Büchsflinte, System Anson & Deeley, Marke „Aste“, in feinster Ausführung, mit fünffachem **Greener-Verschluß,** mit **Querriegel** durch den übergreifenden Schienenzapfen. **Läufe aus prima Kruppschem Stahl,** Schrotlauf Kal. 16 oder 12 mit Chokebohrung und rauchlos beschossen, Kugellauf Kal. 9,3×72 mm mit feinsten Präzisionszügen für Blei- und Kupfermantel-Geschosse, Visierschiene fein mattiert mit Standvisier mit Klappe und Perlkorn mit Silberpunkt von oben eingeschoben, **rechter Abzug mit Rückstecher.** Das System hat beste Stahlschloßteile und ist in jeder Beziehung sehr gewissenhaft ausgearbeitet, Seitenbacken am System und Systemkasten besonders schön ausgebogen und fassoniert. Die an beiden Seiten der Basküle angebrachten Signalwalzen mit Rippe darauf zeigen an, ob die Schlosse gespannt sind; zuverlässigste automatische Sicherung befindet sich auf dem Kolbenhalse, Vorderschaft mit Patentschnäpper, Garnitur mit hochfeinster Jagdgravierung oder englische Gravur, feinster Pistolengriffschaft aus bestem Maserholz mit Backe, Fischhaut, Hornkäppchen und Hornkappe. **Beide Läufe besitzen höchst erreichbare Schußleistungen, und stellt dieses Modell eine hochfein erstklassige Gebrauchswaffe dar, die ich ganz besonders empfehlen kann.** Stück **Mk. 250.–**

Doppelflinten-Wechselläufe aus **Kruppschem Flußstahl,** links Chokebohrung, rauchlos beschossen, mit mattierter Visierschine, **kosten extra** **Mk. 60.–**

Kugelläufe für Mantelgeschosse und Blättchenpulver erhöhen die Preise um **Mk. 8.– bis 15.–**

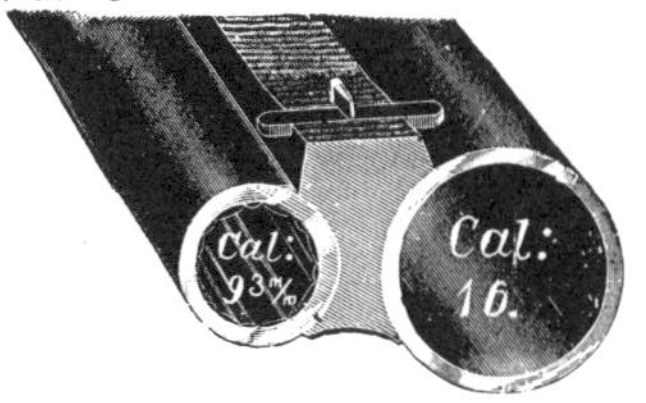

Selbstspanner-Büchsflinten,

System Anson & Deeley.

Erstklassiges Präzisionsfabrikat. ⁘ Hervorragendste Schußleistung.
Feinste deutsche Büchsenmacher-Handarbeit. ⁘ Unerreichte Qualität.

Entgegen den auf vorgehender Seite offerierten **Selbstspanner-Büchsflinten, System Anson & Deeley,** werden nachstehende Modelle speziell im Handbetriebe hergestellt. Jeder einzelne Teil wird unter Verwendung des bestexistierenden Materials mit besonderer Sorgfalt gewissenhaft hergestellt, weshalb größte Haltbarkeit und tadellose Schloß-Funktion erreicht wird.

Nachstehende Modelle stellen in ihrer Art die besten und dabei auch die gangbarsten Gewehre dar, die in dem System Anson & Deeley geliefert werden. Infolge ihrer außerordentlichen Leistungsfähigkeit werden diese Waffen sehr gerne gekauft, zumal die Preisstellung eine äußerst vorteilhafte ist.

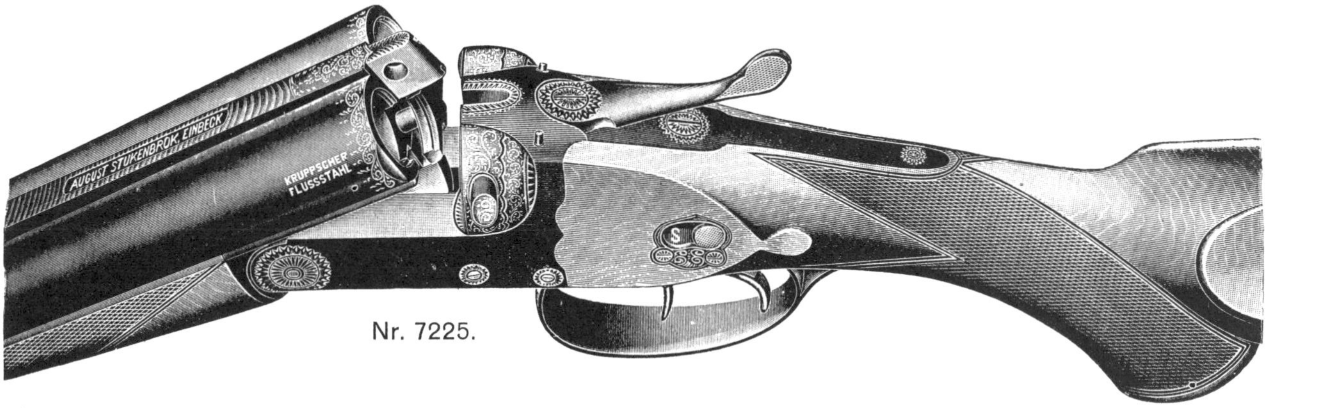

Nr. 7225.

Nr. 7225. Sehr feine Selbstspanner-Büchsflinte, **System Anson & Deeley,** bester fünffacher Greener-Verschluß mit Querriegel durch die Schienenverlängerung, **Läufe aus feinstem Kruppschen Gewehrlaufstahl,** Schrotlauf Kal. 16 oder 12 mit Chokebohrung, Kugellauf Kal. 9,3×72 mm für Blei- oder Kupfernickelmantel-Geschosse, fein mattierte Visierschiene mit Standvisier mit Klappe und Korn mit Silberpunkt, auf 100 und 200 m vorzüglich eingeschossen. **System mit angeschmiedeten Seitenohren und in allen Teilen solid und sauber ausgearbeitet,** Verschlußhebel sowie praktische Signalanzeiger oben auf der Scheibe, zuverlässigste Greener-Sicherung an der Seite, rechter Abzug mit feinem Stechschloß für den Kugellauf, Garnitur mit eleganter Rosettengravur und Muscheln schön erhaben graviert, ff. poliert und nach dem Härten tiefschwarz glänzend oxydiert, Vorderschaft mit Patentschnäpper, feinster Pistolengriffschaft mit Backe, Fischhaut, Hornkäppchen und Hornkappe. **Amtlich für rauchloses Pulver extra geprüft und abgestempelt. Eine erstklassige sehr moderne Selbstspanner-Büchsflinte.** Stück **Mk. 210.—**

Doppelflinten-Wechselläufe aus Fluß-Stahl Krupp-Essen, links Chokebohrung, rauchlos beschossen, mit mattierter Schiene, kosten extra Mk. 60.—

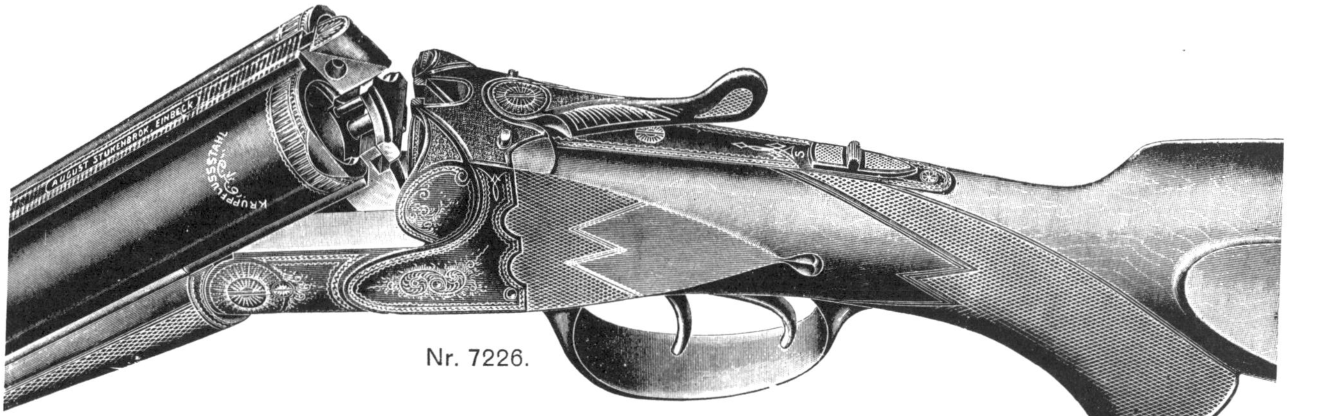

Nr. 7226.

Nr. 7226. Extra feine Selbstspanner-Büchsflinte, **System Anson & Deeley,** mit Greener-Purdey-Verschluß und Querriegel, welcher durch die fein mattierte verlängerte Schiene greift, **Läufe aus allerbestem Kruppschen Gewehrlaufstahl,** Schrotlauf Kal. 16 oder 12 mit Chokebohrung, Kugellauf 9,3×72 mm für Weichblei oder Legierungsgeschosse oder 8 mm für Mantelgeschoßpatronen mit rauchlosem Pulver. Auf der Laufschiene Standvisier mit Klappe und Korn mit Silberpunkt, eingeschossen auf 100 bezw. 200 m, **System mit starken Seitenohren, fein ausgearbeitet und elegant fassoniert.** Verschlußhebel, Signalanzeiger sowie automatische Sicherung auf der Scheibe, rechter Abzug mit Stechschloß für den Kugellauf, Garnitur mit feiner englischer Arabeskengravierung und bunt gehärtet, Abzugsbügel aus Horn, feiner dunkler Maserholzschaft mit Pistolengriff, Backe, feiner Fischhaut, Hornkäppchen und Hornkappe, Vorderschaft mit Patentschnäpper. **Diese Büchsflinte ist in allen Teilen sehr gewissenhaft gearbeitet, für rauchloses Pulver extra geprüft und auf hervorragende Schußleistug besonderer Wert gelegt. Hocheleganteste Selbstspanner-Büchsflinte, welche auch den verwöhntesten Ansprüchen genügt.** Stück **Mk. 225.—**

Doppelflinten-Wechselläufe aus Fluß-Stahl Krupp-Essen, links Chokebohrung, rauchlos beschossen, mit mattierter Schiene, kosten extra Mk. 60.—

Kugellauf zu Mantelgeschoß-Patronen erhöhen den Preis um Mk. 10.— bis 15.— je nach Art der Patrone. **Läufe aus Kruppschem Spezialstahl erhöhen den Preis um Mk. 35.—, Schrotlauf nur allein aus diesem Edelstahl um Mk. 20.—**

Auch in den Büchsflinten System Anson und Deeley unterhalte ich ein großes Lager und kann Lieferung sofort erfolgen, falls die Ausführung nicht allzusehr von der Katalogbeschreibung abweicht.

Schw. Heute gelangte ich in den Besitz meines mir von Ihnen übersandten Selbstspanner-Gewehres. Ich bin hocherfreut über die saubere und exakt gearbeitete Waffe und sage Ihnen für Ihr Entgegenkommen meinen besten Dank. Ich hoffe, Ihnen noch ferner meine Aufträge zukommen lassen zu können.

v. Platen.

Moderne Waffen ▫ Munition ▫ Jagdgeräte

AUGUST STUKENBROK, EINBECK

Anerkannt leistungsfähiges Etablissement dieser Branche

Expreß-Doppelbüchsen.

Zur gefl. Beachtung!

Die Fabrikation der Doppelbüchsen stellt eine besondere Spezialität dar und erfordert reiche Erfahrungen auf dem Gebiete der Ballistik und des Schießwesens.

Die von mir seit einigen Jahren gebrachten Modelle gelangten dank ihrer vorzüglichen Eigenschaften, wie allerpräziseste Arbeit, höchste Durchschlagskraft und Treffsicherheit, selbst in die allerersten Jagd- und Sportkreise, die gewohnt sind, nur die höchsten Anforderungen an eine moderne Waffe zu stellen. Die außergewöhnliche Leistungsfähigkeit der Doppelbüchsen, die selbst viele Generationen überdauert, veranlaßte auch die maßgebenden Tropenjäger, diese Art Gewehre für die schwierigsten Jagden vorzugsweise in Gebrauch zu nehmen, da sie erfahrungsgemäß an Zuverlässigkeit allen anderen Kugelgewehren bei weitem überlegen sind. Auch für die inländische Jagd auf starkes Hochwild, Elche, Bären, Schwarzwild usw. bleibt die Doppelbüchse für höchste Schußleistung das Ideal-Gewehr unter allen Kugelbüchsen.

Ich möchte nun die verehrlichen Käufer im eigenen Interesse noch bitten, nicht auf anscheinend billigere Angebote von Seiten verschiedener Konkurrenzfirmen hineinzufallen, denn die Qualität ist niemals die, daß eine dauernde sichere Funktion damit erzielt werden kann. Billigere Angebote können immer nur auf Kosten der Qualität geschehen.

Die gangbarsten Patronen für Doppelbüchsen und die gebräuchlichsten Ladungen.

Nr. 8267. **Patrone** Kal. 9,3 × 72 mm, mit 3,5 g Naßbrandpulver und Bleigeschoß, per 100 Stück Mk. 14.—

Nr. 8284. **Patrone** Kal. 9,3×72 mm, mit 2—2,3 g rauchlosem Blättchenpulver und Kupfermantelgeschoß, per 100 Stück Mk. 19.—

Nr. 8277. **Patrone** Kal. 450 Expreß = 11,5×82,5 mm, mit 7 g Naßbrandpulver und Bleigeschoß mit Papierführung, per 100 Stück Mk. 19.—

Nr. 8328. **Patrone Expreß 360,** Kal. 8×57 mm, mit 1,8 g rauchlosem Troisdorfer Blättchenpulver und Ganz- oder Teilmantel-Geschoß, per 100 Stück Mk. 16.—

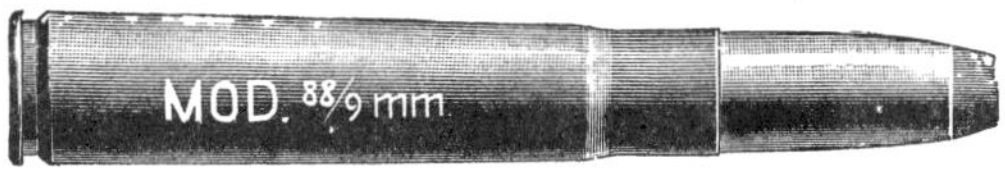

Nr. 8340. **Patrone Mod. 88,** Kal. 9×57 mm, mit 2,5 g rauchlosem Troisdorfer Blättchenpulver und Ganz- oder Teilmantel-Geschoß, per 100 Stück Mk. 15.50

Nr. 8269. **Patrone** Kal. 9,3×82 mm, mit 4,5 g Naßbrandpulver und Bleigeschoß, per 100 Stück Mk. 16.40

Nr. 8279. **Patrone** Kal. 500 Expreß = 13×76 mm, mit 9 g Naßbrandpulver und Bleigeschoß mit Papierführung, per 100 Stück Mk. 19.—

Nr. 8330. **Patrone Mod. 88,** mit Rand, Kal. 8×57 mm, mit 2,3 g rauchlosem Troisdorfer Blättchenpulver und Ganz- oder Teilmantelgeschoß, per 100 Stück Mk. 15.—

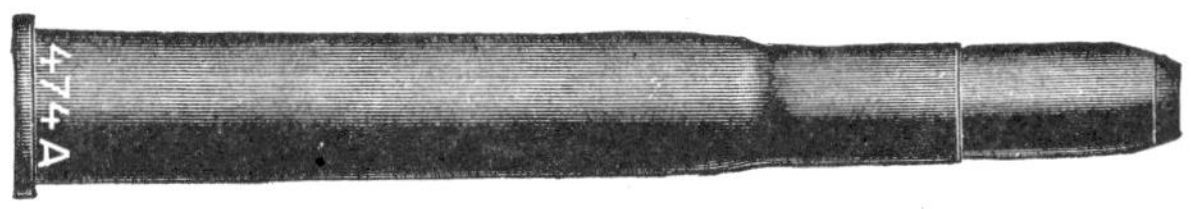

Nr. 8334. **Patrone** Kal. 9,3×74 mm, mit 3,25—3,50 g rauchlosem Troisdorfer Blättchenpulver und Ganz- oder Teilmantelgeschoß, per 100 Stück Mk. 18.—

Patronen mit Expansions-Geschossen erhöhen den Preis um Mk. 1.— per 100 Stück.

Geschoß-Abbildungen siehe Seite 140.

Das zu meinen Waffen verwendete Material ist das denkbar beste.

Doppelbüchsen mit Hähnen

Marke „Aste".

Bewährte Konstruktion mit massivem verstärktem Verschlußstück und Greener-Verschluß. Vollendete Präzisionsarbeit. ∴ Extra solide Ausführung. ∴ Höchste Schußleistung. Gewicht einer Doppelbüchse je nach Art der Patrone 3 kg bis 3,400 kg. Lauflänge 65–66 cm.

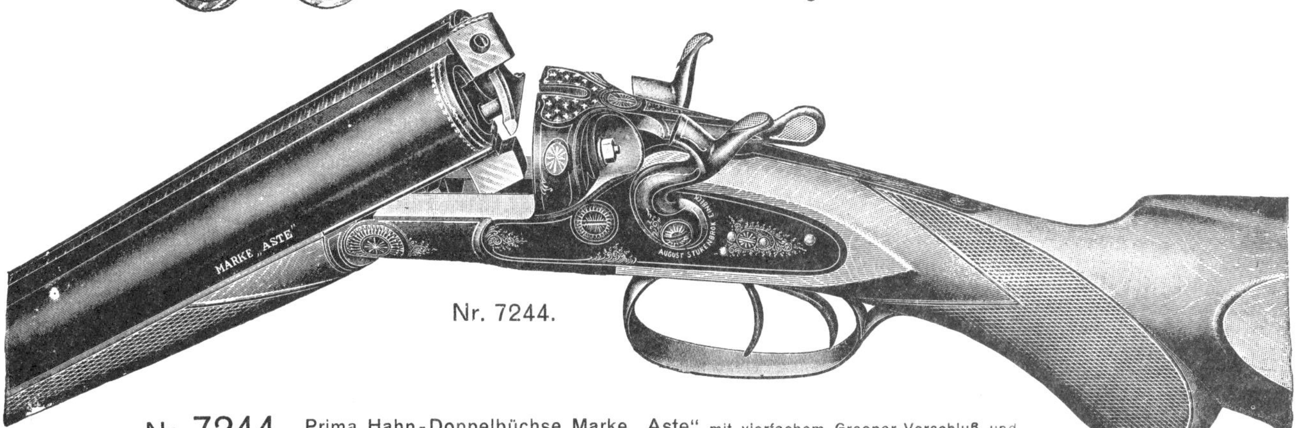

Nr. 7244.

Nr. 7244. **Prima Hahn-Doppelbüchse Marke „Aste"** mit vierfachem **Greener-Verschluß** und Querriegel, durch die Schienenverlängerung greifend, **Läufe aus prima Kruppschem Gußstahl,** Visierschiene mattiert mit Standvisier mit Klappe und Korn mit Silberpunkt von oben eingeschoben, auf 100–200 und 300 m vorzüglich eingeschossen. Das volle massive Verschlußstück hat hübsche volle Muscheln und ist unter Zuhilfenahme der feinsten Maschinen sehr präzis hergestellt. Die kurzen modern angepaßten Rückspringschlösser haben ausprobiertes Stahlgewerk, beide Abzüge mit feinem Rückstecher, Vorderschaft mit Patentschnäpper, Garnitur englisch graviert und bunt gehärtet, bester Pistolengriffschaft mit Backe, Fischhaut und Hornkappe. **Eine sehr zuverlässige Doppelbüchse.** Stück Mk. 190.–

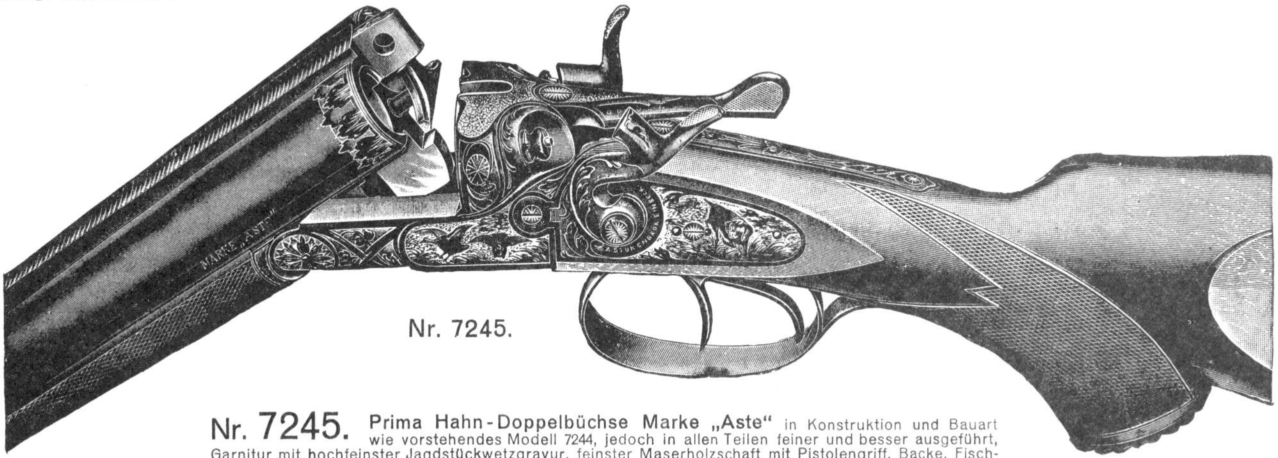

Nr. 7245.

Nr. 7245. **Prima Hahn-Doppelbüchse Marke „Aste"** in Konstruktion und Bauart wie vorstehendes Modell 7244, jedoch in allen Teilen feiner und besser ausgeführt, Garnitur mit hochfeinster Jagdstückwetzgravur, feinster Maserholzschaft mit Pistolengriff, Backe, Fischhaut, Hornkäppchen und Hornkappe, sowie Patent-Simplex-Patronenmagazin im Kolben. **Hervorragendes Gewehr von höchster Schußleistung.** Stück Mk. 240.–

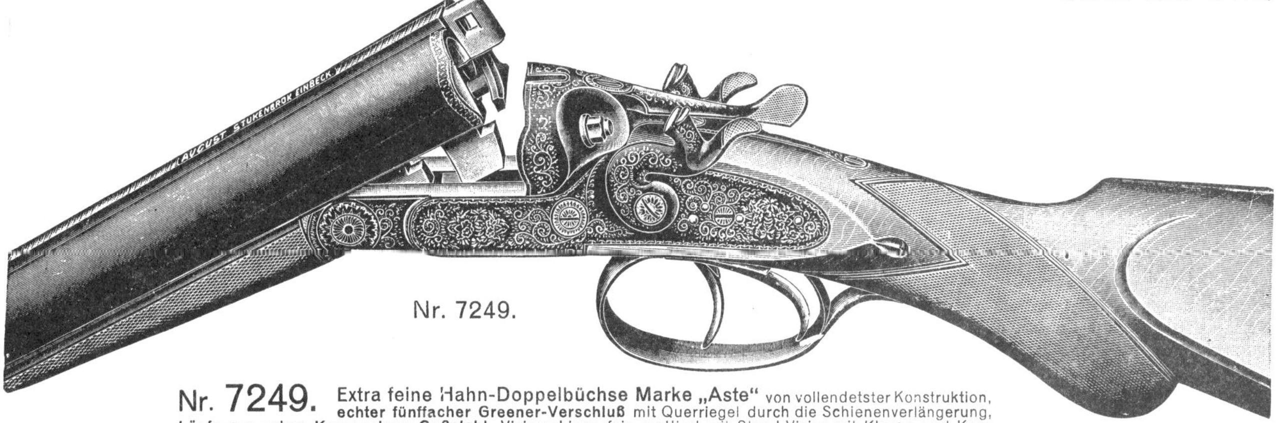

Nr. 7249.

Nr. 7249. **Extra feine Hahn-Doppelbüchse Marke „Aste"** von vollendetster Konstruktion, **echter fünffacher Greener-Verschluß** mit Querriegel durch die Schienenverlängerung, **Läufe aus prima Kruppschem Gußstahl,** Visierschiene fein mattiert mit Stand-Visier mit Klappe und Korn mit Silberpunkt von oben eingeschoben. Die verstärkte massive Basküle hat angeschmiedete Seitenohren, die jede seitliche Bewegung verhindern, hochfein ausgearbeitet in allen Teilen, feinste halbvorliegende Rückspringschlösser mit ausprobiertem Stahlgewerk, beide Abzüge mit feinem Stechschloß, **mit verstellbarem Umlegediopter** auf 100, 200 und 300 m eingeschossen, Vorderschaft mit Patentschnäpper, Garnitur mit hochfeiner englischer Bukett-Gravierung, Pistolengriffschaft aus ausgesuchtem, extrafeinem Maserholz mit Backe, feiner Fischhaut und Hornkappe. Mit diesem Modell biete ich die hochfeinste Hahn-Doppelbüchse, deren Schußleistung und Durchschlagskraft nicht übertroffen wird. Stück Mk. 275.–

Die angegebenen Preise für Doppelbüchsen verstehen sich bei Verwendung von Kugelpatronen mit Schwarzpulverladung. Bei Einrichtung für Ganz- oder Teilmantelgeschosse erhöhen sich die Preise je nach Art der Patrone um Stück Mk. 25.– bis 40.–

Selbstspanner-Doppelbüchsen, System Anson & Deeley.

Gediegenes Präzisionsfabrikat. ∴ Extra prima Qualität. ∴ Schußleistung unübertrefflich.

Für meine Selbstspanner-Doppelbüchsen verwende ich das in der ganzen Welt sich vorzüglich eingeführte System Anson & Deeley, welches sich sowohl in Mechanismus, Funktion und Haltbarkeit unter allen Selbstspanner-Systemen am besten bewährt.

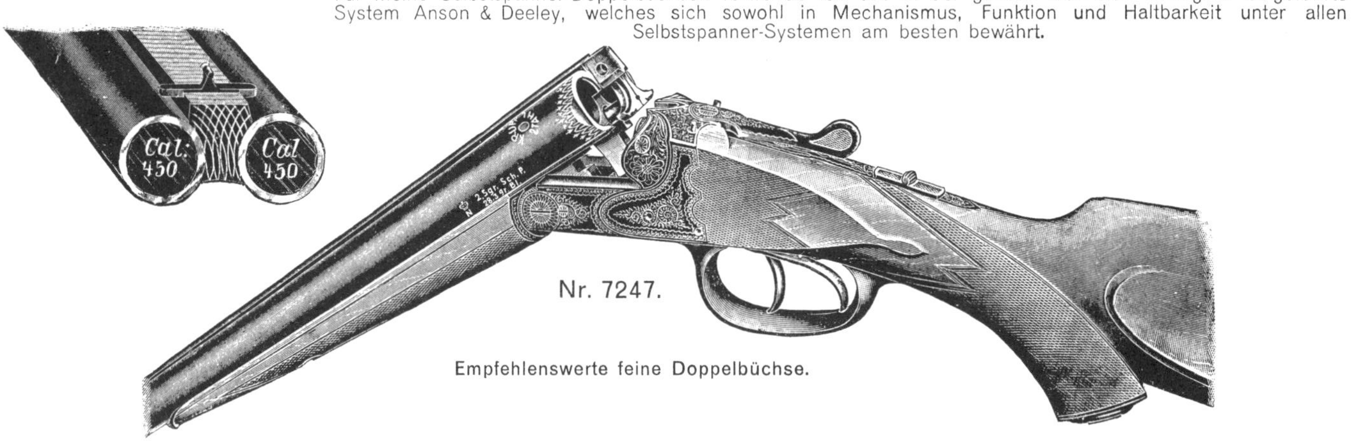

Nr. 7247.

Empfehlenswerte feine Doppelbüchse.

Nr. 7247. Prima Selbstspanner-Doppelbüchse, System Anson & Deeley mit fünffachem Greener-Verschluß, Querriegel durch die mattierte verlängerte Schiene greifend, **Läufe aus bestem Kruppschen Gußstahl,** Kaliber nach Wunsch, Standvisier mit Klappe und Silberpunktkorn, eingeschossen auf 100, 200 und 300 m, **System mit angeschmiedeten Seitenohren, tadellos ausgearbeitet und schön fassoniert,** Verschlußhebel, praktische Signalanzeiger sowie automatische Sicherung auf der Scheibe, **beide Abzüge mit Stecher,** Garnitur mit feiner englischer Arabeskengravierung, Holzvorderschaft mit Patentschnäpper, feinster Masernußholzschaft mit Pistolengriff, Backe, feiner Fischhaut, Hornkäppchen und Hornkappe. **Hervorragende Schußleistung, meisterhafte Arbeit.** Stück **Mk. 270.—**

Nr. 7248.

Extra feine Doppelbüchse.

Nr. 7248. Selbstspanner-Doppelbüchse, System Anson & Deeley, in Bauart wie Modell 7247, jedoch in hochfeiner moderner Ausführung, **System mit verdecktem Greener-Purdey-Verschluß, Basküle mit neuester Muschelausarbeitung und besonders schön fassoniert** (siehe Abbildung), Garnitur hochfein schwarz glänzend bronziert nach der Härte, ausgesucht feines Schaftholz, **in jeder Beziehung musterhaft gearbeitet. Ein hervorragendes, solides und unübertreffliches Gewehr in hervorragender Schußleistung.** Stück **Mk. 340.—**

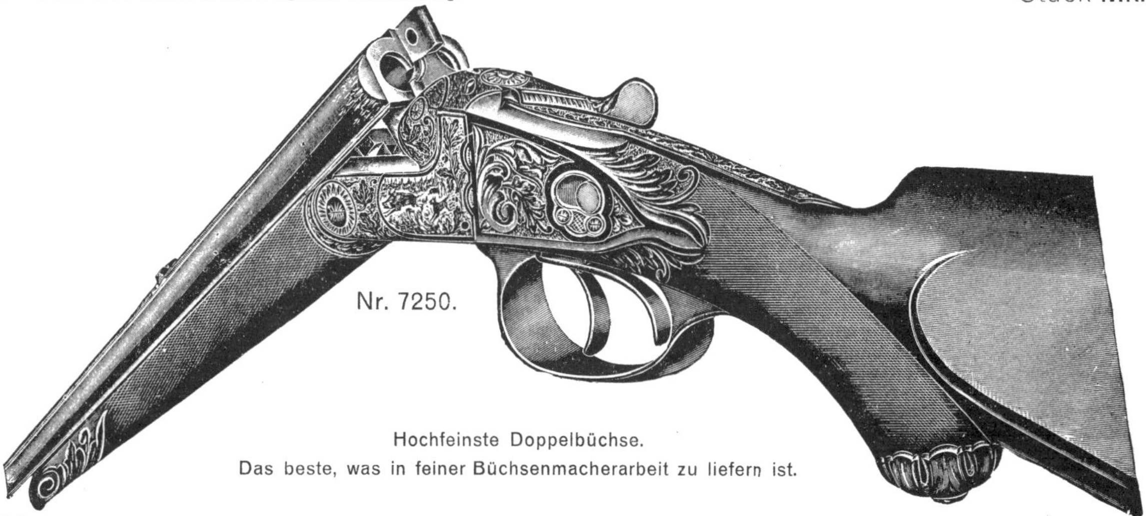

Nr. 7250.

Hochfeinste Doppelbüchse.
Das beste, was in feiner Büchsenmacherarbeit zu liefern ist.

Nr. 7250. Selbstspanner-Doppelbüchse, System Anson & Deeley, in hochfeinster Ausführung, bester fünffacher Greener-Verschluß mit Querriegel durch den übergreifenden massiven Schienenzapfen, **Läufe aus bestem Kruppschen Gußstahl,** Visierschiene fein mattiert mit Standvisier, mit Klappe und Korn mit Silberpunkt von oben eingeschoben. **Das System** hat angeschmiedete Seitenohren, die dem Verschluß eine besondere Verstärkung gegen seitliche Bewegungen verleihen, die Basküle selbst **ist besonders schön ausgearbeitet und wundervoll fassoniert.** An beiden Abzügen befinden sich feine Haar-Stecher, die einen ruhigen und präzisen Schuß ermöglichen und Greener-Total-Sicherung ist an der Seite angebracht. Die Garnitur ist mit künstlerischer Jagdstückgravur versehen, feinster Maserholz-Pistolengriffschaft mit hochfeiner Verschneidung. Dieses Gewehr ist in allen Teilen mit besonderer Sorgfalt als „Meisterwerk" gearbeitet und kann in jedem gewünschten Kaliber geliefert werden. **Zuverlässigste Doppelbüchse mit garantiert höchster Schußleistung.** Stück **Mk. 360.—**

Die Doppelbüchsen werden bei fester Bestellung in jedem gangbaren Kaliber hergestellt, sowohl für Bleigeschosse wie auch für jede Mantelgeschosse mit Blättchenpulver. Bei starken Mantelgeschossen erhöht sich der Preis um **Mk. 25.— bis 40.—,** je nach Art und Kaliber der Patronen. **Die Doppelbüchsen Nr. 7247, 7248 und 7250** sind die **vorteilhaftesten deutschen Selbstspanner-Doppelbüchsen. Doppelbüchsen mit bestem zweiteiligen Ejektor** (Patronenausschleuderer) erhöhen den Preis um **Mk. 100.—**

Spezial-Gewehre mit „Paradox“-Bohrung

für Schrot- und Kugelschuß geeignet.

Gesetzlich geschützt. **Marke „Aste“.** Gesetzlich geschützt.

Feinstes Präzisions-Fabrikat. ·:· Bestbewährteste Konstruktionen.

Die „Paradox“-Gewehre wiegen ebensoviel wie gewöhnliche Doppelflinten und bedürfen ihrer besonderen Verwendbarkeit wegen einer unbedingt zuverlässigen Verarbeitung. **Die Schußleistung der „Paradox“-Gewehre ist eine ganz vorzügliche,** und ist der Schrotschuß aus denselben so gut wie bei einem guten Gewehr mit zylindrischer Bohrung, der Kugelschuß auf eine Entfernung von 80 m ebensogut und sicher wie bei einem schwerkalibrigen Expreßlauf. Die Geschosse werden aus regulären Papphülsen mit Schwarz- oder rauchlosem Pulver verfeuert. **Nach den Normen der Deutschen Versuchsanstalt werden die „Paradox“-Gewehre mit Schrot auf die übliche Distanz von 35 m genau eingeschossen.** Infolge der eigenartigen Bohrung eignen sich diese Gewehre besonders **für stärkstes Wild, wie Schwarz- und Rotwild, Elche, Bären, sowie für die Tropen, auf Dickhäuter und sämtliche anderen Raubtiere.**

Die „Paradox“-Bohrung ist besonders bei Drillingen und Büchsflinten sehr wertvoll, da man bei einem Dreilauf-Gewehr mit zwei Schrotläufen, wovon der eine „Paradox“-Bohrung besitzt, zugleich eine Doppelbüchse hat auf jedes vorkommende Wild. Ebenso ist bei einer Büchsflinte, wo der Schrotlauf mit „Paradox“-Bohrung versehen ist, die Möglichkeit gegeben, zwei sichere Kugelschüsse und eventuell einen Schrotschuß abfeuern zu können. **Infolge der vielseitigen Verwendbarkeit des „Paradox“-Gewehres eignen sich solche speziell für größere Jagdreviere, im andern Falle aber auch für Export, für alle Anforderungen tropischer oder nordischer Jagdverhältnisse. Die „Paradox“-Gewehre werden hauptsächlich in Kal. 16 geliefert,** doch fertige ich auf Wunsch bei fester Bestellung jedes andere Kaliber und Modell in kürzester Lieferzeit bei entsprechender Anzahlung an.

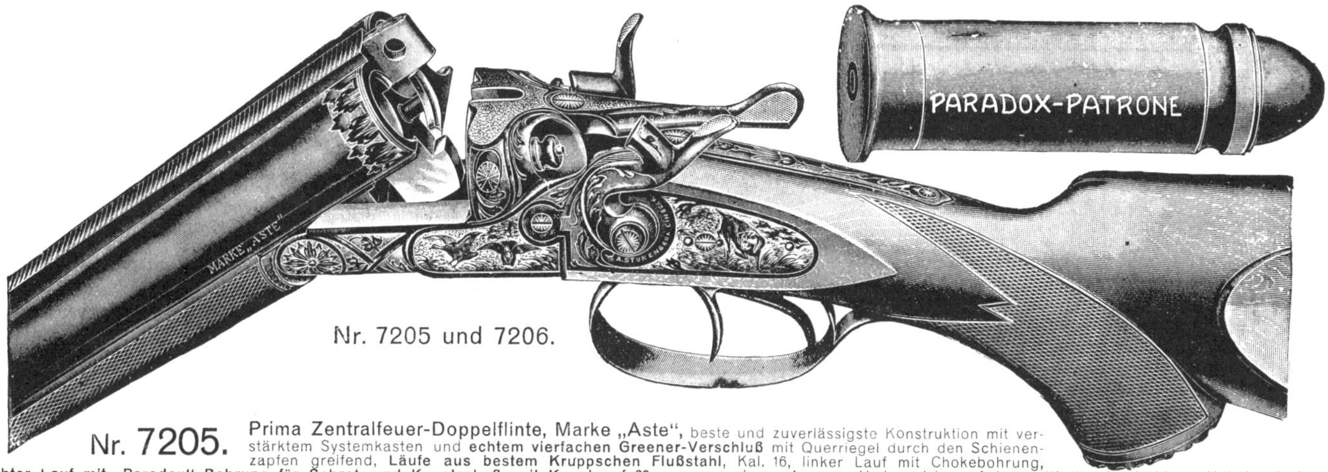

Nr. 7205 und 7206.

Nr. 7205. Prima Zentralfeuer-Doppelflinte, Marke „Aste“, beste und zuverlässigste Konstruktion mit verstärktem Systemkasten und **echtem vierfachen Greener-Verschluß** mit Querriegel durch den Schienenzapfen greifend, **Läufe aus bestem Kruppschen Flußstahl,** Kal. 16, linker Lauf mit Chokebohrung, **rechter Lauf mit „Paradox“-Bohrung für Schrot- und Kugelschuß, mit Kugel auf 80 m genau eingeschossen,** Umlegevisier auf der mattierten Laufschiene, Hebel zwischen den Hähnen, System mit vollen, schön ausgearbeiteten Muscheln, allerbeste dreifüßige Stahlwerkschlösser mit Rückspringhähnen, welche rosettenförmig **in das massive Verschlußstück eingepaßt sind,** Schaft aus bestem Nußbaumholz mit Pistolengriff, Backe, Fischhaut und Hornkappe, Holzvorderschaft mit Patentschnäpper, Garnitur mit feiner Jagdwetzgravur. **Dieses „Paradox“-Gewehr ist in allen Teilen vorzüglich gearbeitet, staatlich rauchlos geprüft und abgestempelt, mit sehr guter Schrot- und Kugelschußleistung, einschl. Geschoßgießer.** Stück **Mk. 165.—**

Nr. 7206. Prima Zentralfeuer-„Paradox“-Flinte wie vorstehend, **jedoch in beiden Läufen „Paradox“-Bohrung** (als Doppelbüchse und Doppelflinte zugleich zu verwenden), beide Läufe mit Kugel auf 80 m eingeschossen, einschl. Geschoßgießer. Stück **Mk. 185.—**

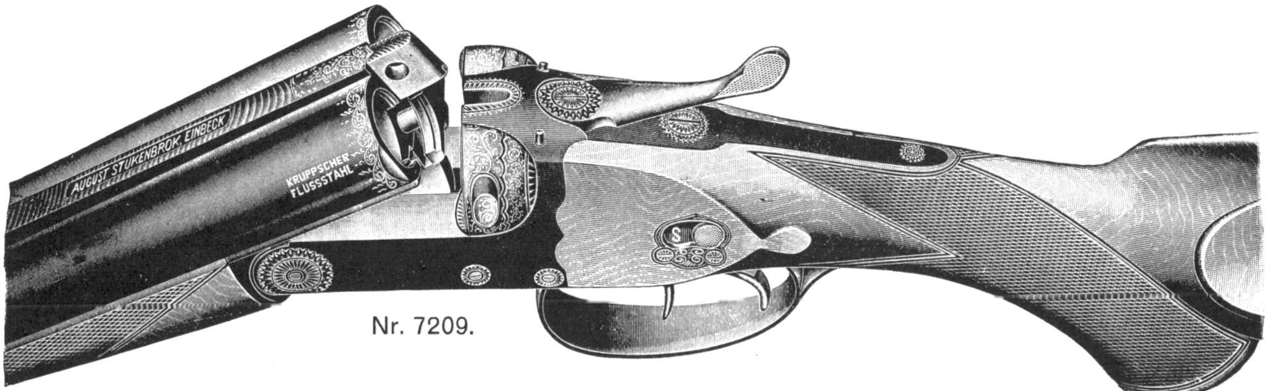

Nr. 7209.

Nr. 7209. Feine Selbstspanner-„Paradox“-Doppelflinte, **System Anson & Deeley, Marke „Aste“, mit fünffachem Greener-Verschluß** und Querriegel durch die Schienenverlängerung. **Läufe aus Fluß-Stahl-Krupp-Essen,** Kal. 16, **amtlich rauchlos beschossen,** linker Lauf mit voller Chokebohrung, **rechter Lauf mit „Paradox“-Bohrung für Schrot- und Kugelschuß und mit Kugel auf 80 m genau eingeschossen,** Laufschiene fein mattiert, mit Federumlegevisier. Das System ist in allen Teilen mit größter Präzision ausgearbeitet, hat massiv angeschmiedete Seitenohren, die dem Verschluß eine besondere Verstärkung gegen seitliche Bewegungen geben; die Basküle selbst ist besonders schön fassoniert, Verschlußhebel und Signalanzeiger oben auf der Scheibe, beste Greener-Sicherung an der linken Seite, Vorderschaft mit Patentschnäpper, Garnitur hochfein schwarzglänzend bronziert nach der Härte mit ziselierten Muscheln, Schaft aus allerfeinstem Nußholz mit Pistolengriff, Backe, Fischhaut, Hornkäppchen und Hornkappe. **Ein hochfeines, solides „Paradox“-Gewehr mit vorzüglicher Kugel- und Schrotschußleistung, einschl. Geschoßgießer.** Stück **Mk. 235.—**

Nr. 7210. Selbstspanner-„Paradox“-Doppelflinte wie vorstehend, **jedoch „Paradox“-Bohrung in beiden Läufen** (als Doppelbüchse u. Doppelflinte zugleich zu verwenden), beide Läufe auf 80 m mit Kugel genau eingeschossen, einschl. Geschoßgießer. Stück **Mk. 265.—**

Moderne Waffen ▫ Munition ▫ Jagdgeräte

AUGUST STUKENBROK, EINBECK

Anerkannt leistungsfähiges Etablissement dieser Branche

Zentralfeuer-Doppelflinten mit Hähnen

„Marke Jagdfreund".

Lauflänge ca. 75 cm, Gewicht: Kal. 16 ca. 2,8 kg, Kal. 12 ca. 3 kg.

Nachfolgende Doppelflinten, die unter Verwendung bester Materialien in präziser Büchsenmacher-Arbeit hergestellt werden, finden infolge ihrer vorteilhaften Preisstellung sehr großen Absatz. Diese Gewehre werden ebenfalls, gleich wie alle anderen Waffen in der staatlichen Beschußanstalt auf ihre Haltbarkeit geprüft und bürgen die auf den Läufen und Verschlußstück angebrachten gesetzlichen Beschußzeichen für unbedingte Brauchbarkeit der Gewehre. Alle Gewehre werden nach den Normen der Deutschen Versuchsanstalt eingeschossen und bemerke hierbei extra, daß meine sämtlichen Jagdgewehre durchschnittlich noch erheblich mehr leisten als die Tabelle der Versuchsanstalt dieses angibt. Vor Versand werden alle Modelle nochmals einer peinlichen Kontrolle unterzogen und gelangen nur Gewehre zum Verkauf, die den gestellten Anforderungen in jeder Weise entsprechen.

Gute Qualität. Nur für Schwarzpulver-Patronen geeignet.

Billigere Angebote können nur auf Kosten der Qualität geschehen.

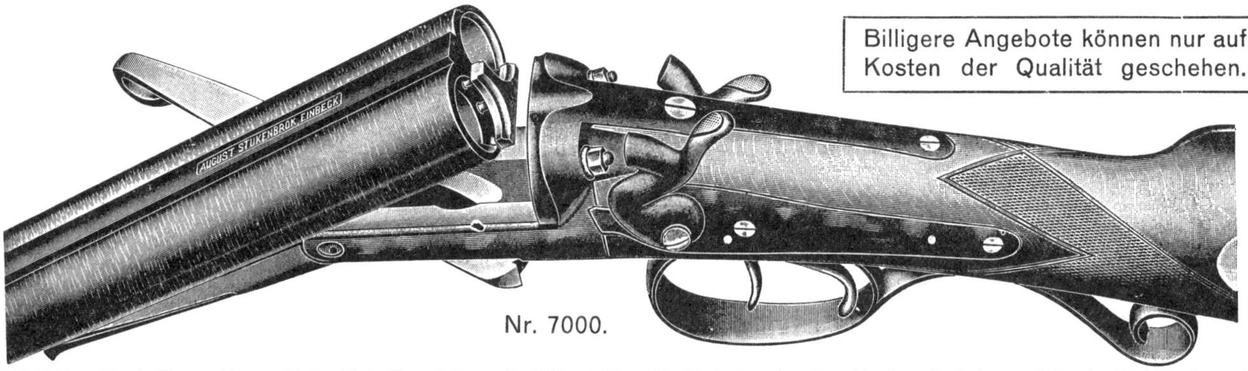

Nr. 7000.

Nr. 7000. Zentralfeuer-Doppelflinte, Kal. 16, mit Doppelschlüssel, Verschlußhebel unter dem Vorderschaft liegend, **beste Stahlläufe,** schwarz bronziert, gute Schlösser, selbsttätiger Patronenzieher, Garnitur bunt gehärtet, guter Nußholzschaft mit Backe und Fischhaut, schön geschweiftem Eisenbügel, **sauberste Ausführung.** Stück **Mk. 27.—**

Nr. 7009. Zentralfeuer-Doppelflinte, wie vorstehend, jedoch in ganz einfacher Ausführung, nur Kal. 16. Stück **Mk. 22.50**

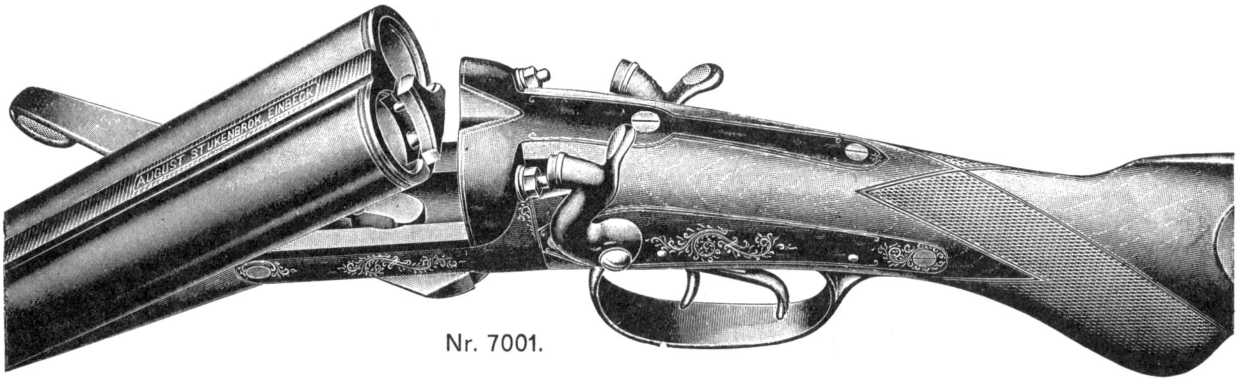

Nr. 7001.

Nr. 7001. **Zentralfeuer-Doppelflinte** mit solidem Nußverschluß, Doppelschlüssel, **beste Stahlläufe,** mit mattierter Visierschiene, gute Schlösser, selbsttätiger Patronenauszieher, dunkler Nußholzschaft **mit Pistolengriff,** Fischhaut und Backe, Garnitur englisch graviert und bunt gehärtet, vorzüglich im Schuß, **sehr preiswertes und gern gekauftes Gewehr,** Kal. 16 oder 12. Stück **Mk. 29.—**

Nr. 7002. **Zentralfeuer-Doppelflinte,** wie vorstehend, Kal. 16 oder 12, jedoch **mit prima Rückspringschlössern,** wobei die Hähne nach erfolgter Zündung in ihre erste Ruh zurückspringen, besser gearbeitet, **sehr empfehlenswert.** Stück **Mk. 32.—**

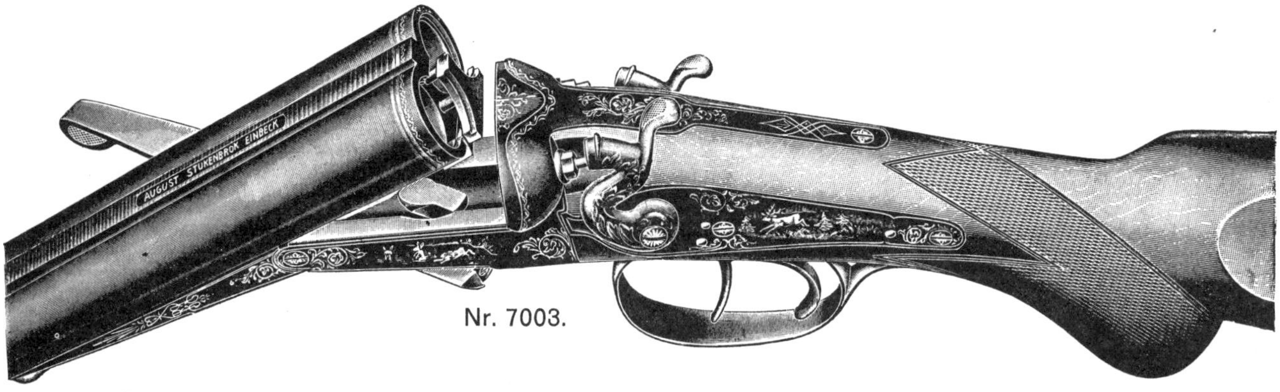

Nr. 7003.

Nr. 7003. **Zentralfeuer-Doppelflinte,** Kal. 16 oder 12, **Läufe aus bestem Gewehrlaufstahl,** mattierte Laufschiene, Silberringe um die Läufe, System mit Doppelschlüssel, sehr feine Stahlrückspringschlösser mit Schlag- und Stangenfedern, Abzüge mit Federn, dunkler Pistolengriffschaft mit Backe und Fischhaut, Pistons mit Federn, **alles gut reguliert,** Garnitur mit schöner Jagdstückgravur und grau eingesetzt, **linker Lauf** mit **Chokebohrung** für Weitschuß, **ein vorzügliches Gebrauchsgewehr.** Stück **Mk. 39.—**

„Aste"-Doppelflinten genießen Weltruf und größte Verbreitung.

Moderne Waffen ▫ Munition ▫ Jagdgeräte

AUGUST STUKENBROK, EINBECK

Anerkannt leistungsfähiges Etablissement dieser Branche

Zentralfeuer-Doppelflinten mit Hähnen.

Sehr beliebte und preiswerte Förstermodelle.

Prima Qualität. Solide Bauart. Gute Schußleistung.

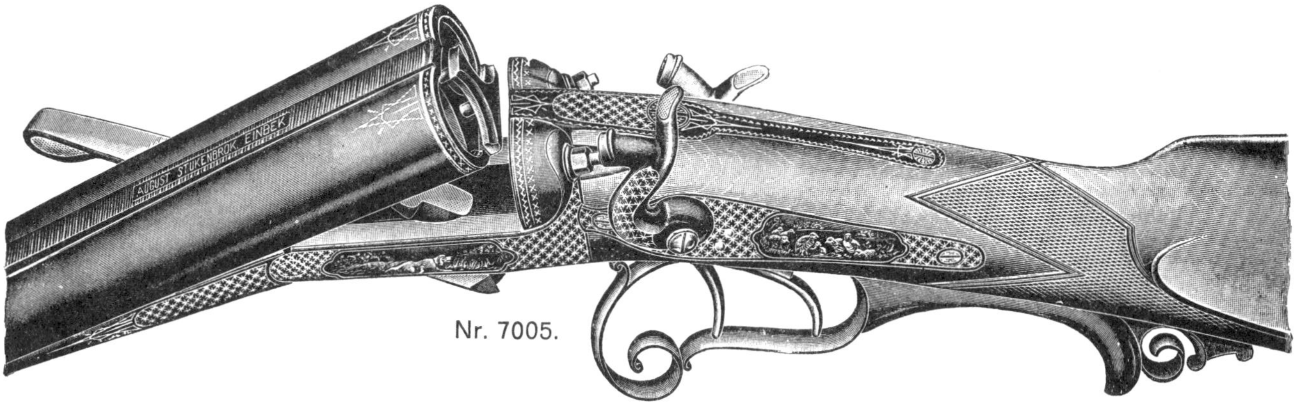

Nr. 7005.

Nr. 7005. **Zentralfeuer-Doppelflinte,** gutes Förstergewehr, Kal. 16 oder 12, Läufe aus bestem Gewehrlaufstahl, links **Chokebohrung** für Weitschuß, Visierschiene mattiert, Doppelschlüssel, sehr feine Stahlrückspringschlösser mit Schlag- und Stangenfedern, fein reguliert, Abzüge mit Federn, Läufe mit Silberverzierung, Garnitur mit Karree-Gravierung und hübschen Jagdstücken in Medaillons, grau eingesetzt, bester Nußholzschaft mit Pistolengriff oder Halbhornbügel, wie Abbildung zeigt. **Ein sehr beliebtes und preiswertes Gewehr.** Stück **Mk. 44.—**

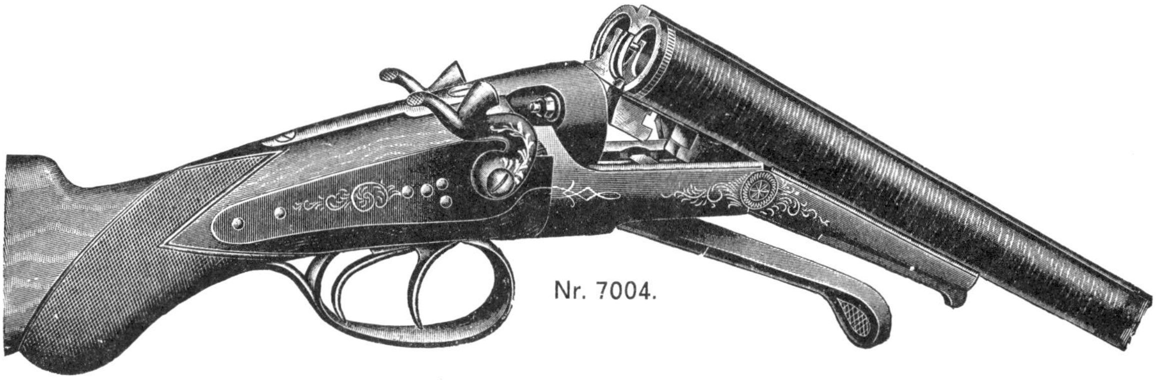

Nr. 7004.

Nr. 7004. **Zentralfeuer-Doppelflinte,** Kal. 16 oder 12, Läufe aus bestem Banddamast, mattierte Laufschiene, System mit Doppelschlüssel, gute Rückspringschlösser mit 1 Schraube und 2 Federn, feiner Pistolengriffschaft mit Backe und Fischhaut, Garnitur mit englischer Gravur, bunt gehärtet, im linken Rohr **Chokebohrung** für Weitschuß, **ein gern gekauftes Gewehr.** Stück **Mk. 42.—**

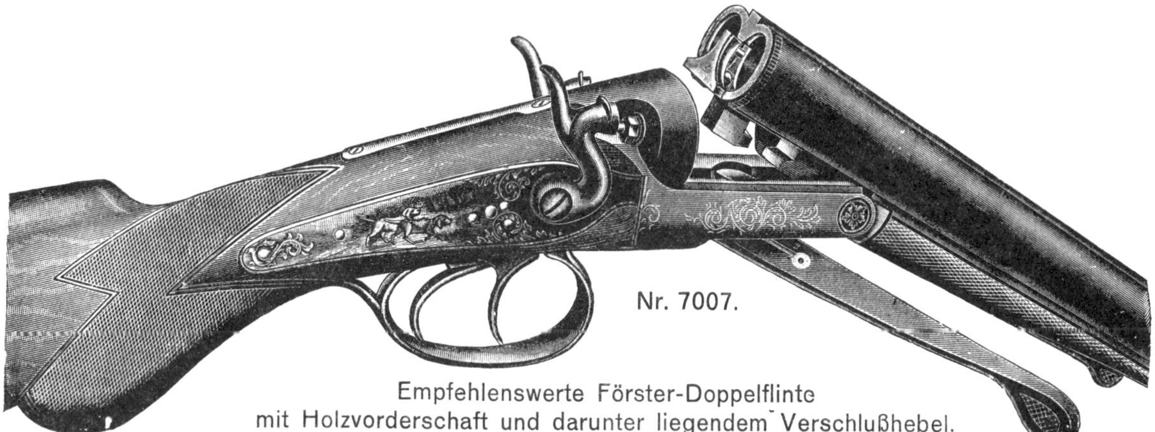

Nr. 7007.

Empfehlenswerte Förster-Doppelflinte
mit Holzvorderschaft und darunter liegendem Verschlußhebel.

Nr. 7007. **Zentralfeuer-Doppelflinte,** bessere Ausarbeitung, Kal. 16 oder 12, feinste Gewehrlaufstahlläufe, im linken Lauf Würgebohrung, mattierte Schiene, Basküle mit langem Eisenhebel und abnehmbarem Holzvorderschaft mit kleinem Schlüssel, halbe Muscheln, feinste Rückspringschlösser mit Schraube und 2 Federn, hübscher Pistolengriffschaft mit schön geschnittener Fischhaut und Backe, hochfeine Jagdstückgravur, Garnitur bunt gehärtet, **ein sehr empfehlenswertes Gewehr mit bester Schußleistung.** Stück **Mk. 45.—**

Nr. 7008. Dasselbe Gewehr, jedoch noch mit **überstehender,** in das Verschlußstück eingreifender guillochierter Schiene und Verschlußhebel **mit Horn umkleidet,** Silberringe um die Läufe, System mit vollen, **hübsch ausgearbeiteten Muscheln,** feinste Rückspringschlösser, Schaft aus bestem Nußholz mit Pistolengriff, Backe und Fischhaut, feinste Jagdstückgravur auf Systemkasten und Schloßblechen, **ein hochfeines Gewehr mit vorzüglicher Schußleistung.** Stück **Mk. 52.—**

Zentralfeuer-Doppelflinten mit Scott-Verschluß.

Hebel zwischen den Hähnen. ∴ Lauflänge ca. 75 cm. ∴ Gewicht: Kal. 16 ca. 2,8 kg, Kal. 12 ca. 3 kg.

Diese Verschlußart hat sich immer mehr eingeführt, weil die Handhabung eine viel leichtere und bequemere ist.

Bei nachstehenden Gewehren habe ich trotz billigster Preisstellung auf **gute** Qualität ganz besonderen Wert gelegt. Jede Waffe wird bei mir auf Lager von tüchtigen Büchsenmachern genau geprüft, so daß meine Herren Abnehmer die Garantie haben, nur wirklich tadellose Waffen mit guter Schußleistung zu erhalten.

Ohne Konkurrenz.

Billigere Angebote sind nur auf Kosten der Qualität möglich und nicht zu empfehlen.

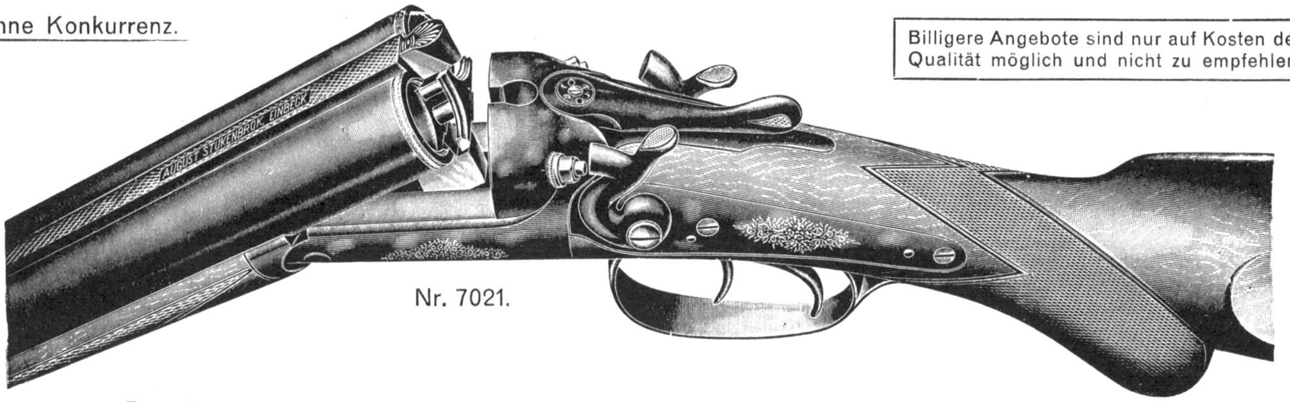

Nr. 7021.

Nr. 7020. **Zentralfeuer-Doppelflinte** mit Verschlußhebel zwischen den Hähnen, Stahlläufe, linker Lauf mit Chokebohrung für Weitschuß, verlängerte glatte Schiene, Rückspringschlösser mit 2 Federn und 1 Schraube, einfacher Riegelverschluß, Pistolengriffschaft mit Backe und Fischhaut, automatischer Holzvorderschaft, Garnitur bunt gehärtet, Kal. 16, **ein billiges, aber gutes Gewehr.** Stück **Mk. 29.—**

Nr. 7021. **Zentralfeuer-Doppelflinte** wie vorstehend, jedoch besser gearbeitet, prima Stahlläufe, Kal. 16 oder 12, **im linken Rohr Chokebohrung** für Weitschuß, Laufschiene mattiert und in das Verschlußstück übergreifend mit schön gestochener Kante um das Patronenlager, gute Rückspringschlösser, Garnitur englisch graviert und bunt gehärtet, automatischer Holzvorderschaft, Pistolengriffschaft mit Backe und Fischhaut, **vorzüglich im Schuß,** gut gearbeitet, wie obige Abbildung. Stück **Mk. 34.—**

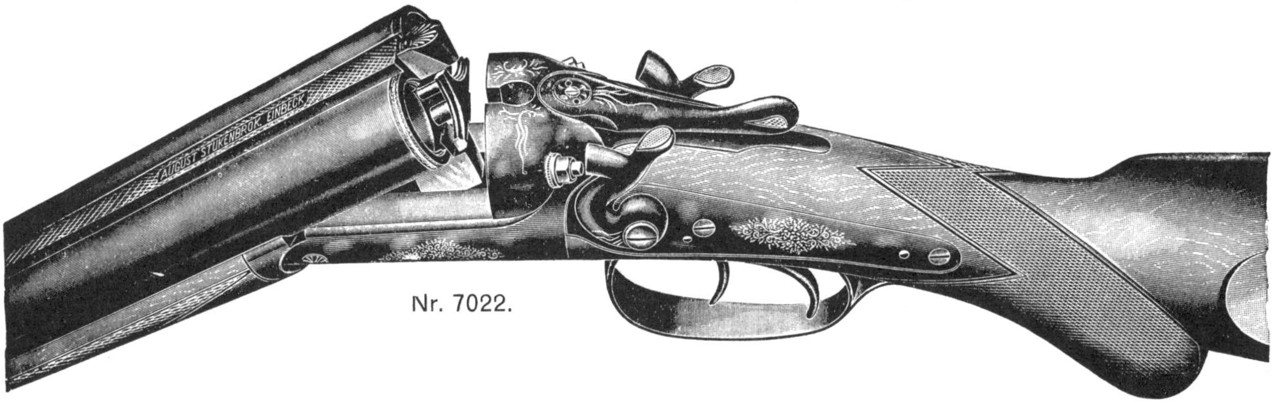

Nr. 7022.

Nr. 7022. **Zentralfeuer-Doppelflinte** mit echtem **dreifachen Scott-Verschluß** (Hebel zwischen den Hähnen), **Doppelriegel,** Läufe aus prima Gewehrlaufstahl, Kal. 16 oder 12, **links Chokebohrung,** übergreifende mattierte Schiene, prima Stahlrückspringschlösser mit 2 Schrauben und 2 Federn, Vorderschaft zum leichten Abnehmen, Pistolengriffschaft mit Backe und Fischhaut, Garnitur englisch graviert und bunt gehärtet. **Ein preiswürdiges Gewehr.** Stück **Mk. 40.—**

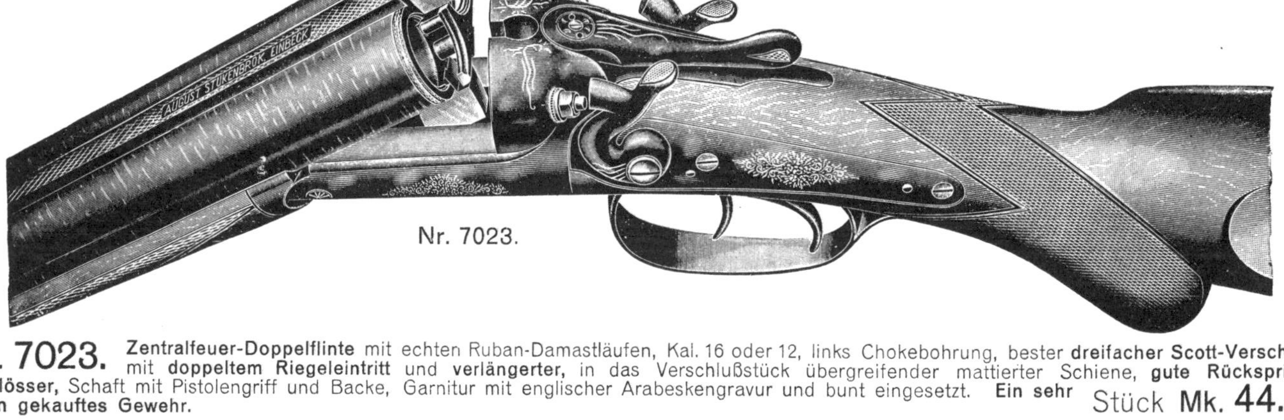

Nr. 7023.

Nr. 7023. **Zentralfeuer-Doppelflinte** mit echten Ruban-Damastläufen, Kal. 16 oder 12, links Chokebohrung, bester **dreifacher Scott-Verschluß** mit **doppeltem Riegeleintritt** und **verlängerter,** in das Verschlußstück übergreifender mattierter Schiene, **gute Rückspringschlösser,** Schaft mit Pistolengriff und Backe, Garnitur mit englischer Arabeskengravur und bunt eingesetzt. **Ein sehr gern gekauftes Gewehr.** Stück **Mk. 44.—**

NB. Für **Export** nach Indien und Südamerika werden vorstehende Gewehre bei größeren Aufträgen auch in kleineren Kalibern 20, 24, 28 und 410 (12 mm) zur Jagd auf Vögel und kleineres Raubzeug ohne Preiserhöhung extra angefertigt, Lieferzeit 2 bis 3 Monate.

Zentralfeuer-Doppelflinten mit Toplever-Verschluß.

Marke „Jagdfreund".

Die nachfolgenden Gewehre sind sehr gangbare Modelle, die sehr zu empfehlen sind.

Beste Qualitäten. Solide Ausführung. Gute Schußleistung.

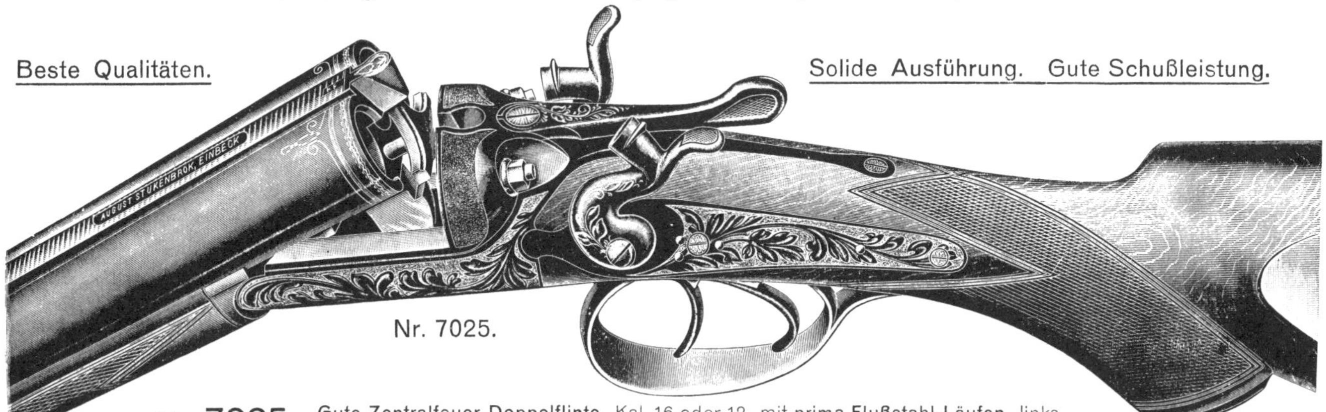

Nr. 7025.

Nr. 7025. **Gute Zentralfeuer-Doppelflinte,** Kal. 16 oder 12, mit **prima Flußstahl-Läufen,** links Chokebohrung für guten Weitschuß, echter zweifacher Scott-Verschluß mit einfachem Ringeleintritt, Laufschiene mattiert und in das Verschlußstück übergreifend, gute Stahlrückspringschlösser, automatischer Holzvorderschaft, Garnitur mit feiner Blättergravur und bunt gehärtet, schöner Nußholz-Pistolengriffschaft mit Backe und Fischhaut. Diese Flinte ist in allen Teilen gut gearbeitet und wird gern gekauft. Stück Mk. 43.—

Sehr preiswertes Gewehr. Prima Qualität.

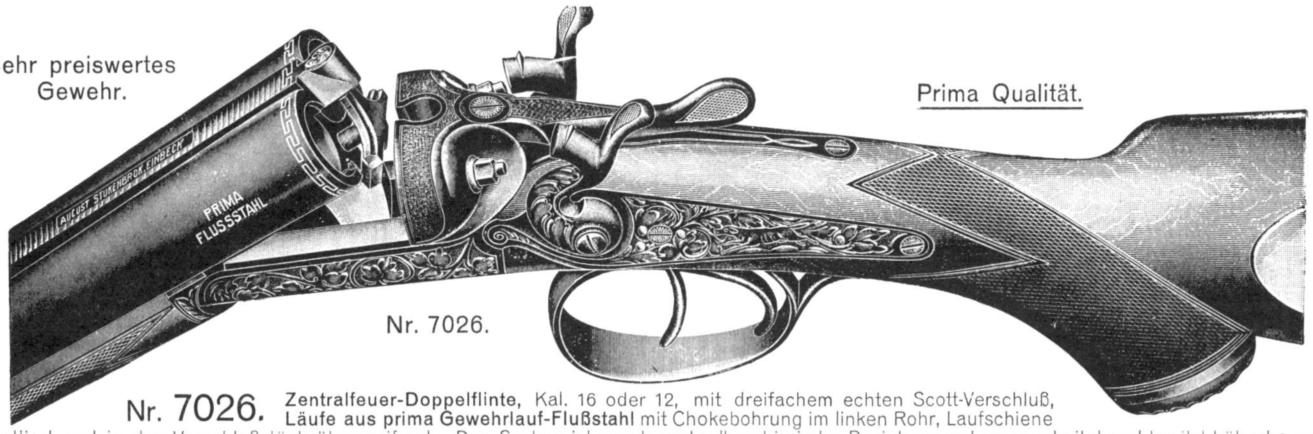

Nr. 7026.

Nr. 7026. **Zentralfeuer-Doppelflinte,** Kal. 16 oder 12, mit dreifachem echten Scott-Verschluß, **Läufe aus prima Gewehrlauf-Flußstahl** mit Chokebohrung im linken Rohr, Laufschiene mattiert und in das Verschlußstück übergreifend. Das System ist geschmackvoll und in jeder Beziehung gut ausgearbeitet und besitzt hübsche volle Muscheln, beste Rückspringschlösser mit weichem Abzug, Vorderschaft mit Patentschnäpper, Garnitur mit eleganter gewetzter Blättergravur mit Jagdstücken, bunt eingesetzt, schöner Nußholz-Pistolengriffschaft mit Backe, Fischhaut, Hornkäppchen und Hornkappe. Diese Flinte ist **auf vorzügliche Schußleistung besonders geprüft und ist sehr zu empfehlen.** Stück Mk. 53.—

Prima Scott-Doppelflinte von vorzüglicher Qualität.

Geringere Angebote sind nur auf Kosten der Qualität möglich.

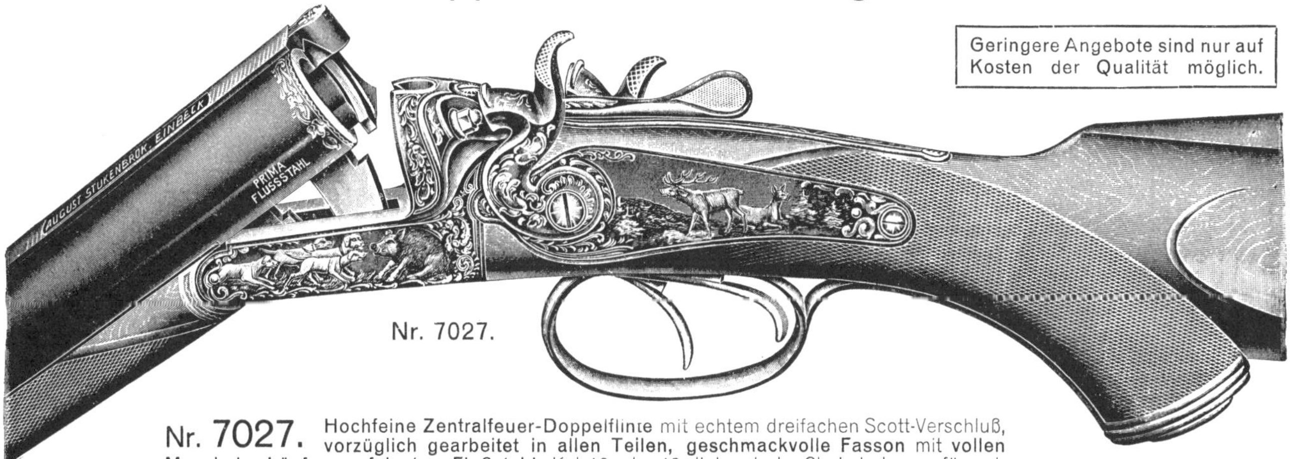

Nr. 7027.

Nr. 7027. **Hochfeine Zentralfeuer-Doppelflinte** mit echtem dreifachen Scott-Verschluß, **vorzüglich gearbeitet in allen Teilen, geschmackvolle Fasson** mit **vollen Muscheln, Läufe aus feinstem Flußstahl,** Kal. 16 oder 12, links starke Chokebohrung für gutdeckenden Weitschuß, Laufschiene fein guillochiert und in das Verschlußstück übergreifend, Vorderschaft mit Patentschnäpper, eleganter schöner Pistolengriffschaft mit feiner Fischhaut, Backe, Hornkäppchen und Hornkappe, **alles sorgfältig reguliert** und **vorzüglich eingeschossen,** Garnitur mit großartig schönen Jagdstücken graviert (Jagdgruppen) und grau gehärtet. **Ein geschmackvolles und hervorragendes preiswertes Gewehr.** Stück Mk. 60.—

Nr. 7028. Das gleiche Gewehr, jedoch in etwas geringerer Ausführung und Qualität, wie von verschiedenen Konkurrenzfirmen angeboten. Stück Mk. 51.—

Moderne Waffen ▫ Munition ▫ Jagdgeräte

AUGUST STUKENBROK, EINBECK

Anerkannt leistungsfähiges Etablissement dieser Branche

Zentralfeuer-Doppelflinte mit echtem vierfachen Greener-Verschluß.

Verschlußhebel zwischen den Hähnen.

Beste Büchsenmacher-Qualität. Solideste Bauart. Vorzügliche Schußleistung.

Lauflänge ca. 75 cm. Gewicht Kal. 16 ca. 2,8 kg, Kal. 12 ca. 3 kg.

In Qualität und Preis ohne Konkurrenz.

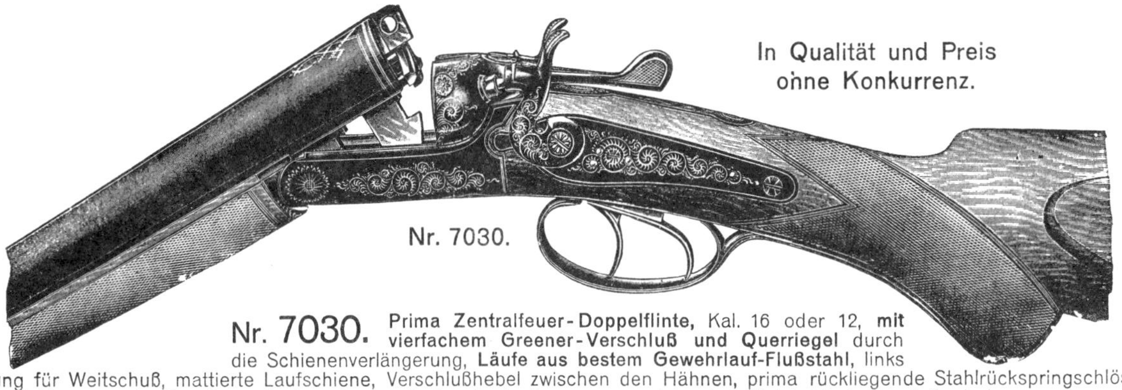

Nr. 7030.

Nr. 7030. **Prima Zentralfeuer-Doppelflinte,** Kal. 16 oder 12, **mit vierfachem Greener-Verschluß und Querriegel** durch die Schienenverlängerung, **Läufe aus bestem Gewehrlauf-Flußstahl,** links Chokebohrung für Weitschuß, mattierte Laufschiene, Verschlußhebel zwischen den Hähnen, prima rückliegende Stahlrückspringschlösser, auf den Läufen feine Goldornamente, Garnitur mit eleganter englischer Arabeskengravur und bunt gehärtet, Läufe fein bräuniert, Holzvorderschaft mit Patentschnäpper, schöner Pistolengriffschaft mit Backe und Fischhaut. **Eine sehr gern gekaufte Gebrauchsflinte mit vorzüglicher Schußleistung.** Stück Mk. 56.—

Leichte kleinkalibrige Gewehre.

Lauflänge ca. 70 cm. Gewicht Kal. 20 ca. 2,4 kg, Kal. 24 und 28 ca. 2,3 kg.

Mit nachfolgenden Modellen bringe ich einige sehr gangbare kleinkalibrige Gewehre auf den Markt, welche infolge ihrer gewissenhaften, tadellosen Ausführung gern gekauft werden. Für überseeische Länder sehr zu empfehlen. Als Damenflinten beste Gewehre.

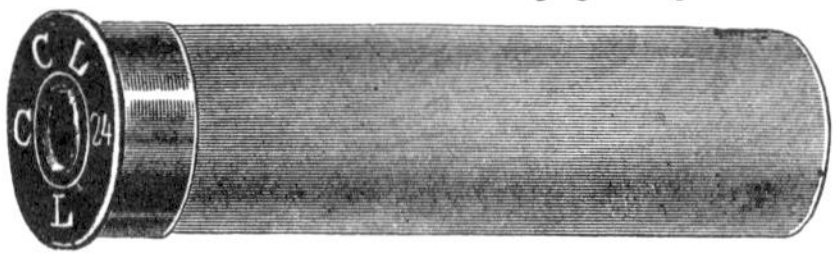

Nr. 8286.

Jagdpatronen, Kal. 24, 100 Stück **Mk. 5.50**

Nr. 8287.

Jagdpatronen, Kal. 28, 100 Stück **Mk. 5.50**

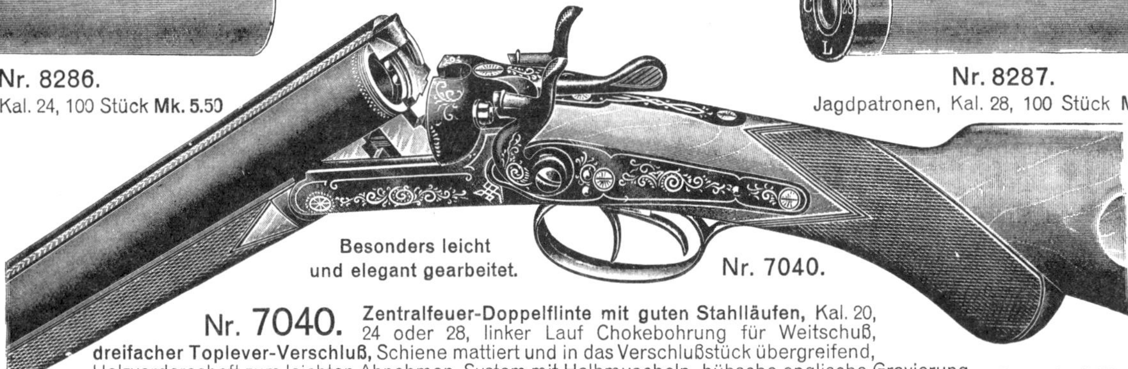

Besonders leicht und elegant gearbeitet.

Nr. 7040.

Nr. 7040. **Zentralfeuer-Doppelflinte mit guten Stahlläufen,** Kal. 20, 24 oder 28, linker Lauf Chokebohrung für Weitschuß, **dreifacher Toplever-Verschluß,** Schiene mattiert und in das Verschlußstück übergreifend, Holzvorderschaft zum leichten Abnehmen, System mit Halbmuscheln, hübsche englische Gravierung, Garnitur bunt eingesetzt, Schaft mit Pistolengriff, Backe und Fischhaut. Stück Mk. 45.—

Nr. 7041. Zentralfeuer-Doppelflinte wie vorher, jedoch feiner ausgeführt, **prima Flußstahlläufe,** Kal. 24, links Chokebohrung, Garnitur mit hübscher Jagdstückgravierung und grau eingesetzt, System in allen Teilen gut ausgearbeitet. Holzvorderschaft mit Patentschnäpper und schöner Pistolengriffschaft mit Backe, Fischhaut und Kappe. **Eine empfehlenswerte Flinte mit erprobter Schußleistung.** Stück Mk. 55.—

Beste und zuverlässige Konstruktion.

Tadellose Funktion.

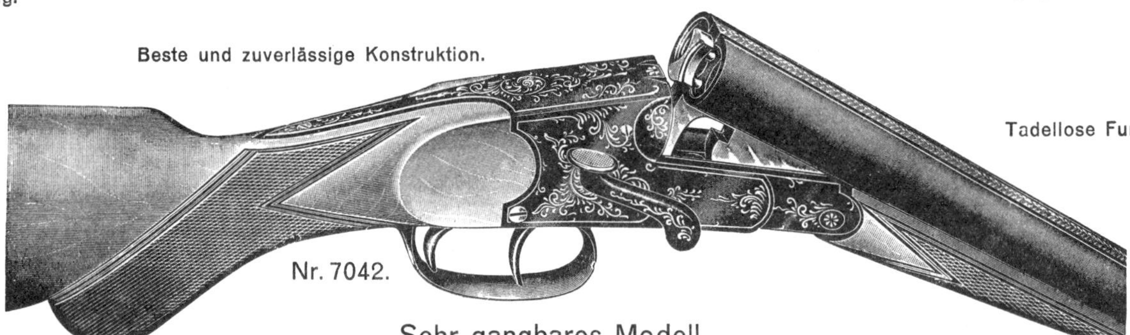

Nr. 7042.

Sehr gangbares Modell.

Nr. 7042. **Selbstspanner-Doppelflinte mit Flußstahlläufen,** Kal. 20, 24 oder 28, Verschlußhebel an der Seite, Holzvorderschaft, Garnitur englisch graviert und bunt gehärtet, Schaft mit Pistolengriff, Backe und feiner Fischhaut. **Sehr handliches, leichtes und elegantes Gewehr für Damen und größere Knaben.** Stück Mk. 54.—

Meine Jagdgewehre sind nach den Normen der Deutschen Versuchsanstalt eingeschossen.

Zentralfeuer-Doppelflinten mit vorliegenden Schlössern.

Scott-Verschluß. Verschlußhebel zwischen den Hähnen. Prima Qualität. Solideste Ausführung. Vorzügliche Schußleistung. Lauflänge ca. 75 cm. Gewicht: Kal. 16 ca. 2,8 kg, Kal. 12 ca. 3 kg.

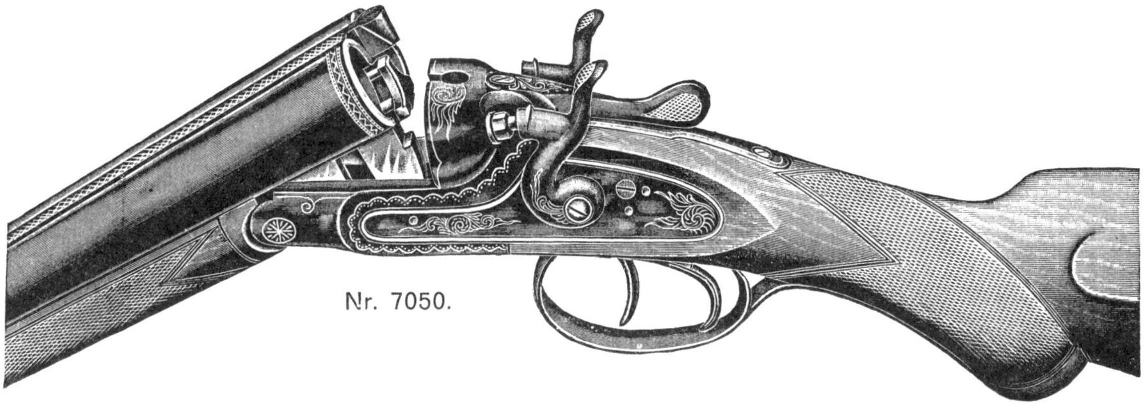

Nr. 7050.

Nr. 7050. **Zentralfeuer-Doppelflinte**, Kal. 16 oder 12, mit **zweifachem echten Scott-Verschluß, Läufe aus prima Flußstahl mit Chokebohrung** im linken Rohr, Visierschiene mattiert und in das Verschlußstück übergreifend. System mit Halbmuscheln und vorliegenden sauber eingepaßten Stahlrückspringschlössern, automatischer Vorderschaft, Garnitur elegant englisch graviert und bunt gehärtet, Schaft mit Pistolengriff, Backe und Fischhaut. **Gute Schußleistung. Ein billiges, aber gutes Gewehr.** Stück **Mk. 44.—**

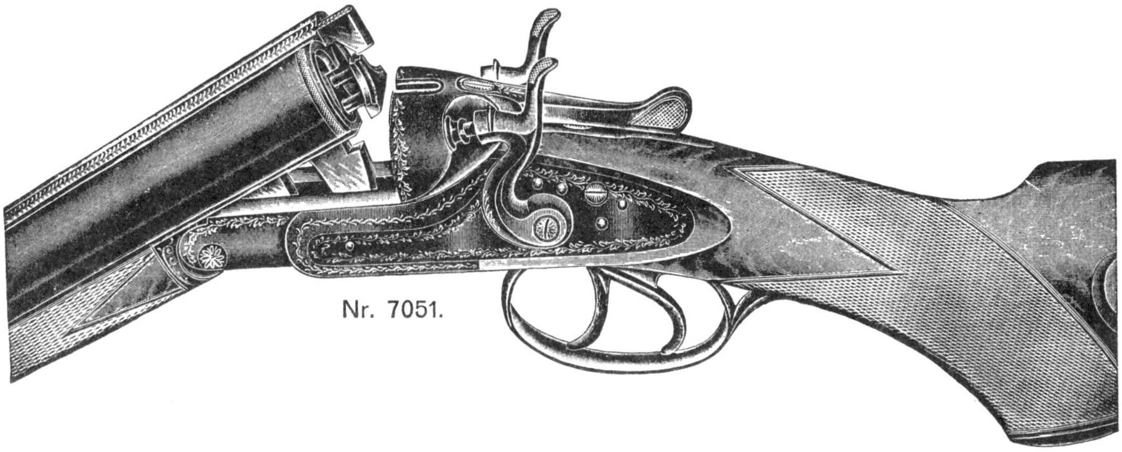

Nr. 7051.

Nr. 7051. **Zentralfeuer-Doppelflinte**, Kal. 16 oder 12, **mit echtem zweifachen Scott-Verschluß**, vorliegende, in das System eingepaßte Rückspringschlösser, gute fein bräunierte Stahlläufe, **linker Lauf mit Chokebohrung**, patentierte Schienenverlängerung, Schiene guillochiert, Lauf sauber gebohrt und aufgepaßt, System mit schön ausgearbeiteten Muscheln, automatischem Holzvorderschaft, Pistolengriffschaft aus gutem Nußholz mit Backe, Fischhaut, Hornkäppchen und Hornkappe, **Garnitur tiefschwarzglänzend oxydiert** mit hochfeiner Spitzengravur, **alles reguliert, ein elegantes, gern gekauftes Gewehr.** Stück **Mk. 48.—**

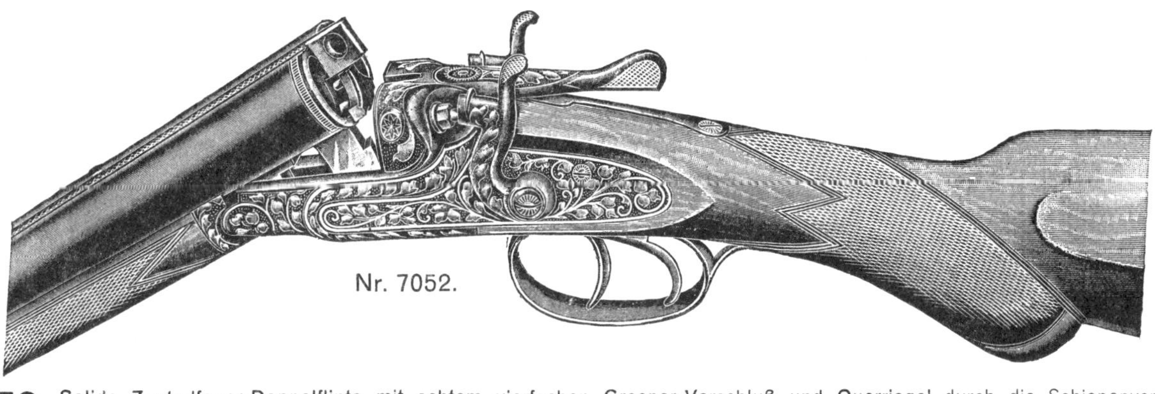

Nr. 7052.

Nr. 7052. **Solide Zentralfeuer-Doppelflinte mit echtem vierfachen Greener-Verschluß und Querriegel** durch die Schienenverlängerung, **Läufe aus prima Gewehrlaufstahl**, Kal. 16 oder 12, im linken Rohr volle Chokebohrung, Visierschiene mattiert. System in allen Teilen vorzüglich ausgearbeitet, mit Halbmuscheln, feine vorliegende Stahlrückspringschlösser, automatischer Vorderschaft zum bequemen Abnehmen, Garnitur mit reicher, erhabener gewetzter Blättergravur, bunt gehärtet, bester Nußholz-Pistolengriffschaft mit Backe und Fischhaut. **Ein gern gekauftes Gewehr.** Stück **Mk. 50.—**

Moderne Waffen ▫ Munition ▫ Jagdgeräte

AUGUST STUKENBROK, EINBECK

Anerkannt leistungsfähiges Etablissement dieser Branche

Sehr empfehlenswerte

Zentralfeuer-Doppelflinten

mit Greener-Verschluß und vorliegenden Schlössern.

Beste Präzisionsarbeit. Sauberste Arbeit. Höchste Schußleistung.

Nachstehende Gewehre sind aus bestem Material in allen Teilen auf Präzisionsmaschinen hergestellt, wodurch sauberes Passen der Verschlüsse, dauernd gute Funktion und Haltbarkeit erzielt wird. Diese Modelle stellen daher **starke Gebrauchs-Gewehre** dar, die sich besonders für Berufsjäger eignen, die im Jahre mehrere tausend Schüsse abzugeben haben. Auf besonders gute Schußleistung habe ich speziell Wert gelegt und ist die Preisstellung so niedrig gehalten, daß auch der weniger bemittelte Jäger sich in Besitz eines guten Jagdgewehres setzen kann.

Besonders empfehlenswerte Modelle.

Die von anderer Seite des billigen Preises wegen angebotenen minderwertigen sogen. Sekunda-Qualitäten führe ich nicht, ich garantiere bei meinen Flinten für extra prima Qualität.

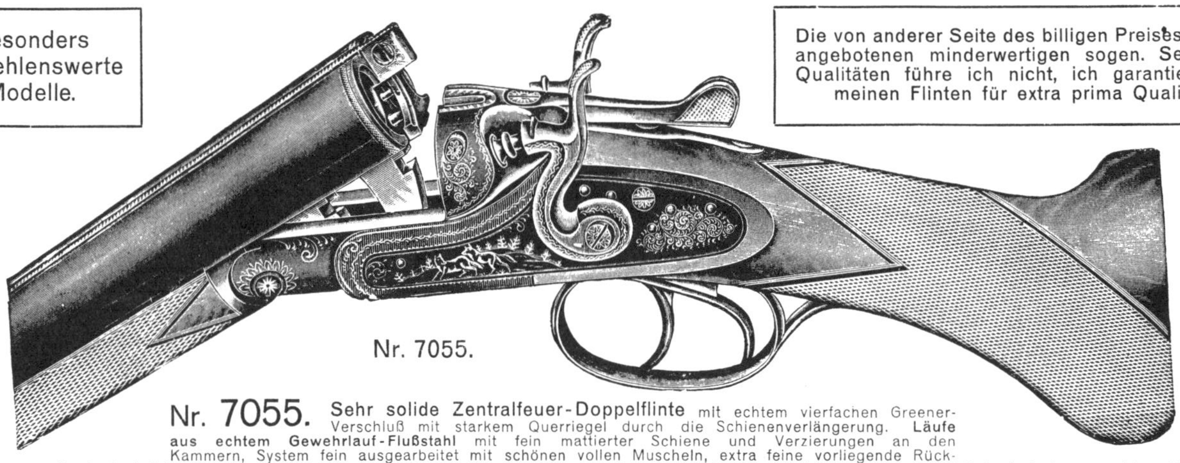

Nr. 7055.

Nr. 7055. **Sehr solide Zentralfeuer-Doppelflinte** mit echtem vierfachen Greener-Verschluß mit starkem Querriegel durch die Schienenverlängerung. **Läufe aus echtem Gewehrlauf-Flußstahl** mit fein mattierter Schiene und Verzierungen an den Kammern, System fein ausgearbeitet mit schönen vollen Muscheln, extra feine vorliegende Rückspringschlösser mit elastisch feinem weichen Gang, Garnitur mit eleganter englischer Jagdgravur, bunt gehärtet, Holzvorderschaft mit Patentschnäpper, schöner Pistolengriffschaft mit Backe, Fischhaut und Hornkappe. **Dieses Gewehr ist in allen Teilen sehr sorgfältig gearbeitet, ist amtlich für starken Gebrauch geprüft und abgestempelt. Im linken Rohr Chokebohrung für Weitschuß. Kal. 16 oder 12. Eine sehr empfehlenswerte Doppelflinte für starken Gebrauch, speziell für Berufsjäger geeignet, die im Jahre mehrere tausend Schüsse abzugeben haben. Extra prima Qualität.** Stück **Mk. 60.—**

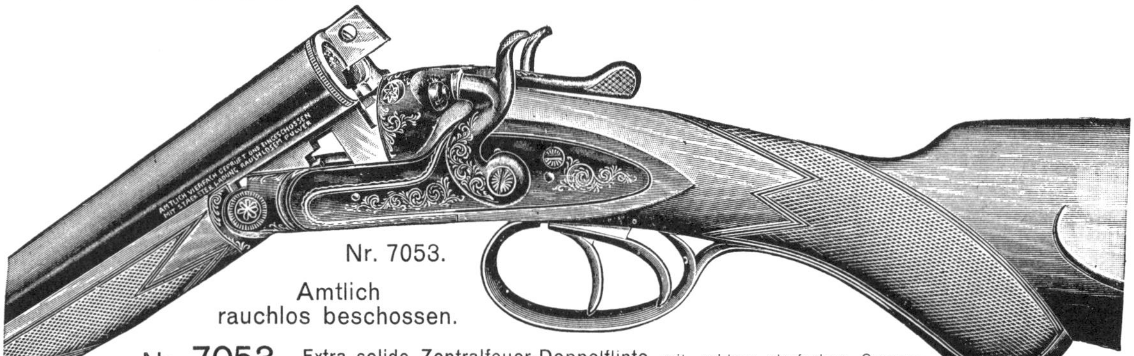

Nr. 7053.

Amtlich rauchlos beschossen.

Nr. 7053. **Extra solide Zentralfeuer-Doppelflinte** mit echtem vierfachen Greener-Verschluß mit Querriegel durch die Schienenverlängerung, **Läufe aus prima Gewehrlauf-Flußstahl,** Kal. 16 oder 12, amtlich rauchlos beschossen, mit voller Chokebohrung im linken Rohr, Visierschiene fein mattiert. Das System ist in jeder Beziehung sehr präzis ausgearbeitet, besitzt schöne Vollmuscheln und sauber eingepaßte prima Stahl-Rückspringschlösser mit feinem weichen Abzüg. Garnitur mit hübscher englischer Arabesken-Gravur, bunt gehärtet, automatischer Holzvorderschaft zum leichten Abnehmen, schöner Pistolengriffschaft mit Backe und Fischhaut. **Eine gern gekaufte Gebrauchsflinte mit vorzüglicher Schußleistung.** Stück **Mk. 60.—**

Nr. 7054.

Amtlich rauchlos beschossen.

Vorzügliches Gebrauchs-Gewehr.

Nr. 7054. **Prima Zentralfeuer-Doppelflinte,** Kal. 16 oder 12, mit vierfachem Greener-Verschluß und Querriegel durch die Schienenverlängerung, **Läufe aus prima Gewehrlauf-Flußstahl,** links volle Chokebohrung und rauchlos beschossen. Visierschiene fein mattiert. Das System ist in allen Teilen sehr sorgfältig hergestellt mit hübsch ausgearbeiteten Vollmuscheln; feinste vorliegende Stahl-Rückspringschlösser mit ausprobiertem Werk, Vorderschaft mit Patentschnäpper, Garnitur mit feiner englischer Gravierung und Jagdstücken, bunt gehärtet, schöner Pistolengriffschaft mit Backe, Fischhaut und Hornkappe. **Dieses Gewehr ist auf besonders gute Schußleistung extra geprüft und ist sehr zu empfehlen.** Stück **Mk. 68.—**

Jede Waffe wird vor Versand kontrolliert, es wird also nur ausprobierte Ware versandt.

Besonders empfehlenswerte Zentralfeuer-Doppelflinten.

Durchaus tadellose Präzisionsarbeit. Hochwertiges Erzeugnis. Hervorragende, starke Gebrauchswaffen.

Für Berufsjäger vorzüglich geeignet.

Amtlich rauchlos beschossen. Höchste Schußleistung.

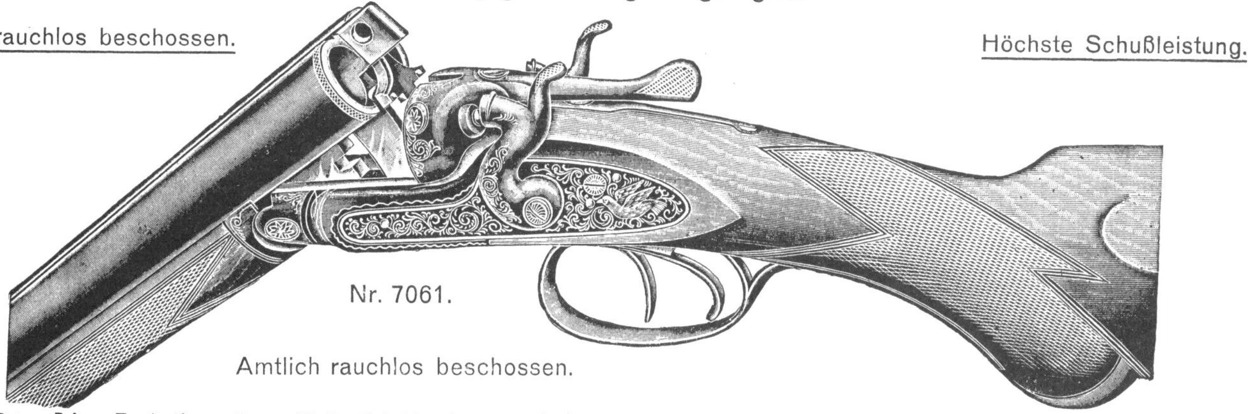

Nr. 7061.

Amtlich rauchlos beschossen.

Nr. 7061. **Prima Zentralfeuer-Doppelflinte,** Kal. 16 oder 12, mit **vierfachem Greener-Verschluß und Querriegel durch die Schienenverlängerung, Läufe aus prima Flußstahl,** links Chokebohrung, **rauchlos beschossen** und mit mattierter Visierschiene, System besonders fein ausgearbeitet mit hübschen Vollmuscheln, feinste vorliegende Stahlrückspringschlösser mit ausprobiertem Werk, Vorderschaft mit Patentschnäpper, Garnitur mit hochfeiner englischer Arabeskengravierung und Jagdstücken, bunt eingesetzt, schöner Nußholz-Pistolengriffschaft mit Backe, Fischhaut und Kappe. Dieses Gewehr ist in allen Teilen sehr gewissenhaft hergestellt und besonders **gut eingeschossen. Eine moderne Gebrauchsflinte.** Stück **Mk. 75.—**

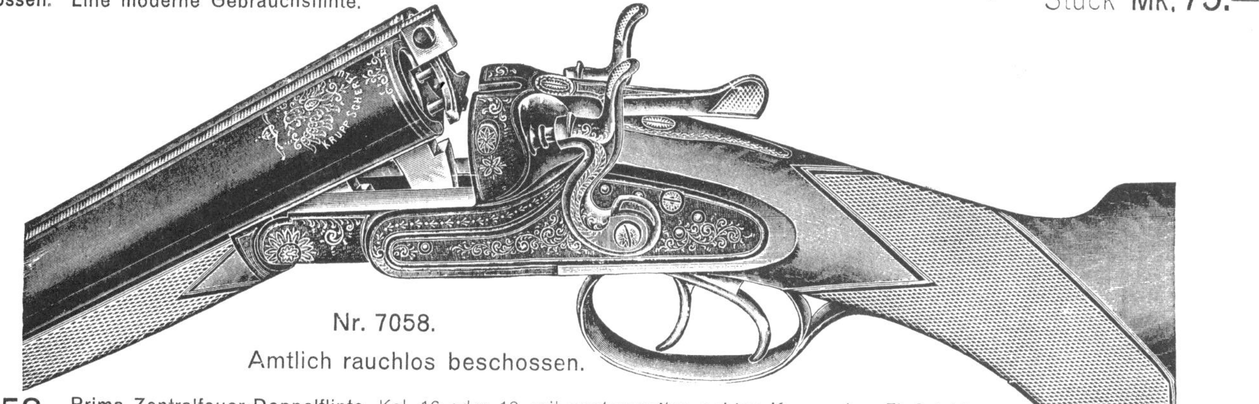

Nr. 7058.

Amtlich rauchlos beschossen.

Nr. 7058. **Prima Zentralfeuer-Doppelflinte,** Kal. 16 oder 12, mit **gestempelten echten Kruppschen Flußstahlläufen mit Reichsadler** und Goldeinlage, linker Lauf Chokebohrung, verlängerte mattierte, in das Verschlußstück eingreifende Laufschiene, **vierfacher Greener-Verschluß und Querriegel durch die Schienenverlängerung,** System mit fein ausgearbeiteten Muscheln, Stahlrückspringschlösser ff. poliert mit feinem weichen Gang, abnehmbarer Holzvorderschaft mit Patentschnäpper, Pistolengriffschaft mit Backe, Fischhaut und Hornkappe, **amtlich geprüft und fein eingeschossen,** Garnitur mit feinen englischen Arabesken, mattiert und fein schwarz oxydiert. **Ein hochvornehmes, gutes Gebrauchsgewehr, welches viel gekauft wird.** Stück **Mk. 80.—**

Nr. 7059. Das gleiche Gewehr, **jedoch extra für rauchloses Pulver geprüft** und damit eingeschossen. Stück **Mk. 85.—**

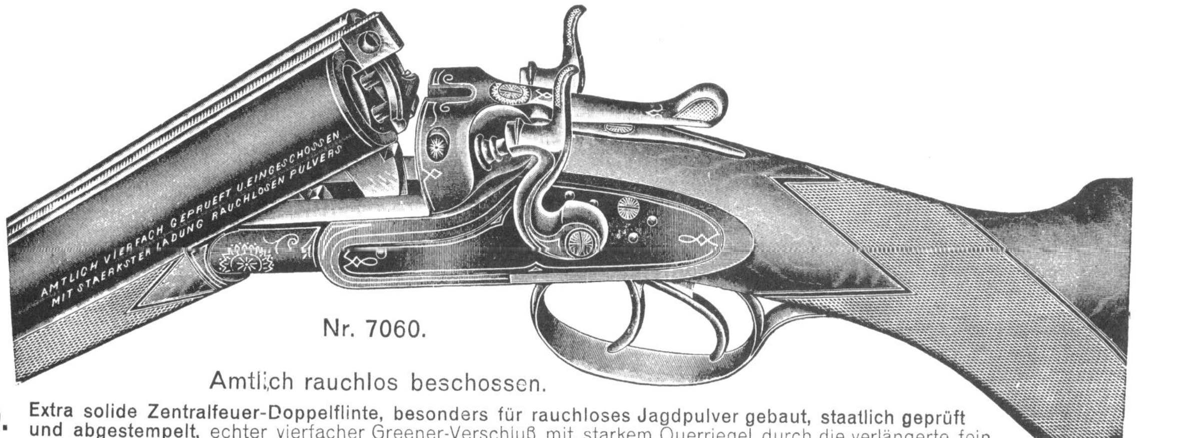

Nr. 7060.

Amtlich rauchlos beschossen.

Nr. 7060. **Extra solide Zentralfeuer-Doppelflinte, besonders für rauchloses Jagdpulver gebaut, staatlich geprüft und abgestempelt,** echter vierfacher Greener-Verschluß mit starkem Querriegel durch die verlängerte fein mattierte Schiene, **Läufe aus allerbestem Spezial-Gewehrlaufstahl** mit Silberringen um die Patronenkammern, System mit vollen Muscheln und elegant ausgearbeitet, prima Rückspringschlösser, welche sauber in das System eingearbeitet sind. Holzvorderschaft mit Patentschnäpper, schöner dunkler Nußholzpistolengriffschaft mit Backe, feiner Fischhaut und Hornkappe. Garnitur fein schwarz mit Silbereinlage. **Ein modernes Gebrauchsgewehr mit vorzüglicher Schußleistung.** Im linken Rohre Chokebohrung für Weitschuß. **Kal. 16 oder 12.** Stück **Mk. 80.—**

Moderne Waffen ▫ Munition ▫ Jagdgeräte

AUGUST STUKENBROK, EINBECK

Anerkannt leistungsfähiges Etablissement dieser Branche

Präzisions-Zentralfeuer-Doppelflinten

Marke „Bayard“

mit massivem Systemkasten und separatem Stahlkammerstück.

Patentierte Rohrkonstruktion. Neue Konstruktion. Besonders für rauchlose Patronen geeignet. Original-Pieper-Gewehre.

Sehr moderne Gebrauchsgewehre von höchster Vollendung.

Voller massiver Stahlblock.

Beachtenswerte Notiz.

Die immer mehr zur Verwendung gelangenden rauchlosen Treibmittel und die erhöhten Ansprüche, die heute an ein Jagdgewehr gestellt werden, veranlaßten zur Konstruktion der nachfolgenden Gewehre. Es ist jedem Jäger zur Genüge bekannt, daß nur ein Gewehr mit guten Läufen und starkem Verschluß für die Dauer zuverlässig und gebrauchsfähig sein kann. Bei den „Bayard“-Gewehren, die in allen Teilen auf feinsten Präzisionsmaschinen hergestellt werden, findet nun ein echtes Stahlkammerstück Verwendung, welches aus einem Block besten Stahles besteht, d. h. Haken Kammer und die verlängerte Schiene ein Stück ohne jede Verlötung (siehe Abbildung). Da also die Haken nicht angelötet sind, sondern mit der Kammer ein massives Ganzes bilden, wird selbst jeder Laie leicht den großen Vorteil erkennen, den eine derartige Konstruktion bietet, und die den Schützen vor unliebsamen Ueberraschungen bewahrt. Das Patronenlager hat beim Schuß — besonders mit rauchlosen Pulvern — den höchsten Druck auszuhalten und ist es bekannt, daß manche Läufe mit angelötetem Haken gerade an der Lötstelle auseinanderreißen, was natürlich bei Gewehren mit Stahlkammerstück ausgeschlossen ist. Ebenso sind alle diese Doppelflinten mit verstärktem Verschlußkasten konstruiert und mit kurzen Stahlschlössern versehen. Der Verschlußkasten bildet einen vollen Stahlblock, aus welchem nur die Einlassungen, Hakenstücke und Schienenverlängerung herausgefräst sind. Diese Rohrkonstruktion, die sich in der ganzen Welt vorzüglich eingeführt hat, bietet im Verein mit dem verstärkten Verschlußkasten die größte Garantie für Haltbarkeit.

Fertig gefrästes Stahlkammerstück.

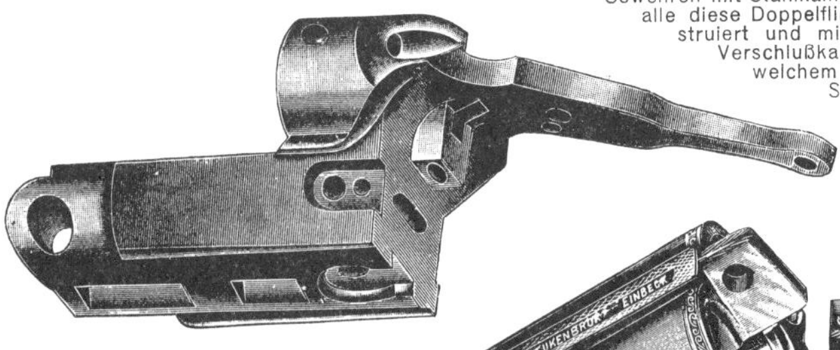

Massive Basküle.

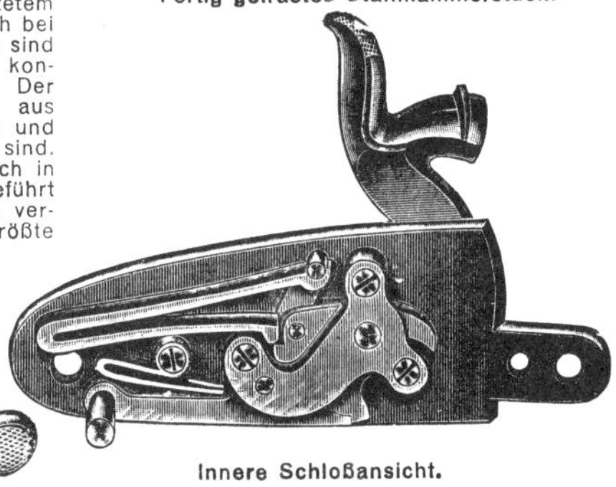

Innere Schloßansicht.

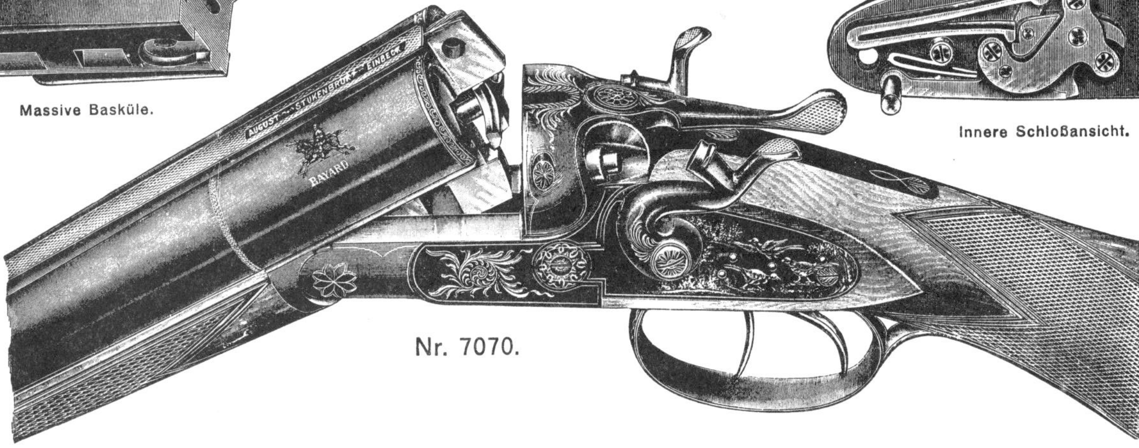

Nr. 7070.

Nr. 7070. **Prima Zentralfeuer-Doppelflinte,** Kal. 16 oder 12, **neueste verbesserte Konstruktion mit massivem Systemkasten** für rauchloses Pulver, **beste Flußstahlläufe mit separatem Stahlkammerstück,** im linken Rohr volle Chokebohrung für guten Weitschuß, System geschmackvoll ausgearbeitet mit kurzen, gefällig aussehenden prima Stahlrückspringschlössern, echter vierfacher Greener-Verschluß mit Querriegel durch die massive, verlängerte Laufschiene, Garnitur elegant englisch graviert mit hübschen Jagdstücken, bunt marmoriert gehärtet, Visierschiene guillochiert; guter Nußbaumschaft mit Pistolengriff, Backe, Fischhaut und Hornkappe, Vorderschaft mit Patentschnäpper. **Ein sehr empfehlenswertes, modernes Gebrauchsgewehr von vorzüglicher Schußleistung.** Stück **Mk. 65.—**

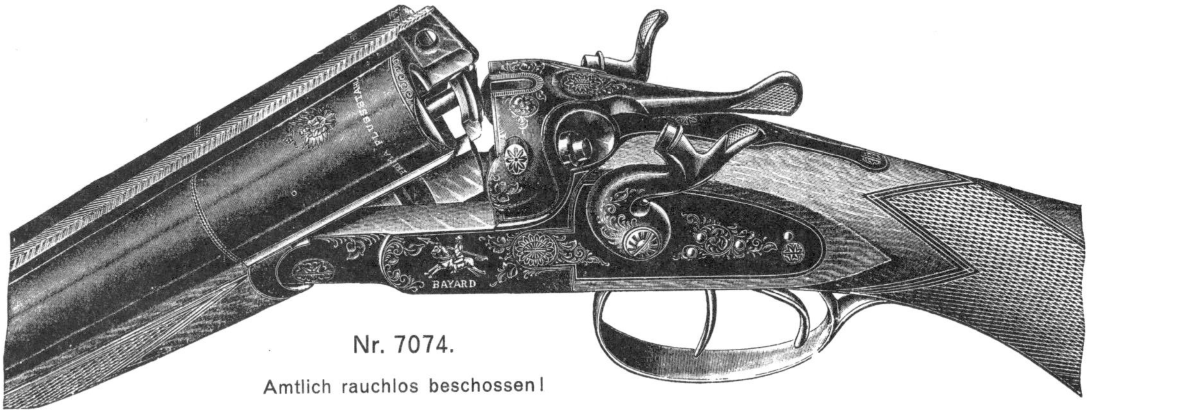

Nr. 7074.

Amtlich rauchlos beschossen!

Nr. 7074. **Prima Zentralfeuer-Doppelflinte** neuer Konstruktion **mit massivem Verschlußstück** und kurzen Stahlrückspringschlössern, bester vierfacher Greener-Verschluß, **Läufe aus bestem Gewehrlauf-Flußstahl, mit separatem Stahlkammerstück,** Kal. 16 oder 12, links volle Chokebohrung für vorzüglichen Weitschuß. Das System ist geschmackvoll gearbeitet, besitzt angeschmiedete Seitenohren und hübsch geformte halbe Muscheln. Garnitur mit eleganter englischer Gravur mit Jagdstücken und bunt marmoriert gehärtet, Visierschiene fein mattiert, Vorderschaft mit Patentschnäpper, bester Nußholz-Pistolengriffschaft mit Backe, Fischhaut und Hornkappe. Für rauchloses Pulver extra gebaut, staatlich geprüft und abgestempelt. **Ein sehr preiswertes und gern gekauftes Gewehr von vorzüglicher Schußleistung.** Stück **Mk. 80.—**

Extraanfertigungen werden ganz nach den Wünschen meiner Auftraggeber ausgeführt.

Moderne Waffen ▫ Munition ▫ Jagdgeräte

AUGUST STUKENBROK, EINBECK

Anerkannt leistungsfähiges Etablissement dieser Branche

Präzisions-Zentralfeuer-Doppelflinten Marke „Bayard"

mit massivem Systemkasten und separatem Stahlkammerstück.

Original Pieper-Gewehre.
Spezialwaffen für starke rauchlose Pulverladungen.

Unübertroffene Schußleistung.
Neue vollendete Konstruktion.

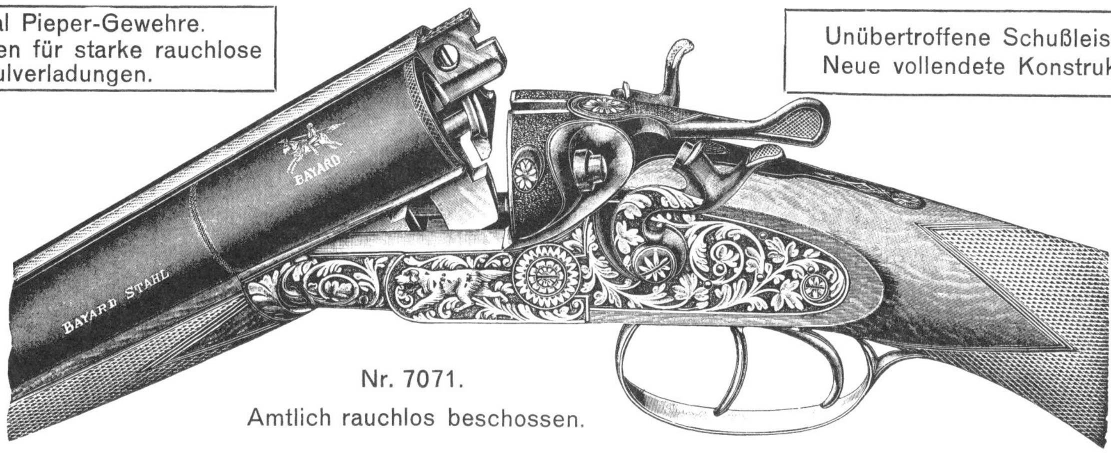

Nr. 7071.
Amtlich rauchlos beschossen.

Nr. 7071. **Prima Zentralfeuer-Doppelflinte** neuer Konstruktion mit echtem fünffachen Greener-Verschluß mit durch die verlängerte Schiene greifendem starken Querriegel, **massiver Systemkasten** und kurze prima Rückspringschlösser. **Die Läufe sind aus prima Stahl hergestellt,** Kal. 16 oder 12, links Chokebohrung für Weitschuß, **mit separatem Stahlkammerstück,** patentierte Rohrkonstruktion. Das System ist in jeder Beziehung fein ausgearbeitet mit vollen, schön geformten Muscheln. Garnitur mit feiner gewetzter Jagdstückgravierung, Visierschiene fein mattiert, eleganter Pistolengriffschaft mit Backe, Fischhaut und Hornkappe, Vorderschaft mit Patentschnäpper. **Ein sehr elegantes und vorzügliches Jagdgewehr mit brillanter Schußleistung.** Stück Mk. **84.—**

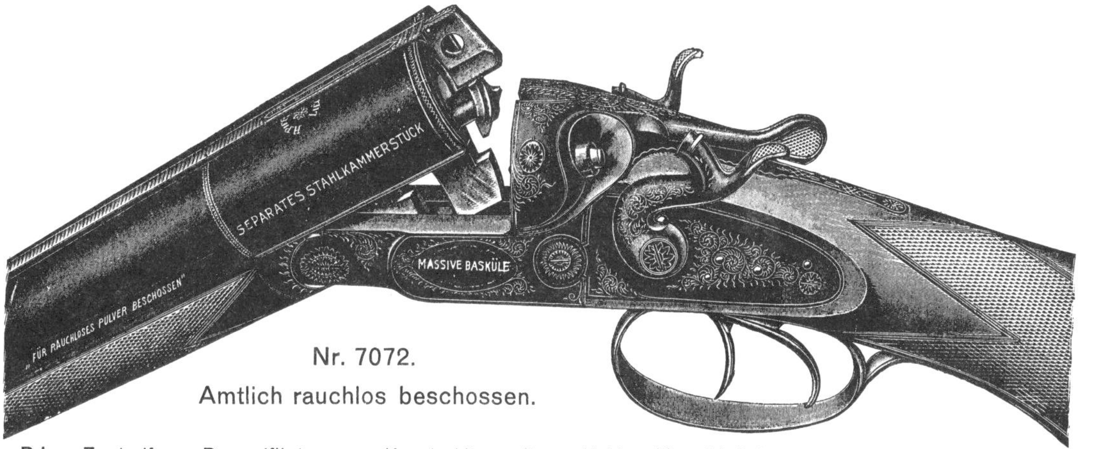

Nr. 7072.
Amtlich rauchlos beschossen.

Nr. 7072. **Prima Zentralfeuer-Doppelflinte** neuer Konstruktion **mit verstärktem Verschlußstück** und kurzen prima Rückspringschlössern mit Stahlgewerk, **Läufe aus prima „Bayard"-Stahl mit separatem Stahlkammerstück,** links Chokebohrung, mattierte Visierschiene, vierfacher Greener-Querriegel-Verschluß. System hervorragend ausgearbeitet, mit hübschen, vollen Muscheln, Garnitur mit geschmackvoller englischer Arabeskengravur, Vorderschaft mit Patentschnäpper, bester Pistolengriffschaft mit Backe, Fischhaut und Hornkappe, **vorzüglich eingeschossen, staatlich mit rauchlosem Pulver beschossen.** Kal. 16 oder 12. Stück Mk. **88.—**

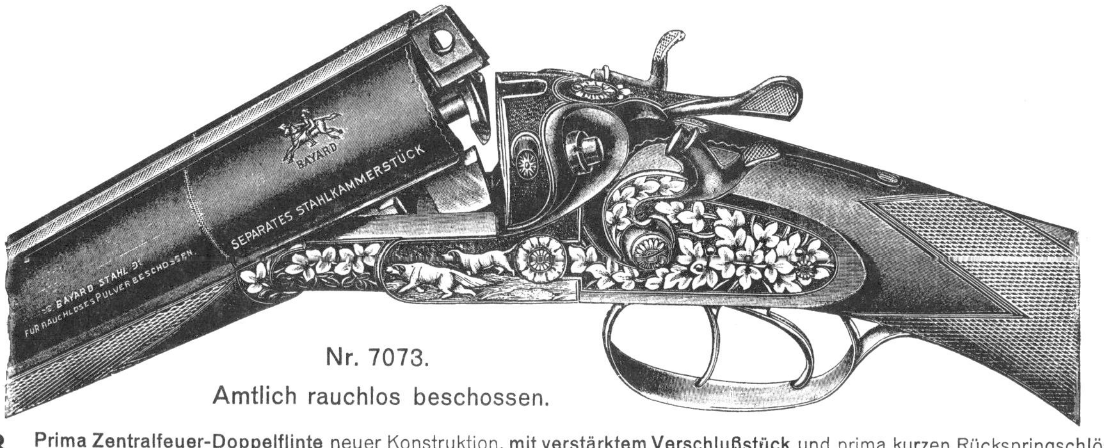

Nr. 7073.
Amtlich rauchlos beschossen.

Nr. 7073. **Prima Zentralfeuer-Doppelflinte** neuer Konstruktion, **mit verstärktem Verschlußstück** und prima kurzen Rückspringschlössern, **feinste „Bayard"-Stahlläufe mit separatem Stahlkammerstück,** patentierte Rohrkonstruktion, Kal. 16 oder 12, links volle Chokebohrung **für** vorzüglichen Weitschuß, dreifacher Querriegelverschluß, fein fassonierte volle Muscheln, Garnitur mit hochfeiner gewetzter Eichenlaubgravierung mit eleganten Jagdstücken, Vorderschaft mit Patentschnäpper, extra guter Nußholz-Pistolengriffschaft mit Backe, Fischhaut und Hornkappe. **Für rauchloses Pulver extra gebaut, staatlich geprüft und abgestempelt. Ein hochelegantes Gewehr von vorzüglicher Schußleistung.** Stück Mk. **102.—**

Hervorragende Präzisions-Doppelflinten mit Hähnen, Marke „Bayard“.

Separates Stahlkammerstück. ∴ Patentierte Rohrkonstruktion. ∴ Beste Präzisionsarbeit.
Spezial-Gewehre für starke rauchlose Pulverladungen.

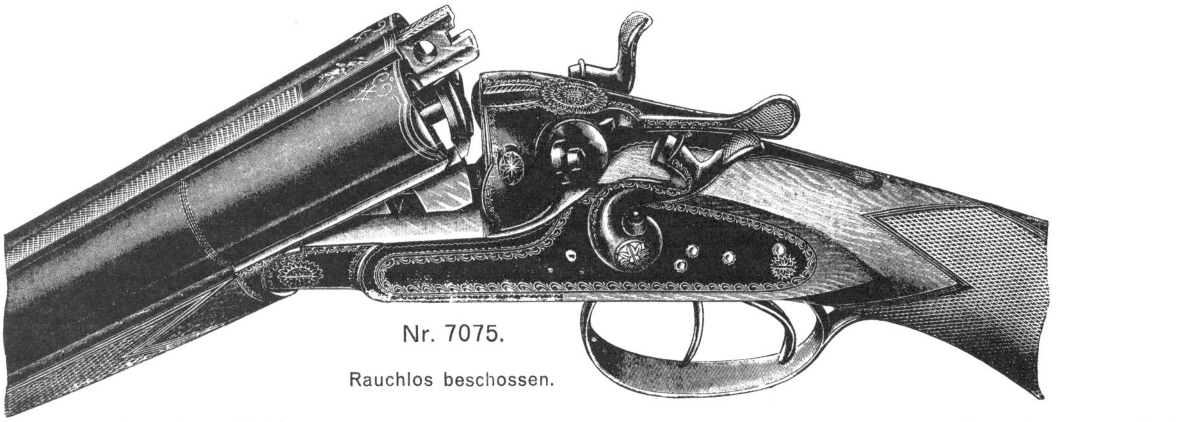

Nr. 7075.

Rauchlos beschossen.

Nr. 7075. **Feine Zentralfeuer-Doppelflinte,** Kal. 16 oder 12, in neuester Konstruktion und Ausführung, **allerbeste Bayard-Stahlläufe mit separatem Stahlkammerstück,** im linken Rohr volle Chokebohrung, fünffacher Greener-Querriegelverschluß, **System in allen Teilen hervorragend ausgearbeitet,** mit angeschmiedeten Seitenohren und hübschen vollen Muscheln, feinste vorliegende Kreuzstudel-Stahlrückspringschlösser, Garnitur mit Randstück und Rosettengravur, Basküle und Teile tiefschwarzglänzend bronziert nach dem Härten, auf der Schiene die Figur „Bayard“ in Gold eingelegt, sowie Goldreif-Arabesken auf den Läufen, Visierschiene fein guillochiert, Vorderschaft mit Drücker, feinster Pistolengriffschaft aus ausgesuchtem feinen Maserholz mit Backe, Fischhaut und Hornkappe. **Ein hochmodernes Gewehr mit brillanter Schußleistung, staatlich rauchlos beschossen.** Stück **Mk. 105.—**

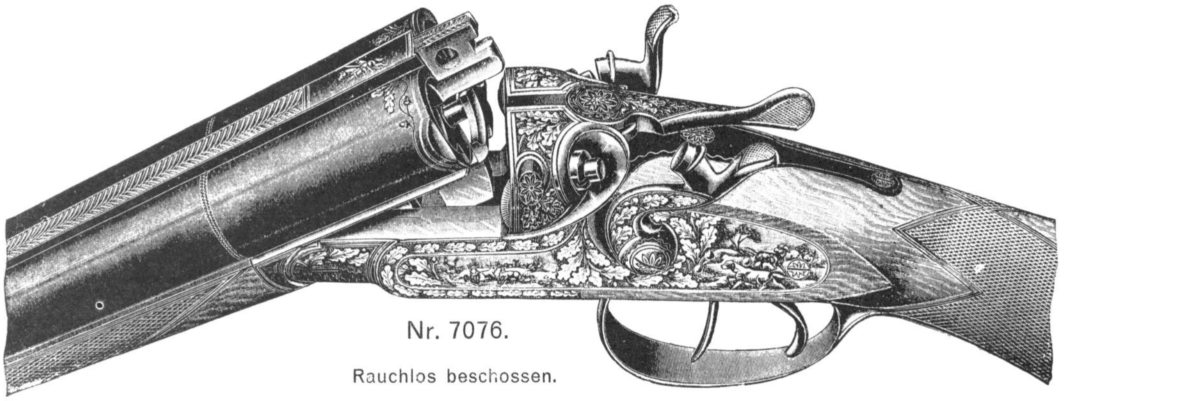

Nr. 7076.

Rauchlos beschossen.

Nr. 7076. **Sehr feine Zentralfeuer-Doppelflinte,** Kal. 16 oder 12, in Bauart wie Nr. 7075, jedoch in allen Teilen noch feiner ausgeführt, Garnitur mit hochfeiner Eichenlaubgravur mit Jagdstücken, grau gehärtet, Eichenlaub-Goldverzierung auf Läufen sowie Figur „Bayard“ in Gold in die Schiene eingelegt, Visierschiene in aparten Mustern guillochiert, allerfeinste ausprobierte vorliegende Kreuzstudel-Stahlschlösser, Vorderschaft mit Knopfdrücker, extra feiner Maserholz-Pistolengriffschaft mit Backe, Fischhaut und Hornkappe. **Ein sehr geschmackvolles Jagdgewehr von vorzüglicher Arbeit und Schußleistung, staatlich rauchlos beschossen.** Stück **Mk. 112.—**

Neu! Präzisions-Selbstspanner-Doppelflinte, Marke „Bayard“. Neu!

Solideste einfachste Konstruktion, vollständig maschinell hergestellt in unerreichter Vollendung.

Garantiert unbegrenzte Haltbarkeit und höchste Schußleistung.

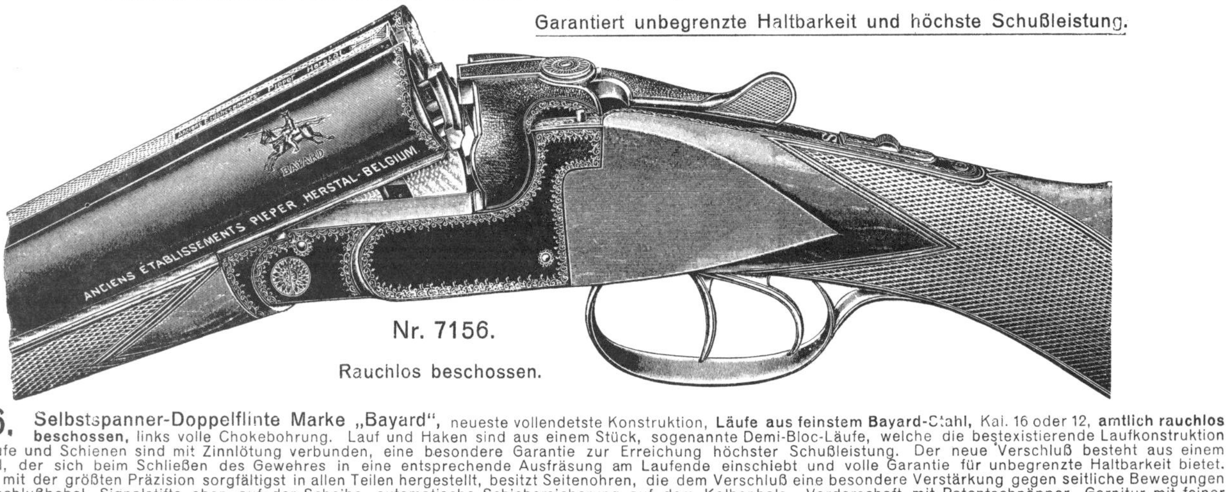

Nr. 7156.

Rauchlos beschossen.

Nr. 7156. **Selbstspanner-Doppelflinte Marke „Bayard“,** neueste vollendetste Konstruktion, **Läufe aus feinstem Bayard-Stahl,** Kal. 16 oder 12, **amtlich rauchlos beschossen,** links volle Chokebohrung. Lauf und Haken sind aus einem Stück, sogenannte Demi-Bloc-Läufe, welche die bestexistierende Laufkonstruktion darstellen. Läufe und Schienen sind mit Zinnlötung verbunden, eine besondere Garantie zur Erreichung höchster Schußleistung. Der neue Verschluß besteht aus einem kräftigen Riegel, der sich beim Schließen des Gewehres in eine entsprechende Ausfräsung am Laufende einschiebt und volle Garantie für unbegrenzte Haltbarkeit bietet. Das System ist mit der größten Präzision sorgfältigst in allen Teilen hergestellt, besitzt Seitenohren, die dem Verschluß eine besondere Verstärkung gegen seitliche Bewegungen verleihen. Verschlußhebel, Signalstifte oben auf der Scheibe, automatische Schiebersicherung auf dem Kolbenhals. Vorderschaft mit Patentschnäpper, Garnitur mit feiner Randstichgravur und bunt gehärtet, schöner Nußholzschaft mit Pistolengriff, Backe, Fischhaut und Hornkappe. **Ein erstklassiges, sehr empfehlenswertes Selbstspanner-Gewehr mit höchster Schußleistung.** Stück **Mk. 115.—**

Moderne Waffen ▫ Munition ▫ Jagdgeräte

AUGUST STUKENBROK, EINBECK

Anerkannt leistungsfähiges Etablissement dieser Branche

Extra empfehlenswerte Zentralfeuer-Doppelflinten mit Hähnen.

Spezial-Modelle für Berufsjäger und Forstbeamte. ⁘ ⁘ Beste deutsche Büchsenmacher-Präzisionsarbeit.

Lauflänge ca. 75 cm, Gewicht Kal. 16 ca. 2,7 kg, Kal. 12 ca. 2,9 kg.

Nachstehende Doppelflinten sind in Forstkreisen alteingeführte Modelle, die sich infolge des einfachen, dauerhaften Verschlusses immer noch der größten Beliebtheit erfreuen. Dieselben werden aus **bestbewährtem** Material im Handbetriebe hergestellt und nach den Normen der Deutschen Versuchs-Anstalt vorzüglich eingeschossen. Im Verein mit der **äußerst soliden und sauberen Arbeit,** der eleganten und **handlichen Form** stellen diese Flinten **kräftige Gebrauchsgewehre dar, die für lange Dauer besonders zu empfehlen sind.**

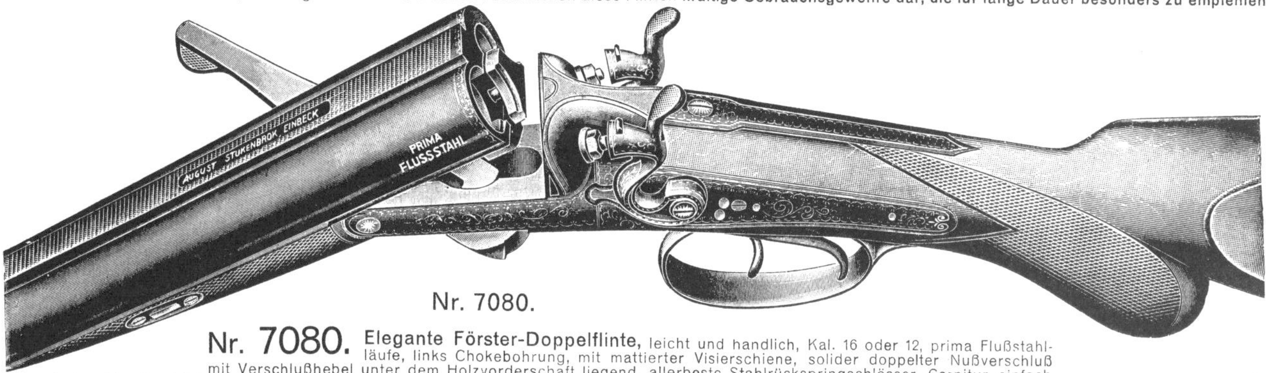

Nr. 7080.

Nr. 7080. **Elegante Förster-Doppelflinte,** leicht und handlich, Kal. 16 oder 12, prima Flußstahlläufe, links Chokebohrung, mit mattierter Visierschiene, solider doppelter Nußverschluß mit Verschlußhebel unter dem Holzvorderschaft liegend, allerbeste Stahlrückspringschlösser, Garnitur einfach englisch graviert und bunt gehärtet, schöner Pistolengriffschaft mit Backe und Fischhaut. Dieses Gewehr ist in allen Teilen auf das exakteste ausgearbeitet und eignet sich daher als vorzügliche Gebrauchswaffe besonders für Berufsjäger, die im Jahre mehrere tausend Schüsse abzugeben haben. Stück **Mk. 70.—**

Nr. 7081. **Elegante Förster-Doppelflinte,** in Bauart wie Modell 7080, **jedoch in extra geschmackvoller Ausstattung.** Der Verschlußhebel ist mit Horn umkleidet, um die Läufe feine Kantengravur, Garnitur mit eleganter Jagdwetz-Gravierung, feiner Pistolengriffschaft mit Backe und Fischhaut aus allerbestem gemaserten Nußholz. **Eine in jeder Beziehung solid gearbeitete Försterflinte, sehr empfehlenswert.** Stück **Mk. 86.—**

Sehr solide Gebrauchsgewehre, Marke „Weidmann“

Mit Scott (Toplever)-Verschluß. ⁘ ⁘ Verschlußhebel zwischen den Hähnen.

Erstklassige solide Ausführung. ⁘ Hervorragende Schußleistung. ⁘ Besonders empfehlenswerte Modelle.

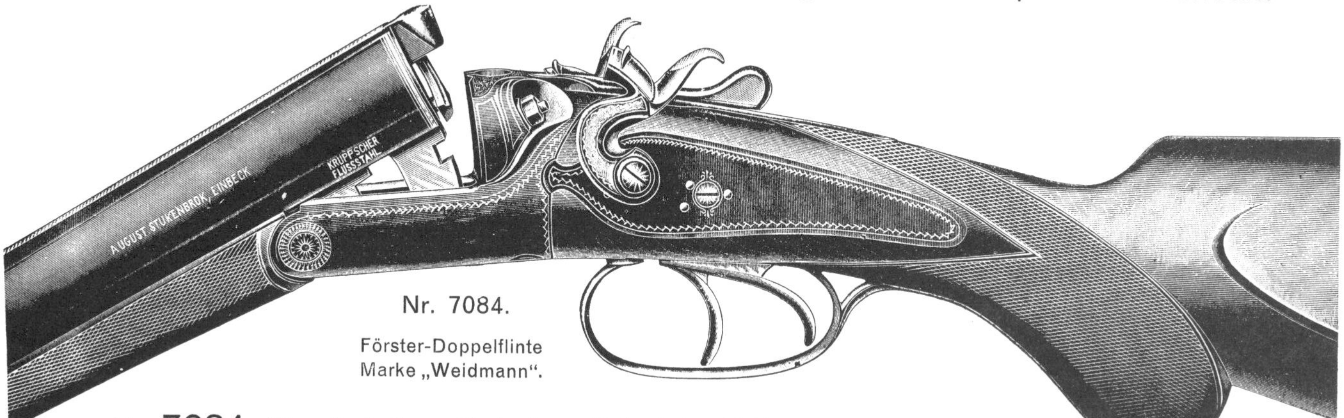

Nr. 7084.

Förster-Doppelflinte
Marke „Weidmann“.

Nr. 7084. **Prima Zentralfeuer-Förster-Doppelflinte Marke „Weidmann“,** Kal. 16 oder 12, mit echtem Scott-Verschluß, Verschlußhebel zwischen den Hähnen, doppeltem Riegeleintritt, Läufe aus prima **Kruppschem Gewehrlaufstahl,** links Chokebohrung, mit verlängerter, übergreifender, mattierter Laufschiene, System in jeder Beziehung solid und sauber ausgearbeitet mit hübschen vollen Muscheln, allerbeste, rückliegende Stahlrückspringschlösser, Holzvorderschaft mit Patentschnäpper, Garnitur mit eleganter Kettenstichgravierung und bunt eingesetzt, schöner Pistolengriffschaft mit Backe, Fischhaut und Hornkappe. **Ein solides, tadellos funktionierendes Gebrauchsgewehr mit brillanter Schußleistung.** Stück **Mk. 80.—**

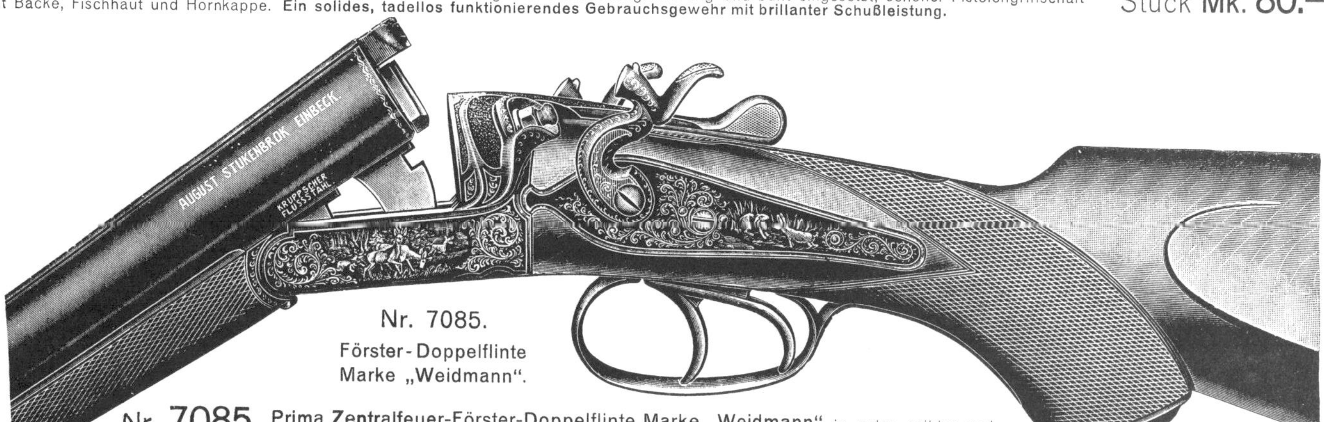

Nr. 7085.

Förster-Doppelflinte
Marke „Weidmann“.

Nr. 7085. **Prima Zentralfeuer-Förster-Doppelflinte Marke „Weidmann“** in extra solider und feiner Ausführung, feinste **Kruppsche Flußstahlläufe,** Kal. 16 oder 12, links Chokebohrung, mit verlängerter, mattierter Visierschiene, echter dreifacher Scott-Verschluß mit Hebel zwischen den Hähnen und doppeltem Riegeleintritt, System erstklassig ausgearbeitet mit hübschen vollen Muscheln, allerbeste Stahlrückspringschlösser, Holzvorderschaft mit Patentschnäpper, Garnitur mit geschmackvoller Jagdstückgravierung und bunt marmoriert gehärtet, feinster Nußholzschaft mit Pistolengriff, Backe, Fischhaut **und Hornkappe**, in allen Teilen musterhaft gearbeitet und vorzüglich eingeschossen. **Ein hochfeines, leichtes Gebrauchsgewehr.** Stück **Mk. 90.—**

Sehr solide Gebrauchsgewehre
mit Greener-Verschluß.

Besonders empfehlenswerte Modelle.

Unübertroffene Schußleistung.

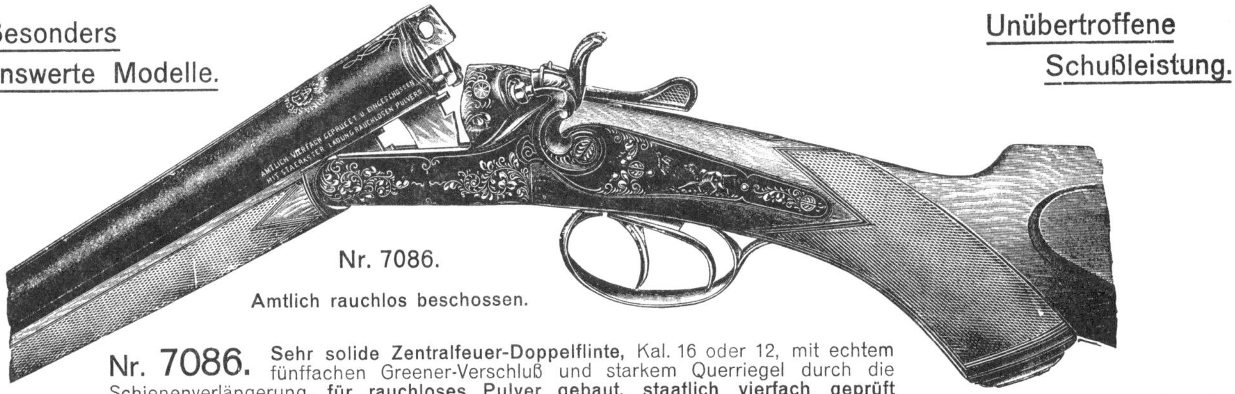

Nr. 7086.

Amtlich rauchlos beschossen.

Nr. 7086. **Sehr solide Zentralfeuer-Doppelflinte,** Kal. 16 oder 12, mit echtem fünffachen Greener-Verschluß und starkem Querriegel durch die Schienenverlängerung, **für rauchloses Pulver gebaut, staatlich vierfach geprüft und abgestempelt, Läufe aus prima Spezial-Gewehrlaufstahl** mit aufgraviertem Reichsadler und mit schönen Silberornamenten versehen, **im** linken Rohr volle Chokebohrung, Laufschiene fein mattiert, System mit angeschmiedeten Seitenohren, hübschen vollen Muscheln und in jeder Beziehung exakt ausgearbeitet. Allerbeste rückliegende Stahl-Rückspringschlösser, Garnitur mit eleganter englischer Blumengravur mit Jagdstücken und bunt marmoriert gehärtet, Vorderschaft mit Patentschnäpper, feiner Nußholz-Pistolengriffschaft mit Backe, Fischhaut, Hornkäppchen und Hornkappe. Dieses Gewehr ist trotz Verwendung starker rauchloser Pulverladungen sehr leicht und **eignet sich ganz vorzüglich für Hühner-, Feld- und Waldjagden. Garantiert** höchste Schußleistung. Stück Mk. **86.—**

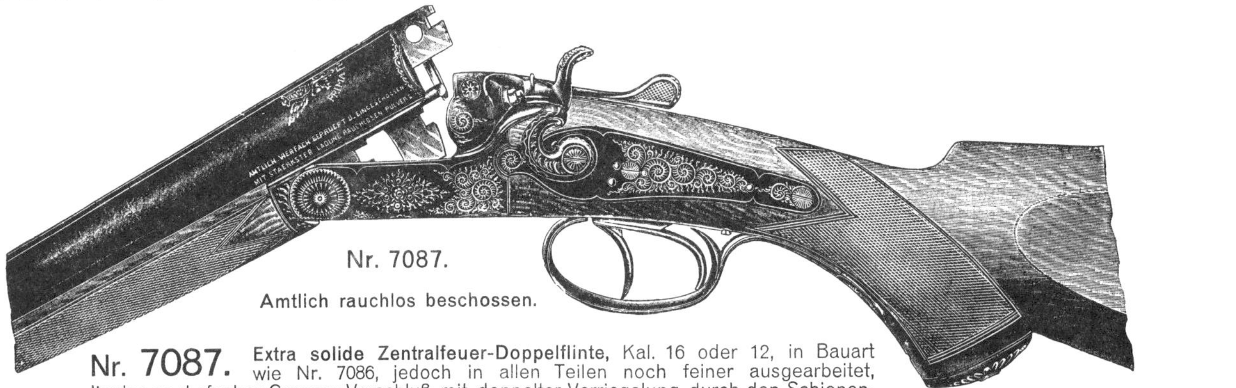

Nr. 7087.

Amtlich rauchlos beschossen.

Nr. 7087. **Extra solide Zentralfeuer-Doppelflinte,** Kal. 16 oder 12, in Bauart wie Nr. 7086, jedoch in allen Teilen noch feiner ausgearbeitet, bester sechsfacher Greener-Verschluß mit doppelter Verriegelung durch den Schienenzapfen, **Läufe aus prima Gewehrlauf-Flußstahl** mit eingraviertem Reichsadler, im linken Rohr volle Chokebohrung, System mit Seitenohren und hübsch ausgearbeiteten vollen Muscheln, allerbeste Stahl-Rückspringschlösser und schöne kleine fassonierte Hähne, Garnitur mit hocheleganter englischer Blumenbukett-Gravur und bunt marmoriert gehärtet, Vorderschaft mit Patentschnäpper, ausgesucht guter Nußholz-Pistolengriffschaft mit Backe, feiner Fischhaut, Hornkäppchen und Hornkappe. **Ein gediegenes, hochelegantes Gebrauchsgewehr, welches auf vorzügliche Schußleistung extra geprüft und eingeschossen ist.** Schrotläufe amtlich rauchlos beschossen. Stück Mk. **94.—**

Extra feine Hahn-Doppelflinte mit vorliegenden Schlössern.
Spezial-Modell für Hühnerjagd.

Beste Präzisionsarbeit.
Leicht und handlich.

Erstklassige Qualität.
Feinstes Damengewehr.

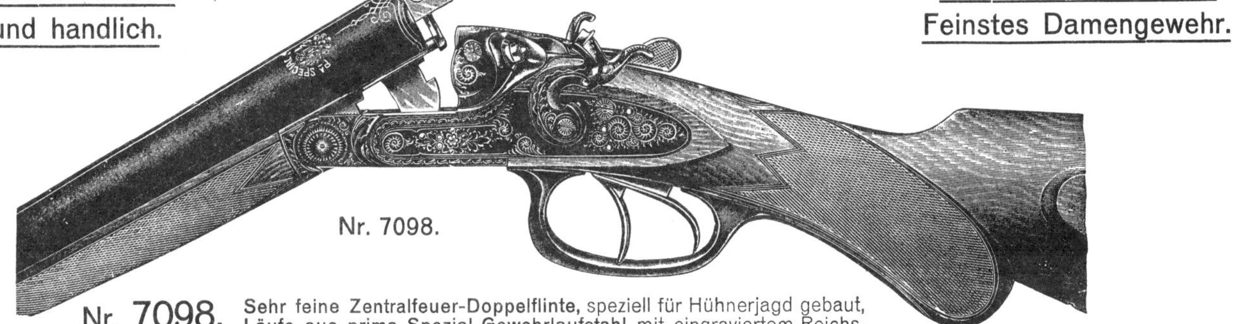

Nr. 7098.

Nr. 7098. **Sehr feine Zentralfeuer-Doppelflinte,** speziell für Hühnerjagd gebaut, **Läufe aus prima Spezial-Gewehrlaufstahl** mit eingraviertem Reichsadler und schönen Silberverzierungen an der Kammer, Laufschiene fein guillochiert, echter sechsfacher Greener-Verschluß mit Querriegel durch den verlängerten Schienenzapfen, Verschlußhebel zwischen den Hähnen, System mit vollen, hübsch ausgearbeiteten Muscheln und angeschmiedeten Seitenohren, elegant fassoniert bei hervorragender Ausarbeitung, feinste vorliegende Kreuzstudelschlösser mit extra feinem weichen Gang, Läufe hochfein poliert und tiefschwarz bräuniert, Garnitur mit hocheleganter englischer Arabesken- und Blumenbukett-Gravur, bunt marmoriert, schöner ganzer Hornabzugsbügel, Vorderschaft mit Knopfdrücker, feinster Pistolengriffschaft aus bestem Maserholz mit Backe, feiner Fischhaut und Hornkappe. Dieses Gewehr ist bei Verwendung der bestexistierenden Materialien unter der größten Präzision hergestellt und wiegt in Kal. 16 nur ca. 2,4 kg. **Daher als Hühner- und Damenflinte sehr zu empfehlen.** Kal. 16 oder 12, im linken Rohr Chokebohrung. Stück Mk. **120.—**

Das zu meinen Waffen verwendete Material ist das denkbar beste.

Deutsche Präzisions-Doppelflinten mit Hähnen,

mit verstärktem Verschlußstück und Toplever-Verschluß.

Neueste Konstruktion. ⁘ Spezial-Modelle für rauchlose Pulverladungen.

Lauflänge ca. 75 cm. Gewicht: Kal. 16 ca. 2,8 kg, Kal. 12 ca. 3 kg.

Nachstehende Gewehre haben sich infolge **ihrer außerordentlichen Leistungsfähigkeit in der Jägerwelt, namentlich bei den Berufsjägern, sehr gut eingeführt.** Die Läufe, Verschlüsse und Schlösser sind aus **bestem Material** und vollständig maschinell hergestellt und wegen ihrer verstärkten Verschlußstücke besonders für den Gebrauch rauchloser Patronen geeignet. **Für vorzügliche Schußleistung wird volle Garantie übernommen.**

Sehr preiswerte, beliebte Gewehre.

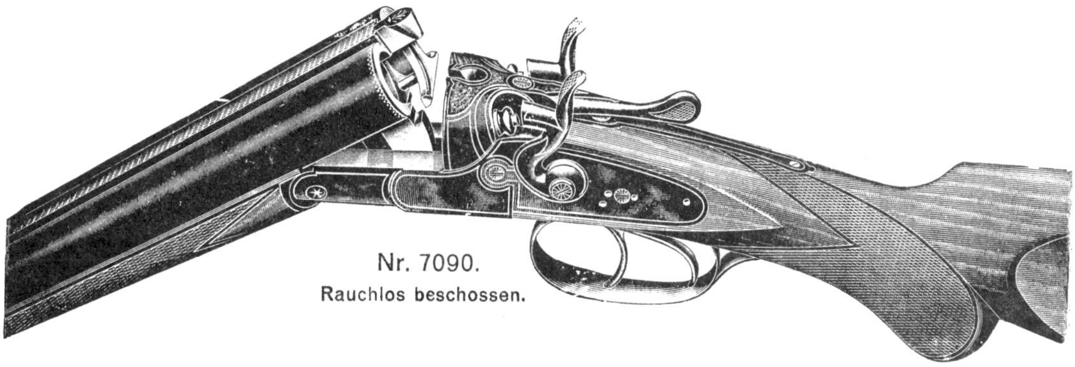

Nr. 7090.
Rauchlos beschossen.

Nr. 7090. Extra solide Zentralfeuer-Doppelflinte mit kurzen prima Stahlrückspringschlössern und verstärktem **Verschlußstück, Läufe aus feinstem Flußstahl,** Kal. 16 oder 12, links Chokebohrung, **Toplever-Verschluß** mit doppeltem Keileintritt und verlängerter **mattierter** Schiene, Vorderschaft mit **Patentschnäpper,** Schaft aus **bestem** Nußholz mit Pistolengriff, Backe **und Fischhaut,** Garnitur **einfach graviert, in allen Teilen sauber und zuverlässig gearbeitet,** aus bestem Material, **allerbeste Schußleistung, staatlich rauchlos beschossen.** Ein ganz vorzügliches, modernes Jagdgewehr. Stück **Mk. 90.—**

Nr. 7091. Dieselbe vorzügliche **Doppelflinte, aber noch besser ausgearbeitet,** schönerer Schaft und **Greener-Querriegel** — vierfacher **Verschluß** —, **staatlich rauchlos beschossen.** Stück **Mk. 115.—**

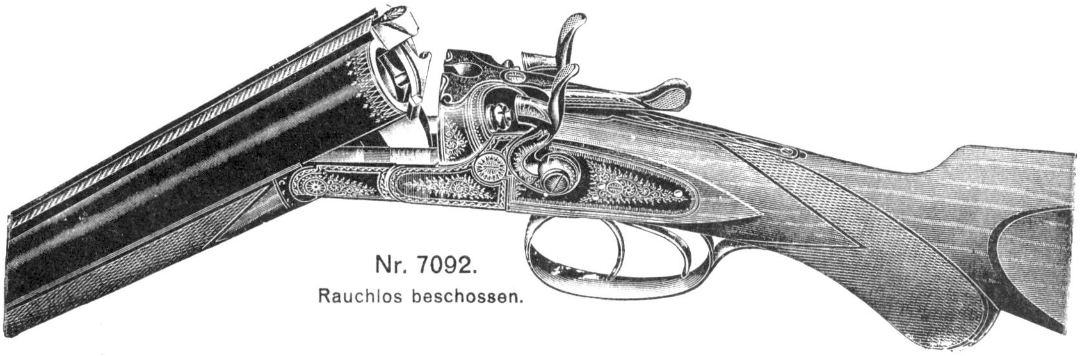

Nr. 7092.
Rauchlos beschossen.

Nr. 7092. Extra solide Zentralfeuer-Doppelflinte mit kurzen prima Stahlrückspringschlössern und verstärktem Verschlußstück, **Läufe aus prima Flußstahl,** Kal. 16 oder 12, links Chokebohrung, **Toplever-Verschluß mit doppeltem Keileintritt** und verlängerter mattierter Schiene, Vorderschaft mit **Patentschnäpper, bester Nußholzschaft** mit Pistolengriff, **Backe und Fischhaut,** Garnitur mit hochfeiner englischer Gravur, **alle Teile auf das beste ausgearbeitet, mit brillanter Schußleistung, staatlich rauchlos beschossen.** Stück **Mk. 100.—**

Nr. 7093.
Rauchlos beschossen.

Nr. 7093. Extra solide prima Zentralfeuer-Doppelflinte mit verstärktem Verschlußstück und kurzen prima Stahlrückspringschlössern, **Läufe aus prima Flußstahl,** Kal. 16 oder 12, links Chokebohrung, **Greener-Querriegel — vierfacher Verschluß —,** mattierte Laufschiene, Vorderschaft **mit Patentschnäpper,** schöner **Maserschaft** mit Pistolengriff, Backe und Fischhaut, **Garnitur mit hochfein gewetzter Jagdgravur, in allen Teilen fein ausgearbeitet, staatlich rauchlos beschossen, ein vorzügliches, sehr feines Gewehr.** Stück **Mk. 125.—**

NB. Obige vorzügliche Doppelflinten werden auch in gleicher Bauart als Büchsflinten hergestellt und bitte ich, Seite 29 zu beachten.

Hervorragende Präzisions-Doppelflinten mit Hähnen Marke „Aste".

Gesetzlich geschützt. Gesetzlich geschützt.

Feinste deutsche Gebrauchsgewehre von höchster Vollendung.

Diese Modelle stellen auf dem Gebiete der modernen Gewehrfabrikation eine besondere Spezialität dar. Alle Teile sind unter Zuhilfenahme feinster Präzisionsmaschinen mit besonderer Sorgfalt angefertigt, wodurch sauberes Passen der Verschlüsse, dauernd gute Funktion und infolge Verwendung der bestgeeignetsten Materialien größte Haltbarkeit erreicht wird. Meine „Aste"-Doppelflinten haben alle ein volles massives Verschlußstück und sind daher für starken Gebrauch rauchlosen Pulvers besonders gut geeignet. Die neuen, modern angepaßten kurzen Schlösser haben ausprobiert vorzügliches Stahlgewerk und geben im Verein mit der exakt ausgearbeiteten Basküle dem Gewehre ein sehr elegantes und geschmackvolles Aussehen. In den maßgebenden Jägerkreisen haben daher meine neuen Modelle sofort berechtigten Eingang gefunden und werden vorzugsweise bei allen Jagden geführt. Infolge der vorteilhaften Preisstellung sind meine „Aste"-Doppelflinten die

besten, gangbarsten und beliebtesten Gebrauchsgewehre der Gegenwart.

Die Doppelflinten haben durchweg eine Lauflänge von 75 cm. Das Gewicht einer Doppelflinte beträgt:

Kal. 20	16	12
ca. kg 2,650	2,800	3,000

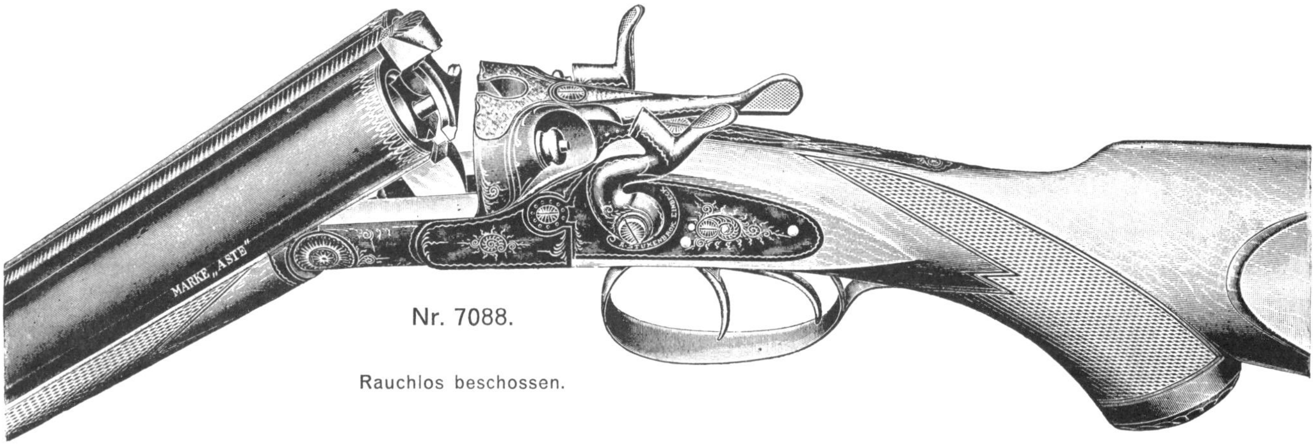

Nr. 7088.

Rauchlos beschossen.

Nr. 7088. **Prima Doppelflinte mit Hähnen, Marke „Aste"**, mit dreifachem Toplever-Verschluß, Doppelriegel und übergreifender, mattierter Visierschiene. **Läufe aus prima Kruppschem Flußstahl**, Kal. 20, 16 oder 12, links volle Chokebohrung und amtlich rauchlos beschossen. Das massive verstärkte Verschlußstück hat hübsche volle Muscheln und ist in allen Teilen sehr sorgfältig ausgearbeitet. Die kurzen, modern angepaßten Rückspringschlösser haben ausprobiertes Stahlgewerk mit vorzüglichem Gang, Vorderschaft mit Patentschnäpper, Garnitur mit eleganter englischer Arabeskengravur, bunt gehärtet, Schaft mit Pistolengriff, Backe, Fischhaut und Hornkappe, **Läufe mit unbedingt zuverlässiger Schußleistung.** Stück **Mk. 95.—**

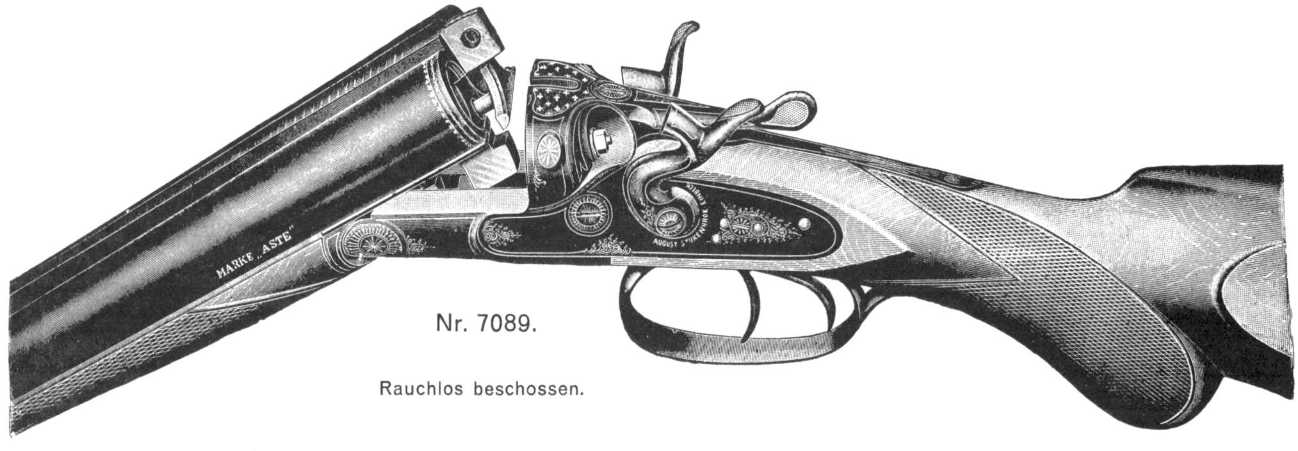

Nr. 7089.

Rauchlos beschossen.

Nr. 7089. **Prima Doppelflinte mit Hähnen, Marke „Aste"**, mit vierfachem Greener-Verschluß und Querriegel durch die Schienenverlängerung. **Läufe aus prima Kruppschem Flußstahl**, Kal. 20, 16 oder 12, links volle Chokebohrung, amtlich rauchlos beschossen, Visierschiene fein mattiert. Das System hat hübsche volle Muscheln, ist mit größter Präzision in allen Teilen hergestellt und in jeder Beziehung gewissenhaft ausgearbeitet. Die kurzen, modern angepaßten Rückspringschlösser haben ausprobiertes Stahlgewerk mit vorzüglichem Gang. Vorderschaft mit Patentschnäpper, Garnitur mit feiner englischer Arabeskengravur, bunt gehärtet, bester Nußholzschaft mit Pistolengriff, Backe, Fischhaut und Hornkappe. **Dieses Gewehr stellt eine vorzügliche Gebrauchsflinte dar, mit garantiert hervorragender Schußleistung.** Stück **Mk. 118.—**

Hervorragende Präzisions-Doppelflinten mit Hähnen.

Gesetzlich geschützt. Gesetzlich geschützt.

Marke „Aste".

Feinstes deutsches Erzeugnis. ∴ Unerreicht in Qualität und Schußleistung.

Bewährteste Modelle für starke rauchlose Pulverladungen.

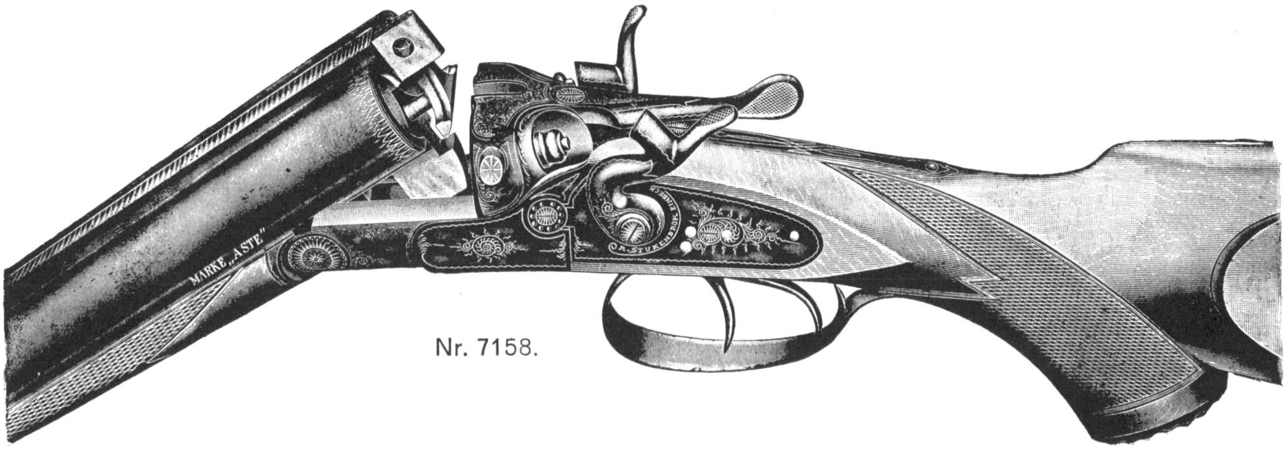

Nr. 7158.

Nr. 7158. **Feine Doppelflinte mit Hähnen, Marke „Aste"**, mit vierfachem Greener-Verschluß und Querriegel durch die Schienenverlängerung, **Läufe aus Flußstahl-Krupp-Essen,** Kal. 20, 16 oder 12, links volle Chokebohrung, **amtlich rauchlos beschossen,** mattierte Visierschiene, System in allen Teilen mit größter Präzision ausgearbeitet, mit hübschen vollen Muscheln und kurzen, modern angepaßten Rückspringschlössern mit ausprobiertem Stahlgewerk. Vorderschaft mit Patentschnäpper, Garnitur mit hocheleganter englischer Arabeskengravierung, bunt gehärtet, Schaft aus feinstem maserierten Nußbaumholz mit Pistolengriff, Backe, Fischhaut, Hornkäppchen und Hornkappe. Die Läufe sind bei diesem Modell auf **höchste Schußleistung** besonders geprüft, **so daß diese Flinte selbst den größten Anforderungen in jeder Weise genügen wird.**

Stück Mk. **132.—**

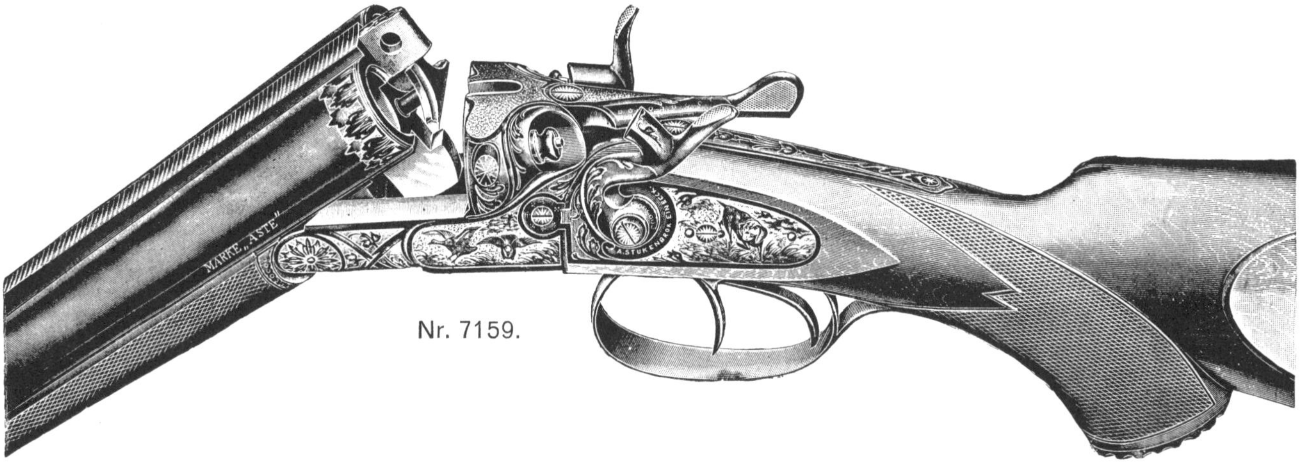

Nr. 7159.

Nr. 7159. **Extra feine Doppelflinte mit Hähnen, Marke „Aste"**, mit vierfachem Greener-Verschluß und Querriegel durch die Schienenverlängerung, **Läufe aus Flußstahl-Krupp-Essen,** Kal. 20, 16 oder 12, links volle Chokebohrung, **amtlich rauchlos beschossen,** mit fein mattierter Visierschiene. **Das volle massive Verschlußstück ist mit besonderer Sorgfalt ausgearbeitet** und hat schön geformte, volle Muscheln. Die kurzen, modern angepaßten Rückspringschlösser haben ausprobiert vorzügliches Stahlgewerk mit weichem Abdruck, Vorderschaft mit Patentschnäpper, Garnitur mit hocheleganter Jagdstück-Wetzgravur, feiner Pistolengriffschaft, aus bestem, dunklen Maserholz mit Backe, Fischhaut, Hornkäppchen und Hornkappe. **Läufe mit garantierter Höchstschußleistung. Eine hochfeine erstklassige Gebrauchswaffe.**

Stück Mk. **145.—**

Möchte Sie in Kenntnis setzen, daß sich die von Ihrer werten Firma bezogene Doppelflinte bei der Birkhahnbalz äußerst gut bewährt hat und ich daran meine größte Freude habe. Es veranlaßt mich, jedem Kollegen Ihre werte Firma aufs beste zu empfehlen.

A. gez. **A. Altmann,** Jäger.

Hochfeinste Doppelflinten mit Hähnen,

Gesetzlich geschützt. **Marke „Aste".** Gesetzlich geschützt.

Allerfeinste deutsche Präzisionsarbeit. ⁘ Nach englischen Modellen gearbeitet.

Spezial-Modelle für Hühnerjagd, Treibjagd, Sport- und Taubenschießen.

Lauflänge ca. 75 cm. Gewicht: Kal. 16 ca. 2,8 kg, Kal. 12 ca. 3 kg. Als Sportgewehre nur in Kal. 12 ca. 3,2 kg.

Mit nachstehenden Modellen biete ich in Hahngewehren das Allerbeste und Allersolideste. Die Herstellung dieser Gewehre erfolgt nicht nach fabrikmäßigen Schablonen, **sondern dieselben sind allerbeste Büchsenmacher-Handarbeit.** Hierbei ist auf sorgfältige Bearbeitung jedes einzelnen Teiles, exaktes Passen der Verschlüsse, gute Funktion und hervorragende Schußleistung der größte Wert gelegt. Durch Verwendung von nur erstklassigem Material stellt jedes Stück ein wahres Kabinettstück dar, was von keiner Seite hinsichtlich Qualität, Arbeit und Schußleistung übertroffen werden kann. Die Verschlußstücke sind massiv und schön breit geformt, die Läufe von feinster Bearbeitung und die Gewichtsverteilung ist eine besonders gute. Ich kann daher diese Gewehre ganz besonders empfehlen.

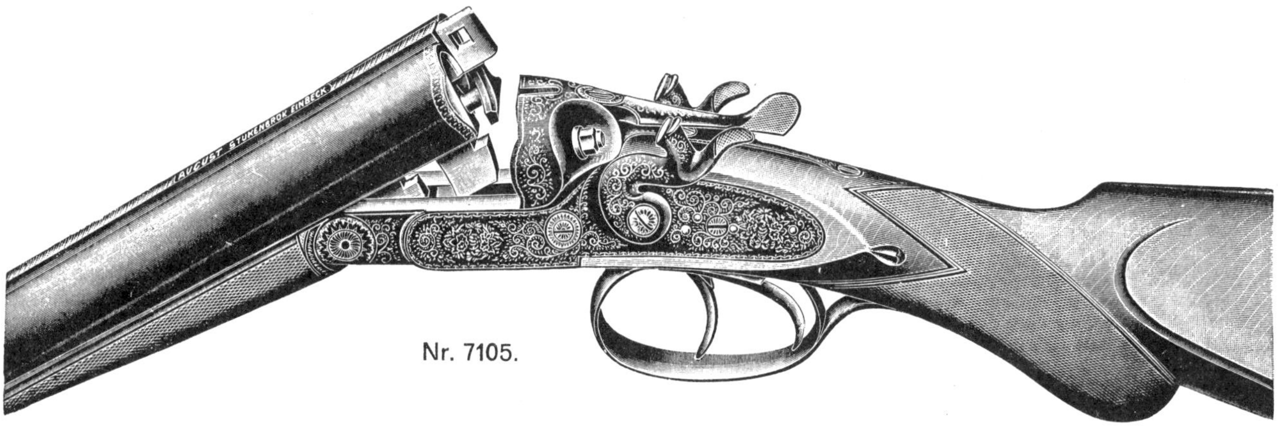

Nr. 7105.

Nr. 7105. Extra feine **Hahn-Doppelflinte mit massiver** Basküle, extra für **rauchloses Jagdpulver gebaut, staatlich geprüft und abgestempelt,** allerfeinste **Kruppsche Flußstahlläufe,** Kal. 16 oder 12, linker Lauf mit voller, rechter mit halber Chokebohrung, Läufe hochfein poliert und schwarzglänzend bräuniert, **echter fünffacher Greener-Verschluß** mit verdecktem Querriegel, Basküle fein ausgearbeitet mit vollen Muscheln und Seitenohren, allerfeinste halbvorliegende Rückspringschlösser mit ausprobiertem Stahlgewerk, welche rosettenförmig in das System eingepaßt sind. Holzvorderschaft mit Patentschnäpper, Pistolengriffschaft aus ausgesuchtem, extra feinem Schaftholz mit Backe, feiner Fischhaut und Hornkappe, Garnitur mit hochfeiner englischer Bukett-Gravur und bunt gehärtet, **auf genaueste Schußleistung sorgfältig reguliert. Ein hochelegantes, vornehmes Gewehr, welches sich zu allen Jagden eignet.** Stück **Mk. 175.—**

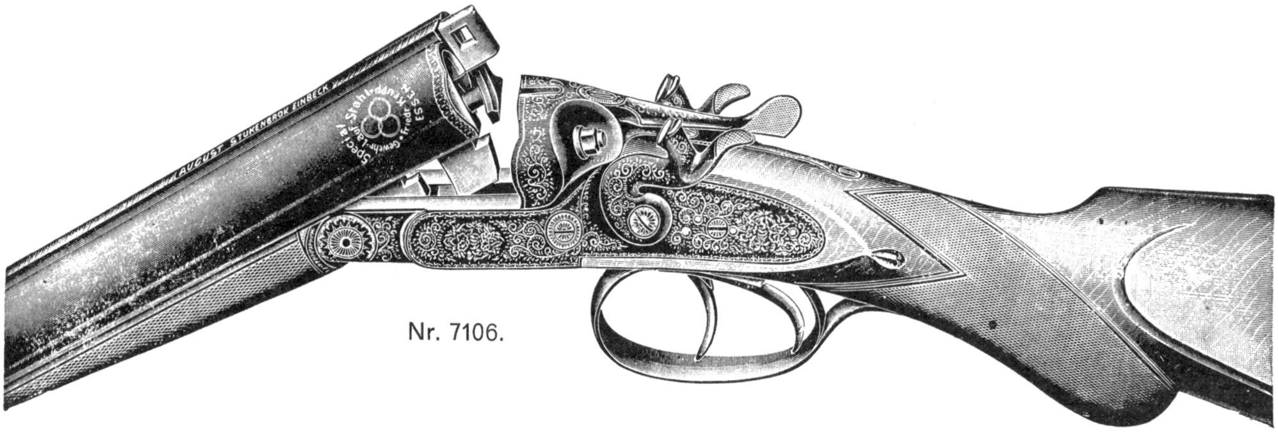

Nr. 7106.

Nr. 7106. Extra feine Hahn-Doppelflinte mit **verstärktem Verschlußstück,** extra für rauchloses Jagdpulver **gebaut, staatlich geprüft und** abgestempelt, Läufe aus **allerfeinstem Kruppschen Spezial-Gewehrlaufstahl,** fein englisch garniert, poliert und hochglänzend bräuniert, fein guillochierte in das Verschlußstück eingreifende Laufschiene, **echter fünffacher Greener-Verschluß** mit vierkantigem **verdeckten** Querriegel, Basküle mit Seitenohren und hochfein ausgearbeiteten vollen Muscheln, allerbeste halbvorliegende **Rückspringschlösser,** rosettenförmig in das System eingepaßt, Holzvorderschaft mit Druckknopf oder Patentschnäpper, Pistolengriffschaft aus ausgesuchtem, **extra feinem** Schaftholz mit Backe, Hornkappe und feiner Fischhaut, **bunt** gehärtete **Garnitur** mit feinster englischer Blumenbukett-Gravierung, **auf genaueste Schußleistung sorgfältigst reguliert, großartiges Gewehr, feinstes Kabinettstück, Kal. 16 oder 12, im linken Rohre volle, im rechten Rohre halbe Chokebohrung für extra guten Weitschuß.** Stück **Mk. 210.—**

„Aste"-Doppelflinten genießen Weltruf und größte Verbreitung.

Moderne Waffen ▫ Munition ▫ Jagdgeräte

AUGUST STUKENBROK, EINBECK

Anerkannt leistungsfähiges Etablissement dieser Branche

„Rekord"-Doppelflinten mit Hähnen und Schildzapfenverschluß.

Mit echtem Stahlkammerstück und Doppellaufhaken.

Höchste Schußleistung. ∴ Prima Qualität. ∴ Größte Haltbarkeit.

Spezial-Waffen für starke, rauchlose Pulverladungen.

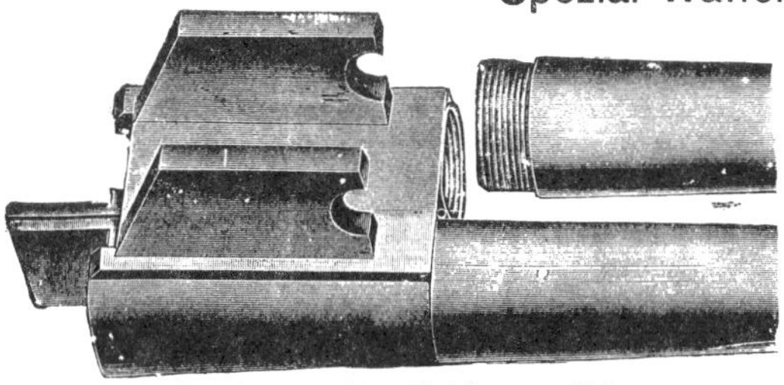

Ansicht des echten Stahlkammerstückes mit angefrästen Laufhaken und verlängerter Schiene.

Allgemeine Vorzüge dieser Konstruktion.

Wie aus der linksstehenden Abbildung ersichtlich, ist das echte Stahlkammerstück mit Laufhaken und verlängerter Schiene aus einem Stück feinsten Spezialstahles geschmiedet. Durch die seitlichen Laufhaken, welche saugend an der Basküle anliegen, befinden sich die Scharniere unter den Seelenachsen der einzelnen Läufe, wodurch Hebelwirkungen und seitliche Zerrungen nicht vorkommen können. Verschlußlockerungen, wie solche bei anderen Systemen, speziell mit dem stetig zunehmenden Gebrauch rauchloser Munition eintreten, sind bei diesen Gewehren unter Garantie ausgeschlossen. Der Scharnierstift wird durch zwei angefräste Schildzapfen ersetzt und diese bilden mit dem starken Systemkasten ein solides Ganzes. Kastenbrüche kommen bei dieser Konstruktion nicht vor. In Rücksicht auf die vielen Vorzüge, die dieses System bietet, kann ich die Anschaffung eines solchen Gewehres nur empfehlen.

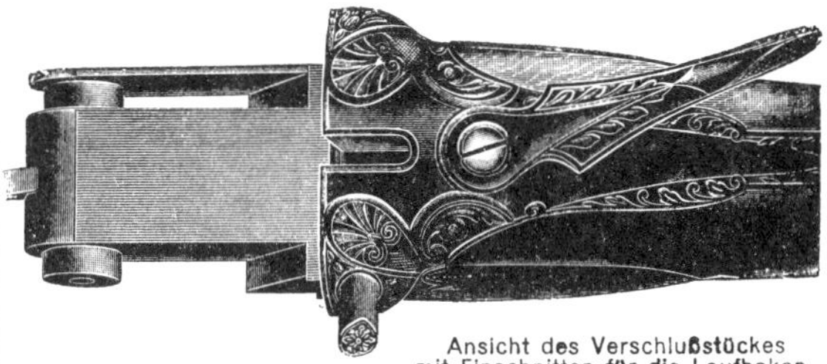

Ansicht des Verschlußstückes mit Einschnitten für die Laufhaken.

Neues Modell. Prima Qualität und Schußleistung.

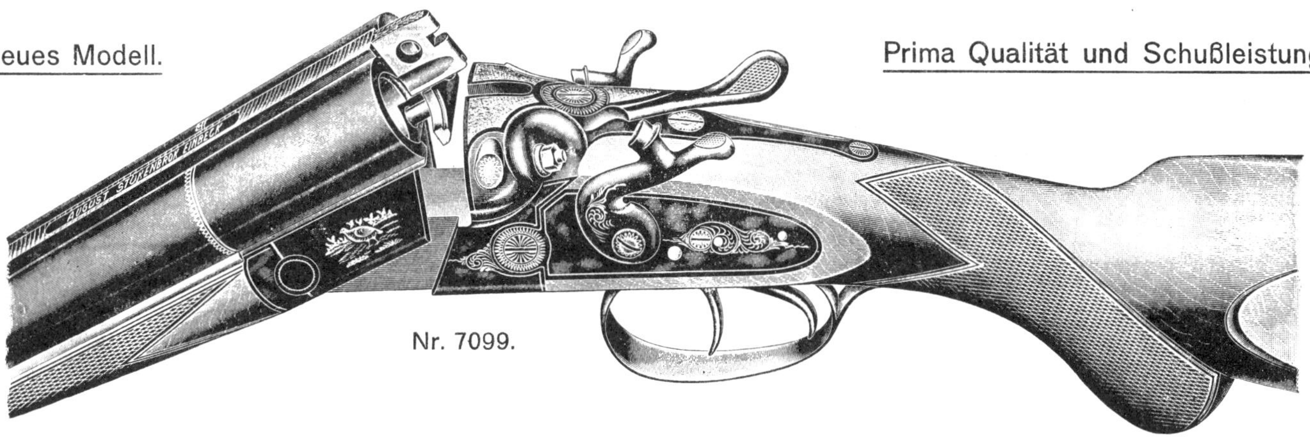

Nr. 7099.

Nr. 7099. Prima „Rekord"-Doppelflinte mit Hähnen und Schildzapfenverschluß, Läufe aus feinstem Gewehrlauf-Flußstahl mit echtem Stahlkammerstück – Haken und verlängerte Schiene mit dem Kammerstück aus einem Stück geschmiedet – Kal. 16 oder 12, links volle Chokebohrung, verstärkte, seitliche offenliegende Laufhaken, Visierschiene fein mattiert. Das System ist in allen Teilen vorzüglich ausgearbeitet, mit starkem, doppelten Greener-Verschluß. Die halbvorliegenden Rückspringschlösser haben ausprobiertes Stahlgewerk, Vorderschaft mit Patentschnäpper, Garnitur mit eleganter englischer Gravierung mit Jagdstück, bunt gehärtet, Schaft mit Pistolengriff, Backe, Fischhaut und Hornkappe. Ein empfehlenswertes Gewehr mit vorzüglicher Schußleistung. Stück Mk. 72.—

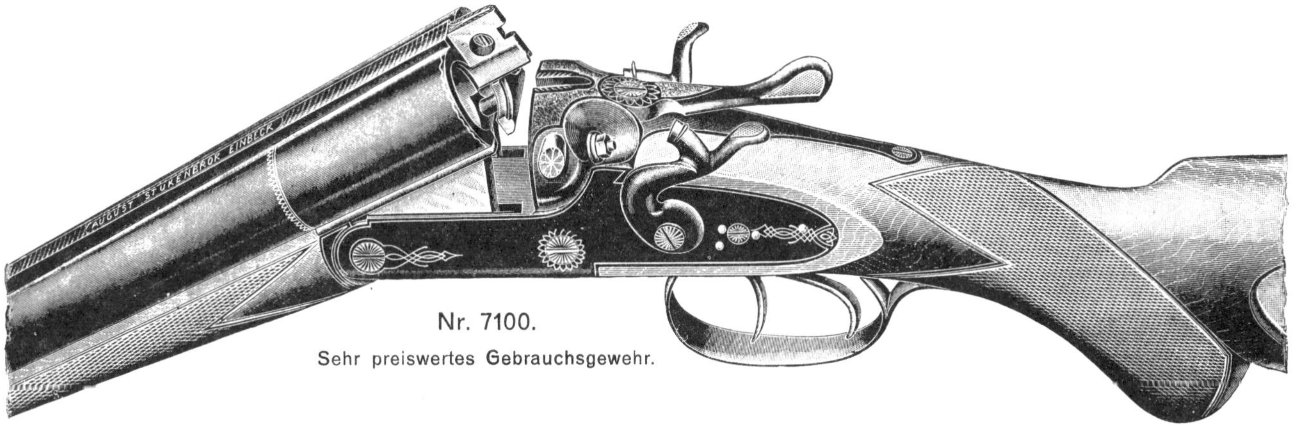

Nr. 7100.

Sehr preiswertes Gebrauchsgewehr.

Nr. 7100. Prima „Rekord"-Doppelflinte mit Hähnen und Schildzapfenverschluß, Läufe aus prima Gewehrlauf-Flußstahl mit echtem Stahlkammerstück aus feinstem Spezialstahl, Kal. 16 oder 12, links volle Chokebohrung und amtlich rauchlos beschossen, fein mattierte Visierschiene, starker doppelter Greener-Querriegel-Verschluß. Das System ist in jeder Beziehung präzis und sauber ausgearbeitet, besitzt hübsch geformte Muscheln und extra prima Rückspringschlösser mit feinstem Stahlgewerk, Garnitur mit eleganter Rosetten- und Stichgravur und tiefschwarz bronziert. Vorderschaft mit Patentschnäpper, schöner Nußholzschaft mit Pistolengriff, Backe, Fischhaut und Hornkappe. Beide Läufe sind auf besonders gute Schußleistung geprüft und kann ich dieses Modell als hervorragende, preiswerte Gebrauchswaffe bestens empfehlen. Stück Mk. 90.—

Nr. 7101. „Rekord"-Doppelflinte, wie vor, jedoch in noch feinerer Ausführung, System mit hübschen Vollmuscheln, feinste halbvorliegende Kreuzstudelschlösser, welche rosettenförmig in die Basküle eingepaßt sind, Garnitur mit reicher englischer Arabeskengravierung und bunt gehärtet, ausgesucht feiner Pistolengriffschaft mit Backe, Fischhaut, Hornkäppchen und Hornkappe, amtlich rauchlos beschossen und garantiert vorzüglicher Schußleistung. Stück Mk. 100.—

Nr. 7102. Feine Zentralfeuer-Doppelflinte mit Schildzapfenverschluß und Doppellaufhaken, Läufe aus Flußstahl, Krupp-Essen, Kal. 16 oder 12, links volle Chokebohrung und rauchlos beschossen, Garnitur mit geschmackvoller, gewetzter Jagdstückgravur, in allen Teilen mit besonderer Sorgfalt ausgearbeitet, extra prima Qualität. Stück Mk. 135.—

Selbstspanner-Gewehre.

Allgemeine Vorzüge der hahnlosen Gewehre.

Selbstspanner-Gewehre ohne äußere Hähne gelten in maßgebenden Jägerkreisen schon seit langen Jahren als die berufensten und **praktischsten Gebrauchswaffen.**

Die Gründe, die für ein Selbstspanner-Gewehr sprechen, sind so zahlreich, daß beim Ankauf unbedingt diese Art empfohlen werden muß, es sci denn, daß die Preisfrage eine Rolle spielt oder der Jäger aus alter Gewohnheit nicht vom Hahngewehr abgehen will.

Ein **Hammerleß-Gewehr** ist im Gebrauch stets sicherer, handlicher und bequemer; auch tritt durch Niederkippen der Läufe selbsttätiges Spannen der Schlösser ein, was die Feuergeschwindigkeit und das rasche Bereitsein bedeutend erhöht, um so mehr, da der Jäger im Anschlag ein vollkommen freies Gesichtsfeld hat, was für einen rasch abzugebenden Schuß von großer Bedeutung ist.

Die Schlösser der hahnlosen Gewehre sind je nach dem System im Verschlußstück oder auf besonderen seitlichen Schloßplatten oder aber auch im Abzugsgehäuse gelagert. Ein guter Schloßbau ist bei einem Selbstspanner-Gewehr ausschlaggebend und erfordert langjährige Erfahrung in der Praxis.

Meine gesch. Kundschaft möchte ich jedoch an dieser Stelle darauf hinweisen, daß von verschiedenen Seiten noch sehr zahlreich Selbstspanner-Gewehre auf den Markt kommen, die mehr oder weniger untauglich und meist nach dem Prinzip „nur billig" gearbeitet sind. Die Schlösser dieser Gewehre sind oft so minderwertig, daß solche beim Gebrauch meistens versagen. Dagegen sind die von mir zur Verwendung kommenden Schlösser besonders guter Konstruktron, die sich in der Praxis glänzend bewährt haben.

Die **Sicherung** der Selbstspanner-Gewehre kann nun selbsttätig wirkend sein oder auch nicht. Bei der selbsttätigen Sicherung, welche beim Oeffnen des Gewehres sofort in Tätigkeit tritt, werden die Abzüge fest verriegelt, die aber im Anschlag ebenso leicht wieder entsichert werden können. Die Greener-Sicherung wird bei den besseren Gewehren ebenfalls viel angewendet.

Selbstspanner-Gewehre zeigen durch angebrachte Signalanzeiger (hervortretende Stifte oder Rippen auf den Hammerwellen) an, ob die Schlösser gespannt sind oder nicht.

Am Schluß der Jagd empfiehlt es sich, die Schlösser wieder abzuspannen, damit die Federn nicht unnötiger Weise angestrengt bleiben. Hierzu benützt man am besten Patronenhülsen mit tauben (abgeschossenen) Zündhütchen oder Pufferpatronen, welche den Grellschlag der vorfallenden Hähne aufnehmen.

Hahnlose Gewehre in gleicher Qualität wie Hahngewehre sind stets $33^1/_3$ bis $50^0/_0$ teurer, da erstere Konstruktion viel mehr Arbeit verursacht. Bei Kauf eines Selbstspanner-Gewehres bitte ich hierauf gefl. zu achten.

Meine sämtlichen Selbstspanner-Gewehre sind ausgeprobte, bewährte Modelle von besonders guter Konstruktion und zuverlässiger Schloß-Ausführung.

Selbstspanner-Doppelflinte Marke „Aste"

mit Verschlußhebel über dem Bügel.

Zuverlässigste Konstruktion. ∴ Bestes, zuverlässigstes und billigstes deutsches Hammerleß-Gewehr.

Erstklassige Qualität. ∴ Vorzüglich im Schuß.

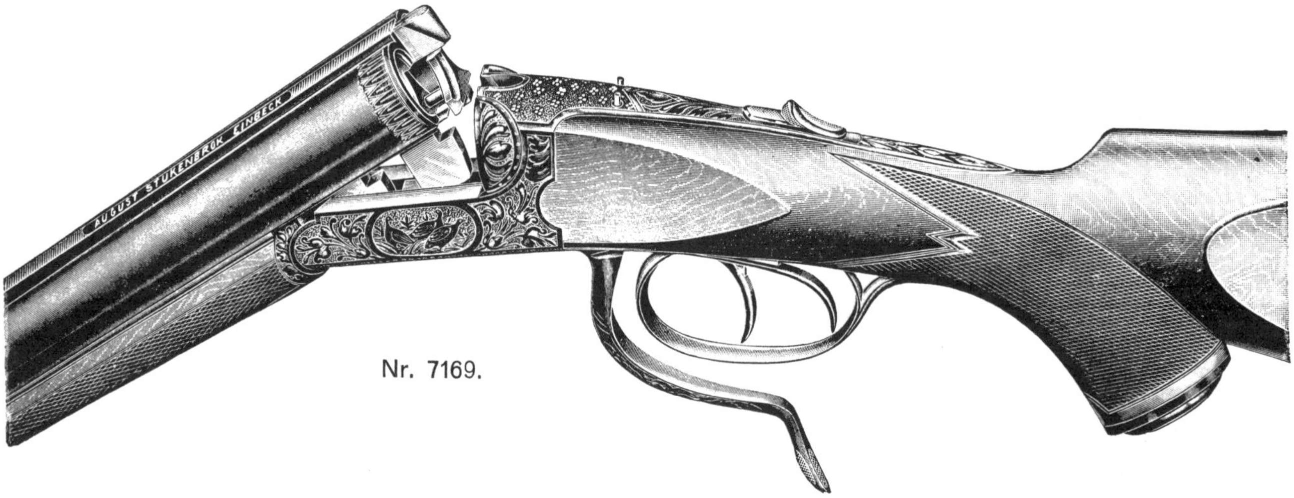

Nr. 7169.

Nr. 7168. **Prima Selbstspanner-Doppelflinte mit dreifachem Roux-Verschluß,** Hebel über dem Bügel liegend, Doppelriegel-Eintritt. **Läufe aus prima Kruppschem Flußstahl.** Kal. 16 oder 12, links volle Chokebohrung, rauchlos beschossen und verlängerte mattierte Laufschiene. System exakt und sehr sauber ausgearbeitet mit bestem Schlagfeder-Schloß, welches durch Herunterdrücken des Verschlußhebels oder beim Oeffnen des Gewehres gespannt wird; Signalanzeiger auf der Scheibe zeigen an, ob die Schlosse gespannt sind oder nicht, beste Schiebersicherung auf dem Kolbenhalse, Vorderschaft mit Patentschnäpper, Garnitur mit feiner Kettenstichgravur, schöner Pistolengriffschaft mit Backe, Fischhaut und Hornkappe. Die Schußleistung beider Läufe ist eine besonders gute und die Bearbeitung des ganzen Gewehres ist sehr gewissenhaft ausgeführt. **Empfehlenswerte Selbstspanner-Flinte.** Stück **Mk. 100.—**

Nr. 7169. **Prima Selbstspanner-Doppelflinte** wie vor, jedoch feiner ausgeführt, Garnitur mit geschmackvoller Jagdstück-Wetzgravur, feinerer Pistolengriffschaft aus maseriertem Nußbaumholz, **prima Qualität** Stück **Mk. 108.—**

„Rekord"-Selbstspanner-Doppelflinten

mit Schildzapfenverschluß und Doppellaufhaken.

Höchste Schußleistung. ⁘ Spezialwaffen für starke, rauchlose Pulverladungen. ⁘ Größte Haltbarkeit.

Ausführliche Beschreibung dieses Systems siehe Seite 52.

Lauflänge ca. 75 cm. Gewicht: Kal. 16 ca. 2,8 kg, Kal. 12 ca. 3 kg.

Neues Modell.

Preiswertes vorzügliches Gewehr.

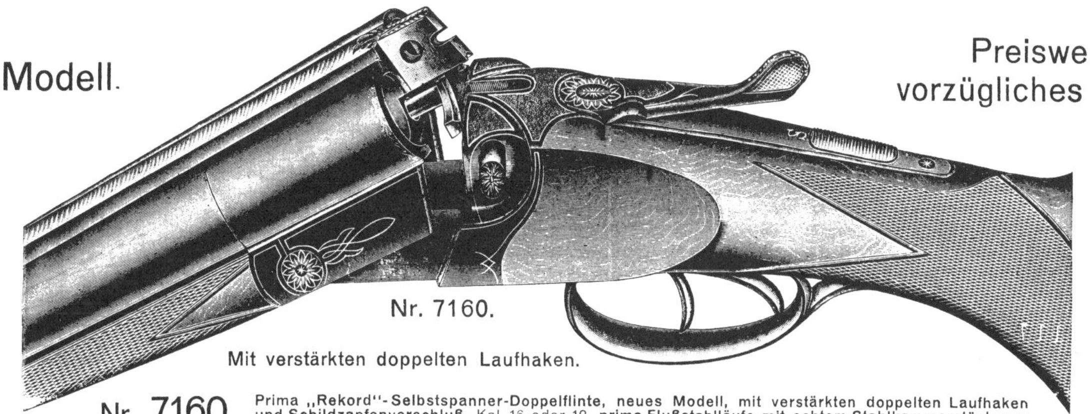

Nr. 7160.

Mit verstärkten doppelten Laufhaken.

Nr. 7160. Prima „Rekord"-Selbstspanner-Doppelflinte, neues Modell, mit verstärkten doppelten Laufhaken und **Schildzapfenverschluß,** Kal. 16 oder 12, **prima Flußstahlläufe mit echtem Stahlkammerstück aus feinstem Spezialstahl,** linker Lauf volle Chokebohrung, Greener-Querriegel-Verschluß mit doppelter Verriegelung durch die Schienenverlängerung, Visierschiene mattiert, Verschlußhebel sowie Sicherungsschieber auf dem Kolbenhalse, Vorderschaft mit Patentschnäpper, feiner Pistolengriffschaft mit Backe, Fischhaut und Hornkappe, Garnitur mit englischer Kante graviert, Läufe sowie System hochfein poliert und tiefschwarz glänzend oxydiert. **Das Gewehr ist in allen Teilen sauber und solid gearbeitet unter Verwendung der bestexistierenden Materialien** und stellt ein **erstklassiges Selbstspanner-Gebrauchsgewehr** dar, das in jeder Beziehung bestens empfohlen werden kann. **Gut ausbalanziert mit höchster Schußleistung, amtlich rauchlos beschossen.** Stück Mk. **105.—**

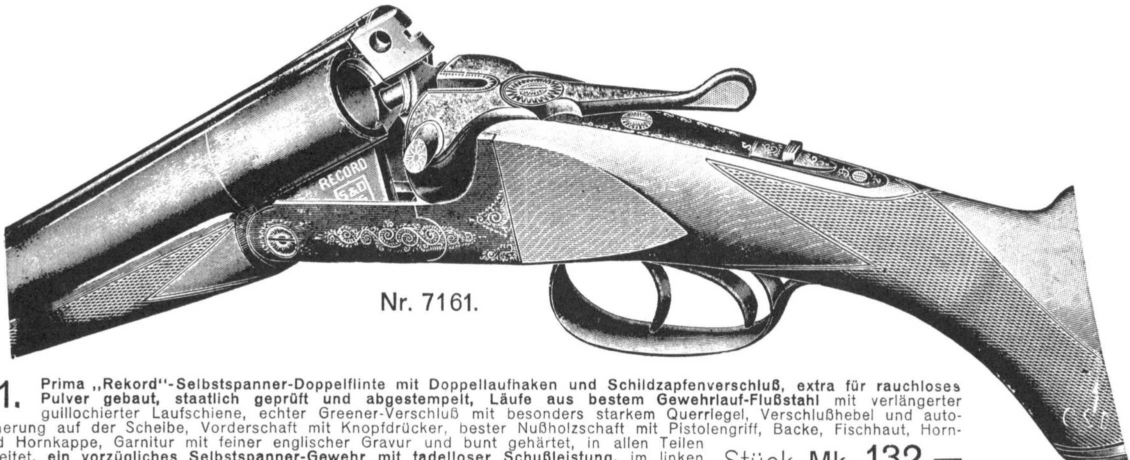

Nr. 7161.

Nr. 7161. Prima „Rekord"-Selbstspanner-Doppelflinte mit Doppellaufhaken und Schildzapfenverschluß, extra für rauchloses Pulver gebaut, staatlich geprüft und abgestempelt, Läufe aus bestem Gewehrlauf-Flußstahl mit verlängerter guillochierter Laufschiene, echter Greener-Verschluß mit besonders starkem Querriegel, Verschlußhebel und automatische Sicherung auf der Scheibe, Vorderschaft mit Knopfdrücker, bester Nußholzschaft mit Pistolengriff, Backe, Fischhaut, Hornkäppchen und Hornkappe, Garnitur mit feiner englischer Gravur und bunt gehärtet, in allen Teilen sauber gearbeitet, **ein vorzügliches Selbstspanner-Gewehr mit tadelloser Schußleistung,** im linken Rohre Voll-, im rechten Rohre Halb-Chokebohrung, Kal. 16 oder 12. Stück Mk. **132.—**

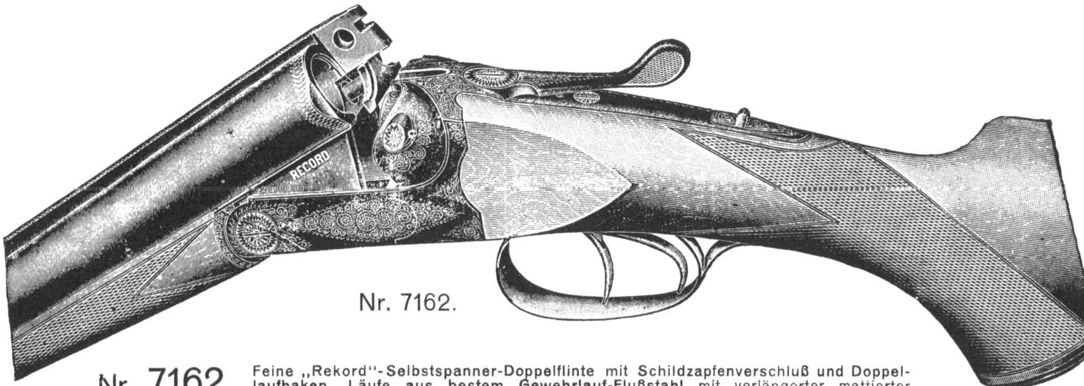

Nr. 7162.

Nr. 7162. Feine „Rekord"-Selbstspanner-Doppelflinte mit Schildzapfenverschluß und Doppellaufhaken, Läufe aus bestem Gewehrlauf-Flußstahl mit verlängerter mattierter Laufschiene, echter Greener-Querriegel-Verschluß mit doppelter Verriegelung durch den Schienenzapfen (Top-bolt-Verschluß), Verschlußhebel sowie automatische Sicherung auf der Scheibe, System mit angeschmiedeten Seitenohren, in welche die Läufe sauber **hineingepaßt** sind, Vorderschaft mit Knopfdrücker, Garnitur mit hocheleganter englischer Arabesken-Gravierung und bunt gehärtet, **feinster** Pistolengriffschaft aus ausgesuchtem Maserholz mit Backe, Fischhaut und Hornkappen. **Das Gewehr ist in allen Teilen sorgsam durchgearbeitet, aus besten Materialien hergestellt und sauber und geschmackvoll ausgeführt, brillante Schußleistung,** im linken Rohre volle, im rechten halbe Chokebohrung, Kal. 16 oder 12, **Läufe amtlich rauchlos beschossen.** Stück Mk. **158.—**

Moderne Waffen ▫ Munition ▫ Jagdgeräte

AUGUST STUKENBROK, EINBECK

Anerkannt leistungsfähiges Etablissement dieser Branche

Selbstspanner-Doppelflinten

mit Doppelhaken und Greener-Verschluß

Gesetzlich geschützt. **Marke „Aste".** Gesetzlich geschützt.

Unübertroffene Konstruktion. ∴ Vollendete deutsche Präzisionsarbeit. ∴ Schußleistung und Qualität hervorragend.

Sehr moderne Gebrauchsgewehre für starke Pulverladungen.

Nachstehende Gewehre stellen eine Verbesserung der bereits von mir eingeführten Doppelhaken-Gewehre mit Schildzapfen-Verschluß dar. Der durchgehende Scharnierstift, welcher leicht auswechselbar ist, bewirkt, daß jeder Verschluß tadellos angepaßt werden kann. Das Schloß ist nach dem bestbewährten System Anson & Deeley konstruiert und im Systemkasten einmontiert, wodurch das Gewehr einen sehr handlichen Griff und eine sehr gute Fasson erhält. Infolge der Anordnung der Laufhaken kann beim Feuern eine seitliche Zerrung nicht stattfinden, wodurch wiederum eine großartige Schußleistung erzielt wird. Feste Lagerung der Läufe infolge starker Seitenwandungen sind die besonderen Vorzüge dieses Systems. Durch die maschinelle Herstellung der Schloß- und Systemteile kann ich diese vorzüglichen Gebrauchsgewehre, welche unübertroffen in Konstruktion, Qualität und Schußleistung dastehen, so preiswert auf den Markt bringen, daß solche jedermann zugänglich sind.

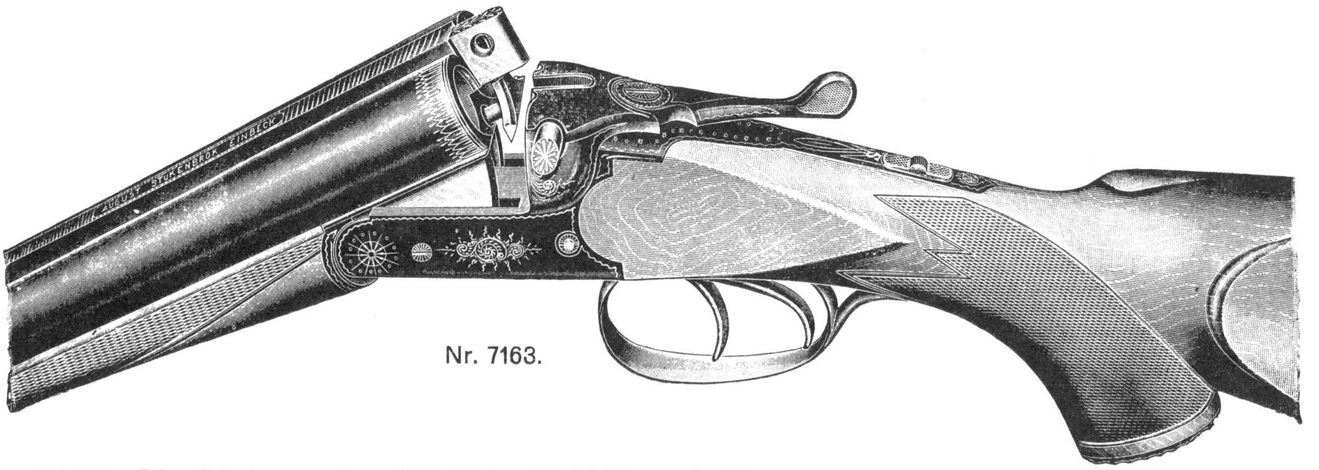

Nr. 7163.

Nr. 7163. Prima Selbstspanner-Doppelflinte, Marke „Aste", Läufe aus **Fluß-Stahl-Krupp-Essen mit Doppelhaken,** Kal. 16 oder 12, links volle Chokebohrung, rauchlos beschossen und Visierschiene fein mattiert, **bester Greener-Verschluß** mit besonders starkem Querriegel durch die Schienenverlängerung. System in allen Teilen präzis und sauber ausgearbeitet mit starken Seitenwandungen und bester zuverlässiger Schloßkonstruktion nach Art Anson & Deeley, Sicherungsschieber auf der Scheibe, praktische Signalanzeiger befinden sich an beiden Seiten des Systemkastens und zeigen an, ob die Schlosse gespannt sind oder nicht. Garnitur mit eleganter Arabesken-Gravur bunt eingesetzt, Vorderschaft mit Patentschnäpper, schöner Pistolengriffschaft mit Backe, Fischhaut, Hornkäppchen und Hornkappe. **Dieses Gewehr ist mit besonderer Sorgfalt hergestellt und auf garantiert gute Schußleistung extra geprüft. Beste und preiswerteste Gebrauchsflinte.** Stück **Mk. 140.—**

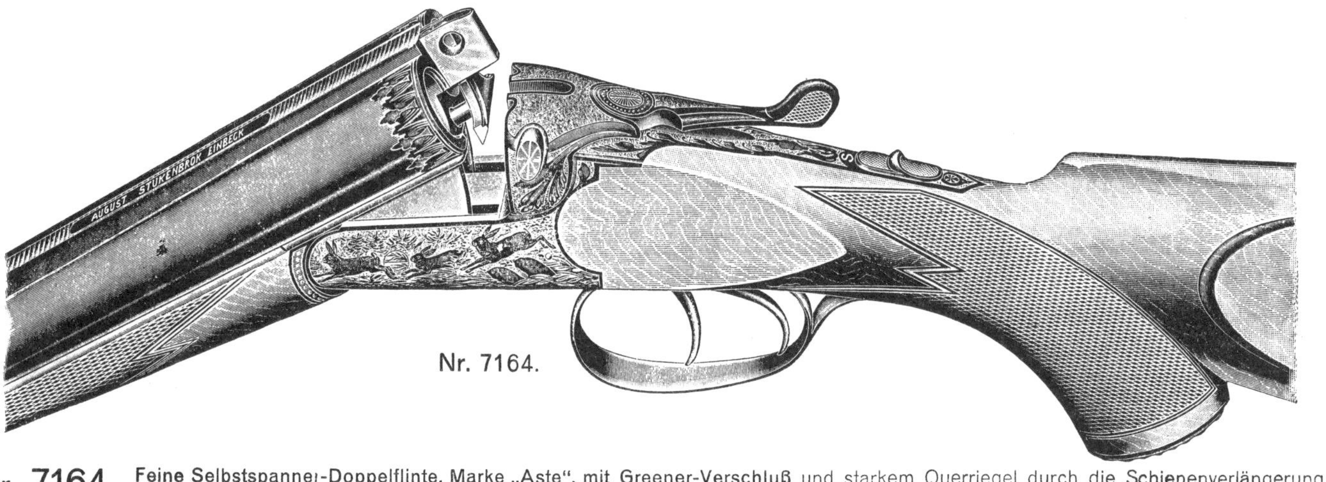

Nr. 7164.

Nr. 7164. Feine Selbstspanner-Doppelflinte, Marke „Aste", mit Greener-Verschluß und starkem Querriegel durch die Schienenverlängerung, **Läufe aus prima Fluß-Stahl-Krupp-Essen mit Doppelhaken,** Kal. 16 oder 12, links volle Chokebohrung, amtlich rauchlos beschossen, mit mattierter Visierschiene, System mit bestbewährter Schloßkonstruktion nach Art Anson & Deeley, in allen Teilen mit besonderer Sorgfalt präzis ausgearbeitet und besonders schön fassoniert, Verschlußhebel sowie Sicherungsschieber auf der Scheibe und praktische Signalanzeiger an beiden Seiten des Systemkastens. Garnitur mit hocheleganter, künstlerischer Jagdstückgravur, Vorderschaft mit Patentschnäpper, feinster Pistolengriffschaft aus maseriertem Nußbaumholz mit Backe, Fischhaut, Hornkäppchen und Kappe. **Läufe mit garantiert höchster Schußleistung.** Ein erstklassiges modernes Gewehr. Stück **Mk. 165.--**

Meine Jagdgewehre sind nach den Normen der Deutschen Versuchsanstalt eingeschossen.

Moderne Waffen ▪ Munition ▫ Jagdgeräte

AUGUST STUKENBROK, EINBECK

Anerkannt leistungsfähiges Etablissement dieser Branche

Selbstspanner-Doppelflinten, System Anson & Deeley.

Unerreicht in Präzision. **Marke F.N.** Vornehmstes Aeußere.

Sehr beliebte und preiswerte Gewehre von hervorragender Qualität und Schußleistung.

Mit nachstehenden Anson & Deeley-Doppelflinten biete ich meinen geschätzten Abnehmern **einige vorzügliche Spezialmodelle, welche infolge ihrer erstklassigen Qualität und der präzisen Bearbeitung bei außerordentlich günstiger Preisstellung sehr gerne gekauft werden.** Dieselben werden aus **allerbestem Material** unter Verwendung der modernsten Präzisions-Maschinen hergestellt, **wodurch ein äußerst exaktes Passen aller Verschlußteile erzielt wird.**

Ein Vergleich dieser Anson & Deeley-Flinten mit von anderer Seite eventuell etwas billiger angebotenen ähnlichen Erzeugnissen wird jede weitere Hervorhebung überflüssig machen. **denn ich biete in diesen Modellen wirklich das Beste, was in dieser und auch weit höherer Preislage überhaupt hergestellt und angeboten werden kann. Das Aussehen dieser Doppelflinten ist ein sehr elegantes und geschmackvolles;** die Schußleistung unübertreffbar.

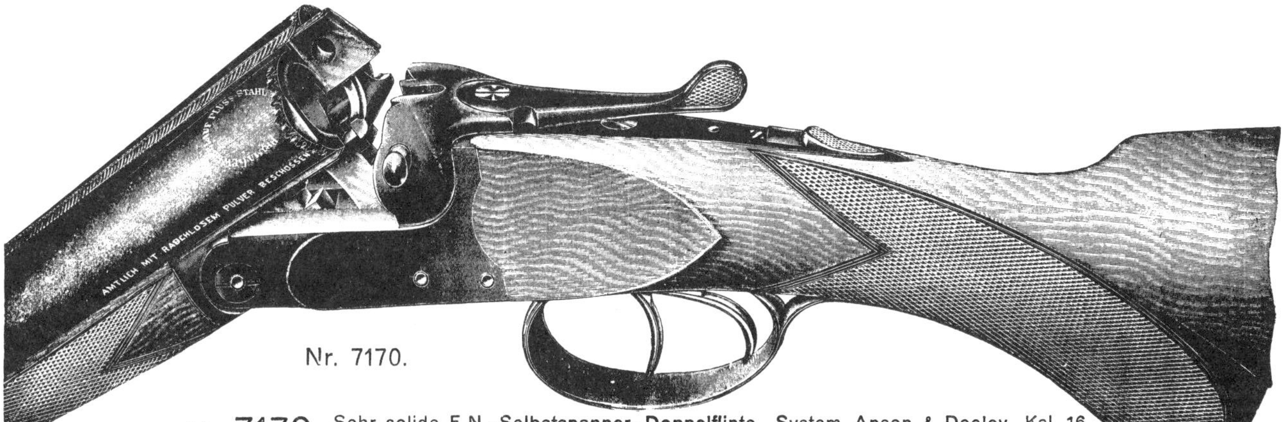

Nr. 7170.

Nr. 7170. Sehr solide **F.N.-Selbstspanner-Doppelflinte, System Anson & Deeley,** Kal. 16 oder 12, **Läufe aus prima Gewehrlauf-Flußstahl** mit fein mattierter Schiene, links volle Chokebohrung, bester fünffacher Greener-Verschluß, System mit angeschmiedeten Seitenohren, mit Systembacken und **in allen Teilen hervorragend ausgearbeitet und hübsch fassoniert.** Verschlußhebel sowie automatische Sicherung auf der Scheibe, Vorderschaft mit Patentschnäpper, Garnitur sowie Läufe ff. poliert und tiefschwarz glänzend oxydiert. Pistolengriffschaft aus bestem Nußholz mit Backe, Fischhaut und Hornkappe. **Eine ganz vorzügliche Anson & Deeley-Flinte,** welche hinsichtlich Qualität und Bearbeitung selbst von einer weit teureren Selbstspanner-Flinte nicht übertroffen werden kann. **Amtlich rauchlos beschossen.** Stück Mk. **105.—**

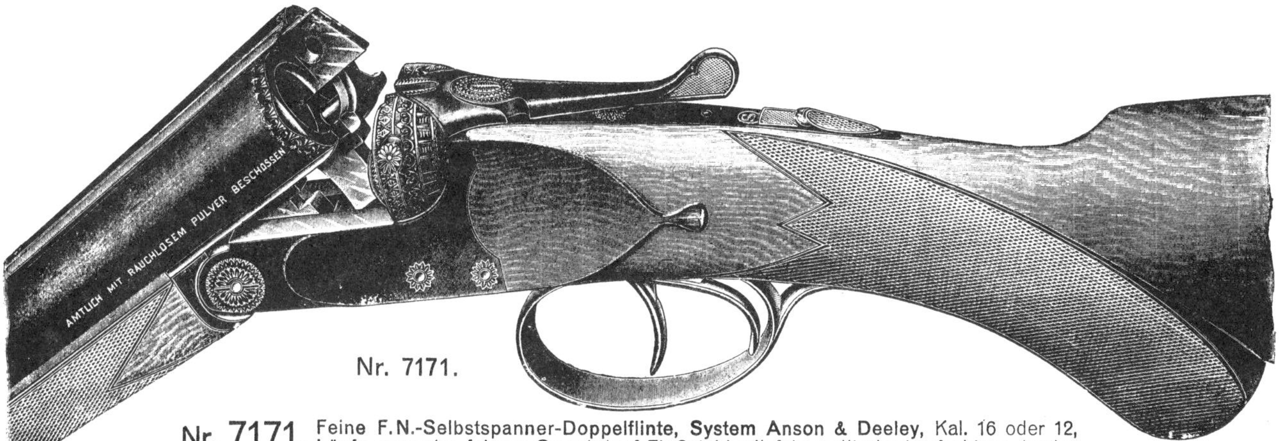

Nr. 7171.

Nr. 7171. Feine **F.N.-Selbstspanner-Doppelflinte, System Anson & Deeley,** Kal. 16 oder 12, **Läufe aus extra feinem Gewehrlauf-Flußstahl** mit fein mattierter Laufschiene, bester fünffacher Greener-Verschluß mit starkem Querriegel durch die Schienenverlängerung, System mit angeschmiedetem Seitenohren und Systembacken, **extra fein fassoniert und in jeder Beziehung erstklassig ausgearbeitet.** Verschlußhebel sowie automatische Sicherung oben auf der Scheibe, Garnitur mit eleganter Rosettengravur, wobei die Muscheln und die Läufe ganz besonders künstlerisch ausgraviert sind, Läufe sowie System hochfein poliert und tiefschwarz glänzend oxydiert, Vorderschaft mit Patentschnäpper, besonders schöner Maserholz-Pistolengriffschaft mit Backe, Fischhaut und Hornkappe. Höchste Schußleistung beider Läufe, im linken Rohr volle Chokebohrung. **Amtlich rauchlos mit stärkster Leistung beschossen. Ein vorzügliches erstklassiges Selbstspanner-Gewehr.** Stück Mk. **135.—**

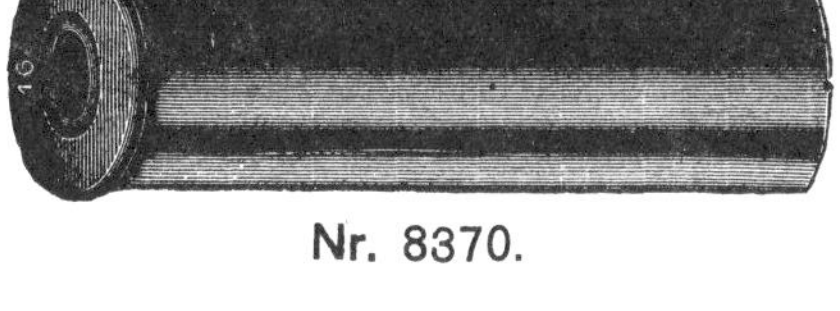

Nr. 8370.

Pufferpatronen für Hammerleß-Gewehre.

Nr. 8370. Pufferpatronen für Hammerleß-Gewehre. Um das Abbrechen der Schlagbolzen beim Abdrücken (Abspannen) nicht geladener Hammerleß-Gewehre zu vermeiden, ist der Gebrauch der Pufferpatronen dringend zu empfehlen. Der Schlagstift trifft dann den mit einer starken Feder versehenen Puffer, wodurch der Schlag abgeschwächt und ein Abbrechen der Bolzen verhindert wird. Paar Mk. **2.25**

Moderne Waffen ▫ Munition ▫ Jagdgeräte

AUGUST STUKENBROK, EINBECK

Anerkannt leistungsfähiges Etablissement dieser Branche

Präzisions-Selbstspanner-Doppelflinten,

System Anson & Deeley.

Gesetzlich geschützt. **Marke „Aste“.** Gesetzlich geschützt.

Hervorragende, sehr empfehlenswerte Gebrauchsgewehre von höchster Vollendung.

Unerreichte Qualität. ∴ Bewährteste Konstruktion. ∴ Unübertroffene Schußleistung.

Es ist wohl jedem Jäger zur Genüge bekannt, daß die **Anson & Deeley-Hammerleß-Doppelflinte das bestexistierende und im Aussehen das vornehmste Selbstspanner-Gewehr ist.** Dieses in der ganzen Welt vorzüglich eingeführte System war durch die seitherige Fabrikationsmethode (feinste Büchsenmacher-Handarbeit) nicht in einer derartig billigen Preislage herzustellen, daß diese Art Gewehre jedermann zugänglich waren. Durch meine neue, maschinell gearbeitete **Hammerleß-Doppelflinte, System Anson & Deeley,** die ich hiermit anbiete, wird diese Bedürfnisfrage glänzend gelöst.

Im Gegensatz zu der seitherigen kostspieligen Anfertigung durch Handarbeit wird bei der neuen Ansonflinte das System, d. h. das Verschlußstück mit den Schloßteilen auf Präzisionsmaschinen in vollkommenster Weise hergestellt und es wird dadurch ermöglicht, bei **Präzisionsausführung** und **erstklassiger Qualität** in jeder Hinsicht eine

sehr preiswerte Doppelflinte

auf den Markt zu bringen. Alle Erfahrungen sind in Bezug auf die Konstruktion der einzelnen Teile in Berücksichtigung gezogen worden, so daß das neue Modell auch als **dauerhaftes Gebrauchsgewehr ersten Ranges** bestens empfohlen werden kann.

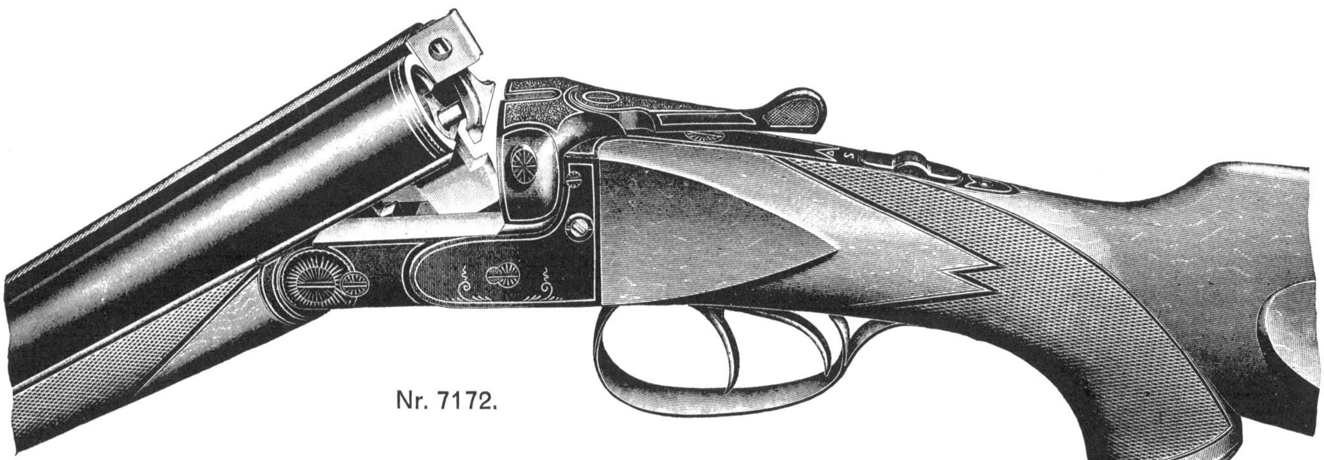

Nr. 7172.

Nr. 7172. **Selbstspanner-Doppelflinte, System Anson & Deeley, Marke „Aste“, mit vierfachem Greener-Verschluß** und Querriegel durch den übergreifenden Schienenzapfen, **Läufe aus prima Flußstahl, Krupp-Essen,** Kal. 20, 16 oder 12, links volle Chokebohrung, **amtlich rauchlos beschossen** und mattierte Visierschiene. Das System ist in allen Teilen sehr präzis ausgearbeitet und mit besten Stahlschloßteilen versehen. Die an beiden Seiten der Basküle angebrachten Signalwalzen mit Rippe darauf zeigen an, ob die Schlosse gespannt sind, zuverlässige, automatische Sicherung befindet sich auf dem Kolbenhalse. Vorderschaft mit Patentschnäpper, Garnitur mit feiner Kantengravur, bunt gehärtet, schöner Nußbaumschaft mit Pistolengriff, Backe, Fischhaut, Hornkäppchen und Kappe. **Dieses Gewehr erfreut sich in Jägerkreisen infolge außerordentlicher Leistungsfähigkeit großer Beliebtheit.** Stück **Mk. 150.—**

Nr. 7173.

Nr. 7173. **Selbstspanner-Doppelflinte, System Anson & Deeley, Marke „Aste“,** in feinster Ausführung, **fünffacher Greener-Verschluß** mit Querriegel durch die Schienenverlängerung, **Läufe aus prima Flußstahl, Krupp-Essen,** Kal. 20, 16 oder 12, links volle Chokebohrung, **amtlich rauchlos beschossen** und mattierte Visierschiene. Das System hat beste Stahlschloßteile und ist in jeder Beziehung mit besonderer Sorgfalt erstklassig ausgearbeitet; der Systemkasten ist modern ausgebogten, besonders schön fassoniert und hat massiv angeschmiedete Seitenohren, die dem Verschluß eine besondere Verstärkung gegen seitliche Bewegungen verleiht. Die an beiden Seiten der Basküle angebrachten Signalwalzen zeigen an, ob die Hähne gespannt sind; zuverlässigste, automatische Schiebersicherung befindet sich auf dem Kolbenhalse. Vorderschaft mit Patentschnäpper, Garnitur mit hochfeiner altdeutscher Jagdstückgravur und bunt eingesetzt, feinster Maserölschaft mit Pistolengriff, Backe, Fischhaut, Hornkäppchen und Kappe, **Läufe mit garantierter Höchstschußleistung. Eine sehr elegante feine Gebrauchsflinte.** Stück **Mk. 200.—**

Jede Waffe wird vor Versand kontrolliert, es wird also nur ausprobierte Ware versandt.

Hervorragende Selbstspanner-Doppelflinten,

System Anson & Deeley.

Beste deutsche Büchsenmacher-Handarbeit. Erstklassiges Präzisions-Fabrikat.

Sehr preiswerte, vorzügliche Spezial-Modelle von idealer leichter Bauart.

In Schußleistung unübertreffbar. — In Qualität ohne Konkurrenz.

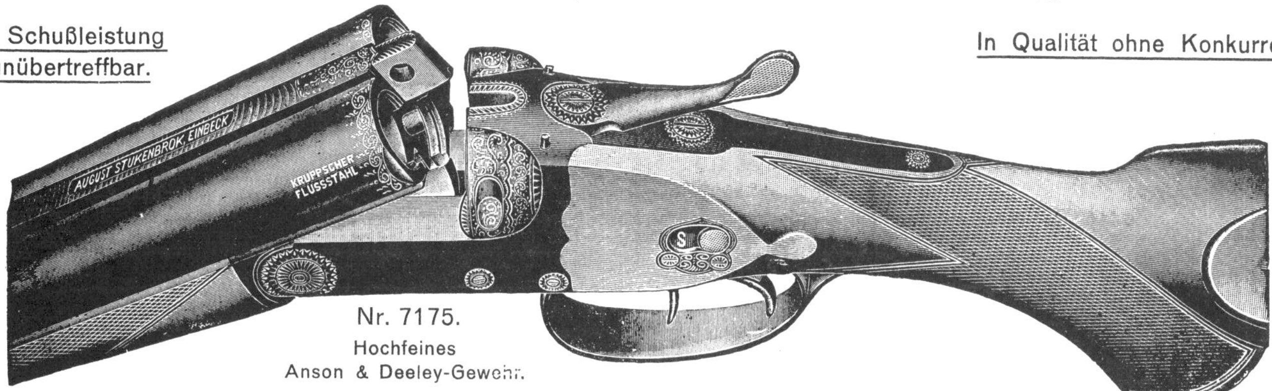

Nr. 7175.
Hochfeines
Anson & Deeley-Gewehr.

Nr. 7175. Selbstspanner-Doppelflinte, System Anson & Deeley, Kal. 16 oder 12, **Läufe aus prima Kruppschem Flußstahl, vierfacher echter Greener-Verschluß** mit durch die verlängerte, mattierte Schiene greifendem Querriegel, Doppelriegel, System in allen Teilen sauber ausgearbeitet, mit angeschmiedeten Seitenohren, **in welche die** Läufe eingepaßt sind. Der Verschlußhebel sowie Signalanzeiger **befinden** sich auf der Scheibe, die Greener-Sicherung, welche zuverlässig **arbeitet**, befindet sich an der linken Schaftseite. Garnitur fein poliert und nach dem Härten tiefschwarz glänzend oxydiert. Läufe mit fein graviertem Band um die Kammer, Holzvorderschaft mit praktischem Patentschnäpper-Verschluß, feiner Maserholzschaft mit Pistolengriff, Backe, Fischhaut, Hornkäppchen und Hornkappe, **Schrotläufe rauchlos beschossen. Elegantes Gewehr mit vorzüglicher Schußleistung. Im linken Rohr Chokebohrung für Weitschuß.** Stück **Mk. 190.—**

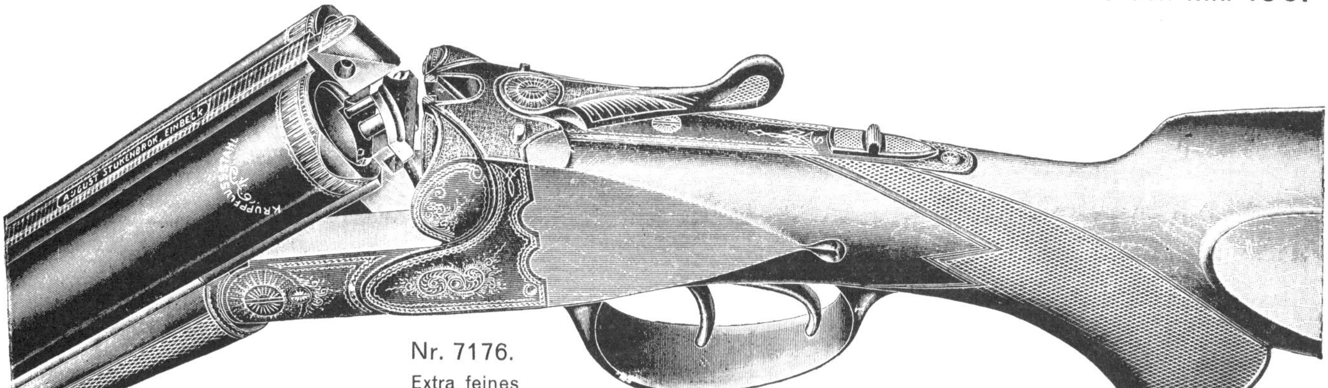

Nr. 7176.
Extra feines
Anson & Deeley-Gewehr.

Nr. 7176. Selbstspanner-Doppelflinte, System Anson & Deeley, Kal. 16 oder 12, **Läufe aus bestem Kruppschen Flußstahl, echter Greener Purdey-Verschluß mit verdecktem Querriegel,** Laufschiene fein guillochiert, System mit angeschmiedeten Seitenohren, fein ausgearbeitet und schön fassoniert. **Extra für rauchloses Jagdpulver gebaut, staatlich geprüft und abgestempelt.** Verschlußhebel sowie praktische Signalanzeiger und automatische Sicherung auf der Scheibe. System und Läufe hochfein poliert, Garnitur mit eleganter, englischer Arabesken-Gravierung und bunt gehärtet, Läufe hochfein bräuniert, **Abzugsbügel aus Horn,** Holzvorderschaft mit Patentschnäpper, allerfeinster Maserholzschaft mit Pistolengriff, Backe, feiner Fischhaut, Hornkäppchen und Hornkappe. **Eine in jeder Beziehung hervorragend gearbeitete Anson & Deeley-Doppelflinte mit brillanter Schußleistung. Im linken Rohr Chokebohrung für Weitschuß.** Stück **Mk. 215.—**

Nr. 7177. **Dieselbe vorzügliche Selbstspanner-Doppelflinte,** aber noch mit **zweiteiligem, best existierenden Ejektor** (Patronen-Ausschleuderer). Stück **Mk. 305.—**

Spezial-Hammerleß-Doppelflinte mit doppeltem Seitenverschluß.

Extra starker und zuverlässiger Verschluß. — Für starke und stärkste Ladungen bestens bewährt.

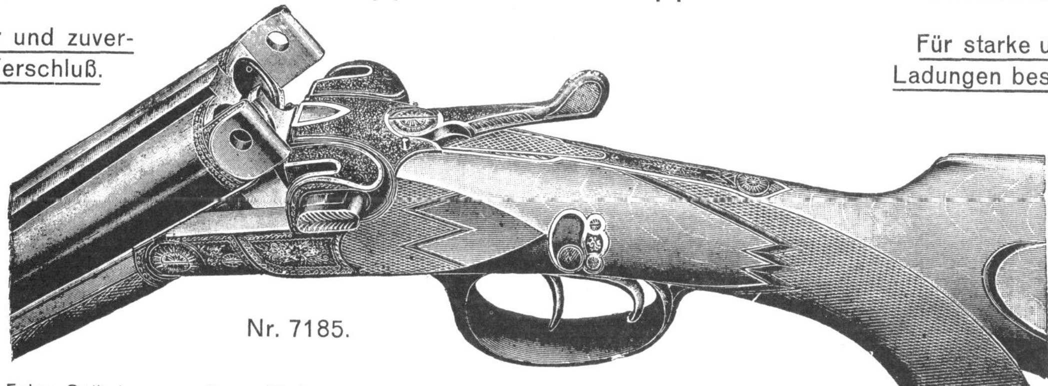

Nr. 7185.

Nr. 7185. **Feine Selbstspanner-Doppelflinte** mit **Straßburger Verschluß,** der zuverlässigste Verschluß für rauchloses Pulver, Kal. 16 oder 12, links Chokebohrung, **echte Kruppsche Flußstahlrohre, rauchlos beschossen,** Laufschiene fein mattiert, **in jeder** Beziehung gediegen und sorgfältig ausgearbeitet, zuverlässigste Greener-Sicherung an der Seite. **Abzugsbügel aus Horn, feiner** Nußholzschaft mit Pistolengriff, Backe, Fischhaut, Hornkäppchen und Hornkappe, Vorderschaft mit Patentschnäpper, Garnitur mit hochfeiner englischer Bukett-Gravur in aparten Mustern, **großartige Schußleistung. Ein unverwüstliches Gewehr.** Stück **Mk. 240.—**

Läufe aus Kruppschem Spezial-Gewehrlaufstahl erhöhen den Preis um **Mk. 35.—**, aus Wittener Exzelsior-Stahl um **Mk. 30.—** bei jedem Modell.

Hochfeine Anson & Deeley-Selbstspanner-Doppelflinten.

Feinste Präzisionsarbeit.

Unerreichte Qualität und den teuersten englischen Erzeugnissen mindestens ebenbürtig.

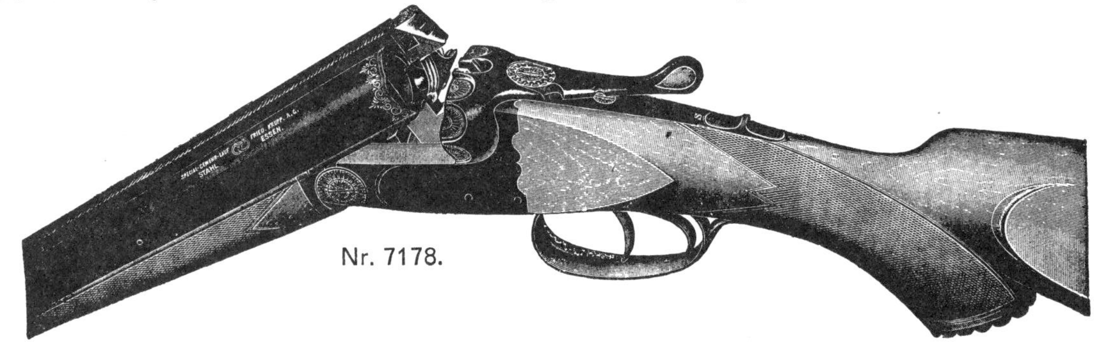

Nr. 7178.

Nr. 7178. **Extra feine Selbstspanner-Doppelflinte,** System Anson & Deeley, echter fünffacher **Greener-Purdey-Verschluß** mit verdecktem vierkantigen Querriegel, **Läufe aus feinstem Kruppschen Flußstahl,** Kal. 16 oder 12, im linken Rohr starke Chokebohrung für Weitschuß, mit verstärkten Laufhaken, Basküle elegant geformt und feinstens ausgearbeitet, mit angeschmiedeten **Seitenohren,** in welche die Läufe sauberst eingepaßt sind, und modernster **Muschelausarbeitung** (genau nach Abbildung), Laufschiene fein guillochiert, Rohre mit vornehmer Kante graviert, hochfein poliert und tiefschwarz glänzend bräuniert. Verschlußhebel sowie automatische Sicherung auf der Scheibe, Vorderschaft mit Patentschnäpper, Garnitur hochfein poliert, mit Rosettengravur und nach dem Härten tiefschwarz glänzend oxydiert, Schaft aus feinstem Maserholz mit Pistolengriff, feiner Fischhaut, Backe, Hornkäppchen und Hornkappe. **Ein in jeder Beziehung hochmodernes Anson & Deeley-Gewehr mit vorzüglicher Schußleistung, staatlich rauchlos beschossen.** Stück Mk. **240.—**

Nr. 7179. Die gleiche vorzügliche Anson & Deeley-Doppelflinte, jedoch mit bestem **zweiteiligen Ejektor** (Patronenausschleuderer). Stück Mk. **330.—**

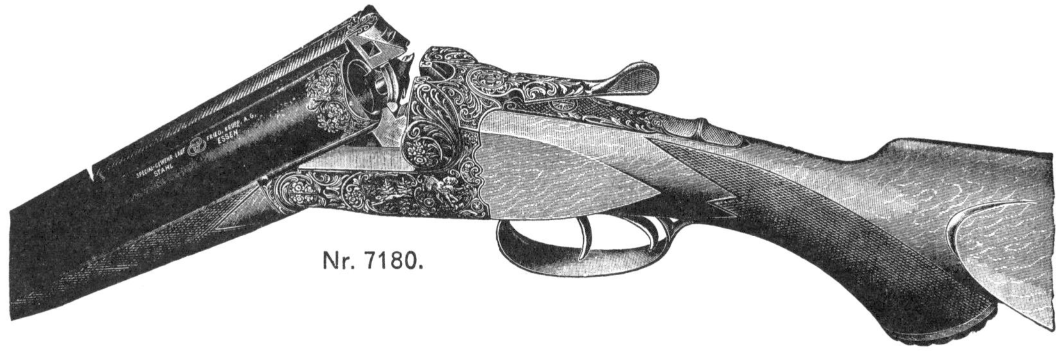

Nr. 7180.

Nr. 7180. **Extra feine Selbstspanner-Doppelflinte,** System Anson & Deeley, wie Modell 7178, jedoch in noch **feinerer** Ausführung, Garnitur mit kunstvoller, erhabener **Jagdstück-Wetzgravur** oder auf Wunsch mit feinster engl. Blumen-Bukettgravierung, feinste erstklassige Ausarbeitung aller einzelnen Teile. **Ein wahres Prachtstück.** Stück Mk. **270.—**

Nr. 7181. Die gleiche vorzügliche Anson und Deeley-Doppelflinte, jedoch mit bestem **zweiteiligen Ejektor** (Patronenausschleuderer). Stück Mk. **360.—**

Extra feine Ejektor-Flinte,

System Anson & Deeley.

Hervorragendes Modell von unerreichter Schußleistung.

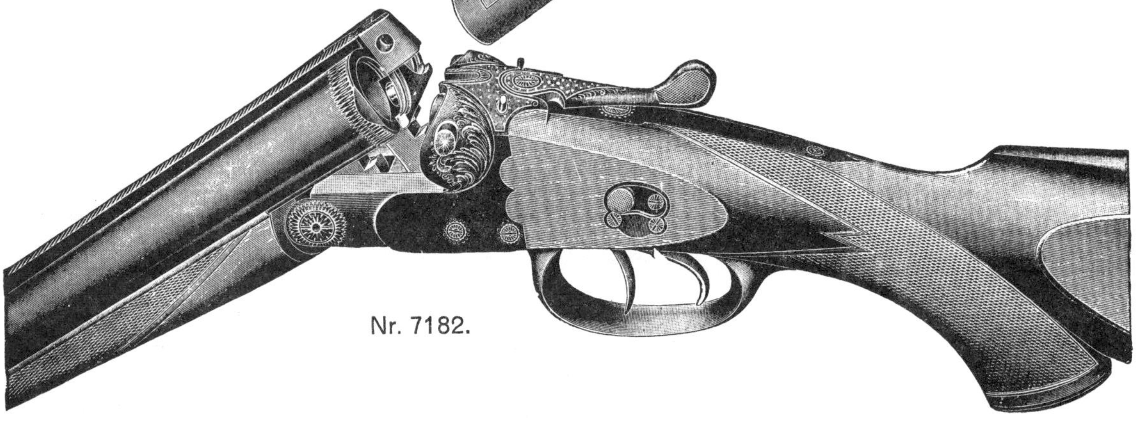

Nr. 7182.

Nr. 7182. **Besonders feine Selbstspanner-Doppelflinte,** System Anson & Deeley, Läufe aus prima Flußstahl, Krupp-Essen, Kal. 16 oder 12, links volle, rechts halbe Chokebohrung, **amtlich rauchlos beschossen,** Visierschiene mattiert, **bester fünffacher Greener-Verschluß** mit Querriegel durch die Schienenverlängerung, System mit Seitenohren und mit bestem, tadellos funktionierendem Ejektor, in allen Teilen hervorragend **ausgearbeitet.** Basküle besonders schön fassoniert, **Signalanzeiger** oben auf der Scheibe, Vorderschaft mit Patentschnäpper, feinster Maserölschaft mit Pistolengriff, Backe, feiner Fischhaut, Hornkappe und Käppchen auf dem Griff, Hornbügel, Greener-Sicherung, Garnitur fein schwarz **bräuniert nach der Härte,** Muscheln hochelegant ziseliert, **garantiert höchste Schußleistung beider Läufe. Eine erstklassige, sehr empfehlenswerte Ejektorflinte.** Stück Mk. **340.—**

Hochfeinste Selbstspanner-Doppelflinten.

System Anson & Deeley.

Allerhochwertigste Erzeugnisse. Taubenflinten in höchster **Vollendung.**

Nr. 7186. Hammerleß-Doppelflinte, System **Anson & Deeley,** Kal. 12, 16 oder 20, beide Läufe full choke **aus extra feinem Flußstahl,** System mit fünffachem Greener-Verschluß und Seitenohren, **sauberste Ausarbeitung aller einzelnen Teile,** Vorderschaft mit Knopfdrücker, Basküle mit feiner Kettenstichgravur und schön fassonnierten, ziselierten Blättern **an den** Muscheln, hochglanz poliert und tiefschwarz glänzend bronziert nach der Härte, englische **oder deutsche** Schäftung, feinster Maserölschaft, **Schußleistung garantiert.**

Stück **Mk. 240.—**

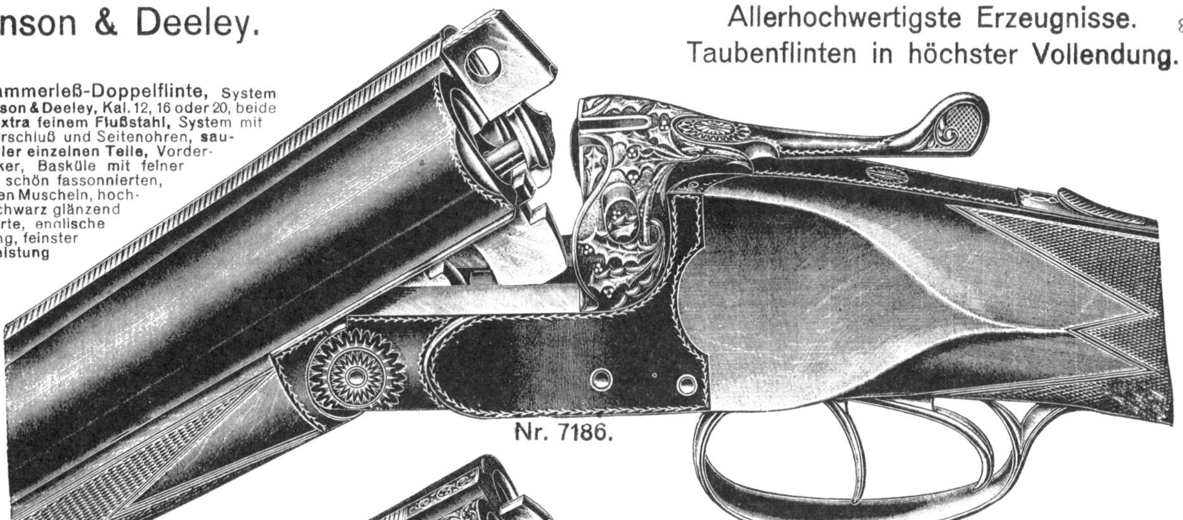

Nr. 7186.

Nr. 7187. **Hammerleß-Doppelflinte, System Anson & Deeley,** Kal. 12, **16** oder 20, **beide** Läufe full choke, **aus prima Kruppschem Flußstahl, mit dem Verschlußhaken massiv aus einem Stück,** vierfacher Purdey-Verschluß, **extra feines Schloßgewerk mit Luxus-Seitenplatten in sehr feiner Ausarbeitung,** Garnitur hochfein schwarz glänzend bronziert nach der Härte, Muscheln mit fein gestochener englischer Gravur, Seitenohren am System, Vorderschaft mit Purdey-Verschluß, feinster Maserschaft in englischer oder deutscher Form, **Schußleistung genau garantiert.**

Stück **Mk. 325 —**

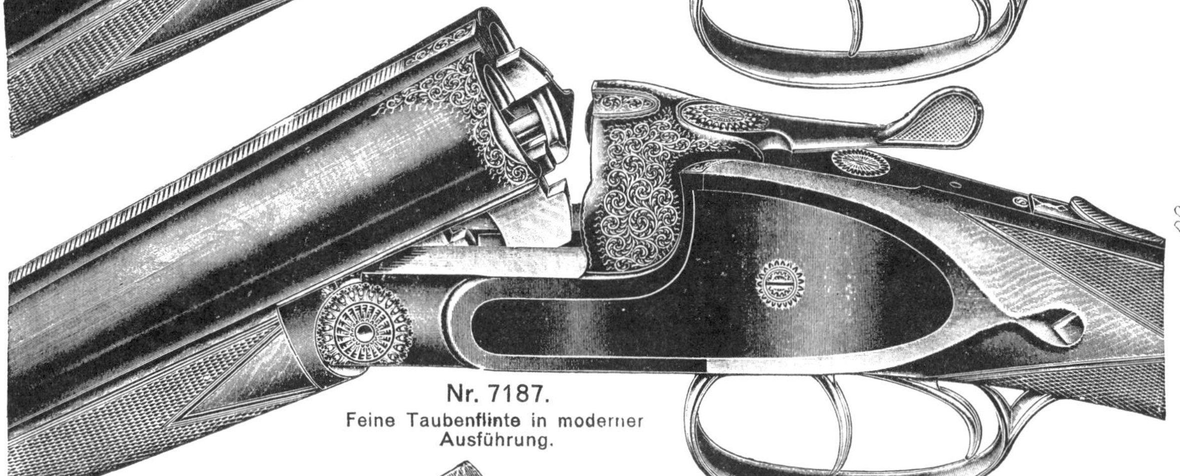

Nr. 7187.

Feine Taubenflinte in moderner Ausführung.

Nr. 7188. **Hammerleß-Doppelflinte,** wie vorstehend, **jedoch mit bestem, tadellos funktionierendem** Ejektor.

Stück **Mk. 425.—**

Dasselbe Gewehr wird **in** gleicher Preislage **auf Wunsch** auch mit vierfachem **Greener-Verschluß** geliefert.

Nr. 7189. **Hammerleß-Gewehr,** System **Anson & Deeley,** in allerfeinster Ausführung, mit vierfachem Purdey-Verschluß, Basküle mit Luxus-Seitenplatten, allerfeinste englische Blumenbukett - Gravur und **Muscheln,** hochfein **mit** kunstvollen Blättern ziseliert, **Läufe aus allerbestem Spezialstahl, mit dem Verschlußhaken und der verlängerten Schiene massiv aus einem Stück,** beide Läufe full **choke,** Kal. 12 oder **16,** Ejektor System Holland & Holland, Vorderschaft mit Purdey-**Verschluß, allerfeinste und präziseste Ausarbeitung** sämtlicher **Schloß- und Verschlußteile, hervorragende Schußleistung garantiert.**

Stück **Mk. 525.—**

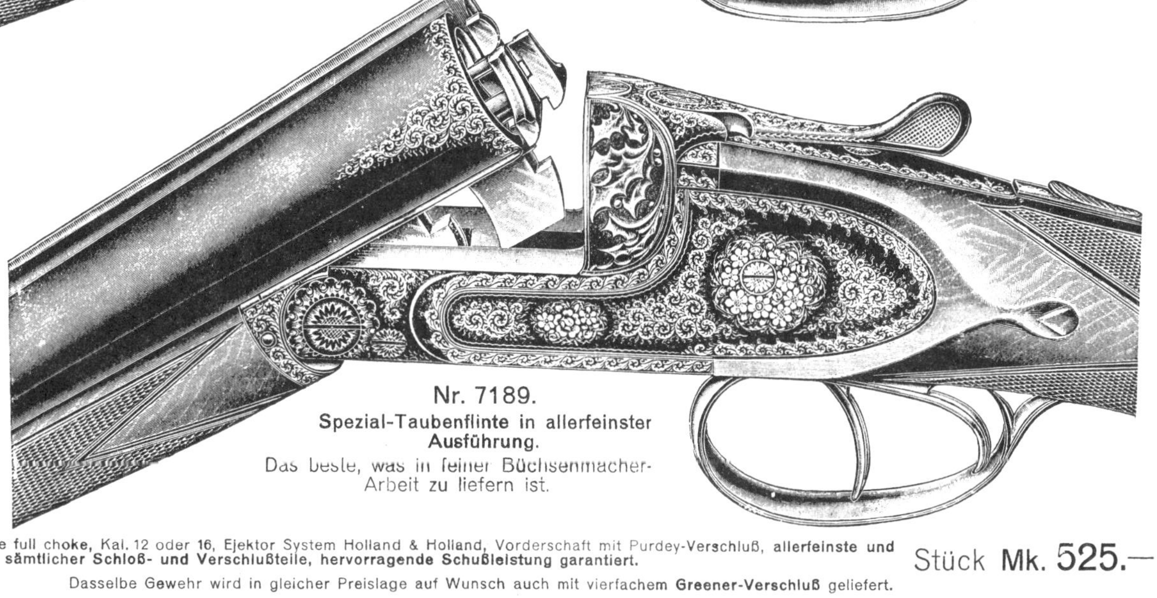

Nr. 7189.

Spezial-Taubenflinte in allerfeinster Ausführung.

Das beste, was in feiner Büchsenmacher-Arbeit zu liefern ist.

Dasselbe Gewehr wird in gleicher Preislage auf Wunsch auch mit vierfachem **Greener-Verschluß** geliefert.

Die vorstehenden **Anson & Deeley-Doppelflinten,** wie besonders auch Modell 7183 auf umstehender Seite, sind speziell **für das sportmäßige Taubenschießen** konstruiert und **von besonders starker Bauart.** Die Patronenlager sind für 70 mm lange Hülsen mit verstärkter Ladung eingerichtet. Die kräftigen Dimensionen dieser Flinten erlauben daher die Verwendung selbst der allerstärksten Nitro-Ladungen, ohne den Verschluß dadurch im mindesten zu beeinträchtigen. Dem Verwendungszwecke entsprechend wird auf einen extra guten Schuß besondere Rücksicht genommen.

Sport-Gewehre **nach Listenausführung sind stets in Fabrikation oder am Lager und kann Lieferung meist sofort erfolgen. Jeder andere Wunsch bezüglich Bauart und Ausführung wird bereitwilligst berücksichtigt. Die Lieferzeit bei einer Extraanfertigung ist der Ausführung entsprechend und nicht unter 4 bis 6 Monaten.**

Taubenflinten-Sportgewehre.

Diese Gewehre stellen eine „Spezialität“ dar und bedürfen, um beim Sportschießen einem angestrengten Gebrauch gewachsen zu sein, einer besonders sorgfältigen Bearbeitung. Die Läufe sowie Verschlußstücke werden besonders stark gearbeitet, weshalb die Gewehre auch etwas schwerer werden, als wie die für die Jagd bestimmten Schrotgewehre. Infolge der besonders sorgfältigen Bearbeitung erheischen derartige Gewehre auch einen höheren Preis, weshalb ich bei Bedarf unter genauer Angabe der gewünschten Ausführung Spezialofferte von mir einzuholen bitte. **Die Patronenlager sind für 70 mm lange Hülsen mit verstärkter Ladung** eingerichtet, so daß sich die Taubenflinten auch auf Jagd da verwenden lassen, wo es auf gut wirkenden Weitschuß ankommt.

Das Gewicht einer Taubenflinte in Kal. 12 beträgt ca. 3,2 kg.

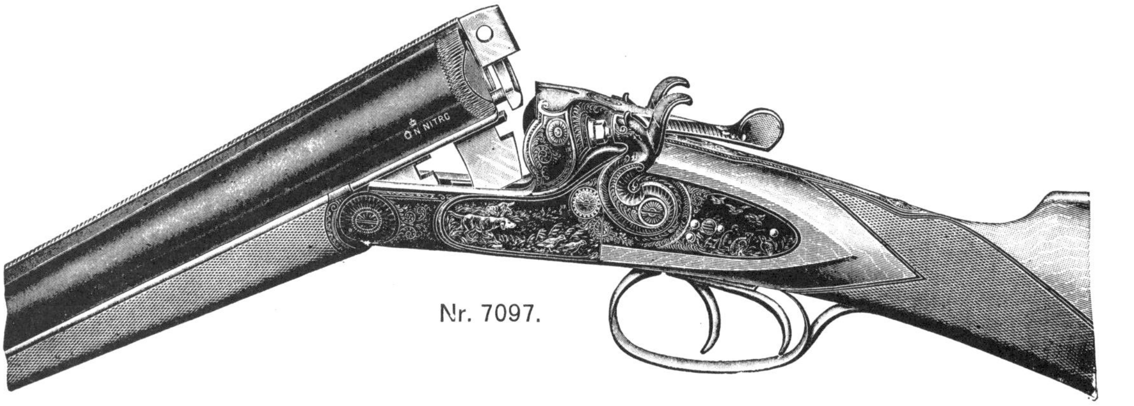

Nr. 7097.

Nr. 7096. Taubenflinte mit Hähnen, Marke „Aste“, mit vierfachem Greener-Verschluß und Querriegel durch die Schienenverlängerung, **Läufe aus prima Flußstahl, Krupp-Essen,** Kal. 12 oder 16, beide Rohre mit voller Chokebohrung, **amtlich mit stärkster Ladung rauchlosen Pulvers geprüft und abgestempelt,** Visierschiene mattiert. Das System ist massiv, besitzt feine halbvorliegende Kreuzstudelschlösser mit ausprobiertem Stahlgewerk, Vorderschaft mit Patentschnäpper, Garnitur mit eleganter, englischer Arabeskengravur, bunt gehärtet, Schaft aus ausgesuchtem Masernußholz, auf Wunsch in englischer Form oder mit Pistolengriff und Backe versehen, **Läufe mit garantiert höchster Schußleistung. Ein hervorragendes, starkes und solides Gewehr.** Stück **Mk. 150.—**

Nr. 7097. Feine Taubenflinte mit Hähnen, Marke „Aste“, wie vorstehend, jedoch in feinster Ausführung, **feinster fünffacher Greener-Verschluß,** Basküle mit angeschmiedeten Seitenohren, welche dem Verschluß eine bedeutende Verstärkung gegen seitliche Bewegungen verleiht, mit fein ausgearbeiteten Vollmuscheln, hochfeine englische Arabeskengravierung mit Jagdstücken, ausgesuchtes Maserschaftholz, **als Meisterwerk gearbeitet.** Stück von **Mk. 210.—** ab.

Selbstspanner-Taubenflinten

System Anson & Deeley.

Spezial-Modelle, welche der besten englischen Büchsenmacher-Handarbeit mindestens gleichkommen.

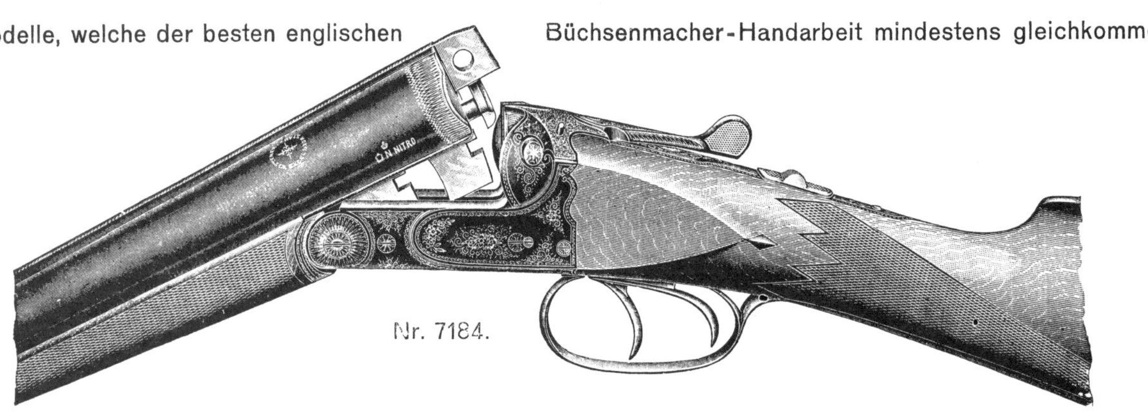

Nr. 7184.

Nr. 7184. Feine Selbstspanner-Taubenflinte, System Anson & Deeley, mit fünffachem Greener-Verschluß, Läufe aus prima Flußstahl, Krupp-Essen. Kal. 12 oder 16, beide Rohre mit voller Chokebohrung, **amtlich rauchlos beschossen,** Visierschiene fein mattiert. Basküle schön **geschweift mit angeschmiedeten Seitenblenden,** In jeder Beziehung mit größter Präzision ausgearbeitet, Signalstifte und Schiebesicherung auf der Scheibe, Garnitur mit ff. englischer Arabeskengravierung, bunt gehärtet, Vorderschaft mit Patentschnäpper, Schaft aus ausgesucht feinem Maserholz mit Pistolengriff oder in englischer Form, **Höchstschußleistung beider Rohre. Eine Meisterschafts-Selbstspanner-Taubenflinte.** Stück **Mk. 305.—**

Nr. 7183. Hochfeinste Selbstspanner-Doppelflinte, echtes System Anson & Deeley, Spezialflinte für Taubenschießen mit bestem zweiteiligen Ejektor (Patronenausschleuderer). **Läufe aus prima Kruppschem Flußstahl mit Doppelwürgebohrung und verstärkten Verschlußhaken, Greener-Purdey-Verschluß** mit verdecktem **kantigen** Querriegel, System mit Seitenohren und **neuester Muschelausarbeitung,** Verschlußhebel, praktische Signalanzeiger, sowie automatische Sicherung befindet sich auf der Scheibe. Das ganze Schloßwerk ist äußerst solide gearbeitet, besitzt doppelte Stangen und ist hochfein poliert. Die Läufe sind ebenfalls fein poliert, dann tiefschwarz bräuniert und besitzen an der Kammer eine elegante Verzierung. Die Garnitur ist mit der hochfeinsten englischen Bukettgravierung versehen und bunt marmoriert. Der Schaft besteht aus feinstem reichgemaserten Nußholz und ist in englischer Form gehalten, also ohne Pistolengriff und Backe mit sehr zart geschnittener Fischhaut. Beide Läufe besitzen Höchstschußleistung und repräsentiert dieses Modell in jeder Beziehung ein Meisterstück der modernen Waffenkunst. Lieferbar in Kal. 12, auf Wunsch aber auch in Kal. 16. **Hochvornehmstes Anson & Deeley-Gewehr der Gegenwart.** Stück **Mk. 450.—**

Vorstehende Modelle werden auch mit Läufen aus Kruppschem Spezial-Gewehrlaufstahl geliefert und kosten mehr Stück **Mk. 35.—**

Selbstspanner-Doppelflinten in billiger Preisstellung.

Gute Qualität. ∴ Beste Arbeit. ∴ Vorzüglich im Schuß.

Nachstehende Selbstspanner-Gewehre befinden sich in niedriger Preislage. Dieselben sind jedoch in allen Teilen gut und sauber gearbeitet, von zuverlässiger Konstruktion und Schußleistung.

Nicht zu verwechseln mit von anderer Seite angebotener Sekunda-Qualität!

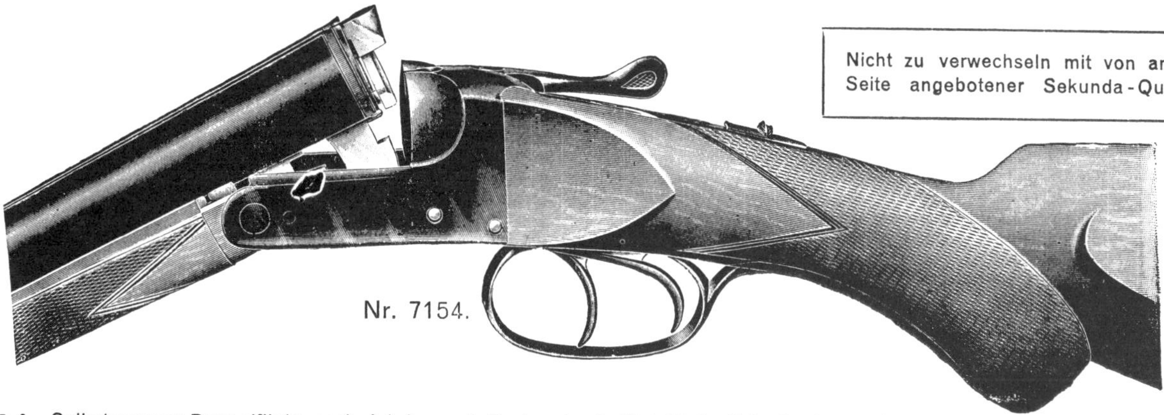

Nr. 7154. **Selbstspanner-Doppelflinte** nach Art Anson & Deeley, **beste Stahlläufe,** Kal. 16 oder 12, links Chokebohrung, **Toplever-Verschluß mit Doppelriegel,** verlängerte mattierte Schiene, Schiebesicherung auf dem Kolbenhalse, Garnitur marmoriert gehärtet, guter Pistolengriffschaft mit Backe und Fischhaut, Vorderschaft automatisch zum leichten Abnehmen, **ein billiges, aber trotzdem gutes Hammerleß-Gewehr.** Stück Mk. 65.--

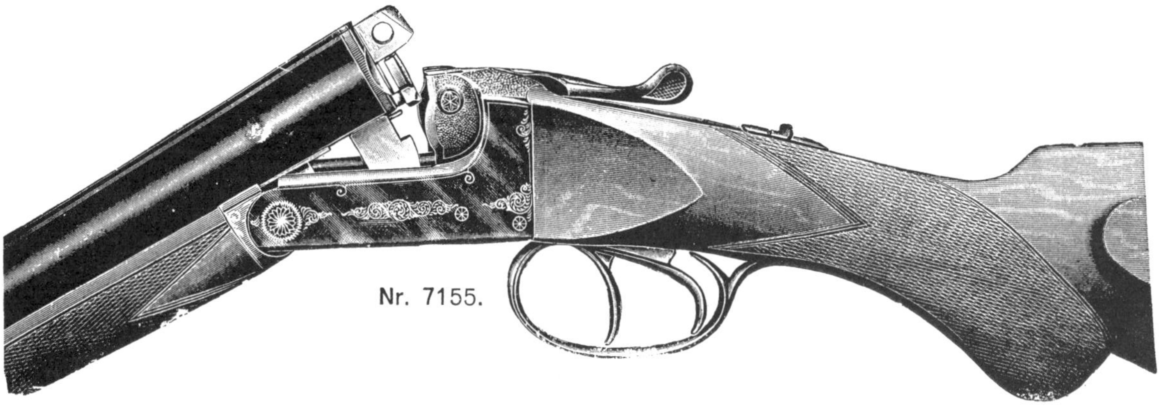

Nr. 7155. **Selbstspanner-Doppelflinte** nach Art Anson & Deeley, in besserer Ausarbeitung, **beste Flußstahlläufe,** Kal. 16 oder 12, im linken Lauf Chokebohrung für Weitschuß, **Scott-Verschluß mit Hebel auf der Scheibe, doppeltem Riegeleintritt,** verlängerter mattierter Schiene mit Querriegel durch dieselbe **(Greener-Verschluß),** System mattiert mit Seitenohren, automatische Sicherung, Vorderschaft mit Knopfdrücker, guter Nußholzschaft mit Pistolengriff und Backe, Garnitur mit etwas englischer Gravur und bunt gehärtet, **ein sehr preiswertes Gewehr mit guter Schußleistung.** Stück Mk. 76.—

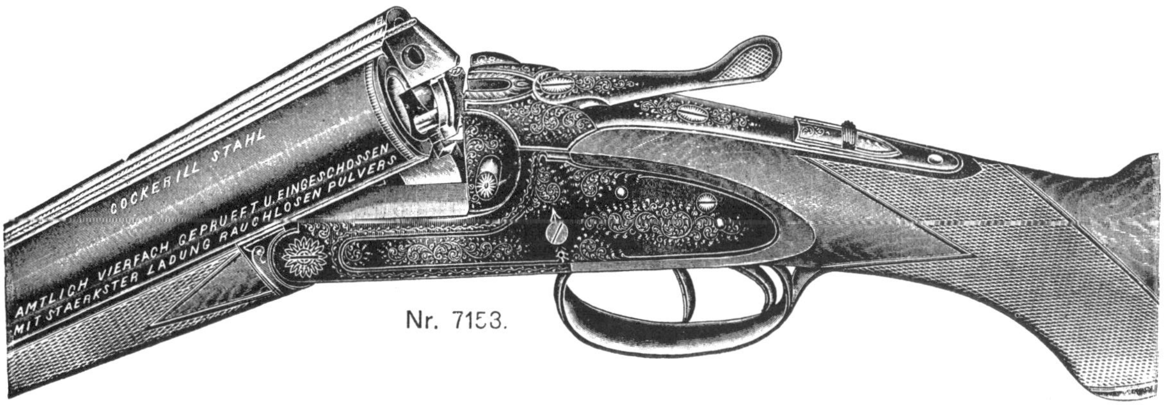

Nr. 7153. **Hammerleß-Doppelflinte** mit Seitenschlössern, **Läufe aus prima Gewehrlaufstahl mit flacher Auflage,** Kal. 16 oder 12, links Chokebohrung, **amtlich vierfach mit rauchlosem Pulver beschossen, Toplever-Verschluß mit doppeltem Keileintritt,** verlängerter mattierter Schiene und Greener-Querriegel, auf beiden Seiten der Schloßbleche sind Pfeile angebracht, woraus man ersehen kann, ob die Flinte gespannt ist oder nicht, Vorderschaft mit Patentschnäpper und Hornspitze, Schaft mit Pistolengriff und Backe, Hornkäppchen und Hornkappe, Garnitur mit feiner englischer Gravur und bunt eingesetzt, **ein einfaches, dauerhaftes, aber gutes Gewehr.** Stück Mk. 100.—

Moderne Waffen ▫ Munition ▫ Jagdgeräte

AUGUST STUKENBROK, EINBECK

Anerkannt leistungsfähiges Etablissement dieser Branche

Neueste verbesserte automatische Schrotflinte „Browning“.

Ganz automatischer Selbstlader. ∴ Kal. 16 oder 12. ∴ Fünf Schuß. ∴ Ausführliche Broschüren gratis.

Vorzügliches, tadelloses Jagdgewehr mit höchster Schußleistung.

Die Vorzüge der Original-Browningflinte. Die automatische Schrotflinte System „Browning“ vereinigt alle Vorzüge der existierenden Jagdgewehre, ohne deren Nachteile zu besitzen. Sie ist daher bislang die höchste Errungenschaft unter den automatischen Schrotgewehren. Die automatische Schrotflinte „Browning“ ermöglicht es, ohne jede andere Manipulation als der des Abdrückens 5 Schrotschüsse hintereinander abzuschließen, und hat gleich, nachdem ihre Existenz bekannt war, die Aufmerksamkeit und das Interesse der gesamten Sportwelt auf sich gezogen. Inzwischen ist die Browningflinte noch verbessert worden, und liefere ich nur solche mit den neuesten Fabrikationsnummern von Nr. 32000 aufwärts. Diese neuen Modelle sind inbezug auf Funktion und Solidität sowie hinsichtlich ihrer Form den älteren Modellen gegenüber bedeutend verbessert mit Rücksicht auf ihre bedeutende Inanspruchnahme. Es sind dies hauptsächlich die Riegelsperrer, das Verschlußstück, der Riegel, das Rohr für die Verschlußfeder, die Sicherung, sowie die Magazinsperre und der Schaft, welche Teile dem alten Modell gegenüber einer Verbesserung unterzogen worden sind. Die Funktion der Browningflinte ist bei Verwendung von gut geladenen Jagdpatronen mit Schwarz- oder rauchlosem Pulver eine ganz vorzügliche, so daß Störungen so gut wie ausgeschlossen sind.

Neueste Modelle mit ausgesucht hervorragender Schußleistung.

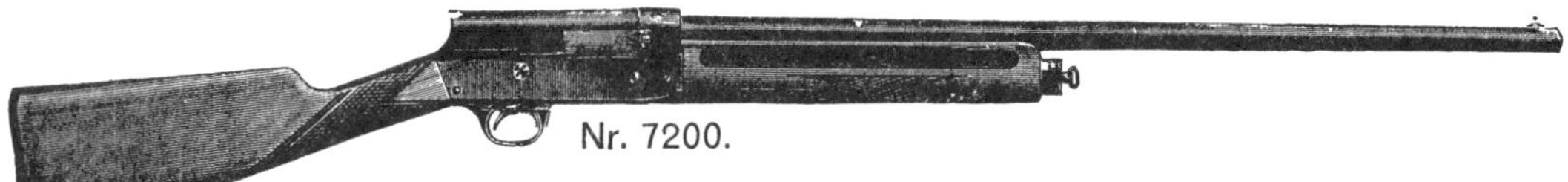

Nr. 7200.

Nr. 7200. **Neueste verbesserte automatische Browningflinte** mit den allerneuesten Verbesserungen und Verstärkungen, mit englischer Schäftung, also ohne Pistolengriff und ohne Backe, mit Riemenbügel, Sperrvorrichtung, der bekannten Sicherung, Kal. 16 oder 12, Lauf mit guter Chokebohrung für vorzüglichsten Weitschuß, zum Original-Fabrikpreis von Stück **Mk. 175.—**

Bei Abnahme von 2 Stück und mehr, speziell für Wiederverkäufer, kommt besonderer Preis in Anrechnung.

Nr. 7201.

Nr. 7201. **Neueste verbesserte automatische Browningflinte,** wie oben, **jedoch mit sehr handlichem Pistolengriffschaft mit Backe und Fischhaut,** kosten nur **Mk. 10.—** mehr als der festgesetzte Preis von Stück **Mk. 175.—**

Bei Abnahme von 2 Stück und mehr, speziell für Wiederverkäufer, kommt besonderer Preis in Anrechnung.

Nr. 7202. **Reservelauf** mit Zylinderbohrung, also ohne Choke, 65 cm lang, besonders für Wald- und Hühnerjagden zu empfehlen, **halte ich stets auf Lager und** berechne dafür **Mk. 55.—** extra, lieferbar in Kal. 16 und 12.

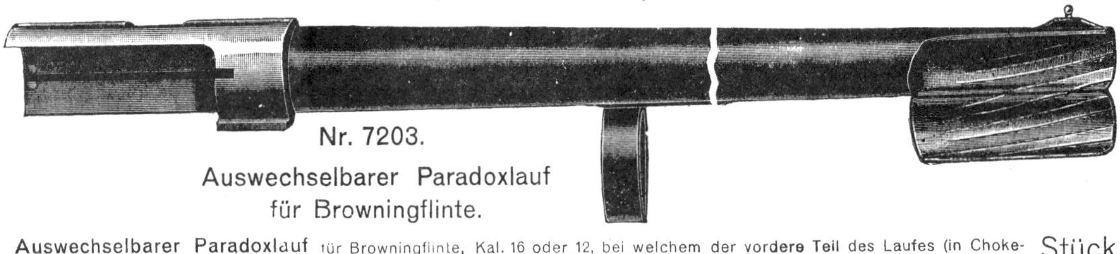

Nr. 7203.

Auswechselbarer Paradoxlauf für Browningflinte.

Nr. 7203. **Auswechselbarer Paradoxlauf** für Browningflinte, Kal. 16 oder 12, bei welchem der vordere Teil des Laufes (in Chokebohrung) gezogen ist, liefere ich stets fertig ab Lager zu dem Ausnahmepreise von Stück **Mk. 75.—**

Wie jedermann bekannt, werden die Browningflinten maschinell hergestellt und von der Fabrik nur mit englischer Schäftung, d. h. ohne Pistolengriff und ohne Backe geliefert. Um nun den vielen Wünschen der deutschen Jägerwelt Rechnung zu tragen, lasse ich die Browningflinten mit dem gewohnten Pistolengriffschaft und Backe versehen, wofür ich nur den geringen Preis von **Mk. 10.—** berechne.

Kugel-Einsteckrohre.

Prima Qualität!

Prima Qualität!

Um jede Doppelflinte schnell in eine Büchsflinte umzuwandeln, liefere ich eigens zu diesem Zweck konstruierte Kugel-Einsteckrohre, **welche in jeden Schrotlauf, Kal. 16 oder 12, leicht einzuschieben sind.** Jedes Einsteckrohr ist mit einem praktischen **Patronenzieher versehen, welcher durch den gewöhnlichen Auszieher der Flinte mit bedient wird.**

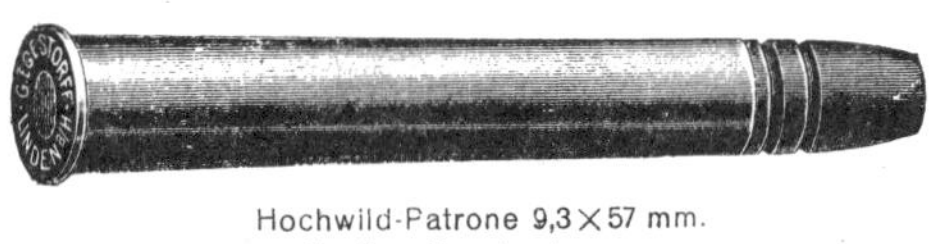

Hochwild-Patrone 9,3×57 mm.

Nr. 8263. Fertige Kugelpatronen, die sehr oft wieder geladen werden können, kosten zu **diesem** Einsteckrohr 100 Stück **Mk. 11.—**

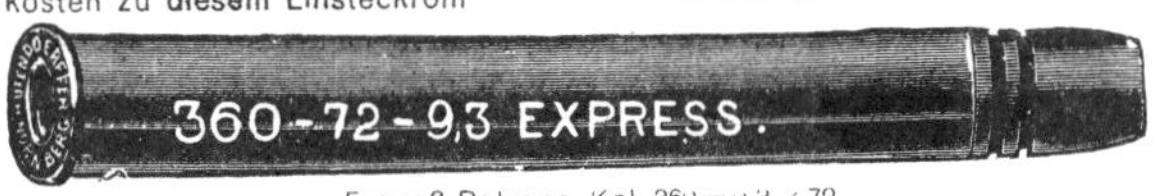

Expreß-Patrone Kal. 360 = 9,3 × 72.

Nr. 8267. Fertige Kugelpatronen, 9,3×72 mm zum Wiederladen kosten 100 Stück **Mk. 14.—**

Nr. 8285. Fertig geladene Schrotpatronen mit 1,5 g Schwarzpulver und 10 g Hartschrot kosten 100 Stück **Mk. 5.—**

Diese Einsteckrohre sind **50 cm** lang und für die nebenstehend abgebildete Hochwildpatrone, **9,3×57 mm** für 3 g Naßbrandpulver, sowie **für** Weichblei- und Legierungs-Geschosse eingerichtet.

Das **Kugel-Einsteckrohr wird genau auf 80 m Fleck eingeschossen,** und wird zu diesem Zweck die **Laufschiene der Schrotflinte mit einem Visier (Klappe zum Umlegen) versehen. Soll** bei Lieferung **einer neuen Doppelflinte gleich** ein Kugel-Einsteckrohr mitgeliefert werden, **so verzögert sich die Absendung des Gewehres um einige Tage.** Auch an alten gebrauchten **Gewehren (einerlei ob solche von mir bezogen sind oder nicht) bringe ich diese vorzüglichen** Kugel-Einsteckrohre **an,** und bitte mir zu diesem Zwecke die Waffen einzusenden. Die Rücksendung erfolgt schnellstens, spätestens aber in zirka 8 Tagen und bemerke gleichzeitig, daß an den Gewehren weiter nichts gemacht wird, so daß solche unversehrt, wie erhalten, **auch wieder** in die Hände **meiner werten Kunden** gelangen.

Der Preis eines **solchen** vorzüglichen **Einsteckrohres** stellt sich unter Garantie **vorzüglicher Schußleistung auf** Stück **Mk. 18.—**

Auf Wunsch **bringe** ich auch Kugel-Einsteckrohre **ganz** durch den Schrotlauf an, welche an der Laufmündung mit einer Mutter **befestigt** sind. Diese haben den Vorteil, daß man die lange Drillingspatrone **9,3×72 mm** verwenden kann. (Siehe nebenstehende Abbildung.)

Diese Kugel-Einsteckrohre kosten fix und fertig eingepaßt und eingeschossen Stück **Mk. 26.50**

mit 2 Visierungen, auf 100 und 150 m eingeschossen, **Mk. 4.— extra.**

Für die Schonzeit, wo man das große Schrotkaliber gern **meidet,** liefere ich auch Schrot-Einsteckrohre für Patronen Kal. 12 mm (laut nebenstehender Abbildung), und kosten diese Läufe unter Garantie sauberster Einpassung Stück **Mk. 12.50**

Zur gefl. Beachtung! Jedes Einsteckrohr wird nach genauem **Einschießen mit einem Markierstrich versehen und dieser auch auf den eigentlichen Schrotlauf des Gewehres übertragen.** Beim **Einschieben des Einsteckrohres bitte darauf zu achten, daß beide Striche genau in einer** Linie stehen, da hiervon nur allein **die gute** Schußleistung **abhängt.**

Das zu meinen Waffen verwendete Material ist das denkbar beste.

Empfehlenswerte Pirschbüchsen, System Mauser.

Extra prima Qualität. ⁘ Solide Bauart. ⁘ Höchste Schußleistung.

Nachstehende Pirschbüchsen stellen vorzügliche Gebrauchsgewehre dar und repräsentieren in der Tat ein wirklich erstklassiges Fabrikat. Dieselben sind aus vorzüglichen Materialien im Handbetrieb hergestellt und in jeder Beziehung solid und sauber ausgearbeitet. Billigere Pirschbüchsen, wie solche teilweise von der Konkurrenz angeboten werden, empfehle ich nicht zu führen, da solche den an sie gestellten Anforderungen in keiner Weise genügen. **Gewicht ca. 2,7 kg. Lauflänge ca. 65—68 cm.**

Sicherungsflügel »—›

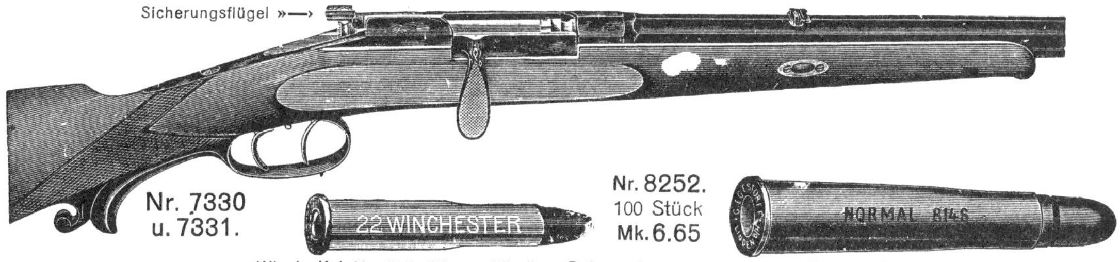

Nr. 7330 u. 7331.

Nr. 8252. 100 Stück Mk. 6.65

Nr. 8259. 100 Stück Mk. 8.—

Winch. Kal. 22. 35,5×5,6 mm (Vierlings-Patronen). Patrone Kal. 8,15×46,5 mm.

Nr. 7330. **Prima Mauser-Pirschbüchse mit kantigem prima Stahllauf,** mit besten Expreßzügen, **Kal. 8,15×46,5 mm Normalpatrone,** System mit zuverlässiger Sicherung, umgebogenem Kammergriff, allerbestes Stechschloß, Garnitur bunt marmoriert, Standvisier und Feldkorn, bester **Nußbaumschaft mit Pistolengriff (auf Wunsch auch mit Halbhornbügel wie Abbildung),** eingeschossen auf 100 m, Riemenbügel, vorzügliche Schußleistung, **prima Material in allen Teilen, beste deutsche Büchsenmacherhandarbeit.** Stück **Mk. 43.—**

Nr. 7331. **Dieselbe Mauser-Pirschbüchse** wie Modell 7330, jedoch für **Winchester-Patrone 5,6×35,5 mm** zum Wiederladen, als Revierbüchse sehr zu empfehlen für Birkwild, Enten, Gänse, Raubvögel usw., auch zum Scheibenschießen sehr gut geeignet, **ein sehr gern gekauftes Büchschen.** Stück Mk. 43.—

Sicherungsflügel »—›

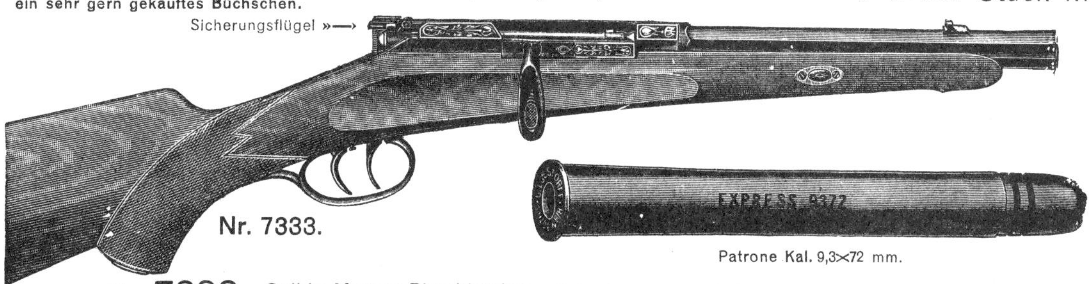

Nr. 7333.

Nr. 8267. 100 Stück Mk. 14.—

Patrone Kal. 9,3×72 mm.

Nr. 7332. **Solide Mauser-Pirschbüchse mit kantigem prima Gußstahllauf** mit allerbesten Expreßzügen, Kal. 9,3×72 mm für vorstehend abgebildete Hochwildpatrone, für 3,5 g Naßbrandpulver für Weichblei- und Legierungsgeschosse, System mattiert, obere Laufkante guillochiert, zuverlässigste Sicherung, Kammergriff umgebogen, allerbestes Stechschloß, Standvisier mit Klappe, Silberpunktkorn, eingeschossen auf 100 und 150 m, guter Nußbaumschaft mit Pistolengriff, Backe und Fischhaut, Garnitur bunt gehärtet, Riemenbügel, vorzügliche Schußleistung. **Ein geschmackvolles Gewehr, welches gern gekauft wird.** Stück **Mk. 45.—**

Nr. 7333. **Extra feine und solide Mauser-Pirschbüchse** wie Modell 7332, jedoch in allen Teilen feiner ausgeführt, Kal. 9,3×72 mm, Garnitur mit eleganter, gewetzter Blättergravur, hochfeines Stechschloß, zuverlässige Sicherung, allerfeinster Pistolengriffschaft aus dunklem Maser-Nußbaumholz mit Backe und Fischhaut, Riemenbügel, **feinste Schußleistung, prima Material, allerbeste Büchsenmacherhandarbeit.** Stück **Mk. 50.—**

Nr. 8320. Patrone. Kal. 6,5×72 P.

100 Stück Mk. 10.25

Nr. 7334. **Dieselbe hochfeine Mauser-Pirschbüchse** wie Modell 7333, **jedoch für oben abgebildete Patrone Kal. 6,5×27 mm für 0,7 g rauchloses Blättchenpulver und Ganz- oder Halbmantelgeschoß, vorzügliche Schußleistung, prima Material. Für Rehwild** als auch für Birk- und Auerhahn, Füchse usw. sehr gut geeignet. Stück **Mk. 53.—**

Sicherungsflügel »—›

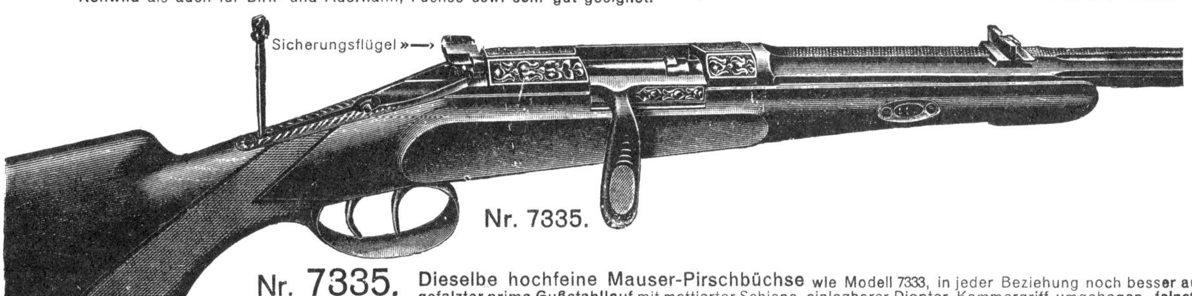

Nr. 7335.

Nr. 7335. **Dieselbe hochfeine Mauser-Pirschbüchse** wie Modell 7333, in jeder Beziehung noch besser ausgeführt, **gefalzter prima Gußstahllauf** mit mattierter Schiene, einlegbarer Diopter, Kammergriff umgebogen, **feinstes Stechschloß** und bester Pistolengriffschaft mit Backe, Fischhaut, Hornkäppchen und Hornkappe, hervorragende Schußleistung auf 100 und 200 m. **Allerfeinste Präzisionsbüchse.** Stück **Mk. 60.—**

Nr. 7336.

Nr. 8267. Patrone. Kal. 9,3×72 mm.

Nr. 8320. Patrone. Kal. 6,5×27 P.

Nr. 7336. **Feine Mauser-Pirschbüchse mit kantigem prima Gußstahllauf** mit besten Expreßzügen und mattierter Visierschiene, Kal. 9,3×72 mm, Standvisier mit 1 Klappe, Korn mit Silberpunkt, System mit zuverlässiger Sicherung, umgebogenem Kammergriff und bestem Stechschloß, Ganzschaft bis zur Mündung reichend mit Hornansatz vorne, Pistolengriff, Hornbügel und Riemenbügel, **Garnitur mit feiner Wetzlaubgravierung,** vorzüglich eingeschossen. **Eine sehr empfehlenswerte Pirschbüchse.** Stück **Mk. 65.—**

Nr. 7337. **Dieselbe vorzügliche Mauser-Pirschbüchse** wie Modell 7336, jedoch für Patronen Kal. 6,5×27 mm mit rauchlosem Blättchen-Pulver und Ganz- oder Teilmantel-Geschossen. Zur Jagd auf Rehwild, sowie Auer- und Birkhähne, Füchse usw. sehr zu empfehlen. Stück **Mk. 68.—**

Empfehlenswerte Selbstspanner-Pirschbüchsen.

Feinste Präzisionsarbeit. ∴ Bewährte Konstruktion. ∴ Schußleistung und Qualität unübertrefflich.

Bestgeeignetste Büchsen für Reviergänge.

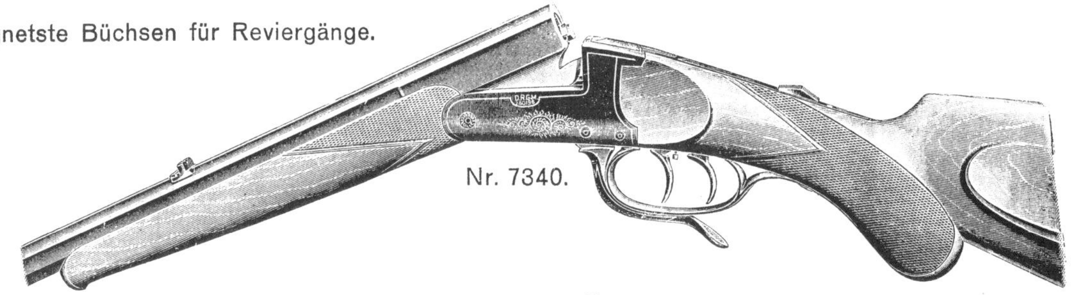

Nr. 7340.

Nr. 8259. Patrone Kal. 8,15×46,5 mm. 100 Stück Mk. 8.—

Nr. 8267. Patrone Kal. 9,3×72 mm. 100 Stück Mk. 14.—

Nr. 7340. **Prima Selbstspanner-Pirschbüchse** mit Roux-Verschluß, Hebel über dem Abzugsbügel liegend, Lauf aus prima Gewehrlaufgußstahl, zum Aufklappen, mit besten Expreßzügen für die obenstehend abgebildeten Hochwildpatronen 9,3×72 mm oder 8,15×46,5 mm, die obere Lauffläche ist fein mattiert, Standvisier mit Klappe und Perlkorn mit Silberpunkt, eingeschossen auf 100 und 200 m, **feinstes Stechschloß**, praktischer Signalanzeiger und Sicherungsschieber auf der Scheibe, Garnitur bunt gehärtet mit einfacher, hübscher englischer Gravierung, Holzvorderschaft, hübscher Nußholzschaft mit Backe und feiner Fischhaut. **Vorzügliche Schußleistung, prima Qualität. Eine sehr gern gekaufte Revierbüchse.** Stück **Mk. 45.—**

Nr. 8326.
Patrone Kal. S. S. 58,5×8 mm mit rauchlosem Blättchenpulver und Mantelgeschoß.

100 Stück **Mk. 16.40**

Nr. 7341. **Prima Selbstspanner-Pirschbüchse** wie Modell Nr. 7340, jedoch eingerichtet für die obenstehend abgebildete Metallpatrone Kal. 8×58,5 mm für Blättchenpulver und Mantelgeschosse, prima eingeschossen, **für große Reviere sehr empfehlenswert.** Stück **Mk. 50.—**

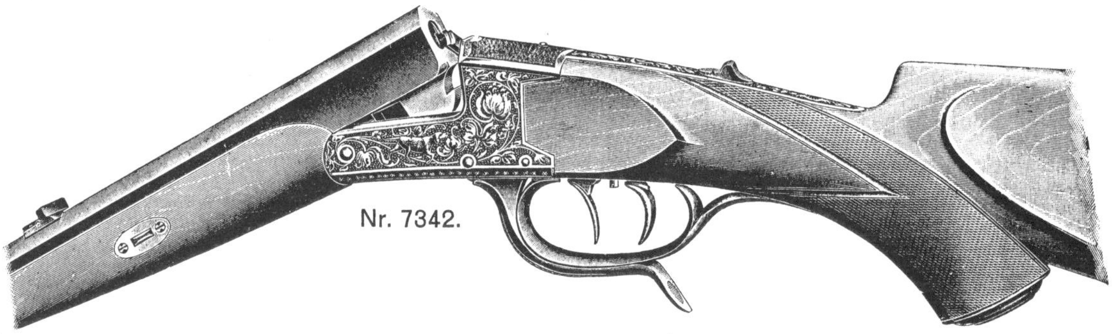

Nr. 7342.

Nr. 7342. **Extra feine Selbstspanner-Pirschbüchse,** in Konstruktion wie unter Nr. 7340 beschrieben, **jedoch in allen Teilen besser ausgeführt,** Lauf aus prima Gewehrlaufstahl mit allerbesten Expreßzügen für oben abgebildete Patronen 9,3×72 mm oder 8,15×46,5 mm eingerichtet, Laufschiene fein guillochiert mit Standvisier mit Klappe und Perlkorn mit Silberpunkt, vorzüglich eingeschossen auf 100 und 200 m, **allerbestes Stechschloß,** Signalanzeiger und Sicherungsschieber auf der Scheibe, Garnitur mit hochfeiner gewetzter Jagdstückgravierung, feinster Nußholzmaserschaft mit Pistolengriff, Backe und feiner Fischhaut. **Eine hochmoderne Pirschbüchse.** Stück **Mk. 50.—**

Nr. 7343. **Dieselbe feine Selbstspanner-Pirschbüchse** wie Modell 7342, jedoch eingerichtet für die Metallpatrone 8×58,5 mm, für rauchloses Blättchenpulver und Mantelgeschoß. Stück **Mk. 55.—**

Neueste Selbstspanner-Pirschbüchse mit Toplever-Verschluß. D. R.-G.-M.

Sehr handliche Waffe in guter solider Ausführung, vorzüglicher Schußleistung und äußerst mäßiger Preislage.

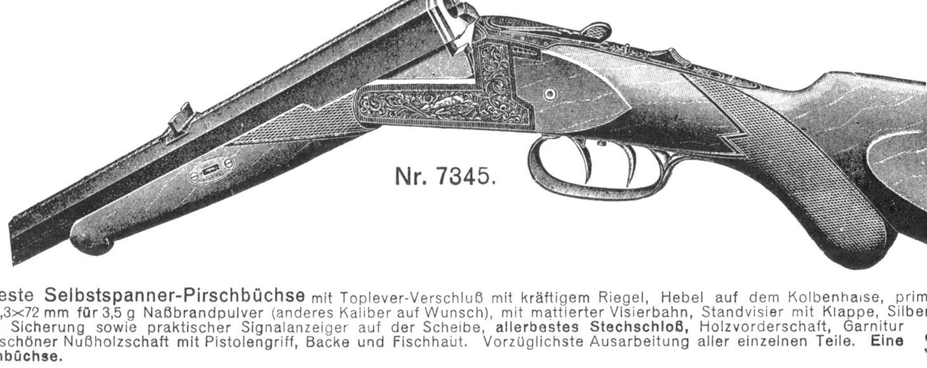

Nr. 7345.

Nr. 7344. **Neueste Selbstspanner-Pirschbüchse** mit Toplever-Verschluß mit kräftigem Riegel, Hebel auf dem Kolbenhalse, prima achtkantiger Gußstahllauf, Kal. 9,3×72 mm für 3,5 g Naßbrandpulver (anderes Kaliber auf Wunsch), mit mattierter Visierbahn, Standvisier mit Klappe, Silberpunktkorn, auf 100 und 200 m vorzüglich eingeschossen, Sicherung sowie praktischer Signalanzeiger auf der Scheibe, **allerbestes Stechschloß,** Holzvorderschaft, Garnitur elegant englisch graviert, schöner Nußholzschaft mit Pistolengriff, Backe und Fischhaut. Vorzüglichste Ausarbeitung aller einzelnen Teile. **Eine sehr gern gekaufte Pirschbüchse.** Stück **Mk. 60.—**

Nr. 7345 **Selbstspanner-Pirschbüchse** wie vorher, jedoch in feinster Ausführung, Garnitur mit hochmoderner Jagdwetzgravur und ausgesuchtem Schaft. Stück **Mk. 68.—**

Vorstehende Büchsen werden auch in jedem anderen Kaliber angefertigt; bei Mantelgeschoßpatronen tritt ein Preisaufschlag von **Mk. 5.—** ein.

Neu! D. R.-G.-M. Vertikalblock-Pirschbüchsen. Neu! D. R.-G.-M.

Aeußerst solide, dauerhafte Konstruktion. ⁘ In Schußleistung und Qualität unübertrefflich.

Diese Büchse ist zweifellos das Beste für Blättchenpulver-Ladungen, was bis jetzt existiert und so einfach in der Konstruktion, daß sie von jedem Laien spielend leicht zerlegt werden kann. Der unverwüstliche Blockverschluß gestattet die Verwendung von Blättchenpulver-Ladungen, wie sie bisher für Handfeuerwaffen in gleicher Stärke kaum in Gebrauch waren. Die Einführung dieses Modells als Pirsch- und Scheibenbüchse entspricht einem längst vorhandenen Bedürfnisse.

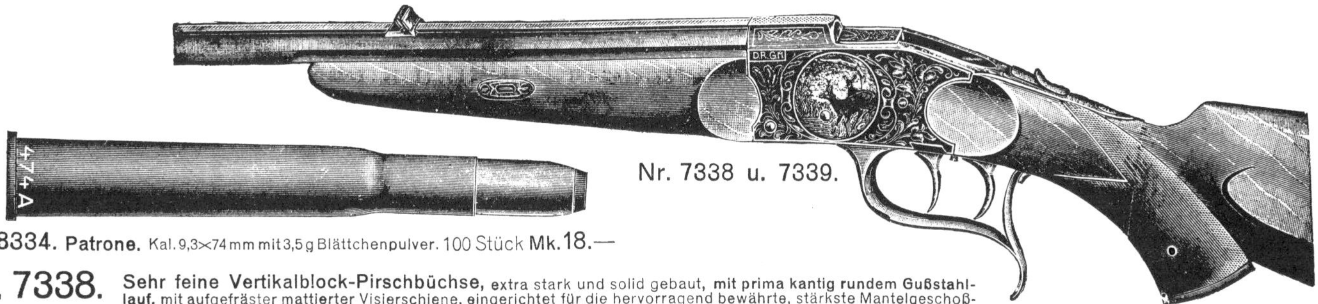

Nr. 7338 u. 7339.

Nr. 8334. Patrone. Kal. 9,3×74 mm mit 3,5 g Blättchenpulver. 100 Stück **Mk. 18.—**

Nr. 7338. **Sehr feine Vertikalblock-Pirschbüchse,** extra stark und solid gebaut, **mit prima kantig rundem Gußstahllauf,** mit aufgefräster mattierter Visierschiene, eingerichtet für die hervorragend bewährte, stärkste Mantelgeschoß-Patrone, Kal. 9,3×74 mm für 3,5 g Blättchenpulver, Standvisier mit 1 Klappe und Perlkorn mit Silberpunkt, auf 100 und 200 m vorzüglich eingeschossen, feinstes Stechschloß, Sicherungsschieber auf der Scheibe, Vorderschaft mit Schieber, Garnitur mit geschmackvoller Figuren-Wetzgravierung, feinster Pistolengriffschaft aus ausgesuchtem Maserholz mit Backe, Fischhaut, Hornkäppchen und Hornkappe. Die Büchse ist aus feinstem Material hergestellt und in allen Teilen peinlich sauber ausgearbeitet. Durch Herabdrücken des Abzugsbügels wird der Mechanismus gespannt und der Lauf zum Laden freigegeben. Infolge der starken Patrone eignet sich diese Pirschbüchse für stärkstes Wild, speziell auch für tropisches Wild (Dickhäuter und große Raubtiere), sowie für starkes Hochwild, Bären und Schweine. Stück **Mk. 90.—**

Nr. 8267. Patrone. Kal. 9,3×72 mm.

100 Stück **Mk. 14.—**

Nr. 7339. **Vertikalblock-Pirschbüchse** wie vorstehend beschrieben, aber eingerichtet für Expreß-Patrone, Kal. 9,3×72 mm, für 3,5 g Naßbrandpulver, für Blei-, Legierungs- oder Kupfernickelmantel-Geschosse, **hervorragende Schußleistung. Sehr beliebte, hochmoderne Pirschbüchse, welche gern gekauft wird.** Stück **Mk. 85.—**

Andere Ausführungen in bezug auf Kaliber und äußere Fertigstellung auf Wunsch bei entsprechender Lieferzeit.

Sehr moderne und handliche Pirschbüchse.

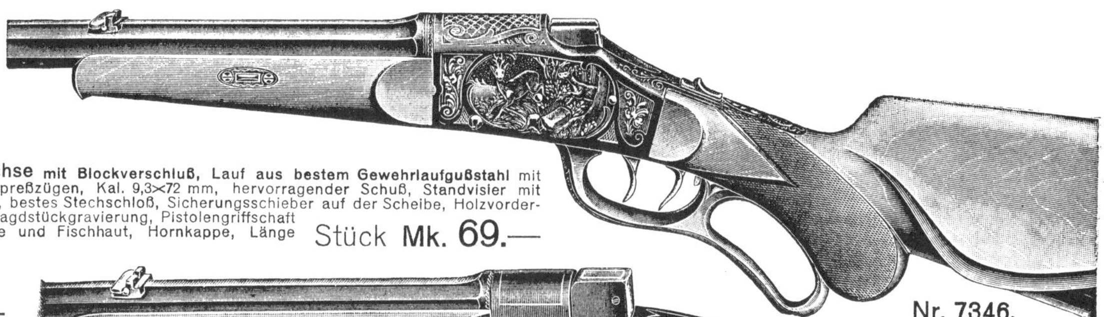

Nr. 7346. **Pirschbüchse mit Blockverschluß, Lauf aus bestem Gewehrlaufgußstahl** mit **feinsten** Expreßzügen, Kal. 9,3×72 mm, **hervorragender Schuß, Standvisier** mit Klappe und Korn mit Silberpunkt, bestes Stechschloß, Sicherungsschieber auf der Scheibe, Holzvorderschaft, Garnitur mit hochfeiner Jagdstückgravierung, Pistolengriffschaft **aus** bestem Nußholz mit Backe und Fischhaut, Hornkappe, Länge **ca.** 105 cm, Gewicht ca. 3 kg. Stück **Mk. 69.—**

Nr. 7346.

Eine sehr empfehlenswerte Pirschbüchse.

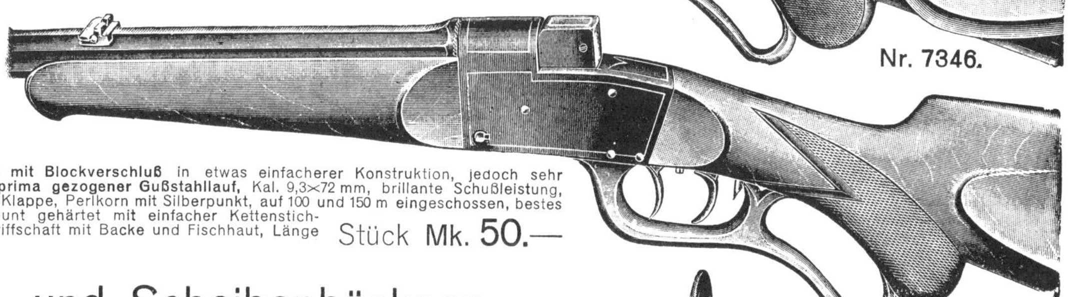

Nr. 7347. **Pirschbüchse mit Blockverschluß** in etwas einfacherer Konstruktion, jedoch sehr solider Bauart, **prima gezogener Gußstahllauf,** Kal. 9,3×72 mm, brillante Schußleistung, Laufschiene mattiert, **Standvisier** mit Klappe, Perlkorn mit Silberpunkt, auf 100 und 150 m **eingeschossen,** bestes Stechschloß, Sicherung, Garnitur bunt gehärtet mit einfacher Kettenstichgravierung, feiner Nußholz-Pistolengriffschaft mit Backe und Fischhaut, Länge ca. 105 cm, Gewicht ca. 2,7 kg. Stück **Mk. 50.—**

Nr. 7347.

Martini-Pirsch- und Scheibenbüchsen.

Sehr praktisch, weil für Jagd und Scheibe verwendbar.

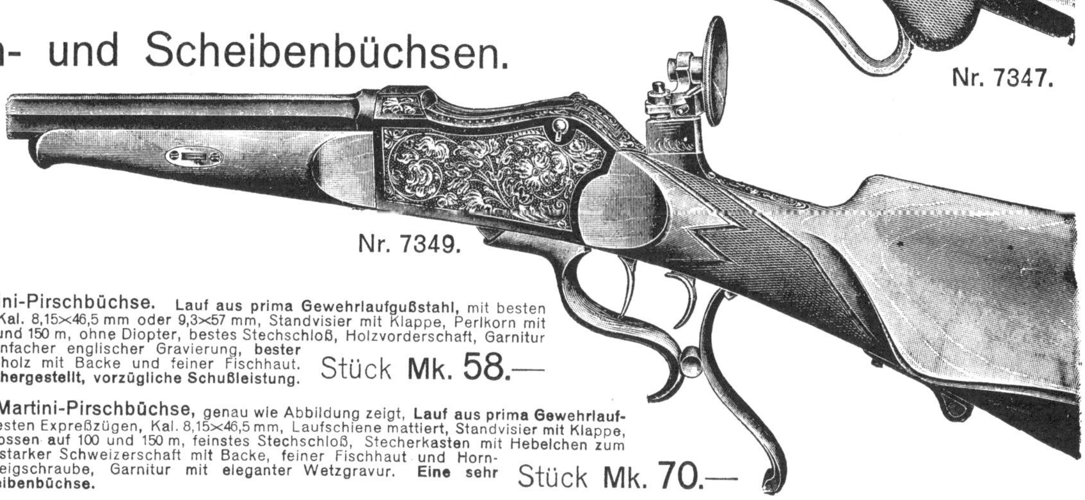

Nr. 7349.

Nr. 7348 **Solide Martini-Pirschbüchse. Lauf aus prima Gewehrlaufgußstahl,** mit besten **Expreßzügen,** Kal. 8,15×46,5 mm oder 9,3×57 mm, Standvisier mit Klappe, Perlkorn mit **Silberpunkt,** eingeschossen auf 100 und 150 m, ohne Diopter, bestes Stechschloß, Holzvorderschaft, Garnitur bunt marmoriert mit hübscher, einfacher englischer Gravierung, **bester Pistolengriffschaft** aus gutem Nußholz mit Backe und feiner Fischhaut. **In allen Teilen aus prima Material hergestellt, vorzügliche Schußleistung.** Stück **Mk. 58.—**

Nr. 7349. **Extra feine Martini-Pirschbüchse,** genau wie Abbildung zeigt, **Lauf aus prima Gewehrlaufgußstahl** mit besten Expreßzügen, Kal. 8,15×46,5 mm, Laufschiene mattiert, Standvisier mit Klappe, Perlkorn mit Silberpunkt, **eingeschossen auf** 100 und 150 m, feinstes Stechschloß, **Stecherkasten** mit Hebelchen zum **leichten** Herausnehmen, schöner, starker Schweizerschaft mit Backe, feiner Fischhaut und Hornkappe, Diopter mit Fuß und Steigschraube, Garnitur mit eleganter Wetzgravur. **Eine sehr empfehlenswerte Pirsch- und Scheibenbüchse.** Stück **Mk. 70.—**

Moderne Waffen ▫ Munition ▫ Jagdgeräte

AUGUST STUKENBROK, EINBECK

Anerkannt leistungsfähiges Etablissement dieser Branche

Streifenlader-Repetier-Pirschbüchsen

Allerneueste Konstruktion. **Modell 98/1907.** Original Mauserschloß.

Neuester Schloßmechanismus. ∴ Spannung erfolgt durch Oeffnen des Schlosses.

Spezial-Gewehr für große Revier-, Gebirgs- und Auslands-Jagden.

Hervorragende Schußleistung. ∴ Erstklassige Qualität.

Ganz vorzüglich geeignet zur Jagd auf Hoch- und Schwarzwild sowie auf Elche, Bären, Tiger usw.

Die Repetier-Pirschbüchsen Modell 98/1907 sind aus **allerbestem Material** hergestellt und in allen Teilen **sehr solid** und **sauber gearbeitet.** Das eigentliche System ist genau so gearbeitet wie das jetzt neu eingeführte Militärgewehr. Der Verschlußkopf ist mit der Kammer aus einem Stück gearbeitet, wodurch Unglücksfälle irgendwelcher Art durch zurückschlagende Gase usw. vollständig ausgeschlossen sind. Das Schloß ist wegen seiner Einfachheit ohne jedes Werkzeug leicht auseinanderzunehmen und zu reinigen. Die Ladeweise ist eine sehr einfache und geschieht, wie dieses die beiden Abbildungen Figur 1 und 2 angeben. Die Patronen legen sich zickzackförmig in das verdeckt im Schaft befindliche Magazin, welches unten durch einen Deckel geschlossen ist. Die Büchse erhält dadurch eine sehr elegante Form und kann wegen des praktischen Zubringers auch als Einzellader benutzt werden. Die angebrachte **Sicherung verhindert bei hochgestelltem oder nach rechts gelegtem Flügel** das Abdrücken des Schlosses, bei links herumgelegtem das Abdrücken des Schlosses und auch das Oeffnen der Kammer. Nachfolgende Repetier-Pirschbüchsen **entsprechen den höchsten Anforderungen europäischer und tropischer Jagdverhältnisse,** und vermöge ihrer **hervorragenden ballistischen Fähigkeiten** sind sie auch zur Jagd auf die **stärksten Nutz- und Raubwildarten** vorzüglich geeignet. **Das gangbarste Kaliber ist 8 mm für die deutsche Armeepatrone 88;** die Gewehre können aber auch für Kal. 7, 9, 9,3 und 10,75 mm geliefert werden. Ganz großartige jagdliche Erfolge werden mit der neuerdings sehr in Aufnahme gekommenen Patrone Kal. 9,3 mm erzielt; ihre Ladung von 3,5 g Blättchenpulver verleiht dem Geschoß eine sehr große Anfangsgeschwindigkeit und lebendige Kraft, so daß die Wirkung im Wildkörper eine enorme ist. **Da nun diese Büchsen ferner sehr gut ausbalanciert, sowie im Gewicht gut verteilt sind, so kann ich die Anschaffung dieser Gewehre nur besonders warm empfehlen.**

Anleitung zum Laden der Streifenlader-Pirschbüchsen, Karabiner und Gewehre.

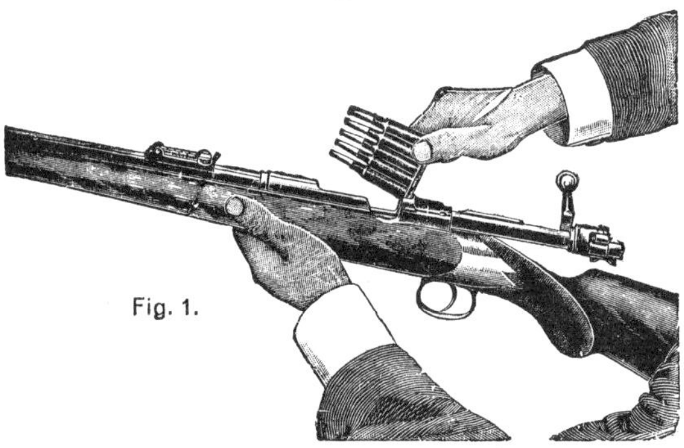

Fig. 1.

Geöffnet, gespannt und gesichert wird die Büchse wie das Mausergewehr. Will man das Gewehr laden, so steckt man den fünf Patronen haltenden Ladestreifen in die an der Hülse angebrachte Aussparung (Fig. 1) und drückt mit dem Daumen die Patronen in das im Schaft befindliche Magazin (Fig. 2) und entfernt den Ladestreifen, wodurch die Büchse schußfertig ist.

Bei leerem Magazin kann die Büchse auch als Einzellader gebraucht werden, dagegen aber kann man auch jede abgeschossene Patrone in dem gefüllten Magazin nach Belieben ersetzen.

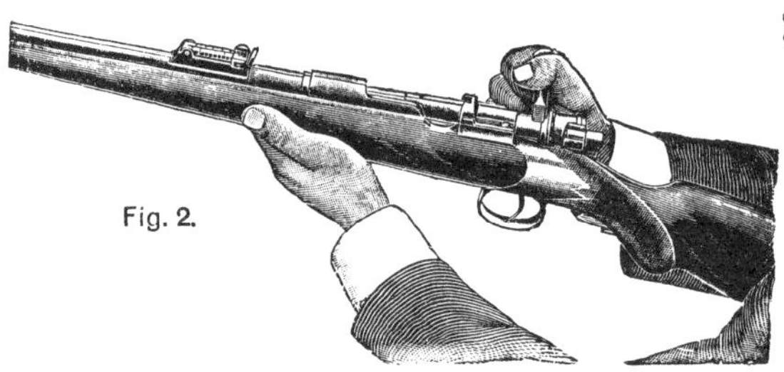

Fig. 2.

Neueste Repetier-Pirschbüchse

Modell 98/1907, mit Original-Mauserschloß.

Ganze Länge ca. 110 cm, Gewicht ca. 3 kg. (Schloß halb geöffnet.)

Fünfschüssig. Fünfschüssig.

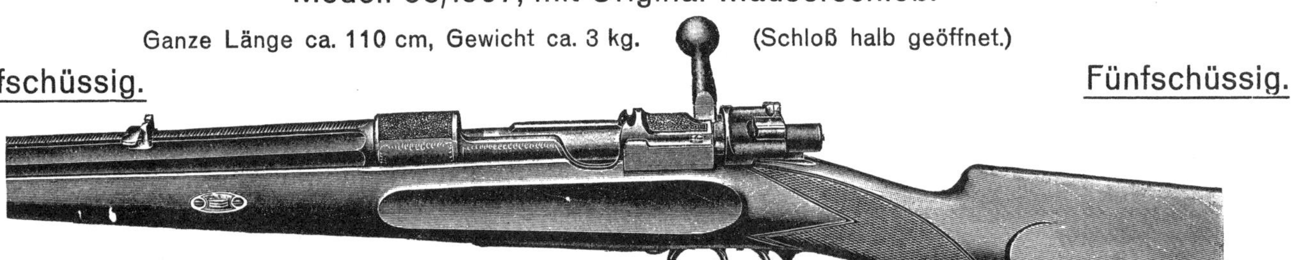

Nr. 7350.

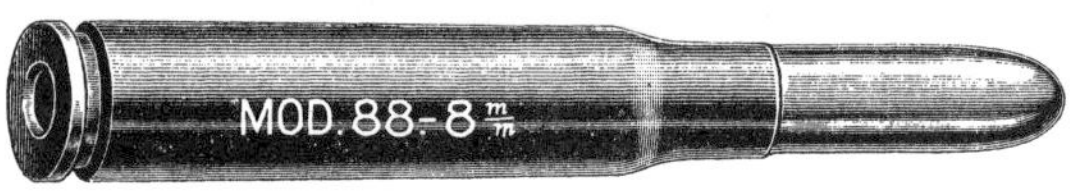

Nr. 8336. 100 Patronen Modell 88, Kal. 57×8 mm mit 2,45 g Blättchenpulver und Ganz- oder Teilmantelgeschossen **Mk. 14.50**
auf Ladestreifen **Mk. 1.**— pro 100 mehr.

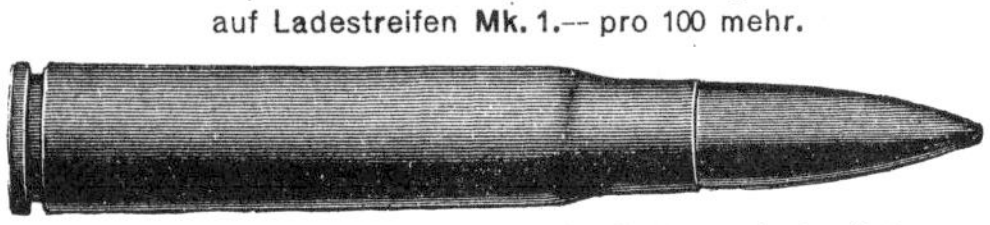

Nr. 8338. Modell 88, Kal. 8 mm mit „S"-Spitzgeschoß, Kal. 57×8 mm mit 2,45 g Blättchenpulver pro 100 Stück **Mk. 16.50**
auf Ladestreifen **Mk. 1.**— pro 100 mehr.

Nr. 8342. 100 Patronen Modell 93, Kal. 57×7 mm mit 2,55 g Blättchenpulver und Ganz- oder Teilmantelgeschossen **Mk. 16.—**
auf Ladestreifen **Mk. 1.**— pro 100 mehr.

Nr. 7350. **Prima Streifenlader-Repetier-Pirschbüchse Modell 98/1907,** neuestes Modell, Original-System Mauser, fünfschüssig, für Mantelgeschoß-Patronen Modell 88/8 mm und Modell 93/7 mm, **Lauf aus echtem Kruppschen Gußstahl,** kantig oder rund mit aufgefräster, fein mattierter Visierschiene, Silberpunktkorn von vorn eingeschoben, Standvisier mit Klappe, extra feines Stechschloß, feinster Nußholzmaserschaft mit Pistolengriff, Backe und feiner Fischhaut, Hülsenkopf fein mattiert, Garnitur marmoriert gehärtet, Lauf fein bräuniert, **tadellose und sauberste Arbeit in allen Teilen. Ein sehr elegant gearbeitetes, handliches Gewehr von unübertroffener Qualität und Schußleistung.** Stück **Mk. 125.—**

Billigere Repetier-Pirschbüchsen Modell 98/1907 können nur auf Kosten der Qualität hergestellt werden, welche ich aber im Interesse meiner werten Kundschaft wegen der damit verbundenen Lebensgefahr prinzipiell nicht führe.

„Aste"-Doppelflinten genießen Weltruf und größte Verbreitung.

Großkalibrige Mauser-Streifenlader-Repetier-Pirschbüchsen,

Modell 98/1907.

Für stärkste Ladungen rauchlosen Pulvers.

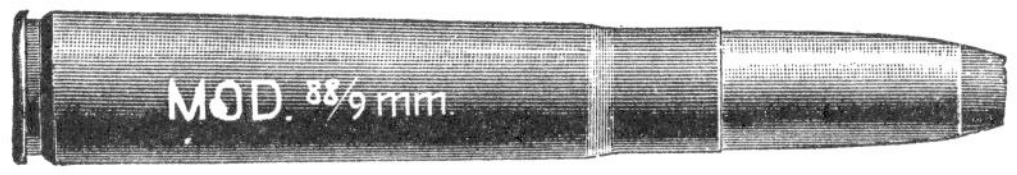

Ladung: 2,5 g Blättchenpulver.

Ladung: 3,5 g Blättchenpulver.

Ladung: 3,5—4 g Blättchenpulver.

Nachstehende Büchsen sind sowohl Spezialwaffen für tropisches Wild (Dickhäuter und große Raubtiere), als auch für starkes Hochwild, Elche, Bären, Schwarzwild usw. Hervorragende Schußpräzision selbst auf weiteste Entfernungen, größte Rasanz, immense Wirkung des Geschosses im Wildkörper infolge der starken Geschoßenergie.

Ganze Länge der Büchse ca. 110 cm. Gewicht ca. 3,4 kg.

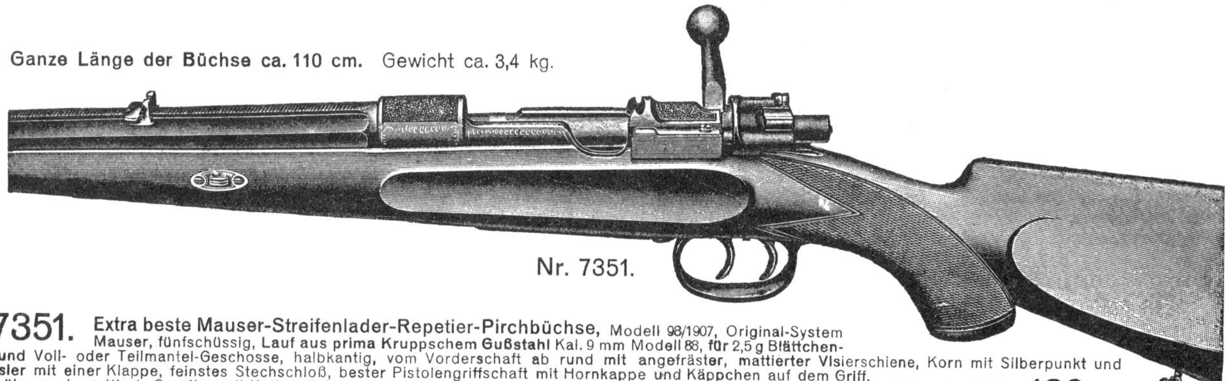

Nr. 7351.

Nr. 7351. **Extra beste Mauser-Streifenlader-Repetier-Pirchbüchse,** Modell 98/1907, Original-System **Mauser,** fünfschüssig, **Lauf aus prima Kruppschem Gußstahl** Kal. 9 mm Modell 88, **für** 2,5 g **Blättchenpulver und** Voll- oder Teilmantel-Geschosse, halbkantig, vom Vorderschaft ab rund **mit angefräster, mattierter Visierschiene,** Korn mit Silberpunkt und **Standvisier** mit einer Klappe, feinstes Stechschloß, bester Pistolengriffschaft mit Hornkappe und Käppchen auf dem Griff, **Schloßhülse** rauh mattiert, Garnitur mit Kettenstichgravur und fein schwarz bräuniert, in allen Teilen **auf** das sorgfältigste **ausgearbeitet,** allerbestes Material, in Ausführung und Schußleistung unübertreffbar. Stück **Mk. 130.—**

Nr. 7352. **Dieselbe vorzügliche Repetier-Pirschbüchse,** Modell 98/1907, jedoch Kal. 88×11 mm für **vier Schuß,** eingerichtet für oben abgebildete Metallpatrone Kal. 57×10,75 mm für 3,5 g Blättchenpulver und Voll- und Teilmantelgeschosse, im übrigen ausgeführt wie Modell 7351. **Eine besonders empfehlenswerte Tropenbüchse.** Stück **Mk. 145.—**

Nr. 7353. **Dieselbe vorzügliche Streifenlader-Repetier-Pirschbüchse,** Modell 98/1907, jedoch für oben abgebildete Patrone Kal. G 63×9,3 mm eingerichtet, welche dem Geschoß durch die Ladung von 3,5 bis 4 g Blättchenpulver eine **sehr große Anfangsgeschwindigkeit und lebendige Kraft verleiht,** so daß die Wirkung im Wildkörper eine enorme ist. **Sehr empfehlenswert.** Stück **Mk. 150.—**

Allerneueste Streifenlader-Repetier-Pirschbüchsen,

Modell 98/1907.

Original-System Mauser mit verstellbarem Visier von 50 zu 50 bis 1000 m. Spezial-Modelle für das Ausland.

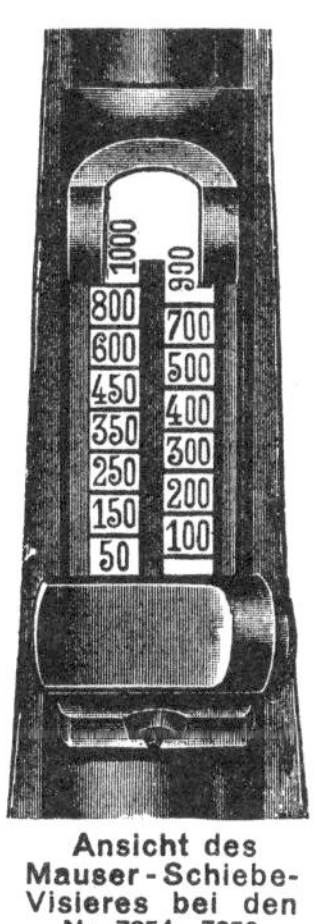

Ansicht des Mauser-Schiebe-Visieres bei den Nr. 7854—7856.

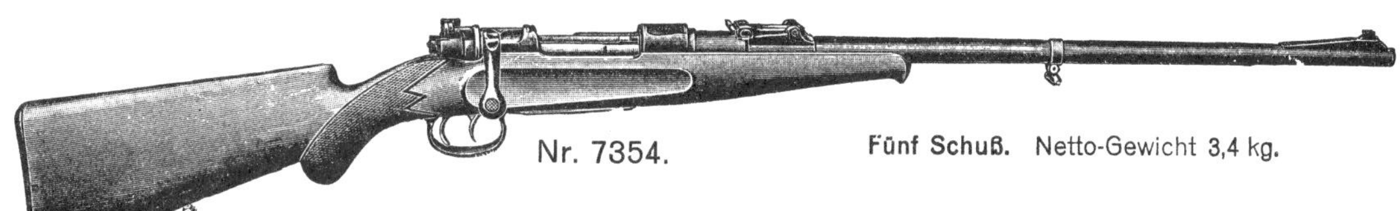

Nr. 7354. **Fünf Schuß.** Netto-Gewicht 3,4 kg.

Nr. 7354. **Allerneueste Streifenlader-Repetier-Pirschbüchse,** Original-System Mauser, Modell 98/1907, fünfschüssig, Kal. 8 und 9 mm für Patronen Modell 88, mit **Blättchenpulver** und Ganz- und **Teilmantelgeschossen, runder prima Krupp-Stahllauf, alle Teile** elegant schwarz **bräuniert,** feiner Pistolengriffschaft mit Backe und feiner Fischhaut, allerbestes Stechschloß, Silberpunktkorn, **gediegene unübertroffene Ausführung. Das Visier ist im Moment von 50 bis 1000 m verstellbar.** Stück **Mk. 137.—**

Nr. 7355. **Genau dieselbe vorzügliche Repetier-Pirschbüchse** wie Modell 7354, also in **gewöhnlicher Länge, jedoch Tropenmodell,** Kal. 9,3 oder 10,75 mm, **Mantelgeschoß** für 3,5 bis 4 g **Blättchenpulver,** für schweres Wild und Dickhäuter ganz besonders geeignet. Stück **Mk. 148.—**

Nr. 7356. Netto-Gewicht ca. 3,1 kg.

Nr. 7356. **Streifenlader-Repetier-Karabiner Modell 98/1907,** aus Original-System Mauser, **in** Kal. 8—9 und 9,3 mm für Patronen Modell 88, **runder prima Stahllauf, alle** Teile **elegant** schwarz **bräuniert, feiner** Pistolengriffschaft, **allerbestes Stechschloß,** Silberpunktkorn, Mauser-Klappenvisier von 50—1000 m, **Ganzschäftung bis zur Mündung,** Länge **ca.** 100 cm. Stück **Mk. 150.—**

Vorstehende Streifenlader-Repetier-Pirschbüchsen werden **auf** Wunsch auch mit einfachem Abzug geliefert sowie in Kal. 6,5 und 7 mm für Patronen Modell 88.

Streifenlader-Repetier-Pirschbüchse Modell 98/1907.

Nr. 7361/7362.

Netto-Gewicht ca. 3,4 kg.

Armee-Modell.

Original-Fabrikat Mauser.

Kal. 8 und 9 mm für Vollmantel- und Teilmantelgeschosse.

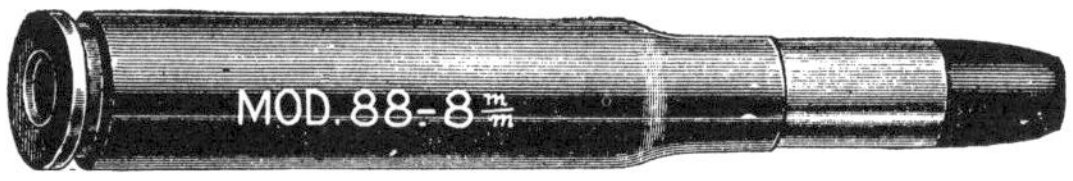

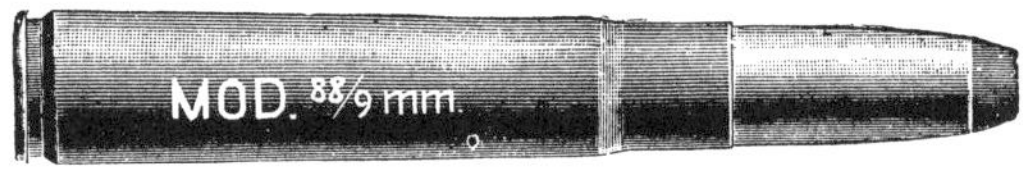

Nr. **7361.** **Repetier-Pirschbüchse,** Mauser, Modell 98/1907, Original-Militär-Modell, Kal. Modell 88×8 mm, extra bester, runder Stahllauf mit Standvisier und Klappe, eingeschossen auf 100 und 200 m, Schloß mit umgebogenem Kammergriff, System elegant schwarz, bester Nußholz-Maserschaft mit Fischhaut. Alle Teile sind aus denkbar bestem Material gefertigt und auf Spezialmaschinen sauber und genau ausgearbeitet, daher ist vorstehende Pirschbüchse eine elegante, zuverlässige und dauerhafte Waffe, **für deren tadellose Funktion und Schußleistung garantiert wird.** Stück **Mk. 85.—**

Nr. **7362.** **Dieselbe Repetier-Pirschbüchse** wie Modell 7361, jedoch eingerichtet für oben abgebildete Patrone Modell 88, Kal. 9 mm, speziell für Tropenjagden auf größere Raubtiere usw. sehr gut geeignet. Stück **Mk. 85.—**

Mannlicher-Schönauer Repetier-Pirschbüchse.

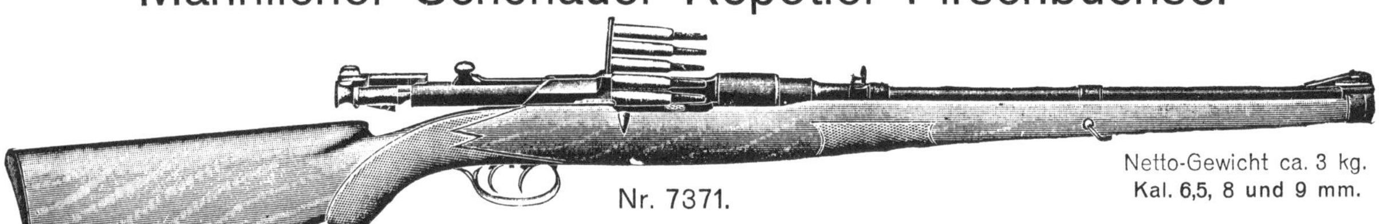

Nr. 7371.

Netto-Gewicht ca. 3 kg.
Kal. 6,5, 8 und 9 mm.

Nr. **7371.** **Mannlicher-Schönauer Repetier-Pirschbüchse,** Kal. 6,5, 8 oder 9 mm für rauchloses Blättchenpulver und Mantelgeschoß, **runder prima Stahllauf** mit Jagdvisierung auf 100—300 m, System mit oder ohne Stecher, bester Nußholzschaft mit Pistolengriff und Backe, Kolbenkappe mit Klappe, Schaft mit Magazin, worin sich ein Putzstock befindet. **Dieser Jagdstutzen ist eine in bezug auf Mechanik, Schußleistung und Wirkung vorzügliche Jagdwaffe.** Original-Fabrikat. Stück **Mk. 165.—**

Besondere Vorteile des Mannlicher-Jagdstutzens sind folgende:

Kein abstehendes Magazin wie bei früheren Modellen; die Patronen liegen kreisförmig um das Achsenstück des Zubringers, wodurch eine schöne, handliche Gewehrform erzielt wird. Die parallele Lagerung der Patronen zur Laufachse und deren absolut sichere, durch die Konstruktion des Zubringers bedingte Führung verhindern mit voller Sicherheit jede Störung. Das Zerlegen und Zusammensetzen der Waffe kann ohne Werkzeug leicht und schnell geschehen. Die Ladung der Büchse resp. Füllung des Magazins erfolgt mittels Ladestreifens wie bei dem deutschen Modell 98.

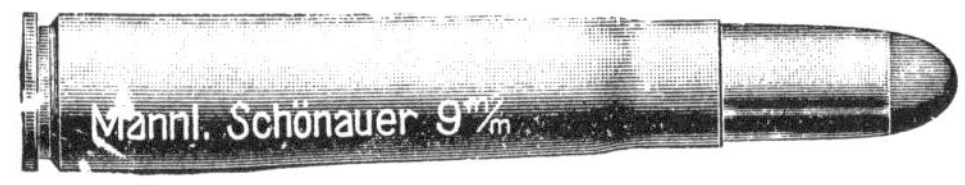

Nr. 8241.	Patrone Kal. 6,5 mm Vollmantel	pro 100 Stück	**Mk. 16.50**
Nr. 8242.	Patrone Kal. 8 mm Vollmantel	pro 100 Stück	**Mk. 17.—**
Nr. 8243.	Patrone Kal. 9 mm Vollmantel	pro 100 Stück	**Mk. 17.50**
	Auf Streifen	pro 100 Stück	**Mk. 2.—** mehr.
	Teilmantelgeschoß	pro 100 Stück	**Mk. 1.—** mehr.

Nachstehendes Tropenvisier kann auf Bestellung auch auf vorgehend angeführte Repetier-Pirschbüchsen aufgepaßt werden und wird der Preis hierdurch erhöht um Stück **Mk. 13.—**

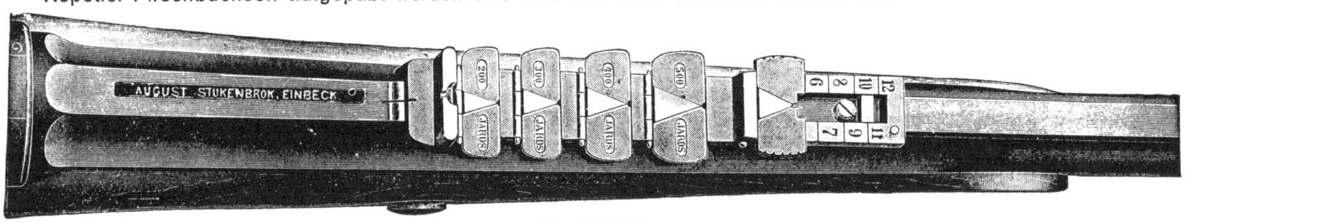

Nr. 7422.

Nr. **7422.** **Tropenvisier,** Standvisier mit vier dahinter liegenden umlegbaren Visierklappen (mit Silberdreieck) für 100—500 m und dahinter liegender Leiter bis 1200 m. Mehrpreis Stück **Mk. 13.—**

Die Einteilungen werden auf Wunsch auch für englische Yards getroffen.

Fernrohrbüchsen.

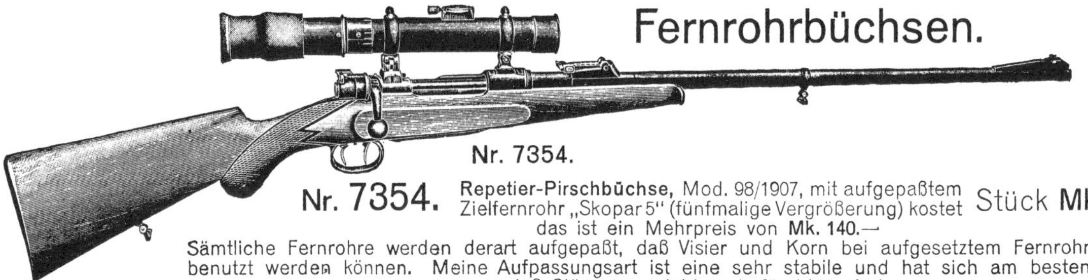

Nr. 7354.

Nr. **7354.** **Repetier-Pirschbüchse,** Mod. 98/1907, mit aufgepaßtem Zielfernrohr „Skopar 5" (fünfmalige Vergrößerung) kostet Stück **Mk. 277.—** das ist ein Mehrpreis von **Mk. 140.—**

Sämtliche Fernrohre werden derart aufgepaßt, daß Visier und Korn bei aufgesetztem Fernrohr ungehindert benutzt werden können. Meine Aufpassungsart ist eine sehr stabile und hat sich am besten bewährt, so daß Störungen nicht zu befürchten sind.

1. Mehrpreis für vorstehende Repetier-Pirschbüchsen mit Zielfernrohr Skopar E, Skopar Beta, Gérard B, Gérard E, „Sirius" mit drei- bezw. zweieinhalbmaliger Vergrößerung . . . . **Mk. 130.—**
2. Mehrpreis bei Skopar 5 oder Gérard C mit fünfmaliger Vergrößerung . . . . **Mk. 140.—**

Andere Zielfernrohre, wie Certar, Visar, Zeiß, zu bekannten Preisen.

Repetier-Pirschbüchsen Modell 88

mit Rahmenladung, fünfschüssig.

Extra prima Qualität. ∴ Tadellose sichere Funktion. ∴ Höchste Schußleistung.

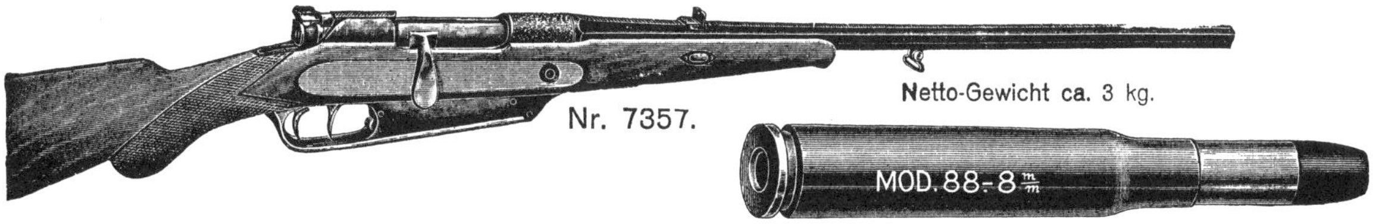

Nr. 7357.

Netto-Gewicht ca. 3 kg.

Nr. **7357.** **Repetier-Pirschbüchse Modell 88, fünfschüssig,** für 8 mm Ganzmantelgeschoß oder Teilmantelgeschoß mit Bleispitze und Blättchenpulver, Mechanismus genau wie das Deutsche Militärgewehr Modell 88, Lauf achtkantig, aus bestem verdichteten Material, mit Büchsenvisier, Standvisier und einer Klappe, bestes Stechschloß, Korn mit Silberpunkt, Schiene mattiert, System mit Sicherung und marmoriert gehärtet, Schaft mit Pistolengriff und Backe. **Diese Gewehre sind garantiert bestes Fabrikat, auf Präzisionsmaschinen hergestellt, daher tadellos funktionierend und vorzüglich eingeschossen.** Stück Mk. 82.—

Nr. **7358.** **Repetier-Pirschbüchse,** genau wie Nr. 7357, jedoch **ganz geschäftet,** Schaft bis zur Mündung. Stück Mk. 95.—

Repetier-Pirschbüchse Modell 88 mit verstellbarem Visier von 50—1000 m.

Nr. 7425.

Spezial-Modell für große Revier- und Ausland-Jagden.

Nr. **7425.** **Repetier-Pirschbüchse Modell 88, fünfschüssig,** wie Nr. 7357, jedoch mit ganz rundem Lauf und verstellbarem Mauser-Klappenvisier von 50—1000 m eingeschossen, Kal. 8—9 oder 9,3 mm für Patrone Modell 88, System mit Druckpunkt-Abzug. Stück Mk. 95.—

Repetier-Pirschstutzen.

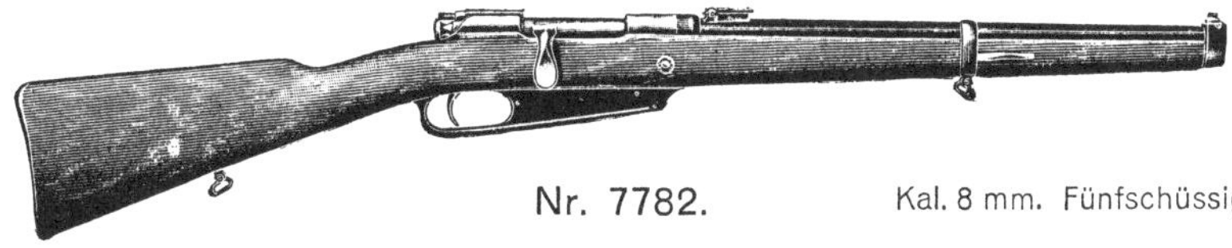

Nr. 7782. Kal. 8 mm. Fünfschüssig.

Nr. **7782.** **Repetier-Pirschstutzen, aus Original-Kavallerie-Karabiner Modell 88** umgearbeitet, Korn mit Silberpunkt, Jagdvisierung, verstellbar bis auf 1000 m, Schaft mit Riemenbügel. Garantiert guter Schuß, beste Funktion, prima Qualität. **Als vorzüglicher leichter Repetier-Pirschstutzen ganz besonders zu empfehlen.** Stück Mk. 44.—

Nr. **7783.** **Repetier-Pirschstutzen,** genau wie Nr. 7782, aber noch mit vorzüglichem Stechschloß. Stück Mk. 50.—

Militärgewehre und Karabiner Modell 88.

Nr. 7780.

Nr. **7780.** **Original-Infanterie-Repetier-Gewehr Modell 88,** Kal. 8 mm (7,9) **fünfschüssig,** prima Qualität, wie neu, tadellos erhalten, ganze Länge ca. 115 cm. Stück Mk. 52.—

Nr. 7781. Kal. 8 mm. Fünfschüssig.

Nr. **7781.** **Original-Kavallerie-Karabiner Modell 88, Kal.** 8 mm, wie solche bei der deutschen Kavallerie im Gebrauch sind. **Beste existierende** Qualität, tadellos erhalten, gut aufgearbeitet. Ganze Länge ca. 95 cm, Laufmantel, Original-Visier, seitliche Riemenbefestigung. **Garantiert guter Schuß und tadellose Funktion,** einschl. Riemen. Stück Mk. 40.—

Repetier-Pirschbüchsen, System Mauser.

Modell 98 und 88 mit darunter liegendem Schrotlauf Kal. 16.

Von vielen Tropenjägern, welche die Repetier-Pirschbüchsen Modell 98 und 88 führen, ist es als ein Bedürfnis empfunden worden, im Bedarfsfalle einen Schrotschuß zur Verfügung zu haben. Durch nachfolgende beiden Modelle ist das Gesuchte gefunden, indem die Repetierbüchsen mit einem darunter liegenden Schrotlauf Kal. 16 derart vereint sind, daß die Anwesenheit desselben den Repetiermechanismus in keiner Weise beeinträchtigt und auch das Gewicht des Gewehres kaum vermehrt. Der Schrotlauf wird durch einen mit Horn umkleideten Hebel geöffnet, indem er seitwärts hinausschwingt. Der Verschluß ist ein durchaus durabler und gestattet die Verwendung vorschriftsmäßig geladener Jagdpatronen mit rauchlosem Pulver. Links neben dem Schloß befindet sich der Hahn, welcher durch den vorderen Abzug bedient wird. Für vorzügliche Schußleistung übernehme ich jede Garantie.

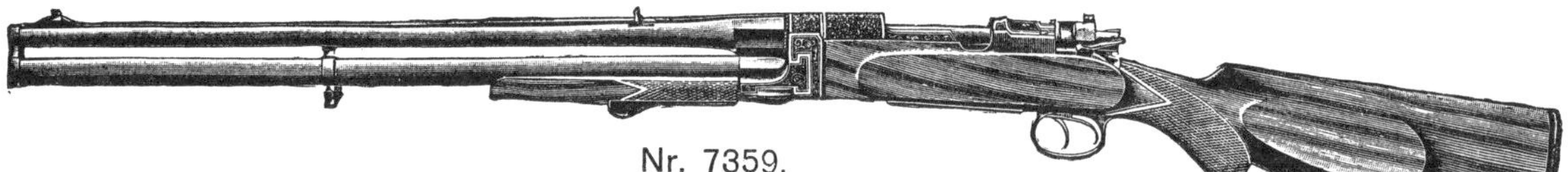

Nr. 7359.

Nr. 7359. **Repetier-Pirschbüchse,** Mauser, Modell 98, Kal. 8 mm, mit untenliegendem Schrotlauf Kal. 16, sonst genau so ausgestattet wie die beliebten Streifenlader-Gewehre, mit feinem Pistolengriffschaft, mattiertes System, marmoriert gehärtet, im übrigen wie oben beschrieben, bestes Fabrikat. Stück **Mk. 290.—**

Nr. 7360. **Repetier-Pirschbüchse,** Mauser, Modell 88 (Rahmenlader), genau wie Modell 7359 ausgeführt, also mit untenliegendem Schrotlauf Kal. 16, im übrigen gearbeitet nach der auf Seite 71 abgebildeten Büchse Nr. 7357. Stück **Mk. 230.—**

Neu! D. R. G. M. angem. Fünfschüssige Schonzeit-Repetierbüchse D. R. G. M. angem. Neu!

für randlose Patrone Kal. 5,6×33,5 für rauchhloses Pulver und Kupfermantelgeschoß.

Nr. 7326.

Gewicht 2 kg.

Natürl. Größe.

Nr. 8249. **Patrone.** Kal. 5,6×33,5 mm, rauchlos mit Kupfermantelgeschoß. 100 Stück **Mk. 10.—**

Nr. 7326. **Schonzeit-Repetierbüchse** mit Mauser-Verschluß, fünfschüssig, eingerichtet für randlose Patrone Kal. 5,6×33,5 mm für rauchloses Pulver und Kupfermantel-Geschoß, **bester Gußstahllauf** mit Standvisier mit Klappe und Korn mit Silberpunkt, System präzis in allen Teilen ausgearbeitet, mit Flügelsicherung, doppelzüngiges Stechschloß, schöner Pistolengriffschaft mit Backe und Fischhaut, Eisenteile fein schwarz bräuniert, hervorragendste Schußleistung. **Eine sehr gefällige und handliche Büchse, die allseitig Anklang findet.** Stück **Mk. 84.—**

Mit Herausgabe vorstehender Schonzeit-Repetierbüchse ist einem längst vorhandenen Bedürfnis entsprochen worden.

Original-Infanterie-Gewehr, Modell 98, Kal. 8 mm.

Nr. 7364.

Nr. 7364. **Original-Infanterie-Gewehr** Modell 98, Kal. 8 mm (=7,9 mm) **allerneuestes Militärgewehr,** wie solches bei der deutschen Armee jetzt zur Einführung gelangt ist, **Original-Fabrikat Mauser,** aus bestem Material vollständig auf Präzisionsmaschinen hergestellt, genau eingeschossen, Schaft in Pistolengriff-Form, ein Handschutz aus Holz über dem Lauf ermöglicht das Anfassen, auch wenn dieser durch Schnellfeuer erhitzt ist, neues verbessertes Visier. Stück **Mk. 100.—**

Automatische „Browning"-Büchse, Kal. 9 mm.

Selbstlader. ∴ Fünfschüssig.

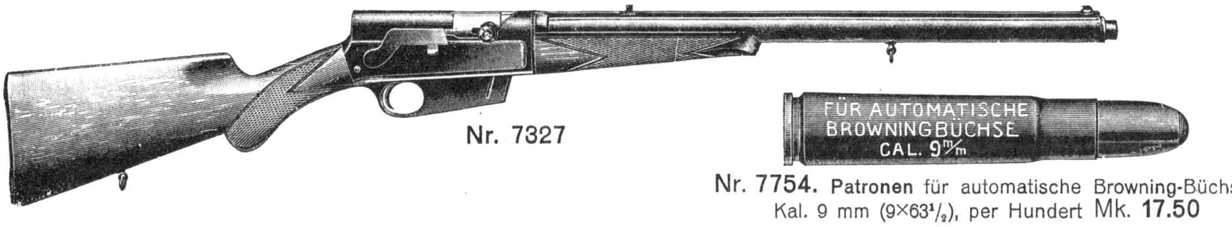

Nr. 7327

Nr. 7754. **Patronen** für automatische Browning-Büchse, Kal. 9 mm (9×63½), per Hundert **Mk. 17.50**

Nr. 7327. **Automatische „Browning"-Büchse der Fabrique Nationale, Kal. 9 mm** (amerik. 35) nach dem System der automatischen Browning-Flinten gearbeitet, gut balanciert, Gewicht ca. 3,750 kg, ganze Länge 1050 mm. Schaft mit Pistolengriff. Das Gehäuse ist nach hinten geschlossen und gewährleistet dem Schützen die größte Sicherheit gegen ausströmende Gase. Das Magazin faßt 5 Patronen. Anfangsgeschwindigkeit des Geschosses 663 Meter-Sekunden, Durchschlagskraft auf 25 Meter 188 mm Tannenholz. Ein Stahlplatte von 3,5 mm wird auf 25 Meter durchgeschlagen und das Geschoß dringt dann noch 109 mm tief in Tannenholz. Die Flugbahn ist eine sehr gestrekte. **Ausgezeichnete Hochwildbüchse.** Ausführliche Broschüren stehen zu Diensten. **Original-Fabrikpreis** Stück **Mk. 175.—**

Moderne Waffen ▪ Munition ▪ Jagdgeräte

AUGUST STUKENBROK, EINBECK

Anerkannt leistungsfähiges Etablissement dieser Branche

Ganz automatischer Jagd-Karabiner,

System Clement-Neumann.

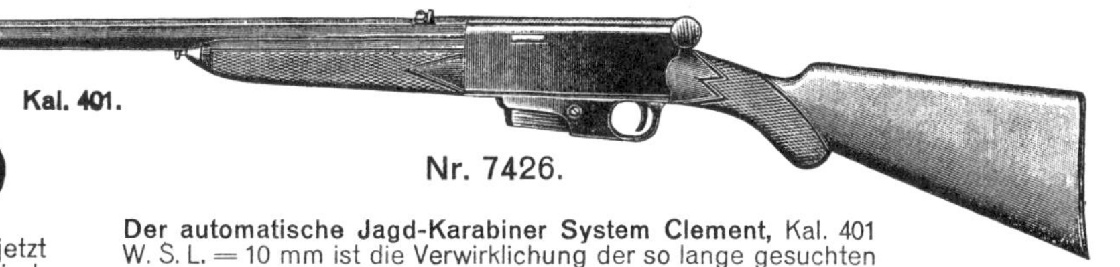

Kal. 401.

Nr. 7426.

Nr. 7427. Stärkste Patrone, die bis jetzt für ganz automatische Büchsen existiert. Patrone mit 200 Grainkugeln.

Der automatische Jagd-Karabiner System Clement, Kal. 401 W. S. L. = 10 mm ist die Verwirklichung der so lange gesuchten automatischen **Jagd-Kugelbüchse für die Hoch- und Großwildjagd.** Ca. 3,5 kg wiegend, hat diese Waffe eine vorzügliche Balance, wie dies für ein schnelles und sicheres Schießen unbedingt erforderlich ist. Anfangsgeschwindigkeit und Rasanz sind verblüffend und noch von keiner anderen automatischen Repetierbüchse erreicht worden. **Dieses System ist durch seinen feststehenden Lauf und seine momentane vorzügliche Verriegelung des Verschlusses allen anderen Systemen mit gleitendem Laufe weit überlegen. Alle Einzelheiten dieser Waffe,** mit deren Herstellung und Vervollkommnung der Erfinder sich schon jahrelang beschäftigte, **sind mit der peinlichsten Sorgfalt ausgearbeitet** und hat man hierzu **das denkbar beste Material verwendet. Die Einfachheit des Mechanismus gestattet das Auseinandernehmen ohne jedes Werkzeug, wodurch auch eine bequeme Reinigung ermöglicht wird,** ein Umstand, welcher bei automatischen Waffen, speziell Kugelgewehren, von welchen doch eine Gleichmäßigkeit des Schusses verlangt wird, von unschätzbarem Werte ist.

Nr. 7426. **Automatische Repetier-Kugelbüchse,** Kal. 401 W. S. L. = 10 mm fünfschüssig, Stahllauf mit denkbar besten Zügen versehen und guillochiert, Visier mit Klappe, Silberpunktkorn, Riemenbügel, Garnitur schwarz, Pistolengriffschaft mit Fischhaut, Holzvorderschaft, ganze Länge 108 cm, eingeschossen auf 100 und 200 m, andere Entfernungen auf Wunsch. Stück Mk. 150.—

Ausführliche Beschreibung über die Handhabung dieser Waffe wird jeder Büchse umsonst beigegeben.

Nr. 7427. **Winchester-Patrone,** Kal. 401, rauchlos, mit Ganz- oder Teilmantel-Geschoß mit 200 Grainkugeln. 100 Stück Mk. 20.—

Deutscher Selbstlade-Karabiner „Dreyse" Modell 1907.

D. R. P. 185411. D. R. P. 185411.

Neu!

Länge 950 mm, Gewicht 2,240 kg.

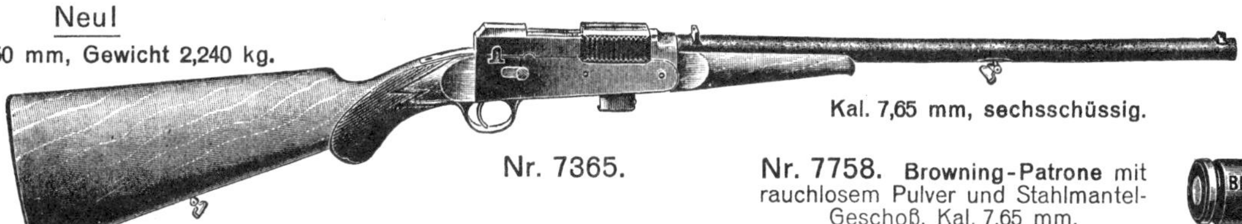

Kal. 7,65 mm, sechsschüssig.

Nr. 7365.

Nr. 7758. **Browning-Patrone** mit rauchlosem Pulver und Stahlmantel-Geschoß, Kal. 7,65 mm.

Nr. 7365. **Selbstlade-Karabiner „Dreyse" Modell 1907,** einfache, aber dauernd gut funktionierende Konstruktion, massives Verschlußstück, Lauf zum Aufklappen, daher sehr bequeme Reinigung, eingerichtet für Browning-Patrone, Kal. 7,65 mm. **Das Magazin faßt** 6 Patronen und ist leicht auswechselbar, Sicherung an der Seite, feiner Nußbaumschaft mit Pistolengriff, feiner Fischhaut und Backe. **Vorzügliche Schußleistung, beste Durchschlagskraft. Als sicheres Schonzeitgewehr und Schutzwaffe sehr zu empfehlen.** Stück Mk. 70.—

Amerikanische Repetier-Büchsen „Savage".

Die „Savage"-Büchse ist eine einläufige Repetier-Büchse ohne Hahn für 6 Schuß Kal. 7,7 mm, welche sich bereits gut eingeführt hat. Die Handhabung ist eine sehr einfache, das Repetieren geschieht ohne abzusetzen im Anschlage, und können die Schüsse so schnell wie bei einem Doppelgewehr nach einiger Uebung erfolgen. Funktion, Dauerhaftigkeit und Schußpräzision sind vorzüglich.

Modell 1899. Kal. 7,7 mm.

Nr. 7370.

Nr. 7370. **Savage-Büchse,** Modell 1899, Kal. 7,7 mm, sechsschüssig, runder Lauf mit Keilkorn und verstellbarem Visier, Lauflänge 65—66 cm. Gewicht ca. 3,5 kg. Stück Mk. 105.—

Nr. 7428.

Ein Kaliber für alle Jagdzwecke.

Ein und dieselbe Savage-Büchse faßt alle verschiedenen Patronen ohne Aenderung an der Büchse.

Savage-Patronen Kal. 303, für vorstehende Büchse Nr. 7370 passend und zwar:

Nr. 7428. **Patrone Kal. 303,** geladen mit 1,8 g rauchlosem Blättchenpulver und Ganz- oder Teilmantel-Geschoß für Rot- und Schwarzwild, Rehbock usw. 100 Stück Mk. 20.—

Nr. 7429. **Patrone Kal. 303,** geladen mit 0,5 g rauchlosem Blättchenpulver und kurzem Hartbleigeschoß, bestgeeignet für Raubzeug, Birkwild usw. 100 Stück Mk. 18.—

Zum Wiederladen der Hülsen ist 1 g Rottweiler Blättchenpulver zu verwenden.

Geschosse allein zu diesen Patronen kosten für starke Patronen 100 Stück **Mk. 6.—**, für schwache Patronen 100 Stück **Mk. 3.—**

Ganz automatische Winchester-Repetier-Büchsen.

Die ganz automatischen Winchester-Repetier-Büchsen sind nach denselben Prinzipien konstruiert, wie alle modernen Selbstlader, und haben dieselben infolge ihrer bewährten und gediegenen Ausführung beispiellose Erfolge gehabt. Die Handhabung ist äußerst einfach. Nachdem die erste Patrone durch einfaches Zurückdrängen des im Vorderschaft befindlichen Stahlstockes in den Lauf eingeführt ist, bewirkt der Rückstoß nach der Entzündung das Herausspringen der abgeschossenen Hülse und die Einführung einer neuen Patrone, wodurch die Büchse wieder gespannt und schußfertig ist und nur des Abdrückens bedarf. Zwecks bequemer Reinigung läßt sich Lauf mit Gehäuse durch das Lösen der Schraube am Kasten leicht vom Schaft abnehmen.

Nr. 7366.

Nr. 7430. **Patrone Kal. 22**, automatic.
100 Stück Mk. 2.80

Nr. 7366. **Ganz automatische Winchester-Repetier-Büchse Modell 1903**, zehnschüssig, für Patronen Winchester H 22 automatic, rauchlos. Die Patrone wird durch eine seitliche Oeffnung am Schaft eingeführt, welche durch eine von der Schaftkappe aus in den Schaft führende Feder in das Magazin gedrückt wird, wodurch die Waffe schußbereit ist. Ganze Länge ca. 95 cm. Gewicht ca. 2,5 kg. Mit diesem Büchschen werden großartige Erfolge erzielt, und jeder Jäger, der diese Waffe einmal gesehen und probiert hat, ist voll des Lobes über die tadellose Funktion und Schußleistung. Auf bewegliches Wild, wie Enten, Gänse und kleine Tiere, sehr zu empfehlen. Stück **Mk. 85.—**

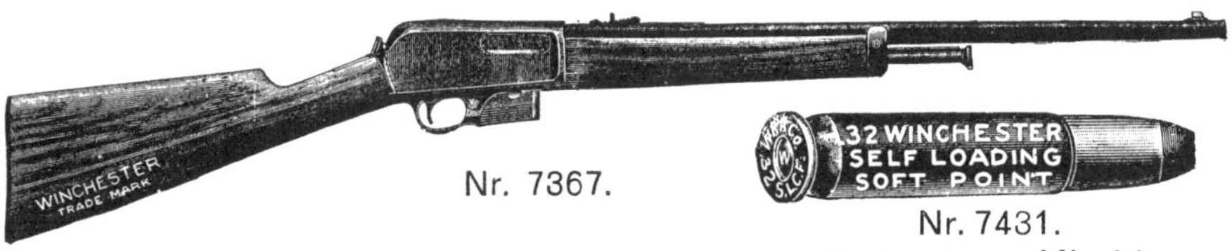

Nr. 7367.

Nr. 7431.
100 Stück Patronen Mk. 14.—

Nr. 7432.
100 Stück Patronen Mk. 15.—

Nr. 7367. **Ganz automatische Winchester-Repetierbüchse Modell 1905**, sechsschüssig, mit verstellbarem Winchester-Treppen-Visier, Neusilberkorn, 3,4 kg schwer, prima runder Stahllauf, 56 cm lang, ganze Länge ca. 1 m, feiner Nußbaumschaft mit Hornkappe, Sicherung durch Druckknopf am Bügel, **für rauchlose Patronen Kal. 32 S L C F** mit Ganz- oder Teilmantelgeschossen. Enorme Durchschlagskraft, vorzüglich auf Rehwild geeignet. Stück **Mk. 100.—**

Nr. 7368. **Die gleiche automatische Winchester-Repetier-Büchse** wie Modell 7367, **jedoch für die größere Patrone Kal. 35 S L C F eingerichtet**, mit Ganz- oder Teilmantelgeschossen. Stück **Mk. 100.—**

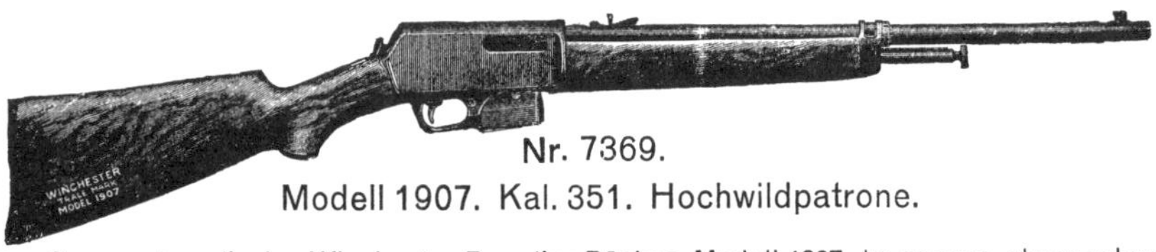

Nr. 7369.
Modell 1907. Kal. 351. Hochwildpatrone.

Nr. 7433.
100 Stück Patronen Mk. 16.—

Nr. 7369. **Ganz automatische Winchester-Repetier-Büchse Modell 1907**, im ganzen etwas schwerer und kräftiger als Modell 7368 ausgeführt, ca. 3,5 kg schwer, bester Nußbaumschaft mit Pistolengriff und Hornkappe, für oben abgebildete Hochwildpatrone Kal. 351, rauchlos, eingerichtet für Ganz- und Teilmantelgeschosse. Vorzüglich geeignet für Hoch- und Schwarzwild. Stück **Mk. 108.—**

Letzte Neuheit!

Nr. 7424.
Modell 1910. Kal. 401. Fünfschüssig.

Nr. 7427.
100 Stück Patronen Mk. 20.—

Nr. 7424. **Ganz automatische Winchester-Repetier-Büchse Modell 1910**, Kal. 401, fünfschüssig, **Lauf aus bestem Nickelstahl**, rund und ca. 50 cm lang, leicht abnehmbar, mit verstellbarem Visier, Schaft aus bestem Nußbaumholz mit Pistolengriff. Die sehr starke rauchlose Patrone Kal. 401, mit Ganz- oder Teilmantel-Geschoß mit 200 Grain-Kugeln, entwickelt eine Anfangsgeschwindigkeit von 2412 engl. Fuß per Sekunde und hat eine Durchschlagskraft, die den modernen Armeepatronen gleichkommt. Gewicht der Büchse ca. 3,7 kg. Stück **Mk. 120.—**

Aufsteckbacke für Fernrohrbüchsen.

D. R.-G.-M.

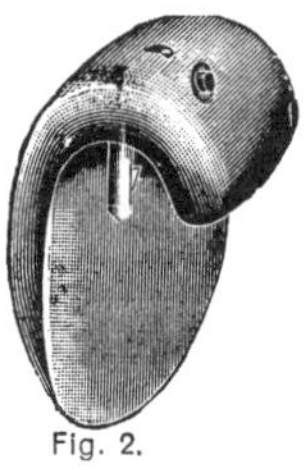

Fig. 2.

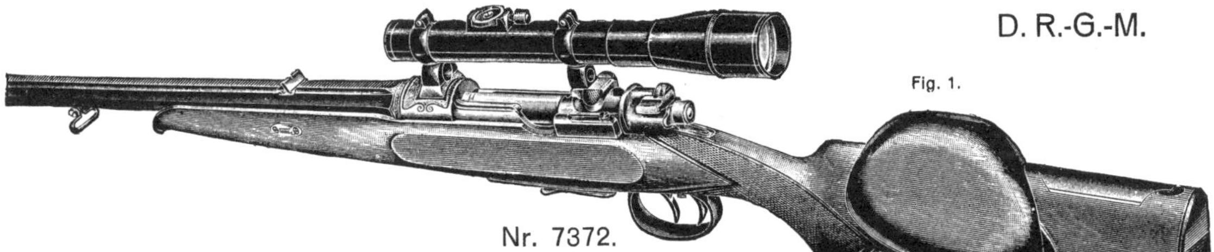

Fig. 1.

Nr. 7372.

Die vorstehenden Abbildungen zeigen die neue geschützte Aufsteckbacke. Fig. 1 zeigt die Backe fertig aufgepaßt. Fig. 2 dieselbe in Seitenansicht. Man sieht aus diesen Zeichnungen, wie einfach die ganze Festhaltung und Abhebung der Backe ist, denn ein einziger Druck auf den seitlich angebrachten Druckknopf genügt, um die Aufsteckbacke aufzusetzen oder abnehmen zu können. Die Aufsteckbacke ist nicht nur einfach konstruiert, sondern auch elegant und handlich gearbeitet. Zur Aufmontierung dieser Backe ist das betreffende Gewehr und Fernrohr erforderlich. Preis der Aufsteckbacke im Rohen Stück **Mk. 15.—**

Zielfernrohre und deren Vorzüge.

Das Zielfernrohr ist heute dem Jäger ein unentbehrliches Hilfsmittel geworden, weil solches dem Auge ermöglicht, den Visierpunkt und das Ziel, also den Wildkörper, gleich scharf und deutlich zu sehen. Bei ungünstiger Beleuchtung kam es seither sehr oft vor, daß Fehlschüsse infolge Zielfehler vorkamen, die jedoch jetzt bei Gebrauch eines Zielfernrohres gänzlich fortfallen. **Um nun auch den Ansprüchen der Kurz- und Weitsichtigen zu genügen, ist bei sämtlichen Zielfernrohren eine Vorrichtung getroffen, welche ein Scharfeinstellen für jedes Auge ermöglicht.** Das Aufpassen der Zielfernrohre **muß sehr sorgfältig geschehen**, weshalb ich diese Arbeit auch von dem geschicktesten Fernrohr-Monteur ausführen lasse. Das Einschießen erfolgt durch besondere Schießmeister auf das gewissenhafteste, so daß ich für hervorragende Schußleistung die weitgehendste Garantie übernehme. **Sämtliche Fernrohre montiere ich mit durchbrochenen Füßen, so daß man trotz des aufgesetzten Zielfernrohres auch noch über Visier und Korn zielen kann.** Die Fernrohrfüße sind mit **doppeltem Eintritt** und Schieberverschluß versehen, die sich schon seit langen Jahren gut bewährt haben und ein Lockern selbst beim Gebrauch stärkster Ladung nicht zulassen.

Voigtländer-Zielfernrohre „Skopar".

Zielfernrohre der Firma **Voigtländer & Sohn** sind wegen ihrer Vorzüglichkeit weltbekannt. Die Haupteigenschaften sind:

1. **Augenabstand von mindestens 8 cm,** der eine Beschädigung des Schützen infolge Rückstoß unmöglich macht.
2. Großes Objektiv, deshalb **außerordentliche Lichtstärke,** die ein sicheres Abkommen in später Dämmerung ermöglicht.
3. Großes Okular, deshalb **großes Gesichtsfeld.**
4. **Einstellbarkeit des Okulars für jedes Auge.**
5. Fehlen von Umkehrprismen, infolgedessen **große Feinheit der Schärfe** und Brillanz des Bildes.
6. Rein weiße Gläser, deshalb auch **helles ungefärbtes Gesichtsfeld.**
7. **Große Widerstandsfähigkeit gegen Druck und Stoß, sowie sichere Befestigung der Linsen in den Fassungen.**
8. **Niemals rostende und unverrückbare Abkommen.**
9. Die **Elevationsschrauben** sind sehr sorgfältig geschnitten **und haben keinen toten Gang.**
10. Dauerhafte und sorgfältige **Lackierung.**

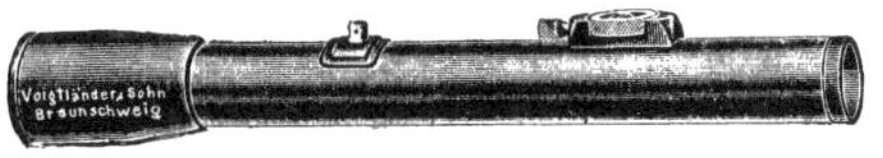

Nr. **7440.** **Zielfernrohr „Skoparette",** 2,5× Vergrößerung. Gesichtsfeld auf 100 m = 10 m, Objektivöffnung 16 mm, Länge 225 mm, Gewicht 175 g. **Original-Fabrikpreis** Stück **Mk. 95.—**

Fertig aufgepaßt mit durchbrochenen Füßen und exakt eingeschossen auf zwei Entfernungen. Stück **Mk. 125.—**

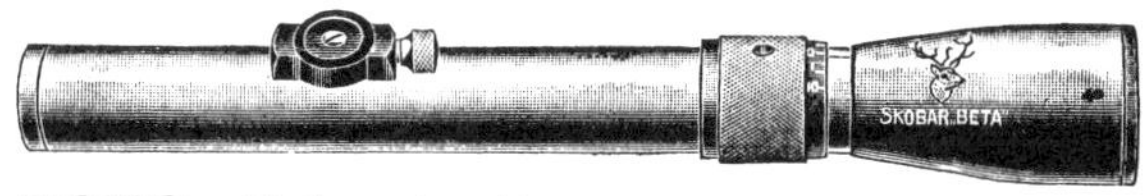

Nr. **7376.** **Zielfernrohr „Skopar Beta",** 2,5× Vergrößerung. Gesichtsfeld auf 100 m = 16 m, Objektivöffnung 18 mm, Länge 284 mm, Gewicht 420 g. **Original-Fabrikpreis** Stück **Mk. 100.—**

Fertig aufgepaßt mit durchbrochenen Füßen und exakt eingeschossen auf zwei Entfernungen. Stück **Mk. 130.—**

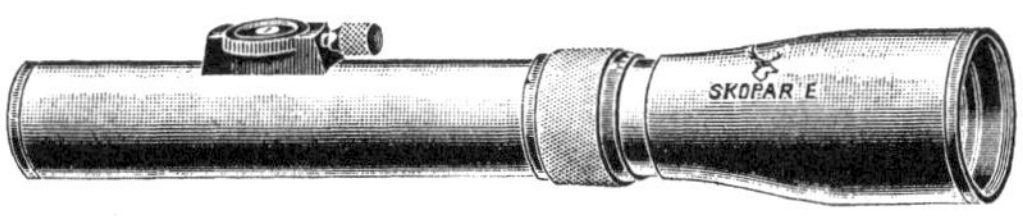

Nr. **7441.** **Zielfernrohr „Skopar E",** 3× Vergrößerung. Gesichtsfeld auf 100 m = 15,5 m, Objektivöffnung 18 mm, Länge 254 mm, Gewicht 400 g. **Original-Fabrikpreis** Stück **Mk. 100.—**

Fertig aufgepaßt mit durchbrochenen Füßen und exakt eingeschossen auf zwei Entfernungen. Stück **Mk. 130.—**

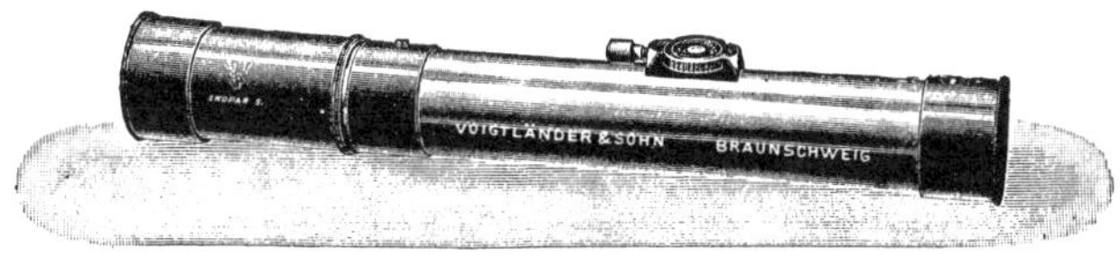

Nr. **7377.** **Zielfernrohr „Skopar 5",** 5× Vergrößerung. Gesichtsfeld auf 100 m = 9,2 m, Objektivöffnung 30 mm, Länge 298 mm, Gewicht 525 g. **Original-Fabrikpreis** Stück **Mk. 110.—**

Fertig aufgepaßt mit durchbrochenen Füßen und exakt eingeschossen auf zwei Entfernungen. Stück **Mk. 140.—**

Nr. **7378.** **Zielfernrohr „Skopar 8", schwarz bräuniert.** 8× Vergrößerung. Gesichtsfeld auf 100 m = 6 m, Objektivöffnung 34 mm, Länge 350 mm, Gewicht 655 g. **Original-Fabrikpreis** Stück **Mk. 125.—**

Fertig aufgepaßt mit durchbrochenen Füßen und exakt eingeschossen auf zwei Entfernungen. Stück **Mk. 160.—**

„Oigee"-Zielfernrohre.

Vorzüge: **Weites Sehfeld, große Helligkeit, geringes Gewicht und kleinste Abmessungen, unbedingte Solidität und Zuverlässigkeit, unverrückbare Abkommen, Lederdeckel, Augenabstand 8 cm.**

Nr. **7379.** **Zielfernrohr „Oigee 2¾",** 2¾× Vergrößerung. Gesichtsfeld auf 100 m = 17 m, Objektivöffnung 17 mm, Länge 305 mm, Gewicht 400 g. **Original-Fabrikpreis.** Stück **Mk. 85.—**

Fertig aufgepaßt mit durchbrochenen Füßen und exakt eingeschossen auf zwei Entfernungen. Stück **Mk. 115.—**

Nr. **7442.** **Zielfernrohr „Oigee 5",** 5× Vergrößerung. Gesichtsfeld auf 100 m = 9,5 m, Objektivöffnung 23 mm, Länge 310 mm, Gewicht 500 g. **Original-Fabrikpreis** Stück **Mk. 95.—**

Fertig aufgepaßt mit durchbrochenen Füßen und exakt eingeschossen auf zwei Entfernungen. Stück **Mk. 125.—**

Alle Skopare werden mit einem der nebenstehend abgebildeten Abkommen, je nach Wunsch des Bestellers, zu obigen Preisen, versehen. (Einzelpreis bei nachträglichem Einsetzen ist Stück Mk. 3.—)

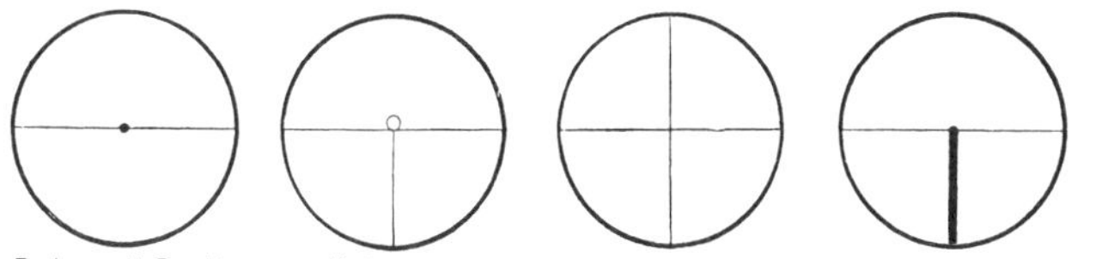

Faden mit Punkt. Halbkreuz. Ganzkreuz. Nadelkreuz.

Folgende Abkommen bedingen bei **Neulieferungen** damit bestellter Skopare die darunter vermerkten **Mehrpreise:**

Fig. 1. Fig. 2. Fig. 3. Fig. 4. Fig. 5. Fig. 6.

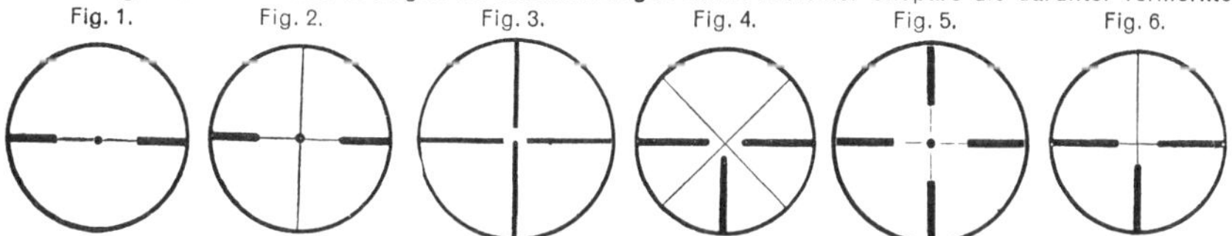

Mk. 5.— **Mk. 6.—** D. R.-G.-M. Nr. 198465. **Mk. 8.—** **Mk. 8.—** **Mk. 10.—** **Mk. 10.—**

Bei **nachträglichem Einsetzen** eines dieser letztskizzierten Abkommen statt eines vorhandenen oder beschädigten tritt zu vorgenannten Preisen ein weiterer Aufschlag von Stück **Mk. 3.—**

Sämtliche Skopare und Skoparetts, Beta, E, 5 und 8 werden, wenn nicht anders bestellt, bräuniert geliefert.

Nachträgliche oder **Neu-Bräunierung** kostet Stück **Mk. 4.—**

Nachträgliche oder **Neu-Lackierung** kostet Stück **Mk. 3.—**

Gleichfalls liefere ich noch **jede andere Marke in Zielfernrohren wie Fuess, Zeiss, Hensold, Gérard usw. zu Original-Fabrikpreisen**

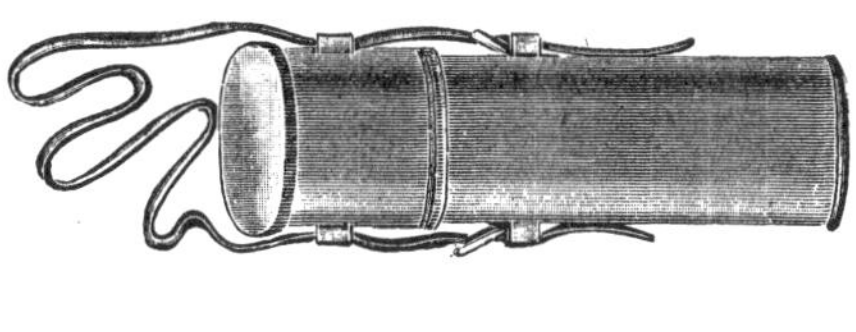

Fernrohr-Futterale mit Tragriemen.

Nr. **7374.** **Fernrohr-Futteral,** oval gearbeitet, aus braunem Rindleder, sehr stabil und widerstandsfähig, 26—28 cm lang, ca. 7 cm Durchmesser, für Skopar B passend. Stück **Mk. 5.50**

Nr. **7375.** **Fernrohr-Futteral,** wie vorstehend, aber größer, für Skopar 5 passend. Stück **Mk. 6.—**

Scheiben-Büchsen.

Beste Präzisionsarbeit. ∴ Extra prima Qualität. ∴ Hervorragende Schußleistung.

Meine Scheibenbüchsen werden mit den bewährtesten Verbesserungen der Neuzeit unter größter Sorgfalt und aus besten Materialien genau nach den Satzungen des Deutschen Schützenbundes zusammengestellt. **Die Bearbeitung des Schloßwerkes, des Laufinnern und des Verschlusses geschieht unter schärfster Kontrolle,** und daraus erklärt sich auch, **daß sich meine Büchsen der denkbar besten Beliebtheit erfreuen. Die Schußresultate meiner Scheibenbüchsen sind bekannt hervorragend, das Aeußere hochelegant** und **vornehm und meine Preise anerkannt niedrig,** was Sie bei einem Vergleich mit Listen der Konkurrenz bestätigt finden. Sämtliche Scheibenbüchsen, selbst die billigsten Modelle, werden nach den Vorschriften der Deutschen Schützengilde auf 100, 175 und 300 m präzis bei Ziel (Spiegel) aufsitzend eingeschossen, und übernehme ich bei Verwendung richtig geladener Patronen volle Garantie für vorzüglichen Schuß. Die Stellung des Visiers wird durch entsprechende Markierstriche mit Distanzzahl angedeutet. Alle meine Scheibenbüchsen sind für die Normal-Patrone 8,15×46,5 mm eingerichtet und mit 2 g Naßbrand-Scheibenpulver oder 0,9 g rauchloses Troisdorfer, Haslocher oder Rottweiler Korn- resp. Blättchenpulver und Bleigeschoß auf obige Distanzen eingeschossen.

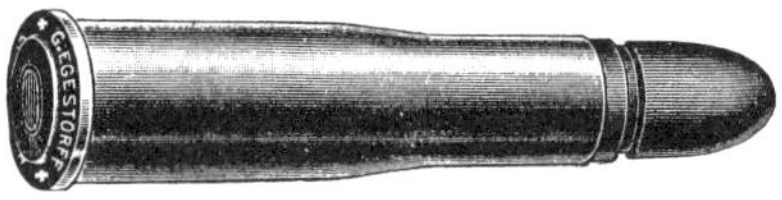

Nr. 8261. Patronen. Kal. 9,5×47 mm. 100 Stück **Mk. 9.—**
Nr. 8262. Leere Hülsen. Kal. 9,5×47 mm. 100 Stück **Mk. 6.60**

Nr. 8259. Patronen. Kal. 8,15×46,5 mm. 100 Stück **Mk. 8.—**
Nr. 8260. Leere Hülsen. Kal. 8,15×46,5 mm. 100 Stück **Mk. 6.—**

Deutsche Schäftung.

Gangbarstes Kaliber für Scheibenbüchsen.

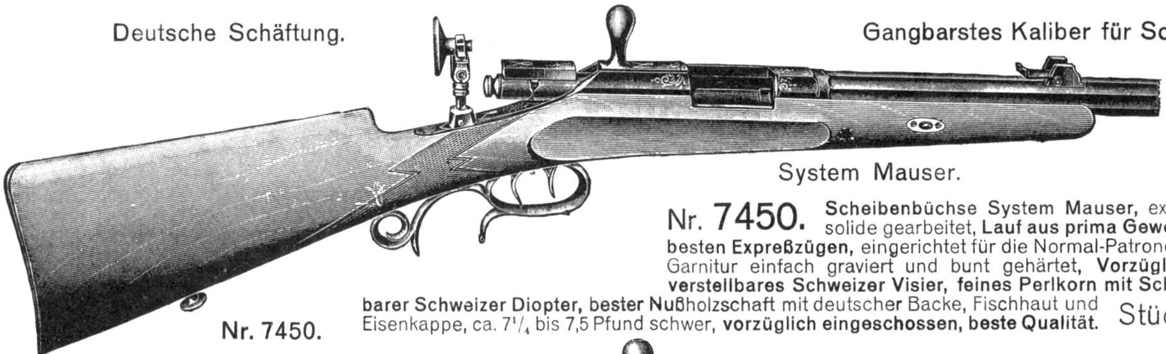

System Mauser.

Nr. 7450.

Nr. 7450. Scheibenbüchse System Mauser, extra kräftig und sehr solide gearbeitet, **Lauf aus prima Gewehrlaufgußstahl,** mit **besten Expreßzügen,** eingerichtet für die Normal-Patrone Kal. 8,15×46,5 mm, Garnitur einfach graviert und bunt gehärtet, **Vorzügliches Stechschloß, verstellbares Schweizer Visier, feines Perlkorn mit Schutzhülse, abnehmbarer Schweizer Diopter, bester Nußholzschaft** mit deutscher Backe, Fischhaut und Eisenkappe, ca. 7¼ bis 7,5 Pfund schwer, **vorzüglich eingeschossen, beste Qualität.** Stück **Mk. 46.—**

Schweizer Schäftung.

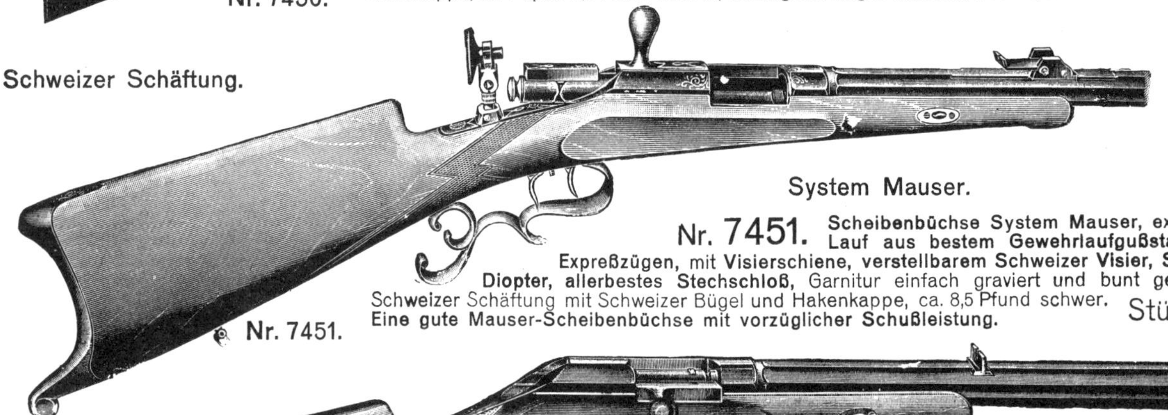

System Mauser.

Nr. 7451.

Nr. 7451. **Scheibenbüchse System Mauser, extra stark gearbeitet, Lauf aus bestem Gewehrlaufgußstahl, mit allerbesten Expreßzügen,** mit **Visierschiene, verstellbarem Schweizer Visier, Schweizer Korn** und **Diopter, allerbestes Stechschloß,** Garnitur einfach graviert und bunt gehärtet, extra starke Schweizer Schäftung mit Schweizer Bügel und Hakenkappe, ca. 8,5 Pfund schwer. **Eine gute Mauser-Scheibenbüchse mit vorzüglicher Schußleistung.** Stück **Mk. 52.—**

Nr. 7444 u. 7445.

Schwere Mauser-, Stern-, Vogel- oder Standbüchsen

für Kal. 20, 16, 24, 28 oder 32 liefere ich auf feste Bestellung in kürzester Zeit. In Kal. **20** halte ich jedoch einige Stück immer fertig auf Lager, so daß ich damit sofort dienen kann.

Nr. 7444. Der Preis ist bei einem Gewicht von ca. 7 kg Stück **Mk. 80.—**
Nr. 7445. Der Preis ist bei einem Gewicht von ca. 9 kg Stück **Mk. 90.—**

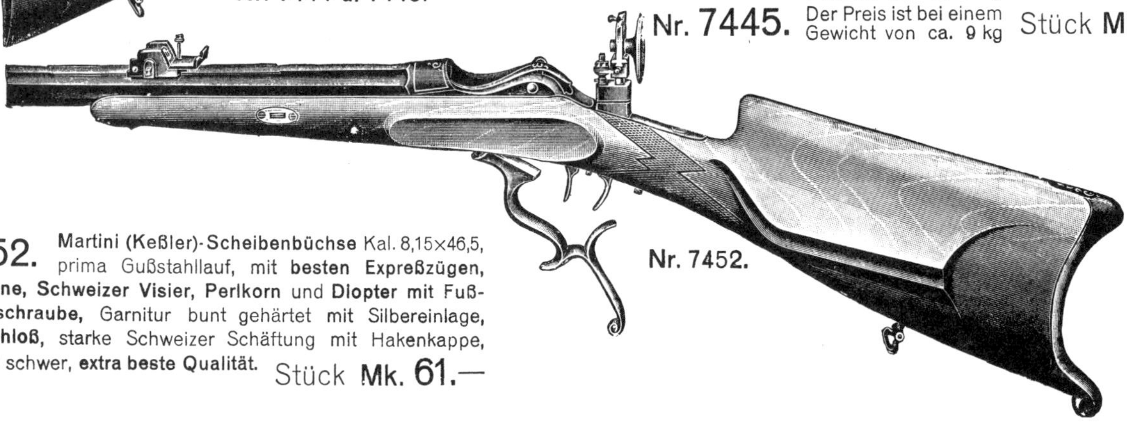

Nr. 7452.

Nr. 7452. **Martini (Keßler)-Scheibenbüchse** Kal. 8,15×46,5, prima Gußstahllauf, mit **besten Expreßzügen, Visierschiene, Schweizer Visier, Perlkorn** und **Diopter mit Fuß- und Steigschraube,** Garnitur bunt gehärtet mit Silbereinlage, **ff. Stechschloß,** starke Schweizer Schäftung mit Hakenkappe, ca. 9 Pfund schwer, **extra beste Qualität.** Stück **Mk. 61.—**

Extraanfertigungen werden ganz nach den Wünschen meiner Auftraggeber ausgeführt.

Moderne Waffen ▪ Munition ▪ Jagdgeräte

AUGUST STUKENBROK, EINBECK

Anerkannt leistungsfähiges Etablissement dieser Branche

Scheibenbüchsen, System Martini.

Hervorragende Qualität.

Unerreicht in Schußleistung und Funktion.

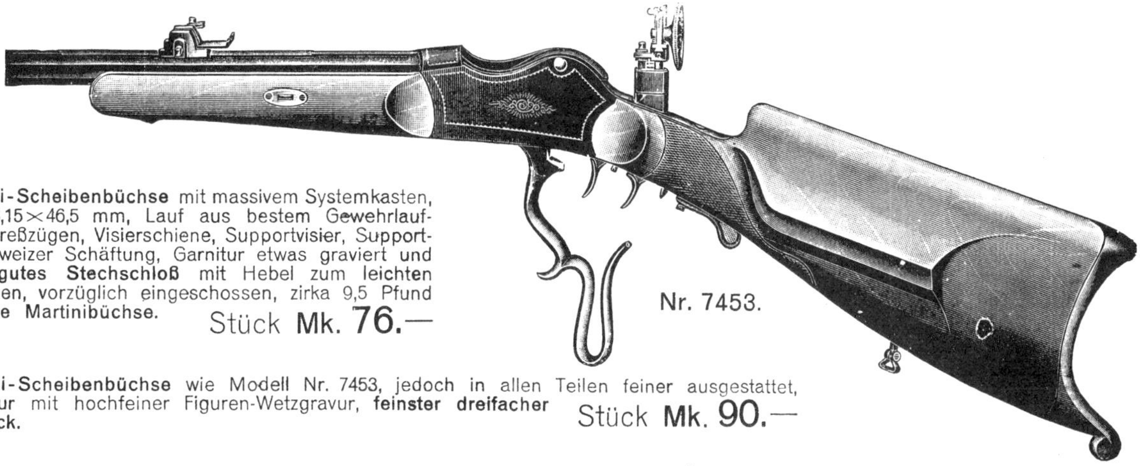

Nr. 7453.

Nr. 7453. **Martini-Scheibenbüchse** mit massivem Systemkasten, Kal. 8,15×46,5 mm, Lauf aus bestem Gewehrlaufgußstahl mit feinen Expreßzügen, Visierschiene, Supportvisier, Supportkorn, Steigdiopter, Schweizer Schäftung, Garnitur etwas graviert und bunt gehärtet, **sehr gutes Stechschloß** mit Hebel zum leichten **Herausnehmen** desselben, vorzüglich eingeschossen, zirka 9,5 Pfund schwer, **eine preiswerte Martinibüchse.** Stück **Mk. 76.—**

Nr. 7454. **Martini-Scheibenbüchse** wie Modell Nr. 7453, jedoch in allen Teilen feiner ausgestattet, Garnitur mit hochfeiner Figuren-Wetzgravur, **feinster dreifacher Stecher, ein Prachtstück.** Stück **Mk. 90.—**

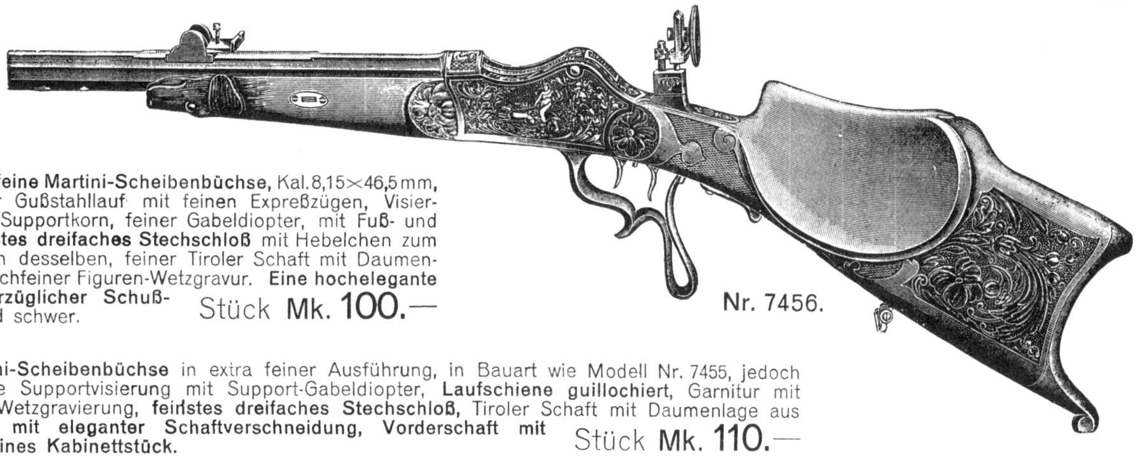

Nr. 7456.

Nr. 7455. **Hochfeine Martini-Scheibenbüchse,** Kal. 8,15×46,5 mm, bester Gußstahllauf mit feinen Expreßzügen, Visierschiene, Supportvisier, Supportkorn, feiner Gabeldiopter, mit Fuß- und Steigschraube, **allerbestes dreifaches Stechschloß** mit Hebelchen zum leichten Herausnehmen desselben, feiner Tiroler Schaft mit Daumenauflage, Garnitur mit hochfeiner Figuren-Wetzgravur. **Eine hochelegante Martinibüchse** mit **vorzüglicher Schußleistung,** zirka 11 Pfund schwer. Stück **Mk. 100.—**

Nr. 7456. **Martini-Scheibenbüchse** in extra feiner Ausführung, in Bauart wie Modell Nr. 7455, jedoch feinste Supportvisierung mit Support-Gabeldiopter, **Laufschiene guillochiert,** Garnitur mit künstlerischer Figuren-Wetzgravierung, **feinstes dreifaches Stechschloß,** Tiroler Schaft mit Daumenlage aus bestem Masernußholz **mit eleganter Schaftverschneidung, Vorderschaft mit Hundskopf, ein hochfeines Kabinettstück.** Stück **Mk. 110.—**

Vorstehende Büchsen liefere ich auch mit gefalztem oder geschnürtem Lauf gegen eine Mehrberechnung von **Mk. 6.—** bezw. **Mk. 8.—**

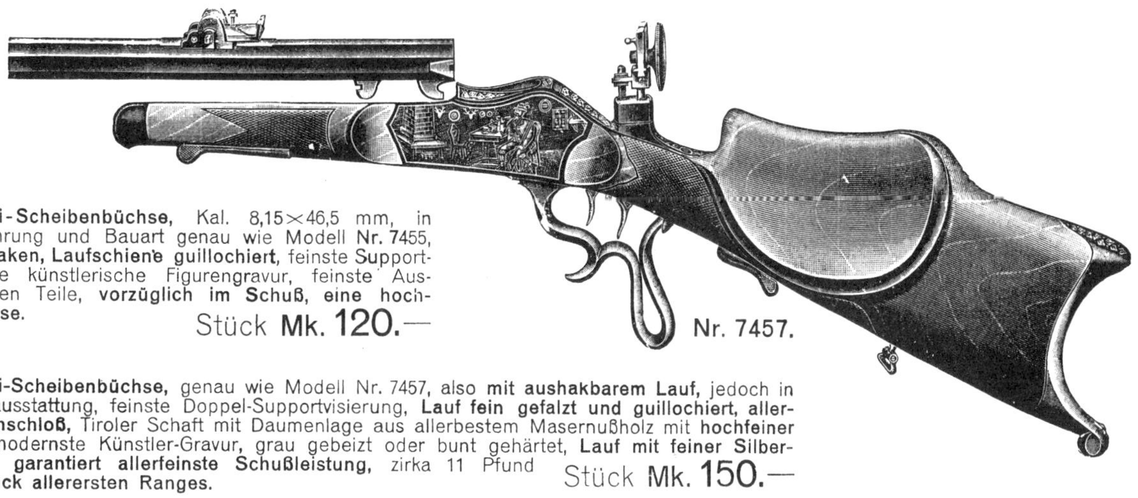

Nr. 7457.

Nr. 7457. **Martini-Scheibenbüchse,** Kal. 8,15×46,5 mm, in Ausführung und Bauart genau wie Modell **Nr.** 7455, **jedoch Lauf zum Aushaken, Laufschiene guillochiert,** feinste Supportvisierung, hochmoderne künstlerische Figurengravur, feinste Ausarbeitung aller einzelnen Teile, **vorzüglich im Schuß, eine hochelegante Scheibenbüchse.** Stück **Mk. 120.—**

Nr. 7458. **Martini-Scheibenbüchse,** genau wie Modell Nr. 7457, also **mit aushakbarem Lauf,** jedoch in Luxusausstattung, feinste Doppel-Supportvisierung, **Lauf fein gefalzt und guillochiert, allerbestes dreifaches Stechschloß,** Tiroler Schaft mit Daumenlage aus allerbestem Masernußholz mit **hochfeiner Schaftverschneidung,** modernste Künstler-Gravur, grau gebeizt oder bunt gehärtet, **Lauf mit feiner Silber-Arabesken-Gravierung, garantiert allerfeinste Schußleistung,** zirka 11 Pfund **schwer, ein Kabinettstück allerersten Ranges.** Stück **Mk. 150.—**

Die Vorzüglichkeit meiner Waffen ist weltbekannt.

Moderne Waffen ▫ Munition ▫ Jagdgeräte

AUGUST STUKENBROK, EINBECK

Anerkannt leistungsfähiges Etablissement dieser Branche

Scheibenbüchsen in bewährter Konstruktion.

In Schußleistung und Qualität unerreicht.

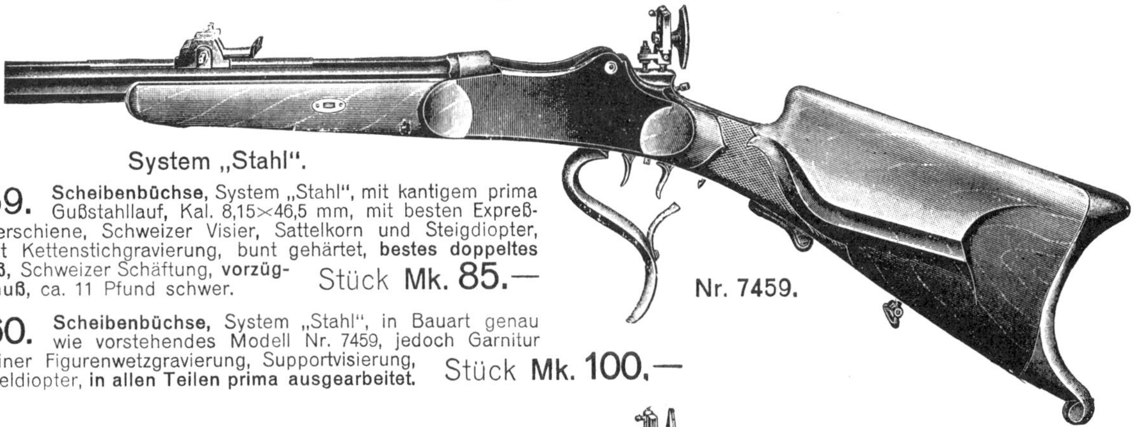

System „Stahl".

Nr. 7459.

Nr. 7459. **Scheibenbüchse,** System „Stahl", mit kantigem prima Gußstahllauf, Kal. 8,15×46,5 mm, mit besten Expreßzügen, Visierschiene, Schweizer Visier, Sattelkorn und Steigdiopter, Garnitur mit Kettenstichgravierung, bunt gehärtet, **bestes doppeltes Stechschloß,** Schweizer Schäftung, **vorzüglich im Schuß,** ca. 11 Pfund schwer. Stück Mk. 85.—

Nr. 7460. **Scheibenbüchse,** System „Stahl", in Bauart genau wie vorstehendes Modell Nr. 7459, jedoch Garnitur mit hochfeiner Figurenwetzgravierung, Supportvisierung, feinem Gabeldiopter, **in allen Teilen prima ausgearbeitet.** Stück Mk. 100.—

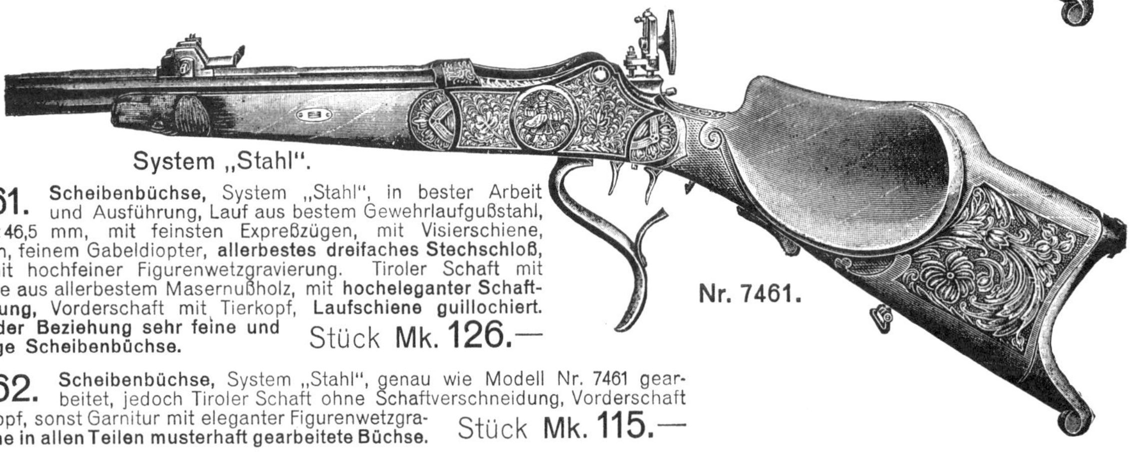

System „Stahl".

Nr. 7461.

Nr. 7461. **Scheibenbüchse,** System „Stahl", in bester Arbeit und Ausführung, Lauf aus bestem Gewehrlaufgußstahl, Kal. 8,15×46,5 mm, mit feinsten Expreßzügen, mit Visierschiene, Supportkorn, feinem Gabeldiopter, **allerbestes dreifaches Stechschloß,** Garnitur mit hochfeiner Figurenwetzgravierung. Tiroler Schaft mit Daumenlage aus allerbestem Masernußholz, mit **hocheleganter Schaftverschneidung,** Vorderschaft mit Tierkopf, **Laufschiene guillochiert. Eine in jeder Beziehung sehr feine und preiswürdige Scheibenbüchse.** Stück Mk. 126.—

Nr. 7462. **Scheibenbüchse,** System „Stahl", genau wie Modell Nr. 7461 gearbeitet, jedoch Tiroler Schaft ohne Schaftverschneidung, Vorderschaft ohne Tierkopf, sonst Garnitur mit eleganter Figurenwetzgravierung. **Eine in allen Teilen musterhaft gearbeitete Büchse.** Stück Mk. 115.—

NEU! NEU!

Steigblock-Scheibenbüchse

System „Stukenbrok", Modell 1908.

Bequemste Handhabung. Einfachste Konstruktion.

Unerreichte Schußleistung. Solideste Arbeit. Empfehlenswerteste, beste und begehrteste Scheibenbüchse der Gegenwart.

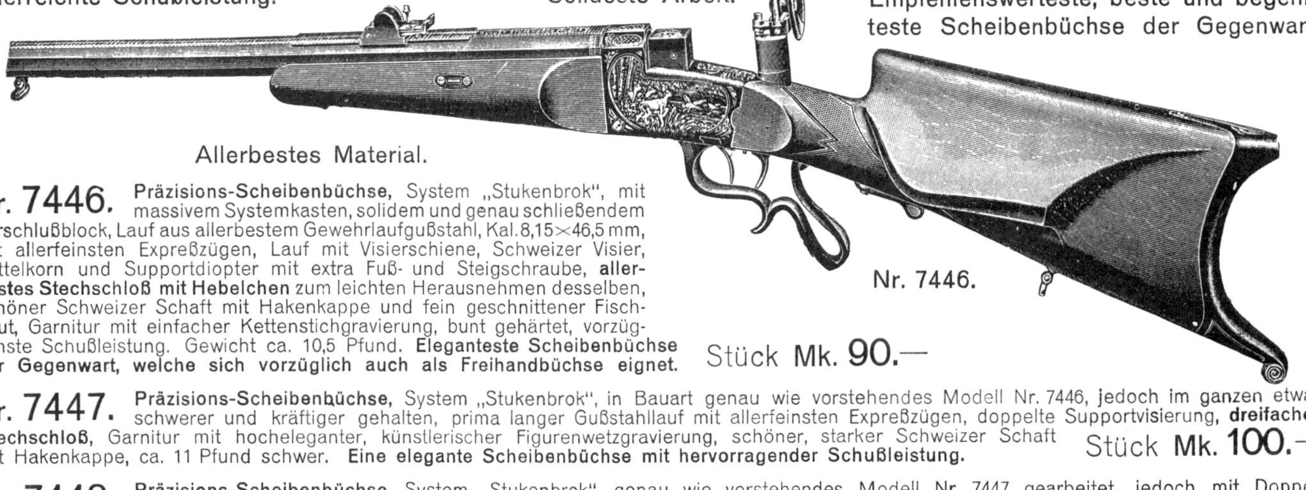

Allerbestes Material.

Nr. 7446.

78

Nr. 7446. **Präzisions-Scheibenbüchse,** System „Stukenbrok", mit massivem Systemkasten, solidem und genau schließendem Verschlußblock, Lauf aus allerbestem Gewehrlaufgußstahl, Kal. 8,15×46,5 mm, mit allerfeinsten Expreßzügen, Lauf mit Visierschiene, Schweizer Visier, Sattelkorn und Supportdiopter mit extra Fuß- und Steigschraube, **allerbestes Stechschloß mit Hebelchen** zum leichten Herausnehmen desselben, schöner Schweizer Schaft mit Hakenkappe und fein geschnittener Fischhaut, Garnitur mit einfacher Kettenstichgravierung, bunt gehärtet, vorzüglichste Schußleistung. Gewicht ca. 10,5 Pfund. **Eleganteste Scheibenbüchse der Gegenwart, welche sich vorzüglich auch als Freihandbüchse eignet.** Stück Mk. 90.—

Nr. 7447. **Präzisions-Scheibenbüchse,** System „Stukenbrok", in Bauart genau wie vorstehendes Modell Nr. 7446, jedoch im ganzen etwas schwerer und kräftiger gehalten, prima langer Gußstahllauf mit allerfeinsten Expreßzügen, doppelte Supportvisierung, **dreifaches Stechschloß,** Garnitur mit hocheleganter, künstlerischer Figurenwetzgravierung, schöner, starker Schweizer Schaft mit Hakenkappe, ca. 11 Pfund schwer. **Eine elegante Scheibenbüchse mit hervorragender Schußleistung.** Stück Mk. 100.—

Nr. 7448. **Präzisions-Scheibenbüchse,** System „Stukenbrok", genau wie vorstehendes Modell Nr. 7447 gearbeitet, jedoch mit Doppel-Supportkorn, Doppel-Supportvisier und Doppel-Supportdiopter, hochfeine altdeutsche Gravierung, Laufschiene guillochiert und Tiroler Schaft mit Daumenlage. **Eine in jeder Beziehung erstklassige Scheibenbüchse.** Stück Mk. 115.—

Nr. 7449. **Präzisions-Scheibenbüchse,** System „Stukenbrok", in **Luxusausstattung, mit besonders schön gefalztem Lauf,** allerbeste Expreßzüge, extra feines Supportvisier, feinster Doppel-Supportsteigdiopter, **allerbestes dreifaches Stechschloß,** Tiroler Schäftung mit Daumenlage, **mit eleganter Schützenstückverschneidung,** Vorderschaft mit Tierkopf, feinster Figuren- und Blättergravierung, Lauf mit schöner Silber-Arabeske, **garantiert allerfeinste Schußleistung,** ca. 11 Pfund schwer. **Ein Kabinettstück und Meisterschaftsgewehr.** Stück Mk. 150.—

Moderne Waffen ▫ Munition ▫ Jagdgeräte

AUGUST STUKENBROK, EINBECK

Anerkannt leistungsfähiges Etablissement dieser Branche

Stukenbroks Meisterschafts-Scheibenbüchsen, Modell 1911.

D. R.-G.-M. Neueste Konstruktion. ∴ Unerreichtes Präzisionsfabrikat. ∴ Hervorragend im Schuß. D. R.-G.-M.

Dieses neue System zeichnet sich anderen Modellen gegenüber durch eine äußerst gefällige Form und durch einen ganz besonders starken Verschluß aus. Die Schloßkonstruktion ist gesetzlich geschützt und besteht aus nur wenigen Teilen, welche mit einem Griff nach Entfernung des Charnierstiftes bequem aus dem Gehäuse herausgenommen werden können. Alle Verbesserungen und Erfahrungen sind bei dieser neuen Büchse in Anwendung gebracht worden, so daß jede Störungen, die bei den meisten sich noch im Handel befindlichen Blockbüchsen leider immer noch zu Tage treten, bei meinem neuen Modell ausgeschlossen sind. Mit Recht kann daher meine neue Scheibenbüchse als die bestexistierende der Gegenwart bezeichnet werden und sind die Preise derselben so niedrig gehalten, daß solche jedermann zugängig ist. Für rauchloses Pulver eignet sich diese Büchse ganz besonders.

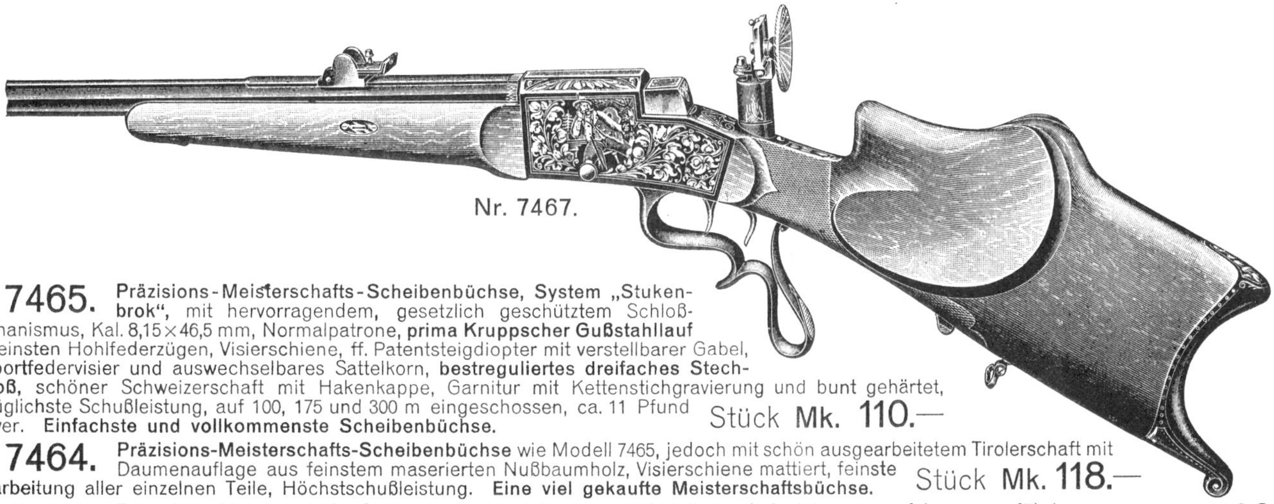

Nr. 7467.

Nr. 7465. **Präzisions-Meisterschafts-Scheibenbüchse, System „Stukenbrok"**, mit hervorragendem, gesetzlich geschütztem Schloßmechanismus, Kal. 8,15×46,5 mm, Normalpatrone, **prima Kruppscher Gußstahllauf** mit feinsten Hohlfederzügen, Visierschiene, ff. Patentsteigdiopter mit verstellbarer Gabel, Supportfedervisier und auswechselbares Sattelkorn, **bestreguliertes dreifaches Stechschloß**, schöner Schweizerschaft mit Hakenkappe, Garnitur mit Kettenstichgravierung und bunt gehärtet, vorzüglichste Schußleistung, auf 100, 175 und 300 m eingeschossen, ca. 11 Pfund schwer. **Einfachste und vollkommenste Scheibenbüchse.** Stück Mk. 110.—

Nr. 7464. **Präzisions-Meisterschafts-Scheibenbüchse** wie Modell 7465, jedoch mit schön ausgearbeitetem Tirolerschaft mit Daumenauflage aus feinstem maserierten Nußbaumholz, Visierschiene mattiert, feinste Ausarbeitung aller einzelnen Teile, Höchstschußleistung. **Eine viel gekaufte Meisterschaftsbüchse.** Stück Mk. 118.—

Nr. 7466. **Präzisions-Meisterschafts-Scheibenbüchse** in Bauart wie Modell 7465, jedoch im ganzen feiner ausgeführt, Garnitur mit eleganter altdeutscher Figurengravur, feiner Schweizerschaft mit Fischhaut und Hakenkappe. Stück Mk. 120.—

Nr. 7467. **Präzisions-Meisterschafts-Scheibenbüchse, System „Stukenbrok"**, Kal. 8,15×46,5 mm, Normalpatrone, **prima Kruppscher Gußstahllauf** mit feinsten Hohlfederzügen, Visierschiene fein mattiert, mit Supportvisier, auswechselbares Federsattelkorn mit drei verschiedenen Einsätzen, feiner Supportsteigdiopter mit verstellbarer Gabel und Scheibe, **allerbestes dreifaches Stechschloß**, schöner Tirolerschaft mit Daumenlage in richtig gehaltener Form mit Fischhaut und Hakenkappe, Garnitur mit hochfeinster altdeutscher Figuren-Wetzgravur, hervorragende Schußleistung auf 100, 175 und 300 m. **Eine hochelegante, moderne Meisterschaftsbüchse.** Stück Mk. 130.—

Nr. 7468. **Präzisions-Meisterschafts-Scheibenbüchse, System „Stukenbrok"**, in Luxus-Ausführung, **Lauf aus prima Krupp-Gußstahl**, Kal. 8,15×46,5 mm, für Normalpatrone, feinste Hohlfederzüge, mattierte Visierschiene, mit Supportfedervisier, feines Sattelkorn mit drei **auswechselbaren** Einschubkörnern, Doppel-Supportdiopter. Der Lauf ist ferner fein gefalzt und geschnürt und mit reicher Silbereinlage am Patronenlager versehen. System mit **bestreguliertem dreifachen Stechschloß** und in allen Teilen gewissenhaft ausgearbeitet, Garnitur mit künstlerischer Figurengravur mit Gold und Silberverzierung, Tirolerschaft mit Daumenlage aus allerbestem Masernußholz mit hocheleganter Verschneidung, eingeschossen auf 100, 175 und 300 m und auf Höchstschußleistung besonders reguliert. **Hervorragendste und vornehmste Meisterschafts-Scheibenbüchse der Gegenwart.** Stück Mk. 180.—

Mehrpreise für Sonderarbeiten treten ein, wenn nicht schon in der Beschreibung der betreffenden Modelle vorgesehen, für:

Abnehmbarer Lauf	Mk. 15.—	4facher Stecher gegen 3fachen	Mk. 4.—	7facher Stecher gegen 3fachen	Mk. 25.—
Automatische Sicherung	„ 10.—	6facher Stecher gegen 3fachen	„ 13.—	Gefalzter oder geschnürter Lauf	„ 6.—

Keiler- und Rehbock-Büchse

für die laufende Wild- und Keilerscheibe, wie aber auch als Pirschbüchse für Jagd verwendbar.

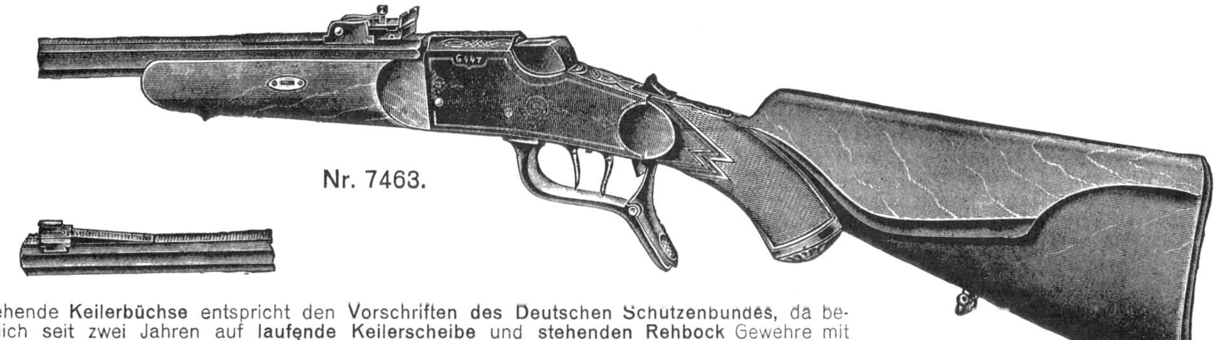

Nr. 7463.

Vorstehende **Keilerbüchse** entspricht den Vorschriften des Deutschen Schützenbundes, da bekanntlich seit zwei Jahren auf **laufende Keilerscheibe** und **stehenden Rehbock** Gewehre mit Schweizerkappe und Mantelperlkorn nicht mehr verwendet werden dürfen; auch ist für Keilerbüchse ein Maximalgewicht vorgesehen, dieses ist sieben Pfund. Die Visierschiene habe ich nach dem Systemkasten zu, also mehr dem Auge zugekehrt, angebracht, um eine bequemere und schärfere Visierung vornehmen zu können.

Nr. 7463. **Keilerbüchse mit Vertikalblockverschluß**, Kal. 8,15×46,5 mm, für Normalpatrone, **Lauf aus prima Kruppschem Gußstahl** mit guillochierter Schiene; doppeltes Supportvisier auf Schiene und zwei auswechselbare, auf Sattel eingeschobene freiliegende Perlkörner in zwei verschiedenen Größen, wovon das schwächere für den stehenden Rehbock auf 80 oder 100 m, das stärkere für die laufende Wildbahn auf 60 m passend ist. System in allen Teilen präzis ausgearbeitet, mit **feinstem Stechschloß** und Sicherungsschieber auf dem Kolbenhals; schöner Pistolengriffschaft mit Hornkäppchen, deutscher Kappe, Backe und Fischhaut, Garnitur mit Kante und englischen Arabesken graviert und bunt gehärtet. Durch Drehen des kleinen Hebels auf der rechten Kastenseite kann das Schloß bequem herausgenommen werden, wodurch ein leichtes Reinigen aller Systemteile sowohl als auch des Laufes ermöglicht wird. Man kann aber selbstverständlich bei diesem Fallblocksystem auch ohne Herausnahme des Schlosses die Laufseele putzen. Infolge des normalen Gewichtes, knapp sieben Pfund, und der praktischen Schiebersicherung, eignet sich vorstehende Büchse auch vorzüglich zur Jagd. **Eine sehr empfehlenswerte Büchse.** Stück Mk. 75.—

Bei fester Bestellung liefere ich vorstehende **Keilerbüchse** auch mit feinem Diopter, mit Fuß- und Steigschraube, gegen einen Aufpreis von **Mk. 8.—**

Höchste Schußleistung und solide Bauart sind die großen Vorzüge meiner Waffen.

Präzisions-Scheibenbüchsen

Original-System „Tanner".

Erstklassige Qualität. ∴ Vorzügliche Ausführung. ∴ Hervorragende Schußleistung.

Eine der bekanntesten und beliebtesten Scheibenbüchsen ist unstreitig **das System „Tanner"**. Infolge der großen Vorzüge erfreut sich diese Büchse **in den Schützenkreisen** des In- und Auslandes allgemeiner Beliebtheit. **Alle Teile sind mit der größten Genauigkeit hergestellt**, wodurch allein die allgemein bekannte **tadellose Funktion erreicht** wird. Block und Bügel bestehen aus einem Stück, daher größte Dauerhaftigkeit. Das Schloß kann ohne Werkzeug zerlegt werden.

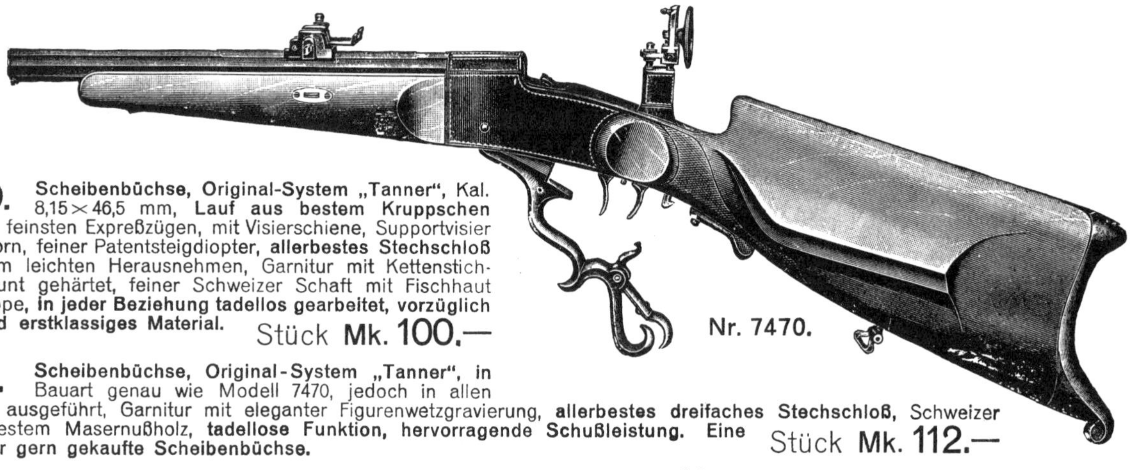

Nr. 7470.

Nr. 7470. **Scheibenbüchse, Original-System „Tanner"**, Kal. 8,15×46,5 mm, **Lauf aus bestem Kruppschen Gußstahl**, mit feinsten Expreßzügen, mit Visierschiene, Supportvisier und Supportkorn, feiner Patentsteigdiopter, **allerbestes Stechschloß** mit Hebel zum leichten Herausnehmen, Garnitur mit Kettenstichgravierung, bunt gehärtet, feiner Schweizer Schaft mit Fischhaut und Hakenkappe, **in jeder Beziehung tadellos gearbeitet, vorzüglich im Schuß und erstklassiges Material.** Stück **Mk. 100.—**

Nr. 7471. **Scheibenbüchse, Original-System „Tanner"**, in Bauart genau wie Modell 7470, jedoch in allen Teilen besser ausgeführt, Garnitur mit eleganter Figurenwetzgravierung, **allerbestes dreifaches Stechschloß**, Schweizer Schaft aus bestem Masernußholz, **tadellose Funktion, hervorragende Schußleistung. Eine moderne, sehr gern gekaufte Scheibenbüchse.** Stück **Mk. 112.—**

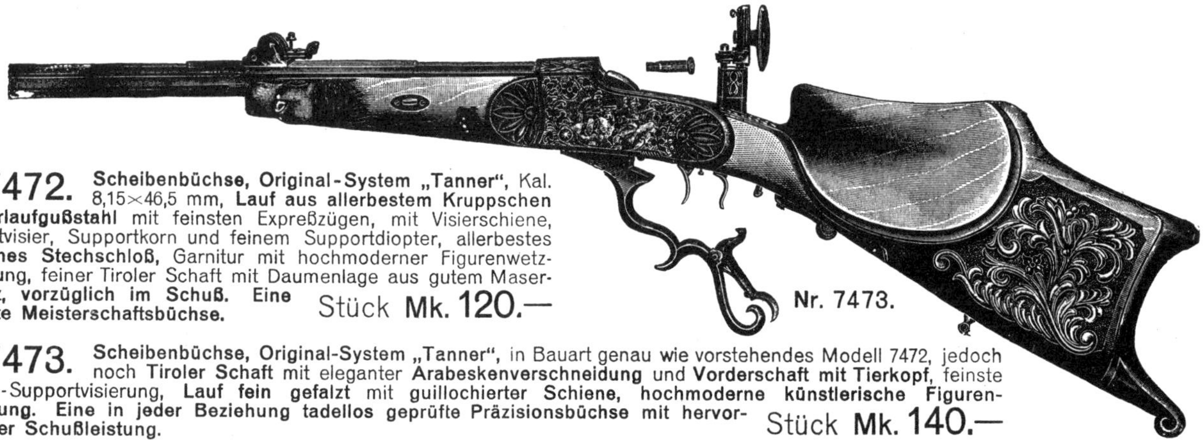

Nr. 7473.

Nr. 7472. **Scheibenbüchse, Original-System „Tanner"**, Kal. 8,15×46,5 mm, **Lauf aus allerbestem Kruppschen Gewehrlaufgußstahl** mit feinsten Expreßzügen, mit Visierschiene, Supportvisier, Supportkorn und feinem Supportdiopter, allerbestes **dreifaches Stechschloß**, Garnitur mit hochmoderner Figurenwetzgravierung, feiner Tiroler Schaft mit Daumenlage aus gutem Masernußholz, **vorzüglich im Schuß. Eine elegante Meisterschaftsbüchse.** Stück **Mk. 120.—**

Nr. 7473. **Scheibenbüchse, Original-System „Tanner"**, in Bauart genau wie vorstehendes Modell 7472, jedoch noch **Tiroler Schaft** mit eleganter **Arabeskenverschneidung** und **Vorderschaft mit Tierkopf**, feinste Doppel-Supportvisierung, **Lauf fein gefalzt** mit **guillochierter Schiene, hochmoderne künstlerische Figurengravierung. Eine in jeder Beziehung tadellos geprüfte Präzisionsbüchse mit hervorragender Schußleistung.** Stück **Mk. 140.—**

Nr. 7474. **Scheibenbüchse, Original-System „Tanner"**, Luxusmodell, **mit prima geschnürtem Gußstahllauf**, mit feinen Expreßzügen, Kal. 8,15×46,5 mm, fein guillochierte Laufschiene mit Visierschiene, beste Doppel-Supportvisierung, doppelter Supportdiopter, **allerfeinstes vierfaches Stechschloß**, Garnitur mit allerbester hochmoderner Figurengravierung, grau gebeizt mit Goldeinfassung, **Lauf mit feiner Silberfigur** oder **Silberarabeske**, hochfeiner Tiroler Schaft mit Daumenlage aus feinstem Nußholz und hocheleganter Schaftverschneidung, **auf Höchstschußleistung eingeschossen, ein wahres Kabinettstück allerersten Ranges.** Stück **Mk. 170.—**

Auf feste Bestellung liefere ich auch vorstehende Büchse mit Lauf zum leichten Abnehmen. Der Preis erhöht sich dadurch um Stück **Mk. 15.—**

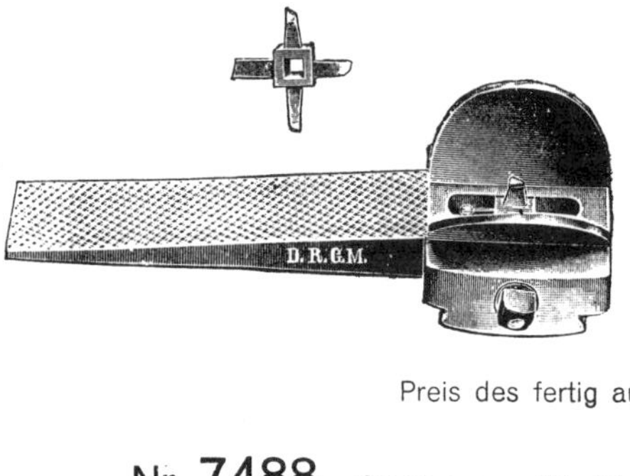

Das neue Sternkorn

ist das praktische Wechselkorn für Scheiben- und Pirschbüchsen.

Wie aus nebenstehender Abbildung zu ersehen ist, besitzt das Sternkorn drei verschieden starke Perlkörner und ein Feldkorn, die in ganz gleicher Höhe um eine Achse drehbar sind und das bisher lästige Auswechseln verschiedener Körner vermeiden. Die Vorzüge dieser Erfindung sind folgende:

Alle Körner sind vereinigt, ein Verlieren oder Vergessen eines solchen ist daher ausgeschlossen; infolge genau gleicher Höhe der Körner wird beim Wechseln die Treffpunktlage nicht geändert, bequemste Handhabung, durch jeweilige Vierteldrehung des seitlichen Vierkantes erscheint ein anderes Korn. Durch diese Erfindung ist der allgemeine Wunsch aller Scheibenschützen erfüllt.

Preis des fertig aufgesetzten Kornes einschließlich Anschuß Stück **Mk. 10.—**

Nachträglich bezogen:

Nr. 7488. **Sternkorn**, weißfarbig, bis zum Aufpassen fertig . . . . Stück **Mk. 8.—**

Nr. 7489. **Sternkorn**, schraffiert und gebläut, bis zum Aufpassen fertig . . . . Stück **Mk. 9.—**

Präzisions-Scheibenbüchsen „Original-System Aydt".

Extra prima Qualität. ∴ Allerbeste Schußleistung.

Das Aydt-System hat sich schon seit einer Reihe von Jahren bestens bewährt. Dasselbe wird daher auch heute noch sehr gern gekauft, und bürgt die vorzügliche Bearbeitung des Laufinnern sowie der Schloßteile für eine hervorragende Schußleistung und tadellose Funktion.

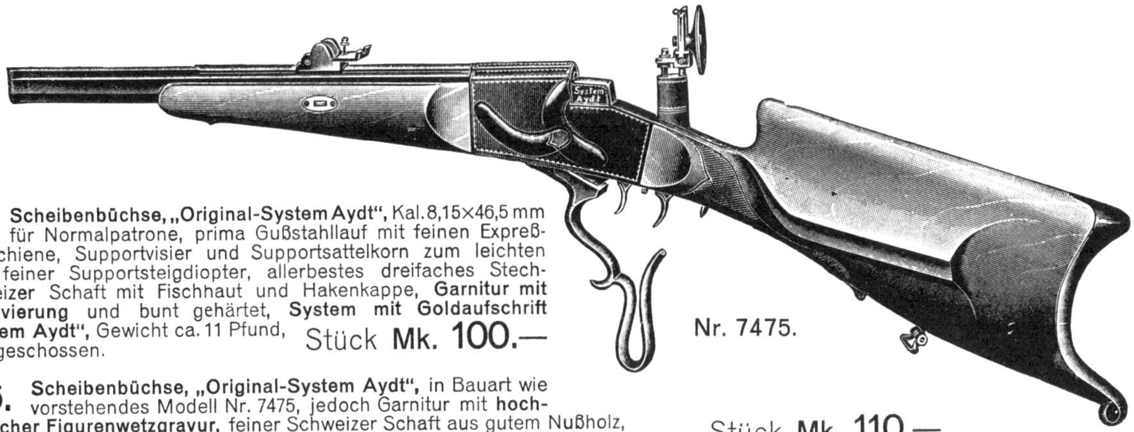

Nr. 7475.

Nr. 7475. **Scheibenbüchse, „Original-System Aydt"**, Kal. 8,15×46,5 mm für Normalpatrone, prima Gußstahllauf mit feinen Expreßzügen, Visierschiene, Supportvisier und Supportsattelkorn zum leichten Umwechseln, feiner Supportsteigdiopter, allerbestes dreifaches Stechschloß, Schweizer Schaft mit Fischhaut und Hakenkappe, **Garnitur mit Kettenstichgravierung** und bunt gehärtet, **System mit Goldaufschrift „Original-System Aydt"**, Gewicht ca. 11 Pfund, vorzüglich eingeschossen. Stück Mk. 100.—

Nr. 7476. **Scheibenbüchse, „Original-System Aydt"**, in Bauart wie vorstehendes Modell Nr. 7475, jedoch Garnitur mit **hochfeiner altdeutscher Figurenwetzgravur**, feiner Schweizer Schaft aus gutem Nußholz, mit Fischhaut und Hakenkappe, **in allen Teilen sehr sauber ausgearbeitet.** Stück Mk. 110.—

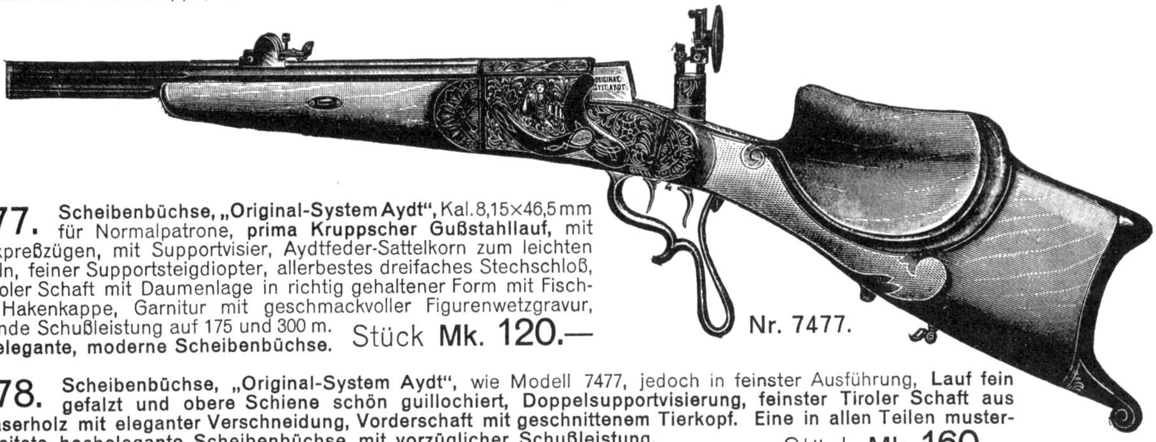

Nr. 7477.

Nr. 7477. **Scheibenbüchse, „Original-System Aydt"**, Kal. 8,15×46,5 mm für Normalpatrone, **prima Kruppscher Gußstahllauf**, mit feinsten Expreßzügen, mit Supportvisier, Aydtfeder-Sattelkorn zum leichten Umwechseln, feiner Supportsteigdiopter, allerbestes dreifaches Stechschloß, schöner Tiroler Schaft mit Daumenlage in richtig gehaltener Form mit Fischhaut und Hakenkappe, Garnitur mit geschmackvoller Figurenwetzgravur, hervorragende Schußleistung auf 175 und 300 m. **Eine hochelegante, moderne Scheibenbüchse.** Stück Mk. 120.—

Nr. 7478. **Scheibenbüchse, „Original-System Aydt"**, wie Modell 7477, jedoch in feinster Ausführung, **Lauf fein gefalzt und obere Schiene schön guillochiert, Doppelsupportvisierung, feinster Tiroler Schaft aus bestem Maserholz mit eleganter Verschneidung, Vorderschaft mit geschnittenem Tierkopf. Eine in allen Teilen musterhaft gearbeitete hochelegante Scheibenbüchse mit vorzüglicher Schußleistung, Kabinettstück.** Stück Mk. 160.—

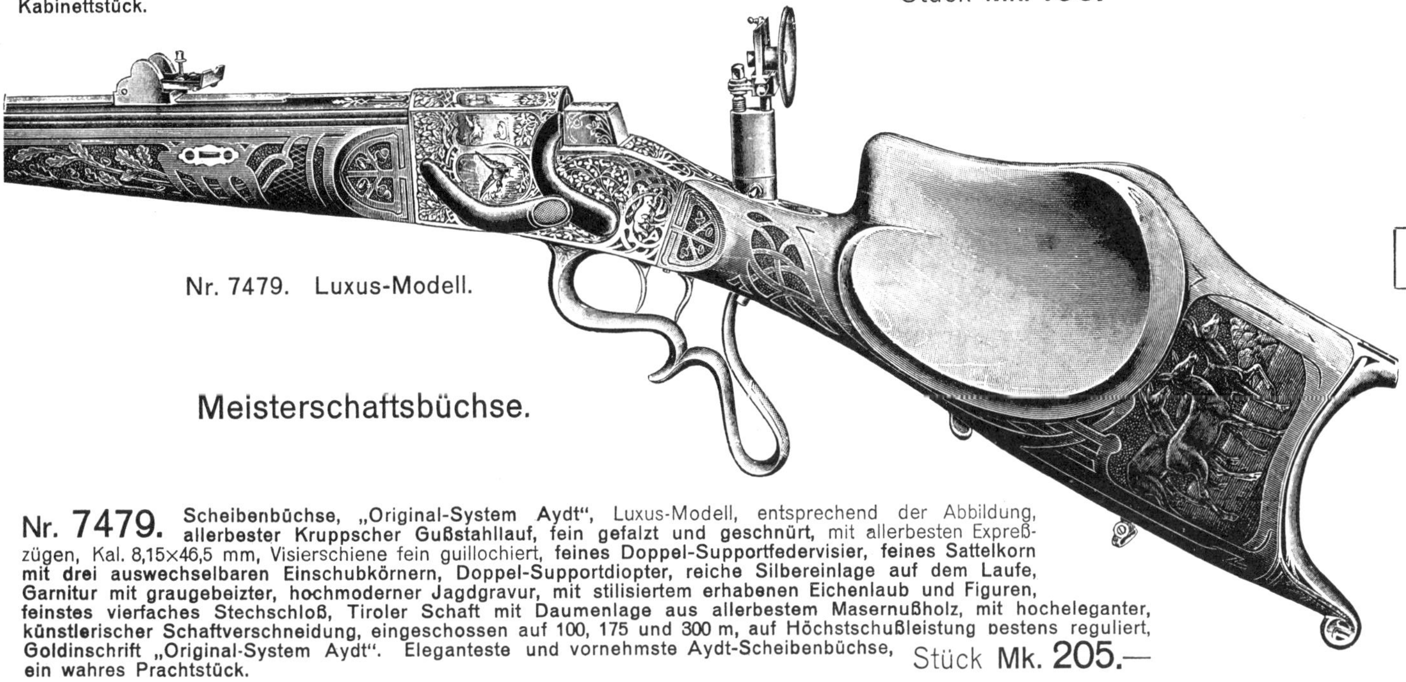

Nr. 7479. Luxus-Modell.

Meisterschaftsbüchse.

Nr. 7479. **Scheibenbüchse, „Original-System Aydt"**, Luxus-Modell, entsprechend der Abbildung, **allerbester Kruppscher Gußstahllauf, fein gefalzt und geschnürt**, mit allerbesten Expreßzügen, Kal. 8,15×46,5 mm, Visierschiene fein guillochiert, **feines Doppel-Supportfedervisier, feines Sattelkorn mit drei auswechselbaren Einschubkörnern, Doppel-Supportdiopter, reiche Silbereinlage auf dem Laufe, Garnitur mit graugebeizter, hochmoderner Jagdgravur, mit stilisiertem erhabenen Eichenlaub und Figuren, feinstes vierfaches Stechschloß, Tiroler Schaft mit Daumenlage aus allerbestem Masernußholz, mit hocheleganter, künstlerischer Schaftverschneidung, eingeschossen auf 100, 175 und 300 m, auf Höchstschußleistung bestens reguliert, Goldinschrift „Original-System Aydt". Eleganteste und vornehmste Aydt-Scheibenbüchse, ein wahres Prachtstück.** Stück Mk. 205.—

Neueste Präzisions-Scheibenbüchse, System „Kolbe".

Unerreicht in Qualität und Schußleistung.

Hervorragende Eigenschaften der Scheibenbüchsen, System „Kolbe".

Das Schloß besteht nur aus wenigen starken Teilen, wodurch eine unbedingte Dauerhaftigkeit erzielt wird. Durch die eigenartige, vorzügliche Konstruktion kann der Lauf von hinten gereinigt und besichtigt werden, auch bleibt das Schloß beim Schießen stets rein. Infolge der Einfachheit kann das Schloß ohne Werkzeuge von jedermann leicht und bequem schnell zerlegt und zusammengesetzt werden, so daß es dieserhalb alle bisher bekannten Systeme übertrifft. Die Spannung des Schlosses geschieht durch Zudrücken des Hebels, welcher ebenfalls so fest in den Stecherkasten eintritt, daß ein Aufspringen unmöglich ist. Die Büchse hat ein sehr elegantes Aussehen, da sämtliche Schloßteile im Gehäuse untergebracht sind, wodurch das Aussehen durch außen befindliche Teile nicht beeinträchtigt wird.

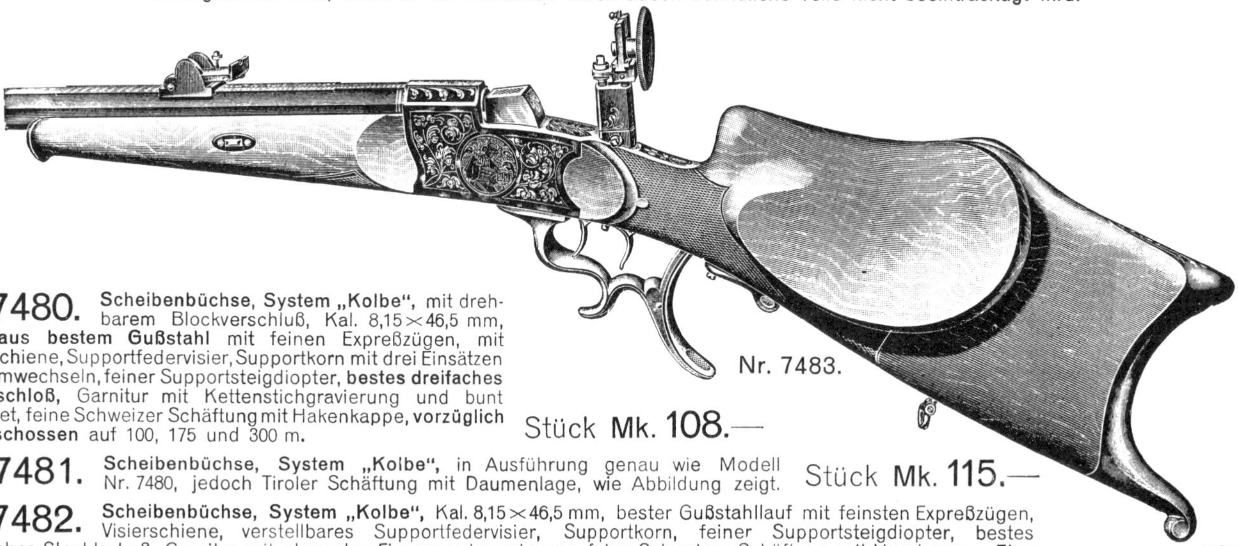

Nr. 7483.

Nr. 7480. **Scheibenbüchse, System „Kolbe"**, mit drehbarem Blockverschluß, Kal. 8,15×46,5 mm, **Lauf aus bestem Gußstahl** mit feinen Expreßzügen, mit Visierschiene, Supportfedervisier, Supportkorn mit drei Einsätzen zum Umwechseln, feiner Supportsteigdiopter, **bestes dreifaches Stechschloß**, Garnitur mit Kettenstichgravierung und bunt gehärtet, feine Schweizer Schäftung mit Hakenkappe, **vorzüglich eingeschossen** auf 100, 175 und 300 m. Stück Mk. 108.—

Nr. 7481. **Scheibenbüchse, System „Kolbe"**, in Ausführung genau wie Modell Nr. 7480, jedoch Tiroler Schäftung mit Daumenlage, wie Abbildung zeigt. Stück Mk. 115.—

Nr. 7482. **Scheibenbüchse, System „Kolbe"**, Kal. 8,15×46,5 mm, bester Gußstahllauf mit feinsten Expreßzügen, Visierschiene, verstellbares Supportfedervisier, Supportkorn, feiner Supportsteigdiopter, bestes dreifaches Stechlschoß, Garnitur mit eleganter Figurenwetzgravierung, feine Schweizer Schäftung mit Hornkappe. **Eine in jeder Beziehung tadellos gearbeitete, elegante Scheibenbüchse von vorzüglichster Schußleistung.** Stück Mk. 120.—

Nr. 7483. **Scheibenbüchse, System „Kolbe"**, in Bauart und Ausführung wie bei Modell Nr. 7482 angegeben, **jedoch feiner Tiroler Schaft mit Daumenlage laut obiger Abbildung.** Stück Mk. 130.—

Nr. 7484. **Scheibenbüchse, System „Kolbe", in extra feiner Ausstattung,** alle Teile feiner ausgeführt, **Lauf fein gefalzt und Laufschiene guillochiert,** doppelte Supportvisierung, hochfeine künstlerische Figurenwetzgravur, feines dreifaches Stechschloß, **Tiroler Schaft mit Daumenlage aus feinem Nußbaumholz und hocheleganter Schaftverschneidung, garantiert allerfeinste Schußleistung, ein vorzügliches Meisterschaftsgewehr.** Stück Mk. 160.—

Vorstehende Büchsen werden bei fester Bestellung auch mit Lauf zum leichten Abnehmen geliefert bei einem Mehrpreis von Stück **Mk. 15.—** Ebenfalls liefere ich die Büchsen in noch feinerer Ausführung bis zu einem Preis von Stück **Mk. 500.—** und bitte im Bedarfsfalle unter Angabe der Wünsche **Spezialofferte** von mir einzuholen.

Wehrmannsbüchsen, Original-Militärgewehre, System Mauser, Modell 88 und Modell 98.

Eingerichtet für die Patrone 8,15×46,5 mm zum Scheibenschießen.

Bevorzugt werden diese Büchsen von solchen Schützen, die sich beim Militär an das Gewehr Modell 88 bezw. Modell 98 gewöhnt haben.

Nr. 7485.

Nr. 7485. **Wehrmannsbüchse,** Original-Militärgewehr Modell 88, mit Original-Visier, eingerichtet für die **Normal-Scheibenbüchsen-Patrone, Kal. 8,15×46,5 mm,** für Bleigeschoß und Schwarzpulver. Stück Mk. 65.—

Nr. 7486. Nettogewicht 4,200 kg.

Nr. 7486. **Wehrmannsbüchse,** Original-Militärgewehr Modell 98, prima Regierungs-Qualität, mit Original-Visier, eingerichtet für die **Normal-Scheibenbüchsen-Patrone, Kal. 8,15×46,5 mm,** für Bleigeschoß und Schwarzpulver, **Einzellader.** Stück Mk. 85.—

Nr. 7487. **Korntreiber** zu Wehrmannsbüchsen Modell 98, Nr. 7486 . . . . . . Stück Mk. 9.—

Aufsteck-Glas-Diopterscheibe

aus Hartgummi mit Gelbglas (D. R.-G.-M.)

74 mm groß.

Die Aufsteckscheibe hat zunächst den Zweck, die sonst gebräuchliche kleinere Diopterscheibe auf bequeme Weise zu vergrößern (ihr Durchmesser beträgt 74 mm); sie paßt auf die gangbarsten Größen der Diopterscheiben, nämlich von 47 und 60 mm Durchmesser.

Wie die Abbildungen veranschaulichen, ist die Aufsteckscheibe mit **Glaseinrichtung** versehen und es ist **dem Gelbglas** der Vorzug gegeben worden, weil dieses die Eigenschaft besitzt, bei hellem Sonnenschein die grellen, das Auge störenden Strahlen zu mildern; es läßt das Zielobjekt deutlicher erkennen und ermöglicht selbst bei **Dämmerlicht** eine gleichmäßig ruhige und dennoch scharfe Belichtung des Treffpunktes.

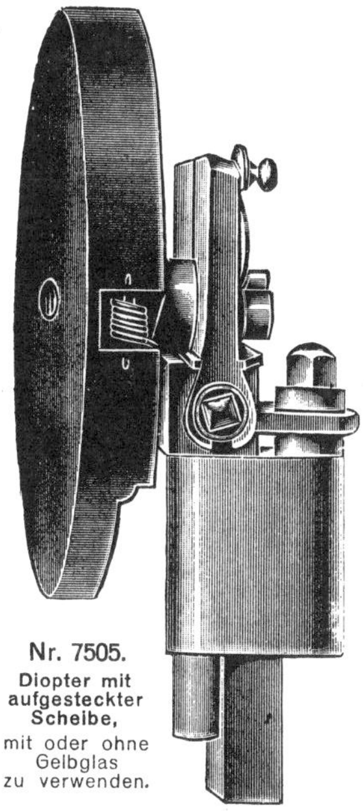

Nr. 7505.
Diopter mit aufgesteckter Scheibe,
mit oder ohne Gelbglas zu verwenden.

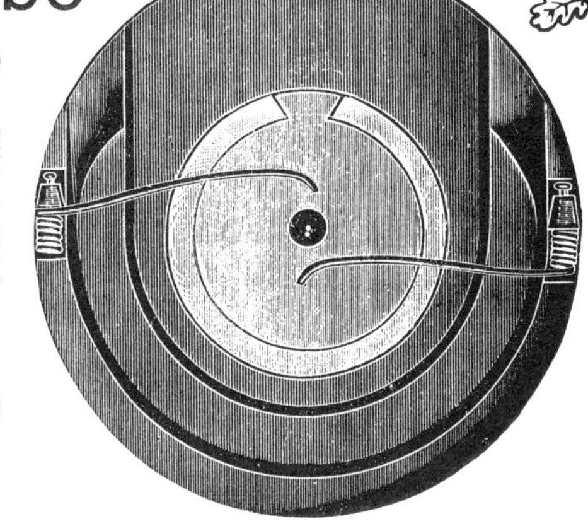

Nr. 7505.
Rückansicht der Aufsteckscheibe,
in der Mitte Gelbglas.

Nr. 7505. **Diopter-Aufsteckscheibe** mit einem Gelbglas in mittlerer Färbung. Stück Mk. 4.—

Nr. 7506. **Reserve-Gelbgläser** in hellerer und dunklerer Färbung, zu verwenden je nach der Belichtung. Stück Mk. —.50

Nr. 7507. **Schweinslederfutteral,** eingerichtet für die Aufsteckscheibe, mit 2 Taschen für Gläser und mit Vordertasche nebst Putzläppchen, Knopfdruckverschluß. Stück Mk. 2.—

Nr. 7508. **Viereckige Aufsteckscheibe für Gabel-Felddiopter** wie vorstehend beschrieben, aus **schwarzem Hartgummi,** Größe 51×58 mm, mit einem Gelbglas. Stück Mk. 4.75

Nr. 7509. **Viereckige Reservegläser** in hellerer oder dunklerer Färbung . . . . Stück Mk. —.50

Nr. 7510. **Schweinslederfutteral** mit Reservetäschchen wie oben . . . . Stück Mk. 2 —

Die **Felddiopter-Aufsteckscheibe** ist aus dem Grunde ganz besonders zu empfehlen, weil bei ihr **mehr noch als bei dem Standdiopter** der Vorteil des Gelbglases zutage tritt und dem Schützen eine **schärfere Belichtung der Gabelvisierung** verschafft.

Schieß- und Jagdbrille „Diana" mit gewölbten Kontorik-Gläsern der American Optical Compagnie.

Die neuen Gläser sind nach dem neuesten wissenschaftlichen Kurvensystem geschliffen. Dasselbe gestattet dem Träger, nach jeder Richtung hin gleich scharf zu sehen. **Ohne die Kopfhaltung zu verändern** ist der Jäger imstande, das Wild in einem weiteren Umkreise zu beobachten. Dies ist bei anderen Gläsern nicht der Fall, da der Sehpunkt bei denselben nur im Mittelpunkt des Glases liegt. Wenn daher der Träger eines solchen Glases durch einen anderen Punkt als den Mittelpunkt sieht, so bekommt er ein ganz anderes Gesichtsfeld. Daher sind Kontorik-Augengläser für den Jäger von unschätzbarem Werte. Die neuen Jagdgläser sind von **leicht gelber Färbung,** welche das **Dämmerlicht künstlich aufhellt** und gestattet, bis in die tiefste Dämmerung noch zu sehen.

Nr. 7522.

Nr. 7522. **Schieß- und Jagdbrille „Diana"** mit Kontorik-Gläsern für normale Augen mit damaszierten Bügeln, einschl. Etui. Stück Mk. 8.50

Schießbrillen mit Gelbgläsern.

Die Schießbrillen werden in folgenden, für jedes **normalsichtige Auge** passenden Ausführungen geliefert:

Nr. 7511.	Mit runden flachgeschliffenen Gelbgläsern von 37 mm Durchmesser, ganze Hornfassung und Hornbügel.	Stück Mk. 4.25
Nr. 7512.	Mit runden **gewölbten** Gelbgläsern (sogen. Perphagläsern) von 40 mm Durchmesser. Hornfassung, Stahlgelenkbügel.	Stück Mk. 6.40
Nr. 7513.	Mit runden gewölbten Gelbgläsern von 40 mm Durchmesser, Nickelfassung, Nickelbügel.	Stück Mk. 6.50
Nr. 7514.	Mit runden gewölbten, dunkelgelben Gläsern von 40 mm, für ganz grelle Beleuchtung. Dunkler Rand, ohne Einfassung, Nickelstahlbügel.	Stück Mk. 8.25
Nr. 7515.	**Brillenfutteral,** extra stark, Schweinsleder mit Druckknopf	Stück Mk. 1.50
Nr. 7516.	**Brillenfutteral,** einfache Art, Rindleder	Stück Mk. —.75

Nr. 7513.

Man kann die Schießbrille auch über der gewöhnlichen Brille tragen, falls man sich einer solchen wegen Kurz- oder Weitsichtigkeit bedienen muß. Für kurzsichtige oder weitsichtige Herren, welche gewöhnt sind Augengläser zu tragen, können die Schießbrillen auch nach ärztlichem Rezept mit den für die Sehschärfe der Augen passend geschliffenen Gläsern besorgt werden, und ist hierbei der Betrag mit der Bestellung einzusenden.

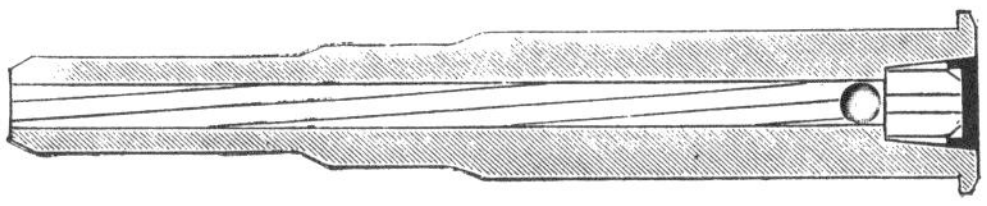

Zimmer-Patronen.

Uebungspatronen aus Stahl.

Durch Verwendung von sogenannten Zimmerpatronen kann jede Scheibenbüchse oder jedes Militärgewehr als Zimmerstutzen benutzt werden. Die Zimmerpatronen haben genau dieselbe Form der gewöhnlichen, zu der Büchse passenden Patronen, sind aber massiv, von Stahl, mit einer Bohrung in der Mitte für Zimmerstutzenkugeln. Die Patronen werden mit den gewöhnlichen flachbodigen Mauserzündhütchen Nr. 8205 geladen. Man erzielt damit sehr genauen Schuß, da die Bohrung mit guten Zügen versehen ist. Die Zimmerpatronen werden für alle Kaliber angefertigt und sind als Uebungspatronen sehr zu empfehlen.

Nr. 7520. **Zimmer-Patronen** in allen Kalibern (8,15×46,5 mm, 9,5×47 mm, Mod. 71 = 11 mm, Mod. 88 usw.) mit freiliegendem Amboß, einschl. Ausstoßstock u. Reinigungsbürste. Stück Mk. 4.—
Bei Bestellung ist anzugeben, für welches Kaliber die Patrone passen soll.

Nr. 7521. **Holzetuis** dazu mit 2 Reserve-Ambossen . . . . Stück Mk. 1.75

Nr. 8205. **Mauser-Zündhütchen,** flachbodige, in Schachteln zu 500 Stück. Schachtel Mk. 1.25

Nr. 7755. **Rundkugeln,** 3,5 mm, zu den Zimmerpatronen passend, die Schachtel zu ca. 200 Stück. Schachtel 26 Pf.

Nr. 7521.
Holz-Etui für Zimmerpatronen.

Gebrauchs-Anweisung für Zimmerpatronen mit freiliegendem Amboß: Man legt das Geschoß in die Einfräsung und setzt den Amboß mit seiner Fläche darauf. Vermittels des Ausstoßstockes drückt man sodann den Amboß fest ein, wodurch die Kugel in die Züge eingepreßt wird. Darauf setzt man das flachbodige Zündhütchen für Metallpatronen, und die Patrone ist zum Schießen fertig. Nach dem Schusse entfernt man vermittels des Ausstoßstockes den Amboß mit dem darauf lagernden abgeschossenen Zündhütchen. — **Der Amboß dient zum fortwährenden Gebrauch.**

Moderne Waffen ▫ Munition ▫ Jagdgeräte

AUGUST STUKENBROK, EINBECK

Anerkannt leistungsfähiges Etablissement dieser Branche

Präzisions-Zimmerstutzen.

Garantiert präzise Schußleistung. Nur erstklassige Qualität.

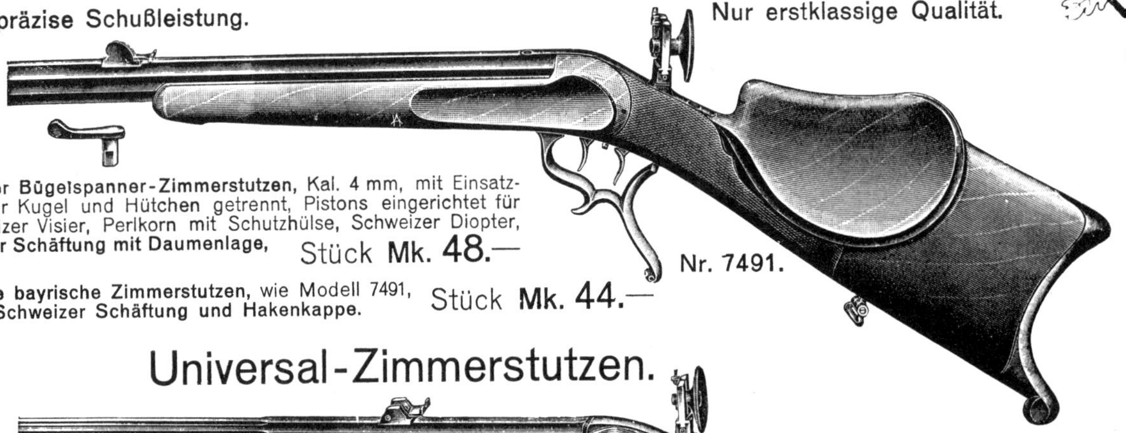

Nr. 7491.

Nr. 7491. **Bayrischer Bügelspanner-Zimmerstutzen,** Kal. 4 mm, mit Einsatzpiston, für Kugel und Hütchen getrennt, Pistons eingerichtet für Randzündhütchen, Schweizer Visier, Perlkorn mit Schutzhülse, Schweizer Diopter, bestes Stechschloß, **Tiroler Schäftung mit Daumenlage, präzis eingeschossen.** Stück Mk. 48.—

Nr. 7492. **Derselbe bayrische Zimmerstutzen,** wie Modell 7491, **jedoch Schweizer Schäftung und Hakenkappe.** Stück Mk. 44.—

Universal-Zimmerstutzen.

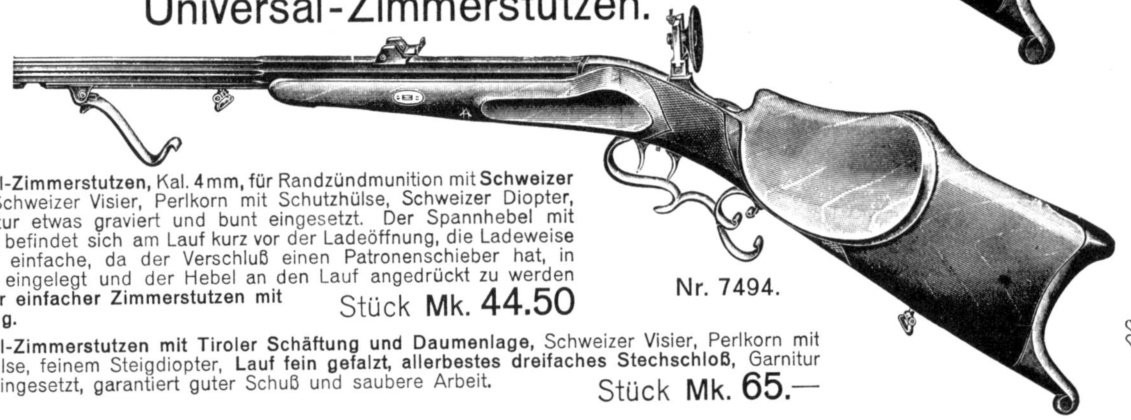

Nr. 7494.

Nr. 7493. **Universal-Zimmerstutzen,** Kal. 4 mm, für Randzündmunition mit **Schweizer Schaft,** Schweizer Visier, Perlkorn mit Schutzhülse, Schweizer Diopter, gutes Stechschloß, Garnitur etwas graviert und bunt eingesetzt. Der Spannhebel mit automatischem Auswerfer befindet sich am Lauf kurz vor der Ladeöffnung, die Ladeweise ist eine sehr leichte und einfache, da der Verschluß einen Patronenschieber hat, in welchen die Patrone nur eingelegt und der Hebel an den Lauf angedrückt zu werden braucht. **Sehr praktischer einfacher Zimmerstutzen mit vorzüglicher Schußleistung.** Stück Mk. 44.50

Nr. 7494. **Universal-Zimmerstutzen mit Tiroler Schäftung und Daumenlage,** Schweizer Visier, Perlkorn mit Schutzhülse, feinem Steigdiopter, **Lauf fein gefalzt, allerbestes dreifaches Stechschloß,** Garnitur etwas graviert und bunt eingesetzt, garantiert guter Schuß und saubere Arbeit. Stück Mk. 65.—

Martini- (Kessler) Zimmerstutzen.

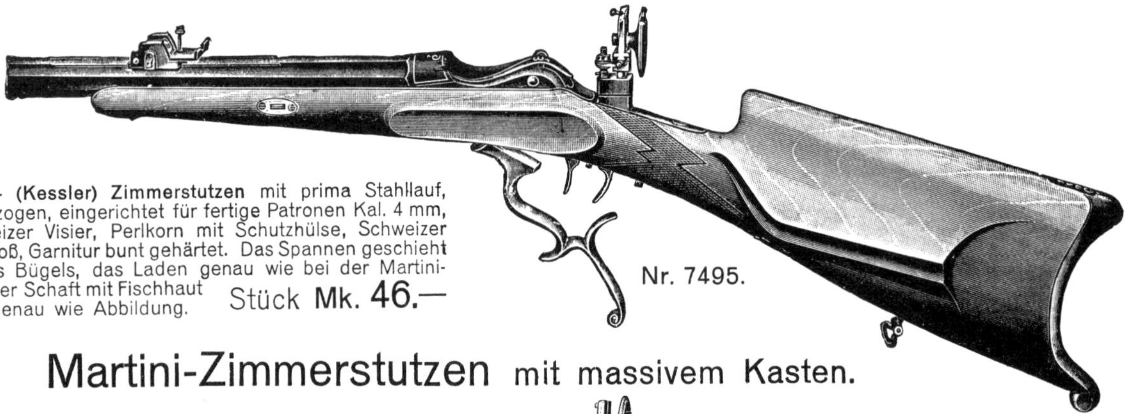

Nr. 7495.

Nr. 7495. **Martini- (Kessler) Zimmerstutzen** mit prima Stahllauf, fein gezogen, eingerichtet für fertige Patronen Kal. 4 mm, kurze und lange, Schweizer Visier, Perlkorn mit Schutzhülse, Schweizer Diopter, bestes Stechschloß, Garnitur bunt gehärtet. Das Spannen geschieht durch Herabdrücken des Bügels, das Laden genau wie bei der Martinibüchse, schöner Schweizer Schaft mit Fischhaut und Schweizer Kappe, genau wie Abbildung. Stück Mk. 46.—

Martini-Zimmerstutzen mit massivem Kasten.

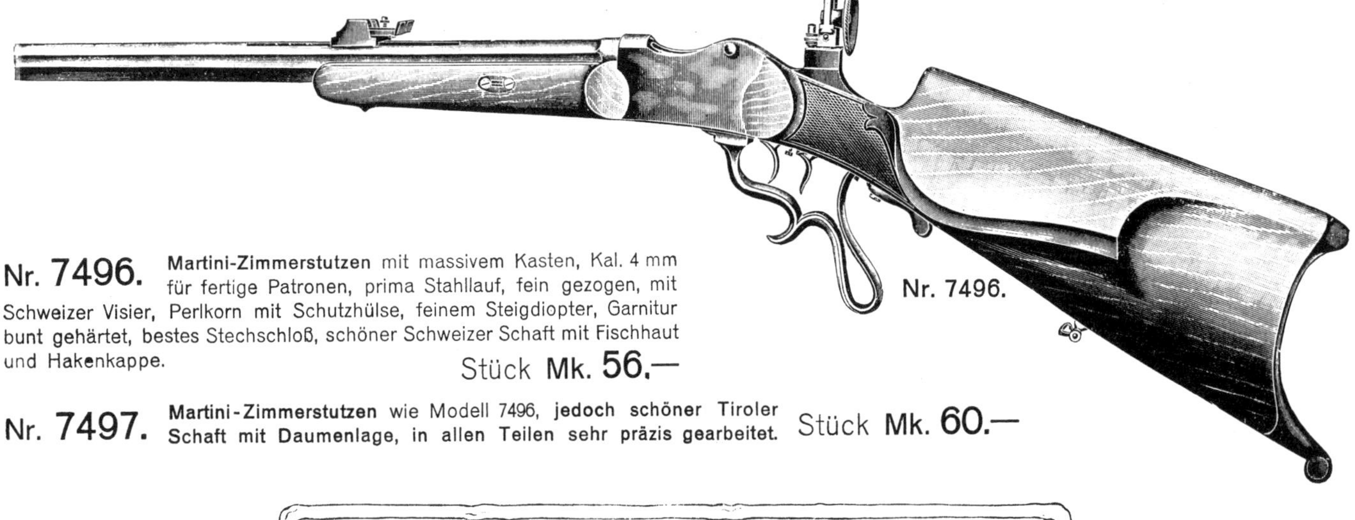

Nr. 7496.

Nr. 7496. **Martini-Zimmerstutzen** mit massivem Kasten, Kal. 4 mm für fertige Patronen, prima Stahllauf, fein gezogen, mit Schweizer Visier, Perlkorn mit Schutzhülse, feinem Steigdiopter, Garnitur bunt gehärtet, bestes Stechschloß, schöner Schweizer Schaft mit Fischhaut und Hakenkappe. Stück Mk. 56.—

Nr. 7497. **Martini-Zimmerstutzen** wie Modell 7496, **jedoch schöner Tiroler Schaft mit Daumenlage, in allen Teilen sehr präzis gearbeitet.** Stück Mk. 60.—

Empfehlenswerte Präzisions-Zimmerstutzen.

Martini-Zimmerstutzen mit massivem Kasten.

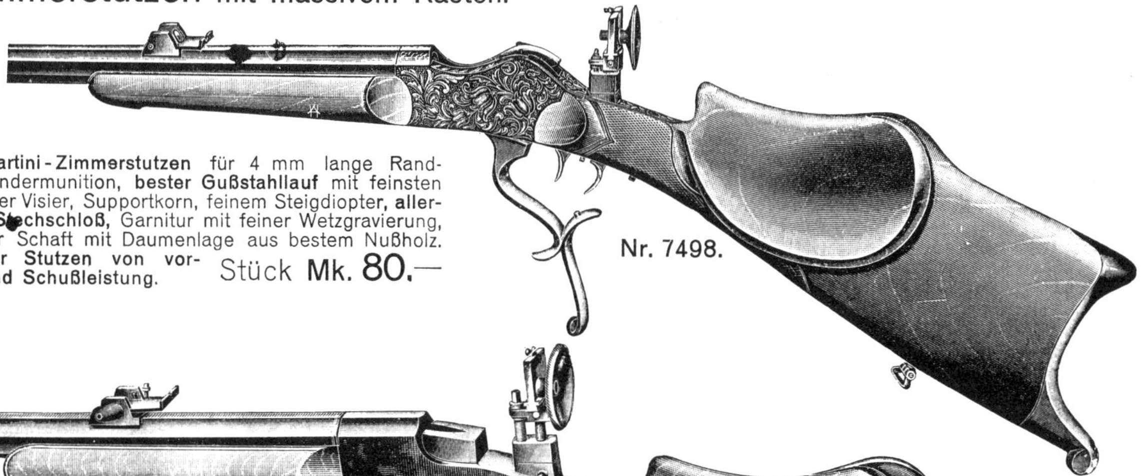

Nr. 7498.

Nr. 7498. **Martini-Zimmerstutzen** für 4 mm lange Randzündermunition, **bester Gußstahllauf** mit feinsten Zügen, mit Schweizer Visier, Supportkorn, feinem Steigdiopter, **allerbestes dreifaches Stechschloß**, Garnitur mit feiner Wetzgravierung, Lauf gefalzt, Tiroler Schaft mit Daumenlage aus bestem Nußholz. **Ein hervorragender Stutzen von vorzüglicher Arbeit und Schußleistung.** Stück Mk. 80.—

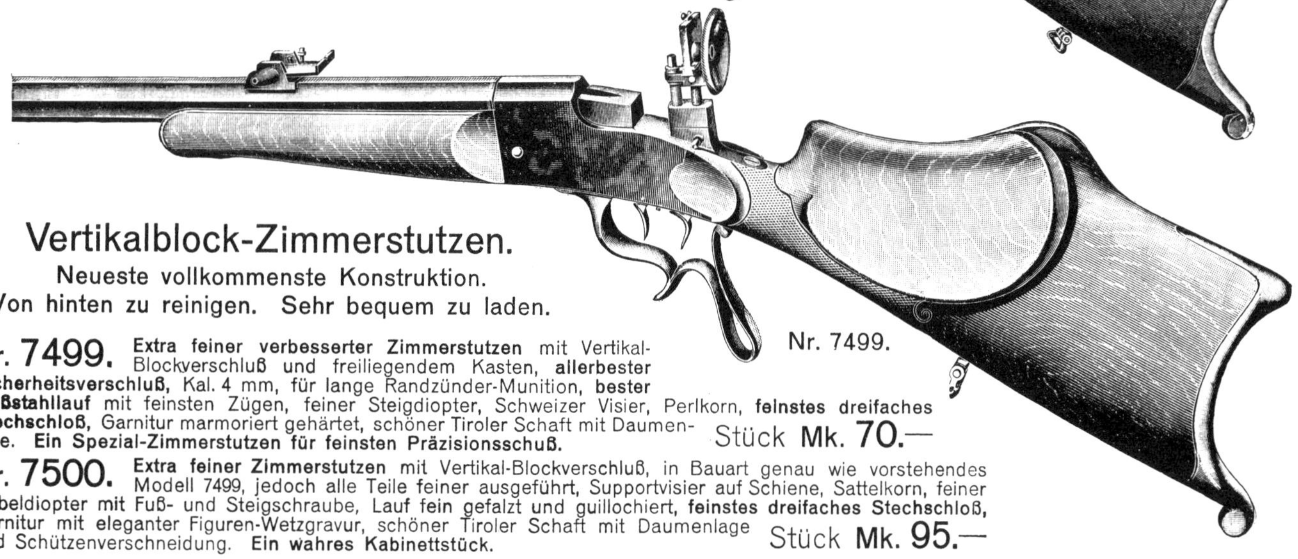

Nr. 7499.

Vertikalblock-Zimmerstutzen.

Neueste vollkommenste Konstruktion.
Von hinten zu reinigen. Sehr bequem zu laden.

Nr. 7499. **Extra feiner verbesserter Zimmerstutzen** mit Vertikal-Blockverschluß und freiliegendem Kasten, **allerbester Sicherheitsverschluß**, Kal. 4 mm, für lange Randzünder-Munition, **bester Gußstahllauf** mit feinsten Zügen, feiner Steigdiopter, Schweizer Visier, Perlkorn, **feinstes dreifaches Stechschloß**, Garnitur marmoriert gehärtet, schöner Tiroler Schaft mit Daumenlage. **Ein Spezial-Zimmerstutzen für feinsten Präzisionsschuß.** Stück Mk. 70.—

Nr. 7500. **Extra feiner Zimmerstutzen** mit Vertikal-Blockverschluß, in Bauart genau wie vorstehendes Modell 7499, jedoch alle Teile feiner ausgeführt, Supportvisier auf Schiene, Sattelkorn, feiner Gabeldiopter mit Fuß- und Steigschraube, Lauf fein gefalzt und guillochiert, **feinstes dreifaches Stechschloß**, Garnitur mit eleganter Figuren-Wetzgravur, schöner Tiroler Schaft mit Daumenlage und Schützenverschneidung. **Ein wahres Kabinettstück.** Stück Mk. 95.—

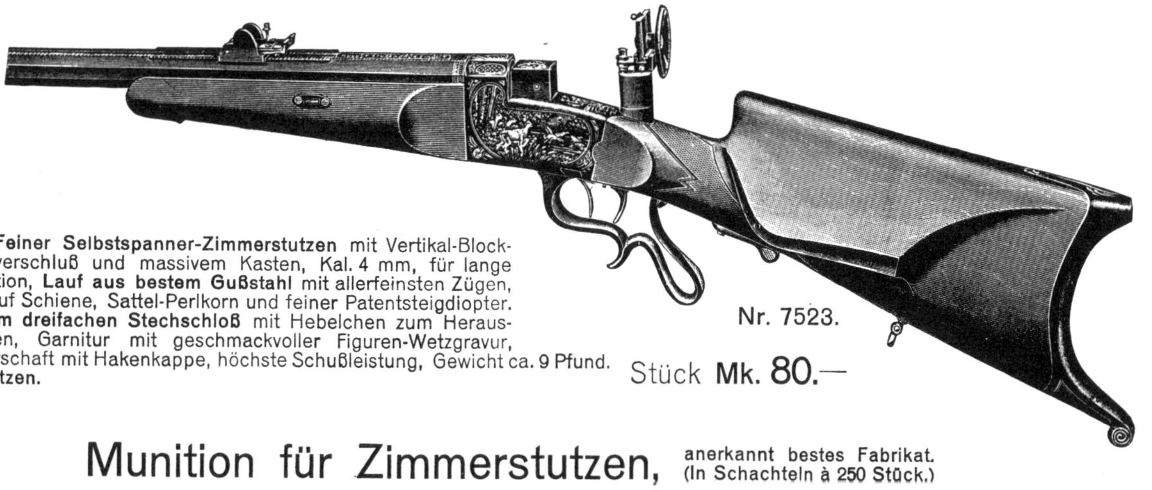

Nr. 7523.

Nr. 7523. **Feiner Selbstspanner-Zimmerstutzen** mit Vertikal-Blockverschluß und massivem Kasten, Kal. 4 mm, für lange Randzünder-Munition, **Lauf aus bestem Gußstahl** mit allerfeinsten Zügen, Schweizer Visier auf Schiene, Sattel-Perlkorn und feiner Patentsteigdiopter. System mit **feinem dreifachen Stechschloß** mit Hebelchen zum Herausnehmen desselben, Garnitur mit geschmackvoller Figuren-Wetzgravur, schöner Schweizerschaft mit Hakenkappe, höchste Schußleistung, Gewicht ca. 9 Pfund. **Ein eleganter Stutzen.** Stück Mk. 80.—

Munition für Zimmerstutzen, anerkannt bestes Fabrikat. (In Schachteln à 250 Stück.)

Nr. 7750. Randzünder, 4 mm glatte, mittelstark.	1 Schachtel = 250 Stück	Mk. 1.35
Nr. 7751. Randzünder, 4 mm extralange, mittelstark.	1 Schachtel = 250 Stück	Mk. 1.60
Nr. 7752. Randzünder, 4 mm mit **aufgesetzter Kugel** (fert. Patrönchen), mittelstark.	1 Schachtel = 250 Stück	Mk. 1.80
Nr. 7753. Randzünder, 4 mm mit **aufgesetzter Kugel**, extra lange.	1 Schachtel = 250 Stück	Mk. 2.—

Bei Abnahme von 5000 Stück auf einmal 5 Prozent Rabatt.

Präzisions-Zimmerstutzen-Kugeln aus prima doppelt raffiniertem Weichblei. Garantiert gleichmäßig rund. (Nr. 0 bis 25 in Schachteln à 125 g.)

Nr. 7755. **Gepreßte Zimmerstutzen-Kugel**, prima Qualität. Schachtel 26 Pf.
Bei Abnahme von 10 Schachteln auf einmal **5 Prozent** Rabatt.

Nr. 7756. **Präzisions-Zimmerstutzen-Kugeln, Bundeskugeln**, gesetzlich geschützt, extra Qualität. Schachtel 29 Pf.
Bei Bahnsendungen von 200 Schachteln und mehr franko einschl. Emballage.

Moderne Waffen ▫ Munition ▫ Jagdgeräte

AUGUST STUKENBROK, EINBECK

Anerkannt leistungsfähiges Etablissement dieser Branche

Einläufige Jagdgewehre bester Qualität.

Nr. 8100.
100 Stück Mk. 5.20

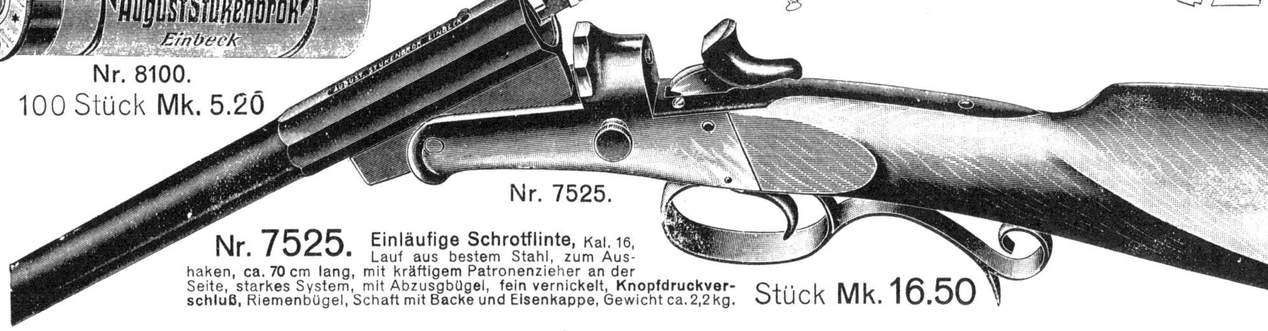

Nr. 7525.

Nr. 7525. **Einläufige Schrotflinte,** Kal. 16, Lauf aus bestem Stahl, zum Aushaken, ca. 70 cm lang, mit kräftigem Patronenzieher an der Seite, starkes System, mit Abzugsbügel, fein vernickelt, **Knopfdruckverschluß,** Riemenbügel, Schaft mit Backe und Eisenkappe, Gewicht ca. 2,2 kg. Stück **Mk. 16.50**

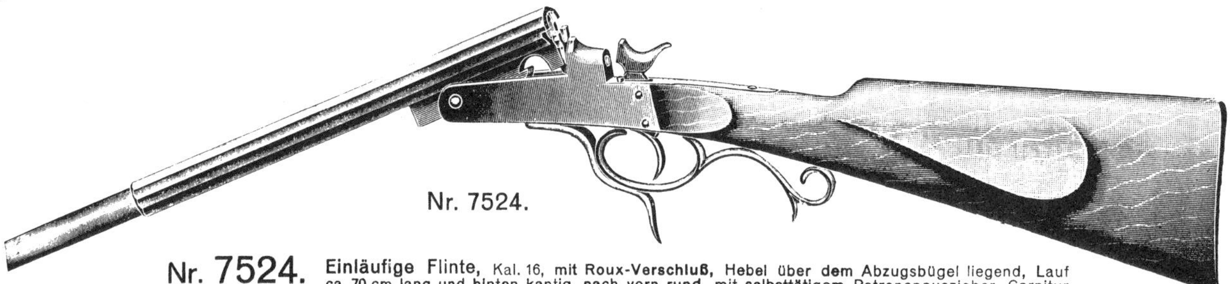

Nr. 7524.

Nr. 7524. **Einläufige Flinte,** Kal. 16, mit **Roux-Verschluß, Hebel über dem Abzugsbügel** liegend, Lauf ca. 70 cm lang und hinten kantig, nach vorn rund, mit **selbsttätigem** Patronenauszieher, Garnitur fein blank, und schöner **Nußbaumschaft** mit Backe und Eisenkappe, **Riemenbügel.** Der Lauf ist mit dem Systemkasten durch eine Ringschraube verbunden, wodurch das Gewehr zum bequemen Reinigen leicht auseinandergenommen werden kann. **Eine viel gekaufte Schrotflinte.** Stück **Mk. 16.—**

Nr. 7526. **Einläufige Schrotflinte** wie Modell 7524, jedoch mit bequemem **Holzvorderschaft** zum Schutze der Hand bei heißgewordenem Lauf, und Garnitur fein vernickelt oder schwarz bräuniert . . . . . . Stück **Mk. 17.—**

Nr. 7527. **Dieselbe Flinte** wie Modell 7526, jedoch Kal. 20 . . . . . . Stück **Mk. 17.—**

Nr. 7528. **Einläufige Schrotflinte,** Kal. 16, in Bauart genau wie Modell Nr. 7526, **jedoch Lauf mit guter Chokebohrung für vorzüglichen Weitschuß eingerichtet** . . . . . . Stück **Mk. 20.—**

Nr. 7529. **Dieselbe Flinte** wie Modell 7528, jedoch Kal. 20 . . . . . . Stück **Mk. 20.—**

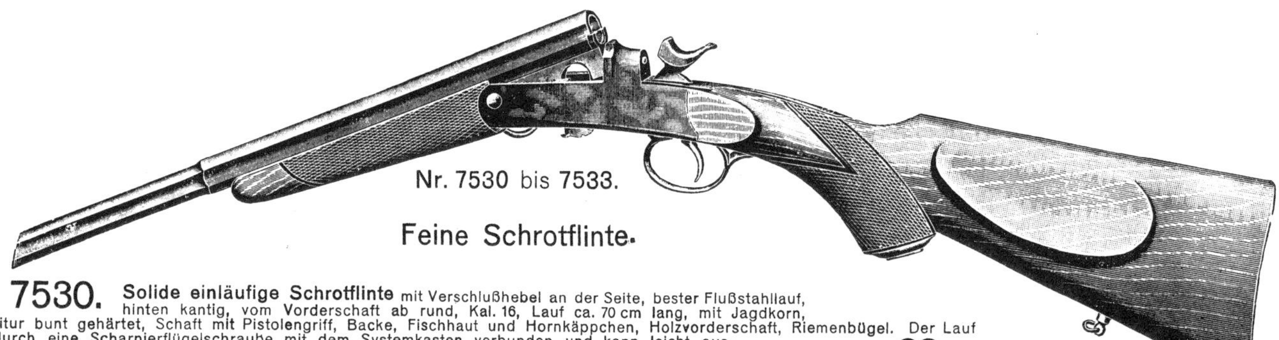

Nr. 7530 bis 7533.

Feine Schrotflinte.

Nr. 7530. **Solide einläufige Schrotflinte** mit Verschlußhebel an der Seite, bester Flußstahllauf, hinten kantig, vom Vorderschaft ab rund, Kal. 16, Lauf ca. 70 cm lang, mit Jagdkorn, Garnitur bunt gehärtet, Schaft mit Pistolengriff, Backe, Fischhaut und Hornkäppchen, Holzvorderschaft, Riemenbügel. Der Lauf ist durch eine Scharnierflügelschraube mit dem Systemkasten verbunden und kann leicht auseinandergenommen werden. Gewicht ca. 2 kg. **Eine sehr elegante und empfehlenswerte Flinte.** Stück **Mk. 23.—**

86

Nr. 7531. **Dieselbe Flinte** wie Modell 7530, jedoch Kal. 20 . . . . . . Stück **Mk. 23.—**

Nr. 7532. **Solide einläufige Schrotflinte,** Kal. 16, wie Modell 7530, jedoch **Lauf mit voller Chokebohrung für Weitschuß mit vorzüglicher Schußleistung** . . . . . . Stück **Mk. 26.—**

Nr. 7533. **Dieselbe Flinte** wie Modell 7532, jedoch Kal. 20 . . . . . . Stück **Mk. 26.—**

Mauser-Schrotflinte.

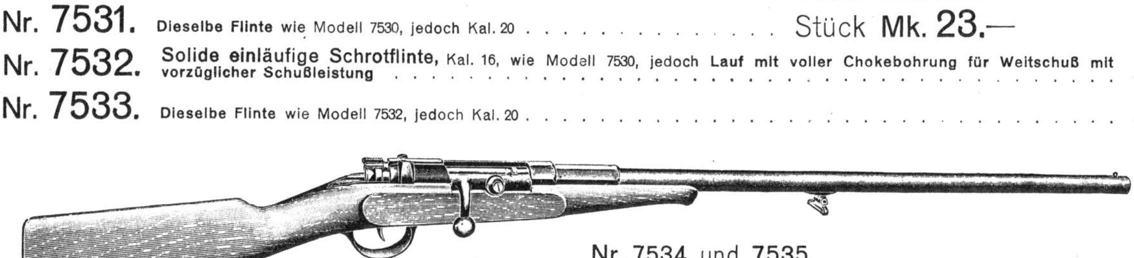

Nr. 7534 und 7535

Nr. 7534. **Solide einläufige Schrotflinte,** System Mauser, aus dem deutschen Infanteriegewehr Modell 71 umgearbeitet für Schrotpatrone Kal. 16, das Gewehr ist vollständig neu aufgearbeitet und ist mit neuem Schaft mit Backe versehen, der Kammergriff ist umgebogen, so daß das ganze Gewehr ein elegantes Aussehen hat, der Verschluß ist bestens reguliert und mit zuverlässiger Sicherung versehen, genau wie bei dem deutschen **Militärgewehr** Modell 71, **Gesamtlänge ca. 115 cm,** Gewicht ca. 2,8 kg, **eine sehr preiswerte Schrotflinte** . . . . . . Stück **Mk. 22.50**

Nr. 7535. **Solide einläufige Schrotflinte,** in Bauart genau wie Modell Nr. 7534, jedoch in Kal. 12. Stück **Mk. 25.—**

Einläufige Jagdgewehre

in empfehlenswerter Konstruktion.

Nr. 8287.

100 Stück Patronen Kal. 28 mm **Mk. 5.50**

Nr. 8285.

100 Stück Patronen Kal. 12 mm **Mk. 5.–**

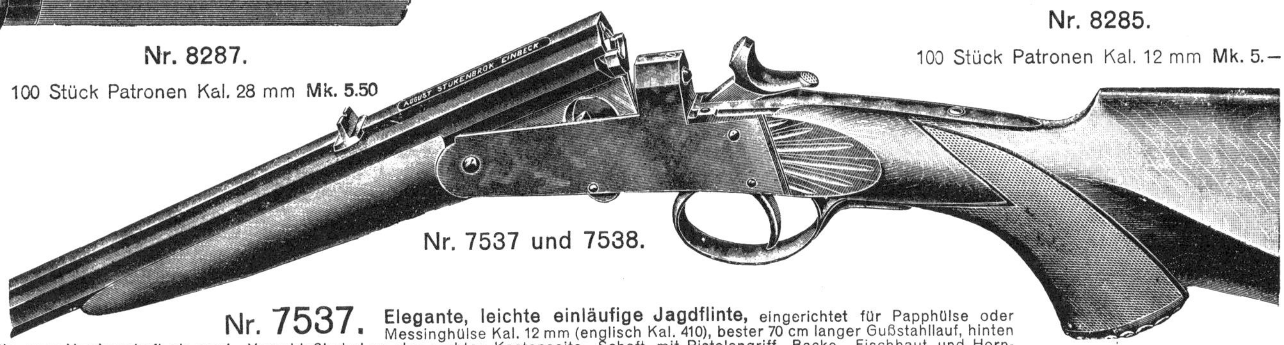

Nr. 7537 und 7538.

Nr. 7537. **Elegante, leichte einläufige Jagdflinte,** eingerichtet für Papphülse oder Messinghülse Kal. 12 mm (englisch Kal. 410), bester 70 cm langer Gußstahllauf, hinten kantig, vom Vorderschaft ab rund, Verschlußhebel an der rechten Kastenseite, Schaft mit Pistolengriff, Backe, Fischhaut und Hornkäppchen, Holzvorderschaft mit Schraube, selbsttätiger Patronenzieher, System mit rückspringendem Hahn, Standvisier und Jagdkorn auf dem Lauf, Garnitur bunt gehärtet, Riemenbügel, Gewicht ca. 1,7 kg. **Ein sehr handliches und elegantes Gewehrchen.** Stück **Mk. 18.—**

Nr. 7538. **Elegante, leichte einläufige Jagdflinte,** in Bauart genau wie Modell Nr. 7537, jedoch für Papphülsen Kal. 28 eingerichtet und in allen Teilen etwas kräftiger gearbeitet, Gewicht ca. 2 kg. **Eine sehr empfehlenswerte Damenflinte.** Stück **Mk. 22.—**

Einläufige Flinten zum Zusammenlegen.

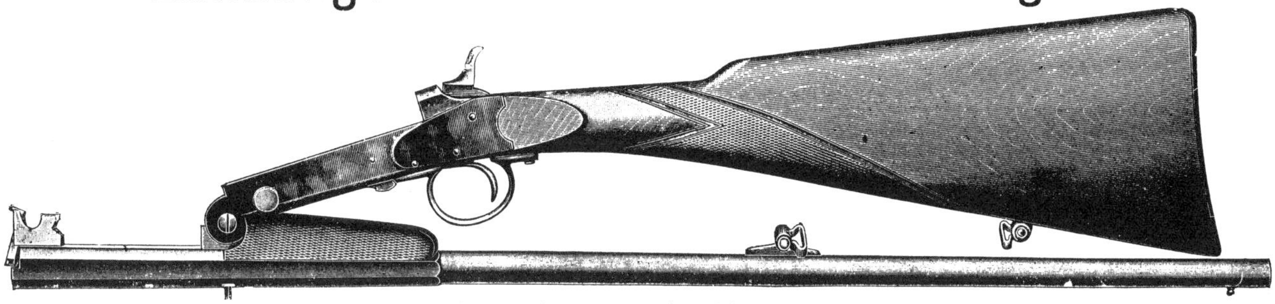

Nr. 7539 und 7540.

Nr. 7539. **Solide Zentralfeuer-Reiseflinte,** eingerichtet für Papphülse Kal. 12 mm. Diese schöne Flinte hat Doppelscharnier und wird geöffnet durch Verschlußhebel an der rechten Kastenseite. Will man nun den Lauf vollkommen umlegen, wie dieses obige Abbildung zeigt, so genügt ein Druck auf den Knopf an der linken Kastenseite, wodurch sich der Lauf vollkommen auslöst und ganz dicht an den Schaft gelegt werden kann. Der Lauf ist aus bestem Gußstahl, ca. 60 cm lang, hinten kantig und vom Vorderschaft ab rund, mit selbsttätigem Patronenzieher sowie Standvisier und Jagdkorn, Vorderschaft mit Halteschraube und Fischhaut, kurzer Abzugsbügel, Schloß mit rückspringendem Hahn, Garnitur bunt eingesetzt, schöner Nußbaumschaft mit Fischhaut und Eisenkappe, Riemenbügel, ca. 1,7 kg schwer. **Eine empfehlenswerte Reiseflinte von vorzüglicher Schußleistung.** Stück **Mk. 24.—**

Nr. 7540. **Elegante Zentralfeuer-Reiseflinte,** in Bauart genau wie Modell Nr. 7539, jedoch in allen Teilen kräftiger gearbeitet, Lauf ca. 70 cm lang, hinten kantig, vom Vorderschaft ab rund, eingerichtet für Papphülse Kal. 16, ff. Nußbaumschaft mit Pistolengriff und Hornkäppchen, Fischhaut und Backe, Garnitur marmoriert gehärtet. **Eine hochfeine Flinte.** Stück **Mk. 28.—**

Einläufige Selbstspanner-Schrotflinten.

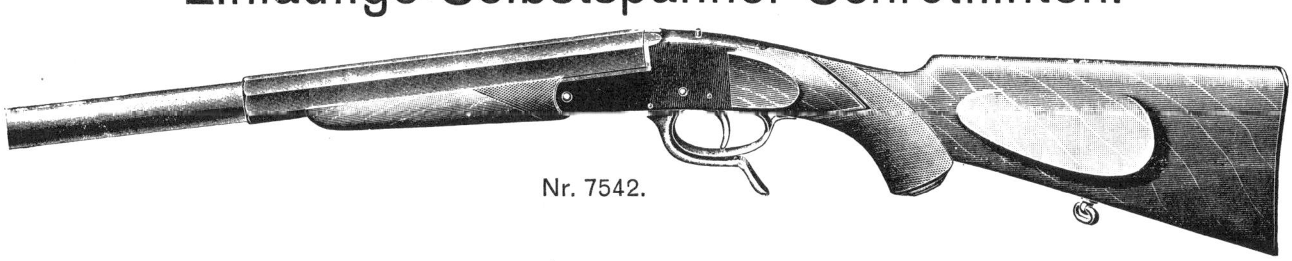

Nr. 7542.

Nr. 7541. **Solide einläufige Selbstspanner-Schrotflinte** mit Roux-Verschluß, Lauf 70 cm lang, hinten kantig, vom Vorderschaft ab rund. Das Schloß, welches sehr zuverlässig gearbeitet ist, wird durch Herunterdrücken des Verschlußhebels gespannt; Signalanzeiger oben auf der Scheibe zeigt an, ob das Schloß gespannt ist oder nicht. Garnitur fein schwarz bräuniert, Holzvorderschaft und schöner Nußbaumschaft mit Backe und Fischhaut, Riemenbügel, eingerichtet für Jagdpatrone Kal. 16, **beste Schußleistung,** Gewicht ca. 2 kg. Stück **Mk. 25.—**

Nr. 7542. **Elegante einläufige Selbstspanner-Schrotflinte** wie vorstehend, jedoch Lauf mit voller Chokebohrung für vorzüglichen Weitschuß und Schaft mit Pistolengriff mit Käppchen. **Sehr empfehlenswert.** Stück **Mk. 30.—**

Moderne Waffen ▫ Munition ▫ Jagdgeräte

AUGUST STUKENBROK, EINBECK

Anerkannt leistungsfähiges Etablissement dieser Branche

Schonzeit-Waffen. Selbstspanner-Büchsflintchen.

Elegante Modelle. ✣ Vorzüglich in Arbeit und Schußleistung.

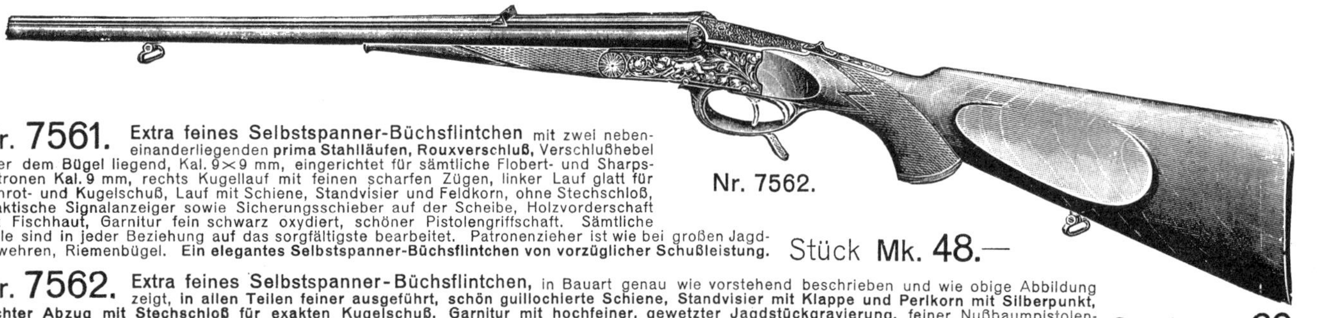

Nr. 7562.

Nr. 7561. Extra feines Selbstspanner-Büchsflintchen mit zwei nebeneinanderliegenden **prima Stahlläufen, Rouxverschluß,** Verschlußhebel über dem Bügel liegend, Kal. 9×9 mm, eingerichtet für sämtliche Flobert- und Sharps-Patronen **Kal. 9 mm,** rechts Kugellauf mit feinen scharfen Zügen, linker Lauf glatt für Schrot- und Kugelschuß, Lauf mit Schiene, Standvisier und Feldkorn, ohne Stechschloß, praktische Signalanzeiger sowie Sicherungsschieber auf der Scheibe, Holzvorderschaft mit Fischhaut, Garnitur fein schwarz oxydiert, schöner Pistolengriffschaft. Sämtliche Teile sind in jeder Beziehung auf das sorgfältigste bearbeitet. Patronenzieher ist wie bei großen Jagdgewehren, Riemenbügel. **Ein elegantes Selbstspanner-Büchsflintchen von vorzüglicher Schußleistung.** Stück **Mk. 48.—**

Nr. 7562. Extra feines Selbstspanner-Büchsflintchen, in Bauart genau wie vorstehend beschrieben und wie obige Abbildung zeigt, **in allen Teilen feiner ausgeführt, schön guillochierte Schiene, Standvisier mit Klappe und Perlkorn mit Silberpunkt, rechter Abzug mit Stechschloß für exakten Kugelschuß, Garnitur mit hochfeiner, gewetzter Jagdstückgravierung,** feiner Nußbaumpistolengriffschaft mit Backe, feiner Fischhaut, Hornkäppchen und Hornkappe. **Ein hochmodernes Selbstspanner-Büchsflintchen von hervorragender Arbeit und Schußleistung.** Stück **Mk. 60.—**

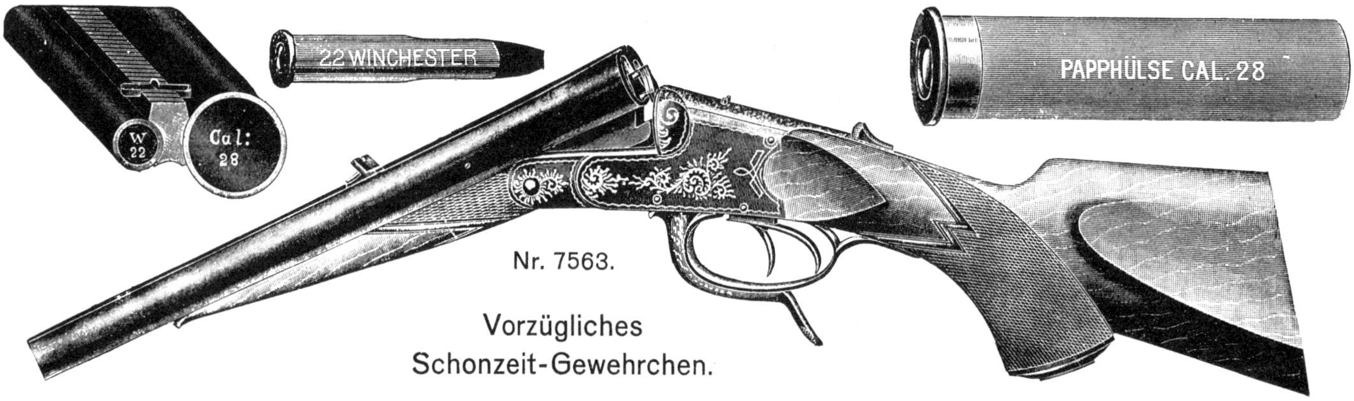

Nr. 7563.

Vorzügliches Schonzeit-Gewehrchen.

Nr. 7563. Modernes Schonzeit-Selbstspanner-Büchsflintchen, Kal. 28 und 22, Winchester-Zentralfeuer (sog. Vierlingspatrone 5,6×35,5 mm), in Ausführung und Bauart wie Modell 7562, **Rouxverschluß mit Hebel über dem Bügel, beste 64—66 cm lange Stahlläufe,** Kugellauf fein gezogen, rechter Abzug mit Rückstecher, mattierte Visierschiene, Standvisier mit einer Klappe, Silberpunktkorn, Signalanzeiger sowie Schiebersicherung auf der Scheibe, schöner Pistolengriffschaft mit Fischhaut und Backe, Hornkappe, geschmackvolle Jagdstückwetzgravur, Gewicht ca. 2,7 kg. **Vorzüglich gearbeitetes leichtes Büchsflintchen mit vorzüglicher Schußleistung.** Stück **Mk. 75.—**

Bock-Selbstspanner-Büchsflintchen

mit übereinanderliegenden Läufen.

<u>Elegant, leicht und handlich.</u> <u>Sehr beliebtes, modernes Modell.</u>

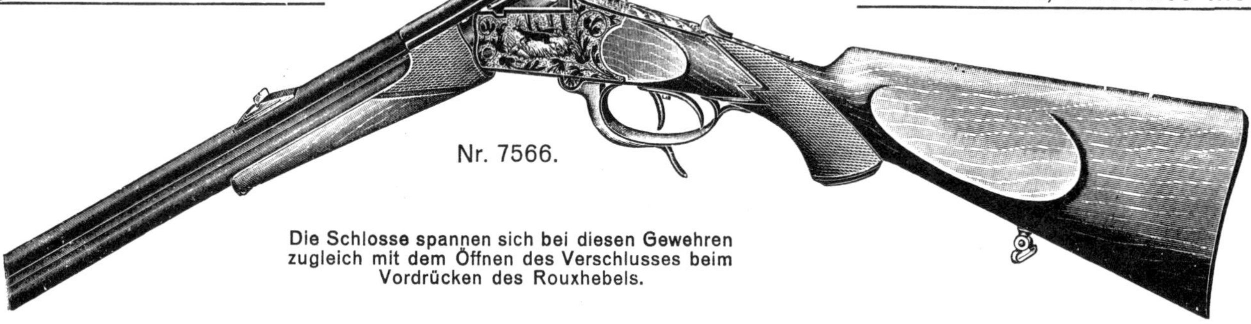

Nr. 7566.

Die Schlosse spannen sich bei diesen Gewehren zugleich mit dem Öffnen des Verschlusses beim Vordrücken des Rouxhebels.

Nr. 7566. Elegantes Selbstspanner-Bockbüchsflintchen **mit Roux-Verschluß, mit zwei übereinanderliegenden prima Gußstahlläufen,** fein garniert, oberer Lauf Kal. 6 mm = 22 extra long, mit feinsten Expreßzügen, unterer Lauf für Kugel- und Schrotschuß Kal. 9 mm, eingerichtet für sämtliche **Flobert- und** Sharps-Patronen, mit aufgepaßtem Schraubvisier und Perlkorn mit Silberpunkt. System in allen Teilen präzis ausgearbeitet, mit Büchsflintenstecher und Schiebersicherung auf dem Kolbenhalse, Garnitur mit hochfeiner, gewetzter Jagdstückgravierung, bunt gehärtet, Holzvorderschaft sowie bester Pistolengriffschaft aus schön maseriertem Nußbaumholz mit Backe, Fischhaut, Käppchen und Kolbenkappe, auf 100 m vorzüglich eingeschossen. **Ein vorzügliches und gern gekauftes Büchsflintchen.** Stück **Mk. 70.—**

Nr. 7567. Selbstspanner-Bockbüchsflintchen, genau wie vorstehend beschrieben, jedoch in Kal. 9×9 mm für Flobert- und Sharps-Patronen. **Für Reviergänge vorzüglich geeignet.** Stück **Mk. 70.—**

Nr. 7568. Hochfeines Bock-Selbstspanner-Schonzeit-Büchsflintchen, in Bauart genau wie vorstehend beschrieben, im Ganzen jedoch etwas kräftiger gehalten, oberer Lauf eingerichtet für Vierlingspatrone (Winchester Kal. 22 Zentral = 5,6×35,5 mm) mit besten **Expreßzügen,** unterer Lauf Kal. 28, Standvisier mit einer Klappe, Silberpunktkorn, extra feiner Pistolengriffschaft und hochmoderne Renaissance-Jagdstückgravierung, beide Läufe auf höchste Schußleistung geprüft. **Empfehlenswertestes Schonzeit-Gewehrchen.** Stück **Mk. 90.—**

Vorstehende Selbstspanner-Büchsflintchen werden auch in jedem anderen Kaliber angefertigt und bitte bei Bedarf unter Angabe der Wünsche Spezial-Offerte bei mir einzuholen.

Meine Jagdgewehre sind nach den Normen der Deutschen Versuchsanstalt eingeschossen.

Büchsflintchen-Doppel-Jagdkarabiner.

Extra prima Qualität. Bestbewährte Konstruktionen.

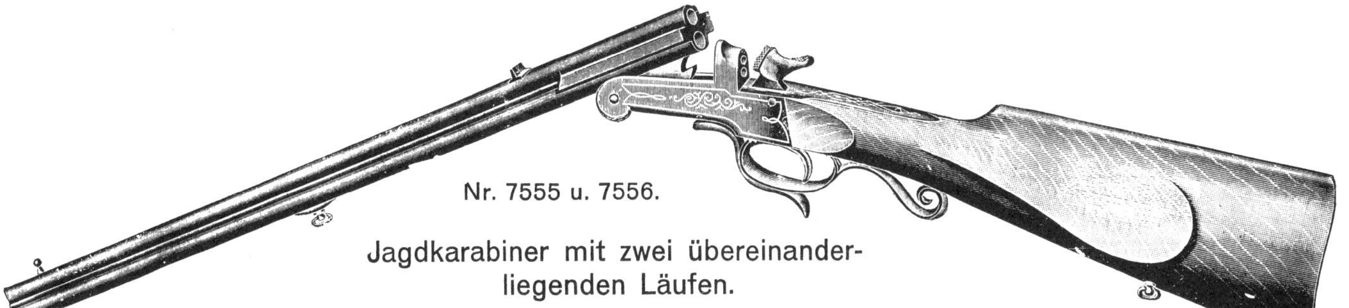

Nr. 7555 u. 7556.

Jagdkarabiner mit zwei übereinanderliegenden Läufen.

Nr. 7555. **Eleganter Präzisions-Doppel-Jagdkarabiner,** mit zwei übereinanderliegenden 50 cm langen Rohren. Der eine Lauf ist fein gezogen für guten Kugelschuß, Kal. 6 mm, der andere Lauf ist glatt, Kal. 9 mm, für Kugel- und Schrotschuß. Der Hahn ist mit Umstellungsscheibe versehen, so daß man jede Patrone nach Belieben abfeuern kann. Lauf mit Standvisier, Feldkorn und starkem Patronenauszieher, Verschlußhebel über dem Bügel liegend, Riemenbügel, Garnitur fein vernickelt, Nußbaumschaft mit Backe und Eisenkappe. Hierzu passen die Patronen Nr. 7701 bis 7705, 7711 7712, 7713, 7720, 7721, 7728 und 7729. Stück **Mk. 16.50**

Nr. 7556. **Großer Original-Doppel-Jagd-Karabiner,** mit zwei übereinanderliegenden Stahlläufen, in Bauart wie Modell 7555, jedoch in allen Teilen stärker gehalten, beide Läufe Kal. 9 mm und 60 cm lang, wovon der eine fein gezogen für präzisen Kugelschuß, der andere glatt für Schrot- und Kugelschuß ist, eingerichtet für Flobert- und Sharpspatronen, Garnitur fein vernickelt und graviert, mit Riemenbügel und schönem Nußbaumschaft mit Backe und Eisenkappe. **Ein gut gearbeitetes leichtes Bockbüchsflintchen.** Stück **Mk. 21.—**

Nr. 7554.

Elegantes Doppeltesching (Büchsflintchen).

Nr. 7554. **Doppel-Jagd-Karabiner** mit zwei nebeneinanderliegenden, runden Stahlläufen, 60 cm lang, mit Schiene, rechts Kal. 6 mm fein gezogen und links Kal. 9 mm glatt, mit zwei getrennten Schlössern und Hähnen. Durch Druck auf den rechts liegenden Seitenhebel (Verschlußhebel) klappt der Lauf nach unten und kann dann geladen oder entladen werden, mit selbsttätigem Patronenzieher und Riemenbügeln. Garnitur fein schwarz, Holzvorderschaft und schöner Nußbaumschaft mit Backe. Hierzu passen die Patronen Nr. 7701 bis 7707, 7720 bis 7723, 7728 und 7729. Stück **Mk. 27.—**

Sehr feines Büchsflintchen.

Nr. 7557.

Beliebtes und gangbares Modell.

Nr. 7557. **Eleganter, feiner Doppel-Jagd-Karabiner** mit Verschlußhebel an der rechten Kastenseite liegend, durch einen Druck auf den Hebel klappt der Lauf auf und kann bequem geladen oder entladen werden. **Läufe nebeneinanderliegend aus gutem Stahl,** rechter Lauf (Kal. 9 mm) fein gezogen für vorzüglichen Kugelschuß bis auf 100 m, linker Lauf glatt, ebenfalls Kal. 9 mm und für Kugel- und Schrotschuß eingerichtet. Dieser Karabiner besitzt zwei getrennte Schlösser, also für jeden Lauf einen Extrahahn, so daß beide Schüsse schnell hintereinander abgefeuert werden können, der Lauf ist mit schöner Visierschiene versehen, welche zum Schutz gegen Sonnenblende fein guillochiert ist, mit aufgepaßtem Schraubvisier und Perlkorn mit Silberpunkt, selbsttätiger Patronenzieher wie bei Doppelflinten, Holzvorderschaft. Garnitur elegant englisch graviert und bunt gehärtet, schöner Pistolengriffschaft mit Backe und Fischhaut. Dieses Büchsflintchen ist in allen Teilen sauber und gut gearbeitet und gestattet bei Verwendung der auf Seite 103 abgebildeten neun Sorten Patronen eine sehr vielseitige Verwendung. **Ein sehr empfehlenswertes Gewehrchen mit hervorragender Schußleistung.** Stück **Mk. 35.—**

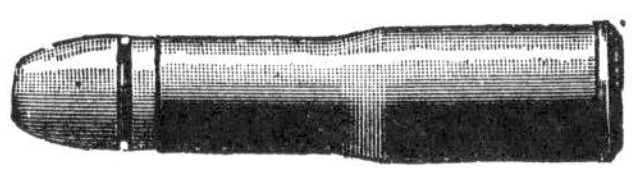

Nr. 8257.
100 Stück **Kugelpatronen,** Kal. 9×36 mm Mk. 9.50

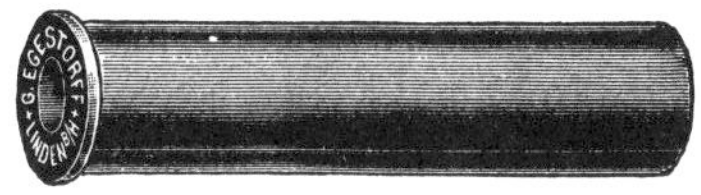

Nr. 8283.
100 Stück **Schrotpatronen,** Kal. 11×52 mm Mk. 11.40

Nr. 7558. **Elegantes Büchsflintchen,** in Ausführung genau wie Modell 7557, jedoch Kugellauf für Zentralfeuerpatrone Kal. 9×36 mm und Schrotlauf für die Zentralfeuerpatrone 11×52 mm eingerichtet. Alle Teile sind auf das sauberste und sorgfältigste bearbeitet, die abgeschossenen Patronen können immer wieder geladen werden. **Ein vorzügliches elegantes Schonzeitbüchsflintchen, welches sehr zu empfehlen ist.** Stück **Mk. 40.—**

Moderne Waffen ▫ Munition ▫ Jagdgeräte

AUGUST STUKENBROK, EINBECK

Anerkannt leistungsfähiges Etablissement dieser Branche

Großer Original-Präzisions-Doppeljagdkarabiner.

Extra solide Konstruktion. ∴ Schußleistung und Qualität vorzüglich.

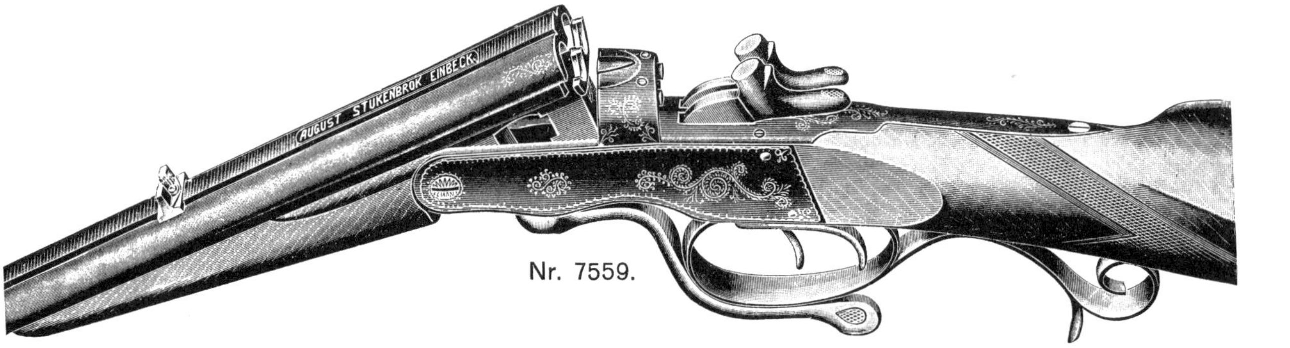

Nr. 7559.

Nr. 7559. **Extra solider, großer Original-Präzisions-Doppeljagdkarabiner,** Büchsflintchen mit nebeneinanderliegenden Rohren aus bestem Gußstahl, beide Kal. 9 mm und eingerichtet für die auf Seite 103 abgebildeten neun Sorten Patronen, rechts Kugellauf fein gezogen und links Schrotlauf glatt, Verschlußhebel über dem Bügel zum Seitwärtsdrehen, starker Nußverschluß. System mit zwei getrennten Schlössern, also für jedes Rohr einen Extrahahn, Lauf mit mattierter Visierschiene, Schraubvisier, Perlkorn mit Silberpunkt, extra starker Patronenzieher wie bei Doppelflinten, Garnitur elegant englisch graviert, bunt eingesetzt oder ff. vernickelt, Riemenbügel, Holzvorderschaft und eleganter Nußbaumschaft mit Backe, Fischhaut und Eisenkappe. **Unerreichte Schußleistung.** Stück **Mk. 32.—**

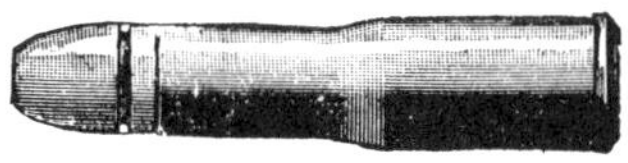

Nr. 8257.
Kugelpatronen, Kal. 9×36 mm
100 Stück **Mk. 9.50**

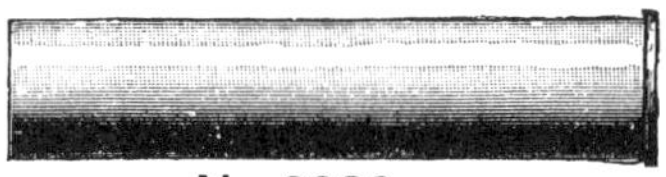

Nr. 8283.
Schrotpatronen, Kal. 11×52 mm
100 Stück **Mk. 11.40**

Nr. 7560. **Extra solider, großer Original-Präzisions-Doppel-Jagdkarabiner,** in Bauart und Ausführung genau wie Modell 7559, jedoch Kugellauf für Zentralfeuerpatrone 9×36 mm und Schrotlauf für die Zentralfeuerpatrone 11×52 mm eingerichtet, tadellos gearbeitet und vorzüglich eingeschossen. **Als Schonzeit-Gewehrchen vorzüglich geeignet und sehr zu empfehlen.** Stück **Mk. 37.—**

Elegantes Schonzeit-Gewehrchen. Vorzügliches Büchsflintchen.

Nr. 8252.
Winchester-Zentralfeuer-Patrone, Kal. 22.
Kal. 5,6×35,5 mm, 100 Stück **Mk. 6.25**

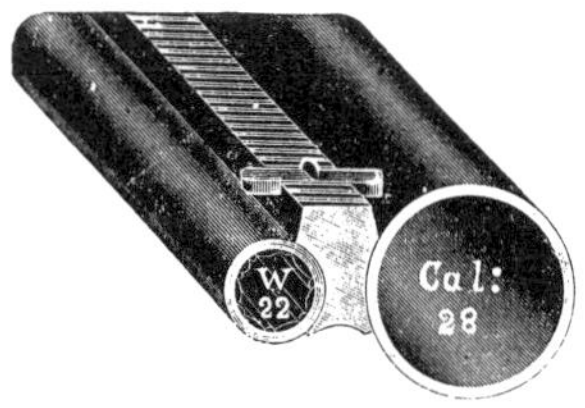

Nr. 8287. Geladene Patronen, Kal. 28
100 Stück **Mk. 5.50**
Nr. 8159. Leere Hülsen, Kal. 28
100 Stück **Mk. 2.50**

Nr. 7565. **Kleine handliche Büchsflinte,** wie Modell 7560, mit Hebel über dem Bügel und starkem Nußverschluß. Die nebeneinanderliegenden Läufe sind aus gutem Stahl, Kugellauf mit Expreßzügen für die Zentralfeuerpatrone Winchester Kal. 22 single shot (Vierlingspatrone), Schrotlauf glatt Kal. 28. Zur Erzielung eines sicheren Kugelschusses ist guter Rückstecher angebracht, ebenso Klappvisier und Korn mit Perle. Die Laufschiene ist guillochiert, die Systemteile sind graviert und marmoriert gehärtet, der Schaft hat Pistolengriff mit Fischhaut, Patronenzieher wie bei großen Jagdgewehren. **Diese Büchsflinte ist als Schonzeit-Gewehrchen vorzüglich geeignet und sehr zu empfehlen.** Stück **Mk. 60.—**

Schwerer Original-Pirschstutzen für den Rucksack.

Nachstehender Pirschstutzen ist von vorzüglicher dauerhafter Konstruktion und aus besten Materialien in jeder Beziehung präzis ausgearbeitet. Die Schußleistung desselben ist eine vorzügliche und eignet sich der Stutzen speziell für die Herren Jäger, die das Gewehr mit auf Reisen nehmen wollen.

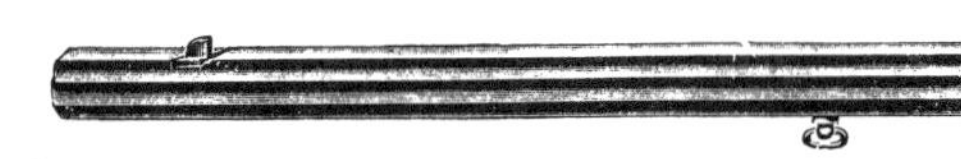

Nr. 8263.
Fertige Patronen zum Pirschstutzen Modell 7543, Kal. 9,3×57 mm, kosten pro Stück **11 Pf.**, leere Hülsen **7,5 Pf.**

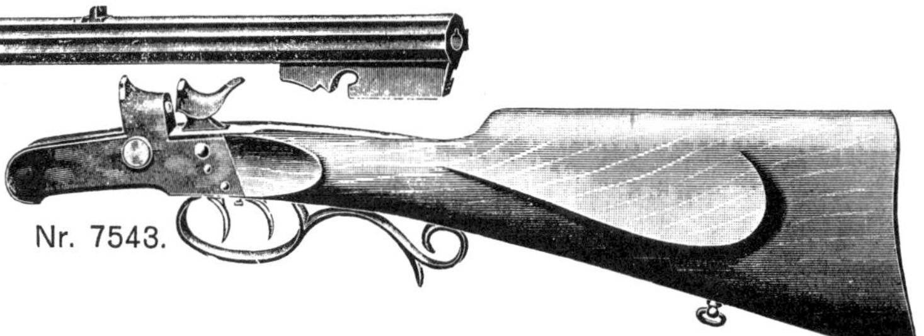

Nr. 7543.

Nr. 7543. **Original-Pirschstutzen** für den Rucksack, eingerichtet für Hochwildpatrone Kal. 9,3×57 mm, Lauf mit feinen Drallzügen, 55 cm lang und zum Aushaken eingerichtet. Druckknopfverschluß an der linken Seite, starker Patronenzieher, allerbestes Stechschloß, Riemenbügel, feine blanke Garnitur. Nußholzschaft mit Backe und Eisenkappe. Dieser Stutzen ist aus besten Materialien sehr sorgfältig gearbeitet und auf 100 m genau eingeschossen. Für Forstbeamte sehr handliche Revierbüchse. Stück **Mk. 22.—**

Jede Waffe wird vor Versand kontrolliert, es wird also nur ausprobierte Ware versandt.

Feine Doppelteschings (Büchsflintchen), System „Warnant".

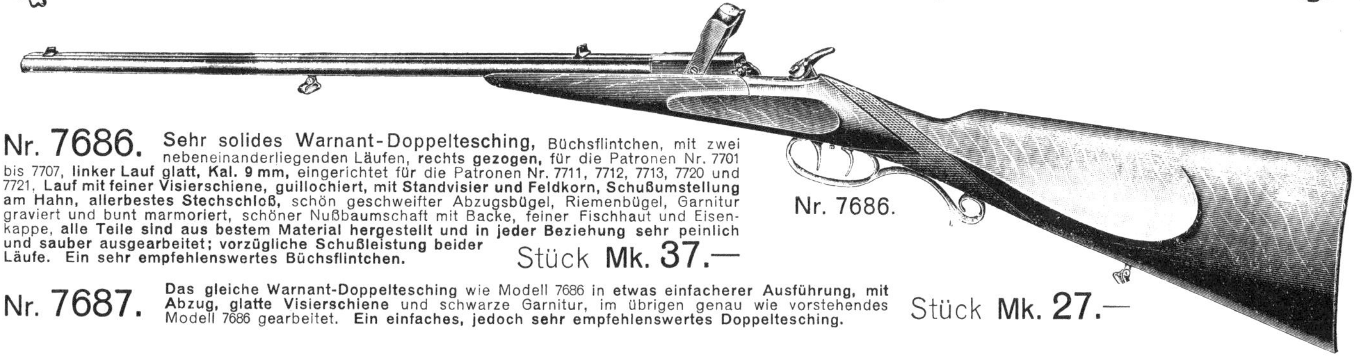

Nr. 7686.

Nr. 7686. **Sehr solides Warnant-Doppelteschimg,** Büchsflintchen, mit zwei nebeneinanderliegenden Läufen, **rechts gezogen,** für die Patronen Nr. 7701 bis 7707, **linker Lauf glatt, Kal. 9 mm,** eingerichtet für die Patronen **Nr.** 7711, 7712, 7713, 7720 und 7721, **Lauf mit feiner Visierschiene, guillochiert, mit Standvisier und Feldkorn, Schußumstellung am Hahn, allerbestes Stechschloß,** schön geschweifter Abzugsbügel, Riemenbügel, Garnitur graviert und bunt marmoriert, schöner Nußbaumschaft mit Backe, feiner Fischhaut und Eisenkappe, **alle Teile sind aus bestem Material hergestellt und in jeder Beziehung sehr peinlich und sauber ausgearbeitet; vorzügliche Schußleistung beider Läufe. Ein sehr empfehlenswertes Büchsflintchen.** Stück **Mk. 37.—**

Nr. 7687. **Das gleiche Warnant-Doppelteschimg** wie Modell 7686 in **etwas einfacherer Ausführung, mit Abzug, glatte Visierschiene** und schwarze Garnitur, im übrigen genau wie vorstehendes Modell 7686 gearbeitet. **Ein einfaches, jedoch sehr empfehlenswertes Doppelteschimg.** Stück **Mk. 27.—**

Bestes „Warnant"-Büchsflintchen mit zwei Hähnen.

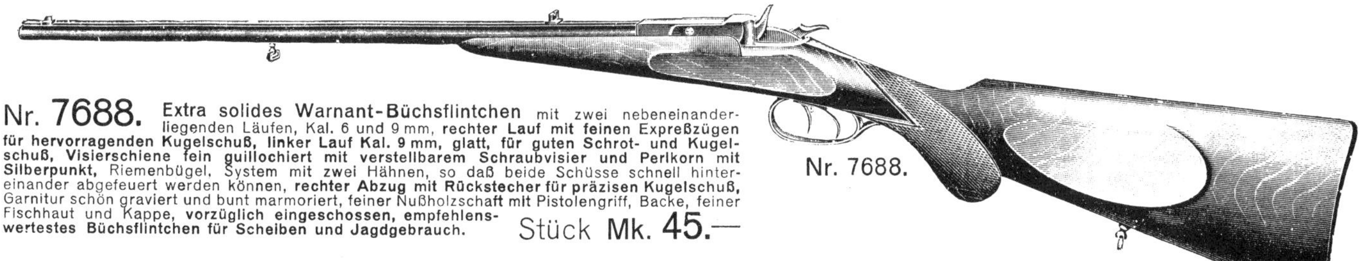

Nr. 7688.

Nr. 7688. **Extra solides Warnant-Büchsflintchen** mit zwei nebeneinanderliegenden Läufen, Kal. 6 und 9 mm, **rechter Lauf mit feinen Expreßzügen für hervorragenden Kugelschuß, linker Lauf Kal. 9 mm, glatt, für guten Schrot- und Kugelschuß, Visierschiene fein guillochiert mit verstellbarem Schraubvisier und Perlkorn mit Silberpunkt,** Riemenbügel, System **mit zwei** Hähnen, so daß beide Schüsse schnell hintereinander abgefeuert werden können, **rechter Abzug mit Rückstecher für präzisen Kugelschuß,** Garnitur schön graviert und bunt marmoriert, feiner Nußholzschaft mit Pistolengriff, Backe, feiner Fischhaut und Kappe, **vorzüglich eingeschossen, empfehlenswertestes Büchsflintchen für Scheiben und Jagdgebrauch.** Stück **Mk. 45.—**

Original-Präzisions-Jagdkarabiner.

Schon seit langen Jahren liefere ich den unten abgebildeten Original-Präzisions-Jagdkarabiner **zur größten Zufriedenheit meiner werten Abnehmer.** Wie aus der untenstehenden Beschreibung hervorgeht, handelt es sich bei meinem Karabiner um das **größte** und **stärkste** Modell, was überhaupt in dieser Art hergestellt wird. Der Karabiner ist für sämtliche unten abgebildete Kugel- und Schrotpatronen eingerichtet und kann je nach Verwendung der Munition, im Garten, Hof sowie auf der Jagd benutzt werden. Mit der Sharps-Munition ist der Schütze sogar in der Lage, bei Verwendung der Kugelpatrone selbst auf eine Entfernung von 150 m noch einen sicheren Schuß auf Rehwild anzubringen, während mit den starken Schrotpatronen auf ca. 50 Schritt auf Raubwild noch großartige Resultate erzielt werden. Mein Karabiner, welcher mit **verstellbarem Visier und Perlkorn mit Silberpunkt** versehen ist, hat eine Gesamtlänge von ca. 1,06 m, wovon der Lauf ca. 60 cm lang ist. Der starke doppelte Exzenterverschluß mit Verschlußhebel unter dem Abzugsbügel liegend, verleiht dem Gewehr einen dauernden, festen Verschluß, so daß Reparaturen so gut wie ausgeschlossen sind. Vermittels der angebrachten Flügelschraube kann der Karabiner im Moment leicht auseinandergenommen, bequem gereinigt und wieder zusammengesetzt werden.

Größtes und stärkstes Modell.
Allerbeste Qualität.

Ohne lauten Knall. ∴ Nur Kal. 9 mm.

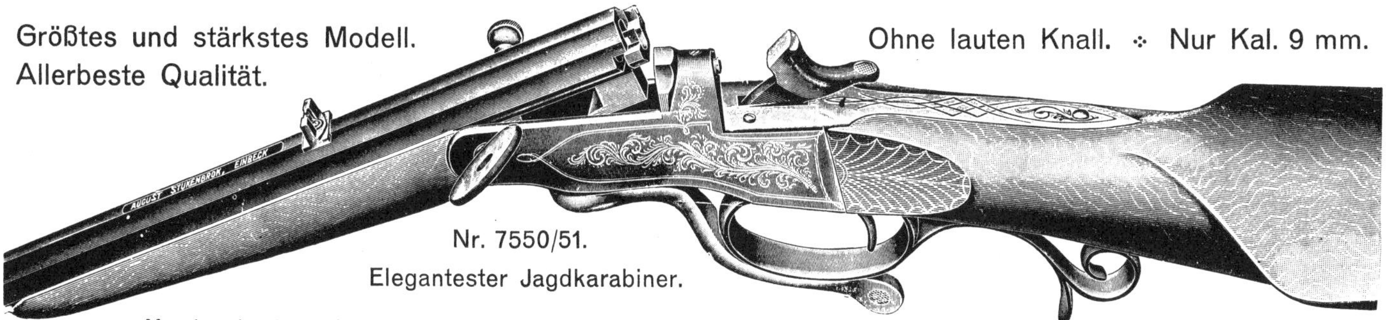

Nr. 7550/51.
Elegantester Jagdkarabiner.

Man beachte bitte die Ausführung und vergleiche dann die Konkurrenz-Angebote.

Nr. 7550. **Original-Präzisions-Jagdkarabiner, größtes und stärkstes Modell,** in feiner Ausführung, genau nach obiger Abbildung, bester Stahllauf, Kal. 9 mm glatt, eingerichtet für unten abgebildete 9 Sorten Patronen, starker Patronenzieher am Lauf, Verschlußhebel unter dem Abzugsbügel liegend, Garnitur fein vernickelt und elegant graviert, **Lauf mit verstellbarem Visier, mit Perlkorn und Silberpunkt,** Holzvorderschaft und schöner Nußbaumschaft mit Backe und Eisenkappe. Der Lauf ist durch die angebrachte Flügelschraube sehr leicht vom Schaft abzunehmen, Riemenbügel. **Vorzüglich eingeschossen.** Stück **Mk. 15.—**

Nr. 7551. **Derselbe vorzügliche Jagdkarabiner wie Modell 7550, jedoch Lauf mit allerbesten scharfen Drallzügen für exakten Kugelschuß, fein eingeschossen.** Stück **Mk. 17.—**

Nr. 7552. **Derselbe vorzügliche Jagdkarabiner wie Modell 7551, jedoch mit allerbestem Stechschloß** für präzisen Kugelschuß, **Lauf mit extra feinen Drallzügen** und als Pirschbüchse daher sehr zu empfehlen. Stück **Mk. 20.—**

Ich bitte zu beachten, daß mein Jagdkarabiner ein Schraubvisier und Perlkorn besitzt, während diejenigen meiner Konkurrenz trotz des höheren Preises fast durchweg gewöhnliche Visierung besitzen.

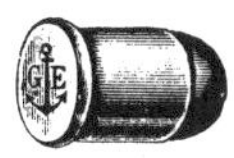

Nr. 7711.

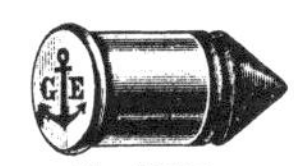

Nr. 7712.

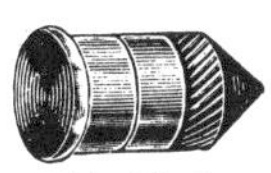

Nr. 7713.

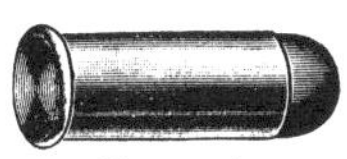

Nr. 7714.

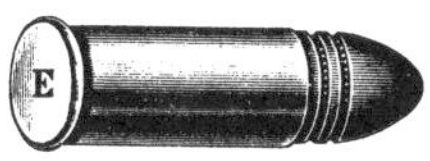

Nr. 7715.

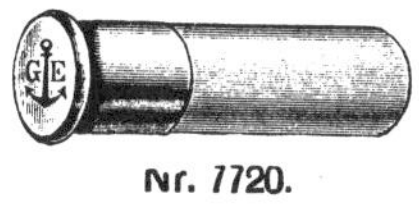

Nr. 7720.

Nr. 7721.

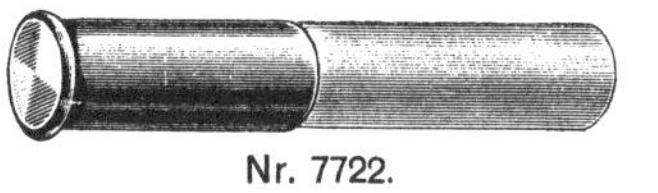

Nr. 7722.

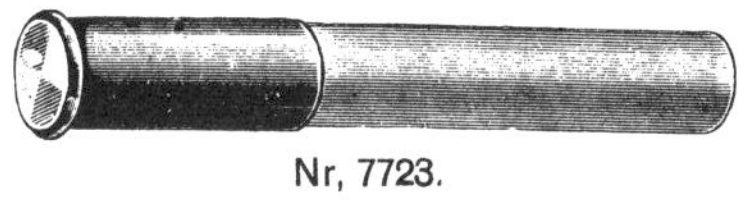

Nr. 7723.

Empfehlenswerte

Flobert-Präzisions-Salon- und Gartenbüchsen.

Allerbestes deutsches Fabrikat. ∴ Ohne lauten Knall. ∴ Vorzügliche Schußleistung.

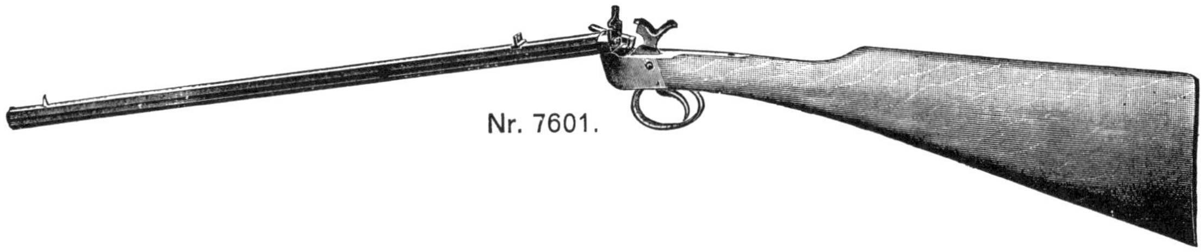

Nr. 7601.

Nr. 7601. **Flobert-Tesching,** Kal. 6 mm, für Kugel- und Schrotschuß, mit 40 cm langem, kantigem und feststehendem Lauf, gasdichter Sicherheitsverschluß, Patronenauswerfer, glatter Nußholzschaft, Standvisier und Feldkorn. Ganze Länge ca. 75 cm. Hierzu passen die Patronen Nr. 7701, 7702, 7703, 7716 und 7717. Stück **Mk. 4.85**

Nr. 7600. **Dasselbe Tesching** wie 7601, jedoch ohne Patronenauszieher, wie solches vielfach von der Konkurrenz zu hohen Preisen angeboten wird. Stück **Mk. 4.70**

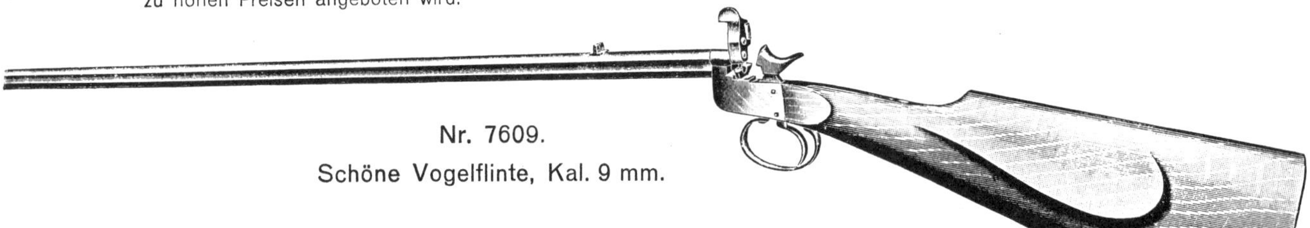

Nr. 7609.

Schöne Vogelflinte, Kal. 9 mm.

Nr. 7609. **Schönes Flobert-Tesching** mit 60 cm langem, kantigen und feststehenden Gußstahllauf, **Kal. 9 mm,** mit extra starker Verschlußklappe, Patronenauszieher, Standvisier und Feldkorn, schöner Nußbaumschaft mit Backe und Eisenkappe. Ganze Länge ca. 100 cm. Hierzu passen die Patronen Nr. 7711 bis 7713 und 7720 bis 7721. Stück **Mk. 7.50**

Nr. 7602 u. 7603.

Nr. 7602. **Solides Flobert-Tesching** mit kantigem 40 cm langem Gußstahllauf zum Aufklappen. Kal. 6 oder 9 mm, für Kugel- und Schrotschuß, Lauf mit Standvisier und Feldkorn, starker Patronenauszieher und gasdichter Sicherheitsverschluß, schöner Nußbaumschaft mit Backe und Eisenkappe, ganze Länge ca. 70 cm. Hierzu passen die Patronen Nr. 7701 bis 7705, 7711 bis 7713, 7716, 7717, 7720 und 7721. **Ein gutes und brauchbares Tesching.** Stück **Mk. 7.50**

Nr. 7603. **Dasselbe Tesching** wie Nr. 7602, Kal. 6 oder 9 mm, jedoch kräftiger und stärker gebaut, Lauf 50 cm lang, sehr solide gearbeitet. Stück **Mk. 8.50**

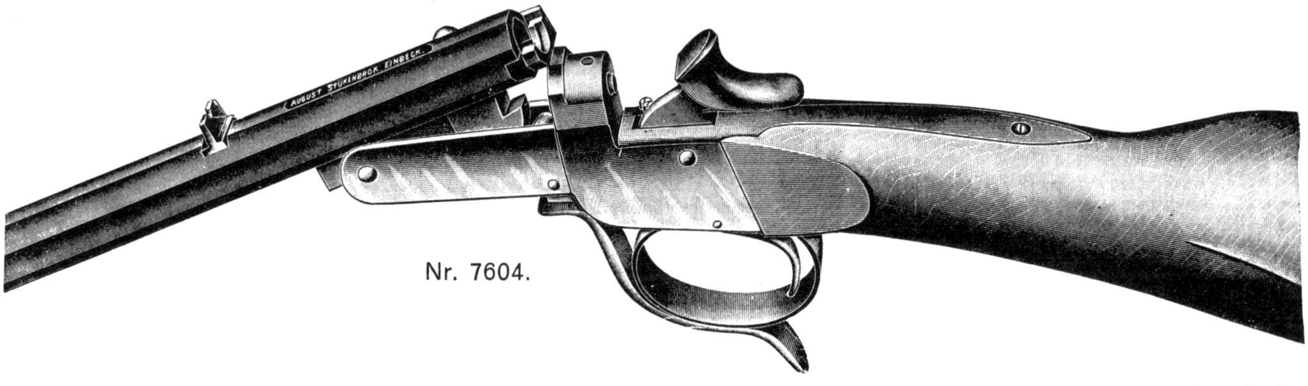

Nr. 7604.

Nr. 7604. **Solides Flobert-Tesching** mit 60 cm langem kantigen Gußstahllauf zum Aufklappen, großes und starkes Modell, Kal. 6 oder 9 mm, mit Standvisier, Feldkorn, extra starkem Patronenauswerfer, Garnitur blank, Abzugsbügel, guter Nußbaumschaft mit Backe und Eisenkappe, Riemenbügel, vorzüglich im Schuß. Hierzu passen die Patronen Nr. 7701 bis 7705, 7711 bis 7713, 7716 7717, 7724, 7725, 7720, 7721, 7728 und 7729. **Ein sehr empfehlenswertes Tesching.** Stück **Mk. 10.—**

Moderne Waffen ▫ Munition ▫ Jagdgeräte

AUGUST STUKENBROK, EINBECK

Anerkannt leistungsfähiges Etablissement dieser Branche

Extra starke Salon- und Gartenbüchsen

mit Lauf zum Aufklappen.

Feinstes deutsches Präzisionsfabrikat. Unerreicht in Qualität und Schußleistung.

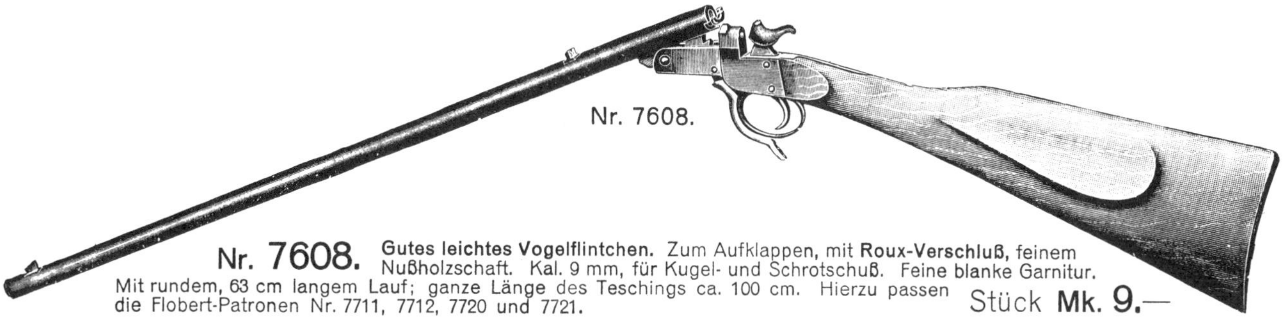

Nr. 7608.

Nr. 7608. **Gutes leichtes Vogelflintchen.** Zum Aufklappen, mit **Roux-Verschluß,** feinem Nußholzschaft. Kal. 9 mm, für Kugel- und Schrotschuß. Feine blanke Garnitur. Mit rundem, 63 cm langem Lauf; ganze Länge des Teschings ca. 100 cm. Hierzu passen die Flobert-Patronen Nr. 7711, 7712, 7720 und 7721. Stück **Mk. 9.—**

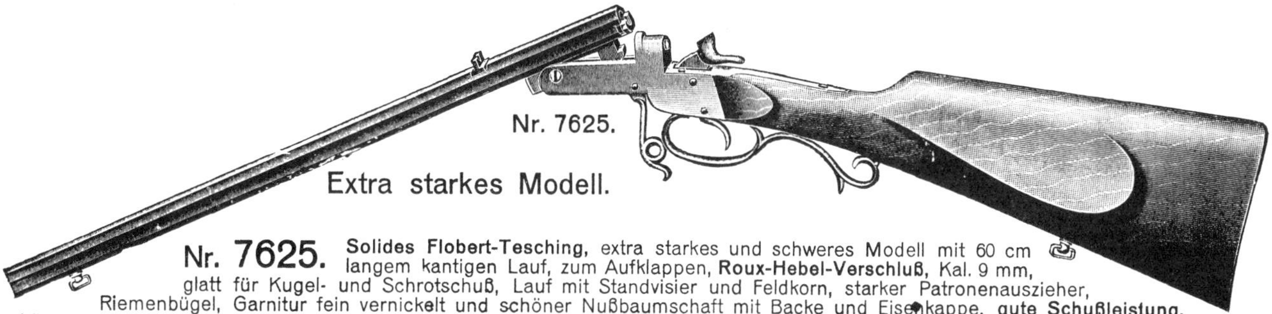

Nr. 7625.

Extra starkes Modell.

Nr. 7625. **Solides Flobert-Tesching,** extra starkes und schweres Modell mit 60 cm langem kantigen Lauf, zum Aufklappen, **Roux-Hebel-Verschluß,** Kal. 9 mm, glatt für Kugel- und Schrotschuß, Lauf mit Standvisier und Feldkorn, starker Patronenauszieher, Riemenbügel, Garnitur fein vernickelt und schöner Nußbaumschaft mit Backe und Eisenkappe, **gute Schußleistung,** ganze Länge ca. 100 cm. Hierzu passen die Patronen Nr. 7711 bis 7713 und 7720, 7721, 7728 und 7729. **Empfehlenswerte Gartenbüchse.** Stück **Mk. 12.50**

Nr. 7626. **Solides Flobert-Tesching** wie Nr. 7625, jedoch Lauf Kal. 6 mm mit feinsten Expreßzügen für hervorragenden **Kugelschuß, eingerichtet** für Patronen Nr. 7701 bis 7707, auf 50 bis 100 m eingeschossen. Stück **Mk. 14.—**

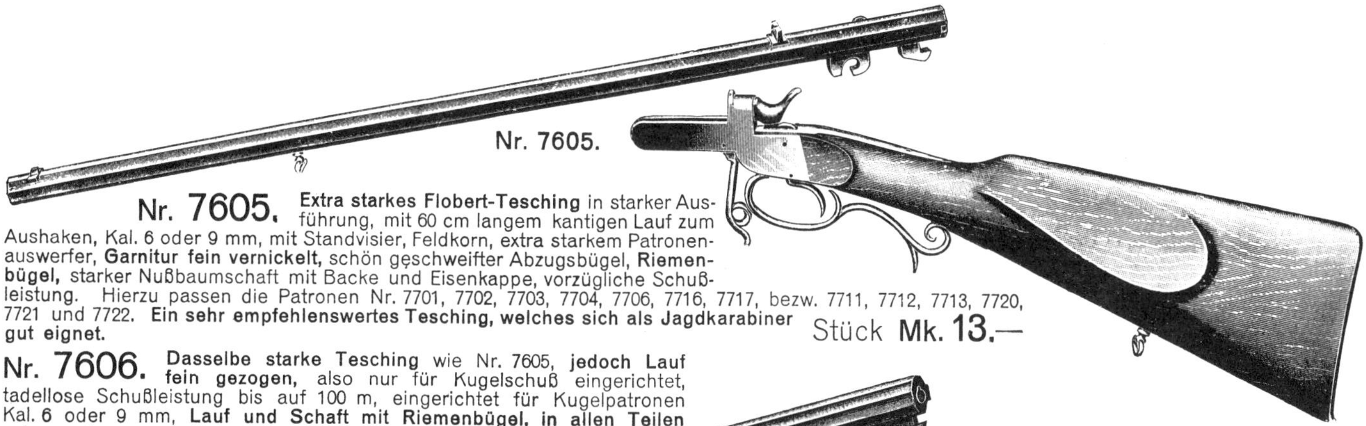

Nr. 7605.

Nr. 7605. **Extra starkes Flobert-Tesching** in starker Ausführung, mit 60 cm langem kantigen Lauf zum Aushaken, Kal. 6 oder 9 mm, mit Standvisier, Feldkorn, extra starkem Patronenauswerfer, **Garnitur fein vernickelt,** schön geschweifter Abzugsbügel, **Riemenbügel,** starker Nußbaumschaft mit Backe und Eisenkappe, vorzügliche Schußleistung. Hierzu passen die Patronen Nr. 7701, 7702, 7703, 7704, 7706, 7716, 7717, bezw. 7711, 7712, 7713, 7720, 7721 und 7722. **Ein sehr empfehlenswertes Tesching, welches sich als Jagdkarabiner gut eignet.** Stück **Mk. 13.—**

Nr. 7606. **Dasselbe starke Tesching** wie Nr. 7605, **jedoch Lauf fein gezogen,** also nur für Kugelschuß eingerichtet, tadellose Schußleistung bis auf 100 m, eingerichtet für Kugelpatronen Kal. 6 oder 9 mm, **Lauf und Schaft mit Riemenbügel, in allen Teilen sehr sauber gearbeitet. Ein empfehlenswerter Jagdkarabiner.** Stück **Mk. 14.25**

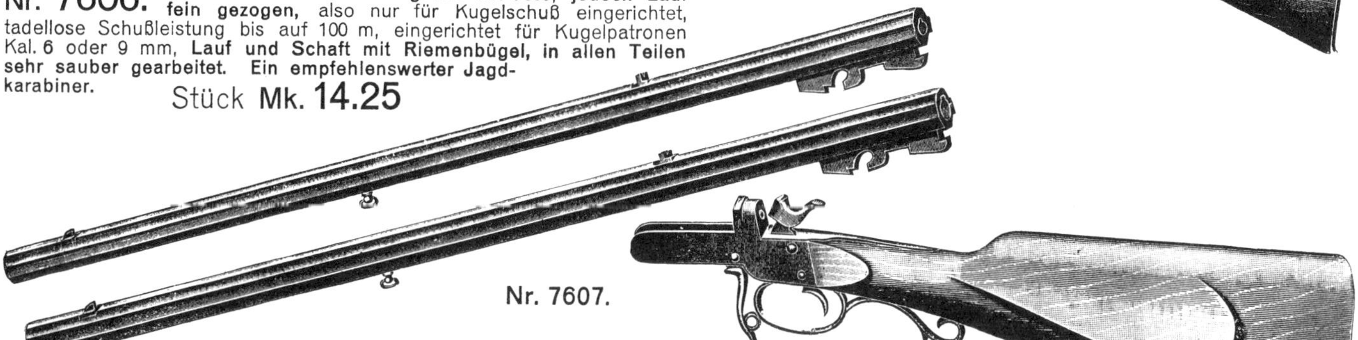

Nr. 7607.

Nr. 7607. **Sehr solides Flobert-Tesching** mit 2 auswechselbaren Läufen in starker Ausführung, beide Läufe 60 cm lang, der eine Kal. 6 mm fein gezogen für präzisen Kugelschuß, der andere Kal. 9 mm glatt für Kugel- und Schrotschuß. Garnitur fein vernickelt, schöner Nußbaumschaft mit Backe und Eisenkappe, Riemenbügel. Dieses Tesching ist eingerichtet für sämtliche Flobert- und Sharps (Winchester)-Patronen und **besonders gut eingeschossen.** Stück **Mk. 18.—**

Die Modelle Nr. 7605 bis 7607 können im Moment leicht auseinandergenommen werden, weshalb sie sich zum Mitführen im Rucksacke gut eignen.

Präzisions-„Warnant“-Teschings.

Nachstehende „Warnant“-Teschings sind vollständig maschinell hergestellt und in allen Teilen aufs sauberste ausgearbeitet. Bei Vergleich meiner Preisliste mit denen der Konkurrenz bitte ich stets zu berücksichtigen, daß ich nur Teschings in allerbester **deutscher Qualität** auf den Markt bringe, die sich schon seit langen Jahren glänzend bewährt haben. Von anderer Seite wird viel minderwertiges belgisches Fabrikat in den Handel gebracht, welches aber durchweg mangelhaft gearbeitet und mit dem deutschen Erzeugnis in keiner Weise zu vergleichen ist. Mit nachstehenden **Teschings** biete ich also das Beste, was überhaupt darin geliefert werden kann. Die auf dieser Seite abgebildeten Modelle sind eingerichtet für die auf Seite 103 aufgeführten Patronen Nr. 7701, 7702, 7703, 7704, 7705, 7716, 7717, 7724, 7725 bezw. 7711, 7712, 7713, 7720, 7721, 7728, 7729.

Unerreichte Qualität! ∴ Vorzüglich im Schuß.
Beachten Sie bitte Schalldämpfer „Moderator“ auf Seite 102.

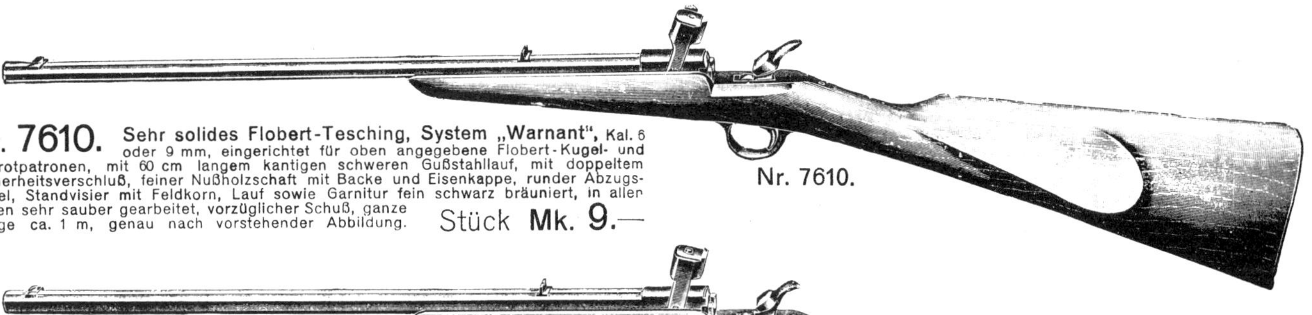

Nr. 7610.

Nr. 7610. **Sehr solides Flobert-Tesching, System „Warnant“,** Kal. 6 oder 9 mm, eingerichtet für oben angegebene Flobert-Kugel- und Schrotpatronen, mit 60 cm langem kantigen schweren Gußstahllauf, mit doppeltem Sicherheitsverschluß, feiner Nußholzschaft mit Backe und Eisenkappe, runder Abzugsbügel, Standvisier mit Feldkorn, Lauf sowie Garnitur fein schwarz bräuniert, in allen Teilen sehr sauber gearbeitet, vorzüglicher Schuß, ganze Länge ca. 1 m, genau nach vorstehender Abbildung. Stück **Mk. 9.—**

Nr. 7611.

Nr. 7611. **Sehr solides und kräftiges Flobert-Tesching, System „Warnant“,** Kal. 6 oder 9 mm, in Bauart genau wie vorstehendes Modell Nr. 7610, **in bester und schwerer Ausführung, in allen Teilen etwas kräftiger gehalten, eleganter Nußholzschaft mit Backe, Fischhaut, Schaftbäckchen und Kolbenbacke,** ganze Länge ca. 1 m, vorzüglich für Kugel- und Schrotschuß geeignet. Stück **Mk. 10.—**

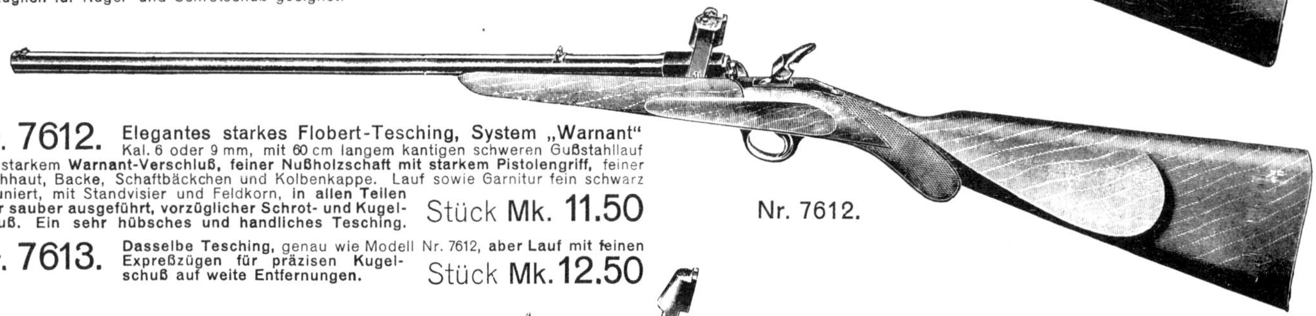

Nr. 7612.

Nr. 7612. **Elegantes starkes Flobert-Tesching, System „Warnant“** Kal. 6 oder 9 mm, mit 60 cm langem kantigen schweren Gußstahllauf mit starkem **Warnant-Verschluß, feiner Nußholzschaft mit starkem Pistolengriff,** feiner Fischhaut, Backe, Schaftbäckchen und Kolbenkappe. Lauf sowie Garnitur fein schwarz bräuniert, mit Standvisier und Feldkorn, **in allen Teilen sehr sauber ausgeführt, vorzüglicher Schrot- und Kugelschuß. Ein sehr hübsches und handliches Tesching.** Stück **Mk. 11.50**

Nr. 7613. **Dasselbe Tesching,** genau wie Modell Nr. 7612, **aber Lauf mit feinen Expreßzügen für präzisen Kugelschuß auf weite Entfernungen.** Stück **Mk. 12.50**

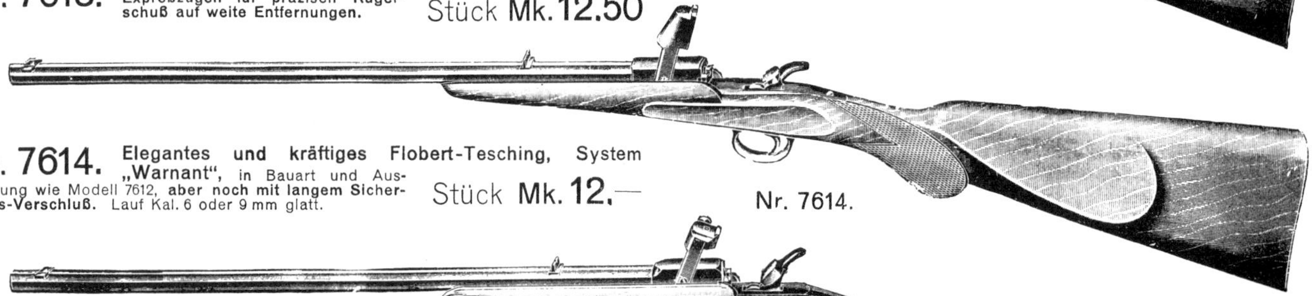

Nr. 7614.

Nr. 7614. **Elegantes und kräftiges Flobert-Tesching, System „Warnant“,** in Bauart und Ausführung wie Modell 7612, **aber noch mit langem Sicherheits-Verschluß.** Lauf Kal. 6 oder 9 mm glatt. Stück **Mk. 12.—**

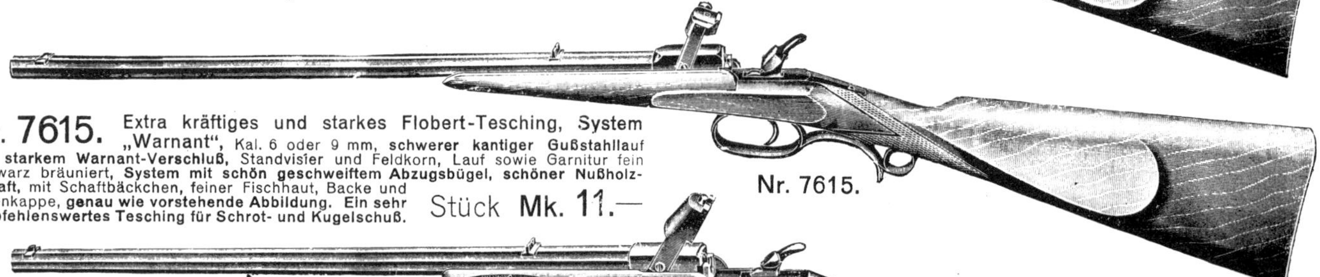

Nr. 7615.

Nr. 7615. **Extra kräftiges und starkes Flobert-Tesching, System „Warnant“,** Kal. 6 oder 9 mm, **schwerer kantiger Gußstahllauf mit starkem Warnant-Verschluß,** Standvisier und Feldkorn, Lauf sowie Garnitur fein schwarz bräuniert, **System mit schön geschweiftem Abzugsbügel, schöner Nußholzschaft,** mit Schaftbäckchen, feiner Fischhaut, Backe und Eisenkappe, **genau wie vorstehende Abbildung. Ein sehr empfehlenswertes Tesching für Schrot- und Kugelschuß.** Stück **Mk. 11.—**

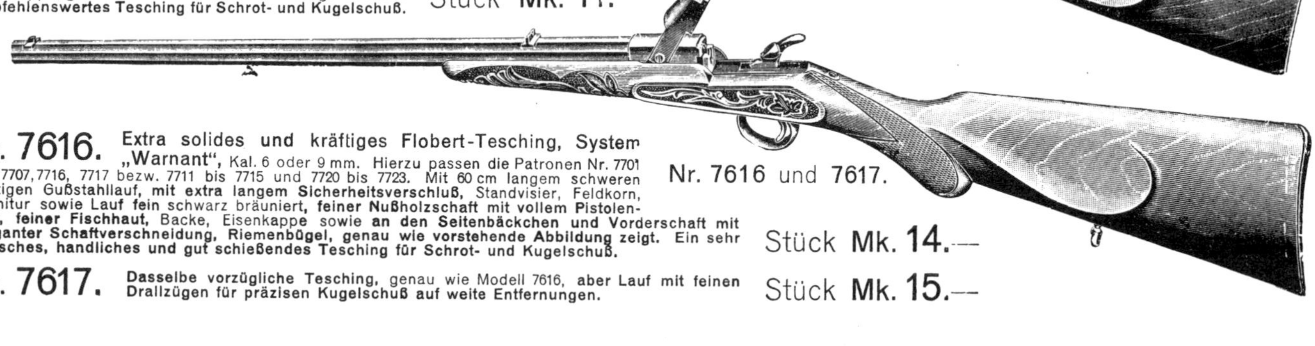

Nr. 7616 und 7617.

Nr. 7616. **Extra solides und kräftiges Flobert-Tesching, System „Warnant“,** Kal. 6 oder 9 mm. Hierzu passen die Patronen Nr. 7701 bis 7707, 7716, 7717 bezw. 7711 bis 7715 und 7720 bis 7723. Mit 60 cm langem schweren kantigen Gußstahllauf, **mit extra langem Sicherheitsverschluß,** Standvisier, Feldkorn, Garnitur sowie Lauf fein schwarz bräuniert, **feiner Nußholzschaft mit vollem Pistolengriff, feiner Fischhaut,** Backe, Eisenkappe sowie **an den Seitenbäckchen und Vorderschaft mit eleganter Schaftverschneidung, Riemenbügel, genau wie vorstehende Abbildung zeigt.** Ein sehr **hübsches, handliches und gut schießendes Tesching für Schrot- und Kugelschuß.** Stück **Mk. 14.—**

Nr. 7617. **Dasselbe vorzügliche Tesching,** genau wie Modell 7616, **aber Lauf mit feinen Drallzügen für präzisen Kugelschuß auf weite Entfernungen.** Stück **Mk. 15.—**

Moderne Waffen ▫ Munition ▫ Jagdgeräte

AUGUST STUKENBROK, EINBECK

Anerkannt leistungsfähiges Etablissement dieser Branche

Elegante u. empfehlenswerte Vogelflinten für Garten u. Feld.

Viel gekaufte Gewehrchen. Beste Qualität. Vorzüglicher Schuß.

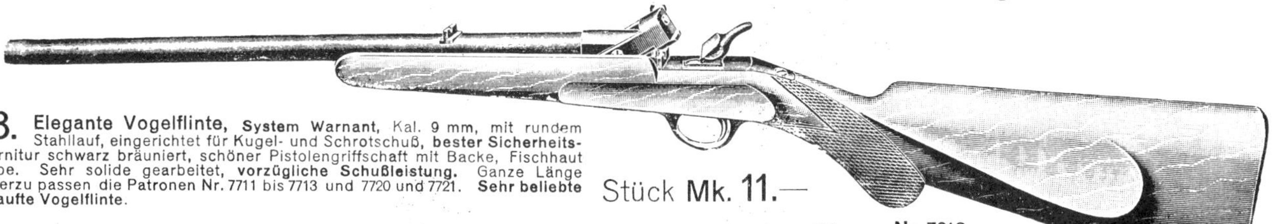

Nr. 7618.

Nr. 7618. **Elegante Vogelflinte, System Warnant,** Kal. 9 mm, mit rundem Stahllauf, eingerichtet für Kugel- und Schrotschuß, **bester Sicherheitsverschluß,** Garnitur schwarz bräuniert, schöner Pistolengriffschaft mit Backe, Fischhaut und Eisenkappe. Sehr solide gearbeitet, **vorzügliche Schußleistung.** Ganze Länge ca. 104 cm. Hierzu passen die Patronen Nr. 7711 bis 7713 und 7720 und 7721. **Sehr beliebte und gern gekaufte Vogelflinte.** Stück Mk. 11.—

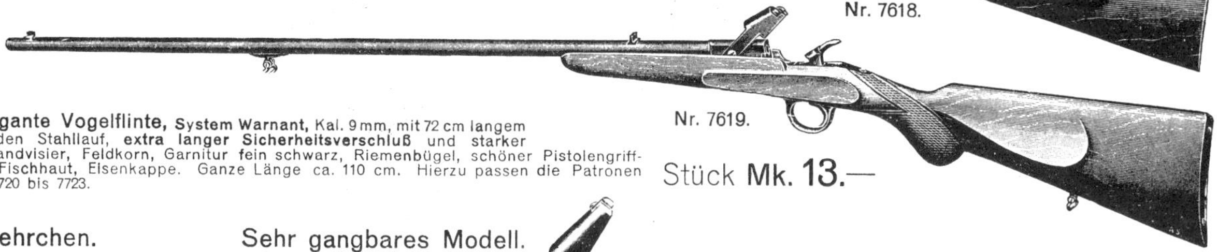

Nr. 7619.

Nr. 7619. **Elegante Vogelflinte, System Warnant,** Kal. 9 mm, mit 72 cm langem runden Stahllauf, **extra langer Sicherheitsverschluß** und starker Patronenauszieher, Standvisier, Feldkorn, Garnitur fein schwarz, Riemenbügel, schöner Pistolengriffschaft mit Backe und Fischhaut, Eisenkappe. Ganze Länge ca. 110 cm. Hierzu passen die Patronen Nr. 7711 bis 7715 und 7720 bis 7723. Stück Mk. 13.—

Elegantes Gewehrchen. Sehr gangbares Modell.

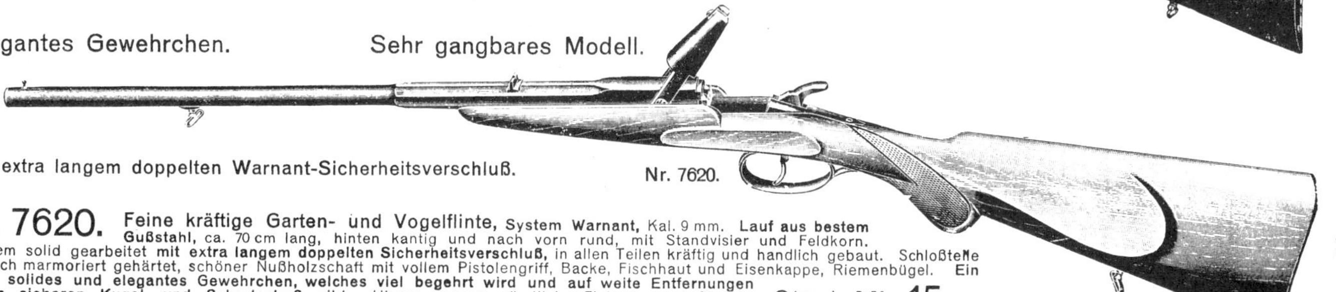

Mit extra langem doppelten Warnant-Sicherheitsverschluß.

Nr. 7620.

Nr. 7620. **Feine kräftige Garten- und Vogelflinte, System Warnant,** Kal. 9 mm. **Lauf aus bestem Gußstahl,** ca. 70 cm lang, hinten kantig und nach vorn rund, mit Standvisier und Feldkorn. System solid gearbeitet **mit extra langem doppelten Sicherheitsverschluß,** in allen Teilen kräftig und handlich gebaut. Schloßteile hübsch marmoriert gehärtet, schöner Nußholzschaft mit vollem Pistolengriff, Backe, Fischhaut und Eisenkappe, Riemenbügel. **Ein sehr solides und elegantes Gewehrchen, welches viel begehrt wird und auf weite Entfernungen einen sicheren Kugel- und Schrotschuß gibt.** Hierzu passen sämtliche Flobert- und Sharps-Patronen Kal. 9 mm. Stück Mk. 15.—

Nr. 8254. **Kugelpatronen** Kal. 9,1×40 mm mit 1 g Naßbrandpulver. 100 Stück Mk. 7.—

Nr. 8255. **Schrotpatronen** Kal. 9,1×40 mm mit ¾ g Jagdpulver u. 6 g Schrot. 100 Stück Mk. 8.—

Nr. 7621. **Elegante kräftige Vogelflinte, System Warnant,** in Bauart und Ausführung genau wie Modell Nr. 7620, jedoch eingerichtet für vorstehend abgebildete Zentralfeuer-Patrone Kal. 9,1×40 mm zum **Wiederladen, Lauf glatt,** für Kugel- und Schrotschuß. **Dadurch, daß diese Vogelflinte selbst auf weite Entfernungen einen sicheren Kugel- und gutdeckenden Schrotschuß ergibt, ist solche für alle Jagdzwecke sehr zu empfehlen.** Stück Mk. 17.—

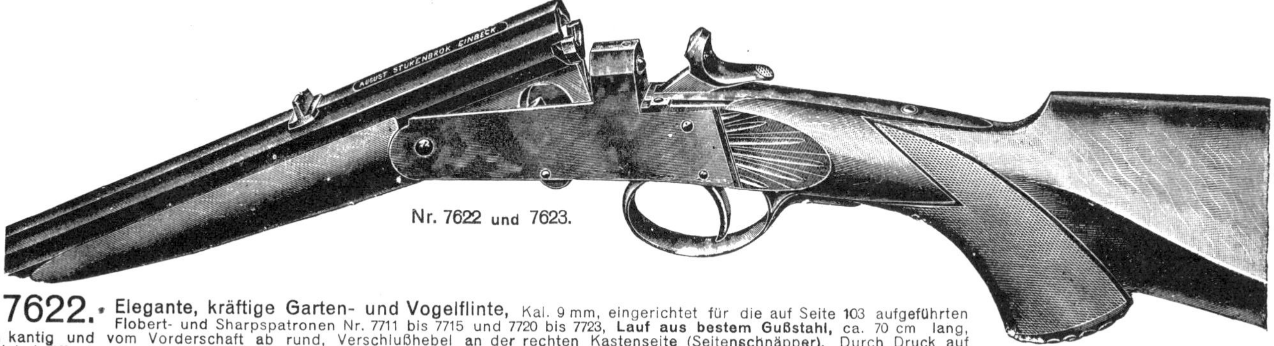

Nr. 7622 und 7623.

Nr. 7622. **Elegante, kräftige Garten- und Vogelflinte,** Kal. 9 mm, eingerichtet für die auf Seite 103 aufgeführten Flobert- und Sharpspatronen Nr. 7711 bis 7715 und 7720 bis 7723, **Lauf aus bestem Gußstahl,** ca. 70 cm lang, hinten kantig und vom Vorderschaft ab rund, Verschlußhebel an der rechten Kastenseite (Seitenschnäpper). Durch Druck auf den Hebel öffnet sich das Gewehr, System mit rückspringendem Hahn, Lauf mit Standvisier, Feldkorn und selbsttätigem Patronenauswerfer, Garnitur bunt marmoriert, Holzvorderschaft mit Schraube, schöner Nußholzschaft mit Pistolengriff, Backe, Fischhaut, Hornkäppchen und Eisenkappe. Dieses Tesching ist ganz besonders sauber und solide gearbeitet, Riemenbügel, ganze Länge ca. 110 cm, vorzügliche Schußleistung. **Eine sehr empfehlenswerte Vogelflinte.** Stück Mk. 16.—

Nr. 8254. **Kugelpatronen** Kal. 9,1×40 mm mit 1 g Naßbrandpulver. 100 Stück Mk. 7.—

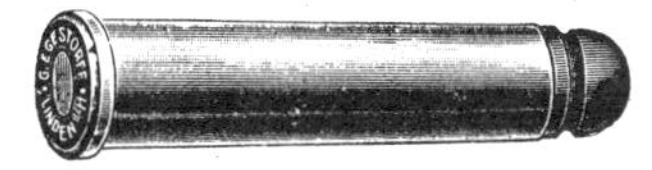

Nr. 8255. **Schrotpatronen** Kal. 9,1×40 mm mit ¾ g Jagdpulver u. 6 g Schrot. 100 Stück Mk. 8.—

Nr. 7623. **Dieselbe Garten- und Vogelflinte** wie Modell Nr. 7622, jedoch eingerichtet für die Zentralfeuer-Patrone 9,1×40 mm zum **Wiederladen,** Lauf glatt, für vorzüglichen Kugel- und gut deckenden Schrotschuß selbst auf weite Entfernungen. Stück Mk. 18.—

Sehr gangbare Vogelflinte.

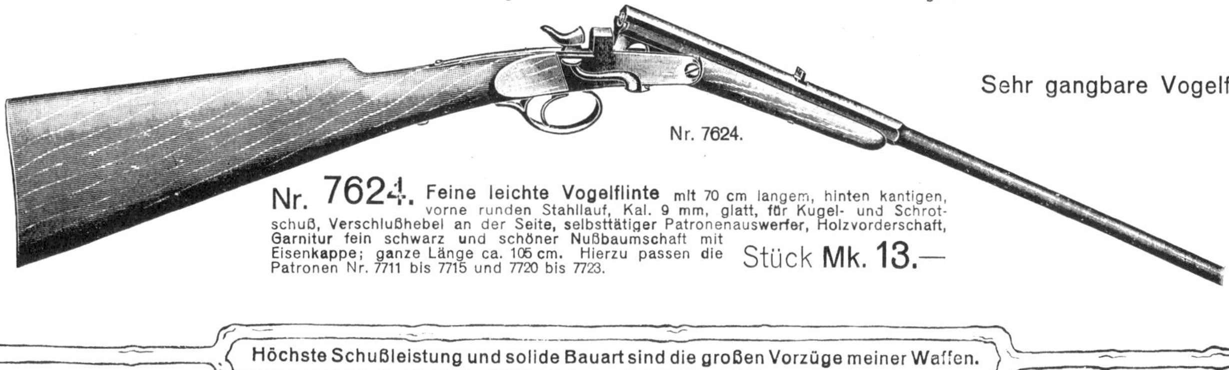

Nr. 7624.

Nr. 7624. **Feine leichte Vogelflinte** mit 70 cm langem, hinten kantigen, vorne runden Stahllauf, Kal. 9 mm, glatt, für Kugel- und Schrotschuß, **Verschlußhebel an der Seite, selbsttätiger Patronenauswerfer, Holzvorderschaft, Garnitur fein schwarz und schöner Nußbaumschaft mit Eisenkappe;** ganze Länge ca. 105 cm. Hierzu passen die Patronen Nr. 7711 bis 7715 und 7720 bis 7723. Stück Mk. 13.—

Höchste Schußleistung und solide Bauart sind die großen Vorzüge meiner Waffen.

Moderne Waffen ▫ Munition ▫ Jagdgeräte

AUGUST STUKENBROK, EINBECK

Anerkannt leistungsfähiges Etablissement dieser Branche

Deutscher Präzisions-Mauser-Karabiner.

Da in den letzten Jahren sich nachstehender Original-Mauser-Karabiner immer noch als der bestexistierende bewiesen hat, so ist es begreiflich, daß von verschiedenen Seiten auch Nachahmungen stattgefunden haben. Ich mache extra darauf aufmerksam, daß ich nur die besten deutschen Mauser-Karabiner führe, wie untenstehend abgebildet. Dieselben sind aus bestem Material auf Präzisionsmaschinen hergestellt und ist daher die Funktion sowie Schußleistung dieser Karabiner eine ganz vorzügliche. Ein Versuch mit meinen Karabinern wird von der großen Ueberlegenheit derselben gegenüber den sog. Mauserlein überzeugen. Meine Karabiner sind trotz der großen Vorzüge nicht teurer als andere deutsche Fabrikate.

Ganze Länge 94 cm. Gewicht ca. 1,5 kg.

Mauser-Karabiner mit Schalldämpfer „Moderator" ausgestattet, sind das Ideal jedes Sportfreundes.

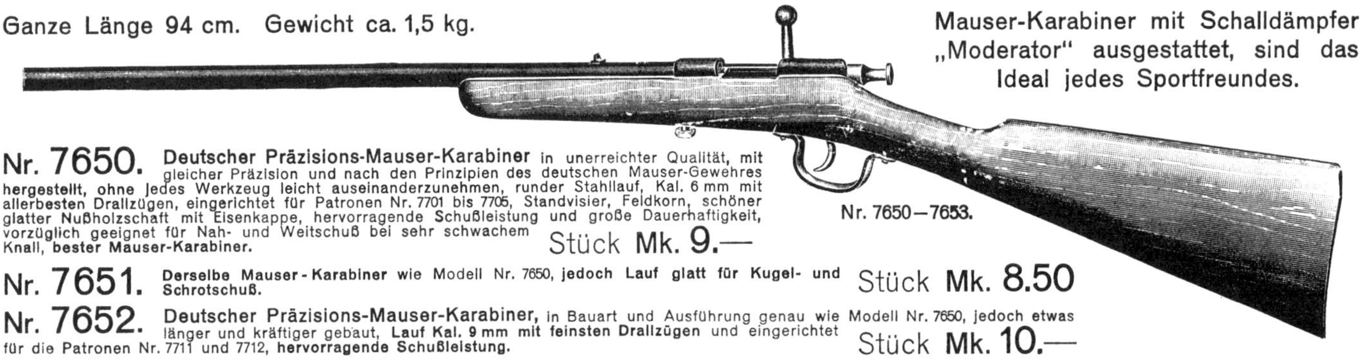

Nr. 7650—7653.

Nr. 7650. Deutscher Präzisions-Mauser-Karabiner in unerreichter Qualität, mit gleicher Präzision und nach den Prinzipien des deutschen Mauser-Gewehres **hergestellt, ohne jedes Werkzeug leicht auseinanderzunehmen**, runder Stahllauf, Kal. 6 mm mit allerbesten Drallzügen, eingerichtet für Patronen Nr. 7701 bis 7705, Standvisier, Feldkorn, schöner glatter Nußholzschaft mit Eisenkappe, hervorragende Schußleistung und große Dauerhaftigkeit, vorzüglich geeignet für Nah- und Weitschuß bei sehr schwachem Knall, **bester Mauser-Karabiner.** Stück Mk. 9.—

Nr. 7651. Derselbe Mauser-Karabiner wie Modell Nr. 7650, **jedoch Lauf glatt für Kugel- und Schrotschuß.** Stück Mk. 8.50

Nr. 7652. Deutscher Präzisions-Mauser-Karabiner, in Bauart und Ausführung genau wie Modell Nr. 7650, jedoch etwas länger und kräftiger gebaut, **Lauf Kal. 9 mm mit feinsten Drallzügen** und eingerichtet für die Patronen Nr. 7711 und 7712, **hervorragende Schußleistung.** Stück Mk. 10.—

Nr. 7653. Derselbe Mauser-Karabiner wie Modell Nr. 7652, **jedoch Lauf Kal. 9 mm glatt für Kugel- und Schrotschuß,** eingerichtet für die Patronen Nr. 7711, 7712, 7720 und 7721. Stück Mk. 9.50

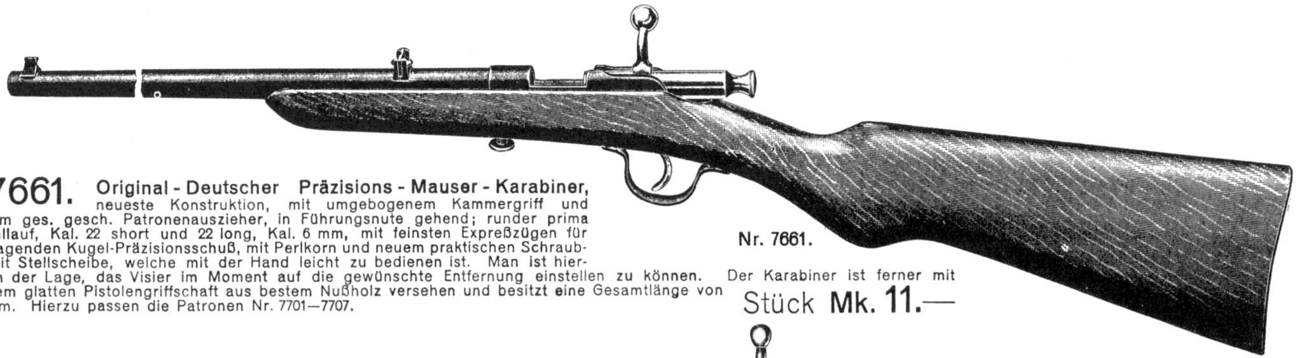

Nr. 7661.

Nr. 7661. Original-Deutscher Präzisions-Mauser-Karabiner, neueste Konstruktion, mit umgebogenem Kammergriff und neuestem ges. gesch. Patronenauszieher, in Führungsnute gehend; runder prima Gußstahllauf, Kal. 22 short und 22 long, Kal. 6 mm, mit feinsten Expreßzügen für hervorragenden Kugel-Präzisionsschuß, mit Perlkorn und neuem praktischen Schraubvisier mit Stellscheibe, welche mit der Hand leicht zu bedienen ist. Man ist hierdurch in der Lage, das Visier im Moment auf die gewünschte Entfernung einstellen zu können. Der Karabiner ist ferner mit hübschem glatten Pistolengriffschaft aus bestem Nußholz versehen und besitzt eine Gesamtlänge von ca. 90 cm. Hierzu passen die Patronen Nr. 7701—7707. Stück Mk. 11.—

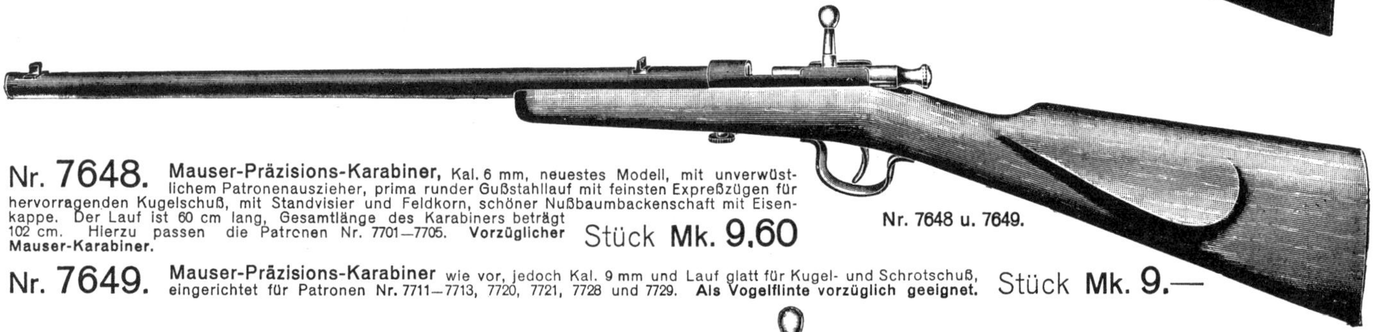

Nr. 7648 u. 7649.

Nr. 7648. Mauser-Präzisions-Karabiner, Kal. 6 mm, neuestes Modell, mit unverwüstlichem Patronenauszieher, prima runder Gußstahllauf mit feinsten Expreßzügen für hervorragenden Kugelschuß, mit Standvisier und Feldkorn, schöner Nußbaumbackenschaft mit Eisenkappe. Der Lauf ist 60 cm lang, Gesamtlänge des Karabiners beträgt 102 cm. Hierzu passen die Patronen Nr. 7701—7705. **Vorzüglicher Mauser-Karabiner.** Stück Mk. 9.60

Nr. 7649. Mauser-Präzisions-Karabiner wie vor, jedoch Kal. 9 mm und Lauf glatt für Kugel- und Schrotschuß, eingerichtet für Patronen **Nr.** 7711—7713, 7720, 7721, 7728 und 7729. **Als Vogelflinte vorzüglich geeignet.** Stück Mk. 9.—

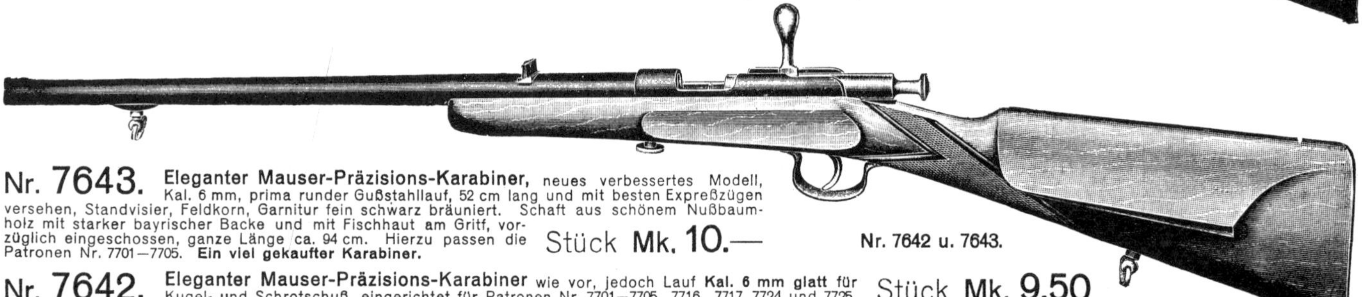

Nr. 7642 u. 7643.

Nr. 7643. Eleganter Mauser-Präzisions-Karabiner, neues verbessertes Modell, Kal. 6 mm, prima runder Gußstahllauf, 52 cm lang und mit besten Expreßzügen versehen, Standvisier, Feldkorn, Garnitur fein schwarz bräuniert. Schaft aus schönem Nußbaumholz mit starker bayrischer Backe und mit Fischhaut am Griff, vorzüglich eingeschossen, ganze Länge ca. 94 cm. Hierzu passen die Patronen Nr. 7701—7705. **Ein viel gekaufter Karabiner.** Stück Mk. 10.—

Nr. 7642. Eleganter Mauser-Präzisions-Karabiner wie vor, jedoch Lauf **Kal. 6 mm glatt** für Kugel- und Schrotschuß, eingerichtet für Patronen Nr. 7701—7705, 7716, 7717, 7724 und 7725. Stück Mk. 9.50

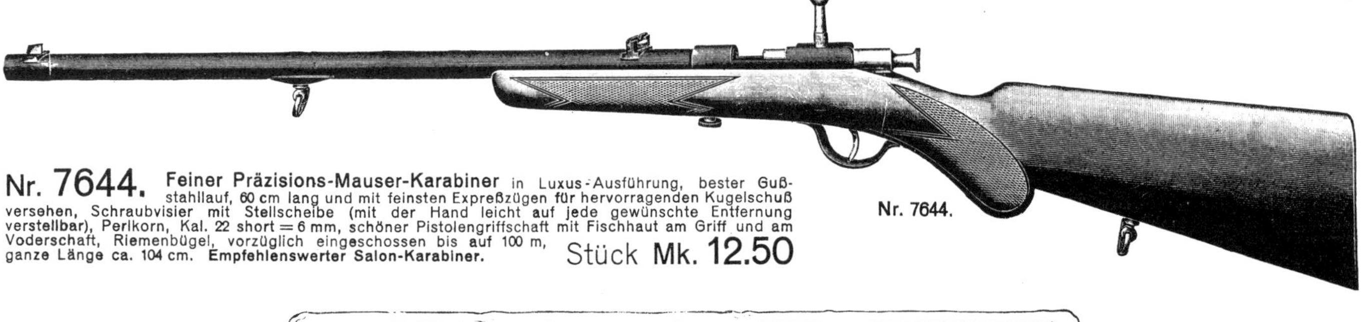

Nr. 7644.

Nr. 7644. Feiner Präzisions-Mauser-Karabiner in Luxus-Ausführung, bester Gußstahllauf, 60 cm lang und mit feinsten Expreßzügen für hervorragenden Kugelschuß versehen, Schraubvisier mit Stellscheibe (mit der Hand leicht auf jede gewünschte Entfernung verstellbar), Perlkorn, Kal. 22 short = 6 mm, schöner Pistolengriffschaft mit Fischhaut am Griff und am Vorderschaft, Riemenbügel, vorzüglich eingeschossen bis auf 100 m, ganze Länge ca. 104 cm. **Empfehlenswerter Salon-Karabiner.** Stück Mk. 12.50

Das zu meinen Waffen verwendete Material ist das denkbar beste.

Mauser-Gartenbüchsen
in extra starker Ausführung.

Beste deutsche Präzisionsarbeit. ∴ Großartig in Funktion und Schuß. ∴ Extra prima Qualität.

Ganze Länge 104 cm. Lauflänge 60 cm.

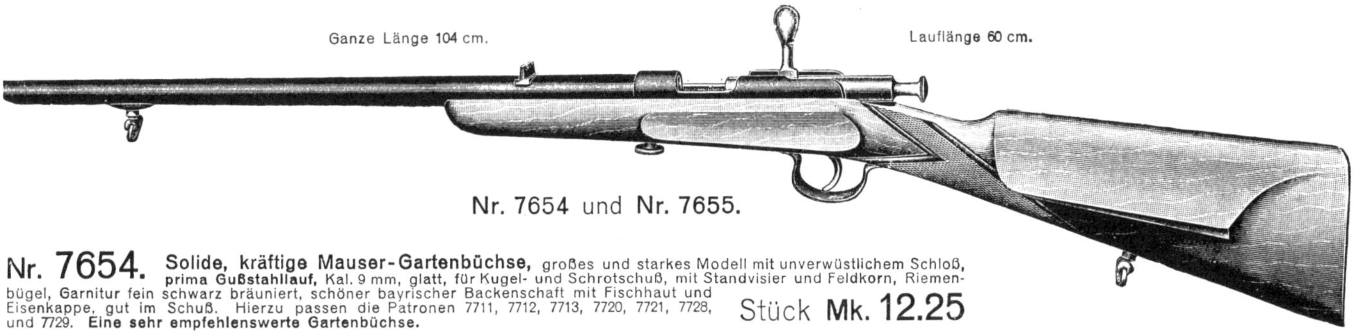

Nr. 7654 und Nr. 7655.

Nr. 7654. **Solide, kräftige Mauser-Gartenbüchse,** großes und starkes Modell mit unverwüstlichem Schloß, **prima Gußstahllauf,** Kal. 9 mm, glatt, für Kugel- und Schrotschuß, mit Standvisier und Feldkorn, Riemenbügel, Garnitur fein schwarz bräuniert, schöner bayrischer Backenschaft mit Fischhaut und Eisenkappe, gut im Schuß. Hierzu passen die Patronen 7711, 7712, 7713, 7720, 7721, 7728, und 7729. **Eine sehr empfehlenswerte Gartenbüchse.** Stück **Mk. 12.25**

Nr. 7655. **Mauser-Gartenbüchse** wie vorstehende, **jedoch Lauf Kal. 9 mm mit feinen Expreßzügen versehen,** für hervorragenden Kugelschuß, eingerichtet für Patronen Nr. 7711, 7712 und 7713. Stück **Mk. 13.—**

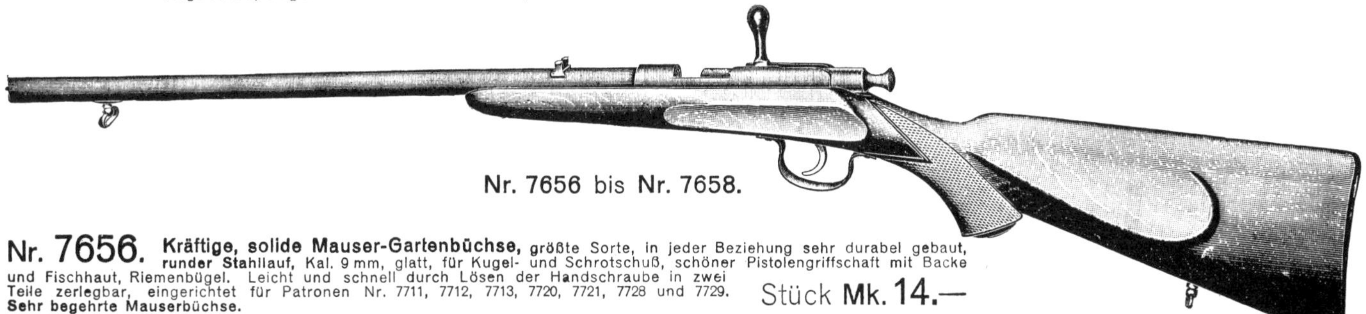

Nr. 7656 bis Nr. 7658.

Nr. 7656. **Kräftige, solide Mauser-Gartenbüchse,** größte Sorte, in jeder Beziehung sehr durabel gebaut, **runder Stahllauf,** Kal. 9 mm, glatt, für Kugel- und Schrotschuß, schöner Pistolengriffschaft mit Backe und Fischhaut, Riemenbügel. Leicht und schnell durch Lösen der Handschraube in zwei Teile zerlegbar, eingerichtet für Patronen Nr. 7711, 7712, 7713, 7720, 7721, 7728 und 7729. **Sehr begehrte Mauserbüchse.** Stück **Mk. 14.—**

Nr. 7657. **Dieselbe Mauserbüchse** wie Modell 7656, **jedoch Lauf mit feinen Drallzügen für präzisen Kugelschuß,** Kal. 9 mm, eingerichtet für Patronen Nr. 7711 bis 7713. Stück **Mk. 15.—**

Nr. 7658. **Mauserbüchse** wie Modell 7657, jedoch **Lauf Kal. 6 mm mit feinen Drallzügen,** für Patronen Nr. 7701 bis 7705 eingerichtet, vorzüglichste **Schußleistung bis auf 100 m.** Stück **Mk. 15.—**

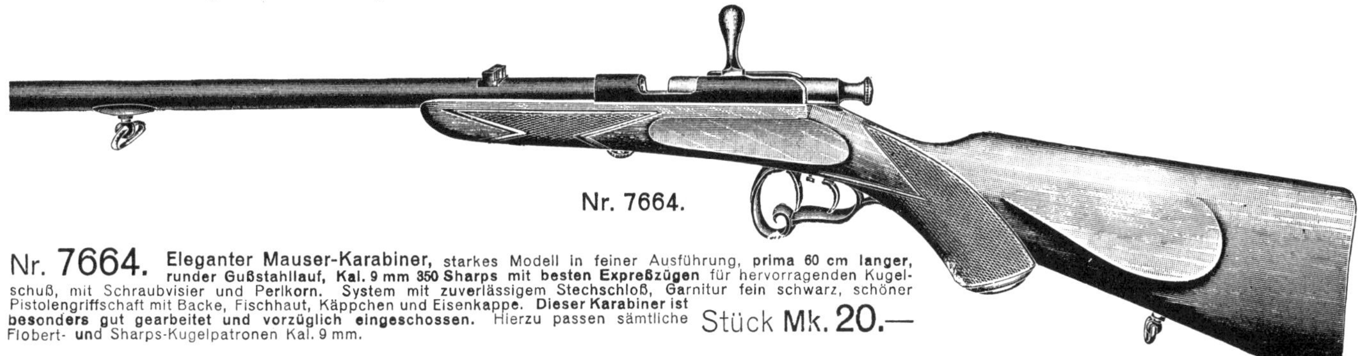

Nr. 7664.

Nr. 7664. **Eleganter Mauser-Karabiner,** starkes Modell in feiner Ausführung, **prima 60 cm langer, runder Gußstahllauf, Kal. 9 mm 350 Sharps mit besten Expreßzügen** für hervorragenden Kugelschuß, mit Schraubvisier und Perlkorn. **System mit zuverlässigem Stechschloß,** Garnitur fein schwarz, schöner Pistolengriffschaft mit Backe, Fischhaut, Käppchen und Eisenkappe. **Dieser Karabiner ist besonders gut gearbeitet und vorzüglich eingeschossen.** Hierzu passen sämtliche Flobert- **und** Sharps-Kugelpatronen Kal. 9 mm. Stück **Mk. 20.—**

Präzisions-Mauser-Salon-Karabiner.

Bestexistierende Qualität. Unerreichte Schußleistung.

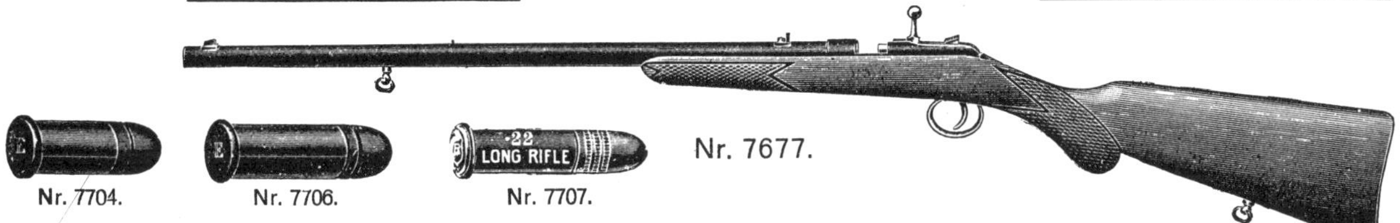

Nr. 7704. Nr. 7706. Nr. 7707.

Nr. 7677.

Nr. 7677. **Extra feiner Präzisions-Mauser-Karabiner** in Luxus-Ausführung, allersauberst auf Präzisionsmaschinen hergestellt, Schloß mit umgebogenem Kammerknopf und **neuestem verbesserten Patronenauszieher** in Führungsnute **gehend, bester Gußstahllauf, 60 cm lang, mit feinsten Expreßzügen,** eingerichtet für obige drei Sorten **Winchesterpatronen,** Kal. 22, short und long, Lauf mit **verstellbarem** Schraubvisier **und** Perlkorn, schöner Pistolen**griffschaft mit** Fischhaut und Eisenkappe, Riemenbügel, **vorzüglich eingeschossen auf Entfernungen** bis 10υ m, ganze Länge ca. 105 cm. Stück **Mk. 20.—**

Deutsche Mauser-Jugendgewehre.

Als Schonzeit-Karabiner sehr zu empfehlen.

Die Mauser-Jugendgewehre sind elegante Scheiben-Teschings von unerreichter Schußleistung. Durch ihre Bauart in Form der Militärgewehre eignen sich solche sehr gut zur Vorbildung der militärischen Laufbahn und sind deshalb auch **schon bei vielen ausländischen Regierungen eingeführt.** Wie die Militärgewehre, so sind auch die Jugendgewehre mit einem extra feinen Ganzschaft bis zur Mündung versehen, welcher durch den Ober- und Unterring sowie die Halteschraube mit dem Lauf fest verbunden ist. Zum Aufpflanzen eines Bajonettes ist am Oberring eine Warze angebracht, desgleichen ist ein ausziehbarer Stock zum Zusammensetzen der Gewehre vorhanden. Die Jugendgewehre sind **äußerst stabil und präzis hergestellt,** besitzen einen 60 cm langen runden prima Gußstahllauf mit extra feinen Expreßzügen, Standvisier und Feldkorn, Riemenbügel, neuen, dauerhaften halben Patronenauszieher und Kolbenkappe. Durch die Nachahmung der Form des Infanterie-Gewehres bei leichterem Gewicht, **die große Präzision im Schuß — es lassen sich auf 100 m und darüber noch vorzügliche Schußresultate erzielen —, den billigen Preis und die Wohlfeilheit der zu verwendenden Munition machen sich diese Gewehre zu einer Idealwaffe** für jede Jugend-Schießvereinigung, sowie überhaupt für jeden Schützenklub, außerdem sind **diese als Schonzeit-Gewehrchen für jeden Jäger sehr zu empfehlen.**
Ganze Länge ca. 100 cm.

Nr. 7645.

Nr. 7645. Mauser-Jugendgewehr mit Ganzschaft bis zur Mündung, bester Gußstahllauf, vorzüglich gezogen, für genauen sicheren Kugelschuß, Kal. 6 mm, eingerichtet für Flobert- und Winchesterpatronen bis 22 extra long, Standvisier und Feldkorn, Riemenbügel, Schaft glatt mit Kolbenkappe, Druckpunktabzug, Lauf sowie Schloßteile fein schwarz bräuniert, **hervorragende Schußleistung** bis auf 100 m. Stück Mk. 20.—

Nr. 7646. Mauser-Jugendgewehr in Ausführung wie Modell 7645, **jedoch noch mit vorzüglichem Stechschloß,** geschweiftem Abzugsbügel und feiner Fischhaut am Kolbengriff. Stück Mk. 24.—

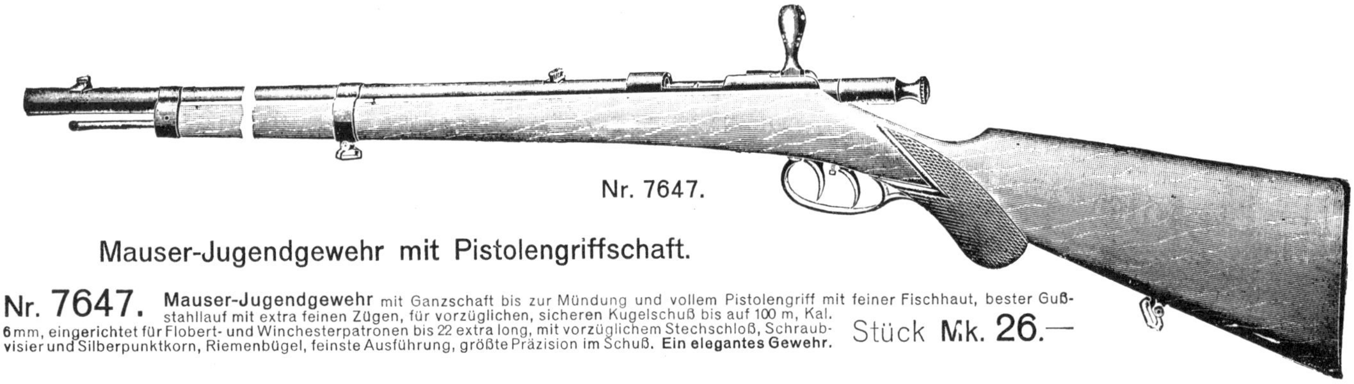

Nr. 7647.

Mauser-Jugendgewehr mit Pistolengriffschaft.

Nr. 7647. Mauser-Jugendgewehr mit Ganzschaft bis zur Mündung und vollem Pistolengriff mit feiner Fischhaut, bester Gußstahllauf mit extra feinen Zügen, für vorzüglichen, sicheren Kugelschuß bis auf 100 m, Kal. 6 mm, eingerichtet für Flobert- und Winchesterpatronen bis 22 extra long, mit vorzüglichem Stechschloß, Schraubvisier und Silberpunktkorn, Riemenbügel, feinste Ausführung, größte Präzision im Schuß. **Ein elegantes Gewehr.** Stück Mk. 26.—

Halbautomatischer, eleganter „Bayard"-Karabiner.

D. R.-P. ⁘ Kal. 22 short und long rauchlos. ⁘ D. R.-G.-M.

Letzte Neuheit! **Vorzüglichste Schonzeit-Pirschbüchse.** Letzte Neuheit!

Der **halbautomatische „Bayard"-Karabiner** hat eine vollständig neue, äußerst einfache und sehr praktische Verschlußkonstruktion. Das Oeffnen des Verschlusses, sowie das Schließen desselben, ferner das Spannen des Schloßmechanismus und das Auswerfen der abgeschossenen Patronenhülse wird durch den Rückstoß **selbsttätig** bewirkt wie bei automatischen Pistolen. Der Verschluß bleibt nach jedem Schusse offen stehen und, nachdem eine neue Patrone in die seitliche Oeffnung an der Verschlußhülse einfach hineingelegt ist, drückt man auf den seitlichen Knopf (Schloßhalter), worauf der Verschluß selbsttätig, die Patrone in den Lauf schiebend, nach vorn schnellt und der Karabiner wieder schußfertig ist. Um ein gefahrloses Tragen in geladenem Zustande zu ermöglichen, ist der **„Bayard"-Karabiner,** entgegen anderen ähnlichen Waffen, mit einer **vorzüglichen Drehsicherung** versehen. Infolge der höchst einfachen Schloßkonstruktion ist es jedem Laien möglich, den Karabiner **ohne jedes Werkzeug sofort zu zerlegen** und ebenso schnell wieder zusammzusetzen, wodurch auch ein leichtes Reinigen der Schloßteile sowie Auswechseln von Ersatzteilen erfolgen kann. Durch einfaches Lösen der Vorderschaftschraube kann der Karabiner sofort auseinandergenommen werden. **Der „Bayard"-Karabiner wird aus nur erstklassigem Material auf Präzisionsmaschinen hergestellt und zeichnet sich durch äußerst leichte Handhabung und sehr genauen Schuß noch besonders aus.** Ausführliche Beschreibung sowie Anweisung zur Handhabung liegt jedem Karabiner bei. Länge des Karabiners 98 cm, Gewicht 1,6 kg.

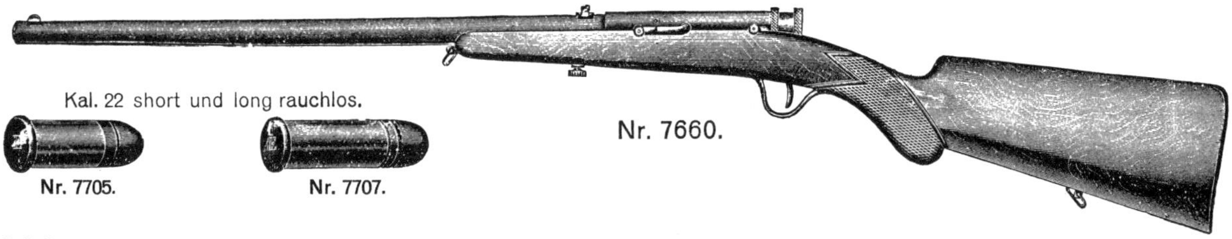

Nr. 7660.

Kal. 22 short und long rauchlos.

Nr. 7705.

Nr. 7707.

Nr. 7660. „Bayard"-Karabiner, halbautomatisch, genau wie vorstehend beschrieben, mit einfachster, praktischer, vollständig neuer Verschlußkonstruktion, aus nur bestem Material auf Präzisionsmaschinen hergestellt. Der Karabiner hat prima Stahllauf mit feinen Expreßzügen, Schraubvisier, Drehsicherung, Nußholz-Maserschaft mit handlichem Pistolengriff mit Fischhaut, Riemenbügel, Lauf und Schloßteile fein schwarz bräuniert. Durch Lösen der Vorderschaftschraube kann der Karabiner sofort auseinandergenommen werden. **Tadellose Funktion und ganz vorzügliche Schußleistung sind die Haupteigenschaften dieser sehr empfehlenswerten Waffe.** Stück Mk. 24.—

Für Wiederverkäufer bei Abnahme von 3 Stück auf einmal Stück Mk. 17.50

Schalldämpfer „Moderator" sind für obige Waffen sehr zu empfehlen.

Moderne Waffen ▫ Munition ▫ Jagdgeräte

AUGUST STUKENBROK, EINBECK

Anerkannt leistungsfähiges Etablissement dieser Branche

Empfehlenswerte feine Scheiben-Teschings.

Nachstehende Kugel-Teschings sind ganz besonders sorgfältig gearbeitet. Die Läufe sind mit feinen scharfen Drall-Zügen versehen und eignen sich diese Modelle ganz besonders zum Scheibenschießen, selbst auf Entfernungen bis 100 m. Für exakten und sicheren Kugelschuß ist noch bestes Stechschloß vorhanden.

Unerreichte Qualität! **Hervorragender Schuß!**

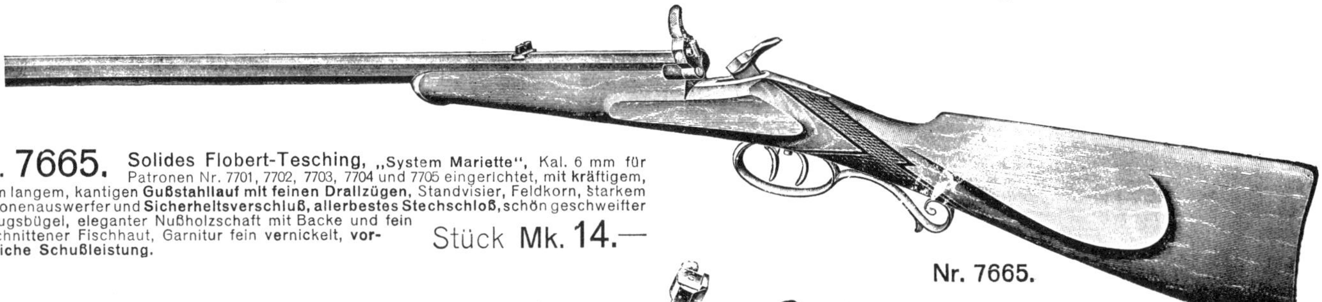

Nr. 7665. Solides Flobert-Tesching, „System Mariette", Kal. 6 mm für Patronen Nr. 7701, 7702, 7703, 7704 und 7705 eingerichtet, mit kräftigem, 60 cm langem, kantigen **Gußstahllauf mit feinen Drallzügen**, Standvisier, Feldkorn, starkem Patronenauswerfer und **Sicherheitsverschluß, allerbestes Stechschloß**, schön geschweifter Abzugsbügel, eleganter Nußholzschaft mit Backe und fein geschnittener Fischhaut, Garnitur fein vernickelt, vorzügliche Schußleistung. Stück Mk. 14.—

Nr. 7665.

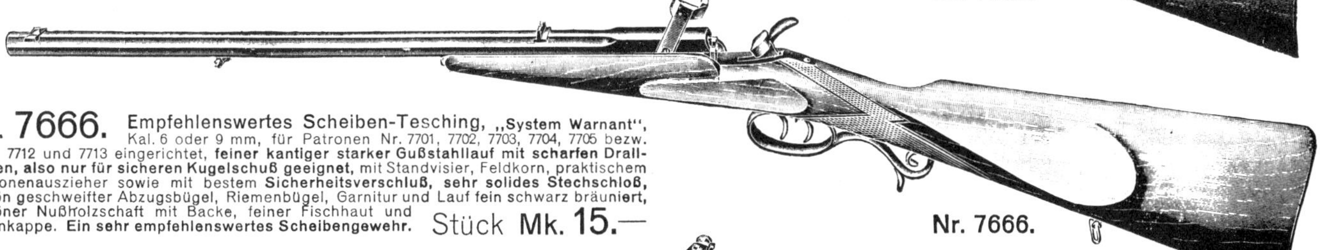

Nr. 7666. Empfehlenswertes Scheiben-Tesching, „System Warnant", Kal. 6 oder 9 mm, für Patronen Nr. 7701, 7702, 7703, 7704, 7705 bezw. 7711, 7712 und 7713 eingerichtet, **feiner kantiger starker Gußstahllauf mit scharfen Drallzügen, also nur für sicheren Kugelschuß geeignet**, mit Standvisier, Feldkorn, praktischem Patronenauszieher sowie mit bestem **Sicherheitsverschluß, sehr solides Stechschloß**, schön geschweifter Abzugsbügel, Riemenbügel, Garnitur und Lauf fein schwarz bräuniert, schöner Nußholzschaft mit Backe, feiner Fischhaut und Eisenkappe. **Ein sehr empfehlenswertes Scheibengewehr.** Stück Mk. 15.—

Nr. 7666.

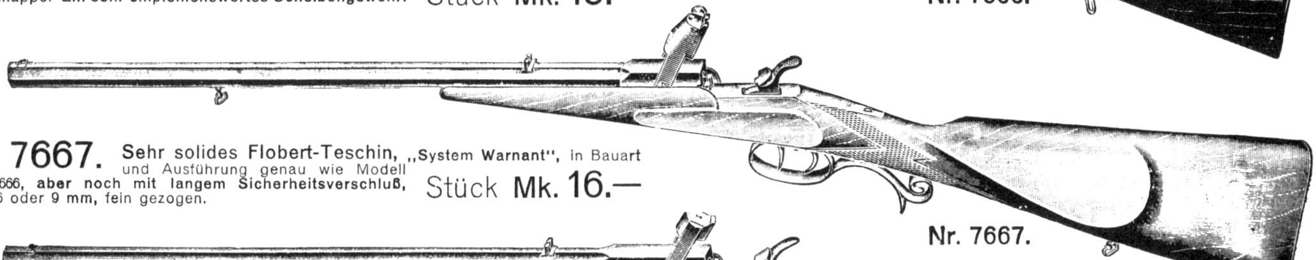

Nr. 7667. Sehr solides Flobert-Teschin, „System Warnant", in Bauart und Ausführung genau wie Modell Nr. 7666, **aber noch mit langem Sicherheitsverschluß, Kal. 6 oder 9 mm**, fein gezogen. Stück Mk. 16.—

Nr. 7667.

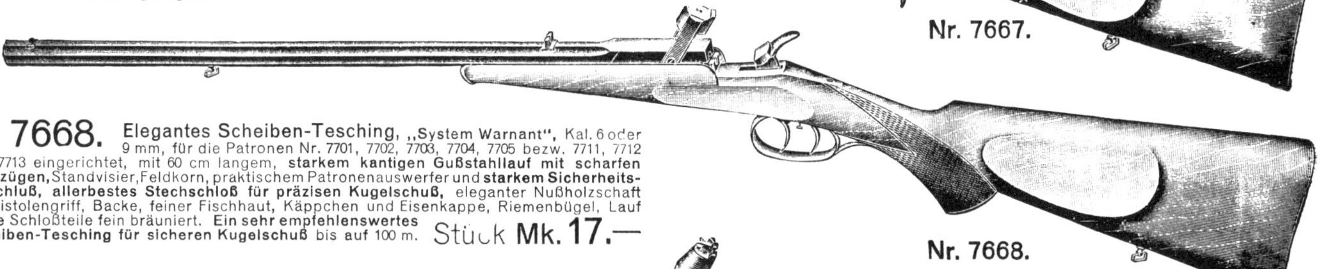

Nr. 7668. Elegantes Scheiben-Tesching, „System Warnant", Kal. 6 oder 9 mm, für die Patronen Nr. 7701, 7702, 7703, 7704, 7705 bezw. 7711, 7712 und 7713 eingerichtet, mit 60 cm langem, **starkem kantigen Gußstahllauf mit scharfen Drallzügen**, Standvisier, Feldkorn, praktischem Patronenauswerfer und **starkem Sicherheitsverschluß, allerbestes Stechschloß für präzisen Kugelschuß**, eleganter Nußholzschaft mit Pistolengriff, Backe, feiner Fischhaut, Käppchen und Eisenkappe, Riemenbügel, Lauf sowie Schloßteile fein bräuniert. **Ein sehr empfehlenswertes Scheiben-Tesching für sicheren Kugelschuß** bis auf 100 m. Stück Mk. 17.—

Nr. 7668.

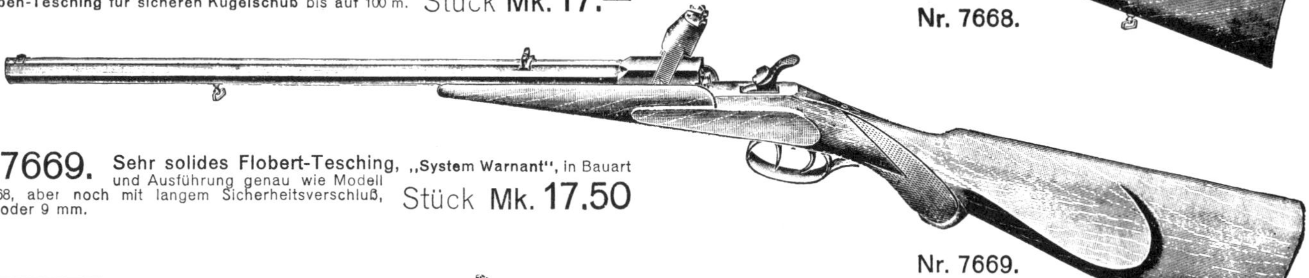

Nr. 7669. Sehr solides Flobert-Tesching, „System Warnant", in Bauart und Ausführung genau wie Modell Nr. 7668, aber noch mit langem Sicherheitsverschluß, Kal. 6 oder 9 mm. Stück Mk. 17.50

Nr. 7669.

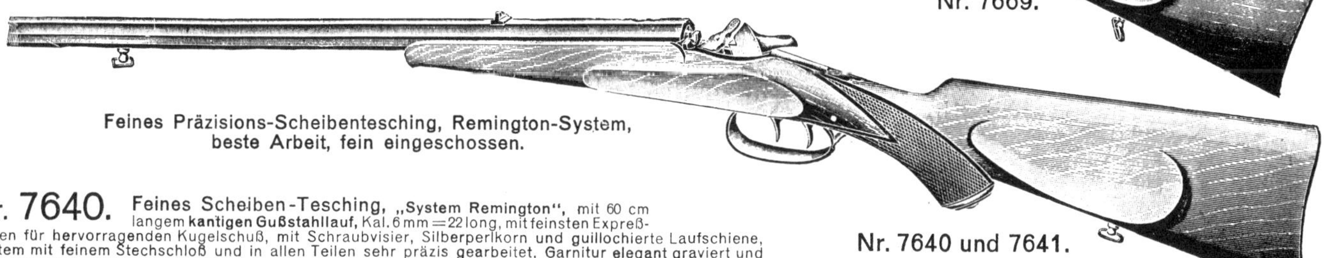

Feines Präzisions-Scheibentesching, Remington-System, beste Arbeit, fein eingeschossen.

Nr. 7640 und 7641.

Nr. 7640. Feines Scheiben-Tesching, „System Remington", mit 60 cm langem **kantigen Gußstahllauf**, Kal. 6 mm = 22 long, mit feinsten Expreßzügen für hervorragenden Kugelschuß, mit Schraubvisier, Silberperlkorn und guillochierte Laufschiene, System mit feinem Stechschloß und in allen Teilen sehr präzis **gearbeitet**, Garnitur **elegant** graviert und bunt gehärtet, Riemenbügel, Schaft aus feinstem Nußbaumholz mit Pistolengriff mit Käppchen, Backe, Fischhaut und Eisenkappe. Hierzu passen die Patronen Nr. 7701 bis 7707. **Empfehlenswertes Scheiben-Tesching.** Stück Mk. 23.—

Nr. 7641. Feines Scheiben-Tesching, „System Remington", genau wie vor, jedoch Kal. 9 mm und eingerichtet für Patronen Nr. 7711 bis 7715, **vorzüglich eingeschossen.** Stück Mk. 23.—

Tausendfache Anerkennungen aus allen Kreisen.

Moderne Waffen ▫ Munition ▫ Jagdgeräte

AUGUST STUKENBROK, EINBECK

Anerkannt leistungsfähiges Etablissement dieser Branche

Extra feine Präzisions-Scheibenteschings.

In Schußleistung Qualität nicht zu übertreffen.

Beliebte und gangbare Modelle.

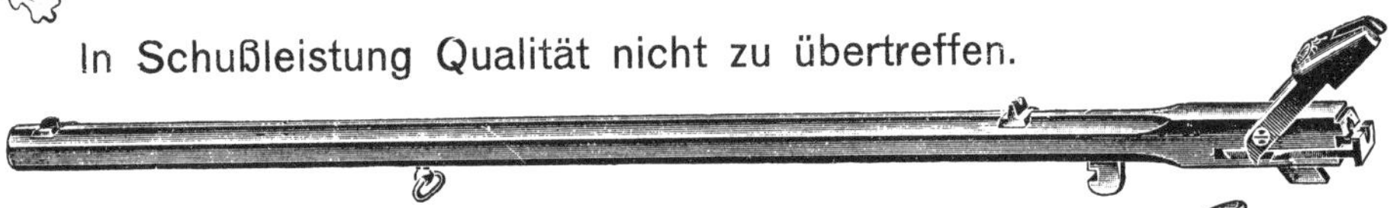

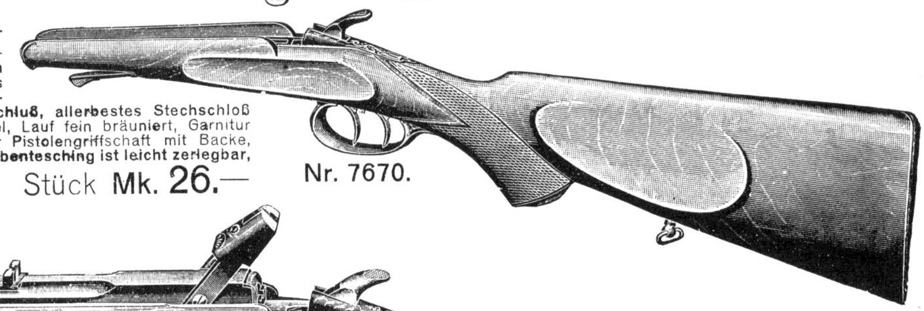

Nr. 7670. Sehr solides u. praktisches **Flobert-Tesching,** System „**Warnant**", mit abnehmbarem Lauf, Kal. 6 oder 9 mm, **fein gezogen für sicheren Kugelschuß,** für Patronen Nr. 7701 bis 7706 bezw. 7711 bis 7715, Lauf mit Standvisier, Feldkorn, **praktischem Patronenauswerfer und extra langem doppelten Sicherheitsverschluß, allerbestes Stechschloß für präzisen Kugelschuß,** Vorderschaft mit kleinem Hebel, Lauf fein bräuniert, Garnitur elegant graviert und bunt gehärtet, Riemenbügel, schöner **Pistolengriffschaft** mit Backe, Fischhaut, Käppchen und Kappe. **Dieses vorzügliche Scheibentesching ist leicht zerlegbar, daher sehr bequem auf der Reise mitzuführen.** Stück Mk. 26.—

Nr. 7670.

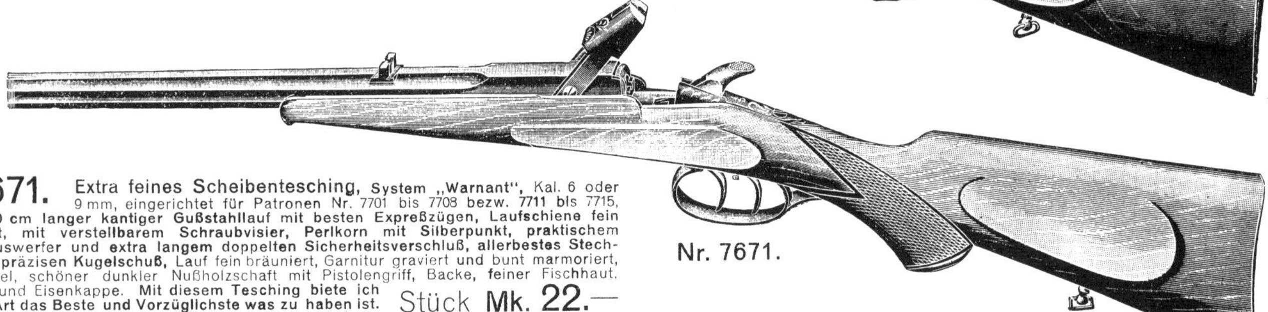

Nr. 7671. Extra feines **Scheibentesching,** System „**Warnant**", Kal. 6 oder 9 mm, eingerichtet für Patronen Nr. 7701 bis 7706 bezw. **7711** bis 7715, **schöner 60 cm langer kantiger Gußstahllauf mit besten Expreßzügen, Laufschiene fein guillochiert, mit verstellbarem Schraubvisier, Perlkorn mit Silberpunkt, praktischem Patronenauswerfer und extra langem doppelten Sicherheitsverschluß, allerbestes Stechschloß für präzisen Kugelschuß,** Lauf fein bräuniert, Garnitur graviert und bunt marmoriert, Riemenbügel, schöner dunkler Nußholzschaft mit Pistolengriff, Backe, feiner Fischhaut, Käppchen und Eisenkappe. **Mit diesem Tesching biete ich in seiner Art das Beste und Vorzüglichste was zu haben ist.** Stück Mk. 22.—

Nr. 7671.

Nr. 7672. Dasselbe Tesching wie Modell 7671, jedoch in etwas einfacherer **Ausführung, wie von der Konkurrenz bedeutend höher angeboten wird,** mit Standvisier, Feldkorn und glatter Laufschiene. Stück Mk. 20.—

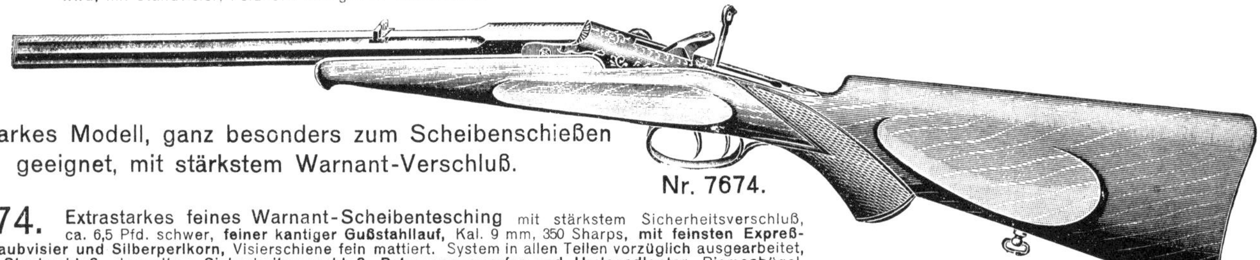

Extrastarkes Modell, ganz besonders zum Scheibenschießen geeignet, mit stärkstem Warnant-Verschluß.

Nr. 7674.

Nr. 7674. **Extrastarkes feines Warnant-Scheibentesching** mit stärkstem Sicherheitsverschluß, ca. 6,5 Pfd. schwer, **feiner kantiger Gußstahllauf,** Kal. 9 mm, 350 Sharps, **mit feinsten Expreßzügen, Schraubvisier und Silberperlkorn,** Visierschiene fein mattiert. **System in allen Teilen vorzüglich ausgearbeitet, mit bestem Stechschloß, doppeltem Sicherheitsverschluß, Patronenauswerfer und Umlegediopter,** Riemenbügel, Schaft aus schön maseriertem Nußbaumholz mit Pistolengriff mit Käppchen, Backe, Fischhaut und Eisenkappe. Garnitur elegant englisch graviert und bunt gehärtet. **Infolge der vorzüglichen Schußleistung eignet sich dieses Tesching besonders für Schießklubs usw.** Stück Mk. 35.—

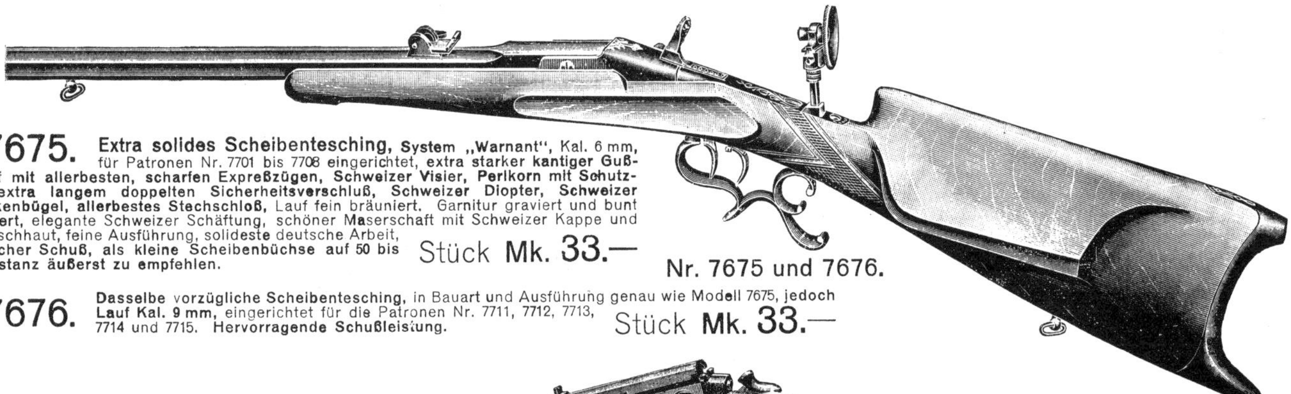

Nr. 7675. **Extra solides Scheibentesching, System „Warnant",** Kal. 6 mm, für Patronen Nr. 7701 bis 7706 eingerichtet, **extra starker kantiger Gußstahllauf mit allerbesten, scharfen Expreßzügen, Schweizer Visier, Perlkorn mit Schutzhülse, extra langem doppelten Sicherheitsverschluß, Schweizer Diopter, Schweizer Schneckenbügel, allerbestes Stechschloß,** Lauf fein bräuniert. Garnitur graviert und bunt **marmoriert,** elegante Schweizer Schäftung, schöner **Maserschaft** mit Schweizer Kappe und feiner Fischhaut, feine Ausführung, solideste deutsche Arbeit, **vorzüglicher Schuß, als kleine Scheibenbüchse auf 50 bis 100 m Distanz äußerst zu empfehlen.** Stück Mk. 33.—

Nr. 7675 und 7676.

Nr. 7676. **Dasselbe vorzügliche Scheibentesching,** in Bauart und Ausführung genau wie Modell 7675, jedoch **Lauf Kal. 9 mm,** eingerichtet für die Patronen Nr. 7711, 7712, 7713, 7714 und 7715. **Hervorragende Schußleistung.** Stück Mk. 33.—

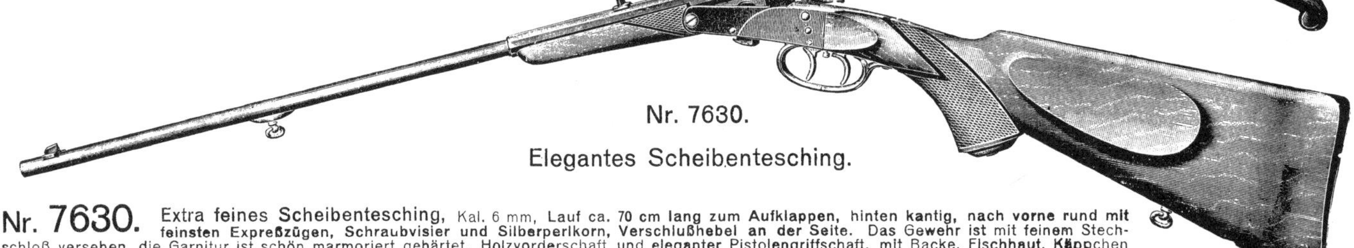

Nr. 7630.

Elegantes Scheibentesching.

Nr. 7630. **Extra feines Scheibentesching,** Kal. 6 mm, **Lauf ca. 70 cm lang zum Aufklappen, hinten kantig, nach vorne rund mit feinsten Expreßzügen, Schraubvisier und Silberperlkorn, Verschlußhebel an der Seite. Das Gewehr ist mit feinem Stech**schloß versehen, die Garnitur ist schön marmoriert gehärtet, **Holzvorderschaft und eleganter Pistolengriffschaft, mit Backe, Fischhaut, Käppchen** und Kappe. **Dieses Tesching ist in allen Teilen sehr solide und sauber gearbeitet und auf vorzügliche Schußleistung ganz besonderer Wert gelegt.** Hierzu passen die Patronen Nr. 7701 bis 7707. Stück Mk. 23.—

„Aste"-Doppelflinten genießen Weltruf und größte Verbreitung.

Moderne Waffen ▫ Munition ▫ Jagdgeräte

AUGUST STUKENBROK, EINBECK

Anerkannt leistungsfähiges Etablissement dieser Branche

Empfehlenswerte Selbstspanner-Präzisionsteschings.

In Selbstspanner-Teschings bringe ich meinen werten Abnehmern nur bestbewährteste Modelle, die hinsichtlich Funktion und Schußleistung unerreicht dastehen.

: Erstklassige Qualität. :

Hervorragend im Schuß.

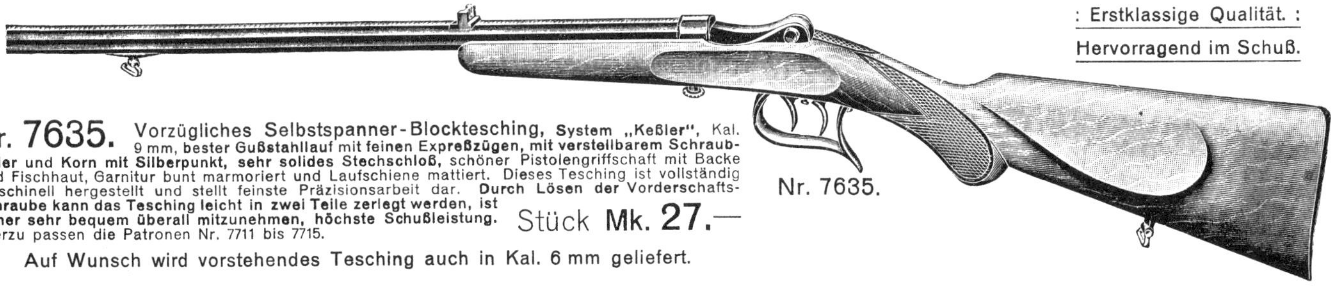

Nr. 7635.

Nr. 7635. Vorzügliches Selbstspanner-Blocktesching, **System „Keßler"**, Kal. 9 mm, **bester Gußstahllauf** mit feinen **Expreßzügen, mit verstellbarem Schraubvisier und Korn mit Silberpunkt, sehr solides Stechschloß,** schöner Pistolengriffschaft mit Backe und Fischhaut, Garnitur bunt marmoriert und Laufschiene mattiert. Dieses Tesching ist vollständig maschinell hergestellt und stellt feinste Präzisionsarbeit dar. **Durch Lösen der Vorderschaftsschraube kann das Tesching leicht in zwei Teile zerlegt werden, ist daher sehr bequem überall mitzunehmen, höchste Schußleistung.** Hierzu passen die Patronen Nr. 7711 bis 7715. Stück **Mk. 27.—**

Auf Wunsch wird vorstehendes Tesching auch in Kal. 6 mm geliefert.

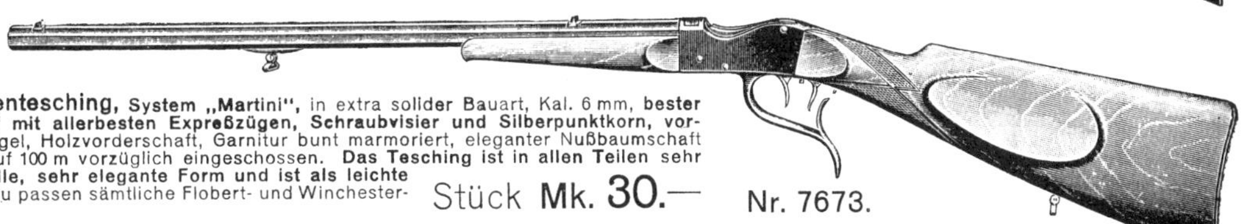

Nr. 7673.

Nr. 7673. Elegantes Scheibentesching, **System „Martini"**, in extra solider Bauart, Kal. 6 mm, **bester kantiger Gußstahllauf mit allerbesten Expreßzügen, Schraubvisier und Silberpunktkorn, vorzügliches Stechschloß,** schöner Abzugsbügel, Holzvorderschaft, Garnitur bunt marmoriert, eleganter Nußbaumschaft mit Backe und Fischhaut, Riemenbügel, auf 100 m vorzüglich eingeschossen. **Das Tesching ist in allen Teilen sehr sauber gearbeitet, hat eine geschmackvolle, sehr elegante Form und ist als leichte Scheibenbüchse sehr zu empfehlen.** Hierzu passen sämtliche Flobert- und Winchesterpatronen Kal. 6 mm. Stück **Mk. 30.—**

Nr. 7681. Selbstspanner Scheibentesching, **System „Martini"**, genau wie vorstehend unter Nr. 7673 beschrieben, jedoch Lauf Kal. 9 mm, 350 Sharps, hervorragend eingeschossen bis 100 m. Stück **Mk. 30.—**

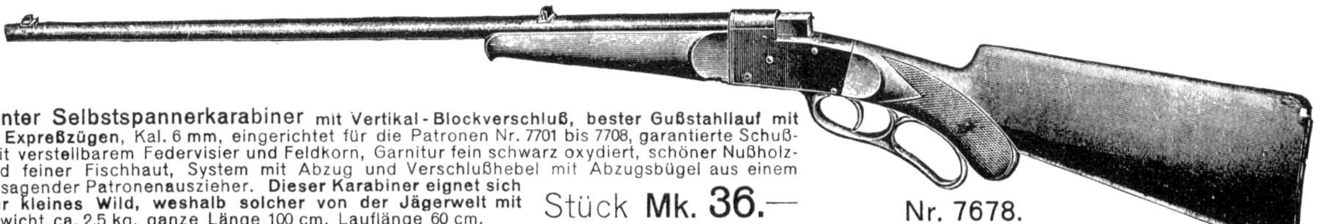

Nr. 7678.

Scheiben- und Sportkarabiner.

Nr. 7678. Eleganter Selbstspannerkarabiner mit **Vertikal-Blockverschluß, bester Gußstahllauf mit feinen Expreßzügen**, Kal. 6 mm, eingerichtet für die Patronen Nr. 7701 bis 7708, garantierte Schußleistung auf 100 m Fleck, mit verstellbarem Federvisier und Feldkorn, Garnitur fein schwarz oxydiert, schöner Nußholzschaft mit Pistolengriff und feiner Fischhaut, System mit Abzug und Verschlußhebel mit Abzugsbügel aus einem Stück, selbsttätiger, nie versagender Patronenauszieher. **Dieser Karabiner eignet sich auch als Pirschbüchse für kleines Wild, weshalb solcher von der Jägerwelt mit Vorliebe gekauft wird.** Gewicht ca. 2,5 kg, ganze Länge 100 cm, Lauflänge 60 cm. Stück **Mk. 36.—**

Nr. 7679. **Derselbe Karabiner** wie Modell 7678, **jedoch noch mit allerbestem Stechschloß für exakten Kugelschuß. Sehr empfehlenswerter Karabiner.** Stück **Mk. 42.—**

Nr. 7682.

Nr. 7682. Feinstes Selbstspanner-Präzisionstesching **mit bestem kantigen Gußstahllauf,** Kal. 6 mm, **mit feinsten Expreßzügen,** für Patronen Nr. 7701 bis 7708 eingerichtet, **Laufschiene fein guillochiert, mit verstellbarem Schraubvisier, Perlkorn mit Silberpunkt,** selbsttätigem Patronenauszieher, **System mit allerbestem Stechschloß,** Verschlußhebel und Abzugsbügel aus einem Stück, **Sicherungsschieber oben auf der Scheibe,** Riemenbügel, Lauf fein bräuniert, **Garnitur ff.** englisch graviert und bunt marmoriert, Holzvorderschaft, schöner Nußbaumschaft mit **Pistolengriff,** Backe, feiner Fischhaut, Hornkäppchen und Hornkappe. **Ein hochmodernes Selbstspannertesching mit vorzüglicher Schußleistung.** Stück **Mk. 37.—**

Nr. 7680.

Nr. 7680. Elegantes Selbstspanner-Präzisionstesching, Kal. 6 oder 9 mm, **feiner kantiger Gußstahllauf mit besten Expreßzügen, Laufschiene mattiert, verstellbares Schraubvisier und Perlkorn mit Silberpunkt, Drehsicherung an der Seite,** selbsttätiger Patronenauszieher, schöner praktischer Verschlußhebel zum Herunterdrücken, eleganter Nußbaumschaft mit Fischhaut und schöner bayrischer Backe, sehr solides Stechschloß, Riemenbügel, Garnitur bunt marmoriert. **Das Tesching ist in allen Teilen sehr sauber gearbeitet, hat eine geschmackvolle, sehr elegante Form und ist für sicheren Kugelschuß bis auf 100 m und darüber sehr zu empfehlen.** Hierzu passen die Patronen Nr. 7701 bis 7708 bezw. 7711 bis 7715. Stück **Mk. 31.—**

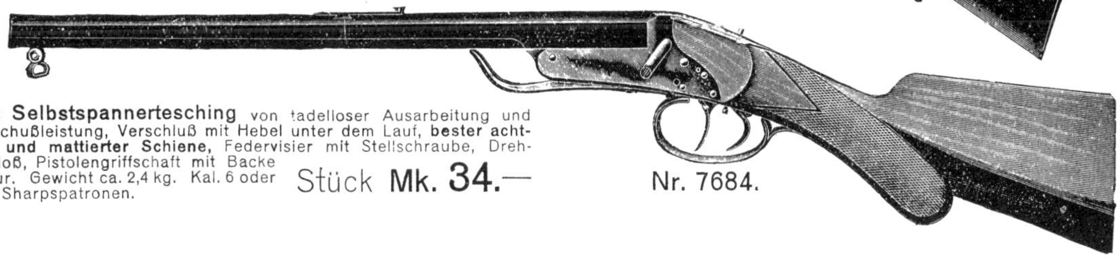

Nr. 7684.

Nr. 7684. Sehr beliebtes Selbstspannertesching von tadelloser Ausarbeitung und hervorragender Schußleistung, Verschluß mit Hebel unter dem Lauf, **bester achtkantiger Stahllauf mit Expreßzügen und mattierter Schiene,** Federvisier mit Stellschraube, Drehsicherung, Signalstift, prima Stechschloß, Pistolengriffschaft mit Backe und Fischhaut, bunt gehärtete Garnitur. Gewicht ca. 2,4 kg. Kal. 6 oder 9 mm. Für Flobert-, Winchester- und Sharpspatronen. Stück **Mk. 34.—**

Bei fester Bestellung liefere ich vorstehend abgebildete Selbstspannerbüchsen auch für die Zentralfeuer-Winchesterpatrone 5,6 × 35,5 mm oder für Morrispatrone zum Wiederladen. Dieselben eignen sich dann speziell für Jagdzwecke auf kleines Raubzeug, Birk- und Auerwild und kosten Mk. 3.— mehr.

Moderne Waffen ▫ Munition ▫ Jagdgeräte

AUGUST STUKENBROK, EINBECK

Anerkannt leistungsfähiges Etablissement dieser Branche

Extra starke Mauser-Teschings mit massivem Verschluß.

Kleine Scheibenbüchsen. Sehr empfehlenswert für Schützengesellschaften u. Teschingklubs.

Extra prima Qualität. Hervorragend im Schuß.

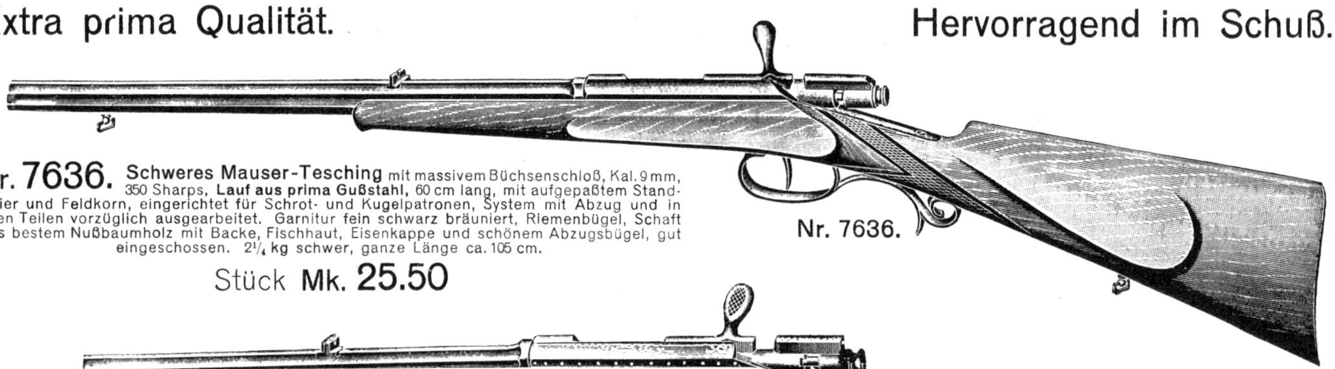

Nr. 7636.

Nr. 7636. Schweres Mauser-Tesching mit massivem Büchsenschloß, Kal. 9 mm, 350 Sharps, **Lauf aus prima Gußstahl,** 60 cm lang, mit aufgepaßtem Standvisier und Feldkorn, eingerichtet für Schrot- und Kugelpatronen, System mit Abzug und in allen Teilen vorzüglich ausgearbeitet. Garnitur fein schwarz bräuniert, Riemenbügel, Schaft aus bestem Nußbaumholz mit Backe, Fischhaut, Eisenkappe und schönem Abzugsbügel, gut eingeschossen. 2¼ kg schwer, ganze Länge ca. 105 cm.

Stück **Mk. 25.50**

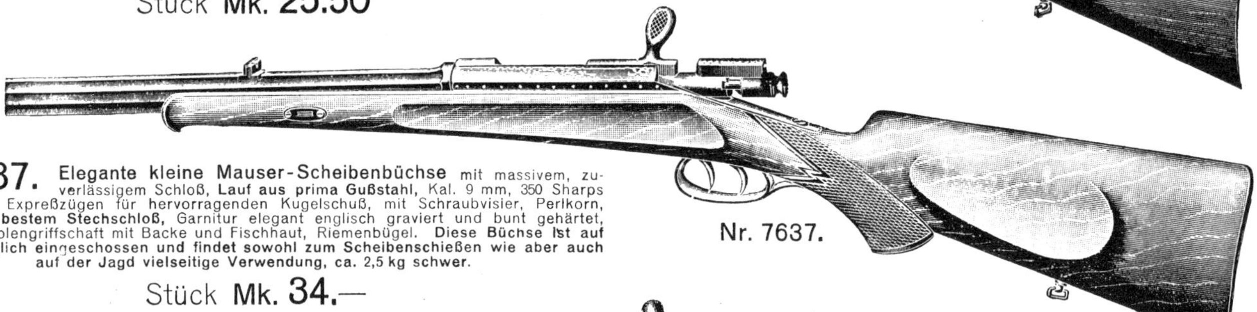

Nr. 7637.

Nr. 7637. Elegante kleine Mauser-Scheibenbüchse mit massivem, zuverlässigem Schloß, **Lauf aus prima Gußstahl,** Kal. 9 mm, 350 Sharps mit feinsten Expreßzügen für hervorragenden Kugelschuß, mit Schraubvisier, Perlkorn, **System mit bestem Stechschloß,** Garnitur elegant englisch graviert und bunt gehärtet, schöner Pistolengriffschaft mit Backe und Fischhaut, Riemenbügel. **Diese Büchse ist auf 100 m vorzüglich eingeschossen und findet sowohl zum Scheibenschießen wie aber auch auf der Jagd vielseitige Verwendung, ca. 2,5 kg schwer.**

Stück **Mk. 34.—**

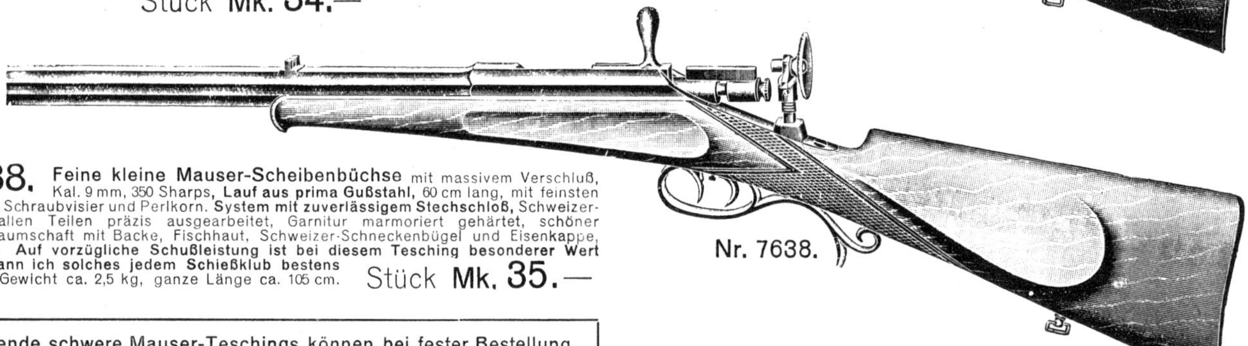

Nr. 7638.

Nr. 7638. Feine kleine Mauser-Scheibenbüchse mit massivem Verschluß, Kal. 9 mm, 350 Sharps, **Lauf aus prima Gußstahl,** 60 cm lang, mit feinsten Expreßzügen, Schraubvisier und Perlkorn. **System mit zuverlässigem Stechschloß,** Schweizerdiopter, in allen Teilen präzis ausgearbeitet, Garnitur marmoriert gehärtet, schöner starker Nußbaumschaft mit Backe, Fischhaut, Schweizer-Schneckenbügel und Eisenkappe, Riemenbügel. **Auf vorzügliche Schußleistung ist bei diesem Tesching besonderer Wert gelegt und kann ich solches jedem Schießklub bestens empfehlen.** Gewicht ca. 2,5 kg, ganze Länge ca. 105 cm. Stück **Mk. 35.—**

Vorstehende schwere Mauser-Teschings können bei fester Bestellung auch in jedem anderen Kaliber geliefert resp. angefertigt werden.

Unentbehrlich für jeden Teschingbesitzer.

Schalldämpfer „Moderator".

Unentbehrlich für jeden Teschingbesitzer.

Der Dämpfer „Moderator" ist mit Leichtigkeit an jedem Tesching anzubringen. Die Befestigung des Schalldämpfers geschieht durch einfaches Aufschrauben auf ein an der Mündung anzuschneidendes Gewinde. „Moderator" ist leicht, verursacht daher kein Uebergewicht nach vorn, ist zentrisch konstruiert, weshalb eine Beeinträchtigung der Schußresultate nicht vorkommt, und ist leicht auseinanderzunehmen und wieder zusammenzusetzen, daher sehr bequem zu reinigen. „Moderator" dämpft derart, daß der Knall geringer ist als bei einer Luftbüchse.

Jllustrierte Broschüre über „Moderator" auf Verlangen gratis.

„Moderator" auseinandergenommen.

Die Preise für den „Moderator" sind trotz der hervorragenden Vorzüge so niedrig bemessen, daß dieser vorzügliche Apparat jedem Teschingbesitzer zugänglich ist.

Nr. 7695. Schalldämpfer „Moderator"

für Karabiner Kal. 6 mm, Flobert und 22 short und long. Stück **Mk. 10.—**

Nr. 7696. Schalldämpfer „Moderator"

für Karabiner Kal. 9 mm, Flobert- und Schrotpatronen einschl. Schlüssel und Gebrauchsanweisung. Stück **Mk. 11.—**

Das Anschneiden des „Moderator"-Gewindes berechne ich mit 50 Pfg. extra.

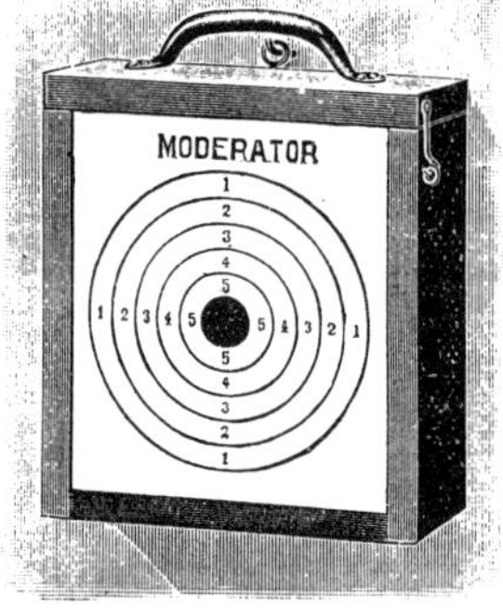

„Moderator"-Scheibenkasten.

Nr. 7698.

„Moderator"-Scheibenkasten

mit auswechselbaren Holzplatten für Teschings.

Einfach!

Solide!

Leicht!

weil mit Werg gefüllt; zum Stellen und Aufhängen. Mit 12 Pappscheiben und 500 g Werg.

Stück **Mk. 3.35**

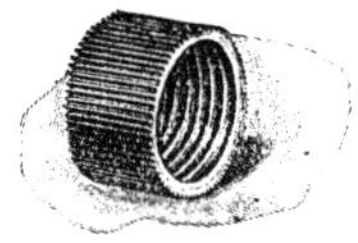

„Moderator"-Schutzkappe.

Nr. 7699.

Schutzkappe,

die das Gewinde am Lauf für den Schalldämpfer vor Beschädigung schützt, ist sehr zu empfehlen und sollte stets gleichzeitig mit der Waffe und dem „Moderator" bestellt werden; für Teschings Kal. 6 und 9 mm.

Stück **Mk. —.30**

Moderne Waffen ▫ Munition ▫ Jagdgeräte

AUGUST STUKENBROK, EINBECK

Anerkannt leistungsfähiges Etablissement dieser Branche

Extra beste Qualität. **Munition.** Garantiert vollständig rostfrei.

Sämtliche Munition liefere ich nur in anerkannt vorzüglichster Qualität. Jede einzelne Patrone ist sorgfältig gearbeitet, weshalb Versager fast gänzlich ausgeschlossen sind; auch zeichnen sich die Patronen durch exakten und präzisen Schuß aus. Die zu den Flobert-Patronen verwendete Pulvermasse ist aus den reinsten Materialien derart zusammengesetzt, daß das sonst vielfach gefürchtete Verschmutzen des Laufes, soweit überhaupt möglich, vermieden wird. Als besondere Neuheit bringe ich, dem Zuge der Zeit folgend, und von dem Bestreben geleitet, meiner werten Kundschaft stets etwas Neues und Besseres zu bieten, **rauchlose Flobert-Schrotpatronen** auf den Markt, welche bei vorzüglichem Durchschlag und bester Deckung **einen schwächeren Knall, geringere Verschmutzung des Laufes und minimale Raucherscheinung abgeben.** Die Patronen sind in starken Blechkästen verpackt, wodurch einerseits eine gute Ankunft gesichert und andererseits ein zweckmäßiger Aufbewahrungsbehälter geschaffen ist.

Beachtenswerte Notiz!

Meine geschätzten Abnehmer gestatte ich mir darauf aufmerksam zu machen, daß nachstehende Preise für die Munition von den vereinigten Fabriken festgesetzt worden sind und von anderer Seite nicht unterboten werden können. Minderwertige Munition (sogenannte Export-Qualität), wie solche vielfach von Konkurrenz-Firmen in den Handel gebracht wird, lassen kolossal Schmutz in den Läufen zurück und verursachen starken Rost, so daß die Schuß-Präzision der hierzu benutzten Waffe stark leidet. Diese mit weniger Sorgfalt hergestellte Munition ist wohl billiger zu liefern, ist aber durchaus zu verwerfen und führe ich solche prinzipiell nicht. Meine werten Kunden haben die sicherste Gewähr, bei mir nur die allerbeste und garantiert vollständig rostfreie Munition zu erhalten, welche sich durch einen gleichmäßigen, präzisen Schuß besonders auszeichnet.

Außerdem biete ich meinen werten Abnehmern noch folgende Versand-Vorteile:

Munitionssendungen im Werte von **Mk. 3.–** liefere ich portofrei
Munitionssendungen „ „ „ **Mk. 5.–** „ „ porto- und verpackungsfrei
Munitionssendungen „ „ „ **Mk. 10.–** „ „ „ „ „ mit 5% Rabatt
Munitionssendungen „ „ „ **Mk. 30.–** „ „ „ „ „ „ 10% „

In Anbetracht der hervorragenden Qualität meiner Munition ist mein Angebot darin wirklich ohne Konkurrenz.

Flobert-Patronen mit Kugeln, nur für Teschings, Karabiner und Pistolen passend.

Nr. 7701. Flobert-Patrone, Kal. 6 mm, mit runder Kugel. Blechschachtel von 100 Stück **80 Pf.**

Nr. 7702. Flobert-Patrone, Kal. 6 mm, mit spitzer Kugel. Blechschachtel von 100 Stück **Mk. 1.10**

Nr. 7703. Flobert-Patrone, Kal. 6 mm, System Bosquette, mit spitzer Kugel. Blechschachtel von 100 Stück **Mk. 1.40**

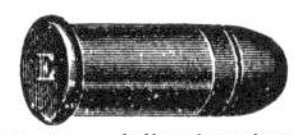

Nr. 7704. Winchester-Patrone, Kal. 6 mm, 22 short (kurz) mit Schwarzpulver. Schachtel von 100 Stück **Mk. 1.50**

Nr. 7705. Dieselbe Patrone, jedoch extra stark mit rauchlosem Pulver. Schachtel von 100 Stück **Mk. 1.60**

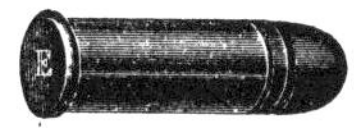

Nr. 7706. Winchester-Patrone, Kal. 6 mm, 22 lang, extra stark mit Schwarzpulver. Schachtel von 100 Stück **Mk. 1.65**

Nr. 7707. Dieselbe Patrone, jedoch extra stark mit rauchlosem Pulver. Schachtel von 100 Stück **Mk. 1.75**

Nr. 7708. Winchester-Patrone, Kal. 6 mm, 22 extra lang. Schachtel von 50 Stück **Mk. 1.20**

Nr. 7700. Dieselbe Patrone, jedoch extra stark, mit rauchlosem Pulver. Schachtel von 50 Stück **Mk. 1.40**

Nr. 7747. Bosquette-Patrone, „Longue portée" mit Doppelboden von Messing, extra stark, mit rauchlosem Pulver für weittragende Büchsen. Schachtel von 50 Stück **Mk. 2.–**

Nr. 7709. Flobert-Patrone, Kal. 7 mm, mit runder Kugel. Blechschachtel von 100 Stück **Mk. 1.90**

Nr. 7710. Flobert-Patrone, Kal. 7 mm, mit spitzer Kugel. Blechschachtel von 100 Stück **Mk. 2.20**

Nr. 7711. Flobert-Patrone, Kal. 9 mm, mit runder Kugel. Blechschachtel von 50 Stück **Mk. 1.20**

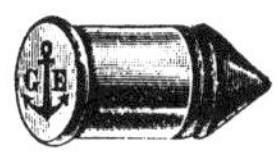

Nr. 7712. Flobert-Patrone, Kal. 9 mm, mit spitzer Kugel. Blechschachtel von 50 Stück **Mk. 1.35**

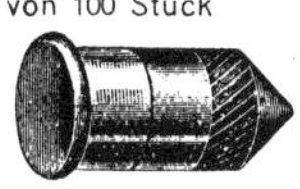

Nr. 7713. Flobert-Patrone, Kal. 9 mm, System Bosquette, mit spitzer Kugel. Blechschachtel von 50 Stück **Mk. 2.10**

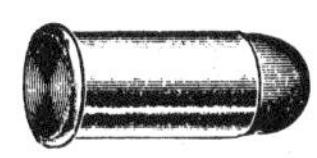

Nr. 7768. Sharps-Patrone, Kal. 350, kurz, mit runder Kugel, zu 9 mm-Flobert-Büchsen passend. Blechschachtel von 50 Stück **Mk. 1.25**

Nr. 7769. Sharps-Patrone, Kal. 350, kurz, mit spitzer Kugel, zu 9 mm-Flobert-Büchsen passend. Blechschachtel von 50 Stück **Mk. 1.25**

Nr. 7714. Sharps-Patrone, Kal. 350, lang, mit runder Kugel, zu 9 mm-Flobert-Büchsen passend. Blechschachtel von 50 Stück **Mk. 1.50**

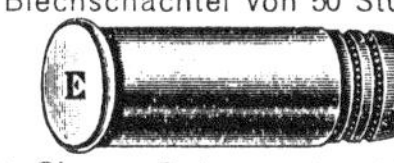

Nr. 7715. Sharps-Patrone, Kal. 350, lang, mit spitzer Kugel, zu 9 mm-Flobert-Büchsen passend. Blechschachtel von 50 Stück **Mk. 1.50**

Flobert-Patronen mit Schrotladung.

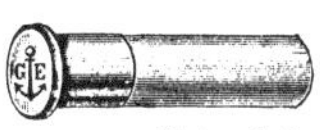

Nr. 7716. Flobert-Patrone, Kal. 6 mm, mit Schrotladung. Blechschachtel von 100 Stück **Mk. 2.20**

Nr. 7724. Dieselbe Patrone, jedoch mit prima rauchlosem Pulver. Blechschachtel von 100 Stück **Mk. 2.40**

Nr. 7717. Flobert-Patrone, Kal. 6 mm, extra stark, mit Doppelschrotladung. Blechschachtel von 100 Stück **Mk. 3.–**

Nr. 7725. Dieselbe Patrone, jedoch extra stark, mit prima rauchlosem Pulver. Blechschachtel von 100 Stück **Mk. 3.20**

Nr. 7718. Flobert-Patrone, Kal. 7 mm, mit Schrotladung. Blechschachtel von 100 Stück **Mk. 3.50**

Nr. 7726. Dieselbe Patrone, jedoch extra stark, mit prima rauchlosem Pulver. Blechschachtel von 100 Stück **Mk. 3.75**

Nr. 7719. Flobert-Patrone, Kal. 7 mm, extra stark, mit Doppelschrotladung. Blechschachtel von 100 Stück **Mk. 4.30**

Nr. 7727. Dieselbe Patrone, jedoch extra stark, mit prima rauchlosem Pulver. Blechschachtel von 100 Stück **Mk. 4.60**

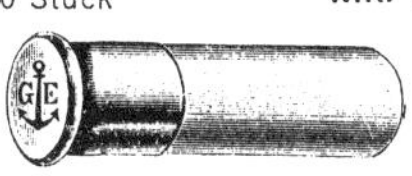

Nr. 7720. Flobert-Patrone, Kal. 9 mm, mit Schrotladung. Blechschachtel von 50 Stück **Mk. 1.90**

Nr. 7728. Dieselbe Patrone, jedoch extra stark, mit prima rauchlosem Pulver. Blechschachtel von 50 Stück **Mk. 2.20**

Nr. 7721. Flobert-Patrone, Kal. 9 mm, extra stark, mit Doppelschrotladung. Blechschachtel von 50 Stück **Mk. 2.50**

Nr. 7729. Dieselbe Patrone, jedoch extra stark, mit prima rauchlosem Pulver. Blechschachtel von 50 Stück **Mk. 2.80**

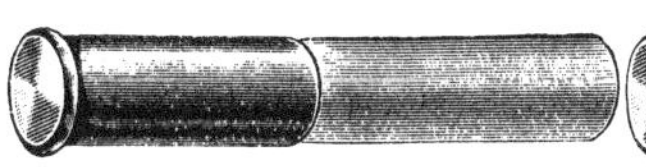

Nr. 7722. Sharps-Patrone, Kal. 350, zu 9 mm-Flobert-Büchsen passend, mit Schrotladung. Ganze Länge 45 mm. Blechschachtel von 50 Stück **Mk. 2.70**

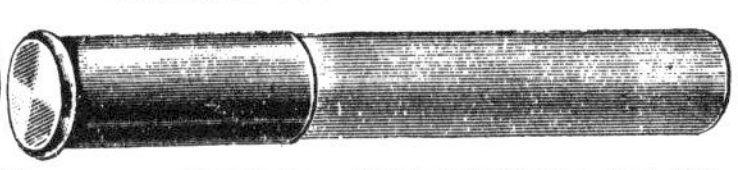

Nr. 7723. Sharps-Patrone, Kal. 350, zu 9 mm-Flobert-Büchsen passend, mit Schrotladung. Ganze Länge 54 mm. Blechschachtel von 50 Stück **Mk. 2.90**

Vorstehende Sharps-Patronen Nr. 7714, 7715, 7722 und 7723 eignen sich vorzüglich für bessere Flobert-Gewehre und Jagd-Karabiner.

Patronen mit rauchlosem Pulver für automatische Repetier-Pistolen u. -Revolver.

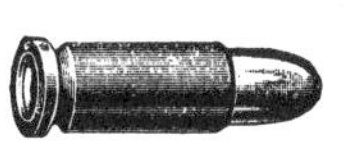

Nr. 7759. Browning-Patrone, Kal. 6,35 mm, Original-Qualit. In Schachteln von 25 Stück **Mk. 1.35**
Bei Abnahme von 100 Stück auf einmal **Mk. 5.25**

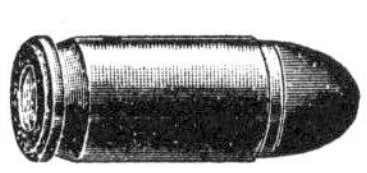

Nr. 7758. Browning-Patrone, Kal. 7,65 mm, Original-Qualität. In Schachteln von 25 Stück **Mk. 1.40**

Nr. 7793. Browning-Patrone, Kal. 7,65 mm, mit Teilmantel-Geschoß. In Schachteln von 25 Stück **Mk. 1.40**
Bei Abnahme von 100 Stück auf einmal **Mk. 5.50**

Nr. 7794. Patrone für automatische „Bayard"-Taschen-Pistole, Kal. 9 mm (380 Automatic). In Schachteln von 25 Stück **Mk. 1.65**

Nr. 7748. Velodog-Revolver-Patrone, Kal. 5,75 mm, mit rauchlosem Pulver geladen und Kupfermantelgeschoß. In Schachteln von 25 Stück **Mk. 2.–**

Ich mache meine geschätzten Abnehmer darauf aufmerksam, daß die Munition nur in Original-Packung abgegeben werden kann.

Moderne Waffen ▫ Munition ▫ Jagdgeräte

AUGUST STUKENBROK, EINBECK

Anerkannt leistungsfähiges Etablissement dieser Branche

Luftgewehre

für Schießbuden, Restaurants, Klubs usw. zum Schießen mit Bolzen und Kugeln.

Beste Uebungs- und Unterhaltungs-Waffen für Alt und Jung.

Nachstehende Luftwaffen sind von zuverlässiger Konstruktion aus bestem Material gefertigt und können wegen ihrer relativen Gefahrlosigkeit überall verwendet werden. Da nun vielfach über Luftgewehre sonderbare Vorstellungen und irrige Ansichten herrschen, so möchte ich hier extra betonen, **daß solche mit Feuerwaffen in keiner Weise zu vergleichen sind.** Bei den Luftgewehren wird die Kugel resp. der Bolzen **durch den Luftdruck,** welcher im Luftzylinder erzeugt wird, aus dem Lauf geschleudert, und ist es daher klar und leicht verständlich, daß die Ansprüche, welche man an eine Luftwaffe stellen kann, begrenzte sind, und daß die Schußwirkung einer Feuerwaffe selbst vom besten Luftgewehr nicht zu erreichen ist. **Luftwaffen sind in erster Linie Uebungs- und Unterhaltungs-Waffen** und können solche überall da verwendet werden, wo die Benutzung einer Feuerwaffe entweder ganz ausgeschlossen oder doch nur mit vielen Umständen und bei Beobachtung allergrößter Vorsicht verknüpft ist. **Meine sämtlichen Luftgewehre besitzen die Tragfähigkeit, die eine gute Uebungswaffe besitzen muß,** weshalb solche auch als Vogelflinten zur Säuberung der Gärten von Spatzen, Katzen usw. viel verwendet werden.

Nur prima Qualität!

Knaben-Luftgewehre.

Tadellose Funktion!

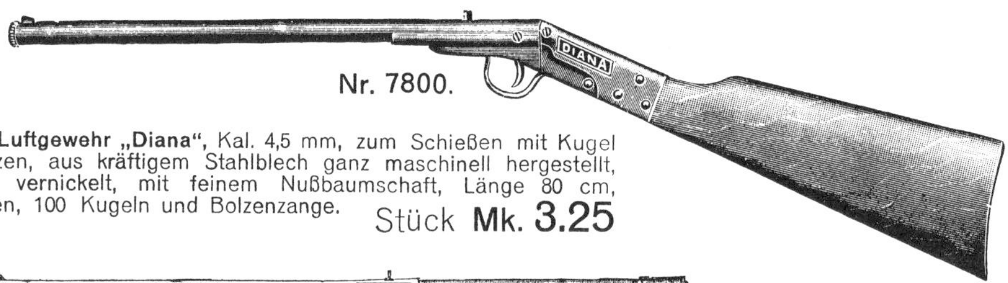

Nr. 7800.

Nr. 7800. **Knaben-Luftgewehr „Diana"**, Kal. 4,5 mm, zum Schießen mit Kugel und Bolzen, aus kräftigem Stahlblech ganz maschinell hergestellt, Lauf und Garnitur fein vernickelt, mit feinem Nußbaumschaft, Länge 80 cm, Gewicht 1 kg, mit 6 Bolzen, 100 Kugeln und Bolzenzange. Stück **Mk. 3.25**

NEU!

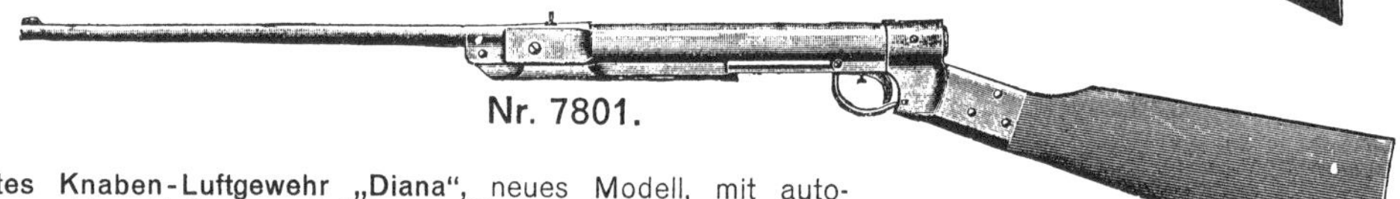

Nr. 7801.

Nr. 7801. **Elegantes Knaben-Luftgewehr „Diana"**, neues Modell, mit automatischem Verschluß, aus kräftigem Stahlblech hergestellt, alle Metallteile sind hochfein vernickelt, Nußbaumschaft fein poliert, Kal. 4,5 mm, ganze Länge ca. 90 cm, Gewicht 1,2 kg, das Idealgewehr für die reifere Jugend, einschl. 6 Bolzen, 100 Kugeln und Bolzenzange. Stück **Mk. 7.50**

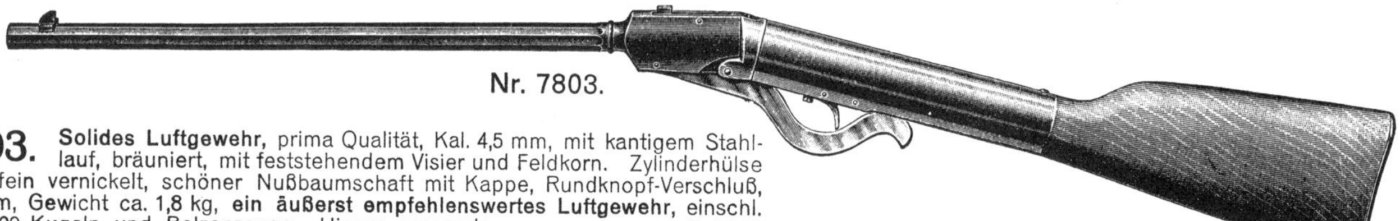

Nr. 7803.

Nr. 7803. **Solides Luftgewehr,** prima Qualität, Kal. 4,5 mm, mit kantigem Stahllauf, bräuniert, mit feststehendem Visier und Feldkorn. Zylinderhülse aus Stahl, fein vernickelt, schöner Nußbaumschaft mit Kappe, Rundknopf-Verschluß, Länge 85 cm, Gewicht ca. 1,8 kg, **ein äußerst empfehlenswertes Luftgewehr,** einschl. 6 Bolzen, 100 Kugeln und Bolzenzange. Hierzu passende Ersatzfeder kostet 70 Pfg. Stück **Mk. 9.50**

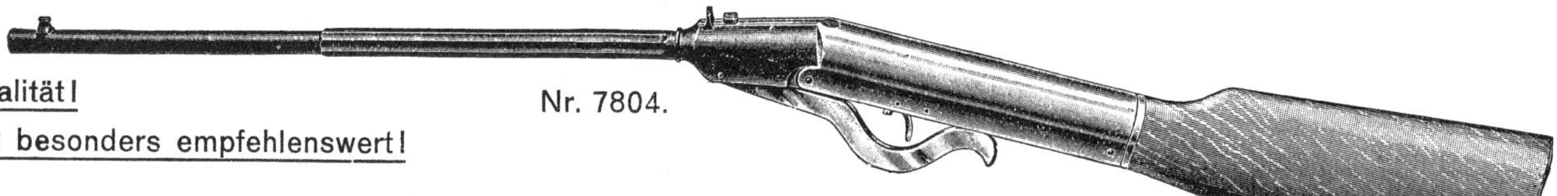

Prima Qualität!

Nr. 7804.

Ganz besonders empfehlenswert!

Nr. 7804. **Sehr solides Luftgewehr, System „Quakenbusch"**, Kal. 4,5 mm, prima Qualität, mit halbkantigem, halbrundem massiven Gußstahllauf mit Visier und Feldkorn, **Zylinderhülse aus bestem Stahl, kräftiger Spannhebel,** Lauf fein bräuniert, Schloßteile und Garnitur fein vernickelt, polierter Nußbaumschaft mit Eisenkappe. Die Spannung geschieht durch Herunterdrücken des Laufes; der Verschlußhebel greift beim Schließen zugleich in das System ein, **ein besonders empfehlenswertes, gutes Luftgewehr,** Länge ca. 90 cm, Gewicht ca. 2 kg, einschl. 6 Bolzen, 100 Kugeln und Bolzenzange. Stück **Mk. 11.75**

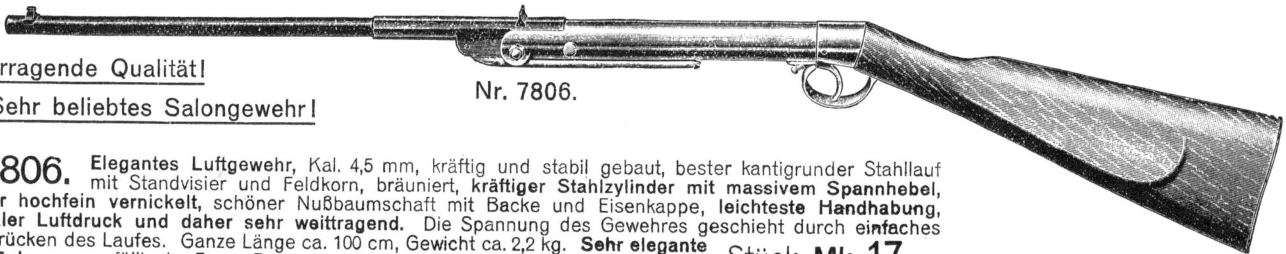

Hervorragende Qualität!

Nr. 7806.

Sehr beliebtes Salongewehr!

Nr. 7806. **Elegantes Luftgewehr,** Kal. 4,5 mm, kräftig und stabil gebaut, bester kantigrunder Stahllauf mit Standvisier und Feldkorn, bräuniert, **kräftiger Stahlzylinder mit massivem Spannhebel, Garnitur hochfein vernickelt,** schöner Nußbaumschaft mit Backe und Eisenkappe, **leichteste Handhabung, kolossaler Luftdruck und daher sehr weittragend.** Die Spannung des Gewehres geschieht durch einfaches Herabdrücken des Laufes. Ganze Länge ca. 100 cm, Gewicht ca. 2,2 kg. **Sehr elegante Salonbüchse** von gefälligster Form. Preis einschl. 6 Bolzen, 100 Kugeln und Bolzenzange. Stück **Mk. 17.—**

Präzisions-Luftgewehre.

Allerbeste Qualität. Tadellose Funktion. Sehr empfehlenswerte Modelle.

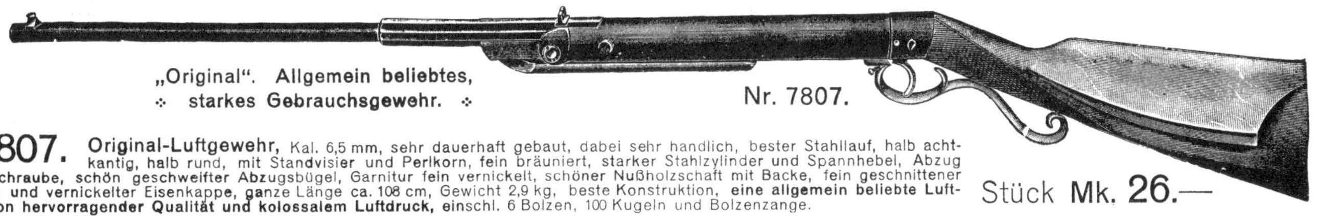

„Original". Allgemein beliebtes, starkes Gebrauchsgewehr.

Nr. 7807.

Nr. 7807. Original-Luftgewehr, Kal. 6,5 mm, sehr dauerhaft gebaut, dabei sehr handlich, bester Stahllauf, halb achtkantig, halb rund, mit Standvisier und Perlkorn, fein bräuniert, starker Stahlzylinder und Spannhebel, Abzug mit Stellschraube, schön geschweifter Abzugsbügel, Garnitur fein vernickelt, schöner Nußholzschaft mit Backe, fein geschnittener Fischhaut und vernickelter Eisenkappe, ganze Länge ca. 108 cm, Gewicht 2,9 kg, beste Konstruktion, **eine allgemein beliebte Luftbüchse von hervorragender Qualität und kolossalem Luftdruck,** einschl. 6 Bolzen, 100 Kugeln und Bolzenzange. Stück **Mk. 26.—**

Sehr modernes Salon-Luftgewehr.

Nr. 7808.

Nr. 7808. Feines Salon-Luftgewehr mit praktischem Druckknopfverschluß, Kal. 4,5 mm, **bester Stahllauf,** halb achtkantig, halb rund, mit Standvisier und Feldkorn, fein schwarz bräuniert, starker Stahl-Luftzylinder und Spannhebel, Abzug mit Stellschraube, runder Abzugsbügel, Garnitur fein vernickelt, schöner Nußbaumschaft mit Pistolengriff, fein geschnittener Fischhaut und vernickelter Eisenkappe, **sehr scharf schießend, dauerhafte Konstruktion,** Länge ca. 100 cm, Gewicht **ca.** 2,2 **kg,** einschl. 6 Bolzen, 100 Kugeln und Bolzenzange. Stück **Mk. 18.—**

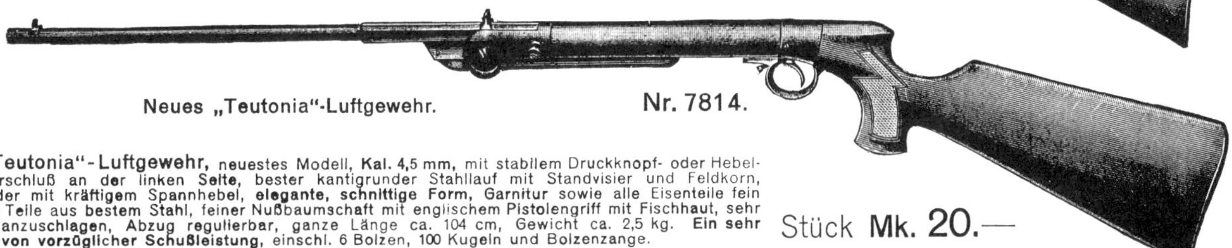

Neues „Teutonia"-Luftgewehr.

Nr. 7814.

Nr. 7814. „Teutonia"-Luftgewehr, neuestes Modell, **Kal. 4,5 mm,** mit stabilem Druckknopf- oder Hebelverschluß **an der linken Seite,** bester kantigrunder Stahllauf mit Standvisier und Feldkorn, **starker** Stahl-Luftzylinder mit **kräftigem** Spannhebel, **elegante, schnittige Form, Garnitur** sowie alle Eisenteile fein **schwarz bräuniert, alle** Teile aus **bestem Stahl,** feiner **Nußbaumschaft** mit englischem **Pistolengriff** mit Fischhaut, sehr **handlich und bequem anzuschlagen,** Abzug **regulierbar,** ganze Länge ca. 104 cm, Gewicht ca. 2,5 kg. **Ein sehr modernes Luftgewehr von vorzüglicher Schußleistung,** einschl. 6 Bolzen, 100 Kugeln und Bolzenzange. Stück **Mk. 20.—**

Nr. 7815. Dasselbe Luftgewehr wie Modell Nr. 7813, jedoch schwerer und größer konstruiert, ganze Länge ca. 112 cm, Gewicht ca. 3 kg, **Kal. 6,5 mm. Ein starkes Gebrauchsluftgewehr von kolossaler Leistung.** Stück **Mk. 24.—**

Nr. 7809. Präzisions-Luftgewehr wie Modell 7815, jedoch eingerichtet für die **„Roland"-Munition, Kal. 5,70 mm,** sehr stabil und handlich gebaut, ganze Länge ca. 112 cm, Gewicht ca. 3 kg. Elegantes Sportgewehr. Stück **Mk. 24.—**

Neuheit! Neuheit!

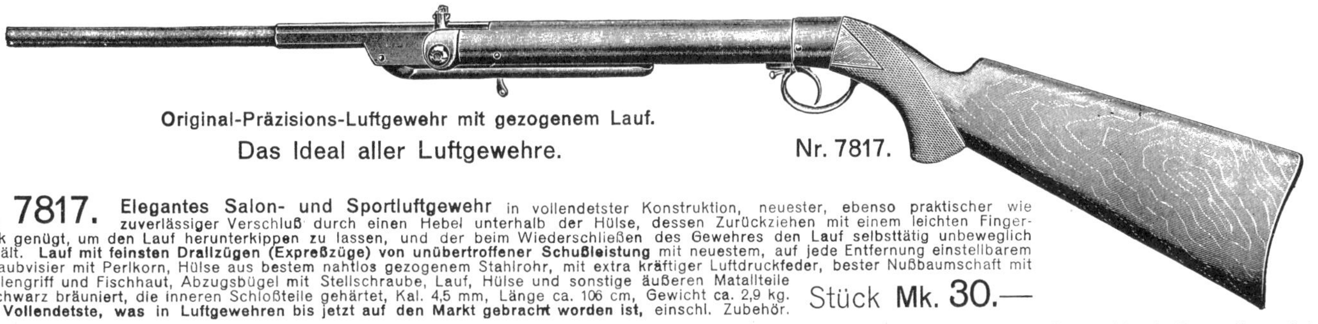

Original-Präzisions-Luftgewehr mit gezogenem Lauf.

Das Ideal aller Luftgewehre.

Nr. 7817.

Nr. 7817. Elegantes Salon- und Sportluftgewehr in vollendetster Konstruktion, neuester, ebenso praktischer wie zuverlässiger Verschluß durch einen Hebel unterhalb der Hülse, dessen Zurückziehen mit einem leichten Fingerdruck genügt, um den Lauf herunterkippen zu lassen, und der beim Wiederschließen des Gewehres den Lauf selbsttätig unbeweglich festhält. **Lauf mit feinsten Drallzügen (Expreßzüge) von unübertroffener Schußleistung** mit neuestem, auf jede Entfernung einstellbarem Schraubvisier mit Perlkorn, Hülse aus bestem nahtlos gezogenem Stahlrohr, mit extra kräftiger Luftdruckfeder, bester Nußbaumschaft mit Pistolengriff und Fischhaut, Abzugsbügel mit Stellschraube, Lauf, Hülse und sonstige äußeren Metallteile tiefschwarz bräuniert, die inneren Schloßteile gehärtet, Kal. 4,5 mm, Länge ca. 106 cm, Gewicht ca. 2,9 kg. **Das Vollendetste, was in Luftgewehren bis jetzt auf den Markt gebracht worden ist,** einschl. Zubehör. Stück **Mk. 30.—**

Auch für dieses Luftgewehr sind die gewöhnlichen **Luftgewehrkugeln** verwendbar. Eine besonders hervorragende **Schußleistung** und **Durchschlagskraft** erzielt man bei Verwendung der extra für vorstehendes Modell hergestellten **Diabolo-Kugeln**, welche selbst auf die weiteste Entfernung noch vortrefflich wirken.

Nr. 7818. „Diabolo"-Luftgewehrkugeln, Kal. 4,5 mm, speziell für vorstehendes Luftgewehr Nr. 7817 geeignet. In Blechschachtel à 1000 Stück **Mk. 3.75**

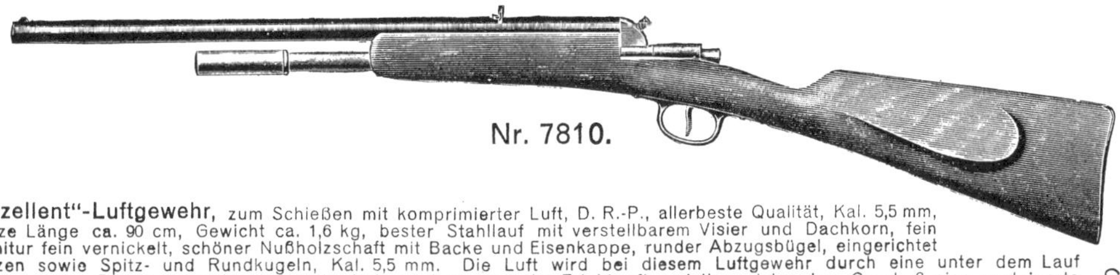

Nr. 7810.

Nr. 7810. „Exzellent"-Luftgewehr, zum Schießen mit komprimierter Luft, D. R.-P., allerbeste Qualität, Kal. 5,5 mm, ganze Länge **ca.** 90 cm, Gewicht ca. 1,6 kg, bester Stahllauf mit verstellbarem Visier und Dachkorn, fein schwarz bräuniert, Garnitur fein vernickelt, schöner Nußholzschaft mit Backe und Eisenkappe, runder Abzugsbügel, eingerichtet zum Schießen mit Bolzen sowie Spitz- und Rundkugeln, Kal. 5,5 mm. Die Luft wird bei diesem Luftgewehr durch eine unter dem Lauf angebrachte Luftpumpe erzielt. Durch diese komprimierte Luft wird eine starke Triebkraft erzielt, welche dem Geschoß eine gesteigerte Wirkung verleiht. Einschl. 6 Bolzen, 100 Kugeln und Bolzenzange. Stück **Mk. 19.—**

Nr. 7816. „Bahco"-Luftgewehr, in Konstruktion ähnlich dem „Exzellent"-Gewehr, jedoch bedeutend verbessertes Modell, in jeder Beziehung kräftiger und solider gebaut, mit massivem Stahllauf, Länge ca. 100 cm, Gewicht ca. 2 kg, Kal. 5,5 mm. Stück **Mk. 27.—**

Moderne Waffen ▫ Munition ▫ Jagdgeräte

AUGUST STUKENBROK, EINBECK

Anerkannt leistungsfähiges Etablissement dieser Branche

Hervorragende starke Präzisions-Luftgewehre.

Spezial-Modell für den Gebrauch in Schießbuden und Schützenvereinen.

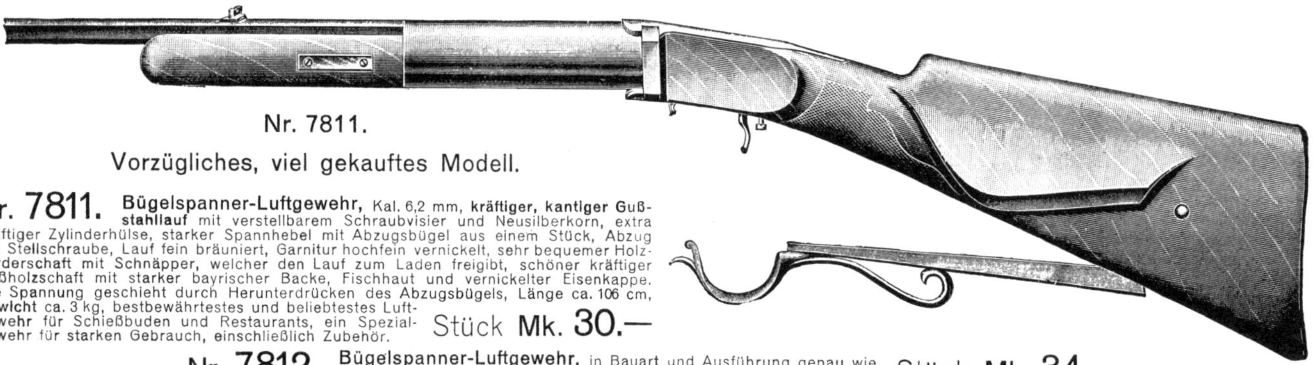

Nr. 7811.

Vorzügliches, viel gekauftes Modell.

Nr. 7811. Bügelspanner-Luftgewehr, Kal. 6,2 mm, **kräftiger, kantiger Gußstahllauf** mit verstellbarem Schraubvisier und Neusilberkorn, extra kräftiger Zylinderhülse, starker Spannhebel mit Abzugsbügel aus einem Stück, Abzug mit Stellschraube, Lauf fein bräuniert, Garnitur hochfein vernickelt, sehr bequemer Holzvorderschaft mit Schnäpper, welcher den Lauf zum Laden freigibt, schöner kräftiger Nußholzschaft mit starker bayrischer Backe, Fischhaut und vernickelter Eisenkappe. Die Spannung geschieht durch Herunterdrücken des Abzugsbügels, Länge ca. 106 cm, **Gewicht** ca. 3 kg, bestbewährtestes und beliebtestes Luftgewehr für Schießbuden und Restaurants, ein Spezialgewehr für starken Gebrauch, einschließlich Zubehör. Stück **Mk. 30.—**

Nr. 7812. Bügelspanner-Luftgewehr, in Bauart und Ausführung genau wie vorstehendes Modell Nr. 7811, **jedoch mit sehr solidem Stechschloß.** Stück **Mk. 34.—**

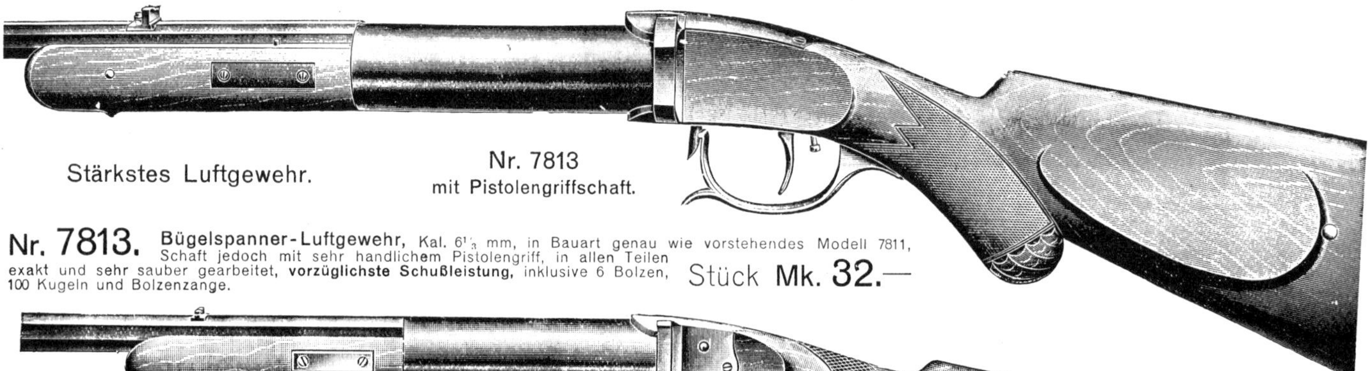

Stärkstes Luftgewehr.

Nr. 7813 mit Pistolengriffschaft.

Nr. 7813. Bügelspanner-Luftgewehr, Kal. $6\frac{1}{3}$ mm, in Bauart genau wie vorstehendes Modell 7811, Schaft jedoch mit sehr handlichem Pistolengriff, in allen Teilen exakt und sehr sauber gearbeitet, **vorzüglichste Schußleistung,** inklusive 6 Bolzen, 100 Kugeln und Bolzenzange. Stück **Mk. 32.—**

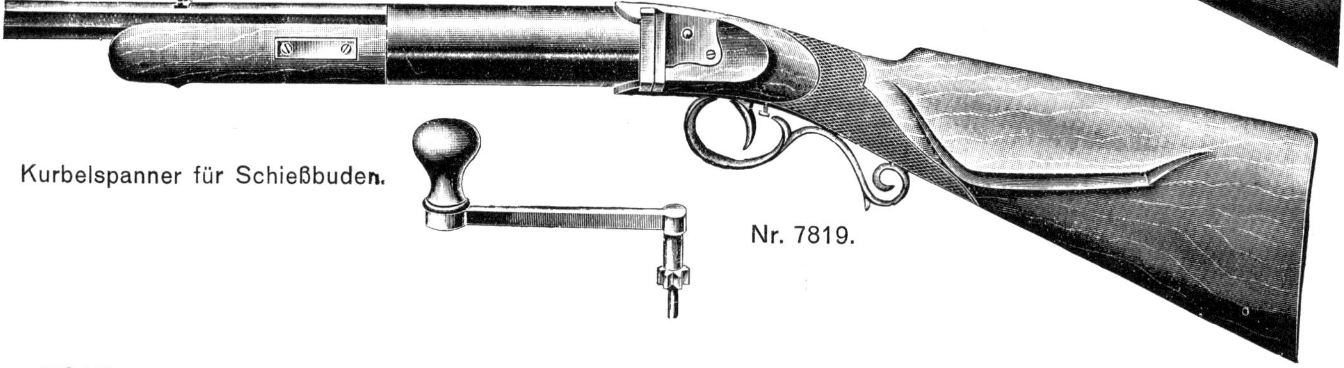

Kurbelspanner für Schießbuden.

Nr. 7819.

Nr. 7819. Original-Schießbuden-Luftgewehr mit Kurbelspannung, Kal. 6,2 mm, **bester kantiger Gußstahllauf** mit Schraubvisier und Neusilberkorn, extra kräftige Zylinderhülse aus prima Stahl, Vorderschaft mit Schnäpper, Garnitur hochfein vernickelt, schöner kräftiger Nußholzschaft mit starker Backe, Fischhaut und Eisenkappe, Länge ca. 105 cm, Gewicht ca. 3 kg. **Ein altbewährtes gutes Luftgewehr,** einschl. 6 Bolzen, 100 Kugeln und Bolzenzange. Stück **Mk. 32.—**

Luftpistolen bester Qualität.

Nr. 7820. Luftpistole für Knaben, schwarz lackiert, mit 6 Bolzen, 100 Kugeln, Ladestock und Ringscheibe im Holzkasten, Kal. 4,5 mm, Länge 24 cm. Stück **Mk. 2.—**

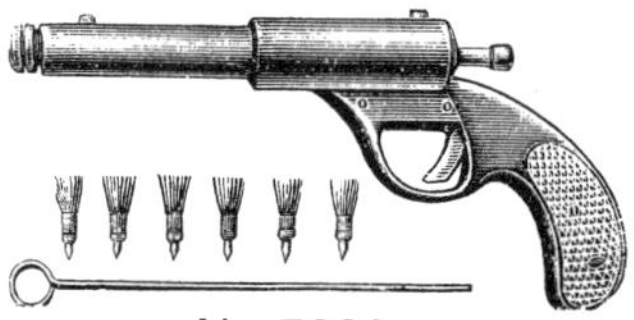

Nr. 7820.

Nr. 7821. Dieselbe Pistole wie Modell Nr. 7820, jedoch ganz vernickelt. Stück **Mk. 2.70**

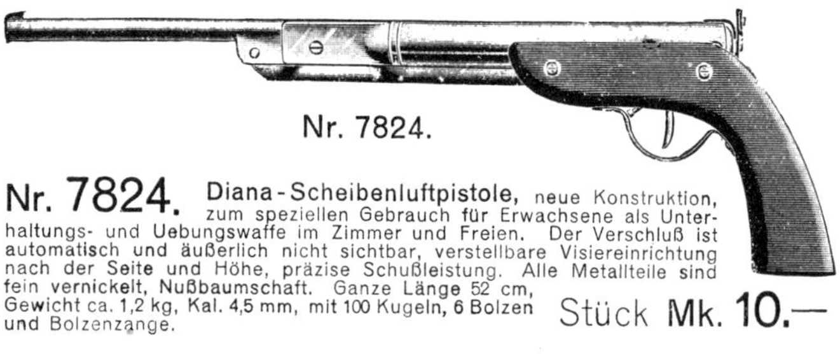

Nr. 7824.

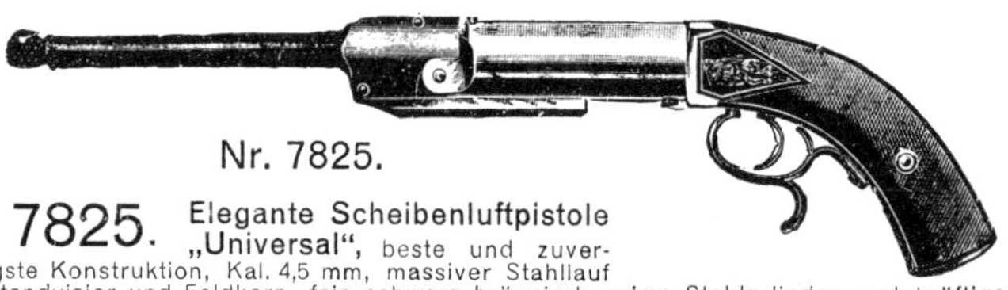

Nr. 7825.

Nr. 7824. Diana-Scheibenluftpistole, neue Konstruktion, zum speziellen Gebrauch für Erwachsene als Unterhaltungs- und Uebungswaffe im Zimmer und Freien. Der Verschluß ist automatisch und äußerlich nicht sichtbar, verstellbare Visiereinrichtung nach der Seite und Höhe, präzise Schußleistung. Alle Metallteile sind fein vernickelt, Nußbaumschaft. Ganze Länge 52 cm, Gewicht ca. 1,2 kg, Kal. 4,5 mm, mit 100 Kugeln, 6 Bolzen und Bolzenzange. Stück **Mk. 10.—**

Nr. 7825. Elegante Scheibenluftpistole „Universal", beste und zuverlässigste Konstruktion, Kal. 4,5 mm, massiver Stahllauf mit Standvisier und Feldkorn, fein schwarz bräuniert, prima Stahlzylinder und kräftiger Spannhebel, Garnitur hochfein vernickelt, schöner Nußholzschaft mit Fischhaut, ganze Länge ca. 50 cm, Gewicht ca. 1,5 kg. **Beste und empfehlenswerteste Luftpistole.** Stück **Mk. 14.—**

Jede Waffe wird vor Versand kontrolliert, es wird also nur ausprobierte Ware versandt.

Munition für Luftgewehre und -Pistolen.

4 4,5 $5\frac{1}{3}$ $6\frac{1}{3}$ 6,2 6,5 mm

Kugeln in nur prima Qualität.
(Originalgröße.)

Verpackt in guten Blechschachteln zu 1000 Stück.

Kal. mm	4	4,5	$5\frac{1}{3}$	5,70
Nr.	7830	7831	7832	7833
Preis für 1000 St. Mk.	—.75	—.75	1.10	1.20

	Spitzkug.	Rundkug.	
Kaliber mm	$6\frac{1}{3}$	6,2	6,5
Nr.	7834	7835	7836
Preis für 1000 St. Mk.	1.30	1.40	1.40

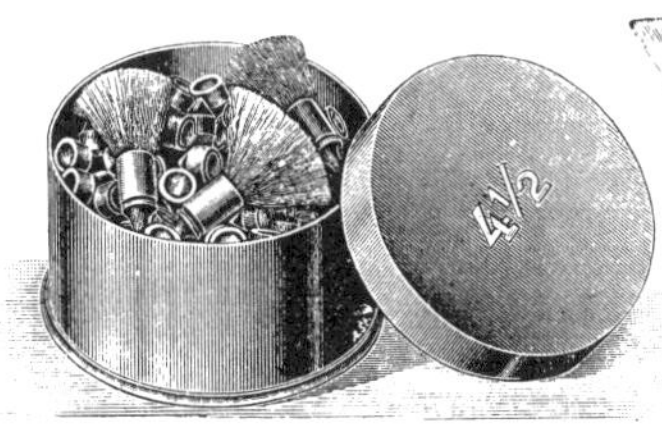

Nr. 7845. Schießmunition, für Luftbüchsen passend. Kal. 4,5 mm. Diese Munition wird in Blechschachteln geliefert, und zwar 100 Stück Kugeln und 5 Stück Bolzen. Diese Munition paßt für sämtliche Luftbüchsen in Kaliber 4,5 mm.
Schachtel Mk. —.35

6,5 6,2 5,70 $5\frac{1}{3}$ 4,5 4 mm

Bolzen in nur erster Qualität.

Kaliber mm	6,5	6,2	5,70	$5\frac{1}{3}$	4,5	4
Nr.	7843	7842	7841	7840	7839	7838
Preis für 12 St. Mk.	—.70	—.60	—.55	—.50	—.35	—.30
1 Groß = 12 Dtz. Mk.	6.20	6.–	5.50	5.—	3.—	2.80

Ersatzfedern und Ersatzteile für Luftgewehre.

Nr. 7574. Ersatzfeder für Luftgewehre Nr. 7807, 7809, 7815 und 7817. Stück Mk. 1.—

Nr. 7575. Ersatzfeder für Luftgewehre Nr. 7806, 7808 und 7814. Stück Mk. 0.85

Nr. 7578. Ersatzfeder für Luftgewehr Nr. 7800. Stück Mk. 0.60

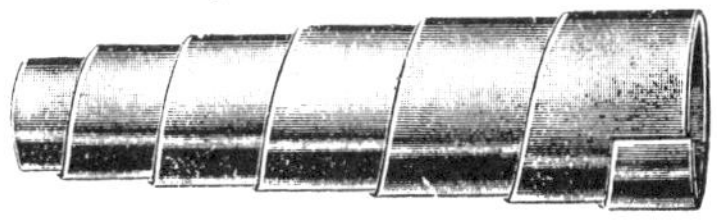

Nr. 7576. Ersatzfeder für Luftgewehr Nr. 7804. Stück Mk. 0.80

Nr. 7577. Ersatzfeder für Luftgewehre Nr. 7801 u. 7803. Stück Mk. 0.65

Nr. 7846. Kleine Bolzenausziehzange, passend für Kal. 4,5 mm. Stück Mk. 0.35

Nr. 7847. Große Bolzenausziehzange, passend für größere Bolzen. Stück Mk. 0.55

Nr. 7579. Ersatzfeder für Luftgewehre Nr. 7811, 7812, 7813 und 7819. Stück Mk. 1.—

Nr. 7573. Dichtungs-Lederscheibchen. Stück Mk. 0.06

Nr. 7572. Spannhebel, für Luftgewehre Nr. 7803 und 7804 passend. Stück Mk. 1.20

Nr. 7571. Spannhebel, für Luftgewehre Nr. 7806, 7807, 7808, 7809, 7814, 7815 und 7817 passend. Stück Mk. 1.50

Kinder-Gewehre und -Pistolen. Gefahrloser Schießsport mit Gummisaugpfeil.

Nr. 7544. Pistole mit Gummisaugpfeil aus Metall, schwarz lackiert, auf schöner Scheibe, 16×24 cm.
Stück Mk. 0.45

Nr. 7546.

Nr. 7548.

Nr. 7547. „Orion"-Gewehr mit Gummisaugpfeil, mit poliertem Holzschaft u. Tragriemen, auf eleganter, farbiger Scheibe, 16×58 cm, Größe des Gewehres 53 cm.
Stück Mk. 0.60

Nr. 7548. „Orion"-Gewehr wie Abbildung, mit 1 Gummipfeil, Holzschaft poliert, Tragriemen, auf eleganter, Scheibe, 21×65 cm, Größe d. Gewehres 63 cm.
Stück Mk. 1.—

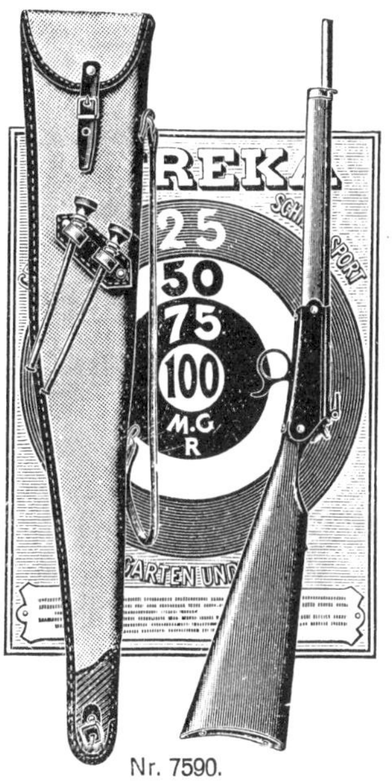

Nr. 7590.

Nr. 7549. „Eureka"-Gewehr mit vernickeltem Stahlblechlauf, Schloßgarnitur aus kräftigem Stahlblech schwarz lackiert, eleganter Holzschaft mit Tragriemen und 2 Pfeilen, auf 70 cm hoher, dreifarbiger Scheibe.
Stück Mk. 3.20

Nr. 7590. „Eureka"-Gewehr wie Abbildung, Lauf und Schloßgarnitur aus kräftigem Stahlblech, fein vernickelt, eleganter Holzschaft, in solidem Tuchfutteral mit Lederbesatz und Tragriemen, 2 Pfeile u. Ringscheibe, Größe 28×38 cm.
Stück Mk. 5.—
Das Tuchfutteral kann während des Schießens als Gürtel benutzt werden.

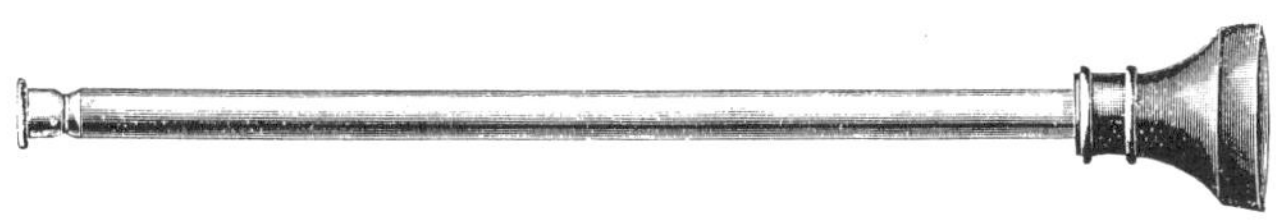

Nr. 7545. Eureka-Pistole aus Eisen, emailleartig schwarz lackiert, mit vernickeltem Stahlblechlauf, mit 1 Pfeil und dreifarbiger Ringscheibe, 25×38 cm, im Karton. Stück Mk. 1.25

Nr. 7546. Eureka-Pistole wie Abbildung, aus Eisen, ganz vernickelt, mit 6 Pfeilen und Ringscheibe, im Ueberkarton mit Chromobild. Stück Mk. 2.85

Nr. 7591. Eureka-Pfeile, 13,5 cm lang, zu Pistolen passend, per 6 Stück Mk. 0.90

Nr. 7592. Eureka-Pfeile, 15,5 cm lang, zu Gewehren passend, per 6 Stück Mk. 0.90

Nr. 7593. Ersatzfedern, 14,5 cm lang, zu Pistolen passend. Stück Mk. 0.10

Nr. 7594. Ersatzfedern, 18 cm lang, zu Gewehren passend. Stück Mk. 0.10

107

Die günstige Aufnahme meiner Schußwaffen in Jägerkreisen beweist deren Güte.

Moderne Waffen ▫ Munition ▫ Jagdgeräte

AUGUST STUKENBROK, EINBECK

Anerkannt leistungsfähiges Etablissement dieser Branche

Selbstmarkierender Schießstand

D. R.-G.-M. — durch Panzerscheibe „Roland“. — D. R.-W.-Z.

Entspricht allen behördl. Anforderungen.

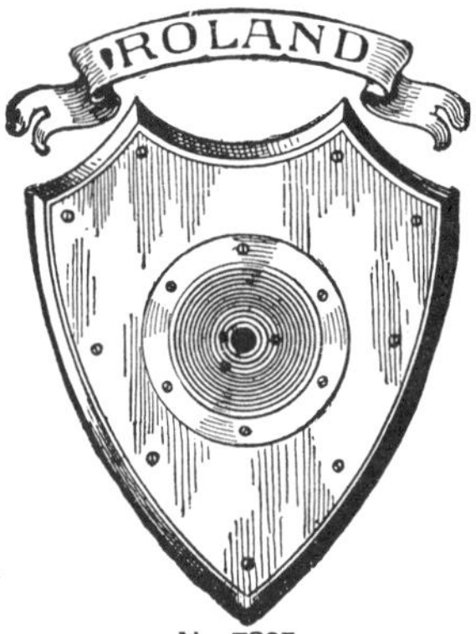

Nr. 7805.

Die Panzerscheibe „Roland“ mit einem guten Luftgewehr ist der idealste gefahrlose Zimmerschießstand, welcher bis jetzt herausgebracht wurde.

In allen Gastwirtschaften, Garten-Restaurants, Sport-Plätzen, kurzum überall, wo das Publikum Unterhaltung sucht, sollte vorstehender **Panzer-Schießstand „Roland“** vorhanden sein. Derselbe ist vollständig gefahrlos und trägt dazu bei, die Schießfertigkeit des deutschen Volkes zu erhalten und zu fördern.

Konstruktion: Jedes Bleigeschoß bleibt auf der Stahlscheibe in den Panzerringen (von 1—12) haften und ist erst mit einem Kugelheber, welcher beigeliefert wird, zu entfernen. Der Schütze ist so in der Lage, seinem Auge angepaßt sich einzuschießen, da er die Zielfehler nach dem Einschlagen der Geschosse korrigieren kann. Der Kernschuß „12“ wird durch einen enorm lauten Glockenschlag markiert. Außerdem wird jede Kugel beim Aufschlagen durch Einprägung der betreffenden Ringzahl gezeichnet, sodaß Differenzen und Irrtümer ausgeschlossen sind.

Bei Konkurrenz- resp. Preisschießen ist das Notieren der Schußleistungen überflüssig. Jeder Teilnehmer bewahrt seine verschossenen Kugeln, worauf die Ringzahl als Beleg verzeichnet steht. Abb. Nr. 2 zeigt ein Rolandspitzgeschoß in dreifacher Vergrößerung, Abb. Nr. 3 einen Zentrumtreffer „12“. Zum Betriebe in Restaurants gilt die mit „12“ geprägte Kugel als Biermarke und ersetzt hierdurch die Panzerscheibe „Roland“ nicht allein die Schieß-Automaten, sondern wird vom Gastwirt wie vom Publikum als reeller Schießsport bevorzugt.

Ausführung: Die Gesamt-Ausführung der Panzerscheibe „Roland“ ist eine äußerst gediegene und dient einem jeden Lokale zur Zierde. Nach dem Geschmack der Besteller wird das Schild (Größe 50×42 cm) in Kupferhochglanzpolitur mit Nickelstahl-Ringscheibe oder mit schwarzem Hochglanz-Stahlschild geliefert.

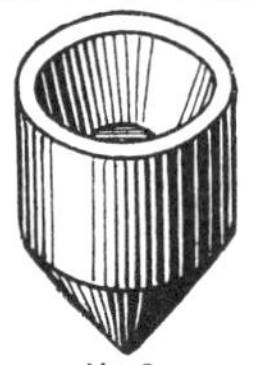

Nr. 2. Rolandspitzgeschoß (dreifach vergrößert).

Nr. 3. Zentrumtreffer.

Nr. 7805. Panzerscheibe „Roland“ wie vorstehend beschrieben, mit Kugelausheber. Original-Fabrikpreis Stück **Mk. 40.—**

Bei Abnahme von 2 Stück auf einmal . . Stück Mk. 35.—

Nr. 7833. Bleikugeln für „Roland“-Scheibe, Kal. 5,70 mm, in Schachteln . . . . à 1000 Stück **Mk. 1.20**

Für vorstehenden Schießstand eignet sich besonders mein Präzisions-Luftgewehr Nr. 7809.

Zielscheiben für Luftgewehre, Zimmerstutzen und Teschings.

Nr. 8785.

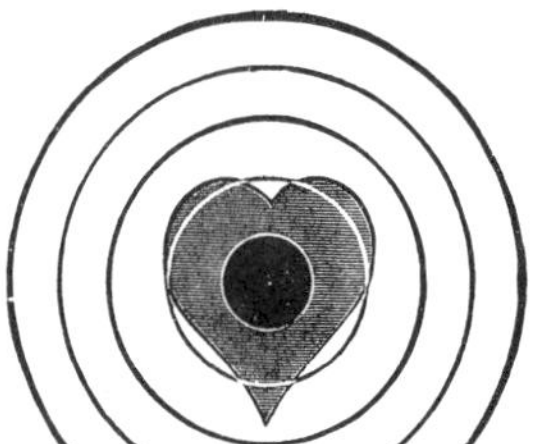

Nr. 8799.

Nr. 8787.

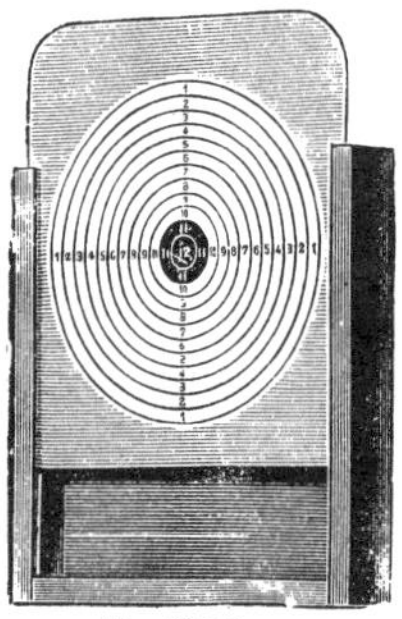

Nr. 8788.

Nr. 8803.

Nr. 8785. **Ringscheiben** mit 12 Ringen, aus feinstem Glanzkarton, 10×10 cm groß. 1 Paket = 100 Stück **Mk. —.60**

Nr. 8799. **Herzscheiben** aus feinem Glanzkarton, 9×9 cm groß. 1 Paket = 100 Stück **Mk. —.55**

Nr. 8787. **Holzscheibe,** doppelseitig benutzbar, zum Schießen mit Bolzen, mit dreifarbigen Papierscheiben beklebt, 20×20 cm groß. Stück **Mk. —.25**

Nr. 8788. **Scheibenkasten** aus Holz, auf der einen Seite mit dreifarbiger Papierscheibe beklebt, **zum Schießen mit Bolzen,** auf der anderen Seite mit eingesteckter Kartonscheibe Nr. 8786, **zum Schießen mit Kugeln,** 21×21 cm groß. Stück **Mk. —.50**

Nr. 8803. **Chinesenscheibe,** sehr solid aus Eisen hergestellt und mehrfarbig hübsch lackiert. Wird der Kopf oben am Zielpunkt getroffen, so verschwindet derselbe und wird durch einen Zentrumstreffer wieder zum Vorschein gebracht. Höhe 35 cm, Breite 15 cm, Gewicht 1,3 kg. Stück **Mk. 4.50**

Nr. 8804. **Zielscheibe „Gambrinus“** aus Eisen, Durchmesser 20 cm, Gewicht 1,3 kg, mit bei Zentrumsschuß vorspringender Figur, zum Vorstecken von Scheiben Nr. 7844. Stück **Mk. 2.75**

Nr. 8805. **Zielscheibe** mit vorspringender Figur, ähnlich Nr. 8804, Durchmesser 16 cm, zum Vorstecken von Scheiben Nr. 8765. Stück **Mk. 1.80**

Nr. 7844. **Karten-Scheiben** zum Einstecken in Gambrinus-Scheibe, auch als Pistolenscheibe zu benutzen. 1 Paket = 100 Stück **Mk. —.45**

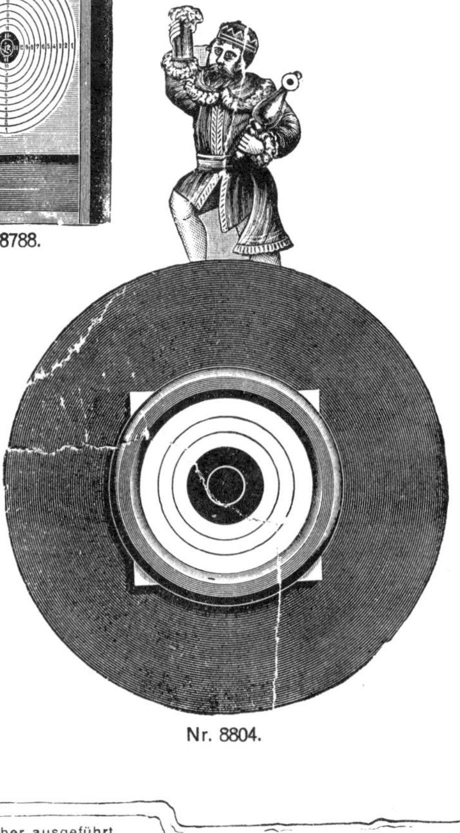

Nr. 8804.

Extraanfertigungen werden ganz nach den Wünschen meiner Auftraggeber ausgeführt.

Bogenschießen mit Stahlbogen „Chic".

Neuheit! Beliebter Sport für Damen und Herren. **Neuheit!**

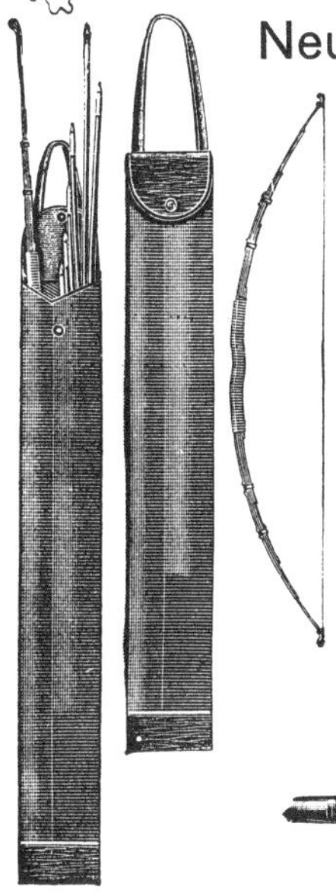

Mit dem Stahlbogen „Chic" ist ein äußerst eleganter, sehr moderner Sportartikel geschaffen worden, der dem in anderen Ländern so beliebten Sport des Bogenschießens auch bei uns die Sympathien weitester Kreise entgegenbringen wird.

Der Stahlbogen besteht aus einer Reihe übereinander gelagerter, stark vernickelter Stahlstreifen und einer abnehmbaren Stahlsehne, wodurch Unzerbrechlichkeit garantiert wird. „Chic" läßt sich weit durchbiegen und trägt bis auf 70 m, was mit einem anderen Bogen nicht erreicht werden kann. Außerdem ist er mit Pfeilen ausgestattet, die keine präparierte Scheibe erfordern, sondern in jeder beliebigen Holzwand stecken bleiben.

Nr. 7795. **Stahlbogen** mit Sehne, 6 Pfeilen und Anleitung, auf grauem Karton befestigt, einfache Ausstattung. Garnitur **Mk. 7.40**

Nr. 7796. **Dieselbe Garnitur**, jedoch in besserer Ausstattung, bestehend aus Bogen mit Sehne, 6 Pfeilen, Anleitung und Scheibe in brauner Segeltuchtasche. Garnitur **Mk. 9.40**

Nr. 7797. **Dieselbe Garnitur** wie Nr. 7796, jedoch in eleganterer Ausstattung, bestehend aus Bogen mit Sehne, 12 Pfeilen, Anleitung und Scheibe in modefarbenem Futteral mit Ledereinfassung. Garnitur **Mk. 12.40**

Nr. 7798. 6 Ersatzpfeile extra **Mk. 1.20**

Nr. 7880.

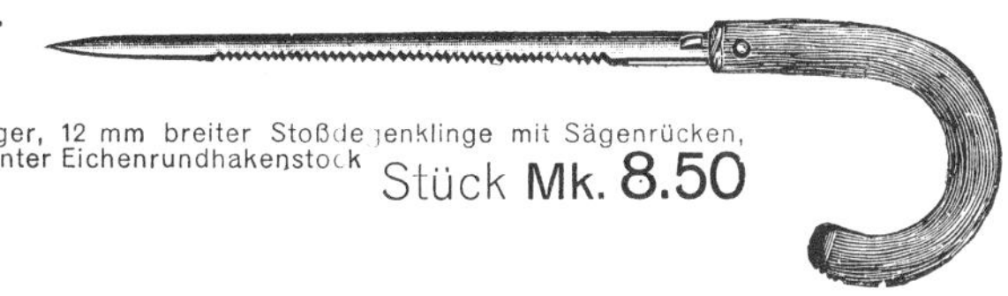

Sägestöcke.

Sehr zu empfehlen für Forstbeamte, Garten-, Hofbesitzer usw.

Im geschlossenen Zustande von gewöhnlichen Spazierstöcken nicht zu unterscheiden.

Nr. 7880. **Sägestock** mit 30 cm langer, 12 mm breiter Stoßdegenklinge mit Sägenrücken, Druckknopfverschluß, eleganter Eichenrundhakenstock Stück **Mk. 8.50**

Nr. 7881. **Sägestock, kräftiger Kongo-Rundhakenstock mit starker Zwinge, 60 cm langer Baumsäge, welche in einer in den Stock eingefrästen Nute untergebracht ist und durch einen patentierten Schieber festgehalten wird; zum Gebrauch wird die Säge in einen Stift am Ende des Griffes eingehakt. Solider, empfehlenswerter Stock für Forstaufseher usw.** Stück **Mk. 7.—**

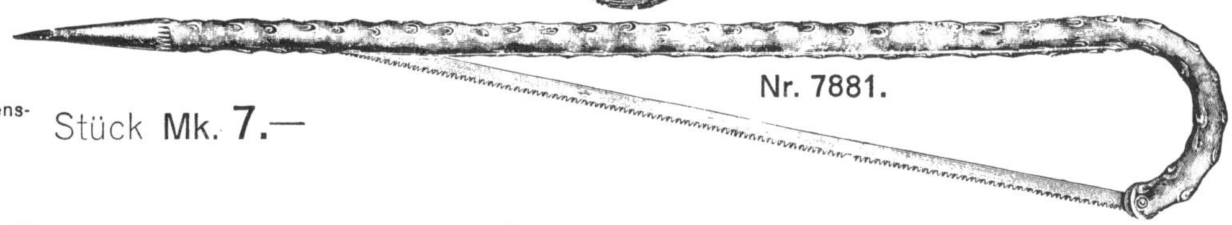

Nr. 7881.

Nur für Export! **Nur für Export!**

Schießstöcke und Stockflinten.

Prima Qualität. ⁘ Staatlich geprüft und abgestempelt.

Von gewöhnlichen Spazierstöcken äußerlich nicht zu unterscheiden.

Nr. 7690. **Prima Stockflinte** mit Holzüberzug, Kal. 9 mm, eingerichtet für Flobert- und Sharps-Patronen für Kugel- und Schrotschuß, dunkler, schöner Holzgriff **mit Gewinde zum Festschrauben an den Lauf.** Der an der Zwinge angebrachte Haken dient zum Herausziehen resp. Spannen **des Hahnes, ein wirklich gediegener und preiswerter Schießstock,** welcher von einem gewöhnlichen Spazierstock nicht zu unterscheiden ist. Stück **Mk. 11.—**

Nr. 7691 und 7692.

Nr. 7691. **Solide Stockflinte mit glattgebohrtem Stahllauf in extra starker solider Ausführung,** Rohr mit Holzverkleidung, Kal. 9 mm, eingerichtet **für sämtliche Flobert- und Sharps-Patronen,** mit abschraubbarer Zwinge und Griff, das ganze Schloß ist in letzterem äußerst zuverlässig einmontiert, welches durch den gleichfalls im Griff befindlichen Hebel, wie Abbildung zeigt, gespannt wird. Hebel und Abzug legen sich bequem in den Griff ein, so daß keine Teile beim Tragen hindern, **ein sehr solider und dauerhafter Schießstock.** Stück **Mk. 18.50**

Nr. 7692. **Die gleiche Stockflinte wie Modell Nr. 7691,** aber für die Jagdpatrone Kal. 24 eingerichtet Stück **Mk. 22.—**

Bei fester Bestellung fertige ich vorstehende Stockflinten Nr. 7691 und 7692 in jedem gewünschten Kaliber an. Für größere Kaliber empfehle ich einen abnehmbaren Schaftanschlag, welcher **Mk. 3.50** extra kostet. Bajonett-Verschluß zum schnellen Abnehmen des Schlosses (Griff) erhöht den Preis ebenfalls um **Mk. 4.50.**

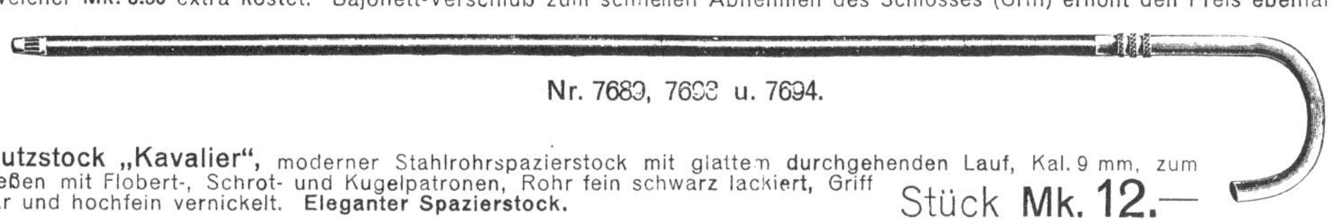

Nr. 7689, 7693 u. 7694.

Schutzstock „Kavalier".

Nr. 7689. **Schutzstock „Kavalier",** moderner Stahlrohrspazierstock mit glattem durchgehenden Lauf, Kal. 9 mm, zum Schießen mit Flobert-, Schrot- und Kugelpatronen, Rohr fein schwarz lackiert, Griff und Zwinge abschraubbar und hochfein vernickelt. **Eleganter Spazierstock.** Stück **Mk. 12.—**

Nr. 7693. **Schutzspazierstock „Kavalier",** genau wie vorstehend unter Nr. 7689 beschrieben, jedoch Lauf, Kal. 6 mm, glatt, geeignet für Patronen Nr. 7701 bis 7705, 7716 und 7717. Stück **Mk. 11.50**

Nr. 7694. **Schutzspazierstock „Kavalier",** wie Nr. 7693, jedoch Lauf, Kal. 6 mm, mit feinen Drallzügen, nur für Kugelschuß geeignet. Stück **Mk. 13.25**

Die Handhabung des **Schutzspazierstockes „Kavalier"** geschieht wie folgt: Die Patrone wird in das Lager eingeführt, nachdem vorher der Griff abgeschraubt worden ist. Nach Aufschrauben des letzteren ist der Stock gebrauchsfertig zu tragen. Soll geschossen werden, so entfernt man zunächst die Zwinge und schiebt die an der Krücke befindliche rändierte Hülse soweit zurück, bis das Schloß eingeschnappt ist. Der Abzug wird dann an der Krücke sichtbar, welcher einfach mit dem Daumen der rechten Hand eingedrückt wird. Die Stöcke „Kavalier" werden nur in den oben angegebenen Kalibern geliefert.

Moderne Waffen ▫ Munition ▫ Jagdgeräte

AUGUST STUKENBROK, EINBECK

Anerkannt leistungsfähiges Etablissement dieser Branche

Automatische Repetier-Pistolen.

Die automatischen Repetier-Pistolen sind heute in ihrer vollendeten Konstruktion die besten und sichersten Verteidigungswaffen.

Dieselben sind völlig selbsttätige, mehrschüssige Waffen, welche aus allerbestem Material unter Verwendung der modernsten Präzisionsmaschinen hergestellt werden. Das herausnehmbare Magazin dient zur Aufnahme der Patronen, und faßt solches je nach Größe des Modells 6 oder 7 Stück. Nach Einführung des Magazins in den Magazinraum ist die Pistole zwar geladen, aber noch nicht gespannt und kann ohne jede Gefahr in der Tasche getragen werden. Kommt nun der Augenblick, wo man die Waffe gebrauchen will, so genügt nur ein einmaliges Zurückziehen des Schlittens, worauf eine Patrone durch das Wiedervorgleiten desselben in das Patronenlager eingeführt **wird** und die Pistole dadurch gespannt und schußbereit gemacht worden ist. Nach Abgabe des ersten Schusses wird der im Lauf entstehende und nach rückwärts drängende Gasdruck dazu verwendet, den Verschluß zu öffnen, die leergeschossene Hülse herauszuschleudern, das Schloß zu spannen, eine neue Patrone in den Lauf zu bringen und den Verschluß wieder zu schließen. Man **kann** dadurch in ca. 1,5 Sekunden sämtliche 6 bezw. 7 Schüsse abgeben, ohne eine andere Handhabung als die des Abdrückens.

Die Treffsicherheit ist eine ganz vorzügliche **und** inbezug auf Feuergeschwindigkeit werden diese Pistolen nicht übertroffen. Ebenfalls besitzen sämtliche **automatischen** Pistolen eine sehr zuverlässige Sicherung, wodurch das Feststellen des **Mechanismus** bewirkt wird. Die Durchschlagskraft bei Verwendung guter **Originalpatronen** ist eine ganz enorme. Das Geschoß Kal. 7,65 mm durchschlägt z. B. auf 200 m noch 4 Bretter von 2,5 cm Stärke, die mit 2,5 cm Zwischenraum aufgestellt sind. Durch die außerordentliche Treffsicherheit werden die automatischen Pistolen selbst auf der Jagd verwendet und im Ausland speziell zur Verteidigung gegen Raubwild usw. Damit man auf alle Fälle vorbereitet ist, empfiehlt es sich, noch ein geladenes Reservemagazin mitzuführen, um nach Abgabe sämtlicher Schüsse innerhalb 2 bis 3 Sekunden wieder neu laden zu können.

Beim Schießen der automatischen Pistole macht sich kein unangenehmer Rückstoß bemerkbar, weil der überflüssige Gasdruck nutzbare Arbeit verrichtet und dabei aufgebraucht wird. Neben den großen Vorzügen sind diese automatischen Waffen von höchster Eleganz und können infolge ihrer hervorragenden Funktion, Treffsicherheit, Feuergeschwindigkeit und Durchschlagskraft als Verteidigungswaffe nur bestens empfohlen werden. **Ausführliche Broschüre zu jeder Pistole gratis.**

Automatische Original-Browning-Repetier-Pistolen.

Extra ausgesuchte Modelle von vorzüglicher Schußleistung.

Die Original-Browning-Pistolen haben sich unter den Rückstoßladern infolge ihrer unbedingt sicheren Konstruktion, der eleganten flachen nicht auftragenden Form, dem geringen Gewicht und dem **genauen sicheren Schießen einen wohlverdienten Weltruf erworben** und man darf mit Recht behaupten, daß sie **das Ideal einer vollkommenen Waffe** sind. Die Browning-Pistole ist eingeführt in Deutschland in den meisten Städten als **Polizeiwaffe** und in **Belgien** als **Offizierswaffe.**

Kal. 7,65 mm

Wiederverkäufer bitte ich Spezialofferte einzufordern.

Nr. 7384.

Nr. 7384. Original-Browning-Pistole, großes Modell, Kal. 7,65 mm, **7 Schuß,** Drehsicherung, Garnitur fein schwarz oxydiert, aus bestem Material und vollständig maschinell auf den modernsten Präzisions-Maschinen hergestellt, elegante handliche Form. Gewicht ca. 625 g, Länge 163 mm, Höhe 102 mm, Breite 32 mm. Höchste Schußleistung, größte Durchschlagskraft, großartige, nie versagende Funktion. **Das Ideal aller Rückstoßlader.** Preis einschl. Putzstock, Schraubenzieher, 3 Exerzier-Patronen und Reserve-Magazin. **Original-Fabrikpreis.** Stück **Mk. 40.—**

Nr. 7385. Original-Browning-Pistole, Kal. 7,65 mm, vernickelt. Stück **Mk 43.—**

Nr. 7386. Wie Modell 7385, vernickelt, mit Perlmutterschalen. Stück **Mk. 64.—**

Nr. 7387. Wie Mod. 7386, vernick., m. Perlmutterschalen u. fein graviert. Stück **Mk. 70.—**

1 Reserve-Magazin kostet extra **Mk. 1,50.**

Kal. 6,35 mm

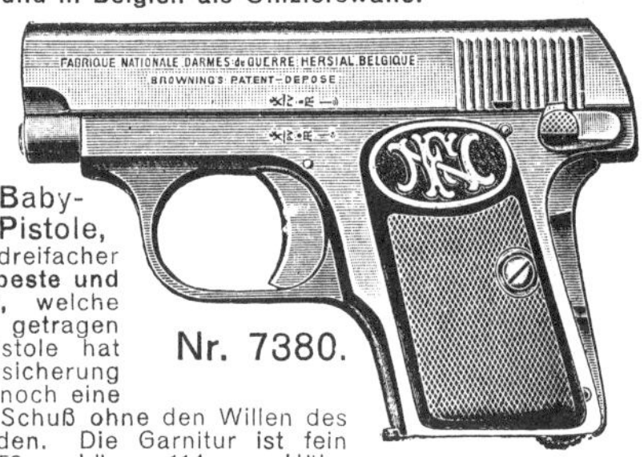

Nr. 7380. Original-Baby-Browning-Pistole, neues verbessertes Modell mit dreifacher Sicherung, Kal. 6,35 mm, **7 Schuß, beste und handlichste Verteidigungs-Waffe,** welche bequem in der Westentasche getragen werden kann. Diese kleine Pistole hat automatische Griffsicherung, Drehsicherung an der linken Seite und außerdem noch eine Magazin-Sicherung und kann ein Schuß ohne den Willen des Schützen nicht abgegeben werden. Die Garnitur ist fein schwarz oxydiert. Gewicht ca. 350 g, Länge 114 mm, Höhe 76 mm, Breite 23,5 mm, Preis einschl. Reinigungsbürste ohne Reserve-Magazin. **Original-Fabrikpreis.** Stück **Mk. 36.—**

Nr. 7380.

Nr. 7381. Original-Baby-Browning-Pistole, Kal. 6,35 mm, vernickelt. Stück **Mk. 38.—**

Nr. 7382. Original-Baby-Browning-Pistole, Kal. 6,35 mm, vernickelt, mit Perlmutterschalen. Stück **Mk. 58.—**

Nr. 7383. Original-Baby-Browning-Pistole, Kal. 6,35 mm, vernickelt, graviert, mit Perlmutterschalen. Stück **Mk. 65.—**

1 Reserve-Magazin kostet extra Mk. 1,50.

Wiederverkäufer bitte ich Spezialofferte einzufordern.

Automatische Repetier-Pistole „Steyr" mit Kipplauf.

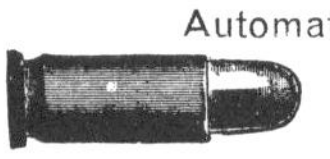

Kal. 6,35 mm

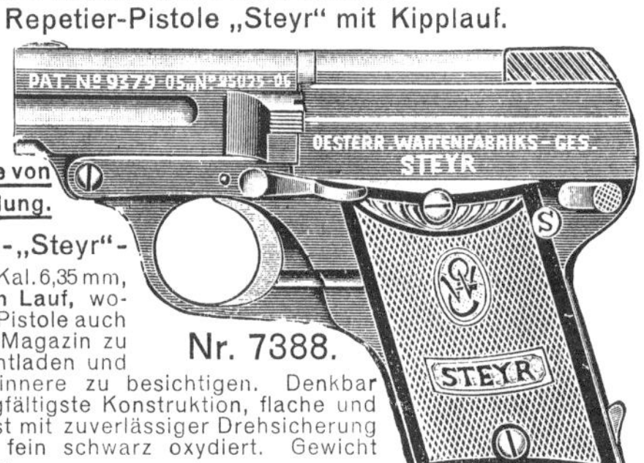

Vollkommenste Taschenwaffe von höchster technischer Vollendung.

Nr. 7388.

Nr. 7388. Original-„Steyr"-Pistole, Kal. 6,35 mm, **7schüssig,** mit **aufkippbarem Lauf,** wodurch es ermöglicht wird, die Pistole auch **als** Einzellader bei gefülltem Magazin zu verwenden. Gefahrlos zu entladen und jeden Augenblick das Laufinnere zu besichtigen. Denkbar einfachste Handhabung, sorgfältigste Konstruktion, flache und elegante Form. Die Pistole ist mit zuverlässiger Drehsicherung versehen und die Garnitur fein schwarz oxydiert. Gewicht ca. 330 g, Länge 13 cm, Höhe 8 cm. Preis einschl. Reinigungsbürste. **Original-Fabrikpreis.** Stück **Mk. 36.—**

Für Wiederverkäufer bei Abnahme von mindestens 3 Stück auf einmal Stück **Mk. 30.—**

Nr. 7389. Die gleiche Pistole, jedoch großes Modell, für Browning-Patronen **Kal. 7,65 mm** eingerichtet, **8schüssig,** Länge 16 cm, Höhe 10 cm, Gewicht 600 g. Preis einschl. Putzstock, Schraubenzieher, 3 Exerzier-Patronen und Reserve-Magazin. Stück **Mk. 40.—**

Für Wiederverkäufer bei Abnahme von mindestens 3 Stück auf einmal Stück **Mk. 34.—**

Automatische „Bayard"-Repetier-Pistole.

Kal. 7,65 mm

Nr. 7398. Die Original-„Bayard"-Pistole besitzt den Vorzug, die handlichste und wirksamste Taschenpistole der Gegenwart zu sein. Dieselbe ist nicht größer als wie die Mehrzahl der bisher bekannt gewordenen Pistolen Kal. 6,35 mm, hat jedoch das als wirksam anerkannte Kaliber von 7,65 mm, ein Vorteil der rückhaltlos anerkannt werden muß. Durch eine sinnreiche Vorrichtung wird der Rückstoß auf das minimalste reduziert. Spielend leichtes Auseinandernehmen, großartige nie versagende Funktion, **höchste Schußleistung, größte Durchschlagskraft. Beste Arbeit und größte Präzision.** Länge 120 mm, Höhe 85 mm, Stärke 24 mm, Gewicht 450 g. Preis einschl. Reinigungsbürste und 3 Exerzierpatronen. **Original-Fabrikpreis.** Stück **Mk. 40.—**

Nr. 7398.

Nr. 7399. „Bayard"-Selbstlade-Pistole in gleicher Form und Größe wie vorstehendes Modell Nr. 7398, jedoch für die extra starke Patrone Kal. 9 mm = 380 automatic eingerichtet. Größte Durchschlagskraft und höchste Schußleistung. **Wirksamste Verteidigungswaffe.** Stück **Mk. 40.—**

Für Wiederverkäufer bei Abnahme von mindestens 3 Stück auf einmal Stück **Mk. 32.—**

Automatische Pistole „Jieffeco".

Kal. 6,35 mm

Nr. 7401. Automatische Pistole „Jieffeco", **6schüssig,** eingerichtet für die Browning-Patrone Kal. 6,35 mm, kleines, sehr handliches Modell, Drehsicherung, Garnitur fein schwarz oxydiert, tadellose Funktion, hervorragende Schußleistung und enorme Durchschlagskraft. Gewicht ca. 380 g, Länge 11 cm, Höhe 8,5 cm. Preis einschl. Reinigungsbürste und 2 Exerzier-Patronen. Stück **Mk. 33.—**

Nr. 7401.

Nr. 7402. „Jieffeco"-Pistole, großes Modell, für Browning-Patronen Kal. 7,65 mm eingerichtet, Länge 16 cm, Höhe 10 cm, Gewicht ca. 600 g. Preis einschl. Reinigungsbürste und 3 Exerzier-Patronen. Stück **Mk. 36.—**

„Walther"-Selbstlade-Pistole.

Kal. 6,35 mm

Nr. 7404. Die automatische „Walther"-Pistole Kal. 6,35 mm **7schüssig,** ist ein sehr handliches Modell mit solidem, einfachem, verstärktem Mechanismus, geschmackvoller Bauart bei absoluter Funktions- und Treff-Sicherheit. Die Pistole kann ohne Werkzeug leicht zerlegt werden; Garnitur ist fein schwarz und die angebrachte Drucksicherung arbeitet sehr zuverlässig. Gewicht ca. 320 g, Länge 11 cm. Preis einschließl. Reinigungsbürste und Exerzierpatronen. Stück **Mk. 30.—**

Nr. 7404.

Erstklassige Qualität bei soliden, reellen Preisen.

Moderne Waffen ▫ Munition ▫ Jagdgeräte

AUGUST STUKENBROK, EINBECK

Anerkannt leistungsfähiges Etablissement dieser Branche

Automatische Repetier-Pistolen.

Automatische Original-Browning-Pistole „Armee-Modell"

Kal. 9 mm. ∴ 8 Schuß.

Nr. 7400.

Nr. 7400. Die Browning-Pistole Kal. 9 mm besitzt dieselben Vorzüge wie umstehende Pistolen Kal. 7,65 mm und ist besonders für Armeezwecke geeignet. **Dieselbe hat zwei Sicherungen,** wovon eine automatisch ist; der Mechanismus bleibt nach Abfeuern der letzten Patrone offen und kann ohne Werkzeug zerlegt werden. Die Durchschlagskraft ist ganz enorm. Auf 200 m durchschlägt das Geschoß 7—8 cm starke Bretter. **Vorstehende Pistole wurde bereits von verschiedenen Regierungen als Kriegswaffe adoptiert.** Länge 206 mm, Höhe 118 mm, Breite 29 mm, Gewicht ca. 930 g. Stück Mk. 65.—

Nr. 7757. 100 Patronen Kal. 9 mm mit Mantelgeschoß . . . . Mk. 7.50

Kal 6,35 mm.

Nr. 7403.

Nr. 7403. Neueste Mauser-Selbstlade-Pistole, Taschenmodell, Kal. 6,35 mm, **zehnschüssig, unerreicht in Präzision und Ausführung, ohne jedes Werkzeug schnell und leicht auseinanderzunehmen.** Die sehr geschmackvolle und handliche Pistole besitzt eine tadellose Sicherung mit Sperrvorrichtung, schönen Nußholzgriff mit feiner Fischhaut, und die Garnitur ist tiefschwarz bräuniert. **Die Treffsicherheit, Funktion und Durchschlagskraft ist eine hervorragende und kann dieses Modell als beste Verteidigungswaffe nur bestens empfohlen werden.** Gewicht 425 g, Länge 130 mm, Höhe 95 mm. Preis einschl. Reinigungsbürste und zwei Exerzierpatronen, ohne Reservemagazin Stück Mk. 39.—

Nr. 7006. Webley-Scott-Selbstlade-Pistole, Kal. 7,65 mm, **neunschüssig,** großes Modell, in jeder Hinsicht sehr zuverlässig in Konstruktion und Funktion, handliches Zerlegen und Wiederzusammensetzen. Diese Pistole hat eine vorzügliche Sicherung, schönen Nußholzgriff mit Fischhaut und Garnitur ist fein schwarz oxydiert. **Die Treffsicherheit und Durchschlagskraft ist eine hervorragende.** Gewicht ca. 510 g, Länge 16 cm. Preis einschl. Reservemagazin Stück Mk. 39.—

Nr. 7006.

Die Webley-Scott-Pistole wird auch in Kal. 6,35 mm geliefert in einem Gewicht von 300 g und einer Länge von nur 11 cm. Stück Mk. 36.—

Kal. 7,65 mm.

Futterale für automatische Taschen-Pistolen.

Nr. 7390 und 7391.

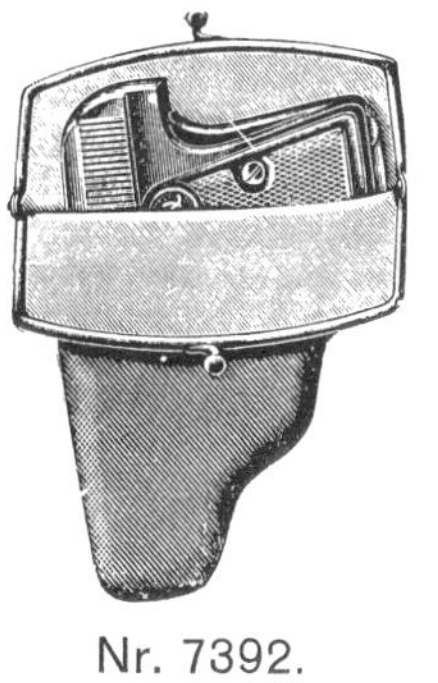

Nr. 7392.

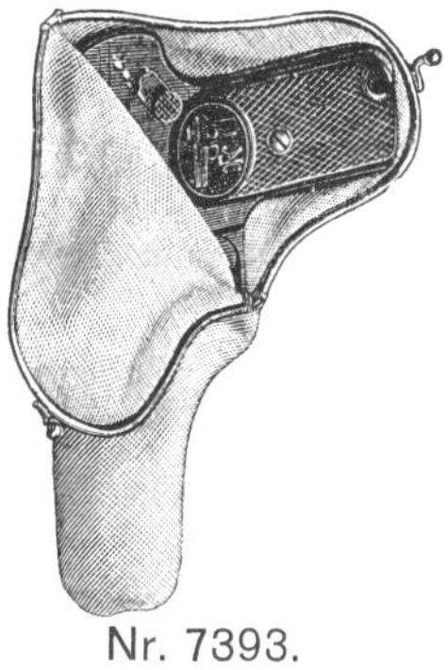

Nr. 7393.

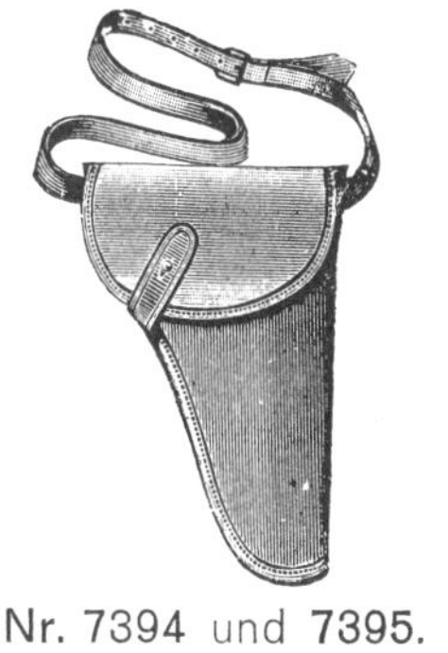

Nr. 7394 und 7395.

Nr. 7390. Luxus-Etui, mit grünem Samt ausgelegt, nur für Browning-Pistole Kal. 6,35 mm. Stück Mk. 2.—

Nr. 7391. Luxus-Etui, mit grünem Samt ausgelegt, nur für Browning-Pistole Kal. 7,65 mm. Stück Mk. 2.50

Nr. 7392. Bügel-Etui aus Sämischleder mit Neusilberbügel, für Browning- und Steyr-Pistolen Kal. 6,35 mm. Stück Mk. 1.10

Nr. 7412. Bügel-Etui aus feinstem hellbraunen Kalbleder, Innenseite samtartig präpariert, sehr weich und geschmeidig, vernickelte Bügel. Stück Mk. 1.40

Nr. 7393. Bügel-Etui aus Sämischleder mit Neusilberbügel, für Browning-, Steyr- und Jieffeco-Pistolen Kal. 7,65 mm. Stück Mk. 1.35

Nr. 7415. Bügel-Etui aus feinstem hellbraunen Kalbleder, Innenseite samtartig präpariert, sehr weich und geschmeidig, vernickelte Bügel. Stück Mk. 1.80

Nr. 7394. Leder-Futteral mit Leibriemen für Pistolen Kal. 6,35 mm. Stück Mk. 1.70

Nr. 7395. Leder-Futteral mit Leibriemen für Pistolen Kal. 7,65 mm. Stück Mk. 2.25

Nr. 7396. Leder-Futteral ohne Leibriemen für Pistolen Kal. 6,35 mm. Stück Mk. 1.—

Nr. 7397. Leder-Futteral mit Leibriemen und kleiner Außentasche für Reservemagazin Kal. 7,65 mm. Stück Mk. 3.—

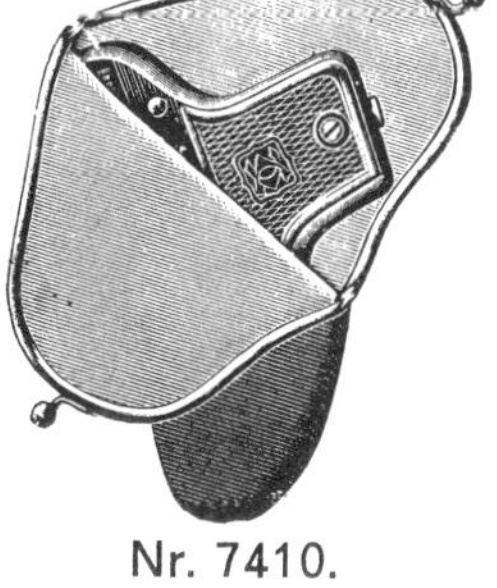

Nr. 7410.

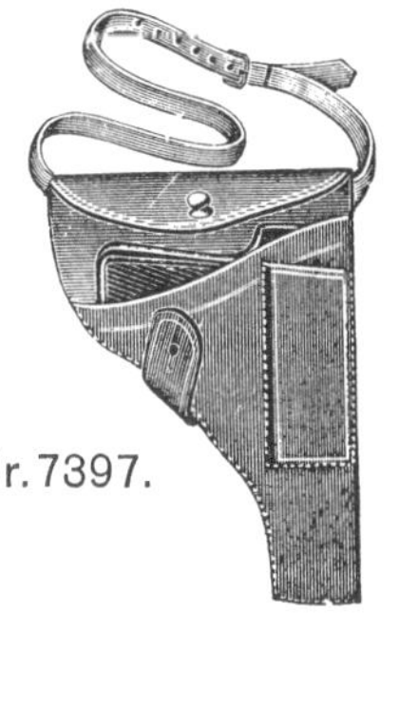

Nr. 7397.

Futterale für Bayard-, Jieffeco- und Walther-Pistolen.

Nr. 7410. Futteral, für oben angegebene 3 Sorten Pistolen passend, aus prima sämischem Leder mit Bügel. Stück Mk. 1.30

Nr. 7411. Futteral für dieselben Pistolen, aus prima braunem Rindleder, ohne Leibriemen. Stück Mk. 1.20

Höchste Schußleistung und solide Bauart sind die großen Vorzüge meiner Waffen.

Parabellum-Selbstlade-Pistole. Neues Modell.

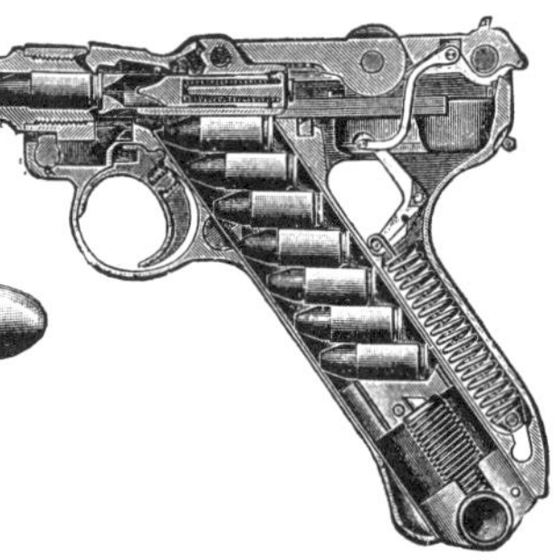

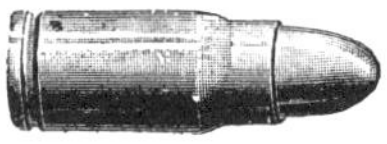

Kal. 7,65 mm.

Achtschüssig.
Kal. 7,65 mm
oder 9 mm.

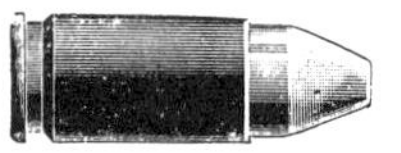

Kal. 9 mm.

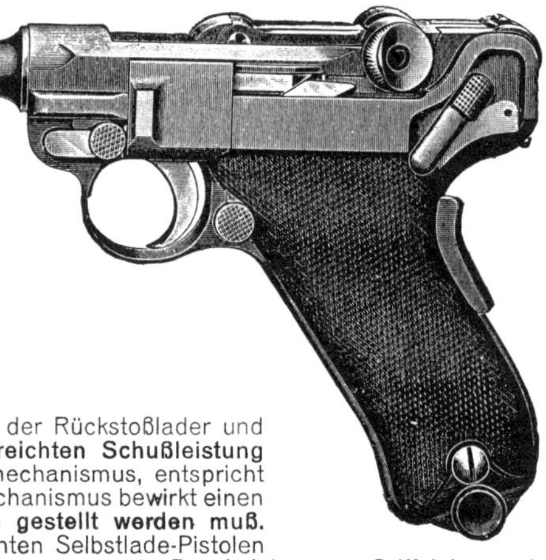

Die automatische **Parabellum-Pistole** ist eine der bestbewährtesten Erfindungen auf dem Gebiete der Rückstoßlader und kann wegen ihrer großen Einfachheit hinsichtlich der Konstruktion und Handhabung **sowie unerreichten Schußleistung** nur bestens empfohlen **werden**. Der Verschluß der Pistole, als wichtigste Einrichtung des Verschlußmechanismus, entspricht im Prinzip der allgemein vorteilhaft bekannten Maximwaffe. Der eigenartig angeordnete Kniehebelmechanismus bewirkt einen **den Schützen absolut sichernden Verschluß, eine Hauptforderung, welche an jede Feuerwaffe gestellt werden muß.** Die Parabellum-Pistole besitzt außerdem nicht wie alle anderen bis jetzt auf den Markt gebrachten Selbstlade-Pistolen nur eine, **sondern zwei Sicherungen,** und zwar die sogenannte **Drehhebel- und eine automatische sogenannte Drucksicherung** (Griffsicherung). Die Pistole ist eingeführt in Deutschland als Offizierswaffe bei der Marine, sowie in der Schweiz als Ordonnanzwaffe bei der Armee.

Nr. 7420. **Parabellum-Selbstlade-Pistole,** neues, verbessertes Modell, achtschüssig, Kal. 7,65 mm, Gewicht 835 g, Länge ca. 24 cm, genau nach vorstehender Abbildung und Beschreibung mit einem Magazin. Stück **Mk. 75.—**

Nr. 7421. **Parabellum-Selbstlade-Pistole,** wie vor, jedoch Armee-Modell 1908, Kal. 9 mm, auf allerhöchsten Befehl in der deutschen Armee eingeführt. Stück **Mk. 75.—**

1 Reservemagazin	Mk. 3.—
1 Satz Zubehör: Putzstock, Schraubenzieher und Stempel	Mk. 3.—
1 Futteral aus prima Rindleder mit Riemen	Mk. 4.—

Nr. 7770.	100 Patronen, Kal. 7,65 mm, mit Ganz- oder Teilmantelgeschossen	Mk. 8.—
Nr. 7771.	100 Patronen, Kal. 9 mm, mit Ganz- oder Teilmantelgeschossen	Mk. 9.—

Mauser-Selbstlade-Pistole.

Hervorragendste Verteidigungswaffe. Verstellbares Visier mit Einteilung von 50 bis 1000 m.

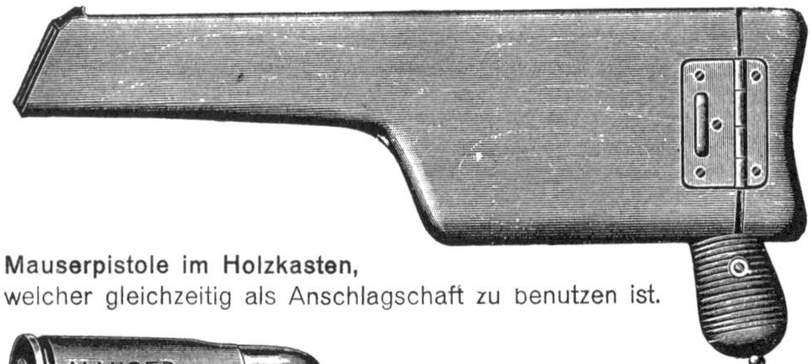

Mauserpistole im Holzkasten,
welcher gleichzeitig als Anschlagschaft zu benutzen ist.

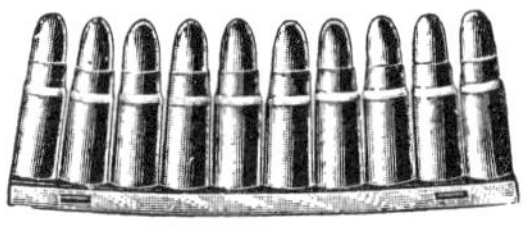

Patronen auf Ladestreifen.

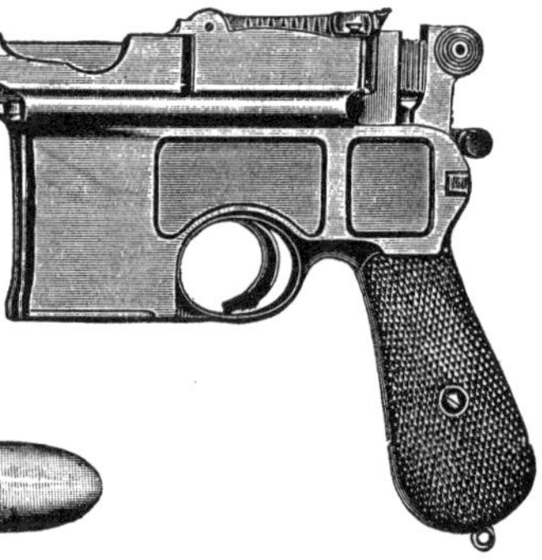

Mauser-Patrone, Kal. 7,63 mm.

Zehnschüssig. Kal. 7,63 mm oder 9 mm.

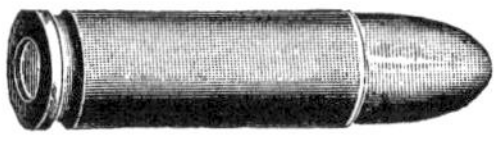

Mauser-Patrone, Kal. 9 mm.

Die Füllung des Magazins geschieht wie bei dem Original-Infanteriegewehr Modell 98 durch Ladestreifen. Nach Entfernung des Streifens ist die Pistole schußbereit, nach Abgabe des letzten Schusses ladebereit. **Die vorzüglichen Leistungen der Mauser-Selbstlade-Pistole** haben bewirkt, **daß bis heute über 60000 Exemplare auf der ganzen Welt im Gebrauch sind.** Die **Feuergeschwindigkeit** und **Treffsicherheit** ist eine **kolossale** und ist der Schütze **bei einiger Uebung** in der Lage, 5 Schüsse in der Sekunde und 80 gezielte Schüsse in der Minute abzugeben. Die **Durchschlagskraft der Geschosse ist so stark,** daß nahe der Mündung **26—27 cm Tannenholz, sowie 3 mm Stahlblech durchschossen wird.** Anfangsgeschwindigkeit ist ca. 420 m. Auf den Kriegsschauplätzen in China und Südafrika hat sich die Mauser-Selbstlade-Pistole als **unschätzbares Verteidigungsmittel hervorragend bewährt;** irgendwelche Beschädigungen oder meßbare Abnutzungen konnten selbst bei Abgabe von über 10000 Schüssen nicht ermittelt werden. **Die Mauserpistole ist daher in jeder Beziehung eine hervorragende Gebrauchswaffe.**

112

Nr. 7438. **Mauser-Selbstlade-Pistole,** zehnschüssig, **Kal. 7,63 mm,** Garnitur englisch blau, mit neuestem verstellbaren Visier mit Einteilung von 50—1000 m. Länge ca. 30 cm, Gewicht ca. 1180 g, einschl. Holzfutteral als Anschlagschaft dienend. Stück **Mk. 75.—**

Nr. 7439. **Mauser-Selbstlade-Pistole,** wie vor, jedoch **Kal. 9 mm,** zehnschüssig. Diese Pistole besitzt eine enorme Durchschlagskraft und findet dieses Modell auch zur Jagd auf größte und stärkste Raubtiere Verwendung. Stück **Mk. 75.—**

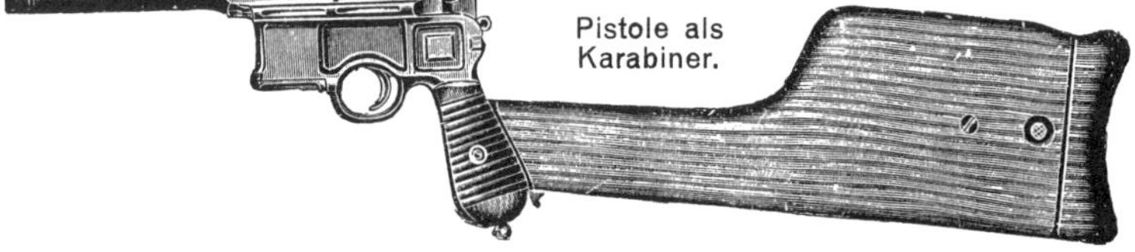

Pistole als Karabiner.

In wenigen Augenblicken in einen Karabiner umzuwandeln, daher auch für Jagdzwecke vorzüglich geeignet.

Patronen:

Nr. 7772.	100 Stück, Kal. 7,63 mm, mit Ganz- oder Teilmantelgeschossen und rauchlosem Pulver (Preise einschl. Ladestreifen)	**Mk. 8.—**
Nr. 7773.	100 Stück, Kal. 9 mm, mit Ganz- oder Teilmantelgeschossen und rauchlosem Pulver (Preise einschl. Ladestreifen)	**Mk. 9.—**

Bei Abnahme von 1000 Stück **5%,** bei 5000 Stück **10% Rabatt.**
Für Export Spezial-Offerte.

Reform-Pistole, Ersatz für Revolver.

Neues verbessertes Modell! ∴ Einfach! ∴ Praktisch! ∴ Solid!

Die Reform-Pistole ist in ihrer jetzigen Konstruktion zu einer Ideal-Waffe geworden, weil aus ihr außer den scharfen Patronen auch Schreckschüsse, sowie Leuchtkörper, wie untenstehend abgebildet, verfeuert werden können. Durch Einschieben eines Einstecklāufchens Kal. 6 mm für Flobert- und Winchesterpatronen 22 short kann die Pistole auch zu Schieß-Uebungszwecken verwendet werden und sind die damit erzielten Resultate einfach hervorragend. Die Reform-Pistole ist auch als Signal-Revolver eingeführt und findet in dieser Beziehung vielseitige Verwendung. Für jeden Jäger, Radfahrer und Touristen ist die Reform-Pistole nahezu unentbehrlich geworden.

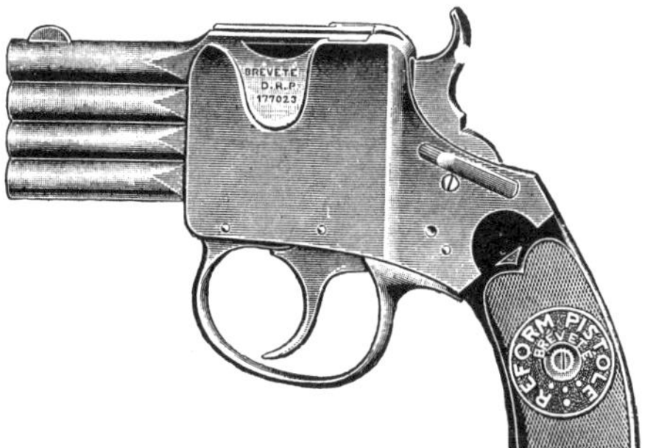

Neu!

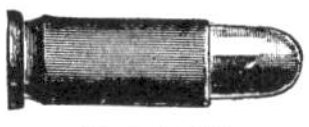

Kal. 6,35
mit rauchlosem Pulver und
Mantelgeschoß.

Nr. 7759. Nr. 7992.

Nr. 7993.

Lauflänge ca. 18 cm.

Nr. 7991.
Einsteckläufchen,
Kal. 6 mm, in Pistole
eingesteckt.

Vorteile!

Schnelles Zerlegen durch einen Griff. Ganz flacher Bau. Leichtes Gewicht. Kein Gasverlust wie bei Revolvern, daher erhöhter Durchschlag. Größere Treffsicherheit. Schnellstes Wiederladen ohne Schwierigkeit, selbst im Dunkeln.

Nr. 7990. Die **Reform-Pistole** ist eine sehr handliche, bequem zu tragende Verteidigungswaffe von hervorragender Funktion und Schußleistung. Jeder Lauf hat starren Verschluß, und ist ein Entweichen der Gase — wie beim Revolver zwischen Lauf und Walze — nicht möglich. Beim Feuern schieben sich die Läufe nacheinander selbsttätig vor den Schlagbolzen, wie auch die abgeschossenen Patronen automatisch ausgeworfen werden. Um die Pistole zu laden oder zu reinigen, zieht man die Läufe einfach aus dem Kasten heraus. Eingerichtet ist die Pistole für die Browning-Patrone, Kal. 6,35 mm. Stück **Mk. 15.—**

Nr. 7991. **Einsteckläufchen** Kal. 6 mm, fein gezogen, eingerichtet für die Flobert- u. Winchester-Patronen, gestattet die Reform-Pistole als Uebungswaffe zu verwenden und hat dieserhalb großen Anklang gefunden. Preis des einzelnen Einsteckläufchens **Mk. 9.—**

Nr. 7992. **Schreckschuß-Patronen** mit Blitzlicht, in Kartons à 25 Stück . . . . Karton **Mk. 1.15**

Nr. 7993. **Leuchtkörper** (Schwärmer, Raketen, Leuchtkugeln) in prachtvollen Variationen, in Kartons à 25 Stück sortiert. Karton **Mk. 2.50**

Neuheit! Neuheit!

Hammerleß-Repetier-Pistole,

4 schüssig, mit 4 übereinanderliegenden Rohren. Neues verbessertes Modell.
D. R.-G.-M. und Auslands-Patente.
Präzisionsfabrikat.

Idealste Taschenwaffe.

Elegant — leicht — handlich — praktisch.
Länge 10,5 cm, Höhe 10,5 cm, Gewicht 350 g

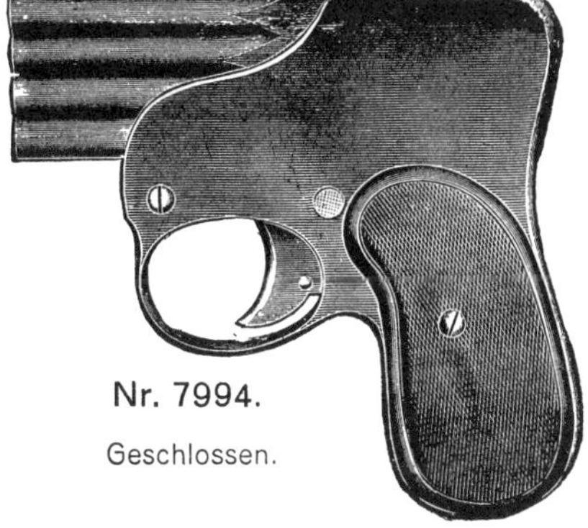

Nr. 7994.
Geschlossen.

Kal. 6,35 mm. Mit rauchlosem Pulver und Stahlmantelgeschoß.

Die **Vorzüge** der hahnlosen Taschenpistole sind folgende: **Einfachste Konstruktion. Absolute Sicherheit. Große Handlichkeit. Schnelles Laden der 4 Läufe. Bestes Material. Saubere Ausführung. Flacher Bau. Bequemes sicheres Tragen in der Tasche. Größter Durchschlag. Erhöhte Treffsicherheit. Automatischer Patronenauswerfer.**

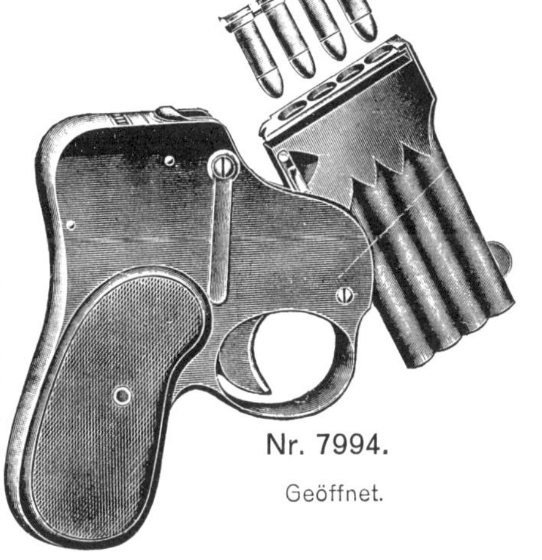

Nr. 7994.
Geöffnet.

Nr. 7994. Die hahnlose Taschen-Pistole ist eine bequem zu tragende, handliche, **sicher funktionierende Verteidigungswaffe**; durch einen einfachen Druck auf den seitlichen Schieber lassen sich die 4 Läufe aufklappen, wodurch ein sehr bequemes Laden ermöglicht wird; die abgeschossenen Hülsen werden beim Oeffnen der Pistole **selbsttätig** ausgeschleudert. Die Läufe sind poliert und blauschwarz, das Gehäuse elegant mattschwarz und hat schwarze Hornschalen mit Fischhaut. Stück **Mk. 18.—**

Original-Browning-Patronen Kal. 6,35 mm, für obige Pistolen passend, siehe Seite 103.

Revolver in erstklassiger Qualität.

Nachstehende Revolver sind in jeder Beziehung tadellos gearbeitet, und garantiere ich für sichere Funktion bei jedem einzelnen Stück. Der Käufer meiner Revolver hat die unbedingte Gewißheit, **daß der Revolver im Ernstfalle und im entscheidenden Moment auch wirklich seine Dienste tut, welches in Fällen der Lebensgefahr von größter Bedeutung ist.** Von verschiedenen Seiten meiner Konkurrenz werden nun Revolver billiger Qualität, welche speziell minderwertige ausländische Erzeugnisse sind, zu ganz bedeutend höheren Preisen angeboten. Bei dieser Qualität kommt es nun sehr häufig vor, daß der Revolver in sehr kurzer Zeit nicht mehr losschlägt, und der Käufer dieser Art Revolver sieht ein, daß er hereingefallen ist. Meine sämtlichen Revolver sind dagegen speziell **allerbeste Büchsenmacher-Handarbeit,** welche gründlich von fachmännischer Seite nach jeder Richtung probiert werden und mangelhafte Stücke von der staatlichen Beschußanstalt überhaupt nicht zur Abstempelung gelangen. Die Schußleistung, d. h. Tragfähigkeit meiner Revolver beträgt bei der Verwendung der Zentralfeuerpatronen Kal. 820 und 380 ca. 100 bis 150 m, bei Patronen mit Mantelgeschoß und rauchlosem Pulver (Velodog und Browning) ca. 400 bis 500 m. Ich bemerke aber ausdrücklich, daß die Treffsicherheit auf diese Entfernungen nicht garantiert werden kann, da ja der Revolver keine Scheiben-, sondern eine Verteidigungswaffe darstellen soll.

Nur prima Qualität!

Beliebte Zentralfeuer-Taschenrevolver.

Nur prima Qualität!

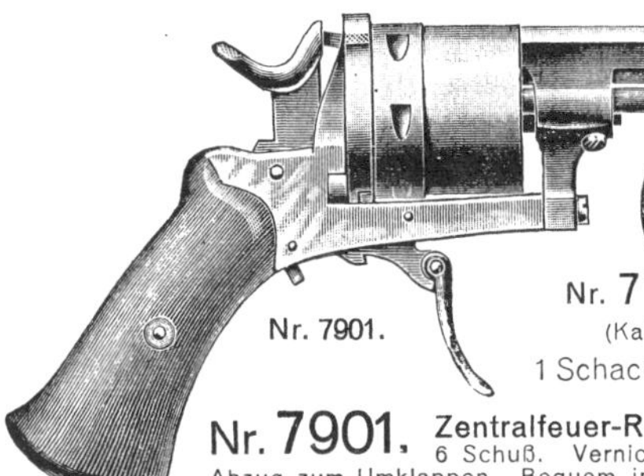

Nr. 7901.

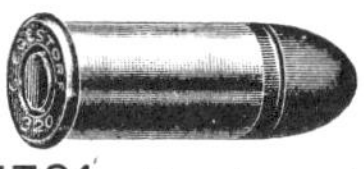

Nr. 7731. Revolverpatrone.
(Kal. 320 = 7 mm, mit Kugel.)
1 Schachtel von 50 Stück Mk. 2.—

Nr. 7901. Zentralfeuer-Revolver. Kal. 320 = 7 mm. Für 6 Schuß. Vernickelt, mit glattem Nußholzgriff. Abzug zum Umklappen. Bequem in der Tasche zu tragen. Länge 18 cm. Gewicht ca. 375 g.

Stück Mk. 4.50

Nr. 7902.

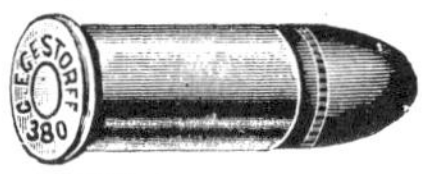

Nr. 7734. Revolverpatrone.
(Kal. 380 = 9 mm, mit Kugel.)
1 Schachtel von 50 Stück Mk. 2.35

Nr. 7902. Zentralfeuer-Revolver. Kal. 380 = 9 mm. Mit glattem Nußholzgriff. Für 6 Schuß, Bügel über dem Abzug. Bequem im Futteral und in der Tasche zu tragen. In vernickelter Ausführung. Länge 22 cm. Gewicht ca. 530 g.

Stück Mk. 5.50

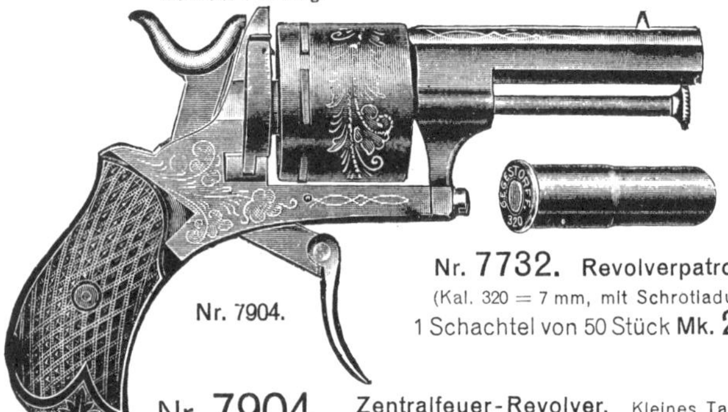

Nr. 7904.

Nr. 7732. Revolverpatrone.
(Kal. 320 = 7 mm, mit Schrotladung.)
1 Schachtel von 50 Stück Mk. 2.90

Nr. 7904. Zentralfeuer-Revolver. Kleines Taschenmodell, 6schüssig, Hahn ohne Rückspringer, Garnitur fein vernickelt und graviert, Patentschaft, Kal. 320 = 7 mm. Länge 16 cm. Gewicht ca. 350 g.

Stück Mk. 5.—

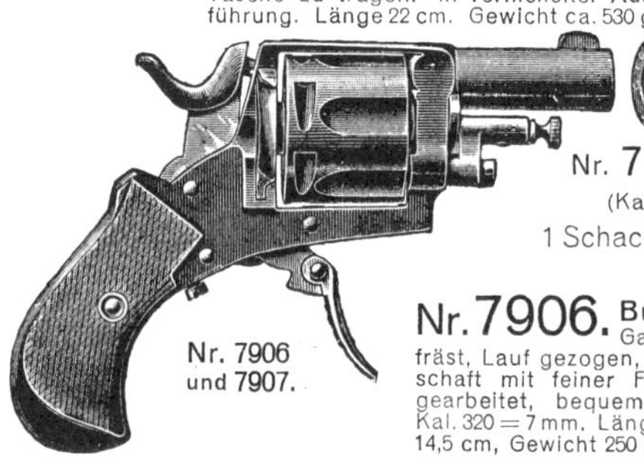

Nr. 7906 und 7907.

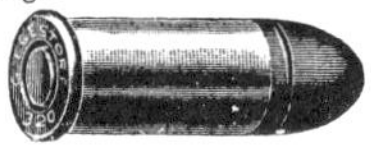

Nr. 7731. Revolverpatrone.
(Kal. 320 = 7 mm, mit Kugel.)
1 Schachtel von 50 Stück Mk. 2.—

Nr. 7906. Bulldogg-Revolver. 6schüssig, Garnitur fein schwarz, Walze gefräst, Lauf gezogen, Abzug zum Umlegen, Nußholzschaft mit feiner Fischhaut, in allen Teilen gut gearbeitet, bequem in der Tasche zu tragen, Kal. 320 = 7 mm. Länge 14,5 cm, Gewicht 250 g.

Stück Mk. 4.90

Nr. 7907. Derselbe Revolver wie Modell 7906, jedoch Kaliber 380 = 9 mm. Länge 16 cm, Gewicht 280 g.

Stück Mk. 5.50

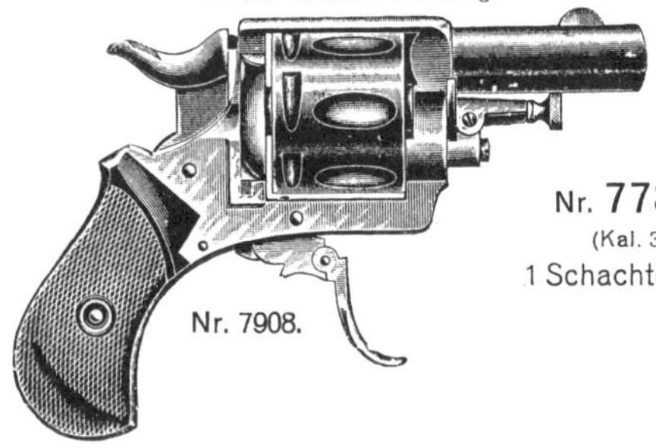

Nr. 7908.

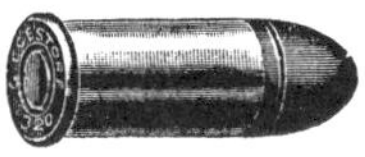

Nr. 7731. Revolverpatrone.
(Kal. 320 = 7 mm, mit Kugel.)
1 Schachtel von 50 Stück Mk. 2.—

Nr. 7908. Bulldogg-Revolver. Extra prima Qualität. Zentralfeuer, Kal. 320 = 7 mm. Für 6 Schuß. Hochfein und sauber vernickelt, mit Muldenwalze und fein geripptem Kautschukgriff. Abzug zum Umlegen, daher leicht in der Tasche mitzuführen. Länge 14 cm. Gewicht ca. 300 g.

Stück Mk. 5.50

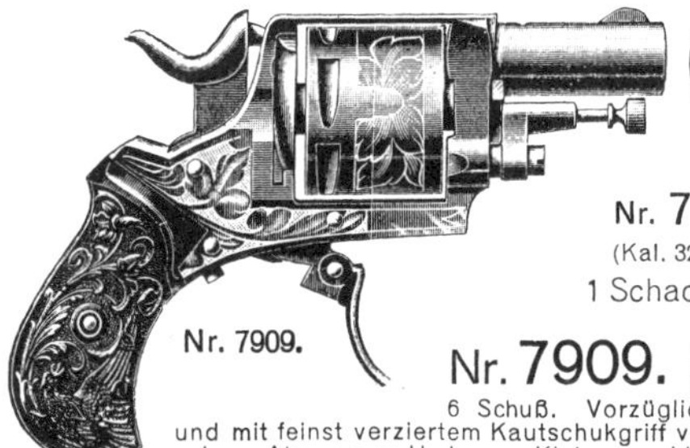

Nr. 7909.

Nr. 7732. Revolverpatrone.
(Kal. 320 = 7 mm, mit Schrotladung.)
1 Schachtel von 50 Stück Mk. 2.90

Nr. 7909. Bulldogg-Revolver. Zentralfeuer. Kal. 320 = 7 mm. Für 6 Schuß. Vorzüglich vernickelt, erhaben graviert und mit feinst verziertem Kautschukgriff versehen. Abzug zum Umlegen. Kleines und bequemes Modell. Länge 14 cm. Gewicht ca. 300 g.

Stück Mk. 5.60

Nr. 7910. Derselbe Revolver wie Modell 7909, jedoch Kal. 380 = 9 mm.

Stück Mk. 6.20

Nr. 7731. Revolverpatrone.
(Kal. 320 = 7 mm, mit Kugel.)
1 Schachtel von 50 Stück Mk. 2.—

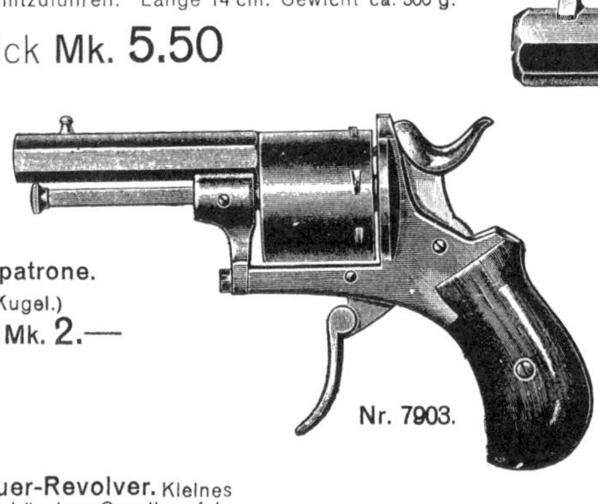

Nr. 7903.

Nr. 7903. Zentralfeuer-Revolver. Kleines Modell, 6schüssig, Garnitur fein vernickelt, mit glattem Nußholzschaft, Kal. 320 = 7 mm. Länge 16 cm. Gewicht ca. 350 g.

Stück Mk. 3.75

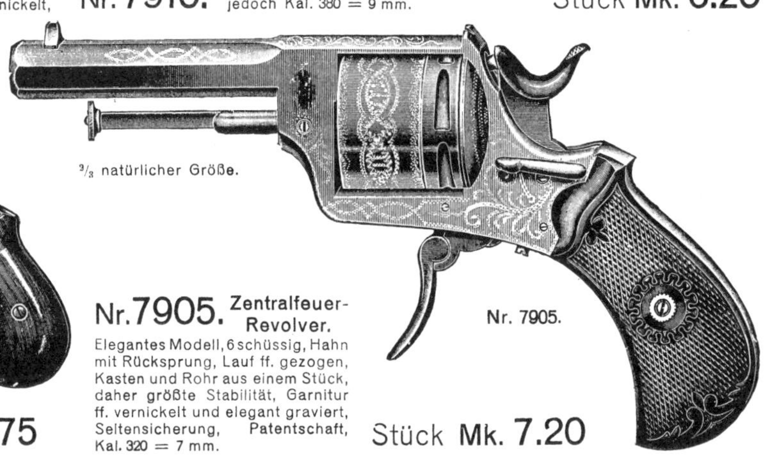

²/₃ natürlicher Größe.

Nr. 7905.

Nr. 7905. Zentralfeuer-Revolver. Elegantes Modell, 6schüssig, Hahn mit Rücksprung, Lauf ff. gezogen, Kasten und Rohr aus einem Stück, daher größte Stabilität, Garnitur ff. vernickelt und elegant graviert, Seitensicherung, Patentschaft, Kal. 320 = 7 mm.

Stück Mk. 7.20

Sehr empfehlenswerte Taschenrevolver bester Qualität.

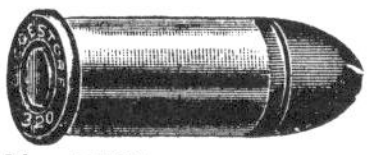

Nr. 7731. Revolverpatrone Kal. 320 = 7 mm, mit Kugel, 1 Schachtel à 50 Stück **Mk. 2.—**

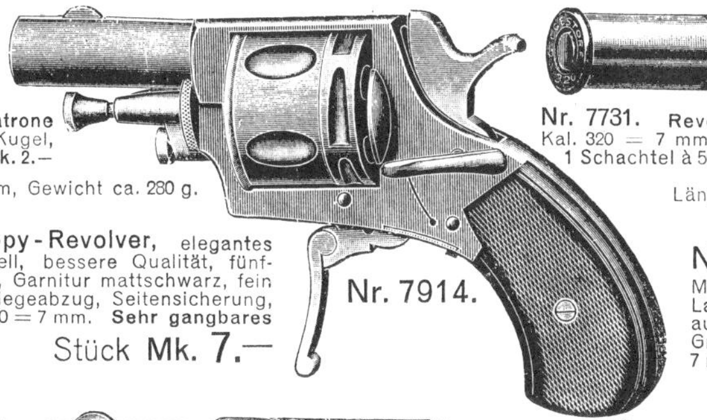

Länge 14 cm, Gewicht ca. 280 g.

Nr. 7914. **Puppy-Revolver,** elegantes Modell, bessere Qualität, fünfschüssig, Lauf gezogen, Garnitur mattschwarz, fein ausgefräste Walze, Umlegeabzug, Seitensicherung, Fischhautschaft, Kal. 320 = 7 mm. **Sehr gangbares Modell.**

Stück **Mk. 7.—**

Nr. 7914.

Nr. 7731. Revolverpatrone Kal. 320 = 7 mm, mit Kugel, 1 Schachtel à 50 Stück **Mk. 2.—**

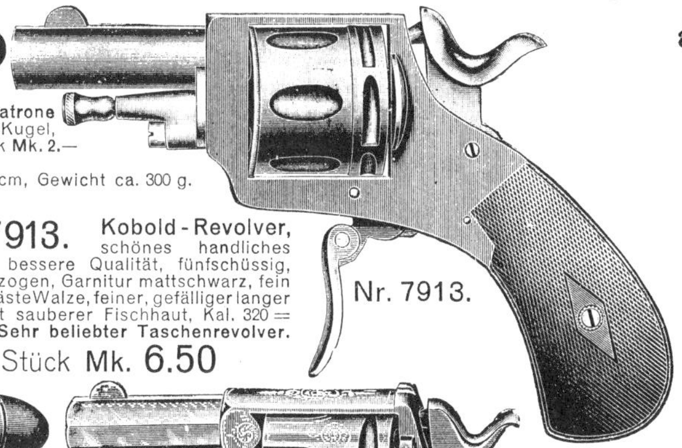

Länge 16 cm, Gewicht ca. 300 g.

Nr. 7913. **Kobold-Revolver,** schönes handliches Modell, bessere Qualität, fünfschüssig, Lauf gezogen, Garnitur mattschwarz, fein ausgefräste Walze, feiner, gefälliger langer Griff mit sauberer Fischhaut, Kal. 320 = 7 mm. **Sehr beliebter Taschenrevolver.**

Stück **Mk. 6.50**

Nr. 7913.

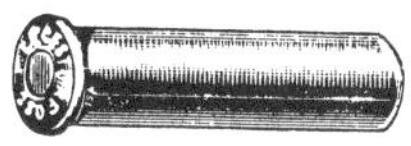

Nr. 7732. Revolverpatrone Kal. 320 = 7 mm, mit Schrotladung, 1 Schachtel à 50 Stück **Mk. 2.90**

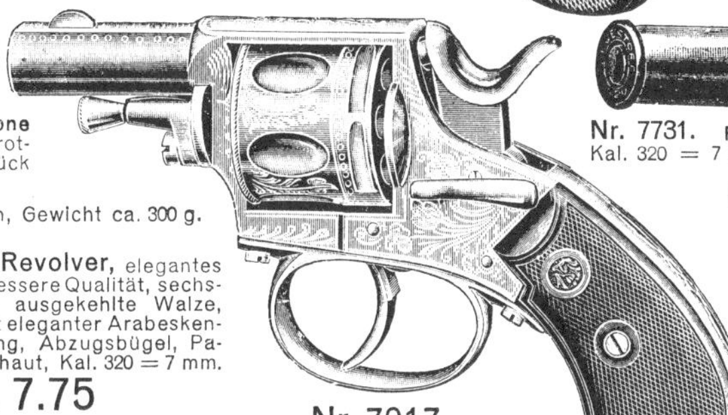

Länge 15 cm, Gewicht ca. 300 g.

Nr. 7917. **Kobold-Revolver,** elegantes Modell, bessere Qualität, sechsschüssig, Lauf gezogen, ausgekehlte Walze, Garnitur fein vernickelt, mit eleganter Arabeskengravierung, Seitensicherung, Abzugsbügel, Patentschaft mit feiner Fischhaut, Kal. 320 = 7 mm.

Stück **Mk. 7.75**

Nr. 7917.

Nr. 7731. Revolverpatrone Kal. 320 = 7 mm, mit Kugel.

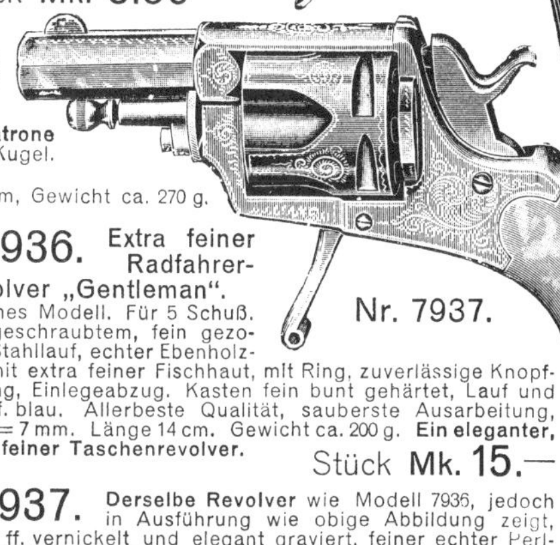

Länge 14 cm, Gewicht ca. 270 g.

Nr. 7936. **Extra feiner Radfahrer-Revolver „Gentleman".** Handliches Modell. Für 5 Schuß. Mit eingeschraubtem, fein gezogenem Stahllauf, echter Ebenholzschaft mit extra feiner Fischhaut, mit Ring, zuverlässige Knopfsicherung, Einlegeabzug. Kasten fein bunt gehärtet, Lauf und Walze ff. blau. Allerbeste Qualität, sauberste Ausarbeitung, Kal. 320 = 7 mm. Länge 14 cm. Gewicht ca. 200 g. **Ein eleganter, kleiner, feiner Taschenrevolver.**

Stück **Mk. 15.—**

Nr. 7937.

Nr. 7937. Derselbe Revolver wie Modell 7936, jedoch in Ausführung wie obige Abbildung zeigt, Garnitur ff. vernickelt und elegant graviert, feiner echter Perlmutterschaft. Kal. 320 = 7 mm. **Eleganter Luxusrevolver.**

Stück **Mk. 19.—**

Nr. 7731. Revolverpatrone Kal. 320 = 7 mm, mit Kugel. 1 Schachtel à 50 Stück **Mk. 2.—**

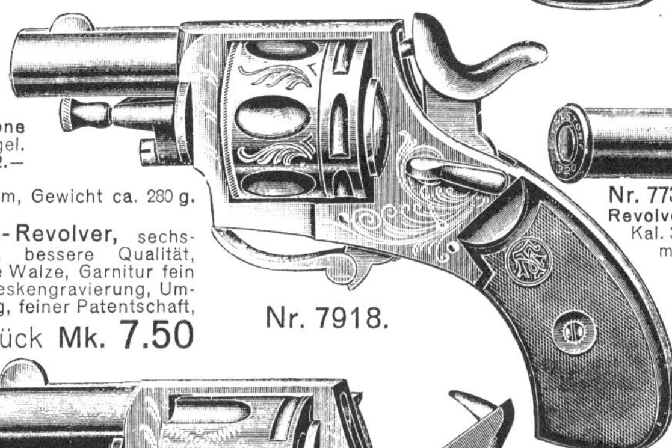

Länge 15 cm, Gewicht ca. 280 g.

Nr. 7918. **Kobold-Revolver,** sechsschüssig, bessere Qualität, Lauf gezogen, ausgekehlte Walze, Garnitur fein vernickelt, mit feiner Arabeskengravierung, Umlegeabzug, Seitensicherung, feiner Patentschaft, Kal. 320 = 7 mm.

Stück **Mk. 7.50**

Nr. 7918.

Nr. 7731. Revolverpatrone Kal. 320 = 7 mm, mit Kugel.

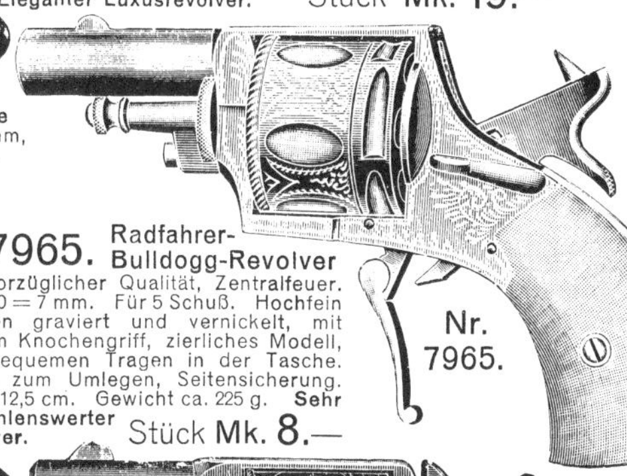

Nr. 7965. **Radfahrer-Bulldogg-Revolver** Von vorzüglicher Qualität, Zentralfeuer. Kal. 320 = 7 mm. Für 5 Schuß. Hochfein erhaben graviert und vernickelt, mit weißem Knochengriff, zierliches Modell, zum bequemen Tragen in der Tasche. Abzug zum Umlegen, Seitensicherung. Länge 12,5 cm. Gewicht ca. 225 g. **Sehr empfehlenswerter Revolver.**

Stück **Mk. 8.—**

Nr. 7965.

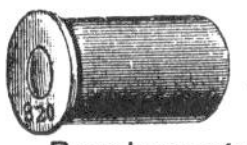

Nr. 7730. Revolverpatrone Kal. 320 = 7 mm, mit Pulverladung, 1 Schachtel à 50 Stück **Mk. 1.80**

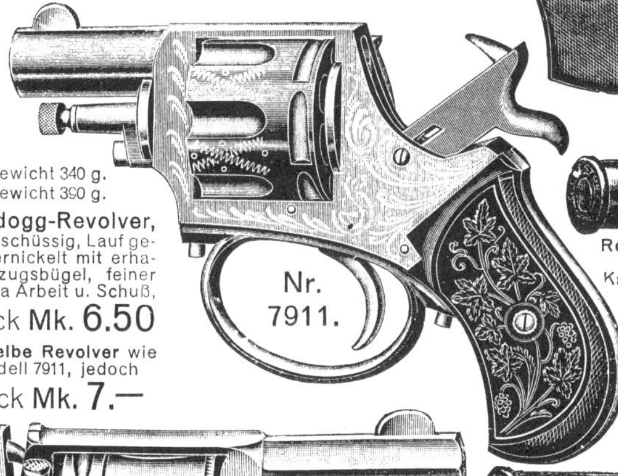

Kal. 7. Länge 15 cm, Gewicht 340 g.
Kal. 9. Länge 17 cm, Gewicht 390 g.

Nr. 7911. **Bulldogg-Revolver,** sechsschüssig, Lauf gezogen, Garnitur fein vernickelt mit erhabener Gravierung, Abzugsbügel, feiner Kautschuckschaft, prima Arbeit u. Schuß, Kal. 320 = 7 mm.

Stück **Mk. 6.50**

Nr. 7912. Derselbe Revolver wie Modell 7911, jedoch Kal. 380 = 9 mm.

Stück **Mk. 7.—**

Nr. 7911.

Revolverpatrone mit Kugel, Kal. 320 = 7 mm.

Nr. 7986. **Puppy-Revolver,** elegantes Modell, fünfschüssig, Lauf gezogen, Garnitur fein schwarz oxydiert, Abzug zum Einlegen und schön verzierter Patentschaft, an der linken Seite ist Drehsicherung angebracht, Kal. 320 = 7 mm. **Ein eleganter Taschenrevolver.**

Stück **Mk. 11.—**

Nr. 7986.

Länge 15 cm, Gewicht ca. 280 g.

Nr. 7916.

Nr. 7916. **Bulldogg-Revolver,** reduziertes Modell, beste Qualität, fünfschüssig, kantiger Lauf gezogen, Garnitur fein vernickelt, Walze schön ausgekehlt, Ringabzug, feiner Patentschaft, Kal. 320 = 7 mm. **Sehr schöner Revolver.**

Stück **Mk. 7.—**

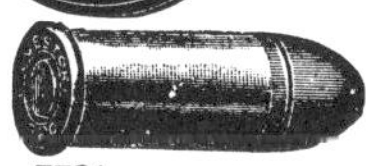

Nr. 7731. Revolverpatrone Kal. 320 = 7 mm, mit Kugel.

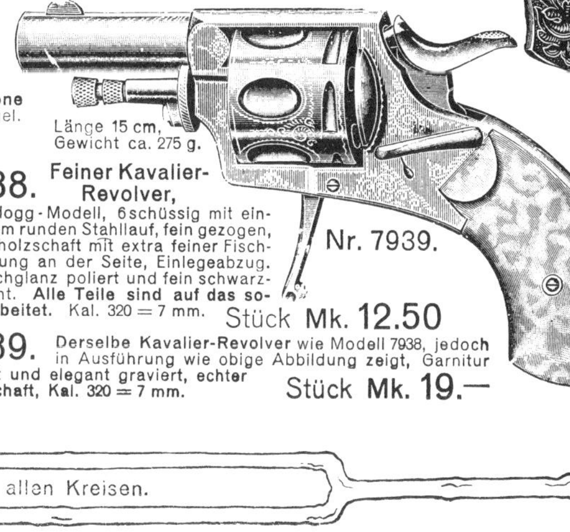

Länge 15 cm, Gewicht ca. 275 g.

Nr. 7938. **Feiner Kavalier-Revolver,** Puppy-Bulldogg-Modell, 6schüssig mit eingeschraubtem runden Stahllauf, fein gezogen, echter Ebenholzschaft mit extra feiner Fischhaut, Sicherung an der Seite, Einlegeabzug. Garnitur hochglanz poliert und fein schwarzblau gemacht. **Alle Teile sind auf das solideste gearbeitet.** Kal. 320 = 7 mm.

Stück **Mk. 12.50**

Nr. 7939.

Nr. 7939. Derselbe Kavalier-Revolver wie Modell 7938, jedoch in Ausführung wie obige Abbildung zeigt, Garnitur ff. vernickelt und elegant graviert, echter Perlmutterschaft, Kal. 320 = 7 mm.

Stück **Mk. 19.—**

Prima Zentralfeuer-Revolver in Constabulary-Form

mit längerem Lauf und Schaft. Sehr handlicher, praktischer Revolver.

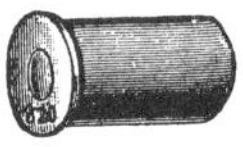

Nr. 7730. Revolverpatrone Kal. 320 = 7 mm, mit Pulverladung. Schachtel à 50 Stück Mk. 1.80

Nr. 7927.

Länge 16 cm, Gewicht ca 360 g.

Nr. 7927. **Constabulary-Revolver,** kleines handliches Modell in prima Qualität, sechsschüssig, schöne Muldenwalze, Garnitur fein schwarz, Abzug und Hahn vernickelt, Drehsicherung an der Seite, mit feinem schwarzen Fischhautschaft mit Ring, Kal. 320 = 7 mm. Stück **Mk. 7.50**

Nr. 7928. Derselbe Revolver, jedoch Kal. 380 = 9 mm. Stück **Mk. 8.50**

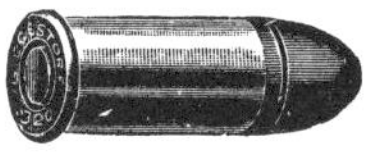

Nr. 7731. Revolverpatrone (Kal. 320 = 7 mm, mit Kugel). Zu nebenstehendem Revolver Nr. 7929 passend.

Nr. 7929.

Nr. 7929. **Constabulary-Radfahrer-Revolver,** kleines, handliches Modell in prima Qualität, schöne Muldenwalze, Garnitur fein schwarz, Drehsicherung an der Seite, Lauf gezogen, mit Abzugsbügel und feinem Fischhautschaft mit Ring. Kal. 320 = 7 mm. Länge 12 cm. Gewicht ca. 265 g. Stück **Mk. 7.60**

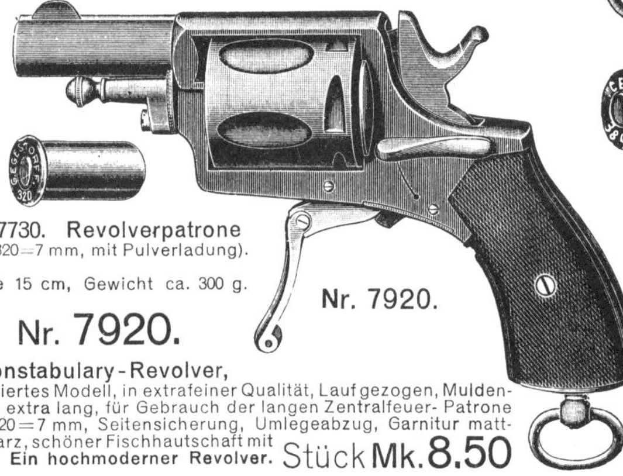

Nr. 7730. Revolverpatrone (Kal. 320 = 7 mm, mit Pulverladung).

Länge 15 cm, Gewicht ca. 300 g.

Nr. 7920.

Nr. 7920. **Constabulary-Revolver,** reduziertes Modell, in extrafeiner Qualität, Lauf gezogen, Muldenwalze extra lang, für Gebrauch der langen Zentralfeuer-Patrone Kal. 320 = 7 mm, Seitensicherung, Umlegeabzug, Garnitur mattschwarz, schöner Fischhautschaft mit Ring. **Ein hochmoderner Revolver.** Stück **Mk. 8.50**

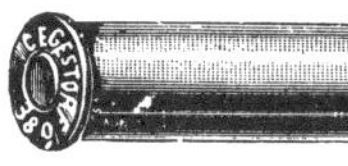

Nr. 7735. Revolverpatrone (Kal. 380 = 9 mm, mit Schrotladung).

Kal. 7: Länge 17 cm, Gewicht 350 g.
Kal. 9: Länge 19 cm, Gewicht 500 g.

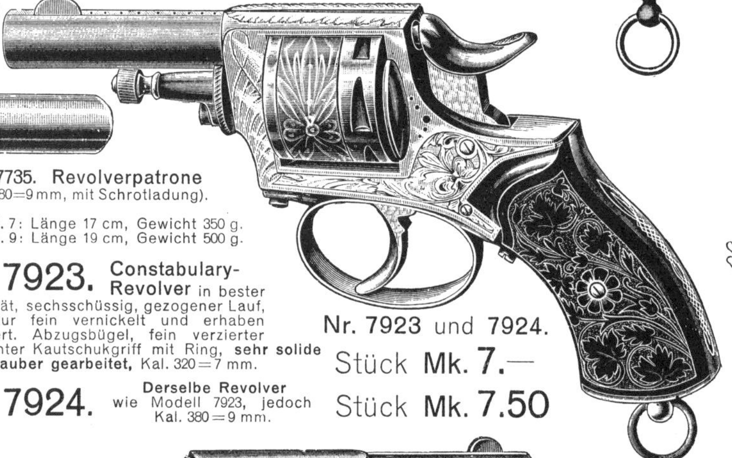

Nr. 7923 und 7924.

Nr. 7923. **Constabulary-Revolver** in bester Qualität, sechsschüssig, gezogener Lauf, Garnitur fein vernickelt und erhaben graviert. Abzugsbügel, fein verzierter eleganter Kautschukgriff mit Ring, **sehr solide und sauber gearbeitet,** Kal. 320 = 7 mm. Stück **Mk. 7.—**

Nr. 7924. Derselbe Revolver wie Modell 7923, jedoch Kal. 380 = 9 mm. Stück **Mk. 7.50**

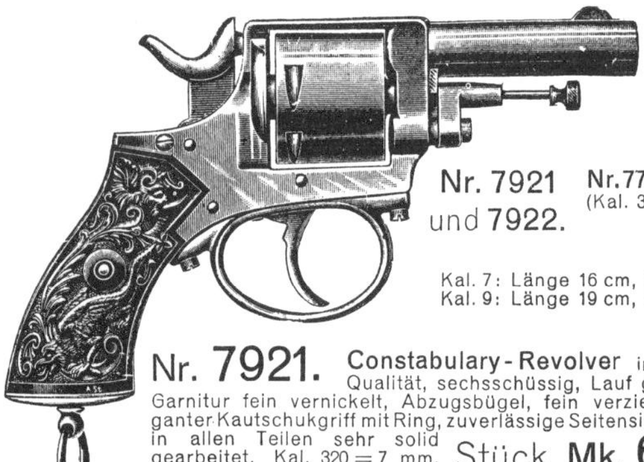

Nr. 7921 und 7922.

Nr. 7734. Revolverpatrone (Kal. 380 = 9 mm, mit Kugel).

Kal. 7: Länge 16 cm, Gewicht 350 g.
Kal. 9: Länge 19 cm, Gewicht 500 g.

Nr. 7921. **Constabulary-Revolver** in bester Qualität, sechsschüssig, Lauf gezogen, Garnitur fein vernickelt, Abzugsbügel, fein verzierter eleganter Kautschukgriff mit Ring, zuverlässige Seitensicherung, in allen Teilen sehr solid gearbeitet. Kal. 320 = 7 mm. Stück **Mk. 6,25**

Nr. 7922. Derselbe Revolver wie Modell 7921, jedoch Kal 380 = 9 mm. Stück **Mk. 7.—**

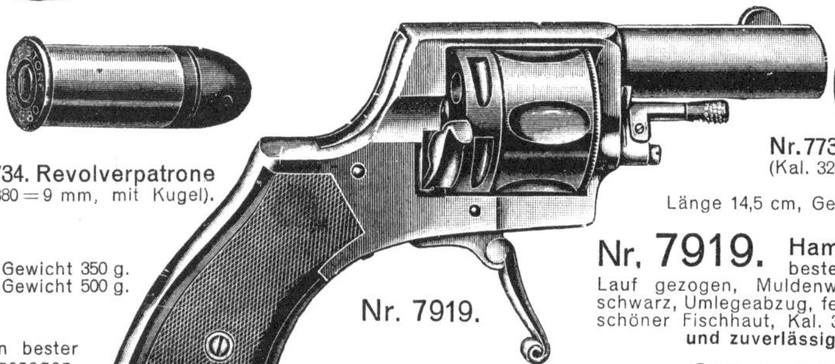

Nr. 7919.

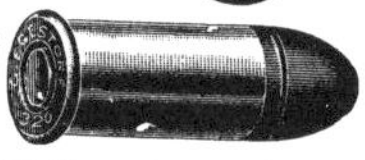

Nr. 7731. Revolverpatrone (Kal. 320 = 7 mm, mit Kugel).

Länge 14,5 cm, Gewicht ca. 250 g.

Nr. 7919. **Hammerleß - Revolver,** beste Qualität, fünfschüssig. Lauf gezogen, Muldenwalze, Garnitur mattschwarz, Umlegeabzug, feiner Nußholzschaft mit schöner Fischhaut, Kal. 320 = 7 mm. **Eleganter und zuverlässiger Revolver.** Stück **Mk. 7.50**

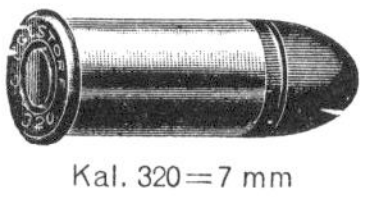

Kal. 320 = 7 mm

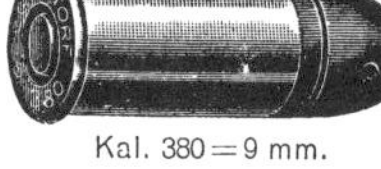

Kal. 380 = 9 mm.

Sehr beliebter Beamten-Revolver in extra Qualität.

Modell „Forstbegleiter".

Empfehlenswertester Förster- und Polizei-Revolver

Kal. 7: Länge 18 cm, Gewicht 370 g.
Kal. 9: Länge 20 cm, Gewicht 530 g.

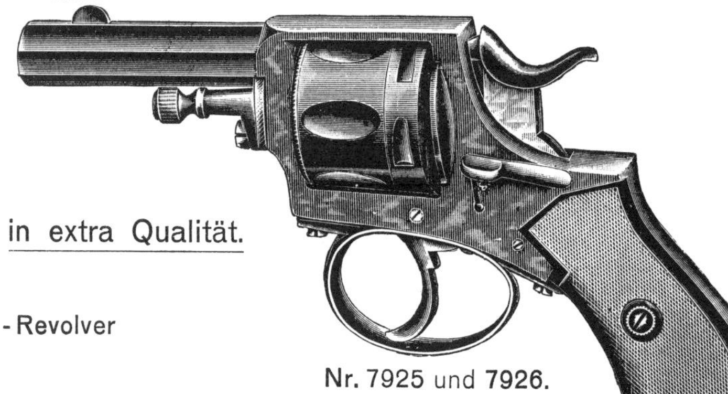

Nr. 7925 und 7926.

Nr. 7925. **Modell „Forstbegleiter",** Förster- und Beamten-Revolver in extrabester Qualität, mit eingeschraubtem Stahllauf, fein gezogen, Kasten eingesetzt, Lauf und Trommel fein schwarz bronziert (rostsicher), fein ausgekehlte Walze, Drehsicherung an der linken Kastenseite, Abzugsbügel, feiner Nußholz- oder Patentschaft mit feiner Fischhaut, in allen Teilen aus bestem Material hergestellt und sehr solide gearbeitet. **Von Förstern, Polizei- und anderen Beamten gern gekaufter Revolver.** Kal. 320 = 7 mm. Stück **Mk. 10.—**

Nr. 7926. **Modell „Forstbegleiter",** genau wie Modell 7925, jedoch Kal. 380 = 9 mm . . . . Stück **Mk. 10.50**

Moderne Waffen ▫ Munition ▫ Jagdgeräte

AUGUST STUKENBROK, EINBECK

Anerkannt leistungsfähiges Etablissement dieser Branche

Allerbeste deutsche Präzisions-Revolver.

Hervorragende Qualität. Elegantes Aussehen. Garantiert tadellose Funktion.

In allen Teilen sauber und gut ausgearbeitet. Sehr flach, daher bequem in der Tasche zu tragen.

Die nachstehend aufgeführten Revolver sind das Beste, was in deutschen Fabrikaten hergestellt wird.

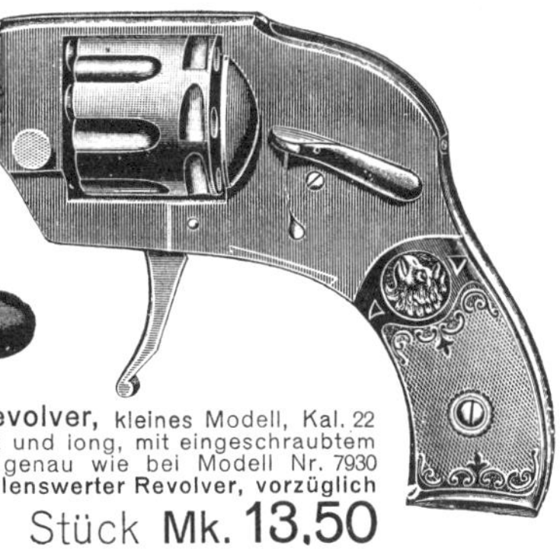

Nr. 7931.
2/3 natürl. Größe.

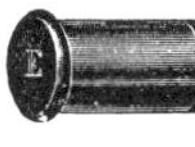

Nr. 7931. Hammerleß-Revolver, kleines Modell, Kal. 22 für Patronen short und long, mit eingeschraubtem gezogenen Stahllauf, in Ausführung genau wie bei Modell Nr. 7930 beschrieben. **Eleganter, sehr empfehlenswerter Revolver, vorzüglich für Radfahrer geeignet.**

Stück Mk. 13,50

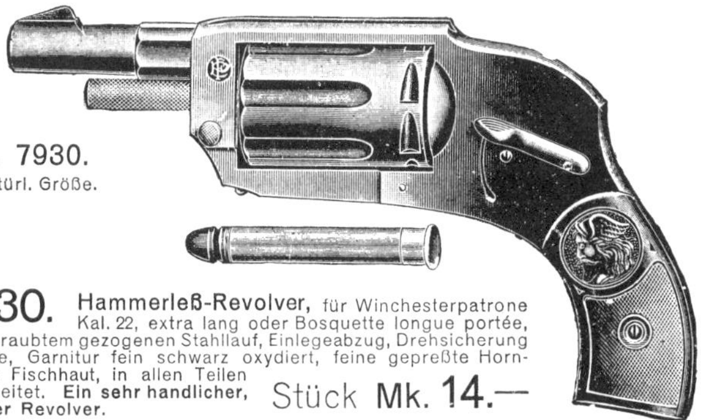

Nr. 7930.
2/3 natürl. Größe.

Nr. 7930. Hammerleß-Revolver, für Winchesterpatrone Kal. 22, extra lang oder Bosquette longue portée, mit eingeschraubtem gezogenen Stahllauf, Einlegeabzug, Drehsicherung an der Seite, Garnitur fein schwarz oxydiert, feine gepreßte Hornschalen mit Fischhaut, in allen Teilen präzis gearbeitet. **Ein sehr handlicher, zuverlässiger Revolver.**

Stück Mk. 14.—

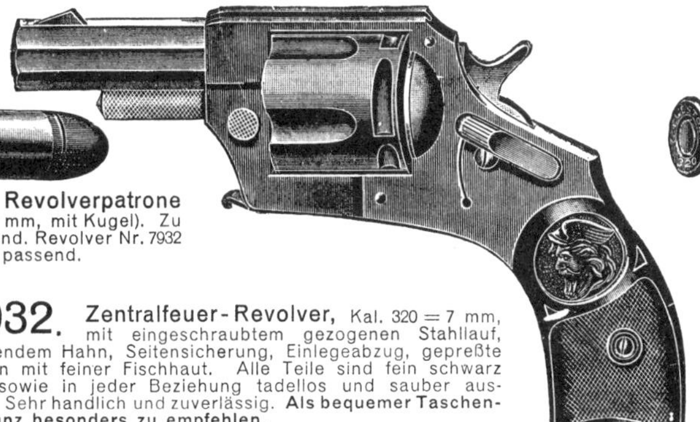

Nr. 7731. Revolverpatrone (Kal. 320 = 7 mm, mit Kugel). Zu nebenstehend. Revolver Nr. 7932 passend.

Nr. 7932. Zentralfeuer-Revolver, Kal. 320 = 7 mm, mit eingeschraubtem gezogenen Stahllauf, rückspringendem Hahn, Seitensicherung, Einlegeabzug, gepreßte Hornschalen mit feiner Fischhaut. Alle Teile sind fein schwarz bräuniert, sowie in jeder Beziehung tadellos und sauber ausgearbeitet. Sehr handlich und zuverlässig. **Als bequemer Taschenrevolver ganz besonders zu empfehlen.**

Stück Mk. 13.50

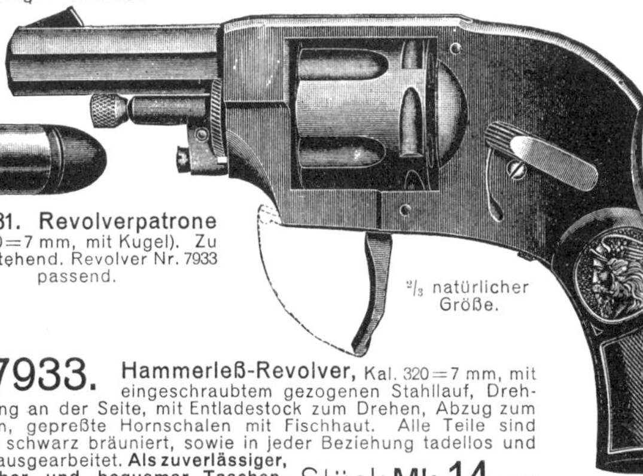

Nr. 7731. Revolverpatrone (Kal. 320 = 7 mm, mit Kugel). Zu nebenstehend. Revolver Nr. 7933 passend.

2/3 natürlicher Größe.

Nr. 7933. Hammerleß-Revolver, Kal. 320 = 7 mm, mit eingeschraubtem gezogenen Stahllauf, Drehsicherung an der Seite, mit Entladestock zum Drehen, Abzug zum Einlegen, gepreßte Hornschalen mit Fischhaut. Alle Teile sind elegant schwarz bräuniert, sowie in jeder Beziehung tadellos und sauber ausgearbeitet. **Als zuverlässiger, handlicher und bequemer Taschenrevolver ganz besonders zu empfehlen.**

Stück Mk. 14.—

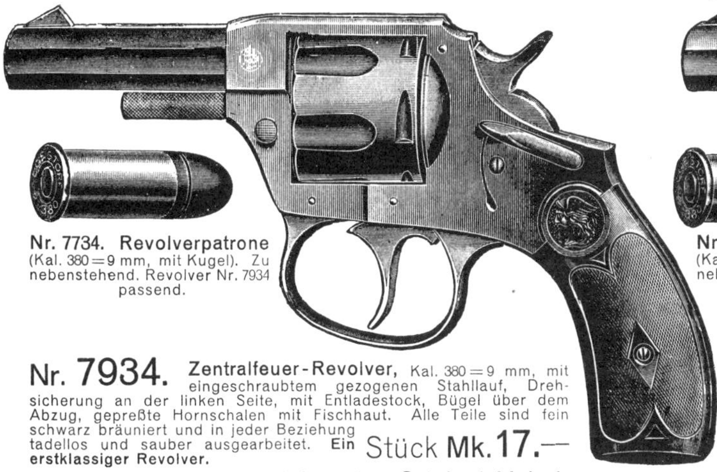

Nr. 7734. Revolverpatrone (Kal. 380 = 9 mm, mit Kugel). Zu nebenstehend. Revolver Nr. 7934 passend.

Nr. 7934. Zentralfeuer-Revolver, Kal. 380 = 9 mm, mit eingeschraubtem gezogenen Stahllauf, Drehsicherung an der linken Seite, mit Entladestock, Bügel über dem Abzug, gepreßte Hornschalen mit Fischhaut. Alle Teile sind fein schwarz bräuniert und in jeder Beziehung tadellos und sauber ausgearbeitet. **Ein erstklassiger Revolver.**

Stück Mk. 17.—

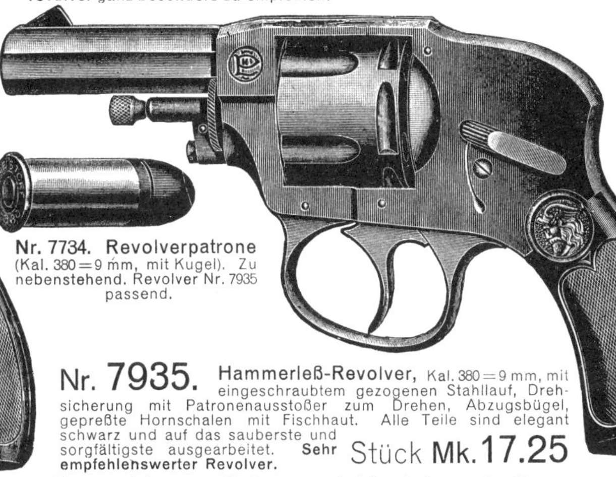

Nr. 7734. Revolverpatrone (Kal. 380 = 9 mm, mit Kugel). Zu nebenstehend. Revolver Nr. 7935 passend.

Nr. 7935. Hammerleß-Revolver, Kal. 380 = 9 mm, mit eingeschraubtem gezogenen Stahllauf, Drehsicherung mit Patronenausstoßer zum Drehen, Abzugsbügel, gepreßte Hornschalen mit Fischhaut. Alle Teile sind elegant schwarz und auf das sauberste und sorgfältigste ausgearbeitet. **Sehr empfehlenswerter Revolver.**

Stück Mk. 17.25

Eingerichtet für Original-Velodog-Patronen mit rauchlosem Pulver und Mantelgeschoß.

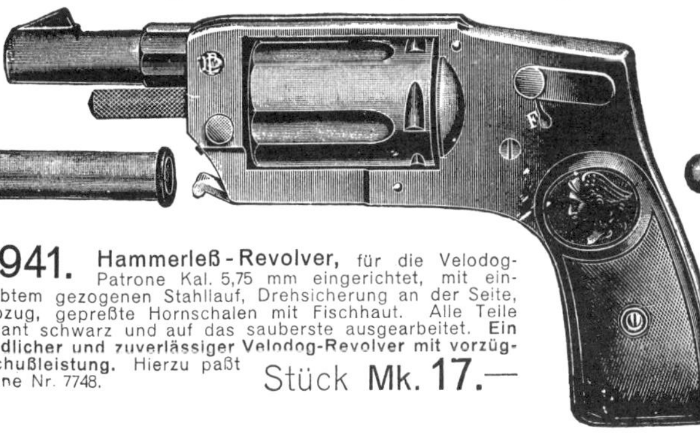

Nr. 7941. Hammerleß-Revolver, für die Velodog-Patrone Kal. 5,75 mm eingerichtet, mit eingeschraubtem gezogenen Stahllauf, Drehsicherung an der Seite, Einlegeabzug, gepreßte Hornschalen mit Fischhaut. Alle Teile sind elegant schwarz und auf das sauberste ausgearbeitet. **Ein sehr handlicher und zuverlässiger Velodog-Revolver mit vorzüglicher Schußleistung.** Hierzu paßt die Patrone Nr. 7748.

Stück Mk. 17.—

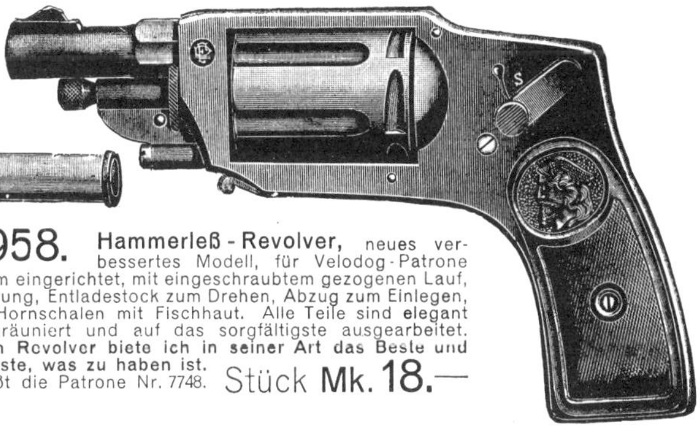

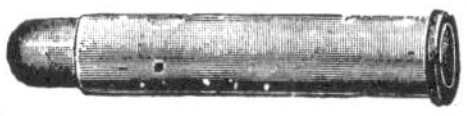

Nr. 7958. Hammerleß-Revolver, neues verbessertes Modell, für Velodog-Patrone Kal. 5,75 mm eingerichtet, mit eingeschraubtem gezogenen Lauf, Drehsicherung, Entladestock zum Drehen, Abzug zum Einlegen, gepreßte Hornschalen mit Fischhaut. Alle Teile sind elegant schwarz bräuniert und auf das sorgfältigste ausgearbeitet. **Mit diesem Revolver biete ich in seiner Art das Beste und Vorzüglichste, was zu haben ist.** Hierzu paßt die Patrone Nr. 7748.

Stück Mk. 18.—

Die Qualität ist maßgebend, nicht nur der Preis.

Moderne Waffen ▫ Munition ▫ Jagdgeräte

AUGUST STUKENBROK, EINBECK

Anerkannt leistungsfähiges Etablissement dieser Branche

Feinste deutsche Präzisions-Revolver.

Hervorragende Qualität. ∴ Vornehmste Modelle. ∴ Garantiert tadellose Funktion.

Eingerichtet für Original-Browning-Patronen, Kal. 6,35 und 7,65 mm.

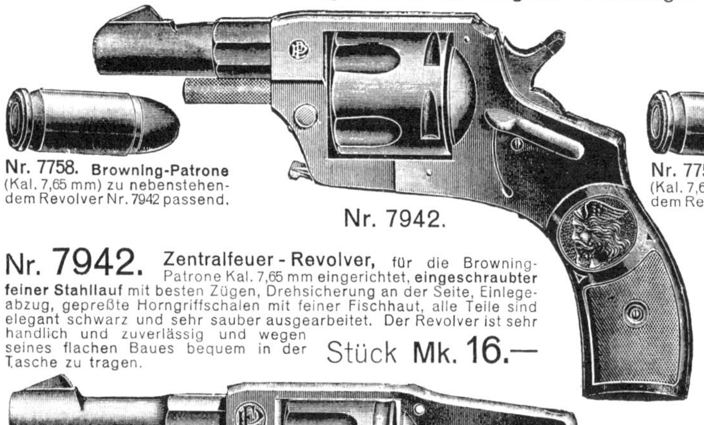

Nr. 7758. Browning-Patrone (Kal. 7,65 mm) zu nebenstehendem Revolver Nr. 7942 passend.

Nr. 7942.

Nr. 7942. Zentralfeuer-Revolver, für die Browning-Patrone Kal. 7,65 mm eingerichtet, **eingeschraubter feiner Stahllauf** mit besten Zügen, Drehsicherung an der Seite, Einlegeabzug, gepreßte Horngriffschalen mit feiner Fischhaut, alle Teile sind elegant schwarz und sehr sauber ausgearbeitet. Der Revolver ist sehr handlich und zuverlässig und wegen seines flachen Baues bequem in der Tasche zu tragen. Stück **Mk. 16.—**

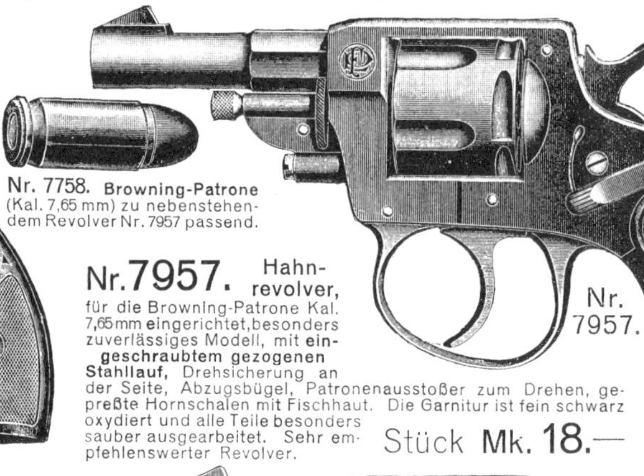

Nr. 7758. Browning-Patrone (Kal. 7,65 mm) zu nebenstehendem Revolver Nr. 7957 passend.

Nr. 7957.

Nr. 7957. Hahnrevolver, für die Browning-Patrone Kal. 7,65 mm eingerichtet, besonders zuverlässiges Modell, mit **eingeschraubtem gezogenen Stahllauf,** Drehsicherung an der Seite, Abzugsbügel, Patronenausstoßer zum Drehen, gepreßte Hornschalen mit Fischhaut. Die Garnitur ist fein schwarz oxydiert und alle Teile besonders sauber ausgearbeitet. Sehr empfehlenswerter Revolver. Stück **Mk. 18.—**

Nr. 7759. Browning-Patrone (Kal. 6,35 mm) zu nebenstehendem Revolver Nr. 7944 passend.

Nr. 7944.

Nr. 7944. Hammerleß-Revolver, für die Browning-Patrone Kal. 6,35 mm eingerichtet, mit **eingeschraubtem gezogenen Stahllauf,** Drehsicherung an der Seite, Abzug zum Einlegen, Patronenausstoßer zum Drehen, gepreßte Hornschalen mit Fischhaut, Garnitur fein schwarz oxydiert. Dieser Revolver ist in allen Teilen vorzüglich gearbeitet und leicht und handlich gebaut. Sehr feiner Taschenrevolver von sicherer Schußleistung und Durchschlagskraft. Stück **Mk. 16.—**

Neu!

Nr. 7759. Browning-Patrone (Kal. 6,35 mm) zu nebenstehendem Revolver Nr. 7959 passend.

Nr. 7959.

Nr. 7959. Hammerleß-Präzisions-Revolver, für Browning-Patrone Kal. 6,35 mm eingerichtet, **eingeschraubter Stahllauf** mit besten Zügen, Drehsicherung an der Seite, Abzug zum Einlegen, Patronenausstoßer zum Drehen, gepreßte Hornschalen mit Fischhaut, Garnitur fein schwarz oxydiert. Dieser elegante Revolver, welcher in allen Teilen sehr präzis gearbeitet ist, hat noch ein besonderes Reserve-Patronen-Magazin für 5 Patronen auf Ladestreifen im Griff. Sehr empfehlenswertes Modell. Stück **Mk. 18.—**

Nr. 7758. Browning-Patrone (Kal. 7,65 mm) zu nebenstehendem Revolver Nr. 7945 passend.

Nr. 7945.

Nr. 7945. Hammerleß-Revolver, großes und starkes Modell, eingerichtet für Browning-Patrone Kal. 7,65 mm, **eingeschraubter feiner Stahllauf** mit besten Zügen, Drehsicherung an der linken Seite, Patronenausstoßer zum Drehen, Abzugsbügel, elegante Horngriffschalen mit feiner Fischhaut. Der ganze Revolver ist tadellos und sauber ausgearbeitet, alle Teile sind fein schwarz oxydiert und ist als ein zuverlässiger Gebrauchsrevolver ganz besonders zu empfehlen. Stück **Mk. 18.—**

Nr. 7758. Browning-Patrone (Kal. 7,65 mm) zu nebenstehendem Revolver Nr. 7943 passend.

Nr. 7943.

Nr. 7943. Hammerleß-Revolver, für die Browning-Patrone Kal. 7,65 mm eingerichtet, mit **eingeschraubtem gezogenen Stahllauf,** Drehsicherung an der Seite, mit Entladestock zum Drehen, Abzug zum Einlegen, gepreßte Hornschalen mit Fischhaut. Alle Teile sind elegant schwarz bräuniert und in jeder Beziehung sehr sauber und solide ausgearbeitet. Ein hocheleganter, handlicher und bequemer Taschenrevolver von höchster Schußleistung und Durchschlagskraft. Stück **Mk. 16.50**

Nr. 7758. Browning-Patrone (Kal. 7,65 mm) zu nebenstehendem Revolver Nr. 7948 passend.

Nr. 7948.

¾ natürl. Größe.

Nr. 7948. Hammerleß-Revolver, in Form der Browning-Pistole, fünfschüssig, passend für die Browning-Patrone Kal. 7,65 mm, sehr eleganter, bestens ausgearbeiteter, handlicher Taschenrevolver mit **eingeschraubtem gezogenen Stahllauf,** Einlegeabzug, Drehsicherung wie bei der Browning-Pistole, Ebenholzschaft mit sehr feiner Fischhaut, alle Teile hochfein schwarz. Sehr beliebter und empfehlenswerter Revolver. Stück **Mk. 18.—**

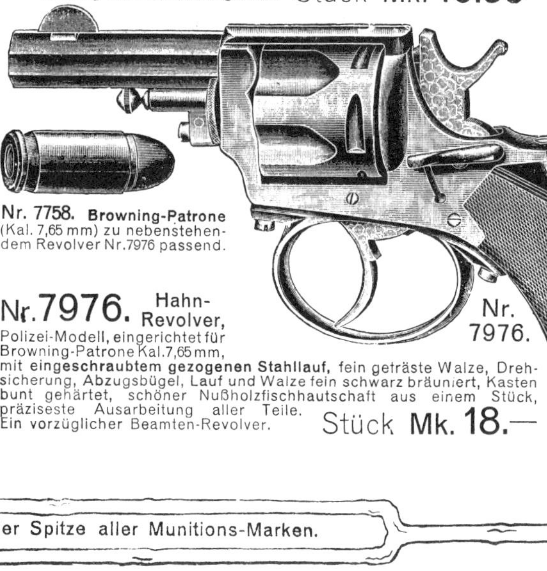

Nr. 7758. Browning-Patrone (Kal. 7,65 mm) zu nebenstehendem Revolver Nr. 7976 passend.

Nr. 7976.

Nr. 7976. Hahn-Revolver, Polizei-Modell, eingerichtet für Browning-Patrone Kal. 7,65 mm, mit **eingeschraubtem gezogenen Stahllauf,** fein gefräste Walze, Drehsicherung, Abzugsbügel, Lauf und Walze fein schwarz bräuniert, Kasten bunt gehärtet, schöner Nußholzfischhautschaft aus einem Stück, präziseste Ausarbeitung aller Teile. Ein vorzüglicher Beamten-Revolver. Stück **Mk. 18.—**

„Aste"-Jagdpatronen stehen an der Spitze aller Munitions-Marken.

Elegante Taschen-Revolver, passend für kleine Browning-Patrone Kal. 6,35 mm.

Extra sauber und präzis in allen Teilen ausgearbeitet. ∴ Sehr bequeme Modelle.

Die Größe der nachstehenden Taschen-Revolver für die kleine Browning-Patrone, Kal. 6,35 mm, ist so gehalten, daß solche bequem in der Westentasche getragen werden können. Die Länge ist durchschnittlich 9 bis 10 cm, die Höhe ca. 7 bis 8 cm. Gewicht ca. 180 g.

Nr. 7759. Browning-Patrone, Kal. 6,35 mm zu nebenstehendem Revolver Nr. 7946 passend.

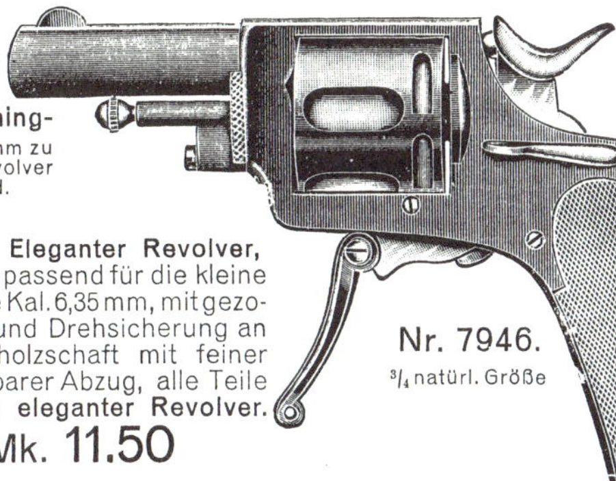

Nr. 7946.
3/4 natürl. Größe

Nr. 7946. Eleganter Revolver, passend für die kleine Browning-Patrone Kal. 6,35 mm, mit gezogenem Stahllauf und Drehsicherung an der Seite, Ebenholzschaft mit feiner Fischhaut, umlegbarer Abzug, alle Teile tiefschwarz, **sehr eleganter Revolver.**
Stück **Mk. 11.50**

Nr. 7759. Browning-Patrone, Kal. 6,35 mm zu nebenstehendem Revolver Nr. 7963 passend.

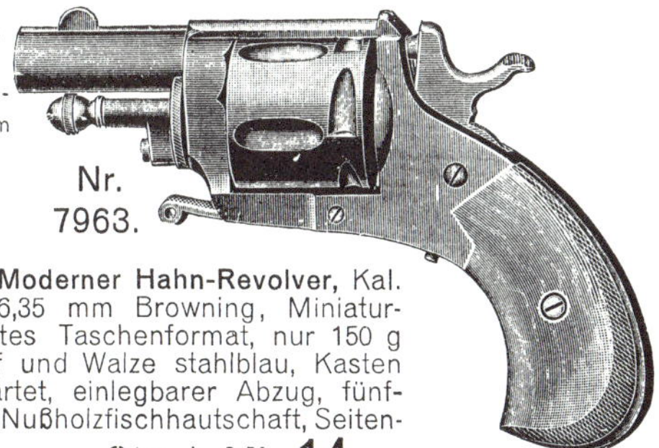

Nr. 7963.

Nr. 7963. Moderner Hahn-Revolver, Kal. 6,35 mm Browning, Miniatur-Revolver, elegantes Taschenformat, nur 150 g schwer, Stahllauf und Walze stahlblau, Kasten marmoriert gehärtet, einlegbarer Abzug, fünfschüssig, dunkler Nußholzfischhautschaft, Seitensicherung
Stück **Mk. 14.—**

Nr. 7759.
Kal. 6,35 mm.

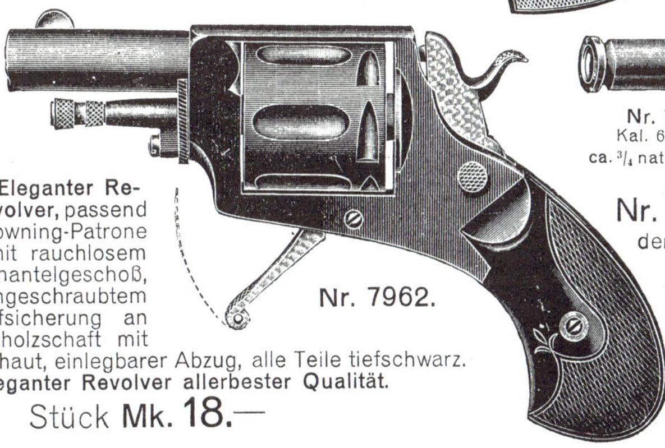

Nr. 7962.

Nr. 7962. Eleganter Revolver, passend für die kleine Browning-Patrone Kal. 6,35 mm mit rauchlosem Pulver und Stahlmantelgeschoß, 6 schüssig, mit eingeschraubtem Stahllauf, Knopfsicherung an der Seite, Ebenholzschaft mit sehr feiner Fischhaut, einlegbarer Abzug, alle Teile tiefschwarz. **Sehr eleganter Revolver allerbester Qualität.**
Stück **Mk. 18.—**

Nr. 7759.
Kal. 6,35 mm
ca. 3/4 natürl. Größe.

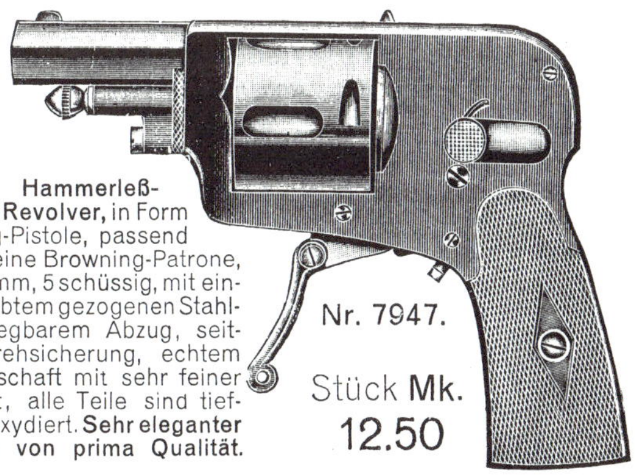

Nr. 7947.

Nr. 7947. Hammerleß-Revolver, in Form der Browning-Pistole, passend für die kleine Browning-Patrone, Kal. 6,35 mm, 5 schüssig, mit eingeschraubtem gezogenen Stahllauf, umlegbarem Abzug, seitlicher Drehsicherung, echtem Ebenholzschaft mit sehr feiner Fischhaut, alle Teile sind tiefschwarz oxydiert. **Sehr eleganter Revolver von prima Qualität.**
Stück **Mk. 12.50**

Nr. 7759. Kal. 6,35 mm
ca. 3/4 natürl. Größe.

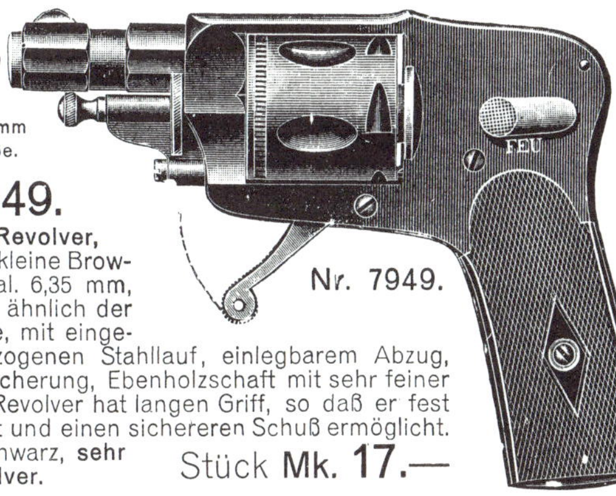

Nr. 7949.

Nr. 7949. Hammerleß-Revolver, passend für die kleine Browning-Patrone, Kal. 6,35 mm, 5 schüssig, Form ähnlich der Browning-Pistole, mit eingeschraubtem gezogenen Stahllauf, einlegbarem Abzug, seitlicher Drehsicherung, Ebenholzschaft mit sehr feiner Fischhaut. Der Revolver hat langen Griff, so daß er fest in der Hand liegt und einen sichereren Schuß ermöglicht. Alle Teile tiefschwarz, **sehr eleganter Revolver.**
Stück **Mk. 17.—**

Nr. 7759. Kal. 6,35 mm
ca. 2/3 natürl. Größe.

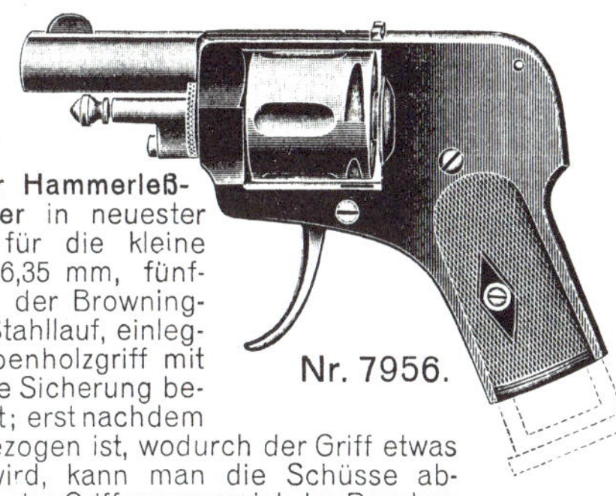

Nr. 7956.

Nr. 7956. Feiner Hammerleß-Revolver in neuester Konstruktion, passend für die kleine Browning-Patrone. Kal. 6,35 mm, fünfschüssig, Form ähnlich der Browning-Pistole, mit gezogenem Stahllauf, einlegbarem Abzug, echtem Ebenholzgriff mit sehr feiner Fischhaut. Die Sicherung befindet sich im Griff selbst; erst nachdem der Griffboden herausgezogen ist, wodurch der Griff etwas länger und handlicher wird, kann man die Schüsse abgeben. Nach Eindrücken des Griffauszuges ist der Revolver wieder fest und zuverlässig gesichert. Alle Teile ff. schwarz. **Sehr moderner Revolver.**
Stück **Mk. 21.—**

Feine Zentralfeuer-Revolver für die Schweizer Ordonnanz-Patrone, Kal. 7,7 mm.

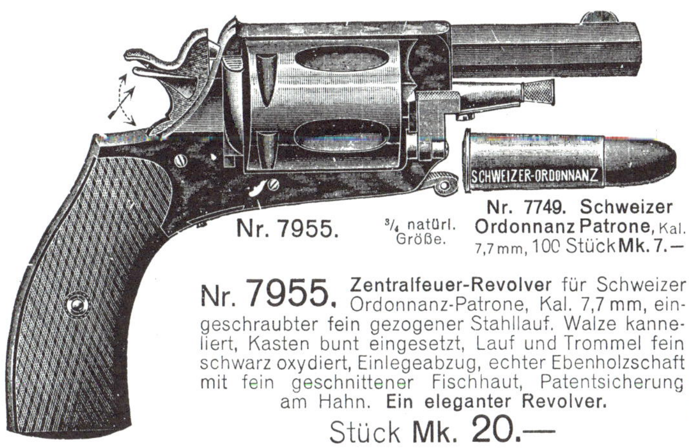

Nr. 7955.

3/4 natürl. Größe.

Nr. 7749. Schweizer Ordonnanz Patrone, Kal. 7,7 mm, 100 Stück **Mk. 7.—**

Nr. 7955. Zentralfeuer-Revolver für Schweizer Ordonnanz-Patrone, Kal. 7,7 mm, eingeschraubter fein gezogener Stahllauf. Walze kanneliert, Kasten bunt eingesetzt, Lauf und Trommel fein schwarz oxydiert, Einlegeabzug, echter Ebenholzschaft mit fein geschnittener Fischhaut, Patentsicherung am Hahn. **Ein eleganter Revolver.**
Stück **Mk. 20.—**

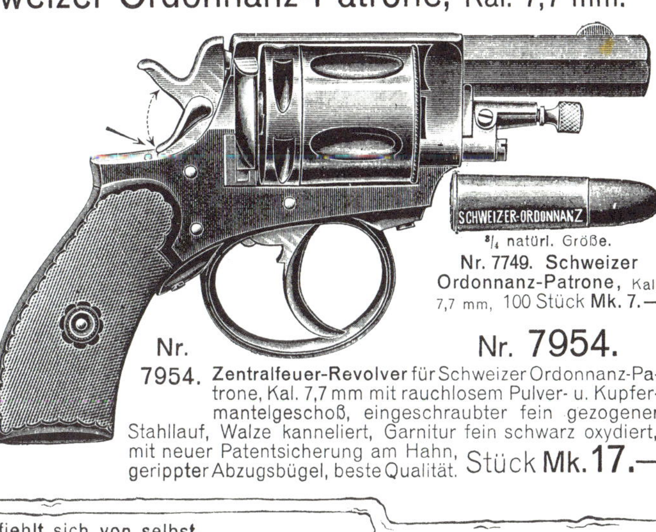

Nr. 7954.

3/4 natürl. Größe.

Nr. 7749. Schweizer Ordonnanz-Patrone, Kal. 7,7 mm, 100 Stück **Mk. 7.—**

Nr. 7954.

Nr. 7954. Zentralfeuer-Revolver für Schweizer Ordonnanz-Patrone, Kal. 7,7 mm mit rauchlosem Pulver- u. Kupfermantelgeschoß, eingeschraubter fein gezogener Stahllauf, Walze kanneliert, Garnitur fein schwarz oxydiert, mit neuer Patentsicherung am Hahn, gerippter Abzugsbügel, beste Qualität.
Stück **Mk. 17.—**

Erstklassige Taschenrevolver

für Velodog-Patronen, Kal. 5,75 mm, mit rauchlosem Pulver und Mantelgeschoß.

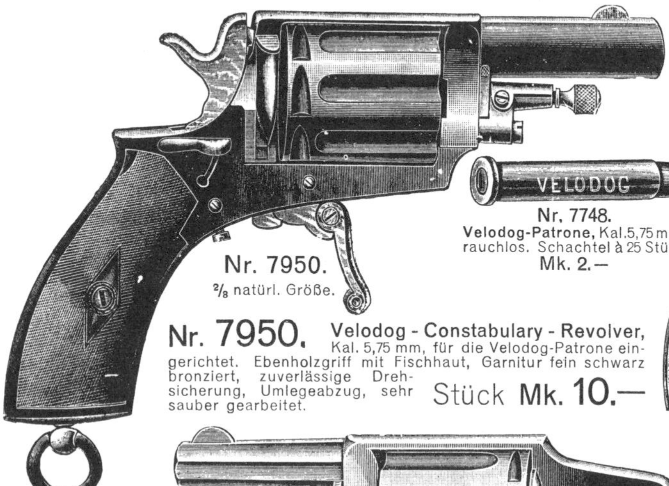

Nr. 7950.
²/₃ natürl. Größe.

Nr. 7748.
Velodog-Patrone, Kal. 5,75 mm, rauchlos. Schachtel à 25 Stück
Mk. 2.–

Nr. 7950. **Velodog - Constabulary - Revolver,** Kal. 5,75 mm, für die Velodog-Patrone eingerichtet. Ebenholzgriff mit Fischhaut, Garnitur fein schwarz bronziert, zuverlässige Drehsicherung, Umlegeabzug, sehr sauber gearbeitet.

Stück **Mk. 10.–**

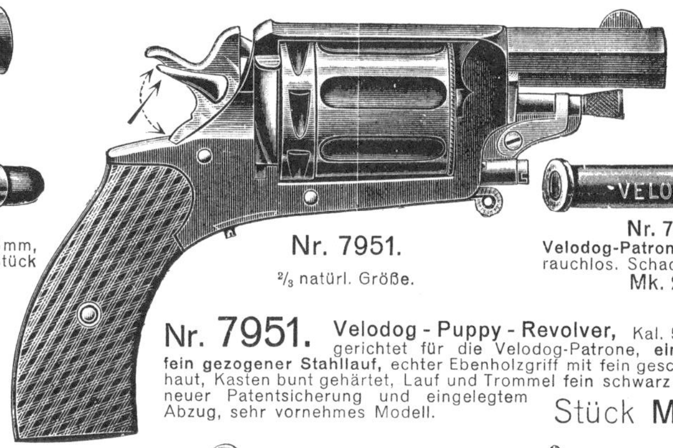

Nr. 7951.
²/₃ natürl. Größe.

Nr. 7748.
Velodog-Patrone, Kal. 5,75 mm, rauchlos. Schachtel à 25 Stück
Mk. 2.–

Nr. 7951. **Velodog - Puppy - Revolver,** Kal. 5,75 mm, eingerichtet für die Velodog-Patrone, **eingeschraubter fein gezogener Stahllauf,** echter Ebenholzgriff mit fein geschnitzter Fischhaut, Kasten bunt gehärtet, Lauf und Trommel fein schwarz bronziert, mit neuer Patentsicherung und eingelegtem Abzug, sehr vornehmes Modell.

Stück **Mk. 18.–**

Nr. 7748.
Velodog-Patrone, Kal. 5,75 mm, rauchlos. Schachtel à 25 Stück
Mk. 2.–

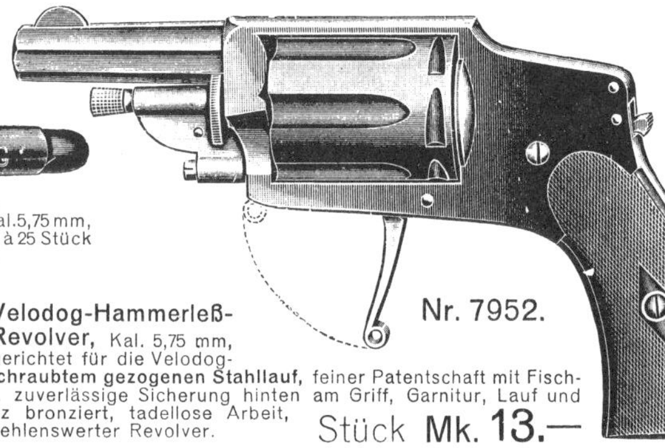

Nr. 7952.

Nr. 7952. **Velodog-Hammerleß-Revolver,** Kal. 5,75 mm, sechsschüssig, eingerichtet für die Velodog-Patrone, mit **eingeschraubtem gezogenen Stahllauf,** feiner Patentschaft mit Fischhaut, Einlegeabzug, zuverlässige Sicherung hinten am Griff, Garnitur, Lauf und Walze fein schwarz bronziert, tadellose Arbeit, eleganter und empfehlenswerter Revolver.

Stück **Mk. 13.–**

Nr. 7748.
Velodog-Patrone, Kal. 5,75 mm, rauchlos. Schachtel à 25 Stück
Mk. 2.–

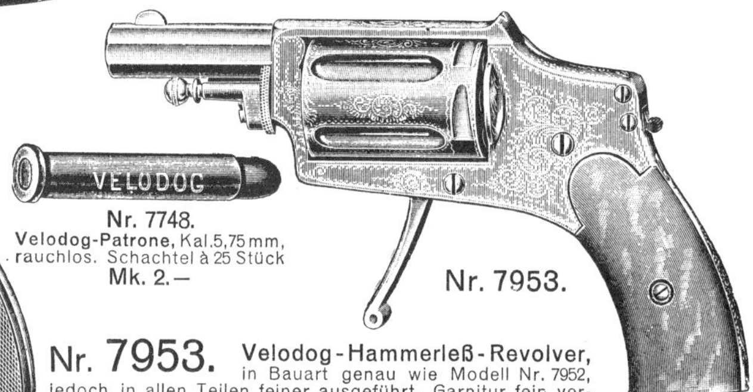

Nr. 7953.

Nr. 7953. **Velodog - Hammerleß - Revolver,** in Bauart genau wie Modell Nr. 7952, jedoch in allen Teilen feiner ausgeführt, Garnitur fein vernickelt und elegant graviert, echter Perlmutterschaft, prima prima Qualität.

Stück **Mk. 22.–**

Nr. 7748.
Velodog-Patrone, Kal. 5,75 mm, rauchlos. Schachtel à 25 Stück
Mk. 2.–

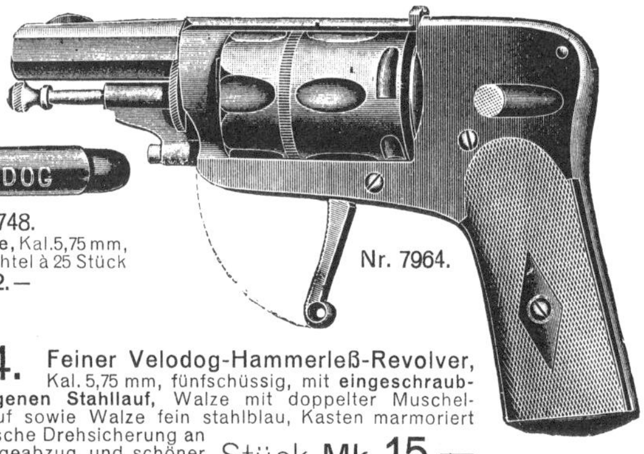

Nr. 7964.

Nr. 7964. **Feiner Velodog-Hammerleß-Revolver,** Kal. 5,75 mm, fünfschüssig, mit **eingeschraubtem fein gezogenen Stahllauf,** Walze mit doppelter Muschelausfräsung, Lauf sowie Walze fein stahlblau, Kasten marmoriert gehärtet, praktische Drehsicherung an der Seite, Einlegeabzug und schöner Patentschaft mit feiner Fischhaut.

Stück **Mk. 15.–**

Nr. 7966.
Mitrailleusen-Revolver, elfschüssig, sehr handlich gebaut, Trommel für 11 Velodog-Patronen eingerichtet, **eingeschraubter, gezogener Stahllauf,** dieser sowie die fein ausgefräste Walze fein poliert und engl. blau, Kasten marmoriert gehärtet, Schaft aus Nußholz mit Fischhaut, Abzug in den Kasten einlegbar, beste Ausarbeitung aller einzelnen Teile.

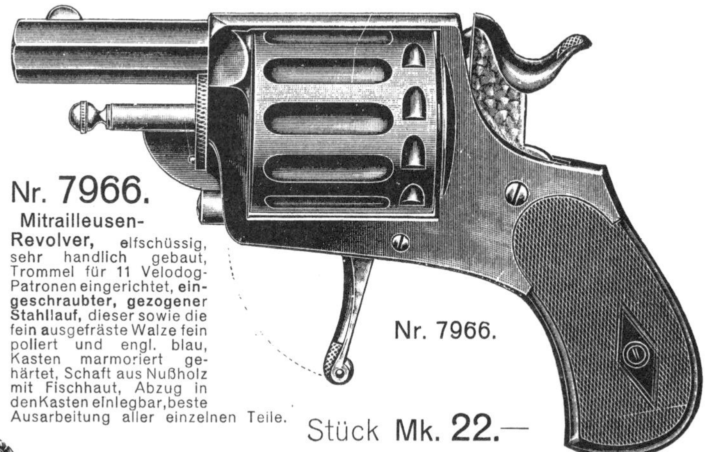

Nr. 7966.

Stück **Mk. 22.–**

Zentralfeuer-Revolver
Modell Smith & Wesson.

Extra prima Qualität.

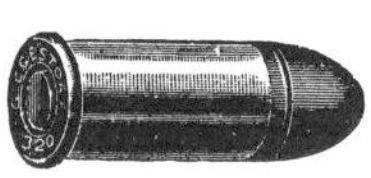

Nr. 7731. **Revolver-Kugel-Patrone,** Kal. 320 = 7 mm.

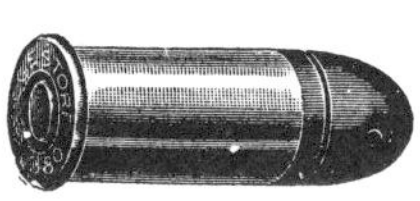

Nr. 7734. **Revolver-Kugel-Patrone,** Kal. 380 = 9 mm.

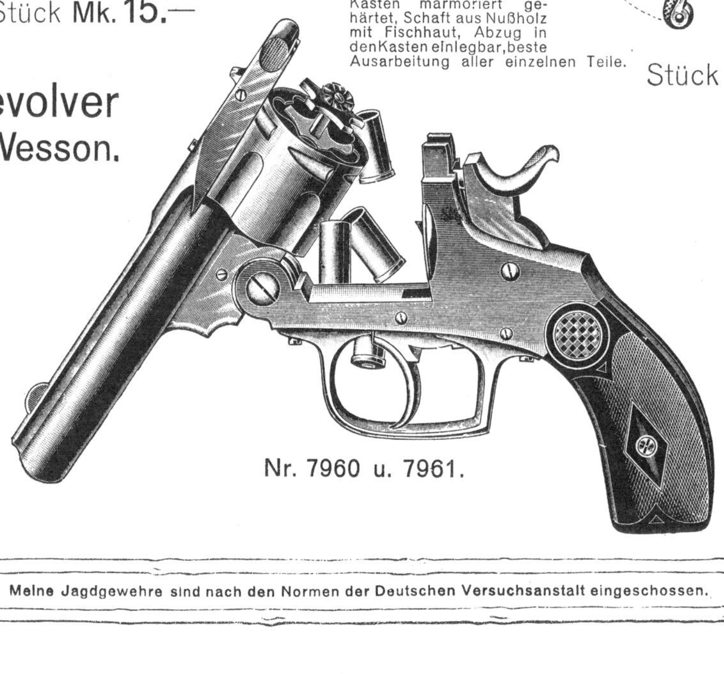

Nr. 7960 u. 7961.

Nr. 7960.
Zentralfeuer-Revolver Modell Smith & Wesson mit selbsttätigem Patronenauswerfer, Lauf gezogen, Garnitur fein vernickelt, Abzugsbügel mit elegantem Kautschukgriff, Kal. 320 = 7 mm.

Stück **Mk. 10.20**

Nr. 7961.
Derselbe Revolver wie Modell Nr. 7960, jedoch etwas größer und stärker, für Zentralfeuer-Patrone Kal. 380 = 9 mm.

Stück **Mk. 11.–**

Moderne Waffen ▫ Munition ▫ Jagdgeräte

AUGUST STUKENBROK, EINBECK

Anerkannt leistungsfähiges Etablissement dieser Branche

Extra stabile Polizei- und Armee-Revolver.

Diese Revolver sind mit ganz besonderer Sorgfalt gearbeitet, reguliert und eingeschossen.

Nr. 7731.
Revolver-Kugelpatrone,
Kal. 320 = 7 mm.

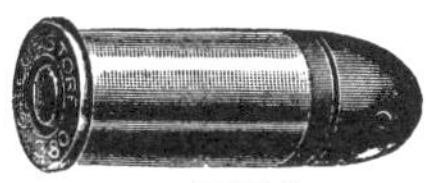

Nr. 7734.
Revolver-Kugelpatrone,
Kal. 380 = 9 mm.

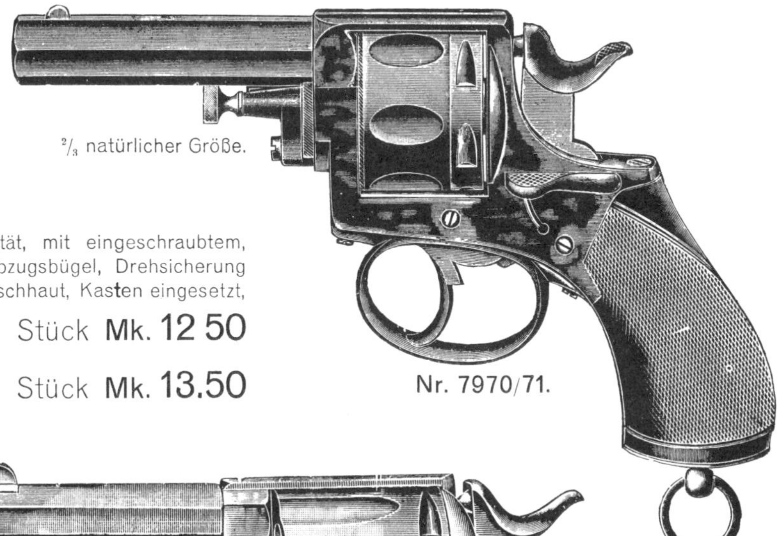

²/₃ natürlicher Größe.

Nr. 7970/71.

Polizei-Revolver.

Nr. 7970. **Constabulary-Polizei-Revolver**, prima Qualität, mit eingeschraubtem, fein gezogenem Stahllauf, sechsschüssig, Abzugsbügel, Drehsicherung an der linken Seite, Nußholzgriff aus einem Stück mit feiner Fischhaut, Kasten eingesetzt, Lauf und Walze fein schwarz, Kal. 320 = 7 mm. **In allen Teilen sehr solide gearbeitet.** Stück **Mk. 12 50**

Nr. 7971. Derselbe Revolver, **jedoch etwas größer und stärker gebaut** und für Zentralfeuer-Patrone Kal. 380 = 9 mm eingerichtet. Stück **Mk. 13.50**

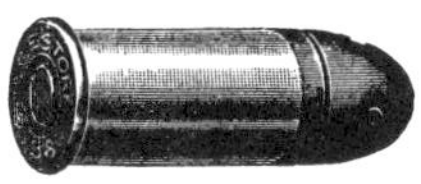

Nr. 7734. **Revolverkugel-Patrone,**
Kal. 380 = 9 mm.

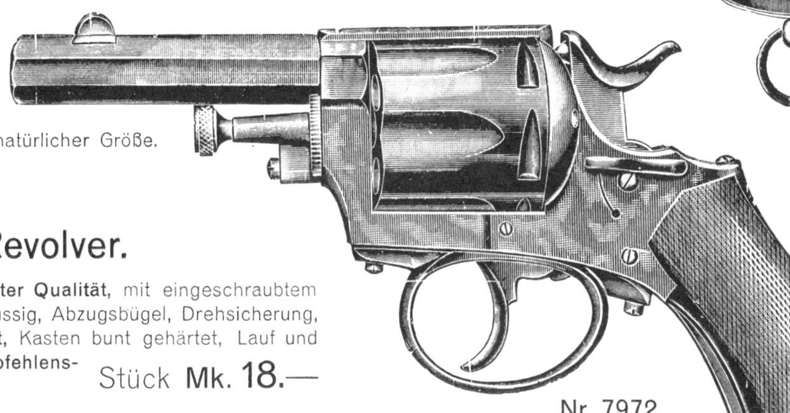

²/₃ natürlicher Größe.

Nr. 7972.

Polizei-Offizier-Revolver.

Nr. 7972. **Berliner Polizei-Revolver in feinster Qualität,** mit eingeschraubtem Stahllauf, fein gezogen, sechsschüssig, Abzugsbügel, Drehsicherung, **Nußholzgriff aus einem Stück mit feiner Fischhaut,** Kasten bunt gehärtet, Lauf und Walze fein blauschwarz, Kal. 380 = 9 mm. **Sehr empfehlenswerter Revolver.** Stück **Mk. 18.—**

²/₃ natürlicher Größe.

Nr. 7975.

Militär-Revolver

für Armee-Patrone Kal. 10,8 mm.

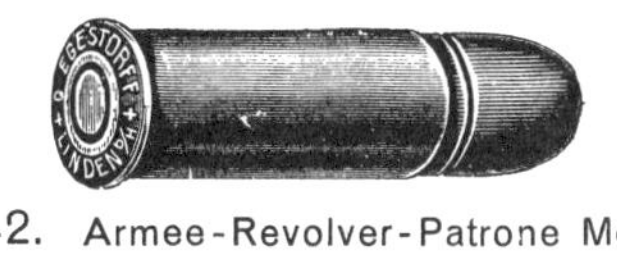

Nr. 7742. **Armee-Revolver-Patrone Modell 83,**
mit massivem Boden, in Schachteln à 25 Stück.
100 Stück **Mk. 7.60**

Offizier-Revolver

für die deutsche Armee-Revolver-Patrone Modell 79/83.

Nr. 7975. **Militär-Revolver** für Reichsrevolver-Patrone Kal. 10,8 mm eingerichtet, mit eingeschraubtem fein gezogenen Stahllauf, Walze elegant aufgefräst, Drehsicherung an der Seite, Abzugsbügel, Garnitur fein schwarz oxydiert, schöner Nußholz-Fischhautschatt mit Ring am Griff, ganze Länge ca. 23 cm. **Sehr beliebter und viel gekaufter Offizier-Revolver.** Stück **Mk. 14.—**

Moderne Waffen ▫ Munition ▫ Jagdgeräte

AUGUST STUKENBROK, EINBECK

Anerkannt leistungsfähiges Etablissement dieser Branche

Original-Offizier-Armee-Revolver

in bester Präzisionsausführung.

Extra prima Qualität. ∴ Garantie für beste Schußleistung und Funktion.

∴ Länge 28 cm. ∴
Gewicht ca. 860 g.
3/4 natürlicher Größe.

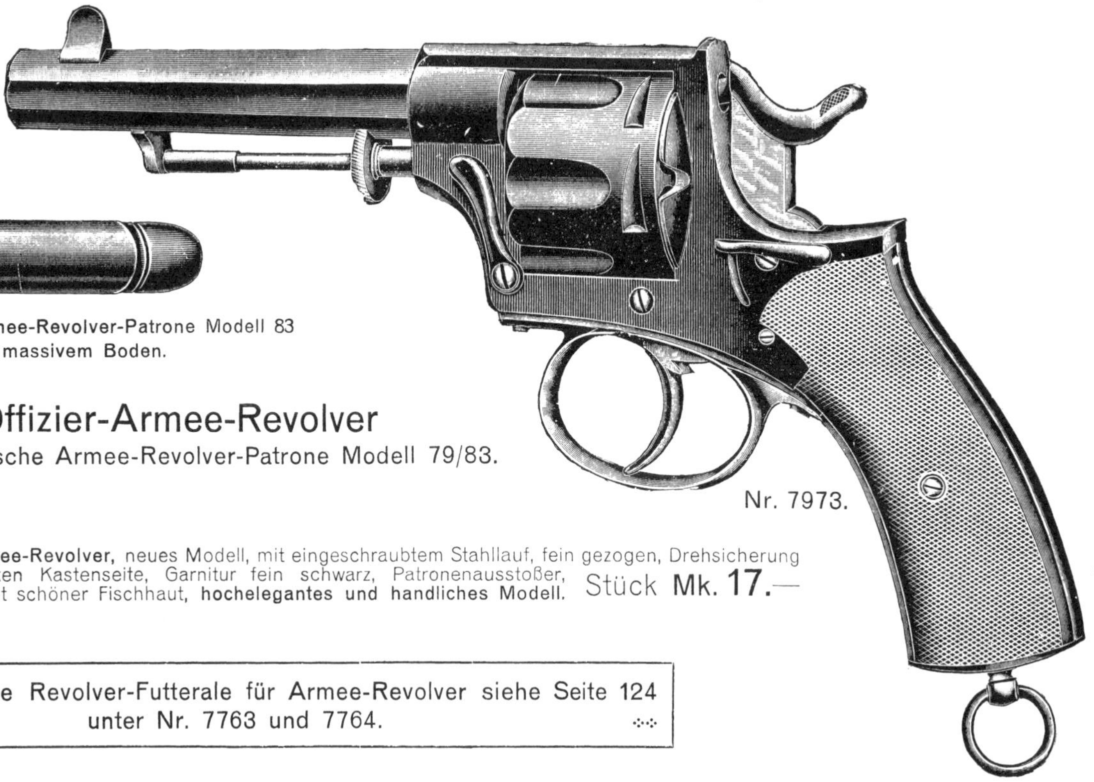

Nr. 7742. Armee-Revolver-Patrone Modell 83 mit massivem Boden.

Offizier-Armee-Revolver

für die deutsche Armee-Revolver-Patrone Modell 79/83.

Nr. 7973.

Nr. 7973. Offizier-Armee-Revolver, neues Modell, mit eingeschraubtem Stahllauf, fein gezogen, Drehsicherung an der linken Kastenseite, Garnitur fein schwarz, Patronenausstoßer, Abzugsbügel, Nußholzgriff mit schöner Fischhaut, **hochelegantes und handliches Modell.** Stück Mk. 17.—

Vorschriftsmäßige Revolver-Futterale für Armee-Revolver siehe Seite 124 unter Nr. 7763 und 7764.

∴ Länge 26 cm. ∴
Gewicht ca. 860 g.
3/4 natürlicher Größe.

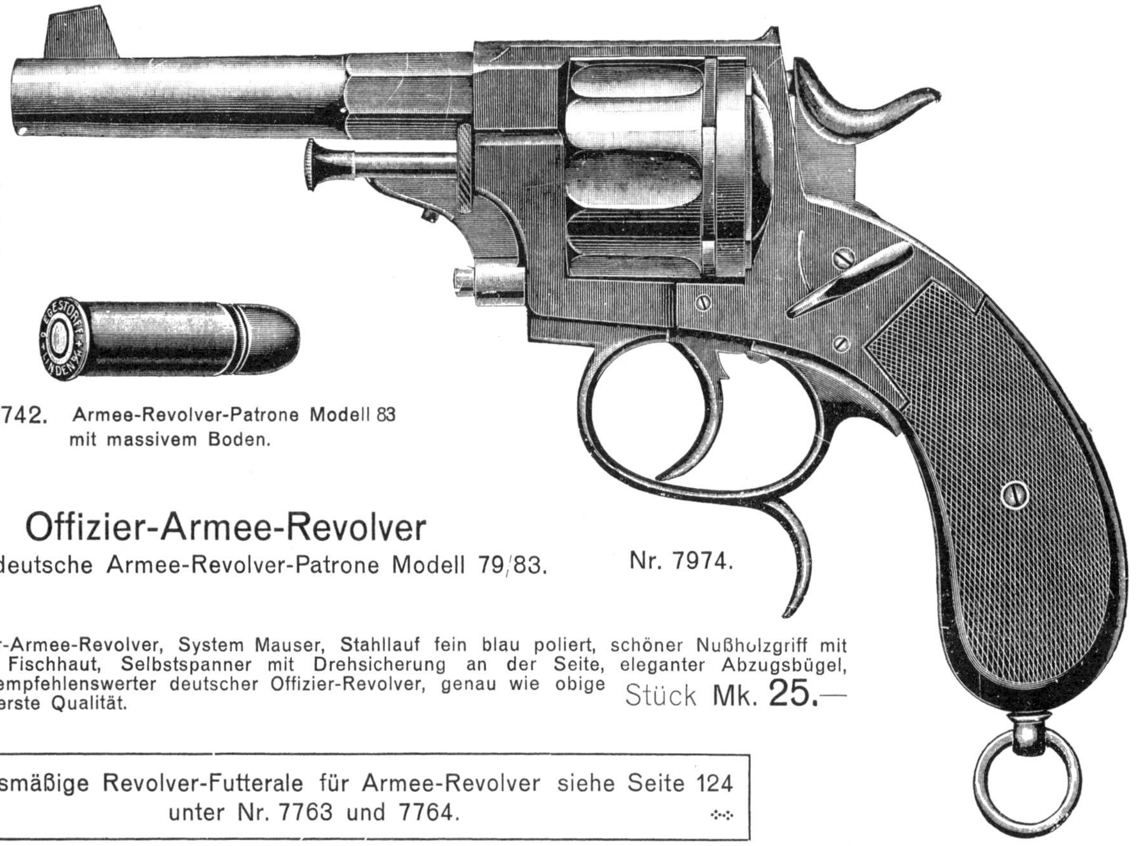

Nr. 7742. Armee-Revolver-Patrone Modell 83 mit massivem Boden.

Offizier-Armee-Revolver

für die deutsche Armee-Revolver-Patrone Modell 79/83.

Nr. 7974.

Nr. 7974. Offizier-Armee-Revolver, System Mauser, Stahllauf fein blau poliert, schöner Nußholzgriff mit feiner Fischhaut, Selbstspanner mit Drehsicherung an der Seite, eleganter Abzugsbügel, beliebtester und sehr empfehlenswerter deutscher Offizier-Revolver, genau wie obige Abbildung zeigt. Allererste Qualität. Stück Mk. 25.—

Vorschriftsmäßige Revolver-Futterale für Armee-Revolver siehe Seite 124 unter Nr. 7763 und 7764.

Jede Waffe wird vor Versand kontrolliert, es wird also nur ausprobierte Ware versandt.

Moderne Waffen ▫ Munition ▫ Jagdgeräte

AUGUST STUKENBROK, EINBECK

Anerkannt leistungsfähiges Etablissement dieser Branche

Empfehlenswerte Radfahrer-Taschenrevolver

für Winchester-Patronen Kal. 22 oder Flobert-Munition Kal. 6 mm.

Nr. 7980.

Prima Qualität!

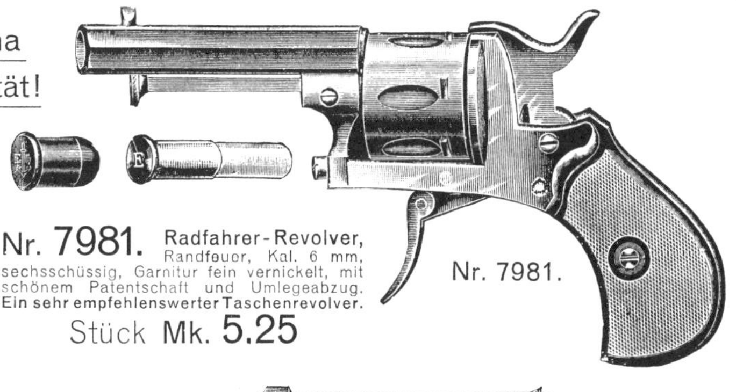

Nr. 7981.

Nr. 7980. Radfahrer-Revolver, Randfeuer, Kal. 6 mm, sechsschüssig, Garnitur fein vernickelt, glatter Nußholzschaft, Umlegeabzug. **Ein viel gekaufter Revolver.**

Stück Mk. 5.—

Nr. 7981. Radfahrer-Revolver, Randfeuer, Kal. 6 mm, sechsschüssig, Garnitur fein vernickelt, mit schönem Patentschaft und Umlegeabzug. **Ein sehr empfehlenswerter Taschenrevolver.**

Stück Mk. 5.25

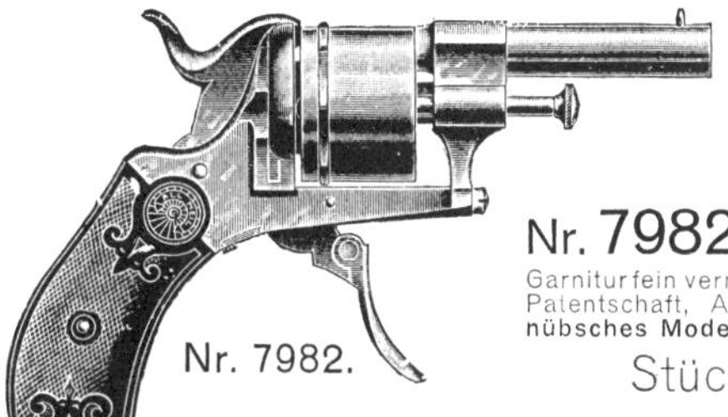

Nr. 7982.

Prima Qualität!

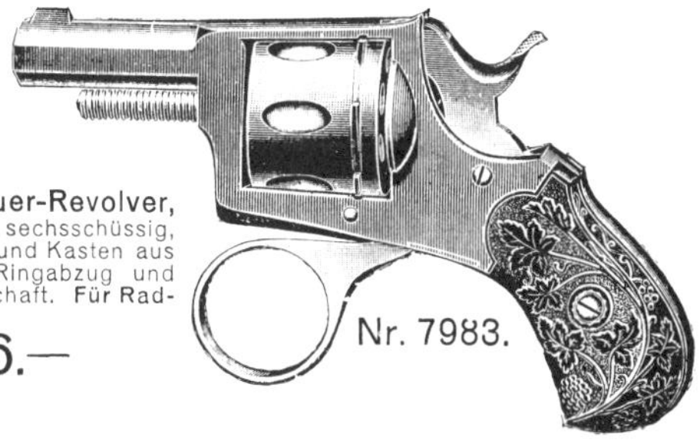

Nr. 7983.

Nr. 7982. Randfeuer-Revolver, Kal. 6 mm, achtschüssig, Garnitur fein vernickelt, mit elegant verziertem Patentschaft, Abzug zum Umlegen. **Sehr nübsches Modell.**

Stück Mk. 5.75

Nr. 7983. Randfeuer-Revolver, Kal. 6 mm, sechsschüssig, Garnitur fein vernickelt, Lauf und Kasten aus einem Stück, mit Schiene, Ringabzug und schön verziertem Kautschukschaft. **Für Radfahrer sehr gut geeignet.**

Stück Mk. 6.—

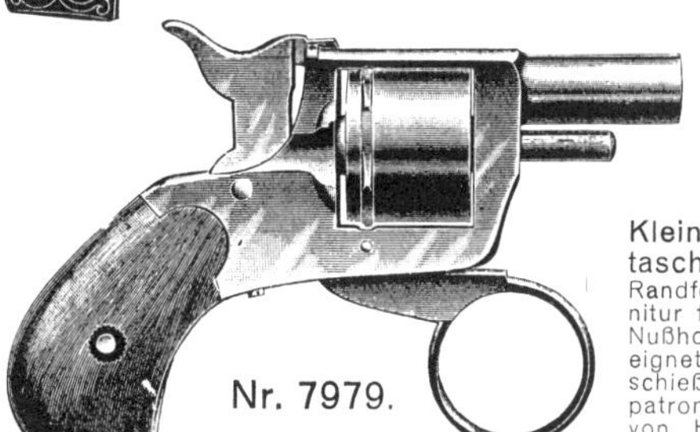

Nr. 7979.

Radfahrer-Revolver „Teutonia".

Nr. 7979.

Kleiner Radfahrer-Westentaschen-Revolver, Kal. 6 mm, Randfeuer, mit Ringabzug, Garnitur fein vernickelt, mit glattem Nußholzschaft. Dieser Revolver eignet sich sehr gut zum Verschießen von Randfeuer-Platzpatronen Nr. 7776 zwecks Abwehr von Hunden und belästigende Personen.

Stück Mk. 2.80

Prima Qualität!

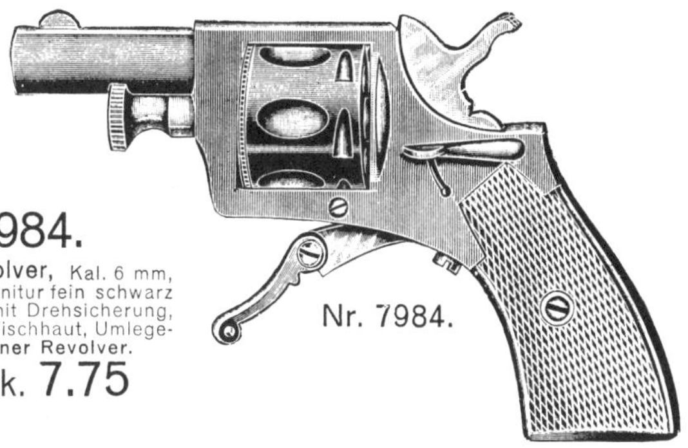

Nr. 7984.

Nr. 7984.

Radfahrer-Revolver, Kal. 6 mm, sechsschüssig, Garnitur fein schwarz oxydiert, System mit Drehsicherung, Nußholzschaft mit Fischhaut, Umlegeabzug. **Ein moderner Revolver.**

Stück Mk. 7.75

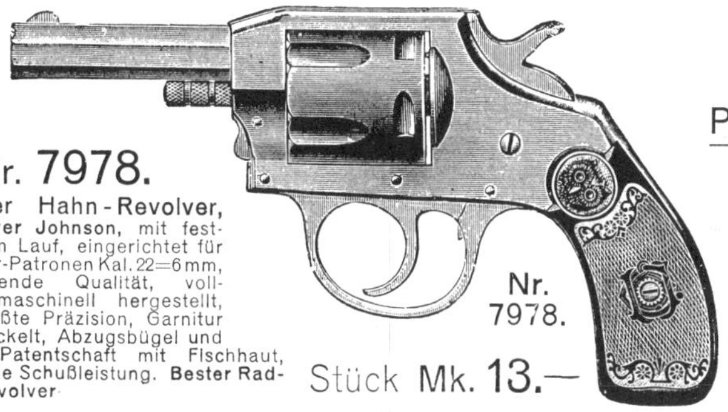

Nr. 7978.

Nr. 7978.

Eleganter Hahn-Revolver, Modell Iver Johnson, mit feststehendem Lauf, eingerichtet für Randfeuer-Patronen Kal. 22=6 mm, hervorragende Qualität, vollständig maschinell hergestellt, daher größte Präzision, Garnitur fein vernickelt, Abzugsbügel und schöner Patentschaft mit Fischhaut, vorzügliche Schußleistung. **Bester Radfahrer-Revolver.**

Stück Mk. 13.—

Prima Qualität!

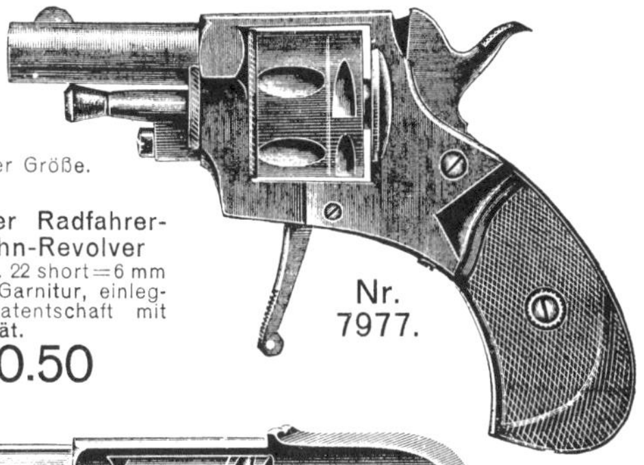

Nr. 7977.

ca. 3/4 natürlicher Größe.

Nr. 7977. Feiner Radfahrer-Hahn-Revolver (Westentaschen-Modell) Kal. 22 short=6 mm Randfeuer, fein vernickelte Garnitur, einlegbarer Abzug, schöner Patentschaft mit Fischhaut, **hochfeine Qualität.**

Stück Mk. 10.50

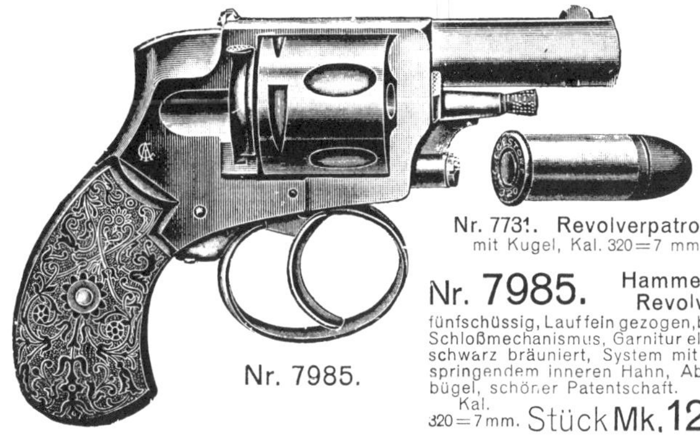

Nr. 7985.

Nr. 7731. Revolverpatrone mit Kugel, Kal. 320=7 mm.

Nr. 7731. Revolverpatrone mit Kugel, Kal. 320=7 mm.

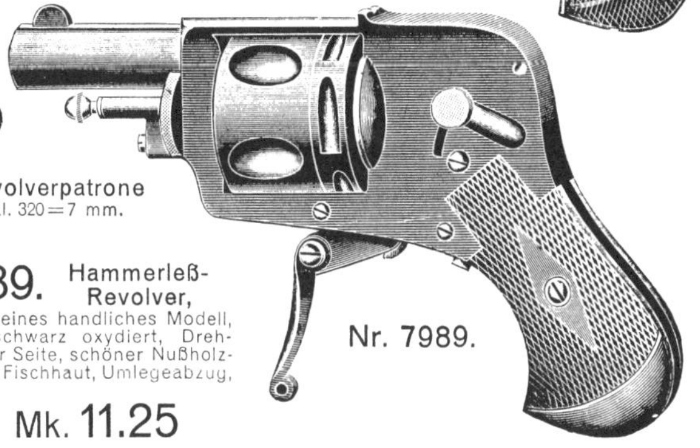

Nr. 7989.

Nr. 7985. Hammerleß-Revolver, fünfschüssig, Lauf fein gezogen, bester Schloßmechanismus, Garnitur elegant schwarz bräuniert, System mit rückspringendem inneren Hahn, Abzugsbügel, schöner Patentschaft. Kal. 320=7 mm.

Stück Mk. 12.—

Nr. 7989. Hammerleß-Revolver, fünfschüssig, kleines handliches Modell, Garnitur fein schwarz oxydiert, Drehsicherung an der Seite, schöner Nußholzschaft mit feiner Fischhaut, Umlegeabzug, Kal. 320=7 mm.

Stück Mk. 11.25

Die günstige Aufnahme meiner Schußwaffen in Jägerkreisen beweist deren Güte.

Revolver-Patronen, extra beste Qualität,
garantiert versager- und rostfrei.

Nr. 7776. Revolver-Patrone mit Randzündung, Kaliber 230, kurz, mit Pulverladung. Blechschachtel von 100 Stück Mk. —.95

Nr. 7777. Revolver-Patrone mit Randzündung, Kaliber 230, kurz, mit Schrotladung. Blechschachtel von 100 Stück Mk. 2.20

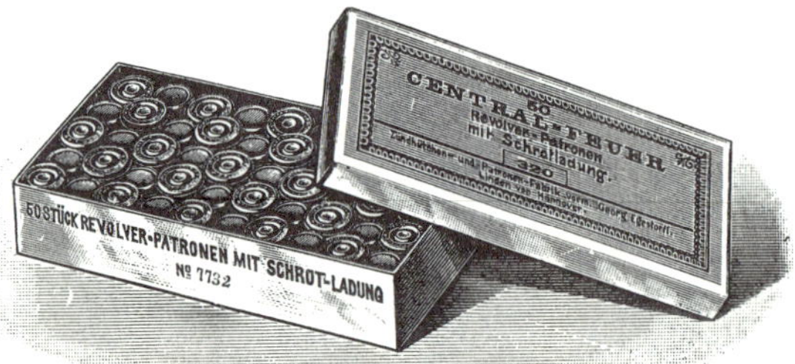

Nr. 7731. Revolver-Patrone mit Zentralzündung, Kaliber 320 = 7 mm, mit Kugelladung. Blechschachtel von 50 Stück Mk. 2.—

Nr. 7739. Dieselbe Patrone, jedoch mit rauchlosem Pulver, geringer Rückstoß. Blechschachtel von 50 Stück Mk. 2.10

Nr. 7734. Revolver-Patrone mit Zentralzündung, Kaliber 380 = 9 mm, mit Kugelladung. Blechschachtel von 50 Stück Mk. 2.35

Nr. 7740. Dieselbe Patrone, jedoch mit rauchlosem Pulver, geringer Rückstoß. Blechschachtel von 50 Stück Mk. 2.45

Nr. 7732. Revolver-Patrone mit Zentralzündung, Kaliber 320 = 7 mm, mit Schrotladung. Blechschachtel von 50 Stück Mk. 2.90

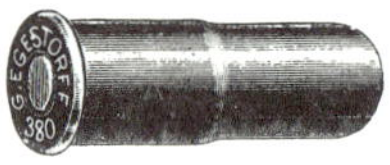

Nr. 7735. Revolver-Patrone mit Zentralzündung, Kaliber 380 = 9 mm, mit Schrotladung. Blechschachtel von 50 Stück Mk. 3.50

Nr. 7730. Revolver-Platzpatrone mit Zentralzündung, Kaliber 320 = 7 mm, mit Pulverladung. Blechschachtel von 50 Stück. Mk. 1.80

Nr. 7741. Dieselbe Patrone, jedoch mit rauchlosem Pulver, lauter Knall. Blechschachtel von 50 Stück Mk. 1.90

Nr. 7733. Revolver-Platzpatrone mit Zentralzündung, Kaliber 380 = 9 mm, mit Pulverladung. Blechschachtel von 50 Stück Mk. 2.15

Nr. 7746. Dieselbe Patrone, jedoch mit rauchlosem Pulver, sehr lauter Knall. Blechschachtel von 50 Stück Mk. 2.25

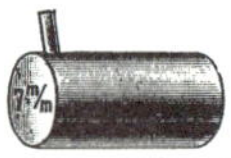

Nr. 7736. Lefaucheux-Revolverpatrone, Kaliber 7 mm, nur mit Pulver gefüllt, Blechschachtel von 50 Stück Mk. 1.20

Nr. 7737. Lefaucheux-Revolverpatrone, Kaliber 7 mm, mit Kugel, Blechschachtel von 50 Stück Mk. 1.35

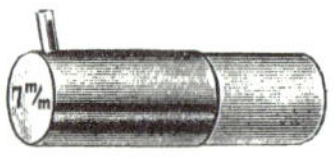

Nr. 7738. Lefaucheux-Revolverpatrone, Kaliber 7 mm, mit Schrotladung. Blechschachtel von 50 Stück Mk. 2.30

Nr. 7742. Zentralfeuer-Revolver-patrone, Modell 83, massiv (Deutsche Armeepatrone), Blechschachtel von 25 Stück Mk. 1.90

Nr. 7745. Zentralfeuer-Revolver-patrone, Mod. 83, ohne massiven Boden, jedoch Schrotpatrone, Blechschachtel von 25 Stück Mk. 2.—

Nr. 7743. Zentralfeuer-Revolver-patrone, Mod. 83, ohne massiven Boden, Blechschachtel von 25 Stück Mk. 1.40

Nr. 7744. Zentralfeuer-Revolver-patrone, Mod. 83, ohne massiven Boden, jedoch Platzpatrone, Blechschachtel von 25 Stück Mk. 1.30

Nr. 7774. Revolver-Feuerwerks-Patrone, Kaliber 320 = 7 mm, also zu 7 mm-Revolvern passend. Karton, enthaltend 20 Stück Mk. —.95

Nr. 7775. Revolver-Feuerwerks-Patrone, Kaliber 380 = 9 mm, also zu 9 mm-Revolvern passend. Karton, enthaltend 20 Stück Mk. 1.05

Bei Bezug von Revolver-Patronen biete ich meinen werten Abnehmern noch folgende Versand-Vorteile:
Munitionssendungen im Werte von Mk. 3.— liefere ich portofrei.
Munitionssendungen im Werte von Mk. 5.— liefere ich porto- und verpackungsfrei.
Munitionssendungen im Werte von Mk. 10.— liefere ich porto- und verpackungsfrei mit 5% Rabatt.
Munitionssendungen im Werte von Mk. 30.— liefere ich porto- und verpackungsfrei mit 10% Rabatt.
Lefaucheux-Patronen sind von dieser Vergünstigung ausgeschlossen.
In Anbetracht der hervorragenden Qualität meiner Munition ist mein Angebot darin wirklich ohne Konkurrenz.

Der Versand von Lefaucheux-Patronen darf nur per Bahn geschehen, Postsendungen darin können also nicht gemacht werden.

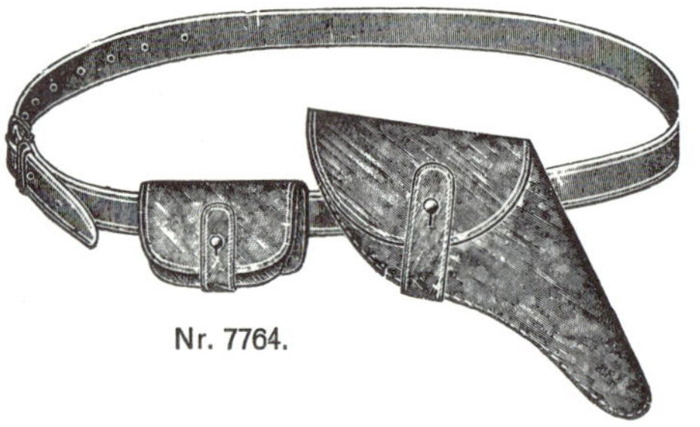

Nr. 7764.

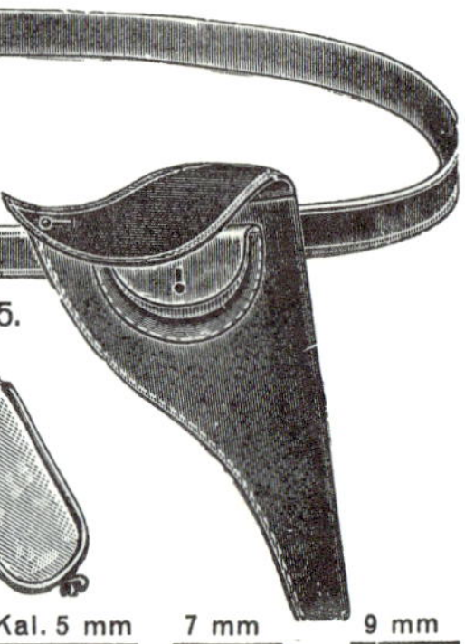

Nr. 7763 und 7765.

Nr. 7760.

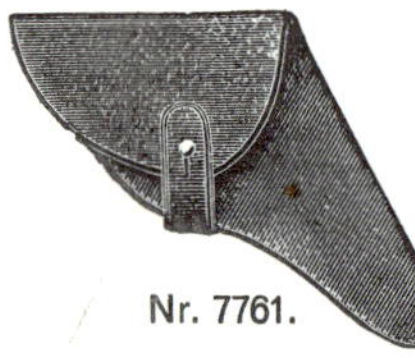

Nr. 7761.

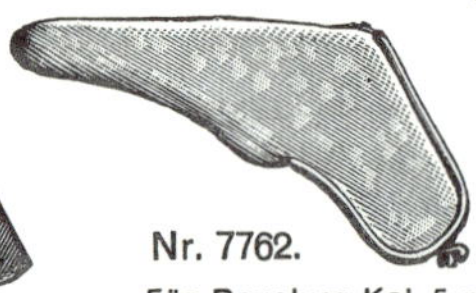

Nr. 7762.

			Für Revolver Kal. 5 mm	7 mm	9 mm
Nr. 7760.	**Revolver-Futteral** aus schwarz Chagrin-Rindleder mit Druckknopf	Stück Mk.	—.50	—.60	—.70
Nr. 7761.	**Revolver-Futteral** aus kaffeebraunem leichten Rindleder, innen mit grünem Flanellfutter, Schlaufe u. Messingknopf	Stück Mk.	—.70	—.85	1.—
Nr. 7762.	**Revolver-Futteral** mit Neusilberbügel aus grauem Sämisch-Leder mit Lederfutter	Stück Mk.	1.—	1.30	1.50
Nr. 7763.	**Armee-Revolver-Futteral** aus schwerem, schwarzem prima Rindleder mit Patronentasche und Leibriemen	Stück Mk.	2.75		
			7 mm	9 mm	Armee
Nr. 7764.	**Polizei- und Armee-Revolver-Futteral** aus bestem kaffeebraunen Rindleder mit Leibriemen und separatem Patronen-Täschchen	Stück Mk.	2.30	2.50	3.—
Nr. 7765.	**Original-Polizei-Revolver-Futteral** aus prima Kernleder, schokoladenbraun mit Leibriemen und Patronentasche	Stück Mk.	4.75		
Nr. 7784.	**Leibriemen für Revolver-Futterale passend,** aus prima kaffeebraunem Rindleder mit Schnalle und Schlaufe	Stück Mk.	0.70		

Moderne Waffen ▫ Munition ▫ Jagdgeräte

AUGUST STUKENBROK, EINBECK

Anerkannt leistungsfähiges Etablissement dieser Branche

Flobert-, Salon-, Scheiben-, Jagd- und Kunstschützen-Pistolen.

Prima Qualität. ∴ Sauberste Arbeit.

Mit nachstehenden Pistolen biete ich das Beste, was in diesen Modellen geliefert werden kann.

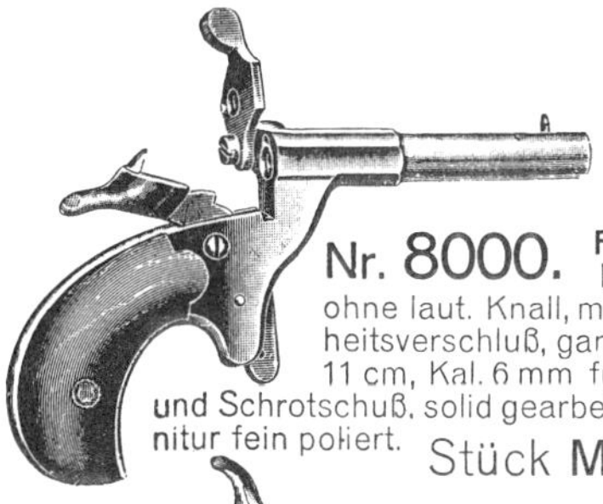

Nr. 8000.

Nr. 8000. Flobert-Pistole, ohne laut. Knall, mit Sicherheitsverschluß, ganze Länge 11 cm, Kal. 6 mm für Kugel- und Schrotschuß, solid gearbeitet, Garnitur fein poliert. Stück Mk. 1.—

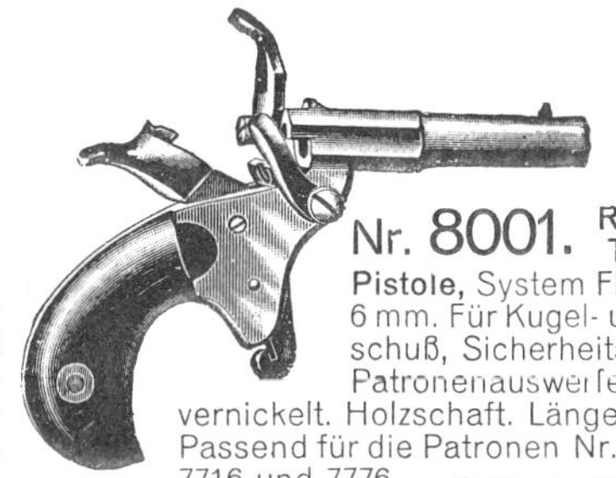

Nr. 8001.

Nr. 8001. Radfahrer-Taschen-Pistole, System Flobert. Kal. 6 mm. Für Kugel- und Schrotschuß, Sicherheitsverschluß, Patronenauswerfer, Garnitur vernickelt. Holzschaft. Länge ca. 12 cm. Passend für die Patronen Nr. 7701, 7702, 7716 und 7776. Stück Mk. 1.10

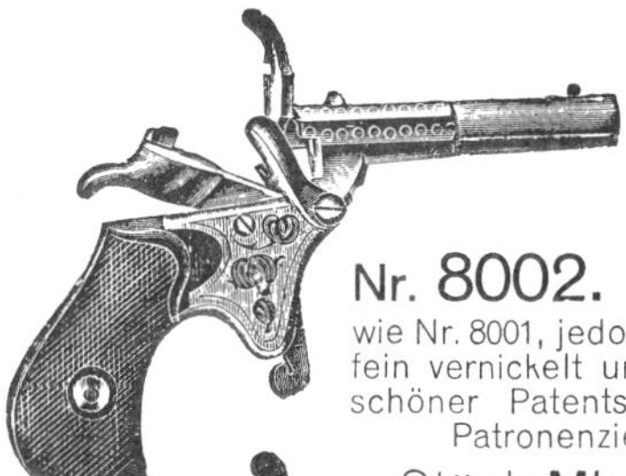

Nr. 8002.

Nr. 8002. Flobert-Pistole wie Nr. 8001, jedoch Garnitur fein vernickelt und graviert, schöner Patentschaft und Patronenzieher. Stück Mk 2.—

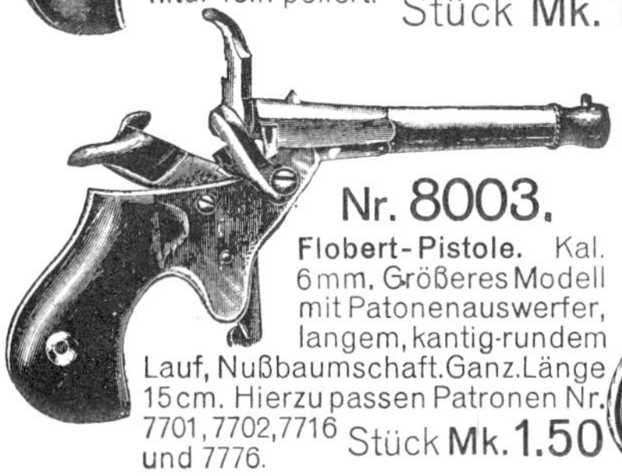

Nr. 8003. Flobert-Pistole. Kal. 6 mm. Größeres Modell mit Patonenauswerfer, langem, kantig-rundem Lauf, Nußbaumschaft. Ganz. Länge 15 cm. Hierzu passen Patronen Nr. 7701, 7702, 7716 und 7776. Stück Mk. 1.50

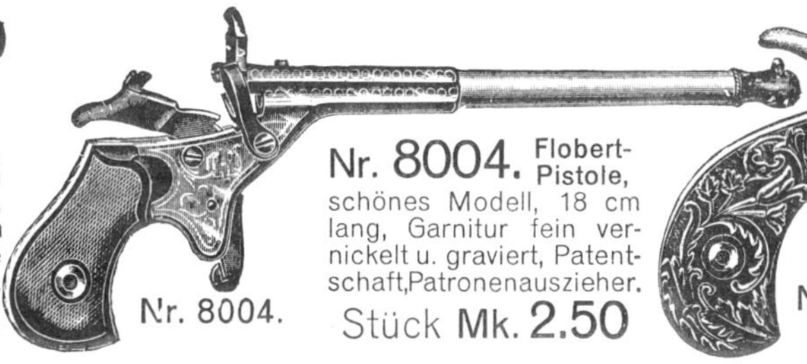

Nr. 8004.

Nr. 8004. Flobert-Pistole, schönes Modell, 18 cm lang, Garnitur fein vernickelt u. graviert, Patentschaft, Patronenauszieher. Stück Mk. 2.50

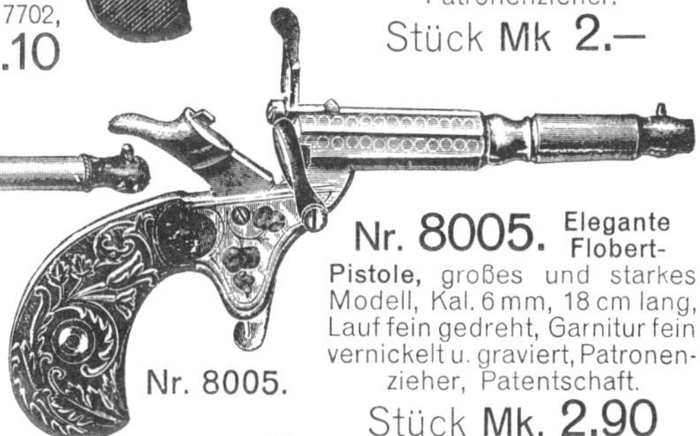

Nr. 8005.

Nr. 8005. Elegante Flobert-Pistole, großes und starkes Modell, Kal. 6 mm, 18 cm lang, Lauf fein gedreht, Garnitur fein vernickelt u. graviert, Patronenzieher, Patentschaft. Stück Mk. 2.90

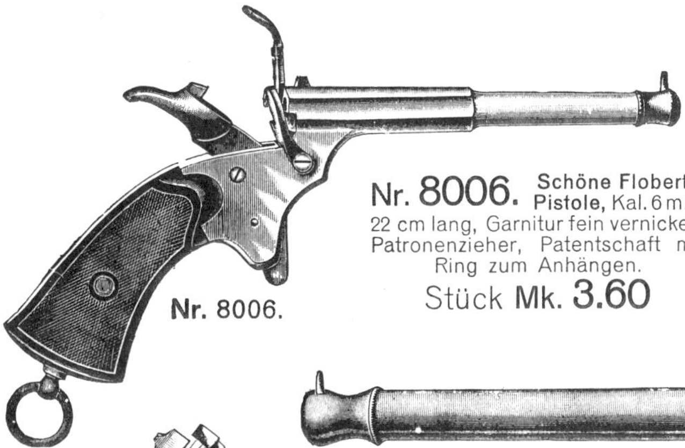

Nr. 8006.

Nr. 8006. Schöne Flobert-Pistole, Kal. 6 mm, 22 cm lang, Garnitur fein vernickelt, Patronenzieher, Patentschaft mit Ring zum Anhängen. Stück Mk. 3.60

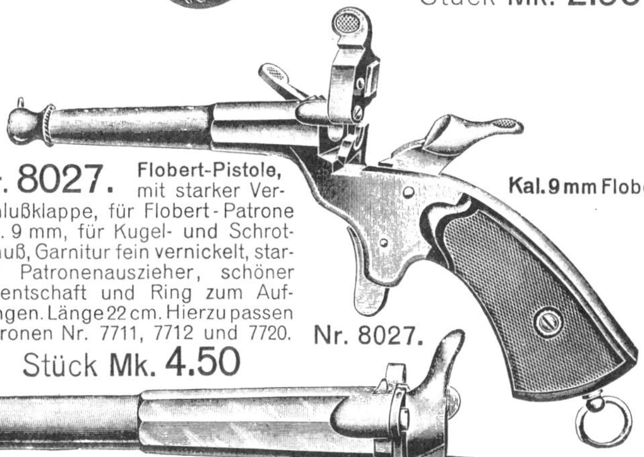

Kal. 9 mm Flobert.

Nr. 8027.

Nr. 8027. Flobert-Pistole, mit starker Verschlußklappe, für Flobert-Patrone Kal. 9 mm, für Kugel- und Schrotschuß, Garnitur fein vernickelt, starker Patronenauszieher, schöner Patentschaft und Ring zum Aufhängen. Länge 22 cm. Hierzu passen Patronen Nr. 7711, 7712 und 7720. Stück Mk. 4.50

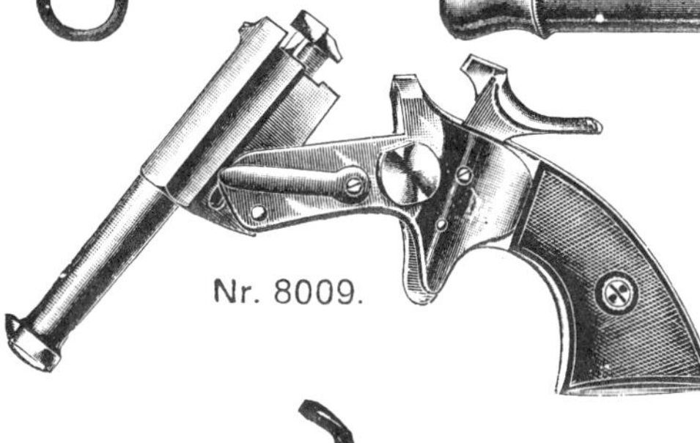

Nr. 8009.

Nr. 8009. Flobert-Pistole, Kal. 6 mm, 16 cm lang, Lauf zum Aufklappen, mit selbsttätigem Patronenauswerfer, Garnitur fein vernickelt, Patentschaft. Stück Mk. 7.

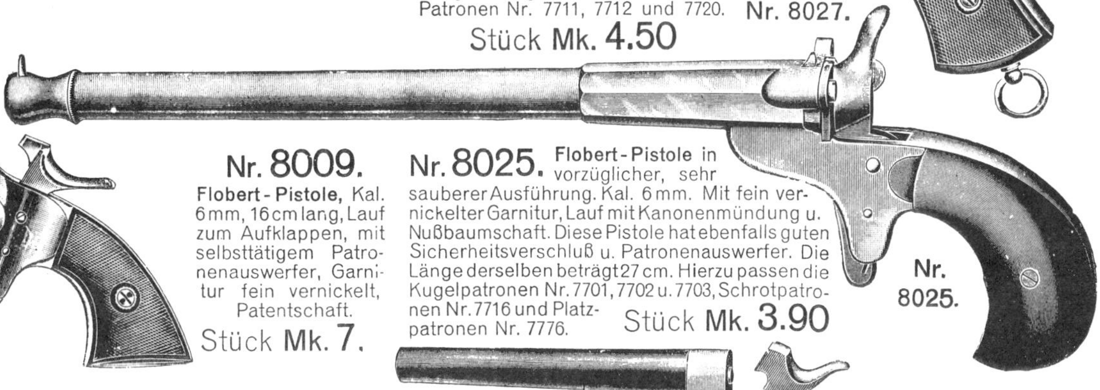

Nr. 8025.

Nr. 8025. Flobert-Pistole in vorzüglicher, sehr sauberer Ausführung. Kal. 6 mm. Mit fein vernickelter Garnitur, Lauf mit Kanonenmündung u. Nußbaumschaft. Diese Pistole hat ebenfalls guten Sicherheitsverschluß u. Patronenauswerfer. Die Länge derselben beträgt 27 cm. Hierzu passen die Kugelpatronen Nr. 7701, 7702 u. 7703, Schrotpatronen Nr. 7716 und Platzpatronen Nr. 7776. Stück Mk. 3.90

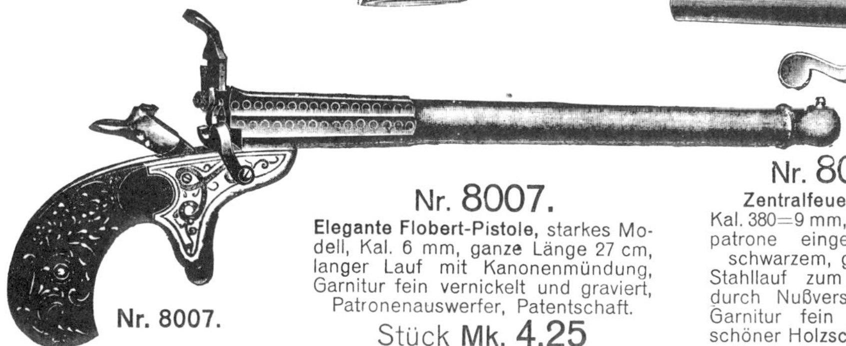

Nr. 8007.

Nr. 8007. Elegante Flobert-Pistole, starkes Modell, Kal. 6 mm, ganze Länge 27 cm, langer Lauf mit Kanonenmündung, Garnitur fein vernickelt und graviert, Patronenauswerfer, Patentschaft. Stück Mk. 4.25

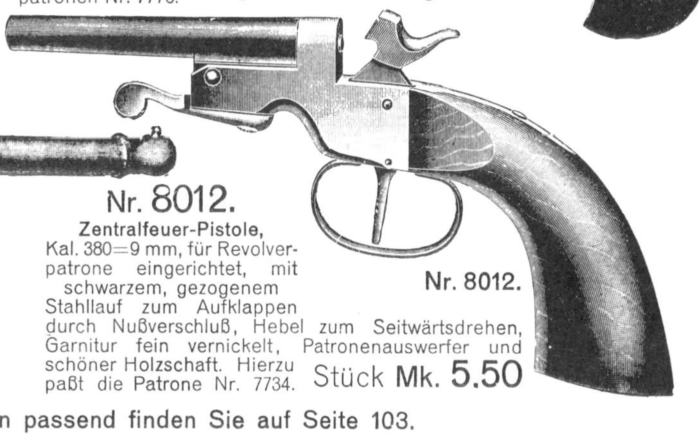

Nr. 8012.

Nr. 8012. Zentralfeuer-Pistole, Kal. 380=9 mm, für Revolverpatrone eingerichtet, mit schwarzem, gezogenem Stahllauf zum Aufklappen durch Nußverschluß, Hebel zum Seitwärtsdrehen, Garnitur fein vernickelt, Patronenauswerfer und schöner Holzschaft. Hierzu paßt die Patrone Nr. 7734. Stück Mk. 5.50

Munition zu vorstehenden Pistolen passend finden Sie auf Seite 103.

Die Vorzüglichkeit meiner Waffen ist weltbekannt.

Sehr solide Jagd- und Scheibenpistolen.

Extra prima Qualität. Sauberste Ausarbeitung. Vorzüglich im Schuß.

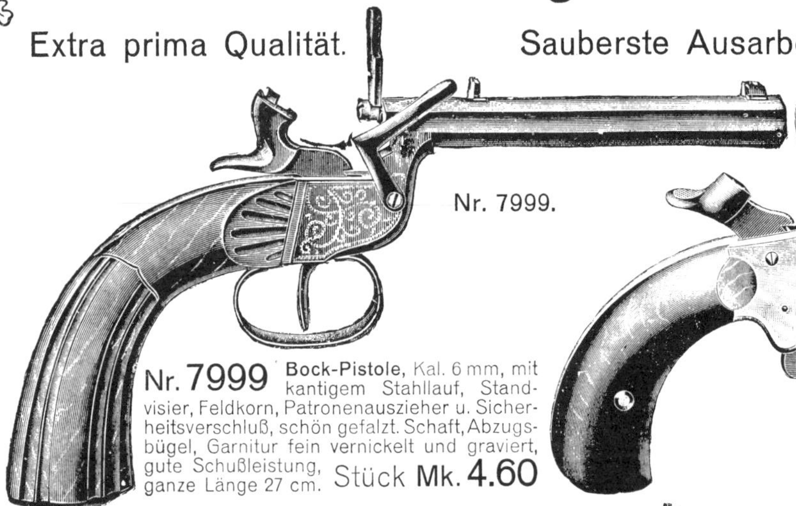

Nr. 7999.

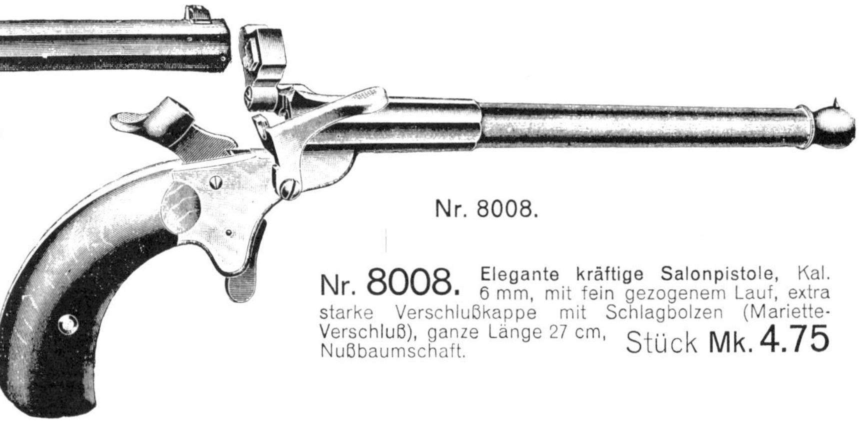

Nr. 8008.

Nr. 7999 **Bock-Pistole,** Kal. 6 mm, mit kantigem Stahllauf, Standvisier, Feldkorn, Patronenauszieher u. Sicherheitsverschluß, schön gefalzt. Schaft, Abzugsbügel, Garnitur fein vernickelt und graviert, gute Schußleistung, ganze Länge 27 cm. Stück Mk. 4.60

Nr. 8008. **Elegante kräftige Salonpistole,** Kal. 6 mm, mit fein gezogenem Lauf, extra starke Verschlußkappe mit Schlagbolzen (Mariette-Verschluß), ganze Länge 27 cm, Nußbaumschaft. Stück Mk. 4.75

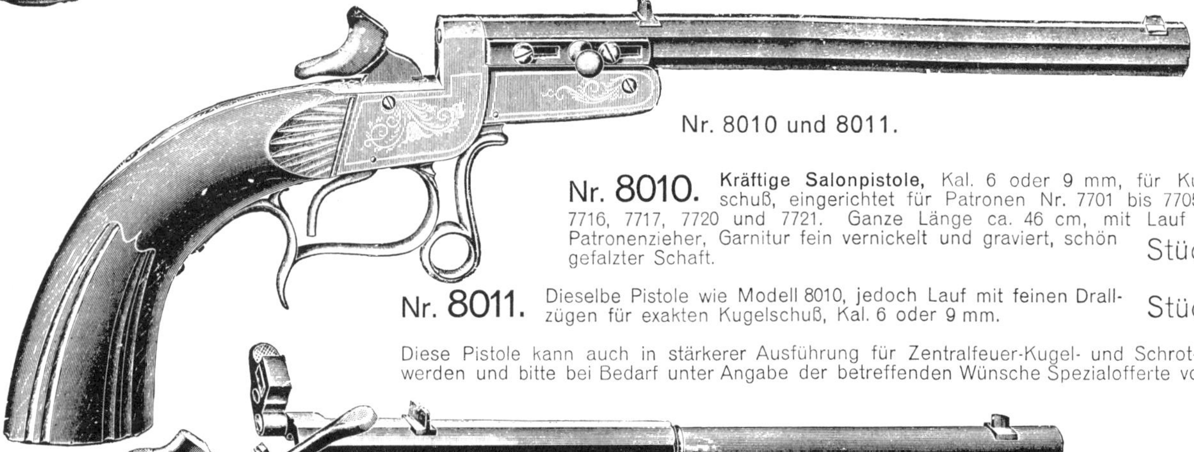

Nr. 8010 und 8011.

Nr. 8010. **Kräftige Salonpistole,** Kal. 6 oder 9 mm, für Kugel- und Schrotschuß, eingerichtet für Patronen Nr. 7701 bis 7705, 7711, 7712, 7713, 7716, 7717, 7720 und 7721. Ganze Länge ca. 46 cm, mit Lauf zum Aufklappen, Patronenzieher, Garnitur fein vernickelt und graviert, schön gefalzter Schaft. Stück Mk. 7.40

Nr. 8011. Dieselbe Pistole wie Modell 8010, jedoch Lauf mit feinen Drallzügen für exakten Kugelschuß, Kal. 6 oder 9 mm. Stück Mk. 8.—

Diese Pistole kann auch in stärkerer Ausführung für Zentralfeuer-Kugel- und Schrot-Patronen geliefert werden und bitte bei Bedarf unter Angabe der betreffenden Wünsche Spezialofferte von mir einzuholen.

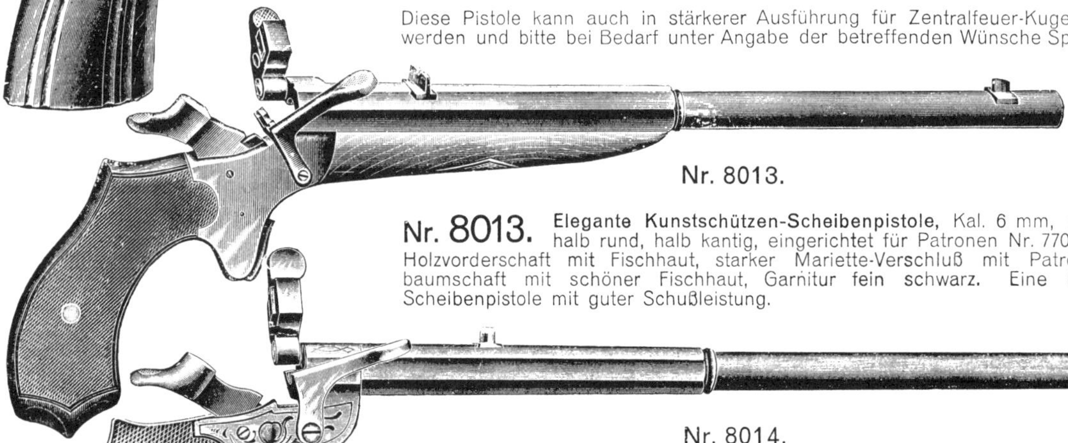

Nr. 8013.

Nr. 8013. **Elegante Kunstschützen-Scheibenpistole,** Kal. 6 mm, **mit fein gezogenem Stahllauf,** halb rund, halb kantig, eingerichtet für Patronen Nr. 7701 bis 7705, ganze Länge 32 cm, Holzvorderschaft mit Fischhaut, starker Mariette-Verschluß mit Patronenauszieher, eleganter Nußbaumschaft mit schöner Fischhaut, Garnitur fein schwarz. Eine billige Scheibenpistole mit guter Schußleistung. Stück Mk. 7.75

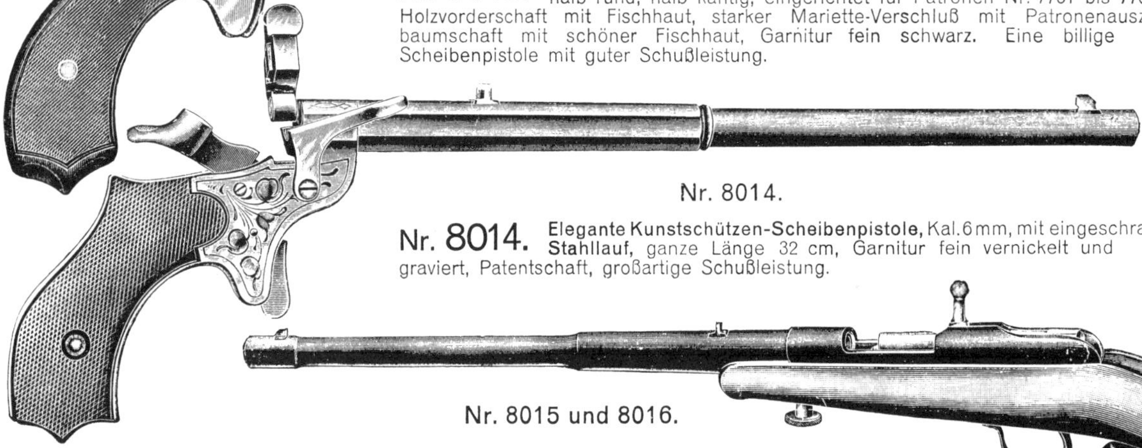

Nr. 8014.

Nr. 8014. **Elegante Kunstschützen-Scheibenpistole,** Kal. 6 mm, mit eingeschraubtem, **fein gezogenem Stahllauf,** ganze Länge 32 cm, Garnitur fein vernickelt und graviert, Patentschaft, großartige Schußleistung. Stück Mk. 7.50

Nr. 8015 und 8016.

Nr. 8015. **Elegante Scheibenpistole,** System Mauser, Kal. 6 oder 9 mm, Lauf fein gezogen, eingerichtet für Patronen Nr. 7701 bis 7705 und 7711 bis 7713, Standvisier und Feldkorn, solides Schloß, Garnitur fein schwarz, sehr bequeme arabische Schäftung, Abzugsbügel, ganze Länge ca. 50 cm. Stück Mk. 9.—

Nr. 8016. Dieselbe Pistole wie Modell 8015, jedoch mit sehr solidem Stechschloß, Schraubvisier und Perlkorn. Stück Mk. 13.50

Scheiben-Pistolen in empfehlenswerter Ausführung.

Garantiert gute Schußleistung. ∴ Solide Bauart.
Feinste Präzisionsarbeit.

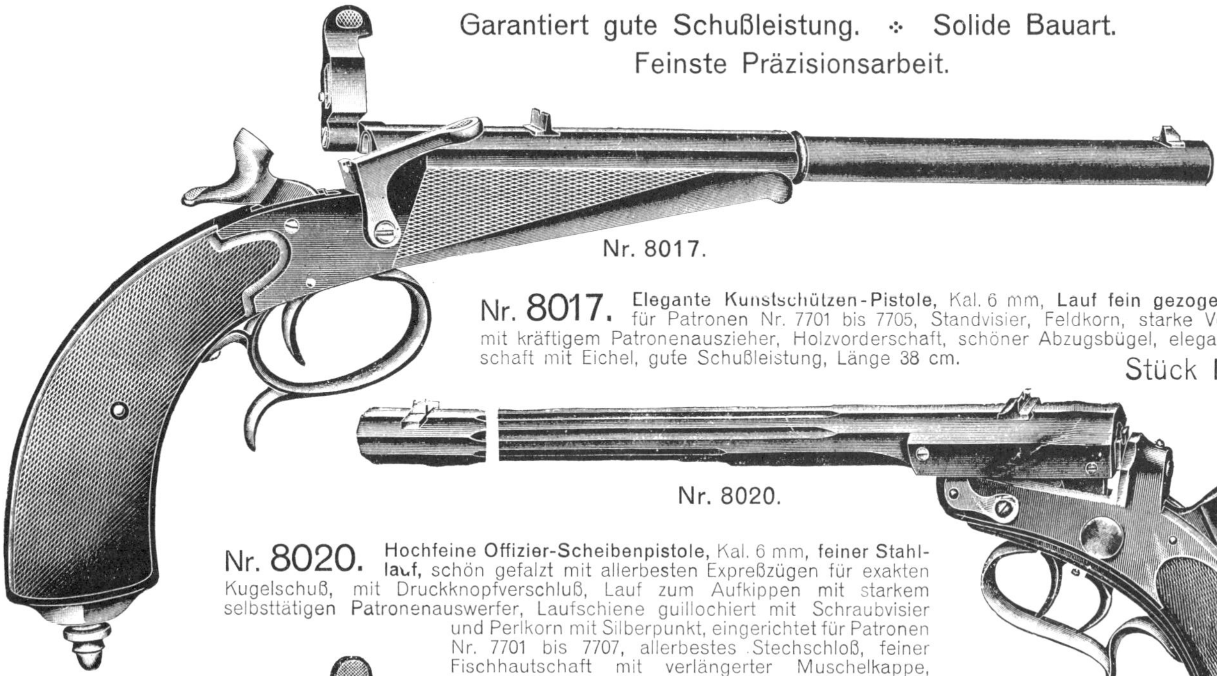

Nr. 8017.

Nr. 8017. Elegante Kunstschützen-Pistole, Kal. 6 mm, **Lauf fein gezogen**, eingerichtet für Patronen Nr. 7701 bis 7705, Standvisier, Feldkorn, starke Verschlußklappe mit kräftigem Patronenauszieher, Holzvorderschaft, schöner Abzugsbügel, eleganter Fischhautschaft mit Eichel, gute Schußleistung, Länge 38 cm. Stück **Mk. 10.50**

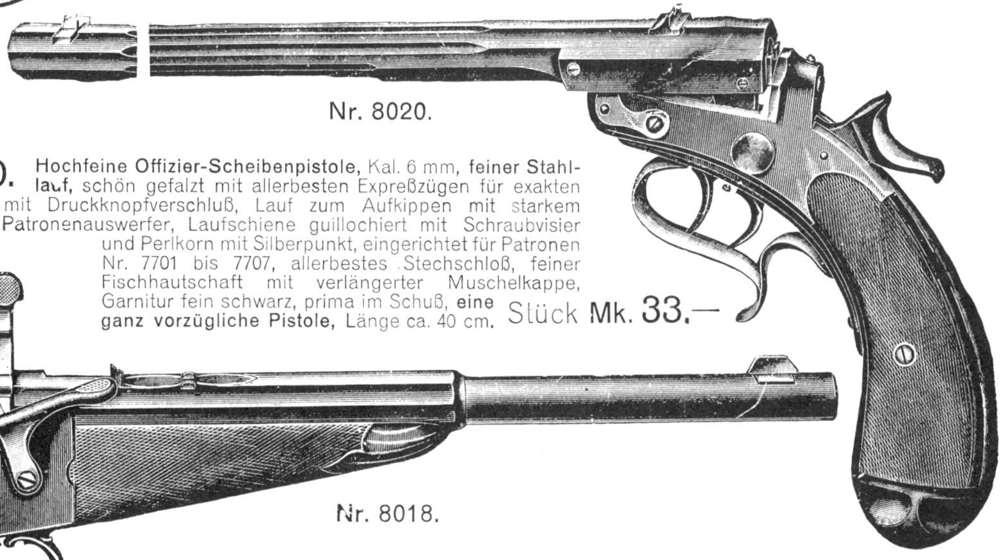

Nr. 8020.

Nr. 8020. **Hochfeine Offizier-Scheibenpistole**, Kal. 6 mm, **feiner Stahllauf**, schön gefalzt mit allerbesten Expreßzügen für exakten Kugelschuß, mit Druckknopfverschluß, Lauf zum Aufkippen mit starkem selbsttätigen Patronenauswerfer, Laufschiene guillochiert mit Schraubvisier und Perlkorn mit Silberpunkt, eingerichtet für Patronen Nr. 7701 bis 7707, allerbestes Stechschloß, feiner Fischhautschaft mit verlängerter Muschelkappe, Garnitur fein schwarz, prima im Schuß, **eine ganz vorzügliche Pistole**, Länge ca. 40 cm. Stück **Mk. 33.—**

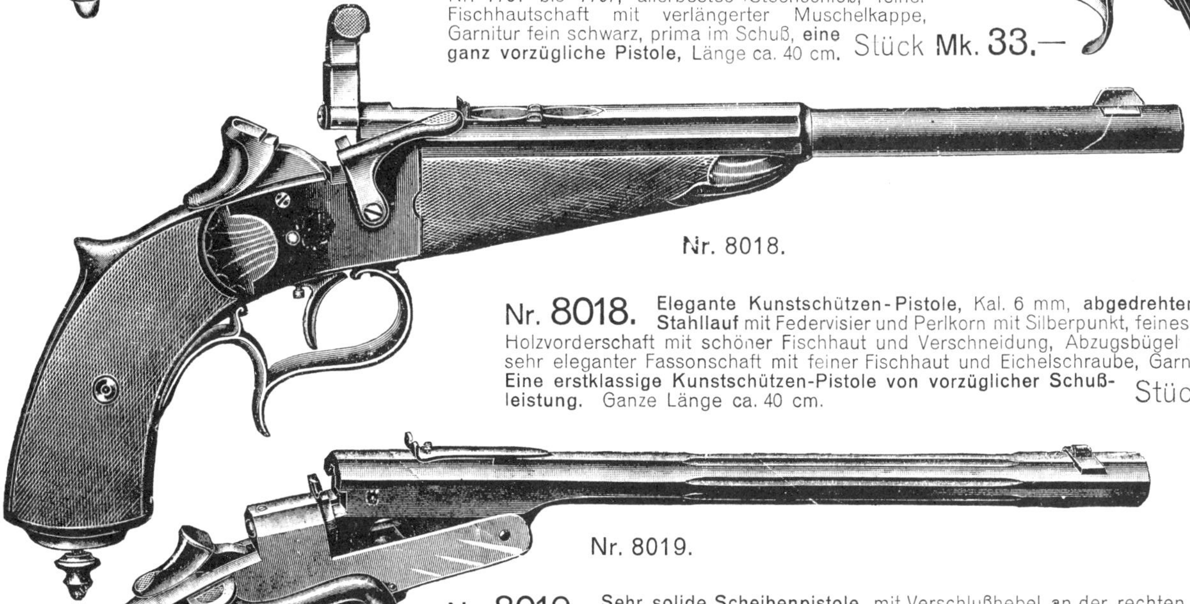

Nr. 8018.

Nr. 8018. Elegante Kunstschützen-Pistole, Kal. 6 mm, **abgedrehter fein gezogener Stahllauf** mit Federvisier und Perlkorn mit Silberpunkt, feines Rückstechschloß, Holzvorderschaft mit schöner Fischhaut und Verschneidung, Abzugsbügel mit Anlegehaken, sehr eleganter Fassonschaft mit feiner Fischhaut und Eichelschraube, Garnitur fein schwarz. **Eine erstklassige Kunstschützen-Pistole von vorzüglicher Schußleistung.** Ganze Länge ca. 40 cm. Stück **Mk. 21.—**

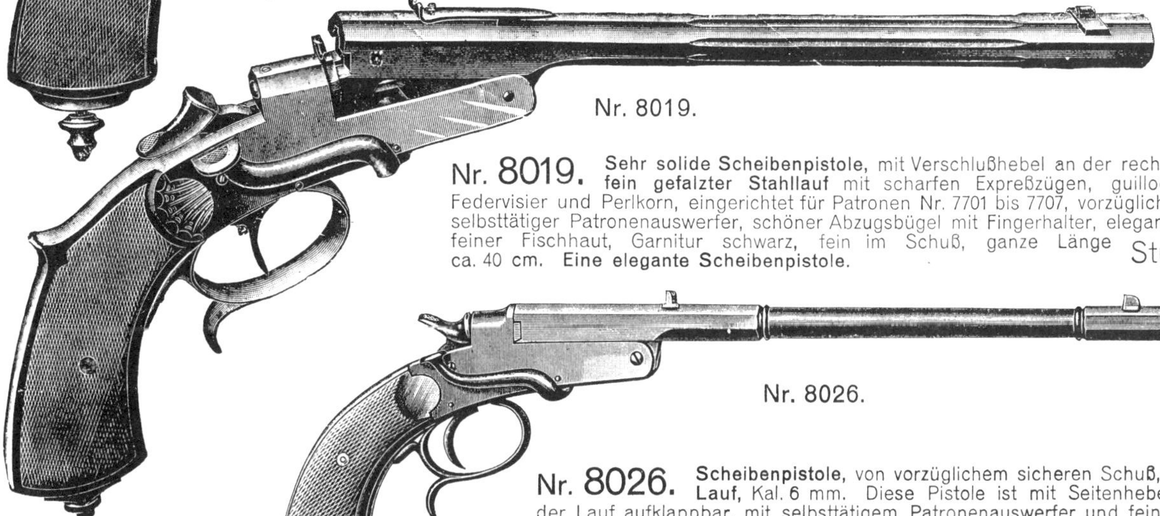

Nr. 8019.

Nr. 8019. **Sehr solide Scheibenpistole**, mit Verschlußhebel an der rechten Seite, Kal. 6 mm, **fein gefalzter Stahllauf** mit scharfen Expreßzügen, guillochierte Schiene mit Federvisier und Perlkorn, eingerichtet für Patronen Nr. 7701 bis 7707, vorzügliches Rückstechschloß, selbsttätiger Patronenauswerfer, schöner Abzugsbügel mit Fingerhalter, eleganter Fassonschaft mit feiner Fischhaut, Garnitur schwarz, fein im Schuß, ganze Länge ca. 40 cm. **Eine elegante Scheibenpistole.** Stück **Mk. 22.—**

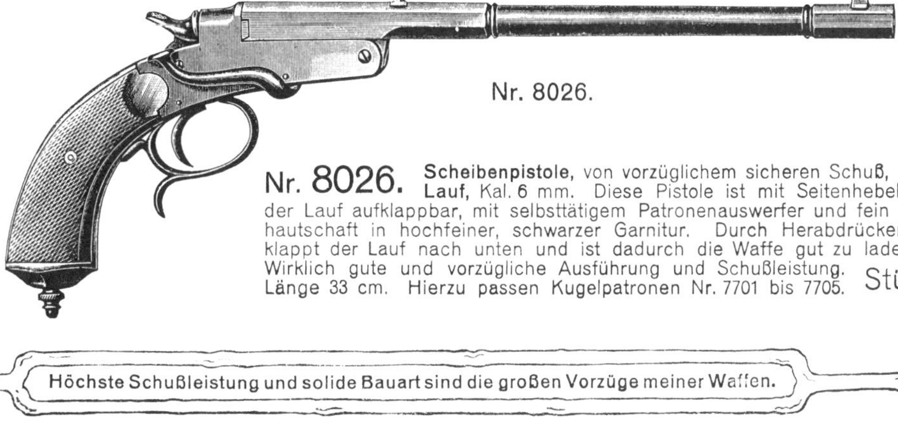

Nr. 8026.

Nr. 8026. **Scheibenpistole**, von vorzüglichem sicheren Schuß, **mit fein gezogenem Lauf**, Kal. 6 mm. Diese Pistole ist mit Seitenhebelverschluß versehen, der Lauf aufklappbar, mit selbsttätigem Patronenauswerfer und fein geschnitztem Fischhautschaft in hochfeiner, schwarzer Garnitur. Durch Herabdrücken des Seitenhebels klappt der Lauf nach unten und ist dadurch die Waffe gut zu laden und zu entladen. Wirklich gute und vorzügliche Ausführung und Schußleistung. Länge 33 cm. Hierzu passen Kugelpatronen Nr. 7701 bis 7705. Stück **Mk. 12.—**

Moderne Waffen ▫ Munition ▫ Jagdgeräte

AUGUST STUKENBROK, EINBECK

Anerkannt leistungsfähiges Etablissement dieser Branche

Moderne Präzisions-Scheibenpistolen.

Unübertroffene Konstruktionen. ∴ Hervorragende Qualität. ∴ Vorzüglichste Schußleistung.

Beliebteste und meist verlangte Modelle.

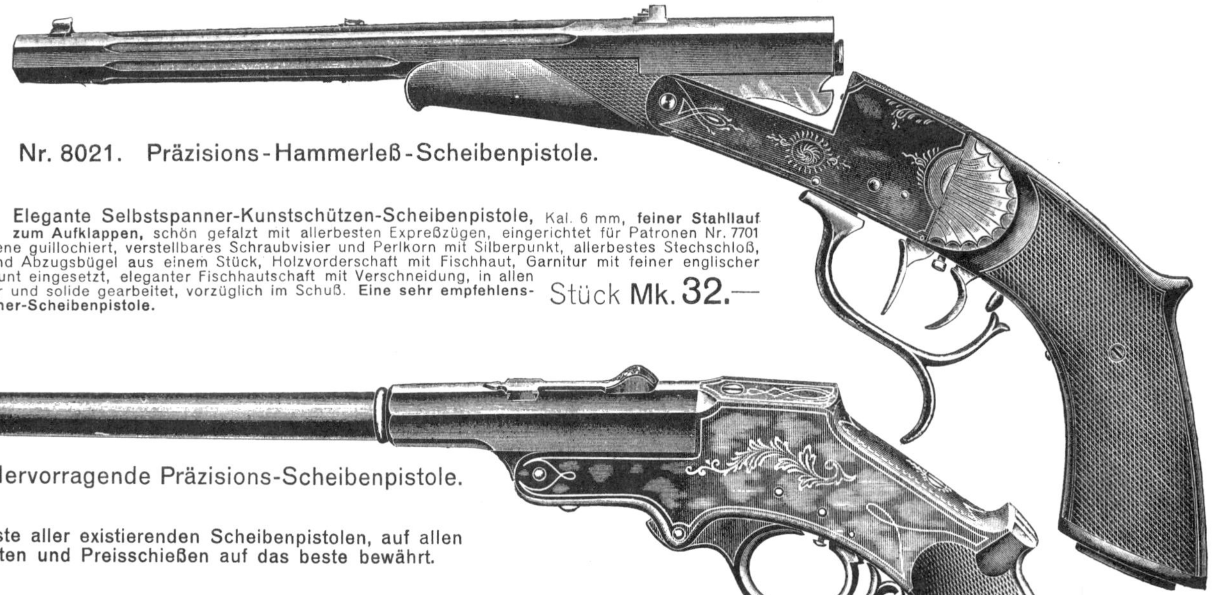

Nr. 8021. Präzisions-Hammerleß-Scheibenpistole.

Nr. 8021. **Elegante Selbstspanner-Kunstschützen-Scheibenpistole,** Kal. 6 mm, **feiner Stahllauf zum Aufklappen,** schön gefalzt mit allerbesten Expreßzügen, eingerichtet für Patronen Nr. 7701 bis 7708, Laufschiene guillochiert, verstellbares Schraubvisier und Perlkorn mit Silberpunkt, allerbestes Stechschloß, Verschlußhebel und Abzugsbügel aus einem Stück, Holzvorderschaft mit Fischhaut, Garnitur mit feiner englischer Gravierung und bunt eingesetzt, eleganter Fischhautschaft mit Verschneidung, in allen Teilen sehr sauber und solide gearbeitet, vorzüglich im Schuß. **Eine sehr empfehlenswerte Selbstspanner-Scheibenpistole.** Stück **Mk. 32.—**

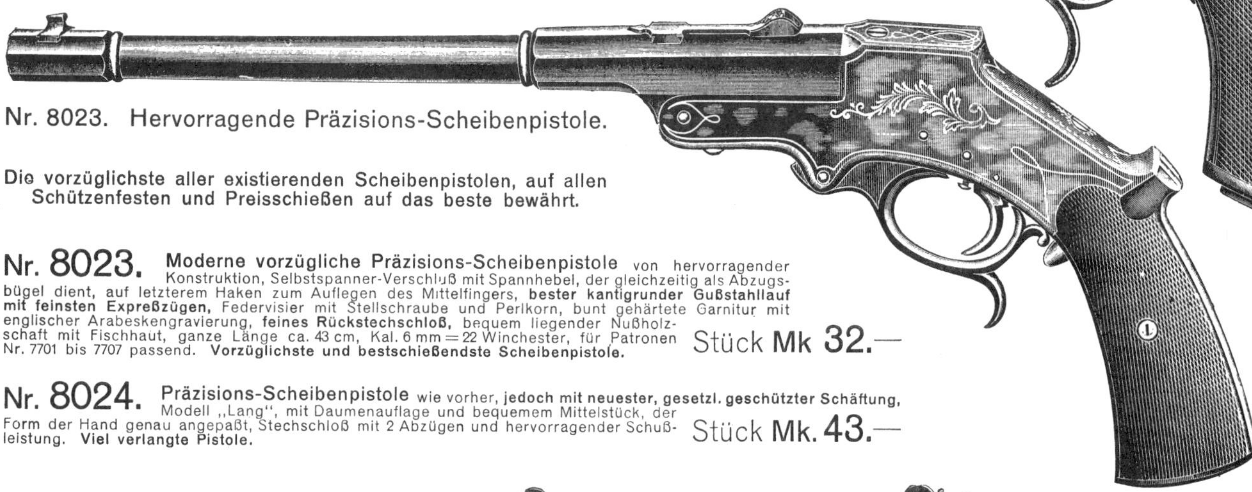

Nr. 8023. Hervorragende Präzisions-Scheibenpistole.

Die vorzüglichste aller existierenden Scheibenpistolen, auf allen Schützenfesten und Preisschießen auf das beste bewährt.

Nr. 8023. **Moderne vorzügliche Präzisions-Scheibenpistole** von hervorragender Konstruktion, Selbstspanner-Verschluß mit Spannhebel, der gleichzeitig als Abzugsbügel dient, auf letzterem Haken zum Auflegen des Mittelfingers, **bester kantigrunder Gußstahllauf mit feinsten Expreßzügen,** Federvisier mit Stellschraube und Perlkorn, bunt gehärtete Garnitur mit englischer Arabeskengravierung, **feines Rückstechschloß,** bequem liegender Nußholzschaft mit Fischhaut, ganze Länge ca. 43 cm, Kal. 6 mm = 22 Winchester, für Patronen Nr. 7701 bis 7707 passend. **Vorzüglichste und bestschießendste Scheibenpistole.** Stück **Mk 32.—**

Nr. 8024. **Präzisions-Scheibenpistole** wie vorher, **jedoch mit neuester, gesetzl. geschützter Schäftung,** Modell „Lang", mit Daumenauflage und bequemem Mittelstück, der Form der Hand genau angepaßt, Stechschloß mit 2 Abzügen und hervorragender Schußleistung. **Viel verlangte Pistole.** Stück **Mk. 43.—**

Hervorragende Präzisions-Scheibenpistole mit Stecher und arabischer Schäftung.

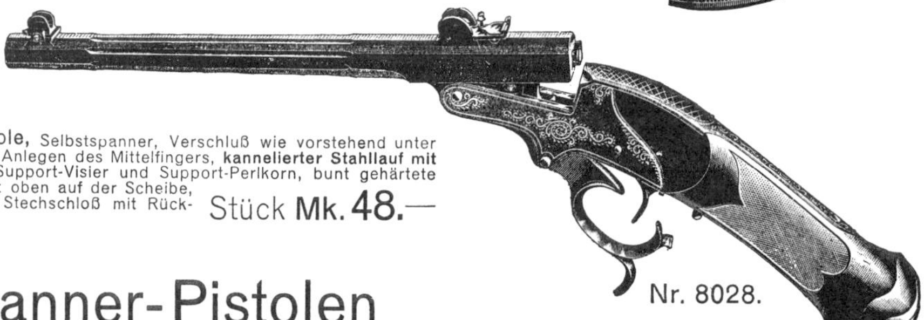

Nr. 8028.

Nr. 8028. **Hochfeine Luxus-Kunstschützenpistole,** Selbstspanner, Verschluß wie vorstehend unter Nr. 8023 beschrieben, Bügel mit Haken zum Anlegen des Mittelfingers, **kannelierter Stahllauf mit besten Expreßzügen** und mattierter Visierschiene, Schweizer Support-Visier und Support-Perlkorn, bunt gehärtete Garnitur mit feinster englischer Arabeskengravierung, Signalstift oben auf der Scheibe, fein verschnittener arabischer (Wiener) Schaft mit Fischhaut, Stechschloß mit Rückstecher, Kal. 22 Winchester. Stück **Mk. 48.—**

Präzions-Selbstspanner-Pistolen

mit Block-Verschluß.

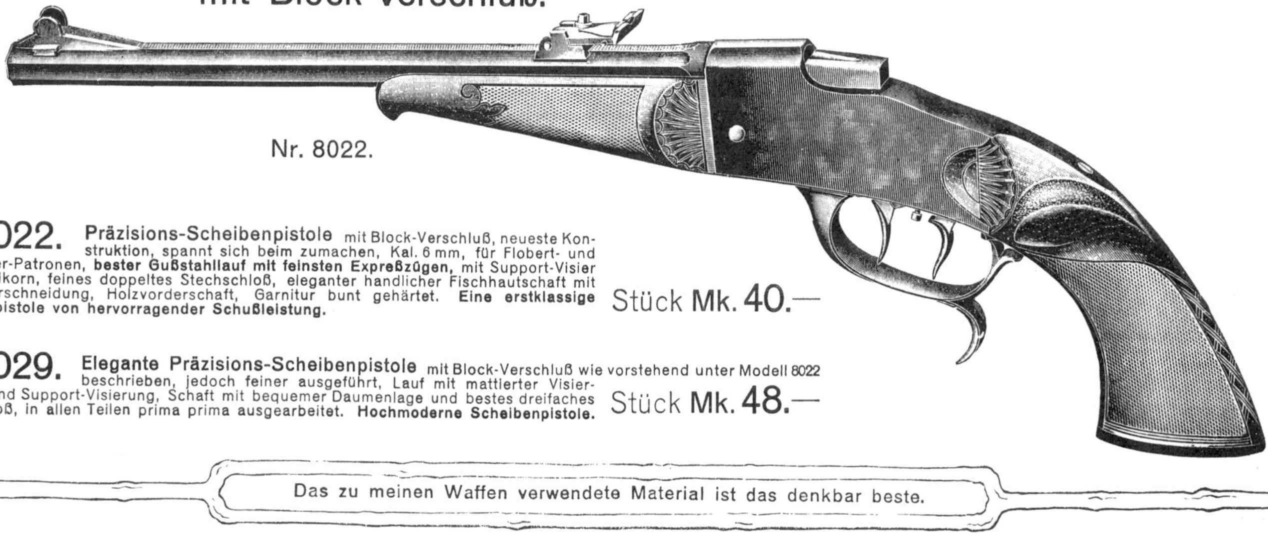

Nr. 8022.

Nr. 8022. **Präzisions-Scheibenpistole** mit Block-Verschluß, neueste Konstruktion, spannt sich beim zumachen, Kal. 6 mm, für Flobert- und Winchester-Patronen, **bester Gußstahllauf mit feinsten Expreßzügen,** mit Support-Visier und Sattelkorn, feines doppeltes Stechschloß, eleganter handlicher Fischhautschaft mit etwas Verschneidung, Holzvorderschaft, Garnitur bunt gehärtet. **Eine erstklassige Scheibenpistole von hervorragender Schußleistung.** Stück **Mk. 40.—**

Nr. 8029. **Elegante Präzisions-Scheibenpistole** mit Block-Verschluß wie vorstehend unter Modell 8022 beschrieben, jedoch feiner ausgeführt, Lauf mit mattierter Visierschiene und Support-Visierung, Schaft mit bequemer Daumenlage und bestes dreifaches Stechschloß, in allen Teilen prima prima ausgearbeitet. **Hochmoderne Scheibenpistole.** Stück **Mk. 48.—**

Das zu meinen Waffen verwendete Material ist das denkbar beste.

Vorderlader (Perkussions)-Terzerole.

Vorzüglich geeignet zum Salutschießen. Für Hof-, Garten- und Weinbergbesitzer zum Verscheuchen der Vögel sehr zu empfehlen.

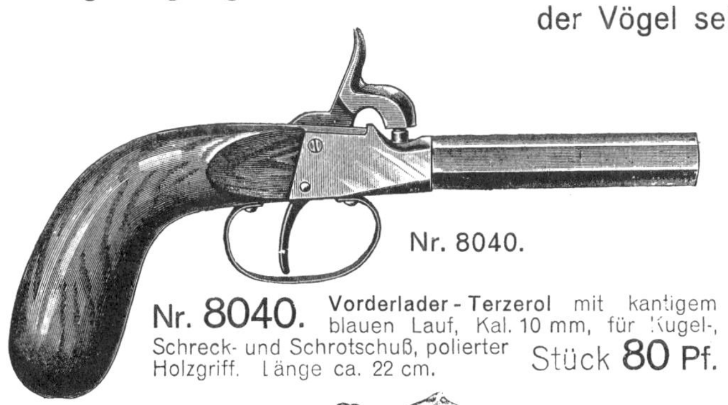

Nr. 8040.

Nr. 8040. **Vorderlader-Terzerol** mit kantigem blauen Lauf, Kal. 10 mm, für Kugel-, Schreck- und Schrotschuß, polierter Holzgriff. Länge ca. 22 cm. Stück **80 Pf.**

Nr. 8041.

Nr. 8041. **Vorderlader-Terzerol,** doppelläufig, Läufe nebeneinanderliegend, Kal. 10 mm, sonst wie Nr. 8040 gearbeitet. Stück **Mk. 1.80**

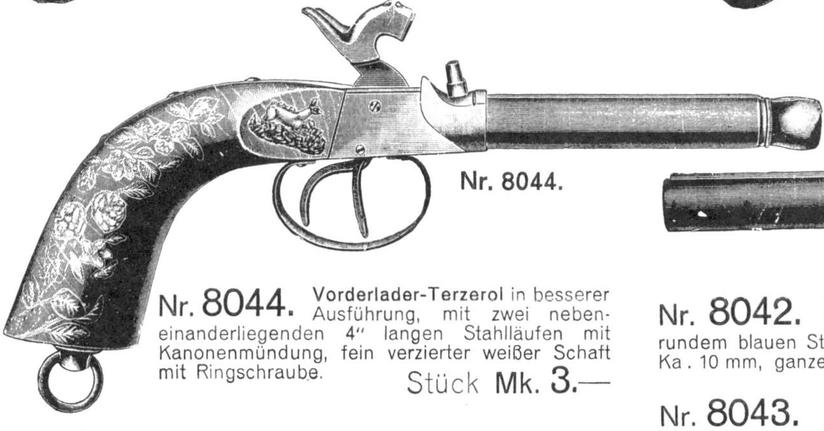

Nr. 8044.

Nr. 8044. **Vorderlader-Terzerol** in besserer Ausführung, mit zwei nebeneinanderliegenden 4" langen Stahlläufen mit Kanonenmündung, fein verzierter weißer Schaft mit Ringschraube. Stück **Mk. 3.—**

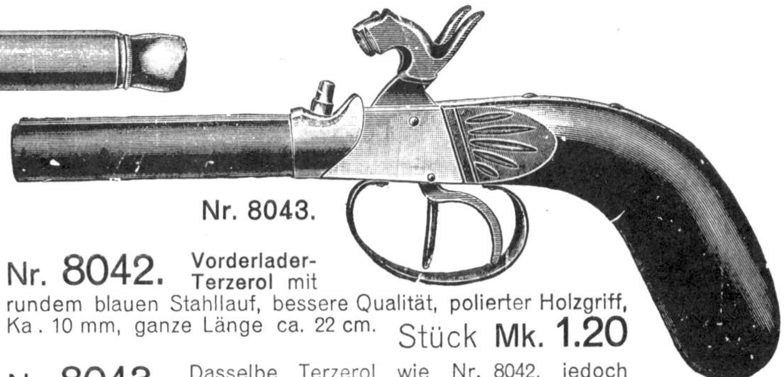

Nr. 8043.

Nr. 8042. **Vorderlader-Terzerol** mit rundem blauen Stahllauf, bessere Qualität, polierter Holzgriff, Kal. 10 mm, ganze Länge ca. 22 cm. Stück **Mk. 1.20**

Nr. 8043. Dasselbe Terzerol wie Nr. 8042, jedoch doppelläufig. Stück **Mk. 2.25**

Weinberg-Pistolen.

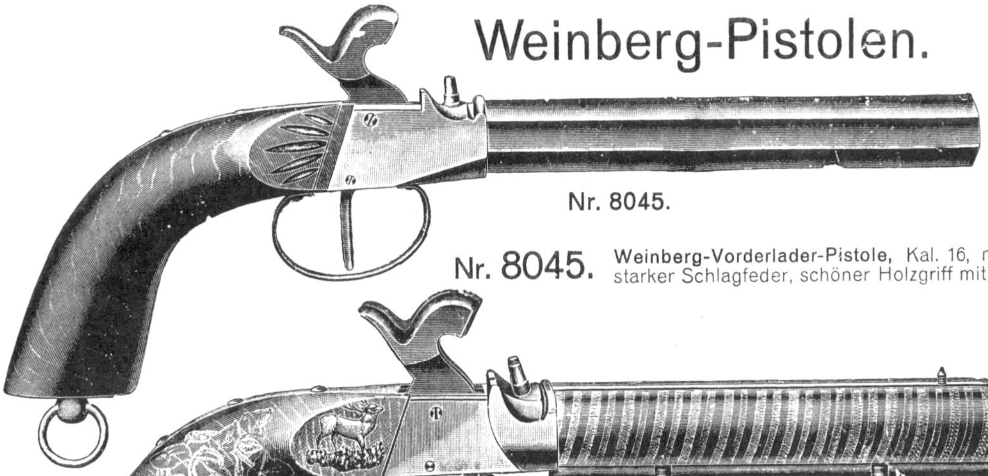

Nr. 8045.

Nr. 8045. **Weinberg-Vorderlader-Pistole,** Kal. 16, mit 6" langem kantigen Lauf, Schloß mit starker Schlagfeder, schöner Holzgriff mit Ringschraube. Stück **Mk. 2.50**

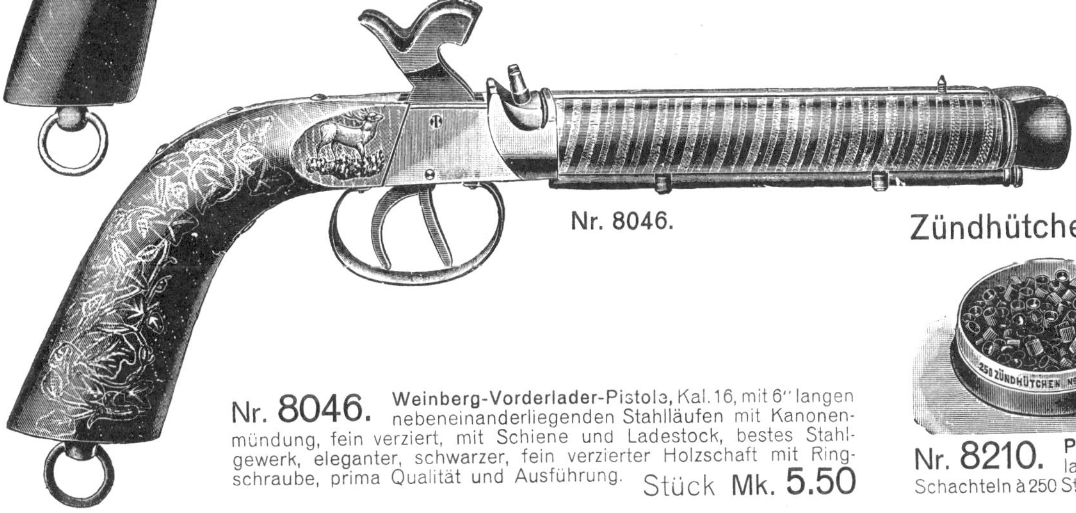

Nr. 8046.

Nr. 8046. **Weinberg-Vorderlader-Pistole,** Kal. 16, mit 6" langen nebeneinanderliegenden Stahlläufen mit Kanonenmündung, fein verziert, mit Schiene und Ladestock, bestes Stahlgewerk, eleganter, schwarzer, fein verzierter Holzschaft mit Ringschraube, prima Qualität und Ausführung. Stück **Mk. 5.50**

Zündhütchen für Vorderlader-Terzerole.

Nr. 8210. **Prima Zündhütchen** für Vorderlader-Gewehre und Pistolen, in Schachteln à 250 Stück. Schachtel **Mk. —.40**
1000 Stück **Mk. 1.45**

Für Export, wo größere Posten in Frage kommen, bitte unter Angabe des Quantums Spezial-Offerte einzuholen.

Moderne Waffen ▫ Munition ▫ Jagdgeräte

AUGUST STUKENBROK, EINBECK

Anerkannt leistungsfähiges Etablissement dieser Branche

Aufsehen erregend!

Radikale Wirkung auf Mensch und Tier.

Ohne tödliche oder körperliche Verletzung.

Deutsch. Reichs-Patent!

Aufsehen erregend!

Zuverlässigste Verteidigungswaffen bei Ueberfällen.

Eingeführt bei vielen Staats- und Zivil-Behörden.

Ausländische Patente!

„Scheintod"-Waffen und ihre „Scheintod"-Patrone.

Es handelt sich hier um eine Erfindung, welche dazu berufen ist, eine völlige Umwälzung auf dem Gebiete der Selbstverteidigung hervorzurufen.

So lange die Welt steht, **wird der Mensch** in erster Linie an das eigene Ich denken und darauf bedacht sein, **sein eigenes Leben zu schützen.** Als das **wirksamste Mittel gegen Angriffe auf das bedrohte Leben** sah man bislang den Revolver oder die Pistole an. Wie es indessen um die Benutzung dieser Waffen steht, weiß jeder: **Selbst in der höchsten Not zögert der Mensch bis zum letzten Augenblicke, ehe er von einer Kugelwaffe Gebrauch macht; weiß er doch zu genau, welch' folgenschwere Wirkungen daraus entstehen können, nicht allein für den Beschossenen, sondern auch für sich selbst. Andererseits haben wir schon oft den Fall erlebt, daß der Angegriffene das Opfer seiner humanen Rücksicht geworden ist und sein Leben eingebüßt hat.**

Diese Mißstände hat die „Scheintod"-Erfindung mit einem Schlage beseitigt; sie ist der Erfolg einer jahrelangen, mühevollen und rastlosen Tätigkeit eines genialen Mannes, der sich die Aufgabe gestellt hat, **seinen Mitmenschen einerseits einen sicheren Schutz gegen Angriffe und Ueberfälle auf Leben und Gut in die Hand zu geben, andererseits aber auch den Angreifer vor dauerndem Schaden an seinem Körper oder gar vor Tod zu bewahren.**

Die sinnreiche Erfindung besteht in einer eigenartigen Mischung verschiedener Ingredienzien, welche unter Hinzufügung eines Prozentsatzes Schießpulver zu einer Patrone verarbeitet sind.

Die „Scheintod"-Patrone, D. R.-Patent, wird mittels der eigens dazu konstruierten, gesetzlich geschützten „Scheintod"-Waffen auf den Gegner abgefeuert. Infolge ihrer Eigenart entwickelt die Patronen-Mischung sofort einen umfangreichen, gasförmigen Körper, der dem Beschossenen mit außerordentlicher Wucht entgegengeschleudert wird. Von der geradezu frappanten Wirkung der „Scheintod"-Patrone kann man sich ein Bild machen, wenn man sich in die Lage des Beschossenen versetzt.

Durch den Knall des Schusses, verbunden mit dem Aufblitzen des Pulvers, **befällt den überraschten Gegner zunächst ein heftiger Schreck. Er ist starr. Mund und Augen öffnen sich in unnatürlich starker Weise. Jetzt trifft ihn der Gaskörper und hüllt den Kopf völlig ein.** Die Gase dringen in die Augen und wirken zerstörend auf das Sehvermögen. **Eine völlige, minutenlang anhaltende „Blindheit" ist die Folge. Gleichzeitig werden die Schleimhäute heftig gereizt. Sofort folgt notgedrungen ein heftiges Atemholen. Die Gase strömen in die Lungen und rufen eine beklemmende Atemnot hervor, die dem Ersticken nahe kommt.**

Es ist wohl überflüssig, zu sagen, **daß ein Individuum,** und wenn es auch **der stärkste Herkules wäre, in dieser Verfassung vollständig außerstande ist, einen Angriff zu unternehmen.** Auf alle Fälle wird der Gegner dadurch **auf längere Zeit kampfunfähig gemacht, was ja in den meisten Fällen zur Selbstverteidigung genügt.**

Für Radfahrer und Automobilisten ist die „Scheintod"-Patrone mit „Scheintod"-Waffe ein nicht zu ersetzendes Schutzmittel, da ein einmal mit der „Scheintod"-Patrone, D. R.-Patent, angeschossener Hund sich monatelang keinem solchen Fahrzeug wieder nähern wird, da ihm vor allem das empfindliche Gefühl des Gasgemisches dieser Patrone in den Augen sowie Rachen in Erinnerung bleiben wird. Der Hund wird dagegen bei Annäherung eines solchen Fahrzeuges mit allen Zeichen der größten Angst das Weite suchen.

Die „Scheintod"-Waffen mit „Scheintod"-Patrone, D. R.-Patent, welche jeden Gegner, ob Mensch oder Tier, sofort unschädlich macht, ohne tödlich oder körperlich zu verletzen, sind die bestexistierenden Verteidigungswaffen und sind ganz unentbehrlich für: Touristen, Reisende, Aerzte, Automobilisten, Radfahrer, Fuhrwerksbesitzer, Bankbeamte, Kassenboten, Geldbriefträger, Landbriefträger, Kriminalbeamte, Wächter, Schutzleute, Gendarme, überhaupt für alle diejenigen, welche über Land zu tun haben, oder infolge ihres Berufes mit eventuellen Angriffen rechnen müssen.

Die „Scheintod"-Pistolen

sind leicht in zwei Teile zerlegbar und passen bequem für die Westentasche. Der Lauf kann geladen in der Tasche getragen werden und ist im Gebrauchsfalle innerhalb 2 Sekunden durch Bajonettverschluß mit dem Schaft verbunden. Das Gewicht beträgt nur ca. 200 Gramm.

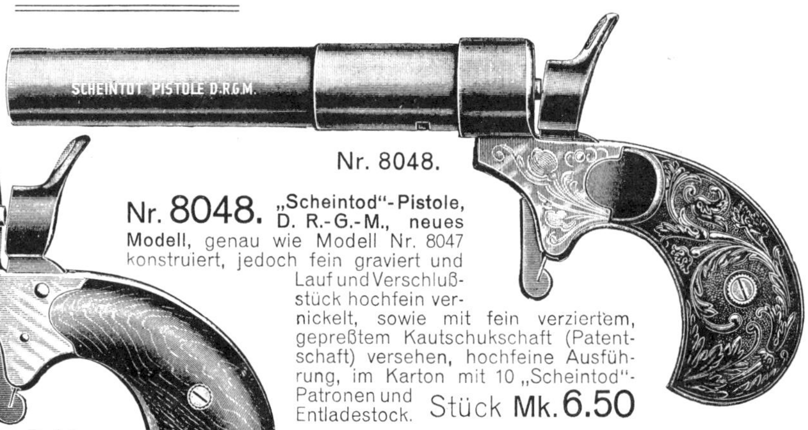

Nr. 8048.

Nr. 8048. „Scheintod"-Pistole, D. R.-G.-M., neues Modell, genau wie Modell Nr. 8047 konstruiert, jedoch fein graviert und Lauf und Verschlußstück hochfein vernickelt, sowie mit fein verziertem, gepreßtem Kautschukschaft (Patentschaft) versehen, hochfeine Ausführung, im Karton mit 10 „Scheintod"-Patronen und Entladestock. Stück Mk. 6.50

Für Wiederverkäufer bei Abnahme von 3 Stück auf einmal Stück Mk. 5.—

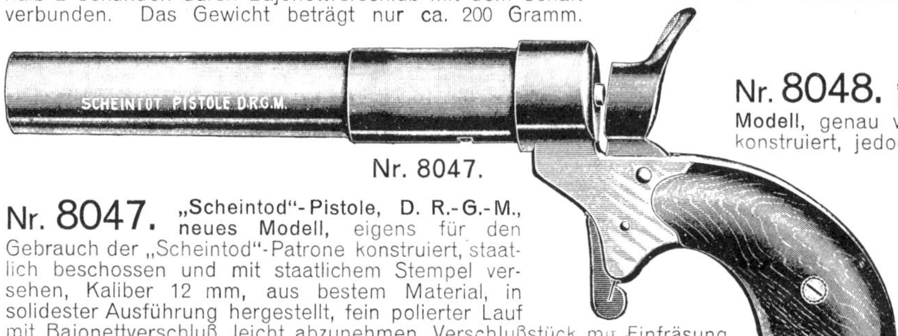

Nr. 8047.

Nr. 8047. „Scheintod"-Pistole, D. R.-G.-M., neues Modell, eigens für den Gebrauch der „Scheintod"-Patrone konstruiert, staatlich beschossen und mit staatlichem Stempel versehen, Kaliber 12 mm, aus bestem Material, in solidester Ausführung hergestellt, fein polierter Lauf mit Bajonettverschluß, leicht abzunehmen, Verschlußstück mit Einfräsung, in welche der Lauf hineingreift, Rückspringhahn, Nußholzschaft, im Karton mit 10 „Scheintod"-Patronen und Entladestock. Stück Mk. 5.—

Für **Wiederverkäufer** bei Abnahme von mindestens 3 Stück auf einmal Stück Mk. 4.—

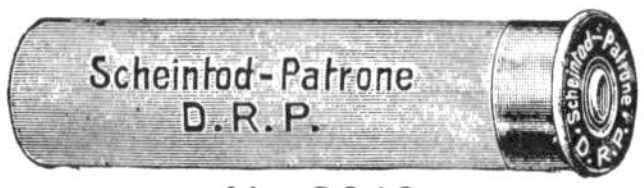

Nr. 8049.

Deutsches Reichs-Patent! ∴ Ausländische Patente!

Nr. 8049. „Scheintod"-Patronen in Kartons zu 25 Stück Mk. 1.90

Bei Abnahme von 100 Stück „Scheintod"-Patronen **5% Rabatt.**

Beachten Sie bitte die „Scheintod"-Revolver und „Scheintod"-Repetier-Pistole auf nächster Seite.

Der gute Ruf meiner Firma verbürgt reellste Bedienung.

„Scheintod"-Revolver und Repetier-Pistole

für Scheintod-Patrone.

Deutsches Reichs-Patent.

Praktischste und sicherste Verteidigungswaffen bei Ueberfällen.

Unentbehrlich für alle Aufsichtsbeamte im Zivil- und Staatsdienst.

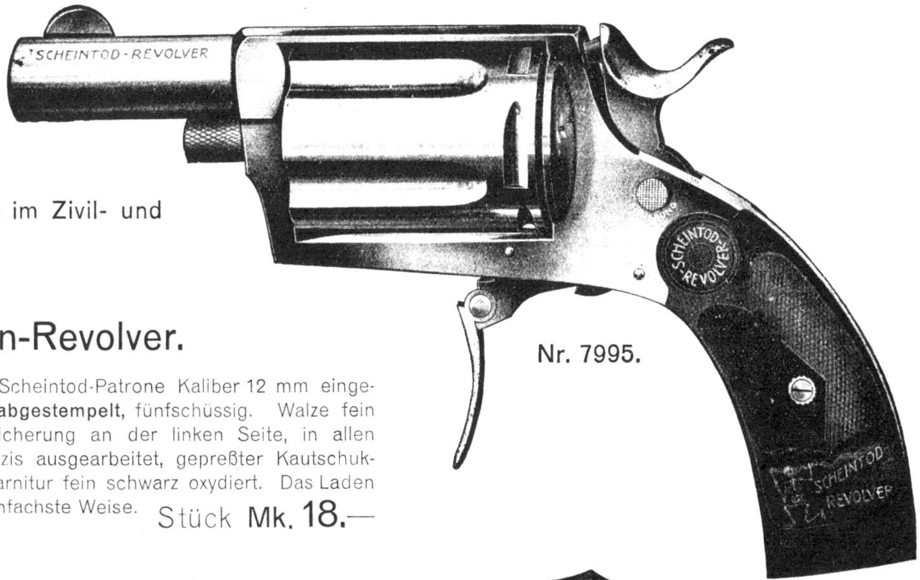

Nr. 7995.

Scheintod-Hahn-Revolver.

Nr. 7995. **Scheintod-Hahn-Revolver** für Scheintod-Patrone Kaliber 12 mm eingerichtet, **staatlich geprüft und abgestempelt**, fünfschüssig. Walze fein ausgefräst, Abzug zum Umlegen, Druckknopfsicherung an der linken Seite, in allen Teilen aus bestem Material hergestellt und präzis ausgearbeitet, gepreßter Kautschukschaft mit feiner Fischhaut und Verzierungen, Garnitur fein schwarz oxydiert. Das Laden und Entladen geschieht sehr schnell und auf einfachste Weise. Im Karton mit 10 Scheintod-Patronen Stück Mk. 18.—

„Scheintod" macht jeden Gegner sofort unschädlich ohne tödliche oder körperliche Verletzung.

Nr. 7996.

Scheintod-Hammerleß-Revolver.

Nr. 7996. **Scheintod-Hammerleß-Revolver,** eigens für den Gebrauch der Scheintod-Patrone konstruiert, **staatlich beschossen und mit staatlichem Stempel versehen,** Kaliber 12 mm, fünfschüssig, mit Schiebersicherung, durch welche der Revolver sofort gesichert resp. entsichert wird. Das Laden und Entladen geschieht sehr schnell und auf einfachste Weise. Die Waffe ist in allen Teilen tiefschwarz gehalten und mit gepreßtem, reich verziertem Kautschukschaft versehen. Revolver im Karton mit 10 Scheintod-Patronen Stück Mk. 21.—

Scheintod-Repetier-Pistole, D. R.-G.-M.

Nr. 7997. **Scheintod-Repetier-Pistole, D.R.-G.-M.,** eigens für den Gebrauch der Scheintod-Patrone konstruiert, **staatlich beschossen und mit staatlichem Stempel versehen,** Kaliber 12 mm, dreischüssig, mit drei untereinander liegenden Läufen. Die Waffe wird durch einfachen Druck auf Knopf und Lauf sofort geöffnet und alle drei Läufe werden in wenigen Sekunden gleichzeitig geladen, resp. entladen. Die Konstruktion bietet durch ihre geniale Einfachheit völlige Sicherheit für den Schützen, da der ganze Schloßmechanismus nur durch Druck auf die Schiebersicherung sofort außer Tätigkeit gesetzt wird. Die Pistole kann also stets geladen getragen werden und ist im Gebrauchsfalle immer schußbereit. Die Waffe ist in allen Teilen tiefschwarz bräuniert und mit gepreßtem Kautschukschaft versehen, sehr sauber gearbeitet, feinste Präzisionsarbeit.
Pistole im Karton mit 10 Scheintod-Patronen Stück Mk. 22.—

Nr. 7997.

Nr. 8049.

Scheintod-Patronen.

Deutsches Reichs-Patent.
Ausländische Patente.

Nur in Kartons zu 25 Stück Mk. 1.90

i Abnahme von 100 Stück Scheintod-Patronen 5% Rabatt.

Moderne Waffen ▫ Munition ▫ Jagdgeräte

AUGUST STUKENBROK, EINBECK

Anerkannt leistungsfähiges Etablissement dieser Branche

„Entlarvt"-Pistole und „Entlarvt"-Blitzlicht-Patrone.

Wirkung der „Entlarvt"-Pistole.

Die beste und zuverlässigste Verteidigungswaffe der Welt.

Sensationell! Einzig in ihrer Art!

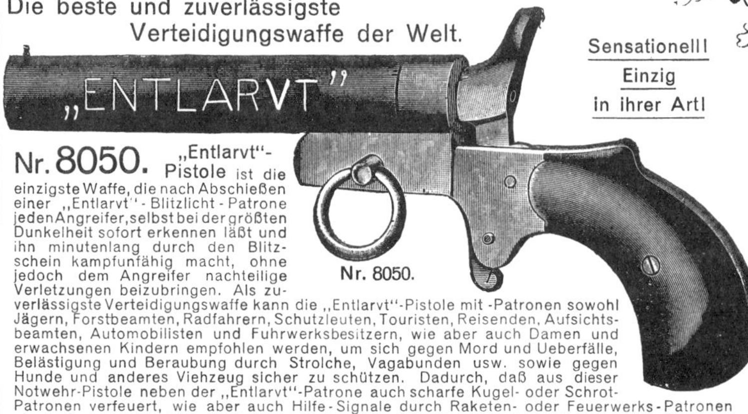

Nr. 8050.

Nr. 8050. „Entlarvt"-Pistole ist die einzigste Waffe, die nach Abschießen einer „Entlarvt"-Blitzlicht-Patrone jeden Angreifer, selbst bei der größten Dunkelheit sofort erkennen läßt und ihn minutenlang durch den Blitzschein kampfunfähig macht, ohne jedoch dem Angreifer nachteilige Verletzungen beizubringen. Als zuverlässigste Verteidigungswaffe kann die „Entlarvt"-Pistole mit -Patronen sowohl Jägern, Forstbeamten, Radfahrern, Schutzleuten, Touristen, Reisenden, Aufsichtsbeamten, Automobilisten und Fuhrwerksbesitzern, wie aber auch Damen und erwachsenen Kindern empfohlen werden, um sich gegen Mord und Ueberfälle, Belästigung und Beraubung durch Strolche, Vagabunden usw. sowie gegen Hunde und anderes Viehzeug sicher zu schützen. Dadurch, daß aus dieser Notwehr-Pistole neben der „Entlarvt"-Patrone auch scharfe Kugel- oder Schrot-Patronen verfeuert, wie aber auch Hilfe-Signale durch Raketen- oder Feuerwerks-Patronen abgegeben werden können, ist die „Entlarvt"-Pistole die idealste bestgeeignetste Taschenpistole, die man sich denken kann. Die „Entlarvt"-Pistole ist 15,5 cm lang und wiegt ca. 240 g. Ausführliche Beschreibung liegt jeder Pistole bei. In elegantem Karton mit 10 „Entlarvt"-Patronen. Stück Mk. 3.20

Nr. 8051. „Entlarvt"-Blitzlicht-Patronen, in Schachteln von 25 Stück. Mk. 1.80

Nr. 7775. Raketen-Feuerwerks-Patronen, im Karton von 20 Stück. Mk. 1.05

Kugel- und Schrotpatronen zu der „Entlarvt"-Pistole passend siehe Nr. 7734 und 7735 auf Seite 124.

Zündnadel-Pistolen für Knallkorken.

Unentbehrlich für Rad- und Automobilfahrer, Touristen usw. Bestes Schreckmittel für Hunde.

Gutes Verteidigungsmittel gegen belästigende Personen. Für Gutsbesitzer und Gärtner zum Vertreiben der Vögel sehr geeignet.

Nr. 8035.

Nr. 8035. Knallkork-Pistole, D. R.-G.-M., ganz aus Eisen, gestanzt, sehr sauber gearbeitet und fein schwarz lackiert. In elegantem Karton. Stück 45 Pf.

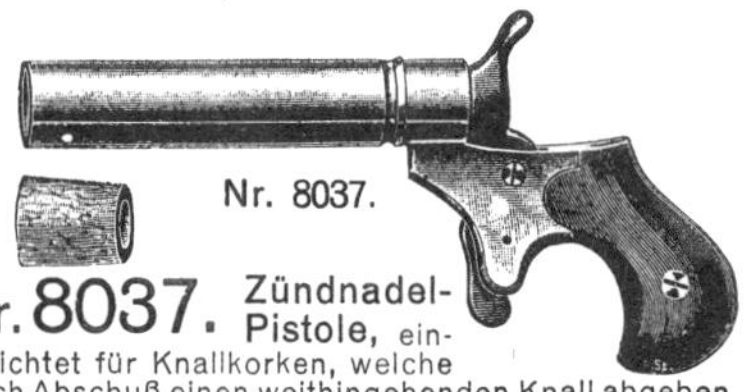

Nr. 8037.

Nr. 8037. Zündnadel-Pistole, eingerichtet für Knallkorken, welche nach Abschuß einen weithingehenden Knall abgeben. Garnitur fein vernickelt, mit Holzschaft. Die Korken werden oben auf die Mündung des Laufes gesteckt, Länge ca. 14 cm. Im Karton mit 12 Knallkorken. Stück Mk. 1.25

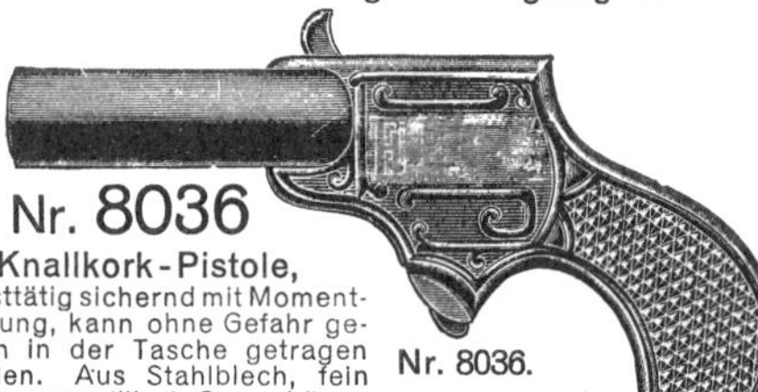

Nr. 8036.

Nr. 8036 Knallkork-Pistole, selbsttätig sichernd mit Momentzündung, kann ohne Gefahr geladen in der Tasche getragen werden. Aus Stahlblech, fein schwarz emailliert. Ganze Länge 14 cm. In feinem Karton mit Gebrauchsanweisung. Stück 50 Pf.

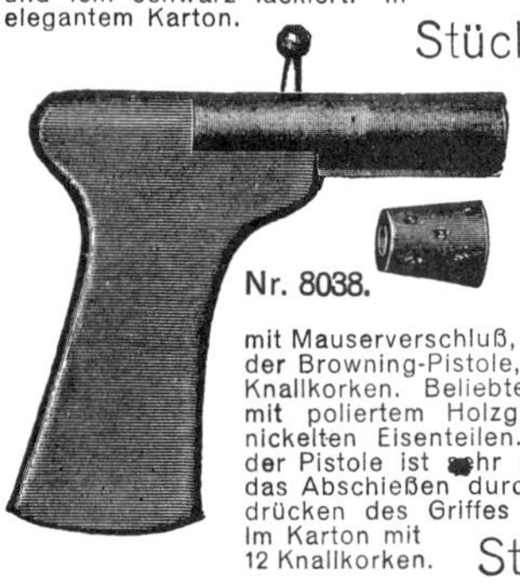

Nr. 8038.

Nr. 8038. Zündnadel-Alarm-Pistole „Weg frei" mit Mauserverschluß, D. R.-G.-M., in Form der Browning-Pistole, zum Abfeuern von Knallkorken. Beliebte, handliche Pistole mit poliertem Holzgriff und fein vernickelten Eisenteilen. Die Handhabung der Pistole ist sehr einfach und erfolgt das Abschießen durch einfaches Hochdrücken des Griffes mit dem Daumen. Im Karton mit 12 Knallkorken. Stück 75 Pf.

Nr. 8030. Knallkorken zu Zündnadelpistolen Nr. 8037, 8036, 8038 und 6334. In Schachteln von 50 Stück. Schachtel 50 Pf.

Neu! Neu!

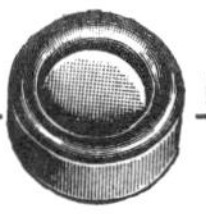

D. R.-P. u. D. R.-G.-M.

Nr. 8031. Knallkapseln für Zündnadelpistolen, besser, billiger und ungefährlicher als die meisten Knallkorken. In Schachteln von 50 St. Schachtel 45 Pf.

Nr. 8039. Neueste Alarmpistole „Radlerfreund" D. R.-G.-M. Kleinste und sicherste Verteidigungswaffe, eingerichtet für Platzpatrone, Kal. 230 = 6 mm, Nr. 7776. Bei „Radlerfreund" geht der Knall und Dampf nicht vorne, sondern oben aus dem Lauf, weshalb man nicht versucht wird, scharfe Munition aus dieser Pistole zu schießen. Die Pistole ist mit Patronenauswerfer und Sicherheitsverschluß versehen, besitzt fein vernickelte Garnitur und Holzschaft. Länge ca. 12 cm. Stück Mk. 1.35

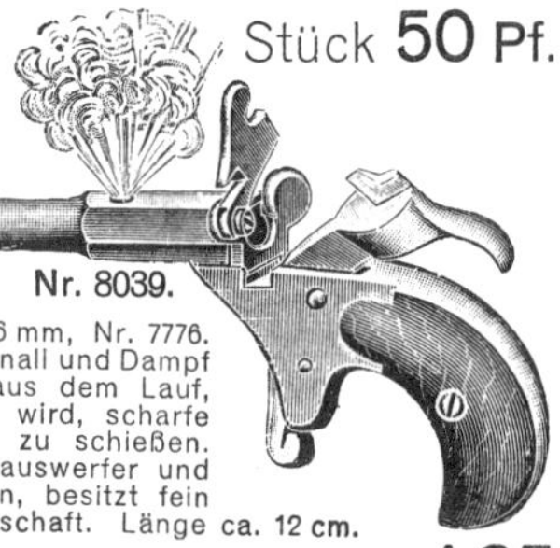

Nr. 8039.

Verteidigungswaffen usw.

Nr. 8901.

Nr. 8901. Revolver-Spazierstock, vorzügliche Verteidigungswaffe, Kal. 6 mm, 6 Schuß, für Flobert- und Winchester-Munition, feiner schwarzer Horngriff, eleganter stabiler Stock, durch eine Seitwärtsdrehung läßt sich der Revolver, welcher sich am Griffe befindet, herausziehen, wobei der Abzug hervorspringt, nunmehr können 6 Schuß hintereinander verfeuert werden. Die Ladeweise ist äußerst bequem und die Handhabung eine sehr einfache. Sehr empfehlenswerte Verteidigungswaffe. Stück Mk. 17.50

Nr. 8905. Massiver Gummiknüttel, 31 cm lang, mit Faustriemen. Stück Mk. 1.20

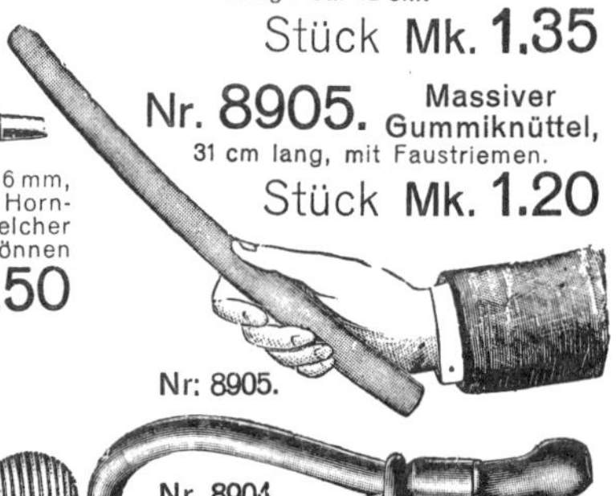

Nr. 8905.

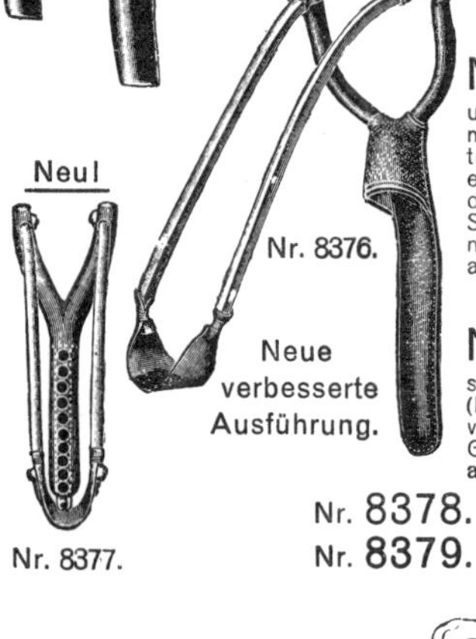

Neu!

Nr. 8376.

Neue verbesserte Ausführung.

Nr. 8377.

Nr. 8376. Gummischleuder „Zwille" zur Dressur und Abwehr von Hunden. Auf 80 m kann man damit einen Hund noch wirkungsvoll treffen. Für Hof- und Gartenbesitzer unentbehrliches Werkzeug zum Vertreiben der Vögel zur Zeit der Reife. Aus bestem Stahl gearbeitet, Griff mit Rindleder umnäht. Im Karton verpackt, mit Gebrauchsanweisung. Stück Mk. 1.90

Nr. 8377. Magazinschleuder mit prima Paragummischnüren mit verdickten Enden und Schrot (Posten)-Repetiervorrichtung. Im Karton verpackt mit Gebrauchsanweisung. Stück Mk. 2.70

Nr. 8378. Reserve-Gummi mit Geschoßleder. Garnitur 65 Pf.

Nr. 8379. Reserve-Gummi in Stücken von 0,5 m Länge. Stück 50 Pf.

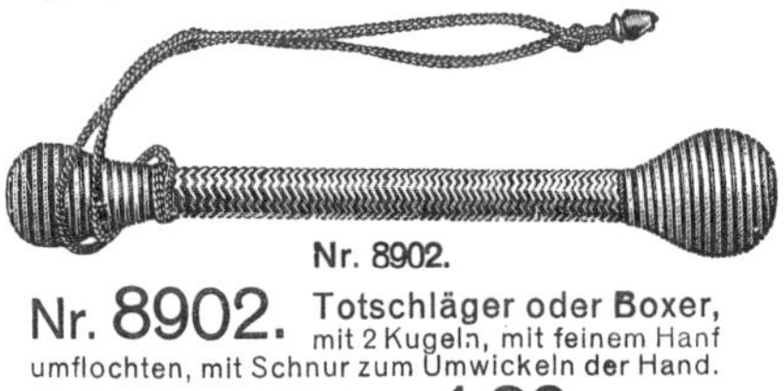

Nr. 8902.

Nr. 8902. Totschläger oder Boxer, mit 2 Kugeln, mit feinem Hanf umflochten, mit Schnur zum Umwickeln der Hand. Stück Mk. 1.20

Nr. 8904.

Neu!

Nr. 8904. Schlagwaffe, sehr bequem in der Tasche zu tragen, aus weichem Gummi mit Bleikugeln. Stück Mk. 2.25

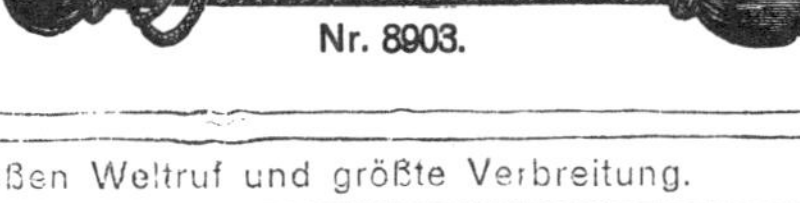

Nr. 8903.

Nr. 8903. Totschläger oder Boxer, mit 2 Kugeln, mit Leder umflochten, mit Schnur zum Umwickeln der Hand. Stück Mk. 1.70

Moderne Waffen ▫ Munition ▫ Jagdgeräte

AUGUST STUKENBROK, EINBECK

Anerkannt leistungsfähiges Etablissement dieser Branche

Extra prima Qualität. **Geladene Jagdpatronen.** Extra prima Qualität.

Meine sämtlichen Jagdpatronen sind nur **erstklassiger Qualität,** und kommen hierbei nur **ausgesucht gute Hülsen** zur Verwendung. Bei diesen Patronen habe ich speziell auf **peinlichst genaue und gleichmäßige Ladung** mein **Hauptgewicht** gelegt, so daß unter Verarbeitung der **besten Lademarialien vorzügliche Treffsicherheit** und **Deckung, weittragender Schuß** und **kräftiger Durchschlag** bei **geringem Rückstoß** und bei **äußerst mäßigem Gasdruck** erreicht wird. Die Zündung bei den rauchlosen Patronen ist versager- und rostfrei.

Neben meinen eigenen Spezialmarken, die durch ihre konkurrenzlose Vorzüglichkeit mit an der Spitze der renommiertesten Marken stehen, führe ich auch noch einige andere Fabrikate, die durch ihren Namen ebenfalls bestens bekannt und empfohlen werden können.

Sämtliche Jagdpatronen sind in allen gangbaren Kalibern mit allen Schrotsorten, von den gröbsten bis zu den feinsten, stets frisch geladen auf Lager, so daß der Versand sofort erfolgen kann. Bei freundlicher Bestellung bitte ich stets das genaue Kaliber und die gewünschte Schrotstärke anzugeben. Alle Patronen sind mit großem Zündhütchen versehen, daher Versager vollständig ausgeschlossen.

Alle Preise verstehen sich für 100 Stück.

Bei Sendungen von mindestens 500 Stück, auch sortiert, erfolgt Lieferung franko jeder deutschen Bahnstation. Ferner gewähre ich meinen werten Abnehmern bei Abnahme

von mindestens 500 Stück auf einmal . . . . **3 %** Rabatt, und
von mindestens 1000 Stück auf einmal . . . . **5 %** Rabatt.

Werden die Patronen ohne Schrot gewünscht, so tritt eine Ermäßigung in Kal. 16 um Mk. **1.–** und in Kal. 12 um Mk. **1.20** pro 100 Stück ein. Die Patronen sind verpackt in Kartons zu 25 Stück und können unter dieser Zahl nicht abgegeben werden.

Empfehlenswerte Jagdpatronen eigener Fabrikation.

Marke und Ausführung gesetzlich geschützt. ∴ Mit Schwarzpulver, Marke Rottweil oder Diana.

Nr.	8100	8101	8102
Kal.	16	20	12
Mk.	5.20	5.20	6.20

pro 100 Stück.

Marke „Stukenbrok", graue extra gute Hülse mit 7 mm hoher Messingkappe, mit extra bestem Jagdpulver und prima Hartschrot geladen, beste Fettfilzpfropfen, auf Präzisionsmaschinen geladen, allerbeste Durchschlagskraft und vorzügliche Deckung. Viel gekaufte Patrone.

Nr.	8103	8104	8105
Kal.	16	20	12
Mk.	6.–	6.–	7.–

pro 100 Stück.

Marke „Stukenbrok", **extra gasdichte** grüne Hülse mit 8 mm hoher Messingkappe und **innerem Mantel**, mit extra bestem Jagdpulver und prima Hartschrot geladen, prima Fettfilzpfropfen. **Hervorragend bewährte Jagdpatrone.**

Nr.	7785	7786
Kal.	16	12
Mk.	6.–	7.–

pro 100 Stück.

Marke „Aste", gesetzlich geschützt, **graue extra feine Hülse** mit 7 mm hoher Messingkappe, mit mehrfach prämiiertem prima Jagdpulver Nr. 4 und prima Hartschrot geladen, beste Fettfilzpfropfen, auf Präzisionsmaschinen hergestellt, allerbeste Durchschlagskraft und vorzügliche Deckung. **Empfehlenswerteste Patrone.**

Nr.	7787	7788
Kal.	16	12
Mk.	7.–	8.–

pro 100 Stück.

Marke „Aste", gesetzlich geschützt, **extra gasdichte grüne Hülse** mit 8 mm hoher Messingkappe und innerem Blechmantel, **hervorragendste Qualität**, geladen mit vorzüglichem, mehrfach prämiiertem Jagdpulver Nr. 4 und prima Hartschrot. **Kräftigster** Durchschlag und vorzüglichste Deckung. **Anerkannt hervorragende Jagdpatrone.**

Mit Schwarzpulver. **Jagdpatronen bewährter Fabrik-Marken.** Mit Schwarzpulver.

Nr.	8094	8095	8096
Kal.	16	20	12
Mk.	5.40	5.40	6.40

pro 100 Stück.

Marke „Halali", grüne starke Hülse mit 7 mm hohem Beschlag, mit erstklassigem Schwarzpulver und prima Hartschrot geladen und mit bestem Lademarial versehen. Empfehlenswerte Patrone.

Nr.	8097	8098	8099
Kal.	16	20	12
Mk.	7.20	7.20	8.20

pro 100 Stück.

Marke „Diana", rote Hülse mit 8 mm hoher Messingkappe und innerem Blechmantel, extra gasdicht, geladen mit dem rühmlichst bekannten „Diana"-Pulver und prima Hartschrot. Diese Patrone ist bestens erprobt und zeichnet sich durch vorzügliche Treffsicherheit und Deckung, weittragenden Schuß und kräftigen Durchschlag bei geringem Rückstoß und bei mäßigem Gasdruck aus. Anerkannt erstklassige Patrone.

Nr.	8106	8107	8108
Kal.	16	20	12
Mk.	5.80	5.80	6.80

pro 100 Stück.

Marke „Krone", vorzügliche Jagdpatrone, hellbraune starke Hülse mit 7 mm hohem Messingbeschlag, geladen mit dem mehrfach prämiierten prima „Diana"-Schwarzpulver und bestem Hartschrot. Vorzügliche Treffsicherheit und Deckung bei kräftigem Durchschlag und geringem Rückstoß. Gern gekaufte Patrone.

Nr.	8109	8110	8111
Kal.	16	20	12
Mk.	7.50	7.50	8.50

pro 100 Stück.

Marke „Weidmannsheil", braune Hülse mit 8 mm hoher Messingkappe und innerem Blechmantel, hervorragendste Qualität, geladen mit bestem Rottweiler Jagdpulver und prima Hartschrot. Anerkannt vorzügliche Jagdpatrone.

Kleinkalibrige Jagdpatronen.

Gute Hülsen, bestes Jagdpulver, prima Fettfilzpfropfen und Hartschrot.

Nr.	8286	8287	8288	8285	8289	
Kal.	24	28	32	12	9,1	mm
Mk.	5.50	5.50	5.50	5.–	5.20	pro 100 Stück.

Jagdpatronen mit rauchlosem Pulver finden Sie auf nächster Seite verzeichnet.

Hervorragende

Jagdpatronen mit rauchlosem Pulver.

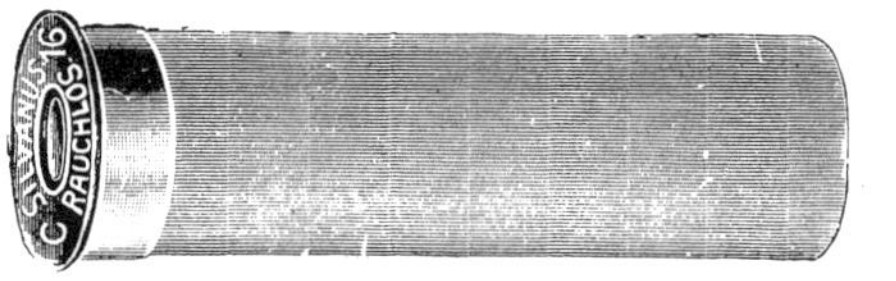

Nr.	8112	8113	8114
Kal.	16	20	12
Mk.	6.40	6.40	7.40

pro 100 Stück.

Marke „Silvanus“, gute rauchlose Jagdpatrone, blaue Hülse mit prima rauchlosem Kornpulver geladen unter Verwendung nur guter Materialien, von vorzüglicher Deckung und Durchschlagskraft.

Nr.	8118	8119	8120
Kal.	16	20	12
Mk.	7.20	7.20	8.—

pro 100 Stück.

Marke „Greif“, blaue Qualität, mit bestem, rauchlosem grünen Kornpulver und prima Hartschrot geladen, sehr sorgfältig gearbeitet, von bester Durchschlagskraft und Deckung. Sehr empfehlenswerte Jagdpatrone.

Nr.	7789	7790
Kal.	16	12
Mk.	8.60	9.60

pro 100 Stück.

Marke „Aste“, rauchlos, gesetzlich geschützt, **feine rote gasdichte Hülse mit 9 mm hoher Messingkappe** und innerem Blechmantel, geladen mit Rottweiler rauchlosem Blättchenpulver (vollständig durchgelatiniert) und prima Hartschrot. Garantiert rostfrei, enormer Durchschlag, vorzüglichste Deckung bei weitestem Schuß. Anerkannt **bewährteste Jagdpatrone**; beste Patrone für automatische Flinten.

Nr.	8133	8134
Kal.	16–28	12
Mk.	8.50	9.50

pro 100 Stück.

Marke „Saxonia“, rauchlose Jagdpatrone mit gelatiniertem Blättchenpulver Saxonia, vorzügliche feuerrote Hülse mit 10 mm hoher Messingkappe und innerem Blechmantel. Schußleistung im Sommer wie im Winter vorzüglich. Niedriger Gasdruck.

Nr.	8197	8198	8199
Kal.	16	20	12
Mk.	7.50	7.50	8.50

pro 100 Stück.

Marke „R. K. P.“, rauchlose Jagdpatrone, violette Hülse mit 7 mm hohem Messingculot, geladen mit rauchlosem gelatinierten Rottweiler Kornpulver, rostfreie Zündung, beste Durchschlagskraft und Deckung. Zur Hühnerjagd besonders geeignet. Vorzügliche Jagdpatrone.

Nr.	8115	8116	8117
Kal.	16	20	12
Mk.	7.20	7.20	8.20

pro 100 Stück.

Marke „Specht“, billige, dabei sehr gute rauchlose Jagdpatrone, rote Hülse mit bewährtem rauchlosen Fasan-Jagdpulver geladen. Sehr viel verlangte Qualität.

Nr.	8121	8122	8123
Kal.	16	20	12
Mk.	8.20	8.20	9.20

pro 100 Stück.

Marke „Fasan“, rauchlos, rote Hülse, geladen mit dem vorzüglichen rauchlosen Haslocher „Fasan“-Jagdpulver. Diese Patrone zeichnet sich neben den bekannten Vorzügen, wie Rostfreiheit, enormen Durchschlag, ganz ungefährlichen Gasdruck und bester Deckung, noch durch ihren ganz minimalen Rückstoß aus. Beliebteste und verbreitetste Jagdpatrone.

Nr.	8130	8131	8132
Kal.	16	20	12
Mk.	8.60	8.60	9.60

pro 100 Stück.

Marke „Diana“, rauchlos. Vorzügliche, erprobte und bestbewährteste rauchlose Jagdpatrone mit blauer, vollkommen gasdichter Hülse mit 8 mm hohem Metallrand und innerem Blechmantel, welche mit dem anerkannt vorzüglichen rauchlosen „Diana“-Pulver und prima Hartschrot geladen ist. Dieselbe gewährleistet bei jeder Witterung einen weittragenden sicheren Schuß bei kräftigem Durchschlag und mäßigem Gasdruck. Sehr empfehlenswert.

Nr.	8124	8125	8126
Kal.	16	20	12
Mk.	10.—	10.—	11.—

pro 100 Stück.

Marke „Jagdkönig“, geladen mit neuestem, rauchlosem gelatinierten Haslocher Jagdpulver, violette Hülse, vollkommen gasdicht und mit extra hohem Metallrand und Innenmantel versehen. Garantiert großartiger Durchschlag und beste Deckung bei vollkommener Rostfreiheit. Nachrosten unter Garantie ausgeschlossen. Vornehmste Jagdpatrone; für Winterjagden, Weitschüsse, Selbstladeflinten, Ejektorgewehre usw. besonders empfehlenswert.

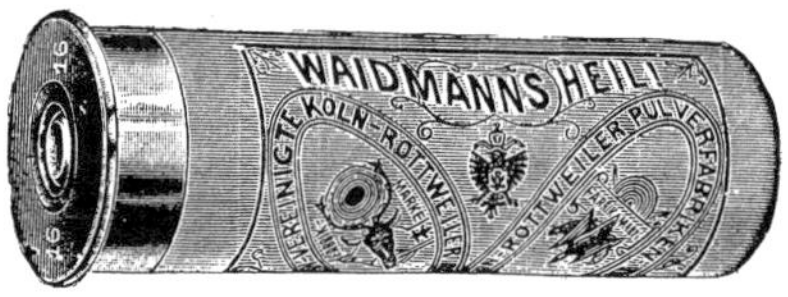

Nr.	8127	8128	8129
Kal.	16	20	12
Mk.	10.50	10.50	11.50

pro 100 Stück.

Marke „Weidmannsheil“, rauchlos, mit rauchlosem, vollständig durchgelatiniertem Rottweiler Blättchenpulver und prima Hartschrot geladen, 8 mm hoher Messingculot, rote (Kal. 20, gelbe) Hülse, rostfreie Zündung.

Neu! „Rottweiler Spezial-Patrone“. Neu!

Nur mit Schrot Nr. 3 und 7 lieferbar; speziell für Tontaubenschießen, Hühnerjagd und Hasenscheibe verwendbar.

Hülse fein schwarz, ohne innere Metalleinlage, mit Silberaufdruck und 7 mm hoher Messingkappe, geladen mit rauchlosem Rottweiler Blättchenpulver und prima Hartschrot, leichte Ladung, daher geringer Gasdruck.

Erstklassiges Fabrikat.

Nr. 8183. Zentral, Kal. 16, pro 100 Stück . . . . Mk. 8.—
Nr. 8184. Zentral, Kal. 12, pro 100 Stück . . . . Mk. 9.—

Erstklassiges Fabrikat.

Jagd-Patronenhülsen.

Erstklassiges Fabrikat, exakt kalibrierend, mit großem Hütchen, vollständig versagerfrei.

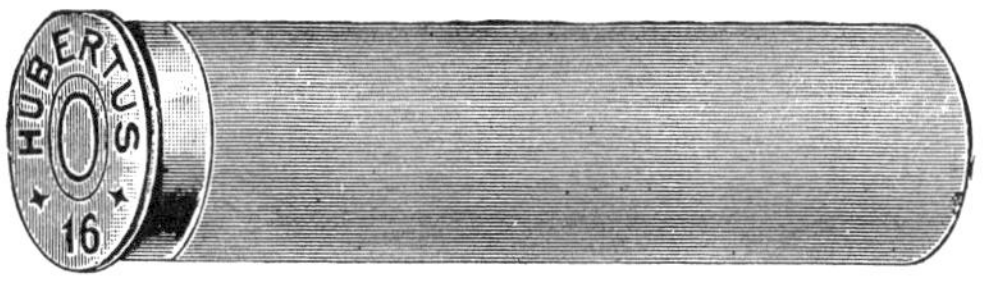

Marke „Hubertus". Prima Patronenhülse mit 6 mm hohem Messingbeschlag und großem Zündhütchen, absolut versagerfrei, ganze Länge 65 mm.

Nr. 8135 8136 — 8137

100 Stück Kal. 16 oder 20 Mk. 2.—, Kal. 12 Mk. 2.20
500 Stück Kal. 16 oder 20 Mk. 9.80, Kal. 12 Mk. 10.75
1000 Stück Kal. 16 oder 20 Mk. 19.—, Kal. 12 Mk. 20.50

Marke „Meteor". Vorzügliche Patronenhülse, **extra gasdicht**, mit 8 mm hohem Messingbeschlag u. innerem Stahlblechmantel, mit großem Zündhütchen. Prima Qualität. Ganze Länge 65 mm.

Nr. 8138 8139 — 8140

100 Stück Kal. 16 oder 20 Mk. 3.—, Kal. 12 Mk. 3.20
500 Stück Kal. 16 oder 20 Mk. 14.75, Kal. 12 Mk. 15.75
1000 Stück Kal. 16 oder 20 Mk. 29.—, Kal. 12 Mk. 31.—

Marke „Aste", gesetzlich geschützt, graue extra feine Hülse mit 7 mm hoher Messingkappe und großem Zündhütchen, garantiert versagerfrei, ganze Länge 65 mm. Viel gekaufte Patronenhülse.

Nr. 8141 8142 — 8143

100 Stück Kal. 16 oder 20 Mk. 2.50, Kal. 12 Mk. 2.80
500 Stück Kal. 16 oder 20 Mk. 12.20, Kal. 12 Mk. 13.70
1000 Stück Kal. 16 oder 20 Mk. 24.—, Kal. 12 Mk. 27.—

Marke „Aste", gesetzlich geschützt, extra gasdichte grüne Hülse mit 8 mm hoher Messingkappe und innerem Blechmantel, hervorragendste Qualität, mit großem Zündhütchen, ganze Länge 65 mm. Beste Hülse, welche sich auch für rauchloses Pulver vorzüglich eignet.

Nr. 8144 8145 — 8146

100 Stück Kal. 16 oder 20 Mk. 3.—, Kal. 12 Mk. 3.20
500 Stück Kal. 16 oder 20 Mk. 14.60, Kal. 12 Mk. 15.60
1000 Stück Kal. 16 oder 20 Mk. 28.80, Kal. 12 Mk. 30.50

Papphülsen, kleinere Kaliber, in prima Qualität.

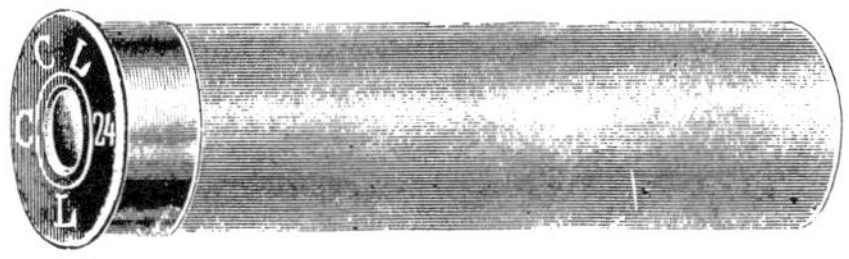

Nr. 8158. Kal. 24, 100 Stück Mk. 2.50

Nr. 8159. Kal. 28, 100 Stück Mk. 2.50

Nr. 8147. Kal. 410 = 12 mm, 100 Stück Mk. 2.40

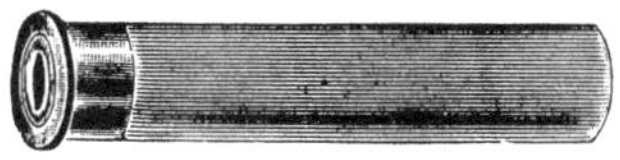

Nr. 8157. Kal. 9,1 mm, 100 Stück Mk. 2.40 oder Nr. 8148. Kal. 14 mm, 100 Stück Mk. 2.40

Zur gefl. Beachtung!
Die Jagd-Patronenhülsen von Nr. 8135 bis 8148 werden nur in Original-Packung à 100 Stück abgegeben, während die Metallhülsen Nr. 8149 bis 8156 in kleineren Packungen von 25 Stück abgegeben werden. Bei Abnahme von 500 bezw. 1000 Stück Patronenhülsen tritt, wie oben ersichtlich, eine Preisermäßigung ein u. erfolgt die Zusendung gleichzeitig franko jeder deutschen Poststation.

Prima Metallhülse, extra starke Qualität, mit massivem Boden, in jedes regelrecht gebohrte Patronenlager passend, für Schrotschuß geeignet, ganze Länge 63 mm, sehr viel mal zu benutzen; in Schachteln à 25 Stück.

Nr.	8149	8150	8151	8152	8153	8154
Kal.	12	16	20	24	28	32
100 Stück Mk.	13.80	12.50	12.50	12.50	11.50	11.—

Metall-Schrothülsen in leichter Qualität, also ohne massiven Boden.

Nr. 8155 — 8156

100 Stück Kal. 16 Mk. 8.—, Kal. 12 Mk. 8.50

Ladepfropfen, Teerdeckel und Schlußscheiben in bester Qualität.

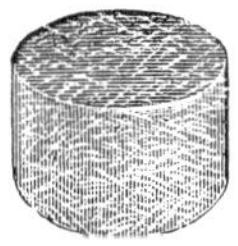

Nr. 8160.

Nr. 8165.

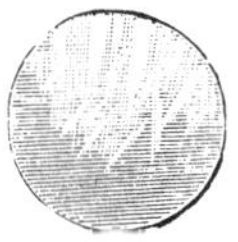

Nr. 8166.

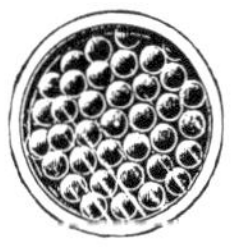

Nr. 8168.

Nr. 8169.

Nr. 8160. **Gefettete Filzpfropfen** aus braunem Filz, extra prima Qualität, in ¼ kg-Beuteln, 10 bis 12 mm dick, streng zylindrisch u. genau sortiert, in Kal. 12 bis 28, 1 Beutel Mk. —.85
Kleinere Kaliber 14 mm bis 9,1 mm . . . 1 Beutel Mk. —.95
Bei Abnahme von 4 Beuteln = 1 kg in Kal. 12 bis 28 . . . Mk. 3.10
Bei Abnahme von 4 Beuteln = 1 kg in Kal. 14 mm bis 9 mm . . . Mk. 3.60

Nr. 8161. **Weiße Fettfilzpfropfen**, extrafeine Qualität, 10 bis 12 mm dick, streng zylindrisch u. genau sortiert, rötlichweiß, in Säckchen à ¼ kg, Kal. 12, 16 od. 20, 1 Beutel Mk. 1.45
Bei Abnahme von 4 Beuteln = 1 kg . . . Mk. 5.50

Nr. 8165. **Prima Teerpfropfen**, zwischen das Pulver und den Fettpfropfen zu legen, 2 mm dick, in Paketen à 500 Stück, in Kal. 16 bis 28, Paket Mk. —.45, Kal. 12 Mk. —.50

Nr. 8166. **Prima Schlußpfropfen**, auf Schrot zu legen, aus weißbeklebter Schrotpappe, 2 mm dick, in Paketen à 500 Stück, in Kal. 16 bis 28, Paket Mk. —.25, Kal. 12 Mk. —.30

Nr. 8168. **Schlußscheiben**, durchsichtige aus Zelluloid, welche die Schrote in der Patrone erkennen lassen, Kal. 12, 16 und 20, verpackt in Kartons zu 100 Stück . . . 1 Schachtel, Kal. 16 bis 20 Mk. —.50, Kal. 12 Mk. —.60

Nr. 8169. **Gefettete Filztreibspiegel**, in Wachs getränkt und gepreßt mit Expansionskegel, in Kal. 16 und 12, in Kartons à ¼ kg . . . Mk. 2.25, 1 kg Mk. 8.—

Moderne Waffen ▫ Munition ▫ Jagdgeräte

AUGUST STUKENBROK, EINBECK

Anerkannt leistungsfähiges Etablissement dieser Branche

Jagd- und Scheibenpulver.

Extra beste Original-Qualität. ∴ Garantie für vollständige Reinheit.

Zur gefl. Beachtung!

Der Versand von Pulver darf per Bahn oder Post nur als: „Proben von Schießmitteln" und zwar in amtlich vorgeschriebener Packung erfolgen. Die Blechbüchsen müssen gut und dicht verschlossen und verpackt werden und bringe ich diese Verpackung zum Selbstkostenpreis in Anrechnung und zwar bei Lieferung von:

¼ kg Pulver mit Mk. 0.25 ½ kg Pulver mit Mk. 0.40 1 kg Pulver mit Mk. 0.60

Die Verpackung nehme ich jedoch zum vollen Betrag bei franko Rücksendung wieder zurück.

Schwarzpulver.

a) Jagdpulver.

Nr. 8179. **„Diana"-Jagdpulver, extra beste Qualität,** vielfach prämiiert, Körnung ²/₄, für Schrotpatronen, in Paketen à ¼ kg.

¼ kg-Paket Mk. 0.75, 1 kg = 4 Pakete Mk. 2.90

Nr. 8180. **Prima Rottweiler Jagdpulver,** extra beste Qualität, Körnung Nr. 4, für Schrotpatronen, in Paketen à ¹/₁₀ kg = 100 g.

Paket à 100 g Mk. 0.30, 1 kg Mk. 2.90

b) Scheibenpulver.

Nr. 8181. **Prima Scheibenpulver,** nasser Brand, Körnung Nr. 6, aus den vielfach prämiierten Fabriken von Cramer & Buchholz, unübertroffene Qualität, in Paketen à ¼ kg = 250 g.

¼ kg-Paket Mk. 0.75, 1 kg Mk. 2.90

Nr. 8182. **Rottweiler neuestes, extra bestes Scheibenpulver,** mit Naßbrand, matt, Körnung Nr. 4, in Paketen à ¹/₁₀ kg = 100 g.

Paket 100 g Mk. 0.30, 1 kg Mk. 2.90

Rauchloses Jagdpulver.

Nr. 8185. **Prima rauchloses Jagdpulver, Marke „Fasan",** für Schrotschuß, neuestes Fabrikat, in Blechbüchsen à ½ und 1 kg oder in Papier-Paketen à 50 g.

Paket à 50 g Mk. 0.60, ½ kg-Büchse Mk. 5.50

Nr. 8186. **Troisdorfer rauchloses gekörntes Jagdpulver,** in dekorierten Blechbüchsen mit Seidenbeutel.

Büchse von ¹/₁₀ kg Mk. 1.50, ¼ kg Mk. 3.50
½ kg Mk. 6.50, 1 kg Mk. 12.—

Nr. 8187. **Prima Rottweiler rauchloses Jagdblättchenpulver** für Schrotschuß, sehr gleichmäßiges Pulver von Schuß zu Schuß, lose in eleganten Metallbüchsen von 125 g Inhalt.

Büchse à 125 g Mk. 2.—

Nr. 8196. **Rottweiler neuestes, rauchloses, gelatiniertes Kornpulver „R. K. P.",** für Schrotschuß, vorzügliches Treibmittel, eignet sich auch zum Laden von Patronenhülsen ohne inneren Blechmantel, in eleganten Metallhülsen verpackt, von 125 g Inhalt.

Büchse à 125 g Mk. 1.85

Nr. 8083. **„Diana", rauchloses Jagdpulver,** für den Schrotschuß von unübertroffener Qualität in Papierpaketen à 50 g oder in dekorierten Blechdosen à 200 g.

1 Paket à 50 g Mk. 0.60, 1 Blechdose à 200 g Mk. 2.20

Rauchloses Büchsenpulver.

Nr. 8190. **Haslocher rauchloses Spezial-Scheibenpulver,** neuester Fertigung, Körnung Nr. 3, für die deutsche Normal-Scheibenbüchse 8,15×46,5 mm, **mit nassem Brand.** Verbrennt vollkommen rückstandlos, wodurch die Läufe spielend leicht zu reinigen sind; allergrößte Regelmäßigkeit von Schuß zu Schuß, daher denkbar schönste Schußbilder. Ladeweise für die deutsche Normalbüchse 0,9 g. Auch für kleinere Kaliber wie Kal. 7 und 6,6 mm geeignet. In Blechbüchsen à ½ und 1 kg oder in Papierpaketen à 50 g.

Paket à 50 g Mk. 0.60, ½ kg-Büchse Mk. 5.50

Nr. 8246. **Haslocher rauchloses Spezial-Scheibenpulver,** Mod. 1906, Körnung Nr. 5, speziell für die Hülsen der Jagdgewehre, braune Farbe, in dekorierten Blechbüchsen à ½ und 1 kg oder Papierpaketen à 50 g.

Paket à 50 g Mk. 0.60, ½ kg-Büchse Mk. 5.50

Nr. 8247. **Haslocher rauchloses Spezial-Scheibenpulver,** Mod. 1906, in grüner Farbe für große Kaliber über 10 mm geeignet.

Paket à 50 g Mk. 0.60, ½ kg-Büchse Mk. 5.50

Nr. 8194. **Haslocher Pistolen- und Winchester-Pulver,** in feiner runder Körnung, für Kleinmunition, Tesching, Winchester, Kal. 22.

Paket à 50 g Mk. 0.65, ½ kg-Büchse Mk. 6.—

Nr. 8191. **Troisdorfer rauchloses Scheiben-Kornpulver,** für Scheibenbüchsenpatronen, in dekorierten Blechbüchsen mit Seidenbeutel.

Büchse von 100 g Mk. 1.50, ¼ kg Mk. 3.50
½ kg Mk. 6.50, 1 kg Mk. 12.—

Nr. 8192. **Troisdorfer rauchschwaches Blättchenpulver Nr. 1910,** mit geringem Gasdruck für Patronen Mod. 88/8 und 9 mm lang und mittel; S. & S. 48 und 58,5/8 und 58,5/9 mm; Expreß 360/57/8 mm, Mannlicher 50,5/8,2 mm, G 45, 52, 60/10,75 mm, in Blechbüchsen mit Seidenbeutel.

¹/₁₀ kg Mk. 1.65, ½ kg Mk. 7.50, 1 kg Mk. 14.—

Das Pulver Nr. 1910 tritt an die Stelle des früheren Pulvers Nr. 6, Gewicht und Ladung, Geschwindigkeit und Treffpunktlage sind die gleichen, jedoch ist der Gasdruck bedeutend geringer.

Nr. 8193. **Troisdorfer rauchschwaches Blättchenpulver Nr. 48,** dünne Blättchen, für Patronen Modell 88/8 mm kurz, P 27 6,5 mm, G 40/6,5 mm, verpackt in schön dekorierten Blechbüchsen und Seidenbeutel.

¹/₁₀ kg Mk. 1.80, ½ kg Mk. 8.50, 1 kg Mk. 16.—

Nr. 8195. **Rottweiler rauchloses Scheibenpulver „P",** für Bleigeschosse aller Kaliber (Scheibenbüchsenpatronen), Bleimantel- und Papierführungsgeschosse, vollständig durchgelatiniert. Dasselbe läßt sich mit geeignetem Schöpfmaß sehr gut in die Hülse einmessen und wird, da es sich **durch sehr hohe Präzision** auszeichnet und bei geeigneter Zündung (Hütchen Nr. 8206 mit Zündsatz 85) **ohne Rückstände** verbrennt, mit Vorteil an Stelle des alten Naßbrand-Scheibenpulvers verwendet. Das günstige Ladeverhältnis ist 1 : 12, d. h. bei 12 g Geschoßgewicht 1 g Pulver. Passende Schöpfmaße für die Hülse 8,15×46,5 oder 9,3×72 mm liefere ich zum Selbstkostenpreis. Das Pulver ist verpackt in Blechbüchsen à 125 g.

Büchse von 125 g Mk. 1.60, 500 g Mk. 6.25,
1 kg Mk. 12.—

Meine Jagdgewehre sind nach den Normen der Deutschen Versuchsanstalt eingeschossen.

Moderne Waffen ▫ Munition ▫ Jagdgeräte

AUGUST STUKENBROK, EINBECK

Anerkannt leistungsfähiges Etablissement dieser Branche

Hartschrot, Spezial-Hartschrot „Lätare“ und Jagdschrot

in nur hervorragenden Qualitäten.

Nummer-System

vom

Allgemeinen Deutschen Jagdschutzverein

als das zweckmäßigste anerkannt, ist wie folgt:

Schrote.

Nr. 6/0	5,5 mm	Nr. 1	4 mm	Nr. 7	2,5 mm
Nr. 5/0	5,25 mm	Nr. 2	3,75 mm	Nr. 8	2,25 mm
Nr. 4/0	5 mm	Nr. 3	3,5 mm	Nr. 9	2 mm
Nr. 000	4,75 mm	Nr. 4	3,25 mm	Nr. 10	1,75 mm
Nr. 00	4,5 mm	Nr. 5	3 mm	Nr. 11	1,5 mm
Nr. 0	4,25 mm	Nr. 6	2,75 mm	Nr. 12	1,25 mm

Posten.

Nr. I	10 mm	Nr. III	8 mm	Nr. V	6,5 mm
Nr. II	9 mm	Nr. IV	7 mm	Nr. VI	6 mm

Die nebenstehenden Abbildungen sind in natürlicher Größe. Die **fetten** unteren Zahlen geben die Schrotstärke in **Millimeter** nach Festsetzung des **Allgemeinen Deutschen Jagdschutzvereins** an. Die Zahlen **links** neben den Schrotabbildungen sind die Nummern der bekannten Schrotfabriken.

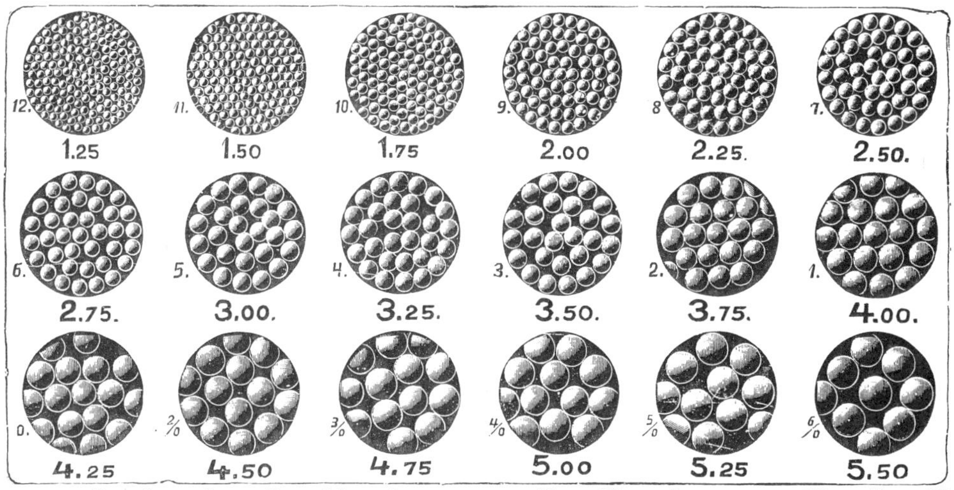

Schrot-Tabelle.

Größe in mm:	10	9	8	7	6,5	6	5,5	5,25	5	4,75	4,5	4,25
Nr.	PI	PII	PIII	PIV	PV	PVI	60	50	4/0	3/0	2/0	0
	Beste Verwendung für starkes Wild, wie Elche, Hirsche, Bären, Wildschweine usw.									Rehböcke.		

Größe in mm:	4	3,75	3,75	3,5	3,25	3	2,75	2,5	2,25	2	1,75	1,5	1,25
Nr.	1	2	2	3	4	5	6	7	8	9	10	11	12
Beste Verwendung für:	Rehe, Füchse und Trappen		Hasen			Enten, Fasanen und Kaninchen		Rebhühner		Schnepfen und Bekassinen		kleinere Vögel	

Rehposten.

Größen

Durchmesser in mm	10	9	8	7	6,5	6
Nr.	1	2	3	4	5	6

Nr. 8200. Prima Hartschrot von Nr. 6/0 bis 12 . . . pro kg **60 Pf.**

Nr. 8201. Spezial-Hartschrot „Lätare“ Nr. 6/0 bis 12 pro kg **65 Pf.**

Nr. 8202. Prima Jagdschrot (Weichschrot) Nr. 6/0 bis 12 . . . pro kg **55 Pf.**

Nr. 8203. Rehposten und Rundkugeln in vorstehenden Größen pro kg **70 Pf.**

Preise freibleibend, da die Rohmaterialien stets Preisschwankungen unterworfen sind.

Die Abgabe der Schrote erfolgt in kleinen Beuteln von 2,5 kg in einer Nummer (Größe) und bitte bei Bestellung freundlichst darauf achten zu wollen.

Bei Abnahme von einem Beutel Schrot von 10 kg in einer Nummer (Größe) erniedrigen sich die Preise in **Nr. 8200** auf **55 Pf.**, in **Nr. 8201** auf **60 Pf.** und in **Nr. 8202** auf **50 Pf. pro kg.**

Bei Abnahme größerer Mengen Schrot und Posten wolle man schriftliche Offerte verlangen.

Patronen-Zündhütchen

für Messing- und Papphülsen, Metallpatronen und Japdpatronen.

		500 Stück	100 Stück
Nr. 8205.	**Prima flachbodige Zündhütchen** (Mauser), Modell 71, für Messing- und Pappepatronen passend, für Schwarz- und rauchloses Pulver, in Schachteln à 500 Stück und 100 Stück	Mk. 1.25	—.30
Nr. 8206.	Dieselben mit verstärkter Füllung, nur für rauchloses Pulver	Mk. 1.65	—.40
Nr. 8207.	Dieselben, jedoch für Papphülsen (große rote Berdan-Zündhütchen)	Mk. 1.35	—.35
Nr. 8208.	Dieselben für Patronen Modell 88, rauchloses Pulver	Mk. 2.—	—.50
Nr. 8209.	Dieselben für kleine Büchsen oder Revolver, 4--4,5 und 5 mm groß	Mk. 1.65	—.40

Geschosse und Geschoßpatronen für Flintenläufe.

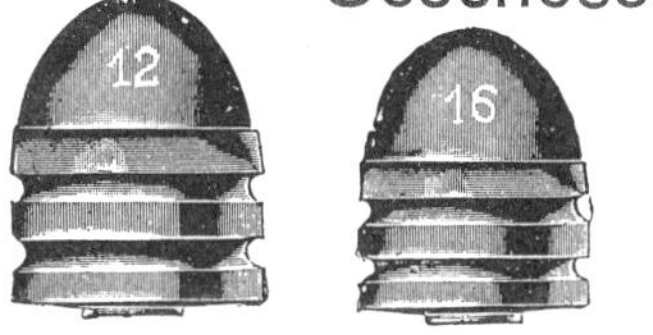

Nr. 8220. Spitzgeschosse für Jagdgewehre in Kal. 12—32 pro kg **Mk. 1.—**

Sehr zu empfehlen für Paradox-Gewehre, auch für solche mit geraden Zügen. Aus glatten Läufen verwendbar, nicht für Chokebohrung. Bei Bestellung ist anzugeben, ob solche für Papp- oder Messinghülsen sein sollen.

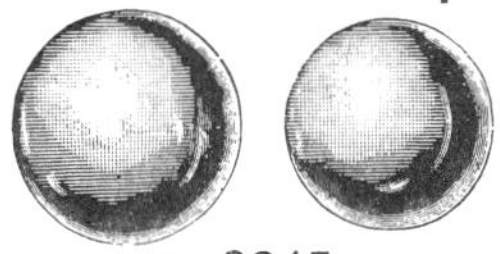

Nr. 8245.

Rundkugeln für Jagdgewehre in Kal. 12, 16, 20, 24, 28, 32 und 9,1 mm pro kg **90 Pf.**

Aus glatten Läufen verwendbar, nicht für Chokebohrung.

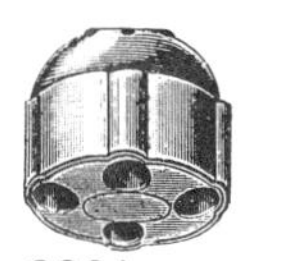

Nr. 8221 = Kal. 16.

Nr. 8222 = Kal. 12.

Oberhammer-Kugeln für glatte Flintenläufe, auch für Chokebohrung in Kal. 16=42 und 12=36 Stück, pro kg **Mk. 1.60**

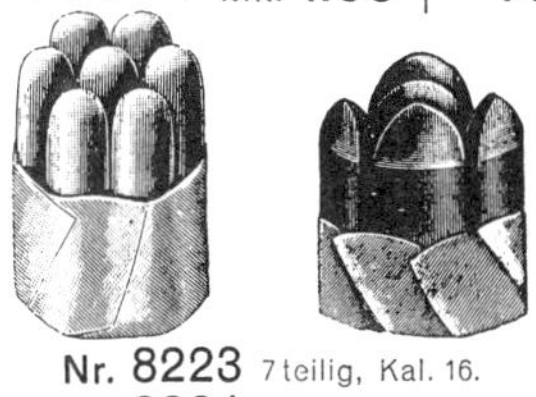

Nr. 8223 7teilig, Kal. 16.

Nr. 8224 5teilig, Kal 12.

Explosionskugeln

5 und 7teilig, in Schachteln

à 10 Stück Kal. 16 **Mk. 1.10** pro Schachtel.

à 10 Stück Kal. 12 **Mk. 1.30** pro Schachtol.

Neu!

Neu!

Ideal-Stahlkerngeschoß (D. R.-P.)

mit Stahlspitze. Die Führungsschraube wird in das Pulver gebettet. Dieses Geschoß ist für Flintenläufe mit Zylinder- und Würgebohrung zu verwenden, hat **größte Durchschlagskraft,** daher **für stärkstes Wild und Dickhäuter geeignet.**

Nr.	8229	8230	
Kal.	16	12	
pro 10 Stück Mk.	3.—	3.20	in Schachteln.

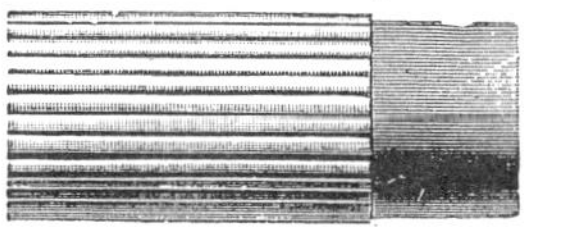

von **Witzlebensches Langgeschoß** mit Holzführung für glatte und Chokebore-Flintenläufe.

Nr.	8231	8232	8233
Kal.	16	20	12
pro 10 Stück Mk.	1.50	1.50	1.60

Fertige Patronen mit Schwarzpulver und diesen Geschossen.

Nr.	8234	8235	8236
Kal.	16	20	12
pro 10 Stück Mk.	2.—	2.—	2.20

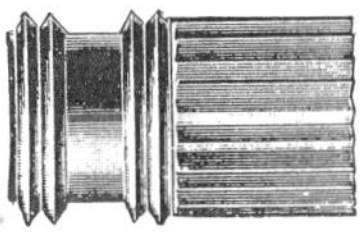

von **Witzlebensches Bolzengeschoß** für glatte und Chokebore-Flintenläufe mit Holzführung.

Nr.	8237	8238
Kal.	16	12
pro 10 Stück Mk.	1.20	1.30

Fertige Patronen mit Schwarzpulver und diesen Geschossen.

Nr.	8239	8240
Kal.	16	12
pro 10 Stück Mk.	1.70	1.80

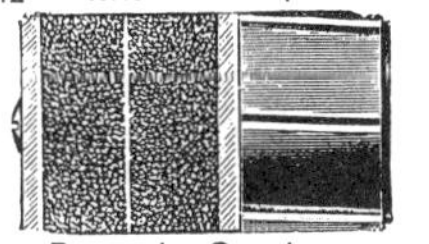

Brenneke-Geschosse

für glatte und Chokebore-Flintenläufe.

Nr.	8225	8226	
Kal.	16	12	
à 10 Stück Mk.	1.40	1.50	pro Schachtel.

Fertige Patronen mit Schwarzpulver und diesen Geschossen.

Nr.	8227	8228
Kal.	16	12
pro 10 Stück Mk.	2.—	2.20

Patronen mit rauchlosem Pulver und Flintenlauf-Geschossen erhöhen den Preis um 3 Pf. pro Stück.

Moderne Waffen ▫ Munition ▫ Jagdgeräte

AUGUST STUKENBROK, EINBECK

Anerkannt leistungsfähiges Etablissement dieser Branche

Metallpatronen und leere Hülsen.

Anerkannt bestes Fabrikat. Erstklassige Qualität.

Die nachstehend aufgeführten Patronen und Hülsen sind nur die gangbarsten Sorten. Andere Größen, Fassons und Kaliber liefere ich ebenfalls zu billigsten Preisen und bitte bei Bedarf unter Angabe des Quantums Spezial-Offerte einzuholen. Meine sämtlichen Patronen sind gleichmäßig, gewissenhaft und sehr genau geladen, weshalb ich für Gleichmäßigkeit der einzelnen Schüsse bei Verwendung dieser Patronen volle Garantie übernehme. Werden die Kugelpatronen mit rauchlosem Pulver oder Kupfernickelmantelgeschossen gewünscht, so bitte bei Bestellung die betr. Pulversorte vorzuschreiben.

Nr. 8250. Morrispatrone . . . . 100 Stück Mk. 3.—
Nr. 8251. Leere Hülsen, 297/230 . . . . 100 Stück Mk. 2.40

Nr. 8252. Winchester (Vierlingspatrone), Kal. 5,6×35,5 mm lang, mit 0,7 g Schwarzpulver. Für Birkwild und kleines Raubzeug sehr gut geeignet . . . . 100 Stück Mk. 6.25
Nr. 8281. Winchesterpatrone, Kal. 5,6×35,5 mm, mit rauchlosem Pulver und Kupfermantelgeschoß, 100 Stück Mk. 10.—
Nr. 8253. Leere Hülsen, Kal. 5,6×35,5 mm . . 100 Stück Mk. 5.—

Nr. 8254. Patrone, Kal. 9,1×40 mm, mit 1 g Schwarzpulver und Bleigeschoß geladen . . . . . . 100 Stück Mk. 7.—
Nr. 8255. Dieselbe Patrone, jedoch mit Schrot geladen, 100 Stück Mk. 8.—
Nr. 8256. Leere Hülsen, Kal. 9,1×40 mm . . . 100 Stück Mk. 5.40

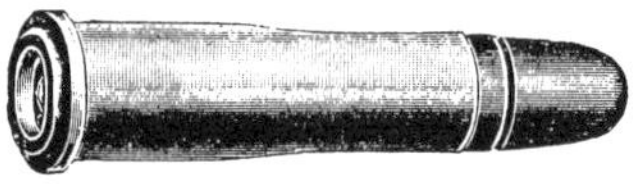

Nr. 8257. Patrone, Kal. 9×36 mm, mit 1,5 g Schwarzpulver und Bleigeschoß geladen . . . . 100 Stück Mk. 9.—
Nr. 8258. Leere Hülsen, Kal. 9×36 mm . . . 100 Stück Mk. 6.—

*Nr. 8259. Normal-Patrone, Kal. 8,15×46,5 mm, für Scheiben- und Pirschbüchsen, mit 2 g Naßbrandpulver und Bleigeschoß Nr. 16, 5P, 8,15D, 8416 oder LF3 geladen, 100 Stück Mk. 8.—
*Nr. 8282. Normal-Patrone, Kal. 8,15×46,5 mm, jedoch mit prima Troisdorfer, Haslocher oder Rottweiler rauchlosem Scheibenpulver und Hartbleigeschoß geladen, 100 Stück Mk. 9.—
*Nr. 8260. Leere Hülsen, Kal. 8,15×46,5 mm . 100 Stück Mk. 6.—

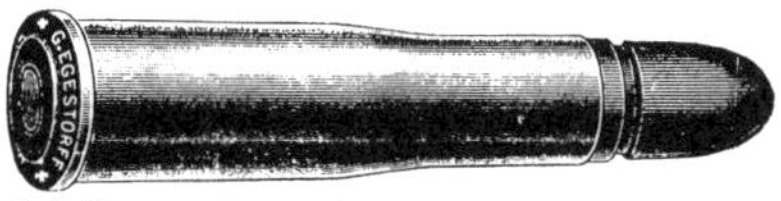

Nr. 8261. Schützenpatrone, Kal. 9,5×47 mm, mit 2,5 g Naßbrandpulver und Geschoß Nr. 18 geladen, 100 Stück Mk. 9.—
Nr. 8262. Leere Hülsen, Kal. 9,5×47 mm . . . 100 Stück Mk. 6.60

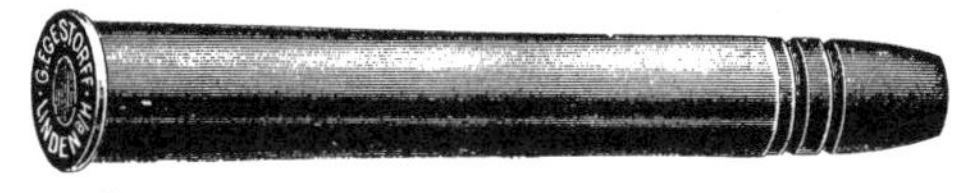

Nr. 8263. Patrone, Kal. 9,3×57 mm, mit 3 g Naßbrandpulver und Geschoß J15, 9,3R oder 9,3N geladen, 100 Stück Mk. 11.—
Nr. 8264. Leere Hülsen, Kal. 9,3×57 mm . . . 100 Stück Mk. 7.50

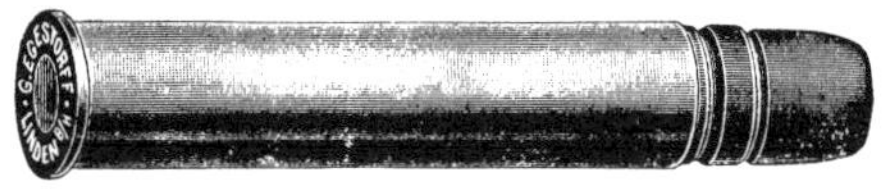

Nr. 8265. Patrone, Kal. 11,15×52 mm, zylindrisch, mit 3 g Naßbrandpulver und Geschoß Nr. 69 oder 11,15A geladen, 100 Stück Mk. 11.40
Nr. 8283. Dieselbe Patrone, jedoch mit Schrot geladen, 100 Stück Mk. 11.40
Nr. 8266. Leere Hülsen, Kal. 11,15×52 mm . . 100 Stück Mk. 7.—

*Nr. 8267. Patrone, Kal. 9,3×72 mm, mit 3,5 g Naßbrandpulver und Geschoß Nr. 9,3R oder 9,3N geladen, 100 Stück Mk. 14.—
*Nr. 8284. Matallpatrone, Kal. 9,3×72 mm normal, geladen mit rauchlosem Büchsenpulver und Kupfermantelgeschoß, verpackt in Schachteln à 25 Stück . . 100 Stück Mk. 19.—
*Nr. 8268. Leere Hülsen, Kal. 9,3×72 mm . . 100 Stück Mk. 10.40

Nr. 8269. Patrone, Kal. 9,3×82 mm, stärkste Hochwildpatrone, mit 4,5 g Naßbrandpulver und Geschoß Nr. 9,3R oder 9,3N, 100 Stück Mk. 16.40
Nr. 8270. Leere Hülsen, Kal. 9,3×82 mm Nimrod, 100 Stück Mk. 11.40

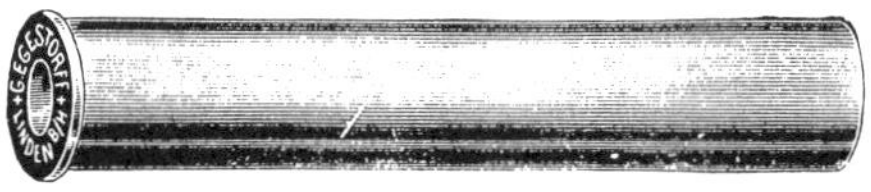

Nr. 8271. Patrone, Kal. 11,15×60 mm, zylindrisch, mit 4 g Naßbrandpulver und Geschoß Nr. 69 oder 11,15A geladen, 100 Stück Mk. 13.—
Nr. 8272. Leere Hülsen, Kal. 11,15×60 mm . . 100 Stück Mk. 9.—

Nr. 8273. Patrone, Kal. 11,15×65 mm, mit 4,5 g Naßbrandpulver und Geschoß Nr. 69 oder 11,15A geladen, 100 Stück Mk. 14.—
Nr. 8274. Leere Hülsen, Kal. 11,15×65 mm . . 100 Stück Mk. 10.—

Nr. 8275. Patrone, Kal. 11,15×60 mm, Modell 71, mit 4 g Naßbrandpulver und Geschoß Nr. 69 oder 11,15A geladen, 100 Stück Mk. 11.—
Nr. 8276. Leere Hülsen, Kal. 11,15×60 mm Mauser, 100 Stück Mk. 7.—

Nr. 8277. Patrone, Kal. 11,5 mm Expreß 450/32,5 mm, mit 7 g Naßbrandpulver und Geschoß Nr. 70, 11,5L oder Papierführungsgeschoß geladen . . . . 100 Stück Mk. 19.—
Nr. 8278. Leere Hülsen, Kal. 11,5 mm 450/82,5 mm Expreß, 100 Stück Mk. 14.50

Nr. 8279. Patrone, Kal. 13 mm Expreß 500/76 mm, mit 9 g Naßbrandpulver und Geschoß Nr. 12,7L oder Papierführungsgeschoß geladen . . . . 100 Stück Mk. 19.—
Nr. 8280. Leere Hülsen, Kal. 13 mm Expreß 500/76 mm, 100 Stück Mk. 14.50

* Für die Schützenhülse 8,15×46,5 mm und die Expreßhülse 9,3×72 mm sind von den Munitions- und Waffenfabriken neue Maße festgestellt worden, welche von allen Munitionsfabriken eingehalten werden. Die Verschiedenheit zwischen den einzelnen Fabrikaten fällt also in Zukunft fort. Die neuen Hülsen tragen auf dem Boden den Stempel 8,15/46 Norm. (Normal) und 9,3/72 Norm. (Normal), und bitte ich höflichst, dieselben auch unter dieser Bezeichnung zu bestellen. Wird nicht 8,15/46 Norm. und 9,3/72 Norm. vorgeschrieben, dann gebe ich bis auf weiteres die alten Sorten hin. Im allgemeinen Interesse richte ich jedoch alle jetzt neu anzufertigenden Waffen dieser Kaliber für die neuen Normalhülsen ein, damit endlich einmal die Vereinheitlichung der gebräuchlichsten Kugelhülsen in die Wege geleitet wird.

Jede Waffe wird vor Versand kontrolliert, es wird also nur ausprobierte Ware versandt.

Rauchlose Metallpatronen und Hülsen

für Jagd- und Militärgewehre.

Mit rauchschwachem Blättchenpulver und Mantelgeschossen.

Nr. 8320. Kal. P 27 = 6,5 mm mit 0,6 g Blättchenpulver und Ganz- oder Teilmantelgeschoß . . . . 100 Stück Mk. 10.25

Nr. 8321. Leere Hülsen . . . . 100 Stück Mk. 5.—

Nr. 8322. Kal. S. S. 48 = 6,6 mm mit 1,2 g Blättchenpulver und Ganz- oder Teilmantelgeschoß . 100 Stück Mk. 16.40

Nr. 8323. Leere Hülsen . . . . 100 Stück Mk. 8.—

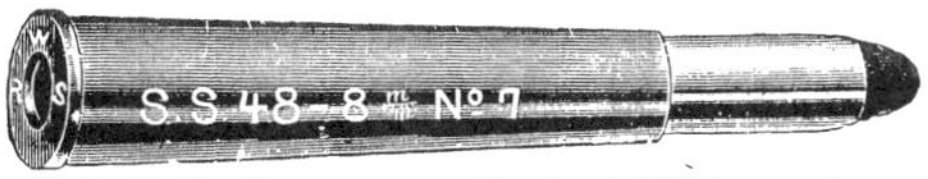

Nr. 8324. Kal. S. S. 48 = 8 mm mit 1,6 g Blättchenpulver und Ganz- oder Teilmantelgeschoß . . . 100 Stück Mk. 16.—

Nr. 8325. Leere Hülsen . . . . 100 Stück Mk. 7.60

Nr. 8326. Kal. S. S. 58,5 = 8 mm mit 1,8 g Blättchenpulver und Ganz- oder Teilmantelgeschoß . 100 Stück Mk. 16.40

Nr. 8327. Leere Hülsen . . . . 100 Stück Mk. 8.40

Nr. 8328. Expreß 850, Kal. 8 = 57 mm mit 1,8 g Blättchenpulver und Ganz- oder Teilmantelgeschoß . 100 Stück Mk. 16.—

Nr. 8329. Leere Hülsen . . . . 100 Stück Mk. 7.50

Nr. 8330. Modell 88, Kal. 8 mm, mit Rand, mit 2,3 g Blättchenpulver u. Ganz- oder Teilmantelgeschoß, 100 Stück Mk. 15.—

Nr. 8331. Leere Hülsen . . . . 100 Stück Mk. 7.50

Nr. 8332. Lee Nagant-Patrone, Kal. 8,1 = 53,35 mm mit vorschriftsmäßiger Originalladung, mit Vollmantelgeschoß, 100 Stück Mk. 6.60

Nr. 8333. Leere Hülsen . . . . 100 Stück Mk. 4.50

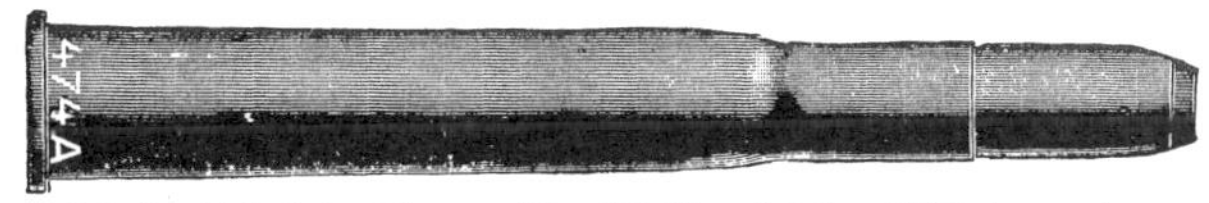

Nr. 8334. Kal. 9,3 = 74 mm (Nr. 474 A) mit 3,5 g Blättchenpulver und Ganz oder Teilmantelgeschoß . 100 Stück Mk. 18.—

Nr. 8335. Leere Hülsen . . . . 100 Stück Mk. 10.—

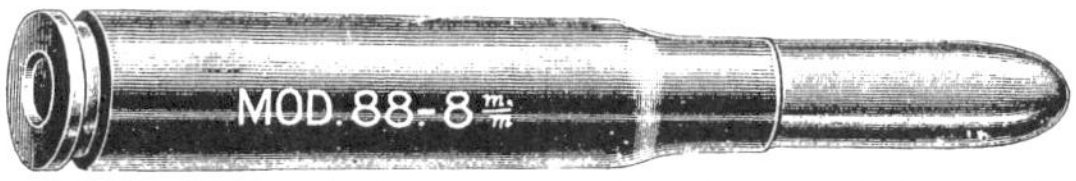

Nr. 8336. Modell 88, Kal. 8 mm, ohne Rand, mit 2,45 g Blättchenpulver und Ganzmantelgeschoß, 100 Stück Mk. 14.50

Nr. 8337. Leere Hülsen . . . . 100 Stück Mk. 7.50

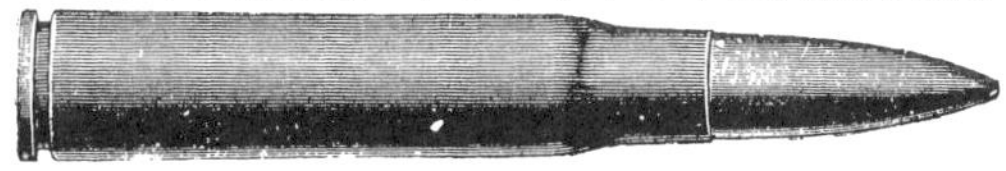

Nr. 8338. Modell 88, Kal. 8 mm, ohne Rand, mit 2,45 g Blättchenpulver u. dem neuen „S"-Geschoß, 100 Stück Mk. 16.50

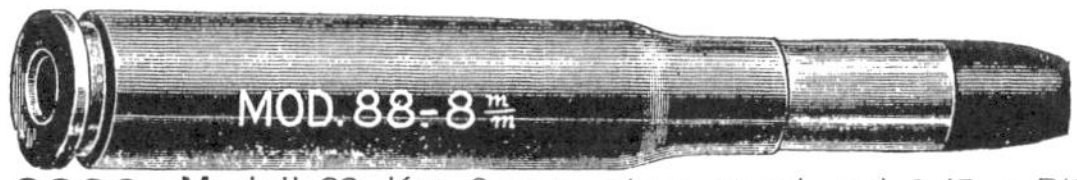

Nr. 8339. Modell 88, Kal. 8 mm, ohne Rand, mit 2,45 g Blättchenpulver und Teilmantelgeschoß . 100 Stück Mk. 14.50

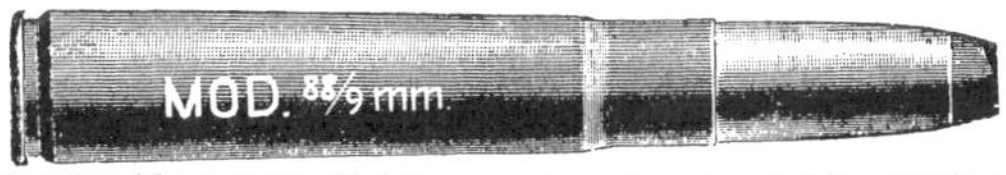

Nr. 8340. Modell 88, Kal. 9 mm, ohne Rand, mit 2,5 g Blättchenpulver u. Ganz- oder Teilmantelgeschoß, 100 Stück Mk. 15.50

Nr. 8341. Leere Hülsen . . . . 100 Stück Mk. 8.—

Nr. 8342. Modell 93, Kal. 7 mm, ohne Rand, mit 2,55 g Blättchenpulver u. Ganz- oder Teilmantelgeschoß, 100 Stück Mk. 16.—

Nr. 8343. Leere Hülsen . . . . 100 Stück Mk. 8.—

Nr. 8344. Modell 88, Kal. 6,6 mm, ohne Rand, mit 2,3 g Blättchenpulver u. Ganz- oder Teilmantelgeschoß, 100 Stück Mk. 15.50

Nr. 8345. Leere Hülsen . . . . 100 Stück Mk. 7.50

Nr. 8346. Modell 88, Kal. 10,75 resp. 11 mm, ohne Rand, mit 3,5 g Blättchenpulver und Ganz- oder Teilmantelgeschoß . . . . . 100 Stück Mk. 17.50

Nr. 8347. Leere Hülsen . . . . 100 Stück Mk. 9.—

Nr. 8348. Patrone Kal. 63 = 9,3 mm, ohne Rand, mit 3,5 bezw. 4 g Blättchenpulver u. Ganz- oder Teilmantelgeschoß, stärkste Patrone, 100 Stück Mk. 21.—

Nr. 8349. Leere Hülsen . . . . 100 Stück Mk. 10.—

Nr. 8350. Patrone Kal. 63 = 10,75 mm, ohne Rand, mit 4 g Blättchenpulver und Ganz- oder Teilmantelgeschoß . . . . 100 Stück Mk. 21.—

Nr. 8351. Leere Hülsen Kal. 63 = 10,75 mm . 100 Stück Mk. 10.—

Vorstehende Preise verstehen sich für Patronen mit Ganz- oder Teilmantelgeschossen. Bei Ganzmantel-Schlitz- oder Hohl-Geschossen sowie Expansions-Geschossen tritt eine Preiserhöhung von **Mk. 10.–** pro Mille ein.

Die rauchschwachen Metallpatronen sollen unbedingt stets fertig geladen bezogen werden und ist **das Selbstladen durchaus nicht zu empfehlen. Ohne** eine Präzisionswage entstehen **oft und sehr leicht Verschiedenheiten** in den Ladungen, welche unter Umständen **dem Jäger schweres Unheil bringen können.**

Gepreßte Geschosse erstklassiger Qualität.

Einen präzisen Kugelschuß erzielt man nur bei Verwendung von gepreßten Bleigeschossen, welche auf kaltem Wege aus prima doppelt raffiniertem Weichblei hergestellt sind. Bei gegossenen Geschossen sind kleine Gußbläschen nicht zu vermeiden, wie auch bezüglich des Kalibers und Gewichtes kleine Differenzen eintreten. Dieselben sollen daher nur im Notfall Verwendung finden.

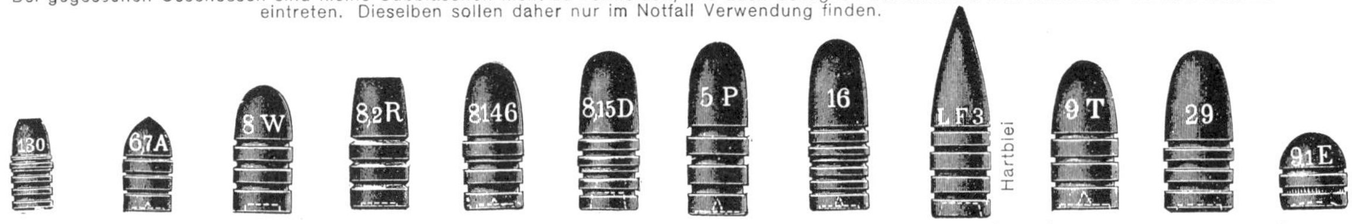

	Kal. 5,6 mm	Kal. 7 mm	Kal. 8 mm	Kal. 8,15 mm					Kal. 8,15 mm	Kal. 9 mm		Kal. 9,1 mm
Meine Nr.	8290	8292	8291	8248	8293	8294	8295	8296	8297	8315	8298	8299
Stückzahl pro kg.	480	250	135	110	106	100	91	91	73	88	83	167
Preis pro kg Mk.	1.50	1.30	1.15	–.90	–.90	–.90	–.85	–.85	–.95	–.90	–.85	1.10

	Kal. 9,3 mm				Kal. 9,5 mm	Kal. 11,15 mm						Kal. 13 mm
Meine Nr.	8300	8301	8215	8302	8303	8304	8305	8306	8307	8308	8309	8310
Stückzahl pro kg	71	67	71	82	74	48	51	40	40	45	49	38
Preis pro kg Mk.	–.85	–.90	–.95	–.90	–.80	–.80	–.80	1.20	1.20	–.85	–.90	–.85

Bahnkisten von 30 kg brutto (auch sortiert) franko Fracht und Kiste. Bei Abnahme von 50 kg gewähre ich 5 %, bei 100 kg 10 % Rabatt.

Kupfernickelplattierte Mantelgeschosse, Modell Collath.

Aus jedem Gewehr mit Expreß- oder Hohlfelderzügen können die Kupfernickel-Mantelgeschosse ohne Gefahr für den Schützen wie für das Gewehr geschossen werden, da die kurze Führung aus vernickeltem Kupfer sich jedem Zuge anschmiegt. Die Züge bleiben selbst nach jahrelangem Gebrauch unversehrt und fällt das Verbleien und Verschmutzen bei diesen neuen Geschossen fort. Zur Ladung nimmt man Naßbrandpulver oder ein entsprechendes Quantum rauchlosen Büchsenpulvers.

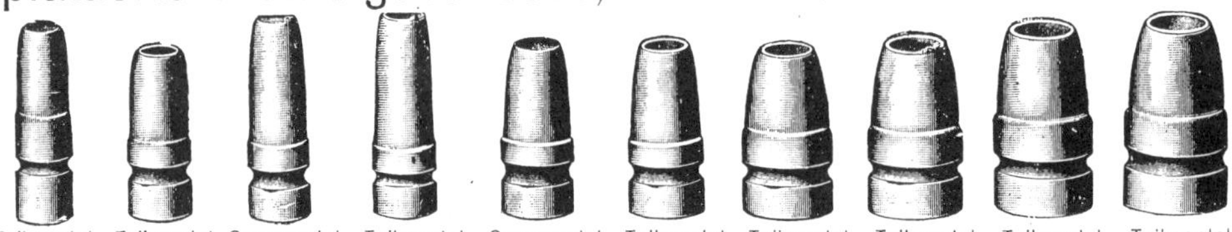

	Teilmantel	Teilmantel	Ganzmantel	Teilmantel	Ganzmantel	Teilmantel	Teilmantel	Teilmantel	Teilmantel	Teilmantel
Kal.	6,6 mm	8,1 mm	Mod. 88	Mod. 88	9,3 mm	9,3 mm	11,15 mm	11,5 mm	12,5 mm	500
Nr.	8360	8361	8362	8363	8364	8365	8366	8367	8368	8369
Preis per 10 Stück Mk.	–.80	–.80	–.80	–.80	–.80	–.80	–.90	–.90	1.–	1.–

NEU! Kupfernickel-Mantelgeschosse, Modell Funk NEU!

können aus **jedem** Kugellauf mit beliebiger Zugkonstruktion verfeuert werden, ergeben **geringeren Gasdruck** und **bedeutend größere Anfangsgeschwindigkeit** als Bleigeschosse mit Schwarzpulverladung. Auf alle Distanzen **vorzügliche Trefferbilder.**

Beste Ladeweise: Auf das Pulver ein leichter Pfropfen ohne das Pulver zusammenzupressen. Zwischen Geschoß und Pfropfen soll ein hohler Raum bleiben.

	Kal. 8 mm		Kal. 9,3 mm					Kal. 11 mm	
	Bleispitze	Ganzmantel	Bleispitze	Offener Bleikern	Große Bleispitze	Stahlkern-spitze	Stahlkern mit Hohlraum	Bleispitze	Offener Bleikern
Nr.	7251	7252	7253	7254	7255	7256	7257	7258	7259
Gewicht g	10,7	10,7	11,5	11,5	11,8	11,8	11,3	18,45	18,45
Länge mm	22	22	20	20	20	22,5	20	21	21
Preis per 10 Stück Mk.	–.75	–.75	–.80	–.80	–.80	1.10	1.10	1.–	1.–

Ganz- und Teilmantel-Geschosse.

„S"-Spitzgeschoß Ganzmantel Kal. 8 mm — Nr. 0 — Teilmantel: 1, 2, 7, 9, 12 — Expansion: 5, 0 E, Q, S — Teilkerngeschoß nur Kal. 8 mm

Die auf Seite 139 abgebildeten Metallpatronen werden alle in obigen Geschoßarten geliefert und finden je nach Art des Wildes ihre Verwendung. Bei freundlicher Bestellung bitte ich angeben zu wollen, mit welchem Geschoß die Patronen gewünscht werden und bemerke gleichzeitig, daß die Preise für Ganz- oder Teilmantelgeschosse gleich sind. Patronen mit den Expansionsgeschossen Nr. 5, 0E, Q und S erhöhen den Preis um Mk. 1.— pro 100 Stück, während solche mit Teilkerngeschossen (nur Kal. 8 mm) den Grundpreis um Mk. 4.50 pro 100 Stück erhöhen.

Nr. 7405. **Ganzmantel-Geschosse** Modell 88/8 mm, lang, in Schachteln à 50 Stück **Mk. 2.40**
Nr. 7406. **Teilmantel-Geschosse** Modell 88/8 mm, lang, in Schachteln à 50 Stück **Mk. 2.75**
Nr. 7413. **Expansions-Geschosse** Modell 88/8 mm, lang, in Schachteln à 50 Stück **Mk. 3.40**
Nr. 7414. **Ganzmantel-Geschosse** Modell 88/8 mm, mittel, in Schachteln à 50 Stück **Mk. 2.60**
Nr. 7423. **Teilmantel-Geschosse** Modell 88/8 mm, mittel, in Schachteln à 50 Stück **Mk. 2.75**
Nr. 7434. **Expansions-Geschosse** Modell 88/8 mm, mittel, in Schachteln à 50 Stück **Mk. 3.30**

Nr. 7435. **Ganzmantel-Geschosse** Modell 88/9 mm, lang, in Schachteln à 50 Stück **Mk. 3.—**
Nr. 7436. **Teilmantel-Geschosse** Modell 88/9 mm, lang, in Schachteln à 50 Stück **Mk. 3.—**
Nr. 7437. **Expansions-Geschosse** Modell 88/9 mm, lang, in Schachteln à 50 Stück **Mk. 3.60**
Nr. 7569. **Ganzmantel-Geschosse**, P. Kal. 6,5 mm, lang, in Schachteln à 50 Stück **Mk. 2.25**
Nr. 7570. **Teilmantel-Geschosse**, P. Kal. 6,5 mm, lang, in Schachteln à 50 Stück **Mk. 2.25**

Auf Wunsch liefere ich alle anderen existierenden und gangbaren Geschoßarten und bitte bei Bedarf, unter genauer Angabe des Gewünschten, Offerte von mir einzuholen.

Gewehr-Oele, -Fette und -Reinigungsmittel.

„Nitrol“, Universal-Gewehröl und Gewehrfett zum Reinigen und Konservieren der Läufe und Verschlußteile, sicherstes Rostschutzmittel beim Gebrauch von Schwarzpulver und der verschiedensten Sorten rauchlosen Pulvers. Viele Anerkennungen.

Nr. 8380.

Nr. 8381.

Nr. 8244.

Nr. 8211.

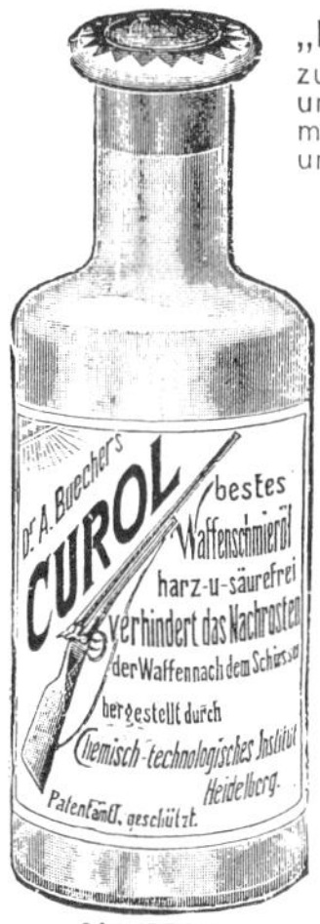

Nr. 8382.

Nr. 8383–87.

Nr. 8388–91.

Nr. 8380. **Gewehröl**, extra feine Qualität, garantiert harz- und säurefrei, à Flasche 40 g Inhalt Mk. —.25

Nr. 8381. **Ballistol-Klever-Armeeöl**, löst die Nachschläge in den mit Nitrolpulver beschossenen Waffen chemisch und selbständig, schützt Läufe und Schloßteile absolut gegen Rost, greift die Bräunierung der Waffen nicht an und konserviert das Schaftholz. Ballistol ist in der deutschen und in verschiedenen ausländischen Armeen eingeführt und im Gebrauch. Preis pro Flasche à 125 g in Schachtelverpackung Mk. 1.—

Nr. 8244. **Original-Ballistol-Klever-Armeeöl** in Blechflasche, vorzüglich für die Reise geeignet, ca. 100 g Inhalt Mk. 1.—

Nr. 8211. **Puffril**, einziges Gewehrreinigungsmittel, welches ohne mühsame Putzarbeit jedes Nachrosten der Läufe bei jedem Pulver unter Garantie verhindert. Flasche à 125 g Inhalt in Schachtelverpackung Mk. 1.—

Nr. 8382. **„Curol“**, altbewährtes Waffenöl, verhütet das Nachrosten der Läufe, besonders bei Gebrauch rauchschwachen Pulvers, in Flaschen à 50 g Inhalt, pro Stück Mk. —.42

A. Nitrolöl in flüssiger Form.

Vor dem Gebrauch zu schütteln.

Nr. 8383. In Flaschen à ca. 100 g, pro Flasche Mk. —.70
Nr. 8384. In Flaschen, in Holzbüchse, pro Flasche Mk. —.90
Nr. 8385. Eine Flasche à ca. 0,25 kg Inhalt, pro Flasche Mk. 1.30
Nr. 8386. Eine Flasche à ca. 0,5 kg Inhalt, pro Flasche Mk. 2.20
Nr. 8387. Eine Flasche à ca. 1 kg Inhalt, pro Flasche Mk. 3.50

B. Nitrol in Salbenform,

auch für Messer, Werkzeuge, überhaupt Eisen und Stahl.

Nr. 8388. Eine Probetube, pro Stück Mk. —.30
Nr. 8389. Eine Originaltube, pro Stück Mk. —.70
Nr. 8390. Eine Büchse à ca. 0,5 kg, pro Stück Mk. 2.20
Nr. 8391. Eine Büchse à ca. 1 kg, pro Stück Mk. 3.50

„Gilgs“ Leder-Oel
konserviert das Leder, macht weich, geschmeidig und wasserdicht. Einzig in der Armee zur Verwendung vorgeschriebenes Lederkonservierungsmittel.

Nr. 8392–93.

Nr. 8394.

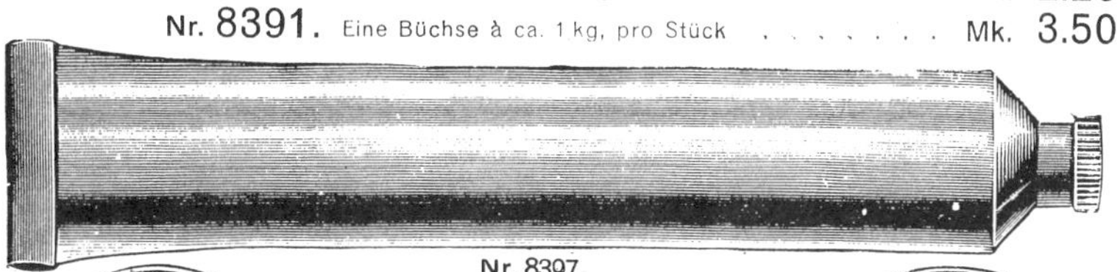
Nr. 8397.

Nr. 8396.

Nr. 8399.

Nr. 8405.

Nr. 8392. Original-Blechflasche (1 Liter) Mk. 2.50
Nr. 8393. Original-Blechflasche (0,5 Liter) Mk. 1.50
Nr. 8394. Pikkolo-Reiseflasche mit Pinsel (0,10 Liter) Mk. —.75
Nr. 8395. Kadett-Glasflasche (0,08 Liter) Mk. —.50

Nr. 8396. **Feinstes Vaselin-Waffenfett**, in Schachteln à 50 g, pro Schachtel Mk. —.20
Nr. 8397. **Allerbestes Waffenfett**, feinstes, säurefrei in Zinktuben, Inhalt ca. 30 g, pro Tube Mk. —.20
Nr. 8399. **Feinstes Gewehr-Reinigungs-Werg**, prima Qualität, pro Paket ca. 100 g Mk. —.20
Nr. 8405. **Rostschutz-Cream**, frei von jeder Säure, eignet sich hervorragend gegen Rost. Bestes Schutzmittel für Gewehre und feine Stahlwaren, Dose Mk. —.10

141

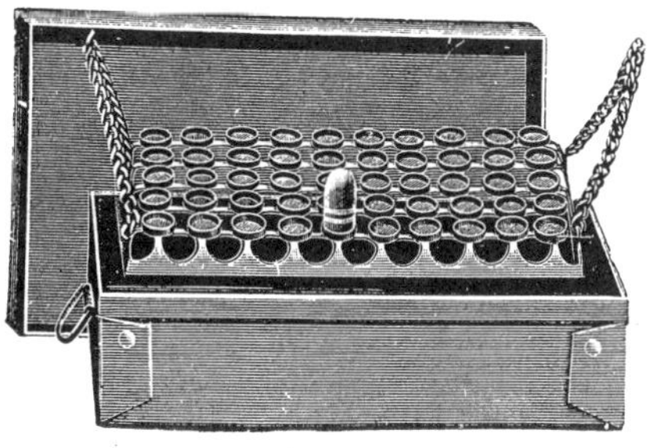
Nr. 8402.

Nr. 8402. **Kugeltalgmaschine**, bestehend aus einem grün-emaillierten Eisenblechkasten, in welchem der Talg erwärmt wird, und einem Rahmen mit 50 Tellerchen zum Aufstellen der Kugeln. Sobald der Talg genügend erwärmt ist, senkt man den Rahmen, welchen man an den zu beiden Seiten angebrachten Kettchen hält, zu Boden, zieht ihn dann wieder heraus und läßt ihn abtropfen. Der Hauptzweck der Talgmaschine ist, daß eine größere Anzahl Kugeln auf einmal und absolut gleichmäßig getalgt werden. Preis mit Rahmen für 8 mm-Kugeln. Mk. 2.70

Nr. 8403. **Lose Rahmen zur Kugeltalgmaschine**, für Kal. 9,5 mm. Mk. 1.50

Nr. 8404. **Lose Rahmen zur Kugeltalgmaschine**, für Kal. 11,15 mm. Mk. 1.50

Nr. 8398.

Nr. 8398. **Extra feines Kugeltalg**, fertig zum Gebrauch, in Rollen von 250 g. Stück 50 Pf.

Putzstöcke und Zubehörteile.

Nr. 8410. **Putzstock** für Flinten, einteilig, aus weißem Holz, mit Messingstück zum Durchziehen der Putzlappen und Gewinde zum Anschrauben der Bürsten, Reiniger usw., ohne Zubehör . . . . Stück Mk. –.35

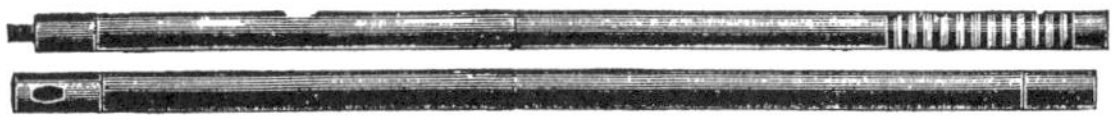

Nr. 8411. **Putzstock** für Flinten, zweiteilig aus weißem Holz, ohne Zubehör . . . . Stück Mk. –.65

Nr. 8412. **Putzstock**, zweiteilig, aus festem polierten Holz **mit Zubehör** (Drahtwischer, Haarbürste und Wergwickler) . . . . Stück Mk. 1.30

Nr. 8413. **Putzstock** für Flinten, dreiteilig, aus festem weißen Holz, mit 3 Zubehören (Drahtwischer, Haarbürste und Wergwickler . . . Stück Mk. 1.60

Nr. 8414. **Putzstock** wie 8413, also dreiteilig, jedoch aus poliertem Holz (imitiert Nußbaum) mit 3 Zubehören, Stück Mk. 1.70

Nr. 8415. **Flobert-Putzstock** aus Eisen mit schwarzem Holzgriff, für Kal. 6 mm, mit abschraubbarer Haarbürste und Krätzer Stück Mk. –.60

Nr. 8416. Derselbe Tesching-Putzstock, jedoch für Kal. 9 mm . . . . Stück Mk. –.65

Nr. 8177. **Flobert-Putzstock** aus Eisen mit Ring u. eingekerbtem Wischerende, mit Drahtzieher u. Haarbürste, für Kal. 6 mm passend Stück Mk. –.70

Nr. 8178. **Flobert-Putzstock** wie vorher, jedoch für Kal. 9 mm passend . . . . Stück Mk. –.75

Nr. 8417. **Borstenbürsten**, Kal. 6 oder 9 mm, zum Anschrauben an Flobert-Putzstöcke . . . . Stück Mk. –.20

Nr. 8418. **Krätzer**, Kal. 6 oder 9 mm, zum Anschrauben an Flobert-Putzstöcke . . . . Stück Mk. –.20

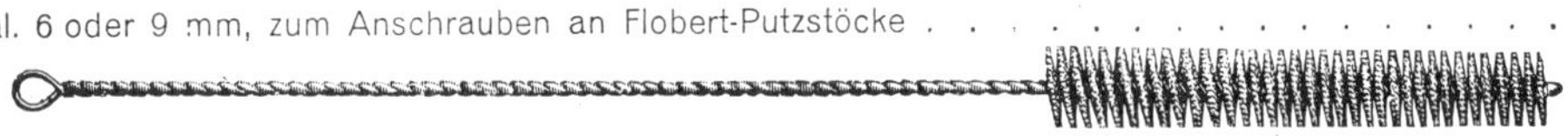

Nr. 8419. **Putzstock** für Flinten aus gewundenem Eisendraht mit Bindfaden umflochten, mit großem Borstenwischer, Kal. 16 od. 12. Stück Mk. –.90

Sandbergsche Putzstöcke aus Stahl mit Holzbekleidung.

Die großen Vorzüge der Putzstöcke „Patent Sandberg" sind allgemein bekannt, weshalb ich hier nicht näher darauf zurückkomme.

Putzstöcke für Jagdgewehre.

Nr. 8420. **Patent-Sandberg-Putzstock** für Jagdgewehre, einteilig, ohne Zubehör . . . . Stück Mk. 1.75

Nr. 8421. **Patent-Sandberg-Putzstock** für Jagdgewehre, zweiteilig, ohne Zubehör . . . . Stück Mk. 2.20

Nr. 8422. **Patent-Sandberg-Putzstock** für Jagdgewehre, dreiteilig, ohne Zubehör . . . . Stück Mk. 2.50

} Preise für Zubehör siehe nächste Seite.

Putzstöcke für Büchsen.

Nr. 8423. **Patent-Militär-Putzstock**, vorschriftsmäßig, für deutsche Infanterie-Gewehre, Modell 88 usw., 100 cm lang, mit festem eingekerbten Wischerende zum Wergaufwickeln . . . . Stück Mk. 1.10

Nr. 8424. **Patent-Militär-Putzstock**, für Kavallerie-Karabiner, Modell 88 usw., 72 cm lang, mit festem eingekerbten Wischerende zum Wergaufwickeln . . . . Stück Mk. 1.05

Nr. 8425. **Patent-Sandberg-Putzstock** für Büchsenläufe mit drehbarem Holzgriff und eingekerbtem Wischerende zum Anschrauben für Borstenbürste, **einteilig**, mit zwei Zubehören (Wergaufwickler und Borstenbürste) . . . . Stück Mk. 2.40

Nr. 8426. **Patent-Sandberg-Putzstock**, wie vorher, jedoch in der Mitte zum Auseinanderschrauben, **zweiteilig**, mit zwei Zubehören (Wergaufwickler und Borstenbürste) . . . . Stück Mk. 2.60

Nr. 8427. **Patent-Sandberg-Putzstock**, wie vorher, aber **dreiteilig**, mit zwei Zubehören (Wergaufwickler und Borstenbürste) Stück Mk. 2.80

Nr. 8428. **Patent-Sandberg-Putzstock**, wie vorher, aber **fünfteilig**, mit zwei Zubehören, zum Einstecken in die Tasche . . . Stück Mk. 3.50

Nr. 8429. **Borstenbürsten** für Büchsen, zum Aufschrauben auf vorstehende Sandberg-Putzstöcke . . . . Stück Mk. –.25

Nr. 8430. **Wergaufwickler** für Büchsen, zum Aufschrauben auf vorstehende Sandberg-Putzstöcke . . . . Stück Mk. –.30

Nr. 8431. **Drahtwischer** für Büchsen, zum Aufschrauben auf vorstehende Sandberg-Putzstöcke . . . . Stück Mk. –.55

Putzstöcke für Flobert-Teschings.

Nr. 8432. **Patent-Sandberg-Putzstock** für Teschings, Kal. 6 oder 9 mm, mit **festem Wischer** . . . . Stück Mk. 1.70

Nr. 8433. **Patent-Sandberg-Putzstock** für Teschings, Kal. 6 oder 9 mm, mit **abschraubbarem Wischer** . . . . Stück Mk. 2.–

Nr. 8434. **Patent-Sandberg-Putzstock** für Teschings, Kal. 6 oder 9 mm, zweiteilig, mit **abschraubbarem Wischer** . . . . Stück Mk. 2.20

Putzstöcke für Pistolen und Revolver.

Nr. 8435. **Patent-Sandberg-Putzstock** für Pistolen und Revolver, Kal 6 oder 9 mm . . . . Stück Mk. 1.40

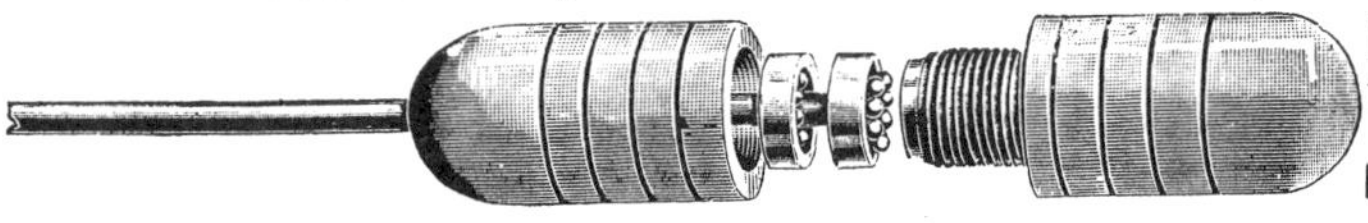

Neuester Stahlwischstock mit doppeltem Kugellager für Büchsen, nach dem neuesten in der deutschen Armee gebrauchten Wischstock für 6,5, 7 und 8 mm.

Nr. 8436. **Vorzüge:** Der Wischstock kann durch die doppelten Kugellager den geringsten Zugtiefen selbständig folgen, ohne daß eine Drehung mit der Hand nötig ist. Außerdem ist das Einfädeln in den Schlitz viel bequemer als das Umwickeln des Werges um das Wischerende. Der Mehrpreis dieser Stöcke erspart sich in kurzer Zeit durch die bessere Erhaltung der Läufe . . . . Stück Mk. 3.50

Zubehör für Putzstöcke siehe nächste Seite.

Reinigungsgegenstände

und Zubehöre für Flinten- und Büchsen-Putzstöcke.

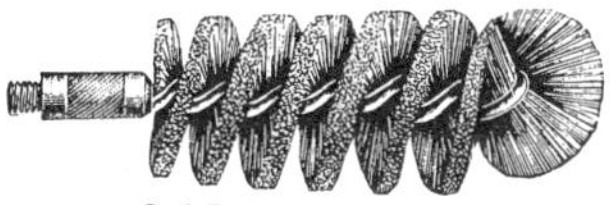

Nr. 8437. Haarbürste zum Aufschrauben auf Flintenputzstöcke. Stück 25 Pf.

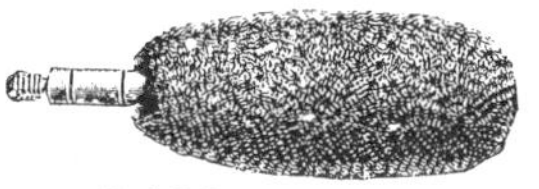

Nr. 8439. Wollwischer zum Aufschrauben auf Flintenputzstöcke. Stück 25 Pf.

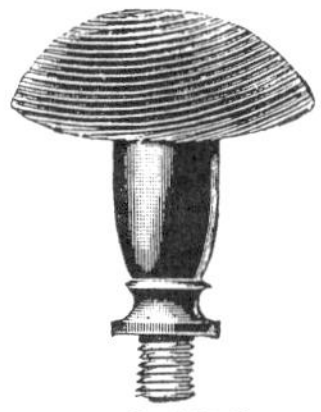

Nr. 8438. Drahtwischer zum Aufschrauben auf Flintenputzstöcke. Stück 20 Pf.

Nr. 8440. Schwammwischer zum Aufschrauben auf Flintenputzstöcke. Stück 30 Pf.

Nr. 8441. Wergaufwickler zum Aufschrauben auf Flintenputzstöcke. Stück 20 Pf.

Nr. 8449. Drahtwischer (Entnickler) für Büchsenläufe. Stück 50 Pf.

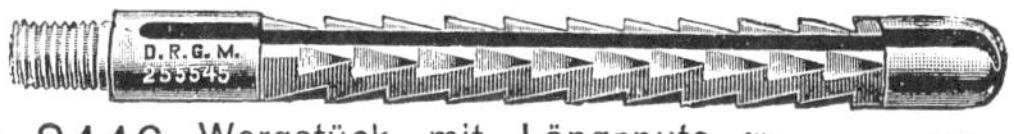

Nr. 8446. Wergstück mit Längsnute für Büchsenputzstöcke, auch für Sandberg. Stück 40 Pf.

Nr. 8447. Spiralnutenwerghalter für Flintenputzstöcke, welcher es ermöglicht, das verbrauchte Wergpolster leicht abzudrehen. Außerst praktisch. Messer nicht mehr notwendig. Stück 45 Pf.

Nr. 8448. Spiralnutenwerghalter für Büchsenputzstöcke. Stück 45 Pf.

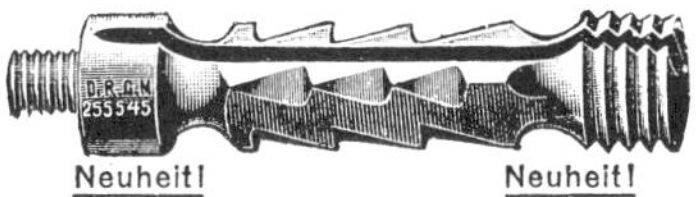

Neuheit! Neuheit!

Nr. 8445. Wergstück mit Längsnute, um das Wergpolster mittels eines Messers leicht und bequem aufschneiden zu können. Das Messer muß feststehend sein, um das Umschnappen zu verhindern. Für Flintenputzstöcke, auch für Sandberg passend. Stück 40 Pf.

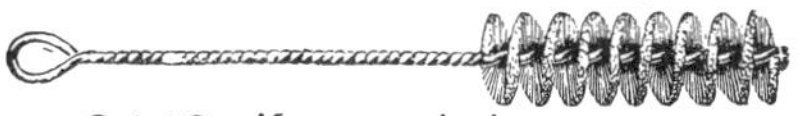

Nr. 8442. Kammerwischer aus gewundenem Eisendraht mit Borstenbürste. Stück 45 Pf.

Nr. 8443. Hülsenreinigungsbürste mit poliertem Holzheft. Stück 30 Pf.

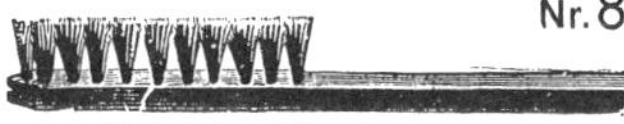

Nr. 8444. Bürste zum Einfetten und Reinigen der Gewehre. Stück 30 Pf.

„Blitz-Reiniger" für Schrot- und Büchsenläufe.

D. R.-G.-M.
Vielfach empfohlen!

D. R.-G.-M.
Bestens bewährt!

Mit dem „Blitz-Reiniger" wird schnelle und gründliche Reinigung **ohne Werg** erzielt. Vielfach empfohlen. Lobende Anerkennungen aus allen Schichten der Jägerwelt. Zur gründlichen Reinigung der Rohre und des Patronenlagers unentbehrlich.

Gebrauchs-Anweisung.

Nach Aufschrauben des **„Blitz-Reiniger"** auf den Putzstock nimmt man einen leicht in Oel getränkten Flanell- oder Barchentlappen von ca. 10 cm Länge und Breite auf das Ende des **„Blitz-Reiniger"** und benutzt den Putzstock in der bekannten Weise. **Alle Teile im Innern werden dadurch gründlich und gleichmäßig geölt und gereinigt.** Um den gröbsten Rückstand zu beseitigen, stoße man erst einmal mit einem Papierpfropfen durch den Lauf. Man verwende nur gutes Gewehröl wie Ballistol, Curol, Nitrol oder Knochenöl. — **„Blitz-Reiniger"** ist aus **bestem Stahl** hergestellt, um eine dauernd **stramme, federnde Gabel** zu behalten. Die Rippen des Kopfes sind gut **ausgeglüht** und **gleichmäßig abgestumpft**, wodurch eine Beschädigung des Laufinnern **gänzlich ausgeschlossen** ist. Um **Rost zu entfernen**, bediene man sich unbedingt des **„Blitz-Reiniger"** ohne Lappen.

Nr. 8162. **„Blitz-Reiniger"** mit ausgeglühtem Stahlkopf, der jede Laufbeschädigung ausschließt, **paßt auf jeden Flinten-Putzstock**, ist lieferbar in Kal. 12, 16 und 20 . . . . Stück Mk. 2.—

Nr. 8163. **„Blitz-Reiniger"** wie vor, aber mit **Messingkopf**, auf vielfachen Wunsch neu konstruiert, in Kal. 12, 16 und 20 . . . . Stück Mk. 2.50

Nr. 8164. **„Blitz-Reiniger"** für **Büchsen** aus goldgelber **Metallkomposition** (kein Messing) hergestellt, welche stramm federt, aber die Züge nicht angreift, für Kal. 8, 9, 9,3 und 11 mm . . . . Stück Mk. 2.25

Gewehrlauföler

D. R.-G.-M.

Nr. 8400 und 8401.

Nr. 8400. Gewehrlauföler, D. R.-G.-M., für Büchsenkaliber. Stück 75 Pf.

Nr. 8401. Gewehrlauföler, D. R.-G.-M., für Jagdgewehre. Stück Mk. 1.—

Neu! Neu!

Waffen-Putzetui

aus massiv Eiche, braun poliert.

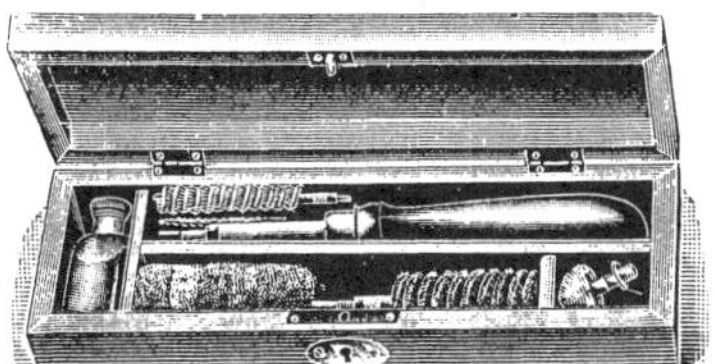

Nr. 8170. Waffen-Putzkasten aus **Natur-Eiche**, fein braun poliert, mit 4 Abteilungen, enthaltend: **einen fünfteiligen Sandberg-Putzstock mit Holzgriff, Messingstück und Borstenbürste für Büchsen, ferner Borstenbürste, Drahtwischer und Schwammwischer für Flintenläufe, sowie ein Fläschchen Curol.** Sehr elegantes Aussehen. Bequem mitzuführen.

Stück Mk. 7.25

Weitere Zubehörteile für Tesching-Putzstücke finden Sie auf Seite 142.

Leuchtkörner.

Nr. 8371. Neues Leuchtkorn zum Zielen im Dunkeln.

Für Jagd auf Wild, welches so spät austritt, daß das vorhandene Korn nicht mehr sichtbar ist, wird dieses ganz neue Korn vortreffliche Dienste leisten. **Ein Zielversuch im Dunkeln wird dies sofort ersichtlich machen.** Je dunkler es ist, um so besser wird man abkommen, vorausgesetzt natürlich, daß man das Ziel noch erkennen kann. Man läßt in der Regel mit vollem Korn aufsitzen. Nicht nur beim Schrotschuß wird das Wild dann, z. B. der Fuchs, welcher gewöhnlich sehr spät kommt, unterm Feuer liegen, auch mit der Kugel, insbesondere mit dem **v. Witzlebenschen Bolzengeschoß** wird man nach Schwinden des Büchsenlichtes, z. B. auf Schwarzwild, noch gute Resultate erzielen. Man mache nur ein paar Probeschüsse im Dunkeln auf ein Brettziel. Ausführliche Beschreibung liegt jedem Leuchtkorn bei. In elegantem Karton einschl. Magnesiumband.

Stück Mk. 1.35

Nr. 8372. Magnesiumband, extra. Meter 72 Pf.

Nr. 8373. Nachtzielkorn. **Brandeis** elastisches Stahlband mit glänzend **vernickelten Dreieckflächen**, über dem fertigen Korn anzubringen.

Stück 50 Pf.

Nr. 8374. Neues Emaillekorn mit Federbefestigung. Stück 60 Pf.

143

Rucksäcke allerbester Qualität für Jäger und Touristen.

Meine sämtlichen Rucksäcke sind prima Sattlerarbeit und zeichnen sich besonders durch gute Ledergarnituren und extra solide Näharbeit aus. Der zur Verarbeitung gekommene Stoff ist der denkbar ausprobiert beste, und übernehme ich für gutes Tragen die weitgehendste Garantie. Sämtliche Rucksäcke mit Gummieinlage werden speziell für Jäger, solche ohne Einlage für Touristen empfohlen.

Nr. 8460.

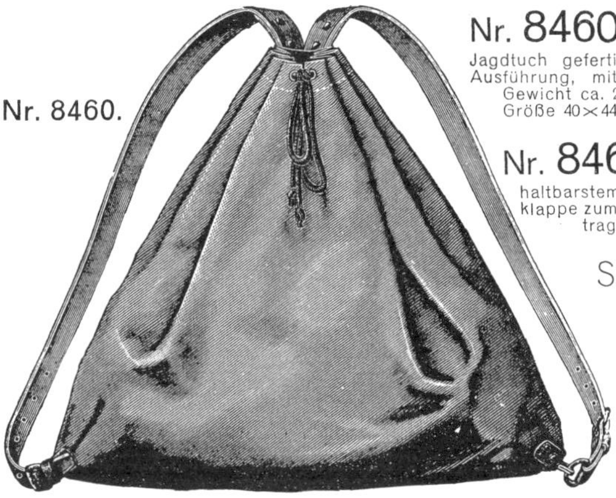

Nr. 8460. **Rucksack für Damen,** auch für Schüler geeignet, aus graugrünem Jagdtuch gefertigt, in einfacher, jedoch sehr starker Ausführung, mit zwei sehr starken Rindlederriemen. Gewicht ca. 230 g. Größe 40×44 cm. Stück **Mk. 1.10**

Nr. 8461. **Rucksack für Jäger und Touristen,** aus bestem und haltbarstem graubraunen Zeltleinen mit Regenklappe zum Zuknöpfen und starken Rindledertragriemen. Gewicht ca. 320 g. Größe 52×53 cm.

Stück **Mk. 2.50**

Nr. 8461.

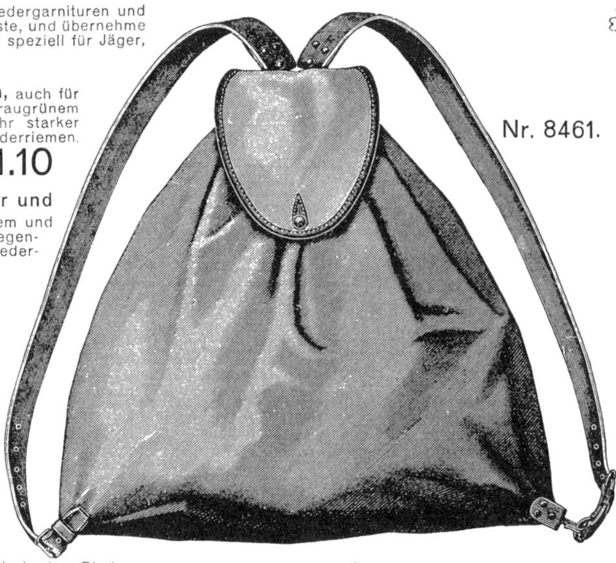

Nr. 8462.

Rucksack aus gutem wasserdichten und imprägniertem grünen Schilfleinen. Mit 2 Außentaschen und Schutzklappe, welche in Leder eingefaßt sind. Auf der Rückseite des Rucksackes befindet sich noch eine große Greiftasche, woraus man die Gegenstände, ohne den Rucksack abzuhängen, bequem nehmen kann, mit sehr breiten Rindledertragriemen, wodurch ein sehr bequemes Tragen erzielt wird. Sehr beliebt. Gewicht ca. 500 g. Größe 50×55 cm.

Stück **Mk. 3.80**

Nr. 8462.

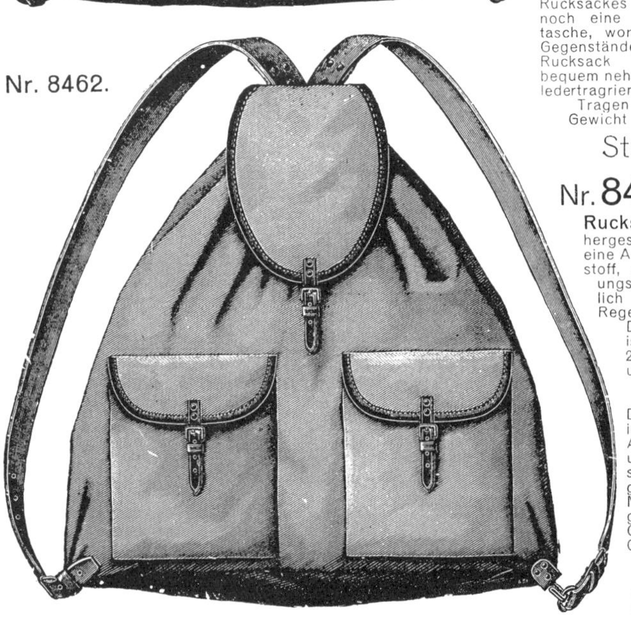

Nr. 8463. **Wasserdicht imprägnierter Rucksack,** aus Togostoff hergestellt. Der Togostoff ist eine Art Imitation von Gummistoff, welcher gegen Witterungseinflüsse unempfindlich ist und besonders Regen u. Nebel widersteht. Dieser Rucksack ist ausgestattet mit 2 äußeren Taschen und einer inneren Tasche sowie Schutzklappe. Das Riemenzeug ist solide genäht. Aeußere Taschen und Schutzklappen sind mit Leder eingefaßt u. gesteppt. Mit solider, kräftiger Bindeschnur. Gewicht ca. 750 g. Größe 62×52 cm.

Stück **Mk. 5.25**

Nr. 8463.

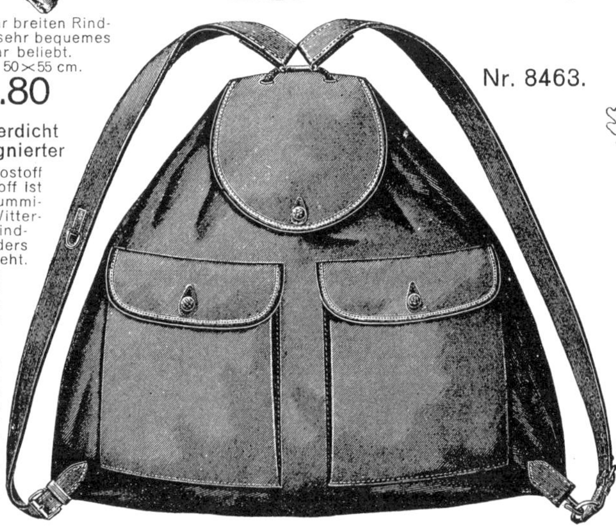

Nr. 8465. **Wasserdicht imprägnierter Rucksack** mit Gummieinlage, in besonders guter und empfehlenswerter Ausführung. Aus bestem wasserdicht imgrägniertem Schilfleinen gefertigt und mit feiner genähter Rindledergarnitur. Dieser Rucksack ist innen bis zur Hälfte mit einem besonders geeigneten gummierten Stoff ausgelegt, wodurch es ermöglicht wird, in demselben noch blutendes Geflügel, Wild oder auch frisches Fleisch zu transportieren, daher für Jäger besonders geeignet. Der Rucksack enthält ferner innen eine große Extratasche zum Knöpfen sowie zwei Außentaschen zum Schnallen und Schutzklappe, welche mit Leder eingefaßt sind. Mit Oese für Hundeleine. Die Tragriemen sind aus bestem Kernrindleder hergestellt und reichlich breit gehalten, daher sehr bequemes Tragen. Gewicht ca. 600 g. Größe 50×63 cm.

Stück **Mk. 4.90**

Nr. 8466. **Wasserdicht imprägnierter Rucksack** (Selbstschließer). Beim Aufheben an den Tragriemen schließt sich der Rucksack von selbst, das umständliche Zubinden mit der Schnur fällt also weg. Der Verschluß kann noch durch ein Vorhängeschloß, dessen Bügel durch zwei dafür bestimmte Löcher in den Tragriemen gesteckt wird, gegen unbefugtes Oeffnen gesichert werden. Aus prima wasserdichtem Schilfleinen mit Gummieinlage. Der Rucksack enthält innen eine große, in zwei Abteilungen geteilte Tasche mit Klappe, außen zwei Taschen mit Faltenböden und Faltenseiten. Diese sowie die Regenschutzklappe sind mit Leder eingefaßt. Sehr breite Tragriemen aus bestem Kernrindleder. Gewicht ca. 600 g. Größe 62×48 cm.

Stück **Mk. 4.80**

Nr. 8465.

Nr. 8466.

Moderne Waffen ▫ Munition ▫ Jagdgeräte

AUGUST STUKENBROK, EINBECK

Anerkannt leistungsfähiges Etablissement dieser Branche

Besonders empfehlenswerte Rucksäcke bester Qualität.

Vorzüglich und preiswert.

Nr. 8204. **Wasserdicht imprägnierter Jagd- und Touristen-Rucksack,** speziell für längere Touren im Gebirge geeignet. Aus wasserdicht imprägniertem, ganz besonders kräftigem Schilfleinen hergestellt, dauerhaft und vorzüglich gearbeitet. Das Innere des Rucksackes ist durchgehend in zwei Abteilungen geteilt, die eine für Proviant und die andere für Wäsche, außerdem befindet sich im Innern noch eine große Tasche für Karten, Bücher usw. Die Tragriemen, aus feinstem braunen Leder, sind extra breit und geschweift und daher besonders bequem. Die beiden Außentaschen und die Schutzklappe sind zum Schnallen eingerichtet und mit braunem Leder eingefaßt. Auf der Taschenseite befinden sich zwei Riemen für den Regenmantel, Pelerine oder dergl., ferner drei vernickelte Karabinerhaken zum Anhängen von Trinkflaschen, Steigeisen usw. Gewicht ca. 750 g. Größe 61×55 cm.

Stück **Mk. 7.—**

Nr. 8467. **Jagdnetz-Rucksack.** Dieser Rucksack ist speziell für Jäger konstruiert und bietet wohl das Vollkommenste in dieser Hinsicht. Derselbe ist aus vorzüglichem wasserdichten Schilfleinen hergestellt. Im Innern ist, wie aus der Zeichnung ersichtlich, ein starkes Netz angebracht, welches in Karabinerhaken eingehängt ist. In dieses Netz kann frisch geschossenes Wild hineingelegt werden. Damit der Schweiß nicht durchsickern kann, ist der untere Teil des Rucksackes mit einem besonderen Gummituch versehen. Außen eine große aufgenähte Tasche. Im Innern zwei getrennte Taschen. Sehr feste und solide rindlederne Tragriemen, welche verstellbar sind. Gewicht ca. 950 g. Größe 63×47 cm.

Stück **Mk. 10.—**

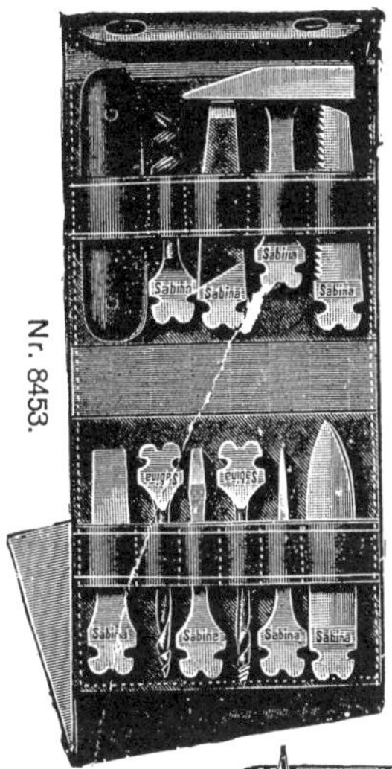

Werkzeuginstrument „Sabina"

D. R.-G.-M.

Nr. 8453. Dieses **Werkzeuginstrument „Sabina"** enthält eine Auswahl praktischer Werkzeuge, welche fast täglich erforderlich und daher unentbehrlich sind. Jedes Instrument kann auf einfache und leichte Weise im Heft befestigt werden, und zwar sowohl am Kopfende wie auch an der Seite desselben, wie zum Gebrauch am handlichsten. Das Instrument **„Sabina"** besteht aus: 1 Heft mit Messerklinge, Korkzieher, Säge, Feile mit großem Schraubenzieher, kleinem Schraubenzieher, Stemmeisen, 2 verschiedenen Holzbohrern, Locher oder Pfriem und Hämmerchen. Alle Werkzeuge sind in einer kräftigen **Tasche** aus kaffeebraunem **Rindleder** vereinigt. Komplett.

Stück **Mk. 7.—**

Nr. 8464. **Rucksack** aus imprägniertem braungrünen Schilfleinen mit bis zur Hälfte ausgelegter schweißdichter Gummieinlage, einer Innentasche und einer äußeren Greiftasche, welche den Vorzug hat, daß man die darin untergebrachten Gegenstände bequem herausnehmen kann, ohne den Rucksack abnehmen zu müssen, starke Ledertragriemen mit Oese für Hundeleine. Gewicht ca. 600 g. Größe 50×62 cm.

Stück **Mk. 6.50**

Einspann-Vorrichtung.

D. R.-G.-M.

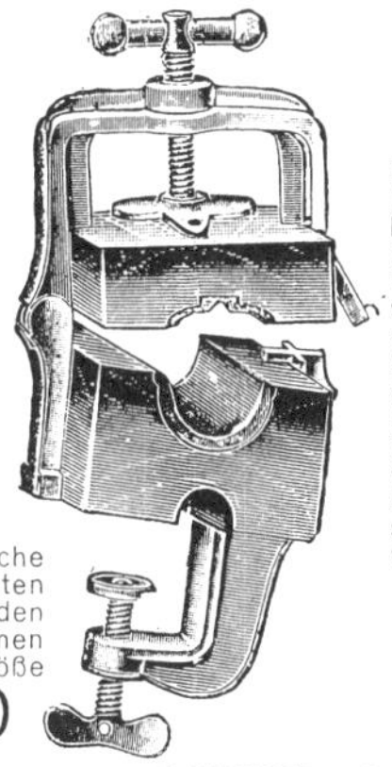

Nr. 8450.

Einspann-Vorrichtung. Zum Einspannen der Läufe von Flinten, Drillingen und Büchsen zwecks bequemer Reinigung. Die Läufe werden zwischen zwei auswechselbare Holzbacken gespannt, die zum Schutze der Läufe mit weichem Filztuch beschlagen sind. Das Gestell ist von schmiedbarem Guß hergestellt, so daß ein Bruch nicht vorkommen kann. **Sehr praktisch für den Jäger.**

Stück **Mk. 4.50**

Werkzeuginstrumente „Bonsa"

D. R.-G.-M.

Für jeden Jäger und Landwirt sehr geeignet.

Diese Instrumente enthalten eine Auswahl praktischer Werkzeuge, welche fast täglich erforderlich und daher unentbehrlich sind.

Jedes Instrument kann auf einfache und leichte Weise im Heft befestigt werden, und zwar sowohl am Kopfende wie auch an der Seite desselben, wie zum Gebrauch am handlichsten.

Die Werkzeuge sowie das Heft sind in einem kräftigen aufklappbaren Ledeetui enthalten, welches sehr bequem in der Tasche getragen werden kann. Die Werkzeuge sind in diesem Etui sehr übersichtlich angeordnet, so daß man das gewünschte Instrument sofort herausfindet, was bei den früheren Taschen nicht der Fall war.

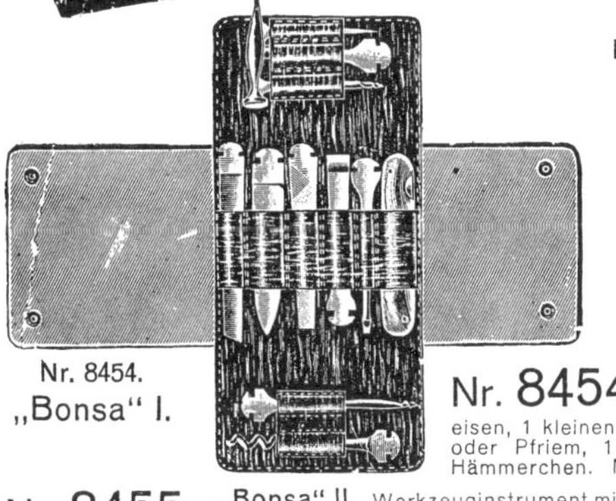

Nr. 8454. „Bonsa" I.

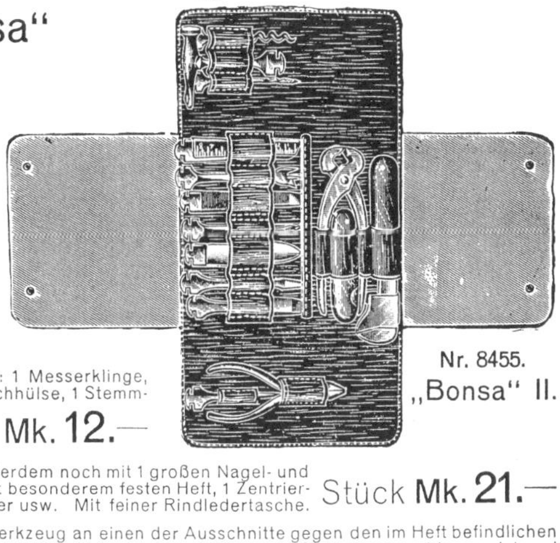

Nr. 8455. „Bonsa" II.

Nr. 8454. **„Bonsa" I.** Werkzeuginstrument bestehend aus: 1 Messerklinge, 1 Feile mit großem Schraubenzieher, 1 Säge mit Blechhülse, 1 Stemmeisen, 1 kleinen Schraubenzieher, 2 Holzbohrern, 1 Locher oder Pfriem, 1 Korkzieher, 1 kleinen, sehr praktischen Hämmerchen. Mit feiner Rindledertasche.

Stück **Mk. 12.—**

Nr. 8455. **„Bonsa" II.** Werkzeuginstrument mit den sämtlichen Werkzeugen von Nr. 8454 „Bonsa" I, außerdem noch mit 1 großen Nagel- und Kneifzange, 1 flachen Drahtzange mit Drahtabschneider, 1 verstellbaren Schraubenschlüssel mit besonderem festen Heft, 1 Zentrierbohrer. Sehr praktisches, wirklich brauchbares Instrument für Rad- und Automobilfahrer, Jäger usw. Mit feiner Rindledertasche.

Stück **Mk. 21.—**

<u>Gebrauchsanweisung.</u> Man drücke die Feder an der sichtbaren Stelle auf den Grund, stelle das gewünschte Werkzeug an einen der Ausschnitte gegen den im Heft befindlichen Stift; beim Loslassen der Feder gleitet dieselbe in den andern Einschnitt des Werkzeugs, welches dann im Heft von zwei Seiten eingeschlossen ist und ganz fest steht. **Um das Werkzeug wieder aus dem Heft zu nehmen, drücke man die Feder an der sichtbaren Stelle auf den Grund und hebe das Werkzeug aus dem Stift und dem Heft.**

Moderne Waffen ▫ Munition ▫ Jagdgeräte

AUGUST STUKENBROK, EINBECK

Anerkannt leistungsfähiges Etablissement dieser Branche

Jagd- und Patronentaschen bester Qualität.

Sehr gangbare und beliebte Modelle in prima Ausführung.

Kleine Jagdtaschen.

Nr. 8470.

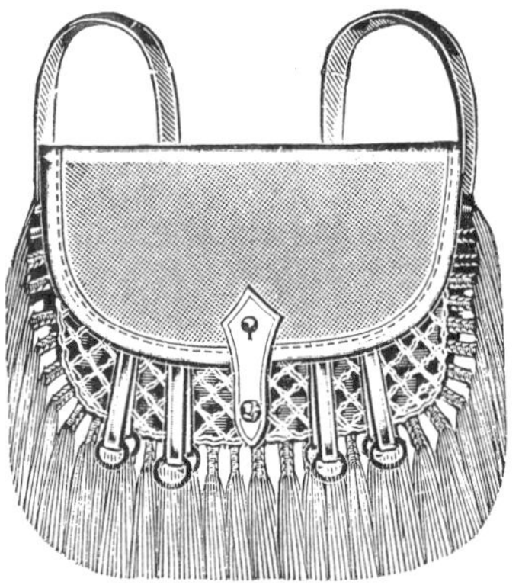

Nr. 8472.

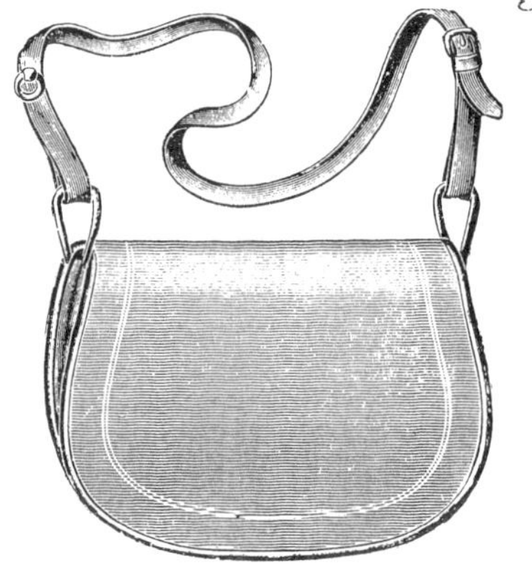

Nr. 8473.

Nr. 8470. Jagdtasche aus kaffeebraunem prima Rindleder mit Vortasche, zwei Taschen, acht lederne Patronenhalter, lederner Tragriemen mit Hundering, 24 cm breit. Stück Mk. 5.40

Nr. 8471. Dieselbe Tasche wie Nr. 8470, jedoch aus prima schwerem Segeltuch mit Ledereinfassung. Stück Mk. 4.—

Nr. 8472. Kleine Hühner- und Patronentasche aus prima braunem Segeltuch mit Ledereinfassung, 20 Patronenhalter, Vortasche, Netz, Hühnerschlingen, 20 cm breit. Stück Mk. 5.25

Nr. 8473. Elegante Jagdtasche aus kaffeebraunem Rindleder, 26 cm breit, mit Gummipatronenhaltern, Vortasche, ledernem Tragriemen, Deckel zum Zurückschlagen, mit Hühnergalgen. Stück Mk. 7.50

Mittelgroße Jagdtaschen.

Nr. 8474.

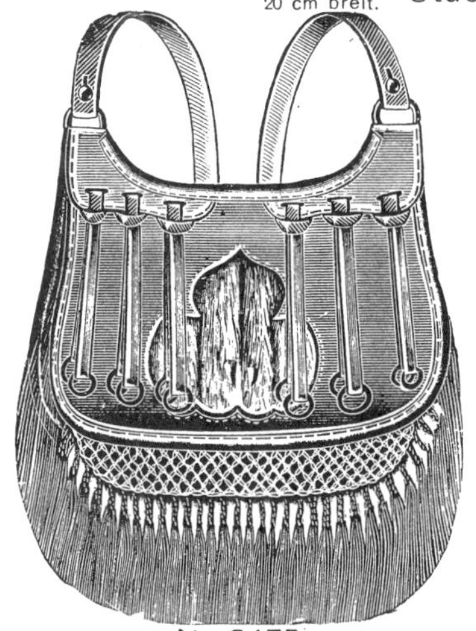

Nr. 8475.

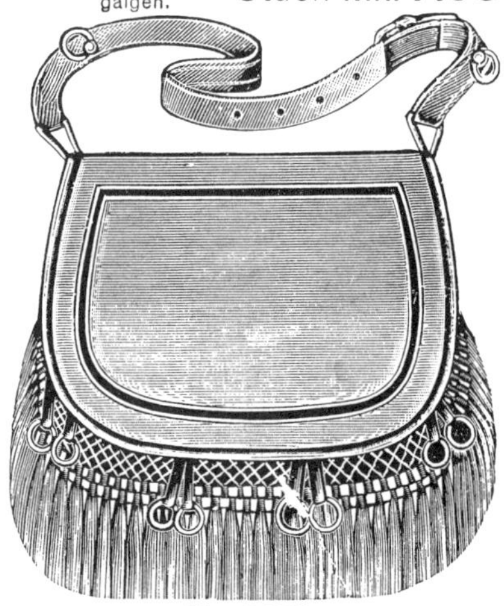

Nr. 8476.

Nr. 8474. Hühnertasche aus leichtem Rindleder, Deckel ganz aus Rehlauf, mit Hühnerschlingen, Patronenhalter und Netz. Eine sehr preiswerte Jagdtasche. Stück Mk. 9.—

Nr. 8475. Jagdtasche aus schokoladebraunem prima Rindleder mit einer Vortasche, Netz mit Franzen, 10 Gummipatronenhalter, 10 Hühnerschlingen, 28 cm breit, 20 cm hoch. Eine sehr beliebte Tasche. Stück Mk. 10.50

Nr. 8476. Hochmoderne Hühnertasche in extra feiner Qualität, aus prima Rindsvachette mit feinem Netz mit Franzen und abnehmbarem Hühnergalgen, drei Taschen und Knickfängerscheide, Patronenhalter mit Rückschlagdeckel. 30 cm breit, 22 cm hoch. Stück Mk. 15.—

146

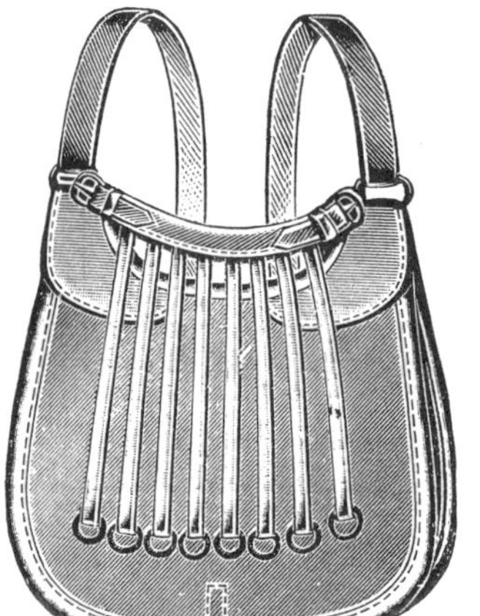

Nr. 8477.

Nr. 8477. Jagdtasche (Kaisertasche) aus schokoladefarbenem prima Rindsvachette, zwei Abteilungen mit Hühnergalgen und Patronenhaltern. Prima Qualität. Stück Mk. 10.—

Nr. 8478.

Nr. 8478. Jagdtasche aus prima kaffeebrauner Rindsvachette, dreiteilig, mit weiten Böden, Gummipatronenhalter, Knickfängerscheide, eine Vortasche. Sehr beliebte und elegante Tasche. Stück Mk. 10.25

Prima Ausführung.

Nr. 8479.

Nr. 8479. Elegante Pirsch-Kaisertasche aus prima kaffeebraunem Rindleder mit einer Reihe Patronenhaltern, vier Hühnerschlingen, eine Vortasche, 25 cm breit, 22 cm hoch. Eine sich angenehm tragende Jagdtasche. Stück Mk. 11.50

Hühnerschlingen und Netze.

Nr. 8485. Nr. 8486/87. Nr. 8488. Nr. 8489. Nr. 8490. Nr. 8491. Nr. 8492.

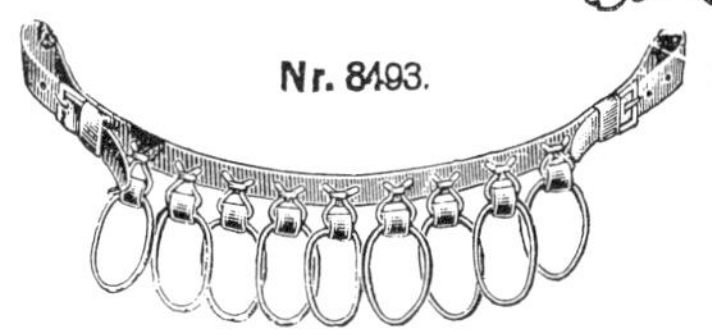

Nr. 8493.

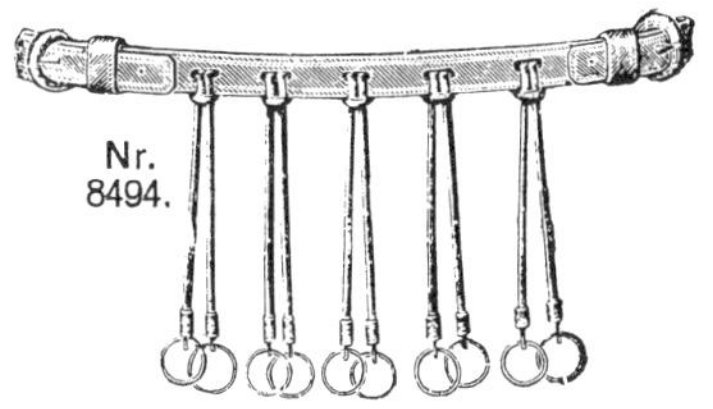

Nr. 8494.

Nr. 8485. **Bundschlinge** mit 10 Hanfschlingen. Stück Mk. —.50

Nr. 8486. **Geflochtene Hanfbundschlinge** mit 12 Schlingen, mit Ringen. Stück Mk. —.60

Nr. 8487. **Hühnerbundschlinge,** vernickelter Karabinerhaken mit 12 Riemenschlingen mit lackierten, gelöteten Ringen. Stück Mk. 1.05

Nr. 8488. **Bundschlinge** mit 10 Doppelriemen, polierter Karabinerhaken, sehr solide. Stück Mk. —.70

Nr. 8489. **Bund-Hühnerschlinge** aus weichem Leder, mit 10 Doppelschlingen, mit überzogener Schnalle. Stück Mk. —.65

Nr. 8490. **Bundschlinge** mit 10 einfachen, flachen Riemen. Stück Mk. —.70

Nr. 8491. **Bundschlinge,** Röllchensystem mit 8 Schlingen. Stück Mk. —.90

Nr. 8492. **Bundschlinge** aus Leder mit 10 Schlingen, die stets gebrauchsfertig sind und sich während des Leertragens nicht öffnen. Stück Mk. —.90

Nr. 8493. **Hühnergalgen,** sicheres und schnelles Anhängen und Abnehmen der Hühner; einfachste, bequemste Handhabung, indem man die stets offene Schlinge durch Verschiebung der Rolle schließt; **zum Anschnallen an Jagdtasche, 24 cm breit.** Stück Mk. 1.20

Nr. 8494. **Hühnergalgen** zum Anschnallen, runde Riemen mit braunen, lackierten, gelöteten Ringen, 25 cm breit, mit 10 Schlingen. Stück Mk. 1.—

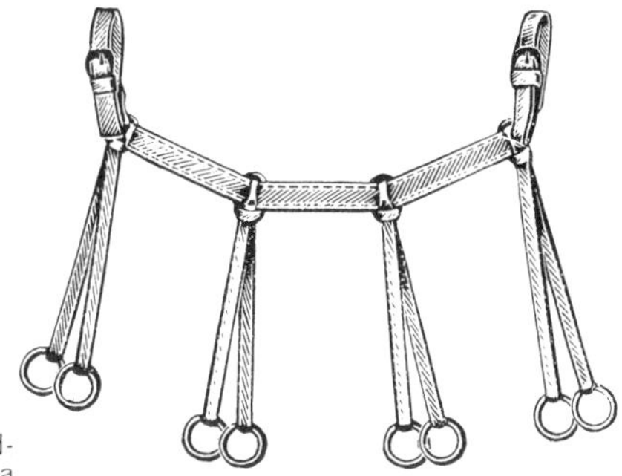

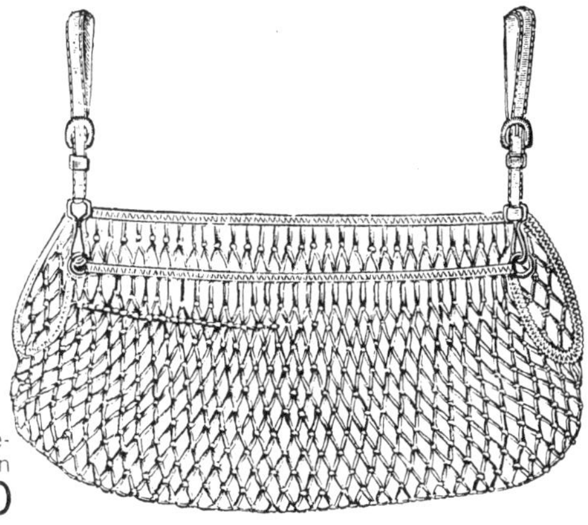

Nr. 7586. **Netz** zum Anschnallen an Jagdtasche aus braunlederfarbiger prima Kordel, doppelt geknüpft, am Riemen zum Anschnallen, seitlich dehnbar, 21 cm breit, mit Fransen. Stück Mk. 2.40

Nr. 7587. **Dasselbe Netz,** jedoch 25 cm breit, mit Fransen. Stück Mk. 2.70

Nr. 7588. **Dasselbe Netz,** jedoch 28 cm breit, mit Fransen. Stück Mk. 2.90

Nr. 8033. **Hühnergalgen** aus kaffeebraunem Rindleder, von Schnalle zu Schnalle gemessen 25 cm breit. Stück Mk. 1.20

Nr. 8034. **Hühnergalgen** wie vorstehend, jedoch 29 cm breit. Stück Mk. 1.50

Nr. 7589. **Hasennetz,** ausdehnbar, zum Aufschnallen auf die Jagdtasche, aus brauner gezwirnter Kordel. Stück Mk. 4.30

Nr. 8500. **Mündungsdeckel** aus farbigem Leder für Doppelflinten. Stück Mk. —.50

Nr. 8501. **Mündungsdeckel** aus farbigem Rindleder für Doppelflinten, mit Gummizug. Stück Mk. —.60

Nr. 8502. **Mündungsdeckel** wie Nr. 8501, jedoch für Drillinge. Stück Mk. —.65

Nr. 8503. **Kornkappe und Mündungsdeckel** für Scheibenbüchsen, zum Schnallen. Stück Mk. —.70

Nr. 8504. **Kornkappe und Mündungsdeckel** für einläufige Buchsen, zum Schnallen. Stück Mk. —.70

Nr. 8505. **Visierkappe** aus farbigem Rindleder für Büchsen. Stück Mk. —.80

Mündungsdeckel, Korn- und Visierkappen.

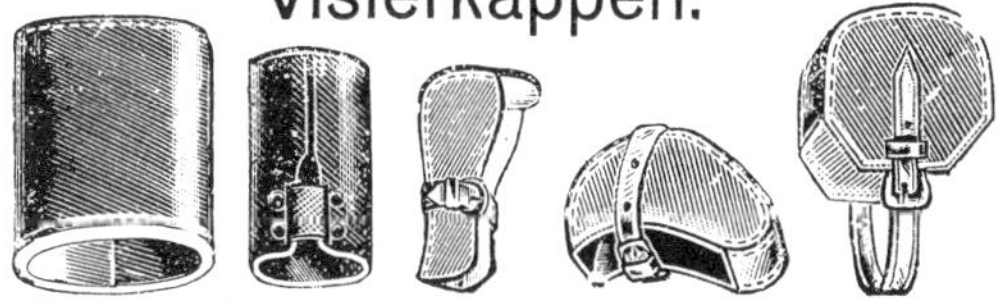

Nr. 8500. Nr. 8501/2. Nr. 8503. Nr. 8504. Nr. 8505.

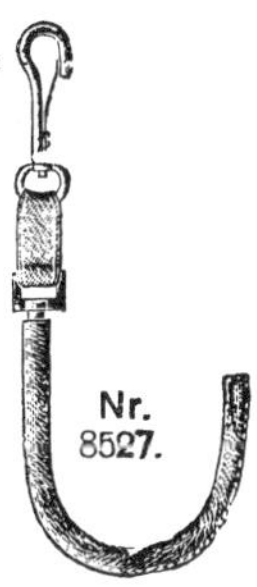

Nr. 8527.

Nr. 8527. **Sporthaken** zum Anhängen an den Jagdtaschen-Ring oder Rucksack-Riemen **zum bequemen Tragen und Auflegen des Gewehres, Jagdstockes, Mantels, Hühnerschlinge usw.** Der mit **Leder überzogene Haken** ist mit **Wirbel** versehen, so daß er sich stets an den Körper anlegt und nie hinderlich ist. **Sehr praktisch.** Stück Mk. 1.20

Nr. 8528. **Schaftkappen-Ueberzug** aus feinem modebraunen **Rindleder** mit eingenähtem prima Gummizug unten, Boden mit Rillen versehen, wodurch ein Abrutschen des Schaftes von der Schulter vermieden wird. **Elastische Einlage** aus weichem Filzstoff. Diese **Schaftkappen-Ueberzüge** sind **schöner** und **solider** wie die bisher im Gebrauch befindlichen Gummi-Ueberzüge, welche leicht hart und brüchig werden, dabei ist der **Preis niedriger.** Sie dienen sowohl zur **Abschwächung des Rückstoßes wie zur Verlängerung des Schaftes.** Stück Mk. 2.50

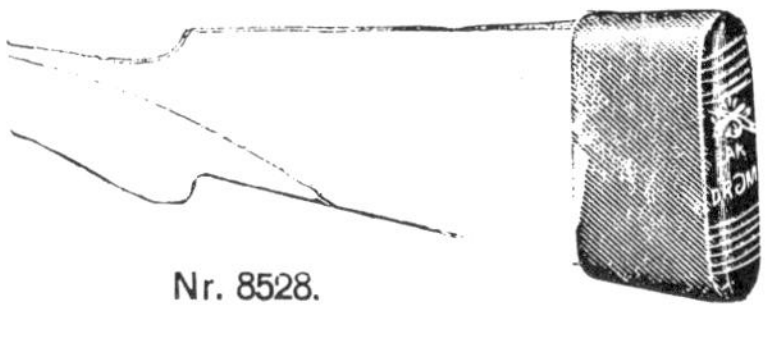

Nr. 8528.

Jagdmuffe in modernen Ausführungen.

Prima Qualität! Prima Qualität!

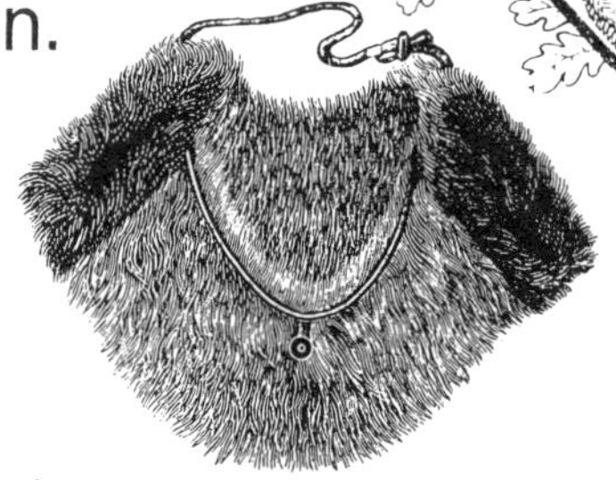

Nr. 8480. **Jagdmuff** aus Fuchsfell, mit Fuchskopf und darunterliegender Patronentasche, innen mit weichem Schaffellfutter, sehr beliebter Muff. Stück Mk. 12.50

Nr. 8481. **Jagdmuff**, elegant, aus braunem feinen Chagrinleder, mit Patronentasche, echter Nerzkappe, weißem Schaffellfutter und Seefuchsschweif, elegant. Doppelmuff. St. Mk. 12.—

Nr. 8482. **Jagdmuff** aus japanischem Dachsfell, mit eingefaßter Klappe und darunterliegender Patronentasche, mit weißem Schaffellfutter, ein sehr eleganter Muff. Stück Mk. 9.50

Nr. 8469.

Nr. 8469. **Jagd- und Patronentasche**, 30 cm breit, aus braunem Chagrinleder, innen mit Schlaufen für Jagdpatronen, großer Vortaschendeckel mit Rehfußeinsatz, Ledertragriemen, mit herausnehmbarem Muff, letzterer mit Lammfell gefüttert, dunklem Schaflederbezug, mit Schuppenbesatz und Schlaufen, um den Muff auch ohne Tasche benutzen zu können. Stück Mk. 14.25

Nr. 8483. **Eleganter Jagdmuff.** Vorder- und Rückseite aus Luchspelz mit Buschkatzen-Schweifbesatz, innen mit weißem Lammfellfutter. Stück Mk. 12.50

Nr. 8484. **Sehr eleganter Jagdmuff** aus Grießfuchs mit Grießfuchsklappe und Grießfuchsschweifbesatz, innen mit weißem Lammfellfutter. Prima Ausführung. Stück Mk. 15.50

Patronen-Etuis zum bequemen Mitführen in der Tasche.

Nr. 8499.

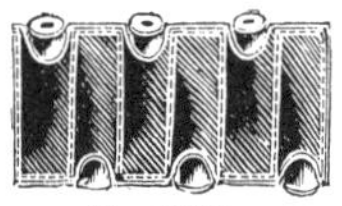

Nr. 8506.

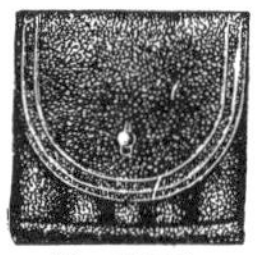

Nr. 8507.

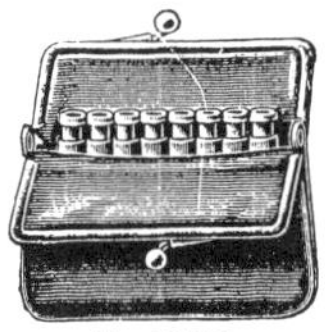

Nr. 8508.

Nr. 8509.

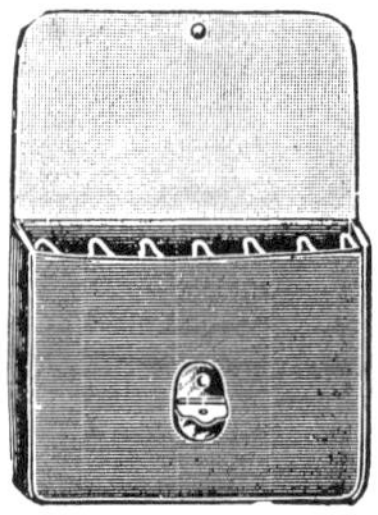

Nr. 8510.

Nr. 8499. **Patronenhalter** zum Anhängen an den Knopf, für 3 Büchsenpatronen. Stück Mk. —.65

Nr. 8506. **Patronenetui** aus Leder, für 6 Büchsenpatronen. Stück Mk. —.70

Nr. 8507. **Patronenetui** aus Rindleder, für 5 Büchsenpatronen, innen mit grünem Tuch gefüttert, zum Tragen in der Tasche. Stück Mk. 1.10

Nr. 8508. **Patronenetui** für 8 Stück Büchsenpatronen, aus sämisch Wildleder, braun, mit Neusilberbügel, sehr bequem zu tragen. Prima Qualität. Stück Mk. 1.40

Nr. 8509. **Patronenetui**, gewalkt, mit Klappe, für 6 lange Kugelpatronen, elegant und solide. Stück Mk. 1.25

Nr. 8510. **Patronenetui**, für 6 Büchsenpatronen bis 72 mm lang, feine Ausführung, mit Nickelschlößchen. Stück Mk. 1.90

Patronengürtel in prima Qualitäten.

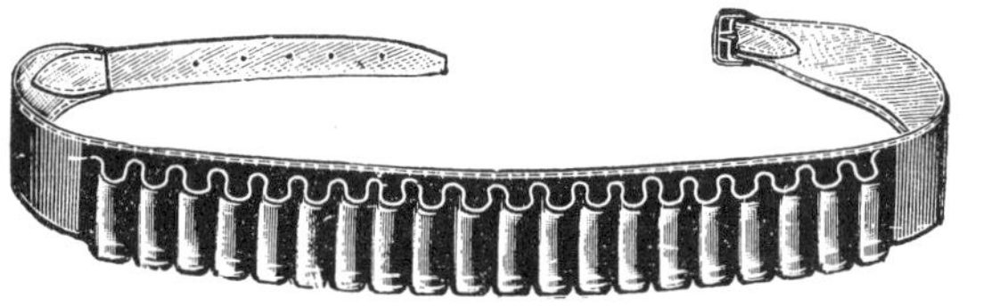

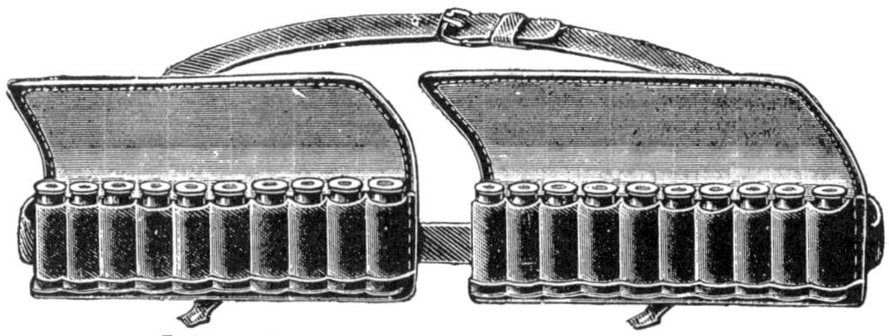

Nr. 8511. **Patronengürtel** aus doppeltem, wasserdicht präpariertem Jagdleinen, braungrün meliert, mit 20 Patronenschlaufen aus demselben Stoff, mit geschlossenen Böden. Stück Mk. 2.—

Nr. 8512. **Patronengürtel**, braunes Doppel-Segeltuch mit Rindledereinfassung, Rindlederschlaufen mit geschlossenen Böden, für 20 Patronen. Beste Qualität. Stück Mk. 4.20

Nr. 8513. **Wie Nr. 8512**, jedoch ganz aus solidem kaffeebraunen Rindleder mit fein überzogener Schnalle, für 20 Patronen. Viel begehrter Gürtel. Prima Qualität. Stück Mk. 6.—

Nr. 8515. **Patronentaschen**, zwei Stück am Gürtel, verschiebbar, für 20 Patronen, aus braunem gefütterten Segeltuch, mit braunem Rindleder eingefaßt. Stück Mk. 4.—

Patronenkoffer.

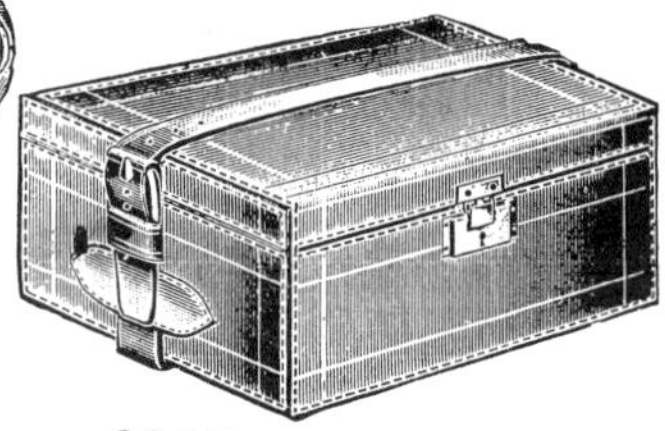

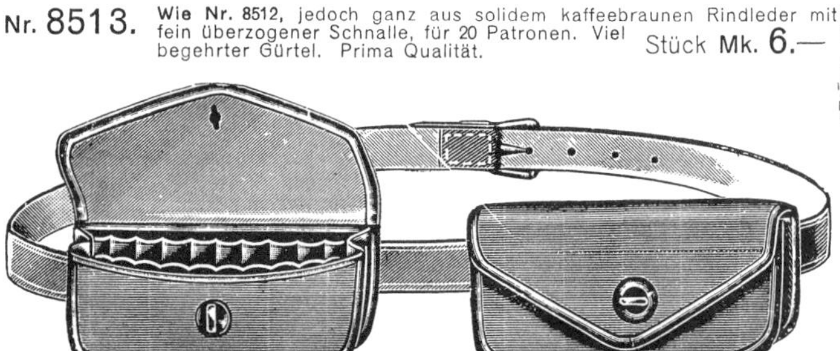

Nr. 8516. **Elegante Patronentasche** mit Leibriemen, aus kaffeebraunem Leder, mit 20 ledernen, gewalkten doppelreihigen Patronenhaltern, Höhe 12 cm, Breite 25 cm. Stück Mk. 5.—

Nr. 8517. **Patronenkoffer** mit 2 Fächern für 100 Flintenpatronen, mit starker englisch-gelber Rindsvachette überzogen, mit Tragriemen und solidem Schloß, Riemen innen zum Heben der Patronen, grün ausgeschlagen. Stück Mk. 21.—

Nr. 8514. **Patronengürtel** von prima braunem Rindleder, mit zwei verschiebbaren Taschen, mit Deckel, jede für 16 Patronen eingerichtet, Nickelschlößchen. Prima Qualität. Stück Mk. 9.—

Nr. 8518. **Patronenkoffer** wie 8517, jedoch mit 3 Fächern für 200 Flintenpatronen. Stück Mk. 25.—

Gewehr-Futterale und Gewehr-Reisekoffer in extra prima Qualität.

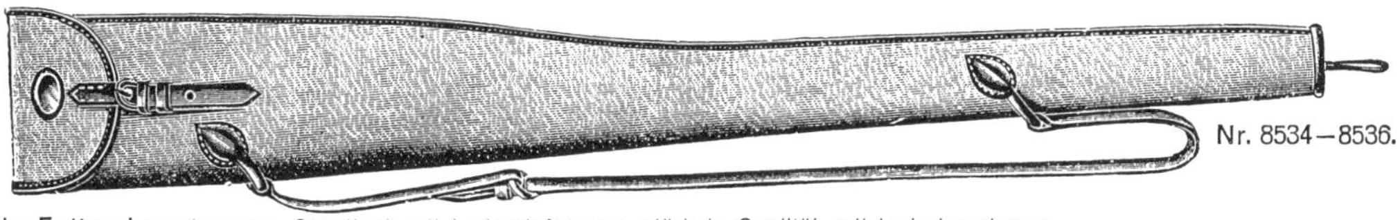

Nr. 8534–8536.

Nr. 8531. Gewehr-Futteral aus braunem Segeltuch mit Ledereinfassung, stärkste Qualität, mit Ledertragriemen . . . . Stück Mk. 3.75

Nr. 8532. Gewehr-Futteral aus extra starkem braunen Segeltuch, ganz mit Ledereinfassung, innen mit grünem Flanell gefüttert, mit breitem Ledertragriemen und Namenschild, prima Qualität . . . . . Stück Mk. 4.90

Nr. 8533. Gewehr-Futteral aus schwarzem Chagrinleder mit Ledertragriemen, gute Arbeit und Qualität . . . . Stück Mk. 8.60

Nr. 8534. Gewehr-Futteral aus kaffeebraunem prima Rindleder mit Falte, breitem Tragriemen und Namenschild. Sehr preiswürdig . . . . . Stück Mk. 9.25

Nr. 8535. Gewehr-Futteral aus extra feinem kaffeebraunen Kernrindleder, prima Qualität, mit Falte, breitem Ledertragriemen und Namenschild. Sehr empfehlenswertes und hochfeines Futteral . . . . . Stück Mk. 12.25

Nr. 8536. Gewehr-Futteral aus bestem deutschen Kernjuchtenleder, prima Qualität, mit Riemen und Namenschild . . . . Stück Mk. 13.—

Futterale für Teschings und Vogelflinten.

Nr. 8551. Tesching-Futteral aus braunem Segeltuch, Klappe mit Ledereinfassung, mit Riemen . . . . Stück Mk. 3,25

Nr. 8552. Tesching-Futteral aus extra schwerem braunen Segeltuch, mit braunem Rindleder ganz eingefaßt, mit Tragriemen . . . . Stück Mk. 4.50

Futterale mit Falte für Scheibenbüchsen.

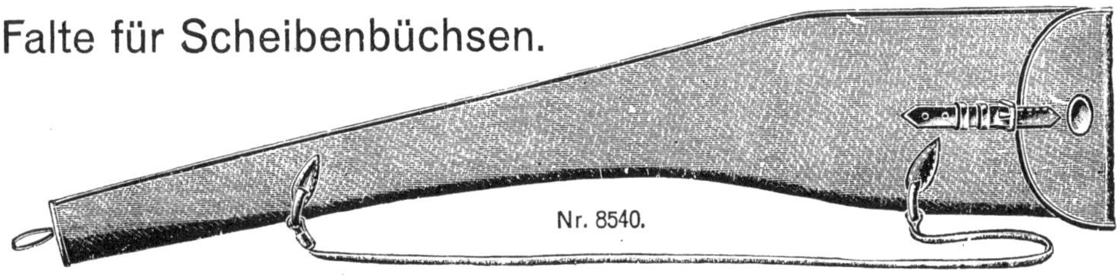

Nr. 8540.

Nr. 8537. Scheibenbüchsen-Futteral aus braunem starken Segeltuch mit Leder bordiert, mit Lederriemen . . . . Stück Mk. 5.—

Nr. 8538. Scheibenbüchsen-Futteral aus extra starkem braunen Segeltuch mit Lederriemen, innen gefüttert, prima Qualität . . . . . Stück Mk. 6.—

Nr. 8539. Scheibenbüchsen-Futteral aus prima schwarzem Chagrinleder mit Riemen, stärkere Qualität . . . . Stück Mk. 10.—

Nr. 8540. Scheibenbüchsen-Futteral aus gutem braunen Rindleder mit Riemen und Namenschild, gangbare Qualität, sehr preiswert . . . Stück Mk. 11.50

Reisefutterale für Jagdgewehre.

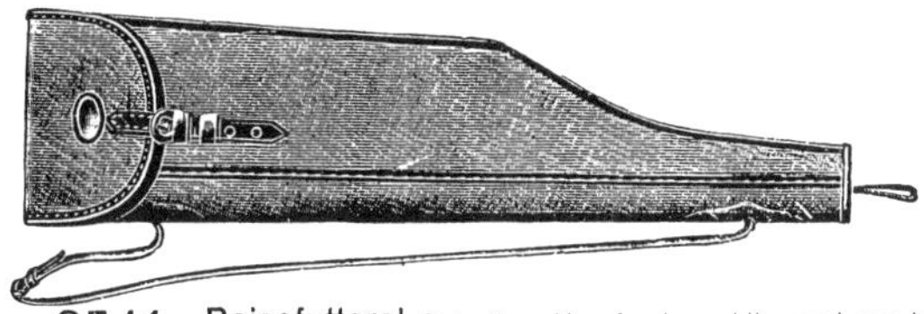

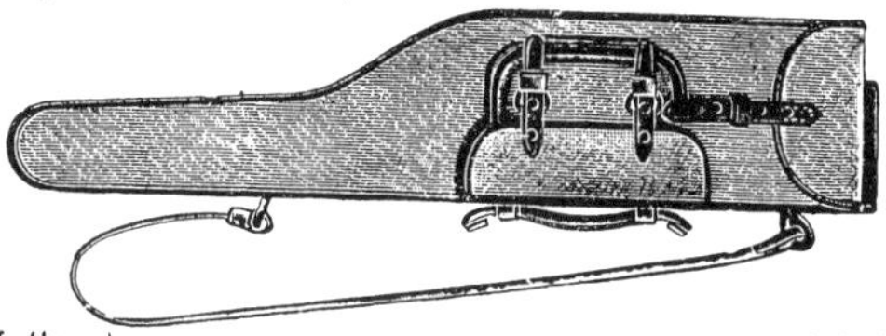

Nr. 8541. Reisefutteral, Schaft und Lauf getrennt liegend, aus braunem schweren prima Segeltuch, innen gefüttert, mit Ledereinfassung, Namenschild, Ledertragriemen. Stück Mk. 6.50

Nr. 8542. Dasselbe, aber von prima gefettetem Kernrindleder, mit Namenschild, Tragriemen. Stück Mk. 14.—

Nr. 8543. Reisefutteral, Lauf und Schaft getrennt liegend, aus feinem schokoladebraunen Rindleder mit aufgenähter Patronentasche, Riemen zum Verkürzen und mit Handgriff, zum Tragen als Koffer. Stück Mk. 14.—

Ganz steife Reisefutterale für Jagdgewehre.

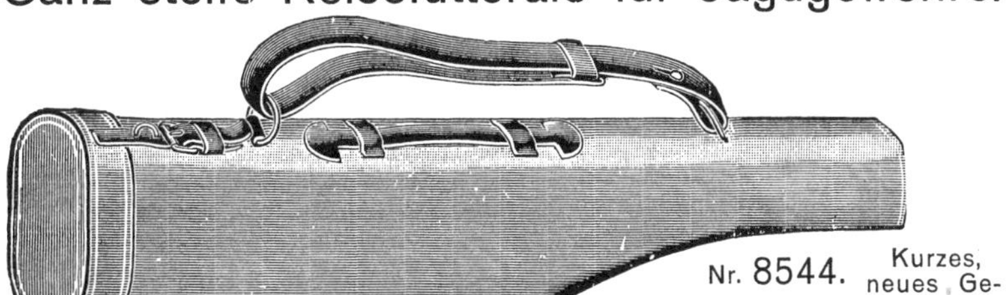

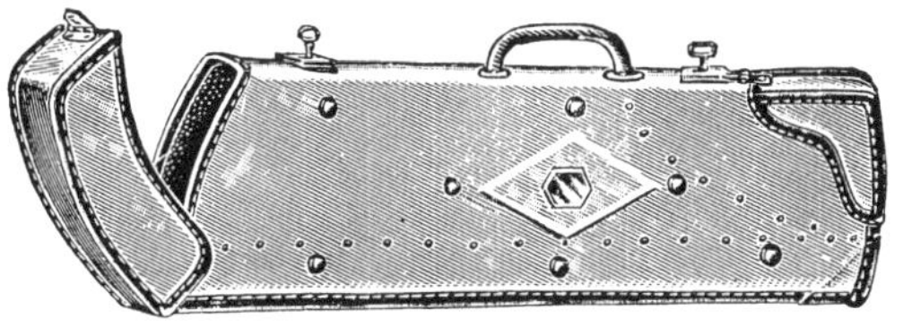

Nr. 8547. Gewehr-Reisekoffer mit prima Segeltuch überzogen, mit vorzüglicher Rindleder-Einfassung, innen mit grünem Flanell gefüttert, an beiden Seiten mit Messingschlössern, mit Messing Namenschild und Messingnägeln beschlagen. Stück Mk. 13.—

Nr. 8548. Derselbe Koffer, jedoch mit schokoladefarbenem Rindleder überzogen und eingefaßt. Stück Mk. 20.—

Nr. 8544. Kurzes, neues Gewehr-Reisefutteral von geringstmöglichem Umfang für zerlegtes Gewehr, mit losem, herausnehmbarem steifen Lauffutteral innen, Deckel nur an einer Seite, rund gearbeitet, Tragriemen zum Verlängern, Handgriff, beste Handarbeit, aus steifem kaffeebraunen prima Rindleder. Stück Mk. 18.—

Nr. 8545. Dasselbe, jedoch aus echtem Schweinsleder, militärbraun, mit braunem Zeltstoff gefüttert, rund gearbeitet, Deckel nur an einer Seite, bewegliches Zwischenteil, Tragriemen zum Verlängern, Handgriff, beste Handarbeit, elegantes, feines Futteral. Stück Mk. 24.50

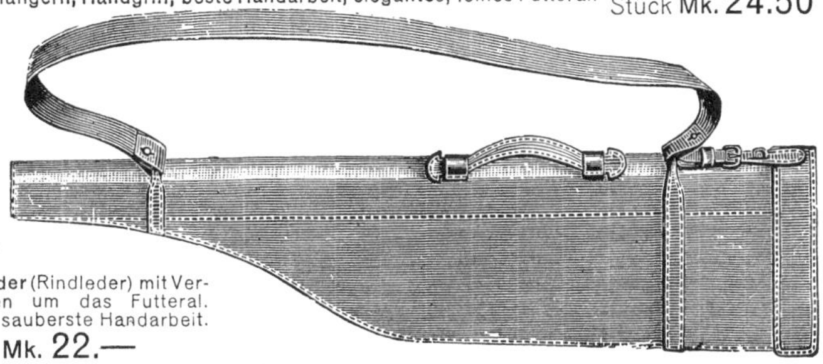

Nr. 8546. Modernes Reise-futteral, englisches Modell, von hellem steifen Blankleder (Rindleder) mit Verstärkungsriemen um das Futteral. Prima Qualität, sauberste Handarbeit. Stück Mk. 22.—

Gewehr-Reisekoffer.

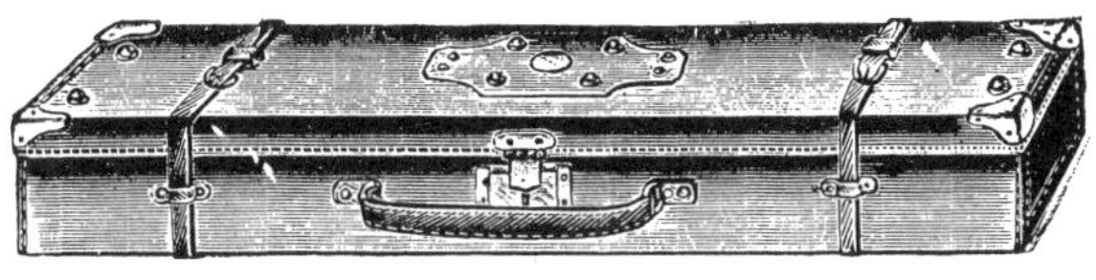

Nr. 8549. Gewehr-Reisekoffer, Deckel aufklappbar, für Schaft und zwei Paar Läufe, Holzkasten mit braunem Segeltuch überzogen, innen grün gefüttert, mit Nickelschloß und Nickelecken. Stück Mk. 19.—

Nr. 8550. Eleganter Gewehr-Reisekoffer, wie Nr. 8549, jedoch mit prima kaffeebraunem Rindleder überzogen, prima Qualität. Stück Mk. 29.50

Empfehlenswerte Jagd- und Sport-Gamaschen bester Qualität.

Bei Bestellung bitte stets die Wadenweite anzugeben

Normale Maße:	eng	mittel	weit	extra weit
	37 cm	89 cm	41 cm	43 cm

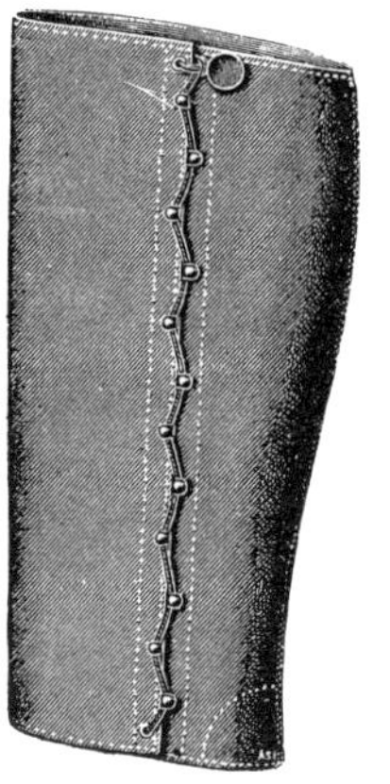

Nr. 8555.

Gamasche aus prima grünfarbigem, innen abgefüttertem Segeltuch, zum Schnüren, oben und unten mit Ledereinfassung, allerbeste Qualität. Höhe ca. 35 cm.

Paar Mk. 3.50

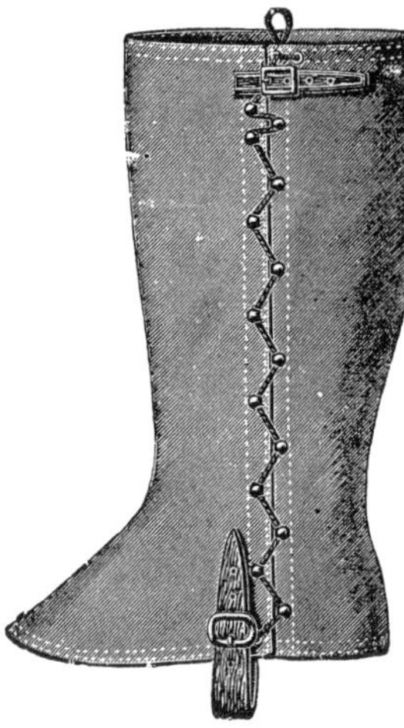

Nr. 8556.

Gamasche

aus prima wasserdichtem imprägnierten Schilfleinen, ganz gefüttert, mit dauerhafter Verschnürung und Lederstrippe. Höhe ca. 40 cm, mit Fuß.

Paar Mk. 2.85

Nr. 8557.

Dieselbe Gamasche, jedoch aus prima grünfarbigem, innen abgefüttertem wasserdichten Segeltuch, oben und unten mit Ledereinfassung, mit Fuß.

Paar Mk. 4.—

Nr. 8558.

Gamasche mit Fuß, aus glattem schwarzen Leder, mit verstellbarem Leiterschnallen-Verschluß. Diese Gamasche ist sehr haltbar und eignet sich besonders für Jäger und Landwirte, starke Lederstrippe mit Schnalle. Ganze Höhe ca. 38 cm.

Paar Mk. 5.25

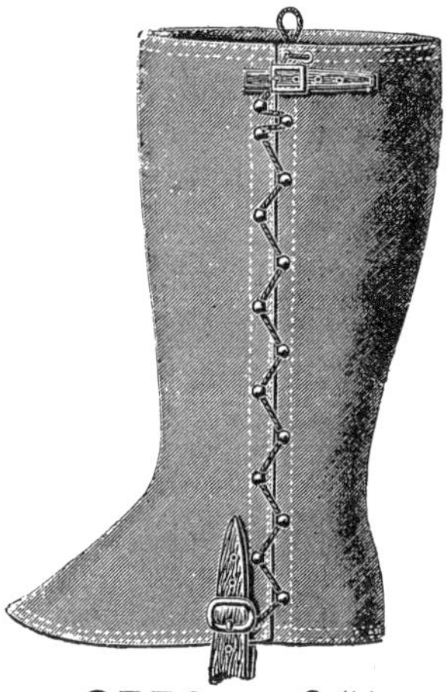

Nr. 8559.

Solide Gamasche mit Fuß, **aus gutem, genarbtem farbigen Rindleder**, zum Schnüren, oben und unten besonders mit Leder eingefaßt, Hackenteil doppelt mit Leder verstärkt, starke Lederstrippe zum Schnallen. Sehr elegante, gern gekaufte Gamasche. Ganze Höhe ca. 40 cm.

Paar Mk. 7.—

Nr. 8554.

Umlege-Gamaschen „Famos".

Haltbarste und vorzüglichste Qualität, durchweg aus bestem braunen Leder gearbeitet. Für jeden Sport zu gebrauchen, beliebt bei Radfahrern, Motorfahrern, Jägern, Landwirten usw. Ohne das Beinkleid zu zerknicken, legen sich diese Gamaschen glatt an und sitzen tadellos. Höhe 35 cm.

Paar Mk. 5.80

Wickel-Gamaschen.

Für Sporttreibende besonders geeignet und sehr beliebt. Dieselben sind aus einem 11 cm breiten dichten Lodenstoff gefertigt und werden, wie aus der Zeichnung ersichtlich, gewickelt, wodurch sich das Band vollständig der Form des Beines anpaßt. Für Jäger und Touristen, Schneeschuh- und Rodelsport ganz besonders zu empfehlen, weil diese Gamaschen tadellos warm halten und in keiner Weise lästig sind.

Nr. 8567.

Wickel-Gamasche

mit Fußstück, starken Lederstrippen und Befestigungsbändern; grau-grün meliert, 250 cm lang.

Paar Mk. 3.90

Nr. 8568.

Dieselbe Gamasche in grünlichbraun meliert, 200 cm lang.

Paar Mk. 2.60

Rundfeder-Gamasche.

Nr. 8560.

Rundfeder-Gamasche aus braunem, genarbtem guten Rindleder, oben und unten besonders mit Leder eingefaßt und abgesteppt. Durch die eingelegten Ringfedern (oben und unten) legt sich die Gamasche fest und doch ohne Druck an das Bein, so daß ein leichtes bequemes Marschieren ermöglicht wird. Ganz besonders dauerhaft und widerstandsfähig. Sehr beliebtes Modell. Erstklassige Qualität. Ganze Höhe ca. 35 cm.

Paar Mk. 8.—

Nr. 8561.

Kavalier-Gamasche,

ganz aus allerbestem, farbigem genarbten Rind-Vachette-Leder gearbeitet, in vorzüglicher luxuriöser Ausführung. Das Anlegen der Gamaschen ist sehr bequem und werden dieselben vermittels des ringsherumgehenden Riemens festgeschnallt. Aeußerst geschmackvolle, unverwüstliche Gamasche. Ganze Höhe 35 cm.

Paar Mk. 8.—

Nr. 8562.

Elegante Sport-Gamasche,

vollständig aus allerfeinstem farbigen Vachette-Leder gearbeitet, am unteren Ende der Gamaschen, am Fußgelenk, befindet sich eine Ringfeder, wodurch sich die Gamasche federnd anschließt, oben wird die Gamasche mit 2 Riemen angeschnallt, sehr moderne Gamasche. Ganze Höhe 35 cm.

Paar Mk. 8.75

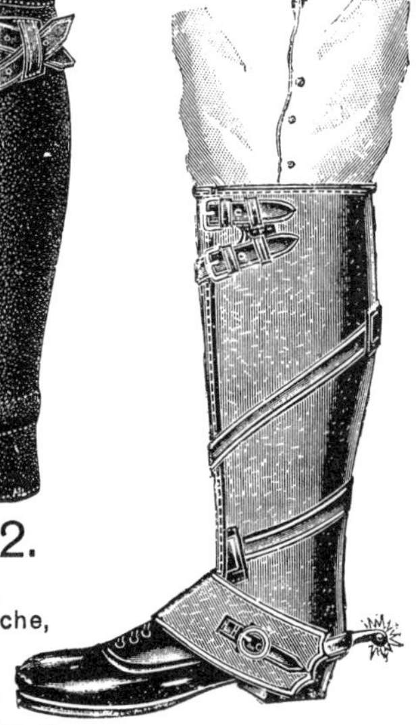

Nr. 8563 bis 8565.

Vorschriftsmäßige Offizier-Dienst-Gamasche

in Qualität, Ausführung und Lederfarbe.

Nr. 8563.	**Offizier-Gamasche** in vorschriftsmäßiger Ausführung, aus echtem havanna-braunen Schweinsleder, prima Qualität, aus einem Stück gewalkt, ohne Rückennaht, mit zweimal rundlaufendem Riemen.	Paar Mk. 16.—
Nr. 8564.	**Offizier-Gamasche** aus havanna-braunem Rindleder, prima Qualität, aus einem Stück gewalkt, ohne Rückennaht, mit eingepreßten Narben.	Paar Mk. 13.50
Nr. 8565.	Dieselbe Gamasche wie Nr. 8564, aber mit Rückennaht, prima Qualität	Paar Mk. 13.—
Nr. 8566.	**Sporenleder und Riemen** für die vorgeschriebenen Anschnallsporen, aus Schweins- oder Rindleder, zu den obigen Gamaschen passend, prima Qualität.	Paar Mk. 1.20

Sehr beliebte Jagd- Stöcke bester Qualität.

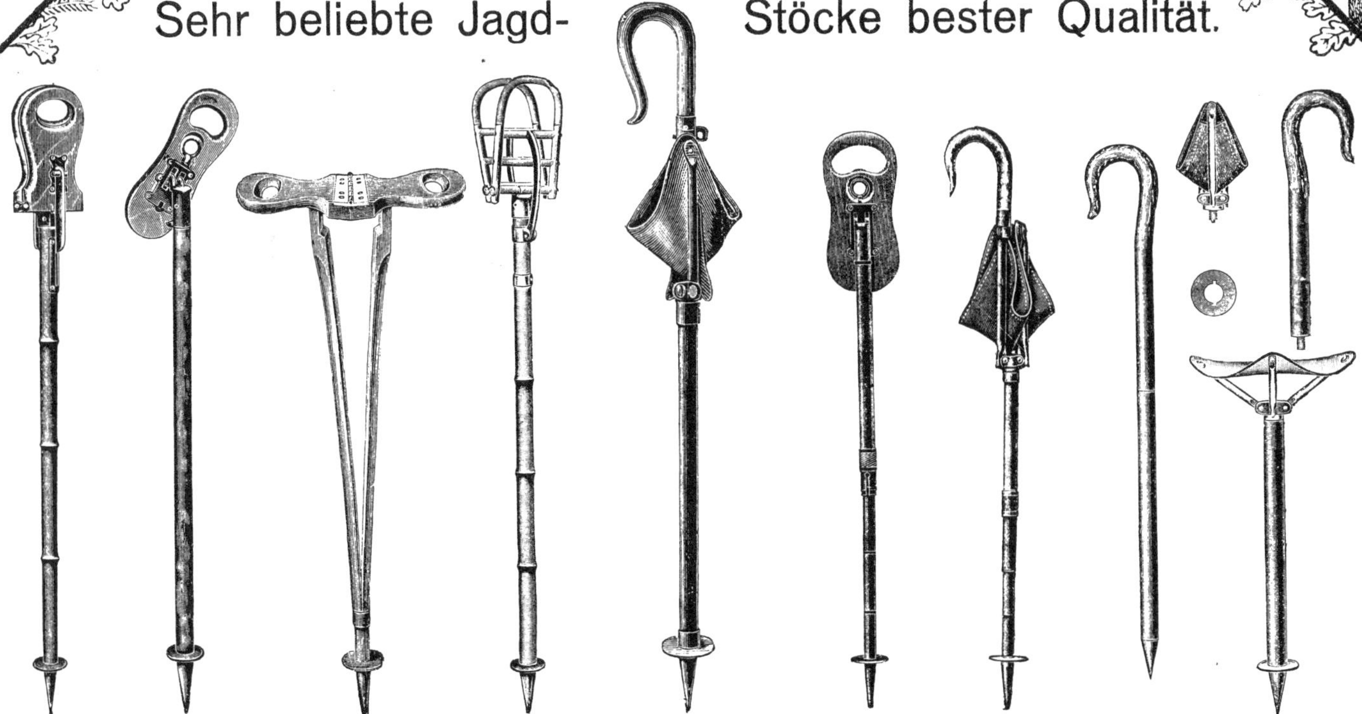

Nr. 8570. Nr. 8571. Nr. 8572. Nr. 8573. Nr. 8574 bis 8576. Nr. 8578. Nr. 8579. Nr. 8580.

Stahlrohr-Jagdstock „Autofix".
Sehr bequem und beliebt.

Nr. 8612 bis 8614.

Nr. 8577.

Offen.

Geschlossen.

Nr. 8583. **Taschenstuhl. Bequem in Rucksack oder Rocktasche zu tragen!** Zum Ansitz für Jäger, Angler, Maler, Touristen, Spaziergänger usw. Tragfähigkeit 400 Pfund, Sitzhöhe ca. 40 cm, geschlossen 27 cm lang, 5 cm Durchmesser, Gewicht ca. 700 g. Stück Mk. 6.—

Nr. 8582.

Nr. 8581.

Nr. 8570. **Jagdstock** aus Nußbaumholz mit poliertem Sitz zum Aufklappen, mit Seitenstreben, schwarz lackierter Beschlag, prima Qualität. Stück Mk. 2.50

Nr. 8571. **Jagdstock**, Modell van Meenen, blauer Beschlag, prima Qualität, sehr beliebtes Modell. Stück Mk. 3.75

Nr. 8572. **Jagdstock** aus Nußbaumholz mit gespaltenem Stock und Sitz zum Aufklappen, prima Qualität. Stück Mk. 3.75

Nr. 8573. **Jagdstock** mit Rohrsitz, mit Nußbaumstock (sehr leichter Promenadenstock), prima Qualität. Stück Mk. 4.—

Nr. 8574. **Ledersitzstock,** dreifache Streben, Stahlrohr zum Zusammenklappen, Naturstock. Sehr praktischer Jagdstock. Stück Mk. 10.—

Nr. 8575. **Derselbe Jagdstock,** jedoch mit Stahlrohrstock. Stück Mk. 11.—

Nr. 8576. **Derselbe Jagdstock** wie Nr. 8575, jedoch mit Lederüberzug, um das Klingen beim Anstoßen eines Steines zu vermeiden. Stück Mk. 12.—

Nr. 8584. **Jagdstock „Fertig"** mit Ledersitz wie Nr. 8574, jedoch mit Feststellscheibe, welche einen sehr bequemen, nicht drückenden Sitz verleiht. Stück Mk. 10.50

Nr. 8459. **Jagdstock** mit Ledersitz und Eichenstock wie Nr. 8574, **jedoch noch mit verstellbarem Zielstock,** welcher in den Griff eingesteckt wird und man dadurch im Sitzen, wie aber auch im Stehen, eine vorzügliche Gewehrauflage hat. Nach Gebrauch ist der Zielstock in den eigentlichen Gehstock unsichtbar einzuschieben. Sehr empfehlenswert. Stück Mk. 15.—

Nr. 8577. **Jagdstuhl** mit Ledersitz, dreibeinig, mit Karabiner zum Anhängen an den Rucksack, Sitzhöhe 45 cm. Stück Mk. 4.—

Nr. 8578. **Neuheit! D. R.-G.-M. Zusammenschiebbarer Stahlrohr-Sitzstock,** auf drei Sitzhöhen verstellbar, Sitz Modell van Meenen, Stock und Beschlag fein schwarz oxydiert. Stück Mk. 7.50

Nr. 8579. **Stahlrohr-Sitzstock D. R.-G.-M.,** auf drei Sitzhöhen verstellbar, mit bequemem Ledersitz. Stück Mk. 12.75

Nr. 8580. **Neu! Stahlrohr-Sitzstock** als Spazierstock und Jagdstuhl zu verwenden, wie Abbildung zeigt, Eichenholzkrücke, abschraubbarer Sitz und Scheibe, die bequem im Rucksack getragen werden können. Praktischer und empfehlenswerter Jagdstock. Stück Mk. 9.—

Nr. 8581. **Zielstock** zum Ausziehen, Kongo-Rundhakenstock, mit umlegbarer Hornklappe im Griff. Der Stock läßt sich geräuschlos auf 18 Höhen verstellen, ist sehr solide gearbeitet und entspricht nebenbei einem modernen Spazierstock. Sehr empfehlenswert. Stück Mk. 9.50

Nr. 8582. **Jagdstock- und Mantelträger** mit Ring zum Anschnallen an die Jagdtasche . . . . Stück Mk. —.60

Nr. 8612. **Stahlrohr-Sitzstock „Autofix",** öffnet und schließt sich automatisch durch Druck auf den Eichenholzgriff mit einer Hand, mit kräftigem prima Rindledersitz, Stock fein braun emailliert. Stück Mk. 11.50

Nr. 8613. **„Autofix",** wie vorstehend, jedoch mit Lederüberzug . . . . Stück Mk. 12.25

Nr. 8614. **„Autofix",** wie vorstehend, jedoch mit Eisenholzstock . . . . Stück Mk. 11.50

Moderne Waffen ▫ Munition ▫ Jagdgeräte

AUGUST STUKENBROK, EINBECK

Anerkannt leistungsfähiges Etablissement dieser Branche

Gewehrriemen in anerkannt erstklassiger Qualität.

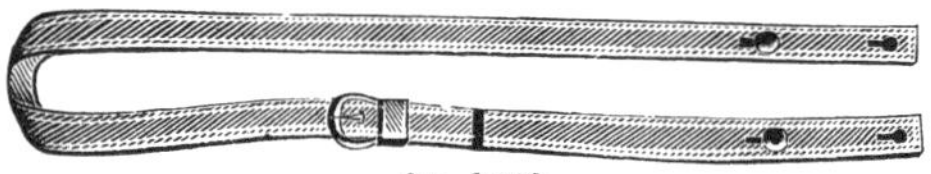

Nr. 8520.

Nr. 8526 und Nr. 8498

„Gleitschutz“-Gewehrriemen.

Praktisch und empfehlenswert.

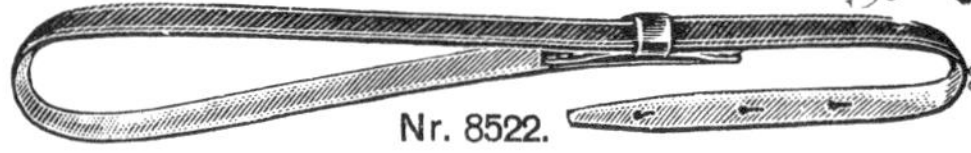

Nr. 8522.

Nr. 8523.

Nr. 8524.

Nr. 8525.

Nr. 8519. **Teschingriemen,** einteilig, aus kaffeebraunem Rindleder, 20 mm breit, 100 cm lang, mit lackierter Schnalle und mit Doppelknöpfen. Stück Mk. –.80

Nr. 8520. **Gewehrriemen** aus prima gefettetem naturbraunen Rindleder, 22 mm breit, zweiteilig, mit überzogener Schnalle und Messingknöpfen. Stück Mk. 1.—

Nr. 8521. **Gewehrriemen** wie Nr. 8520, jedoch aus deutschem Juchtenleder und 25 mm breit, zweiteilig, mit überzogener Schnalle und Knöpfen. Stück Mk. 1.40

Nr. 8522. **Gewehrriemen** aus prima gefettetem naturbraunen Rindleder mit Schlaufe zum raschen Verkürzen des Riemens während des Gebrauchs des Gewehres. Sehr praktisch und bequem. Stück Mk. 1.10

Nr. 8523. **Gewehrriemen** aus prima naturbraunem weichen Rindleder, an beiden Enden mit Schnallen, 25 mm breit. Prima Qualität. Stück Mk. 1.60

Nr. 8524. **Gewehrriemen,** naturfarben, prima Rindleder mit grüner oder brauner wollener Gurte unterfüttert, mit zwei überzogenen Schnallen, 25 mm breit. Stück Mk. 1.80

Nr. 8525. **Gewehrriemen,** aus kaffeebraunem Leder, fein geflochten, mit zwei überzogenen Schnallen. Eleganter, solider Riemen. Stück Mk. 1.85

Nr. 8526. **Gewehrriemen,** D. R.-G.-M., aus naturbraunem gefetteten Rindleder, prima Qualität, mit einer Schnalle und Knöpfen; auf der Unterseite des Riemens ist an der Schulterstelle ein 25 cm langes Stück prima Gummi mit tiefen Rillen aufgenäht, um das Abrutschen von der Schulter zu verhüten. Der Jäger oder Schütze hat dabei beide Hände frei, was besonders beim Gehen als große Annehmlichkeit empfunden wird. Stück Mk. 2.10

Nr. 8498. **Neuer Gewehrriemen** wie Nr. 8526, jedoch mit dem geschützten Gleitschutzmittel „Ideal“ versehen, welches ein Abrutschen von der Schulter verhindert. Sehr empfehlenswert. Stück Mk. 3.25

Hundeleinen in prima Qualität und Ausführung.

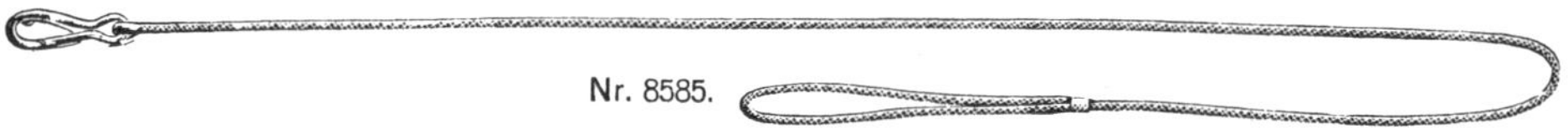

Nr. 8585.

Nr. 8585. Hundeleine, aus hellem leichten Leder geflochten . . . . Stück 55 Pf.

Nr. 8586.

Nr. 8586. **Kräftige Leine** aus Zeugleder, 10 mm breit, mit schwerem vernickelten Wirbelkarabiner. Stück 70 Pf.

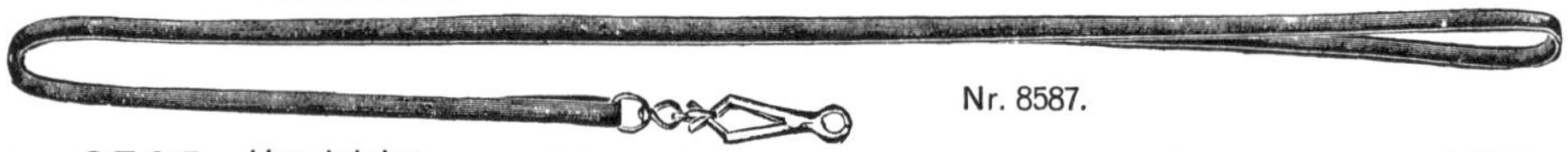

Nr. 8587.

Nr. 8587. **Hundeleine** aus gefettetem Rindleder mit genähter Handschlaufe, 10 mm breit, mit vernickeltem starken Wirbelkarabiner. Stück Mk. 1.20

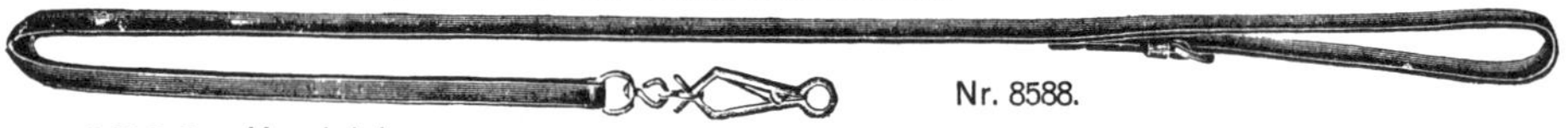

Nr. 8588.

Nr. 8588. **Hundeleine** wie Nr. 8587, jedoch 13 mm breit und mit geschnallter Handschlaufe. Stück Mk. 1.60

Nr. 8589.

Nr. 8589. **Kräftige geflochtene Hundeleine** aus starkem Rindleder, 18 mm breit, für starke Hunde, mit poliertem Karabiner. Stück Mk. 2.—

Nr. 8590. **Hundeleine** aus gefettetem prima Rindleder, 14 mm breit, mit Umhängeriemen zum Schnallen, am Wirbel fest. Stück Mk. 3.10

Nr. 8591. **Hunde-Führungsleine** für starke Hunde, aus prima Rindleder geflochten, 18 mm breit, mit prima geschmiedetem Wirbelkarabiner. Stück Mk. 2.—

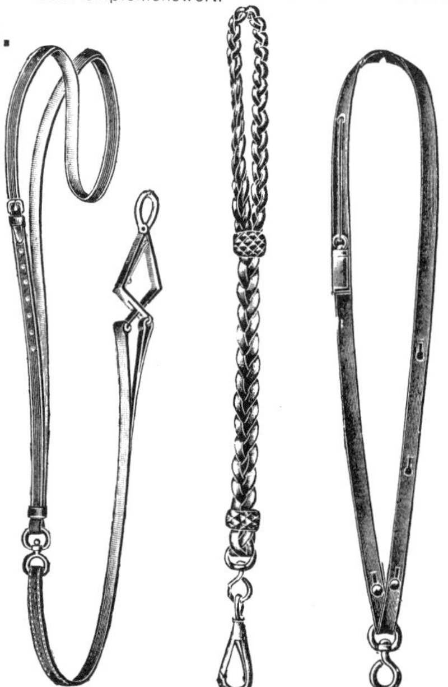

Nr. 8590. Nr. 8591. Nr. 8592.

Nr. 8592. **Umhängeriemen** für Hundeleinen aus prima Rindleder, geknüpft, mit Ring, zum Befestigen der Hundeleinen, dieselben sind durch Oeffnen des Tragriemens in einen Schweißriemen von 3 m Länge umzuwandeln. 15 mm breit, mit extra starkem vernickelten Wirbel. Stück Mk. 1.40

Automatische Hundeleine „Blitz“, gesetzlich geschützt.

Neu! 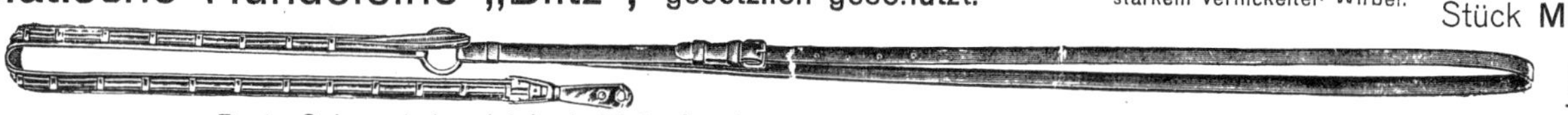 Neu!

Beste Gebrauchshundeleine! Viele Anerkennungen von den bekanntesten Fachleuten!

Die automatische Hundeleine „Blitz“ ist ganz aus bestem Rindleder hergestellt und schließt ein Versagen, das Einrosten des Mechanismus, das Hängenbleiben oder das unerwünschte Freiwerden des Hundes vollständig aus. Stets tadellos präzise Funktion, großmöglichste Lebensdauer. Ein Verdrehen der Leine ist unmöglich und kann der Hund mit einer Hand spielend ab- und angeleint werden. Es gibt kein Brechen, Rosten, Versagen, kein Selbstöffnen oder Abdrehen des Karabiners. „Blitz“ ist in jeder Beziehung das Ideal einer guten Gebrauchshundeleine, und kann ich dieselbe nur bestens empfehlen.

Nr. 8495. Mit Handschlaufe: Stück Mk. 6.— **Nr. 8496.** Umhängeriemen. Stück Mk. 6.75 **Nr. 8497.** Handschlaufe und Umhängeriemen zum wechselweisen Gebrauch. Stück Mk. 7.25

Hunde-Koppel.

Nr. 8593. **Hundekoppel** aus geflochtenem Leder, mit 2 stark geschmiedeten Karabinern, für Teckel. Stück Mk. 1.35

Nr. 8593.

Nr. 8594.

Nr. 8594. **Hundekoppel** mit vernickelter Kette, doppeltem Wirbel und 2 stark geschmiedeten Karabinern. Stück Mk. 1.20

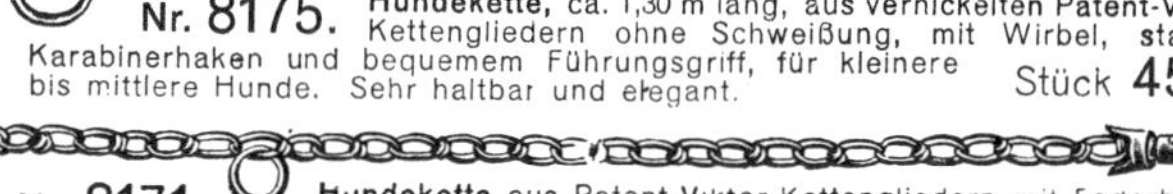

Nr. 8175. **Hundekette,** ca. 1,30 m lang, aus vernickelten Patent-Viktor-Kettengliedern ohne Schweißung, mit Wirbel, starkem Karabinerhaken und bequemem Führungsgriff, für kleinere bis mittlere Hunde. Sehr haltbar und elegant. Stück 45 Pf.

Nr. 8176. **Hundekette,** ca. 1,50 m lang, aus vernickelten Patent-Viktor-Kettengliedern, an beiden Enden ein Karabinerhaken mit Wirbel. (Die Karabinerhaken können in jedes Kettenglied eingehängt werden). Für kleine und mittlere Hunde. Stück 60 Pf.

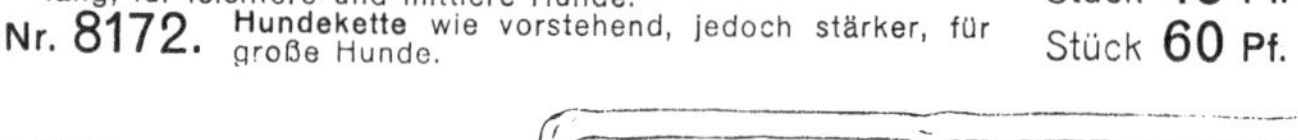

Nr. 8171. **Hundekette** aus Patent-Viktor-Kettengliedern mit Federhaken, Knebel, Mittelwirbel und Ring, ca. 1,16 m lang, für leichtere und mittlere Hunde. Stück 45 Pf.

Nr. 8172. **Hundekette** wie vorstehend, jedoch stärker, für große Hunde. Stück 60 Pf.

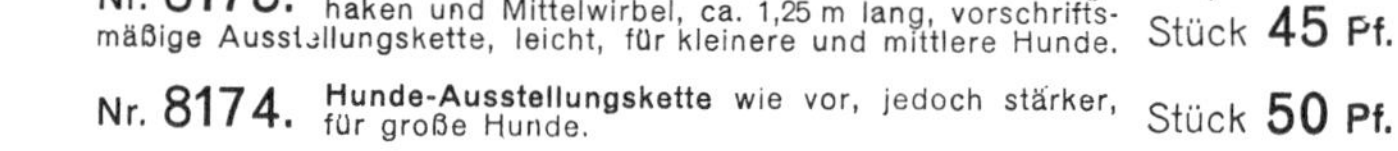

Nr. 8173. **Hunde-Ausstellungskette** aus Patent-Viktor-Kettengliedern, mit 2 Federhaken und Mittelwirbel, ca. 1,25 m lang, vorschriftsmäßige Ausstellungskette, leicht, für kleinere und mittlere Hunde. Stück 45 Pf.

Nr. 8174. **Hunde-Ausstellungskette** wie vor, jedoch stärker, für große Hunde. Stück 50 Pf.

Meine Jagdgewehre sind nach den Normen der Deutschen Versuchsanstalt eingeschossen.

Erstklassige Qualität.

Hundehalsbänder aus prima Rindleder.

Beschlag und Ringe prima vernickelt.

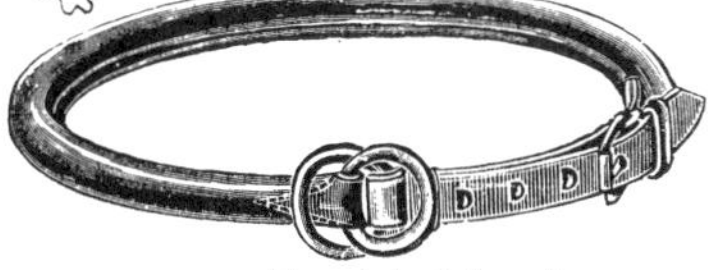

Nr. 8595. Hundehalsband aus massiv. Kernleder, ohne Einlage, mit Nickelgarnitur, sehr dauerhaft. Stück Mk. 1.25

Nr. 8596. Hundehalsband wie Nr. 8595, von braunem starken Rindleder, mit Namenschild und starkem vernickelten Ring. Stück Mk. 1.55

Nr. 8597. Hundehalsband aus gefettetem naturfarbenen Rindleder, dreifach, mit Namenschild und vernickeltem soliden Ring. Stück Mk. 1.40

Nr. 8598. Hundehalsband aus solidem Kernleder geflochten, zum Zusammenziehen, mit Nickelring, Schnalle und Schild, sehr dauerhaft. Stück Mk. 1.50

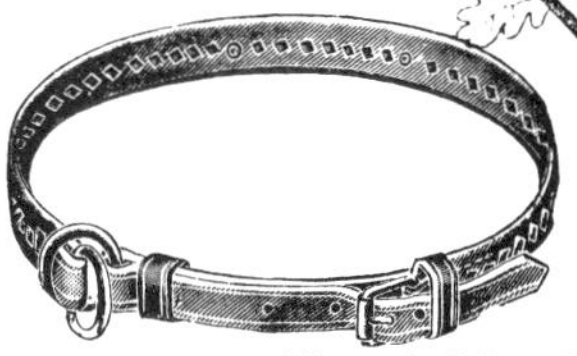

Nr. 8600. Würgehalsband aus dreifachem gefetteten naturfarbenen flachen Rindleder, mit Lederriemen genäht, vernickelte Garnitur. Sehr dauerhaftes und elegantes Halsband. Stück Mk. 1.80

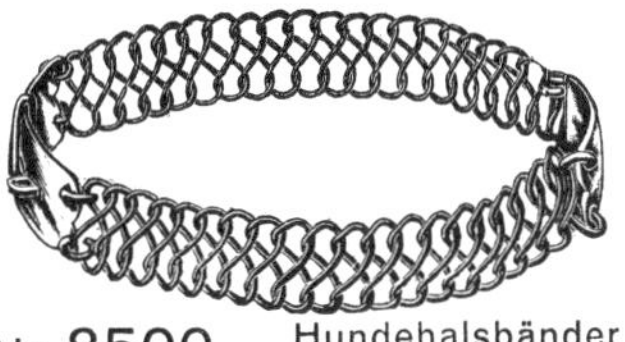

Nr. 8599. Hundehalsbänder für mittlere Hunde, stählerne, fein vernickelte, mit feinen Gliedern, auf 3 Größen verstellbar, 22 mm breit, 40–46 cm lang, mit Einrichtung für Vorhangschloß. Stück Mk. 1.30

Nr. 8601. Dressurhalsband mit weißen Korallen und Lederriemen. Stück 75 Pf.

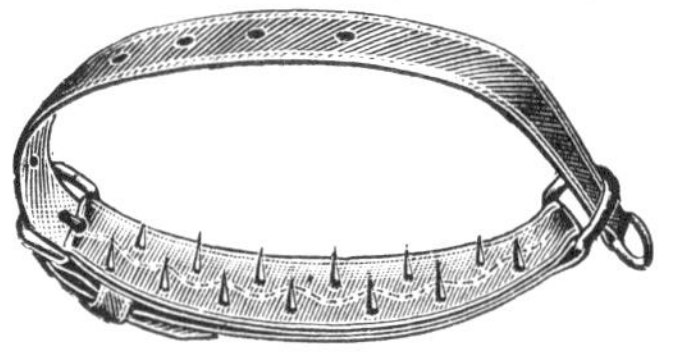

Nr. 8602. Dressurhalsband zum Zusammenziehen, einfach und sehr solid, aus kräftigem braunen Rindleder mit starken, kurzen Stacheln. Stück Mk. 1.85

Nr. 8603. Dasselbe, jedoch mit Wirbel, woran sich die Stacheln nach außen drehen lassen. Stück Mk. 2.85

Nr. 8611. Teckelhalsband aus solidem Kernleder geflochten, mit Nickelgarnitur, flach. Stück Mk. 1.20

Universal-Hunde-Dressur-Halsband.

Dressurband „Down“. D. R.-G.-M.

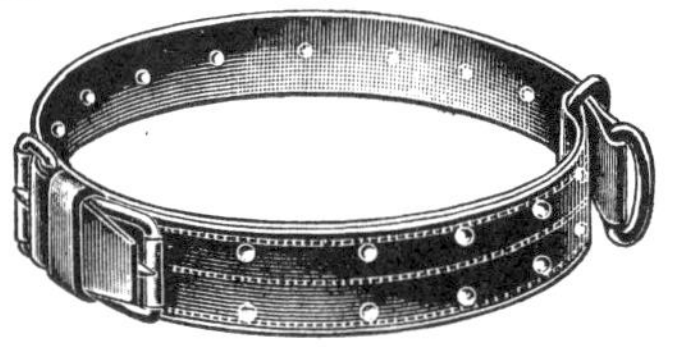

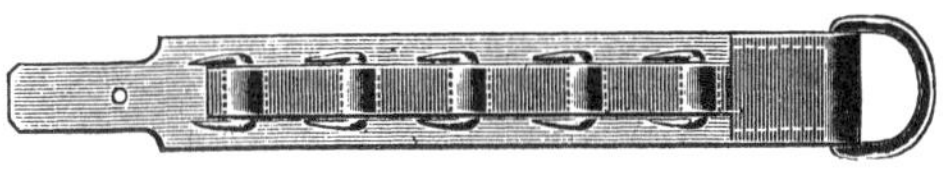

„Down“ mit abgenommenem Stachelband als Führungsband.

Vorzüge des Dressurbandes „Down“.

„Down“ kann als Führungsband vom Hund ohne geringste Belästigung fortwährend getragen werden.

„Down“ läßt sich im Augenblick am Halse des Hundes durch Aufstellen einer, mehrerer oder aller Stacheln in ein Dressurband umwandeln, der Hund kann darum aller Orten sofort in Zucht genommen werden. Das Umlegen aller oder einiger Stacheln nach Wahl ist ebenso rasch und bequem am Halse des Hundes zu machen und man hat sofort wieder ein Führungsband.

„Down“ kann durch Abnahme des Stachelbandes nach abgeschlossener Dressur als solides Führungsband benutzt werden.

„Down“ hat keine lange Gebrauchsanweisung notwendig, die Einfachheit der Handhabung, die Vorzüge und Solidität leuchten sofort jedem Dresseur ein.

Nr. 8604. „Down“ aus solidem prima schokoladebraunen Rindleder mit vernickelter bezw. verzinnter Garnitur. Stück Mk. 4.—

Flache Hundehalsbänder aus orange oder dunkelbraunem prima Rindleder.

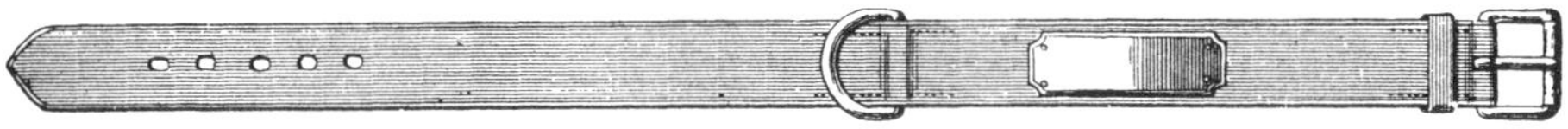

Nr. 8352. Hundehalsband aus glattem prima dunkelbraunem Rindleder, 22 mm breit, 36 cm lang, mit vernickeltem Namenschild, Ring und Schnalle . . . Stück Mk. —.85

Nr. 8353. Hundehalsband wie vorstehend, aus starkem orange Rindleder, 26 mm breit, 40 cm lang . . . Stück Mk. 1.—

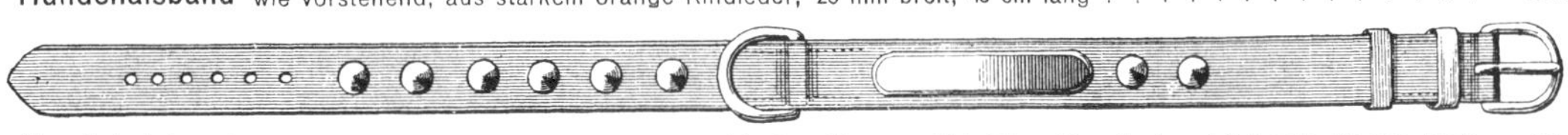

Nr. 8354. Hundehalsband aus glattem orange Rindleder mit vernickeltem Namenschild, Ring, Ziernägel und Schnalle, 26 mm breit, 40 cm lang . . . Stück Mk. 1.15

Nr. 8355. Hundehalsband wie vorstehend, jedoch 26 mm breit und ca. 50 cm lang . . . Stück Mk. 1.50

Nr. 8356. Hundehalsband wie vorstehend, jedoch 30 mm breit, 56–60 cm lang . . . Stück Mk. 1.85

Nr. 8357. Hundehalsband aus starkem orange Rindleder, mit vernickeltem Namenschild, Ring, Pyramidennägel und Schnalle, 26 mm breit, 50 cm lang . . . Stück Mk. 1.60

Nr. 7632. Hundehalsband, genau wie vorstehende Nr. 8357, aus starkem, 30 mm breitem orange Rindleder, mit vernickeltem Beschlag, Namenschild und Pyramidennägel, 60 cm lang . . . Stück Mk. 2.—

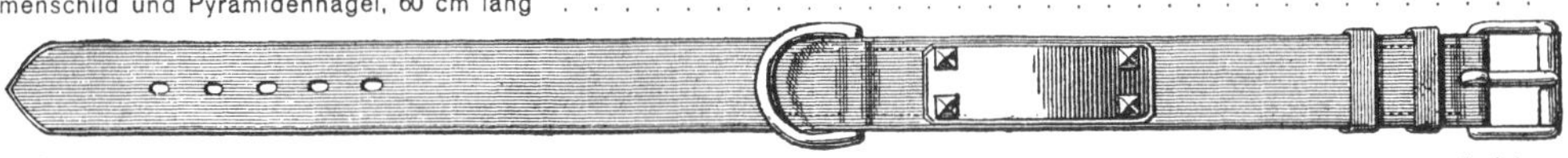

Nr. 7633. Hundehalsband für extra starke Hunde, aus prima starkem orange Rindleder, 35 mm breit, ca. 65–68 cm lang, mit fein vernickeltem Beschlag, Schild mit vier Ziernägeln und starker Schnalle . . . Stück Mk. 2.50

Nr. 7634. Hundehalsband wie vorstehend, jedoch 40 mm breit, 72–75 cm lang . . . Stück Mk. 3.50

Moderne Waffen ▫ Munition ▫ Jagdgeräte

AUGUST STUKENBROK, EINBECK

Anerkannt leistungsfähiges Etablissement dieser Branche

Hundehalsbänder für kleine Hunde.

Nr. 7627. Hundehalsband, 11 mm breit, 32-35 cm lang, vernickelter Beschlag mit 1 Schelle und Metall-Ringklobenschlaufe, verschiedenfarbig, Rindleder geflochten. Stück Mk. 1.20

Nr. 7628. Hundehalsband, 13 mm breit, 26-30 cm lang, vernickelter ringsherumgehender Metallkranz mit Schellen, rotes Schafleder mit Einlage, Schließbeschlag. Stück Mk. —.90

Nr. 7629. Hundehalsband, 10 mm breit, 27 cm lang, vergoldeter Beschlag, mit buntfarbiger Samtunterlage mit Einlage, Schließbeschlag. Stück Mk. 2.70

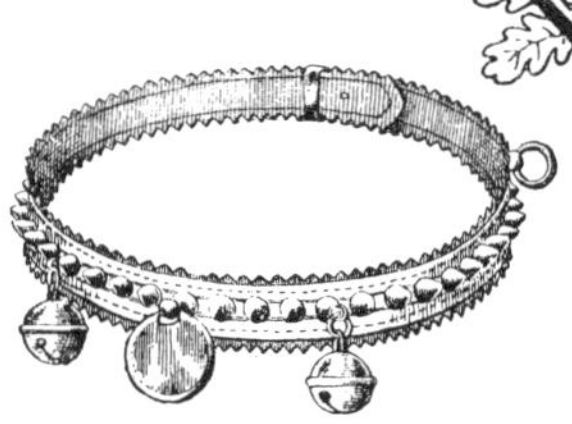

Nr. 7631. Hundehalsband, 15 mm breit, 34-38 cm lang, ff. vernickelter Beschlag, Spitznagelkette, orange Rindleder, rotes Futter, Schließbeschlag. Stück Mk. 2.—

Nr. 7553. Hundehalsband aus vernickelter Gliederkette für Vorhängeschloß mit Unterlage aus orangefarbigem Rindleder, 15 mm breit, 30-36 cm lang. Stück Mk. 1.60

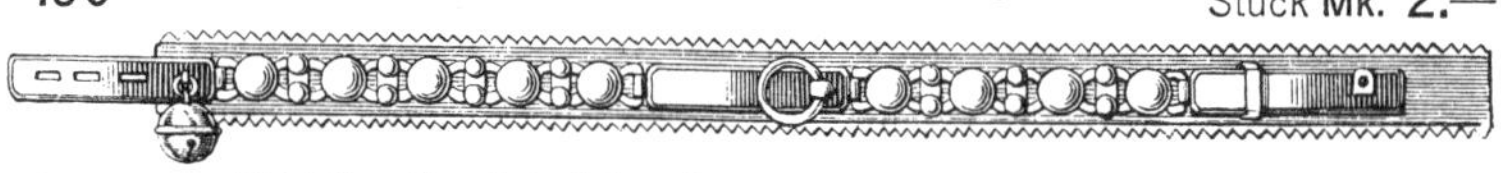

Nr. 7599. Hundehalsband aus vernickelter Kette für Vorhängeschloß, Unterlage aus orange Rindleder mit Tuchfutter, 16 mm breit, 32-35 cm lang, mit 1 Glöckchen. Stück Mk. 2.—

Nr. 7598. Hundehalsband aus eleganter vernickelter Phantasiegliederkette für Vorhängeschloß mit Unterlage aus rotem Rindleder, 18 mm breit, 32-36 cm lang. Stück Mk. 2.75

Nr. 7564. Hundehalsband aus vernickelter Phantasiekette für Vorhängeschloß mit Unterlage aus orangefarbigem Rindleder, 20 mm breit, 34-36 cm lang. Stück Mk. 2.40

Beste Qualität.

Vorzügliche Hundepeitschen.

Beste Qualität.

Nr. 8605.

Nr. 8606.

Nr. 8607.

Nr. 8608.

Nr. 8609.

Nr. 8610.

Nr. 8605. Hundepeitsche, mittelstark, aus hellem Naturleder, mit Handschlaufe. Stück Mk. 1.10

Nr. 8606. Hundepeitsche, mittelstark, aus braunem Leder, mit fester Handhabe aus Rohleder. Stück Mk. 1.30

Nr. 8607. Hundepeitsche aus kräftigem Zeugleder, rund, mit eckiger Handhabe, 51 cm lang. Stück Mk. 1.60

Nr. 8608. Hundepeitsche aus kräftigem Kernleder geflochten, mit vernickeltem Karabiner, beste Flechterei, mit Ledereinlage. Eine sehr solide Peitsche. Stück Mk. 2.40

Nr. 8609. Sehr solide steife Peitsche mit Rohledereinlage, mit Rindlederbezug, als Dressurpeitsche sehr zu empfehlen. Stück Mk. 3.—

Nr. 8610. Peitsche mit Handgriff, ganz aus Kernleder zusammengenäht, unverwüstlich, mit vernickeltem Karabiner. Stück Mk. 2.—

Jagd- und Signalhörner.

Sauberste Ausführung. Prima Qualität.

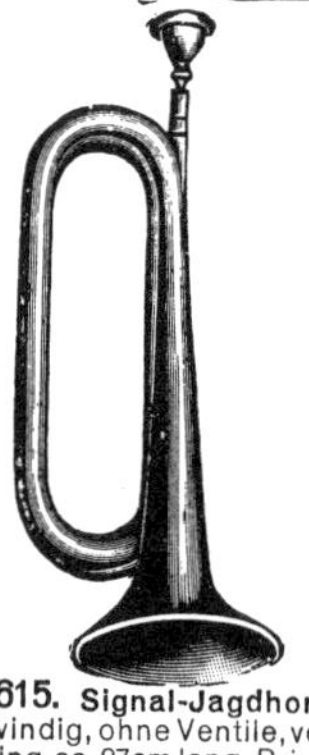

Nr. 8615. Signal-Jagdhorn, zweiwindig, ohne Ventile, von Messing, ca. 27 cm lang. Prima Qualität. Stück Mk. 2.85

Nr. 8634. Signal-Jagdhorn, zweiwindig, mit starker Stimme, Messing vernickelt, starkes Rohr, ca. 22 cm lang. Prima Qualität. Stück Mk. 7.10

Nr. 8616. Jagdhuppe, zweitönig, ca. 17 cm lang, von Messing. Prima Qualität. Stück Mk. 2.80

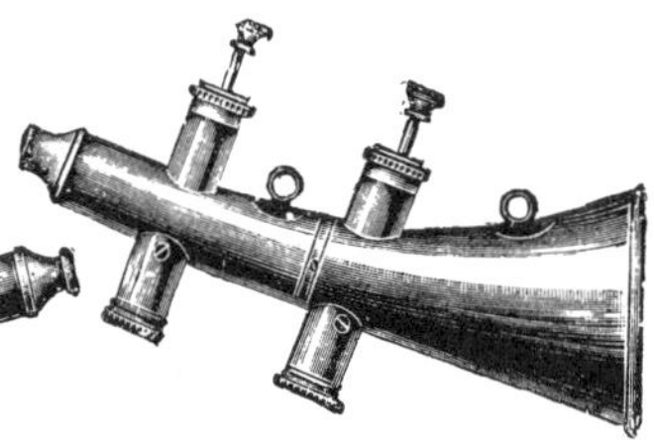

Nr. 8617. Jagdhuppe, viertönig, ca. 22 cm lang, von Messing. Prima Qualität. Stück Mk. 5.50

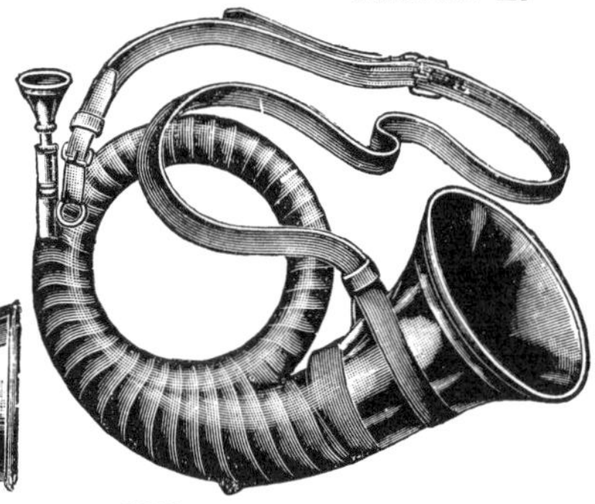

Nr. 8618. Jagdhorn „Fürst Pleß", rund, zweiwindig, von Messing mit Neusilbergarnitur, Mundstück an Kette, mit Signal-Album. Prima Qualität. Stück Mk. 9.25

Nr. 8619. Jagdhorn „Fürst Pleß", genau wie Nr. 8618, aber ganz mit Leder umwickelt, mit Riemen zum Umhängen. Prima Qualität. Stück Mk. 12.25

Sehr beliebte Hunde- und Signalpfeifen.

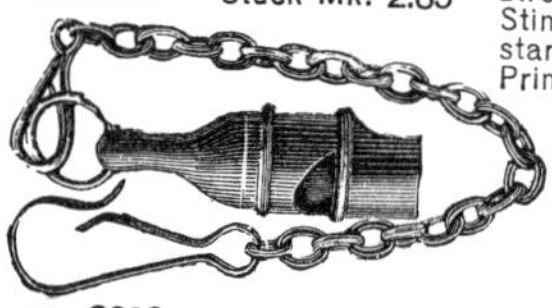

Nr. 8623. Hunde-Pfeife wie Nr. 8620, aber noch fein vernickelt, mit Kette u. Karabiner, 4,5 cm lang. Stück 40 Pf.

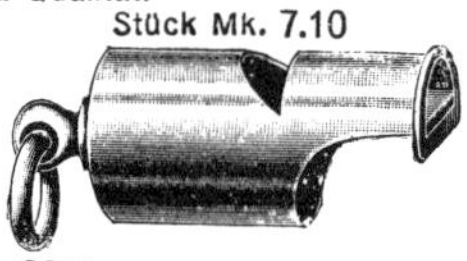

Nr. 8621. Triller-Pfeife aus Messing, mit Schriller und lautem, weithin hörbarem Ton, in vernickelter Ausführung, 5 cm lang. Stück 35 Pf.

Nr. 8620. Hunde-Pfeife von Britannia-Metall, mit Ring und Triller, 4,5 cm lang. Stück 30 Pf.

Nr. 8622. Hunde-Pfeife von Horn, mit Ring, ca. 6 cm lang. Stück 40 Pf.

Nr. 8624. Pfeife „Pfiff", fein vernickelt, zierliche flache Form, in der Westentasche zu tragen, gibt einen sehr scharfen, hellen Ton, 5 cm lang. Stück 20 Pf.

Nr. 8625. Ring- oder Finger-Pfeife aus Metall, bequem am Finger zu tragen und daher beim Schießen nicht hinderlich. Stück 45 Pf.

Nr. 8628. Torpedo-Pfeife zum Abgeben von Signalen bis zum durchdringendsten Ton, in hochfein vernickelter Ausführung, 6,5 cm lang. Stück 80 Pf.

Nr. 8629. Original-Riesen-Torpedo-Pfeife, genau wie Nr. 8628, jedoch größer und daher bedeutend verstärktere Signaltöne, welche auf größere Entfernungen hörbar sind. Stück Mk. 2.40

Nr. 8626. „Mephisto"-Triller-Pfeife mit Kompaß. Die beste aller Schrillpfeifen, mit buntem Kompaß, in fein vernickelter Ausführung, 3 cm lang. Stück 65 Pf.

Nr. 8627. Dieselbe Pfeife, jedoch ohne Kompaß. Stück 50 Pf.

Nr. 8630. Diana-Pfeife aus schwarzem Horn, speziell für Jäger sehr zu empfehlen. 10 cm lang. Stück 75 Pf.

Bewährte Rehblatten in prima Qualität.

Gut abgestimmt. — Natürlich im Ton.

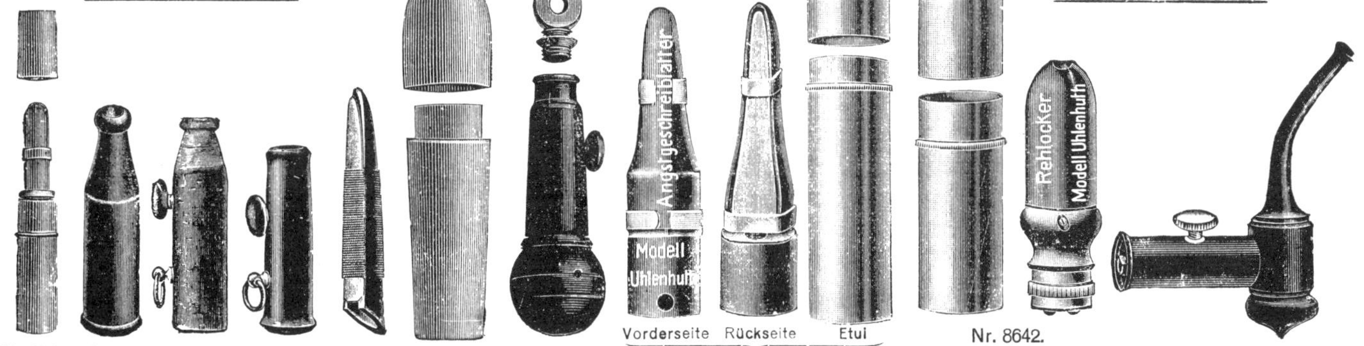

Nr. 8635. Nr. 8636. Nr. 8637. Nr. 8638. Nr. 8639. Etui. Nr. 8640. Vorderseite Rückseite Etui Nr. 8641. Modell Uhlenhuth. Nr. 8642. Modell Uhlenhuth. Nr. 8668. „Halali".

Nr. 8635. Rehruf, verstellbar, in Neusilber-Etui . . . . Stück Mk. —.35
Nr. 8636. Rehruf, verstellbar, von Horn in Holzetui, fein im Ton abgestimmt . . . . Stück Mk. —.70
Nr. 8637. Rehruf, verstellbar, mit äußerer seitlicher Schraube, zum Hoch- und Tiefstellen, von Weichselrohr, mit Ring Stück Mk. 1.30
Nr. 8638. Rehruf von Büffelhorn, weitröhrig mit äußerer seitlicher Stellschraube, z. Hoch- u. Tiefstellen, m. Ring, i. Holzetui Stück Mk. 1.80
Nr. 8639. Rehruflocker, Geschreiblatter oder Angstgeschrei, von Horn mit Fadenumwicklung, in Etui . . . . Stück Mk. 1.05
Nr. 8640. Rehruf von fein poliertem Büffelhorn mit äußerer seitlicher Stellschraube, Schraubverschluß des Mundstücks zum gleichzeitigen Anhängen mit abschraubbarer Endkugel zum Tondämpfen. Sehr vorzüglicher Rehlocker Stück Mk. 2.10
Nr. 8641. Rehlocker, Angstgeschreiblatter Modell Uhlenhuth, von Ebenholz . . . . Stück Mk. 1.60
Nr. 8642. Fiebblatt, verstellbar, Modell Uhlenhuth, sorgfältig abgestimmt von Kitzstimme auf Brunstruf des Rehes, aus Horn, in Etui . . . . Stück Mk. 3.—
Nr. 8668. Universal-Locker „Halali", D. R.-G.-M., vereinigt Rehblatte, Hasenklage und Raubvogelgeschrei, aus Horn mit feiner gehämmerter Neusilberzunge. Besondere Vorzüge sind gebogenes Mundstück, daher bequem im Munde zu halten, Speichelfänger, der ein Versagen ausschließt, doppelt wirkender Druckknopf, so daß das Instrument durch Fingerdruck als auch durch Feststellen der Schraube einzustellen ist. Gebrauchsanweisung liegt bei. Preis in Etui mit Schn· Stück Mk. 4.50

Sehr empfehlenswerte Wildlocker

Natürlich im Ton. ∴ Gut abgestimmt.

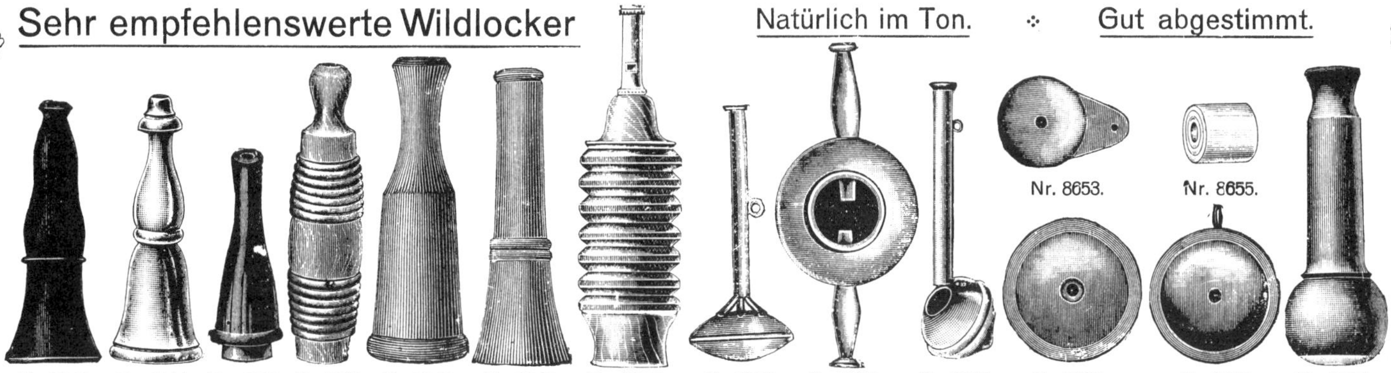

Nr. 8643. Nr. 8644. Nr. 8645. Nr. 8646. Nr. 8647. Nr. 8648. Nr. 8649. Nr. 8650. Nr. 8651. Nr. 8652. Nr. 8653. Nr. 8655. Nr. 8654. Nr. 8656. Nr. 8669.

Nr. 8643. Hasenklage oder Fuchsreizer von Horn . . . . . . Stück Mk. —.55
Nr. 8644. Hasenklage von Buchsbaum, größeres Format . . . Stück Mk. —.45
Nr. 8645. Hasen- und Kaninchenlocker von schwarzem Holz mit Messingrand . . . . Stück Mk. —.55
Nr. 8646. Entenlocker von Buchsbaumholz, Fäßchen-Form . . . Stück Mk. —.45
Nr. 8647. Entenlocker von rötlich poliertem Holz, gut abgestimmt, prima Qualität . . . . Stück Mk. —.65
Nr. 8648. Entenlocker von schwarzem Holz, gut abgestimmt, prima Qualität . . . . Stück Mk. 1.10
Nr. 8649. Krammetsvogellocker von Leder und Messing . . . . Stück Mk. —.75
Nr. 8650. Birkhahn- oder Auerhahnlocker aus Weißblech, verzinnt Stück Mk. —.45
Nr. 8651. Birkhahnlocker aus gelb poliertem oder rotem Holz, prima Qualität . . . . Stück Mk. —.65
Nr. 8652. Fasanenlocker, schön vernickelt . . . . Stück Mk. —.80
Nr. 8653. Rebhuhnlocker von Neusilber . . . . Stück Mk. —.70
Nr. 8654. Rebhuhnlocker von Kokosnuß . . . . Stück Mk. —.35
Nr. 8655. Bekassine- und Haselhuhnlocker . . . . Stück Mk. —.30
Nr. 8656. Feldhuhnlocker aus Neusilber . . . . Stück Mk. —.45
Nr. 8669. Schnepfen- od. Lerchenlocker aus rötlich poliert. Holz mit Knocheneinlage, fein abgestimmt, das beste was es gibt Stück Mk. —.90

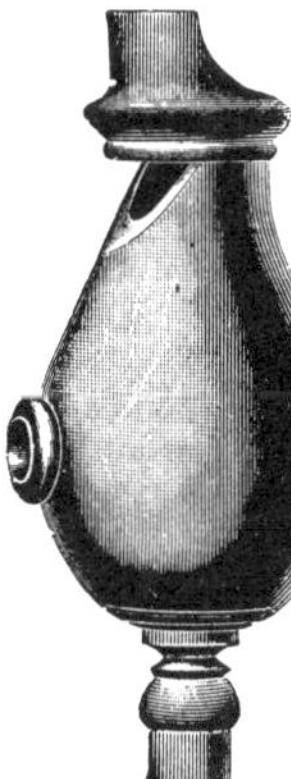

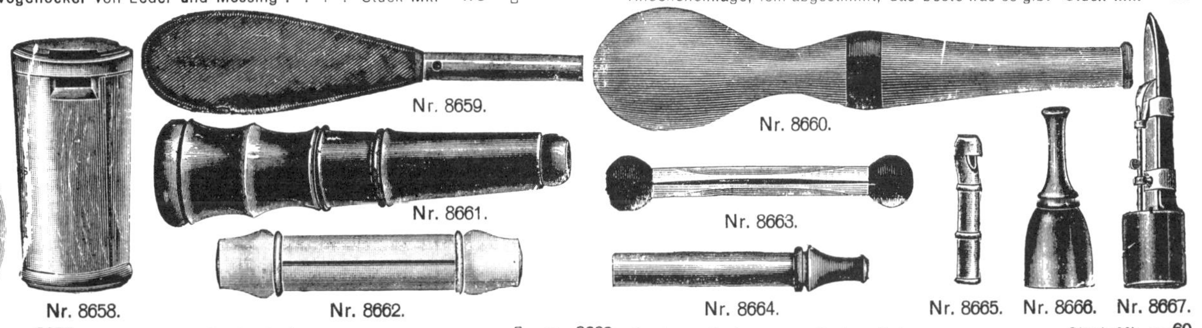

Nr. 8657. Nr. 8658. Nr. 8659. Nr. 8660. Nr. 8661. Nr. 8662. Nr. 8663. Nr. 8664. Nr. 8665. Nr. 8666. Nr. 8667.

Nr. 8657. Kuckuck- und Taubenlocker von poliertem Holz . . . . Stück Mk. —.80
Nr. 8658. Kuckuck-, Tauben- und Eulenlocker (in einem Instrument), poliert, sehr empfehlenswert . . Stück Mk. 1.—
Nr. 8659. Wachtellocker von Leder und Messing, platte Form . . . . . Stück Mk. —.50
Nr. 8660. Hirschruf aus rot poliertem Holz mit Horneinlage und Hornschraube, ca. 21 cm lang, gute Qualität . . . . Stück Mk. 1.80
Nr. 8661. Hirschruf aus Horn, prima Qualität . . . . Stück Mk. 1.60
Nr. 8662. Raubvogellocker von poliertem Holz . . . . Stück Mk. —.60
Nr. 8663. Eulenlocker, feiner Ton, mit schwarz polierten Holzkugeln an beiden Enden . . . . Stück Mk. —.80
Nr. 8664. Eulenlocker aus schwarzem Holz mit langer Messinghülse Stück Mk. —.60
Nr. 8665. Mauspfeifchen aus Knochen . . . . Stück Mk. —.30
Nr. 8666. Schnepfen- oder Lerchenlocker von Horn . . . . . Stück Mk. —.55
Nr. 8667. Universallocker, D. R.-G.-M. 90181, in Neusilberbüchse, für Hasenquäke, Rehangstgeschrei, Klageton, Schmalrehfieb und Kitzfieb sowie für Habichtruf, hervorragendste Erfindung für Jäger . . . . Stück Mk. 3.75

Moderne Waffen ▫ Munition ▫ Jagdgeräte

AUGUST STUKENBROK, EINBECK

Anerkannt leistungsfähiges Etablissement dieser Branche

Empfehlenswerte Trinkflaschen.

Nr. 4549.

Taschen-Trinkflasche, flach, mit Weidengeflechtbezug, Patentverschluß. Größe 15 cm.

Stück 70 Pf.

Nr. 8670.

Trinkflasche mit schwarzem Lederetui mit Lederriemen u. Schraubenverschluß.

Stück 85 Pf.

Nr. 8671.

Trinkflasche in Filzstoffetui mit Bügel, Schraubenverschluß u. Trinkbecher.

Stück Mk. 1.30

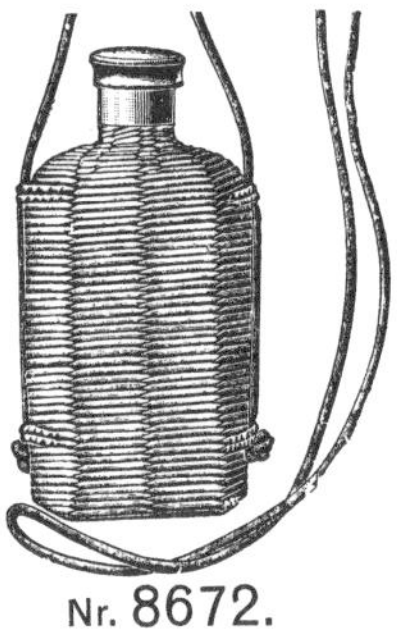

Nr. 8672.

Trinkflasche mit grüner Schnur, zum Umhängen, und Schraubenverschluß aus Britanniametall. Die Flasche ist zum Schutze gegen das Zerbrechen mit Korbgeflecht versehen.

Stück Mk. 1.50

Nr. 8673.

Trinkflasche in braunem Lederetui mit eleganter Pressung, Ledertragriemen, Schraubenverschluß und Trinkbecher.

Stück Mk. 1.50

Nr. 8674.

Aluminium-Trinkflasche für ca. 0,3 Liter ohne Ueberzug mit Schrauben-Verschluß, ganz flach, daher bequem in der Tasche zu tragen.

Stück Mk. 2.40

Nr. 8675. **Original-Armeeflasche,** neues Modell mit neuem Schraubenverschluß, aus Aluminium mit Filzüberzug und Karabinerhaken für ³/₄ Liter.

Stück Mk. 5.—

Nr. 8676.

Dieselbe Flasche, jedoch mit Umhängeriemen.

Stück Mk. 6.50

Nr. 8678.

Aluminium-Reiseflasche, schmale, lange Form mit Patentverschluß, für 0,8 Liter Inhalt, mit Filzüberzug.

Stück Mk. 4.65

Original „Thermos"-Flaschen und -Gefäße.

Prima Qualität. Für jeden Kulturmenschen unentbehrlich. Hochfeinste Ausführung.

Nicht zu verwechseln mit den oft minderwertigen angebotenen Nachahmungen.

„Thermos"-Gefäße halten heiß eingefüllte Getränke und Speisen selbst bei strengster Winterkälte 24 Stunden lang heiß, kalt eingefüllte Getränke und Speisen selbst bei größter Hitze tagelang kalt.

Die „Thermos"-Fabrikate sind absolut unentbehrlich für Offiziere, Jäger, Sportleute und Touristen.

„Thermos"-Flaschen.

Patentiert und geschützt in allen Staaten. — Im Preise bedeutend ermäßigt.

Nr. 8679.
Zylindrische Form.

¹/₂ Liter Inhalt, Gewicht ca. ¹/₂ kg.

Nr. 8679. „Thermos"-Flasche „Alu", Metallmantel, schwarz lackiert, Becher und Oberteil aus poliertem Aluminium, auswechselbar.
Stück Mk. 5.—

Nr. 8680. „Thermos"-Flasche „Rekord 1910", schwarz, mit nahtlosem Metallmantel, geschmackvoll dekoriert (Eismuster, Mattlack), Oberteil, Unterring und Becher fein vernickelt, auswechselbar.
Stück Mk. 8.—

Nr. 8681. „Thermos"-Flasche „Rekord 1910", Type II, braun oder grün, mit nahtlosem Metallmantel, geschmackvoll dekoriert (Eismuster, Mattlack), Oberteil, Unterring und Becher fein vernickelt, auswechselbar.
Stück Mk. 9.—

Nr. 8682. „Thermos"-Flasche, wie vorige, jedoch mit Lederbezug, mit Riemen zum Umhängen, Becher, Ober- und Unterteil fein vernickelt. Für Jäger und Touristen sehr empfehlenswertes Modell.
Stück Mk. 11.—

1 Liter Inhalt, Gewicht ca. ³/₄ kg.

Nr. 8468. „Thermos"-Flasche „Alu" mit schwarzlackiertem Metallmantel, Becher und Oberteil aus poliertem Aluminium, auswechselbar.
Stück Mk. 10.—

Nr. 8683. „Thermos-Flasche „Rekord 1910", schwarz mit nahtlosem Metallmantel, geschmackvoll dekoriert (Eismuster, Mattlack), Oberteil, Unterring und Becher fein vernickelt, auswechselbar.
Stück Mk. 12.—

Nr. 8684. „Thermos"-Flasche „Rekord 1910", brauner nahtloser Metallmantel, geschmackvoll dekoriert (Eismuster, Mattlack), mit Riemen zum Umhängen, Becher, Ober- und Unterteil vernickelt.
Stück Mk. 15.—

Nr. 8685. Flache „Thermos"-Flasche, vorzüglich geeignet für Jäger, mit Lederbezug und Riemen zum Umhängen.
Stück Mk. 13.—

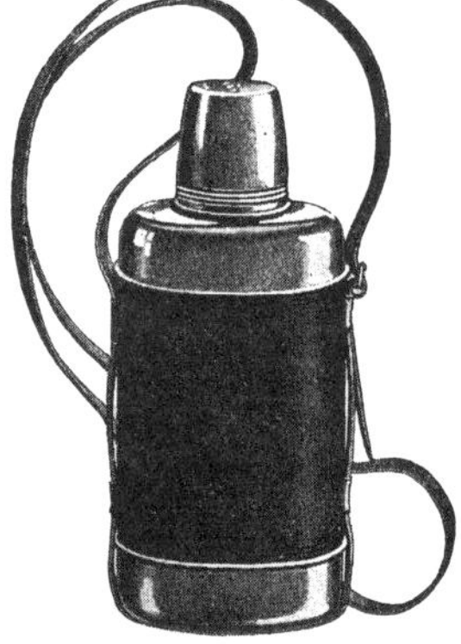

Nr. 8685.
Flache Form, ca. 0,5 Liter Inhalt. Auseinandernehmbar.

Patent „Thermos"-Kannen und -Krüge,

moderne elegante Form, vernickelt oder versilbert.

Nr. 8458. „Thermos"-Kanne, ca. ³/₄ Liter Inhalt, in fein vernickelter Ausführung.
Stück Mk. 18.—

Nr. 7328. „Thermos"-Kanne, ca. 1 Liter Inhalt, in hochfeiner versilbert polierter Ausführung.
Stück Mk. 40.—

Nr. 7329. „Thermos"-Kanne, ca. 1,5 Liter Inhalt, Ausführung fein vernickelt.
Stück Mk. 36.—

Die „Thermos"-Krüge liefere ich zu gleichen Preisen wie die „Thermos"-Kannen.

Nr. 8458.
„Thermos-Kanne.

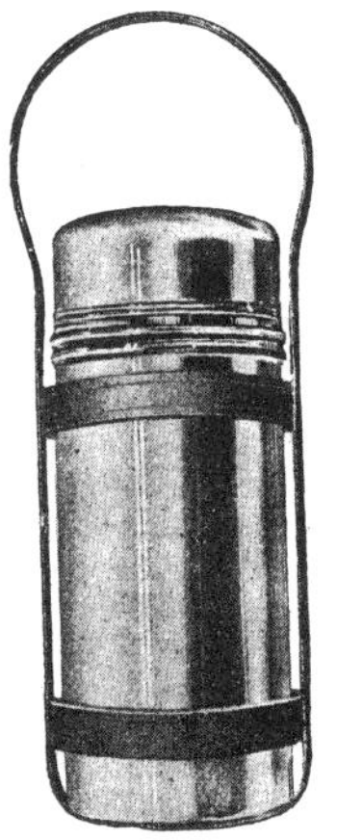

Nr. 7216.
„Thermos"-Picnic.

„Thermos"-Picnics

in neuer, allen Anforderungen genügenden Ausführung.

Nr. 7216. „Thermos"-Picnic zum Kalt- und Warmhalten von Speisen, Fleisch, Gemüsen, Fruchteis usw., mit reichlich ¹/₂ Liter Inhalt, Metallmantel, schwarz lackiert (Eismuster, Mattlack), mit vernickelter Speiseschale, die gleichzeitig als Verschluß dient.
Stück Mk. 12.—

Nr. 7218. „Thermos"-Picnic, genau wie Modell 7216, jedoch für 1 Liter Inhalt.
Stück Mk. 17.50

Nr. 8686. „Thermos"-Picnic, Inhalt ca. 1 Liter, Höhe ca. 24,5 cm, Durchmesser ca. 11,5 cm, Gewicht ca. 1,5 kg. Hochvornehme Ausstattung, feinstens vernickelt, innen mit vergoldeter Speiseschale.
Stück Mk. 28.—

Nr. 8687. „Thermos"-Picnic in feiner Ausführung, genau wie unter Nr. 8686 beschrieben, jedoch 1,5 Liter Inhalt, Höhe 33 cm, Durchmesser 12 cm.
Stück Mk. 36.—

Extraanfertigungen werden ganz nach den Wünschen meiner Auftraggeber ausgeführt.

Aluminium-Kocher und Feldküchen.

Unentbehrlich für Jäger, Förster und Touristen.

Reisekocher „Rekord".

Neu! Neu!

Nr. 8070.
„Rekord".

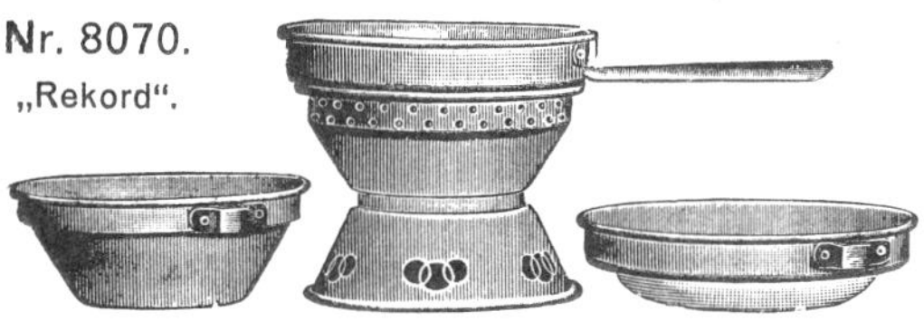

Nr. 8072.

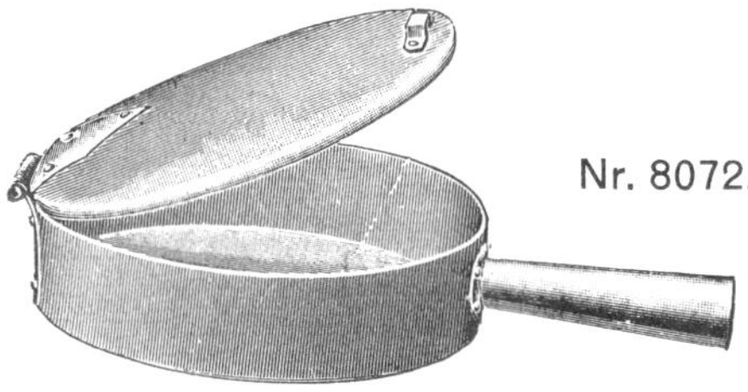

Nr. 8070. **Reisekocher „Rekord"**, gesetzl. gesch., mit Windschirm und Spezialbrenner, Kasserollen usw., siehe Abbildung, für ³/₄ Liter Inhalt. Stück Mk. 5.50

Nr. 8071. **Reisekocner „Rekord"** wie vorstehend, jedoch für 1,5 Liter Inhalt. Stück Mk. 12.—

Nr. 8072. **Jagdkochapparat** aus Aluminium, für Beefsteaks, zum Anwärmen von Speisen in offenem Felde zu verwenden, sehr praktisch. Stück Mk. 4.—

Nr. 3722.

Nr. 3721.

Nr. 2811.

Nr. 3722. **Prakt. Wärm- u. Koch-Apparat** aus Aluminium, zusammenlegbar, enthaltend: 1 Gestell, 1 Topf, 1 Glas, 1 Spiritusbrenner, 1 ausschraubbaren Brenner für Hartspiritus, 1 Trinkbecher, Höhe zusammengeklappt 10 cm Stück Mk. 3.35

Nr. 3721. **Reisekocher,** Rein-Aluminium, sturmsicher, mit Aluminiumtopf und Eierpfanne, welche zugleich als Deckel benutzt wird, innen ff. matt gebeizt, außen poliert, Höhe 85 mm. Stück Mk. 4.20

Nr. 2811. **Spirituskocher für die Reise,** aus Aluminium, äußerst solid hergestellt; bestehend aus 4 Teilen, als: Lampe, Kochtopf, Bratpfanne und Kaffeesieb. Aeußerst preiswert; Höhe 9 cm. Durchmesser 11 cm. Stück Mk. 3.60

Sehr praktische und empfehlenswerte Feldküchen für 1 und mehr Personen.

Nr. 8688.

Nr. 8688. **Feldküche für 1 Person,** aus Aluminium, poliert, bestehend aus: 1 Kasserolle von 1 Liter Inhalt, 1 Deckel als Bratpfanne, 1 Teller von 15,5 cm Durchmesser, 1 Tasse, 1 Tee-Ei, 6 Büchsen, 1 Lederriemen, 1 Stiel. Stück Mk. 9.—

Neu! Nr 8073. Neu!

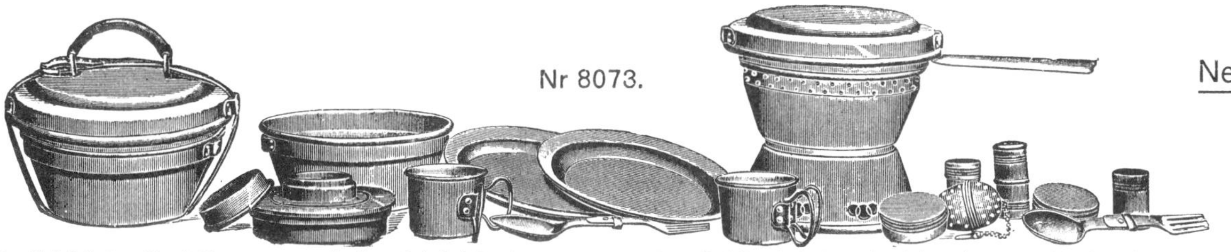

Nr. 8073. **Feldküche für 2 Personen, mit Spezial-Spiritusbrenner, zugleich Spiritusbehälter,** bestehend aus: 1 Kochtopf von 1,5 Liter und einem solchen von 1,25 Liter Inhalt, 1 Deckel als Bratpfanne, 1 Spezial-Spiritusbrenner (zugleich Spiritusbehälter, 1 Windschirm, 2 Tellern, 2 Tassen, 1 Tee-Ei, 1 Pfeffer- und Salzbüchse, 4 diversen Büchsen, 2 zusammenlegbaren Eßbestecken, 1 Stiel, 1 Lederriemen, außen poliert, komplett. Stück Mk. 19.50

Nr. 8091.

Nr. 8091. **Feldküche für 1 Person** aus Aluminium, bestehend aus: Kochtopf, Deckel, Teekessel, Tee-Ei, Tasse und Stiel. Stück Mk. 14.—

Nr. 8689. Zusammengelegt.

Nr. 8689. **Feldküche für 2 Personen,** bestehend aus: einem Kochtopf von 3,5 L Inhalt, einem Kochtopf von 2 L Inhalt, einer Suppenschüssel von 1,4 L Inhalt, einer Kaffeekanne von 0,3 L Inhalt, je einer Omelettenpfanne, Tee-Ei, Seiher, Schöpfer, je zwei Tellern, Tassen, Löffeln, Gabeln, Tafelmessern, Gemüsemessern, drei Büchsen, einem großen und einem kleinen Stiel, Kette und Lederriemen. Stück Mk. 25.—

Aluminium-Butter- und Fleisch-Dosen.

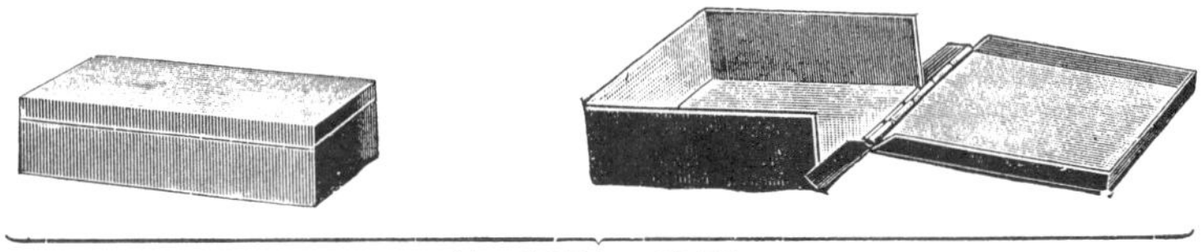

Nr. 8074—8076.

Nr. 8077.

Nr. 8074. Aluminium-Dose für Butterbrot und Fleisch, außen poliert, innen matt, Länge 122 mm, Breite 83 mm, Höhe 39 mm.
Stück Mk. 2.60

Nr. 8075. Aluminium-Dose für Butterbrot und Fleisch, außen poliert, innen matt, Länge 153 mm, Breite 115 mm, Höhe 39 mm.
Stück Mk. 3.—

Nr. 8076. Aluminium-Dose für Butterbrot und Fleisch, außen poliert, innen matt, Länge 165 mm, Breite 105 mm, Höhe 75 mm.
Stück Mk. 3.85

Nr. 8077. Aluminium-Dose für Butter, mit luftdichtem Verschluß, außen poliert, innen matt, Durchmesser 110 mm, Höhe 40 mm.
Stück Mk. 1.45

Nr. 8078.

Nr. 8078 Pfeffer- und Salzbüchse, blank poliert.
Stück 80 Pf.

Nr. 8079.

Nr. 8079. Eierhülse aus Aluminium, für 1 Ei passend, gleichzeitig als Trinkbecher zu benutzen, matt.
Stück 40 Pf.

Nr. 8080.

Nr. 8080. Zitronenpresser aus Aluminium, sehr bequem zur Zubereitung von Zitronenwasser.
Stück 40 Pf.

Nr. 8677.

Nr. 8677. Trinkbecher aus Aluminium, ovale Flaschenform 8,5 cm hoch, bequem in der Tasche zu tragen.
Stück 65 Pf.

Neu! Haus-, Reise- und Taschen-Menage, D. R.-G.-M. Neu!

Ist so verschließbar, daß Staub und Ungeziefer absolut nicht hinzutreten kann, so daß der Inhalt stets frisch und sauber bleibt. Die Taschen-Menage verlangt infolge ihrer Beschaffenheit einen so kleinen Raum, daß sie leicht mitgeführt werden kann.

Für Jäger, Förster und Touristen unentbehrlich.

Menage im Gebrauch.

Menage geschlossen.

Nr. 8081. Haus-, Reise- und Taschen-Menage, 3teilig, aus Glas . . . . Stück Mk. —.75

Nr. 8082. Dieselbe in prima Ausführung, aber noch mit abnehmbaren Metallteilen aus prima nickelplattiertem Stahlblech, daher schneller wie alle anderen in Gebrauch befindlichen Menagen zu reinigen . . . . Stück Mk. 1.60

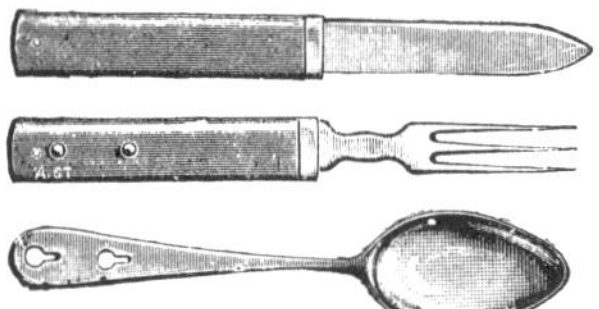

Nr. 1116.

Nr. 1116. Eßbesteck für Jäger, Radfahrer und Touristen, sowie auch Beamte und Arbeiter passend, die außerhalb zu speisen genötigt sind. Das Besteck enthält Messer, Gabel und Löffel. Erstere Teile werden ineinandergesteckt und der Löffel auf diese aufgeklemmt, so daß das Besteck einen sehr geringen Raum einnimmt. Sehr praktisch und bequem. Gute Ausführung.
Garnitur 75 Pf.

Nr. 3885. Eßbesteck wie Nr. 1116, nur ohne Löffel, also zweiteilig, sonst in derselben Ausführung. Garnitur 50 Pf.

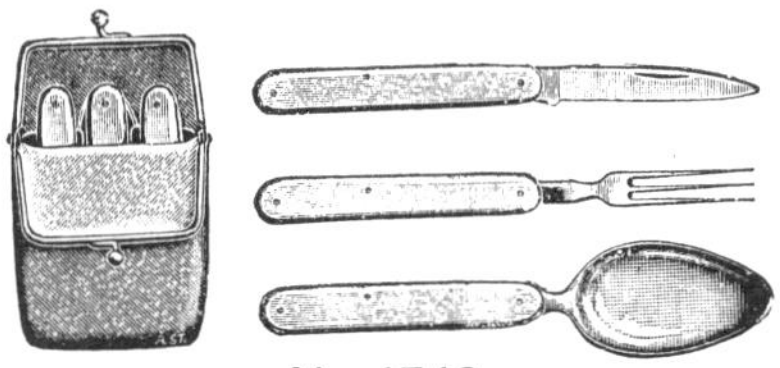

Nr. 4743.

Nr. 4743. Eßbesteck für Jäger und Touristen, in Wildlederetui; bestehend aus Messer, Gabel und Löffel, alles zum Zusammenklappen eingerichtet, wodurch das Etui mit Inhalt nur einen kleinen Raum einnimmt. 10 cm lang, 6 cm breit und 2 cm hoch. Die Besteckteile haben Beingriff aus bestem Material und tadellos vernickelte Metallteile.
Garnitur Mk. 3.—

Nr. 753.

Nr. 753. Taschentrinkbecher für Jäger, Radfahrer und Touristen, in hochfein vernickelter Ausführung. Mit fein vernickelter Dose, wodurch ein sehr bequemes Tragen in der Tasche ermöglicht wird.
Stück 70 Pf.

Nr. 4550.

Nr. 4550. Becher, 3 Stück in einem Etui, letzteres mit longrain Glanzleder bezogen, Becher vernickelt, innen vergoldet. Höhe der Becher 65 mm.
Stück Mk. 2.65

Nr. 3403. Dasselbe Etui wie Nr. 4550, jedoch mit 6 Bechern.
Stück Mk. 4.40

Menagen-Körbe

für Jagd, Manöver, Automobil-Reisen usw. ∴ Aus Weidengeflecht mit prima Zubehör.

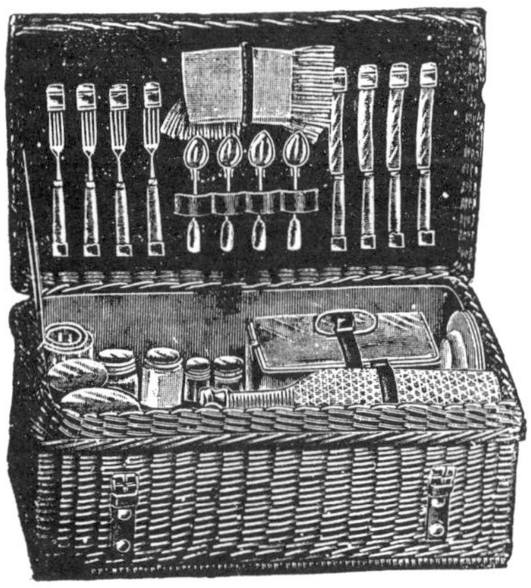

Nr. 7024.

Neu! Neu!

Hoher guter Menagenkorb

mit Rindleder-Riemen und Handgriff, ff. Inhalt und großem Innenraum für Diverses.

Nr. 7024	für 1 Person, 40 cm lang, 27 cm breit, 19 cm hoch.	Stück Mk. 22.—
Nr. 7028	für 2 Personen, 44 cm lang, 29 cm breit, 20 cm hoch.	Stück Mk. 27.—
Nr. 7029	für 3 Personen, 46 cm lang, 32 cm breit, 22 cm hoch.	Stück Mk. 36.—
Nr. 7103	für 4 Personen, 55 cm lang, 30 cm breit, 23 cm hoch.	Stück Mk. 50.—
Nr. 7104	für 6 Personen, 55 cm lang, 30 cm breit, 23 cm hoch.	Stück Mk. 68.—

Flacher Automobilkorb

genau wie Abbildung — mit Extra-Brotfach mit Deckel.

Nr. 7077	für 2 Personen, 53 cm lang, 28 cm breit, 16 cm hoch.	Stück Mk. 32.—
Nr. 7078	für 4 Personen, 65 cm lang, 35 cm breit, 17 cm hoch.	Stück Mk. 48.—
Nr. 7079	für 6 Personen, 79 cm lang, 35 cm breit, 19 cm hoch.	Stück Mk. 68.—

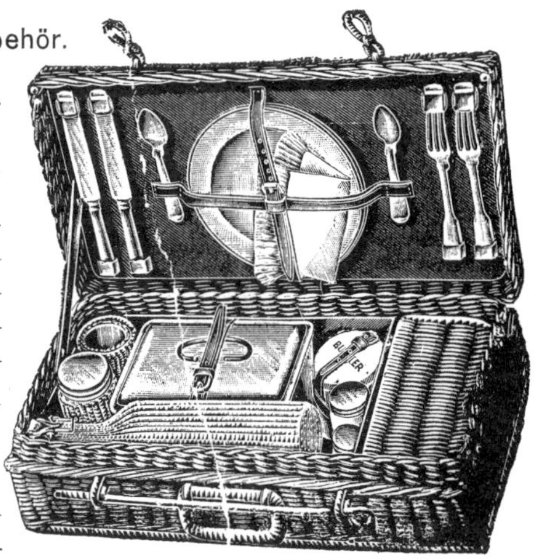

Nr. 7077.

Moderne Waffen ▪ Munition ▪ Jagdgeräte

AUGUST STUKENBROK, EINBECK

Anerkannt leistungsfähiges Etablissement dieser Branche

Sehr empfehlenswerte Jagd- und Reisegläser.

Vorzügliche Qualität. ∴ Erstklassige Ausführung.

Nr. 8690. Achromatisches Fernglas in Lederetui, mit Riemen zum Umhängen und mit besonderer Lederschnur am Glase. Die Fassung ist elegant schwarz lackiert, während der Körper mit schwarzem Chagrinleder bezogen ist. Die Objektivöffnung beträgt ca. 42 mm. Einfaches, aber gutes Glas. Stück Mk. 7.—

Nr. 8691. Vorzüglicher Doppelfeldstecher für Reise, Jagd und Theater in Lederetui mit Riemen zum Umhängen, Fassung schwarz lackiert, gute Optik. Objektivöffnung 42 mm. Ein sehr preiswertes und viel gekauftes Glas. Stück Mk. 8.75

Nr. 8692. Eleganter Doppelfeldstecher (Schützenglas), sehr beliebtes und gern gekauftes Glas, Fassung fein schwarz lackiert und Körper mit schwarzem Maroquinleder bezogen. Prima Optik. Mit elegantem Lederetui mit Riemen zum Umhängen sowie Lederschnur am Glase. Stück Mk. 11.75

Nr. 8693. Doppelfeldstecher „Ideal" mit tadelloser Fassung, feinem Maroquinlederbezug, Kompaß auf der unteren Brücke, Lederetui mit Riemen und Lederschnur. Dieser Feldstecher zeichnet sich durch besondere Helligkeit und Schärfe aus und wird als Jagdglas von Jägern und Touristen sehr gern gekauft. Stück Mk. 14.—

Nr. 8694. Doppelfeldstecher „Diana" mit abziehbaren Sonnenblenden, in hartem genähten feldmäßigen Lederetui mit Riemen und Lederschnur, Messingfassung, schwarz lackiert, mit schwarzem Maroquinleder bezogen. Prima Optik, fünfmalige Vergrößerung, Objektivöffnung 42 mm. Dieser sehr vorteilhafte und handliche Feldstecher, welcher sich vorzüglich für Jagd-, Reise- und Militärgebrauch eignet, hat bei einer fünfmaligen Vergrößerung noch ein Gesichtsfeld von 75 m auf 1000 m Entfernung. Stück Mk. 21.—

Nr. 7595. Touristen- und Reisefeldstecher, kleines Modell, bequem in der Tasche zu tragen, mit vorzüglicher optischer Leistung, mit weitem Sehfeld und großer Helligkeit bei etwa dreifacher Vergrößerung. Feinste schwarze Belederung und Lackierung. Objektivöffnung 33,5 mm, Höhe 6 cm, Breite 10 cm, Gewicht 190 g, einschließlich weichem schwarzen Lederetui und Umhängeriemen für Feldstecher und Etui. Stück Mk. 20.—

Nr. 7596. „Oigee" Jagdfeldstecher „Nimrod" mit dreieinhalbmaliger Vergrößerung, in unbedingt solider Ausführung und großer Optik; für die Jagd unerläßlich, da das Glas noch in tiefster Morgen- und Abenddämmerung das Ziel klar, scharf und deutlich erkennen läßt. Die Ausführung in mattschwarzer Lackierung und Belederung verhindert jegliches Blinken und somit ein etwaiges Vergrämen des Wildes. Die angebrachten Metall-Regendeckel und die festen Sonnenblenden schützen vor störendem Seitenlicht und dadurch sonst entstehenden Reflexen. Der Durchmesser der Objektive beträgt 42,5 mm. Die Länge des ganzen Glases 9 cm, Breite 11 cm. Gewicht 350 g. Sehfeld etwa 150 m auf 1000 m Entfernung. Preis einschließlich festem genähten schwarzen Rindlederetui und Umhängeriemen für Glas und Etui Stück Mk. 30.—

Nr. 8696. „Oigee" Jagdglas „Panther" mit vierfacher Vergrößerung, gewährleistet unter allen Verhältnissen ein sicheres Ansprechen des Wildes. Das Gehäuse des Glases ist vorzüglich gearbeitet, mattschwarz lackiert und mit feinem schwarzen Leder bezogen. Die Sonnenblenden sind ausziehbar. Der Objektivdurchmesser beträgt 42,5 mm, das Sehfeld 105 m auf 1000 m Entfernung. Gewicht 400 g, Höhe 9 cm, Breite 11,5 cm. Preis einschließlich festem schwarzen Rindlederetui und Umhängeriemen für Glas und Etui

Stück Mk. 36.—

Nr. 7597. „Oigee" Jagd- und Sportfeldstecher „Rominten". Dieses Glas stellt in seiner Konstruktion und optischen Leistung das „non plus ultra" für den Sport- und Jagdgebrauch dar und trägt dabei den Wünschen nach einem möglichst leichten und handlichen, trotzdem aber äußerst soliden Universal-Feldstecher Rechnung. Sein Bau — beide Körper durch „angegossene" kräftige Charniergelenke zwangläufig gegeneinander beweglich — beseitigt den Fehler der bisher üblichen Ausführung aus gestanzten dünnen Blechbrücken, die bei strapaziösem Gebrauch stets eine Verschiebung der beiden Einzelbilder gegeneinander, das sogenannte „außer Justierung Geraten" zur Folge hatten. Die starre Verbindung durch Guß aus einem Stück, die präzise mechanische Führung der Charniere und schließlich die hervorragende Optik stellen dieses Modell an die Spitze aller bisherigen Konstruktionen. Der Objektivdurchmesser beträgt 46 mm, die Vergrößerung ist fünfmalig, das Sehfeld 90 m auf 1000 m Entfernung. Preis einschließlich eines prima steifen schwarzen Rindlederetuis mit Umhängeriemen für Glas und Etui Stück Mk. 45.—

Leicht! Ganz in besonders widerstandsfähiger Aluminiumlegierung gegossen. Gewicht nur 490 g. Ganze Höhe 10 cm. **Solide!**

Höchste Schußleistung und solide Bauart sind die großen Vorzüge meiner Waffen.

Voigtländer's lichtstarke Jagdgläser

in Leichtmetall haben so bedeutende Helligkeit, daß selbst bei vorgeschrittener Dämmerung und bei Mondschein genaues Ansprechen des Wildes möglich ist.

Nr. 7791. Jagdglas 3×.

Nr. 7792. Jagdglas 4×.

Nr. 8697. Jagdglas 4×.

Nr. 8698. Feldglas 6×.

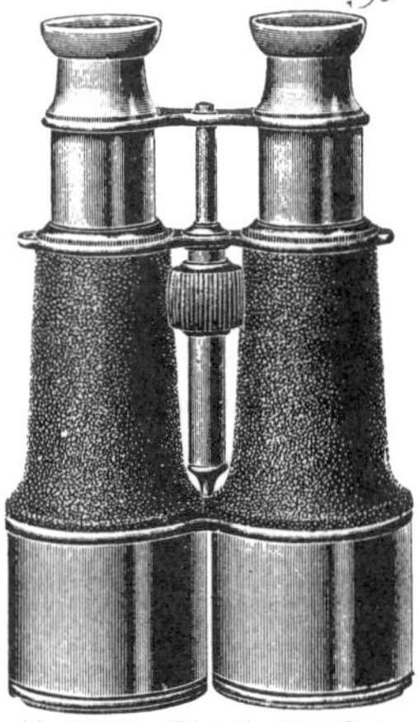

Nr. 8699. Pirschglas 8×.

Nr. 7791. **Voigtländer's Jagdglas,** neues Modell, mit **3facher Vergrößerung,** Gesichtsfeld 125 m auf 1000 m Entfernung, Objektivöffnung 36 mm, hochfein gearbeitet, schwarz mattiert und Gehäuse fein schwarz beledert mit 2 Oesen. Riemen für das Glas, hartes Rindleder-Etui mit Schlaufen und Riemen. Gewicht des Glases ca. 400 g, Länge 74 mm. Breite 111 mm. Stück Mk. 39.—

Nr. 7792. **Voigtländer's Jagdglas mit 4facher Vergrößerung,** neueste Konstruktion, Objektivöffnung 36 mm, Gesichtsfeld 95 m auf 1000 m Entfernung, in jeder Beziehung äußerst sauber und solide ausgeführt, Gehäuse fein schwarz beledert und schwarz mattiert, mit 2 Oesen, Sonnenblenden, festem Rindleder-Etui, 2 Riemen und Regendeckel. Länge 70 mm, Breite 110 mm, Gewicht ca. 400 g. Stück Mk. 45.—

Nr. 8697. **Voigtländer's Jagdglas mit 4facher Vergrößerung,** Gesichtsfeld 85 m auf 1000 m Entfernung, Objektivöffnung 41 mm, Gewicht 275 g, hochfein schwarz mattiert und schwarz beledert, mit ausziehbaren Sonnenblenden, mit Regenschutzdeckel, steifem Rindlederfutteral und Umhängeriemen für Glas und Futteral. Stück Mk. 50.—

Nr. 8698. **Voigtländer's Feldglas mit 6facher Vergrößerung,** Gesichtsfeld 67 m auf 1000 m Entfernung, Objektivöffnung 52 mm, Gewicht 450 g, Ausstattung usw. wie vorstehend. Stück Mk. 70.—

Nr. 8699. **Voigtländer's Pirschglas mit 8facher Vergrößerung,** Gesichtsfeld 39 m auf 1000 m Entfernung, Objektivöffnung 56 mm, Gewicht 475 g, Ausstattung usw. wie vorstehend. Stück Mk. 80.—

Prismen-Binocles bekannter Marken.

Gesteigerte Plastik des Bildes, hohe Lichtstärke, klares Sehfeld, größte Stabilität, leichtes Gewicht.

Voigtländer's Prismen-Jagdgläser haben sich infolge ihrer Vorzüglichkeit einen Weltruf erworben.

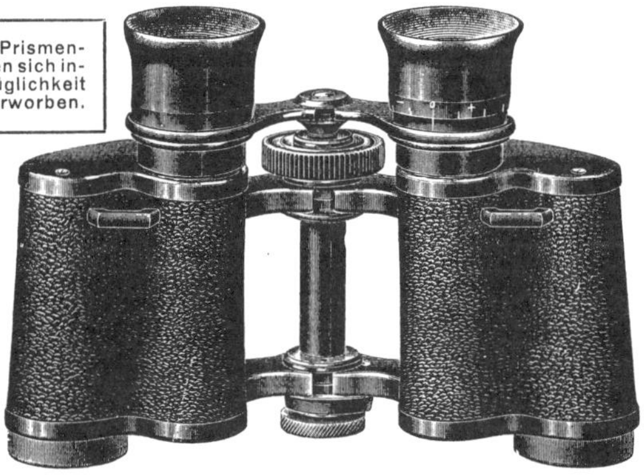

Nr. 8701. **Voigtländer's lichtstärkstes Prismen-Jagdglas,** neues verbessertes Modell, mit erweitertem Objektivabstand und erhöhter Plastik, für jagdliche Zwecke ganz besonders geeignet. Dieses Binocles hat **6fache Vergrößerung,** besitzt Mitteltrieb, verstellbares, rechtes Okular für verschiedene Augen und ergibt eine Helligkeit von 17,6 bei einer Objektivöffnung von 24,5 mm. Entsprechend einem Sehfelde von 8,5 Grad übersieht man auf 1000 m Entfernung 150 m. Gewicht mit Trieb 630 g, Breite 16,4 cm, Länge 107 cm. **Bestes Prismenglas.** Preis einschl. bestem Rindleder-Etui mit Umhängeriemen Stück Mk. 130.—

„Auste" Prismen-Feldstecher.

An Güte und Leistungsfähigkeit den teuersten Marken vollkommen ebenbürtig. An Preiswürdigkeit allen überlegen.

Nr.	Vergrößerung	Sehfeld auf 1000 m Entfernung m	Gewicht des Feldstechers g	Durchmesser der Objektivlinse, deren Größe die Helligkeit bedingt mm	Mk.
8702	6 mal	135	470	22	85.–
8703	8 mal	115	475	22	95.–
8704	10 mal	100	475	22	105.–

Die Preise verstehen sich für die Feldstecher in festem schwarzen Rindlederfutteral und 2 Umhängeriemen für Feldstecher und Etui.

Metall-Regendeckel mit federnder Aufklappvorrichtung, D.R.-G.-M., um beim Tragen die Okulargläser vor Regen zu schützen. Stück Mk. 6.— extra.

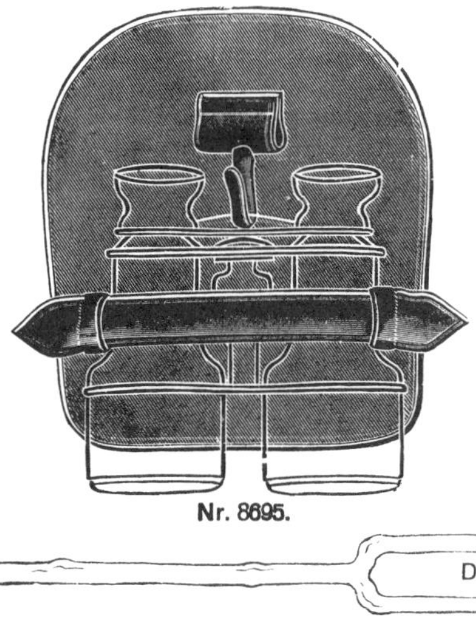

Nr. 8695.

Neu! Pirschglas-Halter, D. R.-G.-M. Neu!

Es wird beim Pirschen oft als sehr lästig empfunden, daß das Pirschglas, wenn es in seitheriger Weise am Riemen umgehängt getragen wird, keinen festen Halt hat und besonders beim schnellen Gehen, bei gebücktem Anschleichen und erst recht beim Kriechen hin und her baumelt und durch Anschlagen gegen das Gewehr usw. störendes Geräusch verursacht. Der neue Pirschglashalter wird an beliebiger Stelle der Kleidung mittels zwei großer Sicherheitsnadeln befestigt. Das Glas wird an einer Lederschnur an den Haken angehängt und durch die beiden ineinanderlaufenden Riemen festgehalten. Im Bedarfsfalle hat man das Glas sofort zur Hand.

Nr. 8695. **Pirschglashalter** aus kaffeebraunem prima Rindleder, steif, Haken mit Leder überzogen. Stück Mk. 2.70

Taschen-Apotheken für Jäger, Touristen und Radfahrer.
Chemische Gebrauchsartikel.

Nr. 8706.

Nr. 8706. Taschen-apotheke,
Schiebe-Pappetui, 10×9 cm. Inhalt: Karbollösung, Hoffmannstropfen, Baldriantropfen, Salmiakgeist, Vaseline, blutstillende Watte, Englisch Pflaster, Lint, Binde, Nadeln, Gebrauchsanweisung.
Stück 60 Pf.

Nr. 349. Taschenapotheke
für Radfahrer, zur raschen Hilfe bei Unfällen usw. Gebrauchsanweisung liegt jeder Tasche bei. Inhalt: Salmiakgeist, Hoffmannstropfen, Baldriantropfen, Arnikatinktur, Eisenchloridwatte, Gazebinde, englisches Heftpflaster, Salizyltalg, Nadelläppchen mit Stecknadeln sowie Sicherheitsnadeln.
Stück 50 Pf.

Nr. 312. Kautschuk-Heftpflasterband
für Jäger, Radfahrer, Touristen, Turner usw. Es ist ein auf Schirtingband gestrichenes Kautschukpflaster von großer Klebkraft und wird sowohl zum Verbinden von Wunden als auch zum Dichtmachen von Luftschläuchen usw. gebraucht. Auf Blechrollen gewickelt, 3 m lang und 1 cm breit.
Stück 20 Pf.

Nr. 312.

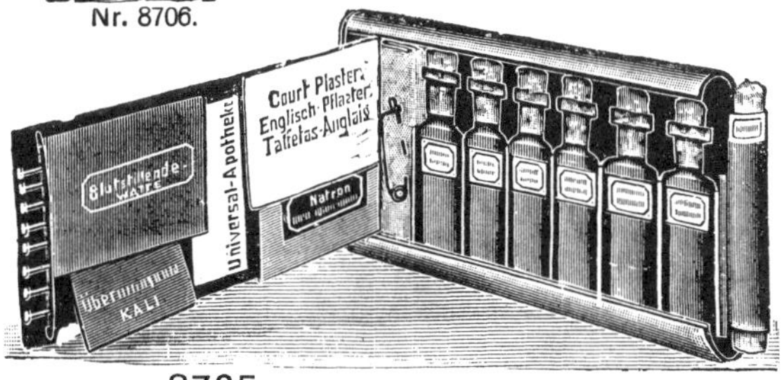

Nr. 8705. Taschenapotheke „Universal",
15×8,5 cm, enthält außer dem Inhalt von Nr. 8706 noch Arnika, Essigäther, Natron, übermangansaures Kali und Verbandwatte.
Stück Mk. 1.05

Nr. 8708. Moderne Taschen-apotheke.
Größe 9×9×2,5 cm. Kräftige Ledertasche mit Inhalt: 3 Flaçons mit Glasstopfen und Metallverschluß mit Baldrian- oder Cholera-tropfen, Hoffmannstropfen, Arnika oder Karbolwasser, Insektenstift, Vaseline, blutstillende Watte, Englisch Pflaster, Kautschukpflaster, Verbandstoffe nebst Gebrauchsanweisung.
Stück Mk. 3.—

Nr. 8707.

Nr. 8707. Radfahrer-Apotheke.
Größe: 10×7,5×2,5 cm. Aufmachung: Metalletui aus sogen. Mattsilberblech, farbig dekoriert. Inhalt: Cola, Natron und durststillende Tabletten, blutstillende Watte, Vaseline, Ohrenwatte, Zahnwatte, Englisch Pflaster, Kautschuk-Pflaster, Verbandstoffe und Gebrauchsanweisung.
Stück Mk. 1.—

Nr. 8709. Salizyl-Hirschtalg
in Schiebedose mit Metalldeckel, Größe 8×2 cm.
Stück 30 Pf.

Nr. 8710. Insektenstichstift.
Bequemes und sicheres Mittel, um die Stiche von giftigen Insekten, wie Mücken, Fliegen, Bienen, Schnaken, Wespen, Ameisen usw. sofort unschädlich und schmerzlos zu machen. Die gestochene Stelle wird mit dem Stifte eingerieben.
Stück 8 Pf.

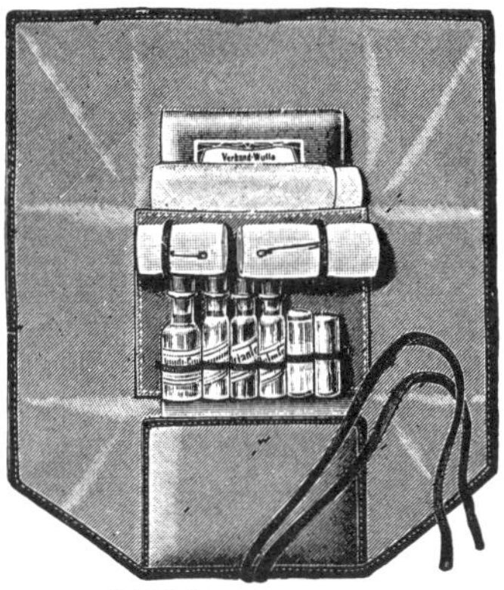

Nr. 3723. Samaritertasche,
für jeden Radfahrer und Touristen unbedingt erforderliches Requisit. Sehr inhaltsreich und in recht gediegener Zusammenstellung der Medikamente usw. Enthaltend: Baldriantropfen, Hoffmannstropfen, Brausepulver, Würfelzucker für den innerlichen Gebrauch, sowie essigsaure Tonerde, Salmiakgeist, Salizyltalg, englisches und amerikanisches Heftpflaster, 1 dreieckiges Verbandstuch, Zwirn, Faden und Nadeln, Watte, Verbandmull, Binden und wasserdichtes Papier für den äußerlichen Gebrauch. Größe in geschlossenem Zustande: 15×11×4 cm.
Stück Mk. 2.—

Nr. 8781 bis 8784.

Hilén ist ein hervorragendes aseptisches Mittel zur hygienischen Fußpflege von ungemein angenehmer milder Wirkung. Es schützt vor Ermüdung der Füße und bringt jedem, der an Hornhaut, Hühneraugen, kalten Füßen, rissiger Haut, Wundlaufen, Brennen der Fußsohlen, Fußschweiß usw. leidet, sofort große Erleichterung. Seine Anwendung ist bequem und sauber und durch mehr als 20 jährige Erfahrungen ist seine völlige Unschädlichkeit nachgewiesen. Die Strümpfe waschen sich leichter und halten länger, wenn Hilén benutzt wird.

Nr. 8781. **Hilén,** großer Karton, mit Löffel, ca. 500 g Inhalt. Stück Mk. 1.50

Nr. 8782. **Hilén,** kleiner Karton, mit Löffel, ca. 200 g Inhalt. Stück 80 Pf.

Nr. 8783. **Hilén,** Reisepackung in flacher Blechflasche mit absolut dicht verschraubbarer Streuvorrichtung. Stück Mk. 1.—

Nr. 8784. **Hilén** in Papierbeutel, ca. 14 Tage reichend. Stück 10 Pf.

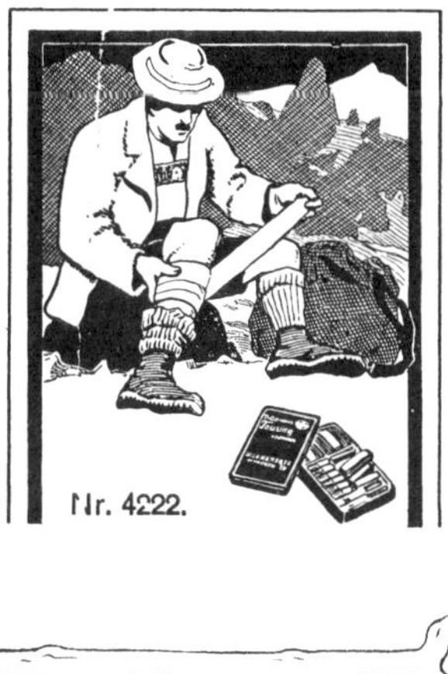
Nr. 4222.

Neu! Erste Hilfe! Neu!

Nr. 4222. Dr. A. Dessauer's Touring-Apotheke.

Vorzüge: **Bequemes Format. Sehr viel Verbandmaterialien. Geringes Gewicht. Reichlich Medikamente. Keine Flüssigkeiten. Kein Glas. Bruchsicher. Wasserdicht. Tropensicher.**

Die **Dr. Dessauer's Touring-Apotheke** entspricht einem längst vorhandenen Bedürfnis und stellt nach Urteilen hervorragender Autoritäten die beste Taschenapotheke auf dem Markte dar. Infolge der außerordentlich hervorragenden Zusammenstellung ist die „Touring-Apotheke" die erste treue Helferin in allen Nöten und soll bei keinem Touristen, Jäger, Radfahrer, Automobilisten, Reiter usw. fehlen. Der Inhalt besteht aus: Tube 1: Gletscherbrand, Brand- und Wundsalbe; Röhre 2: Streupulver; Röhre 3: 15 Tabletten zur Desinfektion, Gurgelwasser; Röhre 4: 9 Tabletten gegen Kopf- und Gliederschmerzen; Röhre 5: 9 Tabletten gegen Herzschwäche; Röhre 6: 10 Tabletten gegen Durchfall; Röhre 7: 10 Tabletten gegen Verstopfung; Röhre 8: 10 Tabletten gegen Magenbeschwerden; Dose 9: 2 Hühneraugenringe; Dose 10, 11, 12 und 13: 4 Mullbinden, zusammen 2,5 m lang, 5 cm breit; Dose 14: Wismut-Brandbinde, 0,5 m lang, 5 cm breit; Dose 15: 1 Rolle engl. Pflaster; Dose 16: 1 Rolle Kautschukheftpflaster; Dose 17: Chemisch reine Watte, 20 g; Dose 18: Borsäure, Kompressenstoff, 2 m lang, 5 cm breit; Dose 19: 1 Blatt Billroth-Batist; Dose 20: Guttapercha; Dose 21: Gummifinger; Dose 22: Sicherheitsnadeln; Dose 23: Nähnadeln und Faden; Dose 24: 1 Pinzette; Dose 25: 1 starkes breites Gummiband als Verschluß.

Preis der kompletten Apotheke mit Broschüre: **„Erste Hilfe bei Erkrankungen"** Mk. 3.75

Moderne Waffen ▫ Munition ▫ Jagdgeräte

AUGUST STUKENBROK, EINBECK

Anerkannt leistungsfähiges Etablissement dieser Branche

Empfehlenswerte Hirschfänger für Forstbeamte und Vereine, Saufänger und Standhauer in extra prima Qualität.

Hirschfänger für alle Bundesstaaten werden genau vorschriftsmäßig geliefert.

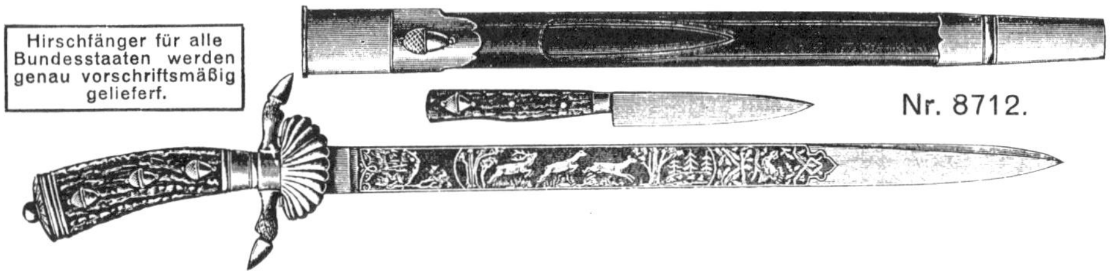
Nr. 8712.

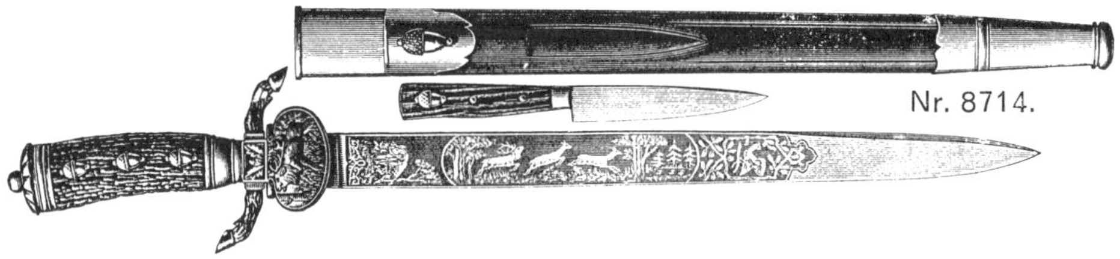
Nr. 8714.

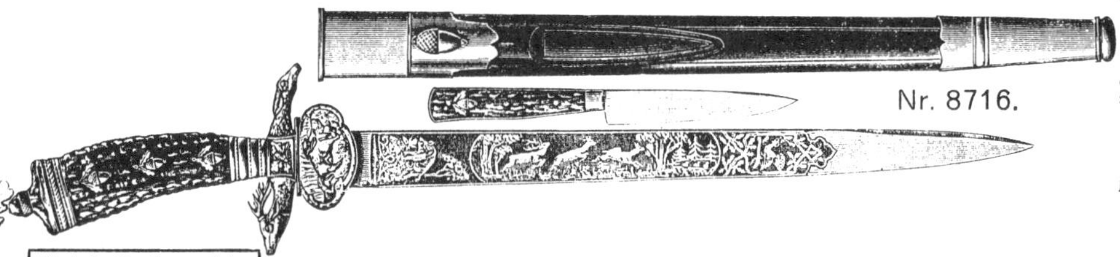
Nr. 8716.

Wird die Montur und der Beschlag vorstehender Förster-Hirschfänger vergoldet gewünscht, so tritt ein Aufpreis ein von Mk. 4.—

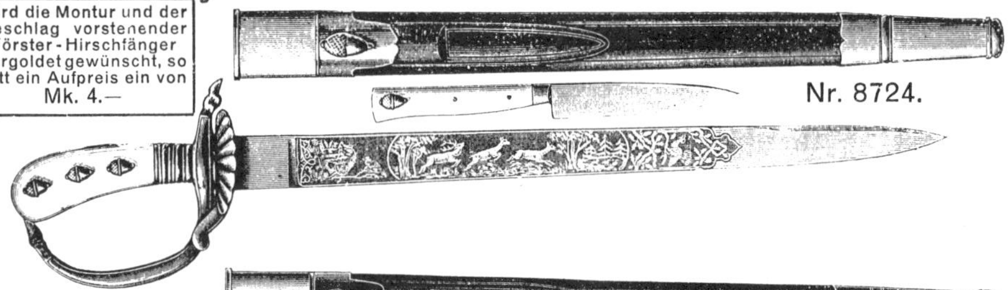
Nr. 8724.

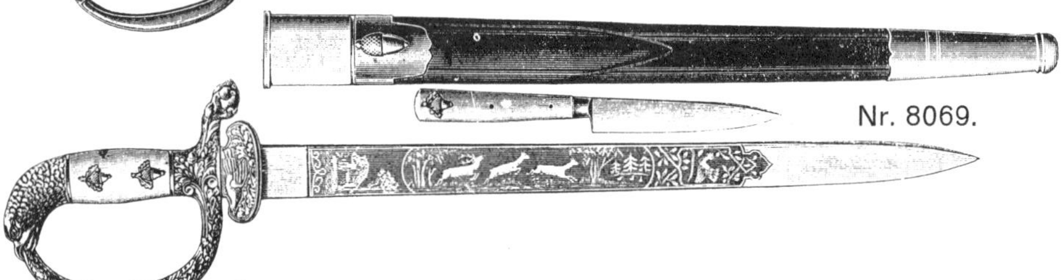
Nr. 8069.

Nr. 8711. Förster-Hirschfänger mit glatter Montur, feine Stahlklinge, 25 mm breit und 42 cm lang. Stück Mk. 10.—

Nr. 8712. Förster-Hirschfänger wie vorstehend, jedoch mit besonderem Nickmesser wie Abbildung. Stück Mk. 13.—

Nr. 8713. Förster-Hirschfänger mit fein ziselierter Montur, Klinge 30 mm breit und 41 cm lang. Stück Mk. 13.—

Nr. 8714. Förster-Hirschfänger wie vorstehend, jedoch mit besonderem Nickmesser, wie Abbildung. Stück Mk. 17.—

Nr. 8715. Förster-Hirschfänger mit hochfein ziselierter Montur, extra feine Stahlklinge, 30 mm breit, 41 cm lang, Prachtstück. Stück Mk. 15.50

Nr. 8716. Förster-Hirschfänger wie vorstehend, jedoch noch mit besonderem Nickmesser, genau wie Abbildung. Stück Mk. 19.—

Nr. 8758. Schützen-Hirschfänger, in Bauart wie Förster-Hirschfänger Nr. 8711, mit echtem Hirschhorngriff, Beschlag in Messing. Stück Mk. 7.—

Nr. 8759. Schützen-Hirschfänger, wie voriger, jedoch Neusilberbeschlag. Stück Mk. 9.75

Nr. 8724. Oberförster-Hirschfänger mit fein damaszierter Klinge, echtem Elfenbeingriff und besonderem Nickmesser, echt vergoldet. Stück Mk. 30.—

Nr. 8069. Oberförster-Gala-Hirschfänger mit hochfein ziselierter Montur, extra feine Stahlklinge, Elfenbeingriff mit Adlerknopf und Kralle, echt vergoldet, Prachtstück. Stück Mk. 40.—

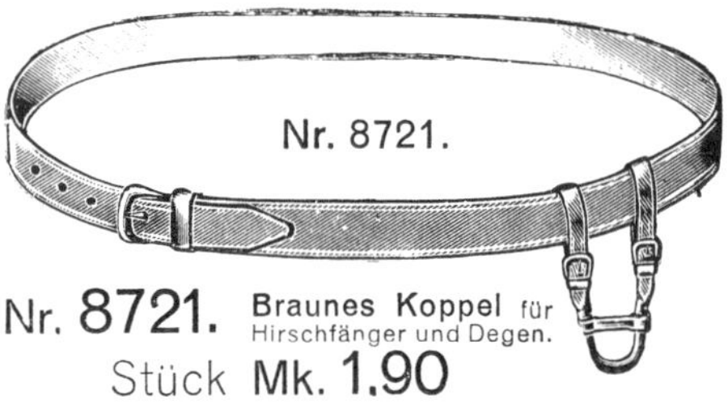
Nr. 8721.

Nr. 8721. Braunes Koppel für Hirschfänger und Degen. Stück Mk. 1.90

Nr. 8722. Grüne Troddel (Portepee). Stück 95 Pf.

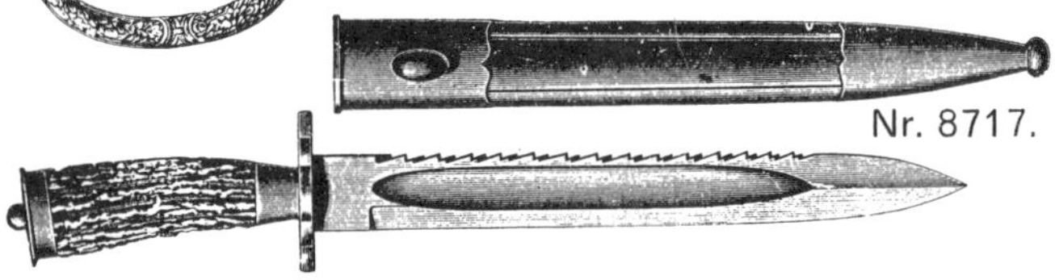
Nr. 8717.

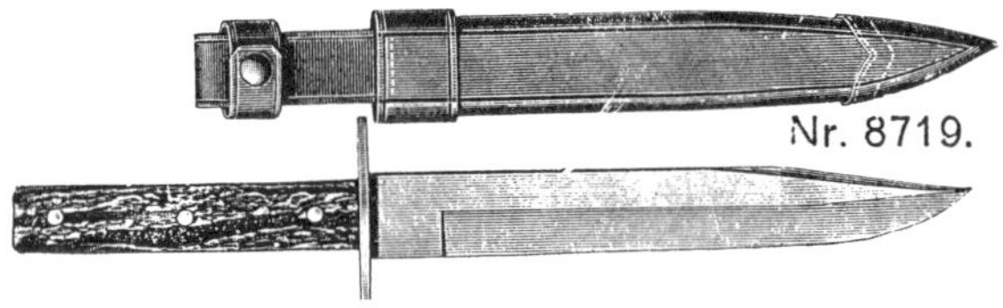
Nr. 8719.

Nr. 8717. Salon-Hirschfänger mit brauner Lederscheide, die Klinge ist 29 mm breit, 26 cm lang, in Stahl bräuniert. Stück Mk. 10.—

Nr. 8719. Saufänger mit prima Hirschhornschalen, 30 mm breiter und 21 cm langer fein polierter Stahlklinge, elegante Lederscheide, in Stahl bräuniert. Stück Mk. 7.50

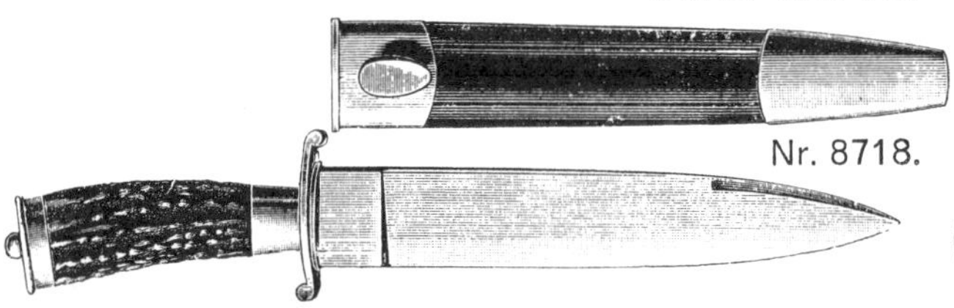
Nr. 8718.

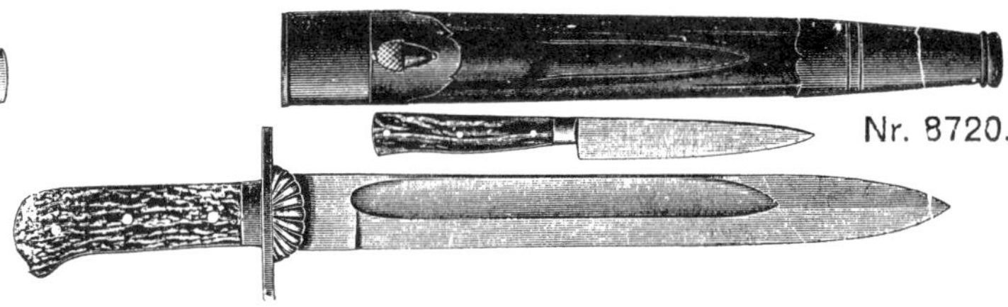
Nr. 8720.

Nr. 8718. Saufänger, extra kräftig, mit 36 mm breiter und 24 cm langer Klinge, Lederscheide, in Stahl bräuniert. Stück Mk. 12.—

Nr. 8720. Saufänger, starkes Modell, mit 32 mm breiter und 30 cm langer Stahlklinge, feine Lederscheide mit Beschlag und besonderem Nickmesser, echte Hirschhornschalen, in Stahl bräuniert. Prima Qualität. Stück Mk. 18.—

Moderne Waffen ▫ Munition ▫ Jagdgeräte

AUGUST STUKENBROK, EINBECK

Anerkannt leistungsfähiges Etablissement dieser Branche

Saufeder mit prima Stahlklinge, nach altem Modell gefertigt.

Nr. 8723. Saufeder.

Da das Abfangen angeschossener und von der Meute gestellter Wildschweine mit dem Hirschfänger große Uebung erfordert und außerdem mit Gefahr für den Jäger verbunden ist, da sich ein Fangschuß der Hunde wegen meistens nicht anbringen läßt, so ist die seit Jahrhunderten bewährte Saufeder wieder zu Ehren gekommen. **Die Saufeder ist nach altem Modell gefertigt, besteht aus einer 20 cm langen Stahlklinge mit 12 cm Tülle, ca. 1,70 m langem Schaft,** welcher mit Hirschhorn-Knebel und bis zur Hälfte mit rautenförmigem Lederstreifen umwickelt ist. Wegen des gefahrlosen Transportes hat die Klinge noch eine mit Metallbeschlag versehene Lederscheide, welche mittels eines Riemens befestigt wird. Stück Mk. 25.—

Empfehlenswerte Jagdmesser allerbester Qualität.

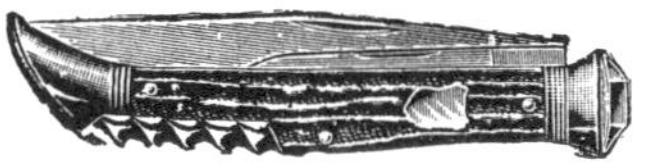

Nr. 8725. **Jagdmesser** mit echten Hirschhornschalen, Neusilberbacken, eine große und kleine Klinge und Korkzieher, schließt sich durch Druck auf die kleine Klinge. Stück Mk. 1.10

Nr. 8726. **Nickfänger** mit echter Hirschhornschale, Neusilbereinlage und Neusilberbeschlag, mit 2 starken prima Stahlklingen und Korkzieher. Als Jagdmesser sehr geeignet. Stück Mk. 1.25

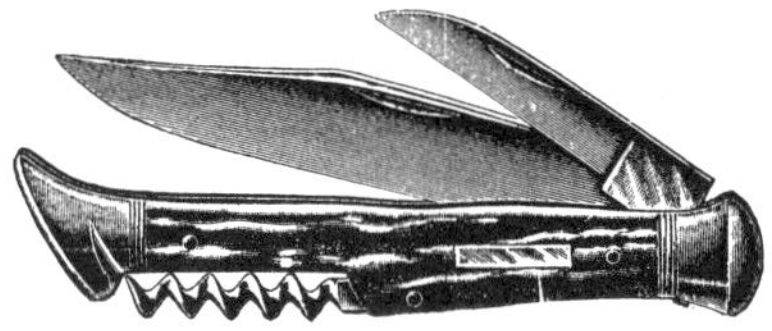

Nr. 8727. **Nicker-Taschenmesser,** extra groß und stark, aus prima Stahl, ca. 25 cm, mit je einer kleinen und großen Klinge, fein poliert, mit Korkzieher, Schale echt Hirschhorn mit doppeltem Neusilberbeschlag und Neusilbereinlage. Sehr solide Verarbeitung. Schließt sich nur durch Druck auf die kleine Klinge. Stück Mk. 2.15

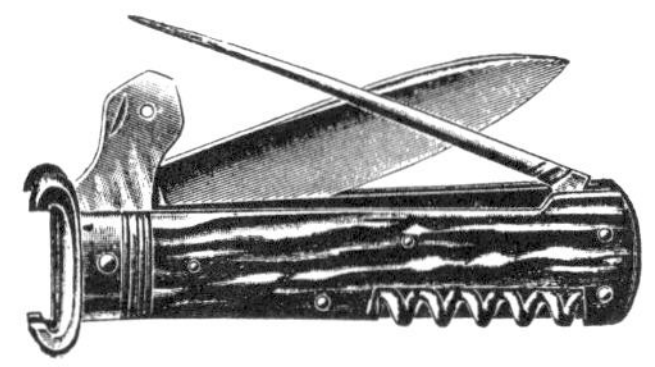

Nr. 8728. **Jagd- oder Nickermesser,** hochfeine Qualität, echte Hirschhornschalen mit extra starker Nickerklinge aus bestem englischen Gußstahl, Schraubenzieher, Pfeifenreiniger sowie Patronenauszieher für Zentral und Lefaucheux, Kal. 12 und 16 und gedrehtem Korkzieher. Schließt sich nur durch Druck auf die Feder. Stück Mk. 3.90

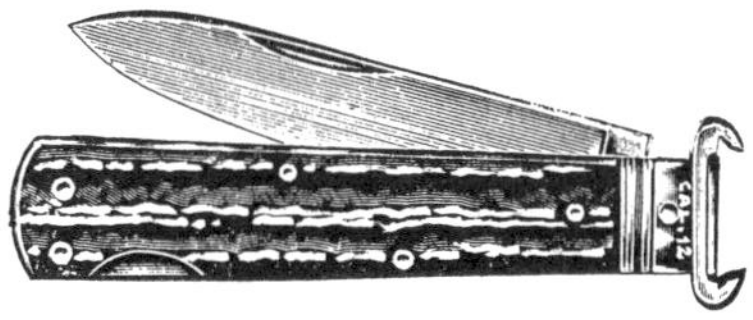

Nr. 8732. **Jagdmesser,** prima Qualität, mit echten Hirschhornschalen, extra starke, 9,5 cm lange Nickerklinge aus bestem englischen Gußstahl, Patronenauszieher Kal. 16 und 12. **Ein gutes und sehr preiswertes Messer.** Stück Mk. 2.75

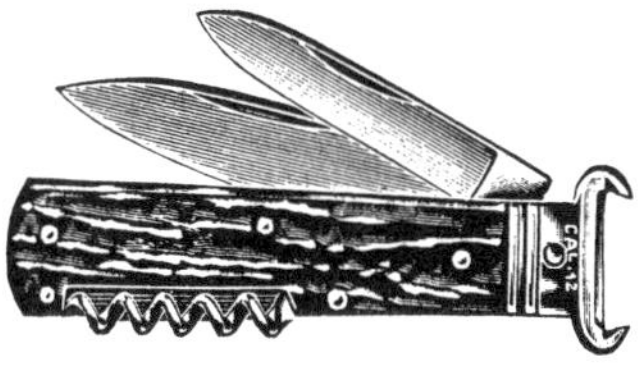

Nr. 8747. **Vorzüglicher Jagdnicker,** hochfeine Qualität, mit 2 extra starken Klingen, echte Hirschhornschalen, mit rundem prima Korkzieher und Patronenauszieher Kal. 16 und 12, geschlossen 10 cm lang. Stück Mk. 3.50

Nr. 8748. **Kleines elegantes Jagdmesser** mit 6,5 cm langer extra feiner Nickerklinge, Patronenauszieher mit Schraubenzieher, echten Hirschhornschalen und feinem runden Korkzieher, geschlossen 8 cm lang. Stück Mk. 3.—

Nr. 8749. **Elegantes Jagdmesser** in extra prima Qualität, 7,5 cm lange feine Nickerklinge, kleine Klinge und neuer Patronenauszieher mit Schraubenzieher, echte Hirschhornschalen und runder Korkzieher, fein poliert. Geschlossen 9,5 cm lang. **Modernes Messer.** Stück Mk. 4.25

Nr. 8738. **Vorzüglicher Drucknicker** mit echten Hirschhornschalen, Neusilberbacken, eine große und kleine Klinge und Korkzieher, fein poliert, Klinge ca. 10 cm lang, ganze Länge 12 cm. **Sehr preiswertes Messer.** Stück Mk. 2.25

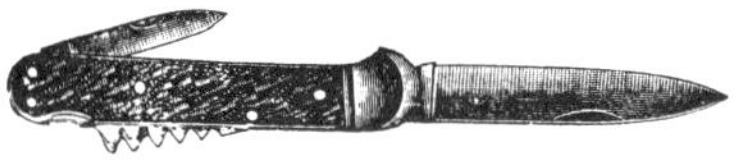

Nr. 8736. **Drucknicker,** echte Hirschhornschalen, eine große und kleine Klinge, hochfein poliert, Korkzieher, schließt sich durch Druck auf die kleine Klinge, große Klinge 9,5 cm lang. **Prima Qualität.** Stück Mk. 3.50

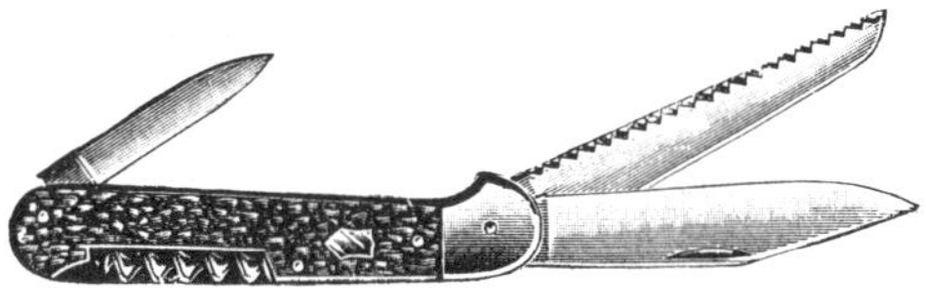

Nr. 8737. **Drucknicker,** hochfeine Qualität, mit echten Hirschhornschalen, Stahlbacken, eine große und kleine Klinge, Säge und Korkzieher, Klingen und Federn fein poliert, große Klinge 9,5 cm lang. Dieses vorzügliche Jagdmesser schließt sich durch Federdruck. Stück Mk. 5.—

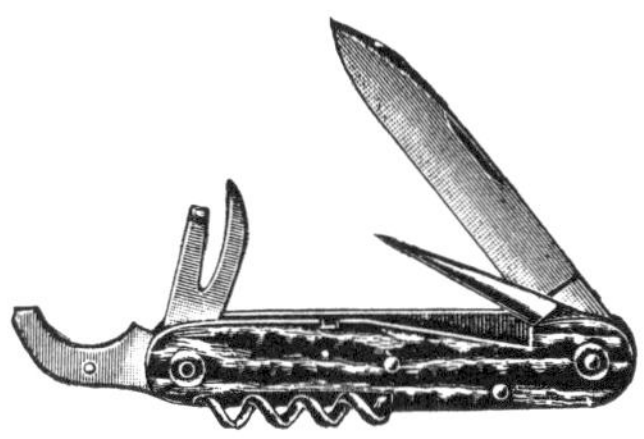

Nr. 8733. **„Jagdfreund“** enthält starke Nickerklinge, Pfriem, Blechbüchsenöffner, Patronenauszieher, zugleich Schraubenzieher, Korkzieher und Pinzette, Neusilbererle, Hirschhornschale. Stück Mk. 6.50

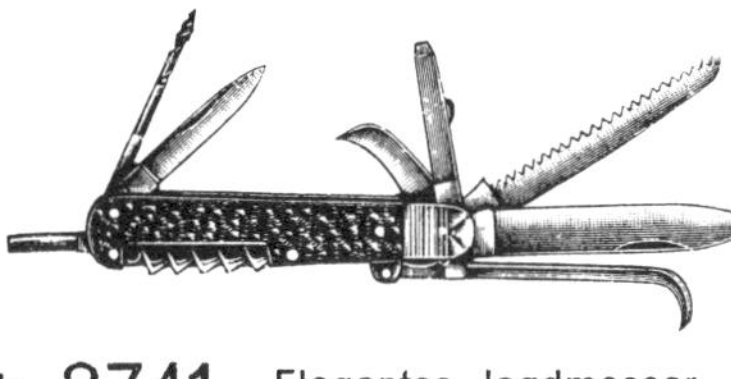

Nr. 8741. **Elegantes Jagdmesser,** neunteilig, mit echter Hirschhornschale und Neusilber montiert, enthält eine große und kleine Klinge, Patronenzieher, Säge, Schraubenzieher, Korkzieher, Bohrer, Champagnerbrecher, Pinzette usw. Dieses Messer wird nur in feinster Qualität fabriziert und dürfte zweifellos das beste und praktischste Jagdmesser darstellen. Stück Mk. 6.60

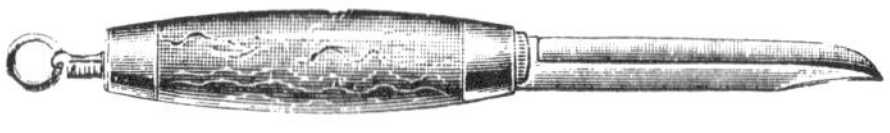

Nr. 8739. **Schwedenmesser** mit Facettklinge, mit Ring, 8 cm lang. Dieser Nicker liegt zusammengelegt in einer Buchsbaumhülse und wird geöffnet durch dieselbe durchgesteckt. Stück Mk. 1.50

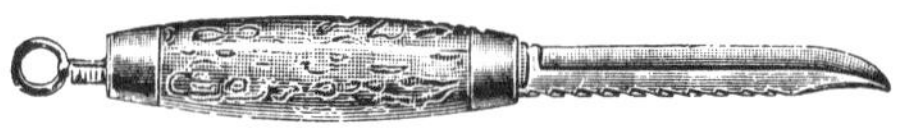

Nr. 8740. **Schwedenmesser** wie Nr. 8739, jedoch größere Sorte, Klinge ca. 9 cm lang mit Sägerücken und Schraubenzieher. Stück Mk. 2.—

Moderne Waffen ▫ Munition ▫ Jagdgeräte

AUGUST STUKENBROK, EINBECK

Anerkannt leistungsfähiges Etablissement dieser Branche

Besonders feine Jagdmesser

in extra prima Qualität.

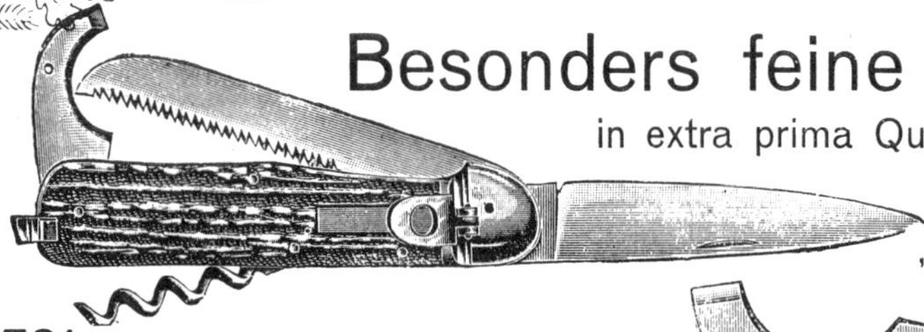

Nr. 8731. **Springnicker „Halali"**, D. R.-G.-M., enthält einen 9,5 cm langen und 1,5 cm breiten Nicker, welcher beim Druck auf den Ring aufspringt und durch Umlegen des letzteren gesichert wird, außerdem starke, 9,5 cm lange Säge, Korkzieher, Pinzette sowie Patronenzieher zugleich, Schraubenzieher, Neusilberrerle und -Backen, echte Hirschhornschalen. Stück Mk. 8.50

„Nimrod".

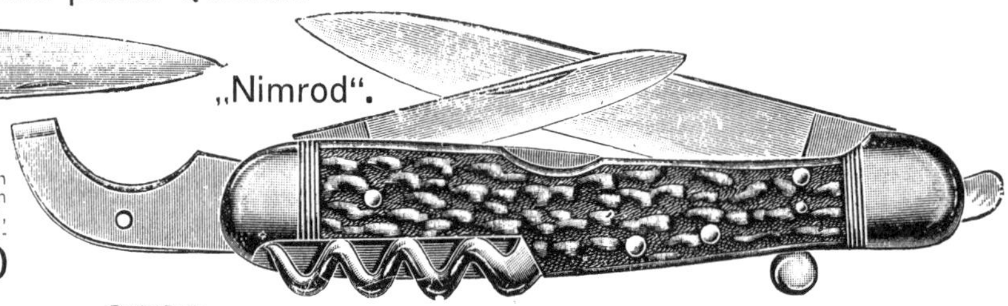

Nr. 8729. **„Nimrod"**, D. R.-G.-M., enthält Nickerklinge, kleine Klinge, Patronenzieher mit Schraubenzieher, Korkzieher, Neusilbererle und -Backen, Hirschhornschalen. Stück Mk. 3.85

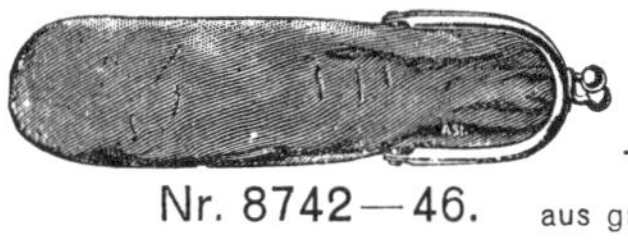

Etuis für Jagdmesser usw.

Nr. 8742—46. aus grauem sämisch Leder mit Nickelbügel.

Ganze Länge	8 cm	9 cm	10 cm	12 cm	14 cm
Nr.	8742	8743	8744	8745	8746
Stück Mk.	—.20	—.20	—.25	—.30	—.35

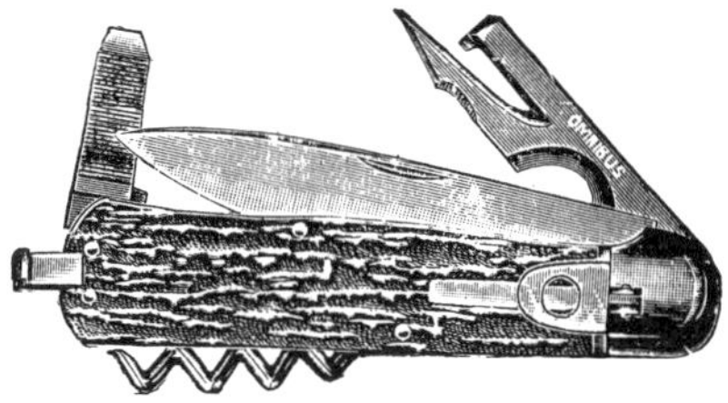

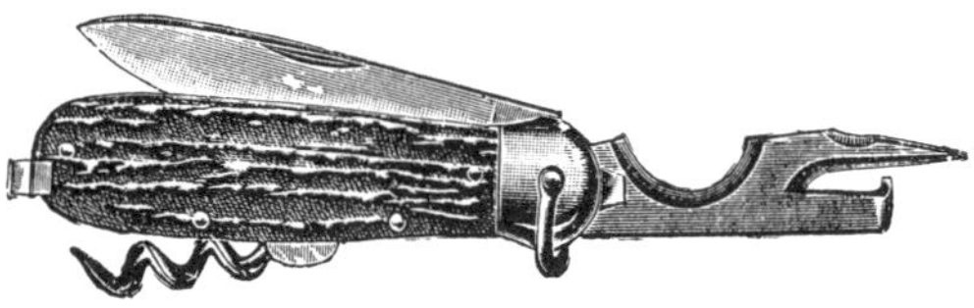

Nr. 8730. **„Horrido"**, D. R.-G.-M., enthält starken Nicker, Schraubenzieher, Pinzette und langen Korkzieher, sowie das unter D. R.-G.-M. geschützte Instrument „Omnibus", wie unter Nr. 8735 „Hubertus" beschrieben, Neusilberbacken, Hirschhornschalen. Stück Mk. 5.—

Nr. 8734. **Rehfußmesser** mit Neusilberbacken, mit fein polierter großer und kleiner Klinge, Korkzieher, Klinge 10 cm, Rehfuß 11,5 cm lang. Stück Mk. 3.80

Nr. 8735. **„Hubertus"**, D. R.-G.-M., enthält einen 9,5 cm langen und 1,5 cm breiten Nicker, welcher bei Druck auf den Ring aufspringt und durch Umlegen des letzteren gesichert wird, außerdem Schraubenzieher mit Feile und einen Korkzieher sowie Pinzette und ferner das unter D. R.-G.-M. geschützte Instrument „Omnibus", welches folgende Werkzeuge in sich vereinigt: Blechbüchsenöffner, Pfriemen, Drahtbrecher, Patronenhülsenentferner, Patronenheber, auch als Schaber zu benutzen, Neusilbererle und -Backen, Hirschhornschalen. Stück Mk. 8.50

Nicker und Dolche in bester Qualität

„Jägers Freund" mit neuer Tragevorrichtung

ist das Ideal aller feststehenden Jagdmesser und wird jedem Jäger nach kurzer Zeit unentbehrlich.

Besondere Vorzüge:

Unverlierbar, unabhängig von jeglicher Anknüpfvorrichtung, da auf jeder Seite der Hose zu tragen ist.

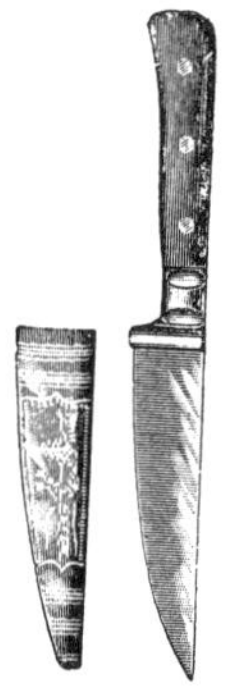

Nr. 8750.

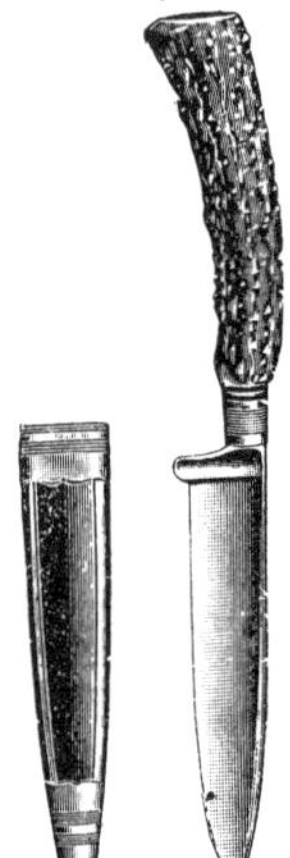

Nr. 8751.

Nr. 8752.

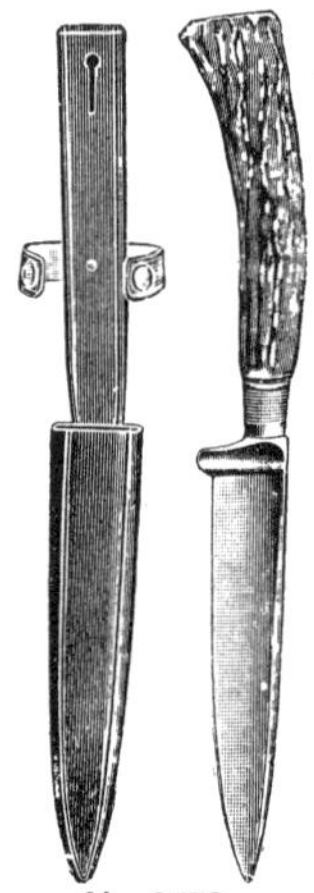

Nr. 8753.

Nr. 8754.

Nr. 8065. **Jagdmesser „Jägers Freund"**, mit 8 cm langer feststehender prima **Stahlklinge, echten** Hirschhornschalen und Tragevorrichtung aus kaffeebraunem prima Rindleder mit Patentbügel. Stück Mk. 8.70

Nr. 8066. Wie vorher, jedoch Klinge 12 cm lang. Stück Mk. 9.—

Nr. 8067. Wie vorher, jedoch Klinge 15 cm lang. Stück Mk. 9.70

Nr. 8068. Tragevorrichtung allein. Stück Mk. 2.50

Nr. 8750. **Jagdnicker** mit prima Stahlklinge, 10 cm lang, mit geölten Holzschalen mit Messingnieten und schön gravierter Metallscheide. Stück Mk. —.65

Nr. 8751. **Bayrischer Nicker** mit fein geperltem gebogenen Hirschhorngriff, oben mit Neusilberplatte, feiner 11 cm langer Stahlklinge, Rindlederscheide mit Neusilberbeschlag, ganze Länge 24 cm. Stück Mk. 1.50

Nr. 8752. **Bayrischer Nicker**, extra kräftig, mit gebogenem echten Hirschhorngriff mit Neusilberkappe, allerbeste fein polierte Stahlklinge, 11 cm lang, Rindlederscheide mit Neusilberbeschlag, prima Qualität. Stück Mk. 1.70

Nr. 8753. **Bayrischer Nicker** mit echtem, schön geperltem Hirschhorngriff mit Neusilberplatte, kräftiger, fein polierter Stahlklinge, 14 cm lang, Rindlederscheide mit Schlaufe zum Anknöpfen und mit Druckknopfverschluß, ganze Länge ca. 29 cm. Stück Mk. 2.—

Nr. 8754. **Jagd- und Frühstücksmesser** mit echtem Hirschhorngriff, ca. 11 cm lange, feine Stahlklinge, gute Lederscheide mit Neusilberbeschlag und **darin steckender Gabel**, welche auf die Spitze der Scheide aufgeschraubt werden kann. Stück Mk. 3.50

Nr. 8755. **Dolch** mit Parierstange und feinem Ebenholzgriff, allerbeste Stahlklinge von 14,5 cm Länge. Lederscheide mit fein verzierten Nickelbeschlägen, prima Qualität, ganze Länge 29 cm. Als venetianisch Dolch viel verlangt. Stück Mk. 3.10

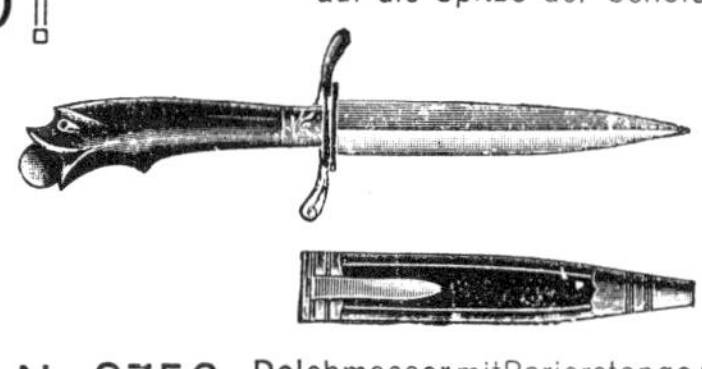

Nr. 8756. **Dolchmesser** mit Parierstange mit 14 cm langer, feiner Stahlklinge, glatt geschnitzter, verzierter Büffelhorngriff, Lederscheide mit verziertem Nickelbeschlag, prima Qualität. Stück Mk. 3.—

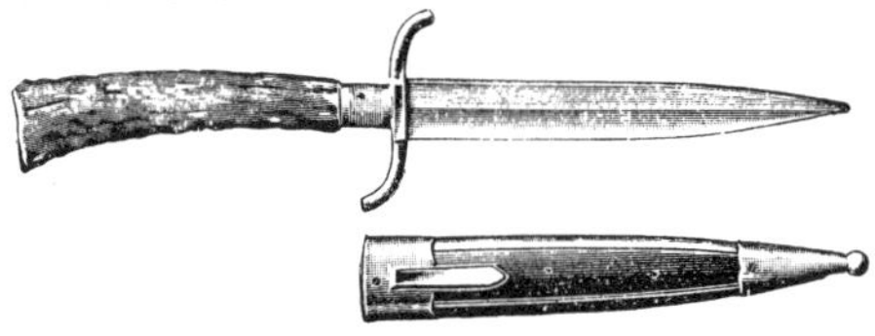

Nr. 8757. **Dolch oder Standnicker** mit gebogener, vernickelter Parierstange, feinem Hirschhorngriff mit Neusilberplatte und Zwinge, feine blaue Stahlklinge, 15,5 cm lang mit gelber, neusilberbeschlagener Lederscheide mit Haken, ganze Länge ca. 30 cm. Stück Mk. 2.50

Moderne Waffen ▫ Munition ▫ Jagdgeräte

AUGUST STUKENBROK, EINBECK

Anerkannt leistungsfähiges Etablissement dieser Branche

Patronenkoffer für Scheibenbüchsen-Patronen

aus Eichenholz mit losen Einsätzen für Patronen Kal. 8 oder 9,5 mm, verschließbar.

Nr. 8771.

Dunkel gewachst.
Praktisch
und handlich.

Nr. 8772.

Unerreichte
Qualität.
Sauberste
Ausführung.

Nr. 8773.

Nr. 8770. **Eichenholzkoffer,** matt gewachst, eingerichtet für 72 Stück Normal-Büchsenpatronen Kal. 8 mm, mit leerem Vorderraum, m. Messinggriff, Schild u. Zwecken. Stück Mk. 5.25

Nr. 8771. **Eichenholzkoffer** wie Nr. 8770, jedoch eingerichtet für 90 Normal-Büchsenpatronen Kaliber 8 mm, mit weißem Griff, Schild und Zwecken. Stück Mk. 6.25

Nr. 8772. **Eichenholzkoffer,** mit leerem Mittelraum, eingerichtet für 120 Normal-Büchsenpatronen Kal. 8 mm, mit doppeltem Messinggriff, Schild und Zwecken. Stück Mk. 7.50

Nr. 8773. **Eichenholzkoffer,** eingerichtet für 180 Normal-Patronen Kal. 8 mm, mit weißem Griff, Schild und Neusilberecken. Stück Mk. 12.75

Nr. 8700.

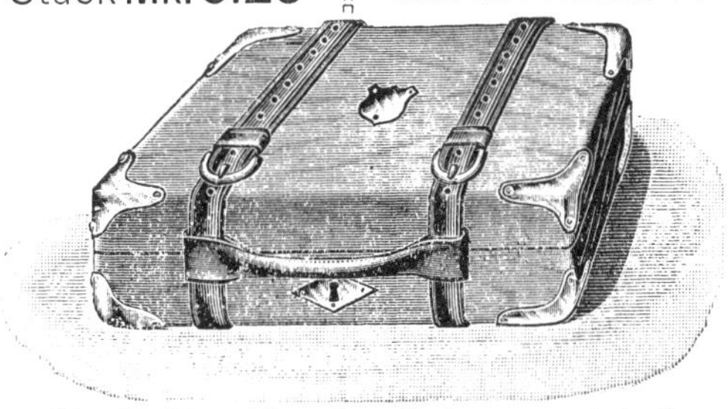

Nr. 8774. Messing-Ecken vernickelt.

Nr. 8032.

Nr. 8774. **Eichenholzkoffer,** eingerichtet für 120 Patronen Kal. 8 mm, mit Neusilberecken, Messingschloß, Ledertragriemen, innen zwei lose Einsatzkästchen mit 10 polierten Klötzchen für 12 Patronen. Stück Mk. 13.50

Nr. 8700. **Großer Eichenholzkoffer** für 180 Patronen Kal. 8 mm, mit herausnehmbarem Oberteil, festem Ledertragriemen, großem Raum für Putzzeug und Zubehör, mit Messingecken in unerreichter Qualität. Stück Mk. 16.50

Nr. 7967. **Patronenkoffer** wie nebenstehend unter Nr. 8032 beschrieben, jedoch noch etwas größer, mit 6 Ladebretter für à 28 = 168 Stück Patronen und besonderer Schieblade. Stück Mk. 11.—

Nr. 7968. **Reservebretter** für Patronenkoffer Nr. 8032 und 7967 für à 28 Patronen Stück Mk. —.55

Nr. 8032. **Neuester Patronenkoffer, D. R.-G.-M.,** eingerichtet für 112 Normal-Büchsenpatronen Kal. 8 mm, mit 4 Ladebretter à 28 Patronen, welche bequem aus dem Koffer geschoben werden können. Stück Mk. 9.50

Dieser Koffer hat gegenüber allen anderen Patronenkoffern den unermeßlichen Vorteil, daß die Patronen darin aufrecht stehen, also mit dem Geschoß nach oben; in allen anderen Patronenkoffern steht die Patrone verkehrt. Dadurch nun, daß die Patrone mit dem Geschoß nach oben im Koffer Platz hat, wird vermieden, daß sich das Pulver dem Geschoßfett mitteilt, sich mit diesem zersetzt, sodaß schließlich ein großer Teil des Pulvers unverbrannt aus dem Lauf hinausgeschossen wird, oder aber, es treten Nachbrenner ein.
Namentlich beim Schießen mit rauchlosem Pulver wird derjenige Schütze wohl mitunter Ausreißer feststellen, der nicht beachtet, daß der Geschoßboden fettfrei bleiben muß. Fast alle rauchlosen Pulversorten füllen die 8 mm Schützenhülse knapp bis zur Hälfte und wenn von diesem geringen Pulverquantum dann auch noch ein beträchtlicher Teil unverbrannt bleibt, so sind sogenannte Ausreißer unvermeidlich. Diese werden aber vermieden, wenn die Patrone mit dem Geschoß nach oben im Kasten eingestellt wird, sodaß das Pulver stets auf dem Zündhütchen ruht, nicht aber auf dem Geschoßboden, oder dem diesem anhaftenden Geschoßfett.
Der Koffer hat 2 seitlich aufklappbare, mit Scharnieren und Schloß versehene Türen und kräftigen, durch 4 Gegenmuttern festgehaltenen Griff. Die Ladebretter sind so eingerichtet, daß man sich derselben auf dem Scheibenstande bequem bedienen kann. Der Koffer hat außerdem eine große Schieblade, in welcher evtl. ein mehrteiliger Putzstock nebst kompl. Putzzeug, sowie Diopter, Visier usw. bequem Platz finden. Anstelle der Schieblade kann man in den Koffer von beiden Seiten noch je 1 Brett mit 28 Patronen einführen, und wird namentlich dieses Interesse bei denjenigen Schützen erwecken, die auswärtige größere Schießen besuchen und denen **es sicher bisher an einem passenden Koffer gefehlt hat.**

Nr. 8775.

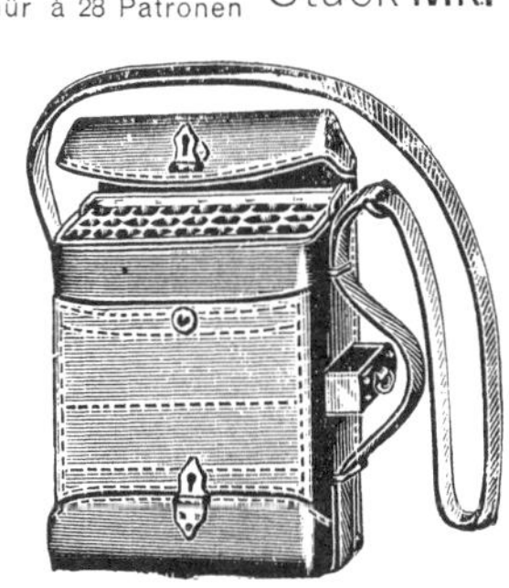

Nr. 8776.

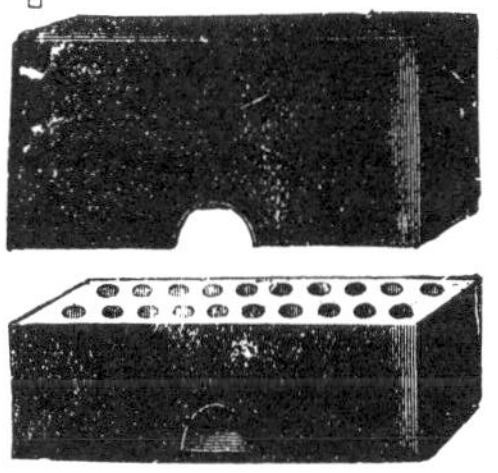

Nr. 7802.

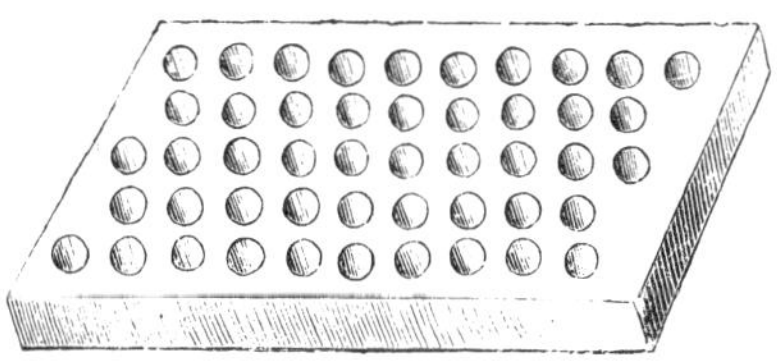

Nr. 8777 und Nr. 8778.

Nr. 8775. **Patronentasche,** zum Umwenden, mit Messingrohr-Blechein satz, mit prima kaffeebrauner Rindsvachette überzogen, mit Riemen zum Umhängen, für 48 Büchsenpatronen Kal. 8 mm. Stück Mk. 8.—

Nr. 8776. **Dieselbe Patronentasche** wie Nr. 8775, jedoch in der Mitte mit Schubfach für Putzzeug od. Diopter. Stück Mk. 9.25

Nr. 7802. **Patronen-Etui** (Einsteckkästchen), für 20 Scheibenbüchsen-Patronen Kal. 8. 5 × 46½ mm, sehr solider schwarzer Bezug. Stück Mk. —.55

Nr. 7900. **Patronen-Etui** wie Nr. 7802, jedoch für 50 Patronen Kal. 8,15 × 46½ mm. Stück Mk. 1.10

Nr. 7940. **Patronen-Etui** wie Nr. 7900, jedoch für 10 Patronen Kal. 9,3 × 72 mm. Stück Mk. —.50

Nr. 8777. **Ladebretter** für 50 Stück Jagdpatronen Kal. 12 oder 16 mm. Stück Mk. —.90

Nr. 8778. **Ladebretter** für 50 Stück Büchsenpatronen Kal. 8 oder 9,5 mm. Stück Mk. —.45

Nr. 8779. **Reserve-Klötzchen oder Einsätze,** poliert, für Eichenholzkoffer, für 12 Stück Normal-Büchsenpatronen Kal. 8 mm. Stück Mk. —.30

Nr. 8780. **Reserve-Klötzchen,** wie Nr. 8779, jedoch nur für 6 Stück Normal-Büchsenpatronen. Stück Mk. —.25

Die Qualität ist maßgebend, nicht nur der Preis.

Moderne Waffen ▫ Munition ▫ Jagdgeräte

AUGUST STUKENBROK, EINBECK

Anerkannt leistungsfähiges Etablissement dieser Branche

Jagd-Bedarfsartikel.

Nr. 7662.

Nr. 7662. Präparierter, mechanisch beweglicher Uhu, zur Hüttenjagd unentbehrlich, sorgfältig gearbeitet, vorzüglich funktionierend, mit beweglichem Kopf und Flügeln, extra große schöne Exemplare. Stück Mk. 45.—

Nr. 7799. Schmalrehscheibe, für Rehbockjagd sehr geeignet. Die Scheibe zeigt ein Schmalreh von vorn gesehen und wird den Bock oft mehr als der beste Blatter zum Springen veranlassen . . . . Stück Mk. 3.60

Nr. 8529.

Adlerdrachen für Hühnerjagd.

Verbessertes Modell mit beweglichem Kopf. ∴ Bestes haltbarstes Fabrikat.

Der Adlerdrachen ist heute in Jägerkreisen allgemein bekannt und eingeführt. Derselbe steigt schon bei schwachem Winde und hält sich, einem lebenden Adler täuschend ähnlich, lange in der Luft. Feldhühner und Hasen wagen nicht vor dem über ihnen stehenden Drachen aufzustehen und lassen lieber Jäger und Hunde herankommen, als daß sie sich ihrem vermeintlichen Feinde bemerkbar machen. Krähen und Raubvögel usw. stoßen gern auf den Drachen, wenn Jäger und Drachenführer in guter Deckung stehen. Bei der Suchjagd gibt man dem Drachen 200 m Schnur frei, damit der Drachenführer stets außer Schußwirkung bleibt. Der Drachen soll ca. 30—50 m vor dem Schützen schweben. ∴ Die sehr bequeme Verpackung in eine feste Papprolle (90 cm lang, 4 cm Durchmesser) gestattet, daß man den Drachen zu Jagden, Reisen usw. leicht mitnehmen kann.

Nr. 8529. Adlerdrachen mit Kopf, Bleigewicht und Gebrauchsanweisung, in starker Kartonrolle. Stück Mk. 3.—

Nr. 8530. Aufwickler mit ca. 200 m Schnur zum Steigenlassen . . . . Stück Mk. —.50

Mückenschleier Nr. 8631/32.

Mückenschleier,

ganz aus moosgrüner Seidengaze in hervorragend guten Qualitäten.

Nr. 8631. Mückenschleier aus moosgrüner Seidengaze mit Bändern zum Zubinden Stück Mk. 1.50

Nr. 8632. Mückenschleier wie vor, jedoch mit Seidenbandeinfassung, mit Gummibändern, Haken und Oese . . . . . . Stück Mk. 2.10

Nr. 7083. Neuheit! Mückenschleier Neuheit! aus Seidengaze mit Roßhaarfenster und Ventil aus Leder ermöglicht zu rauchen und die Locke zu benutzen . . . . . Stück Mk. 2.95

Mückenschleier Nr. 7083.

Mückenhandschuhe.

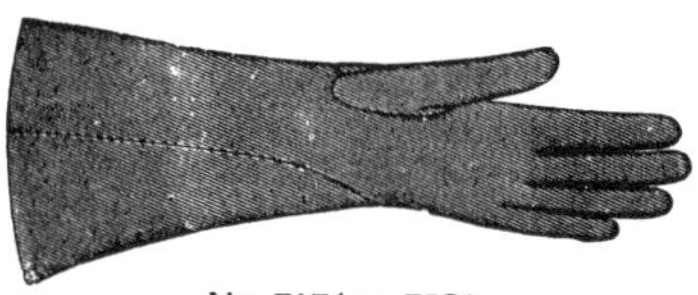

Nr. 7174 u. 7231.

Nr. 7174. Mückenhandschuhe aus weichem Gemsleder, über den Rockärmel zu ziehen. Ganze Länge ca. 36 cm. Paar Mk. 5.30

Nr. 7231. Mückenhandschuhe genau wie vor, jedoch ganze Länge 42 cm. Paar Mk. 6.—

Nr. 7157. Sonnenschutz „JOHO"

schützt Gesicht und Nacken vor der schädlichen Wirkung der Sonnenstrahlen. D. R.-G.-M. D. R.-G.-M.

Zum Schutz der Augen gegen das grelle Sonnenlicht ist der Schirm mit grünem Satin gefüttert. Der Sonnenschutz „Joho" paßt auf jeden Hut, er wiegt ca. 45 g, ist aus feinem cremefarbigen Satin und läßt sich ganz flach für jede Kleidertasche passend zusammenlegen.

Stück Mk. 2.—

Nr. 7157.

Pulswärmer.

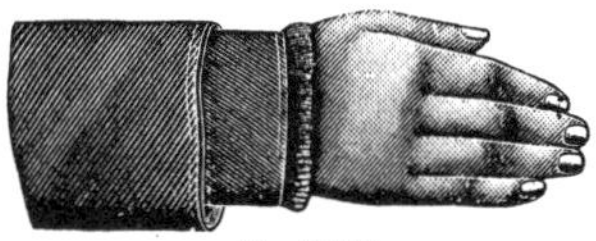

Nr. 7293.

166

Nr. 7293. Pulswärmer aus kaffeebraunem Rindleder mit Rundfeder-Schluß, mit grau imitiertem Lammfellfutter . . . Paar Mk. 1.90

Nr. 7443. Pulswärmer aus Glacéleder, mit weißem Tibetfutter u. Gummizügen, vorzügliche Qualität. Paar Mk. 3.75

Aermelwärmer.

Nr. 7639. Aermelwärmer, aus prima Wolle gestrickt, olive, über die Rockärmel zu ziehen.

Paar Mk. 1.50

Nr. 7639.

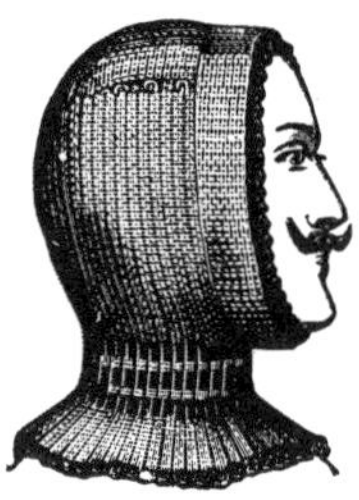

Nr. 2266. Windschützer. Derselbe schützt vorzüglich bei Sturm und Regen, ist auch Motorzweiradfahrern und Jägern zu empfehlen. Aus prima reiner Wolle gestrickt, in grau. Auch unter Hut oder Mütze zu tragen. Stück 90 Pf.

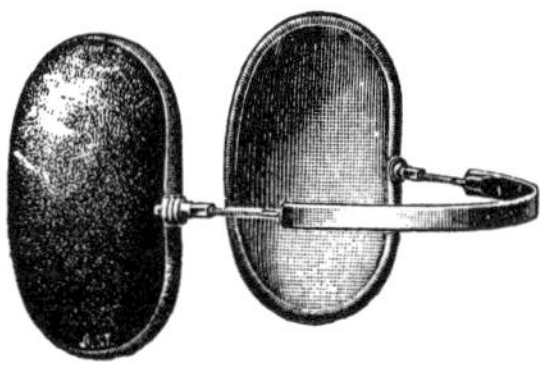

Nr. 4779. Ohrenschützer aus schwarzem Samt, mit kräftigem Bügel, welcher von hinten um den Kopf gelegt wird. Sehr praktischer Schutz gegen Kälte. Außerst solide Arbeit. Paar 30 Pf.

Nr. 3050. Dieselben Ohrenschützer wie Nr. 4779, jedoch in silbergrauer Farbe. Paar 35 Pf.

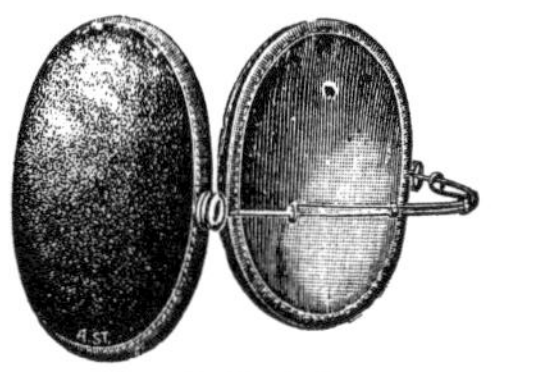

Nr. 3049. Ohrenschützer aus silbergrauem Samt; unauffälliges Tragen, da die Farbe zu dem Haar in den meisten Fällen paßt, mit verstellbarem, von hinten um den Kopf zu legendem Drahtbügel. Paar 35 Pf.

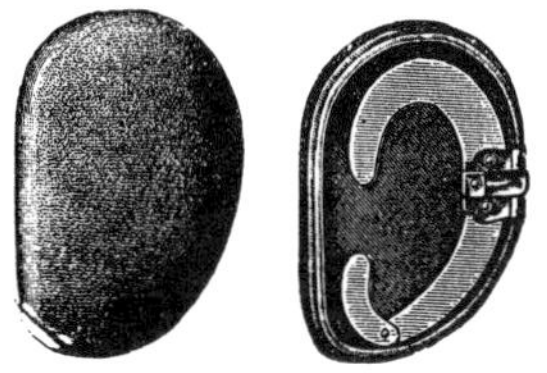

Nr. 645. Ohrenschützer. Praktisches System. Im Inneren befindet sich ein der Ohrenform entsprechender Haken aus Zelluloid, welcher am unteren Ende besonders zu öffnen ist. Der Zelluloidhaken wird, nachdem er aufgeklappt ist, hinter die Ohrmuschel gebracht, zugehakt und der eigentliche Ohrenschützer über das Ohr geklappt, worauf er tadellos festsitzt. Angenehm im Winter nicht allein für Radfahrer, sondern auch für Landwirte, Jäger, Gendarmen usw. Paar 60 Pf.

„Aste"-Jagdpatronen stehen an der Spitze aller Munitions-Marken.

Angelgerätschaften.

Nr. 5931—5932.

Spazierstockartige Angelruten zum Aufstecken.

Nr. 5931. Angelrute in Spazierstockform aus Hartholz, bambusartig, abgesetzt und poliert, Innenteile dunkel Bambus, Lanzenholzspitze, Hornknopf und solide Messingverschraubung, 3teilig, ca. 2,60 m lang. Stück **Mk. 3.20**

Nr. 5932. Dieselbe Angelrute wie Nr. 5931, jedoch 4teilig, ca. 3,50 m lang. Stück **Mk. 4.75**

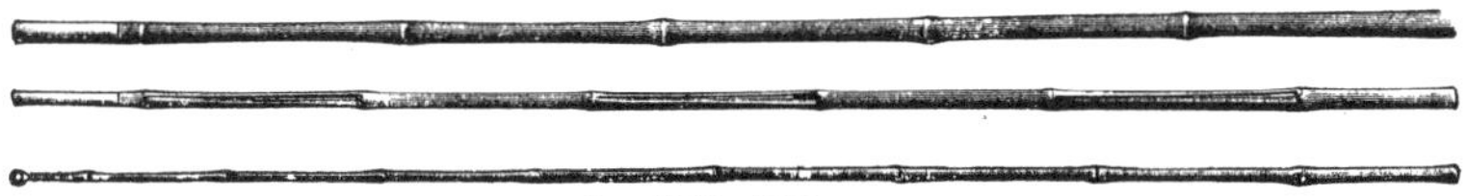

Nr. 5933—5935.

Bambusangelruten zum Zusammenstecken.

Hell mit starken soliden Messinghülsen.

Nr. 5933. Angelrute, 2teilig, ca. 2,50 m lang . . . . Stück **Mk. —.70**
Nr. 5934. Angelrute, 3teilig, ca. 3,25 m lang . . . . Stück **Mk. 1.15**
Nr. 5935. Angelrute, 4teilig, ca. 4,00 m lang . . . . Stück **Mk. 1.90**

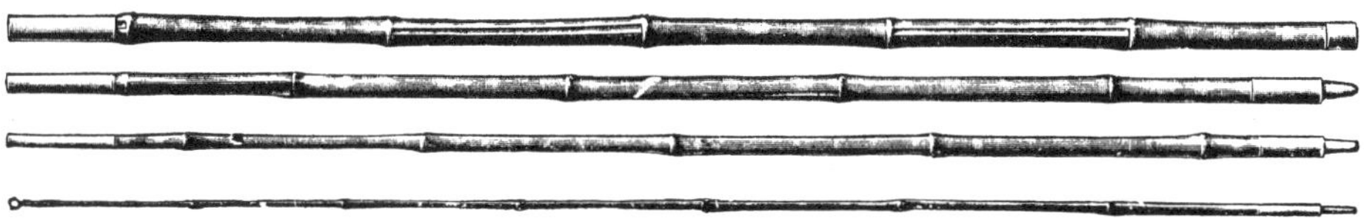

Nr. 4455—4937.

Bambus-Angelruten, hell mit doppelten soliden Messingzwingen und Holzzapfenführung.

Nr. 4455. Angelrute, 3teilig, ca. 4 m lang . . . Stück **Mk. 2.60**
Nr. 4715. Angelrute, 4teilig, ca. 4 m lang . . . Stück **Mk. 3.—**
Nr. 4729. Angelrute, 4teilig, ca. 5 m lang . . . Stück **Mk. 3.40**
Nr. 4739. Angelrute, 4teilig, ca. 6 m lang . . . Stück **Mk. 3.70**
Nr. 4937. Angelrute, 5teilig, ca. 6,80 m lang . . Stück **Mk. 5.10**
Nr. 6304. Angelrute wie Nr. 4455, aber mit Ringen und Einrichtung zur Haspel, 3teilig, ca. 4 cm lang . . . . Stück **Mk. 3.70**
Nr. 6310. Angelrute, 4teilig, ca. 4 m lang . . . Stück **Mk. 4.25**
Nr. 4867. Angelrute, 4teilig, ca. 5 m lang . . . Stück **Mk. 4.75**
Nr. 6252. Angelrute, 4teilig, ca. 6 m lang . . . Stück **Mk. 5.35**
Nr. 6254. Angelrute, 5teilig, ca. 6,80–7 m lang Stück **Mk. 7.—**

Stärke
9
18
24

Angelschnüre.

Geflochtene weiße Seidenschnüre, garantiert rein beste Cordonent-Seide. Wasserdicht präparierte Vollschnüre, auf Karton in Längen von:

		15 Yard	20 Yard	30 Yard
Nr. 6319.	Stärke 9	Stück **40 Pf.**	**50 Pf.**	**70 Pf.**
Nr. 6320.	Stärke 18	Stück **50 Pf.**	**60 Pf.**	**90 Pf.**
Nr. 6321.	Stärke 24	Stück **55 Pf.**	**70 Pf.**	**Mk. 1.—**

Angelschnüre, best geflochtene Hanfschnüre aus Ia russischem Hanf, wasserdicht präpariert, auf Karton, in Längen von:

		15 Yard	30 Yard
Nr. 10356.	Stärke 24	Stück **28 Pf.**	**60 Pf.**
Nr. 10357.	Stärke 30	Stück **36 Pf.**	**70 Pf.**
Nr. 10358.	Stärke 36	Stück **44 Pf.**	**90 Pf.**
Nr. 10359.	Stärke 42	Stück **50 Pf.**	**Mk. 1.—**
Nr. 10360.	Stärke 54	Stück **60 Pf.**	**Mk. 1.25**

Echt japanische Angelschnüre.

Imitation „Tangusu", aus gedrehtem Seidenwurmdarm.

Nr. 5113. ca. 0,1 mm stark, 5,5 m lang . . . . Stück **15 Pf.**
Nr. 5114. ca. 0,2 mm stark, 5,5 m lang . . . . Stück **20 Pf.**
Nr. 5116. ca. 0,3 mm stark, 5,5 m lang . . . . Stück **22 Pf.**
Nr. 5118. ca. 0,4 mm stark, 5,5 m lang . . . . Stück **25 Pf.**
Nr. 3728. ca. 0,45 mm stark, 5,5 m lang . . . . Stück **28 Pf.**
Nr. 5119. ca. 0,5 mm stark, 5,5 m lang . . . . Stück **30 Pf.**

Künstliche Fliegen,

welche sich auf deutschen Gewässern am besten bewährt haben. Für alle Jahreszeiten passend.

Nr. 10395. Fliegenkarte mit 24 Fliegen für alle Jahreszeiten geeignet. Karte **Mk. 3.25**

Nr. 10396. Fliegenkarte wie Nr. 10395, jedoch mit 12 Stück. Karte **Mk. 1.65**

Nr. 10397. Musterkarte mit 12 Fliegen in 9 Qualitäten. Karte **Mk. 1.80**

Rollen oder Haspeln.

Starke Messingrolle zum Aufrollen der Angelschnur.

Nr.	10366	10367	10368
passend für	25	40	60 Yard Schnur
Stück	**45 Pf.**	**50 Pf.**	**65 Pf.**

Messingrolle mit Knarre.

Nr.	10369	10370	10371
passend für	25	40	60 Yard Schnur
Stück	**55 Pf.**	**65 Pf.**	**80 Pf.**

Feine Nickel-Multiplikator-Rolle mit exakt gearbeiteter 2facher Uebersetzung, abstellbarer Federhemmung, Bremsvorrichtung und 3facher Fußbefestigung.

Nr.	10372	10373	10374
passend für	40	60	80 Yard Schnur
Stück	**Mk. 1.80**	**1.95**	**2.15**

Nr. 10372—10374.

Nr. 10375.

Angemachte Angelhaken.

Nr. 10375. Blauer guter Kirby-Haken an Seidenwurmdarm mit Schlaufe. Größe 1—12. Dutzend **35 Pf.**

Nr. 10376. Feiner Limerick-Haken an Seidenwurmdarm mit Schlaufe. Größe 1—12. Dutzend **40 Pf.**

Unangemachte Angelhaken.

Nur in Originalpackung à 100 Stück pro Größe und Sorte.

Feiner blauer Kirby-Angelhaken mit Ring und seitwärts gebogener Spitze, gute Qualität.

Nr.	10383	10384	10385
Größe	1—8	1/0	2/0
100 Stück	**25 Pf.**	**30 Pf.**	**35 Pf.**
Nr.	10386	10387	10388
Größe	3/0	4/0	5/0
100 Stück	**40 Pf.**	**45 Pf.**	**50 Pf.**

Feiner schwarz emaillierter Limerik-Angelhaken mit Platte (Schippe), gerade Spitze, gute Qualität.

Nr.	10377	10378	10379
Größe	1—12	1/0	2/0
100 Stück	**25 Pf.**	**30 Pf.**	**32 Pf.**
Nr.	10380	10381	10382
Größe	3/0	4/0	5/0
100 Stück	**35 Pf.**	**37 Pf.**	**40 Pf.**

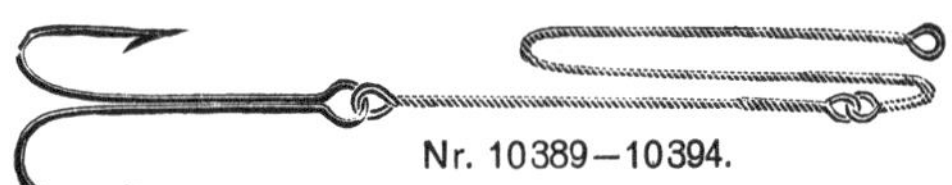

Nr. 10389—10394.

Doppelhaken mit solider Messingkette.

Nr.	10389	10390	10391
Größe	20—25	19	18
Dutzend	**50 Pf.**	**55 Pf.**	**60 Pf.**
Nr.	10392	10393	10394
Größe	17	16	15
Dutzend	**70 Pf.**	**75 Pf.**	**85 Pf.**

Nr. 10361.

Spanischer Seidenwurmdarm

zur Befestigung des Angelhakens. Kurz vor Gebrauch sind die Seidenwurmfäden einige Minuten in Wasser zu legen.

Nr. 10361. Starker Seidenwurmdarm, nur Ia Spezialqualität. Länge 37 cm. Bündel von 100 Stück **Mk. 2.—**

Montierte Schwimmer.

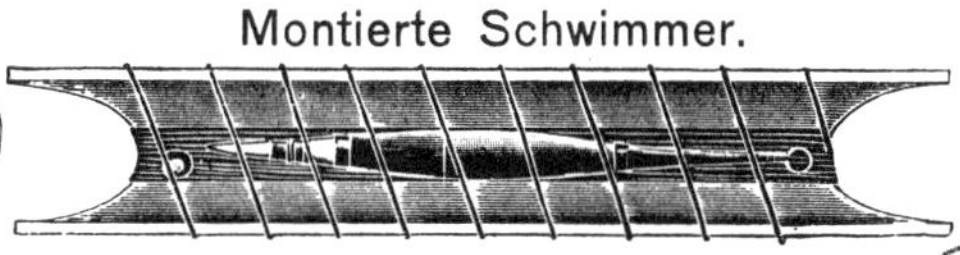

Nr. 10362. Hochfein montierte Angel, länglicher Schwimmer und feste Stachelschweinpose, 57 mm lang, 10 mm Durchmesser, geklöpelte bunte Seidenschnur, einfacher Haken an Seidenwurmdarm auf Schilf montiert. Stück **70 Pf.**

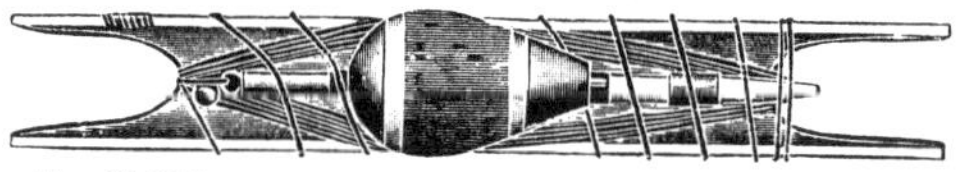

Nr. 10363. Fertig montierte Angel, birnenförmiger Schwimmer, 40 mm lang, 22 mm Durchmesser, rot und weiß bemalt, mit Roßhaarschnur, auf Schilfoloß montiert. Stück **30 Pf.**

Nr. 10364. Einzelner rot und weiß lackierter Korkschwimmer, 38×25 mm. Stück **4 Pf.**

Nr. 10365. Rot und weiß lackierter länglicher Schwimmer, 60 mm, mit Durchsteckpose. Stück **5 Pf.**

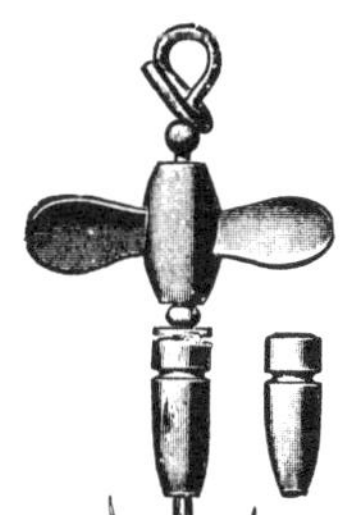

Universal-Sportspinner.

Leichtes Anbringen aller Ködersysteme. 3 verschiedene Größen mit auswechselbarer Büchse zum Anbringen aller Ködersysteme. In vergoldet, versilbert und oxydiert lieferbar, daher bitte ich bei Bestellung anzugeben, welche Sorte gewünscht wird.

Nr. 10404. Größe 1. Stück **95 Pf.**

Nr. 10405. Größe 2. Stück **Mk. 1.05**

Nr. 10406. Größe 3. Stück **Mk. 1.25**

Gebohrte runde Kugeln als Senkblei.

Nr.	10401	10402	10403
Durchmesser	6 mm	8 mm	10 mm
12 Stück	**8 Pf.**	**13 Pf.**	**17 Pf.**

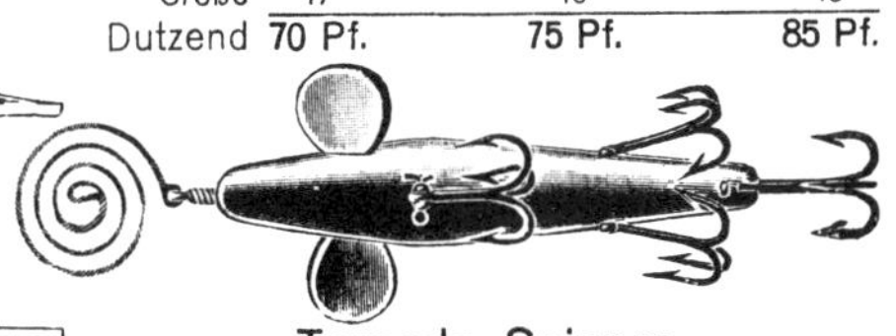

Torpedo-Spinner.

Vergoldet, versilbert, oxydiert, bunt, braun und grau bemalt. Hervorragende Resultate. Der Torpedo-Spinner ist der Spinnfisch der Zukunft, weil seine Vorteile so wesentliche sind, daß sich jeder Angler von denselben bei dem ersten Anblick überzeugt. Jeder defekt gewordene Haken kann durch Aus- und Einschieben eines Splintes im Moment ersetzt werden. Der erste Versuch führt zur dauernden Benutzung. Bei Bestellung bitte ich um Angabe der gewünschten Farbe.

Nr. 10398. Länge des Fischchenkörpers 40 mm. Totallänge einschl. Haken 66 mm, auf Forellen, Barsch, Döbel usw. Stück **Mk. 1.40**

Nr. 10399. Länge des Fischchenkörpers 55 mm. Totallänge einschl. Haken 80 mm, auf größere Forellen, Zander usw. Stück **Mk. 1.60**

Nr. 10400. Länge des Fischchenkörpers 75 mm. Totallänge einschl. Haken 105 mm, auf Zander, Hechte, Lachse und Huchen. Stück **Mk. 2.—**

Papierscheiben für Schießstände.

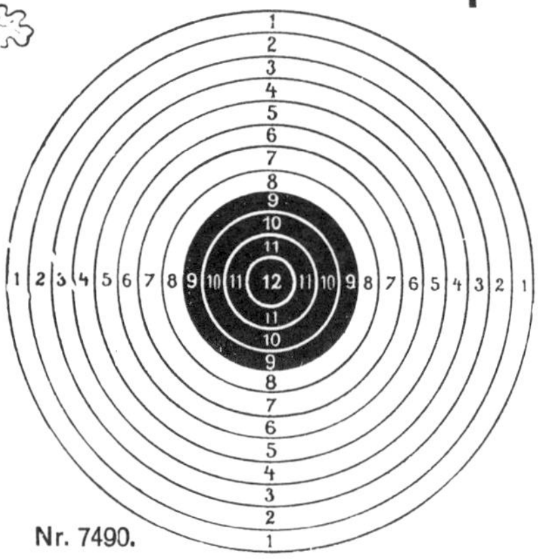
Nr. 7490.

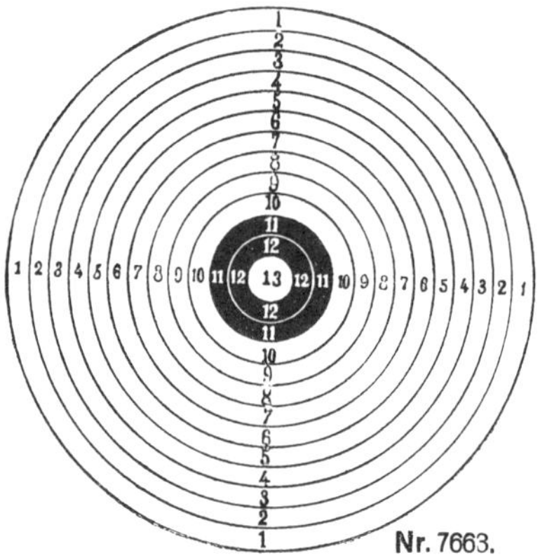
Nr. 7663.

Nr. 7490. **Ringscheibe** mit 12 Ringen für 120 m Stand, Durchmesser 60 cm, Spiegel 20 cm, Ringe 9 - 12 schwarz. 10 Stück Mk. 1.20

Nr. 8789. **Standscheibe** für 120 m mit 12 Ringen, Durchmesser 60 cm, Spiegel 15 cm, Ringe 10—12 schwarz. 10 Stück Mk. 1.50

Nr. 7663. **Ringscheibe,** 13kreisig, Durchmesser 60 cm, Spiegel 14 cm, die Ringe 11 u. 12 schwarz, das Zentrum 13 weiß. 10 Stück Mk. 2.20

Nr. 8790. **Ringscheibe** mit 12 Ringen (2 schwarze), Zentrum weiß, Durchmesser 47 cm. 10 Stück Mk. 1.—

Nr. 8791. **Ringscheibe** mit 12 Ringen, Zentrum schwarz, Durchmesser 39 cm. 10 Stück Mk. —.55

Nr. 8792. **Ringscheibe** wie Nr. 8791, jedoch nur 31 cm Durchmesser. 10 Stück Mk. —.30

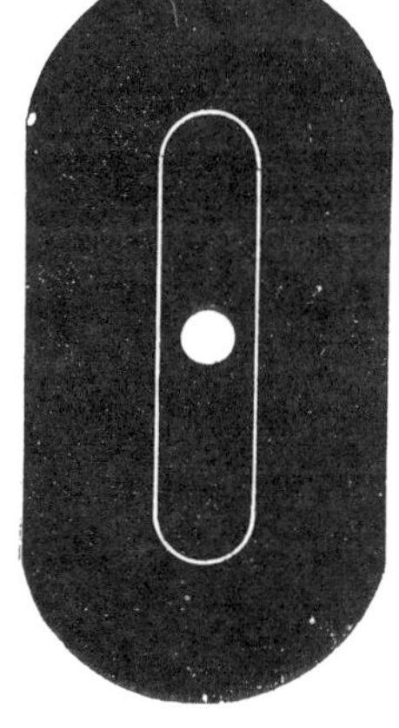

Nr. 7683.
Feldpunktscheibe
(Deutsche Bundesscheibe), Höhe 90 cm. Breite 45 cm.
10 Stück Mk. 1.40

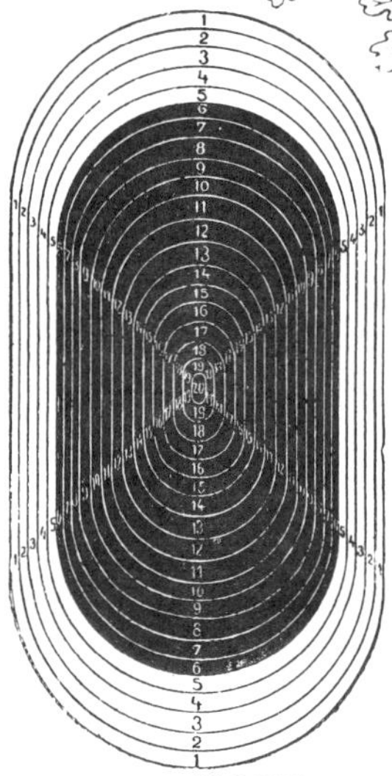

Nr. 7685.
Leipziger Feldfestscheibe
(Deutsche Bundesscheibe) für 300 m Stand, 20 Ringe, Höhe 120 cm, Breite 60 cm, Ringe 6—20 schwarz.
10 Stück Mk. 2.40

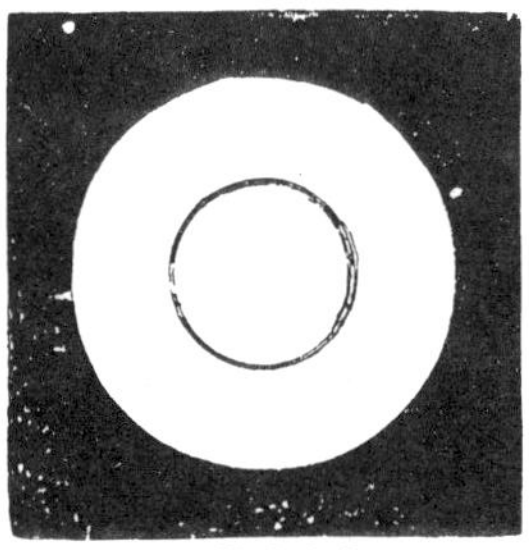

Nr. 7828.
Standpunktscheibe (Deutsche Bundesscheibe) für 300 m, Durchmess. 30 cm, Spiegel 15 cm weiß.
10 Stück 60 Pf.

Nr. 7827.
Standpunktscheibe (Deutsche Bundesscheibe) für 300 m, Durchmesser 30 cm, Spiegel 15 cm.
10 Stück 60 Pf.

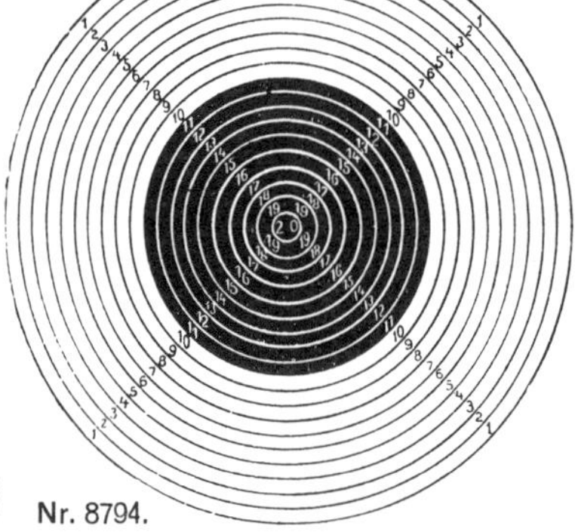
Nr. 8794.

Nr. 7826.

Nr. 8794. **Standmeisterscheibe** (Deutsche Bundesscheibe) für 175 m, 20 Ringe, Durchmesser 60 cm, Spiegel 30 cm, Ringe 11—20 schwarz. 10 Stück Mk. 1.50

Nr. 7697. **Spiegel** (30 cm) zu dieser Scheibe 10 Stück Mk. —.75

Nr. 7826. **Standmeisterscheibe** (Deutsche Bundesscheibe), 20 Ringe, Durchmesser 60 cm, Spiegel 30 cm, Ringe 11—20 weiß. 10 Stück Mk. 1.50

Ehrenscheiben auf bestem Karton

mit verschiedenen sehr sauber und naturgetreu ausgeführten Bildern in Buntdruck.

Allererste Qualität.

Nr. 8800. Außengröße 27,5 cm, Bildgröße 17,5 cm, Format □ förmig. Stück Mk. —.40

Nr. 8801. Außengröße 34 cm, Bildgröße 22,5 cm, Format □ förmig. Stück Mk. —.50

Nr. 8802. Außengröße 42 cm, Bildgröße 28 cm, Format □ förmig. Stück Mk. 1.—

Schußpflaster.

Prima Qualität! Prima Qualität!

Doppelt gummiert, zum Verkleben der geschossenen Löcher, schwarze u. weiße. In Kartons à 1000 Stück.

Nr. 8311/12.

Nr. 8313/14.

Nr. 8408/09.

Nr.	8311	8312	8313	8314	8408	8409
	schwarz	weiß	schwarz	weiß	schwarz	weiß
1 Karton Mk.	—.70	—.70	—.60	—.60	—.50	—.50

Meine Jagdgewehre sind nach den Normen der Deutschen Versuchsanstalt eingeschossen.

Moderne Waffen ▫ Munition ▫ Jagdgeräte

AUGUST STUKENBROK, EINBECK

Anerkannt leistungsfähiges Etablissement dieser Branche

Holzbrand-Schützen-Ehrenscheiben und Wanddekorationen

in hochkünstlerischer Ausführung.

Diese Scheiben finden in Schützenkreisen wegen ihrer **auffallend gediegenen Schönheit**, der **vorteilhaften** Verwendung beim Kugelschuß und der **billigen** Preise **allgemeinen Beifall**. — Es wird dazu nur **prima Ahornholz** verwendet, welches die Kugel glatt, also ohne Verletzung der Scheibe, durchbohrt. Die Scheiben werden angefertigt in den nachstehend verzeichneten Größen und Ausführungen:

Nr. 8795. 60 cm.

Nr. 8795. Ehrenscheibe aus prima Ahornholz, **60 cm** Durchmesser, mit künstlerischer Brandmalerei, Brunsthirsch, Hirschkopf, Bock usw. und feinste Eichenlaubumrahmung, welche ebenfalls gebrannt ist. Stück Mk. 17.50

Nr. 8796. Ehrenscheibe wie vor, jedoch nur **33 cm** Durchmesser, beliebteste Größe für Zimmerstutzen-Schießen, mit gebrannter Eichenlaubumrahmung und Bild wie: Auer- oder Birkhahn, Enten, Fasanen, Förster usw. Stück Mk. 5.—

Nr. 8797. Ehrenscheibe aus prima Ahornholz, **42 cm** Durchmesser, mit künstlerischer Brandmalerei (Jagdtiere usw.), mit einfacher Umrandung, laut Abbildung. Stück Mk. 7.25

Nr. 8798. Ehrenscheibe genau wie unter vorgehender Nr. 8797 beschrieben, jedoch nur **24 cm** Durchmesser, Bild in feinster Brandmalerei mit einfacher Umrahmung. Stück Mk. 2.50

Nr. 8797. 42 cm.

Sämtliche 4 Größen werden auch mit aufgeklebtem **Oeldruckbild** und **gebrannter** Eichenlaubumrahmung geliefert und kosten pro Stück im Durchmesser von

60	42	33	24 cm
Nr. 8316	8317	8318	8319
Mk. 9.75	4.50	3.—	2.—

Nr. 8798. 24 cm.

Nr. 8318. 33 cm.

Wandspruch aus Ahornholz mit Brandmalerei.

Jagdtier und Spruch. Größe 30×60 cm.

Nr. 8456. Wandspruch mit Text: „Im Wald und auf der Heide, Da such ich meine Freude." Stück Mk. 9.75

Nr. 8457. Wandspruch mit Text: „Es ist des Jägers Ehrenschild, Daß er bewacht und hegt sein Wild." Stück Mk. 9.75

Tierscheiben. Tierbilder in natürlicher Größe und naturgetreuem Kolorit.

Nr. 8053.	Schnepfe	Stück Mk. —.25
Nr. 8054.	Auerhahn, balzend	Stück Mk. —.48
Nr. 8055.	Birkhahn	Stück Mk. —.25
Nr. 8056.	Wildente	Stück Mk. —.40
Nr. 8057.	Fasan	Stück Mk. —.48
Nr. 8058.	Hase, flüchtend	Stück Mk. —.25
Nr. 8059.	Hase, sitzend	Stück Mk. —.25
Nr. 8060.	Fuchs, flüchtend	Stück Mk. —.48
Nr. 8061.	Rehbock, stehend	Stück Mk. —.75
Nr. 8062.	Rehbock, flüchtend	Stück Mk. —.75
Nr. 8063.	Wildschwein flüchtend	Stück Mk. —.60
Nr. 8064.	Hirsch, flüchtend	Stück Mk. 1.10

Nr. 8793. Kleine Tierscheiben mit Ringen, sortiert. 100 Stück Mk. 3.75. 10 Stück Mk. —.40

Hasenscheibe, Modell „Preuß", D. R.-G.-M.

Ansicht des Rahmens mit Hasenbild zur Preuß'schen Hasenscheibe.

Unter den laufenden Wildscheiben verdient die Preuß'sche Hasenscheibe ganz besondere Beachtung, denn solche ist die einfachste, praktischste und billigste aller existierenden ähnlichen Scheiben.

Ebenso wie das Tontaubenschießen eine fast unumgängliche Uebung zum sicheren Schießen auf auffliegendes Wild ist, gibt obige Einrichtung dem angehenden Jäger, Forstlehrling usw. Gelegenheit, sich im Schießen auf flüchtiges Wild genügend zu üben; außerdem soll dieselbe aber auch für die gewandtesten Schützen ein interessanter Zeitvertreib sein.

Die Anordnung obiger Scheibe geschieht wie folgt: Man spannt den Draht vermittels zweier Knüppel zwischen zwei Bäume oder Pfähle, schiebt den Eisenrahmen auf, und die ganze Einrichtung kann in Betrieb genommen werden.

Der den Apparat Bedienende muß zur Sicherung hinter einem starken Baum, einem Klafter Holz oder dergl. mehr Platz nehmen, auf alle Fälle muß er so gedeckt sein, daß er durch abspritzendes Blei nicht getroffen werden kann.

Der Rahmen rollt sehr leicht und mit mäßigem Abstoß schnell über eine 6—8 m breite Strecke. Sobald das Blatt des Hasen getroffen ist, klappt eine rotlackierte Anzeigeplatte, deren Widerstand regulierbar ist, hinten über, so daß sie unten am Hasen sichtbar wird.

Wird die Laufbahn zu beiden Seiten durch Tannenzweige verblendet, so markiert dies täuschend den Moment, wenn der Hase in Wirklichkeit aus den Schonungen auf das Feld getrieben wird. Das Schießen wird interessanter, sobald man zwei Hasen laufen läßt, damit der Schütze nie weiß, von welcher Seite der Hase kommt.

Nr. 8807. Mit 12 m Draht, einem auf Pappe aufgezogenem Hasenbild und 4 Hasenbildern extra . . . . . Stück Mk. 14.—

Unaufgeklebte Hasenbilder extra Stück 25 Pf.

Moderne Waffen ▫ Munition ▫ Jagdgeräte

AUGUST STUKENBROK, EINBECK

Anerkannt leistungsfähiges Etablissement dieser Branche

Kartonscheiben für Zimmerstutzen, Teschings, Pistolen usw.

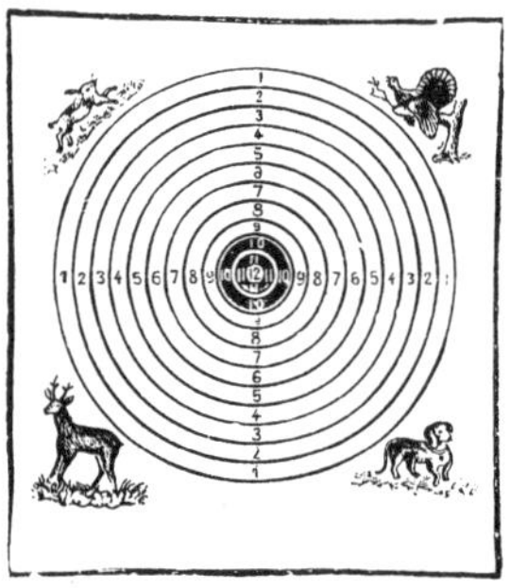

Nr. 8785. Ringscheibe, 10×10 cm, 12 teilig, aus feinem weißen Glanzkarton.
100 Stück Mk. 0.60

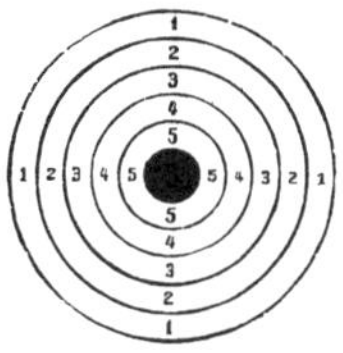

Nr. 8786. Papp-Ringscheibe mit 6 Ringen, viereckig, 18,5×21 cm.
100 Stück Mk. 2.20
25 Stück Mk. 0.60

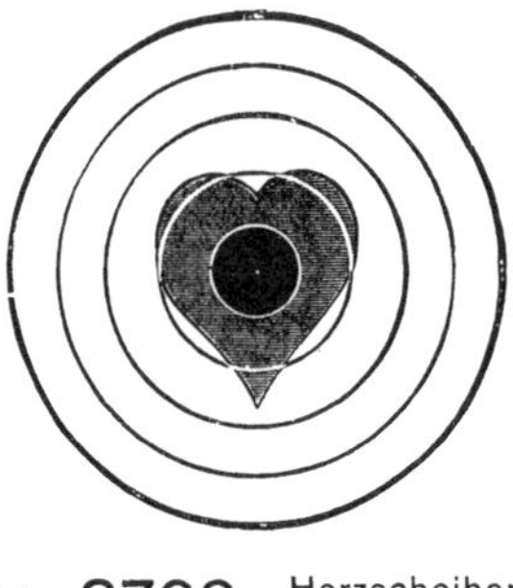

Nr. 8799. Herzscheiben aus feinem Glanzkarton, Größe 9×9 cm.
1 Paket = 100 Stück Mk. 0.55

Nr. 8806. Hirschkarte, 10×10 cm, aus feinem weißen Glanzkarton.
1 Paket = 100 Stück Mk. 0.60

Zimmerstutzen-Ehrenscheiben.

Nr. 7469. Kleine runde Ehrenscheiben-Bilder, 10 cm Durchmesser, mit verschiedenen Bildern (Jagdszenen, Tierstücken usw.) in hübschem Farbendruck.
10 Stück Mk. 0.45
100 Stück Mk. 3.75

Patent-Scheibenschleuder „Tell".

Zum Uebungsschießen außerordentlich empfehlenswert. ⁘ Sehr leicht und transportabel. ⁘ Vielseitige Wurfmöglichkeiten.

Anerkannt beste, leichteste und praktischste aller existierenden Wurfmaschinen.

Vielfache Anerkennungen!

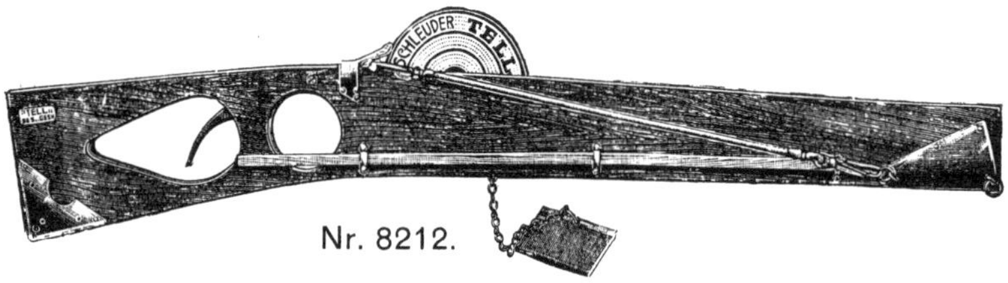

Nr. 8212.

Hervorragende Gutachten!

Das Gesamturteil der Deutschen Versuchs-Anstalt für Handfeuerwaffen geht dahin, daß die Tellschleuder ein sehr geeignetes, an jedem Ort zu verwendendes Hülfsmittel zur Erhaltung und Weiterbildung der Schießfertigkeit ist und bei sachgemäßer, leicht zu erlernender Bedienung große Vielseitigkeit in der Darstellung von fliegenden und laufenden Zielen für den Schrotschuß ermöglicht. **Einem solchen Gutachten braucht nichts hinzugefügt zu werden.**

Nr. 8212. Preis der Scheibenschleuder „Tell" Stück Mk. 17.— **Nr. 8213.** Scheiben hierzu, nicht markierend. 100 Stück Mk. 3.—

Nr. 8214. Markierende Pappscheiben mit Füllung, sehr empfehlenswert. 100 Stück Mk. 6.50

⁘ **Ausführliche Beschreibung wird jeder Scheibenschleuder gratis mitgegeben.** ⁘

Handschleuder für Asphalttauben ohne Nase.

Nr. 8090.

Nr. 8090. **Handschleuder für Asphalttauben ohne Nase.** Vermittels dieser einfachen Apparate können die Tauben sehr weit geschleudert werden. Stück Mk. 4.25

Deutsche Asphalt-Wurftauben „Hubertus" ohne Nase.

Hervorragende Qualität! ⁘ Hervorragende Qualität!

Diese Wurftaube ist in Härte und Stärke des Materials sehr gleichmäßig und springt die Taube im Schuß leicht und sicher. Die Scheiben dieser Tauben sind nicht scharf, sie zerbröckeln leicht nach einigem Lagern auf dem Erdboden und können nie Verletzungen verursachen. Die nasenlosen Tauben werden in Original-Packungen à 500 Stück geliefert. Die Packung wird nicht berechnet. Die Form und das prima Material der Tauben gestatten eine Packung, bei der so gut wie gar kein Bruch vorkommt, Garantie für Bruch kann jedoch nicht geleistet werden. Schießtauben können nicht frachtfrei geliefert werden. (1 Faß mit 500 Asphalttauben wiegt ca. 75 kg brutto.)

Nr. 8088. **Asphalt-Schießtauben „Hubertus"**, einfach schwarz, verpackt in Fässern à 500 Stück. Preis einschl. Verpackung ab Fabrik. Faß Mk. 15.—

Nr. 8092. **Asphalttauben „Hubertus"** mit weißem Rand, 500 Stück. Faß Mk. 18.—

Neue verbesserte Wurftaube „Hubertus Ia mit Verstärkungsrippen". D. R.-G.-M.

Nr. 8093. Durch diese Neuerung soll zuweilen vorkommender Bruch beim Schleudern aus der Maschine möglichst vermieden werden, außerdem auch das bloße Durchschießen, ohne daß die Taube zerspringt, 500 Stück. Faß Mk. 16.—

Moderne Waffen ▫ Munition ▫ Jagdgeräte

AUGUST STUKENBROK, EINBECK

Anerkannt leistungsfähiges Etablissement dieser Branche

Schießtauben und Wurfmaschinen.

Wurfmaschine Modell „Preuß“.

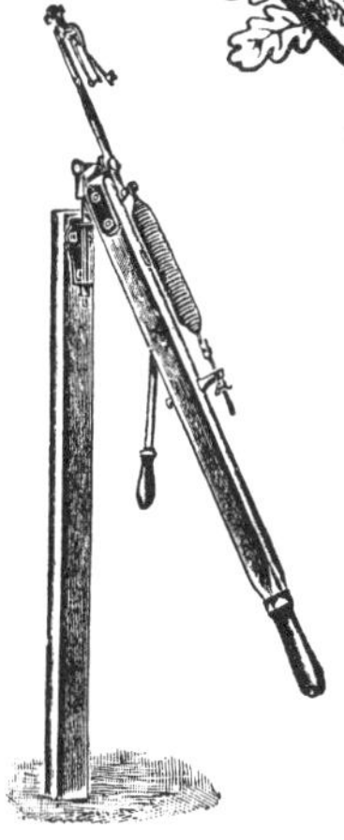

Nr. 8084.

Weitester, elegantester Wurf. Höchste Leistungsfähigkeit.

Von allen Wurfmaschinen hat sich nebenstehende Maschine Modell „Preuß“ besonders bewährt. Die Konstruktion ist einfach, praktisch und stabil und sind Betriebsstörungen hierbei vollständig ausgeschlossen. Zur Aufstellung der Maschine bediene man sich eines festen Pfahls oder Pfostens, welcher so tief in die Erde zu schlagen ist, daß derselbe etwa 1 m hervorragt. Das Lager für das jeder Maschine beigegebene Kreuz wird alsdann oben auf dem Pfosten mit Vierkantschrauben befestigt und der Taubenschießstand ist ein für allemal fertig, nachdem die Maschine eingehängt ist. Die Handhabung ist die denkbar einfachste, denn Spannen, Richten der Maschine nach allen Seiten geschieht in einer Sekunde. Gewicht ca. 5 kg. daher leicht transportabel. Der Hebel ist leicht und auswechselbar, daher für alle Taubensorten verwendbar.

Broschüre über „Die praktische Handhabung des Tontaubenschießens“ auf Verlangen gratis und franko.

Nr. 8084. Mit einem Hebel für Asphalttauben . . . . Stück Mk. 18.—

Nr. 8085. Mit einem Hebel und 2 Klauen zum Werfen von Dubletten, nur für Asphalttauben. Stück Mk. 21.—

Vorstehende Maschine Modell „Preuß“ wird auch auf Wunsch mit Hebel für Berliner Tontauben mit Nase ohne Aufpreis geliefert.

Neuheit!

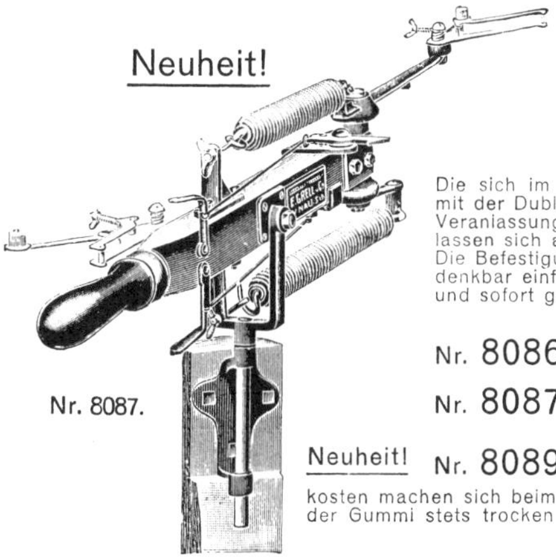

Nr. 8087.

„Grells Original“-Wurfmaschine

zum Werfen von 1 und 2 Asphalttauben (D. R.-G.-M.)

Die sich im Gebrauch befindende, auf den Pfahl montierte Tontaubenwurfmaschine erwies sich beim Schleudern von Dubletten mit der Dublettenklaue als zu schwach in der Feder, der Wurf der zwei Tauben war nicht elegant und weit genug. Dies gab Veranlassung, die Maschine mit 1 oder 2 Hebeln und Federn zum Werfen von 1 oder 2 Asphalttauben zu konstruieren. Die Tauben lassen sich auf dieser Maschine von rechts oder links werfen oder zu gleicher Zeit als Dublette; der Wurf ist weit und ruhig. Die Befestigung am Pfahl, auf welchen die Maschine gesetzt wird, ist eine neue, auch die Abzugsvorrichtung ist eine neue und denkbar einfach. Diese Maschine ersetzt vollkommen die englischen und amerikanischen Wurfmaschinen, ist leicht transportabel und sofort gebrauchsfertig, zum Unterschied von den erstgenannten Maschinen, die, einmal auf einen Stand festgemacht, sich auf einem andern Ort nicht so leicht aufstellen lassen.

Nr. 8086. **„Grells Original“-Wurfmaschine,** 1 Asphalttaube werfend . . . . Stück Mk. 18.—

Nr. 8087. **„Grells Original“-Wurfmaschine,** jedoch 2 Asphalttauben werfend . . . . Stück Mk. 28.—

Neuheit! Nr. 8089. **Neue Wurfklaue „Hubertus“,** welche gründlichst ausprobiert, die Mängel der bisher gebräuchlichen Klauen vermeidet und auf alle Wurfmaschinen einfach aufgeschraubt werden kann. Die etwas höheren Anschaffungskosten machen sich beim ersten Tausend Tauben durch weniger Bruch bezahlt. Im Gebrauch achte man darauf, daß der Gummi stets trocken und sauber ist und daß kein Oel an denselben kommt, da er dadurch verderben würde. Stück Mk. 4.50

Treiberklappern, Naturschwämme, Geweihsägen, Pferdedecken.

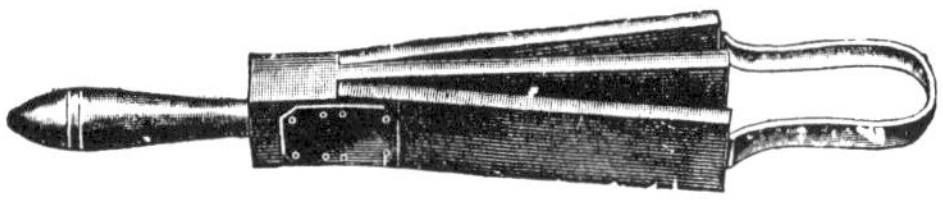

Nr. 8876. **Treiberklapper,** bestehend aus 3 Brettchen, von denen die beiden äußeren bei Hin- und Herschwingen gegen das mittlere Brettchen schlagen. Sehr laut. Stück 70 Pf.

Nr. 8878. **Cri-Cri** aus Metall, für Treibjagden. Stück 15 Pf.

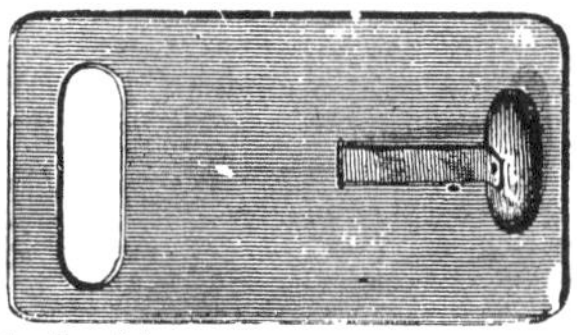

Nr. 8877. **Treiberklapper** aus Rotbuche, mit 2 Holzklöppeln, an Riemen befestigt. Stück 90 Pf.

Nr. 9596.

Echt griechische Naturschwämme

von größter Haltbarkeit, daher im Gebrauch enorm billig. Zur Toilette, ebenso geeignet zur Pflege und Behandlung der Pferde, sowie zu industriellen Zwecken.

Nr. 9596. 10 cm Durchmesser. Stück Mk. —.60

Nr. 9597. 15 cm Durchmesser. Stück Mk. 2.80

Nr. 9598. 20 cm Durchmesser. Stück Mk. 5.60

Nr. 8908.

Nr. 8908. **Schädel- oder Geweihsäge** aus feinstem härtesten Uhrfederstahl, sogen. Metallsägeblatt, schneidet selbst Eisen und Messing, mit ganz feinen Zähnen, deshalb leicht und sauber schneidend, Sägeblatt ca. 19 cm lang, mit feinem kaffeebraunen prima Rindlederetui. Stück Mk. 2.40

Nr. 8909. **Dieselbe,** jedoch ohne Rindlederetui. Stück Mk. 1.40

Nr. 9769.
Pferdedecke
in preiswerter Qualität, aus Wolle. Gangbare Sorte. Farbe gelb, mit 3 breiten roten u. schwarzen Streifen. Größe 130×160 cm.
Stück Mk. 3.15

Nr. 9767.
Pferdedecke
in guter Wolle. Empfehlenswerte und gangbare Qualität, in grauer Farbe, mit weißen, blauen u. schwarzen Streifen. Größe 130×180 cm.
Stück Mk. 3.60

Nr. 9771.
Pferdedecke
in guter wollener Qualität. Sehr gangbares Muster. In schokoladebraun, mit roten, blauen und gelben breiten Streifen. Größe 140×170 cm.
Stück Mk. 4.10

Nr. 9772.
Pferdedecke
in sehr guter Wolle. Dunkelblaue Farbe mit schmalen gelben Streifen durchkreuzt. Größe 130×160 cm.
Stück Mk. 4.70

Nr. 9768.
Pferdedecke
in sehr feiner Qualität, aus Wolle in gelber Farbe, mit roten und blauen Randstreifen. Viel gekaufte Qualität. Größe 150×180 cm.
Stück Mk. 6.50

Nr. 9770.
Pferdedecke
in hervorragender wollener Qualität in grauer Farbe, mit gelben und blauen breiten Streifen. Größe 150×180 cm. Besonders empfehl. Decke.
Stück Mk. 7.—

Moderne Waffen ▫ Munition ▫ Jagdgeräte

AUGUST STUKENBROK, EINBECK

Anerkannt leistungsfähiges Etablissement dieser Branche

Antike Waffen für Dekorationszwecke und Waffen-Sammlungen.

Sehr beliebte Dekorationsstücke.

Nr. 7829.

Nr. 7829. Original französische Kürasse Modell 1835/40, aus Stahl, sauber poliert, bestehend aus Brust- und Rückenstück, sehr gut erhalten.
Stück Mk. 19.50

Sehr beliebte Dekorationsstücke.

Nr. 7837. Original preußische Stahl-Kürassier-Helme, auf dem Adler die Inschrift: „Hohenfriedberg, 4. Juni 1745" tragend, gut erhalten, hoher Sammlerwert.
Stück Mk. 8.—

Alte Steinschloß-Pistolen von hohem Kunstwert.

Diese Pistolen besitzen **antiquarischen Kunstwert** und sollten daher in keiner Waffen-Sammlung fehlen.

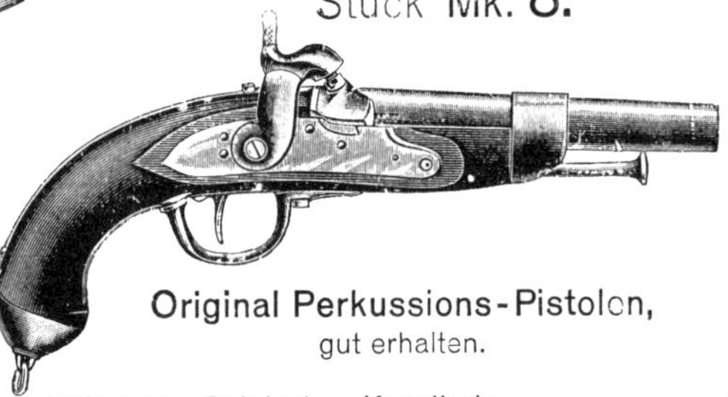

Original Perkussions-Pistolen, gut erhalten.

Nr. 7848. Steinschloß-Pistolen, engl. Modell, gut erhalten. Stück Mk. 10.50

Nr. 7849. Belgische Kavallerie-Pistole, sehr gut erhalten. Stück Mk. 11.—

Nr. 8760. Original Napoleon-Reiter-Säbel, sehr gut erhalten, in Stahlscheide, Gesamtlänge 98 cm, für Sammler außerordentlich empfehlenswert.
Stück Mk. 5.15

Historisch! Ganz besonders zu empfehlen.

Nr. 8760.

Nr. 8761. Blücher-Reiter-Säbel, vorzüglich erhalten, in Stahlscheide, hochinteressant für jedermann, zu Dekorationszwecken und für Waffensammlungen sehr empfehlenswert. Die Säbel stammen aus der Zeit **Blüchers** und werden daher als **„Blücher"-Säbel** gern gekauft.
Stück Mk. 5.—

Historisch! Schönstes Dekorationsstück.

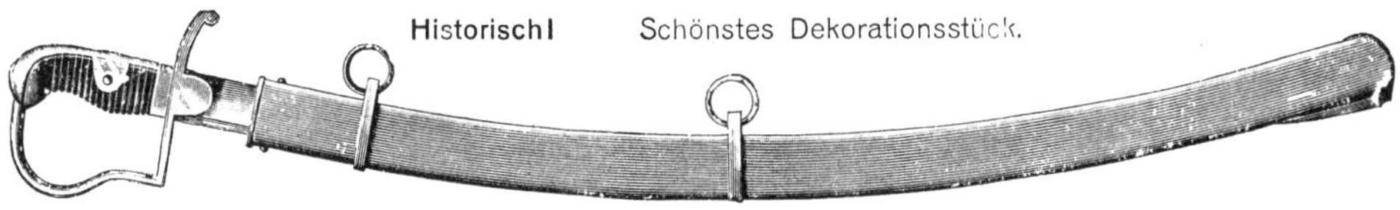

Nr. 8761.

Nr. 8762. Original französischer Kavallerie-Säbel (**Chasseur d'Afrique**) mit vierspangigem Messingkorb und blanker Stahlscheide, leicht gebogen, Klingenlänge 97 cm. Diese Säbel sind in vorzüglichstem Zustande und von **hervorragender Qualität**; dieselben eignen sich ganz besonders gut für **Dekorationszwecke.**
Stück Mk. 10.50

Nr. 8762.

Nr. 8763. Original französische Kürassier-Pallasche mit schwerem vierspangigen Messingkorb und blanker Stahlscheide, gerade Klinge 90 cm, vorzüglichste Qualität, best erhalten, großartiges Dekorationsstück. Stück Mk. 13.—

Von Kriegervereinen gern gekauft.

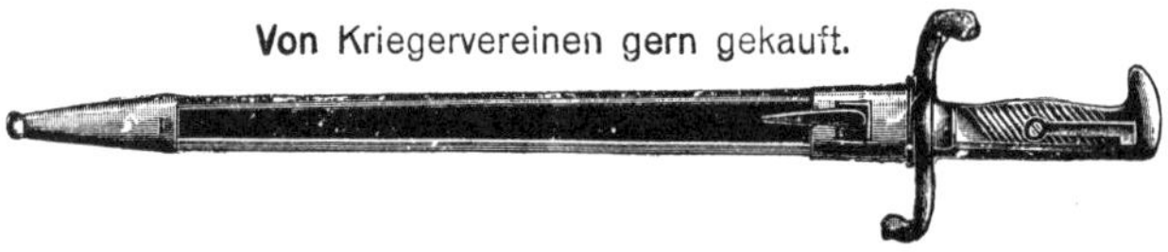

172 **Nr. 8764.** Original deutsches Infanterie-Seitengewehr Modell 71 mit Lederscheide und Messinggarnitur, Klinge 46 cm. Stück Mk. 2.10

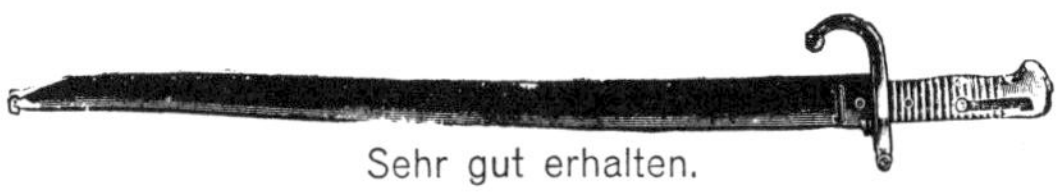

Sehr gut erhalten.

Nr. 8766. Französischer Chassepot-Säbel in Stahlscheide. Stück Mk. 2.—

Nr. 8768. Stichbajonette f. Dekorationszwecke, Halbmonde, Sonnen usw. Stück Mk. —.55

Nr. 11986. Pionier-Säbel mit Messinggriff und Bügel, ohne Scheide. Stück Mk. 2.50

Nr. 11987. Original Militär-Koppel mit Schloß u. Säbeltasche, gut erhalten. Stück Mk. 1.80

Nr. 8765. Alter sächsischer Pionier-Säbel, Griff, Stange und Garnitur Eisen. Stück Mk. 2.20

Nr. 8767. Französischer „Gras"-Säbel in bräunierter Stahlscheide. Stück Mk. 2.—

Nr. 8769. Deutsches Infanterie-Seitengewehr Modell 71/84, vollständig neu und tadellos. Stück Mk. 7.30

Nr. 7998. Faschinenmesser mit Säge im Rücken, Pionier-Seitengewehr Modell 71, polierter schwerer Messinggriff, Lederscheide mit Messingbeschlägen, **gebraucht, aber tadellos erhalten,** für Kriegervereine bestens empfohlen. Stück Mk. 3.25

Extraanfertigungen werden ganz nach den Wünschen meiner Auftraggeber ausgeführt.

Lade-Utensilien für Scheiben- u. Jagdgewehre.

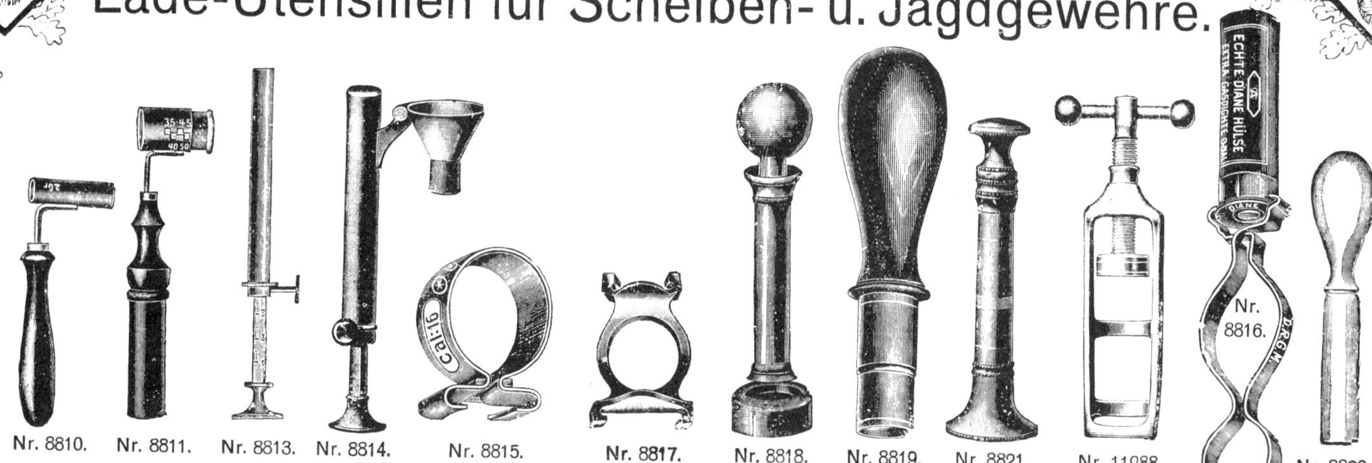

Nr. 8810. Nr. 8811. Nr. 8813. Nr. 8814. Nr. 8815. Nr. 8817. Nr. 8818. Nr. 8819. Nr. 8821. Nr. 11988. Nr. 8820.

Nr. 8810. **Lademaß** für Pulver, aus Messing mit Holzheft, für Büchsen . . . . . . Stück Mk. —.25
Nr. 8811. **Lademaß** für Pulver oder Schrot, verstellbar, mit feinem schwarzen Heft als Ladestock dienend Stück Mk. —.35
Nr. 8812. **Lademaß** wie Nr. 8811, jedoch mit gewöhnlichem Stiel . . . . . . Stück Mk. —.30
Nr. 8813. **Lademaß** von Messing zum Ausziehen für Büchsen, mit Gramm-Einteilung . . . . . . Stück Mk. —.70
Nr. 8814. **Lademaß** wie Nr. 8813, aber noch mit Trichter, sehr praktisch . . . . . . Stück Mk. 1.40
Nr. 8815. **Patronenzieher** aus Federstahl zum schnellen Herausziehen der abgeschossenen Patronen. Während der Jagd als Fingerring zu tragen; sehr bequem und praktisch. Kal. 16 oder 12 Stück Mk. —.18
Nr. 8816. **Universal-Patronenzieher** aus einem Stück, federnd, für alle Kaliber passend, fein vernickelt Stück Mk. —.20

Nr. 8817. **Patronenzieher** (Doppelring) aus Eisen, fein poliert, auf der einen Seite für Flinten Kal. 16 oder 12, auf der anderen Seite für Büchsen Kal. 9 bis 11 mm Stück Mk. —.25
Nr. 8818. **Pfropfenpresser** aus Messing für Zentralfeuer- und Lefaucheux-Patronen, welcher es ermöglicht, größere Pfropfen in kleinere Kaliber zu pressen Stück Mk. 1.70
Nr. 8819. **Handränderer** mit lang. Messinghülse mit Holzheft zum Umrändeln von Jagdpatronen, in Kal. 12 bis 32 Stück Mk. —.60
Nr. 8820. **Ladestock** für Kal. 16, 12 oder 20 . . . . . . Stück Mk. —.12
Nr. 8821. **Kugelsetzer** zum Einsetzen der Geschosse, aus Messing, für kurze Hülsen bis Kal. 8,1×46,5 mm Stück Mk. 1.30
Nr. 8822. **Kugelsetzer** für mittellange Hülsen bis 60 mm Länge Stück Mk. 1.45
Nr. 8823. **Kugelsetzer** für lange Expreßhüls. bis 82 mm Länge Stück Mk. 1.70
Nr. 11988. **Handränderer** mit Schraube, sehr dauerhaft, aus Eisenguß, vorzüglich rändelnd . . . . . Stück Mk. —.80

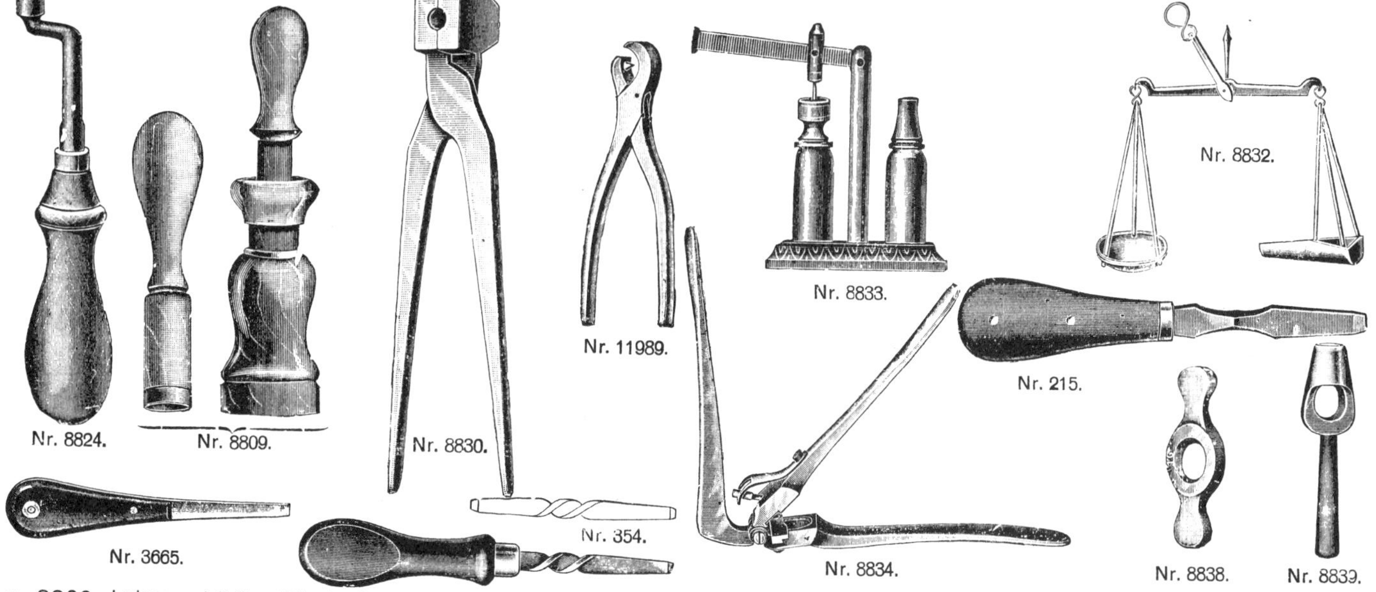

Nr. 8824. Nr. 8809. Nr. 8830. Nr. 11989. Nr. 8833. Nr. 8832. Nr. 215. Nr. 3665. Nr. 354. Nr. 8834. Nr. 8838. Nr. 8839.

Nr. 8809. **Ladeapparat**, 4teilig, mit Messing-Ränderer, ersetzt daher eine Rändelmaschine, aus feinem Buchenholz gearbeitet . . . . . . Stück Mk. 1.10
Nr. 8824. **Pistonschlüssel**, doppelt gebogen, für Zentralfeuergewehre . . . . . . Stück Mk. —.50
Nr. 8825. **Pistonschlüssel**, gerade . . . . . . Stück Mk. —.45
Nr. 8830. **Kugelform** für Kal. 8,15, 9,0, 9,5, 11,15 mm usw. Stück Mk. 1.80
Nr. 8831. **Kugelform**, jedoch noch mit Abschneider . . . Stück Mk. 3.25
Nr. 8832. **Pulverwage** zum Abwiegen von rauchlosem Pulver, mit Ausschüttevorrichtung, einschl. drei Gewichten von 0,2 g, 0,5 g und 1 g . . . . . . Stück Mk. 2.25
Nr. 8833. **Zündhütchen-Einsetz- und -Ausstoß-Maschine** für Zentralfeuer-Patronen, mit zwei vernickelten Säulen, in Kal. 16 oder 12 . . . . . . Stück Mk. 2.10
Nr. 8834. **Zündhütchenzange** zum Einsetzen und Ausziehen der Zündhütchen, aus Eisen, schwarz oxydiert, für Büchsenkaliber 8, 9,1, 9,3, 9,5, 11 mm usw. Stück Mk. 1.40
Nr. 8835. **Zündhütchenzange** wie Nr. 8834, jedoch für Flintenkaliber 12, 16, 20, 24 usw. . . . . . Stück Mk. 1.50
Nr. 8836. **Zündhütchenzange** für Drillinge, Kal. 16 oder 12 mit Einsatz für Büchsenpatronen . . . . . . Stück Mk. 2.—

Nr. 8837. **Zündhütchenzange**, neues Modell, mit selbsttätigem Schieber, welcher die Hülse so lange festhält, bis das Zündhütchen eingesetzt oder ausgezogen ist. Sehr dauerhaftes und bequemes Modell, Kal. 8 und 9,3 mm . . . . . . Stück Mk. 2.—
Nr. 8838. **Kalibrierring** zum kalibrieren der aufgeschossenen Hülsen, Kal. 12, 16, 20 usw. . . . . . Stück Mk. —.60
Nr. 8839. **Pfropfenschläger**, ganz aus Stahl geschmiedet, jedes Kaliber . . . . . . Stück Mk. 1.—
Nr. 11989. **Kugeleinstichzange** zur Befestigung lossitzender Geschosse in Metallhülsen . . . . . . Stück Mk. 1.70
Nr. 215. **Schraubenzieher** in ganz vorzüglicher Qualität, zum Umstecken eingerichtet. Der Griff ist aus Nußbaumholz gearbeitet und die Schalen sind der größeren Haltbarkeit wegen aufgenietet. Im Innern befindet sich eine Feder, die den Einsatz festhält. 19 cm lang . . . . . . Stück Mk. —.80
Nr. 354. **Schraubenzieher** in guter Qualität, mit lackiertem Holzgriff. Der Schraubenzieher ist zum Umstecken eingerichtet, für größere und kleinere Schrauben Stück Mk. —.25
Nr. 3665. **Schraubenzieher** in handlicher Form, mit aufgenieteten schwarzen Schalen und Messingnieten, tadellose Qualität. 14 cm lang . . . . Stück Mk. —.45

Weitere Lade-Utensilien siehe umstehende Seite.

Praktische Jagdpatronen-Umrandemaschinen.

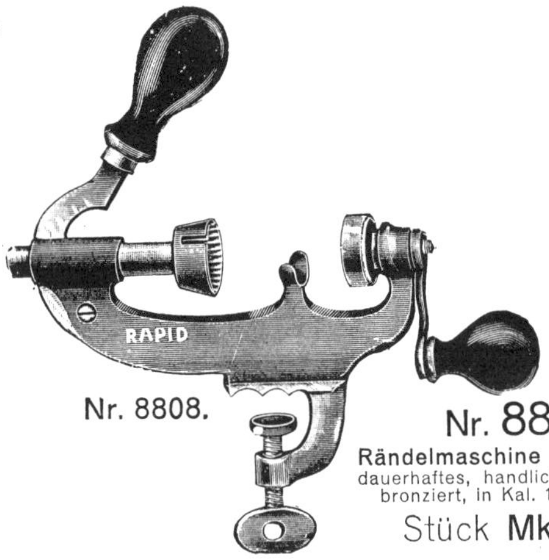

Nr. 8808.

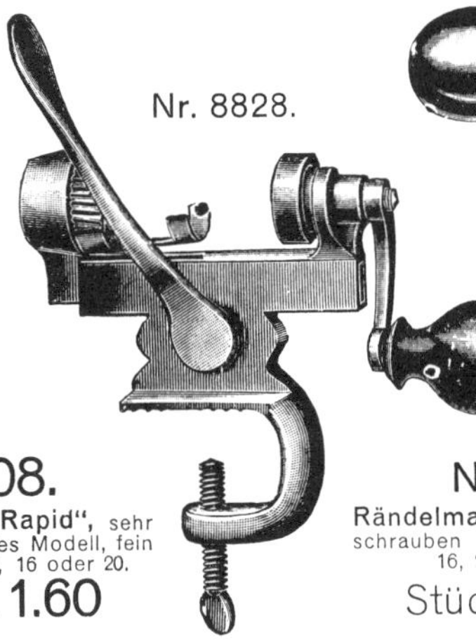

Nr. 8828.

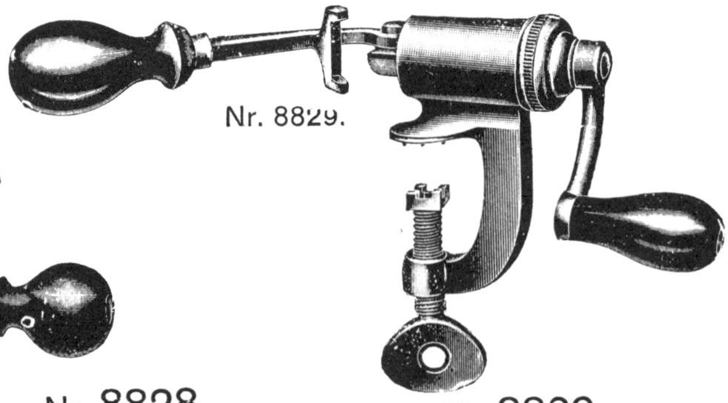

Nr. 8829.

Nr. 8808. Rändelmaschine „Rapid", sehr dauerhaftes, handliches Modell, fein bronziert, in Kal. 12, 16 oder 20.
Stück Mk. 1.60

Nr. 8828. Rändelmaschine, M. D., zum Anschrauben an den Tisch, in Kal. 12, 16, 20, 24, 28 oder 32.
Stück Mk. 1.70

Nr. 8829. Rändelmaschine mit starker Messinghülse, englisches Modell, Kal. 16 oder 12.
Stück Mk. 3.50

Präzisions-Lade- oder Pulvermaschinen.

Unentbehrlich zur gewissenhaften Patronen-Anfertigung.

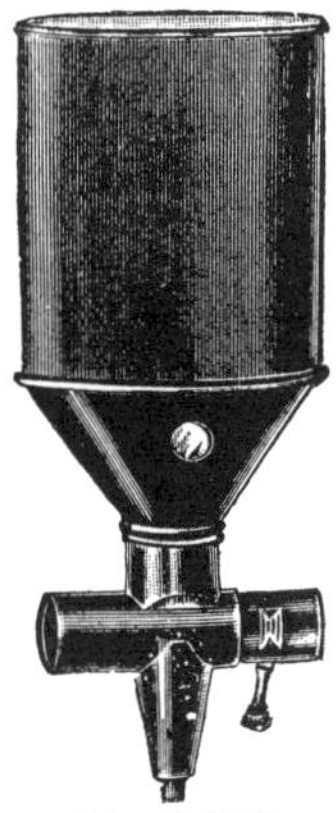

Nr. 8827.

Nr. 8826. Präzisions-Pulverflasche mit Vorrichtung zum Anschrauben an den Tisch, seit langen Jahren bewährtes Modell. Diese Lademaschine ist mit Glasscheibe am Pulvermesser versehen, um das Pulver stets kontrollieren zu können.
Stück Mk. 10.—

Nr. 8827. Pulverflasche, System „Leutbecher", ca. 0,5 kg fassend, zum Drücken. Dieselbe ermöglicht ein sehr bequemes Arbeiten.
Stück Mk. 6.—

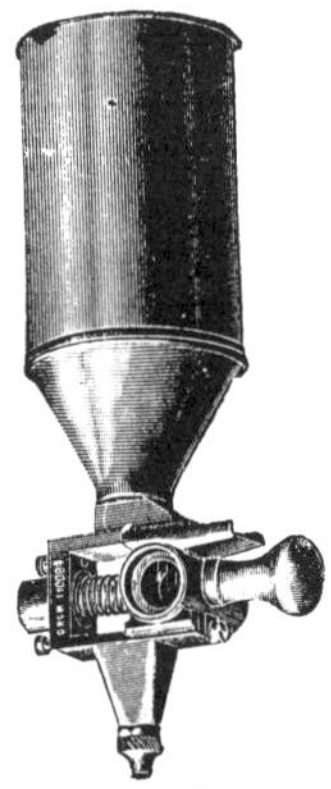

Nr. 8826.

Beste und sicherste Pulverfüllmaschine für rauchlose Patronen.

Nr. 8569. Pulverfüllmaschine, System „Cöln-Rottweil", gesetzlich geschützt, zum Anschrauben an den Tisch und eingerichtet für die vier Pulversorten „Naßbrand", „Rottweiler P", „Troisdorfer" und „Haslocher". Die Ladung ist sichtbar kennbar, wodurch Fehlladungen ausgeschlossen sind. Es kann jedes Quantum vom kleinsten bis 5 g Schwarzpulver eingestellt werden, ohne daß ein Auswechseln des Füllmaßes notwendig ist. Die gewünschte Ladung braucht nur einmal abgewogen und gemessen zu werden und dann den Grad anzumerken. **Im Behälter selbst ist eine Glocke angebracht, wodurch das Pulver stets gleichmäßig in das Lademaß gelangt.**

Einige besonders gangbare Ladungen für die gebräuchlichste Patrone 8,15×46,5 mm sind:
19° der Skala gleich einer Ladung von 0,7 g Rottweiler rauchloses Blättchenpulver „P".
17° der Skala gleich einer Ladung von 0,85 g Troisdorfer rauchloses Kornpulver.
16° gleich 1,1 g Haslocher Scheibenpulver, rauchlos, Körnung 3.
21° gleich 2 g Naßbrand, Cramer & Buchholz oder 1,7 g Rottweiler 1903 matt.

Preis der Pulverfüllmaschine . . Stück Mk. 16.—

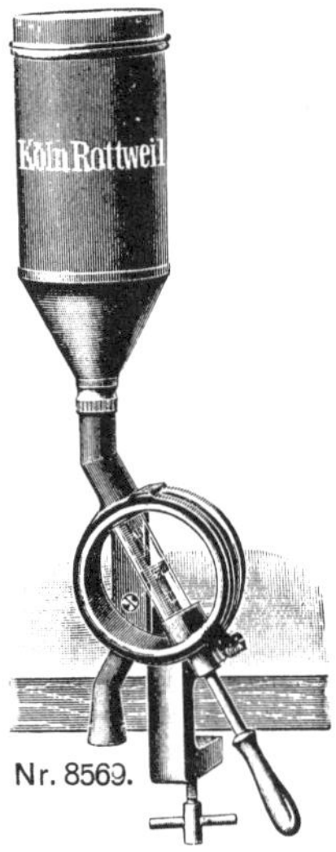

Nr. 8569.

Hülsen-Reinigungsmaschine.

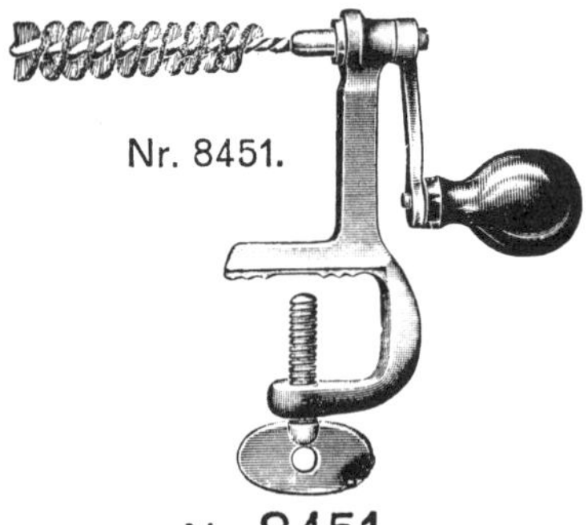

Nr. 8451.

Nr. 8451. Hülsen-Reinigungsmaschine zum Reinigen der **gebrauchten Metallhülsen** für **Scheibenbüchsen**, zum Anschrauben an den Tisch.
Stück Mk. 1.20

Nr. 8452. Reservebürsten zum Anschrauben an vorstehende Hülsen-Reinigungsmaschine.
Stück 30 Pf.

Neue Hülsen-Kalibrierpresse.

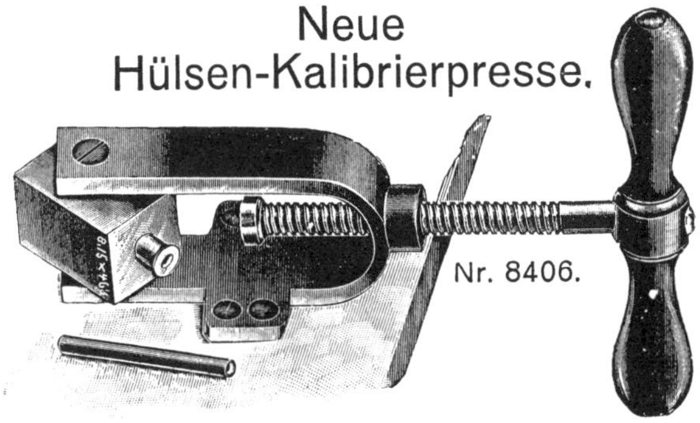

Nr. 8406.

Nr. 8406. Neue Hülsen-Kalibrierpresse zum Anschrauben an den Tisch, sehr solide gearbeitet. Die Presse ist äußerst praktisch, da solche durch Auswechseln der Matrize für jedes Kaliber verwendet werden kann. Bei Bestellung ist genaue Kaliberangabe erforderlich. Preis einschließlich eines Ausstoßstiftes bis Kaliber 8,15×46,5 mm.
Stück Mk. 5.60

Nr. 8407. Reserve-Matrizen für obige Kalibrierpresse, passend für Hülsen bis 52 mm lang . . . . Stück Mk. 2.20

Nr. 11991. Reserve-Matrizen für obige Kalibrierpresse, passend für Hülsen bis 65 mm lang . . . . Stück Mk. 3.—

Nr. 11992. Reserve-Matrizen für obige Kalibrierpresse, passend für Hülsen bis 82 mm lang . . . . Stück Mk. 3.25

Hülsen-Reinigungsmaschine.

D. R.-G.-M. D. R.-G.-M.

Trichter zu Nr. 8553.

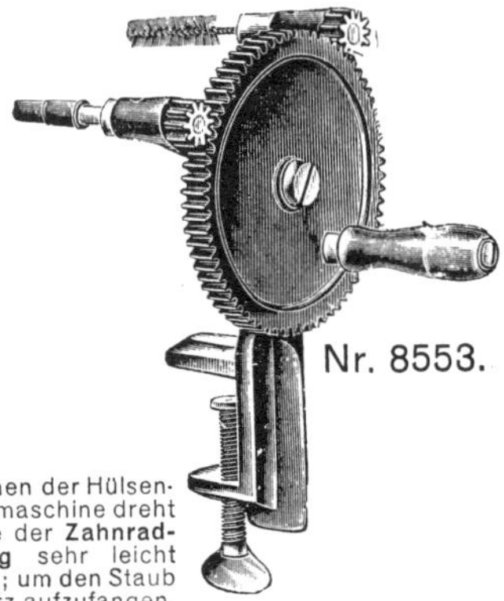

Nr. 8553.

Das Bürstchen der Hülsen-Reinigungsmaschine dreht sich infolge der **Zahnradübersetzung** sehr leicht und schnell; um den Staub und Schmutz aufzufangen, kann man über die Bürste einen Trichter stecken. Außer der Bürste — welche leicht auszuwechseln ist — befindet sich an dem Maschinchen ein Hülsenkonus, um welche man Lappen oder Putzwolle zum Blankputzen der Hülsen wickeln kann. Die Reinigungsmaschine ist aufs solideste konstruiert, die Eisenteile derselben sind bronziert. Gewicht 1,365 kg.

Nr. 8553. Reinigungsmaschine mit einer Reservebürste und Staubtrichter.
Stück Mk. 6.35

Nr. 11990. Reservebürste. Stück Mk. —.25

Raubtierfallen bester Qualität und bewährter Konstruktion.

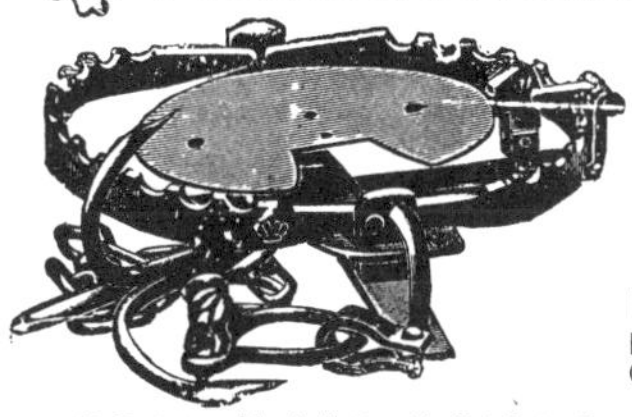

Universal-Tellereisen

sind die am meisten gekauften Eisen für Wolfs-, Fuchs-, Marder-, Iltis-, Wiesel- und Kaninchenfang. Die größten Fangresultate sind damit überall auf denkbar leichteste Methode erzielt worden.

Nr. 8840. Modell 11 (I. Größe). Für Wolf, Luchs, Hyäne, Otter. Bügelweiten 28×22 cm, Gewicht ca. 2,5 kg. Stück Mk. 7.80

Nr. 8841. Modell 11 a (II. Größe). Für Otter, Dachs, Fuchs usw. Bügelweiten 24×20 cm, Gewicht ca. 1,75 kg . . Stück Mk. 6.25

Nr. 8842. Modell 11 b (III. Größe). Für Fuchs, Marder, Iltis usw. Bügelweiten 20×18 cm, Gewicht ca. 1,25 kg. **Bestes und billigstes Fuchstellereisen** . . . . Stück Mk. 4.35

Nr. 8843. **Große Ankerkette,** welche zum Fuchsfang sehr zu empfehlen ist, wie obige Abbildung zeigt . . Stück Mk. 1.50

Nr. 8844. Modell 11 d (IV. Größe). Für Marder, Iltis, Hamster usw. Bügelweiten 19×15 cm, Gewicht ca. 1 kg . . . . Stück Mk. 3.—

Nr. 8845. Modell 11 e (V. Größe). Hauptsächlich für Kaninchen. Bügelweiten 15×12 cm . . . . . . Stück Mk. 2.50

Nr. 8846. Modell 11 c mit glatten Bügeln. Bügelweiten 15×12 cm. Für Wiesel, Ratten und Hamster, wie auch für Raub- u. Eisvögel. Stück Mk. 2.10

Ernst'sche Fuchs-Witterung,

bestehend aus fertigen Fangbrocken mit natürlichem Aasgeruch.

Nr. 8847. Große Original-Dose . . . . Stück Mk. 4.50

Nr. 8848. Kleine Dose . . . . Stück Mk. 2.50

Nachstehende Fallen sind für die größten Raubtiere in den Tropen konstruiert und werden damit die großartigsten Fangresultate erzielt.

Nr. 8854. Modell 125 a. **Größtes und stärkstes Tellereisen** mit doppelter Feder zum Fange von Löwen, Bären, Tigern, Hyänen, Leoparden, Panthern und dergleichen. Bügelweite 40×40 cm. Gewicht 27 kg . . . Stück Mk. 35.—

Nr. 8855. Dasselbe Eisen wie Nr. 8854, jedoch komplett mit starker Ankerkette und Federhaken zum Stellen. Stück Mk. 44.—

Nr. 8856. Modell 125 b. **Stärkstes Tellereisen** mit unterliegender Feder, für Puma, Leoparden, Tiger, Hyänen usw. Bügelausdehnung 30×35 cm, Gewicht ca. 15 kg . . . . Stück Mk. 19.—

Dieses Eisen eignet sich auch zum Fange von Schwarzwild. Sehr bequemes und gern gekauftes Eisen.

Nr. 8857. Dasselbe Eisen wie Nr. 8856, jedoch komplett mit starker Ankerkette und Federhaken zum Stellen Stück Mk. 26.—

Obige Abbildung zeigt einen in Nr. 8856 resp. 8857 gefangenen ostafrikanischen Leoparden.

Nr. 8858. Modell 125. **Vorzügliches starkes Tellereisen** mit außenliegender Feder für Puma, Panther, Leoparden, Hyänen, Schwarzwild usw. Bügelweite 30×35 cm, Gewicht ca. 10,5 kg, ganze Länge 75 cm. Preis komplett mit starker Ankerkette und Federhaken zum Stellen, Gewicht komplett ca. 15 kg. Stück Mk. 27.—

Nr. 8859. Modell 124, in Ausführung genau wie Nr. 8854, jedoch nur Bügelweiten 30×30 cm, ganze Länge 75 cm, Gewicht ca. 6 kg, für Luchs, Wolf, Hyänen und dergleichen Raubwild . . . . . Stück Mk. 15.—

Nr. 8860. Wie Nr. 8859, jedoch komplett mit Ankerkette und Federhaken zum Stellen, Gewicht ca. 8 kg. Stück Mk. 18.75

Nr. 8879. Fanganleitung zum Fange allen Raubzeuges. Stück Mk. —.60

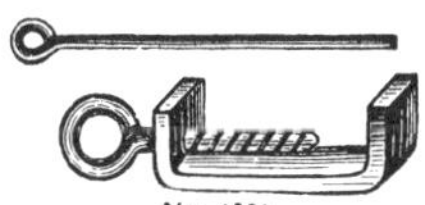

Nr. 8861.

Nr. 8861. **Federhaken** mit Dreheisen zum Stellen größerer Eisen. Stück Mk. 1.45

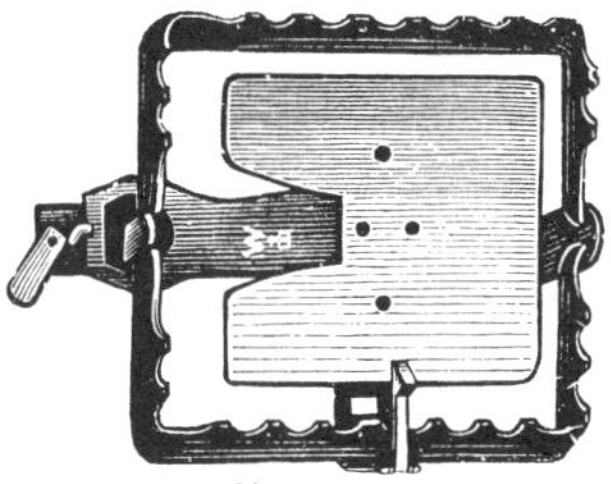

Nr. 8851.

56 Fischottern, 255 Dachse innerhalb sechs Jahren wurden von einem Gutsjäger mit diesem vorzüglichen Eisen gefangen.

Sehr bewährtes und handliches Otter- und Dachseisen.

Nr. 8849. Modell 126. **Bestes Ottertellereisen** mit Kasten, nach Freiherr von Hahnstein. Bügelweite 20 cm, Gewicht 3 kg. Stück Mk. 8.—

Nr. 8850. Dasselbe Ottertellereisen wie Nr. 8849, jedoch mit Kette. Gewicht 4 kg. Stück Mk. 9.50

Nr. 8851. Modell 126 c. **Ottereisen** mit unterliegender Feder und viereckigem Bügel. Bügelweite 20×19 cm, Gewicht ca. 2,5 kg. Bestes Ottereisen . . . . Stück Mk. 7.—

Nr. 8852. Modell 126 d. **Otter- und Dachseisen,** auch für Marder und Fuchs geeignet, Gewicht ca. 1,5 kg. Stück Mk. 5.75

Dieses Eisen ist ebenso gearbeitet wie Nr. 8851, jedoch etwas **schwächer** und ist Herren, die starke Federn **nicht** lieben, sehr zu empfehlen.

Nr. 8853. Ketten für Ottereisen, 3 m lang, mit 2 Wirbeln und 2 Ringen . . . . Stück Mk. 1.60

Neu! Neu!

Nr. 8873.

Nr. 8873. Modell 12 I. **Selbstabzugseisen** für Marder und Iltis usw. Bügelweite 37×27 cm, Gewicht ca. 3 kg. Stück Mk. 8.50

Nr. 8874. Modell 12 II. Bügelweite 24×20 cm, Gewicht ca. 2 kg. Für alles geringere Raubzeug. Stück Mk. 6.50

Nr. 8875. **Künstliche Fangeier,** mit Gips ausgefüllt, mit Messingöse u. Naturschale. Stück Mk. —.30

Altbewährtes praktisches Fangeisen, wo das Raubtier auf dem Platze getötet wird. Nachsuche also ausgeschlossen.

Der deutsche Schwanenhals im zugeschlagenen Zustande.

Dieselben werden mit einer neu erfundenen Stellung angefertigt, die so praktisch ist, daß selbst der Unkundige sie mit der größten Leichtigkeit aufstellen kann, und die wohl kaum mehr zu verbessern ist. Man erhält das Eisen im zugeschlagenen Zustande zugesandt und stellt es am bequemsten auf die Weise auf, wie es in der Gebrauchsanweisung, die jeder Sendung beigegeben wird, beschrieben ist.

Nr. 8910. Modell 5. **Der größte deutsche Schwanenhals** zum Fang von **Bären, Tigern, Panthern, Hyänen, Wölfen** usw. Bügellänge 1 m, Bügelbreite 1 m einschließlich Federhaken und Dreheisen. Gewicht ca. 25 kg. Stück Mk. 40.—

Nr. 8911. Modell 6. **Deutscher Schwanenhals** für **Wolf, Hyäne** usw. Bügelbreite 70 cm, Bügellänge 60 cm Stück Mk. 21.—

Nr. 8912. Modell 8. **Deutscher Schwanenhals,** speziell für **Fuchs,** auch für **Otter, Dachs** und **größere Raubvögel.** Bügellänge 45 cm, Bügelbreite 55 cm, Gewicht 5,5 kg . . . . . Stück Mk. 12.50

Nr. 8913. **Deutscher Schwanenhals** wie Nr. 8912, Modell 8, jedoch **mit Tellerstellung** . . . . . Stück Mk. 14.—

Letztere Konstruktion eignet sich sehr gut für Wild- und Gartendiebe.

2 Stellschieber zum leichteren Aufstellen für Nr. 8912 und 8913 Mk. 1.50

Nr. 8914. Modell 9. **Deutscher Schwanenhals,** speziell für Marder, Jltis usw. Bügellänge 37 cm, Bügelbreite 43 cm, Gewicht 3,5 kg. Stück Mk. 10.—

Nr. 8915. Derselbe **Deutsche Schwanenhals** wie Nr. 8914, jedoch **mit Tellerstellung.** Stück Mk. 12.—

Nr. 8916. **Verbesserte Spannvorrichtung** für Schwanenhälse. Stück Mk. 2.—

Nr. 8916.

Kastenfalle „Triumph".

Dieses Modell steht bisher in seiner Fangsicherheit und erzielten Resultaten einzig da. Die Falle dient zum Fange alles Haarraubwildes, welches lebend und unverletzt in derselben gefangen wird. Endlos sind die lobenden Aussprechungen über diese Falle und sollte diese in keinem Revier fehlen. **Besonders wichtig für Fasanerien. Von den Tierschutz-Vereinen wird diese Falle benützt und empfohlen.**

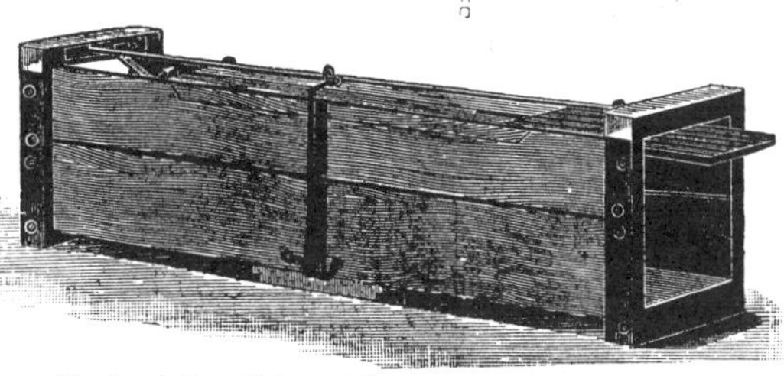

Kastenfalle „Triumph" in aufgestelltem Zustande.

Nr. 8917. III. Größe. Speziell für Katzen, Marder und Jltis. Von Kiefernholz, 120 cm lang, 22 cm hoch, 21 cm breit **(Katzenfalle des Tierschutz-Vereins Berlin).** Stück Mk. 14.50

Nr. 8918. IV. Größe. Für Marder, Jltis und Wiesel. Von Kiefernholz, 1 m lang, 15 cm hoch, 15 cm breit. Stück Mk. 10.—

Nr. 8919. V. Größe. Für Wiesel und Ratten. Allerkleinste Kastenfalle, 0,5 m lang. Stück Mk. 7.50

Raubtierfallen.

Der Wildentenfang mit Eisen Nr. 8920.

Nr. 8920. **Enteneisen,** gleichzeitig auf Abzug und Abdruck auslösend, einfachstes, bestes und billigstes Eisen für Säger, Taucher, Enten, Habicht, Krähen usw. Bügelweite 27 cm, Bügelbreite 21 cm, Gewicht ca. 1,25 kg. Stück Mk. 3.25

Nr. 8921. **Wildenteneisen** mit Haarabzug, speziell für Wildenten und Säger, Bügelbreite 28×22 cm, Gewicht ca. 1,25 kg. Stück Mk. 3.75

Nr. 8922. **Reiher-Tellereisen,** Bügelbreite 28×22 cm, Gewicht ca. 1,7 kg. Stück Mk. 4.—

NEU! Frettiernetz für den Kaninchenfang. NEU!

D. R.-G.-M.

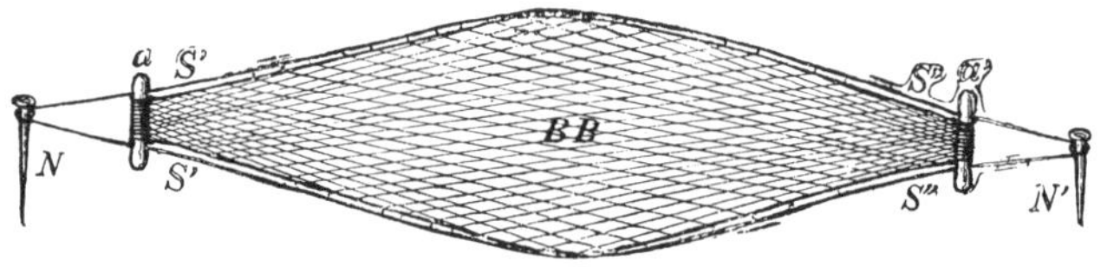

Nr. 11993. **Frettiernetz für den Kaninchenfang.** Da bei den bisherigen Konstruktionen der Frettiernetze stets noch ein Entweichen des durch das Frettchen in das Netz getriebenen Kaninchens dadurch möglich war, daß sich das Netz nicht schnell und sicher genug schloß, ist der Zweck vorliegender Neuerung, diese Mängel zu beseitigen. Wie aus der Zeichnung zu ersehen ist, wird das Netz BB vermittels der Stäbchen aa' so über den Bau gespannt, daß das Netz BB das Ausgangsloch des Baues vollständig überdeckt. Befestigt wird die Vorrichtung durch die Nägel NN', welche in die Erde gesteckt werden. Durch das von dem Frettchen aus dem Bau getriebene Kaninchen wird das Netz BB infolge der Anordnung der zwei Schnüre S'S' und S''S'' hinter dem eingesprungenen Kaninchen so zusammengezogen, daß die beiden Stäbchen aa' ein Entweichen des Kaninchens fast unmöglich machen. Stück Mk. 1.—

Nr. 11994. **Automatische, äußerst praktische Wiesel- und Rattenfalle** aus verzinktem Eisendraht. Stück Mk. 10.—

Nr. 11995. Dieselbe Falle nur für Ratten. Stück Mk. 5.50

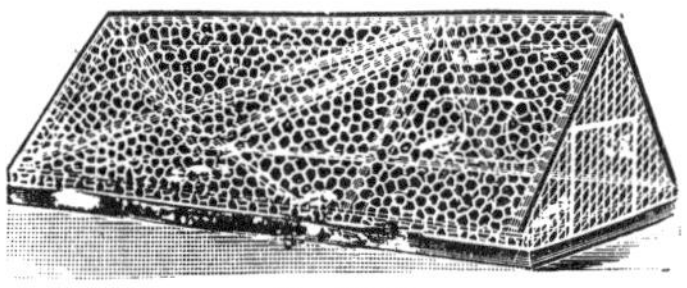

Nr. 8869.

Nr. 8869. **Automatischer Massenfänger für Sperlinge und Ratten.** Derselbe ist mit Kanariensamen, Hanf usw. in- und auswendig zu beködern und durch Moos, Zweige, Halme zu verblenden. Des Nachts eignet sich der Apparat zum Rattenfang, und ist derselbe zu diesem Zweck mit Stroh zu bedecken und mit Küchenabfällen zu beködern. Stück Mk. 14.50

Nr. 11996. **Alarm-Schuß-Apparat** zum Schutz gegen Diebe, namentlich gegen Wild- und Obstdiebe. Für Fasanerien, Tiergärten, Parkanlagen, Weinberge, Gemüsegärten, Lagerplätze, Viehweiden usw. Der Apparat wird an ein Brett, Pfosten oder auch an einen Baum festgeschraubt, die Mündung des Laufes nach der zu versperrenden, bezw. der zu schützenden Stelle – Toröffnung, Passage usw. gerichtet. Die Alarm-Schuß-Apparate werden mit einer Lefaucheux-Patrone, Kal. 16, geladen. Der Apparat ist ungefährlich und doch zweckentsprechend. Stück Mk. 5.—

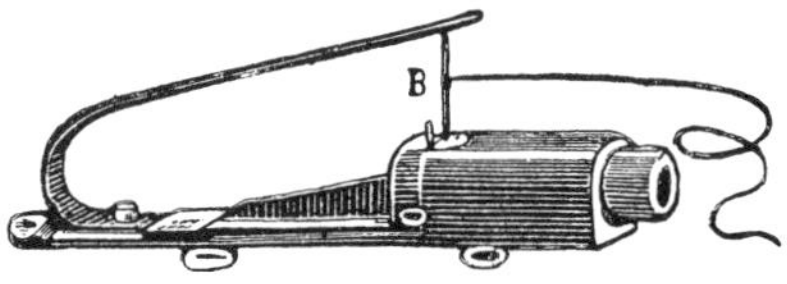

Nr. 8863.

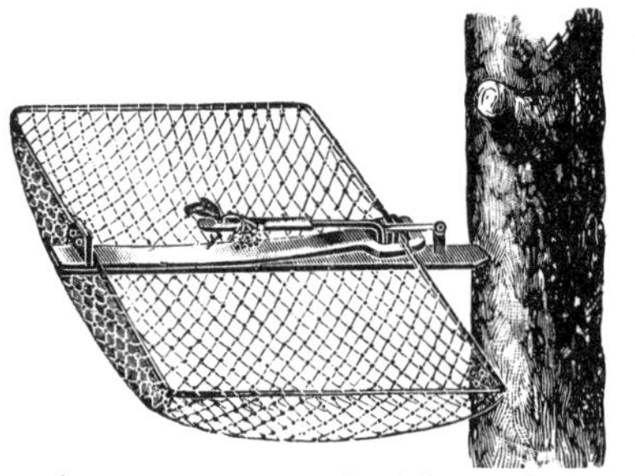

Nr. 8862. Modell 26. **Raubvogel-Pfahleisen.** Bügelweite 19×16 cm. Für alle Arten Raubvögel. Gewicht ca. ¾ kg. Stück Mk. 1.65

Nr. 8863. Modell 26a. **Raubvogel-Pfahleisen** mit gummiüberzogenen Bügeln, das Zerschlagen der Fänge wird dadurch verhütet und die Qual der gefangenen Raubvögel vollständig beseitigt. Stück Mk. 2.30

Nr. 8866. **Netzfalle** zum Fang von Krammetsvögeln, sowie für alle kleinen Vogelarten. Bügelweite 26×20 cm. Stück Mk. 2.15

Nr. 8867. **Netzfalle** für Sperber und Häher. Bügelweite 33×40 cm. Stück Mk. 3.10

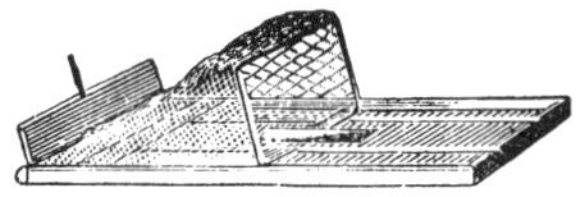

Nr. 8864. **Vogelschlagnetz** mit Holzrahmen für kleine Vögel. Stück Mk. 2.15

Nr. 8865. Dasselbe für große Vögel: Tauben, Rebhühner usw., 62×45 cm groß. Stück Mk. 3.90

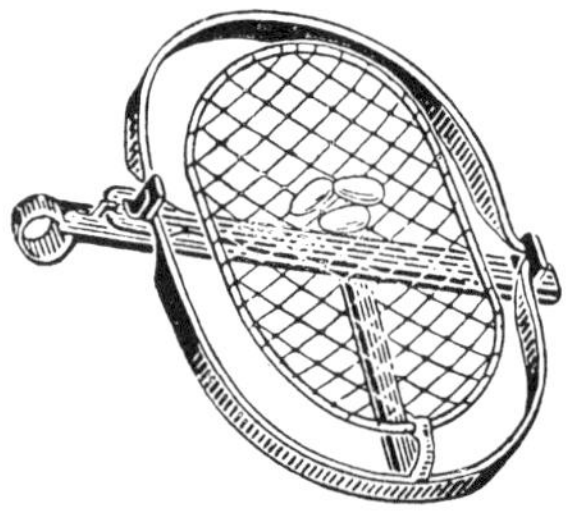

Nr. 8870. **Nesteisen,** vorzüglich für Krähen, Elstern usw. Gleicht einem Rebhuhn- oder Fasan-Neste. Bügelweite 13×24 cm, Gewicht ca. 1¼ kg. Stück Mk. 3.80

Nr. 8868. **Steigeisen,** ganz aus Stahl, mit darauf hängendem Lederriemen zum Befestigen an die Unterschenkel. Diese Steigeisen eignen sich sehr gut zum **Erklettern astloser Bäume,** auf welchen sich Krähen- und Raubvögelhorden befinden. Paar Mk. 3.50

Nr. 8868. Steigeisen.

Nr. 8923.

Nr. 8923.

Neuester verbesserter Habichtsfang mit konischem Korb, Durchmesser 42 cm, Höhe 22 cm. Das zu diesem Korb gehörige Eisen liegt mit den Bügeln vollständig verdeckt, die Taube ist daher für den Raubvogel sehr sichtbar. Der Vorzug dieses Habichtsfanges besteht darin, daß der Raubvogel die im Korbe befindliche Taube besser eräugt, weil bei diesem Eisen die breite Querschiene in Wegfall gekommen ist.

Stück Mk. 10.—

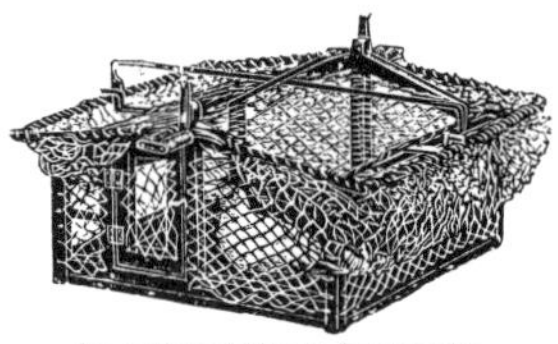

In aufgestelltem Zustande.

Nr. 8924.

Habichtskorb „Rapid". Der Habichtskorb „Rapid" übertrifft in Konstruktion und Einfachheit sämtliche andern Systeme und ist vorzüglich geeignet zum Lebendfangen. Der Vogel bleibt beim Fange unbeschädigt. Stück Mk. 14.—

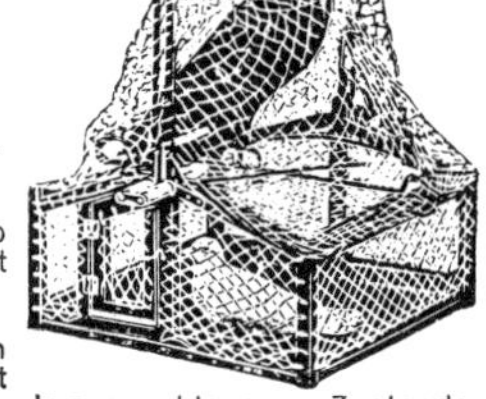

In zugeschlagenem Zustande.

Nr. 8871.

Eisvogel- und Ratteneisen mit untergelegter Feder.

Stück Mk. 1.10

Nr. 8871.

Nr. 8872.

Allerkleinstes Tellereisen für Eisvögel, mit einseitiger rundgebogener Feder.

Stück Mk. —.75

Moderne Waffen ▫ Munition ▫ Jagdgeräte

AUGUST STUKENBROK, EINBECK

Anerkannt leistungsfähiges Etablissement dieser Branche

Rehgehörne und Hirschgeweihe

schön geperlt, schädelecht und aufgesetzt, in jeder Preislage.

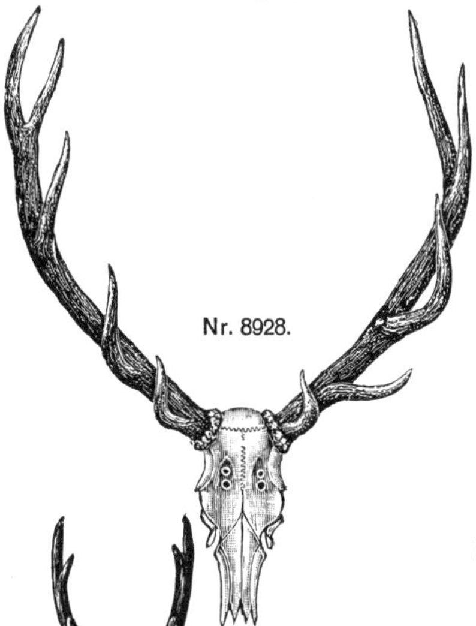

Nr. 8928.

Schönster Schmuck

für Jagd-, Herren- und Speisezimmer, Wirtschaftslokalitäten, Korridors, Vorhallen usw.

Nr. 8928. Deutsche Rothirschgeweihe, schädelechte, vom Spießer bis zum 14-Ender und Vielender, je nach Größe und Schönheit

Stück von Mk. 5.— bis Mk. 200.—

Nr. 8929. Deutsche Damhirschgeweihe, schädelecht und aufgepaßt auf Schild, je nach Größe und Schönheit.

Stück von Mk. 10.— bis Mk. 25.—

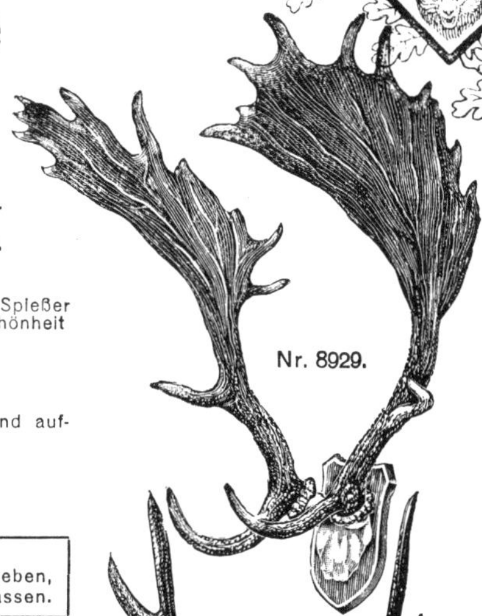

Nr. 8929.

> Bei freundlicher Bestellung bitte ich die ungefähre Preislage der Gehörne und Geweihe anzugeben, doch bitte ich hierbei, da Naturprodukte, mir etwas freie Hand zu lassen.

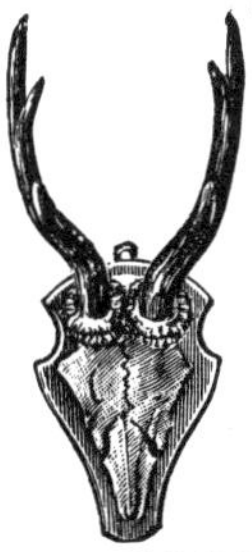

Nr. 8930. Deutsche Rehgehörne, schädelecht und aufgepaßt auf Schild, je nach Größe und Schönheit.

Stück von Mk. 3.— bis Mk. 12.—

Nr. 8931. Sibirische Rehgehörne, extra groß und schön geperlt, schädelecht und aufgepaßt auf Schild, je nach Größe u. Schönheit.

Stück von Mk. 5.— bis Mk. 15.—

Nr. 8932. Dasselbe Gehörn auf künstlichen Schädel naturgetreu aufgesetzt.

Stück von Mk. 4.50 bis Mk. 12.—

Nr. 8933. Virginische Hirschgeweihe, sehr schöne Exemplare, schädelecht und aufgepaßt auf Schild, je nach Endenzahl und Schönheit.

Stück von Mk. 3.— bis Mk. 12.—

Nr. 8934. Ostindische Hirschgeweihe, schädelecht und aufgepaßt auf Schild, je nach Größe und Schönheit.

Stück von Mk. 3.— bis Mk. 20.—

Auch liefere ich eine Gruppe von ca. 3 bis 6 Stück sortiert für Mk. 20.— fertig zum Aufhängen mit Schild.

Außer vorgenannten Geweihen liefere ich auch noch jede anderen ausländischen Geweihe und diene auf Wunsch mit näheren Angaben. Ferner übernehme ich das Aufsetzen von Geweihen und Gehörnen zu billigsten Preisen unter Garantie tadelloser Ausführung.

> **Sämtliche Geweihe sind unter Garantie sauberst und technisch richtig aufgepaßt und kommen nur extra gute Exemplare auf prima Geweihschildern zur Versendung.**

Künstliche Schädel in naturgetreuer Ausführung.

Bei Bestellung bitte ich die Stärke des Rosenstocks anzugeben.

Ausführung der Schädel. Sämtliche Schädel werden in Zink geliefert. Dieselben sind mit einem naturgetreuen Anstrich versehen, auch werden die Schädelnähte natürlich nachgezeichnet. Die Preise verstehen sich mit einem Paar Holzschrauben, die sich nach Möglichkeit biegen lassen. Sämtliche Schädel sind so eingerichtet, daß dieselben von der Rückseite auf die betr. Holzrosetten aufgeschraubt werden können. Auch liefere ich bei jeder Sendung ein Gläschen Farbe mit, zum Nachstreichen der verkitteten Stellen unter den Rosen. Als Modelle verwende nur natürliche Schädel. Ferner wolle man die Schädel nicht zu kurz ausgeschnitten wählen, da die Rosenstöcke immer etwas länglich gehalten sind.

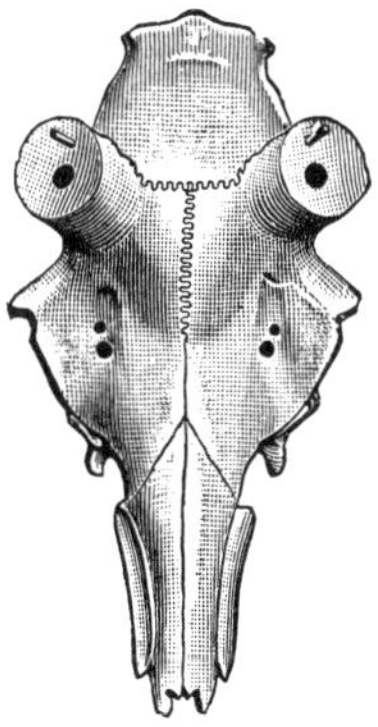

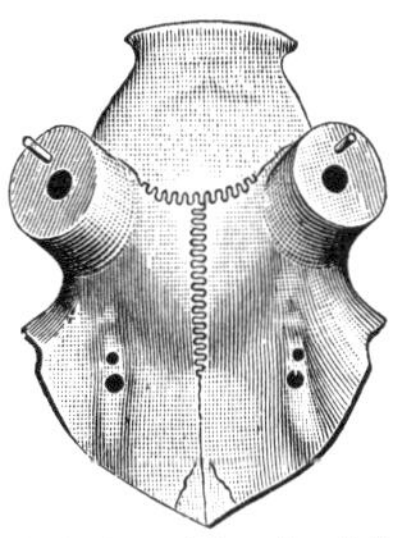

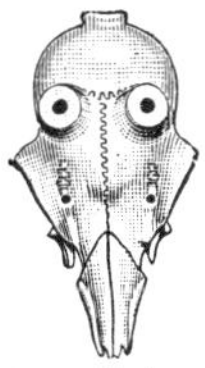

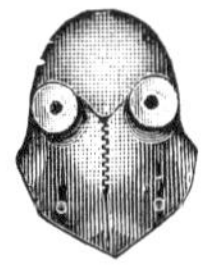

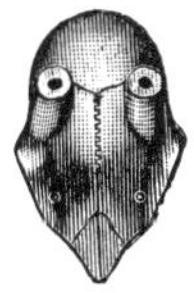

Nr. 8935. Hirschschädel in langer Form, Schädel mit Nasenbein, für besonders starke Stangen bis 70 mm geeignet.

Stück Mk. 5.—

Nr. 8937. Hirschschädel in gewöhnlicher Form, für besonders starke Stangen bis 70 mm geeignet.

Stück Mk. 4.25

Nr. 8939. Rehschädel für sibirische und deutsche Rehgehörne geeignet, Schädel mit Nasenbein, in langer Form.

Stück Mk. 1.20

Nr. 8941. Rehschädel in gewöhnlicher Form, für sibirische, sowie recht starke deutsche Rehgehörne geeignet.

Stück 65 Pf.

Nr. 8943. Rehschädel in natürlicher gewöhnlicher Form, für starke Rehgehörne bis 28 mm geeignet.

Stück Mk. 1.10

Nr. 8936. Der gleiche Schädel, jedoch für mittlere und schwache Stangen geeignet, von 30 bis 50 mm.

Stück Mk. 3.60

Nr. 8938. Der gleiche Schädel, jedoch für mittlere und schwache Stangen geeignet, von 30 bis 50 mm.

Stück Mk. 3.40

Nr. 8940. Der gleiche Schädel, jedoch speziell für deutsche Rehgehörne geeignet.

Stück Mk. 1.—

Nr. 8942. Der gleiche Schädel, jedoch speziell für deutsche Rehgehörne geeignet.

Stück 45 Pf.

Nr. 8944. Der gleiche Schädel, jedoch für deutsche Rehgehörne von 12 bis 24 mm starkem Rosenstock.

Stück 90 Pf.

Jede anderen Schädel in jeder gewünschten Stärke werden schnellstens zu den vorteilhaftesten Preisen geliefert.

Moderne Waffen ▫ Munition ▫ Jagdgeräte

AUGUST STUKENBROK, EINBECK

Anerkannt leistungsfähiges Etablissement dieser Branche

Geweihschilder in hell und dunkel Eiche oder schwarz poliert.

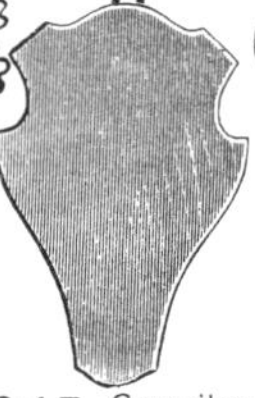

Nr. 8945. Geweihschild für Hirschschädel mit Nasenbein, normale Größe. Stück Mk. 1.25

Nr. 8946. Geweihschild für Rehschädel mit Nasenbein. Stück 80 Pf.

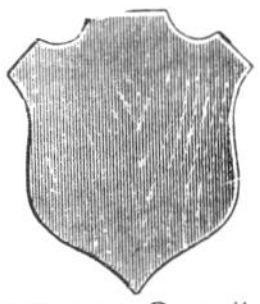

Nr. 8947. Geweihschild für Hirsche, normale Größe. Stück Mk. 1.—

Nr. 8948. Geweihschild f. Rehkronen. Stück 50 Pf.

Nr. 8949. Geweihschild für Hirsche, normale Größe. Stück Mk. 1.15

Nr. 8950. Geweihschild f. Rehkronen. Stück 60 Pf.

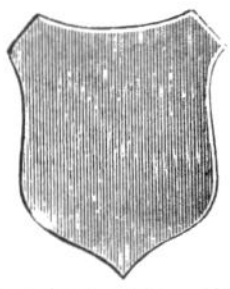

Nr. 8951. Geweihschild für Hirsche, normale Größe. Stück Mk. 1.10

Nr. 8952. Geweihschild f. Rehkronen. Stück 55 Pf.

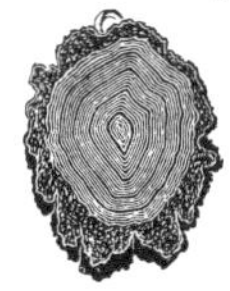

Nr. 8953. Geweihschild für Rehgehörne in mittlerer Größe. Birken-, Eichen- und Akazien-Abschnitte. Stück 35 Pf.

Nr. 8954. Geweihschild, rund, passend für Hirschgeweihe. Stück 80 Pf.

Nr. 8955. Geweihschild f. Rehkronen. Stück 30 Pf.

Rehgehörn- und Hirschgeweih-Gegenstände.

Verwendung nur echter Gehörne oder Geweihe.

Sauberste Bearbeitung. Sehr moderne Geschenkartikel. Vorzüglich geeignet zu Schießpreisen usw.

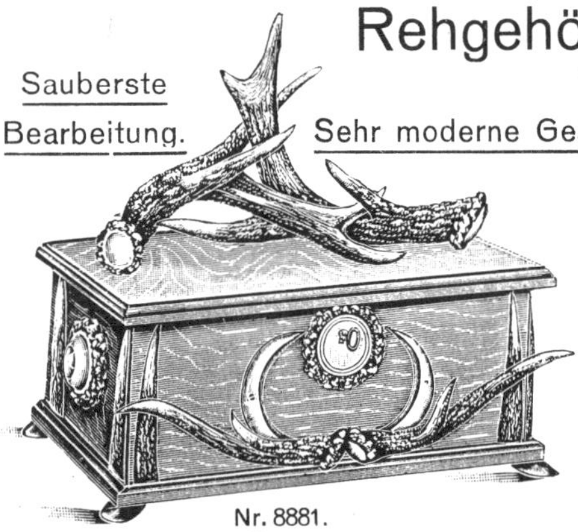

Nr. 8881.

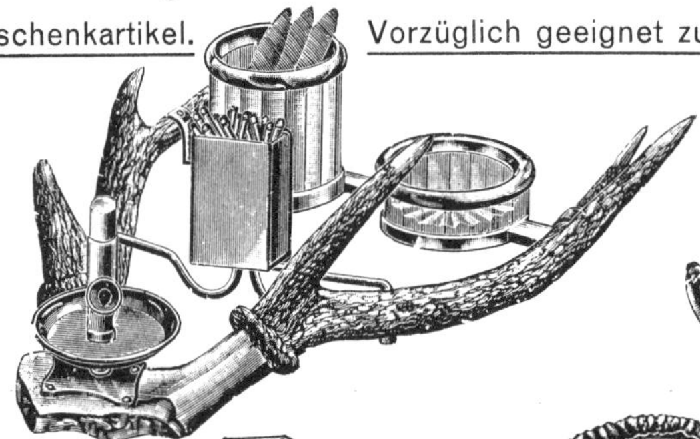

Nr. 8880.

Nr. 8894.

Nr. 8982.

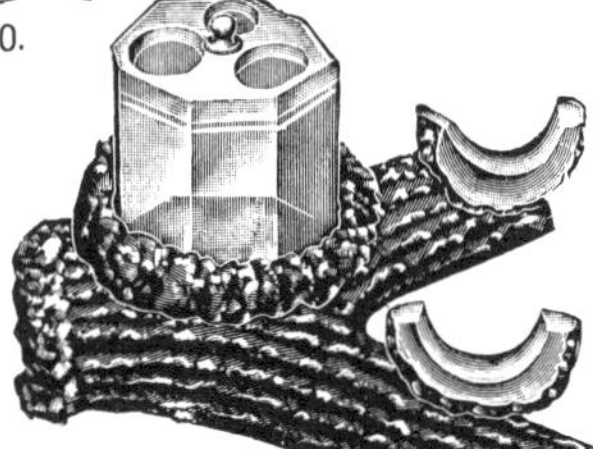

Nr. 8961.

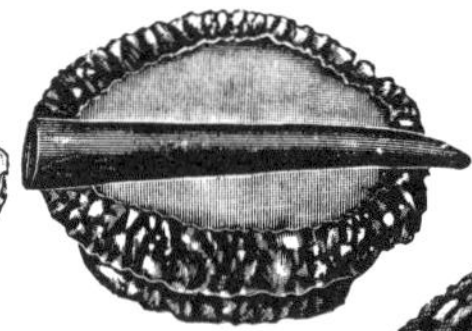

Nr. 8892.

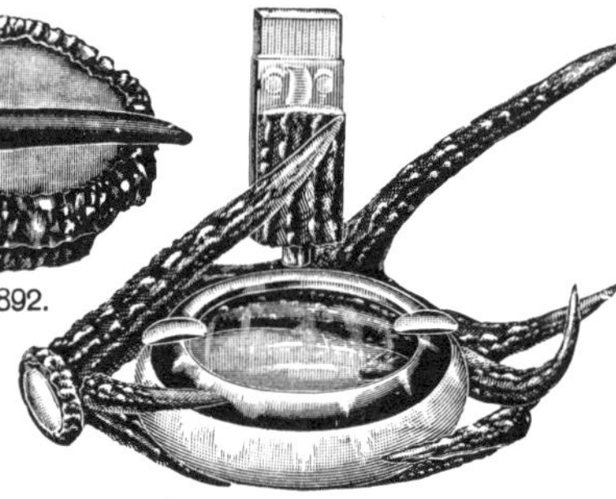

Nr. 8895.

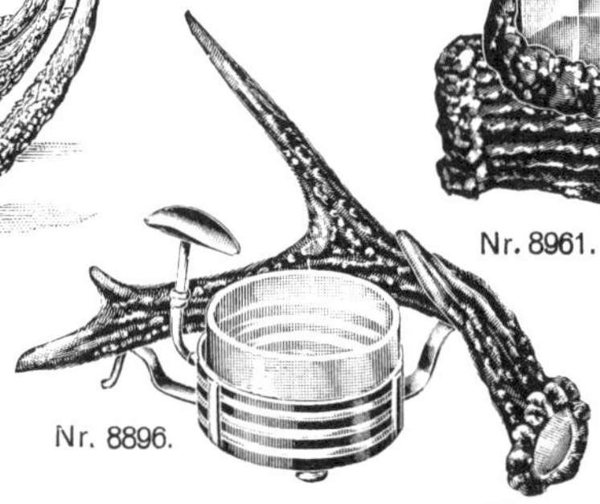

Nr. 8896.

Nr. 8891.

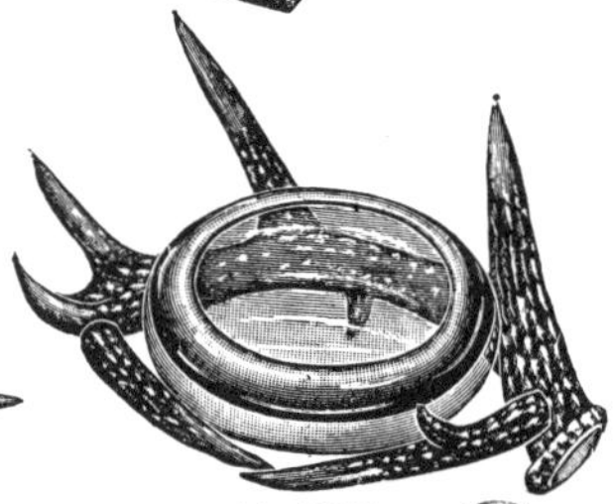

Nr. 8897.

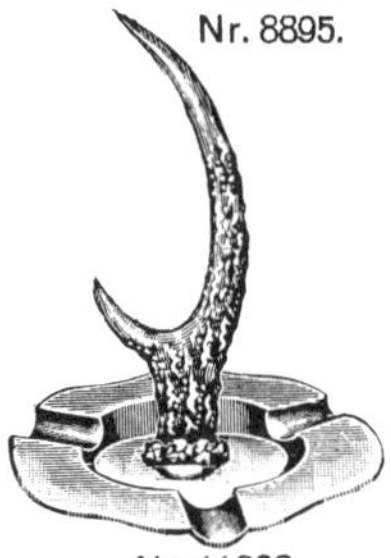

Nr. 11998.

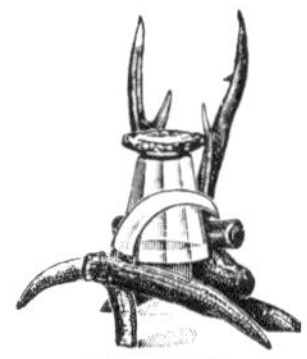

Nr. 8886.

Nr. 8893.

Nr. 11997.

Nr. 8960.

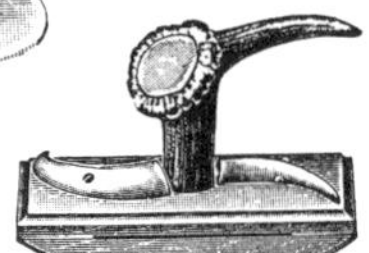

Nr. 8898.

Nr. 8880.	**Elegantes Rauchservice,** schädelechtes Hirschgeweih mit vernickeltem Zigarrenabschneider, Schwedenständer, Zigarren- und Aschenbecher	Stück Mk. 15.—
Nr. 8881.	**Zigarren- oder Tabakkasten,** Eichen oder Nußbaum, mit Hirschhorn und Rehstange dekoriert	Stück Mk. 20.—
Nr. 8882.	**Derselbe,** jedoch etwas einfacher dekoriert, ohne Aufsatz	Stück Mk. 15.—
Nr. 8886.	**Schreibzeug,** bestehend aus einem großen Glas, Hirschhornfuß und Federauflage, ca. 17 cm hoch, ca. 15 cm breit	Stück Mk. 4.50
Nr. 8891.	**Aschenbecher,** schöne Virginierstange mit poliertem Kupferbecher	Stück Mk. 2.75
Nr. 8892.	**Aschenbecher** aus Hirschrose mit Spitze	Stück Mk. 1.50
Nr. 8893.	**Rauchsatz,** Hirschhornstück, Glasschale mit Nickeleinfassung u. Streichholzständer, ca. 9 cm hoch, ca. 17 cm breit	Stück Mk. 9.75
Nr. 11997.	**Aschenbecher** aus schöner virginischer Hirschstange mit Altkupferschale und geprägtem Hirschkopf	Stück Mk. 2.50
Nr. 11998.	**Aschenbecher** aus Rehstange mit Messing- oder Kupferschale	Stück Mk. 2.90
Nr. 8894.	**Rauchsatz,** Hirschhornstange und Glasschale mit Nickeleinfassung, ca. 20 cm hoch, ca. 25 cm breit	Stück Mk. 7.50
Nr. 8895.	**Rauchsatz,** Hirschhornstange, Glasschale mit Nickeleinfassung und Hirschhornstreichholzständer, ca. 11 cm hoch, ca. 25 cm breit	Stück Mk. 9.—
Nr. 8896.	**Rauchsatz,** Kristallschale, Einfassung matt vergoldet, Hirschhornstange, ca. 11 cm hoch, ca. 21 cm breit	Stück Mk. 15.25
Nr. 8897.	**Rauchsatz,** Hirschhornstange, Glasschale mit Nickeleinfassung, ca. 10 cm hoch, ca. 18 cm breit	Stück Mk. 4.35
Nr. 8898.	**Löscher** aus Holz, mit Hirschhornkrücke und Hirschhornschalen	Stück Mk. 2.25
Nr. 8960.	**Schreibzeug** aus Damschaufelfuß, Hirschrosen, mit Federauflage und Kristalltintenfaß	Stück Mk. 4.50
Nr. 8961.	**Schreibzeug,** Hirschrose und Kristalltintenfaß auf Hirschhornstange mit Federauflage, ca. 9 cm hoch, ca. 15 cm breit	Stück Mk. 8.40
Nr. 8982.	**Rauchservice** aus 2 echten virginischen Hirschstangen, Streichholzständer, Zigarrenbehälter und Aschenbecher aus gehämmertem Messing, sehr modern	Stück Mk. 12.—

Der gute Ruf meiner Firma verbürgt reellste Bedienung.

Rehgehörn- und Hirschgeweih-Gegenstände.

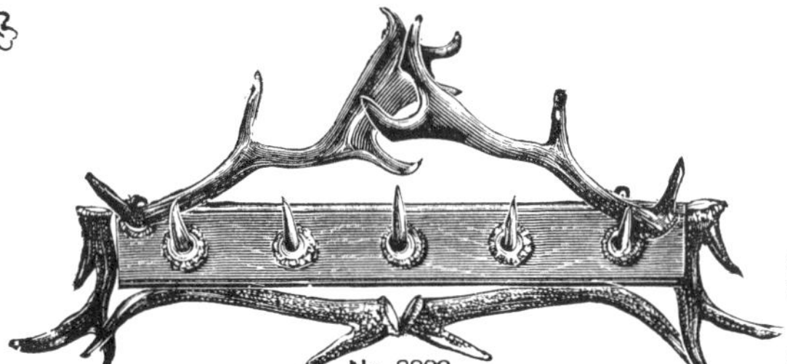
Nr. 8883.

Nr. 8888.

Nr. 8996.

Nr. 9000.

Nr. 8998.

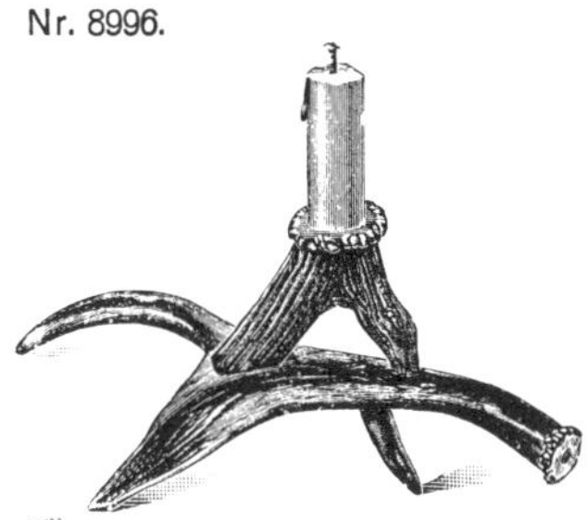
Nr. 8906.

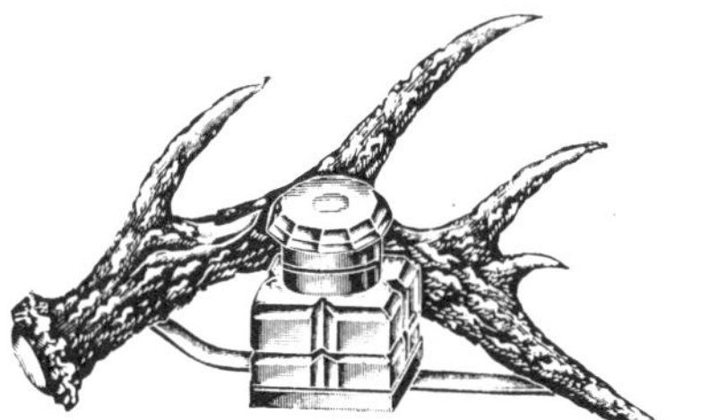
Nr. 8997.

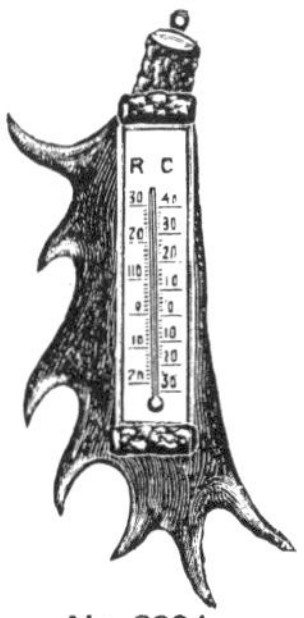
Nr. 8994.

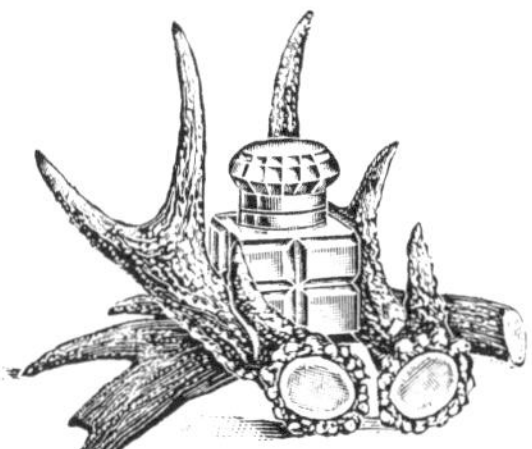
Nr. 8999.

Nr. 8899.

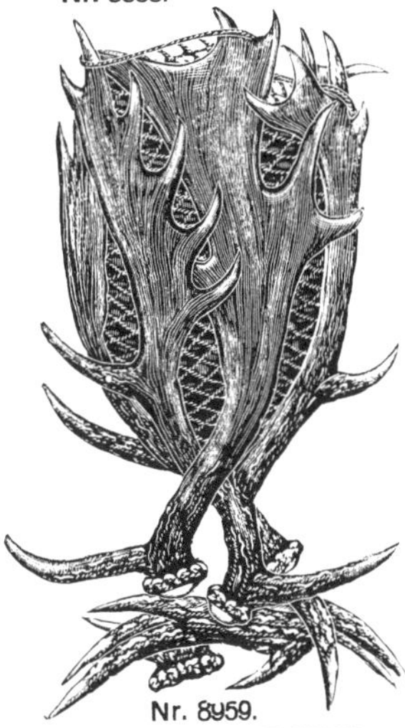
Nr. 8959.

Nr. 8900.

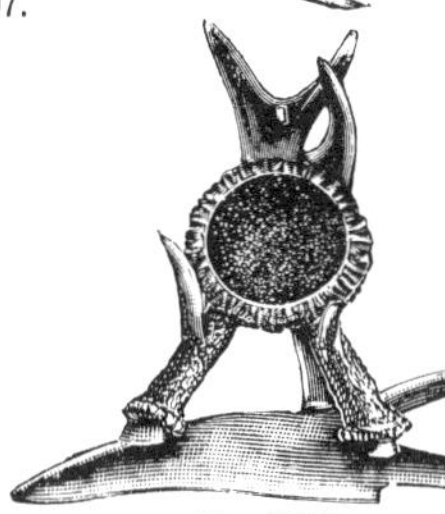
Nr. 8887.

Nr. 8981.

Nr. 8907.

Nr. 8964.

Nr. 8885.

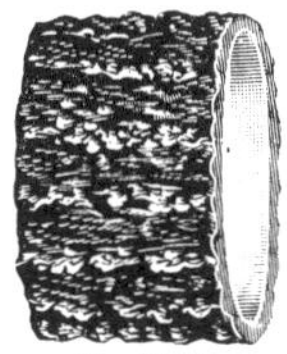
Nr. 8995.

Nr. 8969.

Nr. 8883.	**Garderoben- und Gewehrhalter** aus geschnitzter Eichenholzleiste mit hübscher Geweihdekoration, 75 cm lang, 45 cm hoch	Stück Mk. 11.75
Nr. 8884.	**Derselbe,** jedoch etwas einfacher dekoriert	Stück Mk. 9.50
Nr. 8996.	**Garderobenhalter** aus Eichenholzleiste mit 2 Hirschstangen, Hirschrose mit Hirschzinken, ca. 60 cm lang und 20 cm hoch	Stück Mk. 4.40
Nr. 8885.	**Barometer mit Thermometer,** ganz aus Hirschhorn, 45 cm hoch, 20 cm breit, zum Stellen	Stück Mk. 17.—
Nr. 8887.	**Uhrständer,** Damschaufelfuß mit Virginierstange	Stück Mk. 7.25
Nr. 8888.	**Bilderrahmen,** hoch, reich dekoriert, mit beliebiger Photogravüre, Gesamthöhe ca. 100 cm, Breite 55 cm.	Stück Mk. 30.—

Dieser Rahmen wird auch in Querformat zum gleichen Preise geliefert.

Nr. 8899.	**Garderobenhalter,** Birkenscheibe mit Hirschrose und Rehlauf	Stück Mk. 1.50
Nr. 8900.	**Kerzenleuchter** mit Viginier- oder Rehstangen	Stück Mk. 6.—
Nr. 8906.	**Kerzenleuchter** mit Damschaufelfuß und Hirschstange.	Stück Mk. 4.50
Nr. 8907.	**Schirm- und Stockständer** mit Metallbecken, **Hirschhornstange** und Viginierstangen	Stück Mk. 14.—
Nr. 8959.	**Papierkorb,** ganz aus Damhirschstangen, ca. 50 cm hoch, ca. 33 cm breit	Stück Mk. 25.—
Nr. 8964.	**Menageständer,** 2 teilig, mit Hirschrosen und Kristallgefäßen, ca. 11 cm hoch, ca. 15 cm breit	Stück Mk. 4.50
Nr. 8969.	**Serviettenring,** Hirschhornstück, innen poliert, mit Jagdstück geschnitzt	Stück Mk. 2.75
Nr. 8994.	**Thermometer** auf Damschaufel, ca. 30 cm hoch, 10 cm breit.	Stück Mk. 4.25
Nr. 8995.	**Serviettenring** aus echtem Hirschhornstück, innen fein poliert	Stück Mk. 1.50
Nr. 8981.	**Barometer** zum Hängen, mit starker Damschaufel und Viginierstange, ca. 40 cm hoch, 20 cm breit	Stück Mk. 15.—
Nr. 8997.	**Schreibzeug** aus echt. Virginierstange, mit geschliffenem Kristalltintenfaß in Messing-Einfassung	Stück Mk. 7.25
Nr. 8998.	**Schreibzeug** mit Virginierstange auf schönem Damschauflerfuß	Stück Mk. 6.—
Nr. 8999.	**Schreibzeug** mit 2 Virginierstangen, auf Damschaufelfuß, geschliffenes Glas, ca. 25 cm lang, 20 cm breit	Stück Mk. 5.80
Nr. 9000.	**Schreibzeug** mit 2 geschliffenen Tintenfässern, aus Virginierstangen, 2 Hirschrosen und Federauflage	Stück Mk. 11.50

Rehgehörn- und Hirschgeweih-Gegenstände.

Nr. 8927.

Nr. 8889.

Nr. 8633.

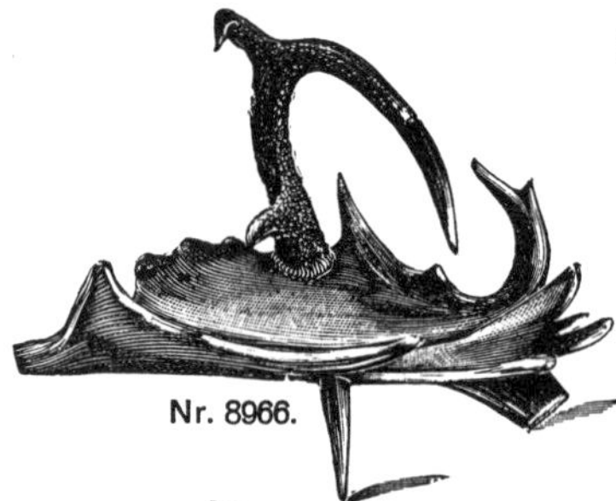
Nr. 8966.

Nr. 8979.

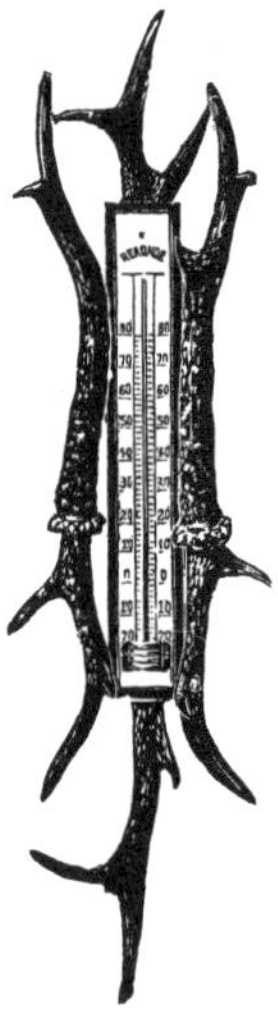
Nr. 8980.

Nr. 8978.

Nr. 8890.

Nr. 8973.

Nr. 8962.

Nr. 8970.

Nr. 8968.

Nr. 8977.

Nr. 8965.

Nr. 8963.

Nr. 8967.

Nr. 8971.

180

Nr. 8633. **Weinservice**, bestehend aus Hirschstangengestell mit Damschaufelfuß, Weinkanne und -gläsern in altdeutschem Stil, fein geschliffen, geätzt oder bemalt, je nach Preislage . . . Stück von Mk. 30.— ab

Nr. 8889. **Likörservice**, Gestell aus Hirschstangen, 1 Flasche, 6 Gläser mit gravierten Jagdstücken, je nach Ausstattung, ca. 38 cm hoch, 22 cm breit . . . . Stück Mk. 20.—

Nr. 8927. **Likörservice**, bestehend aus schöner Hirschstange mit Hirschrosen als Gläserhalter, fein geschliffene Gläser in verschiedenen modernen Farben, ca. 25 cm lang, 18 cm breit Stück Mk. 7.25

Nr. 8890. **Menage**, fünfteilig, für Essig, Oel, Senf, Salz und Pfeffer, Hirschspitzen als Fuß, ca. 20 cm hoch, 15 cm breit . . Stück Mk. 11.75

Nr. 8962. **Bierseidel**, 0,4 Liter Inhalt, ca. 10 cm hoch, mit fein polierter Hirschrose . . . . Stück Mk. 2.75

Nr. 8963. **Bierseidel**, 0,5 Liter Inhalt, ca. 18 cm hoch, mit fein polierter Hirschrose . . . . Stück Mk. 6.—

Nr. 8965. **Tafelaufsatz** mit Fruchtschale und Blumenvase, reich dekoriert . . . . Stück Mk. 20.—

Nr. 8966. **Fruchtschale aus 2 schönen Damschaufeln mit Virginierstange** . . . . Stück Mk. 7.50

Nr. 8967. **Weinkühler**, Altkupfer gehämmert, mit Hirschspitze, ca. 30 cm hoch, ca. 29 cm breit . . . . Stück Mk. 22.50

Nr. 8968. **Flaschenuntersatz**, Altkupfer mit Hirschspitze, ca. 9 cm hoch, ca. 22 cm breit . . . . Stück Mk. 9.80

Nr. 8970. **Gong**, Messing graviert, schöne Hirschstange, mit Hirschhornfuß und Klöppel, ca. 44 cm hoch, ca. 27 cm breit . . . . Stück Mk. 15.—

Nr. 8971. **Rasiergarnitur**, bestehend aus Seifenschale mit Pinsel, auf Damschaufeln mit Virginierstangen, ca. 17 cm hoch, ca. 26 cm breit . . . . Stück Mk. 13.25

Nr. 8973. **Zigarrenschränkchen**, Eiche mattiert und Hirschhorn verziert, ca. 60 cm hoch, ca. 34 cm breit . . . . . . Stück Mk. 25.—

Nr. 8977. **Likörservice**, 6 feine Gläschen in Messing-Einfassung und Hirschstange, ca. 15 cm hoch, ca. 26 cm breit . . Stück Mk. 15.50

Nr. 8978. **Kork mit Rehzinken**, ca. 10 cm hoch . . . . Stück Mk. 1.20

Nr. 8979. **Flaschenkork mit fein polierter Hirschrose** . . . . . Stück Mk. —.70

Nr. 8980. **Thermometer aus Hirschstangen mit Metallskala, zum Hängen** . . . . Stück Mk. 11.50

Hirschhorngegenstände und Kronleuchter.

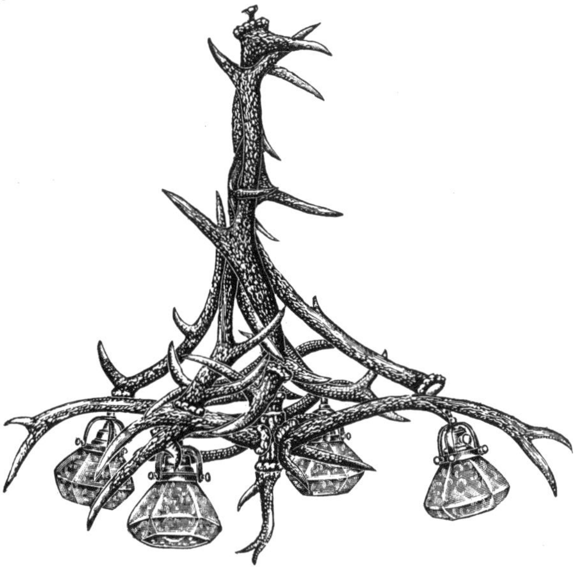

Nr. 8993. **Kronleuchter,** ca. 90 cm hoch, 100 cm breit, sehr modern, feinste Arbeit. Stück **Mk. 90.—**

Diese Leuchter werden für alle Lichtarten hergestellt und können hierbei alle Wünsche bezüglich Ausstattung usw. Berücksichtigung finden. Bei Bedarf wolle man unter genauer Angabe des Gewünschten Spezialofferte einfordern.

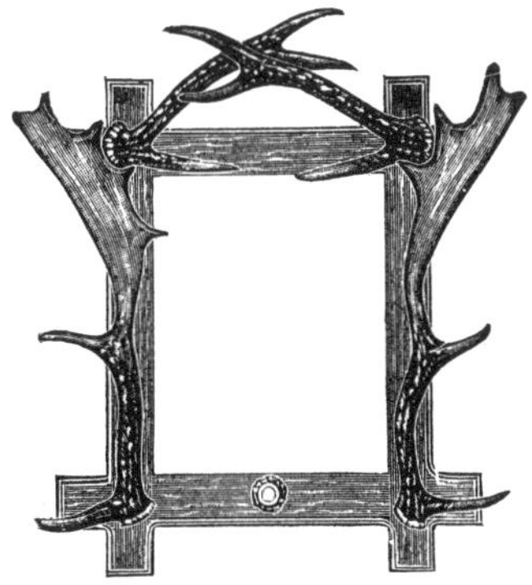

Nr. 8976. **Bilderrahmen** aus Eichenholz und Hirschhorn, ca. 70 cm hoch, 45 cm breit. Stück **Mk. 16.—**
(Bei Bestellung bitte Größe des Bildes anzugeben.)

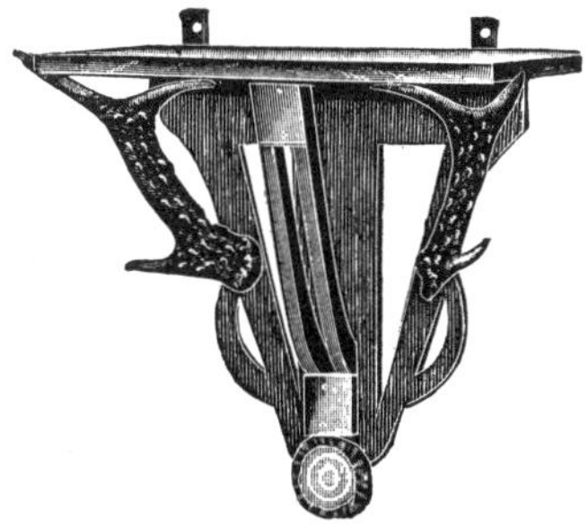

Nr. 8972. **Konsole** aus Eiche, modern dekoriert, mit 2 schönen Hirschstangen und Hirschrose, ca. 25 cm hoch, 22 cm breit. Stück **Mk. 6.—**

Nr. 8974. **Photographie-Ständer** für Visitbilder, aus 2 Rehstangen, ca. 17 cm hoch, 15 cm breit. Stück **Mk. 4.75**

Nr. 8975. **Photographie-Ständer** wie vor, jedoch für Kabinettbilder. Stück **Mk. 7.50**

Zur weiteren Ausschmückung von Jagd-, Herren- und altdeutschen Salons empfehle ich

Ausgestopfte Tiere,

rein dermoplastisch hergestellt, künstlerisch, naturgetreu, und kann für Haltbarkeit volle Garantie geleistet werden.

Bitte um vorherige Anfrage, da Lager wechselt und auch öfter geräumt ist.

	Mark
Seeadler auf Felsen sitzend	45.—
Seeadler jung, sitzend	40.—
Seeadler abfliegend	55.—
Seeadler mit Fisch als Beute	65.—
Uhu mit Hasen fauchend	70.—
Uhu (weiß) abfliegend	80.—
Mäusebussard abfliegend	9.50
Rauhfußbussarde abfliegend	10.—
Hühnerhabichte abfliegend	12.—
Turmfalken abfliegend	6.—
Turmfalken sitzend	5.—
Zwergfalken abfliegend	7.50
Ohreulen abfliegend	6.—
Ohreulen sitzend	5.—
Sperbereulen sitzend	12.—
Waldkauz	5.50
Uralkauz	20.—

	Mark
Häher abfliegend	5.—
Häher sitzend	4.—
Elstern abfliegend	5.50
Elstern sitzend	4.50
Sperber abfliegend	5.50
Silbermöven fliegend	12.—
Lachmöven fliegend	6.—
Dreizeh. Möven	7.—
Auerhähne balzend (bayr. Hähne)	35.—
Auerhähne Stilleben	28.—
Birkhähne balzend	15.—
Birkhähne Stilleben	15.—
Birkhenne	8.50
Auerhenne	17.—
Fasan sitzend	14.—
Fasan Stilleben	12.—
Fischreiher	15.—

	Mark
Fischreiher Stilleben	18.—
Schneehühner	7.—
Enten verschiedene Sorten	6–10.—
Alle Arten Wasservögel billigst.	
Paradiesvögel	ca. 7–10.—
Papageien	8–14.—
Bienenfresser	6.50
Blaues Sultanshuhn	14.—
Starke Eber	250–300.—
Eberköpfe	75 90.—
2 Rehe (Bock und Ricke)	140.—
Rehköpfe	25–30.—
Eichhörnchen	4.—
Hermelin	5–6.—
Füchse	15–20.—
Hasen sitzend	12.—
Hasen Stilleben	14.—

Ich bemerke zu meinen Präparaten, daß solche gegen Motten usw. geschützt sind, und von solchen nicht angegangen werden, die ausgestopften Tiere bleiben daher stets in ihrer ursprünglichen Schönheit.

Die Verpackung der Präparate wird mit peinlichster Sorgfalt ausgeführt und zum Selbstkostenpreis berechnet. Die Sendungen gehen auf Gefahr des Empfängers.

Ausgestopfte Tiere sind niemals mit den Händen zu berühren, das Reinigen hat nur mit einem Staubwedel zu geschehen, — dürfen daher nicht ausgeklopft werden.

Jagdbilder in hervorragend schöner Ausführung.

Naturgetreue Wiedergabe der hochkünstlerischen Originalgemälde des berühmten Jagdmalers G. Wolters.

Ein schöner Wandschmuck für jedes Jägerheim.

Nr. 7873. **Jagdbild** in farbenprächtiger Wiedergabe des Originalgemäldes „Hirsch mit totverbellenden Hund", in Natur-Eichenrahmen. Größe 46×35 cm.
Stück Mk. 3.75

Nr. 7874. **Jagdbild** in farbenprächtiger Wiedergabe des Originalgemäldes „Brüllender Hirsch", in Natur-Eichenrahmen. Größe 46×35 cm. Schönes Gegenstück zu Bild Nr. 7873.
Stück Mk. 3.75

Hervorragend schöne Wandbilder in künstlerischer Ausführung.

Schwer versilbert und oxydiert auf Eichenplatte oder schwarzem Rahmen.

Schönste Gelegenheits-Geschenke.

Modernste Bilder für Wohnzimmer und Herrensalons.

Nr. 7875. **Wandbild** „Dackel Moritz" in prachtvoller Relief-Ausführung, echt versilbert und oxydiert, auf schöner Eichenplatte. Größe 29,5×14 cm.
Stück Mk. 4.—

Nr. 7882. **Wandbild** „Auerhahn balzend" in künstlerischer Relief-Ausführung, auf matt versilberter Platte, Bild echt versilbert und oxydiert, in schönem schwarzen Eichenrahmen. Größe 22×27 cm.
Stück Mk. 8.75

Nr. 7879. **Wandbild** „Birkhahn balzend", als Gegenstück gearbeitet zu Nr. 7882.
Stück Mk. 8.75

Nr. 7876. **Wandbild** „Dackel Max" in künstlerischer Relief-Ausführung, echt versilbert und oxydiert, auf schöner Eichenplatte. Gegenstück zu Nr. 7875. Größe 29,5×14 cm.
Stück Mk. 4.—

Hochmoderne, echt versilberte Wandbilder

Hochfeine Qualität. **in künstlerischer Ausführung.** Hochfeine Qualität.

Hervorragend schöner Wandschmuck!
Elegante moderne Eichenumrahmung!

Nr. 7895.

Als Ehrenpreise, Vereinsgabe, Gelegenheits-Geschenke :: bestens geeignet.

Vornehmster Zimmerschmuck!

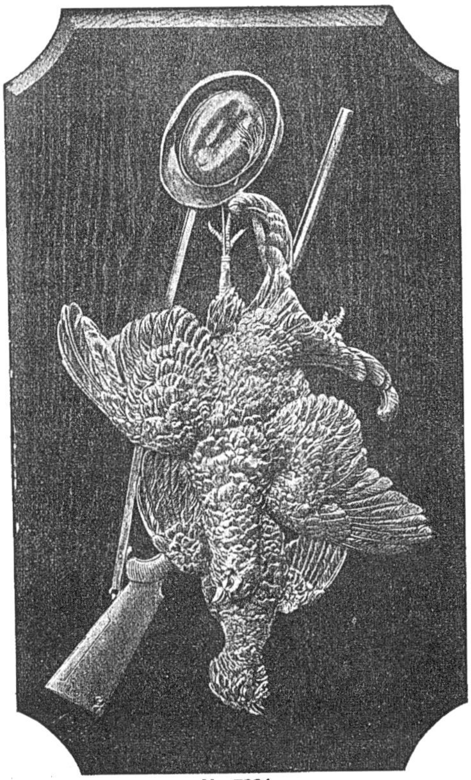

Nr. 7884.

Nr. 7883. **Stilleben,** „Auerhahn", auf schöner schwarzer Eichenplatte, echt versilbert und oxydiert, großartig schöne Ausführung. Größe 32×50 cm. Stück Mk. 16.—

Nr. 7884. **Stilleben,** „Birkhähne", auf schöner schwarzer Eichenplatte, als Gegenstück zu Nr. 7883 passend. Größe 32×50 cm. Stück Mk. 16.—

Nr. 7895. **Wandbild,** „Rehbock", in prachtvoller Reliefausführung, fein versilbert und oxydiert, Hintergrund matt versilbert, in hochfeinem schwarzen Eichenrahmen. Größe 33×50 cm. Modernes, viel gekaufes Bild. Stück Mk. 15.—

Nr. 7894. **Wandbild,** „Gemsbock", in gleicher Ausführung wie vorstehend, als Gegenstück gearbeitet. Größe 33×50 cm. Stück Mk. 15.—

Nr. 7878.

Nr. 7897.

Nr. 7877. **Modernes Wandbild,** „Rebhuhnjagd" darstellend, in feinster Reliefausführung, Bild echt versilbert und oxydiert, Hintergrund matt versilbert, in hochfeinem schwarzen Eichenrahmen. Größe 31×40 cm. Stück Mk. 13.—

Nr. 7878. **Modernes Wandbild,** „Entenjagd" darstellend, in gleicher Ausführung wie vorstehend, als Gegenstück gearbeitet. Größe 31×40 cm. Stück Mk. 13.—

Nr. 7896. **Hochfeines Wandbild,** „Hirsch brüllend", in prachtvoller Reliefausführung, stark versilbert und oxydiert, auf Eichenplatte in schönem Natur-Eichenrahmen. Größe 47×56 cm. Stück Mk. 25.50

Nr. 7897. **Hochfeines Wandbild,** „Hirch sichernd", als Gegenstück zu vorstehendem Bild gearbeitet. Größe 47×56 cm. Stück Mk. 25.50

Hochfeinste Wandbilder modernster Ausführung.

Schönster Zimmerschmuck!

Garantiert schwer versilbert und oxydiert.

Für Schützen- und Jäger-Vereine schönster Geschenkartikel.

Extra prima Qualität!

Nr. 7898.

Schönster Zimmerschmuck!

Größte Haltbarkeit.

Garantiert nicht schwarz werdend.

Für Gelegenheitsgeschenke vorzüglich geeignet und viel gekauft.

Hochsauberste Arbeit!

Nr. 7898. **Hochvornehmes Wandbild,** „Hirsch brüllend", in hervorragender Reliefausführung, stark versilbert und oxydiert, auf versilberter matter Metallplatte, in hochmodernem schwarzen Eichenrahmen. Größe 47×56 cm. Stück Mk. 28.—

Nr. 7899. **Hochvornehmes Wandbild,** „Hirsch sichernd", in hervorragender Reliefausführung, stark versilbert und oxydiert, auf versilberter matter Metallplatte, in hochmodernem schwarzen Eichenrahmen. Größe 47×56 cm. Gegenstück zu Nr. 7898. Stück Mk. 28.—

Nr. 7872.

Nr. 7871. **Hochelegantes Wandbild** in vornehmstem Stil, „Hirsch sichernd", in prachtvoller Reliefausführung, ganzes Bild schwer versilbert und oxydiert, in modernem, schönem schwarzen Eichenrahmen. Größe 50×70 cm. Gegenstück zu Nr. 7872. Stück Mk. 38.—

Nr. 7872. **Hochelegantes Wandbild** in vornehmstem Stil, „Hirsch brüllend", in prachtvoller Reliefausführung, ganzes Bild schwer versilbert und oxydiert, in modernem, schönem schwarzen Eichenrahmen. Größe 50×70 cm. Stück Mk. 38.—

Künstlerische Ausführung.

Neuheiten aus Kunstbronze.

Zu Geschenken und Schießpreisen hervorragend geeignet.

Briefbeschwerer, Nippes und Figuren aus Patina.

Nr. 7850. Stück Mk. 1.80

Nr. 7851. Stück Mk. 2.40

Nr. 7852. Stück Mk. 3.45

Nr. 7853. Stück Mk. 2.10

Nr. 7854. Stück Mk. 2.25

Nr. 7855. Stück Mk. 2.80

Nr. 7856. Stück Mk. 3.60

Nr. 7857. Stück Mk. 3.60

Nr. 7858. Uhrhalter. Stück Mk. 3.75

Nr. 7859. Schreibzeug. Stück Mk. 6.50

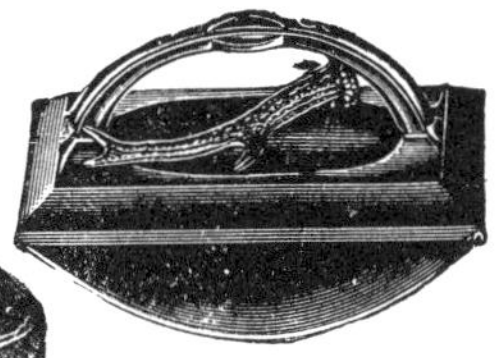
Nr. 7860. Löscher. Stück Mk. 3.50

Nr. 7861. Stück Mk. 8.50

Nr. 7863. Stück Mk. 6.—

Nr. 7862. Stück Mk. 8.50

Nr. 7864. Stück Mk. 12.—

Postkarten-Ständer.

Nr. 7865. Stück Mk. 4.—

Zigarren-Schalen und Rauch-Service

Nr. 7866. Stück Mk. 1.15

Nr. 7867. Stück Mk. 1.15

Nr. 7868. Stück Mk. 2.20

Nr. 7869. Stück Mk. 3.—

Nr. 7870. Stück Mk. 5.60

Nicht mit billigen und leichten Imitationen zu vergleichen.

Beliebte Sportartikel in extra feiner Qualität.

Nicht mit billigen und leichten Imitationen zu vergleichen.

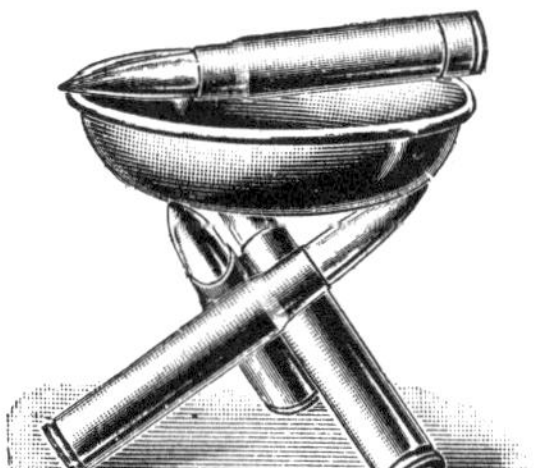
Nr. 11999. Aschenbecher, Kupferschale auf 3 gekreuzten Patronen ruhend, auf elegantem, schwarzen Sockel. Stück Mk. 2.10

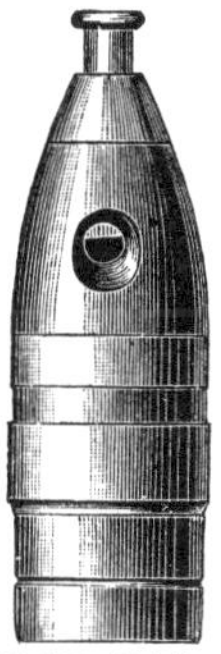
Nr. 12015. Original-3,7 cm-Revolver-Geschützgranate als Zigarrenabschneider mit Spitzensammler aus Stahl mit eingelegten, kupfernen Führungsringen. Stück Mk. 2.85

Nr. 12016. Rauchservice aus Original-3,7 cm-Revolver-Geschützgranate, mit kupferpoliertem Untersatz als Aschenschale nebst Streichholzbehälter. Elegant und dauerhaft. Stück Mk. 5.80

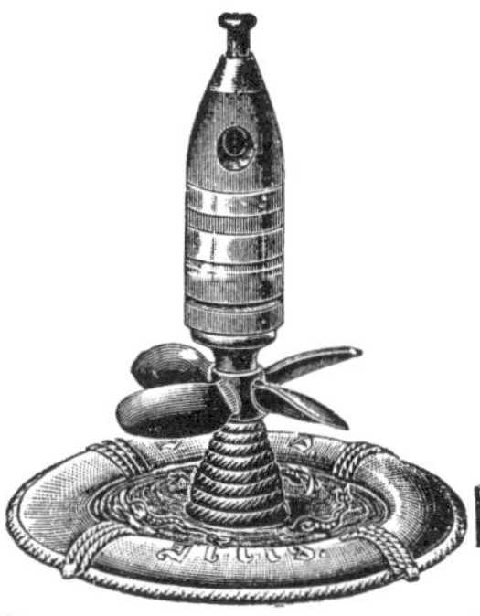
Nr. 12017. Original-3,7 cm-Revolver-Geschützgranate als Zigarrenabschneider mit Aschenschale, mit „Iltis"-Schwimmring. Sogenannte „Iltis"-Granate. Zierde eines jeden Rauchtisches. Stück Mk. 6.25

Nr. 12018. Briefbeschwerer, Garde du Corps-Helm auf schwarzem Sockel (auch in jeder anderen militärischen Kopfbedeckung lieferbar). Stück Mk. 4.25

Moderne Waffen ▫ Munition ▫ Jagdgeräte

AUGUST STUKENBROK, EINBECK

Anerkannt leistungsfähiges Etablissement dieser Branche

Jagd- und Sport-Wäsche.

Garantiert feinstes Fabrikat.
Ganz besonders preiswerte Qualität.

Meine sämtlichen Jagd-Kragen sind aus waschechtem bedruckten Perkal vierfach. Bei Bestellung bitte ich die gewünschte Weite genau anzugeben.

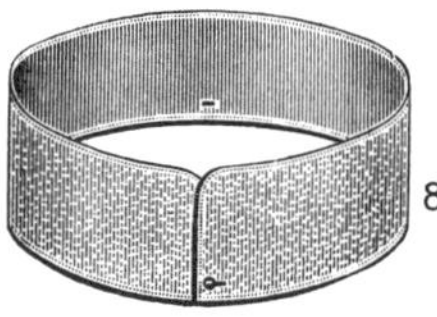

Nr. 8983.

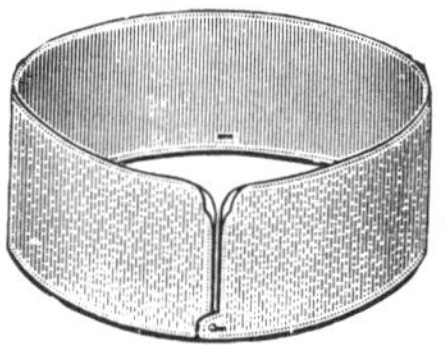

Nr. 8984.

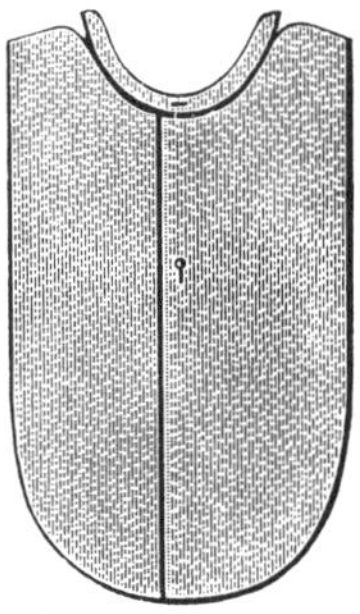

Nr. 8987.

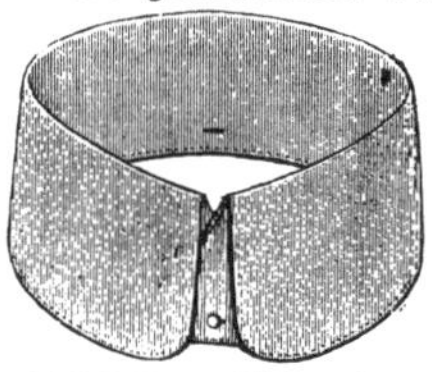

Nr. 8985.

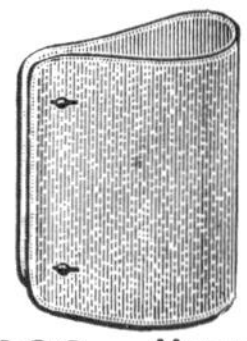

Nr. 8986.

Nr. 8983. Stehkragen „Hubertus", 4,5 cm. Stück Mk. —.50, 1/2 Dutzend Mk. 2.90

Nr. 8984. Stehkragen „Rominten", 5,5 cm. Stück Mk. —.65, 1/2 Dutzend Mk. 3.75

Nr. 8987. Serviteurs „Forst". Stück Mk. —.80, 1/2 Dutzend Mk. 4.60

Nr. 8985. Stehumlegekragen „Wildpark", 6 cm. Stück Mk. —.85, 1/2 Dutzend Mk. 4.90

Nr. 8986. Manschetten „Wald". Paar Mk. —.80, 1/2 Dutzend Paar Mk. 4.60

Sport- und Jagdhemden allerbester Qualität.

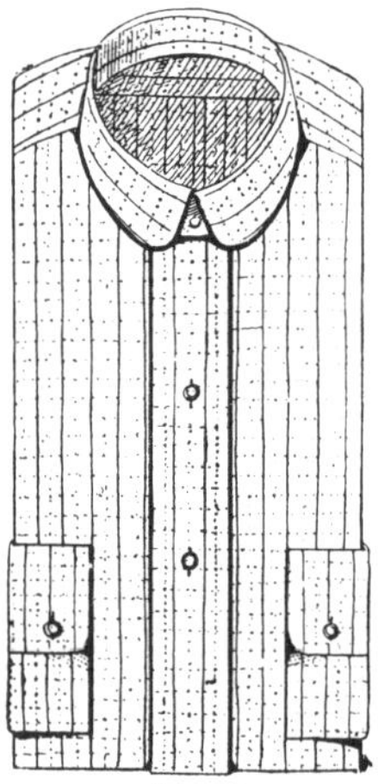

Form 9.

Nr. 8988. **Feines Sport-Oberhemd aus weiß Panama** (silberglänzend), mit losem Stehumlegekragen und Manschetten, eleganteste Form und Machart. Ein vornehmes Sport- und Klubhemd. Vorrätig in den Kragenweiten 38–44. Stück Mk. 6.—

Nr. 8989. **Hochfeines Sport-Oberhemd aus gestreiftem Panama in crême Farbe,** nach Form 10 gearbeitet, mit losem Stehumlegekragen und Manschetten und praktisch angebrachter Tasche. Beliebtestes und gern gekauftes Sporthemd. In den Kragenweiten 38–44 am Lager. Stück Mk. 7.50

Nr. 8990. **Sehr elegantes Sport-Oberhemd aus waschechtem bedruckten Perkal,** nach Form 9 gearbeitet, mit losem Stehumlegekragen und Manschetten, in sehr modernen Farben und Mustern. **Ein viel gekauftes Sporthemd.** Stück Mk. 6.10

Nr. 8991. **Sehr feines Jagd- und Sport-Oberhemd aus feinstem einfarbigen jagdgrünen Zephir,** nach Form 10 gearbeitet, mit losem Stehumlegekragen und Manschetten und praktisch angebrachter Tasche, beste Machart und eleganteste Paßform. **Vornehmstes Jagdhemd.** Stück Mk. 8.—

Nr. 8992. **Hochvornehmes Jagd- und Sport-Oberhemd,** wie Nr. 8991, jedoch **aus forstgrünem Zephir,** in bestexistierender Qualität, ebenfalls mit losem Stehumlegekragen und Manschetten, feinste Arbeit, das Beste, was es gibt. **Sehr viel gekauftes Hemd.** Stück Mk. 8.50

Sämtliche Sport- und Jagd-Oberhemden sind in den Weiten 38–44 am Lager.

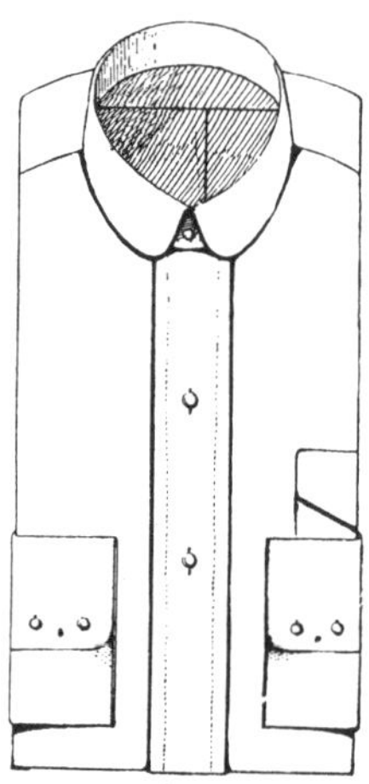

Form 10.

Sweaters, Jagdwesten und Sportstrümpfe

in bester Arbeit und Qualität.

Netzjacke aus weichem, dünnem Garn hergestellt. Es empfiehlt sich, den Sweater nicht auf bloßem Körper zu tragen, sondern eine Netzjacke, welche sehr leicht ist, darunter zu ziehen.

Nr. 2248	klein	Stück 45 Pf.
Nr. 582	mittel	Stück 50 Pf.
Nr. 584	groß	Stück 55 Pf.

Sweater. Sehr solides Jacquard-Gewebe aus guter Zephirwolle mit weißem Effektgarn. Empfehlenswerte Qualität, modern und kleidsam.

Nr. 2209	klein	St. Mk. 4.10
Nr. 2210	mittel	St. Mk. 4.35
Nr. 2211	groß	St. Mk. 4.60

Sweater. Eleganter Sweater aus prima moosgrüner Schafwolle, mit Streifen aus weißer Gloriaseide u. bronzefarbigen Effekten, sehr apart.

Nr. 2200	klein	St. Mk. 4.20
Nr. 2201	mittel	St. Mk. 4.45
Nr. 2202	groß	St. Mk. 4.70

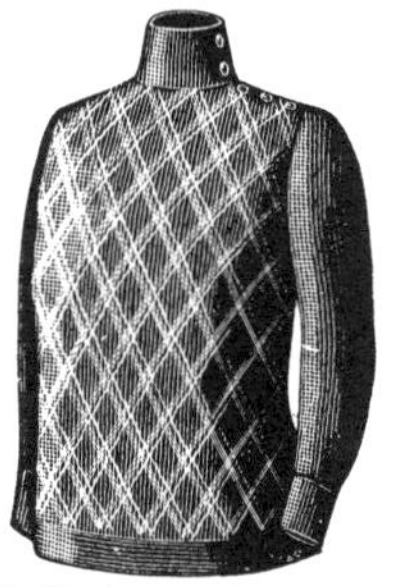

Sweater. Modernes Jacquardmuster, dunkelgrüner Grund, schwarz durchmustert, mit weißen Effekten, äußerst haltbare Qualität.

Nr. 2227	klein	St. Mk. 4.60
Nr. 2228	mittel	St. Mk. 4.85
Nr. 2229	groß	St. Mk. 5.10

Sweater. Aus grüner Gloriaseide mit reinwollener Unterschicht. Praktisch u. elegant, solid mit schwarz und gold durchmustert.

Nr. 2236	klein	Stück Mk. 6.75
Nr. 2237	mittel	Stück Mk. 7.10
Nr. 2238	groß	Stück Mk. 7.45

Nr. 4762.

Jagdweste aus graugrünem Material in forstfarbig, **reine Wolle erster Qualität,** von größter Dauerhaftigkeit und Waschbarkeit. Molliges, wärmendes Kleidungsstück, speziell zu empfehlen für Jagdzwecke und Reitsport. Diese Weste ist aus dünnem Garn gestrickt und infolgedessen unter der Jacke oder Uniform zu tragen. Geschmackvolle praktische Neuheit.

Nr. 4762.	Klein	Stück Mk. 9.25
Nr. 4763.	Mittel	Stück Mk. 10.—
Nr. 4764.	Groß	Stück Mk. 10.50

Nr. 2265. Sportgürtel. Westenform, mit zwei Taschen, innen gut abgefüttert und mit Schnalle, schwarz, modern, mit kleinen weißen Punkten. Stück Mk. 1.90

Nr. 5175. Sportstrumpf. Feinmaschig gestrickt aus ff. Wolle mit dunkelgrünem Grund, schwarz durchmustert mit weißen Effekten. Passend zu den Sweaters Nr. 2227, 2228 und 2229. Paar Mk. 2.80

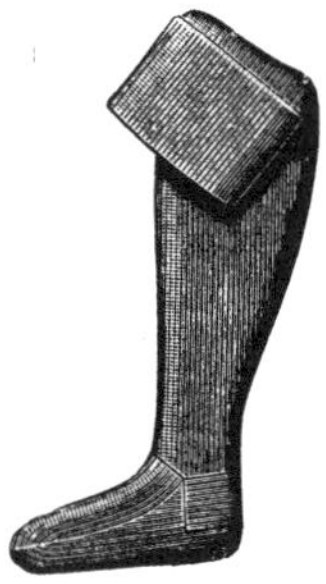

Nr. 2255. Sportstrumpf aus bester Baumwolle, sehr stark u. garantiert waschecht, in schwarz, Länge ca. 70 cm. Paar 75 Pf.

Nr. 2257. Sportstrumpf aus gutem reinwollenen Kammgarn, schwarz, Ferse und Spitze doppelt, recht lang. Paar Mk. 1.75

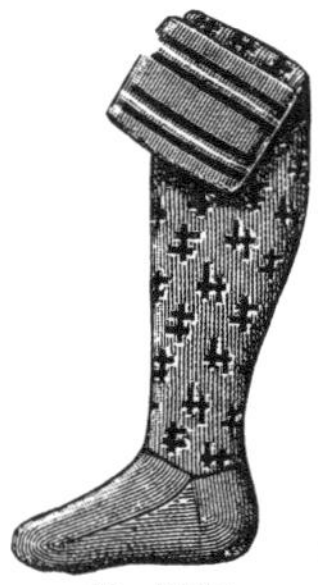

Nr. 5165. Sportstrumpf. Feinmaschig, grau, prima Kammgarn schwarz u. weiß durchmustert. Paar Mk. 2.95

Nr. 5166. Sportstrumpf. Hochmodern, feinmaschig, aus feinster Wolle in schwarz mit weißen Effekten. Passend zu den Sweaters Nr. 2209, 2210 und 2211. Paar Mk. 2.40

Nr. 5164. Sportstutzen aus reinem Kammgarn, feinmaschig gestrickt, schwarz mit weißen Effekten, grau durchwirkt. Paar Mk. 2.40

Jede Waffe wird vor Versand kontrolliert, es wird also nur ausprobierte Ware versandt.

Moderne Waffen ▫ Munition ▫ Jagdgeräte

AUGUST STUKENBROK, EINBECK

Anerkannt leistungsfähiges Etablissement dieser Branche

Wettermäntel aus Lodenstoffen,

besonders für Jäger, Radfahrer, Touristen, Landwirte, Fuhrleute, sowie für alle diejenigen, deren Beruf einen längeren Aufenthalt im Freien notwendig macht, hergestellt, erfreuen sich wegen der vielseitigen Verwendbarkeit und außerordentlichen Preiswürdigkeit einer von Jahr zu Jahr sich steigenden allgemeinen Beliebtheit. Es kommen nur gute imprägnierte Stoffe zur Verarbeitung, die gegen Wind und Wetter wirklich schützen. Erklärlicher Weise sind Wettermäntel aus Lodenstoff bei starkem anhaltenden Regen nicht in dem Maße wasserundurchlässig, wie Wettermäntel aus Gummistoff.

Bei Bestellung von Bozener Mänteln bitte ich, die obere Brustweite (unter den Armen gemessen) anzugeben.

Oberweite 88 entspricht der Länge von 118 cm.
Oberweite 92 entspricht der Länge von 120 cm.
Oberweite 96 entspricht der Länge von 122 cm.
Oberweite 100 entspricht der Länge von 124 cm.
Oberweite 104 entspricht der Länge von 126 cm.
Oberweite 108 entspricht der Länge von 126 cm.

Beste und solideste Arbeit.
Modernste Fasson.

Stoffproben
stehen auf Wunsch gratis und franko zur Verfügung. Dabei ist jedoch Nummerangabe (nach meinem Katalog) der Sie näher interessierenden Bekleidungsstücke erforderlich.

Nr. 4473. Bozener Mantel aus dunkelolivgrünem, in sich gemustertem Strichloden, mit doppelt aufgesetztem Sattelstück und bequem weitgehaltenem Rücken. Stück Mk. 16.—

Nr. 4472. Bozener Mantel in der gleichen Form wie Nr. 4449, nur im Rücken mit Quetschfalte und aus reinwollenem, wasserdicht imprägniertem Kamelhaarloden, von dunkelolivgrüner Farbe mit wenig bemerkbarem gestreiften Muster. Stück Mk. 22.50

Nr. 4449. Bozener Mantel aus garant. reinwollenem, wasserdicht imprägniertem, dunkelolivem, ganz fein solid gestreiftem Muster gefertigt, mit fest aufgesetztem doppelten Sitzsattelstück, alle Nähte inwendig mit Zanella eingefaßt; glatter halbweiter Rücken; sehr elegant und dauerhaftes Tragen, Ersatz für Ulsters; In allen Welten vorrätig, billiger als in jedem Spezialgeschäft.

Stück Mk. 24.—

Bei Bestellungen von Pelerinen bitte ich, die obere Brustweite (unter den Armen gemessen) anzugeben.

Oberweite 92 entspricht Wäschekragen 36/37 cm.
Oberweite 96 entspricht Wäschekragen 38/39 cm.
Oberweite 100 entspricht Wäschekragen 39/40 cm.
Oberweite 104 entspricht Wäschekragen 40/12 cm.

Echtes Münchener Fabrikat.
Vorzüglich im Tragen.

Stoffproben
stehen auf Wunsch gratis und franko zur Verfügung. Dabei ist jedoch Nummerangabe (nach meinem Katalog) der Sie näher interessierenden Bekleidungsstücke erforderlich.

Bei Bestellung wolle man gefl. angeben, ob Damen- oder Herrenpelerine gewünscht wird.

Nr. 5153. Lodenpelerine aus elegantem, dunkelgrauem feinen Tuchstrichloden, wasserdicht imprägniert, mit extra doppeltem Vorderteil. Diese Pelerine hat keine Kapuze, dafür extra inneren Stoffschulterbelag, läßt die Arme vollständig frei und hat zwei innen aufgesteppte Seitentaschen mit Patten. Bei Wind, Wetter und Kälte können die beiden Teile geknöpft werden. Infolge der praktischen Verwendbarkeit ersetzt diese Pelerine vollständig den Havelock und wird sehr viel und gerne gekauft. Länge 125 cm.
Stück Mk. 20.—

Lodenpelerinen,
für Herren und Damen passend, aus garantiert reinwollenem Kamelhaarloden, gut wasserdicht imprägniert, mit extra langem Durchgriff, welcher mit zwei Knöpfen verschließbar ist. Zwei innere aufgesteppte Taschen; 75 cm lange Tragbänder und abknöpfbare Kapuze. Mit besonderem inneren Stoffschulterbelag, wodurch die Pelerine auch ohne Kapuze getragen werden kann. Für Radfahrer, Jäger und Touristen besonders zu empfehlen.

Nr. 4479.	Dunkelgrau, 120 cm lang	.	Stück Mk. 20.75
Nr. 4481.	Dunkelolivgrün, 120 cm lang	.	Stück Mk. 20.75
Nr. 4480.	Dunkelgrau, 130 cm lang	.	Stück Mk. 22.—
Nr. 4511.	Dunkelolivgrün, 130 cm lang	.	Stück Mk. 22.—

Lodenpelerinen (Kamelhaarloden) ähnlich wie oben, jedoch **ohne** doppelten Schulterbelag und **ohne** Innentaschen, aber Durchgriff mit Druckknopfverschluß.

Nr. 10140.	Dunkelgrau, 120 cm lang	.	Stück Mk. 12.75
Nr. 10143.	Olivgrün, 120 cm lang	. .	Stück Mk. 13.25
Nr. 3698.	Dunkelgrau, 130 cm lang	.	Stück Mk. 14.—
Nr. 2165.	Olivgrün, 130 cm lang	. .	Stück Mk. 14.50

Lodenpelerinen (Strichlod.), haltbar u. empfehlenswert.

Nr. 4512.	Dunkelgrau, 120 cm lang	.	Stück Mk. 9.50
Nr. 4513.	Dunkelgrau, 130 cm lang	.	Stück Mk. 10.50

Lodenpelerinen, **für Herren und Damen passend,** aus feinem Kamelhaarloden gearbeitet und wasserdicht imprägniert. Die langen, mit Druckknöpfen versehenen Durchgriffe gestatten vollkommene Bewegungsfreiheit der Arme. Die Kapuze ist abknöpfbar, außerdem sind die Pelerinen mit langen Tragbändern versehen. Infolge der tragfähigen Qualitäten sowie praktischen Beschaffenheit eignen sich diese Pelerinen sowohl als Radfahrerpelerinen, als auch für Touristen und Jagdzwecke, besonders aber für den allgemeinen Gebrauch.

Nr. 2050.	Braunmeliert, 120 cm lang	. . .	Stück Mk. 10.75
Nr. 2156.	Dunkelgrau, 120 cm lang	. . .	Stück Mk. 12.75
Nr. 4476.	Olivgrün, 120 cm lang	. . . .	Stück Mk. 13.25
Nr. 4474.	Dunkelgrau, 130 cm lang	. . .	Stück Mk. 14.—
Nr. 4477.	Olivgrün, 130 cm lang	. . . .	Stück Mk. 14.50
Nr. 5152.	Strichloden, dunkeloliv, 120 cm lg.		Stück Mk. 9.—

Lodenpelerinen wie oben, jedoch besonders gute Qualität mit besonderem inneren Stoffschulterbelag und Innentaschen.

Nr. 4504.	Dunkelgrau, 120 cm lang	. . .	Stück Mk. 20.75
Nr. 4505.	Olivgrün, 120 cm lang	. . . .	Stück Mk. 20.75
Nr. 4506.	Dunkelgrau, 130 cm lang	. . .	Stück Mk. 22.—
Nr. 4507.	Olivgrün, 130 cm lang	. . . .	Stück Mk. 22.—

Lodenpelerinen
für Knaben und Mädchen aus dunkelgrauem, gutem, tragfähigem Strichloden gefertigt, mit abknöpfbarer Kapuze, langem Durchgriff, mit zwei innen aufgesteppten Taschen, für die Schule, Straße, sowie Ausflügen das Beste.

Nr. 5373. Für das Alter von 9 bis 11 Jahren, Länge 80 cm. Stück Mk. 6.—

Nr. 5374. Für das Alter von 11 bis 13 Jahren, Länge 100 cm. Stück Mk. 7.25

Nr. 2572. Wettermantel mit Aermeln (Jagdpelerine) aus wasserdicht imprägniertem bräunlicholivgrauen Kamelhaarloden gearbeitet, in ähnlicher Ausführung wie nebenstehende Nr. 1703. Diese Pelerine ist mit Aermeln versehen, die infolge der besonderen Machart nach innen gezogen werden können, worauf die Aermelöffnung mittels Druckknöpfen zu verschließen ist. Ferner ist der Mantel mit zwei Innentaschen und Tragbändern ausgestattet und wird, da er sowohl als Aermelpelerine wie auch als Wettermantel getragen werden kann, sehr gern gekauft. Länge 120 cm. Mit Kapuze. Stück Mk. 16.—

Nr. 1703. Wettermantel mit Aermeln (Jagdpelerine). Diese Pelerine ist insofern abweichend von den anderen gefertigt, als sie mit recht weiten und großen Aermeln versehen ist. Diese Machart bietet Vorteile sowohl beim Radfahren **wie auch** beim Schießen, da man in der Lage ist, beide Arme frei bewegen zu können. Die Aermel sind an den Handgelenken mit zwei Knöpfen versehen, um dieselben weiter oder enger schließen zu können. Um in die Rocktaschen gelangen zu können, sind Durchgriffe angebracht; es ist also nicht nötig, die Pelerine aufzuknöpfen. Der Wettermantel ist aus feinstem, wasserdicht imprägniertem, olivgrünem Kamelhaarloden gearbeitet und mit abknöpfbarer Kapuze, Umlegekragen und Kragenriegel versehen. Länge ca. 125 cm. Stück Mk. 17.50

Moderne Waffen ▫ Munition ▫ Jagdgeräte

AUGUST STUKENBROK, EINBECK

Anerkannt leistungsfähiges Etablissement dieser Branche

Hochfeine Künstler-Jagdpostkarten

in hervorragender Druckausführung zu ganz außergewöhnlich vorteilhaften Preisen.

Nr. 6566. Künstlerpostkarten, Jagdstücke, nach wundervollen künstlerischen Originalen hergestellt. Wunderbare Wirkung in Dreifarbendruck. Feinste Ausführung.

Serie von 12 Stück **10 Pf.**

Nr. 7580. Hochfeine Künstlerpostkarten mit Jagdstücken nach berühmten Originalgemälden hergestellt, in wunderbarer Farbenzusammenstellung. Ausgezeichnete Qualität.

Serie von 6 Stück **20 Pf.**

Nr. 7581. Jagdansichtskarten mit Jagdtieren im Hochgebirge darstellend, nach berühmten Originalgemälden hergestellt, in prachtvoller Farbenzusammenstellung.

Serie von 6 Stück **20 Pf.**

Nr. 7582. Hochfeine Jagdansichtskarten, Jagdhunde geschossenes Wild apportierend, nach Gemälden berühmter Maler hergestellt, in reicher Farbenzusammenstellung.

Serie von 6 Stück **20 Pf.**

Nr. 7583. Hochfeine Jagdansichtskarten in hervorragender Ausführung, nach den Originalen des berühmten Malers H. v. Preen in prachtvoller Farbenzusammenstellung hergestellt.

Serie von 6 Stück **20 Pf.**

Nr. 7584. Hochfeinste Jagdansichtskarten in Heliogravüre, nach berühmten Originalgemälden hergestellt. Allerbeste Qualität.

Serie von 4 Stück **20 Pf.**

Nr. 7585.

Nr. 7585. Hochmoderne Jagdeinladungskarten, mit geprägtem Jagdstück in Silber mit Goldeinrahmung auf feinstem Karton, Siebenfarbendruck, künstlerische Ausführung.

Serie von 10 Stück **85 Pf.**

Sport-Spielkarten.

Nr. 1793.

Nr. 8052. Neue preußische Doppelbildkarte, extra feine Ausführung, mit gesetzlichem Stempel. Bilder in modernem Jagd-Sport gehalten, mit feinen abgerundeten Goldecken, Rückseite mit Hund- oder Pferdekopf, 32 Blatt. Sehr beliebte und gern gekaufte Sport-Skatkarte. Spiel **Mk. 1.—**

Nr. 1793. Spielkarten, sehr gutes Fabrikat mit gesetzlichem Stempel. Piquet, 32 Karten, mit abgerundeten Ecken. Beliebte Skatkarte. Spiel **45 Pf.**

Nr. 1794. Spielkarten, vorzügliches Fabrikat, mit gesetzlichem Stempel. Abgerundete Ecken mit Gold, Piquet, 32 Blatt. Sehr gute und beliebte Skatkarte. Spiel **50 Pf.**

Nr. 1795. Spielkarten, Doppeldeutsche, preußische, mit gesetzlichem Stempel. Skatkarte, 32 Blatt, mit feinen abgerundeten Goldecken. Vorzügliches Fabrikat. Spiel **60 Pf.**

Nr. 1795.

Nr. 2649. Gold-Füllfederhalter. Dieser Füllhalter ist in diesem System das Höchste von Vollkommenheit. Der Halter ist mit einer garantiert 14karätigen Goldfeder mit Diamant-Iridiumspitze ausgerüstet und zeichnet sich durch vorzügliches Funktionieren, sowie durch sachgemäße, tadellose saubere Arbeit aus. In feiner gemusterter Ausführung. Stück **Mk. 4.75**

Nr. 5408. 14karätige Goldfeder, zu obigem Gold-Füllfederhalter passend. Stück **Mk. 2.50**

Nr. 2646. Gold-Füllfederhalter mit garantiert echter, 14karätiger Goldfeder, amerikanisches System, vorzüglich und sauber gearbeitet und von guter Funktion. Klecksen und Auslaufen der Tinte ausgeschlossen. Zierliche, handliche Form. Stück **Mk. 1.75**

Nr. 5406. 14karätige Goldfeder, zu obigem Gold-Füllfederhalter passend. Stück **Mk. 1.10**

188

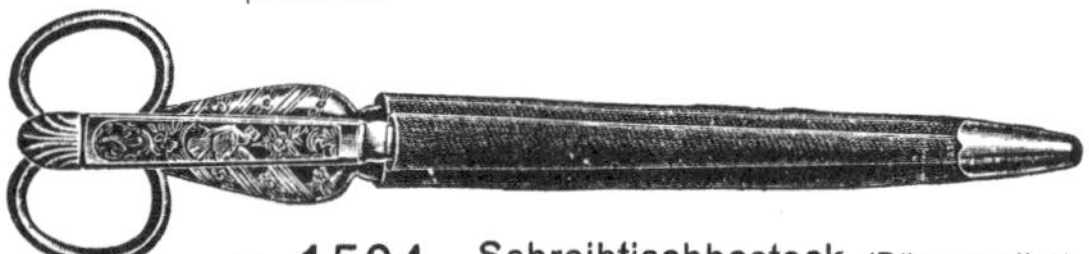

Nr. 1504. Schreibtischbesteck (Bürogarnitur) in fein genarbter Lederscheide, mit feiner Stahlpapierschere von 23,5 cm Länge, mit ziseliertem und vergoldetem Griff und einem Brieföffner, ganz aus Stahl, von 25 cm Länge, ebenfalls mit vergoldetem Griff. Stück **Mk. 2.50**

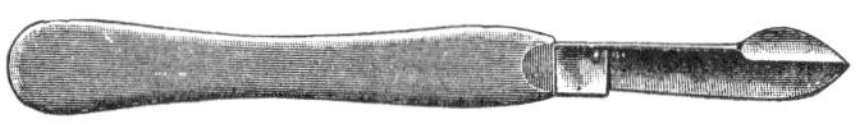

Nr. 1535. Radiermesser mit prima Knochenheft, doppelseitig geschärft. Länge 16,5 cm. Stück **70 Pf.**

Nr. 9120. Schreibmappe, mit 8 Blatt blauem Löschkarton, welcher auswechselbar ist; mit rotem Band durchzogen, innen mit 2 Taschen. Rückseite mit grünem Moleskinüberzug. Vorderdeckel mit grüngrauem Leder bezogen, Krokodilmuster. Größe 36,5×25,5 cm. Stück **Mk. 5.—**

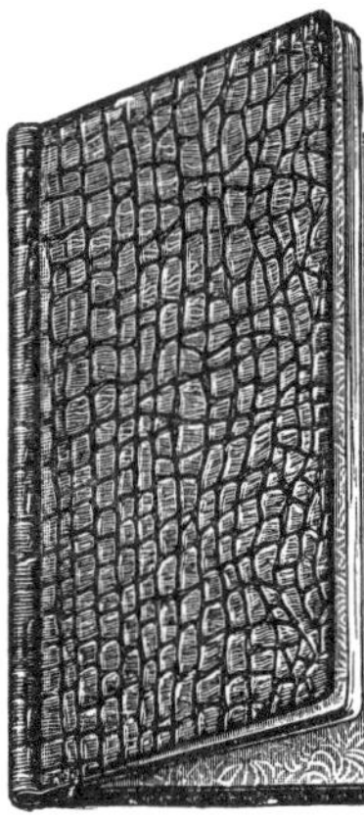

Nr. 9120.

Nr. 5048. Füllfederstift, ein garantiert vollkommener, mit Tinte schreibender Stift in poliertem Heft aus schwarzem galvanisierten Kautschuk. Dieser Füllfederstift ist stets gebrauchsfertig, kann bequem in der Tasche getragen werden, ohne daß Tinte ausfließt. Mit Glasfüller und Gebrauchsanweisung. Stück **Mk. 2.10**

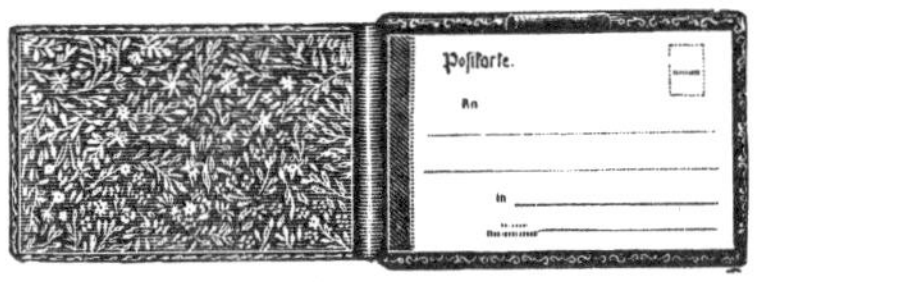

Nr. 1500. Postkartenblock in geflammtem Phantasiepapier, mit Unterlage und gepolstertem Deckel. Mit Aufdruck „Postkarte" und „All Heil" verziert. Der Block enthält 25 Stück perforierte Postkarten, einen Bleistift und ist leicht auswechselbar. Stück **90 Pf.**

Nr. 1501. Reserveblock mit 25 Stück perforierten Postkarten, zu Nr. 1500 passend. Stück **25 Pf.**

Extraanfertigungen werden ganz nach den Wünschen meiner Auftraggeber ausgeführt.

Empfehlenswerte Jagd-, Förster- und Hauspfeifen. Raucher-Utensilien.

Nr. 4830. Lange Hauspfeife, fein poliertes Ahornrohr mit Horngarnituren, Porzellangesteck mit Goldverzierung. Länge 98 cm. Stück Mk. 1.60

Nr. 4830.

Nr. 4825. Lange echte Weichselpfeife mit verzierten Horngarnituren, Porzellankopf mit feiner Jagdmalerei und Porzellanabguß. Länge 85 cm. Stück Mk. 2.10

Nr. 4825.

Nr. 4829. Extra lange Studentenpfeife mit echtem Weichselrohr, verzierten Horngarnituren, Porzellankopf mit feiner Jagdmalerei, Hornabguß, fein verziert. Länge 105 cm. Stück Mk. 3.—

Nr. 4829.

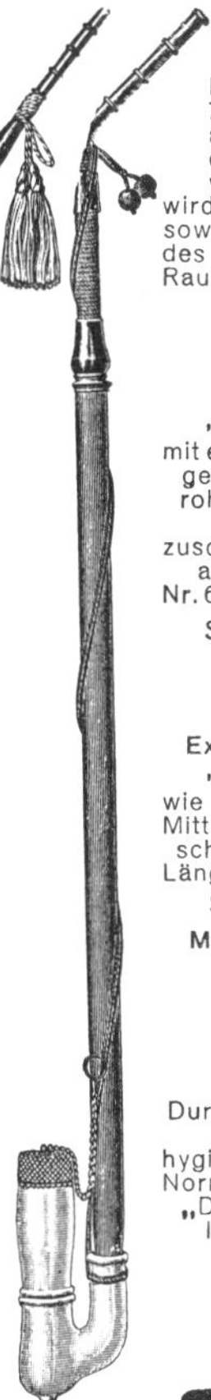

Nr. 6299.

Hygienische Normalpfeife „Deutschland".

Praktische und gesundheitlich einzig dastehende Tabakpfeifen in vorteilhafter Preislage. Rohre und Spitzen sind sehr weit gebohrt. Rohre 13 mm, Spitzen 7 mm. Verstopfen und Naßwerden des Kopfes ausgeschlossen. Durch den am Boden des Kopfes angebrachten, weit gestanzten Rost hat die Pfeife einen leichten Zug und kann bis auf den letzten Rest absolut trocken geraucht werden. In dem Abguß befindet sich ein sterilisierender Filter, von diesem wird jeder Pfeife ein für mehrere Monate reichendes Quantum beigegeben, sowie ein Haken zum bequemen Auswechseln des Filters. Durch die Filtration des Rauches werden letzterem die schädlichen Bestandteile entzogen. Das Rauchen dieser Normalpfeifen ist jedem zuträglich und für jeden Raucher ein aromatischer Genuß. Alle Köpfe sind künstlich angeraucht.

Nr. 6299. Lange Pfeife „Deutschland" mit echtem, 13 mm weit gebohrtem Zedernrohr, in der Mitte auseinanderzuschrauben. Sonst ausgestattet wie Nr. 6300. Länge 100 cm. Stück Mk. 3.75

Nr. 6298. Extra lange Pfeife „Deutschland" wie Nr. 6299, in der Mitte auseinanderzuschrauben. Länge 120 cm. Stück Mk. 4.25

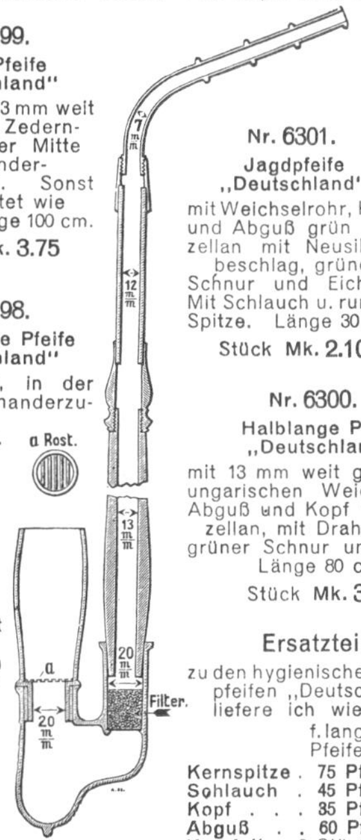

Durchschnitt der hygienischen Normalpfeife „Deutschland".

Nr. 6301. Jagdpfeife „Deutschland" mit Weichselrohr, Kopf und Abguß grün Porzellan mit Neusilberbeschlag, grüner Schnur und Eicheln. Mit Schlauch u. runder Spitze. Länge 30 cm. Stück Mk. 2.10

Nr. 6301.

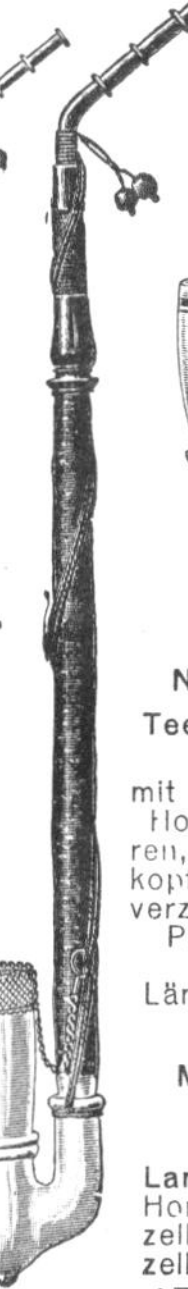

Nr. 6300. Halblange Pfeife „Deutschland" mit 13 mm weit gebohrtem ungarischen Weichselrohr, Abguß und Kopf weiß Porzellan, mit Drahtdeckel, grüner Schnur und Eichel. Länge 80 cm. Stück Mk. 3.30

Nr. 6300.

Ersatzteile

zu den hygienischen Normalpfeifen „Deutschland" liefere ich wie folgt:

	f. lange Pfeifen	f. kleine Pfeifen
Kernspitze	75 Pf.	40 Pf.
Sohlauch	45 Pf.	15 Pf.
Kopf	35 Pf.	35 Pf.
Abguß	60 Pf.	60 Pf.

Korkfutter, 3 Stück 10 Pf.
Filter, per Karton 10 Pf.

Nr. 4828. Teestaudenpfeife mit verzierten Horngarnituren, Porzellankopf mit Goldverzierung und Porzellanabguß. Länge 56 cm. Stück Mk. 1.20

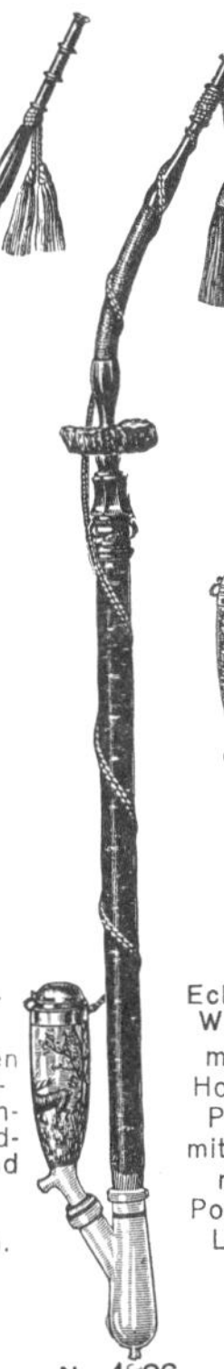

Nr. 4826. Lange echte Weichselpfeife mit verzierten Horngarnituren, echter Hirschkrone, Porzellankopf mit feiner Jagdmalerei und Porzellanabguß. Länge 85 cm. Stück Mk. 2.50

Nr. 4827. Echte halblange Weichselpfeife mit verzierten Horngarnituren, Porzellankopf mit bunter Jagdmalerei und Porzellanabguß. Länge 56 cm. Stück Mk. 1.40

Nr. 4823. Porzellanpfeife, großes kräftiges Gesteck mit bunter Jagdmalerei, Weichselrohr und Horngarnituren. Länge 29 cm. Stück Mk. 1.—

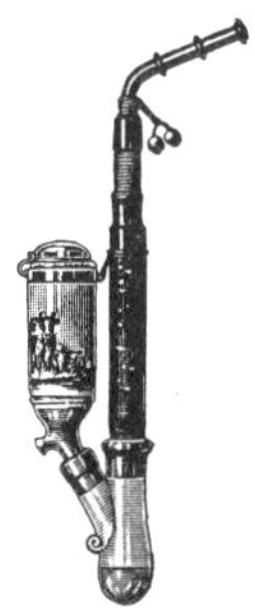

Nr. 4820. Porzellanpfeife, großes Gesteck, farbig, mit bunter Malerei, Weichselrohr mit Speichelfänger und Horngarnituren. Länge 29 cm. Stück Mk. 1.40

Nr. 4816. Echte Bruyère-Pfeife mit großem glatten Kopf, dunkel lackiert, Weichselrohr u. Horngarnituren. Länge 27 cm. Stück Mk. 1.80

Nr. 6480. Schnupfdose, elegant ausgestattet, mittelgroß, mit echtem Perlmutter eingelegten Deckel, sehr preiswert. Größe 7×4 cm. Stück 70 Pf.

Nr. 4263. Schnupfdose, großes Format, schwarz, mit grau gemustertem imitierten Horndeckel, abgerundete Ecken. Größe 4,5×8 cm. Stück 55 Pf.

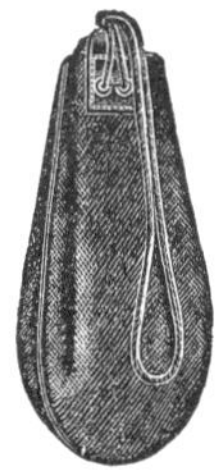

Nr. 3067. Tabakbeutel aus braunem Leder mit grüner Zugschnur u. roten Lederzuglappen. Länge 20 cm. Stück 55 Pf.

Nr. 1884. Tabakbeutel aus hellem Schafleder mit gelber Schnur u. dunkelroten, chagrinierten Lederbeschlägen verziert, 16 cm lang. Stück 60 Pf.

Nr. 7363. Jäger-Zigarrentasche aus braunem Rindleder mit Klappe zum Unterschieben. Sehr bequem zu tragen. Stück Mk. 1.10

Nr. 5429. Streichholzhülse, hochfein oxydiert, vordere Ansicht Hirschkopf, hinten geprägte Waldansicht. Stück Mk. 1.—

Nr. 5429.

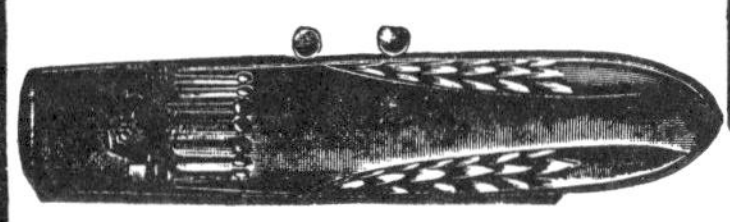

Nr. 9691. Zigarrenlöscher aus bestem Alpakkasilber, beiderseitig geprägt, modernes Muster, fein oxydiert. Stück Mk. 1.90

Nr. 9687. Zigarettenetui aus bestem Alpakkasilber, mit Jagdstück (Auerhahn), fein oxydiert, innen gut vergoldet, für Zigaretten mit und ohne Mundstück. Stück Mk. 9.—

Nr. 1079. Schiebe-Zigarrenetui aus schwarzem kräftigen Mutonleder, mit schöner Außenpressung. Größe: 11 cm hoch, 10 cm breit. Stück 90 Pf.

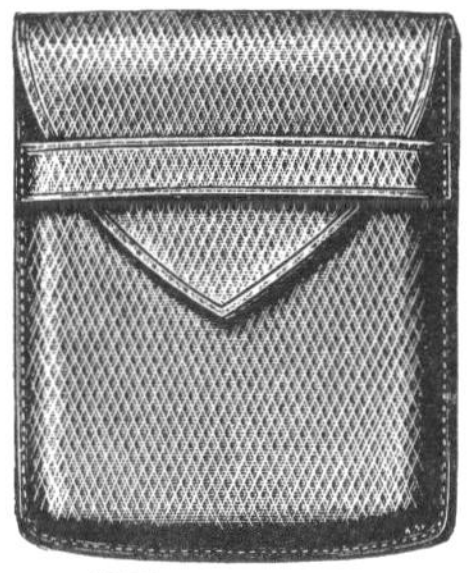

Nr. 4856. Zigarrentasche aus feinstem dunkelrot gefärbtem Rindleder (Juchten), dauerhaft gearbeitet, außerordentlich bequem in der Tasche. Höhe 14,5 cm, Breite 12 cm. Stück Mk. 1.35

Moderne Waffen ▪ Munition ▪ Jagdgeräte

AUGUST STUKENBROK, EINBECK

Anerkannt leistungsfähiges Etablissement dieser Branche

Einige empfehlenswerte Taschenfeuerzeuge bester Qualität.

Nr. 4105. Platin-Feuerzeug in fein vernickelter Ausführung, mit angebauter Schutzkapsel für die Spirale. Stück 35 Pf.

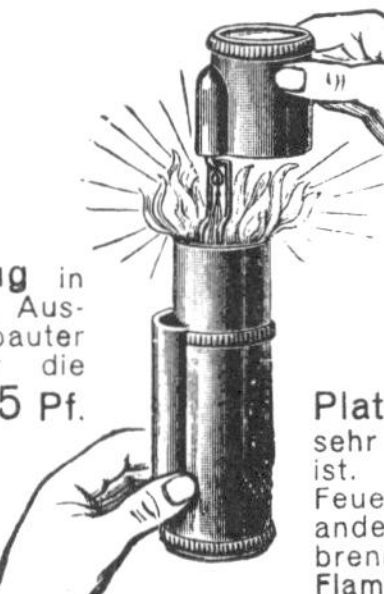

Nr. 4105.

Nr. 4056. Platin-Feuerzeug, welches sehr einfach zu handhaben ist. Es ist nur nötig, das Feuerzeug langsam auseinander zu ziehen und sofort brennt die Flamme. Stück 45 Pf.

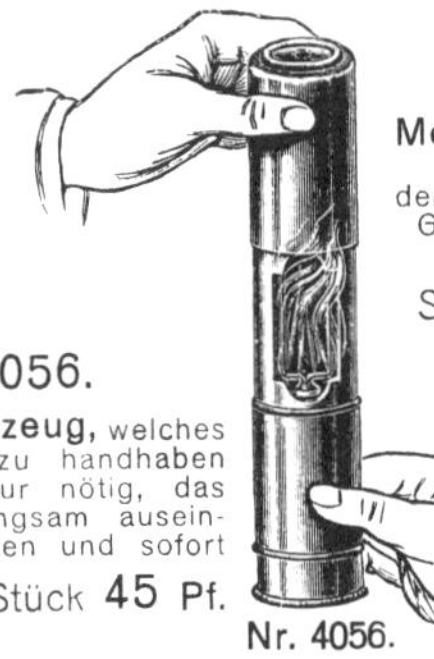

Nr. 4056.

Nr. 3652. Methyl-Alkohol zu den Feuerzeugen, Glasflasche von 20 g. Stück 10 Pf.

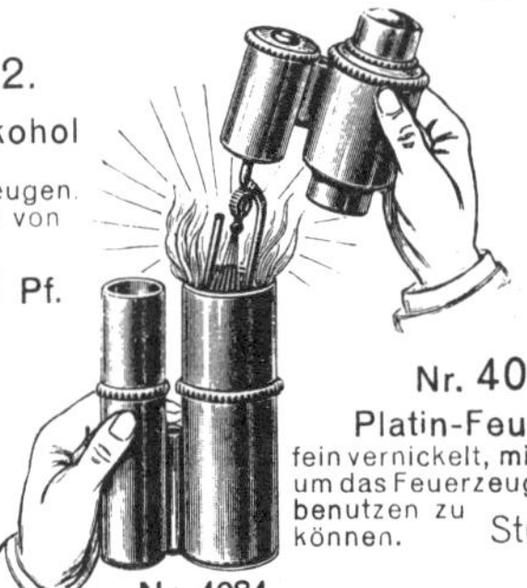

Nr. 4084.

Nr. 4084. Platin-Feuerzeug, fein vernickelt, mit Stearinlicht, um das Feuerzeug als Leuchter benutzen zu können. Stück 50 Pf.

Nr. 6355. Selbstzündendes Feuerzeug und Taschen-Lämpchen. Stück 75 Pf.

Nr. 6355.

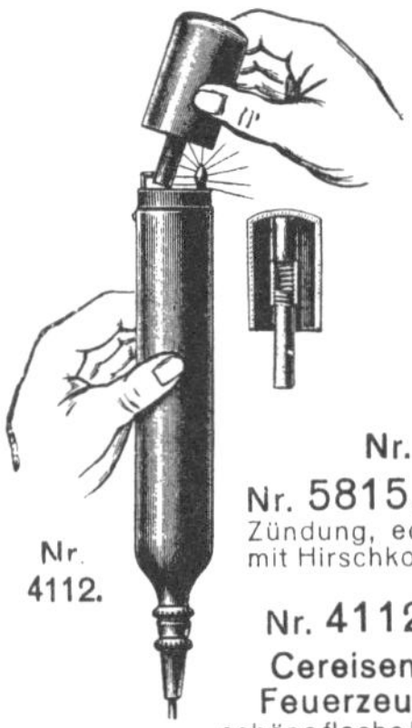

Nr. 4112.

Nr. 5815.

Nr. 5815. Feuerzeug mit Cereisen-Zündung, echt versilbertes Gehäuse, matt mit Hirschkopf graviert. Stück Mk. 5.75

Nr. 4112. Cereisen-Feuerzeug, schöne flache Form in Gestalt eines Bleistiftes. Stück 80 Pf.

Nr. 4114. Cereisen-Feuerzeug. Ein einfacher Druck auf den Knopf genügt, um das Feuerzeug zum Brennen zu bringen. Stück Mk. 1.10

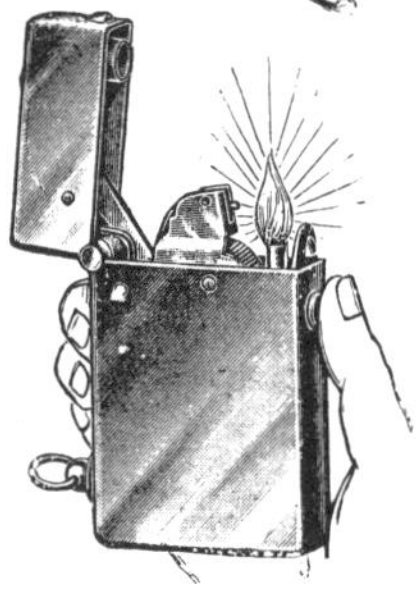

Nr. 4114.

Nr. 5645. Taschen-Feuerzeug in der Form wie Nr. 4114, jedoch in etwas anderer Konstruktion. Tadellos und sicher zündend. Stück Mk. 1.50

Nr. 689.

Nr. 689. Täschchen zur Unterbringung d. Feuerzeuges in der Form wie Nr. 4114 usw., aus Wildleder. Stück 25 Pf.

Nr. 4082.

Nr. 4082. Cereisen-Feuerzeug in eleganter flacher Form. Durch einfaches Abziehen des Deckels brennt das Feuerzeug. Stück Mk. 1.30

Feuerzeug „Ewiges Zündholz"

ist das vollkommenste Feuerzeug der Gegenwart. Ersatz für Streichhölzer. Einfachste Konstruktion. Von jedem Laien leicht zu handhaben. Jahrelange Gebrauchsmöglichkeit. Die Zündmasse kann nach Verbrauch von jedermann ersetzt werden. Gebrauchsanweisung liegt jedem Feuerzeug bei.

Nr. 8375.

Nr. 8375. Taschen-Feuerzeug „Ewiges Zündholz" in solider, fein vernickelter Ausführung. Die Zündung erfolgt durch einfaches Abstreichen mit dem Zündstift an der Reibefläche; nie versagend. Praktischstes Feuerzeug. Stück Mk. 1.40

Nr. 8218. Reserve-Zündstift. Stück 30 Pf.

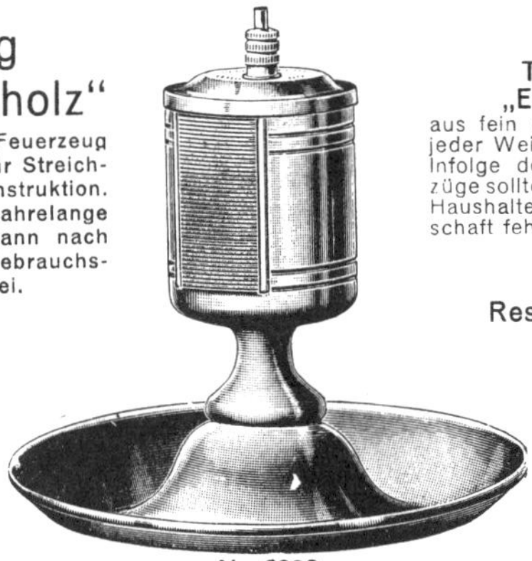

Nr. 8926.

Nr. 8926. Tisch-Feuerzeug „Ewiges Zündholz" aus fein vernickeltem Stahlblech, in jeder Weise sehr solide hergestellt. Infolge der vielen praktischen Vorzüge sollte dieses Feuerzeug in keinem Haushalte oder in keiner Gastwirtschaft fehlen. Stück Mk. 2.80

Nr. 8219. Reserve-Asbestdocht. Stück 15 Pf.

Nr. 8925. Wand-Feuerzeug „Ewiges Zündholz" aus Stahlblech, fein vernickelt, für Gebrauch in der Küche usw. vorzüglich geeignet. Der Anschaffungspreis macht sich schon in einem Monat durch die Ersparnis an Streichhölzern bezahlt. Stück Mk. 2.50

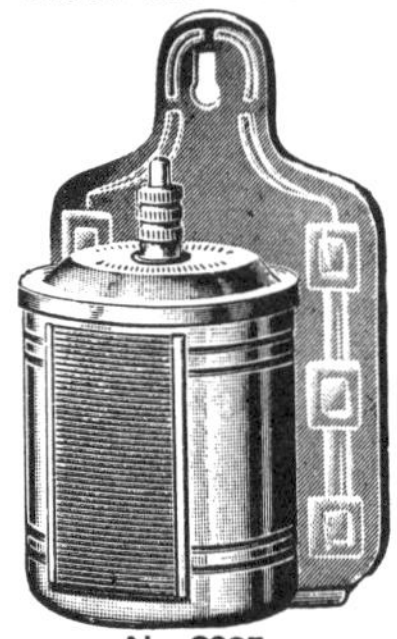

Nr. 8925.

Elektrische Taschenlampen.

Nr. 2990. Hochfeine elektrische Taschenlampe in allerfeinster und dabei sehr gediegener Ausführung. In echtem Leder (Krokodilnarben). Uebertrifft an Leistungsfähigkeit alle anderen Taschenlampen, und ist die Leuchtkraft der Lampe 5 bis 6 mal größer als bei Kohlenfadenlampen und gewöhnlichen Batterien. Mit Metallfadenbirne (Osram), 4,5 Volt. Größe 77×55×20 mm. Stück Mk. 4.—

Nr. 1097. Ersatzbatterie zu diesen Lampen passend. Stück 70 Pf.

Nr. 9171. Ersatzbirne, Osram zu diesen Lampen passend, 4,5 Volt. Stück Mk. 1.—

Nr. 6368. Elektrische Taschenlampe. Bei dieser Taschenlampe besteht der obere Deckel aus facettiertem Glas, in der Mitte mit Linse, wodurch ein wunderbarer Lichteffekt erzielt wird, zumal eine Metallfadenlampe Verwendung findet. Die Hülse ist vernickelt und mit krokodilartig gemustertem Kaliko bezogen. Die Lampe hat Dauerkontakt und unteren Scharnierboden. Größe 100×65×24 mm. 4,5 Volt. Stück Mk. 2.10

Nr. 6372. Ersatzbatterie zu obiger Lampe passend. Stück 35 Pf.

Nr. 5028. Metallfadenbirne zu obig. Lampe pass. Stück 60 Pf.

Nr. 3664.

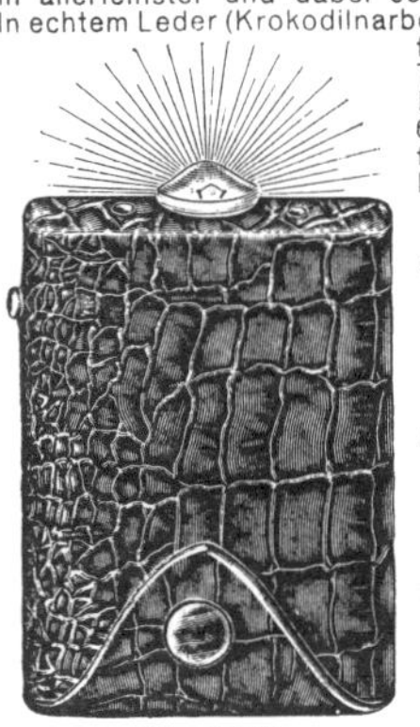

Nr. 2990.

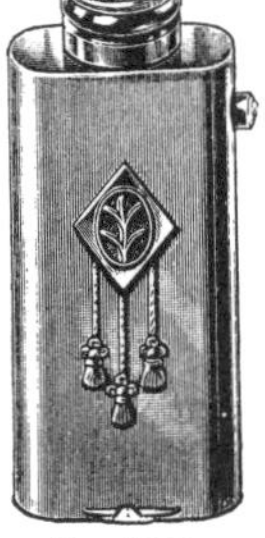

Nr. 6370.

Nr. 6368.

Nr. 984.

Nr. 3664. Elektrische Taschenlampe mit ovaler Vergrößerungslinse und Kalikobezug. Diese Lampe wird mit feinen, hochglänzenden, kolorierten Photographien (interessante Frauengestalten) geliefert. Hülse in Messing und sehr fein vernickelt. Größe 95×65×25 mm. Stück Mk. 1.55

Nr. 1735. Ersatzbatterie zu obiger Lampe passend. Stück 30 Pf.

Nr. 2142. Ersatzbirne zu obiger Lampe passend. Stück 35 Pf.

Nr. 6370. Elektrische Taschenlampe, Westentaschenformat, in hervorragend schöner Ausführung, versilbertes Metallgehäuse mit erhabenen Verzierungen, Seitenkontakt und unterem Scharnierdeckel. Die Lampe ist mit Metallfadenlampe und Linse versehen, wodurch ein guter Lichteffekt erzielt wird. 2,5 Volt. Größe 85×35×19 mm. Stück Mk 2.70

Nr. 6378. Ersatzbatterie hierzu. Stück 30 Pf.

Nr. 6377. Metallfadenbirne hierzu. Stück 55 Pf.

Nr. 984. Elektrische Taschenlampe in vernickeltem Gehäuse mit Kalikobezug. 65 mm großer, vernickelter Reflektor mit Linse und Feststell-Kontakt. Die Lampe ist mit einem Haken zum Anhängen an die Rockknöpfe versehen, auch ist eine Vorrichtung vorhanden, um die Lampe an der Weste usw. festklemmen zu können, so daß ein unbedingt sicheres Tragen der Lampe gewährleistet ist. Mit Metallfadenbirne. Größe 100×70×25 mm. 4,5 Volt. Für Jäger, die abends verspätet aus dem Revier fahren, sehr zu empfehlen. Stück Mk. 4.75

Nr. 6372. Ersatzbatterie dazu. Stück 35 Pf. **Nr. 5028.** Ersatzbirne dazu. Stück 60 Pf.

Jagd-Mützen in gern gekaufter Ausführung.

Nur prima Qualität.

Für Jäger und Landwirte unentbehrlich, weil bei herunter geklapptem Mützenrand der Nacken vor Kälte, Wind und Regen geschützt wird.

Gefälligste Formen.

Sauberste Bearbeitung.

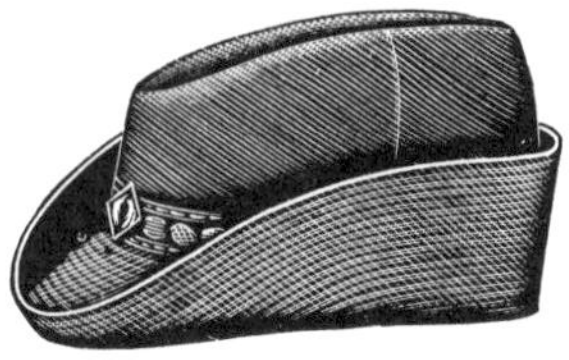

Nr. 7373–7887.

Jagdmütze aus prima olivgemustertem Strichlodenstoff, mit feinem passenden Sergefutter, schöner Bandverzierung u. vollständig durchsteppter Klappe. **Sehr empfehlenswert.**

Nr. 7373.	Kopfweite 54 cm. Stück Mk.	2.65
Nr. 7659.	Kopfweite 55 cm. Stück Mk.	2.65
Nr. 7885.	Kopfweite 56 cm. Stück Mk.	2.65
Nr. 7886.	Kopfweite 57 cm. Stück Mk.	2.65
Nr. 7887.	Kopfweite 58 cm. Stück Mk.	2.65

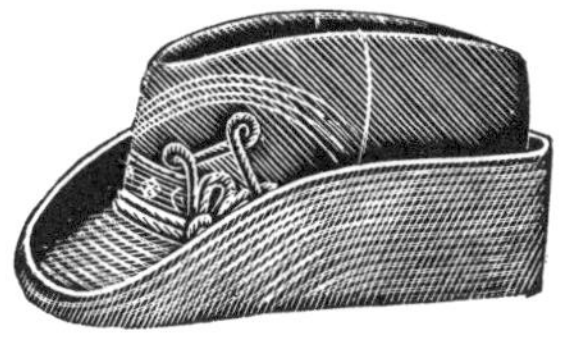

Nr. 7888–7892.

Jagdmütze aus bestem grünlichen Phantasie-Lodenstoff, mit feinem passenden Sergefutter, Band- und Schnur-Garnierung, Klappe vollständig durchgesteppt. **Sehr preiswerte Mütze.**

Nr. 7888.	Kopfweite 54 cm. Stück Mk.	2.10
Nr. 7889.	Kopfweite 55 cm. Stück Mk.	2.10
Nr. 7890.	Kopfweite 56 cm. Stück Mk.	2.10
Nr. 7891.	Kopfweite 57 cm. Stück Mk.	2.10
Nr. 7892.	Kopfweite 58 cm. Stück Mk.	2.10

Nr. 7893–8216.

Jagdmütze, sehr modernes Muster, aus prima olivgemustertem Lodenstoff, mit feinem passenden Sergefutter, eleganter Verzierung und vollständig durchsteppter Klappe.

Nr. 7893.	Kopfweite 54 cm. Stück Mk.	2.25
Nr. 7915.	Kopfweite 55 cm. Stück Mk.	2.25
Nr. 7987.	Kopfweite 56 cm. Stück Mk.	2.25
Nr. 7988.	Kopfweite 57 cm. Stück Mk.	2.25
Nr. 8216.	Kopfweite 58 cm. Stück Mk.	2.25

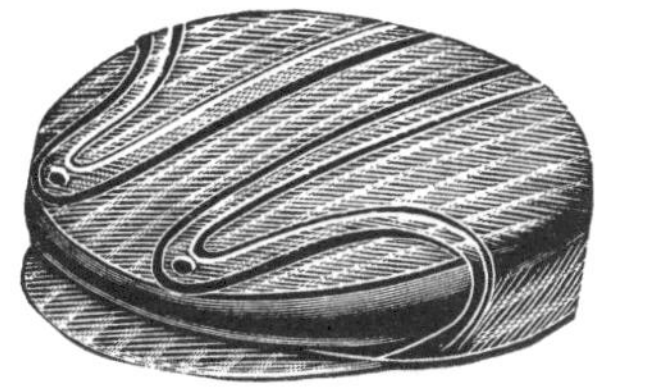

Nr. 7227–7288.

Sport- und Jagd-Klappmütze in sehr moderner Form, aus bestem olivkarrierten Lodenstoff neuester Farbenmuster, mit ff. passendem Sergefutter. Die Mütze ist aufklappbar u. schützt Hals und Nacken vor den Unbilden der Witterung. **Aeusserst praktische Mütze.**

Nr. 7227.	Kopfweite 54 cm. Stück Mk.	2.25
Nr. 7228.	Kopfweite 55 cm. Stück Mk.	2.25
Nr. 7276.	Kopfweite 56 cm. Stück Mk.	2.25
Nr. 7287.	Kopfweite 57 cm. Stück Mk.	2.25
Nr. 7288.	Kopfweite 58 cm. Stück Mk.	2.25

Deutsche Schützen- und Forst-Hüte.

Bei freundlicher Bestellung bitte die gewünschte Größe genau anzugeben.

Nr. 8217. Deutscher Schützenhut aus bestem graumelierten Filzstoff, mit dunkelgrüner Band-Garnierung und Bandrosette, mit Sergefutter und Inschrift: Deutscher Schützenhut. **Sehr empfehlenswert.** Stück Mk. 3.25

Vorstehender Hut ist auch in dunkelgrau lieferbar.

Nr. 7095. Original-Försterhut, kleine Form, aus feinstem Tuchfilz, in echter Forstuniform-Farbe, mit grüner Tuch-Garnierung. **Prima Qualität.** Ohne Abzeichen. Stück Mk. 3.—

Nr. 7208. Deutscher Schützenhut aus prima Filzstoff, in schöner dunkelgrüner Farbe, mit Band-Garnierung, Rosette mit Schützenabzeichen und prima weißem Sergefutter, mit Inschrift: Deutscher Schützenhut. **Ein moderner und vielgekaufter Hut.** Stück Mk. 3.60

Die Hüte **Nr. 8217** und **Nr. 7208** werden auch rechts mit Vorrichtung zum Anknöpfen (Burenhutfasson) geliefert gegen einen Mehrpreis von **30 Pf.** per Stück.

Hutabzeichen für Jäger, Schützen und Touristen.

Nr. 7056.

Hutabzeichen Horn vergoldet, Hirschkopf versilbert. Stück Mk. 1.—

Nr. 7057.

Hutabzeichen Eichenlaubzweig, versilbert. Stück Mk. 1.—

Nr. 7062.

Jäger-Hutabzeichen versilbert, mit Seidenfransen-Garnierung. Stück Mk. 1.—

Nr. 12255.

Touristen-Hutabzeichen versilbert, mit Seidenfransen-Garnierung. Stück Mk. 1.—

Nr. 7082.

Hutabzeichen, versilbert, mit Seidenfransen-Garnierung. Stück Mk. 1.—

Hutschmuck für Jäger.

Nr. 12256.

Nr. 12256. **Feder.** Stück Mk. 1.10

Nr. 12257.

Nr. 12257. **Feder.** Stück Mk. 0.65

Nr. 12258. **Gemsbart.** Stück Mk. 0.65

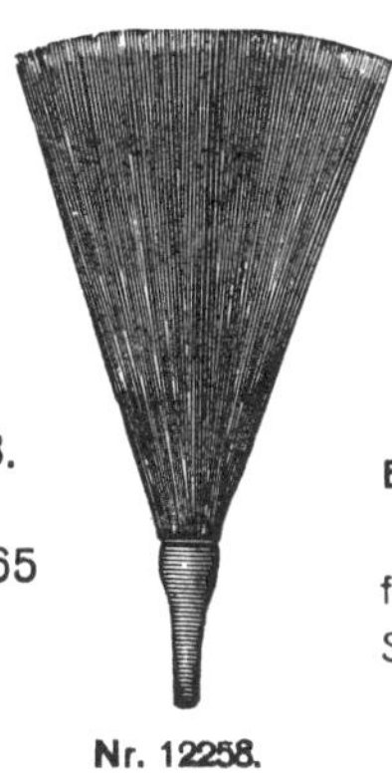

Nr. 12258.

Nr. 7207. **Birkhahn-Feder** auch als Schützenhutfeder zu tragen. Stück Mk. 0.35

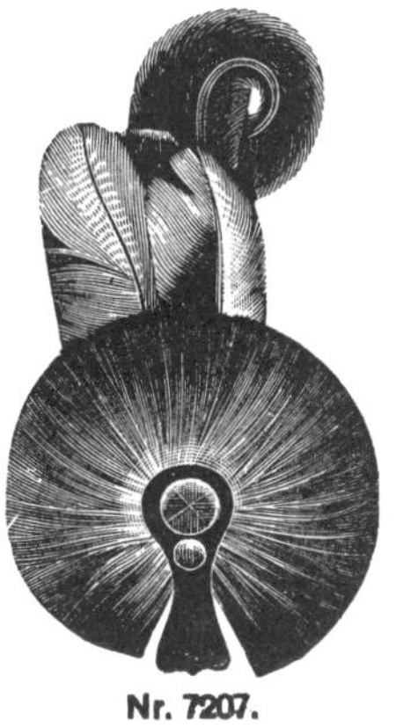

Nr. 7207.

Artikel für Jäger und Touristen.

Jägergeldbörsen aus nur echtem Rindleder.

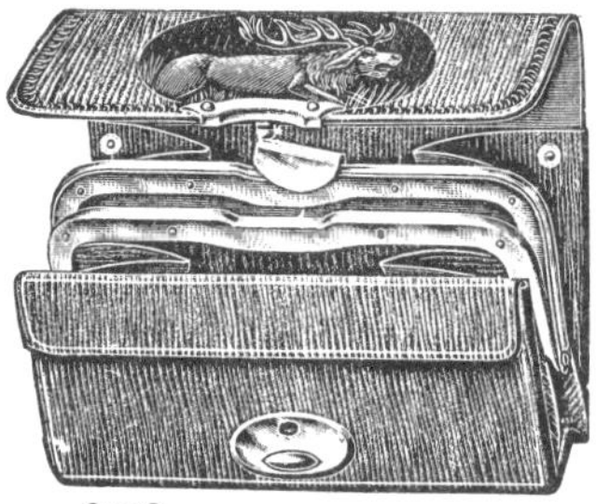

Nr. 979. Sport-Portemonnaie aus einem Stück, echte Rindlederdecke, Flechtnaht und Hirschpressung. Innen 4 Fächer und außen Billettasche, Nickeldachsattelbügel und gutes Zugschloß. Größe 9×6 cm. Stück Mk. 1.—

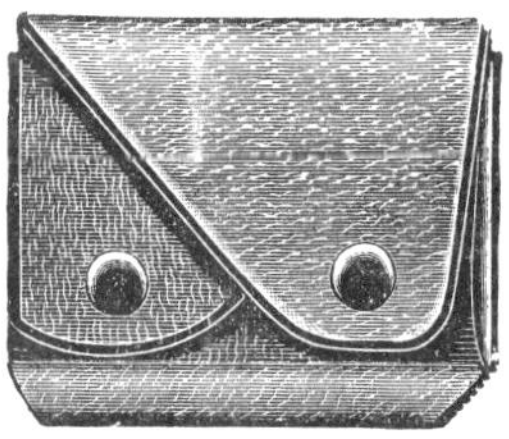

Nr. 12259. Geldbörse aus Deutsch-Juchten-Rindleder, mit 1 Zahltasche, 1 Goldtasche, 1 flache Tasche und äußere Billettasche, mit gefaltetem Boden. Größe 8,5×7 cm. Stück Mk. 1.10

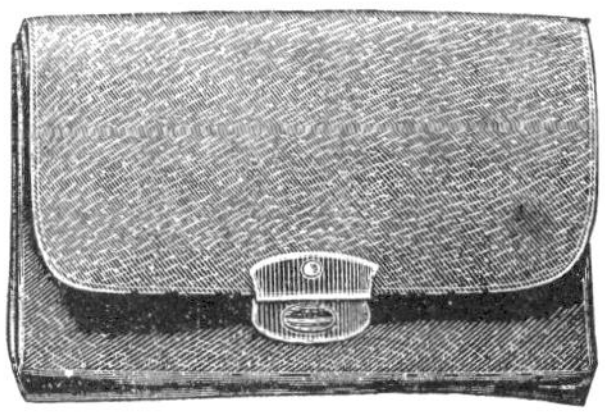

Nr. 12260. Jägerbörse aus kaffeebraunem Rindleder, mit 4 Taschen, mit Schiebe- und Klappschloß. Größe 10×6,5 cm. Stück Mk. 1.15

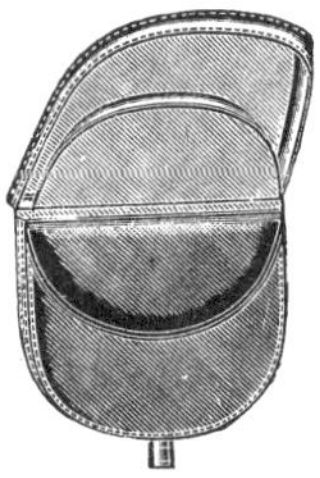

Nr. 8358. Westentaschen-Portemonnaie, flaches Modell, f. Jäger äußerst praktisch, mit kleinem Extratäschchen für Gold, sehr solide, aus modebraunem starken Rindleder gearbeitet. Stück Mk. 1.80

Nr. 8359. Sporttasche aus hellem Schweinsleder, mit 2 Taschen, mit Riemen genäht. Gern gekaufte Geldbörse. Größe 7×8 cm. Stück Mk. 1.20

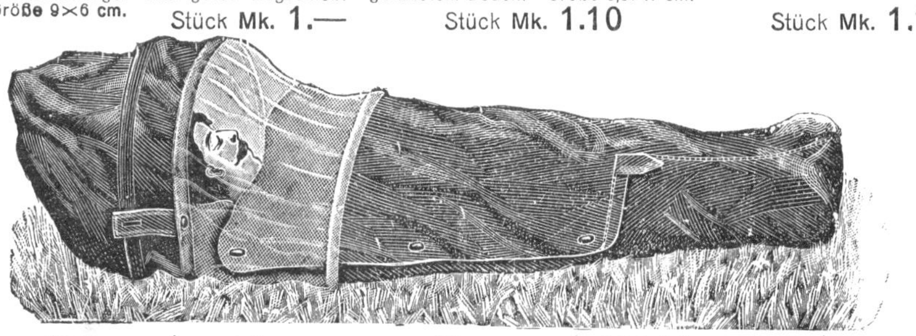

Nr. 12261.

Nr. 12261. Schlafsack aus wasserdichtem grau-grünen Jagdleinen, prima Qualität, mit Wolle gut gefüttert, mit Kopfkissengestell und abknöpfbarem Moskitonetz, 190 cm lang, für große Person. Gewicht ca. 4¼ kg. Zum Transportieren wird der Schlafsack zusammengerollt und an einem Plaidriemen getragen. Zur Ausrüstung von Expeditionen bestens empfohlen. Stück Mk. 44.—

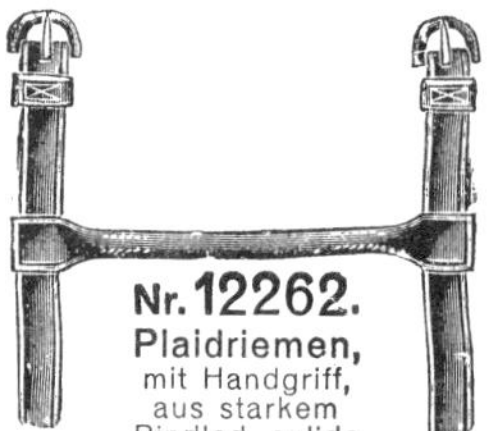

Nr. 12262. Plaidriemen, mit Handgriff, aus starkem Rindled., solide Handarbeit. Stück Mk. 2.40

Nr. 12263. Mantel- oder Plaid-Tragriemen aus starkem Leder zum Umhängen, um die Hände vollständig frei zu haben. In dem praktischen Riemen können auch andere Gegenstände leicht transportiert werden. Stück Mk. 2.20

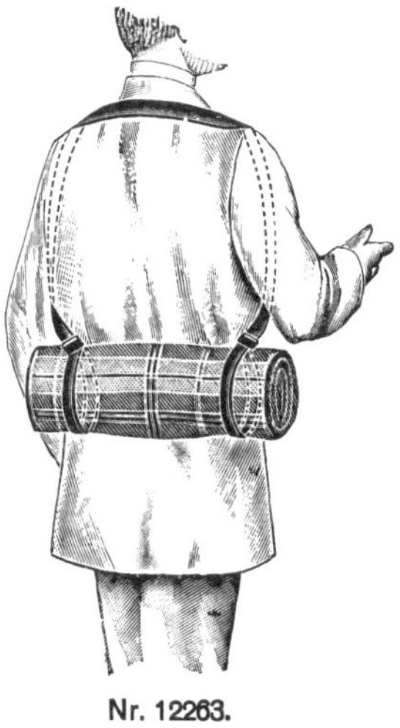

Nr. 12263.

Rasierapparate, Messer usw.

in hervorragenden Qualitäten.

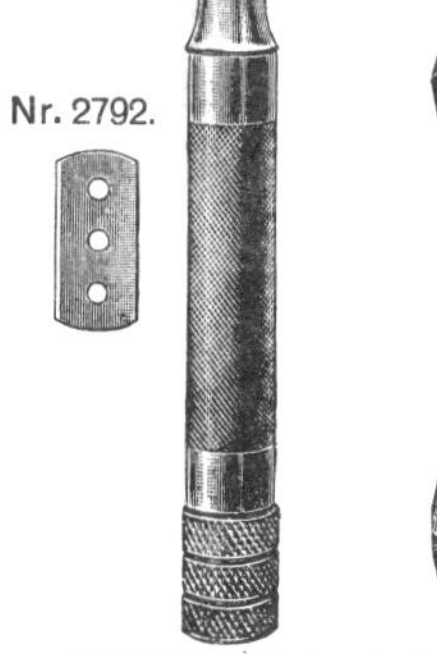

Nr. 2792.

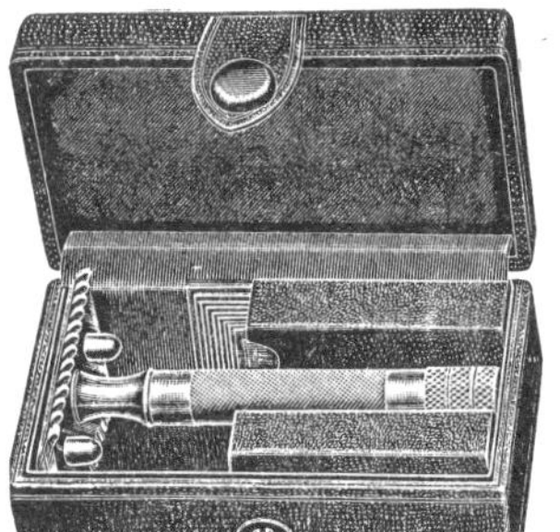

Nr. 2792. Sicherheits-Rasierapparat in besonders feiner versilberter Ausführung. Mit diesem Apparat ist ein völlig gefahrloses Rasieren auch für den Ungeübten möglich; Verletzungen sind also vollkommen ausgeschlossen. Die beigegebenen 12 Messer bestehen aus ganz dünnem Messerstahl, sind auf beiden Seiten zu benutzen und sehr schnell auswechselbar. Für leichte und mittelstarke Bärte geeignet. Gebrauchsanweisung wird jedem Apparat beigegeben. Besonders zu empfehlen für die Reise. Mit Etui in feiner innerer Ausstattung, schwarzem Lederbezug und Druckknopfverschluß. Stück Mk. 6.60

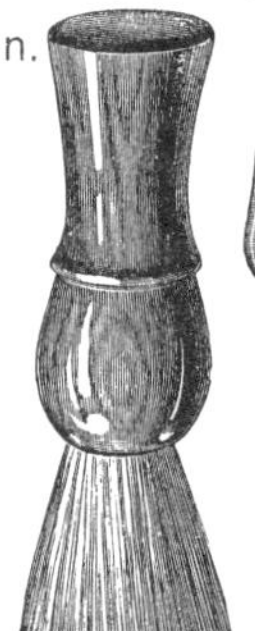

Nr. 5330. Rasierpinsel m. Dachshaaren, Zwetschenholzgriff extra schwer. Länge 11 cm. Stück 65 Pf.

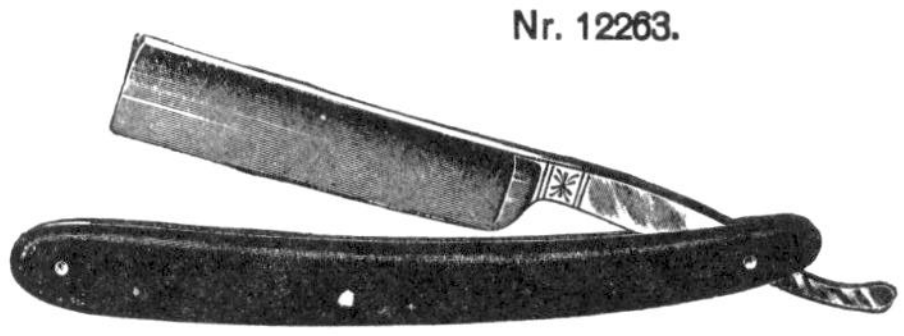

Nr. 2589. Rasiermesser, Klinge ⅝" breit, ¼ hohl geschliffen, aus feinstem Rasiermesserstahl, mit rundem schwarzen Hartgummiheft, mit Etui. Stück Mk. 2.10

Nr. 4707. Rasiermesser, Klinge ⅝" breit, ¾ hohl geschliffen, in ganz besonders feiner Ausstattung, aus bestem englischen Silberstahl gearbeitet und mit echtem Elfenbeingriff und Angel versehen. Zur Anschaffung ganz besonders zu empfehlen, mit Etui. Stück Mk. 5.50

Nr. 4710. Aehnliches Rasiermesser wie oben, Klinge ⅝" breit, ¾ hohl geschliffen, Heft und Angel aus elfenbeinartigem Zelluloid, mit Etui. Stück Mk. 3.25

Nr. 2692. Streichriemen, doppelt aus bestem Leder und Hanfschlauch, mit vernickeltem Aufhänger und Griff. Länge ca. 56 cm. Stück Mk. 1.75

Nr. 5343. Rasiernapf aus vernickeltem Weißblech mit Porzellaneinlage, extra hoch. Stück 35 Pf.

Nr. 2693. Streichriemen, auf Eisengestell, aus Juchtenleder. Mit Etui, auf dem sich eine Gebrauchsanweisung befindet. Ganze Länge 30 cm. Stück 90 Pf.

Nr. 10435. Sicherheits-Rasierapparat „Comfort". Dieser Sicherheits-Rasierapparat ermöglicht ein völlig gefahrloses Rasieren, ein Verletzen ist völlig ausgeschlossen. Messer leicht herausnehmbar, dasselbe wird zum Zwecke des Streichens in die beigegebene Hülse einfach eingeschoben. Eine genaue Gebrauchsanweisung liegt jedem Apparate bei. Sehr empfehlenswert für die Reise. Stück Mk. 3.—

Nr. 2369. Rasiermesser, Klinge ⅝" breit, ⅟₁ hohl geschliffen, aus feinstem englischen Silberstahl, mit schwarzem Hartgummiheft, Angel mit Perlmutter belegt, mit Etui. Stück Mk. 5.25

Vorgearbeitete und weißfertige Gewehrteile aller Art.

Für Büchsenmacher und Reparaturwerkstätten.

Hierbei möchte ich meine werten Abnehmer darauf aufmerksam machen, daß sämtliche Gewehrteile sich im rohen bezw. weißfertigen Zustande befinden und also zu der betreffenden Waffe nicht gleich passen. Die einzelnen Teile müssen vielmehr nachgearbeitet und angepaßt werden, welche Arbeit ich gern übernehme; doch ist es in solchen Fällen unbedingt erforderlich, daß mir die betreffende Waffe hierzu eingesandt wird.

Baskülen.

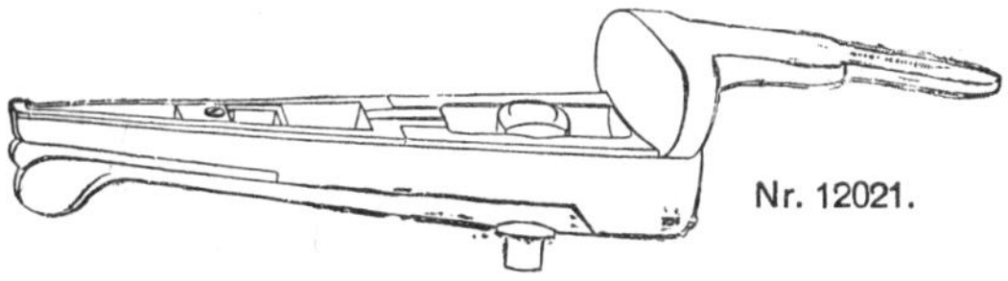

Nr. 12021.

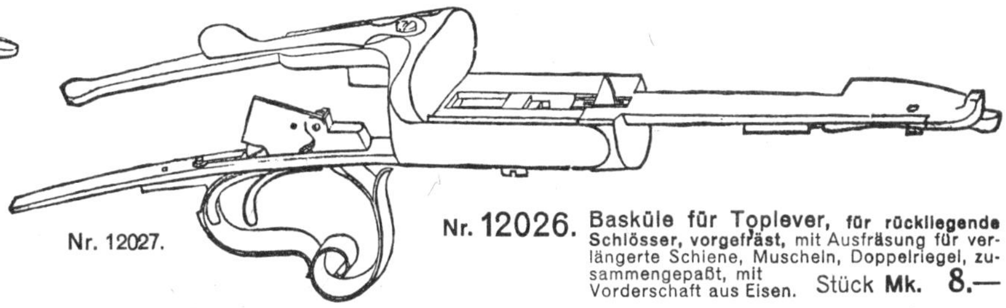

Nr. 12027.

Nr. 12019. **Basküle, roh gestanzt,** für Godin-System, ohne Vorderschaft und ohne Hebel . . . . . Stück Mk. 1.50

Nr. 12020. Die gleiche Basküle wie Nr. 12019, **mit Vorderschaft, mit kleinem Schlüssel,** mit Hebel und Exzenter, nicht zusammengesetzt . . . . . Stück Mk. 4.—

Nr. 12021. **Basküle** für Godin-System, mit Vorderschaft, mit kleinem Schlüssel, mit Hebel und Exzenter, gefeilt und zusammengesetzt . . . . Stück Mk. 9.—

Nr. 12022. Die gleiche Basküle wie Nr. 12021, aber für Holzvorderschaft mit kleinem Schlüssel, **sauber gefeilt und zusammengesetzt** . . . . . . Stück Mk. 9.—

Nr. 12026. **Basküle für Toplever, für rückliegende Schlösser, vorgefräst,** mit Ausfräsung für verlängerte Schiene, Muscheln, Doppelriegel, zusammengepaßt, mit Vorderschaft aus Eisen. Stück Mk. 8.—

Nr. 12027. Die gleiche Basküle wie Nr. 12026, **jedoch fertig gefeilt und zusammengepaßt,** mit Vorderschaft . . . . Stück Mk. 16.—

Nr. 12028. **Doppelflinten-Basküle** wie Nr. 12027, jedoch mit vierfachem **Greener-Verschluß** . . . . Stück Mk. 21.—

Nr. 12029. **Basküle für Toplever, für vorliegende Schlösser, vorgefräst,** Doppelriegel, Schienenverlängerung, Muscheln, zusammengepaßt, mit Vorderschaft . . . . Stück Mk. 10.—

Nr. 12030. **Die gleiche Basküle wie Nr. 12029, jedoch mit vierfachem Verschluß** . Stück Mk. 15.—

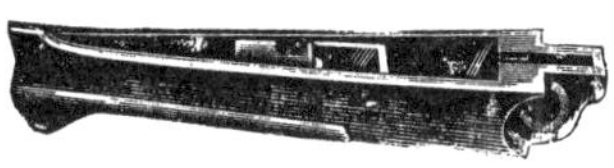

Nr. 12023. **Vorderschaft** für Gewehre mit Doppelschlüssel, roh . . . Stück Mk. 1.15

Nr. 12024. **Vorderschaft,** roh, für Doppelschlüssel, mit eingepaßtem kleinen Schlüssel . Stück Mk. 1.50

Nr. 12025. **Eisenhebel** (Verschlußhebel), roh, für Doppelschlüssel . . Stück Mk. —.50

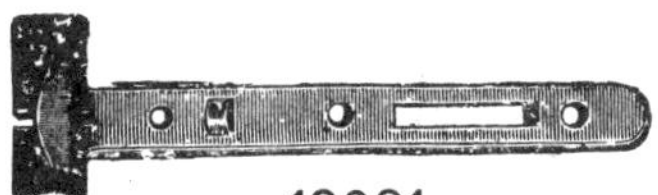

Nr. 12031.

Vorderschaft, roh, für Gewehre mit Toplever-Verschluß. Stück Mk. 1.—

Nr. 12033.

Nr. 12032. **Abzugsblech** für Doppelflinten mit Pistolengriffbügel und Abzügen, gefeilt . . . . Stück Mk. 1.60

Nr. 12033. **Abzugsblech** wie vorher, jedoch Abzüge mit Federn und gefeiltem Pistolengriffbügel . . . . . . Stück Mk. 2.25

Nr. 12034. **Abzugsblech** ohne Abzüge und ohne Bügel, roh . . . . Stück Mk. —.55

Nr. 12035. **Abzugsbügel,** gefeilt, für Pistolenschaft. Stück Mk. —.80

Nr. 12036. **Abzugsbügel** für Pistolengriff, feinste geschmiedete Ware, gefeilt, für bessere Gewehre . . . . Stück Mk. 2.—

Nr. 12037. **Pistolengriffbügel** aus Eisen, roh. Stück Mk. —.55

Nr. 12038. **Eisenbügel,** lang, gerade, für englische Schäftung, gefeilt . Stück Mk. 1.—

Nr. 12039. **Abzugsbügel** aus Eisen, gefeilt, für Halbhornbügel . . Stück Mk. —.90

Nr. 12041.

Nr. 12040.

Rechter Abzug für Doppelflinten, roh . . Stück 25 Pf.

Nr. 12041.

Derselbe Abzug, jedoch gefeilt . . . . Stück 45 Pf.

Nr. 12042.

Linker Abzug für Doppelflinten, roh . . Stück 25 Pf.

Nr. 12043.

Derselbe Abzug wie Nr. 12042, jedoch gefeilt . Stück 45 Pf.

Nr. 12044.

Abzugsfedern für Doppelflinten . . . . Stück 20 Pf.

Gewehrschlösser prima Qualität,

fertig zum Einpassen.

Gewehrschlösser mit aufgepaßten rohen Hähnen kosten pro Paar Mk. 1.— mehr.

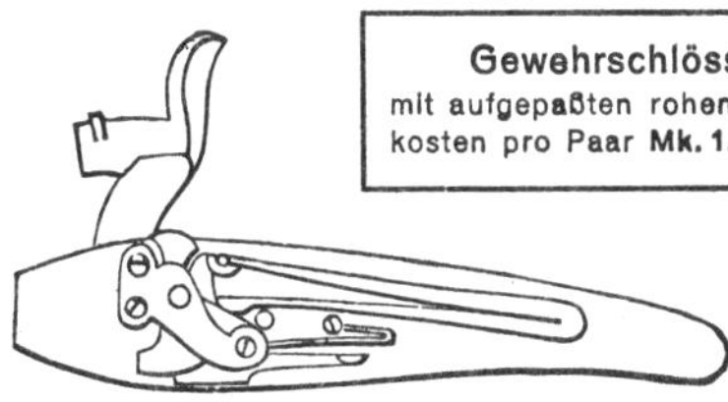

Nr. 12045. **Gewehrschlosse** mit 1 Schraube und 2 Federn, rückspringende Hähne, rückliegend . . . . Paar Mk. 3.60

Nr. 12046. **Gewehrschlosse** mit 2 Federn, zweifüßiger Studel, rückspringende Hähne, bessere Qualität. Paar Mk. 5.50

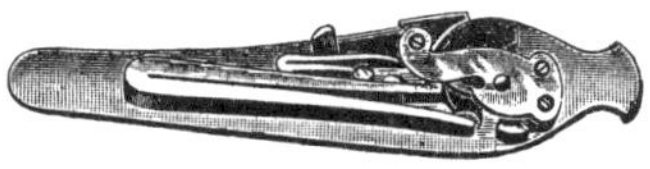

Nr. 12047. **Gewehrschlosse,** feinste deutsche Qualität, rückspringende Hähne, mit 2 Federn und 2 Schrauben, rückliegend . . . . Paar Mk. 7.50

Nr. 12048. **Gewehrschlosse,** feinstes Stahlgewerk, mit dreifüßiger Kreuzstudel, Schlagfeder mit Unterschlag und Extraansatz für den Rücksprung. Hochfeines Schloß . . . Paar Mk. 9.50

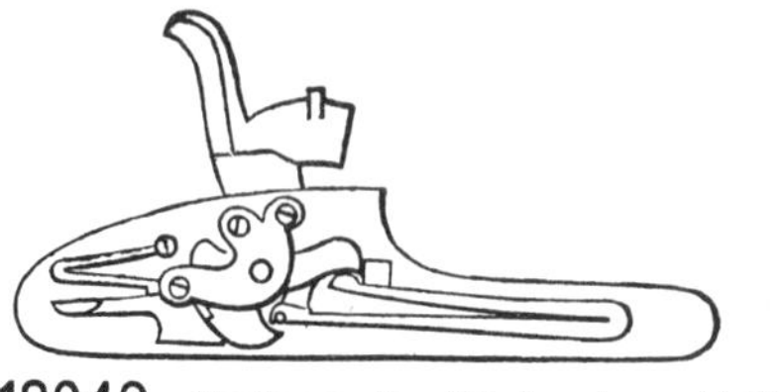

Nr. 12049. **Vorliegendes Rückspringschloß** mit zweifüßiger Studel, 2 Federn, bessere Qualität . . . . Paar Mk. 6.—

Nr. 12050. **Vorliegendes Rückspringschloß** in hochfeiner Qualität, mit dreifüßiger Studel, beste Arbeit . . Paar Mk. 10.—

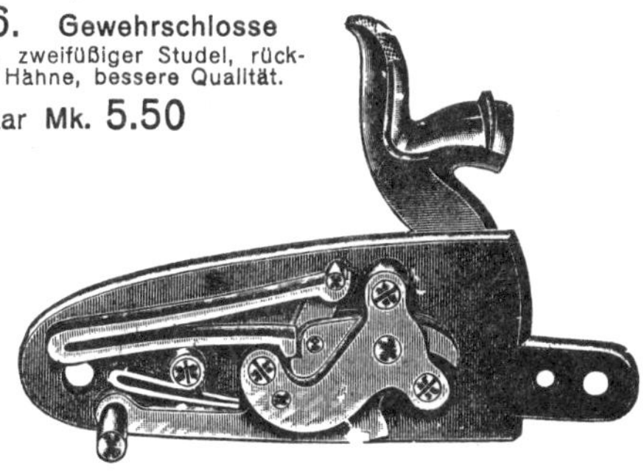

Nr. 12051. **Halbvorliegendes feines Rückspringschloß** für Gewehre mit voller Basküle in allererster Qualität. Paar Mk. 10.— an

Gewehrteile verschiedener Art.

Schloßteile.

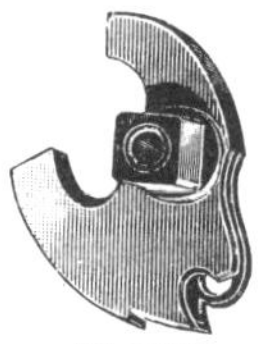
Nr. 12053.

Studeln.

Nr. 12056.

Nr. 12058.

Schloßketten.

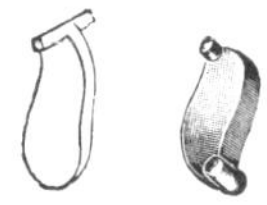
Nr. 12059. Nr. 12060.

Nr. 12061.

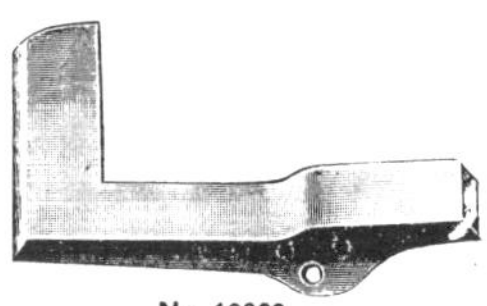
Nr. 12062.

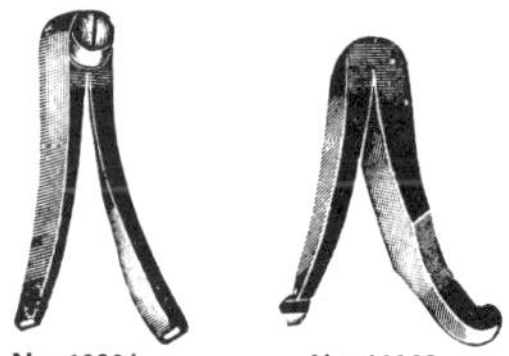
Nr. 12064. Nr. 12066.

Nr. 12052. Nüsse aus Stahl, roh, ... Paar Mk. 0.60
Nr. 12053. Nüsse aus Stahl, gefeilt . . . . Paar Mk. 1.50
Nr. 12054. Nüsse aus Stahl, gefeilt, mit Kettchen, extra prima Qual. Paar Mk. 2.25
Nr. 12055. Nüsse aus Stahl, gefeilt, mit Kettchen, f. vorlieg. Schlösser Paar Mk. 3.—
Nr. 12056. Studeln, geschmiedet, rohe, einfach . . . . Paar Mk. 0.30
Nr. 12057. Studeln, gefeilt, zweifüßig . . . . Paar Mk. 0.80
Nr. 12058. Kreuzstudeln, geschmiedet und gefeilt, dreifüßig . . . Paar Mk. 1.—
Nr. 12059. Schloßketten, geschmiedet und gefeilt . . . . Paar Mk. 0.45

Nr. 12060. Schloßketten, geschmiedet, doppelte mit 2 Stiften, fertig Paar **Mk. 0.80**
Nr. 12061. Stangenfeder für Rückspringschlosse, gefeilt . . . . Stück **Mk. 0.75**
Nr. 12062. Abzugsstangen aus Stahl, roh . . . . Paar **Mk. 0.60**
Nr. 12063. Abzugsstangen aus Stahl, gefeilt . . . . Paar **Mk. 1.—**
Nr. 12064. Scott-Hebelfeder, gefeilt . . . . Stück **Mk. 0.60**
Nr. 12065. Scott-Hebelfeder, feinste und beste Qualität . . . . Stück **Mk. 1.—**
Nr. 12063. Verschluß-Hebelfeder für Roux-Drillinge, gefeilt, fertig Stück **Mk. 0.75**

Scotthebel.

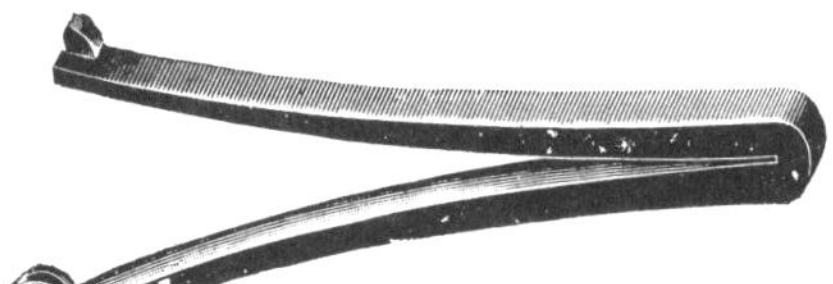
Nr. 12057.

Nr. 12067. Schlagfedern für Flintenschloße, fertig, extra prima Qualität. Paar Mk. 2.40

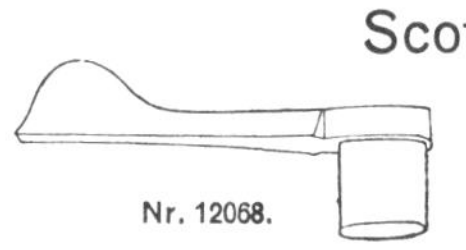
Nr. 12068.

Nr. 12070.

Nr. 12068. Scotthebel, roh . . . . Stück **Mk. 0.55**
Nr. 12069. Scotthebel, fertig gefeilt, mit Einfräsung für Exzenter. Stück **Mk. 1.50**
Nr. 12070. Scotthebel, fertig gefeilt, für Greener-Verschluß mit Einfräsung für Exzenter. Stück **Mk. 2.—**

Nr. 12071.

Nr. 12071. Verschlußkeil (Schlitten) für Basküken, roh, einfacher Riegel. Stück **35 Pf.**

Nr. 12072. Verschlußkeil, fertig vorgefräßt, für Doppelriegel. Stück **90 Pf.**

Nr. 12073. Exzenter für Scott-Basküken, fix und fertig gefeilt, mit Exzenterschraube. Stück Mk. 1.—

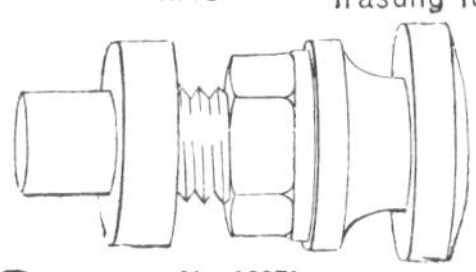
Nr. 12074.

Nr. 12074. Exzenter (Nußverschlüsse) für Lancaster (Godin)-Doppelflinten, etwas vorgefräßt, mit Schraube. Stück **75 Pf.**
Nr. 12075. Exzenter für Jagdkarabiner, fertig. Stück **50 Pf.**

Nr. 12076.

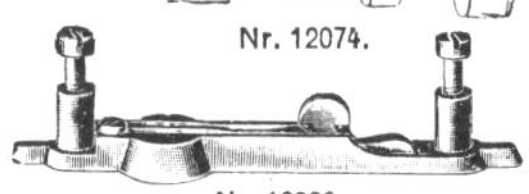
Nr. 12080.

Nr. 12076. Patronenzieher für Doppelflinten, roh geschmiedet Stück **40 Pf.**
Nr. 12077. Patronenzieher f. Doppelflinten, sauber gefeilt, mit abgedrehtem Stift in verschiedenen Stärken. Stück **90 Pf.**
Nr. 12078. Patronenzieher für Büchsflinten, roh, mit Stift Stück **60 Pf.**
Nr. 12079. Patronenzieher f. Drillinge, geschmiedet, mit Stift, roh. St. **90 Pf.**
Nr. 12080. Patentschnapper, beliebtester Vorderschaftverschluß, gute Qualität, fertig zum Einpassen, mit Schrauben und Röllchen. Mk. 1.20

Gewehrhähne für Zentralfeuer-Doppelflinten u. Drillinge,

roh gepreßt oder gefeilt.

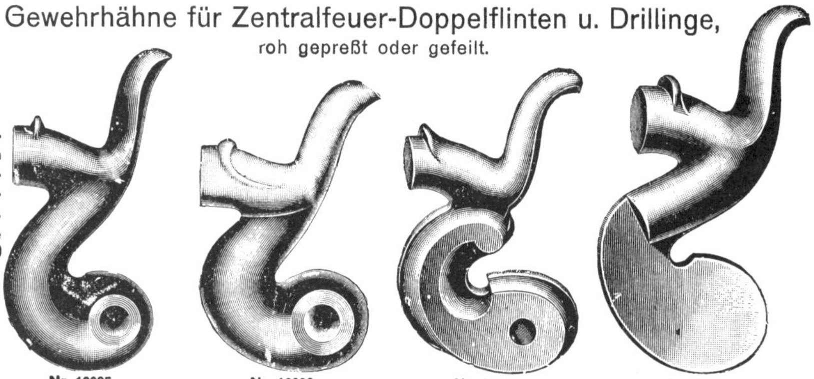
Nr. 12085. Nr. 12086. Nr. 12087. Nr. 12088.

Nr. 12085 bis **12088. Gewehrhähne nach vorstehenden Mustern**, roh gepreßt. Paar **30 Pf.**
Gefeilte Hähne, je nach Fasson, kosten per Paar **Mk. 1.75 bis 2.50.**

Nr. 12081. Nr. 12082.

Nr. 12081. Schlagbolzen mit Federchen und Pistons, extra prima Qualität. Paar **45 Pf.**
Nr. 12082. Patentpistons mit aufgeschraubtem Kopf, mit Bolzen und Federchen. Paar **60 Pf.**
Nr. 12083. Pistonsfederchen aus feinstem Silberstahldraht. Dutzend **50 Pf.**
Nr. 12084. Schlagbolzen allein für Pistons. Stück **10 Pf.**

Gewehr-Schrauben.

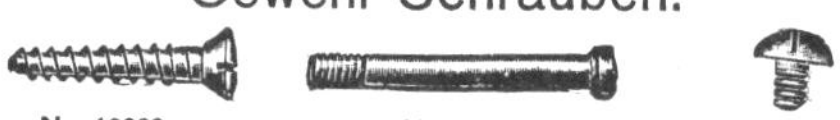
Nr. 12089. Nr. 12031. Nr. 12098.

Nr. 12089. Kappenschrauben, prima Qual., p. 10 St. **40 Pf.**
Nr. 12090. Bügelschrauben, prima Qualität, p. 10 St. **25 Pf.**
Nr. 12091. Schloßschrauben, prima Qual., p. 10 St. **60 Pf.**
Nr. 12092. Kreuzschrauben, prima Qualität, p. 10 St. **65 Pf.**
Nr. 12093. Nußschrauben, prima Qualität, p. 10 St. **40 Pf.**

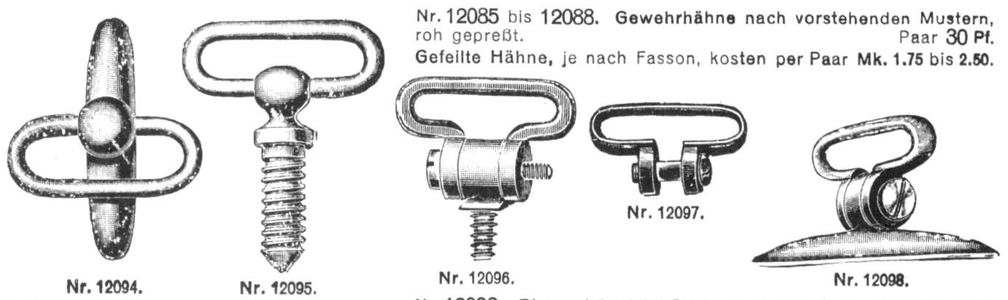
Nr. 12094. Nr. 12095. Nr. 12096. Nr. 12097. Nr. 12098.

Nr. 12094. Tesching-Riemenbügel für den Lauf. Stück **15 Pf.**
Nr. 12095. Tesching-Riemenbügel mit Gewinde für den Schaft. Stück **15 Pf.**

Nr. 12096. Riemenbügel für Büchsen, in den Lauf, mit Schraube, prima Qualität. Stück **35 Pf.**
Nr. 12097. Riemenbügel f. Büchsenlauf, ohne Gewinde. St. **20 Pf.**
Nr. 12098. Riemenbügel für Flintenlauf, mit Fuß. Stück **35 Pf.**

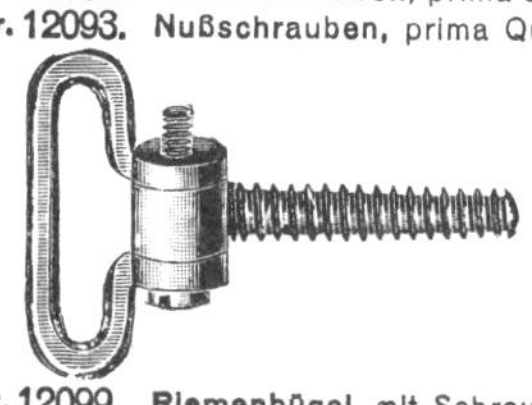

Nr. 12099. Riemenbügel mit Schraube, gute Sorte. Stück **35 Pf.**
Nr. 12100. Derselbe Riemenbügel, jedoch mit langer Schraube für Klappdeckel. Stück **45 Pf.**

Nr. 12101.
Riemenbügel für Drillinge, zum Auflöten.
Stück **55 Pf.**

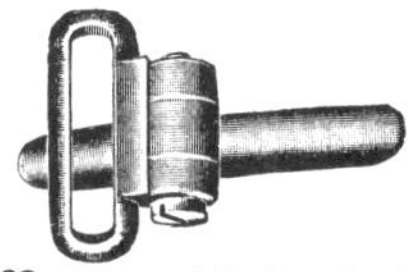

Nr. 12102. Riemenbügel mit Doppel-Scharnier, allerfeinste Qualität, für Flinten, zum Auflöten. Stück **75 Pf.**
Nr. 12103. Derselbe Riemenbügel, jedoch für Drillinge, zum Auflöten. Stück **80 Pf.**

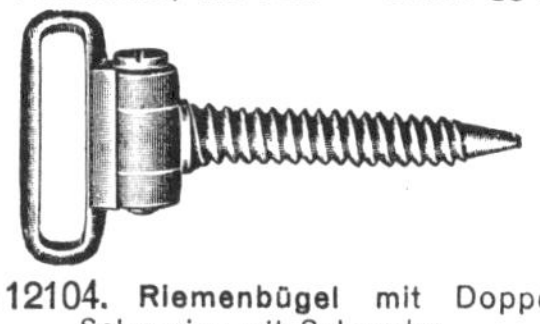

Nr. 12104. Riemenbügel mit Doppel-Scharnier mit Schraube Stück **75 Pf.**
Nr. 12105. Riemenbügel wie vor, jedoch mit langer Schraube für Klappdeckel. Stück **85 Pf.**

Gewehrteile bester Qualität.

Nr. 12106 Schieber

Nr. 12107 Schieberschildchen

Nr. 12106. **Schieber**, für Vorderschäfte geschmiedet und gefeilt 10 Stück Mk. 1.50
Nr. 12107. **Schieberschildchen** aus Eisen . . . . 10 Paar Mk. 1.70
Nr. 12108. **Schieberschildchen** aus Neusilber . . . . . . 10 Paar Mk. 3.—

Nr. 12112 Nr. 12113

Flintenkappen aus Eisen.

Nr. 12109. **Kolbenkappe** aus Eisen gepreßt, gebohrt . . . . Stück Mk. —.35
Nr. 12110. **Kolbenkappe** aus Eisen gefeilt, in 2 Teile getrennt, prima Stück Mk. 1.50

Flintenkappen aus Horn.

Nr. 12111. **Kolbenkappe**, gepreßt, mit Fischhaut, doppelt diagonal gerippt . . . . Stück Mk. —.80
Nr. 12112. **Kolbenkappe** aus Horn, quer gerippt, wie Abbildung Stück Mk. —.85
Nr. 12113. **Kolbenkappe** aus Horn, D. R.-G.-M., Flechtmuster, hochfeine Kappe . . . . Stück Mk. 1.40

Pistolengriffkäppchen.

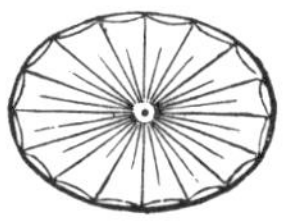

Nr. 12114.

Nr. 12114. Von Horn gefalzt und poliert, mit Fischhaut oder Rosette Stück Mk. —.50
Nr. 12115. Von Horn mit Metall oder Perlmutter-Einlage . . . . Stück Mk. —.90

Horn-Halbbügel

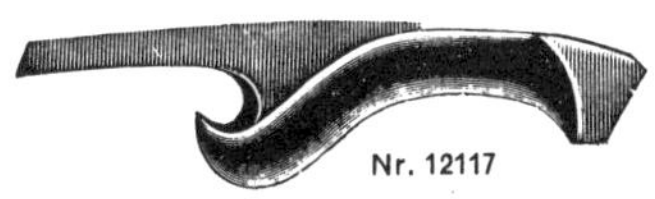

Nr. 12117

Nr. 12116. **Halbhornbügel**, bayr. Modell, nicht poliert . . . . Stück Mk. 1.80
Nr. 12117. **Halbhornbügel**, bayr. Modell, poliert . . . . . . Stück Mk. 2.20
Nr. 12118. **Halbhornbügel**, poliert, mit schöner Schnörkelverzierung . . . . Stück Mk. 4.—

Horn-Pistolengriffbügel.

Nr. 12120

Nr. 12119. **Horn-Pistolengriffbügel**, nicht poliert . . . Stück Mk. 2.60
Nr. 12120. **Horn-Pistolengriffbügel**, fein poliert . . . . . . Stück Mk. 3.25

Ganze Hornbügel

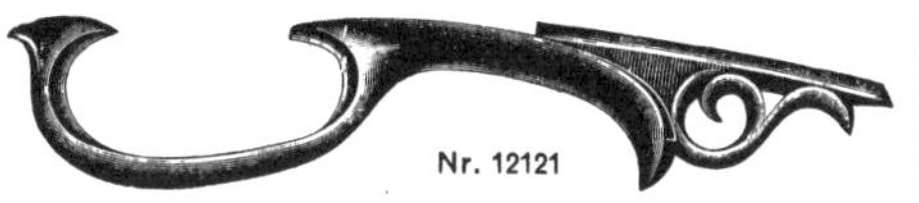

Nr. 12121

Nr. 12121. **Ganzer Hornbügel**, durchbrochen mit Arabeskenverzierung, fein poliert . . . . Stück Mk. 7.—

Nr. 12132. Abbildung a. **Revolverhähne**, fertig gefeilt zum Einpassen für Zentralfeuer-Revolver Kal. 7 und 9 mm Stück Mk. —.75
Nr. 12133. **Desgleichen**, Central, Kal. 320 oder 380, gefeilt, mit Kette . . . . Stück Mk. —.90
Nr. 12134. **Desgleichen**, für Randfeuer, gefeilt . . . . . . Stück Mk. —.70
Nr. 12135. Abbildung b. **Abzugfedern** für Lefaucheux- oder Zentralfeuer-Revolver . . . . Stück Mk. —.15
Nr. 12136. Abbildung c. **Entladestöcke** für 5-, 7- oder 9 mm-Revolver . . . . Stück Mk. —.10
Nr. 12137. Abbildung d. **Schlagfedern** für 5-, 7- oder 9 mm-Revolver, egal ob für Lefaucheux- oder Zentralfeuer Stück Mk. —.20
Nr. 12138. **Schlagfedern** für Hähne mit Kette, gerade . . . . Stück Mk. —.50
Nr. 12139. **Schlagfedern** für Hammerleß-Revolver . . . . . Stück Mk. 1.40
Nr. 12140. Abbildung e. **Haltefederchen** für Entladestöcke . Stück Mk. —.05
Nr. 12141. Abbildung f. **Verbindungsschrauben** zwischen Lauf und Kasten . . . . Stück Mk. —.08
Nr. 12142. Abbildung g. **Seitenschraube** (seitlich zur Festhaltung des Laufes) . . . . Stück Mk. —.06

Nr. 12122. **Klappdeckel für Schaftmagazine, fertig zum Einpassen** . . . Stück Mk. 1.50

Neuheit! Neuheit!

Nr. 7321. **Simplex-Patronenmagazin**, selbsttätig, fertig gefeilt, zum Einpassen in den Schaft Stück Mk. 5.50

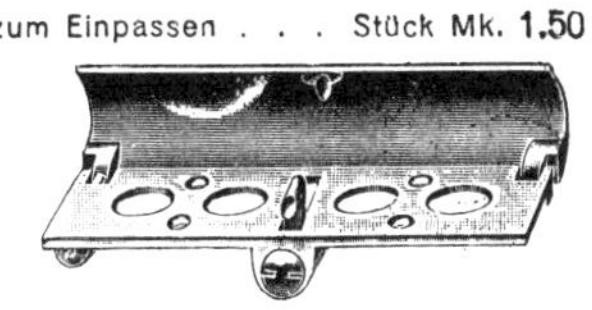

Nr. 7321

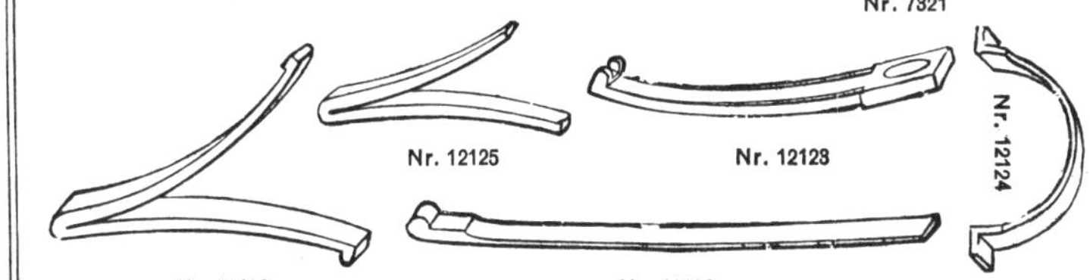

Nr. 12125 Nr. 12128 Nr. 12124 Nr. 12129 Nr. 12126

Nr. 12123. **Schlagfedern zu Keßlerbüchsen** . . . . Stück Mk. 1.10
Nr. 12124. **Schlagfedern zu Stahlbüchsen** . . . . Stück Mk. 1.60
Nr. 12125. **Schlagfedern zu Martinibüchsen** . . . . Stück Mk. 1.50
Nr. 12126. **Schlagfedern zu Aydtbüchsen** . . . . Stück Mk. 1.40
Nr. 12127. **Schlagfedern zu Mauserbüchsen** . . . . Stück Mk. —.60
Nr. 12128. **Schlagfedern zu Mauserbüchsen**, größer . . . . Stück Mk. —.90
Nr. 12129. **Schlagfedern zu Tannerbüchsen** . . . . Stück Mk. 1.80

Nr. 12130. **Blockstifte** ohne Feder, zu Martini-, Stahl- und Keßlerbüchsen . . . . Stück Mk. —.60
Nr. 12131. **Blockstifte** mit Feder . . Stück Mk. —.90

Nr. 12131

Ersatzteile für Revolver, Flobert-Pistolen, Terzerole und Teschings

fertig gefeilt zum Einpassen.

Revolverersatzteile zum Selbstreparieren der Revolver usw. vorzüglich geeignet.

Man beliebe genau anzugeben, wozu :: man die Ersatzteile verwenden will. ::

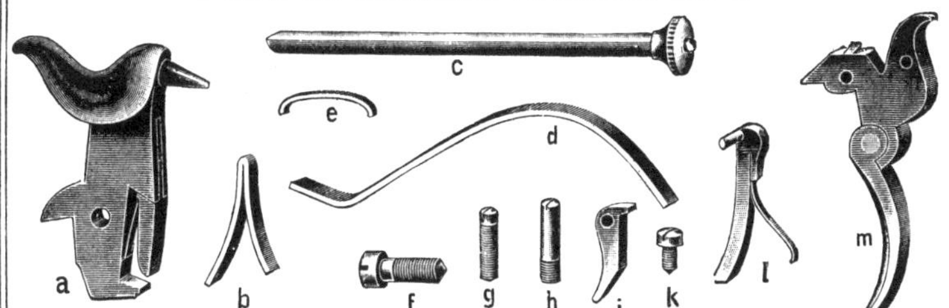

Nr. 12143. Abbildung h. **Hahnschraube** . . . . Stück Mk. —.08
Nr. 12144. Abbildung i. **Rückspringer** (welcher bei Zentralfeuer-Revolvern das Rückspringen des Hahnes bewerkstelligt . . . Stück Mk. —.15
Nr. 12145. Abbildung k. **Kleine Schraube** zum Festhalten der Türfeder Stück Mk. —.05
Nr. 12146. Abbildung l. **Walzenhebel** (Transporteure), welcher das Drehen der Walze bewerkstelligt, mit Federn . . . . Stück Mk. —.30
Nr. 12147. Abbildung m. **Abzüge**, fertig gefeilt für Zentralfeuer-Revolver, zum Einpassen für Kal. 7 und 9 mm . . . . Stück Mk. —.60

Walzenachsen für gewöhnliche und Zentralfeuer-Revolver werden auf Wunsch gerne geliefert. Am besten nach Muster.

Ersatzteile für Taschen-Teschings (Flobert-Pistolen)

fertig gefeilt.

Nr. 12148. Abbildung a. **Hähne** . . . . Stück Mk. —.35
Nr. 12149. Abbildung b. **Abzugsfedern** . . . . Stück Mk. —.05
Nr. 12150. Abbildung c. **Auswerfer** . . . . Stück Mk. —.25
Nr. 12151. Abbildung d. **Schlagfedern** . . . . Stück Mk. —.20
Nr. 12152. Abbildung e. **Hahnschrauben** . . . . Stück Mk. —.05
Nr. 12153. Abbildung f. **Verschlüsse** . . . . Stück Mk. —.20
Nr. 12154. Abbildung g. **Verschluß- und Auswerferschrauben** . . . . Stück Mk. —.05
Nr. 12155. Abbildung h. **Abzüge** . . . . Stück Mk. —.15

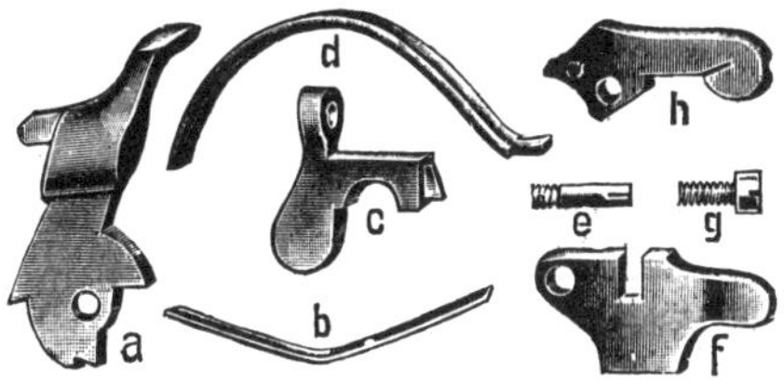

Gewehrteile bester Qualität.

Nr. 12157.

Stecher.

Nr. 12156. **Stechschloß** für Teschings, fertig . . . . Stück Mk. 2.25
Nr. 12157. **Stechschloß** für Mauserbüchsen, mit Laub . . . . . Stück Mk. 3.75
Nr. 12158. **Stechschloß, beste Sorte,** für Martinibüchsen, 2fach . Stück Mk. 6.—
Nr. 12159. **Stechschloß** für Büchsflinten und Scott-Drillinge, fertig mit aufgepreßtem Bügel . . . . Stück Mk. 5.50
Nr. 12160. **Stechschloß** für Dreiläufer mit Roux-Verschluß, fertig mit aufgepreßtem Bügel . . . . Stück Mk. 6.—
Nr. 12161. **Stechschloß** für Pirschbüchsen, Modell 88 . . . . . Stück Mk. 4.—

Das neue Sternkorn

ist das praktischste Wechselkorn für Scheiben- und Pirschbüchsen.

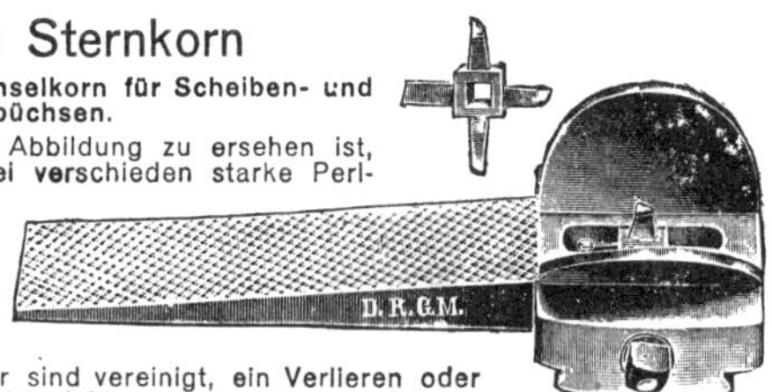

Nr. 7489.

Wie aus nebenstehender Abbildung zu ersehen ist, besitzt das Sternkorn drei verschieden starke Perlkörner und 1 Feldkorn, die in ganz gleicher Höhe um eine Achse drehbar sind und das bisher lästige Auswechseln verschiedener Körner vermeiden. Die Vorzüge dieser Erfindung sind folgende: Alle Körner sind vereinigt, ein Verlieren oder Vergessen eines solchen ist daher ausgeschlossen; infolge genau gleicher Höhe der Körner wird beim Wechseln die Treffpunktlage nicht geändert, bequemste Handhabung, durch jeweilige Vierteldrehung des seitlichen Vierkantes erscheint ein anderes Korn. Durch diese Erfindung ist der allgemeine Wunsch aller Scheibenschützen erfüllt.

Preis des fertig aufgesetzten Kornes einschließlich Anschuß . . . Stück Mk. 10.—

Nachträglich bezogen:

Nr. 7488. **Sternkorn,** weißfertig, bis zum Aufpassen fertig . . . Stück Mk. 8.—
Nr. 7489. **Sternkorn,** schraffiert u. gebläut, bis zum Aufpassen fertig Stück Mk. 9.—

Körner.

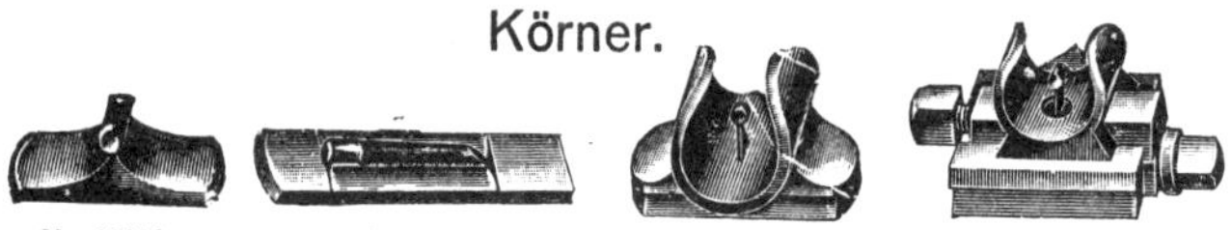
Nr. 12164. Nr. 12165. Nr. 12167. Nr. 12169.

Nr. 12162. **Korn, einfach, aus Eisen,** für Büchsflinten und Pirschbüchsen . . . . Stück Mk. —.35
Nr. 12163. **Korn, einfach, aus Neusilber,** für Büchsflinten und Pirschbüchsen. . . . . Stück Mk. —.40
Nr. 12164. **Perlkorn** mit Silberpunkt, seitwärts einzupassen . . . Stück Mk. —.60
Nr. 12165. **Perlkorn** mit Silberpunkt, von oben einzupassen . . . Stück Mk. —.65
Nr. 12166. **Tag- und Nachtkorn** mit umlegbarer Emailleperle, von vorn einzupassen . . . . Stück Mk. 3.80
Nr. 12167. **Perlkorn** mit Schutzhülse, für Teschings, klein . . . Stück Mk. —.65
Nr. 12168. **Perlkorn** mit Schutzhülse, für Büchsen, groß . . . Stück Mk. —.70
Nr. 12169. **Support-Perlkorn mit Schutzhülse, Feld- und Perlkorn auswechselbar** . . . . Stück Mk. 2.—

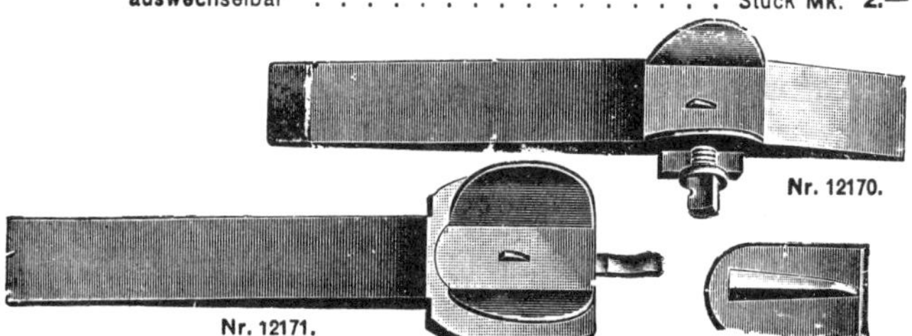
Nr. 12170.
Nr. 12171.

Nr. 12170. **Sattelkorn,** gewöhnlich . . . . Stück Mk. —.90
Nr. 12171. **Aydt-Sattel-Federkörner** mit auswechselbarem Perl- und Feldkorn . . . . Stück Mk. 2.80
Nr. 12172. **1 Perlkorn** extra . . . . Stück Mk. 1.—
Nr. 12173. **1 Feldkorn** extra . . . . Stück Mk. —.70
Nr. 12174. **Perlen** zum Einschrauben . . . . Stück Mk. —.45

Visiere für Drillinge und Büchsflinten.

Nr. 12176. Nr. 12177. Nr. 12178. Nr. 12179.

Nr. 12175. **Standvisier** für Büchsflinten, gewöhnlich, gefeilt . . . Stück Mk. —.60
Nr. 12176. **Standvisier** mit 1 umlegbaren Klappe . . . . . . Stück Mk. 1.20
Nr. 12177. **Standvisier** mit 2 umlegbaren Klappen und Feder . . Stück Mk. 2.25
Nr. 12178. **Umleg-Federvisier** mit 1 Klappe und Feder . . . . . Stück Mk. 1.10
Nr. 12179. **Umleg-Federvisier** mit 2 Klappen und Federn . . . . Stück Mk. 2.50
Nr. 12180. **Selbsttätige Visiere** für Drillinge . . . . Stück Mk. 3.—

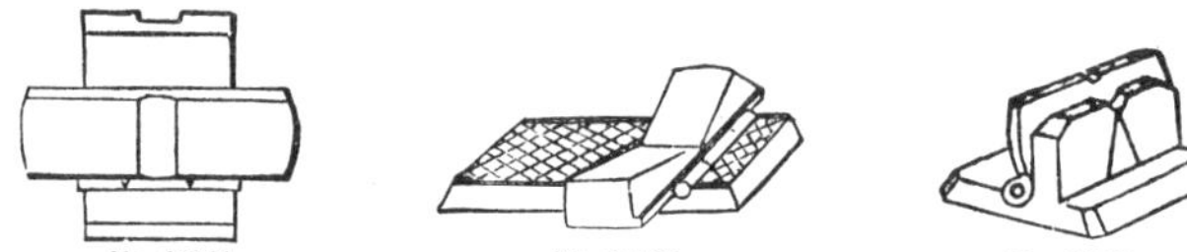
Nr. 12181. Nr. 12182. Nr. 12183.

Nr. 12181. **Umleg-Federvisier** mit 1 Klappe für Kugel- und Schrotschuß (Fluchtvisier) . . . . Stück Mk. 2.—
Nr. 12182. **Umleg-Federvisier** für Kugel- und Schrotschuß mit hochkantigen Flügeln (Schmetterlingsvisier) . . . . . Stück Mk. 3.50
Nr. 12183. **Standvisier** mit Klappe und Silberdreieck, gefeilt . . . Stück Mk. 2.50

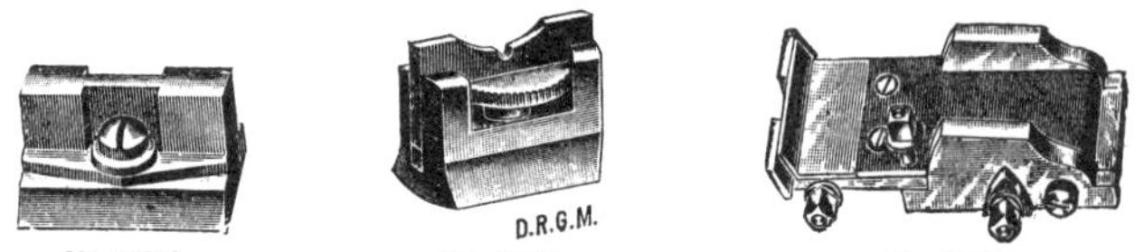

Nr. 12184. Nr. 12186. Nr. 12191.

Nr. 12184. **Schraubvisier,** klein . . . . Stück Mk. —.60
Nr. 12185. **Schraubvisier** für Büchsen . . . . Stück Mk. —.80
Nr. 12186. **Schraubvisier,** D. R.-G.-M. 402294, mit Stellscheibe, welches mit der Hand auf jede gewünschte Entfernung mit Leichtigkeit einzustellen ist . . . . Stück Mk. 2.—
Nr. 12187. **Schweizer Visier,** klein, mit Flügelschraube, für Teschings Stück Mk. 1.—
Nr. 12188. **Schweizer Visier,** mittelgroß, mit Stellschraube, für Büchsen . . . . Stück Mk. 1.60
Nr. 12189. **Schweizer Visier,** groß, für Scheibenbüchsen mit Visierschiene . . . . Stück Mk. 1.80
Nr. 12190. **Support-Federvisier** für Schiene, einfach . . . . . . Stück Mk. 3.—
Nr. 12191. **Support-Federvisier,** doppelt, mit verstellbarer Kimme Stück Mk. 3.50

Diopter.

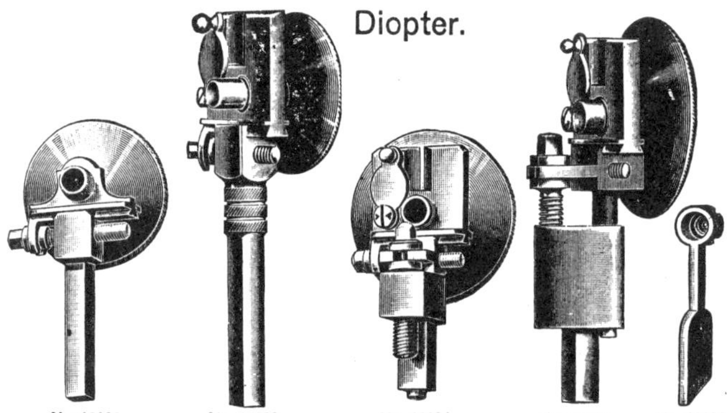
Nr. 12192. Nr. 12193. Nr. 12194. Nr. 12196. Nr. 12198.

Nr. 12192. **Schweizer Diopter,** gewöhnlich, vierkantiger Fuß, mit Stellschraube, für Zimmerstutzen und Büchsen . . . Stück Mk. 1.50
Nr. 12193. **Schweizer Gabeldiopter** mit angedrehtem Stempel . . Stück Mk. 2.60
Nr. 12194. **Martini-Diopter** mit gewöhnlicher Gabel, Fuß und Steigschraube . . . . Stück Mk. 3.50
Nr. 12195. **Martini-Diopter** wie vor., jedoch mit verstellbarer Gabel Stück Mk. 5.—
Nr. 12196. **Aydt-Diopter** mit Gabel und Scheibe . . . . Stück Mk. 3.75
Nr. 12197. **Aydt-Diopter** wie voriger, jedoch mit verstellbarer Gabel Stück Mk. 5.70
Nr. 12198. **Umlege-Diopter** für Büchsflinten und Drillinge . . . . Stück Mk. 1.50

Diopter-Scheiben.

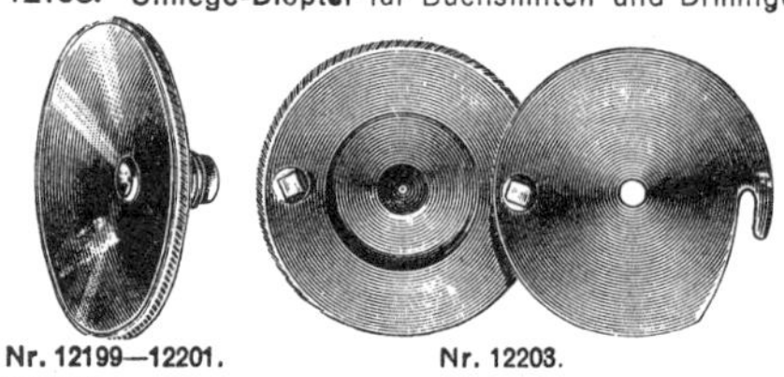
Nr. 12199—12201. Nr. 12203.

Nr. 12199. **Diopterscheibe,** fertig gedreht, mit Pille, 40 mm groß Stück Mk. —.70
Nr. 12200. **Diopterscheibe,** ebenso, jedoch 60 mm groß . . . . Stück Mk. 2.15
Nr. 12201. **Diopterscheibe,** extragroß, innen mattiert, 75 mm Durchm. Stück Mk. 3.—
Nr. 12202. **Pillen** aus Horn . . . . Stück Mk. —.20
Nr. 12203. **Neue Diopterscheibe** mit Einrichtung zum Einlegen eines Glases, 50 mm Durchmesser . . . . Stück Mk. 3.25
Nr. 12204. **Diopterscheibe** zum Aufschrauben, aus Hartgummi, 70 mm Durchmesser . . . . Stück Mk. 3.—

Diopter-Schlüssel.

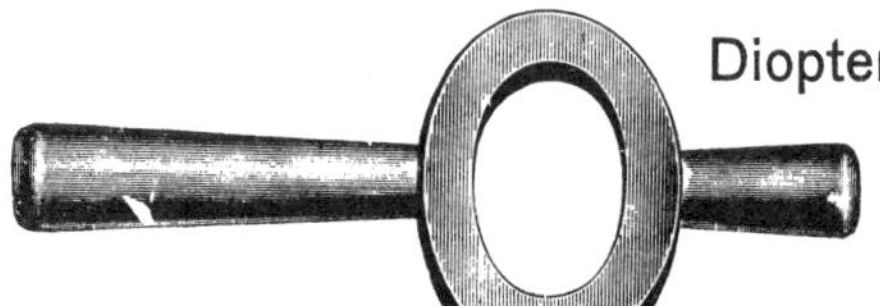

Nr. 12264. Großer einfacher Diopter-Schlüssel. Stück Mk. —.30

Nr. 12265. Doppelter Diopter-Schlüssel. Stück Mk. —.40

Ersatzteile für Terzerole. Fertig zum Einpassen.

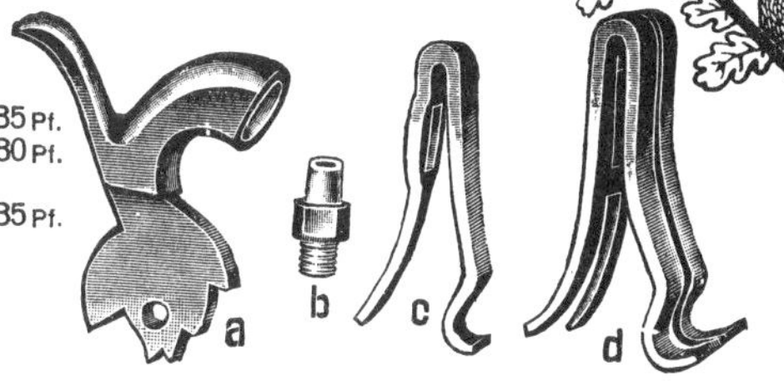

Nr. 12205. a. Hähne . . . . Stück 30 Pf.
Nr. 12206. b. Pistons für Terzerole . . . . . . Stück 5 Pf.
Nr. 12207. c. Schlagfedern für einfache Terzerole. Stück 25 Pf.
Nr. 12208. d. Schlagfedern für doppelte Terzerole. Stück 30 Pf.
Nr. 12209. e. Läufe, blank od. blau, mit Gewinde. Stück 35 Pf.
Nr. 12210. f. Ladestöcke, fertig zum Einstecken. Stück 30 Pf.
Nr. 12211. g. Runde Stahlläufe, 3,5" lang, mit Gewinde . . . . Stück 35 Pf.

Ersatzteile für Teschings. Fertig gefeilt.

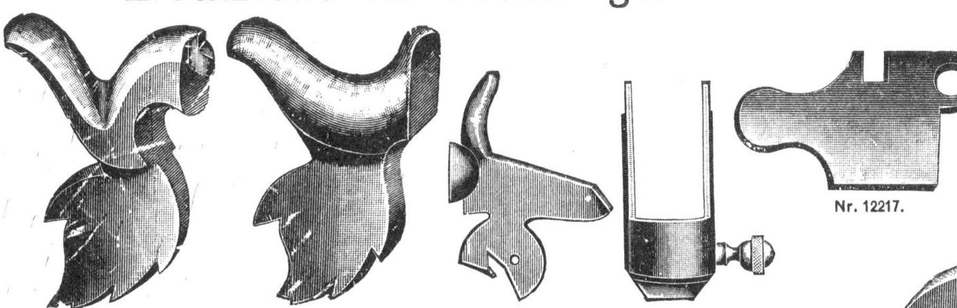

Nr. 12212. Nr. 12213. Nr. 12214. Nr. 12218. Nr. 12217.

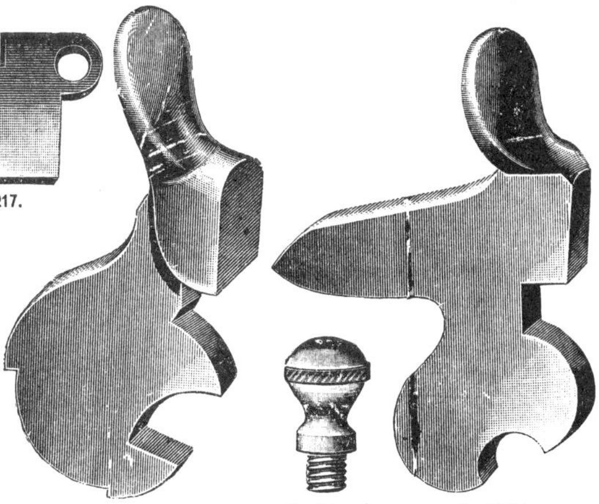

Nr. 12215. Nr. 12220. Nr. 12216.

Nr. 12212. Hähne für Knaben-Teschings, fertig . . . . Stück Mk. —.45
Nr. 12213. Hähne für Aufklapp-Teschings, Jagdkarabiner und einläufige Flinten . . . . Stück Mk. —.60
Nr. 12214. Hähne mit Kette, für Warnant-Teschings mit kurzem Verschluß, fertig gefeilt. Stück Mk. —.90
Nr. 12215. Hähne ohne Kette, für Warnant-Teschings mit kurzem Verschluß, fertig gefeilt. Stück Mk. —.80
Nr. 12216. Hähne mit Kette, für doppelten Warnant-Sicherheitsverschluß, fertig gefeilt. Stück Mk. —.90
Nr. 12217. Verschlüsse für Knaben-Teschings, fertig gefeilt . . . . Stück Mk. —.25
Nr. 12218. Verschlüsse für Warnant-Teschings, kurz mit Knopf, fertig gefeilt . . . . Stück Mk. —.80
Nr. 12219. Verschlüsse für Warnant-Teschings, lang mit Knopf, fertig gefeilt . . . . Stück Mk. 1.—
Nr. 12220. Knöpfe für Warnant-Verschlüsse . . . . Stück Mk. —.15
Nr. 12221. Schrauben für Warnant-Verschlüsse . . . . Stück Mk. —.07
Nr. 12222. Vorderschaftschrauben . . . . Stück Mk. —.06

Federn, Abzüge und diverse Teile zu Flobert-Büchsen.

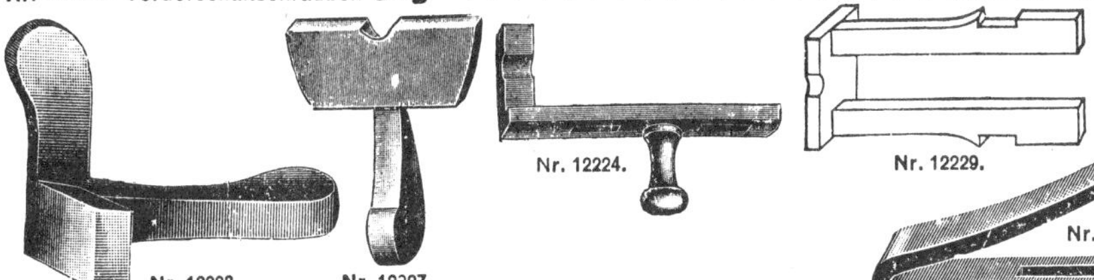

Nr. 12228. Nr. 12227. Nr. 12224. Nr. 12229.

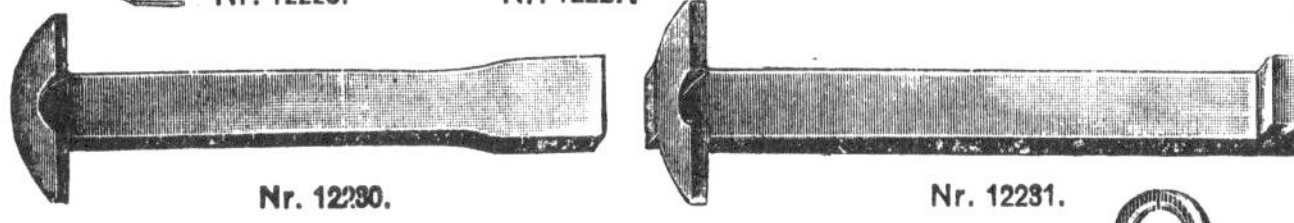

Nr. 12230. Nr. 12231.

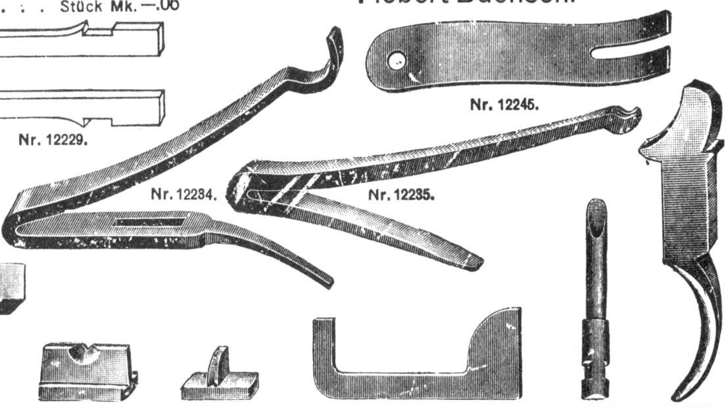

Nr. 12245. Nr. 12234. Nr. 12235. Nr. 12240. Nr. 12241. Nr. 12237. Nr. 12246. Nr. 12238.

Karabinerhaken und Hundeleinenzangen.

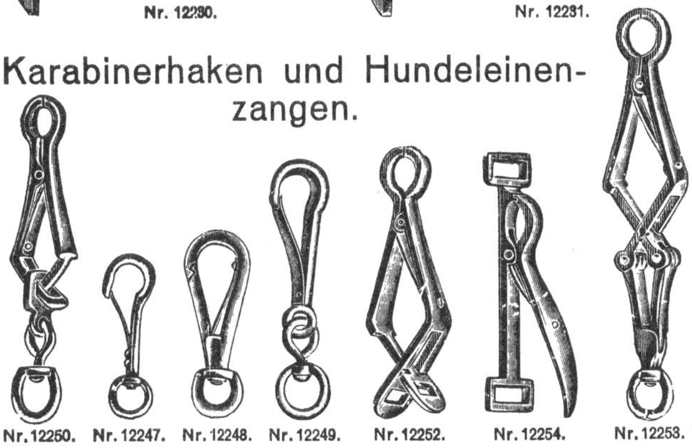

Nr. 12250. Nr. 12247. Nr. 12248. Nr. 12249. Nr. 12252. Nr. 12254. Nr. 12253.

Nr. 12247. Feder-Karabinerhaken, 5,5 cm lang, poliert . . . . Stück Mk. —.15
Nr. 12248. Starker geschmiedeter Karabinerhaken, 6 cm lang, poliert . . . . Stück Mk. —.45
Nr. 12249. Karabinerhaken, 6 cm lang, mit Wirbel, vernickelt, sehr stark . . . . Stück Mk. —.70
Nr. 12250. Vernickelte Scherenzange, neues beliebtes Modell, mit Wirbel, 11 cm lang, kräftig . . . . . . Stück Mk. —.75
Nr. 12251. Scherenzange, wie vorige, jedoch nur 7 cm lang, für Teckel usw. . . . . . . Stück Mk. —.50
Nr. 12252. Polierte starke Scherenzange, altes Modell, stark und zuverlässig, 10 cm lang . . . . . . Stück Mk. 1.—
Nr. 12253. Große Scherenzange, poliert, extra stark, mit Doppelscharnier und Wirbel, 15 cm lang . . . . . Stück Mk. 1.75
Nr. 12254. Druckzange, dunkel gehärtet, 11 cm lang, für Gebrauchs-Hundeleinen . . . . Stück Mk. —.70

Nr. 12223. Patronenauszieher für feststehende Knabenteschings . . . . Stück Mk. —.30
Nr. 12224. Patronenauszieher für Aufklapp-Teschings, klein . . . . . . Stück Mk. —.35
Nr. 12225. Desgleichen, jedoch mitteigroß . . . . Stück Mk. —.40
Nr. 12226. Desgleichen, große Sorte, für Jagd-Karabiner usw. . . . . . Stück Mk. —.45
Nr. 12227. Patronenauszieher für Teschings mit Seitenhebel, fertig gefeilt. Stück Mk. —.40
Nr. 12228. Patronenauszieher für Warnant-Teschings, roh . . . . . Stück Mk. —.20
Nr. 12229. Patronenauszieher für Warnant-Teschings, fertig gefeilt . . . Stück Mk. —.35
Nr. 12230. Patronenauszieher für Mauser-Teschings, Kal. 6 oder 9 mm, Modell 1906 . . . . Stück Mk. —.60
Nr. 12231. Patronenauszieher für Mauser-Teschings, Modell 1908 und 1910. Stück Mk. —.65
Nr. 12232. Patronenauszieher für Mauser-Präzisions-Karabiner Nr. 7650, 7661 und 7677 . . . . Stück Mk. 1.—
Nr. 12233. Schlagfedern für feststehende Knaben-Teschings, fertig . . . Stück Mk. —.35
Nr. 12234. Schlagfedern für Aufklapp-Teschings, fertig . . . . . . Stück Mk. —.40
Nr. 12235. Schlagfedern für Warnant- oder Flobert-Teschings, fertig . . Stück Mk. —.45
Nr. 12236. Schlagfedern für Warnant-Teschings mit Kette, fertig . . . . Stück Mk. —.50
Nr. 12237. Stangen- (Abzugs-) Federn für Flobert- oder Warnant-Teschings, fertig . . . . Stück Mk. —.15
Nr. 12238. Abzüge für Warnant-Teschings usw., fertig gefeilt . . . . Stück Mk. —.30
Nr. 12239. Abzüge für Aufklapp- und Knaben-Teschings, fertig gefeilt . . Stück Mk. —.30

Diverse Teile zu Flobert-Büchsen usw.

Nr. 12240. Standvisier für Teschings, gefeilt . . . . Stück Mk. —.18
Nr. 12241. Feldkorn für Teschings usw., gefeilt . . . . Stück Mk. —.18
Nr. 12242. Drehhebel mit Exzenter für Jagdkarabiner . . . . . . Stück Mk. 1.30
Nr. 12243. Rouxhebel für Aufklapp-Teschings . . . . Stück Mk. —.75
Nr. 12244. Schaftkappen aus Eisen, gefeilt, für Teschings . . . . . Stück Mk. —.20
Nr. 12245. Federn für Zündhütchenstangen . . . . Stück Mk. —.15
Nr. 12246. Stifte für Zündhütchenzangen . . . . Stück Mk. —.15

Reparaturen, Umänderungen, Umschäftungen, Einlegeläufe.

Neben dem vielseitigen Fabrikationsbetriebe habe ich seit langen Jahren eine Spezial-Reparaturabteilung eingerichtet, welche mit den modernsten Maschinen ausgestattet ist. Dadurch, daß mir eine eigene große Kraftanlage sowie eine Anzahl für diese Reparaturabteilung extra ausgebildeter und tüchtiger Büchsenmacher zur Verfügung stehen, bin ich in der Lage, jede Reparatur, selbst die umfangreichste, in kürzester Zeit auszuführen. Die Preise für ausgeführte Reparaturen, einerlei ob die zur Reparatur eingesandten Gewehre von mir geliefert sind oder nicht, stelle ich äußerst niedrig, so daß keine Konkurrenz in der Lage ist, billiger derartige Arbeiten auszuführen. Für gute, solide und saubere Arbeit übernehme ich jede Garantie, so daß ich reparaturbedürftige Gewehre vertrauensvoll einzusenden bitte. Dieselben werden der Reihenfolge des Eingangs nach so schnell wie nur möglich repariert und sofort zurückgesandt. Bei Einsendung von Gewehren bitte Riemen und Futterale nicht mitzusenden. Die nachstehend aufgeführten Preise für die einzelnen Reparaturen sind nur als Anhaltspunkte zu betrachten. Einen bestimmten Preis kann man, ohne die fragliche Reparaturarbeit vorher gesehen zu haben, leider bei bestem Willen nicht angeben, da die Arbeiten zu verschieden sind und solche zum Teil weniger, zum Teil aber auch mehr Arbeitsstunden in Anspruch nehmen, als man vorher, ohne das Reparaturstück gesehen zu haben, taxieren kann. Es machen sich auch Nebenarbeiten nötig, die zuvor von meiner werten Kundschaft nicht berücksichtigt sind, jedoch im Interesse meiner werten Auftraggeber unbedingt ausgeführt werden müssen. Auf Wunsch bin ich auch gern bereit, nach Erhalt der Reparaturarbeiten mit Kostenanschlägen aufzuwarten. Rechnungsbeträge für Reparaturen und Umänderungen werden stets ohne Ausnahme durch Nachnahme erhoben.

Umschäftungen.

Hierbei ist das vollständige Gewehr einzusenden. Die hier angegebenen Preise verstehen sich für einfache geölte Nußbaumschäfte. Bei Verwendung von besserem gemaserten Schaftholz erhöhen sich die Preise um **Mk. 2.—** bis **10.—**

Ich berechne für:

Umschäftung einer Doppelflinte mit Hebel unter dem Vorderschaft liegend . . . Stück **Mk. 12.—**
Umschäftung einer Doppelflinte mit Scott- (Toplever-) Verschluß, Hebel zwischen den Hähnen liegend, mit **rückliegenden Schlossen** Stück **Mk. 13.50**
Umschäftung einer Doppelflinte mit **vorliegenden Schlossen** . . . Stück **Mk. 15.50**
Umschäftung einer Selbstspannerflinte mit Seitenschlössern . . . Stück **Mk. 20.—**
Umschäftung einer Selbstspannerflinte System Anson & Deeley . . . Stück **Mk. 20.—**
Umschäftung eines Hahndrillings mit Pistolengriff und Backe . . . Stück **Mk. 18.—** bis **24.—**
Umschäftung eines Selbstspannerdrillings, je nach System . . . Stück **Mk. 22.—** bis **28.—**

Bei besseren Hahn- und Selbstspannergewehren gebe ich nach Besichtigung derselben die Preise auf Wunsch gern an.

Krummschäftungen.

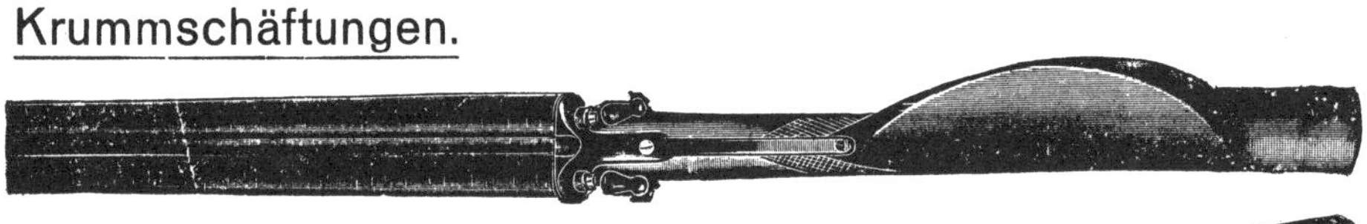

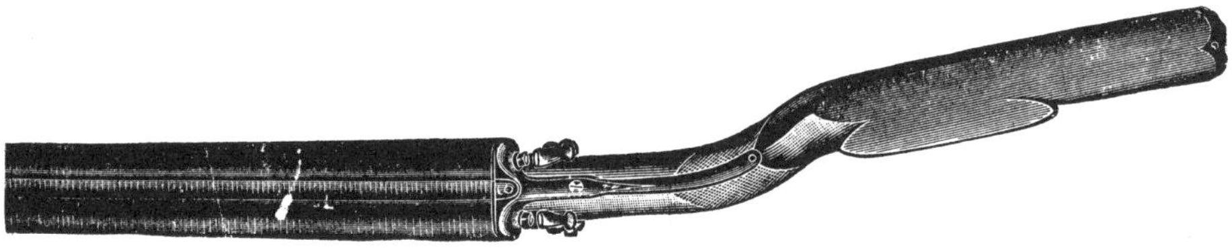

Um nun auch solchen Schützen zu begegnen, die gern rechts anschlagen, aber mit dem linken Auge wegen Schwächung des rechten zielen müssen, bringe ich an alten oder neuen Gewehren auch Schäfte wie nebenstehende Abbildungen an. Diese erfordern mehr Arbeit als Normalschäfte, weil bei solchen die System- und Schloßteile gerichtet werden müssen, und stellt sich der Preis für das obere Modell auf Stück **Mk. 19.—**
und für das untere Modell auf Stück **Mk. 22.—**
Zu sämtlichen Umschäftungen verwende ich nur allerbestes gesundes Schaftholz und kommt minderwertige Qualität nicht zur Verarbeitung.

Umänderungen.

Lefaucheux-Gewehre in Zentralfeuer umzuändern, prima Ausführung . . . Stück **Mk. 25.—** bis **28.—**
Umänderung von Perkussions-Doppelflinten mit rückliegenden Schlossen zu Zentralfeuer-System . . . Stück **Mk. 55.—** bis **60.—**
Umänderung von Perkussions-Doppelflinten mit vorliegenden Schlossen zu Zentralfeuer-System . . . Stück **Mk. 70.—** bis **75.—**
Schlösser in Rückspringer umzuändern, je nach Art . . . Stück **Mk. 3.—** bis **5.—**

Reparaturen.

Neuer Hahn, je nach Art und Gravierung . . . Stück **Mk. 3.—** bis **5.—**
Neuer rechter Hahn mit Brust an Drillinge, je nach Gravierung . . . Stück **Mk. 4.50** bis **6.—**
Verschluß dichten, je nach Beschaffenheit und Art des Systems . . . Stück **Mk. 3.50** bis **10.—**
Ausbeulen von Schrotläufen, je nach Art der Beschädigung . . . Stück **Mk. 2.—** bis **6.—**
Schlecht schießende Schrotläufe zu besserem Schuß zu bringen, vorausgesetzt, daß die Läufe noch nicht zu weit sind, pro einzelner Lauf . . . ca. Stück **Mk. 4.50** bis **5.50**
Frischen, Schmirgeln und Entbleien von Kugelläufen, einschl. Neueinschießen des Laufes, je nach Munitionsverbrauch Stück **Mk. 5.—** bis **10.—**
Bräunieren von Doppelflinten- und Büchsflintenläufen . . . Stück **Mk. 2.—**
Bräunieren von Drillingsläufen . . . Stück **Mk. 2.50**
Wenn Abpolieren nötig ist, kosten die Rohre **Mk. 2.—** bis **2.50** mehr.
Neuer Patronenzieher an Doppelflinten, Büchsflinten . . . Stück **Mk. 3.50** bis **4.—**
Neuer Patronenzieher bei Drillingen . . . Stück **Mk. 4.50** bis **5.50**
Schäfte fortarbeiten, abschleifen, ölen, neue Fischhaut usw. . . . Stück **Mk. 3.—** bis **4.50**
Ausfüttern von Kugelläufen bei Jagd- und Scheibengewehren mit einem kleinkalibrigen Kugellauf mit besten Expreßzügen, einschl. neuem Patronenzieher und Einschießen . . . Stück **Mk. 20.—** bis **25.—**
Neuer Lauf an Scheibenbüchse, schwere Sorte, unter Verwendung der alten Visierung, feinste Expreßzüge usw. . . Stück **Mk. 30.—** bis **36.—**
Neuer Lauf an Birschbüchse, je nach Konstruktion . . . Stück **Mk. 20.—** bis **30.—**
Neue Kugelläufe einlegen und Rohre auf 100 m einschießen:
a) bei Büchsflinten (für Mantelgeschoßpatronen **Mk. 8.—** mehr) . . . Stück **Mk. 40.—** bis **50.—**
b) bei Drillingen (für Mantelgeschoßpatronen **Mk. 8.—** mehr) . . . Stück **Mk. 40.—** bis **48.—**
Neues System anpassen, wenn das alte durch rauchloses Pulver an der Stoßfläche gebrochen ist und noch alle Teile außer dem Systemkasten zu verwenden sind, also auch Schaft und Läufe:
a) an Doppel- oder Büchsflinten mit Lancaster-Verschluß ohne verlängerte Schiene . . . Stück **Mk. 40.—** bis **45.—**
b) an Doppel- oder Büchsflinten mit Scott-Verschluß (Greener-Verschluß **Mk. 10.—** mehr) . . . Stück **Mk. 50.—** bis **60.—**
c) an Drillingen mit Hähnen mit Roux- oder Scott-Verschluß . . . Stück **Mk. 60.—** bis **75.—**
d) an Selbstspanner-Doppelflinten oder Drillingen, je nach Konstruktion. Preis auf Anfrage.
Aufpassen von Zielfernrohren und Einschießen der Gewehre mit denselben auf 100 m. Füße mit doppeltem Eintritt und Hohle, so daß man auch über Visier und Korn zielen kann (beste und bewährteste Aufpassungsweise):
a) bei Fernrohren mit 2,5 bis 3 × Vergrößerung . . . Stück **Mk. 34.—** bis **38.—**
b) bei Fernrohren mit 5 bis 8 × Vergrößerung . . . Stück **Mk. 36.—** bis **40.—**

Moderne Waffen ▫ Munition ▫ Jagdgeräte

AUGUST STUKENBROK, EINBECK

Anerkannt leistungsfähiges Etablissement dieser Branche

Beachtenswerte Anleitung bei Ausübung der Jagd.

AUGUST STUKENBROK · EINBECK

Abteilung: Waffen

Größtes und anerkannt leistungsfähigstes Spezialhaus Deutschlands

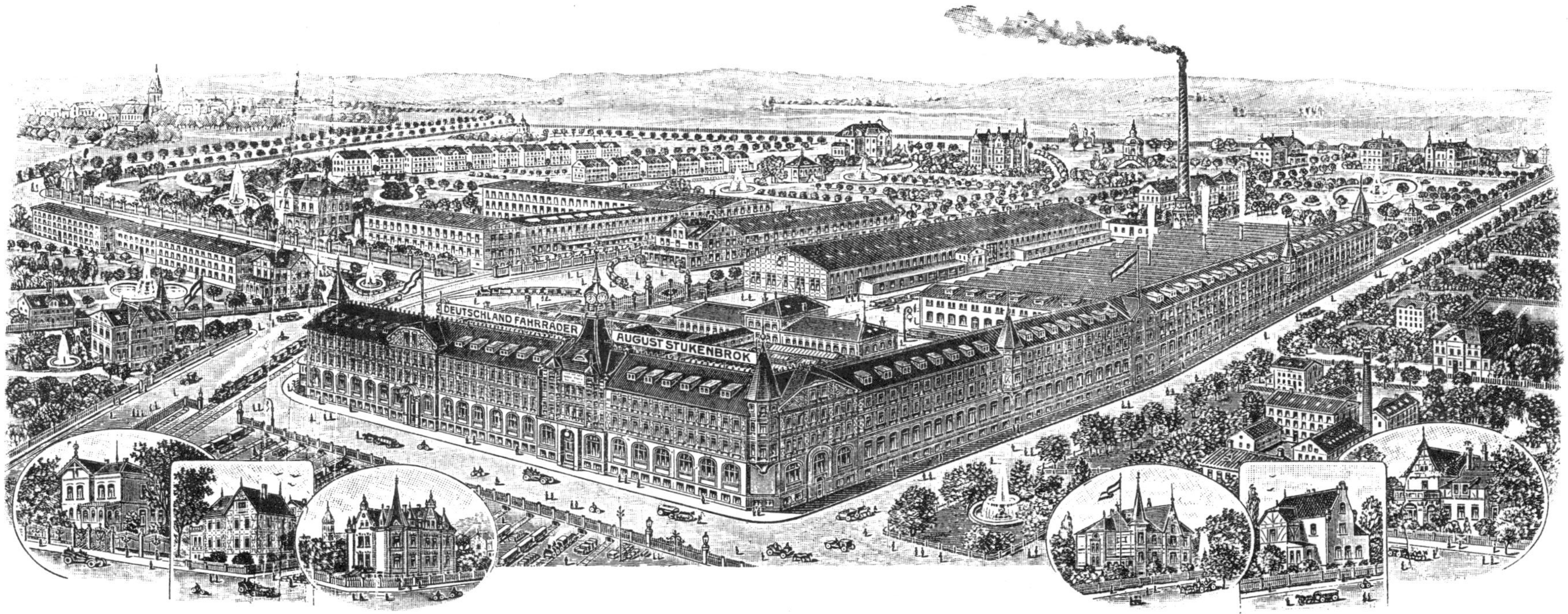

Erstklassige Qualität bei soliden, reellen Preisen.